山西省山洪灾害调查评价

李爱民　陈彦平　主编

黄 河 水 利 出 版 社

·郑 州·

图书在版编目(CIP)数据

山西省山洪灾害调查评价/李爱民,陈彦平主编.—郑州:黄河水利出版社,2019.5

ISBN 978-7-5509-2371-3

Ⅰ.①山… Ⅱ.①李…②陈… Ⅲ.①山洪-山地灾害-评价-山西 Ⅳ.①P426.616

中国版本图书馆 CIP 数据核字(2019)第 101593 号

组稿编辑:李洪良 电话:0371-66026352 E-mail:hongliang0013@163.com

出 版 社:黄河水利出版社 网址:www.yrcp.com

地址:河南省郑州市顺河路黄委会综合楼 14 层 邮政编码:450003

发行单位:黄河水利出版社

发行部电话:0371-66026940、66020550、66028024、66022620(传真)

E-mail:hhslcbs@126.com

承印单位:河南瑞之光印刷股份有限公司

开本:787 mm×1 092 mm 1/16

印张:44.75

字数:1030 千字 印数:1—1 000

版次:2019 年 5 月第 1 版 印次:2019 年 5 月第 1 次印刷

定价:480.00 元

《山西省山洪灾害调查评价》编制委员会

主　任：宋晋华

副主任：李爱民

委　员：（按姓氏音序排列）

曹小虎　陈彦平　党跃军　李文炜　梁存峰

任　波　孙嘉彬　王军平　王彦红　杨　平

杨军生　赵　凯

《山西省山洪灾害调查评价》编制人员

主　　编：李爱民　陈彦平

副 主 编：霍勇峰　申　瑜　王　琳

编写人员：钟震宇　赵　磊　王　钰　卢选伟　刘水泉

参编人员：（按姓氏音序排列）

杜亚平　高华峰　高小朋　胡德生　黄立志

贾玉章　康　超　李纯纪　李建生　李晓峰

李泽虎　刘平平　吕雁翔　牛二伟　任丽君

石慧仙　宋小军　孙建芳　王建云　王云峰

王志宏　温　会　邢晓东　徐峰伟　薛玉祥

闫思捷　杨　烨　张　蔷　张煜振　张展鸿

郑澄明

前　言

2013 年 9 月全国启动了新一轮山洪灾害防治项目建设，在山洪灾害防治非工程措施一期建设项目的基础上，开展山洪灾害防治非工程措施补充完善、山洪灾害调查评价和重点山洪沟治理等工作，与前期建设项目形成了一个有机整体，全面提高山洪灾害综合防御能力。

山西省防汛抗旱指挥部办公室于 2014 年 6 月以晋汛办字〔2014〕17 号文件委托山西省水文水资源勘测局组织实施山西省山洪灾害调查评价工作，要求到 2015 年底完成全省 109 个有山洪灾害防治任务县（市、区）的山洪灾害调查评价工作。

山洪灾害调查评价工作的主要目标是在全省 114 个县（市、区）的山洪灾害防治区，以小流域为单元，开展山洪灾害基本情况、小流域基本特征、水文、社会经济等情况的调查，分析小流域洪水规律，评价山洪灾害重点防治区内沿河村落的现状防洪能力，划分不同等级危险区，科学确定预警指标和阈值，为及时准确发布预警信息、安全转移人员提供基础支撑；主要以县为单位进行，工作内容包括调查（山洪灾害防治区内的人口分布情况、山洪灾害的区域分布、山洪灾害防治区内的水文气象、地形地貌、社会经济、历史山洪灾害、涉水工程、山洪沟基本情况以及山洪灾害防治现状等基础信息，并建立山洪灾害调查成果数据库）和分析评价（小流域设计暴雨、设计洪水、防洪能力评价、危险区划和预警指标计算）两部分。

自 2014 年 6 月起，历时 2 年有余，在全局数百人的艰辛努力下，在科研院校等技术支撑单位的支持下，在市、县、村相关人员的密切配合下取得了丰硕的成果。根据下达的任务量和资金在全省 114 个县（市、区）的山洪灾害防治区，完成了水文基本资料收集整理、涉水工程补充调查和历史山洪灾害调查；完成了 102 646 km^2 的小流域基础信息现场核对，15 301 个自然村的社会经济调查和山洪灾害威胁区域调查；完成了 6 834 个沿河村落的山洪灾害详查和沟道断面测量；完成了 6 834 个沿河村落的山洪灾害分析评价。

截至 2016 年 8 月 17 日，山西省山洪灾害调查评价的所有成果经过了严格审核修改后如期上报至国家山洪灾害防治项目组。2016 年 8 月 24~26 日，山西等 5 省调查评价审核汇集成果技术审查会在京召开，会议邀请了国家防办、中国水科院、海委防办、长江委水文局中游局等单位有关专家参加。山西省山洪灾害调查评价成果顺利通过国家技术审查，与会专家对山西省调查评价工作给予了高度评价。

为使山洪灾害调查评价项目成果发挥更大的效益，为今后相似项目在工作模式、关键技术等方面提供参考，2017 年 11 月《山西省山洪灾害调查评价》编制工作正式启动，历经一年多时间，将全省调查评价工作内容、成果进行了汇集、整理，于 2019 年 1 月完成编制。

《山西省山洪灾害调查评价》包括上、下两篇。上篇介绍了山西省自然地理、社会经济、山洪灾害防治现状等基本情况，概述了山洪灾害调查评价工作的主要内容、技术要求、技术路线等具体工作情况，整理了基础资料、调查、评价成果；为方便实际应用，特开发了山西省山洪灾害成果查询服务软件,并将软件开发的需求、架构、关键技术等编制在册。以离石区枣林沟流域为例,叙述了山洪灾害分析评价分析过程及成果。下篇将全省调查评价成果进行了统计、整理,以图、表方式展示。

山洪灾害调查评价工作是全国首次开展的一项探索性的工作,提出的预警指标需要在今后的工作中不断完善,在实践中进行修正,结合近期发生的暴雨洪水进行检验、率定和复核,在进一步工作的基础上运用于山洪灾害监测预警平台。

在本书的编制过程中,省内有关专家曾提出过许多宝贵意见,在此表示感谢。

由于受技术水平、资料条件等的限制,书中难免存在一些不足和问题,不妥之处敬请读者批评指正。

《山西省山洪灾害调查评价》编制组

2019 年 1 月

目　录

下　篇

上　篇

第1章　山西省基本情况

1.1　自然地理

山西省地处华北地区西部,黄土高原东翼,东依太行山,与河北、河南两省为邻,西、南隔黄河与陕西、河南两省相望,北跨内长城与内蒙古自治区毗连,四周几乎为山河所环绕。地理坐标为东经110°14′~114°33′,北纬34°34′~40°43′。南北长约680 km,东西宽约380 km,总面积为156 271 km^2,约占全国总面积的1.63%,其中海河流域面积为59 133 km^2,黄河流域面积为97 138 km^2。

1.1.1　地形地貌

山西省属典型的黄土覆盖山地型高原,大部分地域海拔在1 000 m以上。境内地形复杂,山地、高原、丘陵、台地、平原各种地形均有分布。按地形起伏特点,分为东部山地区、西部高原区和中部盆地区三大部分。

东部山地区以晋冀、晋豫交界的太行山为主干,由太行山、恒山、五台山、系舟山、太岳山、中条山以及若干山间小盆地组成。区内五台山叶斗峰海拔3 058 m,是华北地区制高点,全省最低点位于东部山地区的西南部垣曲县黄河谷地,海拔245 m。

西部高原区是以吕梁山脉为骨干的山地性高原,由芦芽山、云中山、吕梁山等山系和晋西黄土高原组成,最高峰关帝山海拔2 830 m。黄土高原按地貌分类,自北向南可分为黄土丘陵、黄土沟壑和残垣沟壑三个部分。

中部盆地区由东北、西南向纵贯全省,包括大同、忻定、太原、临汾、运城等一系列雁行式平行排列的地堑型断陷盆地,高程自北向南梯级下降。

各种地貌类型占全省面积的比例,山地约为72.0%,高原约为11.5%,各类盆地约为16.5%。

1.1.2　森林植被

经过中华人民共和国成立后60多年的发展,截至2015年年底,全省森林覆盖率已达18%。天然林主要分布在中条、吕梁、太岳、太行、关帝、管涔、五台、黑茶等八大山区的50余个县(市)。因地域和高程之差,森林类型呈多样性,包括高寒地区生长的云杉、落叶松林,低山地区生长的油松林和阔叶林,以及暖温带的漆树、泡桐、杜仲林等。人工林除在山地有少量栽植外,主要分布在风沙危害比较严重的晋西北和桑干河、滹沱河流域,已形成相当规模的防护林网和护岸林带。

1.1.3 地质条件

在暴雨形成洪水的过程中,地质岩性对洪水的产流有着重要的作用。山西除缺少上奥陶统至下石炭统的沉积外,其他时代的地质出露较为齐全。从对洪水作用的角度出发,各时代的地质岩性可归纳为碳酸盐岩类、砂页岩类、松散岩类和变质岩类四种。

山西裸露的碳酸盐岩类分布面积为 3.95 万 km^2,占全省总面积的 25.3%,如果再加上隐伏(埋深小于 200 m)部分,可达总面积的 44%。在石灰岩组成的山地区,一般地表岩溶形态并不发育,表现为石灰岩土山,沟谷多为干谷或间歇性河谷,对于大气降水,此类岩性渗漏严重,除在高强度、长历时暴雨条件下,一般不易形成大洪水。

砂页岩类主要分布于各向斜盆地及黄河峡谷沿岸,出露面积 5.49 万 km^2,约占全省总面积的 35.1%。由于岩层中有相对隔水的页岩、泥岩和煤层等,降水不易渗漏,在地表植被条件差的情况下,极有利于洪水的形成和发展,所以相对来说洪水易发程度较高。

松散岩类在全省各大盆地、河谷、丘陵、山地都有分布,总出露面积 4 万 km^2,占全省总面积的 25.6%。因其结构致密,入渗能力低,洪水易发程度较高。而在吕梁山以西,沿黄河谷地的平陆、芮城、汾河中下游谷地两侧等一些黄土集中连续分布地带,由于其岩性疏松,易于侵蚀,在高强度、短历时暴雨条件下,极易形成高含沙量的暴涨暴落洪水,这也是山西洪水的显著特点之一。

变质岩类总出露面积为 2.19 万 km^2,占全省总面积的 14%。这类岩石由于其成岩程度高,致密坚硬,孔隙率低,抗蚀能力较强,所以明显有利于暴雨之后洪水的发生和发展。但在山西省,因在其上部大都具有程度不同的风化层,所以植被条件较好,故其水文特性表现为基流丰富,洪水易发程度低于风化程度较低的砂页岩及松散岩类山地区。

1.1.4 气候特征

山西省地处中纬度大陆性季风区,具有典型的大陆性气候特征,水汽主要来源于太平洋和印度洋。春季干旱多风,蒸发量大;夏季受海洋暖湿气流影响,盛行东南季风,降水主要集中在 7~9 月;冬季在强盛的极地干冷气团控制下,雨雪稀少,干燥寒冷,这是典型的雨热同季的地方气候特点,充分体现了季风环流对山西气候变化的支配结果。山西南北地跨温带和暖温带两个气候带,加之地形多变,高差悬殊,因而南北气候特征迥异。

省内光热资源丰富、水热组合较好,但灾害性天气经常发生,“十年九旱、旱涝交错”是山西气候的主要特点。

1.1.5 河流水系

山西省位于海河流域上游和黄河流域中游,除北部沿黄支流红河、海河流域桑干河和南洋河有 3 284 km^2面积上自内蒙古流入省境水量外,河流均呈辐射状自省内向四周发散,汇入省外河流。受地理环境和气候条件制约,省内河流兼具山地型和夏雨型的双重特征。在河流形态和河道特征方面表现为:沟壑密度大,水系发育;河流坡陡流急,侵蚀切割严重。在径流和泥沙方面的特点是:洪水暴涨暴落,含沙量大;年径流集中于汛期,枯水径流小而不稳。由于省内灰岩分布广泛,地质构造复杂,各流域地表水和地下水补给关系很不一致。河道切割到灰岩地层，特别是跨越构造破碎带的河段，枯水年区间径流量常出现负值；相反，有岩溶水补给的河流，在主要岩溶泉泉水出露点河段，基流骤然增大，又呈现出泉水补给型河流的明显特征。

全省流域面积大于 50 km^2的河流共有 902 条；流域面积大于 100 km^2 的河流共有 451 条；流域面积大于 5 000 km^2 的河流共有 12 条，其中海河流域 7 条，分别是永定河、御河、滹沱河、冶河、卫河、清漳河、漳河，黄河流域 5 条，分别是黄河、红河、涑水河、沁河、汾河。

1.2　气象水文

山西省处于半湿润气候与半干旱气候的过渡地带，春季干旱多风，蒸发量大；夏季受海洋暖湿气流影响，盛行东南季风，降水主要集中在 7~9 月；冬季在强盛的极地干冷气团控制下，雨雪稀少，干燥寒冷。

全省降水量自东南向北和西北递减，多年平均年降水量，大部分地区介于 400~600 mm，局部高山地区在 650 mm 以上。夏季风带来的暖湿气流是形成山西省降水的主要水汽来源，6~9 月降水量占全年的比例，省内各地普遍在 70%以上，7 月、8 月尤为集中，所占比例高达 40%；北部部分地区可达 55%以上。雨季起止时间和太平洋副高进退时间一致，省境中南部一般始于 6 月下旬，终于 9 月下旬至 10 月上旬，持续时间在 100 d 以上；北部和西北部地区始于 7 月上旬，在 8 月下旬至 9 月上旬结束，持续时间仅 2 个月。与盆地区相比，高山地区雨季相对较长。

全省平均气温自南向北变化于 4~14 ℃。最低气温北部高寒山区低达零下三四十摄氏度，南部运城地区的最高气温在 40 ℃以上。各地气温最大日较差普遍超过 20 ℃。无霜期自南向北变化在 120~210 d，高寒山区不足 100 d。积温在 2 000~4 600 ℃。热量条件造成作物种类和一年内栽植次数在地区上的差异。

1.3　社会经济

以 2015 年为统计基准年，全省辖 11 个地级市 119 个县（市、区），有 1 225 个乡 559 个镇共 32 253 个村民委员会，166 个街道办事处 3 041 个居民委员会。2015 年年末全省常住人口 3 664 万人，生产总值 12 802.6 亿元，其中第一产业增加值 788.1 亿元，第二产业增加值 5 224.3 亿元，第三产业增加值 6 790.2 亿元。人均生产总值 35 018 元，农作物种植面积 376.77 万 hm^2，粮食产量 1 259.6 万 t，造林面积 28.09 万 hm^2，猪牛羊肉总产量 73.0 万 t，农机化经营总收入 133.5 亿元；一次能源生产折标准煤 7.3 亿 t，二次能源生产折标准煤 4.7 亿 t，向省外输送电力 720.2 亿 kWh，全省用电总量 1 737.2 亿 kWh。固定资产投资 14 137.2 亿元。其中，第一产业投资 1 500.0 亿元，第二产业投资 5 205.0 亿元，第三产业投资 7 039.5 亿元。金融机构本外币各项存款余额 28 641.4 亿元，各项贷款余额 18 574.8 亿元；农村金融合作机构人民币存款余额 5 650.1 亿元；人民币贷款余额 3 620.9 亿元，比年初增加 249.8 亿元。全省居民人均可支配收入 17 854 元,城镇居民人均可支配收入 25 828元,城镇居民人均消费支出 15 819 元,农村居民人均可支配收入 9 454 元,农村居民人均消费支出 7 421 元。

山西省矿产资源丰富,从品种到储量在全国都占有重要地位。目前,全省发现的矿种有 120 余种,其中可利用矿种 96 个,探明储量的矿种 55 个,探明储量居全国前十位的有 25 种。煤、铝土、耐火黏土、铁矾土、珍珠岩、镓、沸石等的储量居全国首位,金红石、镁盐、芒硝的储量居全国第 2 位,钾长石储量位列第 3 位,钛、铁、熔剂石灰石的储量居于第 4 位,长石、石膏、钴、铜、锗、金的储量也在全国名列前茅。

山西省煤炭探明储量达 2 560 亿 t,占全国已探明储量的 1/3。近年来,山西省加大煤炭转化和深加工力度,制定了变输煤为主为输煤输电并重的经济战略,向省外输电正在成为山西省能源输出的重要方式。已经建成装机容量 100 万 kW 以上的大型电厂 7 座,其中 4 座以向省外送电为主。

铁矿资源亦很丰富,已查明铁矿产地 98 处,分布在全省 57 个县(市)境内,累计探明可利用储量约 33.5 亿 t,居全国第 4 位。有色金属矿产资源铝土矿和铜矿是山西省有色金属的重要资源。山西省是全国四大铝矿基地之一,铝土矿储量居全国第 1 位,是山西省除煤炭之外的第二大支柱性资源。铝土矿分布于阳泉市、孝义市、河曲县、保德县、中阳县、河津市等 40 多个县(市),层位稳定,矿石质量好,并伴有铁、煤、铁矿石、高黏土等。铜矿储量也很丰富,主要集中于中条山的垣曲、闻喜。其他的有色金属矿还有大同、繁峙的钼矿,代县、左权、黎城等地的钛矿,交城的铝锌矿,灵石、代县、繁峙、垣曲、夏县、绛县、平陆等地的金矿。

目前,山西已基本形成了以重工业为主,以煤炭、电力、冶金、化工、机械为主要支柱的工业体系,新兴产业和高新技术产业也在迅速发展。

农业在山西省占有重要地位,耕地主要分布在盆地、河谷地带和黄土丘陵区,以种植粮食作物为主,作为主导产业的粮食种类较多,主要有小麦、谷子、玉米、高粱、莜麦、薯类、糜子、荞麦等,小杂粮生产是山西农业的一大优势。运城和临汾两大盆地是山西最大的冬小麦产区;晋东南则盛产玉米、谷子;太原盆地为山西重要的小麦、蔬菜产区,忻定盆地为重要的玉米、高粱产区;莜麦、薯类和荞麦等集中在雁北地区。全省经济作物有棉花、油菜、蚕桑、胡麻、甜菜,其中集中种植棉花的运城市和临汾市是全省乃至全国的主要产地。山西果林分布较广,生产多种温带果品,如苹果、梨、葡萄、核桃、枣、柿子等。由于十年九旱的气候条件,灌溉在农业发展中占有重要地位。

第 2 章　山洪灾害防治现状

2.1　山洪灾害基本情况

山洪灾害对山西省经济社会的发展影响巨大，往往导致人员群死群伤，造成农业大量减产，破坏交通、电力、通信线路等基础设施，毁坏水利工程，人民生命财产遭到严重损失。

据记载，山西省在中华人民共和国成立以来发生了 1 700 余场山洪灾害，造成了巨大的经济损失。历史上山西省大范围的暴雨洪水灾害不少，并以秋涝灾害为多，近几年山西省局地极端天气频发，暴雨洪水灾害多呈局地、带状、分散分布。

2.2　山洪灾害的成因和特征

2.2.1　山洪灾害成因分析

暴雨山洪及其诱发的灾害具有连锁性和叠加性，并与人类活动相伴而生，具有自然和社会双重属性，是降雨、地形地质等自然条件和人类经济活动等社会因素共同影响的结果。各类山洪灾害的成因主要有以下几个方面：

(1)高强度暴雨是发生山洪灾害的直接原因。从山西省气象水文特征来看，全省汛期(6~9 月)降水量占全年降水量的比例很大，特别是 7 月、8 月降水量更为集中，局地短历时暴雨频发，导致山丘区易爆发山洪。

(2)特殊的地形地势是内在因素。山西省有约 72%面积为山地，有将近 75%的面积分布着有利于洪水形成的砂页岩、松散岩类和变质岩，如遇上大强度、长历时的降雨，极易形成具有冲击力的地表径流，导致河道水位暴涨，山洪暴发，造成山洪灾害。一遇暴雨山洪暴发，极易造成滑坡、泥石流和山体塌方。

(3)由于人类活动、开矿、垦地，植被遭到破坏，地表水下渗快，汇流时间短，水流切割作用明显，容易形成山洪暴发。

(4)由于人们对山洪灾害防御的认识和了解不足，防患意识不强，特别是在河道任意乱倒、乱建、乱挖，肆意放养等行为，严重破坏植被，也是造成山洪灾害的重要原因之一。

2.2.2　山洪灾害的特点

山西省山洪灾害的主要特点如下：

(1)季节性强，频率高：山洪灾害主要集中在汛期，尤其主汛期更是山洪灾害的多发期。

(2)区域性明显,易发性强:山洪主要发生于山区、丘陵区及受其影响的下游倾斜平原区。由于山区沟深坡陡,暴雨时极易形成具有冲击力的地表径流,导致山洪暴发,形成山洪灾害。

(3)来势迅猛,成灾快:洪水具有突发性,往往由局部性高强度、短历时的大雨、暴雨和大暴雨所造成,因山丘区山高坡陡,溪河密集,降雨迅速转化为径流,且汇流快、流速大,降雨后几小时即成灾受损,防不胜防。

(4)破坏性强,危害严重:受山地地形影响,不少乡(镇)和村庄建在边山峪口或山洪沟口两侧地带,山洪灾害发生时往往伴生滑坡、崩塌、泥石流等地质灾害,并造成河流改道、公路中断、耕地冲淹、房屋倒塌、人畜伤亡等。

2.3 山洪灾害防治现状

2.3.1 山洪灾害防治规划

我国山洪灾害频发,造成的损失十分巨大,是防灾减灾工作的一个突出问题,为了最大限度地减少灾害损失,国务院针对山洪灾害防治做出了专项规划。总体思路是:以最大程度地减少人员伤亡为首要目标;以防为主,防治结合;以非工程措施为主,非工程措施与工程措施相结合。规划目标为:全国建成山洪灾害重点防治区非工程措施与工程措施相结合的综合防灾减灾体系,初步建立一般山洪灾害防治区以非工程措施为主的防灾减灾体系,最大程度地减少人员伤亡和财产损失,使山洪灾害防御能力与山丘区全面建设小康社会的发展要求相适应。近期主要任务是以减少人员伤亡为目标的山洪灾害监测预警建设体系,中期任务是以减少人员伤亡和财产损失为目标的山洪灾害监测预警体系完善及工程治理,远期任务是以人与自然和谐相处为目标的非工程与工程相结合的综合措施。

全国山洪灾害防治大体经过如下 4 次重要规划:

(1)2006 年 10 月国务院批复了水利部会同国土资源部、中国气象局、原建设部、原环保总局编制的《全国山洪灾害防治规划》。

(2)2010 年 11 月,全国山洪灾害防治规划中的县级非工程措施项目启动,经过 3 年建设,初步建成覆盖全国 2 058 个县的山洪灾害监测预警系统和群策群防体系。

(3)2012 年 3 月,国务院批准了国家发展和改革委员会组织编制的《全国中小河流治理和病险水库除险加固、山洪地质灾害防御和综合治理总体规划》。

(4)2013 年 5 月,水利部、财政部联合印发的《全国山洪灾害防治项目实施方案(2013~2015 年)》,进一步补充完善了非工程措施,开展山洪灾害调查评价、重点山洪沟治理等工作。

2.3.2 山洪灾害防治现状

按照全国山洪灾害防治规划,山西省初步建成了以非工程措施为主的防御体系,在近年的汛期山洪灾害防灾减灾工作中发挥了重要作用。

2.3.2.1　非工程措施

山西省全面开展了县级非工程措施建设，为 115 个县(市、区)编制了《山洪灾害防治非工程措施建设实施方案》，科学、细致地规划了县级山洪灾害防治非工程措施项目。项目建成后，大大增加了山西省的雨量、水位站网密度，提高了各级政府预警工作的软、硬件水平，使百姓对山洪灾害有了更深刻的认识，提高了百姓防范山洪灾害的意识与能力，山洪预警能力大幅度提升。

1.增加了站网密度

2010~2015 年，全省山洪灾害防治非工程措施和防治项目共建设自动监测站点 2 289 处(其中自动雨量站 1 794 处、自动水位站 495 处)，简易监测站点 13 546 处(其中简易雨量监测站 13 146 处、简易水位监测站 400 处)。大大增加了山西省雨水情站网密度，为更好地开展群策群防工作奠定了基础。

2.提高了各级政府预警工作的软、硬件水平

2010~2015 年，全省共配置了 115 套县级预警平台、1 193 套乡(镇)级预警设备(信息平台和无线报警发送站)和 11 188 个无线预警广播设备，并为各防治区配备了锣、鼓、号等预警工具，能够及时地将预警信息发布给各级政府、通知给百姓，是开展群策群防工作至关重要的环节。

3.加大了防御山洪灾害的宣传、培训、演练力度

全省各级政府高度重视山洪灾害防御工作，积极开展山洪灾害防御知识宣传教育。每年利用水法宣传日，进行《中华人民共和国防洪法》《中华人民共和国水法》《中华人民共和国水土保持法》和《河道管理条例》等法律法规的宣传和讲解，依法防洪，并加强山洪灾害防御知识的宣传与演练，教育农民群众克服麻痹思想和侥幸心理，增强自防意识。

4.建立了各项防汛工作责任制

项目实施后，各级政府建立了各项防汛工作责任制，在开展防汛检查、山洪灾害防御、通信联络、物资供应保障、防汛机动抢险队伍建设、山洪灾害宣传、洪涝灾情统计等工作上取得了一定成绩、积累了一定经验。

2.3.2.2　工程措施

山西省水利工程主要有水库、堤防、塘(堰)坝，近年来病险水库除险加固、新建骨干坝、河道治理、加高堤坝等工程，提高了对山洪灾害的防御能力；此外，小流域治理、退耕还林等水土保持工程对减缓山洪灾害的发生也起到了一定作用。

虽然山西省目前山洪灾害防御体系已基本形成，但在防灾减灾工作中仍然存在不可忽视的问题。

1.站网布设代表不足

县级《山洪灾害防治非工程措施建设实施方案》为非工程措施建设提供了初步建设依据，随后开展的山洪灾害调查评价工作更加全面地掌握了全省防治区的社会经济、历史山洪、水文气象、水利工程等信息，更加科学地分析了防治区的防洪能力、预警指标等。从分析结果可以看出在前期建设中，部分防治区站点密度、站点位置依然不能代表当地暴雨特性，不足以满足预警需求。

2.设备运维有待加强

山洪灾害非工程措施项目建成后，部分雨量站、水位站、预警平台等的仪器设备得不到有效、专业的维护，没有发挥到应有的作用。

3.防灾思想存在差距

由于近年来基本未爆发大范围的山洪，多为局部、突发性的暴雨山洪致灾，虽然各级政府均配备了预警设备，各地重视程度、使用水平仍存在较大差距，突发暴雨、洪水较少的地区百姓容易思想麻痹，需要各级政府加大宣传、演练力度，防患于未然。

第 3 章　山洪灾害调查评价概述

3.1　山洪灾害调查评价内容

山洪灾害调查评价是继山洪灾害非工程措施项目之后山洪灾害防治专项规划中的又一项关键项目。

3.1.1　调查评价范围

调查范围为山西省 114 个县(市、区)的防治区,达到防治区调查全覆盖;分析评价范围为重点防治区。

3.1.2　主要目标

开展山洪灾害调查评价的主要目标是在全省 114 个县(市、区)的山洪灾害防治区,以小流域为单元,开展山洪灾害基本情况、小流域基本特征、水文、社会经济等情况的调查,分析小流域洪水规律,评价山洪灾害重点防治区内沿河村落的现状防洪能力,划分不同等级危险区,科学确定预警指标和阈值,为及时准确发布预警信息、安全转移人员提供基础支撑。

3.1.3　主要内容

山洪灾害调查评价工作以县(市、区)为单位开展,山西省工作范围涉及 119 个县(市、区),其中太原市 6 城区作为一个整体进行调查评价,主要包括山洪灾害调查和山洪灾害分析评价两部分内容。

3.1.3.1　山洪灾害调查内容

山洪灾害调查基本单元以县级行政区为主,包括小流域基础信息校核、水文气象资料收集、历史洪水调查、历史山洪灾害调查、社会经济调查、涉水工程调查、水利普查成果汇集、非工程措施建设情况普查、需治理山洪沟调查、危险区调查、沿河村落详查、沿河村落断面测量等 12 项内容。目的在于通过山洪灾害调查的开展,全面、准确地查清山洪灾害防治区内的人口分布情况,摸清山西省山洪灾害的区域分布,掌握山洪灾害防治区内的地形地貌、水文气象、社会经济、历史山洪灾害、涉水工程、山洪沟基本情况以及山西省山洪灾害防治现状等基础信息,为山洪灾害分析评价和防治提供基础数据。

1.小流域基础信息校核

在山洪灾害调查工作准备阶段,全国统一划分了小流域,并提供了小流域基本信息作为本项工作的基础资料。为确保基础数据的准确性,在具体工作时要根据地形地貌、社会经济、涉水工程现势性变化情况以及分析评价工作需要，对统一划分的小流域及其基础数据进行现场核查，内容包括小流域出口节点位置、土地利用和土壤植被等。

2.水文气象资料收集

以省级行政区为单位，以水文分区或县级行政区为单元，收集整理山洪灾害防治区水文气象资料和小流域暴雨洪水分析方法。

3.历史洪水调查

历史洪水调查是山洪灾害分析评价工作的基础，其调查结果是科学认识洪水发生规律，正确进行洪水计算，分析地区水文特性，服务水利水电建设和经济社会发展不可或缺的基础资料。

关于2008年及以前的历史洪水，山西省有一定工作基础和相关出版成果——《山西省历史洪水调查成果》和《山西洪水研究》。本次工作主要针对2008年以后的洪水按照历史洪水调查相关要求开展实地调查，考证洪水痕迹，对洪水痕迹所在河道断面进行测量，收集调查洪水相应的降雨资料，估算洪峰流量和洪水重现期。

4.历史山洪灾害调查

调查统计各县历史山洪灾害情况，包括山洪灾害发生次数，发生时间、地点和范围，灾害损失情况。重点是中华人民共和国成立以来发生的山洪灾害，确保不遗漏发生人员伤亡的山洪灾害事件。

5.社会经济调查

以县级行政区为单位，通过内业整理和现场调查，获取县（市、区）、乡（镇、街道办事处）、行政村（居民委员会）、自然村（村民小组）和山洪灾害防治区内的企事业单位（包括受山洪灾害威胁的工矿企业、学校、医院、景区等）的基本情况和位置分布，包括居民区范围、人口、户数、住房数等，初步确定山洪灾害危害程度。

6.涉水工程调查

在共享第一次全国水利普查有关水利工程成果的基础上，重点调查防治区内影响居民区防洪安全的塘（堰）坝、路涵、桥梁等涉水建筑物基本情况。

7.水利普查资料汇集

收集防治区内第一次水利普查的水利工程相关成果，主要是水库、水电站、水闸、堤防等工程。

8.非工程措施建设情况普查

以县级行政区为单元，统计山洪灾害防治非工程措施建设成果，包括自动监测站、无线预警广播（报警）站、简易雨量站和简易水位站等的位置和基本情况。

9.需治理山洪沟调查

对需要防洪治理的山洪沟基本情况进行调查，内容包括山洪沟名称、所在行政区、现状防洪能力、已有防护工程情况；山洪沟附近受山洪威胁的乡（镇）、村庄数量；人口、耕地、重要公共基础设施情况；主要山洪灾害损失情况、需采取的治理措施等。

10.危险区调查

在受山洪灾害威胁的沿河村落，通过现场查勘、问询、洪痕调查和专业分析等方法，调查历史最高洪水位或最高可能淹没水位、成灾水位，综合确定可能受山洪威胁的居民区范围(危险区),调查危险区内居民基本情况、企事业单位信息,在工作底图上标绘出危险区范围及转移路线和临时安置点。

11.沿河村落详查

在防治区山洪灾害调查的基础上,对重点防治区(部分重要城镇、集镇和村落)内受威胁的居民区人口,住房位置、高程和数量等进行现场详查,以获取居民沿高程分布情况。

12.河道断面测量

对影响沿河村落安全的河道进行控制断面测量,以满足小流域暴雨洪水分析计算、现状防洪能力评价、危险区划分和预警指标分析的要求。控制断面测量成果要反映河道断面形态和特征,标注成灾水位、历史最高洪水位等。

3.1.3.2　山洪灾害分析评价内容

分析评价任务包括沿河村落设计暴雨、设计洪水、现状防洪能力评价、预警指标分析和危险区图绘制。在山洪灾害调查成果的基础上,深入分析山洪灾害防治区暴雨特性、小流域特征和社会经济情况,总结历史山洪灾害情况,分析小流域洪水规律,以山洪灾害重点防治区内沿河村落为对象,采用设计暴雨洪水计算和水文模型等分析方法,完成山洪灾害分析评价任务。

1.小流域设计暴雨、设计洪水分析

主要针对 1%、2%、5%、10%、20%五种典型频率,分析计算小流域标准历时的设计暴雨特征值,以及以小流域汇流时间为历时的设计暴雨及对应设计洪水的特征值。

2.沿河村落现状防洪能力评价

主要包括山洪灾害重点防治区内沿河村落成灾水位对应流量的频率分析,以及根据五种典型频率洪水洪峰水位及人口和房屋高程分布情况,制作控制断面水位—流量—人口关系图表,分析评价防灾对象的防洪能力。

3.沿河村落的预警指标分析

山洪灾害重点防治区内沿河村落的危险区等级划分,将危险区划分为极高、高、危险三级,并科学合理地确定转移路线和临时安置地点。

4.危险区图绘制

山洪灾害重点防治区内沿河村落的预警指标,重点分析流域土壤较干、较湿以及一般三种情况下的临界雨量,进而确定准备转移和立即转移雨量预警指标。针对适用于水位预警指标的沿河村落,确定准备转移和立即转移水位预警指标。

3.2　山洪灾害调查评价技术要求

为了指导和规范全国山洪灾害调查评价工作,国家防汛抗旱总指挥部办公室组织编写了《山洪灾害调查技术要求》和《山洪灾害分析评价技术要求》(简称《要求》)。

3.2.1 山洪灾害调查技术要求

3.2.1.1 调查基本原则

1.真实可靠性

调查对象的信息必须真实反映山洪灾害防治区内的自然条件、社会经济、水利工程、水文气象等情况,填报的信息真实可靠。

2.规范统一性

山洪灾害调查采取中央和地方分工协作,逐级审核,内业和外业互为补充的工作方式。中央通过收集加工国家基础地理信息数据和遥感卫星影像数据,制作现场调查工作底图,已获取了部分调查指标信息。地方各级要在中央统一的技术路线和方法指导下,采用统一标准、统一要求、统一方法开展调查工作。

3.充分利用现有成果

山洪灾害调查要充分利用已有成果,如社会经济统计资料、大比例尺地形图、近期的高分辨率遥感影像、水利工程资料、水利普查成果和其他有关专题调查资料、水文、地质资料、土地利用、土壤和植被资料、各地方史志等。对已有成果,有的可直接引用,有的可作为复核和评估调查成果的重要参考资料。

4.有效检核

在充分应用已有资料的同时,应对原有文档、图、表等进行有效检核,对现场调查,应加强过程控制和审核,及时发现问题,纠正错误。对发现的有关调查设计过程中的不合理之处,应及时向项目主管部门反映。

5.内外业相结合

山洪灾害调查采用内业和外业相结合的原则,内业充分利用各种专业调查和统计部门的成果资料,尽可能多地提取所需要的信息,外业侧重于抽查核对。对于内业没有的信息和指标,现场根据目测、走访和辅助测量工具获取所需信息。对于专业性强的测量工作,则由具有相应资质的专业单位完成。

3.2.1.2 调查具体要求

1.防治区基本情况调查

1)内业调查

调查对象统计登记是内业调查阶段的主要工作之一,统计确定各类山洪灾害调查对象的名录、数量、规模等信息,收集调查对象的基本信息,确定调查表的填报单位,保证调查对象不重不漏。

(1)收集整理已有成果资料。

收集已有相关资料,包括以下主要内容:

①各县(市、区、旗)、乡(镇、街道办事处)、行政村(居民委员会)、自然村(村民小组)的行政区划资料和基本信息,包括人口、居民户数等。企事业单位的基本信息,包括单位名称、单位类别、组织机构代码、企事业单位地址等。

②各省根据国家统计局《城镇住户调查方案》和《农村住户调查方案》2012 年度的抽样调查报表,制定居民家庭财产类型和住房类型调查分类标准。

③各县根据国家统计局《县(市)社会经济基本情况统计报表制度》的要求,收集本县 2012 年度县(市、区、旗)社会经济基本情况统计报表。

④历史山洪灾害资料,包括山洪灾害发生时间及地点、过程降雨量、洪水情况、灾害损失情况,重点是中华人民共和国成立以来发生的山洪灾害。

⑤防治区小流域基础信息及其坡面特性信息,如土地利用现状图、土壤分布图等。

⑥能共享到山洪灾害防治监测预警平台的自动监测站点,山洪灾害防治县级非工程措施建设的无线预警广播站、简易雨量站、简易水位站等基本情况。

⑦有关水库、水电站、水闸、堤防等水利工程基本情况,特性指标等信息。

⑧防治区内影响居民区安全的塘(堰)坝、桥梁、路涵等涉水工程信息。

⑨需工程治理的山洪沟基本情况。

⑩山洪灾害防治已有成果,包括规划报告、实施情况。

⑪大比例尺地形图。对收集到的防治区相关数据成果资料进行分类整理。

(2)内业调查步骤。

①综合上级提供的基础资料和本级收集的资料,编制县域内调查对象名录,作为调查工作的基础资料。

②县级调查机构可根据县域内调查对象的特点、数量及分布情况划分调查区。调查员依据调查对象名录,结合工作底图,对调查区范围内的乡(镇)、村庄,企事业单位、需工程治理山洪沟、已建山洪灾害监测预警设备、历史山洪灾害,重要沿河村落、集镇和城镇,涉水工程等基本信息进行统计,填写相关表格。

③调查指导员负责对内业调查表进行人工审核,与调查对象名录进行对比,重点核对变化的调查对象,对漏报及不符合审核条件的调查对象及时核实、更正和补报。

(3)工作内容和范围。

①编制调查对象名录,主要是县级行政区划下的各级行政区划以及山洪灾害防治区内的企事业单位。行政区划要求填报到自然村(村民小组)。根据规划和前期山洪灾害防治非工程措施建设情况综合确定山洪灾害防治区和重点防治区,并经县级机构审核确认。填写企事业单位所在地址。

山洪灾害防治区是指有山洪灾害防治任务的山丘区。山洪灾害重点防治区是指山洪灾害防治区中山洪灾害频发或灾害损失严重的区域。在本次调查中,山洪灾害防治区和重点防治区主要针对有人居住的居民区、企事业单位驻地。

②以乡(镇、街道办事处)为填报单位,收集整理乡(镇、街道办事处)下辖的行政村(居民委员会)、自然村(村民小组)各级行政区基本情况表,包括行政区划代码、总人口、户数、土地面积、耕地面积。

本次调查以国家统计局 2011 年统计用行政区划代码(省、市、县、乡、行政村五级行政区划代码已编入工作底图)为基础。各地需要在工作底图上对行政村及以上行政区划名称和行政区划代码进行核对或修改,对自然村(村民小组),则需要填写名称、标注位置、统一编码。对于小于 10 户的散户居民区,与所属的行政村(居民委员会)或者是最近的自然村一同调查。

对于行政区划有变动的,例如行政区划合并、拆分、权属调整,则需要根据现行的行政区划名称和行政区划代码进行填报。

③在工作底图上标绘山洪灾害防治区的城(集)镇、乡(镇、街道办事处)、行政村(居民委员会)、自然村(村民小组)位置和居民区范围。当居民居住分散时,可以分开来标绘。对小于10户的散户居民区也可分开来标绘。

④以乡(镇)或行业主管部门为填报单位,统计整理防治区企事业单位基本信息,包括单位名称、单位类别、组织机构代码、在岗人数、驻地的行政区划代码。在工作底图上标绘防治区企事业单位名称和位置。学校、医院、养老院、幼儿园等重点单位不能遗漏。军队、国防等涉密单位不在本次调查范围,其信息不得标绘在工作底图上。企事业单位的调查范围为常驻人口10人以上。

⑤统计整理历史山洪灾害情况,重点是中华人民共和国成立以来发生的山洪灾害,确保不遗漏发生人员伤亡的山洪灾害事件。根据地方志、水利志、年鉴、防汛总结、出版物中有关山洪灾害的记载和调查成果等,统计历史上曾经发生的山洪灾害,整理每次山洪灾害的发生时间、地点和范围、灾害损失情况(包括死亡人数、失踪人数、损毁房屋、转移人数、直接经济损失)。

⑥对于具有区域代表性的典型场次洪水,需要按《水文调查规范》(SL 196—2015)进行历史洪水调查。在内业工作阶段,需要确定需要进行洪水调查的洪水场次和调查区域。平均每个县调查的典型流域不少于3个,每个流域历史洪水调查不少于1场次。选择洪水调查场次时,最好选择近期发生的、有水文气象监测记录的、洪水痕迹清晰的。

⑦统计需防洪治理山洪沟数量,将需防洪治理山洪沟所危及的乡(镇、街道办事处)、行政村(居民委员会)、自然村(村民小组)及山洪沟的空间位置标绘在工作底图上。

⑧调查统计山洪灾害防治中建设或共享到山洪灾害防治县级监测预警平台的自动监测站点,包括自动雨量站、水位站、水文站、气象站等;调查统计山洪灾害防治县级非工程措施建设的无线预警广播站、简易雨量站、简易水位站等,整理监测预警站点和设备的基本信息。将站点的位置标绘在工作底图上。

其中各地共享到中央的自动监测站点信息已汇总到调查工具软件的基础数据中,各地需要核对和补充。

无线预警广播站、简易雨量站、简易水位站的位置有经纬度坐标的,可直接将其位置标绘在工作底图上,对于只知道站点所在行政区划名称的,需根据所在行政区划名称将其位置标绘在工作底图上,现场调查时可结合需求对位置进行修正。

⑨收集防治区内第一次水利普查的水利工程相关成果,主要是水库、水电站、水闸、堤防等,将工程位置标绘到工作底图上。所在河流(湖泊)名称及代码应填写本次调查的相应编码,或者提供名称及代码对照表。若水利工程有照片的可直接通过现场采集终端软件上传照片。

⑩以乡(镇)为填报单位,统计需要现场调查的对沿河村落防洪安全可能产生较大影响的涉水工程数量,主要是塘(堰)坝、桥梁、路涵等。选择塘(堰)坝、桥梁、路涵等调查对象的原则是:在洪水期间,可能阻水,因杂物阻塞等造成水位抬高,淹没上游居民区;或可能因工程溃决威胁下游居民区安全的工程必需调查。

⑪各县根据国家统计局《县(市)社会经济基本情况统计报表制度》2012年度报表内

容，整理填写县(市)社会经济基本情况统计表。

(4)制定居民家庭财产类型和住房类型调查分类标准。

为简化工作，本次不对防治区内居民财产和住房进行具体调查，而采用分类汇总的方法，各级行政区只需填报不同财产类型和住房类型的总数。因此，需先对居民财产、住房情况分类，各省采用地方统计部门的抽样调查数据结合现场典型调查分析制定。

①利用本省统计部门《农村住户调查方案》和《城镇住户调查方案》2012年度的抽样调查报表，以以上两个调查方案所抽取的家庭样本作为本次居民财产分类的样本，从中选取反映居民住户家庭财产的指标(包括主要生产性固定资产、耐用消费品，不包括住房和现金、存款)，整理出能反映当地居民家庭财产拥有情况样本；根据本省统计部门2012年商品指导价格，估算居民家庭财产样本的家庭财产总价值。按全省或按社会经济发展水平分区域，将典型户样本按家庭财产价值由高到低排序，按样本总数的20%、50%、80%比例划分为4类，以区分居民财产价值类型，制定"居民家庭财产分类对照表"。

②根据当地情况，按省或按县将具有代表性的农户主要住房按结构形式、建筑类型和造价划分为4类。分类以结构形式为考虑的首要因素，然后考虑建筑类型和造价，以使住房分类能反映房屋对洪水的抵抗能力。对每一类住房选择不少于3户进行典型样本现场调查，收集住房结构形式、建筑类型、地基情况、建筑面积、工程造价等信息，填写农村住房情况典型样本调查表，绘制住房平面图，拍摄住房照片，制订居民住房类型对照表。选择样本时，应包涵当地大多数农户住房的建筑类型，少数特别豪华或特别破落的住房可归入其他类型；选择农户住房时，只选择农户居住的主房，无人居住的附属房屋、生产用房和临时房屋可不调查。

③对于无《农村住户调查方案》和《城镇住户调查方案》材料的，需采用抽样调查的方法制定居民家庭财产分类标准。抽样调查方法：住户调查抽样设计以县为总体，原则上采用二阶段自加权抽样方案，即县抽调查小区(村庄)，调查小区抽户，每个调查县的调查户数相同。第一阶段在每个调查县内，按抽样框资料中的城乡分类代码和调查小区码进行排序，采用与人口规模成比例(PPS)的抽样方法，抽选调查小区；第二阶段在样本调查小区内用等概率系统抽样方法抽选固定数量的调查户。每县至少抽分布于不同村中的5个调查小区，每个调查小区至多抽10个调查户。然后根据上述方法制定居民家庭财产分类标准。

2)外业调查

(1)一般要求。

外业调查阶段根据现场目测、走访和辅助测量工具获取调查对象信息。外业调查必须紧密结合内业调查的成果，对内业调查阶段确定的调查对象，主要工作是补充完善各类信息；对内业调查阶段遗漏或填错的对象或信息，需要进行更正。外业调查的主要工作有在工作底图上标注调查对象的位置和范围、填写调查对象信息表、拍照片。

如无特别说明，则外业调查阶段主要是采用现场数据采集终端(包括笔记本、数码相机、便携GPS终端、标杆等和软件)，开展实地调查；在工作底图上标注调查对象位置时，要求平面相对误差不超过10 m；拍摄照片时，分辨率要求像素不小于800×600，每个对象照片不超过5张。

(2)防治区基本社会经济情况调查。

①以自然村为单元,调查各级行政区划的基本社会经济情况,内容包括行政区名称、行政区代码、总人口、土地面积、耕地面积、家庭财产情况、住房情况。其中,行政区名称、行政区代码、总人口经内业调查阶段填写后由采集终端软件自动关联,外业调查阶段需核对。家庭财产情况、住房情况根据各地制定的居民家庭财产分类对照表和居民住房类型对照表,按每个自然村的实际情况进行对比归类,分类统计汇总。

拍摄能反映行政区划概貌的满足分辨率要求(像素不小于 800×600)的照片存档。对于小于 10 户的散户居民区,与所属的行政村(居民委员会)或者是最近的自然村一同调查。

②以行政村为单元,调查防治区内的受山洪威胁的企事业单位情况,包括单位名称、单位类别、组织机构代码、地址、驻地的行政区划代码、所在危险区代码、占地面积、在岗人数、房屋数量、固定资产、年产值。其中,单位名称、单位类别、组织机构代码、地址、在岗人数、驻地的行政区划代码经内业调查阶段填写后由采集终端软件自动关联,外业调查阶段需核对。拍摄能反映单位概貌的满足分辨率要求(像素不小于 800×600)的照片存档,并将企事业单位尤其是学校、幼儿园、敬老院、医院等山洪防治重点单位标注在工作底图上。

③对于有条件的地区,可逐年登记防治区内的流动人口,包括农业从业人员、临时施工人员、旅游人员、其他流动人员。本项可选择调查。

(3)危险区调查。

①根据区域地形地貌、沟河分布、居民居住情况,现场查勘洪水痕迹,走访农户,调查历史最高洪水位或最高可能淹没水位,综合分析山洪灾害可能发生的类型、程度及影响范围,调查并标注成灾水位,合理确定村落、城镇中受山洪威胁的区域,在工作底图上实地标绘危险区范围。成灾水位以沿河村落[城(集)镇]内可能发生山洪灾害的最低水位表示,根据防治区地形条件、沿河村落、集镇和城镇等保护对象位置与高程分布、历史洪水淹没情况等,结合现场调查,综合分析确定。

②调查危险区内的社会经济基本情况,包括行政区代码、行政区名称、危险区名称、危险区代码、危险区内人口、危险区内家庭财产情况、危险区内住房情况。其中,危险区内家庭财产情况、危险区内住房情况根据各地制定的居民家庭财产分类和居民住房类型分类标准进行分类汇总。对于一个村落有多个危险区的,需对每一个危险区分别进行调查,并分别命名以示区分。对于小于 10 户的散户居民区,可单独作为一个危险区调查。

③对沿河村落应结合河道控制断面测量,可按照相对应于河岸的高程分别统计危险区内的居民情况。可采用连续运行基准站系统(CORS)或 GPS 配合全站仪方法进行快速测量,以获取成灾水位和居民户沿高程分布情况。

④通过现场查勘,综合确定转移路线和临时安置点,在工作底图上标绘各危险区的转移路线和临时安置点,转移路线和临时安置点的确定原则如下:

a.转移路线的确定遵循就近、安全的原则,要避开跨河、跨溪或易滑坡等地带。不要沿着溪河沟谷上下游、泥石流沟上下游、滑坡的滑动方向转移,应向溪河沟谷两侧山坡或滑动体的两侧方向转移。

b.临时安置地点的确定遵循就近、安全的原则,安置点应高于历史最高洪水位,能够容纳所有转移人员，且应该开阔，可观察险情发展。不要安置在滑坡体上，尽量避免在陡坡、悬崖下。

(4)小流域基础信息核查。

①对小流域命名，在现场调查工具软件上直接填写。小流域命名力求简明确切、易于辨识，尽量沿用当地沟道、村庄、山脉、河流的名称，遵循当地的习惯叫法。

②小流域节点位置修改意见。对划分的小流域，如果流域内发生现势性变化，如修建水库、水闸、水电站等水利工程设施，改变了河道的汇流特性，需提出出口位置修改建议。此外，如果流域内有重要村落、重要设施等洪水分析关注的对象，应设置关注节点，以便做洪水分析时划分集水区。

③对小流域土地利用分类成果现场核查，对实地发生变化且工作底图上没有反映的其面积占所在小流域面积20%以上的地类，提出修改建议。

(5)需防洪治理的山洪沟基本情况调查。

①在内业调查的基础上，以县级行政区划为基本单元，开展需防洪治理的重点山洪沟基本情况调查，内容包括山洪沟名称、所在行政区、集水面积、沟道长度、沟道比降、防洪能力现状(包括现状防洪标准)、已有防护工程长度(包括堤防、护岸)、影响对象[包括乡(镇)、行政村、自然村、人口、耕地、重要公共基础设施]、中华人民共和国成立以来主要山洪灾害损失情况[包括发生次数、死亡(失踪)人数]、治理措施。

②将需防洪治理的山洪沟河道位置及受保护的村庄、集镇范围标绘在工作底图上。工作底图上空间位置的标绘方法详见《调查评价现场数据采集终端软件使用手册》。

③现场标绘的位置精度，要求相对误差不超过10 m。

(6)涉水工程调查。

①重点调查防治区内对沿河村落防洪安全可能产生较大影响的塘(堰)坝、桥梁、路涵等工程。选择塘(堰)坝、桥梁、路涵等调查对象的原则是：在洪水期间，可能严重阻水；或可能因杂物阻塞等造成水位抬高，淹没上游居民区；或可能因工程溃决威胁下游居民区安全的工程必须调查。各地根据具体情况，确定调查对象。

②现场将工程位置标绘在工作底图上，位置标绘相对误差要求不超过10 m。

③对工程主体拍摄满足分辨率要求(像素不小于800×600)的照片存档，照片应能反映工程主体与周边地形的关系，反映工程的主体结构尺寸。拍照片的时候，在涉水建筑物旁竖一个不小于2 m长的标尺，以便能根据照片中的标尺估计建筑物的大概尺寸。每个调查点照片不超过3幅。

④塘(堰)坝工程的调查范围是：塘坝的容积限制为1万m^3以上，10万m^3以下；堰坝的坝高限制在2 m以上。调查内容包括所在政区名称、塘(堰)坝代码、塘(堰)坝名称、总库容、坝高、坝长、挡水主坝类型。

⑤路涵的调查内容包括所在行政区名称、涵洞名称、涵洞编码、涵洞类型、涵洞高、涵洞长、涵洞宽(表B06)。

⑥桥梁的调查内容包括所在行政区、桥梁名称、桥梁编码、桥梁类型、桥长、桥宽、桥高。

⑦重点调查在居民区附近、对河道行洪有较大影响的桥梁和路涵；对居民区安全影响

较小的规模较大或规模很小的路涵和桥梁可以不调查。

(7)沿河村落和重要城(集)镇现场详查。

对沿河村落和重要城(集)镇进行详查,调查范围为本阶段确定的危险区范围内的居民区。

①沿河村落调查至自然村(村民小组)居民户,调查内容包括村落名称、村落代码、基准点经度、基准点纬度、基准点高程、户主姓名、家庭人口、住房(包括建筑面积、建筑类型、结构形式、经度、纬度、宅基高程、临水、切坡)。测量住房坐标和宅基高程,将住房位置标绘在工作底图上。对住房拍摄满足分辨率要求(像素不小于800×600)的住房照片。

②重要集镇和城镇调查至居民户或住宅楼栋,调查内容包括城(集)镇名称、城(集)镇代码、基准点经度、基准点纬度、基准点高程、地址(门牌号码)、楼房号、人员情况、住房(包括建筑面积、建筑类型、结构形式、经度、纬度、宅基高程、临水、切坡)。将住房位置标绘在工作底图上。对住房拍摄满足分辨率要求(像素不小于800×600)的住房照片。

③对于沿河村落、重要集镇和城镇内的企事业单位,可参考②调查办公楼的相应信息。

(8)历史洪水调查。

根据中华人民共和国成立以来发生的历史山洪灾害记录,对具有区域代表性的典型场次洪水,按照历史洪水调查相关要求进行现场调查,考证洪水痕迹,对洪水痕迹所在河道断面进行测量,并收集调查相应的降雨资料,估算洪峰流量和洪水重现期。

历史山洪灾害洪水调查成果包括以下内容:

①洪水痕迹、河道横断面及河道纵断面的调查和测量。具体要求按照《水文调查规范》(SL 196—2015)和《水文普通测量规范》(SL 58—2014)的有关规定执行。现场调查历史洪水痕迹时,需做好洪水考证记录,包括洪水发生时间、洪水痕迹(包括洪水编号、所在位置、高程、可靠程度)、指认人情况(包括姓名、性别、年龄、住址、文化程度)、洪水访问情况、调查单位及时间。

②河道横、纵断面测量可参照相关技术要求进行。横断面上需标绘洪水位。纵断面上应绘出平均河床高程线、调查水面线、调查洪水痕迹点及各调查年份历史洪水水面线。对各洪水痕迹点结合水面线进行可靠性和代表性的分析和评定。

③对于一些有重要价值及估算洪水大小有参考意义的调查访问资料应进行摄影,摄影的内容一般为明显的洪水痕迹、河道形势和地形、河床及滩地的河床质及覆盖情况等。

④收集历史洪水对应的降雨资料,并估算洪峰流量和洪水重现期。内容包括:山洪灾害发生位置、山洪灾害类型、山洪灾害发生时间、调查时间、降雨开始时间、最大雨强出现时间、降雨历时、总雨量、最大雨强、最大雨强至灾害发生的时距、降雨发生至灾害发生的时距、调查最大洪水流量、调查最高水位、重现期、可靠性评定。

⑤编写调查报告。应包括下列内容:调查工作的组织、范围和工作进行情况;调查地区的自然地理概况、河流及水文气象特征等方面的概述;调查各次洪水、暴雨情况的描述和分析及成果可靠程度的评价;洪水调查河段地形图或平面图(反映调查河段内河床地形及洪水泛滥情况,以工作底图为基础编制);对调查成果做出的初步结论及存在的问题;报告的附件,包括附表、附图、照片,并将调查成果汇总到调查成果分类汇总表。

2.水文气象资料收集

以省级行政区划为单位,以水文分区或县级行政区划为单元,由各省水文部门或专业技术单位负责收集整理水文气象基本资料,收集整理山洪灾害防治区水文气象资料和小流域暴雨洪水分析方法。

1)暴雨参数资料

(1)开展各地暴雨图集收集上报工作,同时收集暴雨图集制作所用雨量站最大10 min、1 h、6 h、24 h和其他时段年最大点雨量对应的统计参数(均值$\overline{X}$、变差系数C_v、C_s/C_v)。

(2)收集各地24 h设计暴雨时程分配资料。

以长短历时雨量同频率相包的形式分配时程雨量,以水文分区或者全省为单元收集24 h设计暴雨时程分配相关资料。

(3)收集各地水文分区对应的短历时暴雨时面深关系图(曲线、表等)。

2)历年水文站流量及其统计参数资料

(1)收集各省山洪灾害防治区水文站历年平均流量、最大流量、最小流量,组成流量系列,按《基础水文数据库表结构及标识符标准》(SL 324—2005)年流量表(HY_YRQ_F)的格式。

(2)收集各省山洪灾害防治区水文站年平均流量、最大流量、最小流量统计参数(均值$\overline{X}$、离差系数C_v、C_s/C_v)。利用其可以计算设计洪水。

3)暴雨洪水资料

(1)收集山洪灾害防治区水文站洪水要素摘录资料及其上游雨量站相应降雨摘录资料,用于小流域水文分析模型率定检验。收集资料时间为中华人民共和国成立后至2012年,每年选择最大的一场洪水及其他场次5年一遇以上的较大洪水,资料系列不少于30年。按《基础水文数据库表结构及标识符标准》(SL 324—2005)洪水水文要素摘录表(HY_FDHEEX_B)、降水量摘录表(HY_PREX_B)的格式。

(2)收集山洪灾害防治区内蒸发站逐日蒸发资料,收集资料时间为建站以来至2012年底。按《基础水文数据库表结构及标识符标准》(SL 324—2005)日水面蒸发量表(HY_DWE_C)的格式。

4)测站的基本信息

按《基础水文数据库表结构及标识符标准》(SL 324—2005)中测站一览表(HY_STSC_A)的格式,填写测站的索引和最新的基本情况。

5)小流域设计暴雨洪水计算方法及相应参数取值

(1)收集各地暴雨图集、中小流域水文图集、水文水资源手册(涵盖小流域设计暴雨洪水的计算方法、图表及参数等)等资料。具体内容包括各水文测站产汇流模型及其计算参数,汇流单位线及其计算参数,水文分区汇流计算的参数综合值,或相关经验公式、综合公式。

(2)收集各地水文分区资料及对应的产流参数。

6)编制水文资料收集整理工作报告

水文资料收集整理工作报告包含资料说明、图表、纸质文档、电子文档。

3.河道断面测量及居民住房位置和高程测量

对影响重要城(集)镇、沿河村落安全的河道进行控制断面测量,以满足小流域暴雨洪水分析计算、防洪现状评价、危险区划定和预警指标分析的要求。控制断面测量成果要反映河道断面形态和特征,标注成灾水位和历史最高洪水位等。

测量危险区内所有居民住房位置和基础高程,用于分析评价不同洪水(暴雨)级别下的影响人口。

1)河道断面测量一般要求

(1)断面测量工作的范围为沿河村落、重要集镇和重要城镇所在沟道的断面测量。主要内容如下:

①每个沿河村落、重要集镇和重要城镇测量1个纵断面和2~3个横断面(其中标注居民区成灾水位的横断面为控制断面),如有多条支流汇入,每条支流应加测1个纵断面和2~3个横断面(见图3-1~图3-3)。

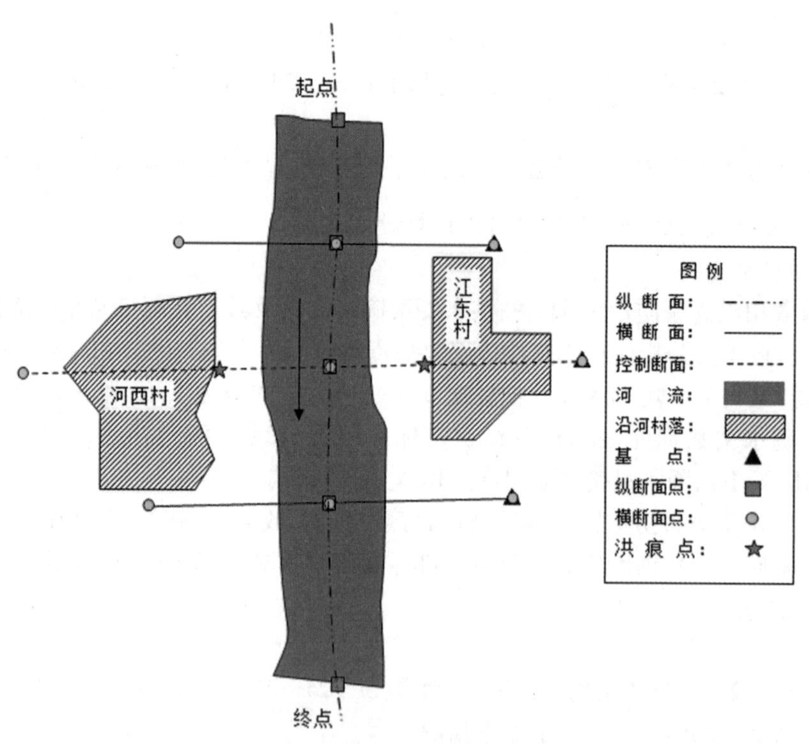

图3-1　单沟道控制断面位置选择

②沿河村落、重要集镇和重要城镇的上下游横断面间距,视河段坡降大小、断面变化程度而定,一般300~500 m,具体可参照《水工建筑物与堰槽测流规范》(SL 537—2011)。选取的横断面应能反应河道形状,尽量选择河势平稳、河道顺直段,横断面间不应有桥梁、堰、陡坎和卡口等;如无法避免桥梁、堰、陡坎和卡口等控制性建筑物,应增加测量控制性建筑物断面。横断面水上部分应测至历史最高洪水位0.5~1.0 m;对于漫滩大的河流可只测至洪水边;有堤防的河流应测至堤防背河侧的地面;无堤防而洪水漫溢至与河流平行的铁路公路围圩时则测至其外侧。

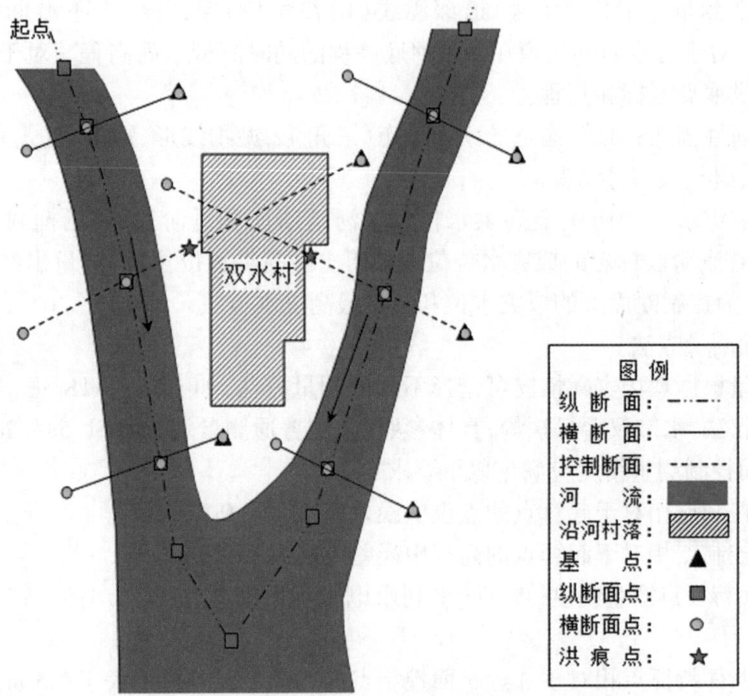

图 3-2　两条沟道交会处村落控制断面位置选择

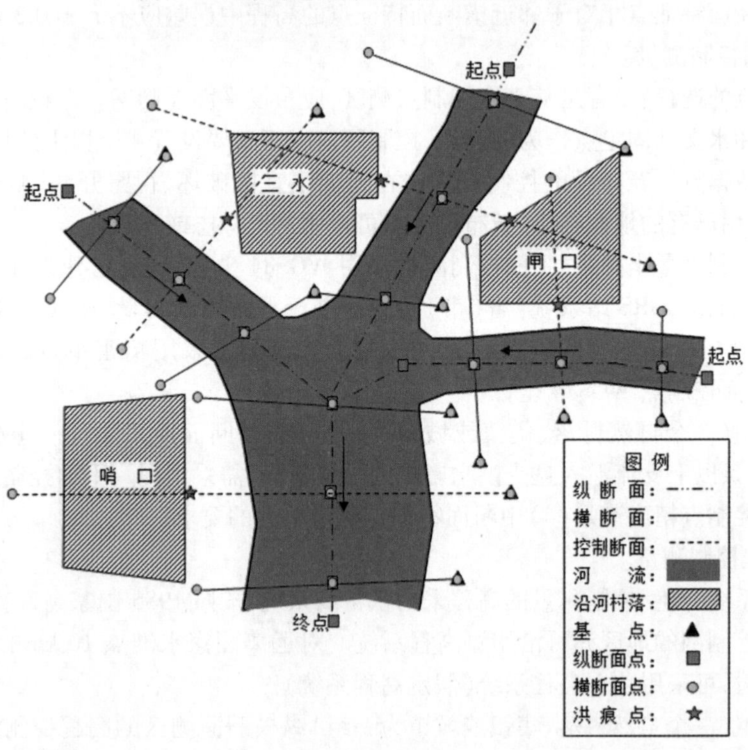

图 3-3　多条沟道交会处沿河村落控制断面位置选择

③纵断面测量一般沿沟(河)道深泓线(山谷线)布置,并向上下游断面外各延伸100~200 m。对于有水面的河道在测量河底高程的同时测量水面高程。对于有历史洪痕的河段需测洪痕点坐标和高程。

④断面属性描述:河道/沟道的断面形态(三角形、抛物线形、矩形、复式)和河床底质(泥质、沙质、卵石、岩石)情况。

⑤测量成灾水位和历史最高洪水位。在河道断面测量阶段,将沿河村落和重要城(集)镇现场详查阶段标志的成灾水位位置和历史最高洪水位位置,测量出经纬度坐标和高程,并转化为控制断面上的成灾水位和历史最高洪水位。

(2)断面测量方法。

断面测量根据现场实际情况可选择不同的测量方法,如 GNSS RTK 法、全站仪法、三维激光扫描仪法、水准仪卷尺法等,具体参照《水文普通测量规范》(SL 58—2014)。

(3)断面控制测量精度应满足以下要求:

①平面控制点相对于起算点的点位中误差应不大于 0.2 m;

②高程控制点相对于起算点的高程中误差应不大于 0.1 m;

(4)断面特征点测量精度[参照《水利水电工程测量规范》(SL 197—97)]应符合以下规定:

①纵横断面特征点相对于邻近平面控制点的点位中误差应不大于 1.5 m;

②纵横断面特征点相对于邻近高程控制点的高程中误差应不大于 0.3 m;

③纵横断面特征点相对于邻近横断面特征点的高程中误差应不大于 0.3 m。

(5)平面控制测量。

①控制点的选择:没有足够密度控制点测区,应布设平面控制网。布设时应将可能利用的国家点和水文站固定点作为控制点,控制网内应至少要设置 4 个以上的控制点,其中应包括起始数据点。新布设的控制点宜选在稳固不宜被破坏、视野开阔、便于联测的地方,尽可能选用已有的地面标志,新布设的点可采用钢钉标志或埋石。

②平面控制测量坐标系:平面控制测量采用 WGS84 坐标系统;已建设完成连续运行参考站系统(简称 CORS 站系统)省(市)的测区进行平面控制测量,选择 WGS84 坐标系统;尚未完成 CORS 站建设的省(市)的测区平面控制测量采用精密单点定位或单点定位,以获取平面控制点 WGS84 坐标。

③同一组(一个自然村落、集镇或城镇为一组)纵横断面应采用同一坐标系统控制网,对于有 2 条以上支流汇入且受洪水影响的纵横断面,需采用同一平面控制网。

④平面控制点精度满足(4)中断面特征点测量精度的要求。

(6)高程控制测量。

①高程系统:高程控制测量的高程采用正常高系统,按照 1985 国家高程基准起算,在已建立高程控制网的地区亦可沿用原高程系统。对远离国家水准点 10 km 以上的地区,引测有困难时,可采用独立高程系统(假定高程系统)。

②同一组(一个自然村落、集镇或城镇为一组)纵横断面测区的高程控制测量应采用同一高程系统,对于 2 条以上支流汇入且受洪水影响的纵横断面,需采用同一高程系统。

高程控制点精度满足(4)中断面特征点测量精度的要求。

(7)沿河村落的每个横断面至少附2张照片,左右岸各1张,根据断面起伏适当增加照片。

2)断面特征点选取原则

(1)横断面的基点:以左岸断面桩的起点作为横断面的基点(起点距的零点),若自右岸断面桩作为基点则应注明。

(2)断面特征点选取。

①断面形态呈三角形时,深泓线上的基点为特征点,根据坡度的变化,其他变坡点之间的水平间距取20~40 m,坡度变化超过10°处应选择一个特征点。

②断面形态呈抛物线形时,深泓线附近坡度变化剧烈,应在5~20 m的间距选择一个特征点,随着坡度变化减缓,特征点之间水平间距取20~40 m。

③断面形态呈矩形时,两边悬崖顶部、中部和底部各测量一个特征点,沟道底部特征点之间按照实际情况适当测量2~10个点。

④断面形态呈复式时,选取断面特征点符合①~③的规定。

(3)当沟道断面穿过建筑物、构筑物时,断面上应增加如下特征点:

①断面穿过堤防时,断面上增加两个特征点:堤顶点和堤底点;

②断面穿过阻水树林时,断面上增加两个特征点:树林边界点;

③断面穿过阻隔河道的建筑物时,断面上增加两个特征点:建筑物边界点。

(4)断面特征点及野外测量编码应符合有关规定。

(5)每个河道横断面应不少于8个能反映河道特征的特征点。测量特征点主要有基点、堤(坡)顶、堤(坡)脚、水边点、历史最高洪水位点、深泓线点(或河底点)。

3)居民住房位置和高程测量

(1)对重要城(集)镇、沿河村落居民住房位置及基础高程进行测量,测量范围为历史最高洪水位(或可能淹没水位)以下的居民住房。

(2)对重要城(集)镇、沿河村落居民住房位置及高程测量与河段内各组纵横断面河底高程测量同步进行,采用同一坐标系统和高程系统。

(3)每座住房测量一个代表坐标点(平面坐标和基础高程);企事业单位等人口密集区的每个建筑物测量一个坐标点(平面坐标和高程点)。

3.2.1.3 前期准备工作

1.组织协调

地方各级调查主管部门根据任务分工和质量控制要求,认真组织实施山洪灾害调查工作,做到组织有力、上下协调、措施到位、成果合格。

(1)地方各级主管部门负责本辖区山洪灾害调查的组织和领导工作。

①负责协调有关部门和单位,落实调查工作人员和工作经费。

②检查督促调查工作,及时协调解决调查工作中的问题。

③组织相关行业主管部门进行企事业单位的调查工作。

(2)地方各级调查主管单位具体组织实施山洪灾害调查工作。

①组织制订本辖区调查工作方案,组织实施调查工作。

②负责调查指导员和调查员的选聘工作,落实调查人员。

③开展调查宣传，组织人员参加上级组织的培训，负责基层调查人员的培训工作。

④负责各种物资设备的准备工作。

⑤组织调查对象的登记、复核，编制调查对象名录。

⑥确定调查表格的填报单位，通过档案查阅、外业调查、现场查勘等方法收集、复核调查数据，组织填报、审核调查表。

⑦负责辖区调查工作的检查、指导，调查数据质量的抽查、验收。

⑧负责本辖区调查数据的录入、审核、汇总、上报。

⑨负责调查其他相关工作。

⑩企事业单位的调查由相关行业主管部门组织各单位填报，行业主管部门汇总。

2.编制工作方案

山洪灾害调查工作方案的主要内容包括：目标任务、环境条件、各项工作的布置及其工作量、工作方法及技术要求、人员组织、技术及质量保障措施、环境与职业健康安全、经费预算、工作限期和预期成果等。各地可根据实际情况，补充制定现场调查对象［如塘（堰）坝、桥梁、路涵等涉水工程］的具体调查标准和方法。

工作方案应做到任务明确，依据充分，工作部署合理，技术方法简单可行，保障措施得力，文字简明扼要，重点突出，所附图表齐全、清晰。

3.组织调查队伍

根据各阶段的工作内容和工作重点，成立熟悉业务的调查队伍，做好任务分工并注意各个环节之间的衔接与配合，做到单位人员分工明确、工作任务不重不漏。

4.开展业务培训

组织调查人员进行相关业务培训，充分理解各项调查内容和要求，明确各自的职责。熟悉工作方法和技术要求，熟悉调查表格及指标的内容和格式，熟练掌握调查工具和软件的操作使用。

3.2.1.4 调查成果把控

山洪灾害调查采用中央、地方分工协作，逐级审核的工作方式，各级调查机构应严格控制好进度与质量。山洪灾害调查必须按照各年度全国山洪灾害调查评价工作方案的进度安排严格执行。山洪灾害调查的三项任务，水文气象资料收集和典型场次历史洪水调查由各省水文部门或专业技术单位负责收集整理时，必须按省级调查机构的进度和质量控制要求；山洪灾害防治区基本情况调查由地方各级调查机构承担，因调查任务繁杂，进度与质量控制尤为重要。河道断面测量和地形测量相对单一，可由省或地方各级调查机构委托具有相应资质的单位承担，由各级调查机构控制好进度和质量。

3.2.2 山洪灾害分析评价

山洪灾害分析评价工作是基于基础数据处理和山洪灾害调查的成果，针对沿河村落、集镇和城镇等具体防灾对象开展，按工作准备、暴雨洪水计算、分析评价、成果整理四个阶段进行。

（1）工作准备阶段。

根据山洪灾害调查结果，确定需要进行山洪灾害分析评价的沿河村落、集镇、城镇等名录。从基础数据和调查成果中提取与整理工作底图、小流域属性、控制断面、成灾水位、水文气象资料,以及现场调查的危险区分布、转移路线和临时安置地点等成果资料,对资料进行评估并选择合适的分析计算方法,为暴雨洪水计算和分析评价做好准备。

(2)暴雨洪水计算阶段。

假定暴雨洪水同频率,根据指定频率,选择适合当地实际情况的小流域设计暴雨洪水计算方法,对各个防灾对象所在的小流域进行设计暴雨分析计算,对相应的控制断面进行水位流量关系和设计洪水分析计算,得到控制断面各频率的洪峰流量、洪量、上涨历时、洪水过程以及洪峰水位,论证计算成果的合理性。

(3)分析评价阶段。

①基于小流域设计暴雨洪水计算的成果,进行沿河村落、集镇和城镇等防洪现状评价、预警指标分析、危险区图绘制等分析评价工作。

②防洪现状评价采用频率分析或插值等方法,分析成灾水位对应洪峰流量的频率,运用特征水位比较法,以及人口沿高程分布关系,分析评价防灾对象的现状防洪能力,并采用频率法确定危险区等级,统计各级危险区内的人口、房屋等基本信息。

③雨量预警指标可采用经验估计、降雨分析以及模型分析等方法进行分析确定。基本方法是根据成灾水位反推流量,由流量反推降雨。重点通过分析成灾水位、预警时段、土壤含水量等,计算得到防灾对象的临界雨量,根据临界雨量和预警响应时间综合确定雨量预警指标,并分析成果的合理性。

④水位预警指标采用上下游相应水位法或由成灾水位直接分析确定。

⑤危险区图在统一提供的工作底图上进行绘制,包括不同等级的危险区范围,人口、房屋信息,预警指标等信息。

(4)成果整理阶段。

汇总整理分析计算成果,编制成果表,绘制成果图,撰写并提交分析评价成果报告。

3.2.2.1　设计暴雨计算

设计暴雨计算所涉及的小流域指防灾对象控制断面以上或以其下游不远处为出口的完整集水区域。设计暴雨计算是无实测洪水资料情况下进行设计洪水计算的前提,也是确定预警临界雨量的重要环节,计算内容包括确定和分析小流域时段雨量、暴雨频率和暴雨时程分配。

1.暴雨历时确定

暴雨历时分析是根据流域大小和产汇流特性,确定小流域设计暴雨所需要考虑的最长暴雨历时及其典型历时。暴雨历时分析包括流域汇流时间、常规标准历时和自行确定历时 3 类。

流域汇流时间是反映小流域产汇流特性最为重要的参数,作为小流域设计暴雨计算所需要考虑的最长历时。确定流域汇流时间时,应基于前期基础工作成果提供的小流域标准化单位线信息,选定初值,再结合流域暴雨特性与下垫面情况,综合分析后确定。

常规设计暴雨洪水要求的 10 min、1 h、6 h、24 h4 种标准历时,也应当作为山洪灾害分析评价设计暴雨的典型历时。

各地也可自行确定增加历时,即可根据当地暴雨图集和小流域特性的需求,适当增加设计暴雨的暴雨历时。

2.暴雨频率确定

分析评价计算暴雨的频率为20%、10%、5%、2%、1%5种。有条件的地方,可进行可能最大暴雨(PMP)的分析,为后面进行可能最大洪水(PMF)分析提供支撑。

3.设计雨型确定

采用各地现行暴雨图集、水文手册、中小流域水文图集、水文水资源手册等推荐的雨型。有资料的地方,也可以采用典型场次资料分析。

4.计算方法选择

应当根据流域特征和资料条件,对照指定的暴雨频率和降雨历时,分析计算相应的时段雨量和设计雨型。

时段雨量按以下方法计算:

(1)在雨量观测资料短缺或无资料地区,可根据所在地区的暴雨图集、水文手册等基础性资料,或者经过审批的各种降雨历时点暴雨统计参数等值线图,查算各种历时设计暴雨雨量;或者根据暴雨公式进行不同降雨历时设计雨量的转化。

(2)在观测资料充分的地区,可以利用当地雨量观测系列推求暴雨统计参数,并运用当地以及全国性暴雨图集和水文手册作为参证,以评价当地资料计算统计参数的合理性,并做适当修正。

(3)如果小流域所处地区雨量站网较密,观测系列又较长,可以直接根据设计流域的逐年最大面雨量系列做频率分析,以推求流域的时段雨量。

(4)时段雨量为面雨量,对面积较小的小流域,可以点雨量代表面雨量,不需要进行点雨量与面雨量的转换;如流域面积较大,可用相应历时的设计点雨量和点面关系间接计算时段雨量。

设计雨型采用时段雨量序位法、百分比法两种计算。

5.成果要求

提供分析对象相关雨量站各时段雨量的均值$\overline{H}$、变差系数C_v、C_s/C_v和各时段相应频率的雨量值H_p,提供小流域的设计暴雨成果和小流域汇流时间设计暴雨时程分配成果。

3.2.2.2 设计洪水分析

设计洪水分析中,假定暴雨与洪水同频率,基于设计暴雨成果,以沿河村落、集镇和城镇附近的河道控制断面为计算断面,进行各种频率设计洪水的计算和分析,得到洪峰、洪量、上涨历时、洪水历时四种洪水要素信息,再根据控制断面的水位流量关系,将洪峰流量转化为相应水位,为现状防洪能力评价、危险区等级划分和预警指标分析提供支撑。

1.净雨分析

根据小流域设计暴雨成果,扣除损失,得到净雨。扣除损失应基于5种典型暴雨频率对应的以小流域汇流时间为历时的设计暴雨的时程分配成果进行,得到相应的净雨时程分配成果。

2.洪水频率确定

洪水频率与暴雨频率对应,即20%、10%、5%、2%、1%5种;分析了可能最大暴雨(PMP)的地方,需要分析可能最大洪水(PMF)。

3.洪水要素确定

根据山洪的特点,洪水要素包括洪峰流量、洪量、上涨历时、洪水历时。

4.洪水计算方法

根据流域水文特性、下垫面特征和资料条件,选择各省水文手册规定方法和分布式水文模型方法进行设计洪水计算。可以采用推理公式法、经验公式法计算设计洪水洪峰流量;当资料条件允许时,应当采用流域水文模型法分析。通常采用 2~3 种方法进行计算,分析各种方法的成果,选择最优成果或者综合处理后,作为洪水分析的最后成果。

选择方法时,遵循以下原则:

(1)推理公式法和单位线法:参照《水利水电工程设计洪水计算规范》(SL 44—2006)的要求进行。

(2)经验公式法:根据各地的水文手册等,选择尽可能全面反映洪峰流量与流域几何特征(集水面积、河长、比降、河槽断面形态等)、下垫面特性(植被、土壤、水文地质等)以及降雨特性之间相关关系的经验关系式,进行设计洪水计算。

(3)流域水文模型法:当流域面积较大、产流和汇流条件空间差异较大,或者包含坡面型、区间型等特殊类型小流域时,可以将流域划分成几个计算单元,分别进行产流和汇流计算,再经河道演算叠加后,作为沿河村落、集镇和城镇所在河道控制断面的设计洪水。基于山洪灾害调查的工作成果,建议采用分布式水文模型进行计算。

(4)各地如有符合当地情况的算法,也可采用,但应在分析评价报告中详细说明。

5.水位流量关系计算

采用水位流量关系或曼宁公式等水力学方法,将沿河村落、集镇和城镇河道控制断面设计洪水洪峰流量转换为对应的水位,绘制水位流量关系曲线。具体可参照《水工建筑物与堰槽测流规范》(SL 537—2011)中的比降面积法进行计算。

如果有实测的相关资料或成果,应优先采用。

比降和糙率是水位流量转换的重要参数,二者的确定原则和方法如下。

1)比降

(1)如果沿河村落、集镇和城镇的河道上下游有历史洪痕的沿程分布资料,以洪痕确定水面线,采用洪痕水面线比降作为水位流量转换中的比降。

(2)如果有近年来洪水发生的洪水水面线,采用该水面线比降作为水位流量转换中的比降。

(3)如果有中小洪水发生时的实测水面线,采用该水面线比降作为水位流量转换中的比降。

(4)如果没有水面线信息,可采用沿河村落、集镇和城镇的河床比降作为水位流量转换中的比降。

以上四种方法中,若资料条件允许,应优先采用第(1)、(2)种方法,然后是第(3)种方法。第(4)种方法为无资料时采用。

2)糙率

参照沿河村落、集镇和城镇所在河流的沟道形态、床面粗糙情况、植被生长状况、弯曲程度以及人工建筑物等因素确定:

(1)如果有实测水文资料,应采用该资料进行推算,确定水位流量转换中的糙率;

(2)如果无实测水文资料,应根据沟道特征,参照天然或人工河道典型类型和特征情况下的糙率,确定水位流量转换中的糙率。

根据水位流量关系和河道比降,将居民住房位置及高程测量成果转换为控制断面的水位人口关系曲线。按 0.5~1 m 的水位间距统计对应控制断面该水位下的累积人口、户数和房屋数,填写控制断面水位—流量—人口关系表。

6.合理性分析

采用以下方式,进行设计洪水的合理性分析。

(1)与历史洪水资料或本地区调查大洪水资料进行比较分析。

(2)与本地区实测洪水资料成果进行比较分析。

(3)与气候条件、地形地貌、植被、土壤、流域面积和形状、河流长度等方面均高度相似情况的设计洪水成果进行比较分析。

(4)采用多种方法进行分析计算,比较分析所有成果。

7.成果要求

提供分析评价对象控制断面各频率(重现期)设计洪水的洪峰、洪量、上涨历时、洪水历时等洪水要素以及控制断面各频率洪峰水位等信息。

3.2.2.3　防洪现状评价

防洪现状评价是在设计洪水计算分析的基础上,分析沿河村落、集镇和城镇等防灾对象的现状防洪能力,进行山洪灾害危险区等级划分以及各级危险区人口及房屋统计分析,为山洪灾害防御预案编制、人员转移、临时安置等提供支撑。

现状防洪能力分析主要内容是沿河村落、集镇和城镇等防灾对象成灾水位对应洪峰流量的频率分析,并根据需要辅助分析沿河道路、桥涵、沿河房屋地基等特征水位对应洪峰流量的频率,统计确定成灾水位(其他特征水位)、各频率设计洪水位下的累计人口和房屋数,综合评价现状防洪能力。

1.成灾水位对应的洪水频率分析

现状防洪能力以成灾水位对应流量的频率表示,成灾水位由现场调查测量确定。分析时,采用水位流量关系或曼宁公式等水力学方法,求出成灾水位对应的洪峰流量,采用频率分析法或者插值法等,确定该流量对应的洪水频率。

根据需要可分析其他特征水位(沿河道路、桥涵、沿河房屋地基等特征高程)对应的洪峰流量,采用频率分析法或者插值法等,确定各流量对应的洪水频率。

采用曼宁公式将成灾水位转化为对应的洪峰流量时,仍需按照上述原则和方法确定比降和糙率。

2.现状防洪能力确定

根据现场调查的沿河村落、集镇和城镇人口高程分布关系,统计确定成灾水位(及其他特征水位)、各频率设计洪水位下的累计人口和房屋数,绘制防洪现状评价图。图中应包括水位流量关系曲线、各特征水位及其对应的洪峰流量和频率,以及各频率洪水位以下的累计人口(户数)和房屋数。根据防洪现状评价图,结合控制断面水位流量关系特点,综合确定沿河村落、集镇和城镇等防灾对象的现状防洪能力。

3.危险区等级划分

1)危险区范围确定

在现场调查中,已初步确定了危险区范围、转移路线和临时安置地点。分析评价中需对危险区范围进行核对和分级。危险区范围为最高历史洪水位和 100 年一遇设计洪水位中的较高水位淹没范围以内的居民区域。如果进行可能最大暴雨(PMP)、可能最大洪水(PMF)计算,可采用其计算成果的淹没范围作为危险区。

2)危险区等级划分方法

采用频率法对危险区进行危险等级划分,并统计人口、房屋等信息。根据 5 年一遇、20 年一遇、100 年一遇(或最高历史洪水位,或 PMF 的最大淹没范围)的洪水位,确定危险区等级,结合地形地貌情况,划定对应等级的危险区范围。在此基础上,基于危险区范围及山洪灾害调查数据,统计各级危险区对应的人口、房屋以及重要基础设施等信息。

危险区等级划分按照表 3-1 确定。

表 3-1　危险区等级划分标准

危险区等级	洪水重现期(年)	说明
极高危险区	小于 5 年一遇	属较高发生频次
高危险区	大于等于 5 年一遇,小于 20 年一遇	属中等发生频次
危险区	大于等于 20 年一遇至历史最高(或 PMF)洪水位	属稀遇发生频次

危险区划分还应注意以下两点:

(1)根据具体情况适当调整危险区等级。按表 3-1 划分的原危险性等级区内存在学校、医院等重要设施;或者河谷形态为窄深型,到达成灾水位以后,水位流量关系曲线陡峭,对人口和房屋影响严重的情况,应提升一级危险区等级。

(2)考虑工程失事等特殊工况的危险区划分。如果防灾对象上下游有堰塘、小型水库、堤防、桥涵等工程,有可能发生溃决或者堵塞洪水情况的,应有针对性地进行溃决洪水影响、壅水影响等的简易分析,进而划分出特殊工况的危险区,重点是确定洪水影响范围,并统计相应的人口和房屋数量。

4.转移路线和临时安置地点确定

在危险区等级划分的基础上,还应结合沿河村落、集镇和城镇等防灾对象的地形地貌、交通条件等信息,对现场调查的转移路线和安置地点进行评价和修订,以确定最佳的转移路线和临时安置地点。

5.成果要求

提供沿河村落、集镇和城镇等防灾对象防洪现状评价图和沿河村落、集镇和城镇等防灾对象防洪能力、各级危险区人口、房屋统计信息。

3.2.2.4　预警指标分析

1.一般规定

山洪灾害预警指标分析针对各个沿河村落、集镇和城镇等防灾对象进行。

对于地理位置非常接近且所在河段河流地貌形态相似的多个防灾对象，可以使用相同的预警指标。

预警指标包括雨量预警指标与水位预警指标2类，分为准备转移和立即转移两级；各地可以根据自身情况，基于气象预报或水文预报信息，增加一级警戒预警指标。

雨量预警通过分析不同预警时段的临界雨量得出。临界雨量指导致一个流域或区域发生山溪洪水可能致灾时，即达到成灾水位时，降雨达到或超过的最小量级和强度。降雨总量和雨强、土壤含水量以及下垫面特性是临界雨量分析的关键因素；基本分析思路是根据成灾水位，采用比降面积、曼宁公式或水位流量关系等方法，先推算出预警成灾水位对应的流量值，再根据设计暴雨洪水计算方法和典型暴雨时程分布，反算设计洪水洪峰达到该流量值时，各个预警时段设计暴雨的雨量。雨量预警指标可以通过经验估计法、降雨分析法以及模型分析法分析得到，各种方法的基本流程分为确定成灾水位、确定预警时段、分析流域土壤含水量、计算临界雨量、综合确定预警指标五个步骤。

根据用途，乡村、乡镇级群测群防体系的预警指标要求简便易行，形象直观，一般可由经验估计法和降雨分析法提供；县级具有监测预警系统平台，具备数据储存和分析能力，预警指标可由模型分析法提供，基于气象部门动态提供的降雨信息和模型预警平台，可实现动态预警，也可采用经验估计法和降雨分析法。

临界雨量预警指标是面平均雨量，单站与多站情况下的雨量预警指标应按代表雨量的方法确定。

水位预警通过分析临界水位得出。临界水位可通过洪水演进方法和历史洪水分析方法分析得到。

预警指标分析成果是山洪灾害预警的重要依据，各地应在分析成果的基础上，根据实际情况进行检验修正，在工作中运用和改进。

2.雨量预警指标分析

雨量预警指标分析内容包括各个预警时段的临界雨量，以及各预警时段的准备转移雨量和立即转移雨量。

临界雨量可以采用经验估计法、降雨分析法以及模型分析法3类方法进行分析。各地也可以选择适合当地条件的方法，但在分析评价成果报告中，应对方法选择、资料要求、算法流程、分析成果等内容进行详细说明。

1）预警时段确定

预警时段指雨量预警指标中采用的最典型的降雨历时，是雨量预警指标的重要组成部分。受防灾对象上游集雨面积大小、降雨强度、流域形状及其地形地貌、植被、土壤含水量等因素的影响，预警时段会发生变化。

预警时段确定原则和方法如下：

(1)最长时段确定:流域汇流时间是非常重要的预警时段,也是预警指标的最长时段。

(2)典型时段确定:应根据防灾对象所在地区暴雨特性、流域面积大小、平均比降、形状系数、下垫面情况等因素,确定比汇流时间小的短历时预警时段,如0.5 h、1 h、3 h等。一般选取2~3个典型预警时段,南方湿润地区的最小预警时段可选为1 h,北方干旱地区,由于暴雨强度大以及超渗产流突出等特性,最小预警时段可选为0.5 h。

(3)综合确定:充分参考前期基础工作成果的流域单位线信息,结合流域暴雨、下垫面特性以及历史山洪情况,综合分析沿河村落、集镇、城镇等防灾对象所处河段的河谷形态、洪水上涨速率、转移时间及其影响人口等因素后,确定各防灾对象的各个典型预警时段,从最小预警时段直至流域汇流时间。

2)土壤含水量计算

流域土壤含水量对流域产流有重要影响,是雨量预警的重要基础信息,主要用于净雨分析计算时考虑,进而用于分析临界雨量阈值。

计算土壤含水量时,可直接采用水文部门的现有成果;若资料高度缺乏,可以采用前期降雨对流域土壤含水量进行估算,推荐采用流域最大蓄水量估算法。

流域最大蓄水量估算法是根据各流域实际情况确定流域最大蓄水量W_m。采用$P_a=0.5W_m$(北方干旱地区可以采用$P_a=0.2W_m$)、$P_a=0.8W_m$两个临界值对很少、中等、很多三种情况的前期降雨进行界定,代表流域土壤较干($P_a\leqslant 0.5W_m$)、一般($0.5W_m\leqslant P_a\leqslant 0.8W_m$)以及较湿($P_a\geqslant 0.8W_m$)三种情况(对于流域土壤较干和一般情况,北方干旱地区可以相应调整)。

各地可以根据实际情况对两个临界值比例进行调整,但应说明理由。

流域水文模型通常情况下是计算流域径流的,采用此类模型分析土壤含水量时应注意反向运用,即计算土壤中存留的水量,按时间逐时段计算。

考虑土壤含水量是为了计算临界雨量时的雨量扣损。扣损包括初损和稳定下渗两部分。

初损应从暴雨开始逐时段扣除,直至扣除的雨量累积和等于初损值。扣损后的净雨时程分配成果,不宜使雨型主雨峰分配状况产生严重改变。

初损扣完后,采用稳定下渗率逐时段进行扣损。

3)计算临界雨量

在确定成灾水位、预警时段以及土壤含水量的基础上,考虑流域土壤较干、一般以及较湿等情况,选用经验估计、降雨分析以及模型分析等方法,计算沿河村落、集镇、城镇等防灾对象的临界雨量。

4)综合确定预警指标

沿河村落、集镇和城镇等防灾对象因所在河段的河谷形态不同,洪水上涨与淹没速度会有很大差别,这些特性对山洪灾害预警、转移响应时间、危险区危险等级划分等都有一定的影响。考虑防治对象所处河段河谷形态、洪水上涨速率、预警响应时间和站点位置等因素，在临界雨量的基础上综合确定准备转移和立即转移的预警指标；并利用该预警指标进行暴雨洪水复核校正，以避免与成灾水位及相应的暴雨洪水频率差异过大。

5）合理性分析

可采用以下方法，进行预警指标的合理性分析：

（1）与当地山洪灾害事件实际资料对比分析；

（2）将各种方法的计算结果进行对比分析；

（3）与流域大小、气候条件、地形地貌、植被覆盖、土壤类型、行洪能力等因素相近或相同的沿河村落的预警指标成果进行比较和分析。

3.水位预警指标分析

根据预警对象控制断面成灾水位，推算上游水位站的相应水位，作为临界水位进行预警。山洪从水位站演进至下游预警对象的时间不应小于 30 min。

临界水位通过上下游相应水位法和成灾水位法进行分析。

4.成果要求

提供沿河村落、集镇、城镇等对象不同预警时段准备转移和立即转移两种指标的临界雨量信息。不同方法，提供的成果略有区别，具体如下：

采用经验估计法进行分析，成果应提供 30 min、1 h、3 h、…、直至流域汇流时间段（τ）等预警时段内准备转移指标和立即转移指标的临界值。

采用降雨分析法进行分析，成果应提供系数 a 以及与准备转移指标和立即转移指标对应的各预警时段的临界值 C。

采用模型分析法进行分析，成果应提供 30 min、1 h、3 h、…、直至流域汇流时间段（τ）等预警时段内不同土壤含水量情况下的准备转移指标和立即转移指标的临界值。按时段滚动计算的，还应提供预警雨量临界线图。

水位预警应提供水位信息所在地点、具体水位值以及下游预警对象等信息。

3.2.2.5　危险区图绘制

危险区图是在山洪灾害调查评价工作底图（或更大比例地图）上采用地理信息系统（GIS）等专业技术方法，将防洪现状评价成果直观展现在图件上，为山洪预警、预案编制、人员转移、临时安置等工作提供支撑。

危险区图根据危险区等级对应频率的设计暴雨洪水淹没范围进行绘制，如防灾对象上下游有堰塘、小型水库、堤防、桥涵等工程，有可能发生溃决或者堵塞洪水情况的，应另外绘制特殊工况的危险区图。

危险区图图式应符合《防汛抗旱用图图式》（SL 73.7—2013）等行业和相关地图及测绘的标准要求。

1.危险区图

危险区图应包括基础底图信息、主要信息和辅助信息 3 类。各类信息主要包括：

（1）基础底图信息：遥感底图信息，行政区划、居民区范围、危险区、控制断面、河流流向、对象在县级行政区的空间位置。

(2)主要信息:各级危险区(极高、高中、危险)空间分布及其人口(户数)、房屋统计信息,转移路线,临时安置地点,典型雨型分布,设计洪水主要成果,预警指标,预警方式,责任人,联系方式等。

(3)辅助信息:编制单位、编制时间等编制信息,以及图名、图例、比例尺、指北针等地图辅助信息。

2.特殊工况危险区图

特殊工况危险区图在危险区图基础上,增加以下信息:

(1)特殊工况、洪水影响范围及其人口、房屋统计信息。

(2)工程失事情况说明,特殊工况的应对措施等内容。其余同危险区图相应的内容。

3.成果要求

提供每个沿河村落、集镇和城镇等防灾对象的危险区图。

3.3　山洪灾害调查评价技术路线

山西省山洪灾害调查工作按照《山洪灾害调查技术要求》中的规范、内容开展,并根据实际工作需求编制了《山西省山洪灾害调查细则》,具体指导调查工作的开展。分析评价工作鉴于山西省下垫面、暴雨洪水等特殊性,特开展了典型流域分析评价试点工作,在此基础上,按照《山洪灾害分析评价技术要求》和《山洪灾害分析评价方法指南》(简称《指南》),结合山西省的实际,编制完成了《山西省山洪灾害分析评价报告大纲》,细化、明确了分析评价工作各阶段的主要内容、计算方法(包括主要参数的取值及提交成果),要求全省按照统一的方法、规则、标准进行分析计算。

3.3.1　山洪灾害调查技术路线

山洪灾害调查的各项内容根据专业性质和工作要求分别由不同的部门或单位承担,山洪灾害防治区基本情况调查由县级组织承担;水文气象资料收集可由省级水文部门或专业技术单位负责收集整理;历史洪水调查、河道断面测量和地形测量可由具有相应测绘资质及水文水资源调查评价资质的单位通过现场测量实施。

山洪灾害防治区基本情况调查遵循内外业相结合的原则,内业充分利用山洪灾害防治的已有成果,收集其他部门的资料、档案,调查统计山洪灾害调查的对象名录清单,对内业能够填报的内容先行填报;外业则利用统一配置的现场数据采集终端(包括笔记本、数码相机、便携GPS终端、标杆等和软件),开展实地调查,结合内业调查成果,补充完善山洪灾害调查对象信息。

山洪灾害防治区基本情况现场调查采用全面调查与重点调查相结合的方式。对于所有防治区内的人口分布与财产,将以城(集)镇、乡、行政村(居民委员会)、自然村(组)等居民聚落为单元,调查其中的居民户数和居民人数、财产和住房分类情况、政区其他基本情况，调查企事业单位的基本信息。在此基础上，结合历史洪水调查和现场查勘，对城(集)镇、乡、行政村(居民委员会)、自然村组等居民聚落划分危险区，调查相应危险区内的居民户数和居民人数、财产和住房分类情况；有条件的地区，可对重要的沿河村落进行详查，以居民户为单元，调查居民户的人员和住房情况，测量宅基高程；对于重要城(集)镇，则以住房座为单元，调查每座楼房内的人员和住房情况，测量宅基高程，测量1∶2 000地形图。

水文气象资料的收集可由水文部门或专业技术单位，根据3.2节中的调查内容和要求，参照相应技术标准规范，整理出满足要求的成果。

历史洪水调查、河道断面测量和地形测量可由专业技术单位，根据本技术要求的调查内容和要求，参照相应技术标准规范，整理出满足要求的成果。

技术路线见图3-4。

3.3.2　山洪灾害分析评价技术路线

工作主要包括以下四个阶段。

3.3.2.1　工作准备阶段

(1)成立山洪灾害分析评价项目小组，明确责任分工。

(2)根据内外业调查成果以及当地防洪减灾、地区发展等实际需求，确定山洪灾害分析评价名录。

(3)校核中央统一下发的小流域，结合沿河村落分布情况和分析评价需要，分析沿河村落的洪水组成，划分设计暴雨和设计洪水的小流域。

(4)对工作底图、小流域属性成果、水文气象资料、测量断面资料、植被资料、土壤资料以及其他资料进行评估和处理。

3.3.2.2　设计暴雨洪水计算阶段

按照《山西省水文计算手册》(简称《水文手册》)中设计暴雨和设计洪水的分析方法，根据指定频率计算设计暴雨和设计洪水，并论证计算成果的合理性。

3.3.2.3　分析评价阶段

(1)选择参与分析评价的纵横断面和居民户位置、高程信息。

(2)采用减灾中心软件推求水面线并划定危险区。

(3)确定沿河村落的成灾水位及其对应洪峰流量的频率。

(4)分析评价沿河村落的现状防洪能力。

(5)推求预警指标。

3.3.2.4　成果整理阶段

整理评价对象名录、设计暴雨、设计洪水、现状防洪能力评价、预警指标、危险区图等成果，填写《要求》和《指南》的相关表格，编制相应的图集，编写《××县(市、区)山洪灾害分析评价报告》。

各阶段的任务可根据分析评价工作的实际情况穿插、并行开展，技术路线见图3-5。

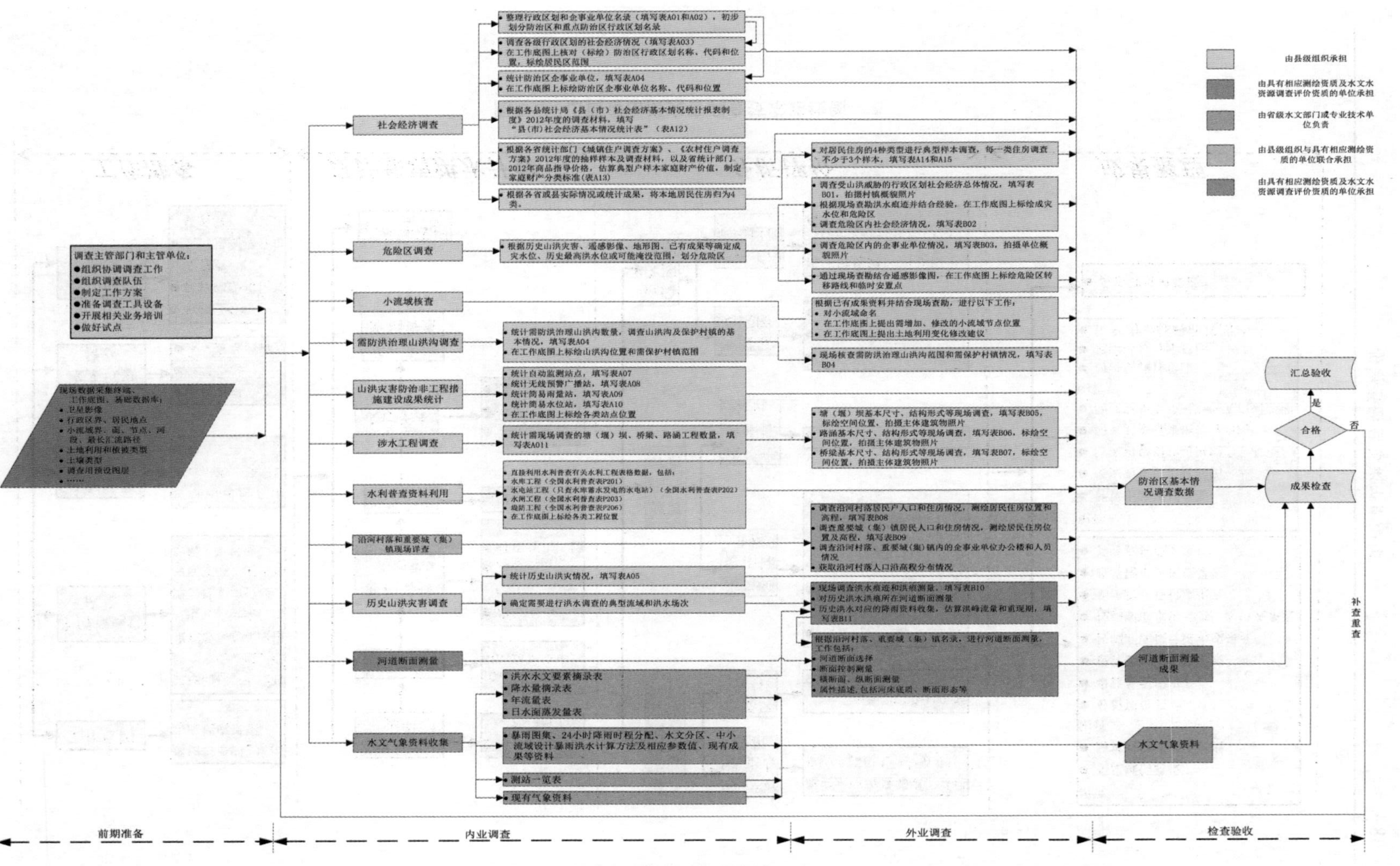

图3-4　山西省山洪灾害调查技术路线图

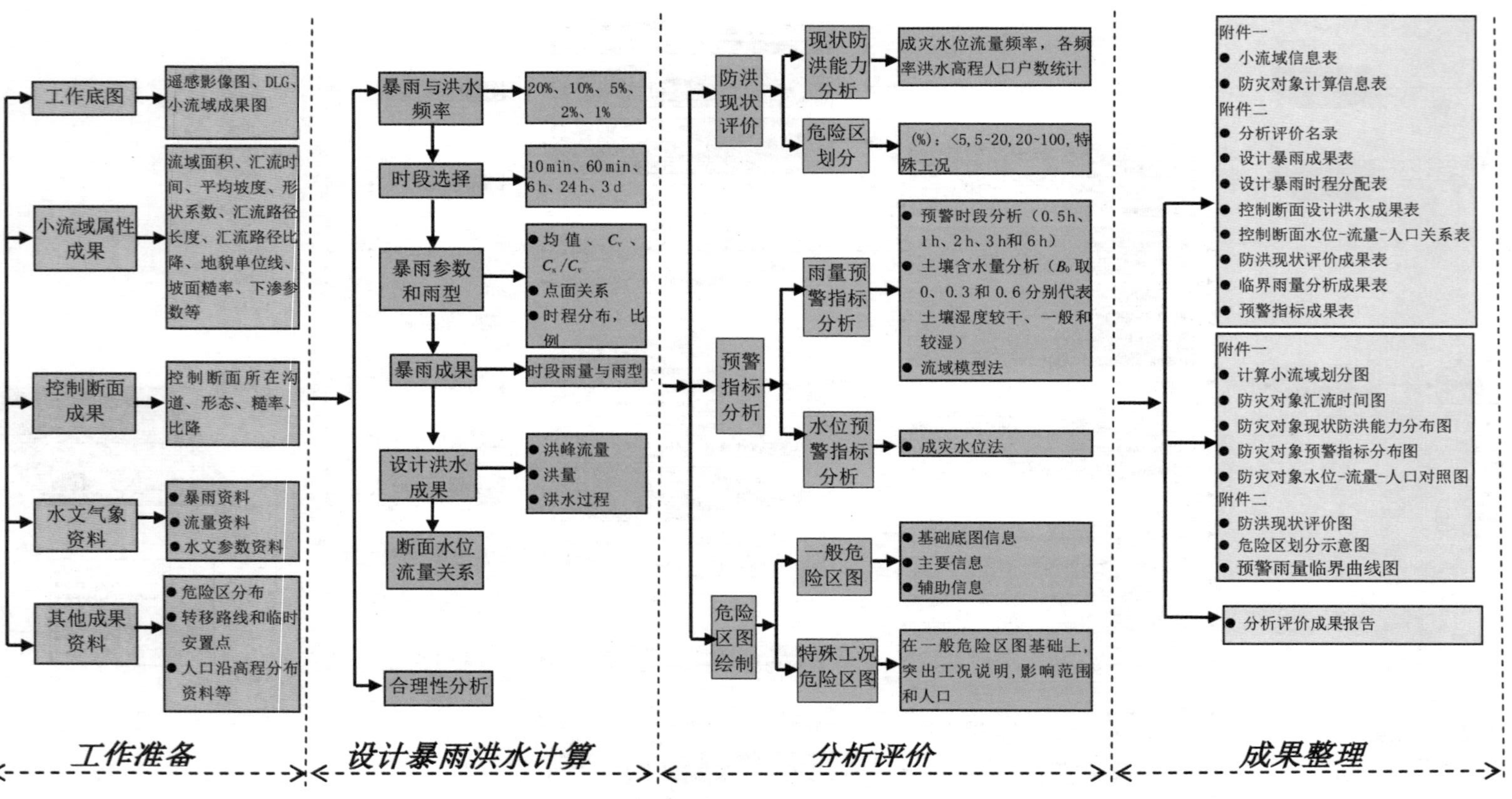

图 3-5 山西省山洪灾害调查技术路线图

3.4　山西省山洪灾害调查评价工作特点

3.4.1　技术特色

山西省山洪灾害调查评价工作按照全国下发的《山洪灾害调查技术要求》《山洪灾害分析评价技术要求》和《山洪灾害分析评价技术指南》的具体要求，结合本省具体情况，自行编制了《山西省山洪灾害分析评价技术大纲》等一系列报告，统一了具体做法，解决了技术难点，规范了报告内容，为山西省山洪灾害调查评价工作统一有序地开展和顺利高效地完成奠定了坚实基础。总体的技术特点有以下四点：

(1)《水文手册》是全国为数不多的新编水文计算手册之一，为山西省山洪灾害分析评价设计暴雨、设计洪水计算提供了更加科学的计算方法和更加合理的参数参考取值范围。

(2)山西省水文水资源勘测局利用山西省测绘工程院已有成果获取纵横断面及沿河村落居民户高程数据，改变了传统的外业测量方式，提高了测量效率。

(3)通过对比临河一侧居民户高程和沿河村落河段水面线确定成灾水位，方法更科学，可操作性更强。

(4)六个科研专题为山西省山洪灾害分析评价提供理论支撑。包括 2014 年完成的“山西省典型小流域山洪灾害预警指标研究”和 5 个本次调查评价项目中开展的科研课题，“基于 DEM 地貌单位线及下垫面特征的小流域洪水预报应用研究”“山西省山区性河流水力特征研究与应用”“水土保持对小流域山洪形成影响研究”“山西省煤矿采空区特殊下垫面的下渗机制研究及采空区产汇流成果应用”“山西省小流域山洪特征多模型研究及参数率定”。

3.4.2　成果特色

山西省除完成了全省山洪灾害预警指标等成果外，还完成了《餐风宿露山水间》和《筑起生命屏障——山西省山洪灾害调查评价工作》等以山洪灾害调查评价工作为题材的实录作品。

这些作品极具感染力和号召力，极大地鼓舞了数百名参与此项工作的同志们的斗志，也及时记载了此项工作过程中，大家付出的巨大艰辛、涌现的先进事迹、流露的真情实感和取得的丰硕成果。

第4章 基础资料准备

4.1 工作底图

4.1.1 基础数据

4.1.1.1 DEM 数据

国家基本比例尺 1∶5 万 DEM 数据来源于国家基础地理信息中心,成果为 1∶5 万标准分幅 DEM 数据和流域拼接 DEM 数据。

DEM 数据是山洪灾害调查评价基础数据之一,主要用途如下:

(1)小流域划分基础数据;

(2)正射校正数据;

(3)小流域下垫面信息重要支撑数据;

(4)山洪灾害分析评价的断面粗提取、流域分析、水网分析、洪水演进、淹没分析等支撑数据。

1.一般规定

(1)1∶5 万 DEM 数据为栅格数据,数据格式为 TIFF,格网大小 25 m×25 m。

(2)拼接 DEM 数据为栅格数据,数据格式为 TIFF,格网大小 25 m×25 m。

2.技术指标与技术要求

技术指标和技术要求按《基础地理信息数字产品 1∶10 000 1∶50 000 数字高程模型》(CH/T 1008—2001)和《数字测绘成果质量要求》(GB/T 17941—2008)相关规定执行。

平面坐标系:采用 CGCS2000 国家大地坐标系。

投影坐标系:处理过程采用高斯-克吕格投影,1∶50 000 比例尺按 6 度分带。成果采用大地坐标系。

高程坐标系:采用 1985 国家高程基准。

精度:1∶5 万数字高程模型高程中误差见表 4-1,森林等隐蔽地区的高程中误差可按表 4-1 规定的高程中误差的 1.5 倍计,DEM 内插点的高程精度按格网点高程精度的 1.2 倍计,高程中误差的 2 倍为采样点数据最大误差限。

(1)用摄影测量方法和野外实测方法生成的 DEM,其格网点高程中误差不大于相应比例尺地形图测图规范或编绘规范中规定的等高线高程中误差;以地形图数字化方法生成的 DEM,其格网点高程中误差不大于相应比例尺地形图 2/3 等高距。

表 4-1　1∶5 万数字高程模型高程中误差

项目	1∶5 万参数
高程数据取位	1 m
高程中误差 （一级） （二级） （三级）	 平地 3 m,丘陵地 5 m,山地 8 m,高山地 14 m 平地 4 m,丘陵地 7 m,山地 11 m,高山地 19 m 平地 6 m,丘陵地 10 m,山地 16 m,高山地 28 m

(2)相邻 DEM 应接边,接边后无裂隙现象,重叠部分高程值一致。

栅格质量:

(1)格网间距 25 m×25 m。

(2)起止格网点正确。DEM 范围要按 GB/T 13989—2012 规定的 1∶5 万标准分幅内图廓范围外扩 1 cm。

元数据:DEM 产品包含元数据,元数据内容按《基础地理信息数字产品元数据》(CH/T 1007—2001)要求执行。

3.DEM 数据检查

国家基础地理信息中心提供的国家基本比例尺 DEM 数据在生产环节已经进行了严格的质量控制,技术指标和技术要求等按《基础地理信息数字产品 1∶10 000　1∶50 000 数字高程模型》(CH/T 1008—2001)的规定执行,原则上能够满足项目需要。项目在接收到数据后,只对 DEM 数据进行一些必要的质量检查,对检查中出现的问题进行记录,形成检查报告和接合图表问题图幅矢量落图文件,为 DEM 数据处理提供依据。检查符合要求的 DEM 数据直接可作为成果进行提交,对于检查中出现问题的数据按照相关要求进行处理。

4.DEM 数据处理

依据 DEM 数据检查结果对有问题的 DEM 数据进行处理,直至数据质量满足要求,以保证满足小流域划分、遥感影像正射和山洪灾害评价要求。对于相关检查中出现的通过本项目内业处理不能解决的问题,要与数据提供方进行沟通协商、更换数据,以保证数据满足项目需要。

1)DEM 异常值处理

在山区,一般阴影、水体、云雾等情况造成 DEM 存在高程异常斑点(负值、突变值、无效值),需要在数据生产中做必要处理。平原区为山洪灾害调查评价非重点关注区域,对影响范围较小的异常值可不做处理。

高程异常处理方法有多种,根据实际情况,大致可以归纳为以下几类:

(1)基于数据融合的填补方法;

(2)基于空间插值的方法;

(3)基于数据融合和空间插值的综合方法;

(4)基于 1∶5 万 DLG(或优于)数据进行重新生产。

具体使用方法需根据数据情况确定。

2)DEM 拼接

对检查和处理后符合要求的标准分幅 DEM 数据进行拼接,生成拼接 DEM 数据。

拼接跨带需要进行跨带投影转换,拼接接边后无裂隙现象,重叠部分高程值一致。

3)DEM 裁切

按省级行政辖区对拼接后 DEM 进行裁切,裁切线为省级行政界线外扩 2 km,裁切线至最小外接矩形之间的区域填充黑色(RGB 值为:0,0,0 或全色灰度值 0),裁切线边缘及填充区无其他任何异常值。

4)元数据制作

利用提供的 1∶5 万 DEM 数据的元数据,参照 SL/Z 351—2006 对其进行整理。

4.1.1.2 DLG 数据

国家基本比例尺 1∶5 万 DLG 和 1∶25 万 DLG 数据来源于国家基础地理信息中心。

1∶25 万 DLG 数据是山洪灾害调查评价基础数据之一,主要为国家、省以及县提供较宏观的基础地理信息,用于可视化,也是调查底图的图层之一。

1∶5 万 DLG 数据是山洪灾害调查评价基础数据之一,主要用于小流域划分、山洪灾害分析评价等。

1.一般规定

(1)基础数据(包括 DEM 和 DOM)位置(平面、高程)精度以 DLG 为准。

(2)原始 1∶5 万 DLG 矢量数据集,包含 9 个数据集 34 个数据类(层),数据格式为 Geodatabase,本书根据应用目的使用数据格式为 Geodatabase 或 Shapefile。

(3)原始 1∶25 万 DLG 矢量数据集,包含 9 个数据集 18 个数据类(层),数据格式为 Coverage,本项目根据应用目的使用数据格式为 Shapefile。

2.技术指标与要求

1∶5 万 DLG 数据的技术指标和技术要求按《基础地理信息数字产品 1∶10 000 1∶50 000数字线划图》(CH/T 1011—2005)和《数字测绘成果质量要求》(GB/T 17941—2008)的相关规定执行。

1∶25 万 DLG 数据的技术指标和技术要求按《数字测绘成果质量要求》(GB/T 17941—2008)的相关规定执行。

平面坐标系:采用 CGCS2000 国家大地坐标系。

高程坐标系:采用 1985 国家高程基准。

要素分类域代码:要素分类代码按《基础地理信息要素分类与代码》(GB/T 13923—2006)标准执行。

平面及高程精度要求:地物点对于附近野外控制点的平面位置中误差和高程中误差不大于表 4-2。

数据接边原则与要求:1∶5 万 DLG 和 1∶25 万 DLG 数据必须经过接边处理,包括跨投影带相邻图幅的接边。经接边处理的要素关系应基本协调合理。

表 4-2　1∶5 万 DLG 平面及高程中误差

地形类别	地物点平面位置中误差	高程中误差	
		高程注记点	等高线
平地	25 m	2.5 m	3.0 m
丘陵	25 m	4.0 m	5.0 m
山地	37.5 m	6.0 m	8.0 m(地形变换点)
高山地	37.5 m	10.0 m	14.0 m(地形变换点)

注：特殊困难地区(大面积森林、沙漠、戈壁、沼泽等)地物点平面位置中误差不得大于实地 37.5 m，高程中误差按相应地形类别放宽 50%，高山地一般不再放宽。2 倍误差值为最大误差。

3.DLG 数据检查

国家基础地理信息中心提供的国家基本比例尺 1∶5 万和 1∶25 万 DLG 数据在生产环节已经进行了严格的质量控制，技术指标和技术要求等按《基础地理信息数字产品 1∶10 000　1∶50 000数字线划图》(CH/T 1011—2005)和相关缩编技术规定执行，原则上能够满足项目需要，项目在接收到数据后，只对 DLG 数据进行一些必要的质量检查，检查内容包括数学基础检查、完整性检查、接边检查、逻辑一致性检查、属性检查、元数据检查和现势性检查，对检查中出现的问题进行记录，形成检查报告和矢量落图记录文件，为 DLG 数据后处理提供依据。

DLG 数据检查重点区域应为山区。检查符合相关要求的 DLG 数据直接可作为成果进行提交，对于检查中出现问题的数据按照相关要求进行处理。

4.DLG 数据处理

依据 DLG 数据检查结果对有问题的 DLG 数据进行处理，直至数据质量满足要求，以满足山洪灾害评价要求。对于相关检查中出现的通过本项目内业处理不能解决的问题，要与数据提供方进行沟通协商、更换数据，以保证数据满足项目需要。

针对 1∶5 万 DLG 数据，根据其在山洪灾害调查评价中具有的多种作用，处理方式依据应用目的不同存在差异，分述如下：

(1)作为山洪灾害评价相关模型输入因子的数据源。

对符合质量要求(或经过调换符合质量要求)的 1∶5 万 DLG 数据直接抽取评价模型所需数据，后处理依据评价需要而定。成果为 1∶5 万标准分幅 DLG 数据。

(2)作为遥感影像土地利用类型提取的辅助数据。

直接使用符合质量要求(或经过调换符合质量要求)的 1∶5 万 DLG 数据，基本不需要进行其他处理。

(3)作为分类精度检验和评价数据。

直接使用符合质量要求(或经过调换符合质量要求)的 1∶5 万 DLG 数据，基本不需要进行其他处理。

(4)作为土地利用类型抽取的数据源。

直接使用符合质量要求(或经过调换符合质量要求)的 1∶5 万 DLG 数据,根据需要的下垫面土地利用类型对 DLG 数据相应图层和要素进行抽取和协调处理。成果为土地利用类型数据过程成果。

1)1∶25 万 DLG 数据

1∶25 万 DLG 数据为山洪灾害调查评价的基础数据之一,主要为国家、省、市以及县提供宏观基础地理信息可视化支撑,也是外业调查底图数据的图层之一。对符合规定的数据以县为单位进行拼接,成果为 1∶25 万标准分幅 DLG 数据和 1∶25 万县级辖区拼接 DLG 数据。

DLG 拼接:对检查和处理后符合要求的标准分幅 DLG 数据以县为单位进行拼接,生成县级辖区 DLG 拼接数据。

DLG 裁切:按县级行政辖区对拼接后的 DLG 数据进行裁切,裁切线为县级行政界线外扩 2 km,裁切线边缘无其他任何异常值。

图例:1∶25 万 DLG 图例根据项目需要进行渲染,按《山洪灾害调查工作底图制作技术要求》的规定执行。

元数据制作:利用提供的 1∶25 万 DLG 数据的元数据,参照 SL/Z 351—2006 对工作底图 1∶25 万 DLG 数据元数据进行整理。

2)1∶5 万 DLG 数据

(1)山洪灾害评价相关模型输入因子的数据源:DLG 数据经检查、处理和格式转换,对符合质量要求(或经过调换符合质量要求)的 1∶5 万 DLG 数据直接抽取评价模型所需数据,后处理依据评价需要而定。数据处理推荐 ArcGIS 软件。

(2)元数据制作:利用提供的 1∶5 万 DLG 数据的元数据,参照 SL/Z 351—2006 对工作底图 1∶5 万 DLG 数据元数据进行整理。

(3)遥感影像土地利用类型提取的辅助数据。

应用遥感影像进行土地利用类型提取,先验知识具有非常重要的作用,DLG 是遥感解译先验知识的重要载体,因此在土地利用类型识别中要引入 1∶5 万 DLG 数据。

一般情况下,1∶5 万 DLG 数据辅助进行土地利用类型提取的方式如下:

①根据识别土地利用类型,选择相应的 DLG 类(层),与遥感影像进行叠加显示,人机交互实现信息提取;

②判定影像识别中的疑似信息,甄别影像伪信息。

③直接引入某些 DLG 类(层)的边界作为相应土地利用类型边界。

④影像信息识别过程中进行样本选择的参考数据(位置、类型)。

(4)分类精度检验和评价数据。

采用分层随机采样方法在 1∶5 万 DLG 上选择一定数量的土地利用类型数据作为检验数据进行分类精度评价,具体方法见山洪灾害调查评价小流域划分技术要求。

(5)土地利用类型抽取。

在 DOM 现势性较差区域,以及其他原因造成的不能获得小流域下垫面土地利用类型的区域,DLG 数据将作为补充数据源完成小流域下垫面土地利用类型提取。一般过程为对1∶5万DLG数据类(层)进行抽取和编辑(图形和属性),生成小流域下垫面土地利用类型图,抽取的下垫面土地利用类型数据要与DOM生成的下垫面土地利用类型数据进行接边和协调。

4.1.1.3　遥感影像数据

利用国家基本比例尺1∶5万DLG和1∶5万DEM或与其精度相当的控制资料对航天遥感影像进行正射纠正、融合、接边、色彩调整、镶嵌,其位置精度、接边精度和图面质量等符合相关规定,最终成果为1∶5万标准分幅DOM和县级辖区镶嵌DOM。

DOM是山洪灾害调查评价基础数据之一,主要用途如下:

(1)现场调查工作底图;

(2)土地利用类型提取的主要数据源;

(3)小流域划分的参考数据之一;

(4)危险区图制作的底图。

1.一般规定

(1)自然真彩色DOM以地面分辨率为2.5 m的数据为主,部分获取数据困难地区或者地貌类型简单地区可放宽至5 m,有条件的城镇或重要居民区也可采用分辨率为亚米级的数据,数据格式为GeoTiff/JPEG2000。多光谱假彩色DOM数据地面分辨率为5 m、10 m或更高分辨率的多波段数据(至少包含红、绿、蓝、近红波段),数据格式为GeoTiff/IMG。

注:最终县级辖区镶嵌成果文件采用JPEG2000压缩格式,中间过程大数据量建议采用IMG格式。

(2)遥感影像数据关注重点为山丘区居民村落,应保证山丘区影像质量。

(3)真彩色DOM按1∶5万比例尺分幅下发至各省。

(4)如果依靠算法从遥感影像中自动提取小流域下垫面水体和植被信息,宜选择多光谱DOM,应对影像进行大气校正,大气校正影像应为原始影像;如果以目视解译、人机交互为主实现土地利用类型提取,DOM生产可不必进行大气校正。

2.技术指标与要求

坐标系:采用WGS84大地坐标系。

影像分辨率:依据影像数据源的不同,1∶5万数字正射影像数据的地面分辨率采用2.5 m规格。无论采用何种分辨率,其在X、Y轴方向的分辨率应一致。

影像时相:应使用近期获取的遥感影像。对于难以接收光学影像、地貌类型单一、无人员居住的高山区或无人区影像时可适当放宽。

色彩模式:航天遥感影像,应同时采用全色和多光谱影像。

精度要求如下:

(1)DOM平面位置精度。

控制点可来源于控制点库或基础影像资料,1∶5万DLG作为精度参考数据,DOM地物点相对于1∶5万DLG同名地物点的误差限差满足表4-3的规定。

(2)DOM重叠区精度。

相邻纠正单元间重叠区域的精度满足表 4-4、表 4-5 的要求。

表 4-3 相对误差限差

地形类别	平地、丘陵地(采样间隔)	山地、高山地(采样间隔)
相对误差	2.0 倍	4.0 倍

注:1.相对误差由侧视角超限和高程数据等控制资料精度不足引起,且无法改正的特殊地区除外,但该地区周边不超限。

2.采样间隔指 DOM 的采样间隔。

①相邻影像采样间隔均≤1 m 时,其相对误差限差满足表 4-4 的规定。

表 4-4 重叠误差限差

地形类别	平地、丘陵地(采样间隔)	山地、高山地(采样间隔)
相对误差	2.0 倍	8.0 倍

②相邻影像采样间隔至少有一类>1 m 时,其相对误差限差满足表 4-5 的规定。

表 4-5 重叠误差限差

地形类别	平地、丘陵地(采样间隔)	山地、高山地(采样间隔)
相对误差	2.0 倍	4.0 倍

注:1.相对误差由侧视角超限和高程数据等控制资料精度不足引起,且无法改正的特殊地区除外,但该地区周边不超限。

2.采样间隔指 DOM 的采样间隔。

DOM 纹理与色调:DOM 保持纹理清晰,色调均匀,反差适中。彩色影像模拟自然真彩色,光谱信息丰富,能准确反映小流域下垫面土地利用特征。

3.DOM 处理

1)矢量落图文件

为了便于影像查询和管理,收集相应比例尺的标准分幅接合图表生成标准分幅矢量落图文件,即在接合图表的基础上,抽取 DOM 元文件相关字段,形成标准分幅影像矢量落图文件,其属性结构见表 4-6。常用遥感影像数据源类型代码见表 4-7。

2)色彩处理

色彩处理一般都会破坏遥感影像的光谱信息甚至纹理信息,利用遥感影像进行小流域下垫面土地利用类型提取,不宜进行过多色彩调整和处理。以下几种情况可进行适当的色彩调整:

(1)下垫面土地利用类型主要依赖于人机交互目视解译,应调整影像颜色至自然真彩色,以利于人眼判读需要。

(2)有出图需要时,为保证自然真彩色视觉效果,必要时可牺牲部分光谱信息和纹理信息,去除杂色保证整体反差,达到出图效果。

表 4-6　标准分幅影像矢量落图文件属性结构

字段名称	类型	长度	精度	描述	备注
TM	char	20	—	标准分幅图名	
TH	char	10	—	标准分幅图号	
SJY	char	10	—	数据源	
SX	char	8	—	数据源时相	
FBL	char	5	—	分辨率	
SCDATE	char	8	—	生产日期	
SCDW	char	30	—	生产单位	
BZ	char	100	—	备注	

表 4-7　常用遥感影像数据源类型代码

序号	数据类型	代码
1	QuickBird	QB
2	WorldView	WV
3	SPOT5	SPOT5
4	ALOS	ALOS
5	RapidEye	RE
6	资源二号	ZY-2
7	资源三号	ZY-3
8	CBERS-02C	02C
9	天绘一号	TH-1

一般采用线性或非线性拉伸、亮度对比度、色彩平衡、色度、饱和度等方法进行色调调整。处理后的影像要达到灰阶分布具有较大动态范围，纹理清晰、色调均匀、反差适中，色彩接近自然真彩色，可以清晰判别下垫面土地利用类型。色调调整时应尽可能保留多光谱影像的光谱信息和全色影像的纹理细节，以便进行下垫面土地利用类型提取。为出图而进行的影像色彩调整不宜再进行定量下垫面信息提取。

3) 影像镶嵌

(1)镶嵌原则。

①镶嵌只针对采样间隔相同影像,制作县级辖区该采样间隔 IMG 文件。采样间隔不同的影像,相互之间不进行镶嵌,制作县级辖区各自独立的 IMG 文件。为了实现最终无缝接边,要对接边处做镶嵌处理,从相邻采样间隔较小 IMG 文件上裁切一定范围的重叠区影像,将裁切的重叠区影像按较大采样间隔 IMG 文件重采样后,与之进行镶嵌。

②镶嵌前进行重叠检查。景与景间重叠限差应符合要求。重叠误差超限时应立即查明原因,并进行必要的返工,使其符合规定的接边要求。

③镶嵌时应尽可能保留分辨率高、时相新、云雾量少、质量好的影像。

④选取镶嵌线对 DOM 进行镶嵌,镶嵌处无地物错位、模糊、重影和晕边现象。

⑤时相相同或相近的镶嵌影像纹理、色彩自然过渡;时相差距较大、地物特征差异明显的镶嵌影像,允许存在光谱差异,但同一地块内光谱特征尽量一致。

(2)影像镶嵌。

①镶嵌线选取。

镶嵌线应尽量选取线状地物或地块边界等明显分界线,以便使镶嵌影像中的拼缝尽可能地消除,使不同时相影像镶嵌时保证同一地块完整,有利于判读。镶嵌后影像应避开云、雾、雪及其他质量相对较差的区域,使镶嵌处无裂缝、模糊、重影现象。

②镶嵌。

对重叠精度满足要求的相同采样间隔纠正后影像进行镶嵌。

当相邻两景时相影像或质量相差不大时,保持影像纹理、色彩自然过渡;时相差距较大、地物特征差异明显时,保持各自的纹理和色彩,但同一地块内光谱特征保持一致。

4) 影像裁切

标准分幅影像裁切按照“第二次全国土地调查底图生产技术规定”中 9.2.1 的规定执行。

4.1.1.4 土地利用类型

根据土地利用类型分类标准,利用 2.5 m 或优于 2.5 m 的遥感正射影像(DOM)对土地利用类型进行识别,进行图斑提取、勾绘和编码,并满足相关规定,成果为 1∶5 万标准分幅土地利用类型图和县级辖区土地利用类型图。

土地利用类型图是山洪灾害调查评价的基础数据之一,主要用途如下:

(1)山洪灾害评价模型的输入数据。

(2)外业调查参考数据。

1.一般规定

土地利用类型数据是矢量数据,数据格式为 Shapefile。

土地利用类型注重类别差异,应保证山区居民地和水域精度(类型、边界、拓扑),其他土地利用类型要类别正确,类别不能为空,拓扑关系正确,边界准确性可适当放宽。

土地利用类型分项面积之和必须与该区域总面积相等。

土地利用类型信息提取精度检验和评价以 DLG 数据为主。

土地利用类型提取以最新时相数据源为准。

2.技术要求

坐标系采用 WGS84 大地坐标系。

图斑勾绘：图斑是指单一地类地块，以及被流域界线分割的单一地类地块。山区居民地全部上图，水域全部上图，土地利用类型注重类别差异，应保证山区城镇居民地和水域精度（类型、边界、拓扑），山区城镇居民地全部上图，水域全部上图，其他土地利用类型要类别正确（不能为空），拓扑关系正确，边界准确性可适当放宽。小流域下垫面土地利用类型分项面积之和必须与该区域总面积相等。所有图斑均按面状图斑勾绘，包括公路、铁路等线状地物。最小上图图斑大小为 2 mm×2 mm。

图斑表达：以影像为基础，建立土地利用图斑矢量数据层，基于 GIS 软件建立图斑的拓扑关系，生成图斑属性表元数据。

参照 SL/Z 351—2006 中 5.2.4，土地利用类型数据的元进行规定，元数据格式为 XLS。

3.精度检查与评价

DLG 数据作为精度评价标准数据，采用分层随机采样方法在 1∶5 万 DLG 上选择一定数量的土地利用类型数据作为检验数据进行分类精度评价，评价单元为省。

(1)核查：抽取所有分类图斑总数的 10%进行核查，核查精度达到 95%以上。

(2)检验：抽取核查图斑的 10%进行检验。要求山区居民地类别精度要达到 95%以上，水域类别精度要达到 85%以上，其他土地利用类型类别精度达到 80%，其边界精度误差小于 4 个像素。

4.1.1.5　土壤数据

对土壤类型图进行数字化、属性赋值或相应处理，按《中国土壤分类与代码》(GB/T 17296—2009)进行分类和代码赋值，并进行规范化处理，生成土壤类型矢量数据集，支撑土壤质地划分；再按国际制土壤质地分类标准(ISSS)和《土的工程分类标准》(GB/T 50145—2007)，结合辅助数据对土壤质地进行分析和分类，生成土壤质地分类数据，支撑调查底图制作和小流域下垫面下渗特性参数计算。成果为分省 1∶50 万土壤类型图（数据获取困难地区，可适当放宽比例尺）和土壤质地图。

1.一般规定

土壤类型数据和土壤质地数据是矢量数据，数据格式为 Shapefile。

在相应比例尺上，要保证土壤类型分类精度（类型、边界、拓扑关系），类别不能为空；在进行土壤质地划分时要引入辅助数据对土壤数据的颗粒组成进行综合分析，进而确定其质地类型。

土壤类型分项面积之和必须与该区域总面积相等。

土壤类型数据和土壤质地数据精度检验和评价以土壤剖面数据为主。

2.技术要求

坐标系：采用 WGS84 大地坐标系。

成图比例尺：土壤类型数据成图比例尺为 1∶50 万，数据获取困难地区可适当放宽比例尺。

土壤类型划分标准：按《中国土壤分类与代码》(GB/T 17296—2009)执行，1∶50 万土壤类型数据土壤分类到土属,1∶100 万土壤类型数据土壤分类到亚类。

土壤质地划分标准:按国际制土壤质地分类标准(ISSS)和《土的工程分类标准》(GB/T 50145—2007)执行。

最小上图面积:土壤类型图最小上图图斑面积为 2 mm×2 mm。

数据接边原则与要求:土壤类型数据必须经过接边处理,图形和属性相协调,全国形成一张图。

元数据:参照 SL/Z 351—2006 中 5.2.4,对土壤数据的元数据进行规定,元数据格式为 XLS。

3.精度检查与评价

土壤剖面数据作为精度评价标准数据,受数据源限制,目前可得到的土壤剖面数据较少,建议充分利用土壤剖面数据,完成土壤类型和土壤质地的修正、精度检验和评价,评价单元为省。

(1)核查:抽取所有分类图斑总数的 10%进行核查,核查精度达到 90%以上。核查参考数据为土壤剖面数据、遥感影像数据、更高比例尺土壤类型数据、土壤志或者土种志等资料。

(2)检验:对所有土壤剖面数据覆盖区域的图斑进行检验,要求土壤类型精度达到 95%以上,土壤质地精度要达到 90%以上,其边界精度误差小于 4 个像素。

4.1.2　小流域划分及基础信息提取

4.1.2.1　划分内容

基于 DEM 数据山丘区小流域划分主要包括对洼地的处理、平坦区域的处理、水流方法的确定、流域排水网格的确定、流域界线的确定、网格上游汇水面积和伪河道及水库的处理等内容。

1.DEM 数据处理要求

将全国 DEM 数据拼接为一个整体,之后进行一次性填洼、流向计算等处理。为保证在全国各种地形地貌条件下产生的流域水系拓扑数据均正确无误,应满足:

(1)从任何一个网格点出发,沿其水流方向追踪,最终均流出到境外,或流出到经确认的“渗漏点”(在“天坑”或内流区等位置),绝对不产生闭环。

(2)在任何地形条件下,不产生交叉的流域界、沟道。

2.小流域边界和沟道提取

(1)山丘区小流域边界、沟道提取与处理。山丘区小流域边界、沟道需在三级流域基础上进行进一步提取。提取的河段进行平滑处理,特殊地形可进行编辑处理,对山丘区小流域及其沟道水流出口位置节点进行确认。

(2)数据修正。参照遥感影像数据以及河流水系、湖泊水库、水工设施、重要交通线路等辅助图层信息,以最新图层为主要参考依据,编辑修改沟道和流域边界,保证沟道(水系)的连续完整、汇水口的正确、山丘区小流域集水单元准确。

(3)小流域出口。确定山丘区小流域进、出水口及节点,结合山洪灾害防治需求,应考虑水库、水闸、水文站等水利工程设施和重要的村庄、居民点的位置。如根据水库规模和流域控制面积,将水库闸口设定为山丘区小流域进、出水口;根据河流上的水文观测站点,选择区间流域的进、出水口;水文站控制断面、山区性河流的出山口、靠近主要村镇的河流处、水库入库断面及坝址处必须作为节点。

3.山丘区小流域边界划分特殊情况说明

在确定山丘区小流域边界过程中,应考虑下列情况:

(1)狭长型流域。汇水面积大于 100 km^2 且难以划分多个小流域的狭长流域,可单独作为一个山丘区小流域。

(2)坡面型流域。流域面积较小且平行排列,主沟不明显,将其归并成一个山丘区小流域,此类山丘区小流域为坡面型小流域。

(3)区间型流域。在狭长河谷地带,河道两侧或一侧坡面陡峭,坡面集水区不能单独归并为小流域时,可将峡谷地带的河道及两侧坡面集水区划分成小流域,此类小流域为区间型小流域。

(4)扇形地流域。如果一条沟道产生分叉,下游形成冲积扇,这个扇形地的脊部是其两侧流域的分水线,且扇形地顶部以上的汇水区为两侧所共有,则划分汇水区所形成水系的小流域时,应将该扇形地及其两侧的相关区域包括在该流域内。

(5)熔岩型流域。在岩溶地貌地区,对明显的地表水渗漏处(落水洞),可考虑将其作为山丘区小流域出口。

(6)对丘陵漫岗区、沙区、内陆河周边地带无明显汇水出口的区域,在满足汇水关系情况下,以山丘区小流域面积作为主要控制指标。

(7)已有相同精度的地表水系图情况下,可直接应用现有数据,加入到水系图之中。

4.1.2.2　水系要素拓扑关系建立

1.拓扑模型简述

水系要素拓扑关系不仅是河网水系的层次结构和网络结构的自然体现,也是建立分布式水文模型的重要支撑。解决好水系要素的拓扑关系,是解决复杂流域的洪水演算问题的重要前提之一。本书利用七个元素(山丘区小流域、河段、水库、节点、分水、水源和洼地)及其组合将流域系统概化为流域模型,它们之间的拓扑关系构成流域产汇流系统,如图 4-1 所示。

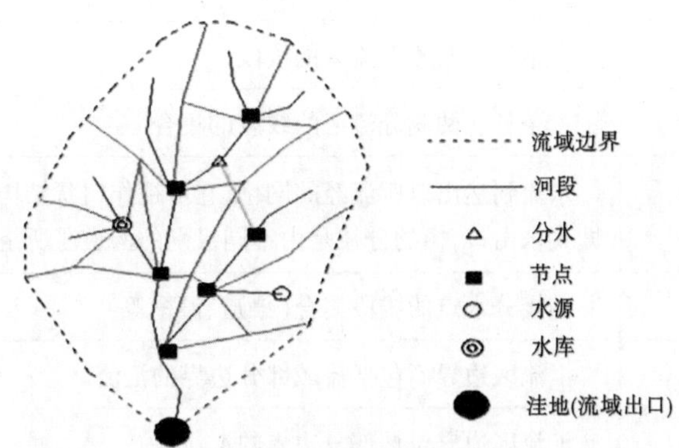

图 4-1　流域产汇流系统

小流域:小流域只有一个出流,没有入流,是流域模型中两个产流元素之一。

河段:河段具有一个出流和一个或多个入流,入流来自流域模型中的其他水文元素。河段用于模拟河流。

水库:水库具有一个以上入流和一个计算的出流,入流来自流域模型中的其他水系要素。“水库”用于模拟水库、湖泊和水塘等。

节点:节点是具有一个或更多入流且仅有一个出流的水文元素。节点用来模拟河流的汇合点。

分水:具有一个或多个入流和两个出流,其中一个为主要出流,一个为次要出流,入流来自流域模型中的其他元素。该水文元素主要用来模拟分水入渠道、渡槽或非河上水库的堰。

水源:水源具有一个出流,没有入流,并且是流域模型中两类产流元素之一。水源主要用来模拟流域模型的边界条件,如来自水库或源头区的出流。

洼地:洼地具有一个以上的入流,没有出流。洼地可用于模拟内陆排水区的最低点或流域模型的出口。

利用以上七类水文单元(实际流域可以少于七类),可以模拟各种类型流域的水文响应。将上述七要素简化为以下三类结构元素,主要包括结点集、线段集和面域集,其定义如表 4-8 所示。

表 4-8　山丘区小流域结构元素

类型	名称	注释
结点集	沟道源点	沟道的上游起点
	分水线源点	分水线与流域边界的交点
	沟道节点	两条或两条以上沟道线的交会点
	分水线结点	两条或两条以上分水线的交会点
	洼地(流域出口)点	内陆排水区的最低点或流域模型的出口
	分水点	模拟分水入渠道、渡槽或非河上水库的堰等分水点
线段集	沟道段	一条具有两侧汇流区的线段
	流域边界	一条具有两侧分流区的线段的集合
	水流网格	水流到达出口所流经的网格,它可视作树状结构,在结构中树的根部即集水出口,树的分枝是由不同级别的沟道段所组成的水流渠道
	分水段	连接分水点的线段集合(渠道、渡槽等)
面域集	内部汇流区	汇流区边界不包括流域部分边界的汇流区
	外部汇流区	汇流区边界包括部分边界的汇流区
	水库等集水区域	水库、湖泊和水塘等流向集水出口的集水区域

小流域水系一般由节点、汇流段、支流组成。若干个汇流段形成支流,支流通过汇流结点相互连接形成完整的河网水系。它们在空间上存在着连接和关联关系(拓扑关系),这种关系不仅是河网水系的层次结构和网络结构的自然体现,也是分布式水文模型的重要环节。解决好流域水系的拓扑关系,就能准确地解决复杂流域的洪水演算问题。

由于汇流段是河网水系的最小组成单位,考虑到河网拓扑关系描述的需要和数据组织上的方便,小流域河网平面拓扑关系见表 4-9,其中起终点属性主要记录该点是汇流源点、中间点、汇流点还是流域出口点。该模式结构简单且数组定长,同时完整地描述了河网结构的拓扑关系。河网的层次结构反映在汇流段的河道级别中,而河网之间的拓扑关系隐含于汇流段的两端点和属性之中,通过汇流段两端点的属性和重用次数可以方便地遍历河网,以及给定位置处的河网提取。

表 4-9　小流域河网平面拓扑关系

河段编号	流域编号	河段级别	起点	起点属性	终点	终点属性

节点属性如下:

0 为流域;1 为水库;2 为汇流节点;3 为分水;4 为水源;5 为洼地(流域出口)

2.水系要素空间信息获取

满足山洪灾害评价水文计算的拓扑模型要素包括流域边界、沟段、分水、节点、水源、水库、洼地七类水系要素,其中流域边界、河段空间信息可经山丘区小流域划分获取,其他五类水系要素的空间信息可采用计算机自动提取、利用已有数据处理或经野外调查等方法获得。具体要求如下:

(1)要求各水系要素位置应正确,并能正确反映各要素的分布特点。

(2)线段相交无悬挂或过头现象,面状区域封闭。

3.空间拓扑关系建立

利用提取/划分的结果自动建立点集、线集、面集的拓扑。在划分山丘区小流域过程中,按流域汇水关系逐级建立沟道上下游、山丘区小流域与沟道、流域间的拓扑关系,在此基础上建立山丘区小流域内水系要素的拓扑关系。具体要求如下:

(1)因人工处理工作量过大,应使用软件自动完成拓扑建立,以提高效率并减少人为差错。

(2)沟道、水系等有方向性的要素水流方向正确,沟道或河流保持连通。

(3)山丘区小流域、沟道、河流等自然拓扑关系正确,流域间拓扑关系符合流域间包含嵌套关系,沟道或河流拓扑关系符合沟道或河流上下游关系。

4.1.2.3　山丘区小流域命名及编码

1.小流域编码

在《中国河流代码》(SL 249—2012)的河流编码基础上,并在全国三级河流代码的基础上扩展,形成编码体系。对划分的全国山丘区的小流域、河段进行统一编码。

1）编码对象

面积为 10 km^2以上全国的山丘区河网、流域。

2）编码原则

参考有关水利信息化的行业规范，并借鉴水利普查等工作中的有益经验，山丘区小流域编码遵循以下原则：

（1）统一原则。小流域编码在全国三级河流代码的基础上扩展，形成编码体系。

（2）唯一原则。在全国范围内，确保每一个山丘区小流域编码的唯一性。

（3）稳定原则。编码体系以各要素相对稳定的属性或特征为基础，保证在较长时间内不发生重大变更。

（4）兼容原则。编码必须和现在的系统兼容，确保系统改动最小。

（5）扩展原则。以后小流域调整或增加级别时，可以对编码方案进行拓展。

（6）拓扑正确性原则。编码构成能体现各级流域及山丘区小流域的逻辑联系，准确反映地表汇流关系。

（7）分级递推。按各级流域包含或并列的拓扑关系分级编制、逐级递推。

（8）自上而下。同级流域，按照水流方向，自上而下，自左岸至右岸（面向水流流向，左手边为左岸，右手边为右岸），依次编码。

3）编码规则

（1）小流域河道级别。

任何河网都是由大小不等、各种各样的水道连接而成的，而一个较大的水道往往也是由若干较小的水道汇流而成的，流域水系这种天然的层次结构有助于建立河网水系拓扑结构和对水系的构成做进一步的分析。

流域的层次结构可通过对河网水系中的各个支流按照其汇入特性进行分级而实现，目前常用的河网分级方案有 Strahler 方法、Horton 方法等，其中由于 Strahler 分级方案是从形态与水文要素综合分析中提出的而得到广泛的认可。鉴于此，本书采用 Strahler 加一分级方案，其主要原理如下：

①所有的外部河道段（没有其他河道段加入的河道段）为第一级。

②两个同级别（设其级别为 k）的河道段会合，形成的新的河道的级别为 $k+1$。

③如果级别为 k 的河道段加入级别较高的河道段，级别增加 1 级。

小流域河流级别跟 Strahler 分级的级别相反，如图 4-2 所示。

（2）编码的定义。

小流域编码位数为 16 位，每位的取值是大写字母（A ~ Z）、小写字母（a ~ z）或数字（0~9）。流域和河网采用同一编码，编码结构见图 4-3 和表 4-10。

本编码方案考虑到实际工作中的复杂性，具有如下优势：

①可扩展性。在以后的开发中可以更改河道编码段和虚河道编码的位数，以达到增加流域级别的目的。

②稳定性。该编码的前七位、后九位都有固定的含义，无论编码位数如何增加，前七位都是固定不变的，只需更改后面的位数。

③兼容性。因为该编码的前七位、后九位在系统中的代码不需太大改动，代价较小。

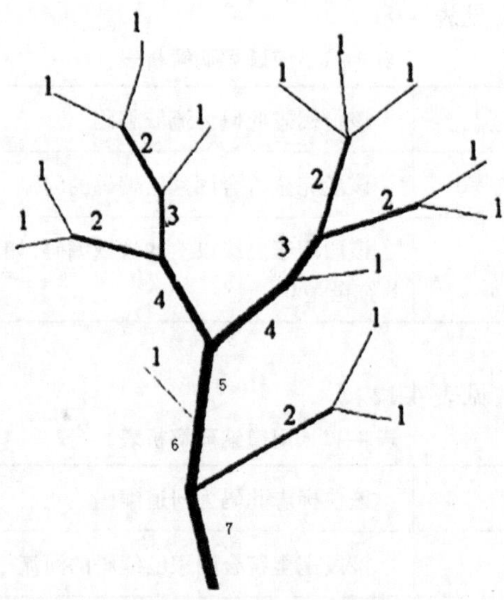

图 4-2　小流域河流级别

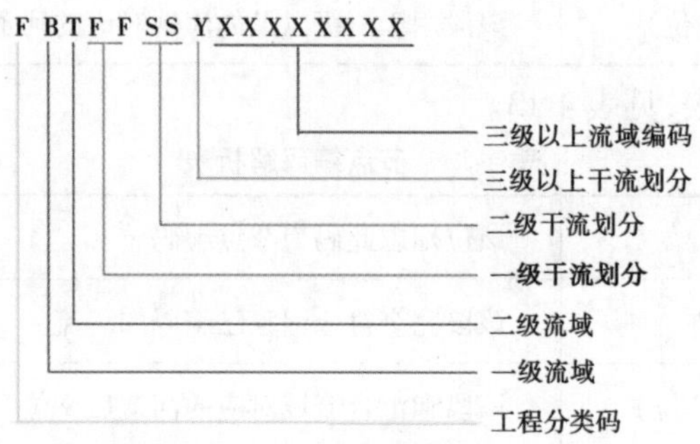

图 4-3　河网水系编码结构图

表 4-10　三级以上河流编码解析

编码位		编码位的含义	编码位的取值
第一位		该位为标志位,区分流域、河道、节点	W:流域　A:河道　Q:节点
使用行业标准编码	B	一级流域	大写字母(A~Z),小写字母(a~z)
	T	二级流域	大写字母(A~Z),小写字母(a~z)
	FF	一级支流编号	2位数字或字母
	SS	二级支流编号	2位数字或字母
	Y(1位)	该位用于表示三级以上干流的划分	数字(0~9),大写字母(A~Z),小写字母(a~z)
	XXXXXXXX(8位)	该段用于三级以上的流域、河道、节点编码	大写字母(A~Z),小写字母(a~z)

(3)流域编码解析表,见表4-11。

表4-11 流域编码解析表

流域编码	W(1位)	该位标志此码为流域编码
	BTFFSS(6位)	该段完全符合国家已编码的河流
	YXXXXXXXX(9位)	该段用于三级以上的流域编码,如果该流域为二级流域,则这8位全是0

(4)河道编码解析表,见表4-12。

表4-12 河道编码解析表

河道编码	A(1位)	该位标志此码为河道编码
	BTFFSS(6位)	该段完全符合国家已编码的河流
	Y(1位)	该位用于表示三级以上干流的划分
	XXXXXXXX(8位)	该段用于三级以上的流域对应的河道编码

(5)节点编码解析表,见表4-13。

表4-13 节点编码解析表

节点	Q(1位)	该位标志此码为节点编码
	BTFFSS(6位)	该段完全符合国家已编码的河流
	YXXXXXXXX(9位)	该段和汇合流域对应的河道后9位一致

2.山丘区小流域命名

山丘区小流域命名规则如下:

(1)山丘区小流域名称保持唯一性。

(2)命名力求简明确切、易于辨识,尽量沿用当地沟道、村庄、山脉、河流的名称,遵循当地的习惯叫法。

(3)若一个山丘区小流域包含多个沟道,且每个沟道都有名称,则以主沟道或最长沟道名称命名。

(4)若一个山丘区小流域内包含多个村庄,则以人口最多的村庄名称命名。

(5)跨县山丘区小流域由地市或省协调完成山丘区小流域和沟道命名。

4.1.2.4 山丘区小流域基本属性提取

利用DEM、DOM、DLG等基础数据,对小流域边界、河段和属性数据进行自动提取。

1.山丘区小流域基本属性表

山丘区小流域基本属性表(见表4-14)用于存储小流域的基本信息。

表4-14　山丘区小流域基本属性表

序号	字段名	标识符	类型及长度	有无空值	计量单位	主键	外键
1	流域编码	WSCD	char(16)			Y	
2	流域名称	WSNM	varchar(32)				
3	上一级流域编码	PWSCD	char(16)				
4	流域级别	WSCS	int				
5	类型	WSTYPE	char(1)				
6	面积	WSAREA	int		km^2		
7	周长	WSPERI	numeric(10,3)		km		
8	平均坡度	WSSLP	numeric(7,6)				
9	形状系数	WSSHPC	numeric(7,6)				
10	最长汇流路径长度	MAXLEN	numeric(10,3)				
11	最长汇流路径比降	MAXLSLP	numeric(7,6)				
12	最长汇流路径比降1085	MAXLSLP1085	numeric(7,6)				
13	形心坐标X	CENTERX	numeric(12,3)				
14	形心坐标Y	CENTERY	numeric(12,3)				
15	形心高程	CENTERELV	numeric(7,3)				
16	出口坐标X	OUTLETX	numeric(12,3)				
17	出口坐标Y	OUTLETY	numeric(12,3)				
18	出口高程	OUTLETELV	numeric(7,3)				
19	最大高程	MAXELV	numeric(7,3)				

字段描述：

(1)流域编码:和河道编码一一对应,前缀由河道的“A”改为“W”。

(2)流域名称:以当地习惯命名,半自动生成。当前未保存。

(3)上一级流域编码:汇入上一级流域的流域编码。

(4)流域级别:最上游小流域的级别为1,按照st编码方法计算得出。

(5)类型:0普通流域,1水库流域。

(6)面积:小流域的面积。

(7)周长:小流域周长。

(8)平均坡度:流域的平均坡度。

(9)形状系数:为流域面积 A 与最长汇流路径长度平方的比值。

(10)最长汇流路径长度:到出口点的最长汇流路径的长度。

(11)最长汇流路径比降:流域的最长汇流路径的比降。

(12)最长汇流路径比降 1085:流域最长汇流路径 10%~85%的比降。

(13)形心坐标 X:流域形心的坐标 X(采用高斯投影坐标)。

(14)形心坐标 Y:流域形心的坐标 Y(采用高斯投影坐标)。

(15)形心高程:流域形心的高程。

(16)出口坐标 X:出口点坐标的 X 值(采用高斯投影坐标)。

(17)出口坐标 Y:出口点坐标的 Y 值(采用高斯投影坐标)。

(18)出口高程:出口点位置的高程。

(19)最大高程:流域中所有网格像素点对应高程值中最大值。

2.节点基本属性表

节点基本属性表(见表 4-15)用于存储节点的基本信息。

表 4-15　节点基本属性表

序号	字段名	标识符	类型及长度	有无空值	计量单位	主键	外键
1	节点编码	NDCD	char(16)			Y	
2	节点名称	NDNM	varchar(32)				

字段描述:

(1)节点编码:节点的编码。

(2)节点名称:节点的名称。

3.河段基本属性表

河段基本属性表(见表 4-16)用于存储河段的基本信息。

字段描述:

(1)河段编码:二级支流同国标,支流标准参见其他文档,在以给定的根编码后编,每一位字符作为一级的,不足 16 个字符的后面填补字符“0”。

(2)河段名称:暂无。

(3)上接河段编码:拓扑流入该河道的所有河道编码集,多个以半角逗号分割“,”,无则为“-1”标识。

(4)下接河段编码:该流入的河道编码,通常唯一,无则为“-1”标识。

(5)入口节点编码:该河段的入流节点编码。

(6)出口节点编码:该河段的出流节点编码。

(7)所在河流编码:所属河流编码。

(8)所在小流域编码:所属小流域编码。

表 4-16　河段基本属性表

序号	字段名	标识符	类型及长度	有无空值	计量单位	主键	外键
1	河段编码	RVCD	char(16)			Y	
2	河段名称	RVNM	varchar(32)				
3	上接河段编码	FRVCD	varchar(max)				
4	下接河段编码	TRVCD	char(16)				
5	入口节点编码	INDCD	varchar(max)				
6	出口节点编码	ONDCD	char(16)				
7	所在河流编码	RSCD	char(16)				
8	所在小流域编码	RSCD	char(16)				
9	河段级别	RVCS	int				
10	河段长度	RVLEN	numeric(10,3)		km		
11	河段比降	RVSLP	numeric(7,6)				
12	入口高程	IELV	numeric(7,3)		m		
13	出口高程	OELV	numeric(7,3)		m		
14	河段点集	PTDATA	image				

(9)河段级别:河道的级别,通常可以从河段编码上判断,暂未填写。

(10)河段长度:河道的长度,单位 m。

(11)河段比降:该截河道的比降值(所有点均值)。

(12)入口高程:河道入口点的高程值。

(13)出口高程:河道出口点的高程值。

(14)河段点集:河道数据点集。

4.1.3　工作底图制作

4.1.3.1　省市级工作底图制作技术要求

1.技术指标

1)底图分幅

省市级工作底图按 1∶5 万标准图幅进行分幅。

2)数学基础

(1)平面坐标系。

正射影像数据采用 WGS84 坐标系,基础地理数据采用 CGCS2000 坐标系,专题数据采用 WGS84 坐标系。

(2)高程基准。

采用 1985 国家高程基准。

3)数据格式

省市级工作底图的数据内容包括矢量数据、栅格数据和元数据。

矢量数据包含制图所使用的各类基础地理和专题矢量数据，格式为 Shapefile；制图工程文件格式为 mxd。

栅格数据包含制图使用的正射影像数据，格式为 GeoTiff。

元数据为各省市工作底图的数据说明文件，格式为 * .doc。

4）专题数据要求

专题数据包括小流域数据、土地利用和植被类型数据、土壤数据和监测站点数据四类。

小流域数据是在山洪灾害防治区根据山洪灾害的特点，利用全国 1∶5 万 DEM 数据，按照 10~50 km^2面积划分小流域。数据内容主要包括流域单元、河段、出口断面、汇流路径、流域节点等。

利用遥感影像提取的土地利用和植被类型，主要包括：耕地、园地、林地、草地、交通运输用地、水域及水利设施用地、其他土地和城镇村及工矿用地。

土壤数据是利用第二次全国土壤普查数据，辅以相关资料进行土壤质地类型划分，生成全国山洪灾害防治区土壤质地数据集。按土壤类型分类划分为：岩石、块石、碎砾石、砂及壤质砂土、砂质壤土、壤土、粉质壤土、砂质黏壤土、黏壤土、粉质黏壤土、砂质黏土、壤质黏土、粉质黏土、黏土、重黏土。

监测站点主要包括水文站、水位站和雨量站。

5）基础地理数据要求

基础地理数据包括乡级行政区界线数据，全国 1∶5 万基础地理数据中的主要道路、主要水系、居民地地名、自然地名和境界与政区。

基础地理数据需具有较强的现势性，内容丰富合理，信息正确，拓扑关系准确，能满足调查工作的需要。

6）影像数据要求

省市级工作底图的正射影像数据地面分辨率采用优于（含）2.5 m 的彩色影像。

所有正射影像要求纹理清晰，色调均匀，反差适中。云雪覆盖累计不超过单幅影像的3%，并且不能覆盖重要的普查对象。

影像纠正质量满足影像无大面积噪声和条带，无因纠正造成的数据丢失、地物扭曲、变形现象。

影像镶嵌质量满足影像接边处色彩过渡自然，地物合理接边，人工地物完整，无重影和发虚现象。

影像融合质量满足融合影像色彩自然，纹理清晰，无发虚和重影现象。

影像增强质量满足增强后影像应地物细节清晰，反差适中，层次分明，色彩基本平衡。影像直方图应基本接近正态分布。

2.底图设计要求

1）数据分层与属性结构

省市级工作底图由多个不同部分的数据组成，数据分层和属性结构设计遵循各类数据原有分层方式和属性结构定义，在已有属性项中选取合适字段作为工作底图符号化字段和文字标注显示字段。

各类数据中用作工作底图符号化和文字标注显示的字段见表 4-17。

表4-17　各类数据中用作工作底图符号化和文字标注显示的字段

数据类型		图层名称	图层别名	图层类型	属性字段名	字段别名	字段说明
专题数据	小流域数据	Watershed	流域单元	面	WSCD	流域编码	
					WSNM	流域名称	文字标注显示字段
		Rivershed	河段	线	RVCD	河道编码	
					RVNM	河道名称	文字标注显示字段
					GB	分类码	
		DM	出口断面	线	CSCD	断面编码	
					CSNM	断面名称	文字标注显示字段
					GB	分类码	
		MaxRivershed	汇流路径	线	WSCD	最长汇流路径编码	文字标注显示字段
		Nodeshed	流域节点	点	NDCD	节点编码	文字标注显示字段
					NDNM	节点名字	
					GB	分类码	
	土地利用与植被类型数据	USLU	土地利用与植被类型	面	XDMDM	下垫面类型代码	符号匹配字段
					XDMMC	下垫面类型名称	文字标注显示字段
	土壤数据	TG_SOILTEXTURE	土壤质地	面	N_SOILTEXTURECODE	质地类型编码	符号匹配字段
					C_SOILTEXTURENAME	质地	
	监测站点数据	ST_STBPRP_B	监测站点	点	STCD	测站编码	文字标注显示字段
					STNM	测站名称	
					STTP	站类	符号匹配字段

续表 4-17

数据类型		图层名称	图层别名	图层类型	属性字段名	字段别名	字段说明
基础地理数据	境界与政区	BOUL	行政境界线	线	GB	国标分类码	符号匹配字段
					NAME	名称	
	水系	HYDA	面状水系	面	GB	国标分类码	符号匹配字段
					NAME	名称	
		HYDL	线状水系	线	GB	国标分类码	符号匹配字段
					NAME	名称	
		HYDP	点状水系	点	GB	国标分类码	符号匹配字段
					NAME	名称	
		HFCA	面状水系附属设施	面	GB	国标分类码	符号匹配字段
					NAME	名称	
		HFCL	线状水系附属设施	线	GB	国标分类码	符号匹配字段
					NAME	名称	
		HFCP	点状水系附属设施	点	GB	国标分类码	符号匹配字段
					NAME	名称	
	道路	LRRL	线状铁路	线	GB	国标分类码	符号匹配字段
					NAME	名称	
		LRDL	线状道路	线	GB	国标分类码	符号匹配字段
					NAME	名称	
		LFCL	线状道路附属设施	线	GB	国标分类码	符号匹配字段
					NAME	名称	

续表 4-17

<table>
<tr><th colspan="2">数据类型</th><th>图层名称</th><th>图层别名</th><th>图层类型</th><th>属性字段名</th><th>字段别名</th><th>字段说明</th></tr>
<tr><td rowspan="6">基础地理数据</td><td rowspan="2">道路</td><td rowspan="2">LFCP</td><td rowspan="2">点状道路附属设施</td><td rowspan="2">点</td><td>GB</td><td>国标分类码</td><td>符号匹配字段</td></tr>
<tr><td>NAME</td><td>名称</td><td></td></tr>
<tr><td rowspan="4">地名及注记</td><td rowspan="2">AGNP</td><td rowspan="2">居民地地名点</td><td rowspan="2">点</td><td>CLASS</td><td>地名分类码</td><td>符号匹配字段</td></tr>
<tr><td>NAME</td><td>名称</td><td>文字标注显示字段</td></tr>
<tr><td rowspan="2">AANP</td><td rowspan="2">自然地名点</td><td rowspan="2">点</td><td>CLASS</td><td>地名分类码</td><td>符号匹配字段</td></tr>
<tr><td>NAME</td><td>名称</td><td>文字标注显示字段</td></tr>
<tr><td>遥感影像</td><td></td><td>DOM</td><td>遥感影像</td><td></td><td></td><td></td><td></td></tr>
</table>

2）图层放置顺序

省市级工作底图中涉及数据类型多样，要素内容复杂，图层放置顺序设计主要依据各图层要素之间存在一定的逻辑关系和空间位置关系。

省市级工作底图的数据图层放置顺序设计见表 4-18。

3）符号设计与参数定义

本项目的符号库设计主要按照数据类别，参照相关的标准规定而制作。

基础地理数据符号参考《1∶25 000　1∶50 000　1∶100 000 地形图图式》（GB/T 20257.3—2006）设计。

专题数据符号参考《防汛抗旱用图图式》和行业相关标准设计。

暂无相关标准可依的要素符号由本次项目自行设计。

本项目要求定义的符号样式可由生产单位在生产过程中结合具体影像情况和地形特点做出局部调整。

具体符号定义与设计如下：

小流域数据具体符号定义与设计见表 4-19。

表 4-18　省市级工作底图的数据图层放置顺序设计

图层顺序	序号	图层名称	图层别名	图层类型
顶层	1	Nodeshed	流域节点	点
	2	ST_STBPRP_B	监测水文站点	点
	3	HYDP	点状水系	点
	4	HFCP	点状水系附属设施	点
	5	AGNP	居民地地名点	点
	6	AANP	自然地名点	点
	7	LFCP	点状道路附属设施	点
	8	DM	出口断面	线
	9	BOUL	行政境界线	线
	10	LFCL	线状道路附属设施	线
	11	LRRL	线状铁路	线
	12	LRDL	线状道路	线
	13	MaxRivershed	汇流路径	线
	14	Rivershed	河段	线
	15	HYDL	线状水系	线
	16	HFCL	线状水系附属设施	线
	17	HFCA	面状水系附属设施	面
	18	HYDA	面状水系	面
	19	Watershed	流域单元	面
	20	USLU	土地利用和植被类型	面
	21	TG_SOILTEXTURE	土壤质地	面
底层	22	DOM	遥感影像	

表 4-19　小流域数据具体符号定义与设计

图层别名	要素名称	符号样式	符号颜色(RGB)	符号大小(mm)
流域节点		●	0,0,0	直径:1.0
河段		——	0,255,255	线宽:0.4
汇流路径		——	0,255,255	线宽:0.2
出口断面		——	255,0,0	线宽:0.4
流域单元		□	255,170.0	线宽:0.2

土地利用和植被类型数据具体符号定义与设计见表 4-20。

表 4-20　土地利用和植被类型数据具体符号定义与设计

图层别名	要素名称	符号样式	符号颜色(RGB)	符号大小(mm)
土地利用和植被类型	类型边界		0,255,0	线宽:0.2
	耕地		240,240,100	
	园地		100,255,50	
	林地		75,150,75	
	草地		0,200,150	
	交通运输用地		100,100,150	
	水域及水利设施用地		0,0,255	
	其他土地		255,100,0	
	城镇村及工矿用地		190,0,0	

土壤数据具体符号定义与设计见表 4-21。

表 4-21　土壤数据具体符号定义与设计

图层别名	要素名称	符号样式	符号颜色(RGB)	符号大小(mm)
土壤质地	类型边界		255,0,0	线宽:0.2
	岩石		240,240,240	
	块石		191,191,191	
	碎砾石		200,200,B255	

续表 4-21

图层别名	要素名称	符号样式	符号颜色(RGB)	符号大小(mm)
土壤质地	砂土		255,255,180	
	壤性砂土		255,255,120	
	砂性壤土		255,255,80	
	壤土		240,240,100	
	粉砂壤土		220,220,50	
	砂性黏壤土		180,180,0	
	粉性黏壤土		255,200,0	
	黏质壤土		255,180,0	
	砂性黏土		255,200,255	
	粉砂性黏土		255,130,255	
	黏土		255,100,200	
	重黏土		255,50,150	

监测站点数据具体符号定义与设计见表 4-22。

表 4-22　监测站点数据具体符号定义与设计

图层别名	要素名称	符号样式	符号颜色(RGB)	符号大小(mm)
水文站点	水文站		255,0,0	高:3.0 底宽:1.2
	水位站		255,0,0	高:3.0 底宽:1.2
	雨量站		255,0,0	直径:1.5

基础地理数据具体符号定义与设计见表4-23。

表4-23　基础地理数据具体符号定义与设计

图层别名	要素名称	符号样式	符号颜色(RGB)	符号大小(mm)
行政境界线	国界		255,179,255 0,0,0	色带宽:3.5 线宽:0.4
	省界		255,179,255 0,0,0	色带宽:2.5 线宽:0.3
	地级界		255,179,255 0,0,0	色带宽:1.5 线宽:0.3
	县界		0,0,0	线宽 0.2
	乡界		0,0,0	线宽 0.2
面状水系	地面河流		0,255,255	线宽:0.1
	干渠			
	湖泊			
	池塘			
	水库			
	河、湖岛			
	时令河		0,255,255	线宽:0.1
	时令湖			
	建筑中水库			
	溢洪道			
	沼泽	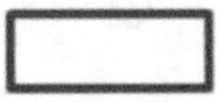	164,114,40	线宽:0.1
线状水系	地面河流		0,255,255	线宽:0.1
	干渠		0,255,255	线宽:0.25
	支渠		0,255,255	线宽:0.1
	地下河段		0,255,255	线宽:0.1
	时令河		0,255,255	线宽:0.1
	溢洪道		0,255,255	线宽:0.4
点状水系	泉		0,0,255	高:2.0
	水井		0,255,255	高:2.0
	水井房		0,0,255	高:3.0

续表 4-23

图层别名	要素名称	符号样式	符号颜色(RGB)	符号大小(mm)
面状水系附属设施	沙洲		164,114,40	线宽:0.1
	岸滩			
	水中滩			
线状水系附属设施	高水界		0,255,255	线宽:0.2
	瀑布、跌水		0,255,255	线宽:0.1
	干堤		0,0,0	线宽:0.2
	一般堤			
	水闸		0,255,255	线宽:0.5
	滚水坝		0,0,0	线宽:0.6
	拦水坝		0,0,0	线宽:0.6
	制水坝		0,0,0	线宽:0.6
	有防洪墙的加固岸		0,0,0	线宽:0.6
	无防洪墙的加固岸			
点状水系附属设施	地下河段出入口		0,255,255	高:2.0
	涵洞		255,0,0	高:2.0
	瀑布、跌水		0,255,255	高:2.0
	水闸		255,0,0	高:2.0,宽 4.0
	扬水站、抽水站		0,0,0	直径:1.5
	滚水坝		0,0,0	高:2.0
	拦水坝		0,0,0	高:2.0
境界线	水系交汇处		0,0,0	线宽:0.2
线状铁路	单线标准轨		0,0,0	线宽:1.0
	复线标准轨			
	单线窄轨			
	复线窄轨			

续表 4-23

图层别名	要素名称	符号样式	符号颜色(RGB)	符号大小(mm)
线状道路	建成国道		255,0,0	线宽:1.0
	建成省道		255,128,0	线宽:0.8
	建成县道		255,51,255	线宽:0.4
	乡道		255,51,255	线宽:0.2
	专用公路		255,51,255	线宽:0.2
	其他公路		255,51,255	线宽:0.2
	机耕路(大路)		0,0,0	线宽:0.15
	乡村路		0,0,0	线宽:0.15
	小路			
线状道路附属设施	铁路桥		0,0,0	线宽:0.2
	公路桥			
	铁路公路两用桥			
	人行桥			
	火车隧道		0,0,0	线宽:0.2
	汽车隧道			
	火车明硐			
	汽车明硐			
点状道路附属设施	火车站		0,0,0	高:4.0,宽 2.0
	山隘		0,0,0	高:2.0,宽 4.0
	铁路桥		0,0,0	高:2.0,宽 4.0
	公路桥			
	铁路公路两用桥			
	人行桥			
	火车隧道		0,0,0	长:1.0 线宽:0.2
	汽车隧道			
	火车明硐			
	汽车明硐			

续表 4-23

图层别名	要素名称	符号样式	符号颜色(RGB)	符号大小(mm)
居民地地名点	国名	具体样式参照《1∶25 000　1∶50 000　1∶100 000 地形图图式》(GB/T 20257.3—2006)		
	省(直辖市、自治区、特别行政区)行政地名			
	自治洲、盟、地区行政地名			
	地级市行政地名			
	县级市行政地名			
居民地地名点	县(自治县、旗、自治旗、地级市市辖区)级市行政地名	具体样式参照《1∶25 000　1∶50 000　1∶100 000 地形图图式》(GB/T 20257.3—2006)		
	县辖区及县级行政区域的派出机构地名			
	街道办事处地名			
	镇行政地名			
	乡行政地名			
	建制村地名			
	城镇区片、小区名			
	自然村、屯、片村、村民小组名			
	牧点、渔点、棚房名			
	其他			
	党政机关、党派团体名			
	企事业单位名			
	农、林、牧、渔场名			

续表 4-23

图层别名	要素名称	符号样式	符号颜色(RGB)	符号大小(mm)
自然地名	台、站名(电视台、转播站、天文台、气象台、地震台等)	具体样式参照《1∶25 000　1∶50 000　1∶100 000 地形图图式》(GB/T 20257.3—2006)		
	经济区域名			
	经济特区名			
	经济开发区名			
	其他			
	渡口名			
	铁路线路名			
	铁路车站名			
	公路及乡村路名			
	公路站名			
	桥梁、涵洞、隧道名			
	城市路、街、巷名			
	管线、索道名			
	山体名(包括山脉、山岭、火山、冰山、雪山等)			
	山峰名(山丘、崮等)			
	山坡名			
	谷地名			
	山崖名			
	洞穴名			

续表 4-23

图层别名	要素名称	符号样式	符号颜色(RGB)	符号大小(mm)
自然地名	山口名(包括垭口、关口、隘口等)	具体样式参照《1∶25 000　1∶50 000　1∶100 000 地形图图式》(GB/T 20257.3—2006)		
	台地名(塬、坝子名)			
	其他			
	常年河流名			
	季节性河流名			
	消失河名			
	伏流河名			
	运河名			
	渠道名			
	湖泊名			
	水库名			
	蓄洪区名			
	瀑布名			
	泉名			
	井名			
	干涸河名			
	干涸湖名			
	冰川名			
	河口名			
	河滩名			
	河曲、河湾、峡名			
	洲岛名			
	沼泽、湿地名			

续表 4-23

图层别名	要素名称	符号样式	符号颜色(RGB)	符号大小(mm)
	水利设施名(包括堤坝、水闸、输水隧道等)	具体样式参照《1∶25 000　1∶50 000　1∶100 000 地形图图式》(GB/T 20257.3—2006)		
	其他			
自然地名	平原名			
	凹地、盆地名			
	山地、丘陵名			
	高原名			
	草原名			
	绿洲名			
	荒漠、沙漠名			
	森林名			
	三角洲名			
	盐田名			
	自然保护区名			
	其他			
	界碑名			
	界桩名			
	其他			

4)元数据

各专题数据的元数据依照各专题数据的元数据信息。

工作底图元数据是针对每幅工作底图成果的说明文件，数据存储为 Word 文档，具体内容见表 4-24。

5)成果组织方式及命名

省市级工作底图成果需保持统一性与规范性，对制图文件夹的数据存储方式进行统一规定。

表 4-24　工作底图元数据

数据项名称	类型	长度	填写说明
图件基本情况			
图件名称	TEXT	30	数据中文名称
图件生产单位名	TEXT	32	生产单位名称
图件生产时间	TEXT	8	精确到月
密级	TEXT	12	
总层数	INTEGER		数据层数，按实际情况填写
数据格式	TEXT	20	
西北图廓角点 *X* 坐标	TEXT	50	以度分秒格式填写
西北图廓角点 *Y* 坐标	TEXT	50	以度分秒格式填写
东南图廓角点 *X* 坐标	TEXT	50	以度分秒格式填写
东南图廓角点 *Y* 坐标	TEXT	50	以度分秒格式填写
质量评价信息			
数据质量评价	TEXT	50	
作业员	TEXT	10	
作业组	TEXT	10	
组间检查人	TEXT	10	
作业组检查结果	TEXT	50	
质检人	TEXT	10	
质检时间	TEXT	8	

省级工作底图成果分三级文件目录组织，其中：第一级以省为单位进行组织，第二级文件夹分为标准分幅正射影像数据、标准分幅制图数据、标准分幅制图工程文件和标准分幅元数据，第三级文件夹存放相应的数据内容。

具体组织形式和命名方式如图 4-4 所示。

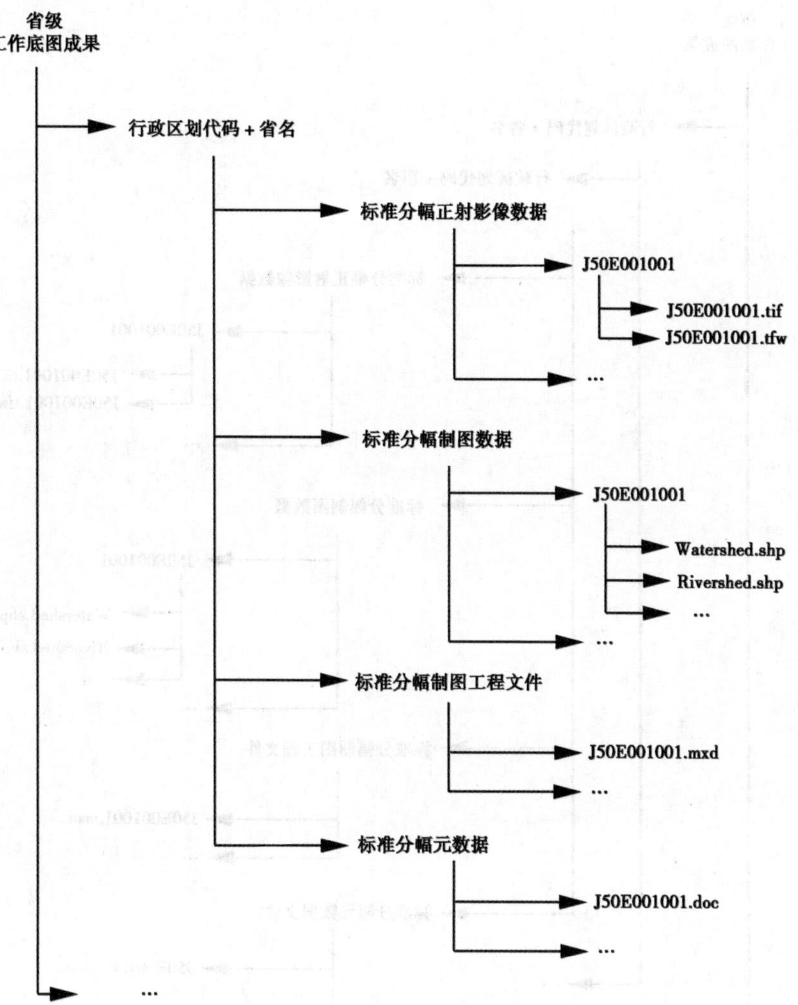

图4-4　省级工作底图具体组织形式和命名方式

市级工作底图成果分四级文件目录组织,其中:第一级以省为单位进行组织,第二级以市为单位进行组织,第三级文件夹分为标准分幅正射影像数据、标准分幅制图数据、标准分幅制图工程文件和标准分幅元数据,第四级文件夹存放相应的数据内容。

具体组织形式和命名方式如图4-5所示。

4.1.3.2　县级工作底图制作技术要求

1.技术指标

1)底图分幅

县级工作底图按县级行政区界外扩2 000 m进行分幅。

2)数学基础

(1)平面坐标系。

采用WGS84坐标系。

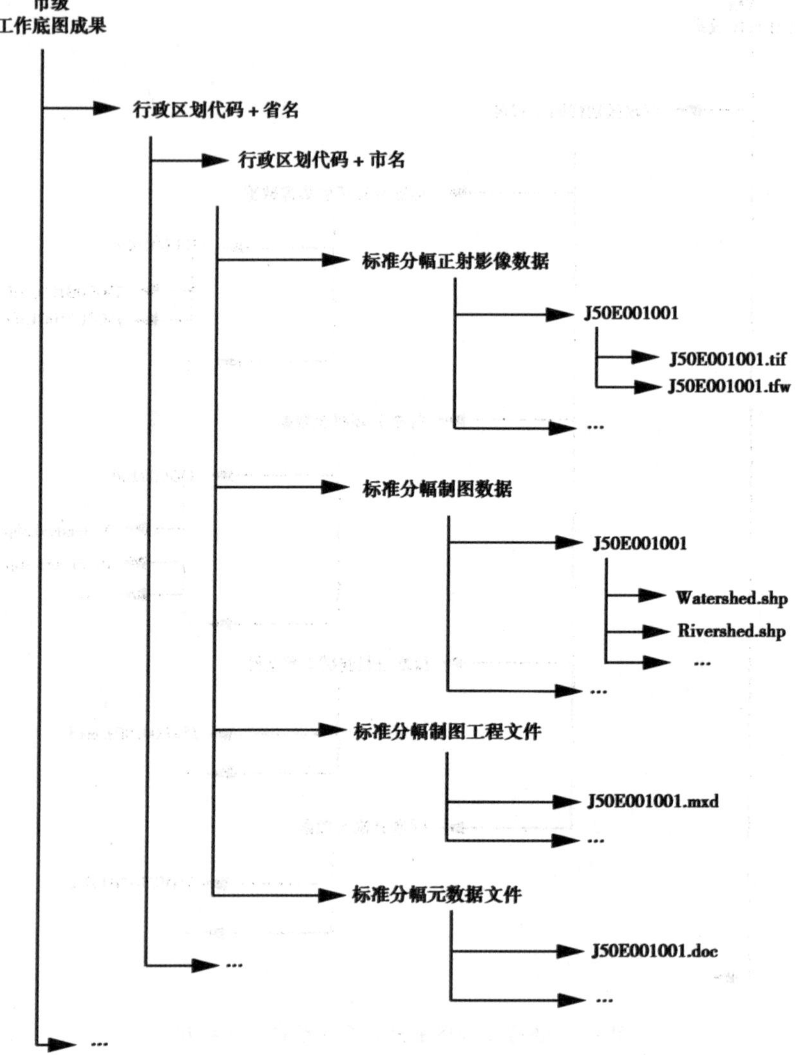

图 4-5　市级工作底图具体组织形式和命名方式

(2)高程基准。

采用 1985 国家高程基准。

3)数据格式

县级工作底图的数据内容包括矢量数据、栅格数据和元数据。

矢量数据包含制图所使用的各类基础地理和专题矢量数据,格式为 Shapefile;制图工程文件格式为 mxd。

栅格数据包含制图使用的正射影像数据,格式为 GeoTiff。

元数据为各县工作底图的数据说明文件,格式为 * .doc。

4)专题数据要求

专题数据包括小流域数据、土地利用和植被类型数据、土壤数据和监测站点数据四类。

小流域数据是在山洪灾害防治区根据山洪灾害的特点，利用全国1∶5万DEM数据，按照10~50 km^2 面积划分小流域。数据内容主要包括流域单元、河段、出口断面、汇流路径、流域节点等数据。

利用遥感影像提取的土地利用和植被类型，主要包括：耕地、园地、林地、草地、交通运输用地、水域及水利设施用地、其他土地和城镇村及工矿用地。

土壤数据是利用第二次全国土壤普查数据，辅以相关资料进行土壤质地类型划分，生成全国山洪灾害防治区土壤质地数据集。按土壤类型分类划分为：岩石、块石、碎砾石、砂及壤质砂土、砂质壤土、壤土、粉质壤土、砂质黏壤土、黏壤土、粉质黏壤土、砂质黏土、壤质黏土、粉质黏土、黏土、重黏土。

监测站点主要包括水文站、水位站和雨量站。

5）基础地理数据要求

基础地理数据包括乡级行政区界线数据，全国1∶25万基础地理数据中的主要道路、主要水系、居民地地名和境界与政区。

基础地理数据需具有较强的现势性，内容丰富合理，信息正确，拓扑关系准确，能满足调查工作的需要。

6）影像数据要求

工作底图的正射影像数据地面分辨率采用优于（含）2.5 m的彩色影像。

所有正射影像要求纹理清晰，色调均匀，反差适中。云雪覆盖累计不超过单幅影像的3%，并且不能覆盖重要的普查对象。

影像纠正质量满足影像应无大面积噪声和条带，无因纠正造成的数据丢失、地物扭曲、变形现象。

影像镶嵌质量满足影像接边处色彩过渡自然，地物合理接边，人工地物完整，无重影和发虚现象。

影像融合质量满足融合影像色彩自然，纹理清晰，无发虚和重影现象。

影像增强质量满足增强后影像应地物细节清晰，反差适中，层次分明，色彩基本平衡。影像直方图应基本接近正态分布。

2.底图设计要求

1）数据分层与属性结构

县级工作底图由多个不同部分的数据组成，数据分层和属性结构设计遵循各类数据原有分层方式和属性结构定义，在已有属性项中选取合适字段作为工作底图符号化字段和文字标注显示字段。

各类数据中用作工作底图符号化和文字标注显示的字段见表4-25。

2）图层放置顺序

工作底图中涉及数据类型多样，要素内容复杂，图层放置顺序设计主要依据各图层要素之间存在一定的逻辑关系和空间位置关系。

本次工作底图的数据图层放置顺序设计见表4-26。

表 4-25　各类数据中用作工作底图符号化和文字标注显示的字段

数据类型		图层名称	图层别名	图层类型	属性字段名	字段别名	字段说明
专题数据	小流域数据	Watershed	流域单元	面	WSCD	流域编码	
					WSNM	流域名称	文字标注显示字段
		Rivershed	河段	线	RVCD	河道编码	
					RVNM	河道名称	文字标注显示字段
					GB	分类码	
		DM	出口断面	线	CSCD	断面编码	
					CSNM	断面名称	文字标注显示字段
					GB	分类码	
		MaxRivershed	汇流路径	线	WSCD	最长汇流路径编码	文字标注显示字段
		Nodeshed	流域节点	点	NDCD	节点编码	文字标注显示字段
					NDNM	节点名字	
					GB	分类码	
	土地利用与植被类型数据	USLU	土地利用与植被类型	面	XDMDM	下垫面类型代码	符号匹配字段
					XDMMC	下垫面类型名称	文字标注显示字段
	土壤数据	TG_SOILTEXTURE	土壤质地	面	N_SOILTEXTURECODE	质地类型编码	符号匹配字段
					C_SOILTEXTURENAME	质地	
	监测站点数据	ST_STBPRP_B	监测站点	点	STCD	测站编码	文字标注显示字段
					STNM	测站名称	
					STTP	站类	符号匹配字段

续表 4-25

数据类型		图层名称	图层别名	图层类型	属性字段名	字段别名	字段说明
基础地理数据	境界与政区	BOUL	行政境界线	线	GB	国标分类码	符号匹配字段
					NAME	名称	
	水系	HYDA	面状水系	面	GB	国标分类码	符号匹配字段
					NAME	名称	
		HYDL	线状水系	线	GB	国标分类码	符号匹配字段
					NAME	名称	
		HFCL	线状水系附属设施	线	GB	国标分类码	符号匹配字段
					NAME	名称	
	道路	LRDL	线状道路	线	GB	国标分类码	符号匹配字段
					NAME	名称	
	地名及注记	AGNP	居民地地名点	点	CLASS	地名分类码	符号匹配字段
					NAME	名称	文字标注显示字段
遥感影像		DOM	遥感影像				

3）符号设计与参数定义

本项目的符号库设计主要按照数据类别，参照相关的标准规定而制作。

基础地理数据符号引用自《1∶250 000　1∶500 000　1∶1 000 000 地形图图式》（GB/T 20257.4—2007），部分参考中国地图出版社相关图册设计。

专题数据符号参考《防汛抗旱用图图式》和行业相关标准设计。

暂无相关标准可依的要素符号由本次项目自行设计。

本项目要求定义的符号样式可由生产单位在生产过程中结合具体影像情况和地形特点做出局部调整。

表 4-26　本次工作底图的数据图层放置顺序设计

图层顺序	序号	图层名称	图层别名	图层类型
顶层	1	Nodeshed	流域节点	点
	2	SWZD	水文站点	点
	3	AGNP	居民地地名点	点
	4	DM	出口断面	线
	5	BOUL	行政境界线	线
	6	LRDL	线状道路	线
	7	MaxRivershed	汇流路径	线
	8	Rivershed	河段	线
	9	HYDL	线状水系	线
	10	HFCL	线状水系附属设施	线
	11	HYDA	面状水系	面
	12	Watershed	流域单元	面
	13	USLU	土地利用和植被类型	面
	14	TRZD	土壤质地	面
底层	15	DOM	遥感影像	

具体符号定义与设计如下：

小流域数据符号定义与设计见表 4-27。

表 4-27　小流域数据符号定义与设计

图层别名	要素名称	符号样式	符号颜色(RGB)	符号大小(mm)
流域节点		●	0,0,0	直径:1.0
河段		——	0,0,0	线宽:0.4
汇流路径		——	0,255,255	线宽:0.2
出口断面		——	255,0,0	线宽:0.4
流域单元		□	255,170.0	线宽:0.2

土地利用和植被类型数据符号定义与设计见表 4-28。

表 4-28　土地利用和植被类型数据符号定义与设计

图层别名	要素名称	符号样式	符号颜色(RGB)	符号大小(mm)
土地利用和植被类型	类型边界		0,255,0	线宽:0.2
	耕地		240,240,100	
	园地		100,255,50	
	林地		75,150,75	
	草地		0,200,150	
	交通运输用地		100,100,150	
	水域及水利设施用地		0,0,255	
	其他土地		255,100,0	
	城镇村及工矿用地		190,0,0	
	自然村			

土壤数据具体符号定义与设计见表 4-29。

表 4-29　土壤数据具体符号定义与设计

图层别名	要素名称	符号样式	符号颜色(RGB)	符号大小(mm)
土壤质地	类型边界		255,0,0	线宽:0.2
	岩石		240,240,240	
	块石		191,191,191	
	碎砾石		200,200,B255	

续表 4-29

图层别名	要素名称	符号样式	符号颜色(RGB)	符号大小(mm)
土壤质地	砂土		255,255,180	
	壤性砂土		255,255,120	
	砂性壤土		255,255,80	
	壤土		240,240,100	
	粉砂壤土		220,220,50	
	砂性黏壤土		180,180,0	
	粉性黏壤土		255,200,0	
	黏质壤土		255,180,0	
	砂性黏土		255,200,255	
	粉砂性黏土		255,130,255	
	黏土		255,100,200	
	重黏土		255,50,150	

监测站点数据具体符号定义与设计见表 4-30。

表 4-30 监测站点数据具体符号定义与设计

图层别名	要素名称	符号样式	符号颜色(RGB)	符号大小(mm)
水文站点	水文站	▲	255,0,0	高:3.0 底宽:1.2
	水位站	△	255,0,0	高:3.0 底宽:1.2
	雨量站	●	255,0,0	直径:1.5

基础地理数据具体符号定义与设计见表4-31。

表4-31　基础地理数据具体符号定义与设计

图层别名	要素名称	符号样式	符号颜色(RGB)	符号大小(mm)
行政境界线	国界		255,179,255 0,0,0	色带宽:3.5 线宽:0.4
	省界		255,179,255 0,0,0	色带宽:2.5 线宽:0.3
	地级界		255,179,255 0,0,0	色带宽:1.5 线宽:0.3
	县界		0,0,0	线宽 0.2
	乡界		0,0,0	线宽 0.2
面状水系	地面河流		0,255,255	线宽:0.1
	湖泊			
	水库			
	时令河		0,255,255	线宽:0.1
	时令湖			
	建筑中水库			
线状水系	地面河流		0,255,255	线宽:0.1
	时令河		0,255,255	线宽:0.1
	消失河		0,255,255	线宽:0.1
	地下河、渠		0,255,255	线宽:0.1
	运河		0,255,255	线宽:0.35
	干渠		0,255,255	线宽:0.25
	支渠		0,255,255	线宽:0.1
线状水系附属设施	水库坝		0,0,0	线宽:0.1
	瀑布		0,255,255	线宽:0.1
	水闸		0,255,255	线宽:0.5
	拦水坝		0,0,0	线宽:0.6
	滚水坝		0,0,0	线宽:0.6
	堤		0,0,0	线宽:0.2

续表 4-31

图层别名	要素名称	符号样式	符号颜色(RGB)	符号大小(mm)
线状道路	国道		255,0,0	线宽:1.0
	建筑中国道			
	省道		255,128,0	线宽:0.8
	建筑中省道			
	县道		255,51,255	线宽:0.4
	建筑中县道			
	乡道		255,51,255	线宽:0.2
	建筑中乡道			
	专用公路			
	其他公路			
	大车路		0,0,0	线宽:0.15
	乡村路		0,0,0	线宽:0.15
	小路			
居民地地名点	首都	北京市 粗等线体	255,0,0	字大:5.0
	省会	成都市 粗等线体	255,0,0	字大:4.5
	自治州、盟、地区行政区			
	地级市	唐山市 粗等线体	0,0,0	字大:4.0
	县级	安吉县 粗等线体	0,0,0	字大:3.0
	乡镇	南坪镇 粗等线体	0,0,0	字大:2.0
	建制村	李家庄 仿宋体	0,0,0	字大:1.0
	自然村			

4)要素显示分级与内容选取

县级工作底图中数据内容丰富,要素种类多样,在制作时需根据制图区域面积、制图区域特点和使用要求对各类要素进行分级显示。

每个显示级别的显示内容选取总体原则是下一级别的要素内容不少于上一级,具体选取时可依据表 4-32,结合实际数据情况调整。

依据县级行政区面积确定显示分级和各级显示比例尺,具体分级成果见表 4-32。

表 4-32 县级行政区面积具体分级成果

县级行政区面积（km^2）	比例尺分级			
	第 1 级	第 2 级	第 3 级	第 4 级
100 000~200 000	1 : 5 000 000	1 : 1 000 000	1 : 100 000	1 : 50 000
10 000~100 000	1 : 2 500 000	1 : 1 000 000	1 : 100 000	1 : 50 000
1 000~10 000	1 : 1 000 000	1 : 500 000	1 : 100 000	1 : 50 000
100~1 000	1 : 500 000	1 : 250 000	1 : 100 000	1 : 50 000
5~100	1 : 250 000	1 : 150 000	1 : 100 000	1 : 50 000

各级显示内容见表 4-33。

表 4-33 县级行政区显示内容

显示级别	要素内容
第 1 级	行政境界线图层中:国界、省界、地市界、县界、乡界; 居民地地名点图层中:首都、省会、自治州、盟、地区行政区、地级市、县级、乡镇; 线状道路图层中:国道、建筑中国道、省道、建筑中省道、县道、建筑中县道、乡道、建筑中乡道; 面状水系图层中:地面河流、湖泊、时令河、时令湖、水库、建筑中水库; 线状河流图层中:地面河流、运河、时令河、干渠
第 2 级	行政境界线图层中:国界、省界、地市界、县界、乡界; 居民地地名点图层中:首都、省会、自治州、盟、地区行政区、地级市、县级、乡镇; 线状道路图层中:国道、建筑中国道、省道、建筑中省道、县道、建筑中县道;乡道、建筑中乡道; 面状水系图层中:地面河流、湖泊、时令河、时令湖、水库、建筑中水库; 线状河流图层中:地面河流、运河、时令河、干渠; 小流域专题中:流域单元、河段、汇流路径; 土地利用和植被类型数据; 土壤数据

续表 4-33

显示级别	要素内容
第 3 级	行政境界线图层中:国界、省界、地市界、县界、乡界; 居民地地名点图层中:首都、省会、自治州、盟、地区行政区、地级市、县级、乡镇、建制村; 线状道路图层中:国道、建筑中国道、省道、建筑中省道、县道、建筑中县道、乡道、建筑中乡道、专用公路、其他公路; 面状水系图层中:地面河流、湖泊、时令河、时令湖、水库、建筑中水库; 线状河流图层中:地面河流、运河、时令河、干渠、消失河、地下渠、支渠; 线状水系附属设施图层中:水库坝、拦水坝、滚水坝、堤、瀑布、水闸; 小流域专题中:流域单元、河段、出口断面、汇流路径、流域节点; 土地利用和植被类型数据; 土壤数据; 监测站点数据
第 4 级	行政境界线图层中:国界、省界、地市界、县界、乡界; 居民地地名点图层中:首都、省会、自治州、盟、地区行政区、地级市、县级、乡镇、建制村、自然村; 线状道路图层中:国道、建筑中国道、省道、建筑中省道、县道、建筑中县道、乡道、建筑中乡道、专用公路、其他公路、大车路、乡村路、小路; 面状水系图层中:地面河流、湖泊、时令河、时令湖、水库、建筑中水库; 线状河流图层中:地面河流、运河、时令河、干渠、消失河、地下渠、支渠; 线状水系附属设施图层中:水库坝、拦水坝、滚水坝、堤、瀑布、水闸; 小流域专题中:流域单元、河段、出口断面、汇流路径、流域节点; 土地利用和植被类型数据; 土壤数据; 监测站点数据

5)元数据

各专题数据的元数据依照各专题数据的元数据信息。

工作底图元数据是针对每幅工作底图成果的说明文件,数据存储为 Word 文档,具体内容见表 4-34。

6)成果组织方式及命名

县级工作底图成果需保持统一性与规范性,对制图文件夹的数据存储方式进行统一规定。

县级工作底图成果分三级文件目录组织,其中:第一级文件夹以省为单位进行组织,第二级文件夹以县为单位进行组织,第三级文件夹分为正射影像数据、制图数据、制图工程文件和元数据文件。

具体组织方式和命名形式如图 4-6 所示。

表 4-34　工作底图元数据

数据项名称	类型	长度	填写说明
图件基本情况			
图件名称	TEXT	30	数据中文名称
图件生产单位名	TEXT	32	生产单位名称
图件生产时间	TEXT	8	精确到月
密级	TEXT	12	
总层数	INTEGER		数据层数,按实际情况填写
数据格式	TEXT	20	
西北图廓角点 *X* 坐标	TEXT	50	以度分秒格式填写
西北图廓角点 *Y* 坐标	TEXT	50	以度分秒格式填写
东南图廓角点 *X* 坐标	TEXT	50	以度分秒格式填写
东南图廓角点 *Y* 坐标	TEXT	50	以度分秒格式填写
质量评价信息			
数据质量评价	TEXT	50	
作业员	TEXT	10	
作业组	TEXT	10	
组间检查人	TEXT	10	
作业组检查结果	TEXT	50	
质检人	TEXT	10	
质检时间	TEXT	8	

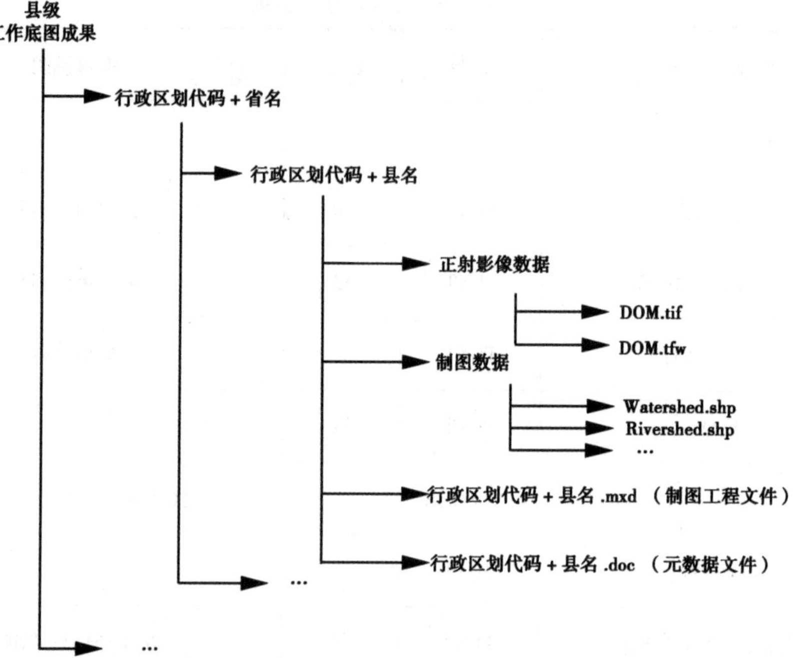

图 4-6　县级工作底图具体组织方式和命名形式

4.2　工具软件

4.2.1　现场数据采集终端

调查工作在相关单位下发的基础图层数据上开展，包括 2.5 m 精度的卫星遥感影像；小流域、水库、河段和关注点的图层；行政区划数据；土地利用、土壤类型、植被类型图层。利用以上基础信息，动态配制工作底图，通过现场调查标绘调查对象的空间位置，以及通过地图和调查表格的打印输出辅助调查，并进行影像图和照片的管理，加强数据保密、审核和合并导出，形成山洪灾害现场调查数据库，数据库包括基础信息，行政区划、流域基本属性信息，共享水利普查资料的信息，现场调查填报的信息，统计汇总的信息。最终将每个县的数据汇总到数据中心。现场数据采集终端的主要功能如下。

4.2.1.1　基础数据管理

本次山洪灾害调查现场数据采集终端采用的基础数据如下：

（1）优于 2.5 m 分辨率遥感影像数据。

（2）面状小流域，线状河道、线状断面、线状最长汇流路径、点状节点等 SHP 数据。

（3）有行政区编码的点状乡镇、行政村，无行政区编码的点状自然村，面状行政区边界等 SHP 数据。

（4）基于 30 m 和 2.5 m 分辨率遥感图提取的土地利用图和植被覆盖图。

(5)面状水库 SHP 数据。

(6)点状测站 SHP 数据。

软件要充分利用提供的基础数据,根据需求针对不同数据采取不同的管理策略,软件能以县为单位载入基础数据。软件要求高效率地显示影像图,并针对涉密数据遵照国家规定进行加密处理。对于矢量数据要能够支持对图元的属性查询、位置查询和空间分析功能。软件要以小型数据库和 SHP 数据相合的方式,对相关的表结构数据和空间数据进行存储和管理,可按 EXCEL 格式、SHP 格式和数据库格式导入导出相关数据。

1.基础地图功能

软件要求能根据提供的影像和矢量数据,完成基础的背景底图(包括影像图、居民地、流域、河道、水库、政区界线等图层)及专题图的展现,要求能高性能地浏览地图。

软件要求具备基本的放大、缩小、平移、全图、定位等基础地图功能,要有比例尺、导航条、鹰眼图层、图层控制等地图辅助功能。

软件要求能对图元进行属性查询,将查询到的数据以列表方式展示,并可以和地图进行交互。软件能高亮显示选中的图元,能在地图中展现图元的属性信息,并可对其进行更改。

2.行政区划数据管理

行政区划数据是其他数据的基础,在开展调查评价工作之前要对政区数据进行整理核对。软件要能够完成政区的导入、新建、撤销、更名和辖区划分操作,政区调整和编辑需要最高权限的操作员完成,调整以后记录新旧政区数据在记录表中。软件要求能对提供的无行政区编码的自然村进行编码,关联其对应的行政村。软件要求能设置政区是否为防治区或重点防治区。软件要求能实时计算行政区划和小流域之间的空间关系。软件中要灵活地展现行政区划数据与各类业务数据的关系。

行政区划代码有 15 位,编码规则如下:

国家 +省(市、区)+市+县+乡镇+行政村+自然村(散户)

6 位　　3 位　3 位　3 位

其中 7~9 位代码按照国家标准《县以下行政区划代码编码规则》(GB/T 10114—2003)编制的第 7 位数字为类别标识,以 0 表示街道,1 表示镇,2 和 3 表示乡,4 和 5 表示政企合一的单位;其中的第 8、9 位数字为该代码段中各行政区划的顺序号。具体划分如下:

(1)001~099 表示街道的代码,应在本地区的范围内由小到大顺序编写;

(2)100~199 表示镇的代码,应在本地区的范围内由小到大顺序编写;

(3)200~399 表示乡的代码,应在本地区的范围内由小到大顺序编写;

(4)400~599 表示政企合一单位的代码,应在本地区的范围内由小到大顺序编写。

第 10~12 位的 3 位代码为居民委员会和村民委员会的代码,用 3 位顺序码表示,具体编码方法如下:

(1)居民委员会的代码从 001~199 由小到大顺序编写;

(2)村民委员会的代码从 200~399 由小到大顺序编写;

(3)自然村的代码从 001~199 由小到大顺序编写;

(4)散户的代码从 200~999 由小到大顺序编写。

具有行政管理职能并有较大管理区域的兵团、农垦、林场等单位按级别和驻地对应编码纳入体系。按国家统计局 2011 年统计用行政区划代码体系使用(全国到省、市、县、乡、行政村五级约 79 万个单位)独立的厂矿企业、学校、医院等单位按驻地代码加后缀纳入体系(驻地行政区划代码有多个时,选择与单位直接联系的相应级别行政区划代码)。

3.小流域相关数据管理

要求通过流域(河流)树的形式分级浏览当地小流域划分情况,能在地图上定位并高亮显示选中流域;能够查看选中流域的详细信息(面积、周长、平均坡度、最大高程形状系数、最长汇流等);能够显示该流域的出口节点图层,能在地图上查看流域出口节点详细信息;能够显示选中流域的入流流域。要求能够对流域的土地利用、植被类型、土壤类型情况等信息进行修改。

要求能够对流域的边界信息提出修改意见,并可将修改意见打包成压缩包导出,工作人员将压缩包发送给数据处理单位,数据处理单位进行处理后回复数据更新包,工作人员导入更新包后即可完成对小流域边界信息的更改。

4.2.1.2 专题数据采集

通过专题数据采集整理完成行政区划划分及基本信息获取、小流域基本资料收集整理、社会经济数据获取、涉水工程信息获取、历史山洪灾害、威胁区及重点山洪灾害防治区调查。工作步骤为首先进行内业调查,完成行政区划名称和代码的核对及修改,制定房屋类型和财产分级类型,导入现有相关数据完成内业调查表数据的采集。在内业调查数据的基础上,进行外业现场调查,完成外业调查表信息的采集。现场调查完成以后,检查并合并数据,统一生成汇总表和各类成果图。

内业调查表:要求能根据水利普查数据表、已建山洪灾害监测预警设备基本情况调查表等成果资料导入相关的内业调查表数据;要求能通过逐条录入和批量导入方式录入数据;要求可以增加、修改、删除调查表格;要求可以导出 Excel 格式内业调查表格;要求可以打印内业调查表格。

外业调查表:要求能通过逐条录入和批量导入方式录入数据;要求可以增加、修改、删除调查表格;要求能够导出 Excel 格式内业调查表格,要求可以打印外业调查表格;对有空间位置和形状的数据,要求统一采用 WGS84 坐标系在软件中标绘调查对象的空间位置或形状,现场标绘的位置要求相对误差不超过 10 m;能根据空间位置自动计算并添加小流域编码字段和行政区编码;可以通过标绘来创建数据,也可以对导入的表格数据在地图上标绘地理位置及形状轮廓;对有照片信息的内业清查数据及外业调查的现场照片,要求能在软件中导入照片信息。

汇总表:能够查看并导出汇总统计表格和成果图层。

1.涉水工程信息采集

涉水工程信息采集的内容包括:水库工程(包括采用水库蓄水发电的水电站)、水闸工程、堤防工程,以及防治区内对行洪可能产生较大影响且威胁居民区安全的小型挡水建筑物[包括塘(堰)坝、桥梁、路涵]。水库工程、水闸工程、堤防工程的内容与水利普查中有关水利工程的调查表格一致。

内业调查表包括影响居民区安全的涉水工程数量统计表、防治区水库工程调查表、防治区水闸工程调查表、防治区堤防工程调查表。要求能共享水利普查中有关水利工程的调查表格,批量导入数据,并在地图上标绘其空间位置,系统自动计算并添加小流域编码字段,并将政区编码与软件中的政区编码相统一。

外业调查表包括影响居民区安全的塘(堰)坝工程调查表、影响居民区安全的路涵工程调查表、影响居民区安全的桥梁工程调查表。要求通过地图标绘的方式录入以上信息,并对以上调查对象存储不少于3张,且像素不小于800×600的现场照片。

汇总表包括水利工程数量表、防治区水库工程汇总表、防治区水闸工程汇总表、防治区堤防工程汇总表、影响居民区安全的塘(堰)坝工程调查成果汇总表、影响居民区安全的路涵工程调查成果汇总表、影响居民区安全的桥梁工程调查成果汇总表,并可以查看导出水利工程[包括水库、水闸、堤防、塘(堰)坝、路涵、桥梁]空间位置图。

2.防治区社会经济信息采集

防治区社会经济信息采集的内容包括:典型户家庭财产拥有情况、居民家庭财产类型划分、居住情况典型样本、居民住房结构类型划分、防治区社会经济基本情况、防治区企事业单位基本情况。

内业调查表包括企事业单位清查表、典型户家庭财产拥有情况调查表、居民家庭财产类型划分表、居住情况典型样本调查表、居民住房结构类型划分表、防止区社会经济基本情况表。要求可以通过"典型户家庭财产拥有情况调查表"自动计算出"居民家庭财产类型划分表",通过"居住情况典型调查表"完成"居民住房结构类型划分表"。

外业调查表包括防治区社会经济基本情况调查表、防治区企事业单位调查表,软件要能存储防治区企事业单位照片以及自然村的概貌照片,并将防治区企事业单位标绘到地图上。

汇总表包括社会经济情况表、典型户家庭财产拥有情况调查成果表、居民家庭财产划分表、居住情况典型调查成果表、住房结构类型划分表、防治区社会经济调查成果汇总表、防治区企事业单位汇总表,并可以查看导出防治区人口分布图。

3.监测预警设备信息采集

监测预警设备信息采集的内容包括:各类监测站、无线预警广播、简易雨量报警器、简易水位报警器等。

内业调查表包括自动监测站统计表、无线预警广播统计表、简易雨量报警器统计表、简易水位站统计表。要求可以从已建山洪灾害监测预警设备基本情况调查表中批量导入自动监测站统计表,系统自动计算并添加政区编码、小流域编码,并将自动监测站标绘在工作底图上。软件要求能通过逐条录入和批量导入方式录入无线预警广播统计表、简易雨量报警器统计表、简易水位站统计表数据,并根据其安装点位置标绘在地图上。

汇总表包括自动监测站点汇总表、无线预警广播汇总表、简易雨量报警器汇总表、简易水位站汇总表,并可以查看导出山洪灾害防治监测预警设备分布图。

4.威胁区相关信息采集

威胁区相关信息采集的内容包括威胁区、转移路线、安置点。

外业调查表包括威胁区基本情况调查表,软件要求能在地图上标绘威胁区的轮廓及其对应的转移路线和转移地点,并根据居民家庭财产类型划分表和居民住房结构类型划分表,对威胁区基本情况进行录入。

汇总表包括威胁区基本情况调查成果汇总表,并可以查看导出威胁区图,转移路线和安置点图。

5.历史山洪灾害相关信息采集

历史山洪灾害相关信息采集的内容包括:历史山洪灾害情况统计信息,历史山洪灾害洪水痕迹及洪水情况,历史山洪灾害暴雨、洪水调查记录。

内业调查表包括历史山洪灾害情况统计表,外业调查表包括历史山洪灾害洪水痕迹及洪水情况调查表,历史山洪灾害暴雨、洪水调查记录表。

汇总表包括历史山洪灾害情况汇总表、历史山洪灾害洪水痕迹调查成果表、历史山洪灾害暴雨、洪水调查成果表。

6.需工程治理的重点山洪沟信息采集

需工程治理的重点山洪沟信息采集的内容主要包括需工程治理山洪沟基本情况。

内业调查表包括需工程治理山洪沟统计表。

外业调查表包括需工程治理山洪沟基本情况调查表。外业调查以需工程治理山洪沟统计表为基础,通过外业调查来完善需工程治理的重点山洪沟信息,并将山洪沟的空间位置以及其保护的村落标绘在工作底图上。

汇总表包括需工程治理山洪沟基本情况成果表,并可以查看导出需工程治理山洪沟及保护村落分布图。

7.重点山洪灾害防治区信息采集

重点山洪灾害防治区信息采集的内容包括:防治区重要沿河村落、防治区重要集镇和城镇,以及沿河村落、重要集镇和重要城镇所在沟道的断面。

外业调查表包括沿河村落居民户调查表、重要城(集)镇居民户调查表。防治区重要沿河村落、防治区重要集镇和城镇要求能将户主、地址、楼房号、家庭人员情况、住房信息等录入软件中,并将房屋位置标绘在工作底图上,对每户或每座(栋)楼进行现场拍摄,并将现场照片录入软件中。要求能批量导入河道断面的测量数据,并将河道断面的空间位置标绘在工作底图上。

汇总表包括重要沿河村落居民户调查成果表、重要城(集)镇居民调查成果表。

8.水文气象资料信息采集

水文气象资料信息采集的内容包括:暴雨参数资料、洪峰流量及其特征参数资料、暴雨洪水资料、小流域设计暴雨洪水计算方法及相应参数取值。

内业调查表包括测站暴雨统计参数表、水文站逐年最大流量统计表、河道水文站洪水要素摘录表、实测降雨量摘录表、实测逐日蒸发量摘录表。水文气象资料以表格、图集等方式录入系统中,不需要对其标绘。

4.2.1.3　现场标绘

现场标绘是指在地图上画各种点、线、面图形,并可以设置颜色填充等样式,主要用来描绘用户专题数据图层,并可以对图形进行裁剪、合并、组合等操作,快速完成调查对象的空间位置的获取,并提高绘图精度,保证相对误差不超过 10 m。

标绘功能:

· 点:能够精确地在地图上标点,并能设置形状图标,还需要能以拖动方式重新选择点的位置。

·线:能够在地图上进行折线、曲线绘制,绘制完成后能拖动线上的节点以改变线形状;多根线可以合并成一根线;一根线可以打断拆分成多根线。

·面:能够在地图上进行多边形或曲面绘制,可以编辑面边界的节点位置以改变面的形状,并可以对面进行裁剪,挖空;能够设置面的颜色,边线线型和颜色。

·文字标注:能够在地图上进行文字加注,并可以设置字体、字号及颜色等,能够修改其位置。

·图片标注:能够在地图上进行图标标注,可以自由选择图片,并能控制图片大小,支持常见图片格式,能够修改其位置。

调查对象空间类型见表4-35。

表4-35　调查对象空间类型

图层分类	图层名称	类型
行政区	乡(镇)	点
	行政村	点
	自然村	点
小流域	小流域	面
	出水、关注点	点
河段	河道	线
	断面	线
	最长汇流路径	线
威胁区	威胁区	面
	转移路线	线
	安置点	点
涉水工程	水库	面
	水闸	点
	堤防	线
	桥梁	点
	路涵	点
	塘(堰)坝	点
监测预警设备	自动监测站	点
	无线预警广播	点
	简易雨量报警器	点
	简易水位报警器	点

续表 4-35

图层分类	图层名称	类型
河道断面测量成果	横断面	线
	纵断面	线
需工程治理山洪沟	需工程治理山洪沟	线
防治区信息	防治区居民居住地轮廓	面
	防治区企事业单位	点
	重要沿河村落居民住房位置	点
	重要城(集)镇住房位置	点

4.2.1.4　图表打印

1.工作底图分幅打印

每个县配备的电脑设备有限,需要能够以村为中心打印影像图图纸,并配套打印调查表,部分工作人员可以使用纸质的图表和 GPS/相机等设备进行调查,调查结束后纸质图表要汇总到县级责任单位,然后利用软件的标绘等功能矢量化到电子地图上,逐条录入数据。要求建立一套工作底图和调查表的使用规范。要求能按政区打印,底图影像分辨率不能损失。

2.数据表格输出打印

要求各类数据表格均能批量输出打印,默认输出为 Excel 文件,需包括该图层数据的所有属性字段(线状、面状空间数据除外);需包括数据所属政区信息,并留有领用人、领用日期、文档编号等信息的填写空白格;文字内容较长的属性需留有足够列宽来显示和填写;以选择方式填写的字段需自动填充下拉项;调查表导出时可选择导出空表或带调查数据的表。

4.2.1.5　GPS 轨迹

1.GPS 轨迹导入

要求能够导入外业调查的 GPS 轨迹,支持 KMZ、GPX、CSV 等标准轨迹文件格式,并支持批量导入;要求能够导入 GPS 标记点;能从 GPS 文件中解析出经纬度坐标和时间信息;要求能在地图上查看 GPS 轨迹或标记点;要求能通过时间查询历史工作轨迹列表;要求能查询某个时刻 GPS 设备的位置。

2.GPS 轨迹编辑

要求能对轨迹进行形状编辑,显示出轨迹上的各节点,能更改轨迹上明显错误的坐标点;要求能在轨迹坐标的基础上转为某类型的图层数据,即把 GPS 轨迹转为轮廓线,并指定该轮廓线属于某类型的地物,并能按图层数据的属性填写相应数据,并入库。

3.GPS 蓝牙连接

要求 GPS 设备通过蓝牙与笔记本连接,在笔记本上实时显示行动轨迹。可将行动轨迹分割,并能根据需要将轨迹转换为某一种图层形状。

4.2.1.6 现场照片

要求能导入数码相机拍摄的现场照片，在拍摄照片时需随身携带 GPS 设备并保证 GPS 设备时间与相机时间一致。在导入照片时可与 GPS 轨迹一同导入，系统通过照片与 GPS 时间自动匹配后，给照片赋予坐标值。要求在显示轨迹时能在轨迹上显示照片的具体位置，可对照片位置进行编辑。要求在标绘调查对象时，系统自动搜索出该调查对象附近 100 m 内所拍摄的照片供操作员选择。

4.2.2 山洪灾害调查评价数据审核汇集系统

山洪灾害调查评价涉及全省 11 个市 114 个县，数据录入、编辑、审核和汇总的工作量巨大，多级数据集成、质量检查与汇总流程复杂，因此必须采用计算机、网络通信、地理信息系统、卫星遥感、数据库等先进实用技术，充分利用全国水利系统现有信息化资源，添置山洪灾害调查评价审核汇集系统建设必需的计算设备和系统软件，建立一套山洪灾害调查评价数据处理标准规范；构建满足调查评价的软件系统运行环境；开发一套支持山洪灾害调查评价数据审核汇集的软件系统，为各级山洪灾害调查评价数据的录入、编辑、审核和汇总以及数据库建设和信息发布等提供工作平台。

4.2.2.1 县级软件功能模块

县级调查单位作为数据采集的最小工作单元，使用的上报系统具备元数据汇总、数据质量审核和上报功能。县级调查单位作为本次数据采集工作元数据的生产单位，负责生成各类型数据的元数据。数据质量审核是数据上报前的核心工作，内容包括空间数据、属性数据、元数据、多媒体数据。为辅助整个上报工作的正常进行，上报系统必须包含 GIS 地图基本功能、数据编辑以及各类数据的导入等功能，同时为了跟踪工作人员对数据的操作，还应具备操作日志的生成和查看功能。县级软件功能模块见图 4-7。

4.2.2.2 省级软件功能模块

省级单位作为第一级使用企业级数据库管理系统管理数据的单位，在接收数据之前需完成数据库的建库工作，同时为完成地市级文件型数据库向企业级数据库之间的转换，省级审核汇集系统需包含各类数据的格式转换功能。省级单位接收地市级单位上报的数据，分类审核各种类型的数据，包括空间数据、属性数据、元数据、多媒体数据。审核合格后，将数据导入本级的数据库中进行合并。数据合并时，下级各节点同一类型的数据（包括空间数据、属性数据、元数据）将合并成同一张表，下级各节点的多媒体数据按照新的文件组织结构进行合并。合并完成后，对空间数据接边区域进行接边处理，接边完成后，将接边对象归并为同一个对象，并对归并的新对象进行关系的补建；对属性数据、业务数据、元数据中与统计分析相关的数据重新统计汇总，对与多媒体数据相关联的各个属性按照新的多媒体文件存储结构或者按照新的多媒体数据存储方式重新调整。为辅助整个审核汇集工作的正常进行，审核汇集系统还必须包含 GIS 地图基本功能、数据编辑以及各类数据的导入等功能，同时为了跟踪工作人员对数据的操作，还应具备操作日志的生成和查看功能。

省级软件功能模块见图 4-8。

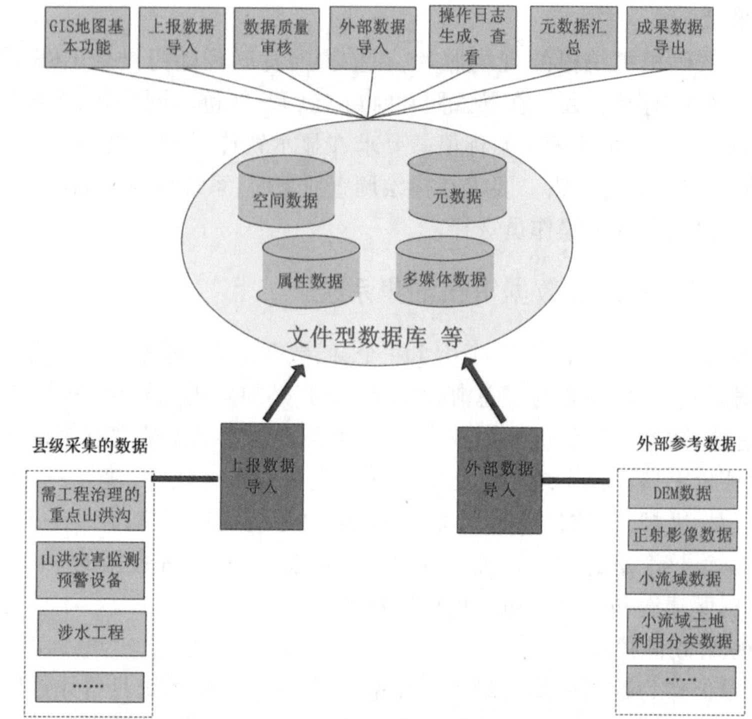

图 4-7　县级软件功能模块

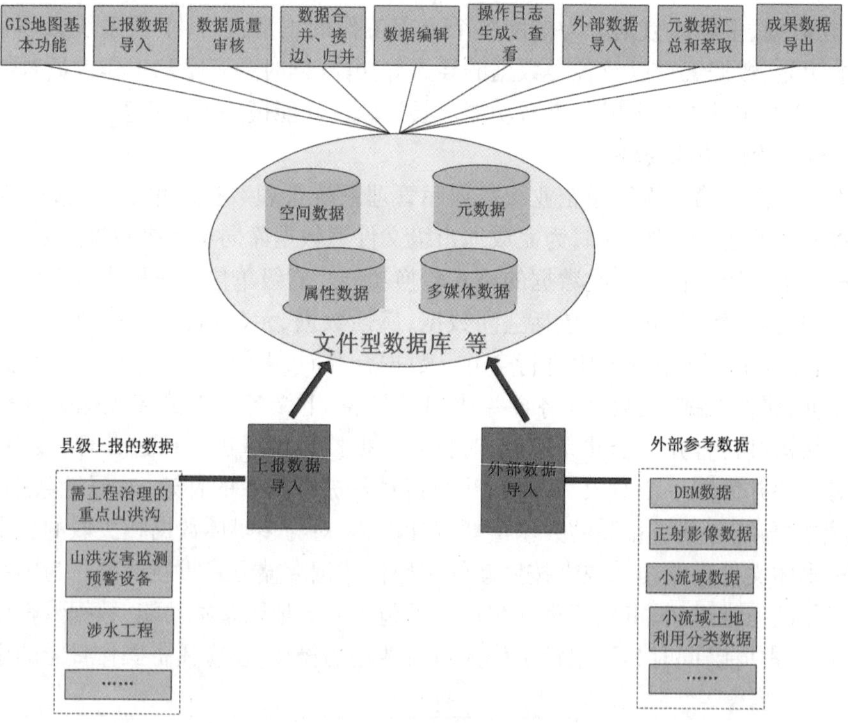

图 4-8　省级软件功能模块

4.3 水文气象资料

水文气象资料的收集整理是开展山洪灾害分析评价的前提,是统计各水文变量的基础,为研究分析各县小流域暴雨、洪水特征,以及率定水文分析模型参数提供必要的数据支撑。

水文气象资料的收集整理工作包括收集整理测站基本信息、暴雨参数资料、水文站历年流量资料及其统计参数、暴雨洪水资料和小流域设计暴雨洪水计算方法及相应参数取值等任务。

4.3.1 文档资料收集整理

收集了《山西省水文计算手册》《山西省暴雨图集》等文档资料。其中,《山西省水文计算手册》采用了先进的计算方法和技术,创建了适合山西省特点的水文模型,对山西省涉水工程建设具有非常重要的意义,为山洪灾害分析评价方法提供了科学具体的理论支撑。

4.3.2 历史场次洪水资料收集整理

历史洪水调查是山洪灾害分析评价工作的基础,是科学认识洪水发生规律,正确进行洪水计算,分析地区水文特性,服务水利水电建设和经济社会发展不可或缺的基础资料。因此,除根据档案资料梳理历史山洪灾害情况外,还对具有区域代表性的典型场次洪水,按照历史洪水调查相关要求进行了历史洪水调查。

关于2008年及以前的历史洪水,山西省有一定工作基础和相关出版成果——《山西省历史洪水调查成果》和《山西洪水研究》,因此本次调查工作重点针对没有调查刊印的洪水按照历史洪水调查相关要求开展实地调查,考证洪水痕迹,对洪水痕迹所在河道断面进行测量,收集调查洪水相应的降雨资料,估算洪峰流量和洪水重现期。

历史洪水调查的内容及基本要求如下:

(1)洪水痕迹调查。具体要求按照《水文调查规范》(SL 196—2015)和《水文测量规范》(SL 58—2014)的有关规定执行。现场调查历史洪水痕迹时,需做好洪水考证记录,包括:洪水发生时间、洪水痕迹(包括洪水编号、所在位置、高程、可靠程度)、指认人情况(包括姓名、性别、年龄、住址、文化程度)、洪水访问情况、调查单位及时间。

(2)河道横、纵断面测量。参照《水文测量规范》(SL 58—2014)等相关技术要求进行。横断面上需标绘洪水位。纵断面上应绘出平均河床高程线、调查水面线、调查洪水痕迹点及各调查年份历史洪水水面线。对各洪水痕迹点结合水面线进行可靠性和代表性的分析和评定。

(3)对于一些有重要价值及估算洪水大小有参考意义的调查访问资料应进行摄影。摄影的内容一般为:明显的洪水痕迹、河道形势和地形、河床及滩地的河床质及覆盖情况等。

(4)收集历史洪水对应的降雨资料,并估算洪峰流量和洪水重现期。内容包括:山洪灾害发生位置、山洪灾害类型、山洪灾害发生时间、调查时间、降雨开始时间、最大雨强出现时间、降雨历时、总雨量、最大雨强、最大雨强至灾害发生的时距、降雨发生至灾害发生的时距、调查最大洪水流量、调查最高水位、重现期、可靠性评定。

(5)编写调查报告。应包括下列内容:调查工作的组织、范围和工作进行情况;调查地区的自然地理概况、河流及水文气象特征等方面的概述;调查各次洪水、暴雨情况的描述和分析及成果可靠程度的评价;洪水调查河段地形图或平面图;对调查成果做出的初步结论及存在的问题。

4.3.3　暴雨洪水资料收集整理

以县为单位收集整理相应测站一览表、降水量摘录表、洪水水文要素摘录表、年流量表、日水面蒸发量表、暴雨统计参数表等数据资料。

本次工作共收集到 44 148 条水文站洪水要素摘录记录、241 740 条降水量摘录记录、1 276 条暴雨统计参数记录,涵盖全省 1 198 处站点。

暴雨洪水资料是水文模型率定和检验的关键资料,也是检验山洪灾害分析评价成果合理性的重要依据。

第 5 章　山洪灾害调查工作

依据《全国中小河流治理和病险水库除险加固、山洪地质灾害防御和综合治理总体规划》和《全国山洪灾害防治项目实施方案(2013～2015 年)》,山洪灾害调查基于两个条件:①基础数据和工作底图;②现场采集终端软件,采用内业和外业相结合的原则,内业充分利用各种专业调查和统计部门的成果资料,尽可能多地提取所需要的信息,外业侧重于抽查核对。对于内业没有的信息和指标,现场根据目测、走访和辅助测量工具获取所需信息。对于专业性强的测量工作,则由具有相应资质的专业单位完成。

调查内容包括防治区山洪灾害调查和重点防治区山洪灾害详查。防治区山洪灾害调查主要是通过资料收集整理分析和现场调查,核对山洪灾害防治区小流域基本信息,收集处理水文资料,调查防治区内山区河道基本信息,调查各自然村落、行政村、乡(镇)、城(集)镇和企事业单位的基本情况和位置分布,调查受山洪威胁的区域、灾害类型和历史灾害情况及防治区现状等,并将受山洪威胁的区域范围调查结果标绘在工作底图上。重点防治区山洪灾害详查是在防治区山洪灾害调查的基础上,对重点防治区内受威胁的居民区人口、住房进行现场详查;对城(集)镇、沿河村落进行河道控制断面测量,对居民住房位置和基础高程进行测量。形成的调查成果主要有:基本情况调查成果、社会经济调查成果、历史山洪灾害调查成果、需防洪治理山洪沟调查成果、山洪灾害监测预警设施调查成果、涉水工程调查成果和沿河村落调查成果。

5.1　社会经济总体情况

社会经济调查包括社会经济情况、居民财产分类对照信息、农村住房情况典型户样本和居民住房类型调查,反映山西省总体社会经济情况,并作为防治区基本情况调查的分类统计指标。

5.1.1　社会经济情况

根据县统计局《县(市)社会经济基本情况统计报表制度》2012 年度统计报表,以县为单位统计其社会经济基本情况,包括综合经济、工农业及投资、教育卫生和社会保障四部分指标,本书仅收录乡(镇)、行政村数量以及人口、户数等成果,详见山西省社会经济情况表。

5.1.2　居民财产分类

根据山西省经济发展情况,全省各地平均发展水平较为接近,因此全省制定统一的家庭财产类型,具体方法如下:

(1)利用山西省统计部门《农村住户调查方案》和《城镇住户调查方案》2012 年度的

抽样调查报表,以上述两个调查方案所抽取的家庭样本(共2 100户)作为本次居民财产分类的样本。

(2)在抽样调查报表中选取反映居民住户家庭财产的指标,包括主要生产性固定资产和19类耐用消费品(耐用消费品名称详见表5-1),整理出能反应当地居民家庭财产拥有情况的样本。

表5-1 耐用消费品2012年商品指导价格

序号	耐用消费品名称	指导单价(元)	序号	耐用消费品名称	指导单价(元)
1	洗衣机	2 000	12	移动电话	
2	电冰箱	3 500	12.1	不接入互联网	1 000
3	空调机	4 500	12.2	接入互联网	1 100
4	抽油烟机	2 000	13	彩色电视机	
5	吸尘器	2 000	13.1	不接入有线电视网	3 000
6	微波炉	1 000	13.2	接入有线电视网	4 500
7	热水器		14	黑白电视机	
7.1	电热水器	2 800	14.1	不接入有线电视网	500
7.2	太阳能热水器	3 500	14.2	接入有线电视网	1 500
8	自行车		15	摄像机	3 000
8.1	自行车	800	16	影碟机	300
8.2	电动自行车	3 500	17	照相机	1 000
9	摩托车	8 000	18	家用计算机	
10	汽车(生活用)	100 000	18.1	不接入互联网	4 000
11	固定电话机	150	18.2	接入互联网	5 000
			19	中高档乐器	10 000

(3)根据山西省统计部门2012年商品指导价格(详见表5-1),估算居民家庭财产样本的家庭财产总价值。

(4)将典型户样本按家庭财产价值由高到低排序,按样本总数的20%、50%、80%比例划分为4类,详见"山西省居民财产分类对照表"。

5.1.3 居民住房分类

以县为单位,根据当地居民住房实际情况及社会经济发展情况,将具有代表性的农户住房按结构形式、建筑类型和造价划分为4类。分类考虑的首要因素为结构形式,然后考虑建筑类型和造价,以使住房分类能反映房屋对洪水的抵抗能力。

每一类住房选择不少于3户进行典型样本现场调查,收集住房结构形式、建筑类型、地基情况、建筑面积、工程造价等信息，并拍摄住房照片、绘制住房平面图，形成全省农村住房典型户样本库，详见“山西省居民住房类型对照表”。

5.2　调查成果

调查成果主要包括行政区划总体情况、防治区基本情况、危险区基本情况以及防治区企事业单位的调查。调查成果以县(市、区)为单位，以图、表等形式汇总、展示。

5.2.1　行政区划总体情况

本次山洪灾害调查工作由县(市、区)组织，以乡(镇、街道办事处)级为单元，统计了乡(镇、街道办事处)、行政村(居民委员会)、自然村(村民小组)行政区划名录，并以国家统计局 2011 年统计用行政区划代码为基础，将行政区划代码扩展到自然村一级，采用 15 位代码，编码办法为：

$$\frac{\text{省(市、区)+市+县}}{\text{6 位}}+\frac{\text{乡(镇)}}{\text{3 位}}+\frac{\text{行政村}}{\text{3 位}}+\frac{\text{自然村(散户)}}{\text{3 位}}$$

通过调查、整理了各行政村(居民委员会)、自然村(村民小组)行政区划的人口、户数、土地面积和耕地面积等信息。根据调查和统计，山西省共有 29 471 个行政村 51 324 个自然村，总人口约 3 279 万，共 1 094 万余户，土地面积约 151 828.46 km^2，耕地面积约 5 565.84万亩。各县调查成果详见“山西省基本情况统计汇总表”和“山西省行政区划总体情况表”。

5.2.2　防治区基本情况

山洪灾害防治区和重点防治区是根据规划和前期山洪灾害防治非工程措施建设情况，同时结合各县山洪防治具体情况而确定的，全省防治区共涉及 11 585 个行政村，15 301个自然村。通过实地调查，山西省防治区总人口约 1 039 万，共 337 万余户，土地面积约 136 364 km^2，耕地面积约 2 142.46 万亩，各县调查成果详见“山西省防治区基本情况调查成果汇总表”，防治区村落位置见“山西省山洪灾害防治区分布图”。

5.2.3　防治区企事业单位情况

对防治区内企事业单位基本情况进行了调查，包括单位名称、单位类别、组织机构代码、在岗人数、驻地的行政区划代码。

根据调查和统计，山西省防治区内企事业单位共有 7 202 个，详见“山西省山洪灾害防治区基本情况统计汇总表”。

5.2.4　危险区基本情况

危险区是根据区域地形地貌、沟河分布、居民居住情况等，通过现场查勘洪水痕迹，走访农户，调查历史最高洪水位或最高可能淹没水位，综合分析山洪灾害可能发生的类型、程度及影响范围而确定的。同时针对各危险区遵循就近、安全、避开跨河跨溪或易滑坡等地带的原则,通过现场查勘,确定转移路线和临时安置点位置,并确保临时安置点的位置高于历史最高洪水位。

危险区内的社会经济基本情况调查内容主要包括危险区内人口、家庭财产情况、住房情况,其中危险区内家庭财产情况、危险区内住房情况即根据上述章节中山西省居民家庭财产分类标准和各县居民住房分类标准进行分类汇总的。

此外,对危险区内受山洪威胁的企事业单位也进行了实地调查,对单位所在危险区代码、占地面积、在岗人数、房屋数量、固定资产、年产值等信息进行了核实,确保不遗漏学校、幼儿园、敬老院、医院等山洪防治重点单位。

根据调查和统计,山西省共有 15 598 个危险区,危险区内总人口约 132 万,企事业单位 839 个,调查成果详见“山西省山洪灾害危险区基本情况调查成果汇总表”和“山西省山洪灾害危险区分布图”。

5.3　历史山洪灾害情况

根据已有的历史山洪灾害档案资料,如地方志、水利志、年鉴、防汛总结及其他出版物中有关山洪灾害的记载和调查成果等,以县为单位梳理、汇总各小流域历史山洪灾害情况,包括每次山洪灾害的发生时间、地点和范围,灾害损失情况(包括死亡人数、失踪人数、损毁房屋、转移人数、直接经济损失)等,重点是中华人民共和国成立以来发生的山洪灾害,确保不遗漏发生人员伤亡的山洪灾害事件。

根据调查和统计,山西省在中华人民共和国成立以来共发生了 1 768 余场历史山洪灾害,死亡人数共 9 003 人,失踪人数 236 人,损毁房屋共 957 853 间。历史山洪灾害情况详见“山西省历史山洪灾害调查汇总表”及“山西省历史山洪灾害分布图”。

5.4　需防洪治理山洪沟情况

以县级行政区划为基本单元,根据山洪沟实际情况、山洪灾害发生及防治情况,通过实地调查,梳理、完善需防洪治理山洪沟及需防洪治理山洪沟的基本情况,包括山洪沟名称、所在行政区、集水面积、沟道长度、沟道比降、防洪能力现状(包括现状防洪标准)、已有防护工程长度(包括堤防、护岸)、影响对象[包括乡(镇)、行政村、自然村、人口、耕地、重要公共基础设施]、中华人民共和国成立以来主要山洪灾害损失情况[包括发生次数、死亡(失踪)人数]、治理措施等。

山西省共调查了需防洪治理的山洪沟 903 条,成果详见“山西省需防洪治理山洪沟基本情况成果表”及“山西省需防洪治理山洪沟分布图”。

5.5　山洪灾害监测预警设施情况

主要调查山洪灾害防治项目建设的自动监测站、无线预警广播、简易雨量站和简易水位站。

5.5.1　自动监测站

梳理山洪灾害防治中建设或共享到县级监测预警平台的自动监测站点，包括自动雨量站、水位站等；并整理共享到中央的自动监测站点的基本信息。根据调查和统计结果，山西省内山洪灾害非工程措施项目共建设自动监测站2 289处，调查结果详见“山西省山洪灾害监测预警设施调查成果汇总表”，分布情况详见“山西省山洪灾害监测预警措施分布图”。

5.5.2　无线预警广播站

梳理山洪灾害防治县级非工程措施建设的无线预警广播站，整理无线预警广播站点和设备的基本信息。根据调查和统计结果，山西省内无线预警广播共11 188个。调查结果详见“山西省山洪灾害监测预警设施调查成果汇总表”及“山西省山洪灾害监测预警措施分布图”。

5.5.3　简易雨量站

梳理山洪灾害防治县级非工程措施建设的简易雨量站，整理简易雨量站点和设备的基本信息。根据调查和统计结果，山西省内简易雨量站共13 146处。调查结果详见“山西省山洪灾害监测预警设施调查成果汇总表”，分布情况见“山西省山洪灾害防治监测预警措施分布图”。

5.5.4　简易水位站

梳理山洪灾害防治县级非工程措施建设的简易水位站，整理简易水位站点和设备的基本信息。根据调查和统计结果，辖区内简易水位站共400处。调查结果详见“山西省山洪灾害监测预警设施调查成果汇总表”，分布情况见“山西省山洪灾害防治监测预警措施分布图”。

5.6　涉水工程情况

涉水工程主要包括防治区桥梁、路涵、塘坝以及防治区水库、水闸、堤防等水利工程。其中，水库、水闸、堤防等水利工程主要基于山西省水利普查成果，根据各县实际情况，明确对山洪灾害防治区沿河村落行洪安全可能产生较大影响的水库（水电站）、水闸、堤防等水利工程，整理其工程基本情况。桥梁、路涵、塘（堰）坝等涉水工程主要通过现场调查，选择对沿河村落防洪安全可能产生较大影响的涉水工程并整理其基本情况，选择原则为：在洪水期间，可能严重阻水；或可能因杂物阻塞等造成水位抬高，淹没上游居民区；或可能因工程溃决威胁下游居民区安全的工程。

5.6.1　塘（堰）坝工程调查成果

选择防治区内对沿河村落防洪安全可能产生较大影响的塘（堰）坝工程进行调查，塘

(堰)坝工程的调查范围是:塘坝的容积限制为1万m^3以上,10万m^3以下;堰坝的坝高限制在2 m以上。调查内容包括所在行政区名称、塘(堰)坝代码、塘(堰)坝名称、总库容、坝高、坝长、挡水主坝类型。

根据调查和统计结果,山西省共调查了防治区内对沿河村落防洪安全可能产生较大影响的塘(堰)坝2 281处。调查成果详见“山西省山洪灾害涉水工程调查成果汇总表”,分布情况详见“山西省山洪灾害涉水工程分布图”。

5.6.2　路涵工程调查成果

选择防治区内居民区附近、对河道行洪有较大影响的路涵,对居民区安全影响较小的规模较大或规模很小的路涵可以不调查。调查内容包括所在行政区名称、涵洞名称、涵洞编码、类型、涵洞高、涵洞长、涵洞宽。

根据调查和统计结果,山西省防治区内对沿河村落防洪安全可能产生较大影响的路涵有4 637处。调查成果详见“山西省山洪灾害涉水工程调查成果汇总表”,分布情况详见“山西省山洪灾害涉水工程分布图”。

5.6.3　桥梁工程调查成果

选择防治区内对沿河村落防洪安全可能产生较大影响的桥梁工程进行调查,调查内容包括所在行政区名称、桥梁名称、桥梁编码、桥梁类型、桥长、桥宽、桥高。根据调查和统计结果,山西省防治区内对沿河村落防洪安全可能产生较大影响的桥梁有5 624处。调查成果详见“山西省山洪灾害涉水工程调查成果汇总表”,分布情况详见“山西省山洪灾害涉水工程分布图”。

5.6.4　防治区水库、水闸、堤防工程

根据水利普查成果及现场调查,山西省防治区内共有堤防工程2 854处,水库工程605处和水闸工程728处,调查成果详见“山西省山洪灾害涉水工程调查成果汇总表”,分布情况详见“山西省山洪灾害涉水工程分布图”。

5.7　沿河村落情况

沿河村落的调查采用了实地走访、入户调查的形式,主要针对危险区内的居民区进行调查,不仅调查了人口、户数等基本信息,拍摄了居民住房照片,还对居民住房的位置、高程进行了测量,用于分析评价不同洪水(暴雨)级别下的影响人口。居民住房位置及高程测量要求如下:

(1)对沿河村落居民户住房位置及基础高程进行测量,测量范围为历史最高洪水位(或可能淹没水位)以下的居民住房。

(2)沿河村落居民户住房位置及高程测量与河段内各组纵横断面河底高程测量同步进行,采用同一坐标系统和高程系。

(3)每座住房测量一个代表坐标点(平面坐标和基础高程),企事业单位等人口密集

区的每个建筑物测量一个坐标点(平面坐标和高程点)。

据统计,山西省共实地调查了 129 996 户居民,总人口共计 542 913 人,住房面积约 1 821万 m^2。调查成果详见“山西省沿河村落居民户及重点城集镇调查成果汇总表”及“山西省山洪灾害调查评价沿河村落及横断面测量分布图”。

第 6 章　测量工作

对影响沿河村落安全的河道进行断面测量，反映河道断面形态和特征，以满足小流域暴雨洪水分析计算、防洪现状评价、危险区划定和预警指标分析的要求。

河道断面测量内容为全省 119 个县(市、区)中影响沿河村落安全的河道。测量工作按照第 3 章 3.2.1.2 河道断面测量技术要求，分两种方式开展：一为内业提取，即山西省测绘工程院利用全省 0.5 m 最新卫星正射影像资料及全省高精度数字高程模型分别进行点绘、解算，足不出户即可获取山洪沟纵、横断面信息；二为利用 GPS RTK 设备进行实地测量，然后利用全省高精度似大地水准面精化成果求解。

6.1　已有成果的利用与分析

6.1.1　基础资料

(1)覆盖全省的 3 m 格网的高精度数字高程模型(DEM) 数据成果；

(2)山西省大地水准面精化模型；

(3)山西省连续运行基准站网及综合服务系统(SXCORS)；

(4)山西省基础测绘 1∶1万 DEM 以及 DLG 数据成果；

(5)山西省高精度数字高程模型(DEM)项目成果检查点成果；

(6)山西省 0.5 m 的航空正射影像成果；

(7)山西省第一次地理国情普查 DOM 数据成果。

6.1.2　数字正射影像资料情况

山西省部分地区有“1∶1万基础测绘”分辨率为 0.5 m 的航空正射影像成果资料，航摄日期为 2009 ~ 2012 年，按影像资料使用原则要求，可以用于此次山洪灾害项目，同时也可以用于本项目沟道纵断面和沿河村落点采集的底图。表 6-1 为已有航空影像数据情况。

表 6-1　已有航空影像数据情况

序号	范围	采用航摄仪	分辨率	采集时间
1	吕梁测区	DMC	0.5 m	2009 年
2	原平测区	ADS40	0.5 m	2009 年
3	运城—晋城	ADS80	0.5 m	2010 年
4	汾河流域	ADS80	0.5 m	2011 年
5	左权—汾河	ADS80	0.5 m	2012 年

另外，在没有航空影像资料的地区使用了各类多源卫星遥感影像，共计 3 040 景（包括全色卫星影像和多光谱卫星影像），其中 WorldView－1 影像 742 景、WorldView－2 影像 1 202 景、Quickbird 影像 660 景、IKONOS 影像 178 景、GeoEye－1 影像 258 景。资源三号（ZY－3）卫星遥感影像共 13 景（覆盖面积约为 64 万 km^2），此外还有部分 Pleiades 卫星遥感影像数据（涉及面积约 25 565 km^2）。具体分布情况如图 6-1 所示。

6.1.3　数字高程模型资料情况

“山西省高精度数字高程模型”是山西省“十一五”基础测绘的重点项目，由山西省测绘工程院承担完成，建设周期为 2009 年 10 月至 2013 年 12 月。项目采用 Leica 公司的 ALS60 机载激光雷达对全省 15.6 万 km^2 进行全覆盖扫描，获取了覆盖全省的间距 1.8～3.0 m 的点云数据，据此生产出 3 m 格网的高精度数字高程模型（DEM）成果数据。项目成果为 2000 国家大地坐标系统，高程系统为 1985 国家高程基准。2014 年 1 月成果经过验收合格，整体精度中误差为 ±0.15 m。

航摄飞行数据轨迹如图 6-2 所示。

6.1.4　水准面精化模型资料情况

山西省高精度三维大地基准的建立及似大地水准面的确定项目，从 2003 年 4 月 1 日开始实施，2006 年 10 月 30 日完成。项目建立了山西省 GPS A、B、C 级控制网，形成了山西省高精度的测量基准；确定了山西省 CGCS2000 坐标系统、1980 西安坐标系统和 1954 年北京坐标系的坐标转换模型；利用山西省和邻近区域的重力资料、高分辨率地形数据、GPS 数据、水准资料和地球重力场模型，确定了分辨率为 2.5′×2.5′，精度达到了 ±4.3 cm 的分辨率、高精度似大地水准面的格网数字模型，从而确立了精确的山西省似大地水准面，从根本上解决了 GPS 定位技术无法直接提供正常高（海拔高）的问题。山西省高精度三维大地基准的建立及似大地水准面的确定的项目的实施为山西省信息基础设施建设提供了一个高精度、与国家标准统一的三维坐标基准系统。

该项目采用先进的似大地水准面确定理论与方法（Molodensky 理论），采用球冠谐分析方法进行局部重力场逼近技术等。在数据处理和似大地水准面确定理论与方法方面具有创新性，似大地水准面成果的精度达到 4.3 cm，是我国目前最精确的省级区域似大地水准面之一。山西省 GPS A、B、C 级网点分布图如图 6-3 所示。

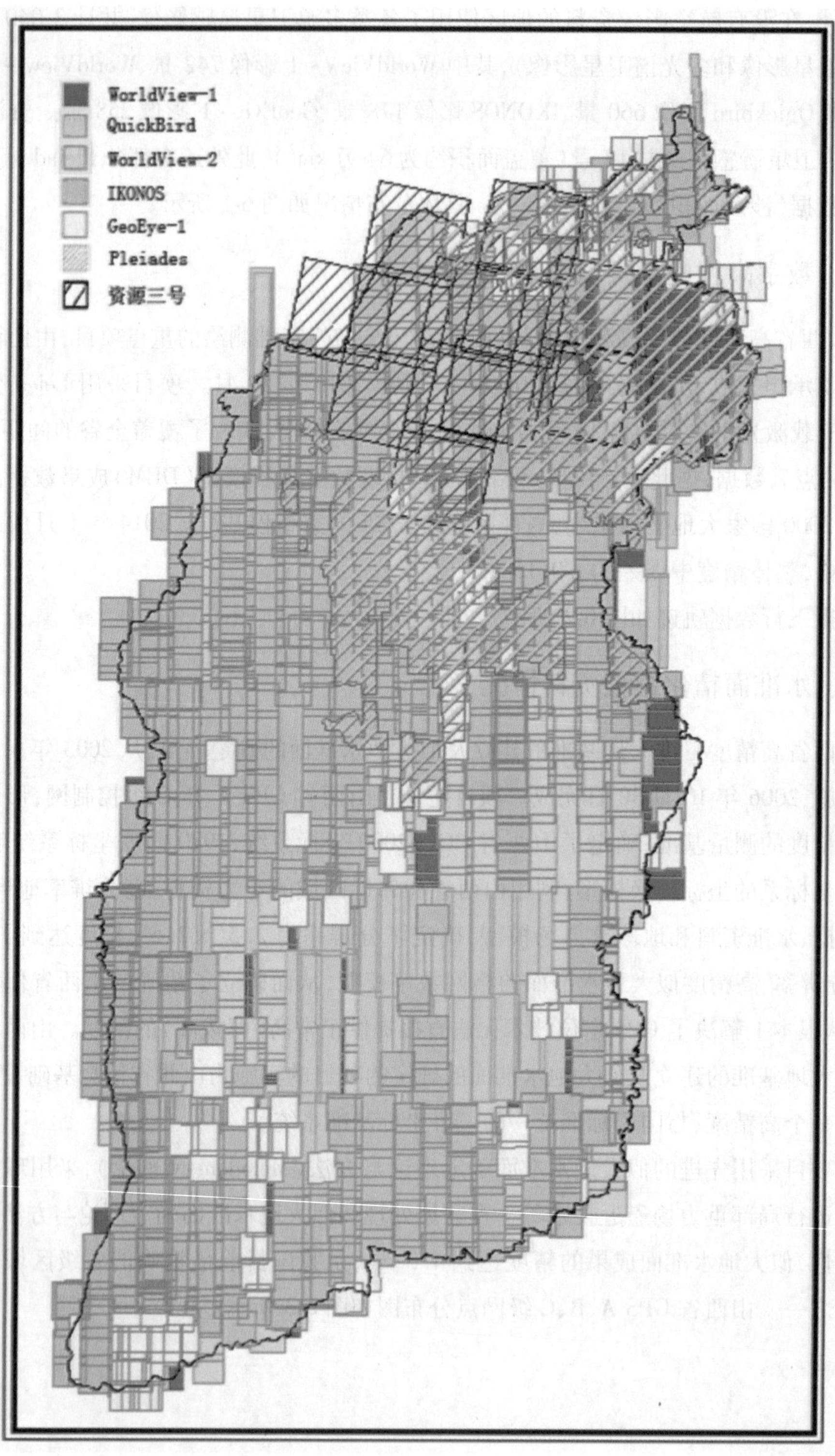

图 6-1　山西省卫星影像资料分布

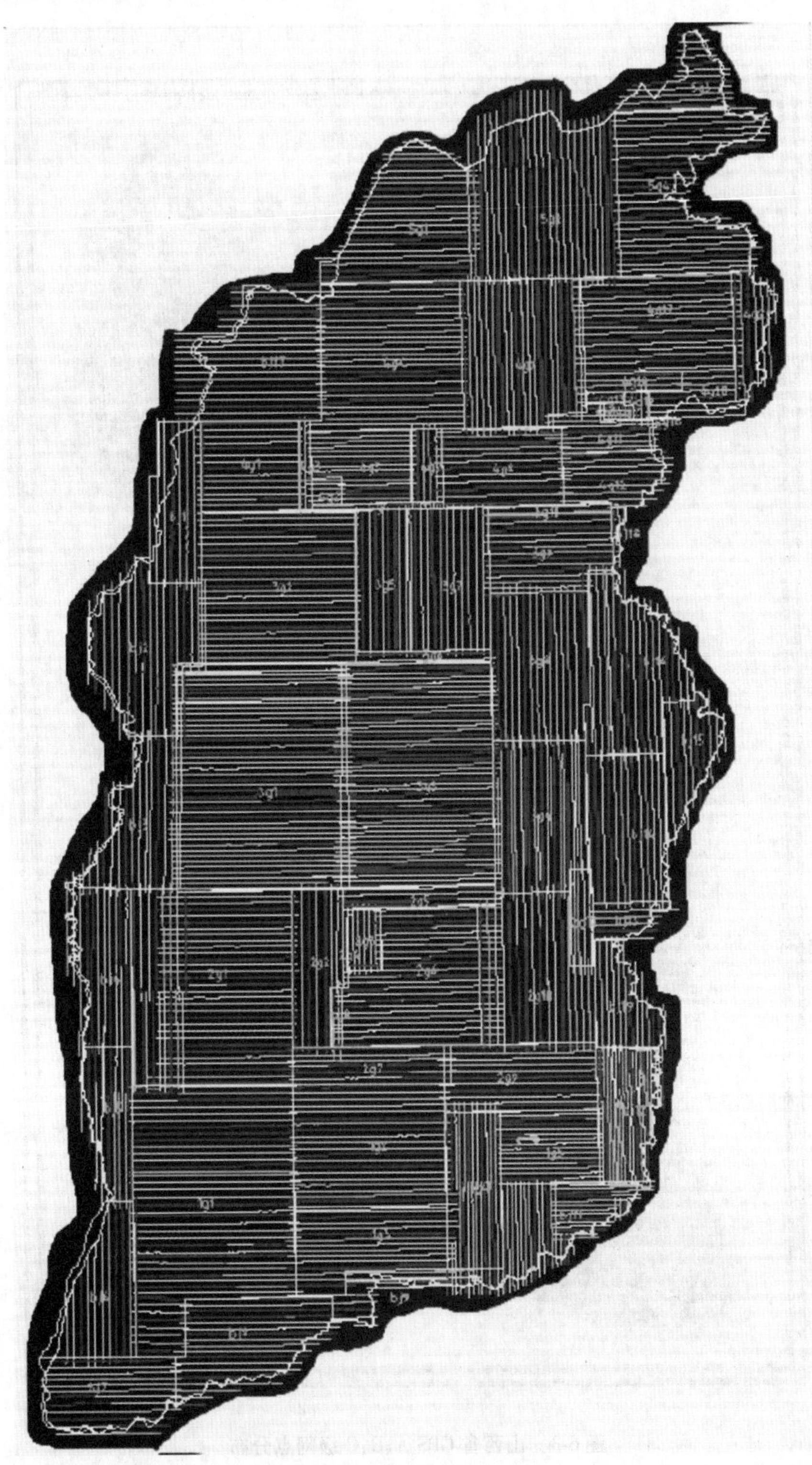

图 6-2　航摄飞行数据轨迹

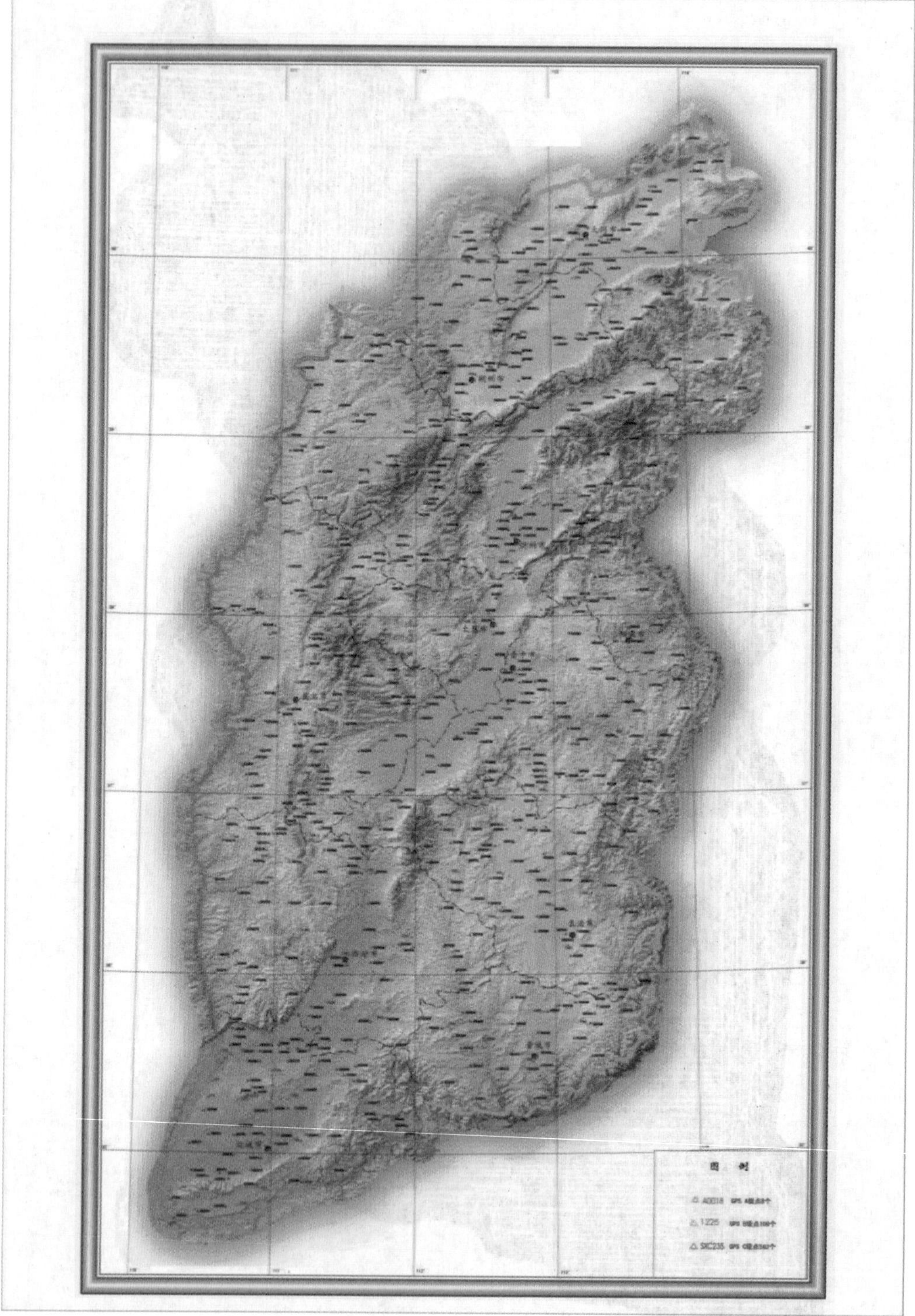

图 6-3　山西省 GPS A、B、C 级网点分布

6.1.5　连续运行卫星测量基准站情况

山西省连续运行基准网及综合服务系统(SXCORS),于2009年5月由山西省测绘工程院建设完成,是实现山西省大众化、现代化的地球空间信息服务的重要基础设施,是"数字山西"的基础设施之一。

SXCORS网由均匀覆盖整个山西省的67个基准站组成,站点分布图如图6-4所示。其中,太原地区的基准站有6个、大同地区6个、阳泉地区2个、长治地区5个、晋城地区5个、朔州地区5个、忻州地区9个、吕梁地区7个、晋中地区7个、临汾地区8个、运城地区7个。基线间平均距离为58 km。

本系统在国内首次集成了主辅站(MAX)、VRS和FKP技术于一体,具有灵活的分布式结构设计,扩展性和安全性高;在国内首次使用3D扼流圈天线,具有良好的追踪低仰角卫星能力,有效地削弱了多路径效应影响,增强了系统气象预报和监测等能力;在国内首创了系统冗余热备份的实施方案并建立了智能自动备份系统,保障系统自动连续无故障运行和同时大容量用户访问。系统可实现远程维护,运行及维护成本低,效率高。系统建立了山西省高精度的、地心的、动态的与国家基准统一的区域参考框架,并实现了不同坐标系之间的任意转换与无缝衔接。系统可以实时定位,平面精度为±1.8 cm,大地高精度达到±4.3 cm,是国内精度最高的省级CORS系统之一。

SXCORS系统彻底改变了传统RTK测量作业方式,其主要优势体现在:

(1)缩短了初始化时间、扩大了有效工作的范围;

(2)采用连续基站,用户随时可以观测,使用方便,提高了工作效率;

(3)拥有完善的数据监控系统,可以有效地消除系统误差和周跳,增强差分作业的可靠性;

(4)用户不需架设参考站,真正实现单机作业,减少了费用;

(5)使用固定可靠的数据链通信方式,减少了噪声干扰;

(6)提供远程Internet服务,实现了数据的共享;

(7)扩大了GPS在动态领域的应用范围,更有利于车辆、飞机和船舶的精密导航。

6.1.6　全省山洪灾害DOM使用情况介绍

由于全省0.5 m的航空正射影像没有全省覆盖,只有部分地区有,如忻州五台县周围属于禁飞区,为了按时较好地完成本次任务,在没有航空正射影像的区域使用了全省第一次地理国情普查DOM的卫片数据成果,全省山洪灾害DOM使用情况如图6-5所示。

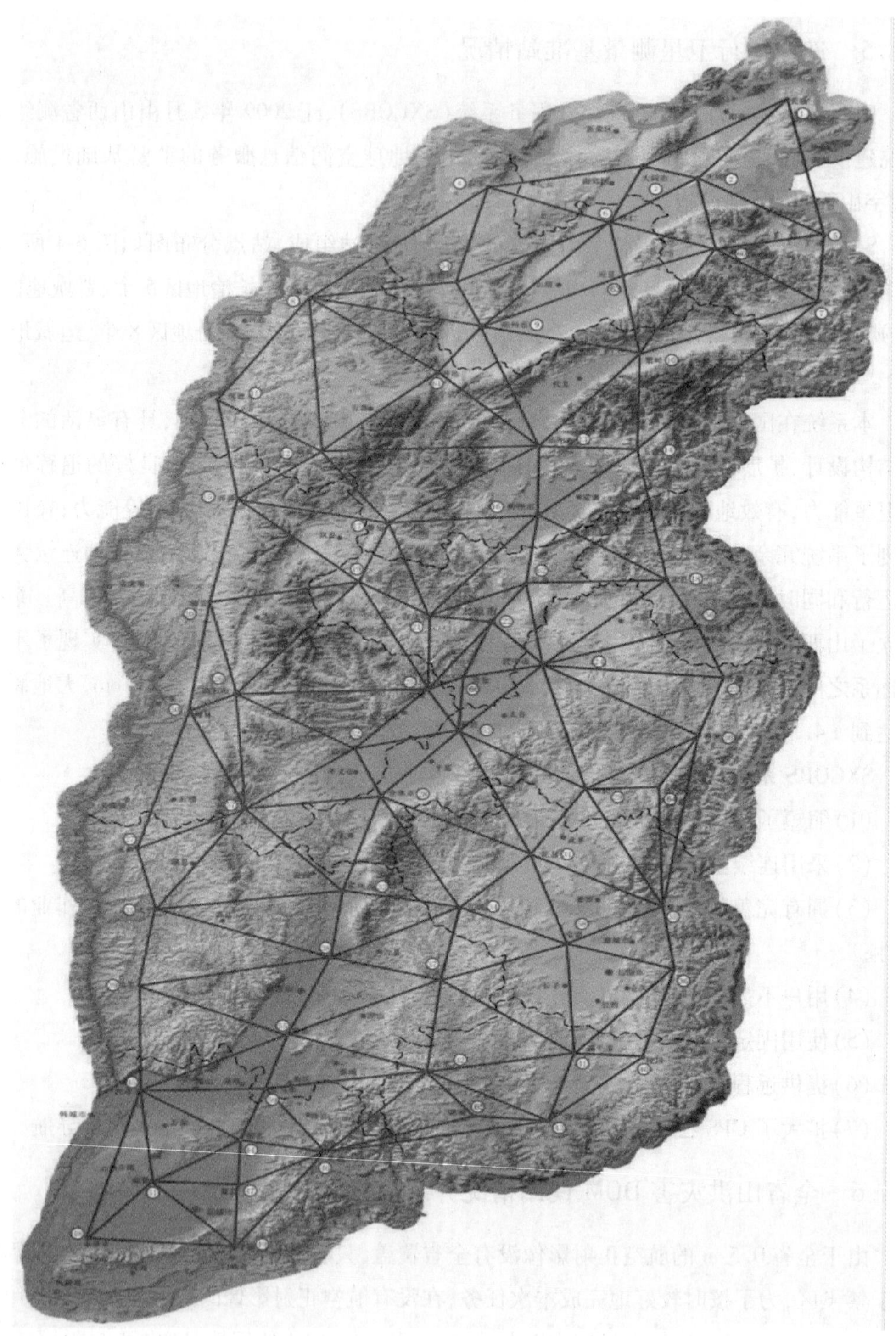

图 6-4　SXCORS 站点分布

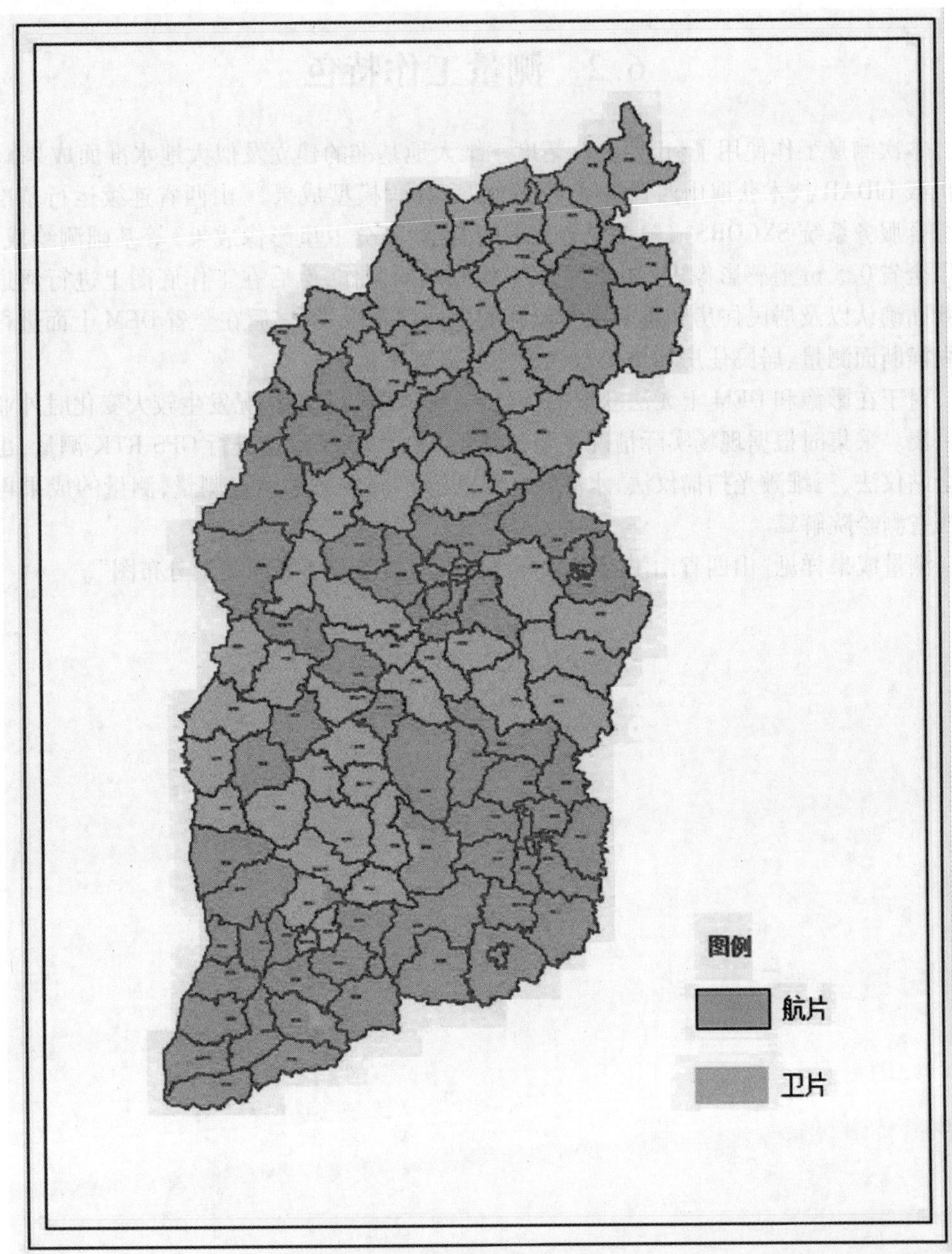

图6-5　全省DOM使用情况　（山西省测绘工程院）

6.2　测量工作特色

本次测量工作使用了《山西省高精度三维大地基准的建立及似大地水准面成果》《利用机载 LIDAR 技术获取山西省高精度地面数字高程模型成果》《山西省连续运行基准网及综合服务系统 SXCORS》《覆盖全省范围的航空、高分卫星影像成果》等基础测绘成果，利用全省 0.5 m 遥感影像进行山洪调查工作底图的制作，然后在工作底图上进行河道纵横断面确认以及居民住房和重要水利设施的平面位置采集，之后在全省 DEM 上面进行河道纵横断面测量、居民住房和重要水利设施的高程采集。

对于在影像和 DEM 上无法获取的信息，或影像图与实地情况发生较大变化时外业进行采集。采集时根据现场实际情况主要是基于 SXCORS 基础上进行 GPS RTK 测量，也可用全站仪法、三维激光扫描仪法、水准仪卷尺法等不同的方法结合测量，测量的成果再由山西省测绘院解算。

测量成果详见“山西省山洪灾害调查评价沿河村落及道断面测量分布图”。

第7章 设计暴雨计算

采用《山西省水文计算手册》中的方法计算设计暴雨,先在各历时点暴雨统计参数等值线图上读取小流域的统计参数,再根据参数计算各种历时的设计点雨量,最后按点面折减系数计算设计面雨量并按设计雨型进行时程分配。主要按设计点雨量、设计面雨量、设计暴雨时程分配三步进行计算。根据《山洪灾害分析评价技术要求》(简称《要求》)规定,选择1%、2%、5%、10%、20% 5种设计暴雨频率。

7.1 设计点雨量

7.1.1 设计暴雨参数查算

根据《水文手册》中的成果图表和计算方法,查算设计暴雨参数,包括定点暴雨均值$\overline{H}$和变差系数C_v、偏态系数和变差系数比值C_s/C_v、模比系数K_P和点面折减系数。

7.1.1.1 定点暴雨均值$\overline{H}$和变差系数C_v

根据小流域面积和暴雨参数等值线分布情况,确定定点,在《水文手册》不同历时的“暴雨均值等值线图”和“C_v等值线图”中查得10 min、60 min、6 h、24 h和3 d 5种历时各定点的暴雨均值$\overline{H}$和变差系数C_v。

7.1.1.2 偏态系数和变差系数比值C_s/C_v

根据《水文手册》以及《水利水电工程设计洪水计算规范》(SL 44—2006),偏态系数和变差系数比值C_s/C_v采用3.5。

7.1.1.3 模比系数K_P

由《水文手册》附表Ⅰ-2中查得。

7.1.1.4 点面折减系数

点面折减系数计算式如下

$$\eta_P(A,t_b) = \frac{1}{1 + CA^N} \tag{7-1}$$

式中:A为流域面积,km^2;C、N为经验参数,定点—定面关系参数查用表,见表7-1。

表 7-1　定点定面关系参数查用表

分区	历时	参数	均值	频率(%) 0.01	0.1	0.2	0.33	0.5	1	2	3.3	5	10	20	25
北区	10 min	*C*	0.048 3	0.037	0.039 3	0.040 2	0.041 1	0.041 9	0.043 4	0.045 4	0.046 0	0.047 7	0.050 6	0.054 5	0.056 0
		N	0.489 7	0.536 4	0.519 2	0.512 3	0.506 5	0.500 9	0.490 9	0.478 2	0.471 9	0.460 2	0.440 6	0.414 8	0.404 6
	60 min	*C*	0.064 7	0.032 7	0.035 6	0.036 8	0.038 1	0.038 8	0.040 7	0.043 1	0.044 8	0.047 3	0.052 0	0.058 8	0.061 6
		N	0.324 5	0.504 9	0.483 1	0.474 6	0.466 1	0.461 3	0.449 1	0.434 3	0.424 1	0.409 2	0.383 9	0.349 7	0.336 0
	6 h	*C*	0.031 7	0.020 8	0.021 9	0.022 3	0.022 7	0.022 9	0.023 6	0.024 3	0.024 9	0.025 7	0.027 1	0.029 2	0.030 1
		N	0.382 4	0.526 2	0.509 7	0.503 3	0.496 6	0.493 1	0.483 7	0.472 5	0.464 7	0.453 3	0.433 8	0.406 9	0.395 8
	24 h	*C*	0.033 8	0.014 4	0.015 9	0.016 6	0.017 2	0.017 6	0.018 6	0.019 9	0.020 8	0.022 2	0.024 9	0.028 9	0.030 7
		N	0.282 9	0.526 5	0.499 3	0.488 6	0.478 0	0.471 8	0.456 4	0.437 8	0.424 9	0.405 8	0.373 0	0.327 2	0.308 3
	3 d	*C*	0.014 2	0.006 4	0.007 0	0.007 2	0.007 4	0.007 5	0.008 1	0.008 3	0.008 6	0.009 1	0.010 1	0.011 7	0.012 5
		N	0.340 2	0.584 0	0.559 6	0.549 8	0.538 8	0.534 6	0.516 8	0.503 1	0.491 0	0.472 9	0.440 8	0.393 6	0.372 9

续表 7-1

分区	历时	参数	频率(%)												
			均值	0.01	0.1	0.2	0.33	0.5	1	2	3.3	5	10	20	25
西区	10 min	C	0.055 7	0.037 3	0.039 4	0.040 3	0.041 2	0.041 7	0.042 2	0.044 6	0.045 6	0.047 1	0.049 7	0.053 0	0.054 3
		N	0.387 8	0.497 7	0.483 1	0.477 4	0.472 0	0.468 6	0.465 5	0.451 4	0.445 1	0.436 1	0.421 2	0.401 7	0.394 4
	60 min	C	0.066 7	0.040 2	0.042 9	0.043 9	0.045 0	0.045 7	0.045 9	0.049 3	0.050 7	0.052 8	0.056 5	0.061 8	0.064 1
		N	0.306 2	0.444 6	0.427 7	0.421 1	0.414 8	0.410 8	0.408 5	0.390 2	0.382 4	0.371 2	0.352 1	0.326 6	0.316 4
	6 h	C	0.023 9	0.023 9	0.024 0	0.024 0	0.024 3	0.023 9	0.023 9	0.023 9	0.023 8	0.023 7	0.023 6	0.023 3	0.023 3
		N	0.367 7	0.479 2	0.466 6	0.461 7	0.456 2	0.454 1	0.447 2	0.438 9	0.433 3	0.425 0	0.410 7	0.390 6	0.382 0
	24 h	C	0.009 8	0.021 2	0.020 1	0.019 6	0.019 5	0.018 8	0.018 1	0.017 1	0.016 5	0.015 5	0.013 8	0.011 4	0.010 5
		N	0.391 1	0.452 0	0.443 7	0.440 6	0.436 3	0.436 0	0.432 0	0.427 4	0.424 5	0.420 4	0.414 0	0.406 5	0.403 7
	3 d	C	0.008 7	0.018 7	0.017 7	0.017 2	0.017 2	0.016 5	0.015 8	0.015 0	0.014 4	0.013 6	0.012 1	0.010 0	0.009 2
		N	0.361 3	0.433 7	0.425 3	0.422 2	0.417 6	0.417 5	0.413 3	0.408 5	0.405 3	0.400 7	0.393 3	0.383 1	0.378 8

续表 7-1

分区	历时	参数	频率(%)												
			均值	0.01	0.1	0.2	0.33	0.5	1	2	3.3	5	10	20	25
中区+东区	10 min	*C*	0.044 1	0.052 4	0.052 0	0.051 4	0.051 5	0.050 7	0.050 2	0.049 5	0.049 2	0.048 1	0.046 9	0.045 0	0.044 4
		N	0.422 7	0.410 5	0.410 2	0.411 4	0.410 2	0.412 0	0.412 4	0.413 5	0.413 7	0.415 5	0.417 3	0.420 4	0.421 3
	60 min	*C*	0.045 6	0.051 2	0.050 6	0.050 4	0.050 4	0.049 9	0.049 5	0.049 0	0.048 7	0.048 2	0.047 3	0.046 1	0.045 7
		N	0.365 2	0.373 9	0.372 3	0.371 8	0.370 9	0.371 0	0.370 5	0.370 1	0.369 3	0.368 6	0.367 5	0.366 2	0.365 6
	6 h	*C*	0.015 6	0.025 4	0.024 2	0.023 7	0.023 7	0.023 0	0.022 3	0.021 3	0.020 9	0.020 1	0.018 7	0.016 8	0.016 1
		N	0.439 8	0.418 8	0.420 1	0.420 6	0.420 6	0.421 6	0.422 8	0.425 7	0.425 1	0.426 9	0.430 3	0.435 5	0.438 1
	24 h	*C*	0.011 6	0.015 1	0.013 7	0.013 5	0.013 5	0.013 3	0.013 2	0.012 7	0.012 8	0.012 6	0.012 2	0.011 7	0.011 5
		N	0.370 4	0.446 0	0.448 5	0.445 0	0.445 0	0.439 6	0.434 5	0.433 4	0.424 3	0.417 8	0.406 2	0.389 4	0.381 9
	3 d	*C*	0.004 7	0.008 8	0.007 7	0.007 5	0.007 5	0.007 3	0.007 0	0.006 6	0.006 6	0.006 3	0.005 8	0.005 2	0.004 9
		N	0.447 2	0.486 2	0.493 4	0.491 2	0.491 2	0.487 7	0.484 5	0.487 3	0.477 9	0.474 1	0.467 2	0.457 1	0.453 3

7.1.2　时段设计雨量计算

根据式(7-2)及式(7-3)计算设计点雨量。

$$H_P = K_P\overline{H} \tag{7-2}$$

式中：K_P 为设计点雨量模比系数。

$$H_{P,A}^{o}(t_b) = \sum_{i=1}^{n}[c_i H_{P,i}(t_b)] \tag{7-3}$$

式中：c_i 为每个定点各自控制的部分面积占小流域面积 A 的权重；$H_{P,i}(t_b)$ 为每个定点各标准历时 t_b 的设计雨量，mm；$H_{P,A}^{o}(t_b)$ 是同频率、等历时各定点设计雨量在面积 A 上的平均值。

7.2　设计面雨量

根据式(7-4)计算设计面雨量。

$$H_{P,A}(t_b) = \eta_P(A,t_b) \times H_{P,A}^{o}(t_b) \tag{7-4}$$

式中：$H_{P,A}(t_b)$ 为标准历时为 t_b、设计标准为 P、流域面积为 A 的设计面雨量，mm；$H_{P,A}^{o}(t_b)$ 为设计点雨量的流域平均值，mm；$\eta_P(A,t_b)$ 为设计暴雨点面折减系数。

由式(7-5)、式(7-6)计算不同历时的设计面雨量。

$$H_P(t) = \begin{cases} S_P t^{1-n}, \lambda \neq 0 \quad 0 \leqslant \lambda < 0.12 \\ S_P t^{1-n_s}, \lambda = 0 \end{cases} \tag{7-5}$$

$$n = n_s \frac{t^{\lambda} - 1}{\lambda \ln t} \tag{7-6}$$

式中：n、n_s 分别为双对数坐标系中设计暴雨时强关系曲线的坡度及 $t = 1$ h 时的斜率；S_P 为设计雨力，即 1 h 设计雨量，mm/h；t 为暴雨历时，h；λ 为经验参数。

7.3　设计暴雨时程分配

根据《山洪灾害分析评价指南》要求，设计暴雨时程要到以流域汇流时间为历时的雨型。本次工作考虑到小流域面积较小、汇流时间较短，时程分配的历时选用 6 h 即可基本涵盖汇流时间，对于汇流时间超过 6 h 的小流域历时适当延长。

根据设计雨型和时段设计雨量成果，采用时段雨量序位法对各频率的时段设计雨量进行时程分配。

时段雨量序位法利用暴雨式(7-7)计算时段雨量：

$$\Delta H_{P,j} = H_P(t_j) - H_P(t_{j-1}), \quad j = 1,2\cdots, \quad t_0 = 0 \tag{7-7}$$

式中：j 为《水文计算手册》"设计雨型查用表"中主雨日排位序号，即时段雨量 $\Delta H_{P,i}$ 摆放的序位。

依次用式(7-7)计算出逐时段雨量，并按序位号依次摆放在相应位置，求得逐时段雨型。

第 8 章　设计洪水分析

洪水分析计算采用《水文手册》流域模型法进行分析计算，分产流计算和汇流计算两部分。产流计算包括设计净雨深和设计净雨过程计算两部分，前者采用双曲正切模型计算，后者采用变损失率推理扣损法计算；汇流计算采用综合瞬时单位线计算。根据《要求》的规定，洪水频率与暴雨频率对应，即 1%、2%、5%、10%、20% 5 种。

8.1　产流计算

8.1.1　设计净雨深

设计净雨深用双曲正切模型计算，见式(8-1)。

$$R_P = H_{P,A}(t_z) - F_A(t_z)\text{th}\left[\frac{H_{P,A}(t_z)}{F_A(t_z)}\right] \tag{8-1}$$

式中：t_z 为设计暴雨的主雨历时，h；$H_{P,A}(t_z)$ 为设计暴雨的主雨面雨量，mm；R_P 为设计洪水净雨深，mm；$F_A(t_z)$ 为主雨历时内的流域可能损失，mm。

主雨历时 t_z 按暴雨公式(8-2)求解。

$$S_P \frac{1 - n_s t_z{}^{\lambda}}{t_z{}^{n}} = 2.5, \quad n = n_s \frac{t_z{}^{\lambda} - 1}{\lambda \ln t_z} \tag{8-2}$$

式中：符号意义同前。

流域可能损失 $F_A(t_z)$ 用式(8-3)计算。

$$F_A(t_z) = S_{r,A}(1 - B_{0,P})t_z^{0.5} + 2K_{S,A}t_z \tag{8-3}$$

式中：$S_{r,A}$ 为流域包气带充分风干时的吸收率，反映流域的综合吸水能力，mm/h$^{1/2}$；$K_{S,A}$ 为流域包气带饱和时的导水率，mm/h；$B_{0,P}$ 为设计频率的流域前期土湿标志（流域持水度），根据表 8-1 查取。

表 8-1　设计洪水流域前期持水度 $B_{0,P}$ 查用表

频率(%)	<0.33	1	2	5	10	>10
$B_{0,P}$	0.63	0.61	0.58	0.54	0.50	0.50

根据流域下垫面的实际情况，从《水文手册》表 7.3.1.2 中合理选用相应的单地类吸收率 S_r 及导水率 K_S，然后分别根据各种地类的面积权重按式(8-4)及式(8-5)加权计算流域的吸收率 $S_{r,A}$ 和导水率 $K_{S,A}$。

$$S_{r,A} = \sum c_i S_{r,i} \quad i = 1,2,\cdots \tag{8-4}$$

$$K_{S,A} = \sum c_i K_{s,i} \quad i = 1,2,\cdots \tag{8-5}$$

式中：$S_{r,i}$ 为单地类包气带充分风干时的吸收率，mm/h$^{1/2}$；$K_{s,i}$ 为单地类包气带饱和时的导水率，mm/h；c_i 为某种地类面积占流域总面积的权重。

8.1.2　设计净雨过程

设计净雨过程采用变损失率推理扣损法计算。

具体计算步骤如下：

(1)由式(8-6)求解产流历时 t_c。

$$R_P = \begin{cases} n_s S_{P,A} t^{1+\lambda-n} & \lambda \neq 0 \\ n_s S_{P,A} t^{1-n_s} & \lambda = 0 \end{cases} \tag{8-6}$$

其中：
$$n = n_s \frac{t^\lambda - 1}{\lambda \ln t}$$

式中：R_P 为用双曲正切模型计算的场次洪水设计净雨深，mm；其他符号意义同前。

(2)由式(8-7)计算损失率 μ。

$$\mu = (1 - n_s t_c^\lambda) S_{P,A} t_c^{-n}, n = n_s \frac{t_c^\lambda - 1}{\lambda \ln t_c} \tag{8-7}$$

(3)由式(8-8)和式(8-9)计算时段净雨及净雨过程。

$$\Delta h_{P,j} = h_P(t_j) - h_P(t_{j-1}) \tag{8-8}$$

$$h_P(t) = H_{P,A}(t) - \mu t \quad t \leqslant t_c \tag{8-9}$$

式中：Δh_P 为设计时段净雨深，mm；j 为时雨型"模板"中的序位编号；t_{j-1} 为 j 时段的开始时刻；其他符号意义同前。

(4)把计算出的时段净雨按序位编号安排在设计雨型"模板"中相应序位位置，即得净雨过程。

8.2　汇流计算

流域模型法汇流计算采用综合瞬时单位线计算。

8.2.1　方法介绍

瞬时汇流曲线按式(8-10)计算。

$$u_n(0,t) = \frac{1}{k\Gamma(n)} \left(\frac{t}{k}\right)^{n-1} e^{-\frac{t}{k}} \tag{8-10}$$

式中：n 为线性水库个数；k 为一个线性水库的调蓄参数，h；t 为时间，h；$\Gamma(n)$ 为伽玛函数。

单位强度净雨过程在流域出口断面形成的水体时间概率分布函数称为 $S_n(t)$ 曲线，它是瞬时汇流曲线对时间的积分，无量纲，按式(8-11)计算。

$$S_n(t) = \int_0^t u_n(0,t)\,dt = \Gamma(n,m) \quad m = t/k \tag{8-11}$$

式中：$\Gamma(n,m)$ 称为 n 阶不完全伽玛函数。

时段单位净雨在流域出口断面形成的概率密度曲线称为时段汇流曲线，按式(8-12)计算。

$$u_n(\Delta t,t) = \begin{cases} S_n(t) & 0 \leqslant t \leqslant \Delta t \\ S_n(t) - S_n(t-\Delta t) & t > \Delta t \end{cases} \tag{8-12}$$

流域出口断面的洪水过程根据时段净雨序列与时段汇流曲线用卷积式(8-13)计算。

$$Q(i\Delta t) = \sum_{j=1}^{M} u_n[\Delta t,(i+1-j)\Delta t]\frac{\Delta h_j}{3.6\Delta t}A, 0 \leqslant i+1-j \leqslant M, j = 1,2,\cdots,M \tag{8-13}$$

式中：Δt 为计算时段，h；Δh 为时段净雨深，mm；A 为流域面积，km^2；3.6 为单位换算系数；M 为净雨时段数。

8.2.2　参数计算

参数 n 采用式(8-14)和式(8-15)计算。

$$n = C_{1,A}(A/J)^{\beta_1} \tag{8-14}$$

$$C_{1,A} = \sum a_i C_{1,i}, i = 1,2,\cdots \tag{8-15}$$

式中：A 为流域面积，km^2；J 为河流纵比降(‰)；$C_{1,A}$ 为复合地类汇流参数；$C_{1,i}$ 为单地类汇流参数；β_1 为经验性指数；a_i 为某种地类的面积权重，以小数计。

m_1 采用下列经验式(8-15)～式(8-18)计算：

$$m_1 = m_{\tau,1}(\overline{i_\tau})^{-\beta_2} \tag{8-16}$$

$$m_{\tau,1} = C_{2,A}(L/J^{\frac{1}{3}})^{\alpha} \tag{8-17}$$

$$C_{2,A} = \sum a_i C_{2,i}, i = 1,2,\cdots \tag{8-18}$$

$$\overline{i_\tau} = \frac{Q_P}{0.278A} \tag{8-19}$$

式中：$\overline{i_\tau}$ 为 τ 历时平均净雨强度，mm/h；τ 为汇流历时，h；$m_{\tau,1}$ 为 $\overline{i_\tau}$ =1 mm/h 时瞬时单位线的滞时，h；Q_P 为设计洪峰流量，m^3/s；L 为河长，km；$C_{2,A}$ 为复合地类汇流参数；$C_{2,i}$ 为单地类汇流参数；α 、β_2 为经验性指数。

根据流域的实际情况，从《山西省水文计算手册》表 7.3.2.1 中选取单地类汇流参数 C_1 、C_2 和经验性指数 α 、β_1 、β_2 。

8.3　合理性分析

完成设计洪水计算工作后，进一步对计算成果进行了合理性分析工作，主要参照以下三种方法进行合理性分析：

(1)对各沿河村落进行了历史洪水调查。根据口述者描述的洪水情形估算其洪峰流量和相应频率，与设计洪水进行对照分析。调查到与设计重现期相近的洪水时，计算洪水与相同频率调查洪水差别不能过大，否则需要进一步分析原因。

(2)河道上下游设计成果对比分析。从参数的选取、河长比降等方面对成果进行综合分析，由于本次研究区小流域内缺乏长期历史洪水调查记录，故较多地采用此方法进行分析。将流域内各村落所控制的流域面积和洪峰流量投放到双对数坐标系中，通过对比分析，流域洪峰流量从上游到下游均呈逐渐增大趋势，并随频率的减小而增加。

(3)相邻流域设计成果对比分析。从不同地类对产汇流的影响方面对比分析成果的合理性。

通过综合分析，沿河村落不同频率设计暴雨洪水计算成果合理，能够基本满足本次工作要求。

8.4　成果整理

设计暴雨洪水成果内容如下：

(1)小流域各时段雨量均值 $\overline{H}$ 、变差系数 C_v、C_s/C_v 和各时段相应频率的雨量值 H_P，并进行了暴雨时程分配，根据设计暴雨成果绘制了附图“山西省小流域设计暴雨图”；

(2)防灾对象计算断面的设计洪水成果，包括 5 种频率的洪峰流量、洪峰水位、洪峰模数、汇流时间等洪水要素，并绘制了附图“山西省设计洪水分布图”“山西省洪峰模数分布图”。

针对名录中的村落，本次共计算了 6 640 处控制断面的设计洪水，统计见表 8-2，其中特殊情况的设计洪水计算断面按如下方法确定：

表 8-2　山西省沿河村落控制断面设计洪水成果情况统计

序号		设计洪水计算数目	序号		设计洪水计算数目
太原市合计		410	运城市合计		634
1	太原五区	134	53	盐湖区	46
2	清徐县	70	54	临猗县	35
3	阳曲县	73	55	万荣县	13
4	娄烦县	54	56	闻喜县	57
5	古交市	79	57	稷山县	56
大同市合计		462	58	新绛县	44
6	南郊区	43	59	绛县	33
7	新荣区	39	60	垣曲县	49
8	阳高县	72	61	夏县	79
9	天镇县	46	62	平陆县	88
10	广灵县	28	63	芮城县	35
11	灵丘县	79	64	永济市	65
12	浑源县	85	65	河津市	34
13	左云县	47	忻州市合计		1 042

续表 8-2

序号		设计洪水计算数目	序号		设计洪水计算数目
14	大同县	23	66	忻府区	54
阳泉市合计		184	67	定襄县	55
15	阳泉市区	65	68	五台县	60
16	平定县	72	69	代县	63
17	盂县	47	70	繁峙县	61
长治市合计		728	71	宁武县	53
18	长治郊区	28	72	静乐县	55
19	长治县	48	73	神池县	68
20	襄垣县	45	74	五寨县	80
21	屯留县	89	75	岢岚县	80
22	平顺县	104	76	河曲县	66
23	黎城县	27	77	保德县	62
24	壶关县	49	78	偏关县	78
25	长子县	64	79	原平市	207
26	武乡县	44	临汾市合计		919
27	沁县	53	80	尧都区	54
28	沁源县	133	81	曲沃县	41
29	潞城市	44	82	翼城县	51
晋城市合计		465	83	襄汾县	26
30	晋城城区	40	84	洪洞县	56
31	沁水县	67	85	古县	22
32	阳城县	85	86	安泽县	81
33	陵川县	107	87	浮山县	25
34	泽州县	94	88	吉县	20
35	高平市	72	89	乡宁县	47
朔州市合计		424	90	大宁县	87
36	朔城区	92	91	隰县	107
37	平鲁区	72	92	永和县	72
38	山阴县	80	93	蒲县	165
39	应县	71	94	汾西县	26
40	右玉县	58	95	侯马市	11

续表 8-2

序号		设计洪水计算数目	序号		设计洪水计算数目
41	怀仁县	51	96	霍州市	28
晋中市合计		653	吕梁市合计		719
42	榆次区	40	97	离石区	44
43	榆社县	58	98	文水县	50
44	左权县	89	99	交城县	61
45	和顺县	64	100	兴县	66
46	昔阳县	66	101	临县	107
47	寿阳县	44	102	柳林县	47
48	太谷县	36	103	石楼县	39
49	祁县	77	104	岚县	70
50	平遥县	48	105	方山县	47
51	灵石县	60	106	中阳县	38
52	介休市	71	107	交口县	35
			108	孝义市	51
			109	汾阳市	64
			全省合计		6 640

(1)几个村庄分别位于河流左右岸或村落流域出口断面十分接近时共用同一断面计算设计洪水；

(2)受 2 条及以上河(沟)道影响的村落，针对各河(沟)道分别选取断面计算设计洪水。

第 9 章　防洪现状评价

9.1　沿河村落现状防洪能力评价

分析沿河村落防洪现状能力主要将村落分为两大类处理:一是针对可能受河道洪水影响的村落确定 100 年一遇洪水淹没范围,有居民户位于 100 年一遇洪水位以下,受河道洪水影响的村落,需完成成灾水位及控制断面的确定、水位—流量—人口关系确定等详细的现状防洪能力评价工作;二是河道堤防修建较宽,行洪能力较好,沿河居民房屋距离河道较远,受河道影响较小,主要由于坡面流致灾的村落,只需确定其致灾暴雨频率,不需进行详细现状防洪能力评价工作。

受坡面流影响的村落主要通过两种方式确定:一是现场直接根据实际情况分析判断,二是对防洪能力大于 100 年一遇的村落结合实地情况进行再次分析。

9.1.1　受河道洪水影响的村落

受河道洪水影响的村落现状防洪能力评价分为两个阶段:

(1)针对可能受河道洪水影响的村落,通过推求 100 年一遇设计洪水水面线,绘制 100 年一遇设计洪水淹没范围;

(2)针对防洪能力小于 100 年一遇的村落,推求 50 年一遇、20 年一遇、10 年一遇和 5 年一遇设计洪水水面线,分析确定防洪能力、成灾水位、控制断面、水位—流量—人口关系等,完成该村落的现状防洪能力评价,针对防洪能力大于 100 年一遇的村落需进一步调查分析。

计算时需考虑堤防、桥梁、路涵等工程对村落的影响。

9.1.1.1　危险区范围的确定

1. 水面线推求原理

采用水力学方法推求设计洪水水面线,原理如下:

水力学方法采用 Godunov 格式的有限体积法建立的复杂明渠水流运动的高适用性数学模型计算。

1)控制方程

描述天然河道一维浅水运动控制方程的向量形式如下:

$$D\frac{\partial U}{\partial t}+\frac{\partial F}{\partial x}=S \tag{9-1}$$

其中　$D=\begin{bmatrix} B & 0 \\ 0 & 1 \end{bmatrix}$, $U=\begin{bmatrix} Z \\ Q \end{bmatrix}$, $F(U)=\begin{bmatrix} f_1 \\ f_2 \end{bmatrix}=\begin{bmatrix} Q \\ \dfrac{\alpha Q^2}{A} \end{bmatrix}$, $S=\begin{bmatrix} 0 \\ -gA\dfrac{\partial Z}{\partial x}-gAJ \end{bmatrix}$

式中:B 为水面宽度;Q 为断面流量;Z 为水位;A 为过水断面面积; α 为动量修正系数,一般默认为 1.0;f_1 和 f_2 分别代表向量 $F(U)$ 的两个分量;g 为重力加速度;t 为时间变量;J 为沿程阻力损失;其表达式为 $J=(n^2Q|Q|)/(A^2R^{4/3})$;R 为水力半径;n 为糙率。

浅水方程的以上表达形式在工程上应用较广,源项部分采用水面坡度代表压力项的影响,其优点是水面变化一般比河道底坡变化平缓,因此即使底坡非常陡峭,对计算格式稳定性的影响也不大。另外,该形式还可以很好地避免采用不理想的底坡项离散方法平衡数值通量时所造成的水量不守恒问题。

2)数值离散方法

采用中心格式的有限体积法,把变量存在单元的中心,如图 9-1 所示。

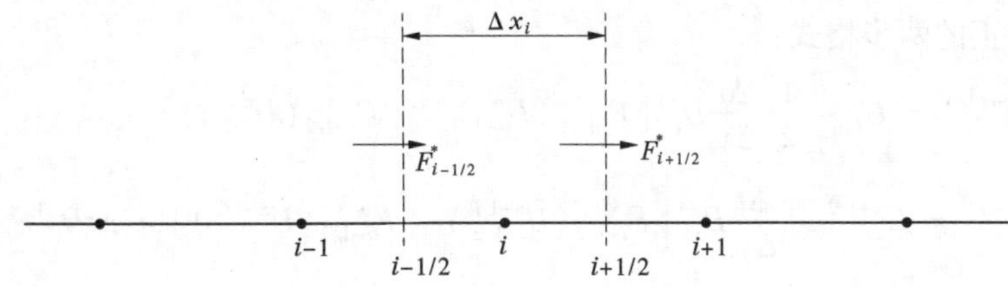

图 9-1　中心格式的有限体积法示意图

将式(9-1)在控制体 i 上进行积分并运用 Gauss 定理离散后得:

$$U_i^{n+1}=U_i^n-\frac{\Delta t}{\Delta x_i}D_i^{-1}(F_{i+1/2}^*-F_{i-1/2}^*)+\Delta tD_i^{-1}S_i \tag{9-2}$$

式中:U_i 为第 i 个单元变量的平均值; $F_{i-1/2}^*$, $F_{i+1/2}^*$ 分别为单元 i 左右两侧界面的通量值;Δx_i 为第 i 个单元的边长;S_i 为第 i 个单元源项的平均值。

(1)HLL 格式的近似 Riemann 解。

对界面通量计算采用 HLL(Harten,Lax,van Leer)格式,该格式求解 Riemann 近似问题时的形式简单,通量求解过程如下:

$$F^*=\begin{cases}F(U_L) & s_L\geqslant 0\\ F_{LR}=\left[\dfrac{B_Rs_Rf_1^L-B_Ls_Lf_1^R+B_Rs_Ls_R(Z_R-Z_L)}{B_Rs_R-B_Ls_L},\dfrac{s_Rf_2^L-s_Lf_2^R+s_Ls_R(Q_R-Q_L)}{s_R-s_L}\right]^{\mathrm T} & s_L<0<s_R\\ F(U_R) & s_R\leqslant 0\end{cases} \tag{9-3}$$

式中:s_L 和 s_R 分别为计算单元左右两侧的波速,当 $s_L\geqslant 0$ 和 $s_R\leqslant 0$ 时,计算单元界面的通量值分别由其左右两侧单元的水力要素确定,当 $s_L\leqslant 0\leqslant s_R$ 时,计算单元界面的通量由 HLL 近似 Riemann 解给出。

经过离散后,式(9-2)中的连续方程变为如下形式:

$$Z_i^{n+1}=Z_i^n-\frac{1}{B_i}\frac{\Delta t}{\Delta x_i}[(f_1)_{i+1/2}^*-(f_1)_{i-1/2}^*] \tag{9-4}$$

可以看出,式中变量 Q 被通量 f_1 取代,由于通量 f_1 可以保持很好的守恒特性,而变量 Q 不具备这个特点,因此为了保持计算格式的和谐性,Ying 等提出采用通量 f_1 的值取代输

出结果中的 Q 值,而由动量方程计算得出的 Q 值仅作为计算 Riemann 问题的中间变量。

(2)二阶数值重构。

采用 HLL 格式近似 Riemann 解求解界面通量在空间上仅具有一阶精度,为了使数值解的空间精度提高到二阶,采用 MUSCL 方法对界面左右两侧的变量进行数值重构,其表达式为

$$U_{i+1/2}^{L} = U_i + \frac{1}{2}\varphi(r_i)(U_i - U_{i-1}),U_{i+1/2}^{R} = U_{i+1} - \frac{1}{2}\varphi(r_{i+1})(U_{i+2} - U_{i+1}) \quad (9\text{-}5)$$

式中:$r_i = (U_{i+1} - U_i)/(U_i - U_{i-1}),r_{i+1} = (U_{i+1} - U_i)/(U_{i+2} - U_{i+1})$;$\varphi$ 为是限制器函数,本书采用应用较为广泛的 Minmod 限制器,该限制器可以使格式保持较好的 TVD 性质。

为使数值解整体上提高到二阶精度的同时维持数值解的稳定性,对时间步采用 Hancock 预测、校正的两步格式:

$$\begin{aligned} U_i^{n+1/2} &= U_i^n - \frac{1}{2}\frac{\Delta t}{\Delta x_i}D_i^{-1}[F_{i+1/2}(U_{i+1/2}^n) - F_{i-1/2}(U_{i-1/2}^n)] \\ U_i^{n+1} &= U_i^{n+1/2} - \frac{\Delta t}{\Delta x_i}D_i^{-1}[F_{i+1/2}^*(U_{i+1/2}^{n+1/2}) - F_{i-1/2}^*(U_{i-1/2}^{n+1/2})] + \Delta t D_i^{-1}S_i \end{aligned} \quad (9\text{-}6)$$

其中,$U_{i+1/2}^{n+1/2}$、$U_{i-1/2}^{n+1/2}$ 为计算的中间变量。

(3)源项的处理。

源项包括水面梯度项和摩阻项。摩阻项直接采用显格式处理。对于水面梯度项的处理,为了保持数值解的光滑性,采用空间数值重构后的水位变量值来计算水面梯度,其表达式如下:

$$\partial Z/\partial x_i = (\overline{Z}_{i+1/2} - \overline{Z}_{i-1/2})/\Delta x_i \quad (9\text{-}7)$$

其中,$\overline{Z}_{i+1/2} = (Z_{i+1/2}^L + Z_{i+1/2}^R)/2$,$\overline{Z}_{i-1/2} = (Z_{i-1/2}^L + Z_{i-1/2}^R)/2$。$Z_{i\pm1/2}^L$ 和 $Z_{i\pm1/2}^R$ 为采用 TVD - MUSCL方法差值后的水位值。

2. 危险区范围的确定

推求 100 年一遇设计洪水水面线,结合沿河村落地形及居民户高程,勾绘沿河村落 100 年一遇设计洪水淹没范围,即得到受河道洪水影响的危险区范围。

9.1.1.2　现状防洪能力评价

1. 防洪能力的确定

1)各频率设计洪水水面线推求

针对防洪能力小于 1% 的村落,推求 2%、5%、10% 和 20% 设计洪水水面线。

2)防洪能力、成灾水位及控制断面的确定

(1)不受涉水工程影响的村落。

① 成灾水位及控制断面的确定。

通过对比临河一侧居民户高程和沿河村落河段水面线确定成灾水位,具体方法如下:

a. 根据各频率设计洪水淹没范围,确定能够威胁到居民户的最小设计洪水重现期。

b. 将该重现期设计洪水淹没的临河一侧居民户投影到纵断面上,绘制居民户高程与该重现期设计洪水水面线对比示意图,居民户低于水面线即代表被淹没。

c. 距离该水面线最远的被淹没居民户高程即为成灾水位,距离该居民户最近的横断

面即为控制断面。

对于建设有堤防的河道,计算时考虑了堤防的影响,将出槽水位确定为成灾水位。

示例:沁水县郑村镇半峪村居民户高程与设计洪水水面线对比如图9-2所示。

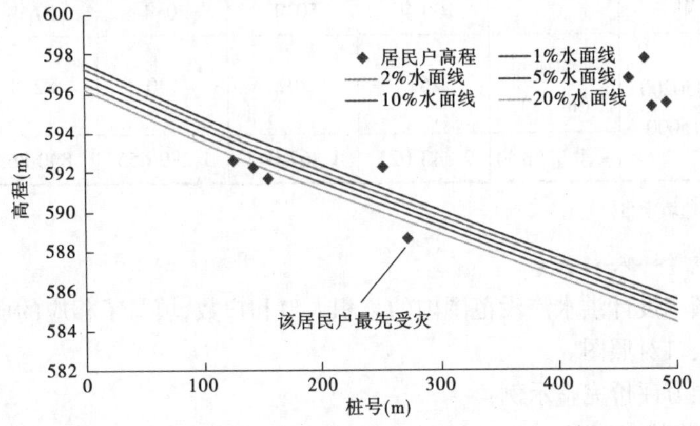

图9-2 半峪村居民户高程与设计洪水水面线对比示意图

平顺县西沟乡龙家村居民户高程、堤坝线与设计洪水水面线对比如图9-3所示。

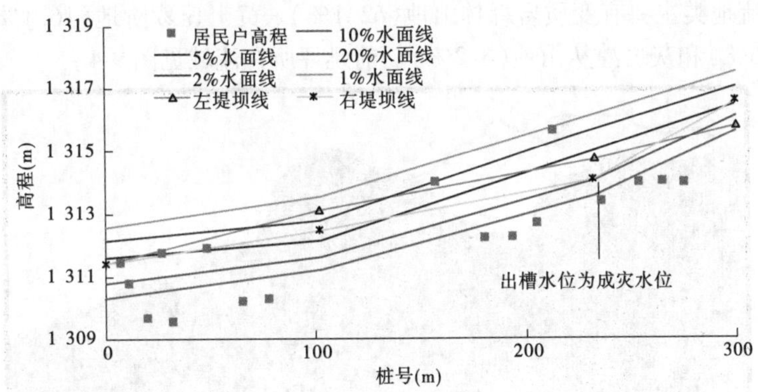

图9-3 龙家村居民户高程、堤坝线与设计洪水水面线对比示意图

②水位—流量关系计算。

控制断面的水位—流量关系,优先采用实测资料或成果。对于无资料地区,利用各频率水面线分析成果而得,绘制控制断面水位—流量关系曲线。

③成灾水位对应频率。

根据水位—流量关系推求成灾水位对应的洪峰流量,采用插值法利用洪峰流量频率曲线确定其频率,换算成重现期,得到沿河村落的现状防洪能力。

(2)受桥梁、路涵影响的村落。

受到桥涵壅水影响的沿河村落,计算该沿河村落桥涵的过水能力,与5个频率的设计洪水值进行比较,确定该沿河村落的防洪能力,以桥梁的断面作为控制断面。

示例:晋城市景德桥社区桥涵过水流量为165 m^3/s。在设计洪水20~50年一遇范围内,依据洪峰流量与频率关系可以推出景德桥社区防洪能力为35年。景德桥社区设计洪水见表9-1。

表9-1 景德桥社区设计洪水表

行政区划	行政区划代码	洪水要素	重现期洪水要素值				
			100年	50年	20年	10年	5年
景德桥社区	140502002015000	洪峰流量(m^3/s)	261	201	130	82.8	49.8
		*洪量(m^3)	2 343 021	1 867 042	1 289 655	890 863	588 043

注:表中带*的为选填项目。

2. 水位—流量—人口关系

统计不同频率设计洪水淹没范围内的累积人口和户数,填写了相应的成果表,并绘制水位—流量—人口对照图。

现状防洪能力评价完整示例:

(1)沿河村落基本情况。

前姚坪位于曹川镇垣坪村,全村45户,人口160人。村庄沿曹河分布。前姚坪位于曹河流域下游,控制断面以上流域面积为142.63 km^2,河长33.39 km,主河道平均比降22.5‰。产流地类主要有变质岩森林山地(62.1%)、黄土丘陵阶地(16.1%)、砂页岩灌丛山地(15.6%)和灰岩灌丛山地(6.2%)。前姚坪所在流域见图9-4。

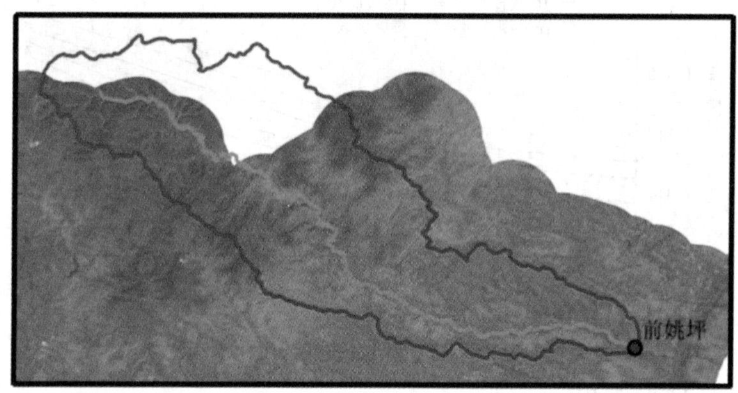

图9-4 前姚坪所在流域图

(2)成灾水位及控制断面的确定。

根据山西省测绘院提供的居民点高程与不同频率水面线对比结果,以能够淹没居民户的最低水面线为基准,距离水面线最远的居民户高程即为成灾水位,距离该居民户最近的横断面即为控制断面。利用流域模型法计算的各单元不同频率的设计洪峰流量成果推求其对应河段的水面线,如图9-5所示。可见居民户宅基高程即为成灾水位,将该水位投影到控制断面上得到后姚坪的成灾水位为281.02 m。

(3)控制断面水位—流量关系。

断面的布设首先是在山西省测绘院提供横断面数据的基础上,根据控制断面的位置,在能够控制河流形态、满足水面线推求的条件下,选取断面的位置与数量。前姚坪共布设

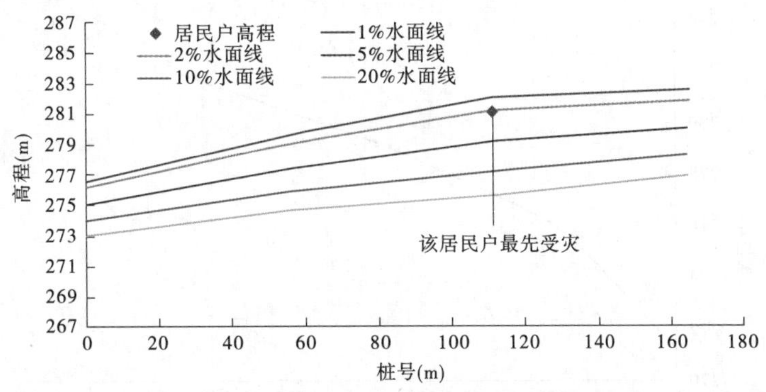

图 9-5　前姚坪居民户高程与水面线对比示意图

4 条横断面。断面分布如图 9-6 所示。

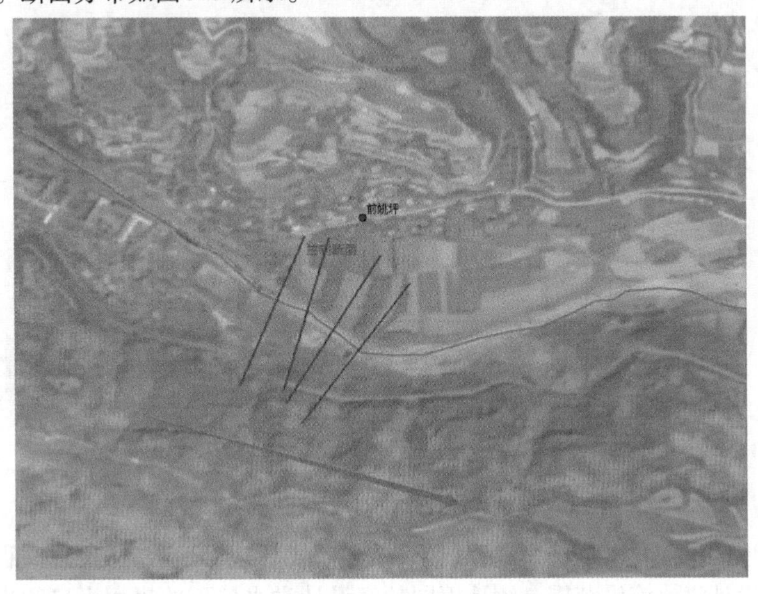

图 9-6　前姚坪控制断面附近河谷地貌

根据断面测量数据以及选取的比降值、糙率值，使用水面线软件计算控制断面水位—流量曲线（见图 9-7）。在计算过程中，对涉水工程过水能力较大、基本不影响水面线推求的按断面处理，对过水能力相对较小—且容易形成阻水的涉水工程，采用水力学法计算其过水能力，综合分析推求水面线。

（4）成灾水位对应的洪水频率。

根据成灾水位高程和控制断面的水位—流量关系曲线，先插值出成灾水位对应的洪峰流量，再采用插值法利用洪峰流量频率曲线确定成灾水位对应的洪水频率以及重现期。

前姚坪成灾水位对应的洪峰流量为 647 m^3/s，其相应洪水频率为 2.2%，重现期为 45 年一遇，见图 9-8。

（5）水位—流量—人口关系。

使用水面线软件，计算后姚坪 5 个典型频率设计洪峰流量对应的洪水位，再根据山西

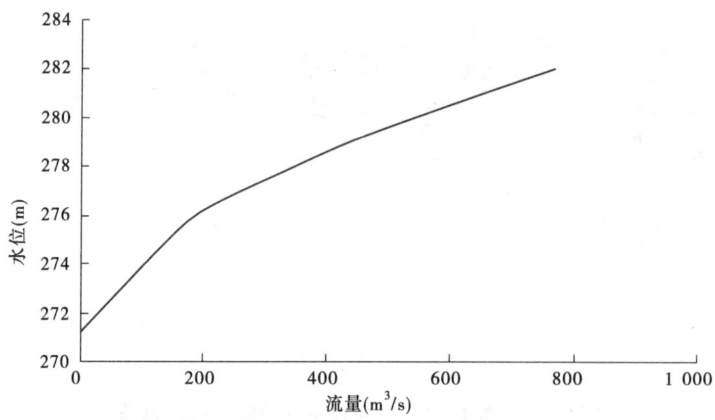

图 9-7　前姚坪控制断面水位—流量关系曲线

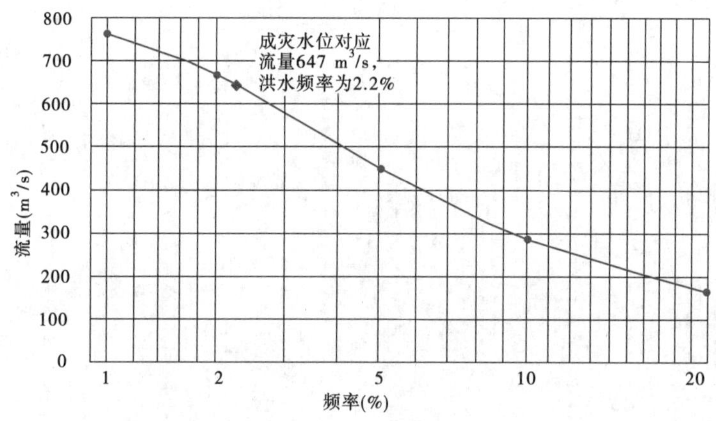

图 9-8　前姚坪成灾水位对应的洪峰流量与频率

省测绘院提取的沿河村落居民户高程成果,结合前姚坪地形地貌、居民户高程情况,勾绘划定各频率设计洪水淹没范围。统计不同频率设计洪水位下的累积人口和户数,并绘制前姚坪水位—流量—人口关系曲线,见图 9-9。

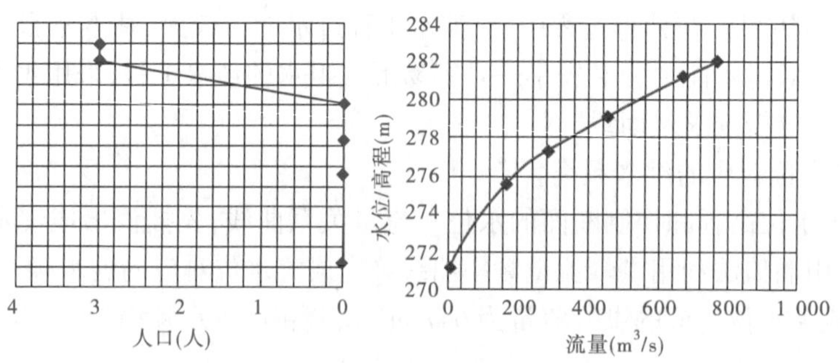

图 9-9　前姚坪水位—流量—人口对照

9.1.2　受坡面流影响的村落

对部分受坡面流影响的村落根据实地调查、访问确定致灾暴雨重现期，并划定可能受灾的居民区范围（危险区范围），统计人口、户数等信息。

9.1.3　成果整理

对 6 834 个村落的防洪能力进行了计算与分析。

对 4 739 个防洪能力小于 100 年一遇主要受河道洪水影响的村落进行了详细的防洪能力评价，其中 5 年一遇及以下的有 1 109 个，5 ~ 20 年一遇的有 1 680 个，20 年一遇以上的有 1 950 个。确定了各村落的危险区范围、成灾水位、控制断面等，完成了水位—流量—人口关系的统计，成果详见“附表 13-1 山西省沿河村落现状防洪能力与危险区评价成果汇总表”。

确定了 1 820 个受坡面流影响村落的致灾暴雨频率，并划定了危险区范围，统计了危险区内的人口、户数等信息，成果详见“附表 13-2 山西省评价沿河村落现状防洪能力与危险区评价成果汇总表（受坡面流影响）”。

9.2　沿河村落危险区等级划分

9.2.1　危险区等级划分方法

危险区等级划分是在危险区范围划定的基础上，结合危险区内居民类型将危险区划分为三个等级：极高危险区、高危险区、危险区。

9.2.1.1　受河道洪水影响的村落

危险区等级划分方法是按照危险区等级划分标准，将洪水重现期小于 5 年一遇的划分为极高危险区；大于等于 5 年一遇，小于 20 年一遇的划分为高危险区；大于等于 20 年一遇至历史最高重现期的划分为危险区。危险区等级初步划分标准见表 9-2。

表 9-2　受河道洪水影响危险区等级初步划分标准

危险区等级	洪水重现期（年）	说明
极高危险区	小于 5 年一遇	属较高发生频次
高危险区	大于等于 5 年一遇，小于 20 年一遇	属中等发生频次
危险区	大于等于 20 年一遇至历史最高	属稀遇发生频次

应根据具体情况按照初步划分的危险区适当调整危险区等级：初步划分的危险区内存在学校、医院等重要设施应提升一级危险区等级；河谷形态为窄深型，到达成灾水位以后，水位—流量关系曲线陡峭，对人口和房屋影响严重的情况，应提升一级危险区等级。

9.2.1.2　受坡面流影响的村落

全国山洪灾害防治项目组编制的《山洪灾害分析评价技术要求》未对受坡面流影响

村落的危险区等级划分提出具体方法,本次分析评价主要是根据致灾暴雨频率确定其危险区等级,坡面流危险区等级初步划分标准见表 9-3。

表 9-3　受坡面流影响危险区等级初步划分标准

危险区等级	致灾暴雨重现期(年)	说明
极高危险区	小于 5 年一遇	
高危险区	大于等于 5 年一遇,小于 20 年一遇	
危险区	大于等于 20 年一遇至历史最高	

9.2.2　各级危险区人口统计

根据危险区等级最终划分成果和调查的沿河村落居民人口高程分布关系,统计各级危险区范围内的人口、户数等信息,成果详见“附表 13-1 山西省沿河村落现状防洪能力与危险区评价成果汇总表”和“附表 13-2 山西省评价沿河村落现状防洪能力与危险区评价成果汇总表(受坡面流影响)”。

9.2.3　转移路线和临时安置地点确定

针对受河道洪水影响的沿河村落,根据危险区等级划分成果,结合沿河村落的地形地貌和实地调查的交通条件等信息,遵循就近、安全的原则,路线避开跨河、跨溪或易滑坡等地带,分析确定最佳的转移路线和临时安置地点。

9.2.4　危险区图绘制

为受河道洪水影响的沿河村落绘制了危险区图,图件内容包括如下信息:

(1)遥感底图信息,行政区划居民区范围、危险区、控制断面、河流流向、对象在县级行政区的空间位置;

(2)主要信息:典型雨型分布、设计洪水主要成果、预警指标、预警方式、责任人、联系方式等;

(3)辅助信息:图名、图例、比例尺、指北针等地图辅助信息。

9.2.5　成果整理

对 6 834 个沿河村落按照受河道洪水影响和受坡面流影响两类分别进行了危险区等级的划分和人口、户数等信息的统计。

4 739 个受河道洪水影响的村落危险区内共有 32.3 万余人,其中极高危险区内约6.1 万人,高危险区内约 9.9 万人,危险区内约 16.3 万人,分别占受河道洪水影响村落危险区人口的 18.8%、30.7%、50.5%。

1 820 个受坡面流影响的村落危险区内共有 43.2 万余人,其中极高危险区内约 0.8 万人,高危险区内约 2.7 万人,危险区内约 39.7 万人,分别占受坡面流影响村落危险区人口的 1.7%、6.4%、91.9%。

第 10 章　预警指标分析

预警指标包括雨量预警指标与水位预警指标两类,分为准备转移和立即转移两级。预警指标分析成果是山洪灾害预警的重要依据,应在分析成果的基础上,根据实际情况进行检验修正,在工作中运用和改进。

10.1　雨量预警指标

在前期的山洪灾害调查评价工作中,将山洪灾害类型划分成河道洪水和坡面水流两种形式。受河道洪水影响的村落确定雨量预警指标时,山西省采用流域模型法,有一定的理论基础和研究成果支撑;受坡面水流影响的村落确定雨量预警指标时,以降雨与灾害同频为理论基础,通过对降雨致灾的访问情况汇总,得出一个致灾频率,据此频率选取相应的设计暴雨值作为雨量预警指标,此方法受经验等人为因素影响较大。从调查情况来看,坡面水流造成的灾害损失并不大,但有频次高发的特点,并且具有一定代表性,较为常见。

10.1.1　流域模型法

雨量预警通过分析不同预警时段的临界雨量得出。临界雨量指导致一个流域或区域发生山溪洪水可能致灾时,即达到成灾水位时,降雨达到或超过的最小量级和强度。降雨总量和雨强、土壤含水量以及下垫面特性是临界雨量分析的关键因素;基本分析思路是根据成灾水位,采用比降面积法、曼宁公式或水位—流量关系等方法,推算出成灾水位对应的流量值,再根据设计暴雨洪水计算方法和典型暴雨时程分布,反算设计洪水洪峰达到该流量值时,各个预警时段设计暴雨的雨量。雨量预警指标可以通过经验估计法、降雨分析法以及模型分析法三类方法分析得到。各种方法的基本流程分为确定预警时段、分析流域土壤含水量、计算临界雨量、综合确定预警指标四个步骤。

10.1.1.1　预警时段确定

预警时段是指雨量预警指标中采用的典型降雨历时,是雨量预警指标的重要组成部分。受防灾对象上游集雨面积大小、降雨强度、流域形状及其地形地貌、植被、土壤含水量等因素的影响,预警时段会发生变化,因此需要合理地确定。

预警时段确定原则和方法如下:

(1)最长时段确定:流域汇流时间是非常重要的预警时段,也是预警指标的最长时段。

(2)典型时段确定:应根据防灾对象所在地区暴雨特性、流域面积大小、平均比降、形状系数、下垫面情况等因素,确定比汇流时间小的短历时预警时段,如 0.5 h、1 h、3 h 等。一般选取 2 ~ 3 个典型预警时段,南方湿润地区的最小预警时段可选为 1 h,北方干旱地区,由于暴雨强度大以及超渗产流突出等特性,最小预警时段可选为 0.5 h。

(3)综合确定:充分参考前期基础工作成果的流域单位线信息,结合流域暴雨、下垫面特性以及历史山洪情况,综合分析沿河村落、集镇、城镇等防灾对象所处河段的河谷形态、洪水上涨速率、转移时间及其影响人口等因素后,确定各防灾对象的各个典型预警时段,从最小预警时段直至流域汇流时间。

预警时段与流域的汇流时间有关,本次按照以下原则确定:

(1)基本预警时段定为0.5 h、1 h、2 h、3 h、6 h。

(2)如果汇流时间≥6 h,预警时段定为0.5 h、1 h、2 h、3 h、6 h和汇流时间;如果汇流时间<6 h,预警时段定为汇流时间以及小于汇流时间的基本预警时段。

10.1.1.2　流域土壤含水量

流域土壤含水量通过《水文手册》中的流域前期持水度 B_0 作为综合反映流域土壤含水量或土壤湿度的间接指标。B_0 取值为0、0.3和0.6分别代表土壤湿度较干、一般和较湿三种情况。

10.1.1.3　临界雨量计算

在确定了成灾水位、预警时段以及产汇流分析方法后,就可以计算不同前期影响雨量(B_0)下各典型时段的危险区临界雨量。具体计算步骤如下:

(1)假设一个最大2小时至最大6小时的降雨总量初值 H。根据设计雨型,分别计算出最大2小时至最大6小时的降雨量 $P_2' \sim P_6'$。

(2)计算暴雨参数。由公式(10-1)和式(10-2)计算得到不同暴雨参数下的最大1 h至最大6 h的降雨总量值 $H_1 \sim H_6$ 及最大第2小时至最大第6小时的降雨量 $P_2 \sim P_6$。根据表10-1中暴雨参数的范围,可以得到多组 $P_2 \sim P_6$,将每组 $P_2 \sim P_6$ 与 $P_2' \sim P_6'$ 进行比较,误差平方和最小的那组 $P_2 \sim P_6$ 所用参数即为所要求的暴雨参数。

$$H_P(t) = \begin{cases} S_P t^{1-n} & \lambda \neq 0 \quad 0 \leqslant \lambda < 0.12 \\ S_P t^{1-n_s} & \lambda = 0 \end{cases} \tag{10-1}$$

$$n = n_s \frac{t^{\lambda} - 1}{\lambda \ln t} \tag{10-2}$$

式中: n 、n_s 分别为双对数坐标系中设计暴雨时强关系曲线的坡度及 $t = 1$ h时的斜率; S_P 为设计雨力,即1 h设计雨量,mm/h; t 为暴雨历时,h; λ 为经验参数。

表10-1　暴雨参数取值范围表

暴雨参数	取值范围	精度	备注
S_P	$P_2 \sim 100$	0.1	
N_s	0.01 ~ 1	0.01	
λ	0.001 ~ 0.12	0.001	

(3)由(2)计算得的暴雨参数值,用式(10-1)和式(10-2)可以计算最大1 h至最大6 h的雨量。根据设计雨型,得到典型时段内每小时的雨量 $H_{P1}, H_{P2}, \cdots, H_{P6}$。

(4)使用双曲正切产流模型与单位线流域汇流模型进行产汇流分析,计算由典型时段内各个小时降雨所形成的洪峰流量 Q_m。

(5)如果 | $Q_m - Q$ | >1 m^3/s,则用二分法重新假设 H。

(6)重复(2)~(5),直到 | $Q_m - Q$ | ≤1 m^3/s,典型时段内各小时的降雨总量即为临界雨量。

10.1.1.4　雨量预警指标综合确定

1. 立即转移指标

由于临界雨量是从成灾水位对应流量的洪水推算得到的,所以在数值上认为临界雨量即立即转移指标。

2. 准备转移指标

预警时段为 1 h 或者 0.5 h 时,准备转移指标 = 立即转移指标 ×0.7。

预警时段为 2 ~6 h 时,前一个预警时段的立即转移指标即为该预警时段的准备转移指标。

汇流时间小于 1 h 的流域,直接用降雨频率来确定预警指标。汇流时间在 6 h 以内的评价对象,以雨量预警方式为主,确定预警雨量,并根据某一频率设计暴雨进行合理性检查。

10.1.2　同频率法

(1)依据暴雨灾害同频率法,通过调查确定沿河村落的受灾频率。

(2)在 DEM 上勾绘出坡面汇水面积,根据汇水面积和暴雨参数等值线分布情况,在《水文手册》不同历时的"暴雨均值等值线图"和"C_v 等值线图"中查得各定点的暴雨均值 $\overline{H}$ 和变差系数 C_v。

(3)采用设计暴雨的时深关系,即设计暴雨公式计算相应时段的雨量,计算得到的雨量值作为雨量预警指标。

$$H_p(t) = \begin{cases} S_p t^{1-n} & \lambda \neq 0 \quad\quad 0 \leqslant \lambda < 0.12 \\ S_p t^{1-n_s} & \lambda = 0 \end{cases} \tag{10-3}$$

$$n = n_s \frac{t^{\lambda} - 1}{\lambda \ln t} \tag{10-4}$$

由于坡面汇水面积较小,汇流时间较短,一般采用 0.5 h 作为预警时段。

10.2　水位预警指标

水位预警通过分析临界水位得出。临界水位可通过洪水演进方法和历史洪水分析方法分析得到。

10.2.1　适用条件

水位预警指标是通过分析防灾对象所在地上游一定距离内水位站的洪水位,将该洪水位作为山洪预警指标的方式。根据预警对象控制断面成灾水位,推算上游水位站的相应水位,作为临界水位进行预警。从时间上讲,山洪从水位站至下游预警对象的时间应不小于 0.5 h,否则就失去预警的意义。因此,只需针对适用水位预警条件的预警对象分析水位预警指标。

10.2.2 临界水位计算

水位预警指标是下游危险区成灾水位相应流量对应上游水位站相应流量的水位。水位站临界水位的计算有两种方法：一为水面线推算，根据成灾水位对应的流量按水面线法推算上游水位站的相应水位；二为首先推求水位站的水位—流量关系，在关系线上查下游危险村成灾流量的相应水位。水位站水位—流量关系采用比降面积法。

比降面积法计算公式如下：

$$Q_c = \frac{\overline{K}S_c^{\frac{1}{2}}}{\sqrt{1 - \frac{(1-\xi)\alpha\overline{K}^2}{2gL}\left(\frac{1}{A_{上}^2} - \frac{1}{A_{下}^2}\right)}} \tag{10-5}$$

式中：Q_c 为恒定流流量，m^3/s；$A_{上}$、$A_{下}$ 为速度；g 为重力加速度，取 9.81 m/s^2；L 为比降上、下端面间距，m；S_c为恒定流态下的水面比降；ξ 为端面沿程收缩或扩散系数（收缩取负号，扩散取正号代入公式），河段端面收缩时，一般可取 $\xi=0$，端面突然扩散时，$\xi=0.5\sim1.0$，逐渐扩散时，$\xi=0.3\sim0.5$，一般可取 $\xi=0.3$；α 为动能矫正系数，与断面上流速分布是否均匀有关，一般比较顺直、底坡不大且端面较规则的河段，其值介于 1.05 ~ 1.15，取 $\alpha=1.1$；$\overline{K}$ 为河段平均输水率。对于山区河流，当底坡较大，且断面较规则、流速分布极不均匀时，可用下式近似计算：

$$\alpha = \frac{(1+\varepsilon)^3}{1+3\varepsilon} \tag{10-6}$$

其中

$$\varepsilon = \frac{v_m}{v} - 1$$

式中：v_m 为断面上最大点流速；v 为断面平均流速。

若具有比降上、中、下断面，过水断面沿程收缩或扩散变化不均匀，包括上河段收或扩，下河段扩或收，$\overline{K}$ 值可用下式计算：

$$\overline{K} = \frac{A_{上} R_{上}^{\frac{2}{3}} + 2A_{中} R_{中}^{\frac{2}{3}} + A_{下} R_{下}^{\frac{2}{3}}}{4n} \tag{10-7}$$

式中：n 为河段平均糙率；$A_{上}$、$A_{中}$、$A_{下}$分别为上、中、下比降断面过水面积，m^2；$R_{上}$、$R_{中}$、$R_{下}$分别为比降上、中、下断面的水力半径，m。

水力半径与断面平均水深一般有良好的关系，可以根据一次实测断面资料计算，并建立断面平均水深与水力半径关系线。当宽深比 $B/\overline{h}\geqslant100$ 时，也可用平均水深直接代替水力半径。但一个河段内各断面各级水位应一致。

10.2.3 水位预警指标综合确定

（1）立即转移指标：临界水位即为水位预警的立即转移指标。

（2）准备转移指标：根据河段地形地貌及河谷形态，将临界水位减去某一差值作为水位预警的准备转移指标，差值取值参考见表 10-2。

表 10-2　立即转移与准备转移指标差值取值表

河谷形态	差值参考范围(m)
宽浅形	0.1 ~ 0.2
峡谷形	0.3 ~ 0.5

10.3　合理性分析

主要采用以下方法对预警指标进行合理性分析：

(1)与当地山洪灾害事件实际资料对比分析，即用实际事件的资料进行预警指标的合理性检查；

(2)与流域大小、气候条件、地形地貌、植被覆盖、土壤类型、行洪能力等因素相近或相同防灾对象的预警指标成果进行比较和分析，即采用比拟的思想，对预警指标成果进行合理性检查。

10.4　成果整理

共分析计算了 6 834 个村落的雨量预警指标和 287 个村落的水位预警指标，本次选刊的山西省各市预警指标数目详见表 10-3。山西省山洪灾害调查评价沿河村落临界雨量分布图和预警指标分布情况分别见“山西省山洪灾害调查评价沿河村落临界雨量分布图”和“山西省山洪灾害调查评价沿河村落预警指标分布图”。

表 10-3　山西省各市预警指标数目统计表

序号	市(区)名称	市(区)代码	名录村落个数	雨量预警个数	水位预警个数
省(区、市)合计			6 834	6 469	175
1	太原市	140100000000000	410	343	9
2	大同市	140200000000000	461	461	21
3	阳泉市	140300000000000	184	184	10
4	长治市	140400000000000	759	736	0
5	晋城市	140500000000000	510	464	0
6	朔州市	140600000000000	440	440	7
7	晋中市	140700000000000	653	653	4
8	运城市	140800000000000	634	636	27
9	忻州市	140900000000000	1 126	903	23
10	临汾市	141000000000000	925	917	60
11	吕梁市	141100000000000	732	732	14

第 11 章　山洪灾害调查评价成果查询服务软件开发应用

11.1　需求分析

山西省山洪灾害调查评价成果数据种类繁多、数据量大,从实际应用角度考虑,需汇集整理全省调查评价成果数据,建设调查评价成果数据库并开发成果查询应用系统。从而实现对全省各县(市、区)山洪灾害调查评价成果的统一管理,方便供防汛部门在山洪灾害防治过程中运用。

11.1.1　主要功能需求

11.1.1.1　数据库连接管理

数据库连接管理功能是实现山洪灾害调查评价数据应用及查询服务系统所有操作的前提。主要包括数据连接参数配置、基础数据导入、地图数据访问、监测预警实时计算、调查成果查询等功能。

数据库连接管理:能够创建并维护数据库连接信息。新建数据库连接,需要录入数据库连接名称及配置信息,并查看、修改和删除数据库连接。

数据管理:对获取到的数据进行管理,包括修改、删除等操作。需要管理的数据包括实时监测数据、预警信息数据、预警发布数据以及调查评价成果数据等。

数据库连接运行状态:实时计算程序和实时雨水情库对接,保证数据的实时性,确保能够实时计算预警信息。

11.1.1.2　监测预警

累计雨量实时计算程序:系统在服务器端部署一套实时计算程序,系统保证每个小时都会实时计算一次各预警时段的累计雨量,并将信息推送至山洪灾害调查数据应用及查询服务系统。

监测预警是通过运用先进的计算机信息系统集成技术,实现对监控区的主要江河及重点区域的降水量、水位等信息的自动、连续、实时地在线监测。在监测信息的基础上进行分析计算,判断是否达到临界雨量、是否需要发布预警信息。当监测站的雨量、水位达到相应的预警指标时,立即产生预警,地图上对应雨量站或水位站、断面自动闪烁,系统根据预警等级及范围,进行地图染色渲染。同时防汛值班人员可以直观快捷地查看相关村落的具体信息。

11.1.1.3　区域选择功能

按行政区划或流域进行选择,查看调查评价成果信息和相关统计信息。

11.1.1.4　标绘图层展示

对调查评价成果的相关标绘项目进行展示，查询其详细信息。包括防治区、企事业单位、危险区、需防洪治理山洪沟、沿河村落居民、自动监测站、无线预警广播、简易雨量站、简易水位站、水利工程、涉水工程、沟道断面图层。

11.1.1.5　调查评价成果统计

对山洪灾害调查评价的各项成果分别按不同级别的行政区划进行查询展示，以统计列表、直方图等形式展现。

11.1.1.6　成果数据更新

实现对各项调查评价成果增、删、改及批量导入、导出功能，以便现有成果的修改完善和后期补充成果的及时录入，与现有调查评价成果数据进行统一管理，从而使数据更加完整，为防汛抗旱相关工作提供数据支持。

11.1.1.7　人员权限要求

设置不同用户的管理权限，由系统管理员分配用户权限，可以新增、修改、删除用户及其权限信息。

11.1.2　总体技术需求

系统总体需采用 B/S 模式，基于. NET 框架构建，部分功能采用后台服务模式。

11.1.2.1　先进实用性要求

既要保证在系统生命周期内系统的先进性，同时要选用成熟的技术保证系统稳定性。

11.1.2.2　可靠性要求

在构建整体软硬件和数据环境时，要充分消除各个组成部分、各个运行环节可能存在的不稳定因素。在软件系统开发中，采用模块化体系结构和面向对象的程序设计方法，以提高系统的整体可靠性。整体系统应具有较高的容错性和可恢复性，避免发生不定期错误导致运行中断。能够连续 7×24 h 不间断工作，平均无故障时间 >8 760 h，出现故障应能及时报警，软件系统具备自动或手动恢复措施，自动恢复时间 <15 min，手工恢复时间 <12 h，以便在发生错误时能够快速地恢复正常运行。

11.1.2.3　安全性要求

系统要求采取用户认证、授权和访问控制，地图数据支持加密处理。

11.1.2.4　经济适用性要求

在满足整体系统应用需求且留有一定发展余地的前提下，尽量选择性价比高的方案，做到技术先进、节约投资、利于开发、方便维护管理。

11.1.2.5　兼容扩展性要求

无论是构建整体软件体系，还是软件开发，都要充分考虑系统的可持续发展，保证系统升级的灵活性和系统发展的可扩展性，使其能适应山洪灾害监测预警系统相关的标准，同时要满足防汛抗旱指挥系统相关的标准要求。任何一个模块的维护和更新以及新模块的追加都不应影响其他模块，且在升级的过程中不影响系统的性能与运行。

11.1.2.6　高效响应性要求

系统处理的准确性和响应的及时性是系统的重要指标。在系统设计和开发过程中，充分考虑系统当前和未来可能承受的工作量,使系统的处理能力和响应时间达到使用需求。

11.1.2.7 标准化要求

系统建设严格执行国家、地方和行业的有关规范与标准,软件的设计和开发信息化建设相关规范和标准。特别是软件开发要保证代码的易读性、可操作性和可移植性。

11.1.2.8 参数化要求

完全实现模块化设计,支持参数化配置,支持组件及组件的动态加载。

11.1.2.9 界面友好性要求

应用软件应有美观、大方的良好用户界面。系统应该做到易学习,易操作。系统提示和帮助信息准确及时,避免用户误操作。

11.1.3 总体性能需求

对软件系统的各类人机交互操作、信息查询、图形操作等应实时响应。信息查询、操作、输入界面等要用图形、文字和数据表格三种方式在计算机上展现,数据表格应具有报表打印功能。系统的操作要求简单易用。

采用 WebGIS 方式执行 GIS 的分析任务。通过标准的浏览器(如 IE)来访问地图服务,对于雨水情监测、预警响应的相关处理,均要求能在 GIS 上进行可视化查询处理,并能实现无级缩放。

查询速度要求:WebGIS 查询响应速度小于 5 s,复杂报表响应速度小于 5 s;一般查询响应速度小于 3 s。

11.1.4 软件测试需求

制订详细的系统测试方案,内容包括所有软硬件系统的测试方法和测试准则。系统测试主要测试整个系统在各种典型的最不利的状态下的运行情况,以证明系统在所有部分的性能参数、效率指标等方面达到技术要求,保证所有功能实现,运行无故障且满足技术要求。

(1)根据软件的操作手册,运行并测试软件的所有功能。

(2)模块调试、测试应根据设计要求测试系统中所有逻辑功能模块。

(3)软件系统的集成调试、测试要求将所有子系统装配起来后进行,要求使用实际数据和具体边界数据测试系统功能的实现情况,同时检验系统的集成效果。

(4)完成系统与外部接口的接收测试。

(5)数据准确性的测试。

(6)网络和软件系统的安全性测试。

(7)所有必要的检错、调整和重复测试。

11.2 建设目标与任务

根据山洪灾害调查评价省级数据审核汇集要求,汇集整理全省调查评价成果数据,建设调查评价成果数据库及查询应用系统。实现对全省各县(市、区)山洪灾害调查评价成果的整合,形成一套完整的成果,供防汛部门在山洪灾害防治过程中使用。

建设内容包括系统开发、数据整理及监测预警三项内容。

11.2.1　系统开发

11.2.1.1　行政区划选择功能开发

按行政区划分省、市、县和乡四级选择,查看区域内的基础信息、标绘图层、监测预警信息、调查评价成果信息和相关统计信息。

11.2.1.2　标绘图层展示

将山洪灾害调查过程中标绘的相关图层展示到系统界面,直观展示其数量和分布情况,包括以下五类图层:

(1)防治区与危险区。防治区、企事业单位、危险区、需防洪治理山洪沟、沿河村落居民。

(2)监测设备。自动监测设备、无线预警广播、简易雨量站、简易水位站。

(3)水利工程。水库、水闸、堤防工程。

(4)涉水工程。塘坝工程、路涵工程、桥梁工程。

(5)沟道断面。横断面和纵断面。

11.2.1.3　综合统计

以报表形式统计查询行政区划总体情况[包括总面积、总人口、总户数、乡(镇)数量、行政村数量、自然村数量]、山洪灾害内业调查情况[防治区人口、户数、乡(镇)数量、行政村数量、自然村数量,重点防治区内乡(镇)数量、行政村数量、自然村数量]、山洪灾害外业调查情况[危险区数量、简易雨量站、简易水位站、无线预警广播、桥梁、路涵、塘(堰)坝、企事业单位、历史山洪灾害、断面测量情况]、分析评价成果(沿河村落数量、现状防洪能力)。所有报表都有导出功能。

11.2.1.4　调查成果查询

以报表形式分类详细展示各类山洪灾害调查成果,并提供导出功能。

(1)基本信息。基本情况统计、行政区划总体情况、社会经济情况。

(2)流域信息。小流域基本信息、河段基本信息。

(3)防治区与危险区。防治区基本情况、危险区基本情况、防治区企事业单位、需防洪治理山洪沟、沿河村落居民户。

(4)历史山洪灾害情况。

(5)山洪预警监测设施。自动监测站、简易雨量站、简易水位站、无线预警广播。

(6)水利工程。水库工程、水闸工程、堤防工程。

(7)涉水工程。塘坝工程、路涵工程、桥梁工程。

(8)沟道信息。沟道横断面、沟道纵断面。

11.2.1.5　评价成果查询

以报表形式列出行政区划内的沿河村落基本情况,包括行政区划代码和名称、小流域代码、总人口、总户数、土地面积、耕地面积、防治区类型、房屋数量以及经纬度等信息。

对每个沿河村落，再展现出具体的分析评价成果，包括设计暴雨成果、小流域设计暴雨时程分配、控制断面设计洪水成果、预警指标成果、控制断面水位—流量—人口关系、现状防洪评价成果、防洪现状评价图、危险区图和临界雨量图。

11.2.1.6 数据更新

山洪灾害调查评价成果数据种类繁多，在防汛工作过程中，需根据实际情况及时修改调查评价数据。系统需提供山洪灾害调查评价数据的添加、修改、删除功能。

11.2.2 数据整理

梳理并对接全省调查评价数据审核汇集系统的数据库信息，建设本系统数据库，包括系统配置库、运行库等，主要用于存储查询信息、统计信息以及系统用户角色权限等管理信息。

11.2.3 监测预警

监测预警是运用先进的计算机信息技术，实现对监控区的主要江河及重点区域的降水量、水位等信息的自动、连续、实时地在线监测。在监测实时信息的基础上，分析实时雨水情信息危急程度及洪水可能危害的范围，为山洪灾害提供及时的预警信息服务。

当监测站点的雨量、水位达到相应的预警指标时，立即产生预警，地图上对应雨量站或水位站、断面自动闪烁，系统根据预警区域及预警等级，进行地图染色渲染。防汛值班人员可以直观快捷地查看相关村落的具体预警信息。

11.3 系统开发

11.3.1 设计原则

根据项目的实际需要，系统设计原则如下。

11.3.1.1 先进实用性要求

要保证在系统生命周期内系统的先进性，同时选用成熟的信息技术手段保证系统的实用性。

11.3.1.2 可靠性要求

在构建整体软硬件和数据环境时，要充分消除各个组成部分、各个运行环节可能存在的不稳定因素。在软件系统开发中，采用模块化体系结构和面向对象的程序设计方法，以提高系统的整体可靠性。整体系统应具有较高的容错性和可恢复性，避免发生不定期错误导致运行中断。能够连续7×24 h不间断工作，平均无故障时间大于8 760 h，出现故障应能及时报警，软件系统具备自动或手动恢复措施，自动恢复时间小于15 min，手工恢复时间小于12 h，以便在发生错误时能够快速地恢复正常运行。

11.3.1.3 安全性要求

系统提供有效的安全保障，保证内部信息安全，保证信息能够安全传送与接收，提供完整的安全保密机制。建立完善的授权机制，主要为不同的用户提供合适的访问权限，使其不越权使用。保证系统操作的可记录性,以便对操作行为进行监督。

11.3.1.4 经济适用性

在满足整体系统应用需求且留有一定发展余地的前提下,尽量选择性价比高的方案,做到技术先进、节约投资、利于开发、方便维护管理。

11.3.1.5 兼容扩展性

无论是构建整体软件体系,还是软件开发,充分考虑系统的可持续发展,保证系统升级的灵活性和系统发展的可扩展性,使其能适应山洪灾害监测预警系统相关的标准,同时要满足防汛抗旱指挥系统相关的标准要求。任何一个模块的维护和更新以及新模块的追加都不应影响其他模块,且在升级的过程中不影响系统的性能与运行。

(1)基于服务组件的扩展性,可迭代开发基础组件和服务组件复合体。

(2)平台开发技术层次清晰并可扩展。

(3)平台提供丰富稳定的基础 API 和基础组件库。

11.3.1.6 高效响应性要求

系统处理的准确性和响应的及时性是系统的重要指标。在系统设计和开发过程中,充分考虑系统当前和未来可能承受的工作量,使系统的处理能力和响应时间满足使用人员需求。

11.3.1.7 标准化要求

系统建设严格执行国家、地方和行业的有关规范与标准,并考虑与国际规范和标准接轨,软件的设计和开发要参照相关规范和标准,制定相应开发规则,制定有效的工程规范。特别是软件开发要保证代码的易读性、可操作性和可移植性。

11.3.1.8 容错性要求

提供有效的故障诊断工具,具备运行错误记录功能。

11.3.1.9 模块化要求

软件系统中各功能模块的设计应注重业务逻辑的细化,采用模块化和开放性设计,同时考虑方便的实现应用模块的屏蔽和启用。完全实现模块化设计,支持参数化配置,支持组件及组件的动态加载。

11.3.1.10 行业习惯要求

系统遵从行业应用需求和习惯,开发具有水利行业特色、功能强大、贴近实际的应用系统。

11.3.1.11 灵活性原则

软件系统中各功能模块提供灵活的自定义配置工具,让系统在最短的时间内适应不断变化的业务需求,将管理策略的不稳定性收敛到稳定状态,系统的设计和开发应在满足现有需求的基础上充分考虑业务的前瞻性。

11.3.1.12 易用性原则

本项目需要充分考虑用户特点进行设计,力求结构清晰,流程合理,功能一目了然,菜单操作以充分满足用户的视觉流程和使用习惯为出发点,保证系统易理解、易学习、易使用、易维护、易升级。

11.3.1.13　界面友好性要求

应用软件应有美观、大方的良好用户界面。系统应该做到易学习,易操作。系统提示和帮助信息准确及时,避免用户误操作带来的损失。

11.3.1.14　成熟性原则

在软件系统设计和开发采用的各种模式、方法、工具、技术等各方面,应选用主流的、成熟可靠的、被广泛认可的产品和方法,确保系统的成熟稳定性。

11.3.1.15　高性能原则

软件系统应具备高稳定性,可稳定高效地完成高并发大数据量的业务处理。

性能应该综合考虑对硬件资源的合理利用,各种系统软件的选型和配置、维护,软件底层架构的合理设计等方面的因素。

11.3.2　软件开发技术标准

11.3.2.1　山洪灾害调查评价项目相关技术标准

(1)《国务院关于全国山洪灾害防治规划的批复》(国函〔2006〕116号);

(2)《全国山洪灾害防治规划报告》;

(3)《山洪灾害监测预警系统设计方案指导书》;

(4)《全国山洪灾害防治规划技术大纲》;

(5)《全国山洪灾害防治试点县实施方案编制大纲》;

(6)《山洪灾害防御预案编制大纲》;

(7)《山洪灾害监测预警系统设计方案指导书》;

(8)《全国山洪灾害防治县级非工程措施建设实施方案编制大纲》;

(9)《全国山洪灾害防治县级监测预警系统建设技术要求》;

(10)《山洪灾害专题数据库表结构及数据上报技术要求》;

(11)《山洪灾害防治非工程措施补充完善技术要求》;

(12)《全国山洪灾害防治项目实施方案(2013~2015年)》;

(13)《水文自动测报系统技术规范》(SL 61—2015);

(14)《水文站网规划技术导则》(SL 34—2013);

(15)《水文基础设施建设及技术装备标准》(SL 276—2002);

(16)《水利水电工程水情自动测报系统设计规范》(DL/T 5051—1996);

(17)《水文情报预报规范》(SL 250—2000);

(18)《水位观测标准》(GBJ 138—90);

(19)《降水量观测规范》(SL 21—2006);

(20)《水文基本术语和标准》(GB/T 50095—98);

(21)《水文基础设施建设及技术装备标准》(SL 276—2002);

(22)《水文资料整编规范》(SL 247—2012);

(23)《水情信息编码标准》(SL 330—2011);

(24)《实时雨水情数据库表结构与标识符》(SL 323—2011);

(25)《水文测报装置遥测水位计》(GB 11830—89)。

11.3.2.2　**网络基础设施设计规范**

(1)《电子设备雷击保护导则》(GB 7450—87);

(2)《电子信息系统机房设计规范》(GB 50174—2008);

(3)网络基础设施设计规范;

(4)《术语学基本词汇》(GB/T 15237—1994);

(5)《计算机站场地技术条件》(GB 2887—89);

(6)《电子计算机场地通用规范》(GB/T 2887—2000);

(7)《电子计算机机房设计规范》(GB 50174—93);

(8)《建筑与建筑群综合布线系统工程设计规范》(GB 50311—2000);

(9)建筑物通用布线国际标准(ISO/IEC 11801);

(10)商业建筑电信布线标准(EIA/TIA568A);

(11)建筑通讯线路间距标准(EIA/TIA569);

(12)商业建筑通信接地要求(EIA/TIA);

(13)用户建筑综合布线(ISO/IEC IS11801);

(14)光纤分布式数据接口高速局域网标准(ANSIFDDI);

(15)铜线分布式数据接口高速局域网标准(ANSITPDDI);

(16)CSAM/CD 接口方式(IEEE802.3);

(17)令牌环接口方式(IEEE802.5);

(18)布线系统传输性能测试标准(TSB - 67UTP)。

11.3.2.3　**计算机信息系统集成标准**

(1)计算机信息系统集成工程制图及图形标准;

(2)计算机信息系统集成通用规范;

(3)计算机信息系统集成总体策划规范;

(4)计算机信息系统集成质量管理规范;

(5)计算机信息系统集成设计规范;

(6)计算机信息系统集成实施规范;

(7)计算机信息系统集成测试、试运行与验收规范;

(8)计算机信息系统集成交付规范;

(9)计算机信息系统集成服务与保障规范;

(10)计算机信息系统集成运行管理规范;

(11)计算机信息系统集成文档管理规范;

(12)计算机应用系统工程通用标准;

(13)计算机应用系统工程设计通用标准;

(14)计算机应用系统工程系统设计规范;

(15)计算机应用系统工程实施通用标准;

(16)计算机应用系统工程实施规范;

(17)计算机应用系统工程测试、运行与验收规范;

(18)计算机应用系统工程交付规程;

(19)计算机应用系统工程服务与维护通用标准;
(20)计算机应用系统工程维护规范;
(21)计算机应用系统工程服务管理规范;
(22)计算机应用系统工程培训规范;
(23)计算机应用系统工程运行管理规范;
(24)计算机应用系统工程文档管理通用标准;
(25)计算机应用系统工程文档归档整理规范;
(26)涉密应用计算机系统工程标准。

11.3.2.4　信息安全标准规范

(1)《中华人民共和国保守国家秘密法》;
(2)《中华人民共和国国家安全法》;
(3)《中华人民共和国计算机信息系统安全保护条例》(国务院第147号令)(19940218);
(4)《计算机信息系统安全专用产品检测和销售许可证管理办法》(水利部第32号令)(19970628);
(5)《计算机信息网络国际联网安全保护管理办法》(水利部第33号令)(19971230);
(6)《计算机病毒防治管理办法》(水利部第51号令);
(7)国家保密局——《计算机信息系统国际联网保密管理规定》;
(8)国家保密局——《涉密信息系统等级化保护基本技术要求》(BMB17-2006);
(9)国家四部委——《信息系统安全等级保护基本要求》;
(10)国家四部委——《信息系统安全等级保护定级指南》;
(11)信息技术安全评估通用准则(ISO/IEC 15408:1999);
(12)IT安全管理指南(ISO/IEC 13335);
(13)信息安全管理(BS7799:1999);
(14)计算机病毒防治产品评级准则(2000年5月17日发布);
(15)计算机信息系统安全保护等级划分准则(GB 17859—1999);
(16)电子计算机场地通用规范(GB/T 2887—2000)。

11.3.2.5　代码与术语标准

有约1 100项代码标准可供参考,约1 400项术语标准可供参考,约50项地理信息标准可供参考,约800项水利技术标准可供参考,约1 000项信息化技术标准可供参考(主要是国际标准)。

11.3.3　系统架构设计方法

随着当前各行业业务内容及流程的转变,相应的信息化系统也逐渐从满足内部的日常办公和业务处理转向快速为内部和外部提供信息服务。这种转变对系统设计提出了很高的要求,要求系统能够在较短的时间内迅速适应业务流程的变化,并提供相应的服务。为此,采用了基于SOA的以系统架构为核心的设计方法来满足上述的业务要求。

11.3.3.1　以架构为中心的设计方法

首先,软件系统的架构是系统中最重要的组件或其中一部分和其接口的交互,以及这些组件和接口的组织和结构。以架构为中心的方法(architecture centric development),就是能够对系统不同的关注点进行清晰地分离。架构视图包括如下几种。

1. 用例视图

用例视图是用例模型的一部分,它展示的是在系统构架方面具有重要意义的系统用例。用例视图描述那些代表了某些重要的核心功能的场景集和用例集。它还要描述那些在构架方面涉及范围很广(使用了许多构架元素)的场景集和用例集,或者那些强调或阐明了构架的某一具体的细微之处的场景集和用例集。

如果模型较大,通常要将其按用例包来组织。如果用例已被打包,为了便于理解,则应类似地按包来组织用例视图。

2. 逻辑视图

逻辑视图是设计模型的一部分,它展示在构架方面具有重要意义的设计元素。逻辑视图描述最重要的类、从这些类到包和子系统的组织形式,以及从这些包和子系统到层的组织形式。它还要描述最重要的用例实现,例如构架的动态方面。

3. 进程视图

进程视图描述系统的进程结构。由于进程结构对构架有着巨大影响,所以应展示所有的进程。在进程内部,只需展示在构架方面具有重要意义的轻量级线程。进程视图描述执行系统时将涉及的任务(进程和线程)、它们的交互和配置情况以及如何将对象和类分配给任务。

4. 部署视图

部署视图描述一个或多个用于部署和运行软件的物理网络(硬件)配置,它还描述如何将任务(从进程视图中)分配到物理节点。

5. 实施视图

实施视图描述如何在实施模型中将软件分解成层和子系统。它按照实施子系统和层中的构件来概述实施模型及其组织,并描述如何将包和类(从逻辑视图中)分配到实施视图中的实施子系统和构件。

6. 数据视图

此视图描述数据模型中在构架方面具有重要意义的永久元素。它按照用于为系统提供永久性的表、视图、索引、触发器和存储过程来概述数据模型及其组织。它还要描述永久类(从逻辑视图中)到数据库的数据结构的映射。

11.3.3.2　系统架构蓝图

以架构为中心的设计方法要求本系统制定统一的架构发展蓝图。这个架构发展蓝图是描述本系统软件架构的发展方向,协调不同的系统的软件架构向既定的目标发展。如果没有统一的发展蓝图,就没有约束力保证各个项目组按照项目制定的发展方向前进。虽然对某一子系统发展没有什么影响,却有可能造成大的方向上的偏差。

拥有统一的架构发展蓝图是一个方面。存在了统一的蓝图,还要求在组织结构上和过程方面保证这个蓝图能够切实地贯彻到各项目组的具体行为中去。

架构蓝图主要是从系统的角度去表现架构的组件层次和组件的封装方式。架构中的层次分布也遵循一定的重用原则，这样在进行应用系统同平台系统设计时，根据同样原则设计的组件就可以按照架构蓝图，进行系统功能的划分、接口定义。

在本系统的建设目标基础上进行分析。制定架构蓝图，并明确描述架构蓝图的系统设计过程，以及产品如何在架构蓝图的基础上进行扩展。

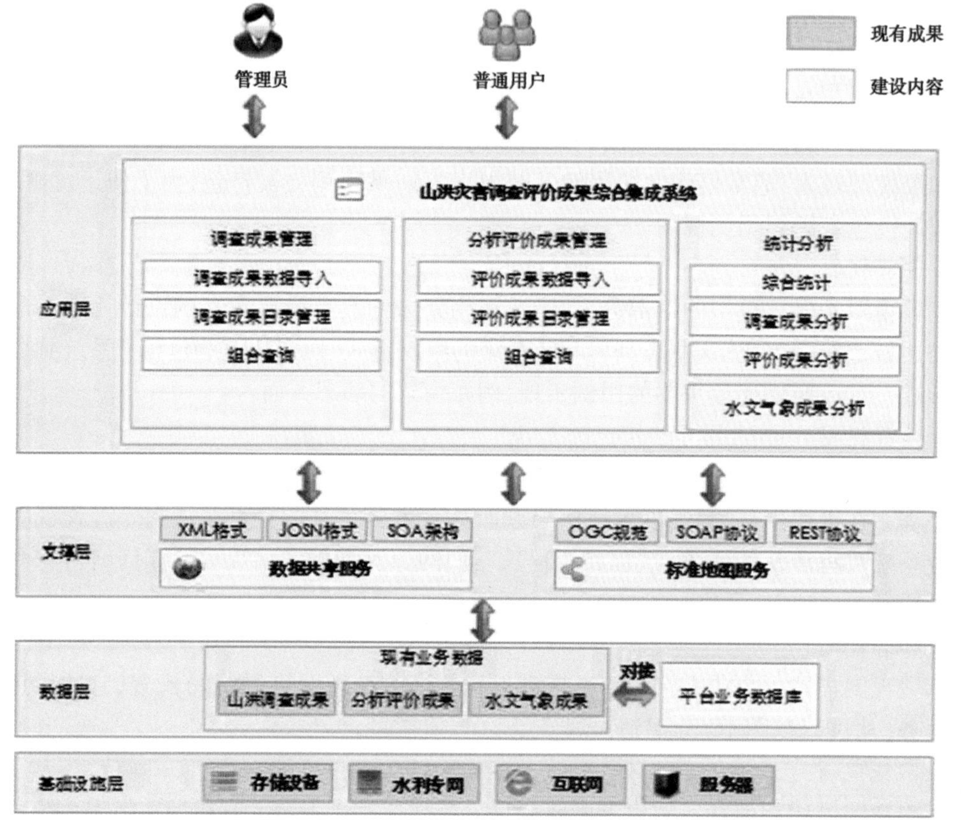

图 11-1　系统总体框架设计

在实现蓝图的过程中要求采用迭代开发，通过迭代开发，降低项目开发中的风险。应用迭代开发，在项目的早期迭代过程中，针对项目中的技术风险进行集中力量解决，在后期的迭代开发过程中解决系统功能的完整性问题。

通过迭代开发，对每个迭代过程中的成果和进度进行跟踪，如出现不确定性因素对开发产生影响，可根据实际情况进行调整，避免对现有流程的大的里程碑的延误。

11.3.4　软件系统总体结构与技术路线

11.3.4.1　系统架构设计

根据建设目标和业务特点、发展需求，采用面向服务体系架构（SOA）进行设计，遵循多层体系、业务规范、数据资源标准等标准体系，强调各类基础资源的复用和可扩展性。系统总体框架设计分为基础设施层、数据层、支撑层、应用层、用户五部分（见图 11-1），内容如下。

1. 基础设施层

基础设施层为支撑系统运行的网络及基础软硬件设备。本系统依托已有的山西省水文局专网和互联网网络设施,利用山西省山洪灾害调查评价项目建设的基础设施和安防,构建本系统的网络和基础设施环境。

2. 数据层

对接山西省水文局现有的山洪灾害调查成果、分析评价成果,并结合业务需要搭建平台业务数据库。

3. 支撑层

数据层中的数据发布、数据共享服务(标准 Web Service 服务),数据格式支持 XML 和 JOSN 格式,服务接口遵从 SOA 架构;接入山西省水文局的地图服务、全省工作底图服务、全省遥感影像服务,结合项目所需的 GIS 功能服务和 GIS 定位服务整合标准的地图服务。服务接口遵循 OGC 规范、满足 SOAP 和 REST 访问协议。

4. 应用层

搭建山洪灾害调查评价成果查询应用系统。山洪灾害调查评价成果查询应用系统用于管理山洪灾害调查评价过程中的各类数据,实现相关数据的维护更新,调查成果及分析评价成果的分级管理,综合分析以及对系统进行相关设置。

5. 用户

用户层包括管理员和普通用户。

11.3.4.2　系统开发及运行环境

为了保证系统的稳定运行,系统推荐在如下环境下开发运行。

1. 服务端运行环境

服务端操作系统:Microsoft Windows Server 2008。

服务端数据库:Microsoft SQL Server。

服务端 Web 服务:IIS5.0 以上。

GIS 平台:ArcGIS 平台。

2. 客户端运行环境

客户端操作系统:Microsoft Windows XPSP2 以上。

客户端浏览器:支持 Internet Explorer 9.0 以上。

11.3.4.3　系统性能设计

1. 性能优化框架

系统的总体性能取决于系统构成组件的性能,如操作系统、硬件环境、网络环境、系统架构、应用框架等。每个组成部分有各自的性能特性和调试变量。有时,系统链中某一环节的缺陷会对系统的整体性能造成影响。

系统性能优化通常可以通过对网络带宽、主机配置、操作系统、体系架构、Web 访问、应用服务、应用代码、数据服务、数据库配置等优化来进行。

2. 应用服务优化

应用服务层的性能优化的目标就是提高下面几个指标:并发用户数量,吞吐量,可靠性。换句话说,就是希望让应用更快地为更多的用户服务,且保证服务过程不会中断。

当然也可以单纯靠添加硬件来提高性能,但很难获得较好效果。这样虽然有可能暂时解决眼前的性能危机,但问题仍旧存在,一旦负载增加又会出现。因此,我们将首先从现有的应用和应用服务器获取最大的性能。

1)并发用户

系统要求满足最大使用人数500人在线,并发连接用户数50人。服务器端查询单条数据记录速度控制在1 s以内(不考虑链路影响的前提下),500条数据控制在5 s以内。

在应用服务器上运行应用,评估其在不能响应请求或响应请求所需时间超出许可范围之前能够支持的最大并发用户数量。响应时间可以由服务水准协议(Service Level Agreement,SLA,参见用 SLA 保证 Web 服务)定义,规定一个请求允许消耗的最长时间,超出该时间就被认为不可接受。对应用进行负载测试时很重要的一点是必须确保测试过程反映了应用实际运行过程中出现的典型事务,因为后来的性能优化措施将针对负载测试的结果进行。如果负载测试的事务不够典型,就不能有效地保证应用能够像测试环境中表现的那样为用户提供服务。

2)易操作性

用户在使用系统时,系统性能稳定、可靠,相关功能可操作性强。人机界面友好,输入、输出方便,图表生成灵活美观,检索、查询简单快捷。

3)吞吐量

应用和应用服务器的吞吐量可以用每秒完成的事务数量来表示,它从一个侧面反映了应用和应用服务器的运行是否正常,指出了服务器的能力。我们的目标是通过应用和应用服务器的调整,来尽可能地提高服务器的吞吐量。

4)可靠性

除了支持最大数量的并发用户、可接受的响应时间,另一个要求就是尽量减少请求失败的次数。Web服务器都可能出现故障,最主要的原因是网络延迟或超时,而我们优化的主要工作就是确保用户能够收到所请求的信息。

3.访问存储优化

影响系统性能主要瓶颈在I/O,包括数据库、socket、网络通信、文件等。例如,频繁查询数据库并返回大量结果集,频繁操作大文件等,这些操作会占用大量的CPU时间。针对以上问题,本项目具体设计策略如下。

1)缓存以及缓存层

在数据层和应用层之间增加数据缓存层,提供全局数据服务。可以大大减少数据库的往返次数。与读取数据库和读取大文件(如XML文件)比,读取内存的速度无疑要快得多,可以充分利用大内存,而共享内存更能实现数据并发访问。

2)多线程

采用多线程或多进程,多线程对单CPU系统还只是顺序利用CPU时间和改善用户体验,多CPU系统才是真正的并行。多线程不要争抢访问同一资源而导致部分串行操作,要做到真正的并行操作多线程。另外,在多线程间同步一个庞大的资源,过多创建线程又没有实现线程池也会导致系统性能下降。

3)负载平衡

物理上增加地位对等的集群服务器,通过负载分配算法分配相应服务器来响应客户端请求。Windows server2008 ⅡS 就支持负载均衡服务。

4)文件系统优化

频繁打开关闭文件对系统性能下降影响的程度是惊人的,通过一些变通办法来减少文件的频繁操作。例如,原来的缓存持久化实现是保存在 XML 文件,每次要获得一个配置项,都需打开 XML 文件,通过 XPath 拿到这个配置项的值,这样效率不高,而且容易把这个 XML 文件锁住。改进的方法是:通过比较 XML 文件的修改时间(System. IO. File. Get Last Write Time)判断是否要再次打开文件,大大提高了效率。另一个可以改进的方法是:启动时读取所有配置到一个静态的 Hash Table,每次要获得一个配置项都从内存 Hash Table获取,最后或适当的时候持久化到 XML。

5)代码性能设计

在编程实现上,代码性能设计也很重要,一些昂贵的操作会占用大量的资源和 CPU 时间。例如,字符串相加没用 String Builder, 频繁创建对象,差劲的排序或递归算法,过多的装箱拆箱,过多的使用反射(Reflection),频繁 new Hash Table 或大的数组,将异常(Catch Exception)用作正常的逻辑,使用复杂的正则表达式,等等。因此,尽量做到代码的最优化,减少资源的占用。

6)应用层

数据的格式化和压缩,以及采用分页,减少传输的数据量,把一部分处理逻辑放在客户端,减少服务端的工作量。界面端也是有很多针对性能优化的考虑,例如绘图,控件重绘都是非常耗资源的,各控件的数据加载和数据绑定性能也各不相同,尽量采用惰性加载,异步加载;初始化和启动速度等都是经过考虑和优化的。

11.3.4.4　系统安全设计

系统应按信息系统等级保护三级系统的要求加强安全功能,实现平台的安全管理。平台所采取的安全管理措施如下。

1. 身份鉴别

平台应支持 CA 数字证书进行身份认证。应提供专用的登录控制模块对登录用户进行身份标识和鉴别;应提供用户身份标识唯一和鉴别信息复杂度检查功能,保证应用系统中不存在重复用户身份标识,身份鉴别信息不易被冒用;应提供登录失败处理功能,可采取结束会话、限制非法登录次数和自动退出等措施。

2. 访问控制

平台应提供访问控制功能,依据安全策略控制用户对信息资源的访问。应由授权主体配置访问控制策略;应授予不同账户为完成各自承担任务所需的最小权限,并在它们之间形成相互制约的关系。

3. 安全审计

平台应提供覆盖到每个用户的安全审计功能,对应用系统重要安全事件进行审计。应保证无法删除、修改审计记录,应将审计记录上传至安全管理中心;审计记录的内容至少应包括事件日期、时间、发起者信息、类型、描述和结果等。

11.3.4.5 系统界面设计

本项目的用户界面设计，在满足用户导向原则、KISS(keep it simple and stupid，简洁及易操作)原则、视觉平衡原则、和谐与一致性原则、个性化原则等界面设计原则的基础上，采用多模块、多层次的设计模式，以便达到用户对系统简便、快捷的应用。

以下就本项目界面设计中关键点进行阐述。

1. 启动封面设计

项目启动页面应清晰、简捷，集中显示本项目相关的应用信息和业务信息，以文字、图片、报表、统计图、地图等多元化的方式进行展现。

2. 按钮设计

软件按钮设计应该具有交互性，即应该有 3 ~6 种状态效果：点击时状态；鼠标放在上面但未点击的状态；点击前鼠标未放在上面时的状态；点击后鼠标未放在上面时的状态；不能点击时状态；独立自动变化的状态。按钮应具备简洁的图示效果，应能够让使用者产生功能关联反应，群组内按钮应该风格统一，功能差异大的按钮应该有所区别。

3. 面板设计

软件面板设计应该具有缩放功能，面板应该对功能区间划分清晰，尽量节省空间，切换方便。

4. 菜单设计

菜单设计一般有选中状态和未选中状态，左边应为名称，右边应为快捷键，如果有下级菜单应该有下级箭头符号，不同功能区间应该用线条分割。

5. 标签设计

标签设计应该注意转角部分的变化，状态可参考按钮。

6. 图标设计

图标设计色彩不宜超过 64 色，大小为 16 ×16、32 ×32 两种，图标设计是方寸艺术，应该加以着重考虑视觉冲击力，它需要在很小的范围表现出软件的内涵。

7. 滚动条及状态栏设计

滚动条主要是为了对固定大小区域性内的内容变换进行设计，应该有上下箭头、滚动标等，有些还有翻页标。状态栏是为了对软件当前状态的显示和提示。

11.3.5 系统主要功能详细设计

11.3.5.1 行政区划选择功能开发

行政区划选择功能是为了根据需求快速精准地查询展示相关标绘图层和调查评价成果，行政区划分为省、市、县(区)和乡四级。所有标绘图层、监测预警信息和山洪灾害调查评价成果均与行政区划紧密关联，因此该功能可视为整个系统的“总开关”。

系统 GIS 主界面要总是适中显示所选行政区划范围，默认选择的行政区划是全省。行政区划选择要与其他功能菜单保持“联动”，即当打开某一标绘图层和调查评价成果列表时，更改所选行政区划，相应的图层和列表实时更新。同理，选定某一行政区划时，切换标绘图层和调查评价成果列表，相应的图层和列表也实时更新。

11.3.5.2 标绘图层展示

通过前期大量的山洪灾害调查评价工作,得到了很多宝贵的标绘图层数据,为了使其更好地为防汛服务,需将山洪灾害调查过程中标绘的相关图层展示到 GIS 界面,直观展示其数量和分布情况,包括以下五大类图层。

1. 防治区与危险区

防治区与危险区包括防治区、企事业单位、危险区、需防洪治理山洪沟、沿河村落居民共 5 类标绘图层。选择某一图层,在 GIS 界面上完整展示该图层,点击任意一个标绘点,以气泡方式显示该标绘内容的所有详细信息。

2. 监测设备

监测设备包括自动监测设备、无线预警广播、简易雨量站、简易水位站 4 类。选择某一图层,在 GIS 界面上完整展示该图层,点击任意一个标绘点,以气泡方式显示该标绘内容的所有详细信息。

3. 水利工程

水利工程包括水库、水闸、堤防工程 3 类。选择某一图层,在 GIS 界面上完整展示该图层,点击任意一个标绘点,以气泡方式显示该标绘内容的所有详细信息。

4. 涉水工程

涉水工程包括塘坝工程、路涵工程、桥梁工程 3 类。选择某一图层,在 GIS 界面上完整展示该图层,点击任意一个标绘点,以气泡方式显示该标绘内容的所有详细信息。

5. 沟道断面

沟道断面包括横断面和纵断面 2 类。选择某一图层,在 GIS 界面上完整展示该图层,点击任意一个标绘点,以气泡方式显示该标绘内容的所有详细信息。

所有 17 类图层都可以部分或全部叠加显示。为了方便图层的控制,在本系统中增加图层控制菜单,在图层控制菜单内可以看到所有被选中展示的标绘图层,根据需求可以去掉部分或全部标绘图层的展示。

11.3.5.3 综合统计

综合统计功能以列表形式统计各级行政区划内的基本情况和山洪灾害调查评价成果情况。

1. 行政区划总体情况

行政区划总体情况包括总面积、总人口、总户数、乡(镇)数量、行政村数量、自然村数量等信息。

2. 山洪灾害内业调查情况

山洪灾害内业调查情况包括防治区人口、户数、乡(镇)数量、行政村数量、自然村数量;重点防治区内乡(镇)数量、行政村数量、自然村数量。

3. 山洪灾害外业调查情况

山洪灾害外业调查情况包括危险区、简易雨量站、简易水位站、无线预警广播、桥梁、路涵、塘(堰)坝、企事业单位、历史山洪灾害数量以及纵横断面数量情况。

4. 分析评价成果

进行分析评价工作的沿河村落数量、各级别现状防洪能力的村落分布情况。

综合统计功能内的所有报表都是为了直观展示山洪灾害调查评价各类成果的数量，不展示其详细信息。所有报表都具备导出为Excel表的功能。

11.3.5.4　调查成果

防治区与危险区信息以报表形式分 8 大类共 23 张表详细展示各类山洪灾害调查成果，所有表都严格按照《山洪灾害调查技术要求》要求的表格格式完整展现各类调查成果，且都提供导出为 Excel 表的功能，部分表提供增、改、删功能。当所点击展示的表包含标绘内容时，相应的标绘图层也会展示到 GIS 主界面上。

1. 基本信息

基本信息包括基本情况统计、行政区划总体情况、社会经济情况 3 张表。点击某一行政区划名称，可追踪定位到该行政区。

2. 流域信息

流域信息包括小流域基本信息和河段基本信息 2 张表。点击某一小流域代码，可追踪定位到该小流域，显示小流域范围；点击某一河段编码，可追踪定位到该河段，显示河段长度及走向。

3. 防治区与危险区信息

防治区与危险区信息包括防治区基本情况、危险区基本情况、防治区企事业单位、需防洪治理山洪沟和沿河村落居民户共 5 张表。点击行政区划名称或居民户户主姓名，可追踪定位。在 GIS 界面点击相应的标绘图层，以气泡形式显示其详细信息。

4. 历史山洪灾害情况

点击行政区划名称可追踪定位。该表有数据修改、保存功能。

5. 山洪预警监测设施

山洪预警监测设施包括自动监测站、简易雨量站、简易水位站、无线预警广播 4 张表。点击测站名称可追踪定位该测站。4 张表都有数据修改、保存功能。

6. 水利工程

水利工程包括水库工程、水闸工程、堤防工程 3 张表。点击水利工程名称可追踪定位该水利工程，在 GIS 界面点击水利工程，以气泡形式展示该涉水工程的详细信息。3 张表都有数据修改、保存功能。

7. 涉水工程

涉水工程包括塘坝工程、路涵工程、桥梁工程 3 张表。点击涉水工程名称可追踪定位该涉水工程，在 GIS 界面点击涉水工程，以气泡形式展示该涉水工程的详细信息。3 张表都有数据修改、保存功能。

8. 沟道信息

沟道信息包括沟道横断面和沟道纵断面 2 张表。点击断面名称可追踪定位该断面，在 GIS 界面双击断面，可以气泡形式生成断面图。提供断面点导出功能，将断面数据点导出到 Excel 工作表。

11.3.5.5　评价成果

以报表形式列出行政区划内的沿河村落基本情况，包括行政区划代码和名称、小流域代码、总人口、总户数、土地面积、耕地面积、防治区类型、房屋数量以及经纬度等信息。

点击行政区划代码可追踪定位该沿河村落,弹出二级表格展现详细的分析评价成果,包括设计暴雨成果、小流域设计暴雨时程分配、控制断面设计洪水成果、预警指标成果、控制断面水位—流量—人口关系、现状防洪评价成果、防洪现状评价图、危险区图和临界雨量图。

11.3.6　系统接口详细设计

11.3.6.1　系统内服务接口设计

1. Web Service 服务请求接口模式

TreturnManager 类负责将 TStrList、DataTable、TSvrException(自定义的异常类,继承自 System. Exception)、System. Exception 及空数据等不同类型数据转换成在 Web Service 接口上传输的 XML 数据。

2. Web Service 服务发送接口模式

TStrList 类封装了一维表数据,其每个列表项具有 name、value、type 三个属性。该类型的对象数据可以与 DataTable 的一行进行相互转换,在 Web Service 中作为复杂数据类型的参数传出。

3. Web Service 服务接收接口模式

TSvrException 类继承自 System. Exception 类,用于封装自定义的异常信息。构造对象时可以传入异常代码和异常信息,也可以使用 Des 格式的异常信息。Des 格式信息格式为"异常编码|异常信息",例如"20|未找到数据"。

4. 参数标准

接口参数对于 int、bool、string 等基本数据类型采用直接传入,而对于数据表及列表等数据则需要封装成统一的格式。本标准使用了 TStrList 的 XML 格式作为复杂数据参数的传输格式,其说明如下:

该字符串使用标准 XML 格式,该字符串是服务端 TStrList 的 XML 形式,可表示 1 条记录。<row>为根节点,表示此行,<row>的子节点<column>表示本行的一列,包括 name 和 type 两个属性,分别表示列名和类型。

11.3.6.2　对外 OGC 服务接口设计

1. 可视化服务

1)网络地图服务(WMS)

接口介绍:WMS 实现规范由 3 个基础性操作协议(GetCapabilities、GetMap、GetFeatureInfo)组成(见表 11-1),共同构成了利用 WMS 创建和叠加显示不同来源的远程异构地图服务的基础。

操作参数说明如下:

GetCapabilities 操作参数说明见表 11-2。

GetMap 操作参数说明见表 11-3。

表 11-1　WMS 的 3 个基础性操作协议

操作	描述
GetCapabilities	获取 WMS 的能力文档(元数据文档),里面包含服务的所有信息
GetMap	获取地图图片。该操作根据客户端发出的请求参数在服务端进行检索,服务器端返回一个地图图像,其地理空间参数和大小参数是已经明确定义返回的地图图像可以是 GIF、JPEG、PNG 或 SVG 格式
GetFeatureInfo	该操作根据用户所请求的 X、Y 坐标或感兴趣的图层,返回地图上某些特殊要素的信息,信息以 HTML、GML 或 ASCII 的格式表示

表 11-2　GetCapabilities 操作参数说明

参数名称	参数个数	参数类型和值
service	1 个(必选)	字符类型,服务类型值为"WMS"
request	1 个(必选)	字符类型,请求的操作名称,值为"GetCapabilities"
version	0 或 1 个(可选)	字符类型,值为请求的 WMS 的版本号
format	0 或 1 个(可选)	MIME 类型,值为服务元数据的输出格式
updateSequence	0 或 1 个(可选)	字符类型,可取的值有 none、any、equal、lower、higher,用来表示缓存数据更新的方式

表 11-3　GetMap 操作参数说明

参数名称	参数个数	参数类型和值
service	1 个(必选)	字符类型,服务类型标识值为"WMS"
request	1 个(必选)	字符类型,值为"GetMap"
version	1 个(必选)	字符类型,值为请求的 WMS 的版本号
layers	1 个(必选)	字符类型,值为一个或多个地图图层列表,多个图层之间用","隔开
styles	1 个(必选)	字符类型,值为请求图层的地图渲染样式
CRS	1 个(必选)	字符类型,值为坐标参照系统
BBOX	1 个(必选)	Wkt 格式,值为某个 CRS 下的地图边界范围的坐标序列
width	1 个(必选)	整型类型,值为地图图片的像素宽度
height	1 个(必选)	整型类型,值为地图图片的像素高度
format	1 个(必选)	字符类型,值为地图的输出格式
transparent	0 或 1 个(可选)	字符类型,值为 true 或者 false,用来表示地图图层是否透明(默认情况下是不透明的)
bgcolor	0 或 1 个(可选)	值为十六进制的 RGB 值,表示地图的背景颜色
exceptions	0 或 1 个(可选)	值为 WMS 的异常信息报告的格式(默认情况下是 XML 格式)
time	0 或 1 个(可选)	时间类型,值为时间值,表示需要在图层中有时间信息
elevation	0 或 1 个(可选)	数字类型,值为高程值,表示需要在图层中有高程信息

GetFeatureInfo 操作参数说明见表 11-4。

表 11-4　GetFeatureInfo 操作参数说明

参数名称	参数个数	参数类型和值
service	1 个(必选)	字符类型,服务类型标识值为“WMS”
request	1 个(必选)	字符类型,值为“GetMap”
version	1 个(必选)	字符类型,值为请求的 WMS 的版本号
layers	1 个(必选)	字符类型,值为一个或多个地图图层列表,多个图层之间用“,”隔开
styles	1 个(必选)	字符类型,值为请求图层的地图渲染样式
CRS	1 个(必选)	字符类型,值为坐标参照系统
BBOX	1 个(必选)	Wkt 格式,值为某个 CRS 下的地图边界范围的坐标序列
width	1 个(必选)	整型类型,值为地图图片的像素宽度
height	1 个(必选)	整型类型,值为地图图片的像素高度
format	1 个(必选)	字符类型,值为地图的输出格式
transparent	0 或 1 个(可选)	字符类型,值为 true 或者 false,用来表示地图图层是否透明(默认情况下是不透明的)
bgcolor	0 或 1 个(可选)	值为十六进制的 RGB 值,表示地图的背景颜色
exceptions	0 或 1 个(可选)	值为 WMS 的异常信息报告的格式(默认情况下是 XML 格式)
time	0 或 1 个(可选)	时间类型,值为时间值,表示需要在图层中有时间信息
elevation	0 或 1 个(可选)	数字类型,值为高程值,表示需要在图层中有高程信息
Query_layers	1 个(必选)	字符类型,表示需进行查询的地图图层列表,多个图层之间用“,”隔开
Info_format	1 个(必选)	字符类型,返回信息的格式,MIME 类型
Feature_count	0 或 1 个(可选)	数字类型,每个图层返回要素的最大数量,默认值为 1
I	1 个(必选)	数字类型,表示检索点相对于地图图片左边沿的像素数
J	1 个(必选)	数字类型,表示检索点相对于地图图片上边沿的像素数

调用示例见表 11-5。

表 11-5　调用示例

操作	调用地址
GetCapabitities	http://myserver/serviceaccess/wms/District? request = GetCapabilities&service = WMS
GetMap	http://myserver/serviceaccess/wms/District? version = 1. 1. 0&request = GetMap&mapservice = District&service = WMS&layers = 2&styles = default&width = 1145&height = 550&format = png&srs = EPSG% 3A2437&transparent = true&bbox = 358681. 7235595967, - 39777. 48754365719, 856019. 2862659728, 199118. 28493538807

2）网络瓦片地图服务（WMTS）

接口介绍：WMTS 服务支持 REST 访问，其接口包括 GetCapabilities、GetTile 和 GetFeatureInfo 3 个操作（见表 11-6），允许用户访问切片地图。

表 11-6　WMTS 的 3 个操作接口说明

操作	描述
GetCapabilities	获取 WMTS 的能力文档（元数据文档），里面包含服务的所有信息
GetTile	获取地图瓦片。该操作根据客户端发出的请求参数在服务器端进行检索，服务器端返回地图瓦片图像
GetFeatureInfo	通过在 WMTS 图层上指定一定的条件，返回指定的地图瓦片内容对应的要素信息

操作参数说明如下：

GetCapabilities 操作参数说明见表 11-7。

表 11-7　GetCapabilities 操作参数说明

参数名称	参数个数	参数类型和值
service	1 个（必选）	字符类型，服务类型值为“WMTS”
request	1 个（必选）	字符类型，请求的操作名称，值为“GetCapabilities”
acceptVersions	0 或 1 个（可选）	字符类型，值为请求的 WMTS 的版本号
sections	0 或 1 个（可选）	字符类型，请求元数据文档 0 或多个节的名称，多个名称之间用“，”隔开，不须按顺序排列。值为空默认返回整个元数据文档
updateSequence	0 或 1 个（可选）	字符类型，值为 increased，为空时默认返回最新的元数据文档
acceptFormat	0 或 1 个（可选）	MIME 类型，值为服务元数据的输出格式

GetTile 操作参数说明见表 11-8。

表 11-8　GetTile 操作参数说明

参数名称	参数个数	参数类型和值
service	1 个(必选)	字符类型,服务类型标识值为"WMS"
request	1 个(必选)	字符类型,值为"GetMap"
version	1 个(必选)	字符类型,值为请求的 WMS 的版本号
layers	1 个(必选)	字符类型,值为一个或多个地图图层列表,多个图层之间用","隔开
styles	1 个(必选)	字符类型,值为请求图层的地图渲染样式
CRS	1 个(必选)	字符类型,值为坐标参照系统
BBOX	1 个(必选)	Wkt 格式,值为某个 CRS 下的地图边界范围的坐标序列
width	1 个(必选)	整型类型,值为地图图片的像素宽度
height	1 个(必选)	整型类型,值为地图图片的像素高度
format	1 个(必选)	字符类型,值为地图的输出格式
transparent	0 或 1 个(可选)	字符类型,值为 true 或者 false,用来表示地图图层是否透明(默认情况下是不透明的)
bgcolor	0 或 1 个(可选)	值为十六进制的 RGB 值,表示地图的背景颜色
exceptions	0 或 1 个(可选)	值为 WMS 的异常信息报告的格式(默认情况下是 XML 格式)
time	0 或 1 个(可选)	时间类型,值为时间值,表示需要在图层中有时间信息
elevation	0 或 1 个(可选)	数字类型,值为高程值,表示需要在图层中有高程信息

GetFeatureInfo 操作参数说明见表 11-9。

表 11-9　GetFeatureInfo 操作参数说明

参数名称	参数个数	参数类型和值
service	1 个(必选)	字符类型,服务类型值为"WMTS"
request	1 个(必选)	字符类型,请求的操作值为"GetFeatureInfo"
version	1 个(必选)	字符类型,值为请求的 WMTS 的版本号
j	1 个(必选)	整型类型,值为大于 0 的整数,表示瓦片上一指定像素点的行号
i	1 个(必选)	整型类型,值为大于 0 的整数,表示瓦片上一指定像素点的列号
info_format	1 个(必选)	MIME 类型,值为请求信息的返回类型

续表 11-9

参数名称	参数个数	参数类型和值
layer, style, format, Sample dimension, ile-MatrixSet, tile-Matrix, tileRow, tileCol	1 个(必选)	这些参数的值

调用示例见表 11-10。

表 11-10　调用示例

操作	调用地址
GetCapabitities	http://myserver/serviceaccess/wms/District? request = GetCapabilities&service = WMS
GetTile	http://myserver/serviceaccess/wms/District? version = 1. 1. 0&request = GetMap&mapservice = District&service = WMS&layers = 2&styles = default&width = 1145&height = 550&format = png&srs = EPSG% 3A2437&transparent = true&bbox = 358681. 7235595967, - 39777. 48754365719, 856019. 2862659728, 199118. 28493538807

2. 数据服务

1) 网络要素服务(WFS)

接口介绍:网络要素服务(WFS)规范定义了 GetCapabilities、DescribeFeatureType、GetFeature、Transaction、GetGmlObject 和 LockFeature 共 6 种操作(见表 11-11)。

表 11-11　WFS 的 6 种操作说明

操作	描述
GetCapabilities	获取 WFS 的能力文档(元数据文档),它是对服务信息内容和请求参数的一种描述,使用 XML 形式表示
DescribeFeatureType	获取指定 FeatureType 元数据的描述信息,以 schema 形式返回
GetFeature	获取指定参数要求(图层命名空间及名称、过滤条件、返回字段)的要素数据,以 GML 形式返回
Transaction	允许 Transaction 操作,使客户端可对服务器端所提供的地图要素类执行插入、更新、删除等命令
GetGmlObject	通过 XLink 获取 GML 对象
LockFeature	在事务过程中锁定要素

操作参数说明如下:

GetCapabilities 操作参数说明见表 11-12。

表 11-12　GetCapabilities 操作参数说明

参数名称	参数个数	参数类型和值
service	1 个(必选)	字符类型,服务类型值为“WFS”
request	1 个(必选)	字符类型,请求的操作名称,值为“GetCapabilities”
version	0 或 1 个(可选)	字符类型,值为请求的 WMS 的版本号

DescribeFeatureType 操作参数说明见表 11-13。

表 11-13　DescribeFeatureType 操作参数说明

参数名称	参数个数	参数类型和值
service	1 个(必选)	字符类型,服务类型标识值为“WFS”
request	1 个(必选)	字符类型,值为“GetMap”
typeName	0 或 1 个(可选)	字符类型,值为要素类型的列表,多个值之间用“,”隔开,默认解析包括的全部要素类型
outputFormat	0 或 1 个(可选)	MIME 类型,值为输出格式

GetFeature 操作参数说明见表 11-14。

表 11-14　GetFeature 操作参数说明

参数名称	参数个数	参数类型和值
service	1 个(必选)	字符类型,服务类型标识值为“WFS”
request	1 个(必选)	字符类型,请求的操作值为“GetFeature”
typeName	1 个(必选)	字符类型,值为请求的要素类型的名称,多个名称之间用“,”隔开
version	0 或 1 个(可选)	字符类型,值为请求的 WFS 的版本号
outputFormat	0 或 1 个(可选)	MIME 类型,值为输出格式
resultType	0 或 1 个(可选)	字符类型,值为请求的结果类型
propertyName	0 或 1 个(可选)	字符类型,值为请求要素的属性名,多个值之间用“,”隔开
featureVersion	0 或 1 个(可选)	字符类型,值为要素的版本,值为 ALL 返回请求的要素的所有版本,没有值默认为返回请求要素的最新版本

续表 11-14

参数名称	参数个数	参数类型和值
maxFeature	0 或 1 个(可选)	整型类型,值为请求要素的最大数,默认值为满足查询的所有结果集
expiry	0 或 1 个(可选)	数字类型,要素被锁定的时间
SRSName	0 或 1 个(可选)	字符类型,值为坐标系统名
featureID	0 或 1 个(可选)	字符类型,值为要素的 ID,多个 ID 之间用“,”隔开
filter	0 或 1 个(可选)	请求要素的过滤条件
bbBox	0 或 1 个(可选)	Wkt 格式,请求指定要素查询范围,可以替代 feature ID 和 filter 参数
sortby	0 或 1 个(可选)	字符类型,查询结果属性值的排序依据

调用示例见表 11-15。

表 11-15　调用示例

操作	调用地址
GetCapabitities	http://myserver/serviceaccess/WFS/District? request = GetCapabilities&service = WFS
DescribeFeatureType	http://myserver/serviceaccess/WFS/District? SERVICE = WFS&VERSION = 1.1.0&REQUEST = DescribeFeatureType
GetFeature	http://myserver/serviceaccess/WFS/District? SERVICE = WFS&VERSION = 1.1.0&REQUEST = GetFeature&FEATUREID = DISTRICT_QX. F1__8

2)网络覆盖服务

接口介绍:网络覆盖服务(WCS),OGC(open geospatial consortium)制定的栅格 Web 服务标准。WCS 标准定义了一些操作(见表 11-16),这些操作允许用户访问“Coverage”数据,如卫星影像、数字高程数据等,也就是栅格数据。

表 11-16　WCS 标准的一些特征

操作	描述
GetCapabitities	返回服务级元数据,它是对服务信息内容和要求参数的一种描述
DescribeCoverage	获取 Coverage 的描述信息
GetCoverage	获取 Coverage

操作参数说明如下：

GetCapabilities 操作参数说明见表 11-17。

表 11-17　GetCapabilities 操作参数说明

参数名称	参数个数	参数类型和值
service	1 个(必选)	字符类型,服务类型值为“WCS”
request	1 个(必选)	字符类型,请求的操作名称,值为“GetCapabilities”

DescribeCoverage 操作参数说明见表 11-18。

表 11-18　DescribeCoverage 操作参数说明

参数名称	参数个数	参数类型和值
service	必选	服务类型,值必须为 WCS
version	必选	服务版本号,值必须为 1.0.0
request	必选	请求的类型,值必须为 DescribeCoverage
coverage	必选	图层的名字

GetCoverage 操作参数说明见表 11-19。

表 11-19　GetCoverage 操作参数说明

参数名称	参数个数	参数类型和值
request	必选	请求的类型,值必须为 GetCoverage
version	必选	服务版本号,值必须为 1.0.0
crs	必选	空间参考类型
coverage	必选	请求的图层名字
bbox	必选	请求的图层范围,格式为最小 x,最小 y;最大 x,最大 y
width	必选	返回图片的宽度,单位为像素
height	必选	返回图片的高度,单位为像素
format	必选	返回图片的格式,目前仅支持 geotiff
service	必选	服务类型,值必须为 WCS

调用示例见表 11-20。

表 11-20　调用示例

操作	调用地址
GetCapabitities	http://10.19.67.74/serviceaccess/WCS/wsiearth? request = GetCapabilities&service = WCS
DescribeCoverage	http://10.19.67.74/serviceaccess/WCS/wsiearth? request = DescribeCoverage&service = WCS&version = 1.0.0
GetCoverage	http://10. 19. 67. 74/arcgis/services/wsiearth/MapServer/WCSServer? REQUEST = GetCoverage &SERVICE = WCS&VERSION = 1. 0. 0&CRS = EPSG:4326&COVERAGE = 1&BBOX = －121.02749934887062,－57.914999124886265,76.97249947962938,90.58499999648873&WIDTH = 400&HEIGHT = 400&FORMAT = PNG

3. 应用分析服务，主要是网络处理服务(WPS)

接口介绍：网络处理服务(web processing service，WPS)规范。WPS 规范定义了可以通过网络为客户端提供一系列 GIS 操作的服务调用接口，包含 3 个基础操作(GetCapabilities、DescribeProcess 和 Execute)(见表 11-21)。本平台遵循的 OGC 的 WPS v1.0.0 规范。一些常用空间功能服务实现了此规范。

表 11-21　WPS 的 3 个基础操作说明

操作	描述
GetCapabilities	获取功能服务的能力文档(元数据文档)，里面包含可用数据处理过程的元数据描述信息，以 XML 形式返回
DescribeProcess	获取执行处理过程需要的输入输出类型和参数描述信息
Execute	提供输入数据和必要参数调用执行处理过程

操作参数说明如下：

GetCapabilities 操作参数说明见表 11-22。

表 11-22　GetCapabilities 操作参数说明

参数名称	参数个数	参数类型和值
service	1 个(必选)	字符类型，值为“WPS”
request	1 个(必选)	字符类型，值为“GetCapabilities”
AcceptVersions	0 或 1 个(可选)	字符类型，由每个 WPS 实现规范和模式版本确定，本平台为 1.0.0
language	0 或 1 个(可选)	字符类型，值为服务使用的语言编码

DescribeProcess 操作参数说明见表 11-23。

表 11-23　DescribeProcess 操作参数说明

参数名称	参数个数	参数类型和值
service	1 个(必选)	字符类型,值为“WPS”
request	1 个(必选)	字符类型,值为“DescribeProcess”
version	1 个(必选)	字符类型,由每个 WPS 实现规范和模式版本确定,本平台为 1.0.0
language	0 或 1 个(可选)	字符类型,必须是在 GetCapabilities 列表中指定

Execute 操作参数说明见表 11-24。

表 11-24　Execute 操作参数说明

参数名称	参数个数	参数类型和值
service	1 个(必选)	字符类型,值为“WPS”
request	1 个(必选)	字符类型,表示操作名称,值为“Execute”
version	1 个(必选)	字符类型,由每个 WPS 实现规范和模式版本确定
idengtifier	1 个(必选)	字符类型,Capabilities 文档中定义的处理标识符,在地图标绘服务中,其值为“MarkServer”
DataInputs	0 个或者多个(必选)	字符类型,意指服务类型,在地图标绘服务中值为“Mark Service”
serviceOperation	1 个(必选)	字符类型,值为地图标绘服务的各个操作名称,如添加标注为“AddMark”等,详见地图标绘服务 serviceOperation 取值说明列表所示
name	1 个	字符类型,值为标注名称,此参数在添加标注、更新标注操作时为必选参数,其他情况为可选参数
ResponseForm	0 或多个(可选)	ResponseForm 数据结构
language	1 个(可选)	字符类型,必须是在 GetCapabilities 列表中指定

调用示例见表 11-25。

表 11-25 调用示例

操作	调用地址
GetCapabilitie	http://localhost//GISRest Service/Share Service. svc/WPSServer/WPS Service? service = WPS&request = GetCapabilities&AcceptVersion = 1. 0. 0&Language = en – CA
DescribeProcess	http://localhost >//GISRest Service/Share Service. svc/WPSServer/WPS Service? Service = WPS&request = DescribeProcess&Version = 1. 0. 0&language = en – CA&Identifier = QueryByCondition
Execute	http://localhost//GISRest Service/Share Service. svc/WPSServer/WPS Service? service = WPS&version = 1. 0. 0&request = Execute&Identifier = QueryServer&DataInputs = serviceType = Query Service; serviceOperation = QueryByCondition; returnFields = NAME; layerName = SDDLST. HYDL2000; extentInWKT = POLYGON ((117. 821001052856 36. 3299999237061, 117. 857000350952 36. 0520000457764, 117. 278001785278 36. 0680027008057, 117. 251001358032 36. 3460025787354, 117. 821001052856 36. 3299999237061)) ; page Index = 1 ; PageSize = 10 ; bufferDistance = 1000

4. 其他类服务,主要是 Mapservice

接口介绍:Mapservice 是一个综合性的接口,包括了对空间数据的渲染成图、瓦片缓存、空间查询、格式转换等多种功能,能适应空间数据应用的大多数场合,其操作参数见表 11-26。

表 11-26 Mapserlice 的操作参数说明

操作	描述
Export map	提供对地图数据的实时渲染成图
Identify	查找指定位置的空间要素
Find	提供对地图数据的条件检索功能
Generate KML	将内容生成 kmz 格式的 kml 文件
Map Tile	在服务器端对瓦片进行缓存,然后直接访问缓存后的瓦片
Query Layer	对单个图层的条件查询

操作参数说明如下:

Export Map 操作参数说明见表 11-27。

表 11-27　Export Map 操作参数说明

参数名称	参数个数	参数类型和值
f	0 或 1 个(可选)	字符类型,返回格式,值可为 html、json、image 和 kmz,默认值为 image
bbox	1 个(必选)	字符类型,请求的数据空间范围,格式为 minx,miny,maxx,maxy
size	0 或 1 个(可选)	字符类型,返回图片的大小,格式为 width、height,默认值为 400×400
dpi	0 或 1 个(可选)	数字类型,生成图片的设备分辨率(点/英寸),默认值为 96
imageSR	0 或 1 个(可选)	数字类型,生成图片的坐标系 ID,如果未指定则与地图本身一致
bboxSR	0 或 1 个(可选)	数字类型,bbox 参数的坐标系 ID,如果未指定,则与地图本身一致
format	0 或 1 个(可选)	字符类型,返回图片的格式,默认值为 png

Identify 操作参数说明见表 11-28。

表 11-28　Identify 操作参数说明

参数名称	参数个数	参数类型和值
f	0 或 1 个(可选)	字符类型,返回格式,默认值为 html
geometry	1 个(必选)	字符类型,进行 Identify 操作的空间要素,以 json 格式表示
geometryType	0 或 1 个(可选)	字符类型,geometry 参数的类型,默认为点类型(esriGeometry-Point)
sr	0 或 1 个(可选)	数字类型,空间参考的 ID
layers	0 或 1 个(可选)	字符类型,目标图层,默认为全部图层
tolerance	1 个(必选)	整数类型,容差,以像素为单位

Find 操作参数说明见表 11-29。

表 11-29　Find 操作参数说明

参数名称	参数个数	参数类型和值
f	0 或 1 个(可选)	字符类型,返回格式,默认值为 html
searchText	1 个(必选)	字符类型,检索词
contains	0 或 1 个(可选)	布尔类型,模糊检索还是精确匹配,默认值为 true(精确匹配)
searchFields		字符类型,检索字段
sr	0 或 1 个(可选)	数字类型,空间参考的 ID
layers	1 个(必选)	字符类型,目标图层
returnGeometry	0 或 1 个(可选)	布尔类型,是否返回空间对象,默认值为 true

Generate KML 操作参数说明见表 11-30。

表 11-30　Generate KML 操作参数说明

参数名称	参数个数	参数类型和值
docName	0 或 1 个(可选)	字符类型,结果文档的名字
layers	1 个(必选)	字符类型,目标图层
layerOptions	0 或 1 个(可选)	字符类型,图层绘制选项
level	1 个(必选)	数字类型,瓦片级别
row	1 个(必选)	数字类型,瓦片行号
col	1 个(必选)	数字类型,瓦片列号
level	1 个(必选)	数字类型,瓦片级别

Query Layer 操作参数说明见表 11-31。

表 11-31　Query Layer 操作参数说明

参数名称	参数个数	参数类型和值
f	0 或 1 个(可选)	字符类型,返回格式,默认值为 html
text	0 或 1 个(可选)	字符类型,检索词
geometry	0 或 1 个(可选)	字符类型,空间过滤条件
geometryType	0 或 1 个(可选)	字符类型,geometry 参数的类型
inSR	0 或 1 个(可选)	字符类型,输入参数的空间参考 ID
outSR	0 或 1 个(可选)	字符类型,输出结果的空间参考 ID
spatialRel	0 或 1 个(可选)	字符类型,与输入的 geometry 间的空间关系

11.3.7　数据库方案设计

11.3.7.1　规范性引用文件

(1)《中华人民共和国行政区划代码》(GB/T 2260—2007);

(2)《统计用行政区划代码》和《统计用城乡划分代码》(国家统计局第 14 号令);

(3)《全国组织机构代码编制规则》(GB 11714—1997);

(4)《土地利用现状分类》(GB/T 21010—2007);

(5)《中国河流代码》(SL 249—2012);

(6)《中国水库名称代码》(SL 259—2000);

(7)《中国湖泊名称代码》(SL 261—98);

(8)《水文测站代码编制导则》(SL 502—2010);

(9)《实时雨水情数据库表结构与标识符》(SL 323—2011);

(10)《山洪灾害调查评价基础数据处理技术要求》;

(11)《山洪灾害调查工作底图制作技术要求》;

(12)《山洪灾害调查评价小流域划分及基础属性提取技术要求》;

(13)《基础水文数据库表结构及标识符标准》(SL 324—2005);

(14)《山洪灾害专题数据库表结构及数据上报技术要求(修订版)》;

(15)《山洪灾害调查技术要求》;

(16)《山洪分析评价技术要求》;

(17)《第一次全国水利普查实施方案》。

11.3.7.2　表结构设计内容及一般规定

1. 一般规定

(1)数据库表结构的设计遵循科学、实用、简洁和可扩展性的原则。

(2)充分考虑与现有水利行业数据库表结构标准的兼容性。

2. 数据分类

(1)数据包含有数据库表、空间数据图层、照片、文档资料等多种形式。

(2)数据库表包括综合类表、现场调查成果类表、标绘(空间)成果类表、断面测量成果类表、水文气象资料类表、分析评价成果类表、审核汇集信息类表、统计报表类表和数据字典类表。

(3)多媒体资料主要包括现场采集的照片以及其他格式的多媒体资料,以文件的方式进行存储,并在成果汇总类多媒体资料信息表中存储相关信息。具体的存储规则以县名称、多媒体类别、调查对象类型这几级目录加上多媒体文件名组成,存储规则如下:

县编码与名称 + 数据类型 + 调查对象类别 + 多媒体文件名

1 级目录　　2 级目录　3 级目录　　　文件名

1 级目录为县的前 6 位编码加上县中文名称。

2 级目录为数据类型,多媒体类别名称为“多媒体库”。

3 级目录为调查对象类别名称,比如”桥梁”“塘(堰)坝”“路涵”等。

多媒体文件名由多媒体文件编码加文件后缀组成,多媒体文件编码由调查对象编码加 2 位顺序号组成。

逻辑结构见图 11-2,调查评价成果数据及资料明细见表 11-32。

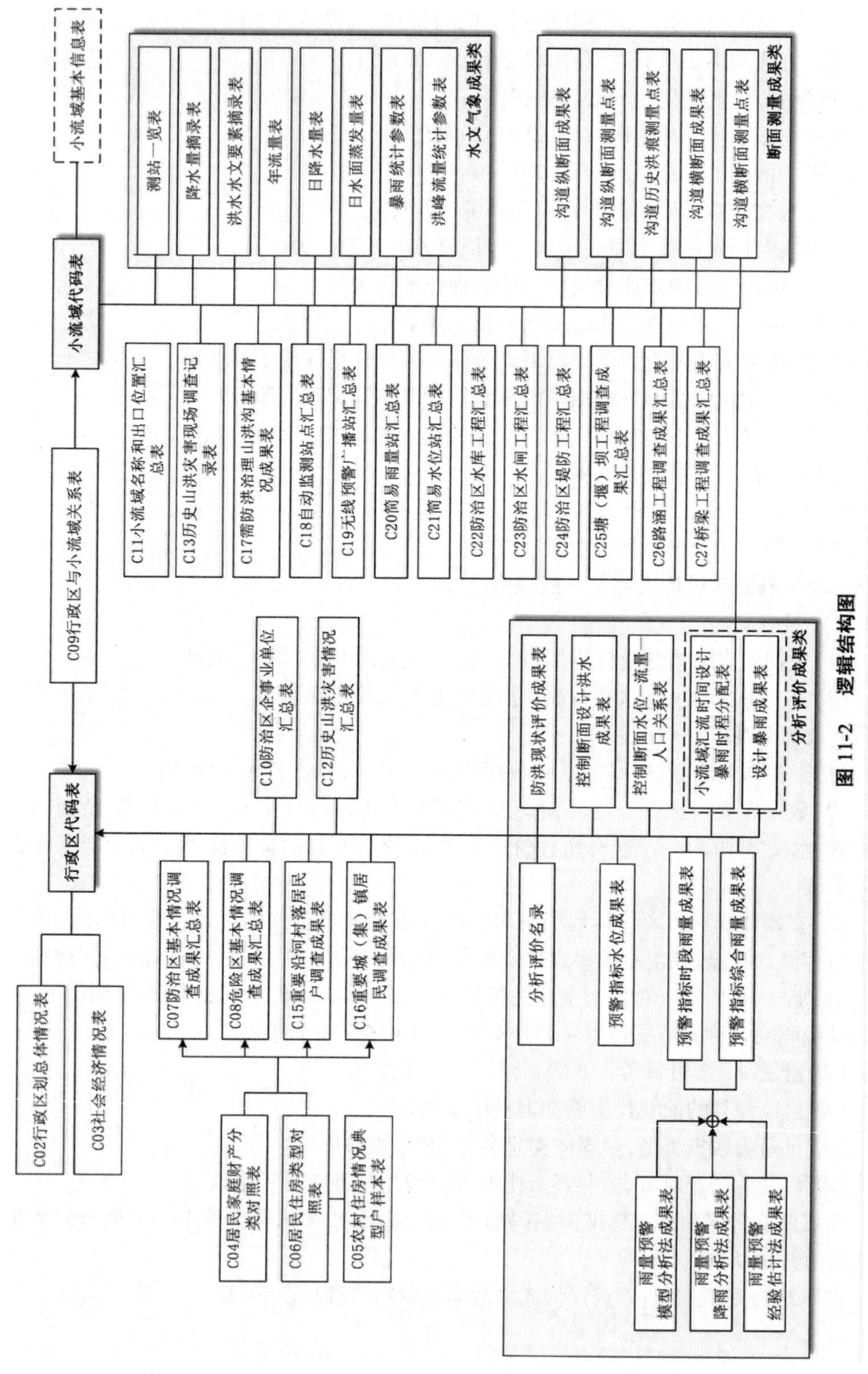
小流域基本信息表
小流域代码表
C09行政区与小流域关系表
行政区代码表
C02行政区划总体情况表
C03社会经济情况表
C07防治区基本情况调查成果汇总表
C08危险区基本情况调查成果汇总表
C15重要沿河村落居民户调查成果表
C16重要城（集）镇居民调查成果表
C04居民家庭财产分类对照表
C06居民住房类型对照表
C05农村住房情况典型户样本表
C10防治区企事业单位汇总表
C12历史山洪灾害情况汇总表
C11小流域名称和出口位置汇总表
C13历史山洪灾害现场调查记录表
C17需防洪治理山洪沟基本情况成果表
C18自动监测站点汇总表
C19无线预警广播站汇总表
C20简易雨量站汇总表
C21简易水位站汇总表
C22防治区水库工程汇总表
C23防治区水闸工程汇总表
C24防治区堤防工程汇总表
C25塘（堰）坝工程调查成果汇总表
C26路涵工程调查成果汇总表
C27桥梁工程调查成果汇总表
测站一览表
降水量摘录表
洪水水文要素摘录表
年流量表
日降水量表
日水面蒸发量表
暴雨统计参数表
洪峰流量统计参数表
水文气象成果类
沟道纵断面成果表
沟道纵断面测量点表
沟道历史洪痕测量点表
沟道横断面成果表
沟道横断面测量点表
断面测量成果类
防洪现状评价成果表
控制断面设计洪水成果表
控制断面水位—流量—人口关系表
小流域汇流时间设计暴雨时程分配表
设计暴雨成果表
分析评价成果类
分析评价名录
预警指标水位成果表
预警指标时段雨量成果表
预警指标综合雨量成果表
雨量预警模型分析法成果表
雨量预警降雨分析法成果表
雨量预警经验估计法成果表

图 11-2　逻辑结构图

表 11-32　调查评价成果数据及资料明细表

类别	序号	内容
综合类	1	行政区划名录
	2	企事业单位名录
	3	多媒体资料信息表
	4	文档资料汇总表
现场调查成果类	1	基本情况统计汇总表
	2	行政区划总体情况表
	3	社会经济情况表
	4	居民家庭财产分类对照表
	5	农村住房情况典型户样本表
	6	居民住房类型对照表
	7	防治区基本情况调查成果汇总表
	8	危险区基本情况调查成果汇总表
	9	防治区行政区与小流域关系对照表
	10	防治区企事业单位汇总表
	11	小流域名称和出口位置汇总表
	12	历史山洪灾害情况汇总表
	13	历史山洪灾害现场调查记录表
	14	重要沿河村落居民户调查成果表
	15	重要城(集)镇居民调查成果表
	16	需防洪治理山洪沟基本情况成果表
	17	自动监测站点汇总表
	18	无线预警广播站汇总表
	19	简易雨量站汇总表
	20	简易水位站汇总表
	21	防治区水库工程汇总表
	22	防治区水闸工程汇总表
	23	防治区堤防工程汇总表
	24	塘(堰)坝工程调查成果汇总表
	25	路涵工程调查成果汇总表
	26	桥梁工程调查成果汇总表

续表 11-32

类别	序号	内容
标绘(空间)成果类	1	行政区划图层
	2	居民居住地轮廓图层
	3	企事业单位图层
	4	危险区图层
	5	安置点图层
	6	转移路线图层
	7	历史山洪灾害图层
	8	需防洪治理山洪沟图层
	9	自动监测站图层
	10	无线预警广播站图层
	11	简易雨量站图层
	12	简易水位站图层
	13	塘(堰)坝工程图层
	14	路涵工程图层
	15	桥梁工程图层
	16	水库工程图层
	17	水闸工程图层
	18	堤防工程图层
	19	沿河村落居民户图层
	20	重要城(集)镇居民户图层
	21	沟道纵断面图层
	22	沟道横断面图层
	23	历史洪痕测量点图层
断面测量成果类	1	沟道纵断面成果表
	2	沟道纵断面测量点表
	3	沟道历史洪痕测量点表
	4	沟道横断面成果表
	5	沟道横断面测量点表

续表 11-32

类别	序号	内容
水文气象资料类	1	测站一览表
	2	降雨量摘录表
	3	洪水水文要素摘录表
	4	年流量表
	5	日降水量表
	6	日水面蒸发量表
	7	暴雨统计参数表
	8	洪峰流量统计参数表
分析评价成果类	1	分析评价名录表
	2	设计暴雨成果表
	3	小流域汇流时间设计暴雨时程分配表
	4	控制断面设计洪水成果表
	5	控制断面水位—流量—人口关系表
	6	防洪现状评价成果表
	7	雨量预警经验估计法成果表
	8	雨量预警降雨分析法成果表
	9	雨量预警模型分析法成果表
	10	预警指标时段雨量成果表
	11	预警指标综合雨量成果表
	12	预警指标水位成果表
数据字典类	1	表属性信息表
	2	字段属性信息表
	3	枚举代码与自然语言对照表
	4	文档类型信息表
	5	照片类型信息表
照片类型	1	自然村概貌照片
	2	企事业单位概貌照片
	3	塘(堰)坝、桥梁、路涵工程主体工程照片
	4	沿河村落居民住房照片
	5	重要集镇和城镇调查居民住宅楼房照片
	6	横断面照片

续表 11-32

类别	序号	内容
文档资料类型	1	××县山洪灾害调查准备阶段工作报告
	2	××市山洪灾害调查准备阶段工作完成情况报告
	3	××县山洪灾害调查内业调查阶段工作报告
	4	××市山洪灾害调查内业调查阶段工作完成情况报告
	5	断面测量成果报告
	6	××县山洪灾害调查外业调查阶段工作报告
	7	××市山洪灾害调查外业调查阶段工作完成情况报告
	8	××省(市、县)山洪灾害调查报告
	9	暴雨图集
	10	中小流域水文图集
	11	水文水资源手册
	12	水文气象资料收集整理工作报告
	13	历史洪水调查报告
	14	现场调查成果质量检查报告
	15	防洪现状评价图
	16	危险区划分示意图
	17	预警雨量临界线图
	18	分析评价报告(各县)
	19	分析评价总报告(全省)

11.3.7.3　表结构设计

1. 综合类

1)行政区划名录

用于存储行政区划名录的信息。

表标识:IA_Z_ADDT。

表编号:IA_Z01。

行政区划名录结构见表 11-33。

表 11-33　行政区划名录结构

序号	字段名	标识符	类型及长度	是否允许空值	计量单位	主键	索引序号
1	行政区划代码	ADCD	C(15)	N		Y	
2	行政区划名称	ADNM	VC(50)	N			
3	防治区类型	PREVTP	C(1)	N			

2)企事业单位名录

表描述:用于存储企事业单位名录等信息。

表标识: IA_Z_EAPIDT。

表编号: IA_Z02。

企事业单位名录结构见表 11-34。

表 11-34　企事业单位名录结构

序号	字段名	标识符	类型及长度	是否允许空值	计量单位	主键	索引序号
1	单位编码	EICD	VC(50)	N		Y	
2	单位名称	NAME	VC(50)				
3	组织机构代码	OCODE	VC(30)				
4	地址	ADDRESS	VC(50)				
5	驻地的行政区划代码	ADCD	C(15)				
6	备注	COMMENTS	VC(200)				

3)多媒体资料信息表

表描述:用于存储调查过程中收集的相关多媒体资料信息。

表标识: IA_Z_MEDIA。

表编号: IA_Z03。

多媒体资料信息表结构见表 11-35。

表 11-35　多媒体资料信息表结构

序号	字段名	标识符	类型及长度	是否允许空值	计量单位	主键	索引序号
1	多媒体编码	MMCD	C(20)	N		Y	
2	拍摄对象编码	OBJPID	C(18)	N		Y	
3	拍摄对象类型	OBJTP	VC(50)	N		Y	
4	行政区划代码	ADCD	C(15)				
5	存储路径	FPATH	VC(200)				
6	拍摄经度	LGTD	N(10,7)				
7	拍摄纬度	LTTD	N(10,7)				
8	拍摄时间	PTIME	VC(14)				
9	文件名	FNAME	VC(100)				
10	多媒体类型	MULTITYPE	VC(6)				
11	备注	COMMENTS	VC(200)				
12	时间戳	MODITIME	T				

4)文档资料汇总表

表描述:用于存储调查过程中收集的文档资料信息。

表标识:IA_Z_DOSUM。

表编号:IA_Z04。

文档资料汇总表结构见表 11-36。

表 11-36　文档资料汇总表结构

序号	字段名	标识符	类型及长度	是否允许空值	计量单位	主键	索引序号
1	文档编码	FILECD	C(18)	N		Y	
2	行政区划代码	ADCD	C(15)				
3	文档名称	DNM	VC(50)				
4	文档内容	DCT	VC(200)				
5	文档类型	DOTYPE	VC(20)				
6	存储路径	STPA	VC(200)				
7	备注	COMMENTS	VC(200)				

2. 成果类

1) 基本情况统计汇总表

表描述:用于存储以乡(镇、街道办事处)为统计单元统计的行政区和防治区的基本信息。

表标识: IA_C_ADSUMINFO。

表编号: IA_C01。

基本情况统计汇总表结构见表 11-37。

表 11-37　基本情况统计汇总表结构

序号	字段名	标识符	类型及长度	是否允许空值	计量单位	主键	索引序号
1	行政区划代码	ADCD	C(15)	N		Y	
2	行政区总人口	APCOUNT	N(10)		人		
3	行政区总面积	ALDAREA	N(10,2)		km^2		
4	行政村总数	AXZCN	N(10)		个		
5	自然村总数	AZRCN	N(10)		个		
6	防治区面积	FLDAREA	N(10,2)		km^2		
7	防治区总人口	FPCOUNT	N(10)		人		
8	防治区受山洪威胁人口	FFPCOUNT	N(10)		人		
9	防治区受山洪威胁县城数	FXCN	N(10)		个		
10	防治区受山洪威胁乡(镇)数	FXZN	N(10)		个		
11	防治区受山洪威胁行政村数	FXZCN	N(10)		个		
12	防治区受山洪威胁自然村数	FZRCN	N(10)		个		
13	防治区受山洪威胁严重的沿河村落数	FYHCLN	N(10)		个		
14	防治区受山洪威胁的企事业单位数	FQSYN	N(10)		个		
15	填写人姓名	SIGNER	VC(10)				
16	审核批次号	AUDID	VC(20)				
17	审核状态	STATUS	C(1)				

2) 行政区划总体情况表

表描述:用于存储乡(镇、街道办事处)、行政村(居民委员会)、自然村(村民小组)行政区划的基本情况。

表标识：IA_C_ADINFO。

表编号：IA_C02。

行政区划总体情况表结构见表 11-38。

表 11-38　行政区划总体情况表结构

序号	字段名	标识符	类型及长度	是否允许空值	计量单位	主键	索引序号
1	行政区划代码	ADCD	C(15)	N		Y	
2	行政区划名称	ADNM	VC(50)	N			
3	总人口	PCOUNT	N(10)		人		
4	总户数	HTCOUNT	N(10)		户		
5	土地面积	LDAREA	N(10,2)		km^2		
6	耕地面积	PLAREA	N(12,2)		亩		
7	防治区类型	PREVTP	C(1)				
8	经度	LGTD	N(10,7)				
9	纬度	LTTD	N(10,7)				
10	填写人姓名	SIGNER	VC(10)				
11	审核批次号	AUDID	VC(20)				
12	审核状态	STATUS	C(1)				
13	备注	COMMENTS	VC(200)				
14	时间戳	MODITIME	T				

3)社会经济情况表

表描述:用于存储县级的宏观经济数据,数据来自社会经济统计年鉴资料。

表标识：IA_C_VLGESTAT。

表编号：IA_C03。

社会经济情况表结构见表 11-39。

表 11-39　社会经济情况表结构

序号	字段名	标识符	类型及长度	是否允许空值	计量单位	主键	索引序号
1	行政区划代码	ADCD	C(15)	N		Y	
2	土地面积	LDAREA	N(10,2)		km^2		
3	乡(镇)个数	XZCOUNT	N(10)		个		
4	村民委员会个数	CMWYH	N(10)		个		
5	年末总户数	NMHS	N(10)		户		
6	乡村户数	XCHS	N(10)		户		
7	年末总人口	NMZRK	N(10)		人		
8	乡村人口	XCRK	N(10)		人		
9	年末单位从业人员数	NMDWCY	N(10)		人		
10	乡村从业人员数	XCCY	N(10)		人		
11	农林牧渔业从业人员数	LLMY	N(10)		人		
12	农业机械总动力	LYJX	N(12,2)		万 kW		
13	固定电话用户	PHONEN	N(10)		户		
14	第一产业增加值	DYCY	N(12,2)		万元		
15	第二产业增加值	DRCY	N(12,2)		万元		
16	地方财政一般预算收入	CZYS	N(12,2)		万元		
17	地方财政一般预算支出	CZZC	N(12,2)		万元		
18	城乡居民储蓄存款余额	CXCK	N(12,2)		万元		
19	年末金融机构各项贷款余额	JRDK	N(12,2)		万元		
20	粮食总产量	NSCL	N(12,2)		t		
21	棉花产量	MHCL	N(12,2)		t		
22	油料产量	ULCL	N(12,2)		t		
23	肉类总产量	RLCL	N(12,2)		t		
24	规模以上工业企业个数	GYQYN	N(10)		个		

续表 11-39

序号	字段名	标识符	类型及长度	是否允许空值	计量单位	主键	索引序号
25	规模以上工业总产值(现价)	GYQYCZ	N(12,2)		万元		
26	固定资产投资(不含农户)	GDZCTZ	N(12,2)		万元		
27	普通中学在校学生数	ZXZXS	N(10)		人		
28	小学在校学生数	XXZXS	N(10)		人		
29	医院、卫生院床位数	YYCWS	N(10)		床		
30	各种社会福利收养性单位数	FLDWS	N(10)		个		
31	各种社会福利收养性单位床位数	FLCWS	N(10)		床		
32	填写人姓名	SIGNER	VC(10)				
33	审核批次号	AUDID	VC(20)				
34	审核状态	STATUS	C(1)				
35	备注	COMMENTS	VC(200)				
36	时间戳	MODITIME	T				

4)居民家庭财产分类对照表

表描述:用于存储防治区居民家庭财产分类的信息。

表标识:IA_C_ASSETSLEVEL。

表编号:IA_C04。

居民家庭财产分类对照表结构见表 11-40。

表 11-40　居民家庭财产分类对照表结构

序号	字段名	标识符	类型及长度	是否允许空值	计量单位	主键	索引序号
1	行政区划代码	ADCD	C(15)	N		Y	
2	类别名称	TYPENAME	VC(20)				
3	类型价值区间	MVALUE	VC(10)		万元		
4	采用值	UVALUE	N(10,2)		万元		
5	填写人姓名	SIGNER	VC(10)				

续表 11-40

序号	字段名	标识符	类型及长度	是否允许空值	计量单位	主键	索引序号
6	审核批次号	AUDID	VC(20)				
7	审核状态	STATUS	C(1)				
8	备注	COMMENTS	VC(200)				
9	时间戳	MODITIME	T				

5)农村住房情况典型户样本表

表描述:用于存储调查的农村住房典型户样本信息。

表标识: IA_C_HOSCLASSIFY。

表编号: IA_C05。

农村住房情况典型户样本表结构见表 11-41。

表 11-41　农村住房情况典型户样本表结构

序号	字段名	标识符	类型及长度	是否允许空值	计量单位	主键	索引序号
1	住房样本索引	HPID	VC(18)	N			
2	住房编号	HCODE	VC(50)	N			
3	行政区划代码	ADCD	C(15)	N			
4	建筑类型	BTYPE	C(1)				
5	结构形式	STYPE	C(1)				
6	住房面积	HAREA	N(10,2)		m^2		
7	建筑造价	BCOST	N(10)		元		
8	地基描述	FTYPE	VC(10)				
9	建设年代	BYEAR	VC(10)				
10	地址	ADDRESS	VC(50)				
11	描述	DSCRIB	VC(100)				
12	填写人姓名	SIGNER	VC(10)				
13	审核批次号	AUDID	VC(20)				
14	审核状态	STATUS	C(1)				
15	备注	COMMENTS	VC(200)				
16	时间戳	MODITIME	T				

6) 居民住房类型对照表

表描述:用于存储居民住房典型样本分类结果。该表由软件在“农村住房情况典型户样本表”的基础上生成。

表标识: IA_C_HOUSECATEGORY。

表编号: IA_C06。

居民住房类型对照表结构见表 11-42。

表 11-42　居民住房类型对照表结构

序号	字段名	标识符	类型及长度	是否允许空值	计量单位	主键	索引序号
1	住房样本索引	HPID	VC(18)	N		Y	
2	行政区划代码	ADCD	C(15)	N			
3	住房分类	TYPENAME	VC(20)				
4	结构形式	STYPE	C(1)				
5	建筑类型	BTYPE	C(1)				
6	造价	BCOST	N(10)		元		
7	描述	DESCRIBE	VC(100)				
8	照片索引号	PHOTOPID	VC(18)				
9	平面示意图索引号	SYTPID	VC(18)				
10	填写人姓名	SIGNER	VC(10)				
11	审核批次号	AUDID	VC(20)				
12	审核状态	STATUS	C(1)				
13	备注	COMMENTS	VC(200)				
14	时间戳	MODITIME	T				

7) 防治区基本情况调查成果汇总表

表描述:用于存储防治区内各级行政区划的基本社会经济情况数据。

表标识: IA_C_PREVAD。

表编号: IA_C07。

防治区基本情况调查成果汇总表结构见表 11-43。

表 11-43　防治区基本情况调查成果汇总表结构

序号	字段名	标识符	类型及长度	是否允许空值	计量单位	主键	索引序号
1	行政区划代码	ADCD	C(15)	N		Y	
2	总人口	PTCOUNT	N(10)		人		
3	土地面积	LDAREA	N(10,2)		km^2		
4	耕地面积	PLAREA	N(12,2)		亩		
5	总户数	ETCOUNT	N(10)		户		
6	Ⅰ类经济户数	ECOUNT1	N(10)		户		
7	Ⅱ类经济户数	ECOUNT2	N(10)		户		
8	Ⅲ类经济户数	ECOUNT3	N(10)		户		
9	Ⅳ类经济户数	ECOUNT4	N(10)		户		
10	总房屋数	HTCOUNT	N(10)		座		
11	Ⅰ类房屋数	HCOUNT1	N(10)		座		
12	Ⅱ类房屋数	HCOUNT2	N(10)		座		
13	Ⅲ类房屋数	HCOUNT3	N(10)		座		
14	Ⅳ类房屋数	HCOUNT4	N(10)		座		
15	填写人姓名	SIGNER	VC(10)				
16	审核批次号	AUDID	VC(20)				
17	审核状态	STATUS	C(1)				
18	备注	COMMENTS	VC(200)				
19	时间戳	MODITIME	T				

8)危险区基本情况调查成果汇总表

表描述：用于存储危险区内的社会经济基本情况数据。

表标识：IA_C_DANAD。

表编号：IA_C08。

危险区基本情况调查成果汇总表结构见表 11-44。

表 11-44　危险区基本情况调查成果汇总表结构

序号	字段名	标识符	类型及长度	是否允许空值	计量单位	主键	索引序号
1	危险区代码	DAND	C(18)	N		Y	
2	危险区名称	NAME	VC(50)	N			
3	小流域代码	WSCD	C(16)	N			
4	行政区划代码	ADCD	C(15)	N			
5	危险区内人口	PTCOUNT	N(10)				
6	危险区内总户数	ETCOUNT	N(10)		户		
7	危险区内Ⅰ类经济户数	ECOUNT1	N(10)		户		
8	危险区内Ⅱ类经济户数	ECOUNT2	N(10)		户		
9	危险区内Ⅲ类经济户数	ECOUNT3	N(10)		户		
10	危险区内Ⅳ类经济户数	ECOUNT4	N(10)		户		
11	危险区内总房屋数	HTCOUNT	N(10)		座		
12	危险区内Ⅰ类房屋数	HCOUNT1	N(10)		座		
13	危险区内Ⅱ类房屋数	HCOUNT2	N(10)		座		
14	危险区内Ⅲ类房屋数	HCOUNT3	N(10)		座		
15	危险区内Ⅳ类房屋数	HCOUNT4	N(10)		座		
16	填写人姓名	SIGNER	VC(10)				
17	审核批次号	AUDID	VC(20)				
18	审核状态	STATUS	C(1)				
19	备注	COMMENTS	VC(200)				
20	时间戳	MODITIME	T				

9)防治区行政区与小流域关系对照表

表描述:用于存储防治区行政区与小流域之间的关联关系信息。

表标识: IA_C_WSADCD。

表编号: IA_C09。

防治区行政区与小流域关系对照表结构见表 11-45。

表 11-45　防治区行政区与小流域关系对照表结构

序号	字段名	标识符	类型及长度	是否允许空值	计量单位	主键	索引序号
1	行政区划代码	ADCD	C(15)	N		Y	
2	小流域代码	WSCD	C(16)	N		Y	
3	备注	COMMENTS	VC(200)				
4	时间戳	MODITIME	T				

10)防治区企事业单位汇总表

表描述:用于存储防治区内受山洪威胁的企事业单位情况。

表标识: IA_C_BSNSSINFO。

表编号: IA_C10。

防治区企事业单位汇总表结构见表 11-46。

表 11-46　防治区企事业单位汇总表结构

序号	字段名	标识符	类型及长度	是否允许空值	计量单位	主键	索引序号
1	单位编码	EICD	VC(50)	N		Y	
2	单位名称	NAME	VC(50)				
3	小流域代码	WSCD	C(16)				
4	行政区划代码	ADCD	C(15)	N			
5	危险区代码	DAND	C(18)				
6	经度	LGTD	N(10,7)		(°)		
7	纬度	LTTD	N(10,7)		(°)		
8	单位类别	TYPE	C(1)				
9	组织机构代码	OCODE	VC(30)				
10	地址	ADDRESS	VC(50)				
11	占地面积	AREA	N(12,2)		亩		
12	在岗人数	PCOUNT	N(8)		人		
13	房屋数量	HCOUNT	N(10)		座		
14	固定资产	AVALUE	N(8,3)		万元		

续表 11-46

序号	字段名	标识符	类型及长度	是否允许空值	计量单位	主键	索引序号
15	年产值	OVALUE	N(8,3)		万元		
16	填写人姓名	SIGNER	VC(10)				
17	审核批次号	AUDID	VC(20)				
18	审核状态	STATUS	C(1)				
19	备注	COMMENTS	VC(200)				
20	时间戳	MODITIME	T				

11)小流域名称和出口位置汇总表

表描述:用于存储小流域名称和出口位置信息。

表标识: IA_C_WATA。

表编号: IA_C11。

小流域名称和出口位置汇总表结构见表 11-47。

表 11-47　小流域名称和出口位置汇总表结构

序号	字段名	标识符	类型及长度	是否允许空值	计量单位	主键	索引序号
1	小流域编码	WSCD	C(16)	N		Y	
2	小流域名称	WSNM	VC(32)				
3	出口位置地址	NADDRESS	VC(200)				
4	出口位置经度	NLGTD	N(10,7)		(°)		
5	出口位置纬度	NLTTD	N(10,7)		(°)		
6	时间戳	MODITIME	T				

12)历史山洪灾害情况汇总表

表描述:用于存储各小流域历史山洪灾害情况。

表标识: IA_C_HSFWATER。

表编号: IA_C12。

历史山洪灾害情况汇总表结构见表 11-48。

表 11-48　历史山洪灾害情况汇总表结构

序号	字段名	标识符	类型及长度	是否允许空值	计量单位	主键	索引序号
1	山洪灾害编码	MTCD	C(18)	N		Y	
2	小流域代码	WSCD	C(16)				
3	行政区划代码	ADCD	C(15)	N			
4	灾害发生时间	OTIME	VC(10)				
5	灾害发生地点	ADDRESS	VC(50)				
6	经度	LGTD	N(10,7)				
7	纬度	LTTD	N(10,7)				
8	过程降雨量	PFRAIN	N(8,2)		mm		
9	死亡人数	DPCOUNT	N(8)		人		
10	失踪人数	MPCOUNT	N(8)		人		
11	损毁房屋	CHCOUNT	N(8)		间		
12	转移人数	SPCOUNT	N(8)		人		
13	直接经济损失	ELOSE	N(8)		万元		
14	灾害描述	DDSCRIB	VC(100)				
15	填写人姓名	SIGNER	VC(10)				
16	审核批次号	AUDID	VC(20)				
17	审核状态	STATUS	C(1)				
18	备注	COMMENTS	VC(200)				
19	时间戳	MODITIME	T				

13)历史山洪灾害现场调查记录表

表描述:用于存储收集到的历史山洪灾害档案资料所记录的历史山洪灾害洪水信息。

表标识:IA_C_HFDFTS。

表编号:IA_C13。

历史山洪灾害现场调查记录表结构见表 11-49。

表 11-49 历史山洪灾害现场调查记录表结构

序号	字段名	标识符	类型及长度	是否允许空值	计量单位	主键	索引序号
1	洪水编码	FCD	C(18)	N		Y	
2	洪水发生时间	OTIME	VC(10)				
3	洪水发生位置	ADDRESS	VC(50)				
4	高程	ELEVATION	N(7,3)		m		
5	可靠程度	DERELIA	VC(200)				
6	指认人姓名	IDNAME	VC(10)				
7	指认人性别	IDSEX	C(1)				
8	指认人年龄	IDAGE	VC(3)				
9	指认人住址	IDADD	VC(50)				
10	指认人文化程度	IDCUDE	VC(20)				
11	洪水访问情况	FVISIT	VC(200)				
12	调查单位	SUNIT	VC(50)				
13	调查时间	STIME	T				
14	填写人姓名	SIGNER	VC(10)				
15	审核批次号	AUDID	VC(20)				
16	审核状态	STATUS	C(1)				
17	备注	COMMENTS	VC(200)				
18	时间戳	MODITIME	T				

14)重要沿河村落居民户调查成果表

表描述:用于存储重要沿河村落居民户的详查信息。

表标识: IA_C_FLRVVLG。

表编号: IA_C15。

重要沿河村落居民户调查成果表结构见表 11-50。

表 11-50　重要沿河村落居民户调查成果表结构

序号	字段名	标识符	类型及长度	是否允许空值	计量单位	主键	索引序号
1	沿河村落居民户编码	AVRCD	C(18)	N		Y	
2	户主名称	NAME	VC(50)				
3	行政区划代码	ADCD	C(15)	N			
4	小流域代码	WSCD	C(16)				
5	基准点经度	BLGTD	N(10,7)		(°)		
6	基准点纬度	BLTTD	N(10,7)		(°)		
7	基准点高程	BELE	N(8,2)		m		
8	家庭人口	PTCOUNT	N(2,0)				
9	建筑面积	AREA	N(8,2)		m^2		
10	建筑类型	BTYPE	C(1)				
11	结构形式	STYPE	C(1)				
12	宅基经度	LGTD	N(10,7)		(°)		
13	宅基纬度	LTTD	N(10,7)		(°)		
14	宅基高程	HELE	N(7,3)		m		
15	临水	BWATER	C(1)				
16	切坡	BHILL	C(1)				
17	填写人姓名	SIGNER	VC(10)				
18	审核批次号	AUDID	VC(20)				
19	审核状态	STATUS	C(1)				
20	备注	COMMENTS	VC(200)				
21	时间戳	MODITIME	T				

15)重要城(集)镇居民调查成果表

表描述:用于存储重要城(集)镇居民的详查信息。

表标识:IA_C_DTRESIDENT。

表编号：IA_C16。

重要城(集)镇居民调查成果表结构见表 11-51。

表 11-51　重要城(集)镇居民调查成果表结构

序号	字段名	标识符	类型及长度	是否允许空值	计量单位	主键	索引序号
1	重要城(集)镇居民户编码	IURCD	C(18)	N		Y	
2	小流域代码	WSCD	C(16)	N			
3	行政区划代码	ADCD	C(15)	N			
4	城(集)镇名称	VNAME	VC(50)				
5	基准点经度	BLGTD	N(10,7)		(°)		
6	基准点纬度	BLTTD	N(10,7)		(°)		
7	基准点高程	BELE	N(7,3)		m		
8	地址(门牌号)	ADDRESS	VC(50)				
9	楼房号	BCODE	VC(10)				
10	户数	HTCOUNT	N(10)		户		
11	总人数	PTCOUNT	N(10)		人		
12	经度	LGTD	N(10,7)		(°)		
13	纬度	LTTD	N(10,7)		(°)		
14	宅基高程	HELE	N(7,3)		m		
15	建筑面积	AREA	N(8,2)		m^2		
16	临水	BWATER	C(1)				
17	切坡	BHILL	C(1)				
18	建筑类型	BTYPE	C(1)				
19	结构形式	STYPE	C(1)				
20	填写人姓名	SIGNER	VC(10)				
21	审核批次号	AUDID	VC(20)				
22	审核状态	STATUS	C(1)				
23	备注	COMMENTS	VC(200)				
24	时间戳	MODITIME	T				

16）需防洪治理山洪沟基本情况成果表

表描述：用于存储需防洪治理山洪沟河段的基本情况。

表标识：IA_C_GULLY。

表编号：IA_C17。

需防洪治理山洪沟基本情况成果表结构见表 11-52。

表 11-52　需防洪治理山洪沟基本情况成果表结构

序号	字段名	标识符	类型及长度	是否允许空值	计量单位	主键	索引序号
1	山洪沟编码	GULLYCD	C(18)	N		Y	
2	山洪沟名称	NAME	VC(50)				
3	行政区划代码	ADCD	C(15)	N			
4	小流域代码	WSCD	C(16)				
5	集水面积	CAREA	N(10,3)		km^2		
6	沟道长度	CHLENGTH	N(10,3)		km		
7	沟道比降	CHPERCENT	N(4,2)		‰		
8	有无设防	FCATION	C(1)				
9	现状防洪标准	FSTAND	VC(10)				
10	已有堤防防护工程长度	DIKELEN	N(10,3)		km		
11	已有护岸防护工程长度	RTLEN	N(10,3)		km		
12	受影响乡(镇)	TOWNS	N(8)		个		
13	受影响行政村	XZC	N(8)		个		
14	受影响自然村	ZRC	N(8)		个		
15	影响人口	PCOUNT	N(10)		人		
16	影响耕地	LAND	N(12,2)		亩		
17	影响重要公共基础设施	PFCOUNT	N(8)		座		
18	中华人民共和国成立以来山洪发生次数	FCOUNT	N(8)		次		
19	中华人民共和国成立以来死亡(失踪)人数	DCOUNT	N(8)		人		
20	治理措施	CPROGRAM	VC(200)				
21	填写人姓名	SIGNER	VC(10)				
22	审核批次号	AUDID	VC(20)				
23	审核状态	STATUS	C(1)				
24	备注	COMMENTS	VC(200)				
25	时间戳	MODITIME	T				

17) 自动监测站点汇总表

表描述:用于存储山洪灾害防治中建设或共享到山洪灾害防治县级监测预警平台的自动雨量站、水位站、水文站、气象站的信息。

表标识:IA_C_STINFO。

表编号: IA_C18。

自动监测站点汇总表结构见表 11-53。

表 11-53　自动监测站点汇总表结构

序号	字段名	标识符	类型及长度	是否允许空值	计量单位	主键	索引序号
1	测站编码	STCD	C(8)	N			
2	测站名称	STNM	VC(30)				
3	河流名称	RVNM	VC(30)				
4	水系名称	HNNM	VC(30)				
5	流域名称	BSNM	VC(30)				
6	经度	LGTD	N(10,7)		(°)		
7	纬度	LTTD	N(10,7)		(°)		
8	站址	STLC	VC(50)				
9	行政区划代码	ADCD	C(15)				
10	小流域代码	WSCD	C(16)				
11	基面名称	DTMNM	VC(16)				
12	基面高程	DTMEL	N(7,3)		m		
13	基面修正值	DTPR	N(7,3)		m		
14	站类	STTP	VC(2)				
15	报汛等级	FRGRD	C(1)				
16	建站年月	ESSTYM	VC(6)				
17	始报年月	BGFRYM	VC(6)				
18	隶属行业单位	ATCUNIT	VC(20)				
19	信息管理单位	ADMAUTH	VC(20)				

续表 11-53

序号	字段名	标识符	类型及长度	是否允许空值	计量单位	主键	索引序号
20	交换管理单位	LOCALITY	VC(10)	N			
21	测站岸别	STBK	C(1)				
22	测站方位	STAZT	N(3)		(°)		
23	至河口距离	DSTRVM	N(6,1)		km		
24	集水面积	DRNA	N(7)		km^2		
25	拼音码	PHCD	VC(6)				
26	启用标志	USFL	C(1)				
27	填写人姓名	SIGNER	VC(10)				
28	审核批次号	AUDID	VC(20)				
29	审核状态	STATUS	C(1)				
30	备注	COMMENTS	VC(200)				
31	时间戳	MODITIME	DATETIME				

18)无线预警广播站汇总表

表描述:用于存储山洪灾害防治项目已建的无线预警广播设备信息。

表标识:IA_C_WBRINFO。

表编号:IA_C19。

无线预警广播站汇总表结构见表 11-54。

表 11-54　无线预警广播站汇总表结构

序号	字段名	标识符	类型及长度	是否允许空值	计量单位	主键	索引序号
1	无线预警广播站编码	WBRCD	C(18)	N		Y	
2	站点位置	ADDRESS	VC(100)				
3	小流域代码	WSCD	C(16)				
4	行政区划代码	ADCD	C(15)	N			
5	设备类型	TYPE	C(1)				

续表 11-54

序号	字段名	标识符	类型及长度	是否允许空值	计量单位	主键	索引序号
6	建设日期	BDATE	VC(8)				
7	经度	LGTD	N(10,7)		(°)		
8	纬度	LTTD	N(10,7)		(°)		
9	填写人姓名	SIGNER	VC(10)				
10	审核批次号	AUDID	VC(20)				
11	审核状态	STATUS	C(1)				
12	备注	COMMENTS	VC(200)				
13	时间戳	MODITIME	T				

19)简易雨量站汇总表

表描述:用于存储山洪灾害防治中已建的山洪灾害防治简易雨量报警器信息。

表标识: IA_C_SRSTINFO。

表编号: IA_C20。

简易雨量站汇总表结构见表 11-55。

表 11-55　简易雨量站汇总表结构

序号	字段名	标识符	类型及长度	是否允许空值	计量单位	主键	索引序号
1	简易雨量站编码	SRSTCD	C(18)	N		Y	
2	站点位置	ADDRESS	VC(100)				
3	小流域代码	WSCD	C(16)				
4	行政区划代码	ADCD	C(15)	N			
5	设站日期	BDATE	VC(8)				
6	测雨量	MRAIN	VC(50)				
7	语音报警	ALVOICE	VC(50)				
8	光报警	LIGHT	VC(50)				
9	设置预警阀	WVALUE	VC(50)				

续表 11-55

序号	字段名	标识符	类型及长度	是否允许空值	计量单位	主键	索引序号
10	查前期雨量	PRAIN	VC(50)				
11	经度	LGTD	N(10,7)		(°)		
12	纬度	LTTD	N(10,7)		(°)		
13	填写人姓名	SIGNER	VC(10)				
14	审核批次号	AUDID	VC(20)				
15	审核状态	STATUS	C(1)				
16	备注	COMMENTS	VC(200)				
17	时间戳	MODITIME	T				

20)简易水位站汇总表

表描述:用于存储山洪灾害防治中已建的山洪灾害防治简易水位站信息。

表标识：IA_C_SWSTINFO。

表编号：IA_C21。

简易水位站汇总表结构见表 11-56。

表 11-56　简易水位站汇总表结构

序号	字段名	标识符	类型及长度	是否允许空值	计量单位	主键	索引序号
1	简易水位站编码	SWSTCD	C(18)	N		Y	
2	站点位置	ADDRESS	VC(100)				
3	小流域代码	WSCD	C(16)				
4	行政区划代码	ADCD	C(15)	N			
5	建设日期	BDATE	VC(8)				
6	经度	LGTD	N(10,7)		(°)		
7	纬度	LTTD	N(10,7)		(°)		
8	测水位	MWARTER	VC(50)				
9	语音报警	ALVOICE	VC(50)				

续表 11-56

序号	字段名	标识符	类型及长度	是否允许空值	计量单位	主键	索引序号
10	光报警	ALIGHT	VC(50)				
11	填写人姓名	SIGNER	VC(10)				
12	审核批次号	AUDID	VC(20)				
13	审核状态	STATUS	C(1)				
14	备注	COMMENTS	VC(200)				
15	时间戳	MODITIME	T				

21）防治区水库工程汇总表

表描述：用于存储导入的水利普查数据中的已有水库工程信息。

表标识：IA_C_RS。

表编号：IA_C22。

防治区水库工程汇总表结构见表 11-57。

表 11-57　防治区水库工程汇总表结构

序号	字段名	标识符	类型及长度	是否允许空值	计量单位	主键	索引序号
1	水库索引	RSCD	C(18)	N		Y	
2	水库编码	RS_CODE	C(12)	N		Y	
3	水库名称	RS_NAME	VC(50)				
4	行政区划代码	ADCD	C(15)	N			
5	小流域代码	WSCD	C(16)				
6	河流(湖泊)编码	RV_CODE	VC(50)				
7	水库类型	RS_TYPE	C(1)				
8	主要挡水建筑物类型	MAIN_WR_TYPE	VC(6)				
9	挡水主坝类型	DAM_TYPE	VC(6)				
10	主要泄洪建筑物形式	MAIN_FL_TYPE	VC(6)				
11	坝址多年平均径流量	MUL_AVER_RUN	N(10,2)		万 m^3		

续表 11-57

序号	字段名	标识符	类型及长度	是否允许空值	计量单位	主键	索引序号
12	工程类别	ENG_GRAD	VC(6)				
13	主坝坝高	DAM_SIZE_HIG	N(8,2)		m		
14	主坝坝长	DAM_SIZE_LEN	N(10,2)		m		
15	最大泄洪流量	MAX_DIS_FLOW	N(10,2)		m^3/s		
16	设计洪水位	DES_FL_STAG	N(8,2)		m		
17	总库容	TOT_CAP	N(10,2)		万 m^3		
18	水面面积	COR_SUR_AREA	N(10,2)		km^2		
19	经度	LGTD	N(10,7)		(°)		
20	纬度	LTTD	N(10,7)		(°)		
21	填写人姓名	SIGNER	VC(10)				
22	审核批次号	AUDID	VC(20)				
23	审核状态	STATUS	C(1)				
24	时间戳	MODITIME	T				

22)防治区水闸工程汇总表

表描述:用于存储水利普查数据中的已有水闸工程信息。

表标识: IA_C_SLUICE。

表编号: IA_C23。

防治区水闸工程汇总表结构见表 11-58。

表 11-58　防治区水闸工程汇总表结构

序号	字段名	标识符	类型及长度	是否允许空值	计量单位	主键	索引序号
1	水闸索引	SPCD	C(18)	N		Y	
2	水闸编码	GATE_CODE	C(12)	N			
3	水闸名称	GATE_NAME	VC(50)				
4	河流(湖、库、渠、海堤)编码	RV_CODE	VC(50)				

续表 11-58

序号	字段名	标识符	类型及长度	是否允许空值	计量单位	主键	索引序号
5	行政区划代码	ADCD	C(15)	N			
6	小流域代码	WSCD	C(16)				
7	水闸类型	GATE_TYPE	VC(8)				
8	闸孔数量	HOLE_NUM	N(3)		孔		
9	闸孔总净宽	HOLE_WID	N(5,2)		m		
10	过闸流量	FL_GATE_FLOW	N(7,2)		m^3/s		
11	橡胶坝坝高	RUB_DAM_HIG	N(5,2)		m		
12	橡胶坝坝长	RUB_DAM_LEN	N(5,2)		m		
13	经度	LGTD	N(10,7)		(°)		
14	纬度	LTTD	N(10,7)		(°)		
15	填写人姓名	SIGNER	VC(10)				
16	审核批次号	AUDID	VC(20)				
17	审核状态	STATUS	C(1)				
18	时间戳	MODITIME	T				

23)防治区堤防工程汇总表

表描述:用于存储水利普查数据中 5 级及以上的堤防工程信息。

表标识:IA_C_DIKE。

表编号:IA_C24。

防治区堤防工程汇总表结构见表 11-59。

表 11-59　防治区堤防工程汇总表结构

序号	字段名	标识符	类型及长度	是否允许空值	计量单位	主键	索引序号
1	堤防索引	DIKECD	C(18)	N		Y	
2	堤防编码	DIKE_CODE	C(12)	N			
3	堤防名称	DIKE_NAME	VC(50)				

续表 11-59

序号	字段名	标识符	类型及长度	是否允许空值	计量单位	主键	索引序号
4	行政区划代码	ADCD	C(15)	N			
5	小流域代码	WSCD	VC(16)				
6	河流(湖泊、海岸)编码	RV_CODE	VC(50)				
7	河流岸别	RV_BANK	VC(6)				
8	堤防跨界情况	DIKE_COR_BOUN	VC(6)				
9	堤防类型	DIKE_TYPE	VC(6)				
10	堤防形式	DIKE_STYL	VC(16)				
11	堤防级别	DIKE_GRAD	VC(6)				
12	规划防洪(潮)标准［重现期(年)］	PLAN_FL_STA	VC(4)		年		
13	堤防长度	DIKE_LEN	N(6,2)		m		
14	达到规划防洪(潮)标准的长度	FL_STA_LEN	N(6,2)		m		
15	高程系统	ELE_SYS	VC(20)				
16	设计水(高潮)位	DES_STAG	N(5,2)		m		
17	堤防高度:(最大值)	DIKE_HIG_MAX	N(5,2)		m		
18	堤顶宽度:(最大值)	DIKE_WID_MAX	N(5,2)		m		
19	工程任务	ENG_TASK	VC(13)				
20	堤防高度:(最小值)	DIKE_HIG_MIN	N(14,2)		m		
21	堤顶宽度:(最小值)	DIKE_WID_MIN	N(5,2)		m		
22	堤顶高程起点高程	DAM_CRE_BEG_ELE	N(5,2)		m		
23	堤顶高程终点高程	DAM_CRE_EDN_ELE	N(5,2)		m		
24	填写人姓名	SIGNER	VC(10)				
25	审核批次号	AUDID	VC(20)				

续表 11-59

序号	字段名	标识符	类型及长度	是否允许空值	计量单位	主键	索引序号
26	审核状态	STATUS	C(1)				
27	时间戳	MODITIME	T				

24)塘(堰)坝工程调查成果汇总表

表描述:用于存储调查的防治区内影响居民区安全的塘(堰)坝工程信息。

表标识:IA_C_DAMINFO。

表编号:IA_C25。

塘(堰)坝工程调查成果汇总表结构见表 11-60。

表 11-60　塘(堰)坝工程调查成果汇总表结构

序号	字段名	标识符	类型及长度	是否允许空值	计量单位	主键	索引序号
1	塘堰编码	DAMCD	C(18)	N		Y	
2	塘堰名称	DAMNAME	VC(50)				
3	小流域代码	WSCD	C(16)				
4	行政区划代码	ADCD	C(15)	N			
5	照片编号	PICID	VC(18)				
6	经度	LGTD	N(10,7)		(°)		
7	纬度	LTTD	N(10,7)		(°)		
8	容积	XHST	N(8,3)		m^3		
9	坝高	HEIGHT	N(5,2)		m		
10	坝长	WIDTH	N(5,2)		m		
11	挡水主坝类型	MT	VC(6)				
12	填写人姓名	SIGNER	VC(10)				
13	审核批次号	AUDID	VC(20)				
14	审核状态	STATUS	C(1)				
15	备注	COMMENTS	VC(200)				
16	时间戳	MODITIME	T				

25）路涵工程调查成果汇总表

表描述：用于存储调查的影响居民区安全的路涵的信息。

表标识：IA_C_CULVERT。

表编号：IA_C26。

路涵工程调查成果汇总表结构见表 11-61。

表 11-61　路涵工程调查成果汇总表结构

序号	字段名	标识符	类型及长度	是否允许空值	计量单位	主键	索引序号
1	路涵编码	CULCD	C(18)	N		Y	
2	路涵名称	CULNAME	VC(50)				
3	小流域代码	WSCD	C(16)				
4	行政区划代码	ADCD	C(15)	N			
5	照片编号	PICID	VC(18)				
6	经度	LGTD	N(10,7)		(°)		
7	纬度	LTTD	N(10,7)		(°)		
8	涵洞高	HEIGHT	N(8,3)		m		
9	涵洞长	LENGHT	N(8,3)		m		
10	涵洞宽	WIDTH	N(8,3)		m		
11	类型	TYPE	VC(50)				
12	填写人姓名	SIGNER	VC(10)				
13	审核批次号	AUDID	VC(20)				
14	审核状态	STATUS	C(1)				
15	备注	COMMENTS	VC(200)				
16	时间戳	MODITIME	T				

26）桥梁工程调查成果汇总表

表描述：用于存储调查的影响居民区安全的桥梁的信息。

表标识：IA_C_BRIDGE。

表编号：IA_C27。

桥梁工程调查成果汇总表结构见表 11-62。

表 11-62　桥梁工程调查成果汇总表结构

序号	字段名	标识符	类型及长度	是否允许空值	计量单位	主键	索引序号
1	桥梁编码	BRCD	C(18)	N		Y	
2	桥梁名称	BRNAME	VC(50)				
3	小流域代码	WSCD	C(16)				
4	行政区划代码	ADCD	C(15)	N			
5	照片编号	PICID	VC(18)				
6	经度	LGTD	N(10,7)		(°)		
7	纬度	LTTD	N(10,7)		(°)		
8	桥长	LENGTH	N(8,3)		m		
9	桥宽	WIDTH	N(8,3)		m		
10	桥高	HEIGHT	N(8,3)		m		
11	类型	TYPE	C(1)				
12	填写人姓名	SIGNER	VC(10)				
13	审核批次号	AUDID	VC(20)				
14	审核状态	STATUS	C(1)				
15	备注	COMMENTS	VC(200)				
16	时间戳	MODITIME	T				

11.4　关键技术

11.4.1　面向服务的架构(SOA)

本质上说,应用支撑平台与其他应用系统对中间件的要求基本上是一致的:能提供一个统一的 IT 架构,使信息、IT 资产和业务流程能够自由、安全地流动,为业务提供最佳支持。要实现这一目标,需要从两个方面着手:首先要建立一种战略,来简化企业 IT 并使企业的 IT 资产能够自由、安全地流动,从而从基础架构上保证企业 IT 的灵活性和适应性,而不是被动地响应业务的需求;其次要采用相应的技术手段,为企业信息系统构建起一个完善的服务基础架构平台,使信息、企业 IT 资产、业务流程都能实现共享和重用。

面向服务的架构(SOA)是实现上述目标的最佳途径,它可以将原来各自为政的 IT 系统有机地整合起来,实现信息、IT 资产的共享和重用。

传统的应用集成方法(点对点集成、基于业务流程的集成)都很复杂、昂贵,并且不灵活。这些集成方法难以快速适应基于企业现代业务变化不断产生的需求。基于面向服务架构 (SOA) 的应用开发和集成可以很好地解决其中的许多问题。采用成熟的 SOA 技术架构建设应用支撑平台,实现系统之间的整合与协同,便于用户对后期信息系统的管控和积累,满足统筹规划、分布实施的建设要求。

11.4.2　Web 服务(Web Services)

Web Services 是为了让地理上分布在不同区域的计算机和设备一起工作,以便为用户提供各种各样的服务。用户可以控制要获取信息的内容、时间、方式,而不必在无数个信息孤岛中浏览,去寻找自己所需要的信息。

Web Services 可以通过 web 描述、发布、定位和调用模块化的应用。

Web Services 通过简单对象访问协议(simple object access protocol,SOAP)来调用。SOAP 是一种轻量级的消息协议,它允许用任何语言编写的任何类型的对象在任何平台之上相互通信。SOAP 消息采用可扩展标记语言(XML)进行编码,一般通过 HTTP 进行传输。与其他的分布式计算技术不同,Web Services 是松耦合的,而且能够动态地定位其他在 internet 上提供服务的组件,并且与它们交互。

Web Services 是独立于传输协议的。Web Services 描述语言(web services description language,WSDL)描述通向某个 Web 服务的接口,拥有支持服务松散耦合的构件,还支持多种协议和传输方式。

Web Services 没有指定任何新的编程模型,可以继续使用所熟悉的环境,包括 J2EE 或 CORBA。这还意味着,可以选择使用任何编程语言——C++、Java、Perl。

如果说 ESB 提供了数据交换过程中服务的查找、访问、路由功能,那么 Web Services 提供了服务的封装和调用标准。

11.4.3　企业服务总线(ESB)

企业服务总线(ESB)是一个实现了通信、互连、转换、可移植性和安全性标准接口的企业基础软件平台。对企业服务总线(ESB)的定义通常如下:它是由中间件技术实现并支持 SOA(service oriented architecture,面向服务架构)的一组基础架构功能,支持异构环境中的服务、消息以及基于事件的交互,并且具有适当的服务级别和可管理性。这样的定义稍显抽象,简单地说,ESB 就是试图将应用服务器上的多种逻辑层面迁移到总线以及连接点上,从而降低企业内部信息共享的成本。

SOA 体系结构中企业服务总线(ESB)处于服务消费者和提供者的中间,提供中介功能来完成服务提供者的查找、访问、路由及服务治理等功能,同时提供对服务的负载均衡,服务的失败与恢复的管理功能。

企业服务总线(ESB)基于开放式标准,提供服务的定义、开发、注册、检索、寻址、路由等功能,并为服务及应用之间提供了多种调用及通信方式,如同步/异步等。另外,它还集成了基于 JMS 标准的消息通信方式,便于创建服务、流程间的可靠消息传递、消息的路由及发布/订阅等分布式集成应用。

11.4.4　XML 标准格式

XML(extensible markup language 扩展标记语言)是国家电子政务交换标准的数据元语言。

XML 可以用来创建其他语言,这些语言可以描述数据结构:以围绕它们的标记符及其属性描述的数据元素的层次结构。因为 XML 数据有这种“自描述”的特性，它比传统的以行和列为格式的数据容易理解，因而比较容易开发、维护和共享。

XML 还提供在应用程序和系统之间传输结构化数据的方法。像客户信息、信息查询这类数据能够转换成 XML 并在应用程序间共享，而无须改变原来遗留下来的系统。这个优点非常适合系统信息共享和综合利用的需求。

数据交换平台上的各项服务涉及各个应用系统的相关数据，而在各个应用系统中信息存储的方式和平台各不相同，因此可以在数据交换平台中采用 XML 作为标准数据表达元语言。

SOA 架构中业务请求和应答的描述标准均支持采用 XML 的格式，如在 Web 服务体系中的 Web 服务描述语言（WSDL）、简单对象访问协议（SOAP）等协议标准，均是基于 XML 数据格式的。XML 每个数据项的信息无须都映射到关系型表的字段上，业务数据不与数据交换本身的数据内容发生紧密耦合关系，通过相对通用的数据交换模式，方便地适应数据标准的调整和变化。

总之，XML 是数据交换平台中的数据格式标准。

11.4.5　雨量预警方法

11.4.5.1　雨量站与沿河村落对应关系

（1）建立雨量站泰森多边形，将全省的雨量站放到 ArcGIS 中，生成全省雨量站的泰森多边形图层（见图 11-3）。

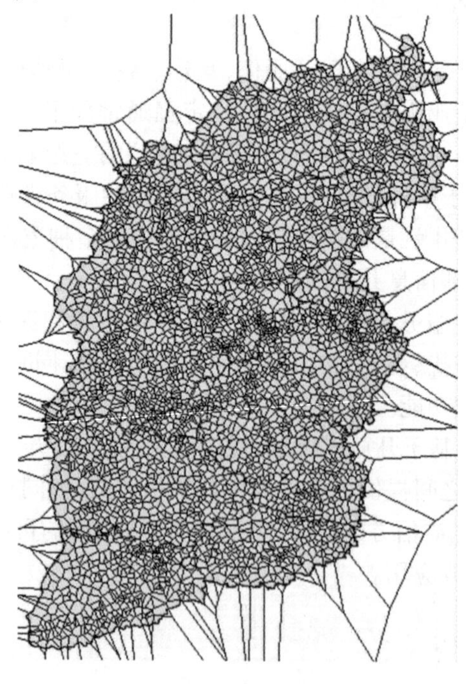

图 11-3　泰森多边形图层

(2)在第(1)步的基础上加入小流域图层,求出小流域与雨量站泰森多边形的空间对应关系(见图 11-4)(泰森多边形与小流域求相交),得出小流域与雨量站的对应关系(见图 11-5)。

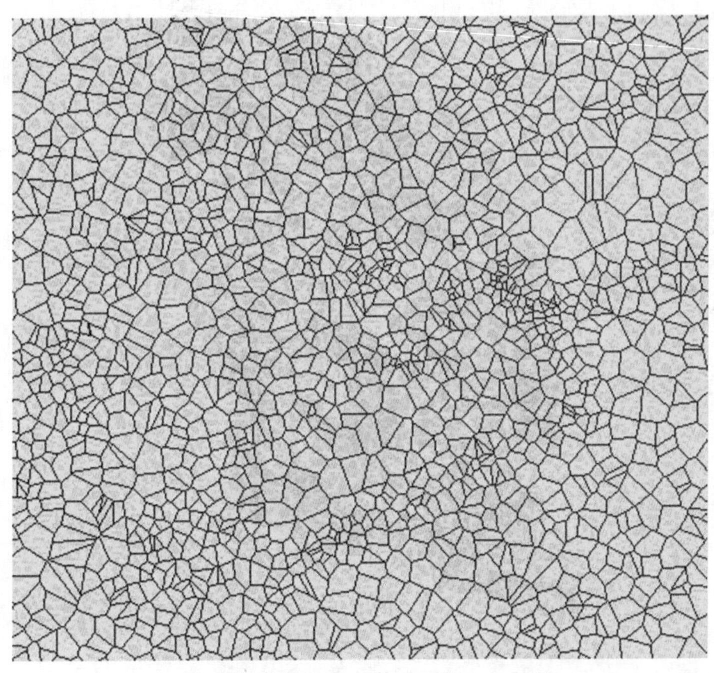

图 11-4　小流域与雨量站泰森多边形的空间对应关系

ID	WSCD	STCD
1	WDA000060111jA00	40627230
2	WDA0000601D20000	40626800
3	WDA0000601X20000	40627600
4	WDA6100124Q00000	40626640
5	WDA6100124Q00000	40626630
6	WDA6100124Q00000	40626611
7	WDA6100124Q00000	40626650
8	WDA6200121I00000	40626840
9	WDA6200121I00000	40626860
10	WDA6200121UE0000	40627030
11	WDA6200121UE0000	40626868
12	WDA6200121UE0000	40629280
13	WDA6200121UE0000	40629260
14	WDA6200123P00000	40627010

图 11-5　小流域与雨量站的对应关系

(3)确定沿河村落与小流域的对应关系,同样利用 ArcGIS 的空间函数求出沿河村落与小流域的对应关系(见图 11-6),得到流域与沿河村落对应关系见图 11-7。

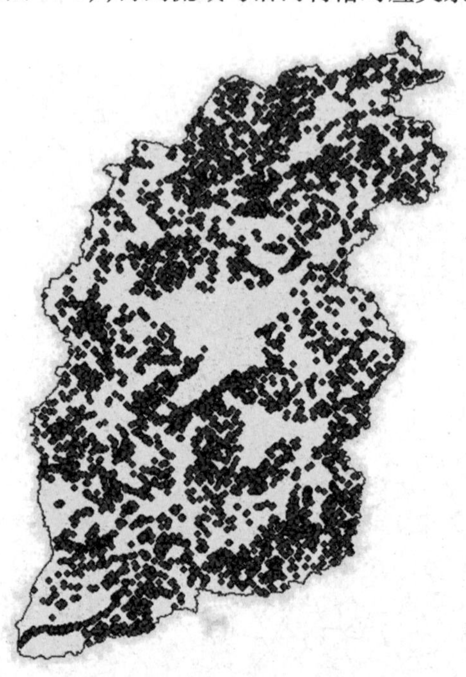

图 11-6　沿河村落与小流域的对应关系

ID	ADCD	WSCD
1	140929101208000	WDA6100121D00000
2	140929101209000	WDA6100123D00000
3	140929101210000	WDA6100123D00000
4	140929101211000	WDA6100121D00000
5	140929101212000	WDA6100121FA0000
6	140929101213000	WDA6100122D00000
7	140929101214000	WDA6100122D00000
8	140929200202000	WDA6100124000000
9	140929200203000	WDA6100124000000
10	140929200205000	WDA6100122D00000
11	140929200206000	WDA6100123D00000
12	140929200212000	WDA6100121C00000
13	140929200213000	WDA6100123D00000
14	140931207201000	WDA600012Y000000
15	140931200203000	WDA000060131aA00

图 11-7　流域与沿河村落对应关系

(4)依据上述结果，再根据小流域的拓扑关系，从而确定沿河村落所有上游的控制流域所对应的雨量站，最终得到沿河村落和雨量站的对应关系见图 11-8。

ID	ADCD	STCD	WSCD
1	140929206206000	40626640	WDA6100124Q00000
2	140929206206000	40626630	WDA6100124Q00000
3	140929206206000	40626611	WDA6100124Q00000
4	140929206206000	40626650	WDA6100124Q00000
5	141123201200000	40626855	WDA620012B000000
6	141123201200000	40602280	WDA620012B000000
7	141124207215000	40629280	WDA6600121A00000
8	141124207215100	40629280	WDA6600121A00000
9	141124207215000	40629260	WDA6600121A00000
10	141124207215100	40629260	WDA6600121A00000
11	141124208200000	40629300	WDA6600123D00000
12	141124208200000	40629350	WDA6600123D00000
13	141124208200000	40629290	WDA6600123D00000
14	141124208200000	40603351	WDA6600123D00000

图 11-8　沿河村落和雨量站的对应关系

详细相互关联关系如图 11-9 所示。

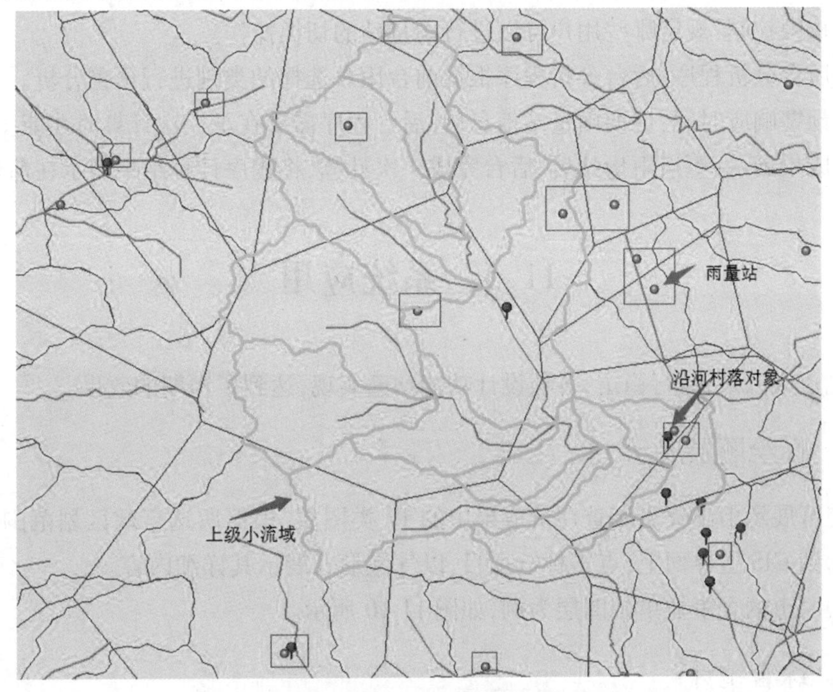

图 11-9　沿河村落和雨量站相互关联关系

以图 11-11 中箭头所指的“沿河村落对象”为例,高亮的流域即为该沿河村落所对应的所有上级流域。利用雨量站泰森多边形与流域相交求得上游关联雨量站,即为图中用红色方格所对应的雨量站。

11.4.5.2 沿河村落雨量预警方法

在沿河村落所有上游的雨量站中,当其中任何一个站的监测结果达到该村的预警指标则就对该村落产生预警(预警的程度比较高)。

11.4.5.3 雨量站点更换

1. 数据处理

1)流域、沿河村落与雨量站对应关系

(1)求出水文雨量站与小流域的空间对应关系。

(2)利用已知的小流域与沿河村落对应关系求出沿河村落与水文雨量站的空间对应关系。

(3)更新对应关系表。

2)对接水文雨量站信息表和水文雨量站实时雨水情数据

(1)水文雨量站实时雨水情数据表。

(2)水文雨量站信息与实时雨水情数据表对接。

2. 程序处理

(1)界面展示中添加切换选项(可以添加在设置中):山洪雨量站、水文雨量站。

(2)权限控制:规定哪些用户可以进行雨量站的切换操作。

(3)后台分析程序:后台分析程序根据前台用户选择的类别进行预警分析。

(4)预警响应时间:更换雨量站信息后,后台程序需要在下一次计算时才能生效。

(5)成果展示:更换雨量站后,后台完成一次计算,将程序计算结果展示在前台页面。

11.5 系统应用

系统建成以来,运行稳定,各项设计功能均已实现,达到了预期的效果。

11.5.1 标绘图层展示

系统可展示山洪灾害调查评价成果中的 17 类图层,根据所选行政区划范围,将标绘内容展示到 GIS 主界面上,点击标绘项目,以气泡形式展示其详细内容。

以太原市的企事业单位图层为例,如图 11-10 所示。

11.5.2 综合统计

以太原市为例,效果如图 11-11 所示。

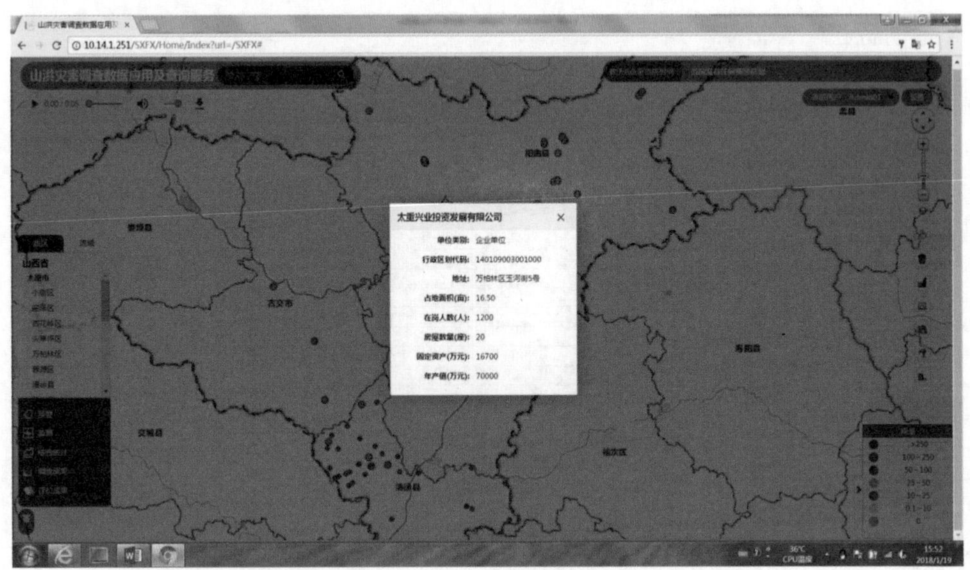

图 11-10　太原市的企事业单位图层

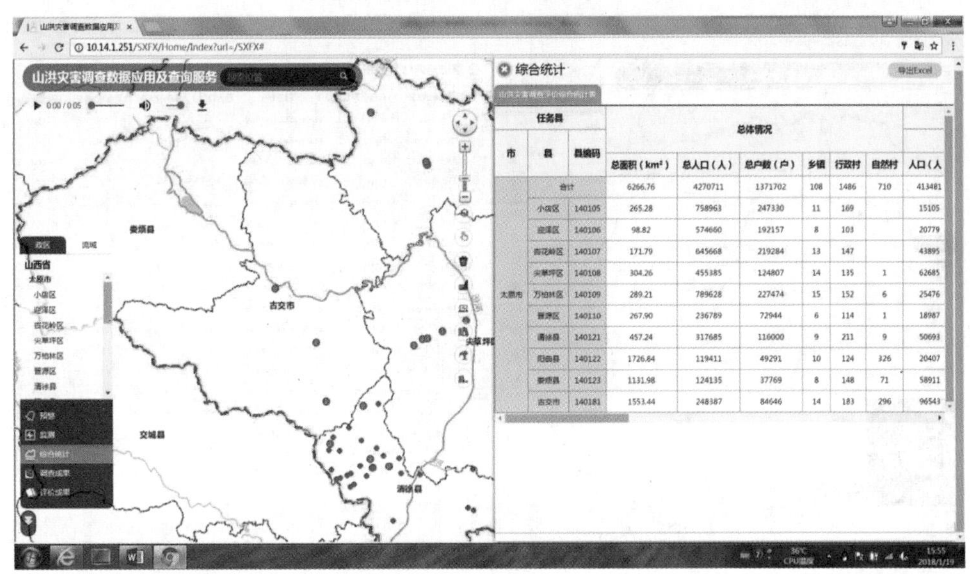

任务县			总体情况						
市	县	县编码	总面积（km²）	总人口（人）	总户数（户）	乡镇	行政村	自然村	人口（人
太原市	合计		6266.76	4270711	1371702	108	1486	710	413481
	小店区	140105	265.28	758963	247330	11	169		15105
	迎泽区	140106	98.82	574660	192157	8	103		20779
	杏花岭区	140107	171.79	645668	219284	13	147		43895
	尖草坪区	140108	304.26	455385	124807	14	135	1	62685
	万柏林区	140109	289.21	789628	227474	15	152	6	25476
	晋源区	140110	267.90	236789	72944	6	114	1	18987
	清徐县	140121	457.24	317685	116000	9	211	9	50693
	阳曲县	140122	1726.84	119411	49291	10	124	326	20407
	娄烦县	140123	1131.98	124135	37769	8	148	71	58911
	古交市	140181	1553.44	248387	84646	14	183	296	96543

图 11-11　太原市综合统计效果

11.5.3　调查成果

以太原市防治区基本情况为例，效果如图 11-12 所示。

11.5.4　调查成果

以太原市为例，效果如图 11-13 所示。

点击某一行政区划代码，查看详细的调查评价成果（见图 11-14）。

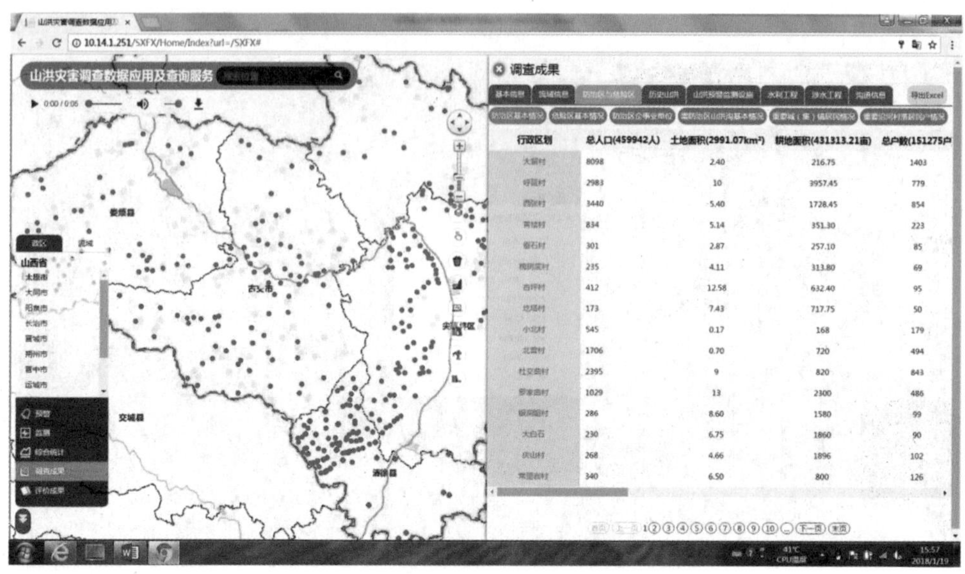

图 11-12　太原市防治区基本情况调查成果

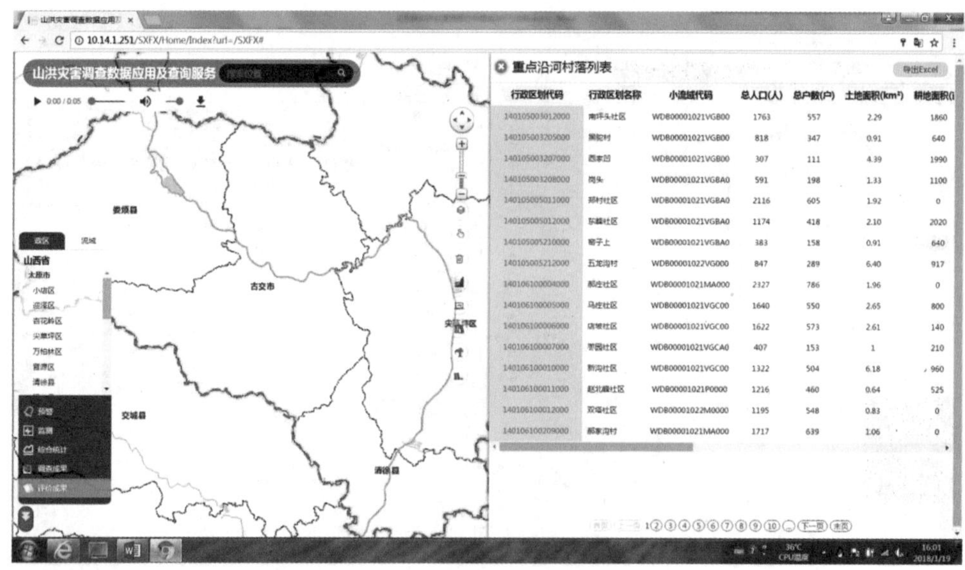

图 11-13　太原市调查成果效果

11.5.5　预警

当有预警信息时，在系统界面右上部会滚动展示当前产生预警的村落。点击控制菜单的预警按钮，可查看详细的预警列表，如图 11-15 所示。

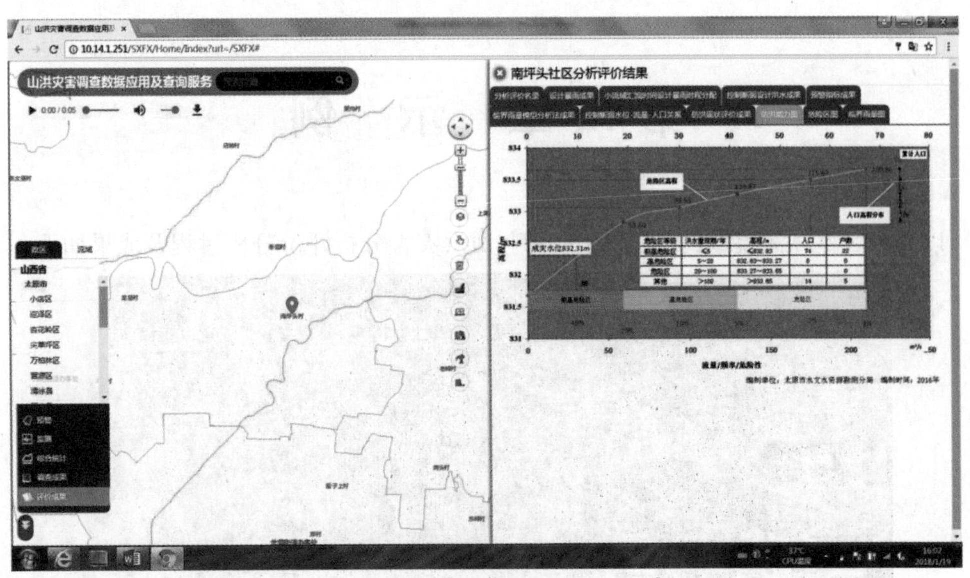

图 11-14　调查评价成果

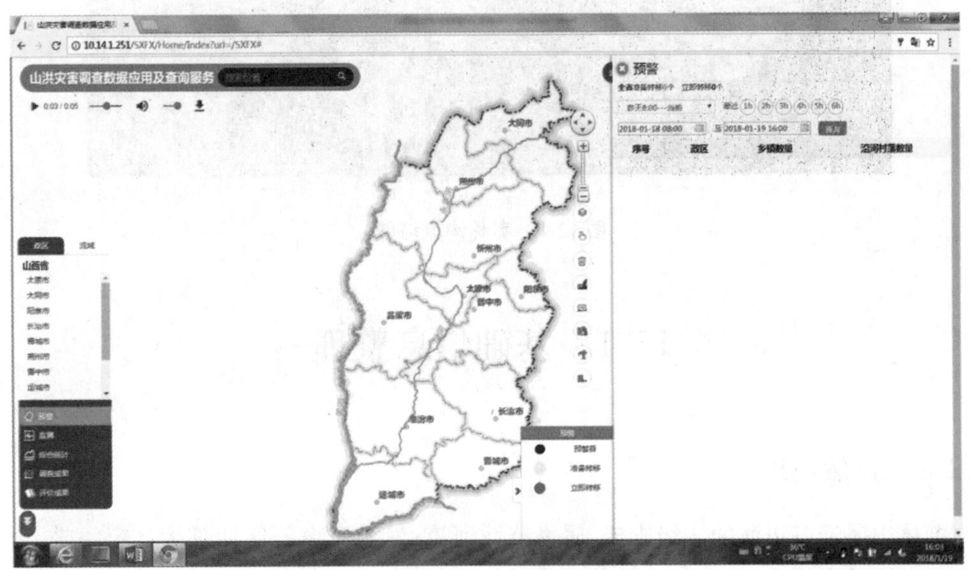

图 11-15　预警列表

第 12 章　示　例

以离石区枣林沟流域(见图 12-1)为例,山洪灾害分析评价分析过程及成果如下。

图 12-1　枣林沟流域图

12.1　基础信息整理

12.1.1　自然地理

枣林沟属于三川河的一级支流,属季节性河流,发源于离石区西部大社寨一带,由西北向东南流经枣林乡,在离石城西前王家坡汇入三川河。河道全长 18.91 km,沟道纵坡 21.15%,流域面积 72.54 km^2,河床糙率 0.027 ~ 0.039。流域属黄土丘陵沟壑区,流域内梁峁密布,沟壑纵横,谷底深窄弯曲,山坡植被稀少,水土流失严重。由于沟谷下切强烈,受两岸山势制约,河床相对稳定。

离石区西部属晋西黄土高原,东部为吕梁山中段西麓,海拔为 885 ~ 2 535 m,中间为向斜凹地,梁峁状黄土丘陵区沟壑纵横。地势总体东北高而宽,西南低而窄,最高点位于县境东北的骨脊山,海拔 2 535 m,最低点位于西南三川河出境口,海拔 885 m。该区地貌受地质构造、新构造运动及地层岩性的控制,按其形态及成因,划分为 5 个大区 7 个小区。离石区地貌见图 12-2。

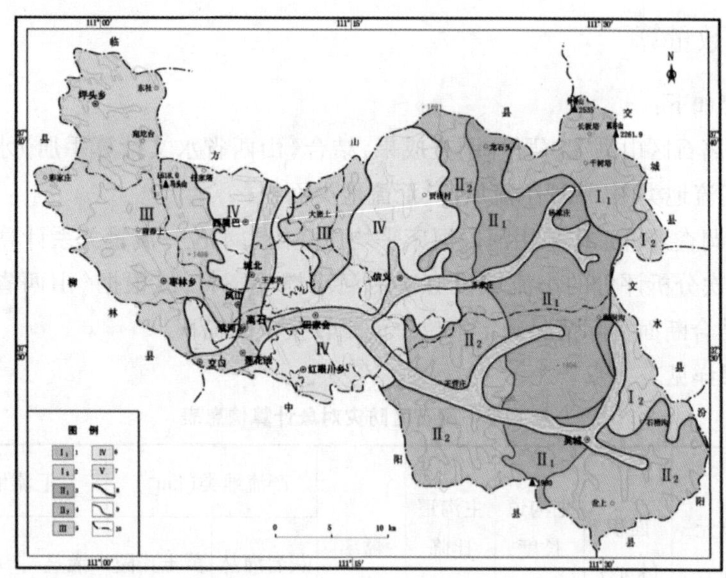

1—断块剥蚀高中山;2—褶皱断块溶蚀剥蚀高中山;3—断块剥蚀中山;4—褶皱断块溶蚀侵蚀中山;5—褶皱断块溶蚀剥蚀低中山;6—梁峁状黄土丘陵;7—侵蚀堆积河谷;8—大区界线;9—亚区界线;10—县(区)界线

图 12-2 离石区地貌

12.1.2 评价名录

本次评价主要针对山洪灾害影响对象进行,不包括滑坡、泥石流以及干流对支流产生明显顶托等情形。根据内、外业调查成果以及当地防洪减灾、地区发展等实际需求,离石区枣林沟共确定了6个沿河村落作为分析评价对象,各村落名称、行政区划代码及所属乡(镇、街道办事处)见表12-1。

表 12-1 离石区枣林沟分析评价名录

序号	村落名称	行政区划代码	所属乡(镇)
1	刘家舍窠	141102201209000	枣林乡
2	红花坪	141102201206101	枣林乡
3	梁家岔村	141102201206000	枣林乡
4	陶家庄村	141102201204000	枣林乡
5	十里村	141102201202000	枣林乡
6	后王家坡	141102002202000	凤山街道

12.1.3　参数量算

量算内容如下:

(1)根据离石区山洪灾害野外调查成果,结合《山西省水文计算手册》水文下垫面产流地类图和汇流地类图,核算小流域产、汇流地类面积;

(2)本次调查评价工作采用河段河床平均比降作为水位—流量关系计算中的比降;

(3)因本次分析评价的小流域没有实测河床糙率资料,故根据《山西省水文计算手册》附录Ⅱ,结合断面实际情况确定水位—流量转换中的糙率。

量算成果详见表 12-2。

表 12-2　离石区防灾对象计算信息表

序号	计算单元名称	面积(km^2)	主沟道长度(km)	主沟道比降(‰)	糙率	产流地类(km^2)		汇流地类(km^2)		
						灰岩灌丛山地	黄土丘陵沟壑区	灌丛山地	草坡山地	黄土丘陵
1	刘家舍窠村	4.93	2.75	63.02	0.028	3.80	1.13	—	4.07	0.86
2	红花坪	9.14	4.76	44.27	0.028	4.68	4.46	2.66	1.68	4.81
3	梁家岔村	27.77	5.73	36.47	0.03	20.66	7.11	6.90	14.10	6.77
4	陶家庄村	35.74	9.17	30.36	0.027	26.57	9.17	7.38	18.23	10.14
5	十里村	64.75	12.97	25.39	0.028	47.00	17.75	22.59	25.80	16.36
6	后王家坡村	72.54	18.91	21.15	0.03	47.00	25.54	23.06	25.99	23.49

12.1.4　水文资料

因研究的小流域内均缺乏长系列的降雨和洪水的实测资料,故本次采用《水文手册》中设计暴雨和设计洪水的相关图集和资料,作为该流域山洪灾害分析评价的参考依据。

12.1.5　植被资料

根据中央统一下发的工作底图和小流域属性成果,可以得到各流域的植被和土壤的空间分布情况,并结合实地查勘,在《水文手册》中水文下垫面产流地类图和汇流地类图上进行修正,核算流域产汇流地类面积,结果见表 12-2。

12.1.6 河道断面测量和居民户高程测量资料

对于不能反映实际横断面情况的提取数据由专业测量队伍进行实地补测,纵断面数据采用提取数据,沿河村落的居民点位置和高程采用提取数据,并由测量队对部分新建居民点进行了校核。

12.1.7 方法选择

设计暴雨和设计洪水均采用《水文手册》中的方法进行计算,其中设计暴雨采用间接法进行计算;设计洪水采用流域模型法计算。根据《水文手册》及以往的实践应用成果,这些方法对山洪过程的降雨、产流和汇流等环节的模拟比较稳定,且参数的选取经过了大量实测资料的验证,因此直接采用《水文手册》中的方法和参数进行设计暴雨和设计洪水的分析计算。

12.2 设计暴雨计算

暴雨历时确定为 10 min、60 min、6 h、24 h 和 3 d 共 5 种,暴雨频率为 1%、2%、5%、10% 和 20%,与其对应的暴雨重现期为 100 年一遇、50 年一遇、20 年一遇、10 年一遇和 5 年一遇 5 种。

12.2.1 设计点雨量

12.2.1.1 **设计暴雨参数查算**

(1)在《水文手册》不同历时的"暴雨均值等值线图"和"C_v 等值线图"中查得各定点的暴雨均值 $\overline{H}$ 和变差系数 C_v,结果见表 12-3。

(2)C_s/C_v 的比值采用 3.5。

(3)模比系数 K_P。在《水文手册》附表Ⅰ-2 中查得。

(4)点面折减系数。根据下式计算。

$$\eta_P(A,t_b) = \frac{1}{1 + CA^N}$$

式中:A 为流域面积,km^2;C、N 为经验参数,因离石区位于山西省水文分区中的西区,选用西区定点—定面关系参数,详见表 12-4。

表 12-3　离石区小流域设计暴雨参数查图成果表

计算单元	定点	面积 (km²)	不同历时定点暴雨参数									
			10 min		60 min		6 h		24 h		3 d	
			H(mm)	C_v	H(mm)	C_v	H(mm)	C_v	H(mm)	C_v	H(mm)	C_v
刘家舍窠	枣林沟 1	4.929	12.2	0.57	25.1	0.54	41.5	0.51	57.9	0.45	75.7	0.43
红花坪	枣林沟 1	8.412 7	12.2	0.57	25.1	0.54	41.5	0.51	57.9	0.45	75.7	0.43
	枣林沟 2	0.731 3	12.5	0.57	25.3	0.54	41.7	0.50	58.1	0.45	75.4	0.44
梁家岔	枣林沟 1	26.90	12.2	0.57	25.1	0.54	41.5	0.51	57.9	0.45	75.7	0.43
	枣林沟 2	0.87	12.5	0.57	25.3	0.54	41.7	0.50	58.1	0.45	75.4	0.44
陶家庄	枣林沟 1	26.90	12.2	0.57	25.1	0.54	41.5	0.51	57.9	0.45	75.7	0.43
	枣林沟 2	8.843 4	12.5	0.57	25.3	0.54	41.7	0.50	58.1	0.45	75.4	0.44
十里村	枣林沟 1	26.90	12.2	0.57	25.1	0.54	41.5	0.51	57.9	0.45	75.7	0.43
	枣林沟 2	29.02	12.5	0.57	25.3	0.54	41.7	0.50	58.1	0.45	75.4	0.44
	枣林沟 3	8.83	12.7	0.57	25.3	0.55	44.0	0.52	58.3	0.46	75.0	0.45
后王家坡村	枣林沟 1	26.90	12.2	0.57	25.1	0.54	41.5	0.51	57.9	0.45	75.7	0.43
	枣林沟 2	29.02	12.5	0.57	25.3	0.54	41.7	0.50	58.1	0.45	75.4	0.44
	枣林沟 3	16.62	12.7	0.57	25.3	0.55	44.0	0.52	58.3	0.46	75.0	0.45

表 12-4　西区定点定面关系参数表

分区	历时	参数	频率(%)				
			1	2	5	10	20
西区	10 min	C	0.041 7	0.042 2	0.045 6	0.047 1	0.049 7
		N	0.468 6	0.465 5	0.445 1	0.436 1	0.421 2
	60 min	C	0.045 7	0.045 9	0.050 7	0.052 8	0.056 5
		N	0.410 8	0.408 5	0.382 4	0.371 2	0.352 1
	6 h	C	0.023 9	0.023 9	0.023 8	0.023 7	0.023 6
		N	0.454 1	0.447 2	0.433 3	0.425 0	0.410 7
	24 h	C	0.018 8	0.018 1	0.016 5	0.015 5	0.013 8
		N	0.436 0	0.432 0	0.424 5	0.420 4	0.414 0
	3 d	C	0.016 5	0.015 8	0.014 4	0.013 6	0.012 1
		N	0.417 5	0.413 3	0.405 3	0.400 7	0.393 3

12.2.1.2　时段设计雨量计算

设计点雨量主要根据模比系数法进行计算。

12.2.2　设计面雨量

设计面雨量主要根据点面折减系数,利用设计点雨量进行计算,结果见表 12-5。

表 12-5　设计暴雨成果表

序号	村庄名称	历时	均值(mm)	变差系数 C_v	C_s/C_v	重现期雨量值(H_p)(mm)				
						100 年($H_{1\%}$)	50 年($H_{2\%}$)	20 年($H_{5\%}$)	10 年($H_{10\%}$)	5 年($H_{20\%}$)
1	刘家舍窠	10 min	12.2	0.57	3.5	34.3	29.8	23.9	19.4	15.0
		60 min	25.1	0.54	3.5	67.0	58.5	47.3	38.8	30.2
		6 h	41.5	0.51	3.5	110.0	97.1	79.8	66.6	53.1
		24 h	57.9	0.45	3.5	140.6	125.7	105.6	90.0	73.8
		3 d	75.7	0.43	3.5	178.7	160.4	135.7	116.5	96.4
2	红花坪	10 min	12.4	0.60	3.5	33.4	29.0	23.3	18.9	14.6
		60 min	25.2	0.50	3.5	65.6	57.3	46.3	38.0	29.7
		6 h	41.6	0.50	3.5	108.3	95.6	78.7	65.7	52.4
		24 h	58.0	0.50	3.5	139.2	124.5	104.7	89.3	73.4
		3 d	75.6	0.40	3.5	177.4	159.3	134.9	115.8	95.9

续表 12-5

序号	村庄名称	历时	均值(mm)	变差系数 C_v	C_s/C_v	重现期雨量值(H_p)(mm)				
						100 年($H_{1\%}$)	50 年($H_{2\%}$)	20 年($H_{5\%}$)	10 年($H_{10\%}$)	5 年($H_{20\%}$)
3	梁家岔	10 min	12.4	0.60	3.5	31.1	27.1	21.8	17.7	13.7
		60 min	25.2	0.50	3.5	62.1	54.3	44.0	36.2	28.3
		6 h	41.6	0.50	3.5	104.1	92.0	75.9	63.6	50.9
		24 h	58.0	0.50	3.5	135.5	121.4	102.4	87.6	72.3
		3 d	75.6	0.40	3.5	173.5	156.0	132.4	114.0	94.8
4	陶家庄	10 min	12.4	0.60	3.5	30.7	26.7	21.5	17.5	13.5
		60 min	25.2	0.50	3.5	61.1	53.5	43.4	35.7	28.0
		6 h	41.6	0.50	3.5	102.8	90.9	75.1	63.0	50.5
		24 h	58.0	0.50	3.5	134.5	120.6	101.8	87.2	72.0
		3 d	75.6	0.40	3.5	172.8	155.5	132.0	113.6	94.4
5	十里村	10 min	12.5	0.60	3.5	29.2	25.5	20.5	16.8	13.0
		60 min	25.2	0.50	3.5	59.0	51.6	42.0	34.6	27.2
		6 h	42.4	0.50	3.5	100.2	88.8	73.5	61.8	49.7
		24 h	58.1	0.50	3.5	132.1	118.7	100.4	86.2	71.4
		3 d	75.4	0.40	3.5	170.8	153.7	130.5	112.4	93.5
6	后王家坡村	10 min	12.5	0.60	3.5	28.9	25.2	20.3	16.6	12.9
		60 min	25.2	0.50	3.5	58.7	51.4	41.8	34.5	27.1
		6 h	42.4	0.50	3.5	100.0	88.6	73.4	61.7	49.6
		24 h	58.1	0.50	3.5	131.9	118.5	100.3	86.1	71.3
		3 d	75.4	0.40	3.5	170.4	153.3	130.2	112.2	93.3

12.2.3 设计暴雨时程分配

本次工作由于小流域面积较小、汇流时间较短，时程分配的历时选用 6 h 即可基本涵盖汇流时间，所以均选择 6 h 为时程分配的历时。暴雨时程分配过程见表 12-6。

表 12-6　设计暴雨时程分配表

序号	村庄名称	时段长	时段序号	重现期时段雨量值(mm)				
				100 年($H_{1\%}$)	50 年($H_{2\%}$)	20 年($H_{5\%}$)	10 年($H_{10\%}$)	5 年($H_{20\%}$)
1	刘家舍窠	0.5 h	1	2.6	2.4	2.0	1.8	1.5
			2	2.9	2.6	2.3	2.0	1.6
			3	3.3	3.0	2.6	2.2	1.8
			4	3.8	3.4	2.9	2.5	2.1
			5	4.5	4.0	3.4	2.9	2.4
			6	5.4	4.8	4.1	3.5	2.8
			7	14.3	12.6	10.3	8.6	6.8
			8	52.7	45.9	37.0	30.2	23.4
			9	9.2	8.1	6.7	5.7	4.6
			10	6.8	6.1	5.1	4.3	3.5
			11	2.4	2.1	1.8	1.6	1.4
			12	2.1	2.0	1.7	1.5	1.3
2	红花坪	0.5 h	1	2.6	2.4	2.0	1.8	1.5
			2	2.9	2.6	2.3	2.0	1.6
			3	3.3	3.0	2.5	2.2	1.8
			4	3.8	3.4	2.9	2.5	2.1
			5	4.4	4.0	3.4	2.9	2.4
			6	5.4	4.8	4.0	3.4	2.8
			7	14.1	12.4	10.2	8.5	6.8
			8	51.5	44.9	36.1	29.5	22.9
			9	9.1	8.0	6.7	5.6	4.5
			10	6.7	6.0	5.0	4.2	3.5
			11	2.4	2.1	1.9	1.6	1.4
			12	2.1	2.0	1.7	1.5	1.3
3	梁家岔	0.5 h	1	2.6	2.4	2.0	1.8	1.5
			2	2.9	2.6	2.3	2.0	1.6
			3	3.3	3.0	2.5	2.2	1.8
			4	3.7	3.4	2.9	2.5	2.1
			5	4.4	3.9	3.3	2.9	2.4
			6	5.3	4.7	4.0	3.4	2.8

续表 12-6

序号	村庄名称	时段长	时段序号	重现期时段雨量值(mm)				
				100 年($H_{1\%}$)	50 年($H_{2\%}$)	20 年($H_{5\%}$)	10 年($H_{10\%}$)	5 年($H_{20\%}$)
3	梁家岔	0.5 h	7	13.6	12.0	9.9	8.3	6.6
			8	48.4	42.2	34.1	27.9	21.7
			9	8.8	7.8	6.5	5.5	4.4
			10	6.6	5.9	4.9	4.2	3.4
			11	2.3	2.1	1.8	1.6	1.4
			12	2.1	2.0	1.7	1.5	1.3
4	陶家庄	0.5 h	1	2.6	2.4	2.0	1.8	1.5
			2	2.9	2.6	2.2	2.0	1.6
			3	3.2	2.9	2.5	2.2	1.8
			4	3.7	3.4	2.9	2.5	2.1
			5	4.3	3.9	3.3	2.8	2.4
			6	5.2	4.7	3.9	3.4	2.8
			7	13.4	11.9	9.8	8.2	6.5
			8	47.7	41.6	33.6	27.6	21.5
			9	8.7	7.8	6.5	5.4	4.4
			10	6.5	5.8	4.9	4.2	3.4
			11	2.3	2.1	1.8	1.6	1.4
			12	2.1	2.0	1.7	1.5	1.3
5	十里村	0.5 h	1	2.6	2.3	2.0	1.8	1.5
			2	2.9	2.6	2.2	2.0	1.6
			3	3.2	2.9	2.5	2.2	1.8
			4	3.7	3.3	2.8	2.5	2.1
			5	4.3	3.9	3.3	2.8	2.4
			6	5.2	4.6	3.9	3.4	2.8
			7	13.1	11.6	9.6	8.0	6.4
			8	45.8	40.0	32.4	26.6	20.8
			9	8.6	7.6	6.4	5.4	4.4
			10	6.4	5.8	4.8	4.1	3.4
			11	2.3	2.1	1.8	1.6	1.4
			12	2.1	1.9	1.7	1.5	1.3

续表 12-6

序号	村庄名称	时段长	时段序号	重现期时段雨量值(mm)				
				100 年($H_{1\%}$)	50 年($H_{2\%}$)	20 年($H_{5\%}$)	10 年($H_{10\%}$)	5 年($H_{20\%}$)
6	后王家坡	0.5 h	1	2.6	2.3	2.0	1.8	1.5
			2	2.9	2.6	2.2	2.0	1.6
			3	3.2	2.9	2.5	2.2	1.8
			4	3.7	3.3	2.9	2.5	2.1
			5	4.3	3.9	3.3	2.8	2.4
			6	5.2	4.6	3.9	3.4	2.8
			7	13.2	11.6	9.6	8.1	6.5
			8	45.5	39.8	32.2	26.4	20.7
			9	8.6	7.7	6.4	5.4	4.4
			10	6.5	5.8	4.8	4.1	3.4
			11	2.3	2.1	1.8	1.6	1.4
			12	2.1	2.0	1.7	1.5	1.3

12.3　设计洪水分析

假设设计洪水与设计暴雨同频率，设计洪水的频率亦为1%、2%、5%、10%和20%，对应的洪水重现期为100年一遇、50年一遇、20年一遇、10年一遇和5年一遇5种。

设计洪水采用《水文手册》中推荐的“通过设计暴雨推求设计洪水”的方法进行计算。设计净雨采用双曲正切模型法进行计算，设计净雨过程采用变损失率推理扣损法计算。设计洪水采用流域模型法进行计算，汇流时间分析采用水文模型方法确定。

经分析，刘家舍窠村、红花坪、梁家岔村、陶家庄村、十里村、后王家坡村的汇流时间分别为1 h、0.5 h、1 h、1 h、2 h、3 h。

设计洪水成果详见表12-7。

表 12-7　设计洪水成果表

序号	行政区划名称	行政区划代码	小流域名称	控制断面代码	洪水要素	重现期洪水要素值				
						100 年一遇	50 年一遇	20 年一遇	10 年一遇	5 年一遇
1	刘家舍窠	141102201209000	枣林沟	刘家舍窠 13	洪峰流量(m^3/s)	101.0	80.2	53.0	33.4	19.7
					*洪量(万 m^3)	23.6	18.1	11.8	7.7	4.7
					*洪水历时(h)	8	7.5	8	9	9.5
					洪峰水位(m)	1 286.18	1 286.02	1 285.77	1 285.54	1 285.24
2	红花坪	141102201206101	枣林沟	红花坪 14	洪峰流量(m^3/s)	157.1	126.0	84.9	54.7	31.9
					*洪量(万 m^3)	49.1	38.2	25.4	16.8	10.5
					*洪水历时(h)	6	6.5	7	7	8
					洪峰水位(m)	1 216.81	1 216.53	1 216.1	1 215.7	1 215.32
3	梁家岔村	141102201206000	枣林沟	梁家岔村 14	洪峰流量(m^3/s)	381.2	293.7	186.1	113.9	64.9
					*洪量(万 m^3)	120.9	92.9	60.6	39.5	24.3
					*洪水历时(h)	13.5	13.5	14.5	16	18
					洪峰水位(m)	1 183.8	1 183.33	1 182.64	1 182.08	1 181.59
4	陶家庄村	141102201204000	枣林沟	陶家庄村 15	洪峰流量(m^3/s)	423.8	323.3	202.5	123.1	69.8
					*洪量(万 m^3)	151.7	116.5	76.2	49.7	30.7
					*洪水历时(h)	13.5	13.5	14.5	16	18
					洪峰水位(m)	1 092.52	1 092.1	1 091.51	1 091.04	1 090.65
5	十里村	141102201202000	枣林沟	十里村 14	洪峰流量(m^3/s)	557.2	417.7	255.8	153.6	85.9
					*洪量(万 m^3)	263.5	202.8	132.8	86.9	53.9
					*洪水历时(h)	6	6.5	7	7	8
					洪峰水位(m)	1 014.54	1 013.96	1 013.18	1 012.57	1 012.06
6	后王家坡村	141102002202000	枣林沟	后王家坡村 11	洪峰流量(m^3/s)	562	424	260	156	87.4
					*洪量(万 m^3)	308.7	238.4	156.7	103	64
					*洪水历时(h)	6	6.5	7	7	8
					洪峰水位(m)	935.03	934.6	934.09	933.47	932.85

12.4 防洪现状评价

12.4.1 危险区范围确定

经分析,枣林沟6个沿河村落均有居民户位于100年一遇设计洪水淹没范围以内,需进行后续的防洪现状评价。

12.4.2 现状防洪能力评价

12.4.2.1 小流域基础信息

1. 后王家坡村

后王家坡村位于离石区凤山街道,枣林沟下游,控制断面以上流域面积为72.54 km^2,河长18.91 km,比降21.15‰,全村受山洪威胁共37户,人口146人。村庄沿河分布,居民主要居住在河流左岸,后王家坡村东部河段有一单孔桥拱桥,桥长20 m、宽5.5 m、高5 m,村子东南部有一座梁桥,桥长106 m、宽10 m、高12 m,桥下均长有杂草和垃圾堆放使水流不通畅。

后王家坡村附近河床为砂砾石河床,上游河段两侧为滩地,长有杂草,下游河床长有杂草、小树并有垃圾堆放,水流不通畅。综合分析确定后王家坡村河段主槽糙率为0.030,滩地糙率为0.035。

2. 十里村

十里村位于离石区枣林乡,枣林沟中下游,控制断面以上流域面积为64.75 km^2,河长12.97 km,比降25.39‰,全村受山洪威胁共83户,人口442人。村庄沿河分布,居民主要居住在河流左岸,十里村东部河段有一单孔拱桥,桥长35 m、宽8.0 m、高11.4 m,村子西部有一单孔桥,桥长16 m、宽6.8 m、高10 m。两桥均过水通畅。

十里村附近河床为砂砾石河床,河槽较平整顺直,断面较齐整,水流较通畅,滩地及岸壁两侧均长有杂草。综合分析确定十里村河段河槽糙率为0.028,滩地糙率为0.035。

3. 陶家庄村

陶家庄村位于离石区枣林乡,枣林沟中游,控制断面以上流域面积为35.74 km^2,河长9.17 km,比降30.36‰,全村受山洪威胁共7户,人口66人。村庄沿河分布。村居民主要居住在河流左岸,村庄紧邻离碛线公路。

陶家庄村附近河床为砂砾石河床,河槽规整,床面较平整,长有杂草。综合分析确定陶家庄村河段河槽糙率为0.027,滩地糙率为0.035。

4. 梁家岔村

梁家岔村位于离石区枣林乡,枣林沟中上游,控制断面以上流域面积为27.77 km^2,河长5.73 km,比降36.47‰,全村受山洪威胁共28户,人口328人。村庄位于河流交汇处并沿河分布。梁家岔村东部河段有一单孔拱桥,桥长17.0 m、宽4.0 m、高7 m,村子西部河段也有一单孔拱桥,桥长7.0 m、宽9.0 m、高8.9 m,两桥下均长有杂草、小树并有垃圾倾倒,水流不畅。

梁家岔村附近河床为砂砾石河床，上游滩地长有杂草，小树，水流较通畅，下游河床处长有杂草、树，并有垃圾堆放，水流较不通畅。综合分析确定梁家岔村河段河槽糙率为0.030，地糙率为0.035。

5. 红花坪村

红花坪村位于离石区枣林乡，枣林沟中上游，控制断面以上流域面积为9.14 km^2，河长4.76 km，比降44.27‰，全村受山洪威胁共9户，人口112人。村庄沿河分布，居民主要居住在河流左侧。村庄紧邻离碛线公路。

红花坪村附近河床为砂砾石河床，河槽平整顺直，断面较齐整，水流通畅，滩地长有杂草。综合分析确定红花坪村河段河槽糙率为0.028，滩地糙率为0.035。

6. 刘家舍窠村

刘家舍窠村位于离石区枣林乡，枣林沟上游，控制断面以上流域面积为4.93 km^2，河长2.75 km，比降63.02‰，全村受山洪威胁共8户，人口70人。村庄沿河分布，居民主要居住在河流左侧。刘家舍窠村东西南部河段有一单孔拱桥，桥长10.6 m、宽5.6 m、高6.0 m，桥下长有杂草。

刘家舍窠村附近河床为砂土质河床，河槽长有杂草较平整，岸壁两侧长有杂草。综合分析确定刘家舍窠村河段河槽糙率为0.028，滩地糙率为0.035。

12.4.2.2 成灾水位的确定

利用流域模型法计算的各沿河村落不同频率的设计洪峰流量成果推求对应河段的水面线，通过对比临河一侧居民户高程和沿河村落河段水面线确定成灾水位（见图11-3～图12-8）。后王家坡村的成灾水位为934.04 m，十里村的成灾水位为1 012.77 m，陶家庄村的成灾水位为1 090.79 m，梁家岔村的成灾水位为1 182.78 m，红花坪村的成灾水位为1 215.57 m，刘家舍窠的成灾水位为1 285.56 m。

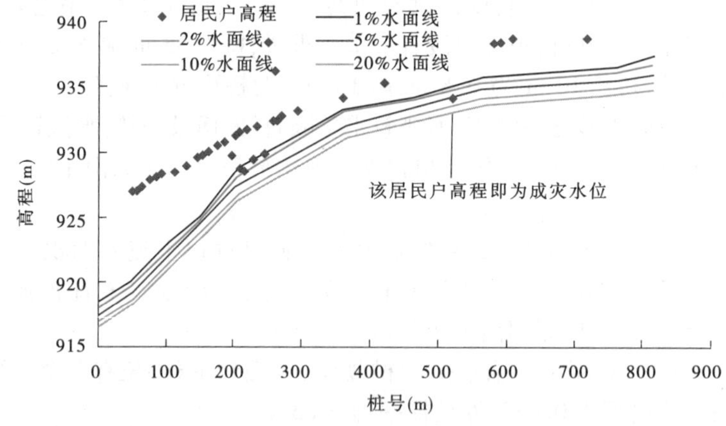

图12-3　后王家坡村居民户高程与水面线对比示意图

12.4.2.3 水位—流量关系计算

根据断面测量数据以及选取的比降值、糙率值，使用水面线软件计算控制断面水位流量曲线。在计算过程中，对涉水工程过水能力较大，基本不影响水面线推求的按断面处理，对过水能力相对较小的且容易形成阻水的涉水工程，采用水力学法计算其过水能力，

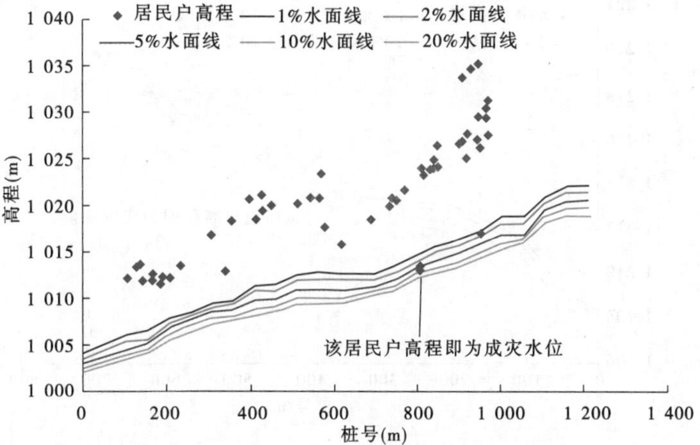

图 12-4　十里村居民户高程与水面线对比示意图

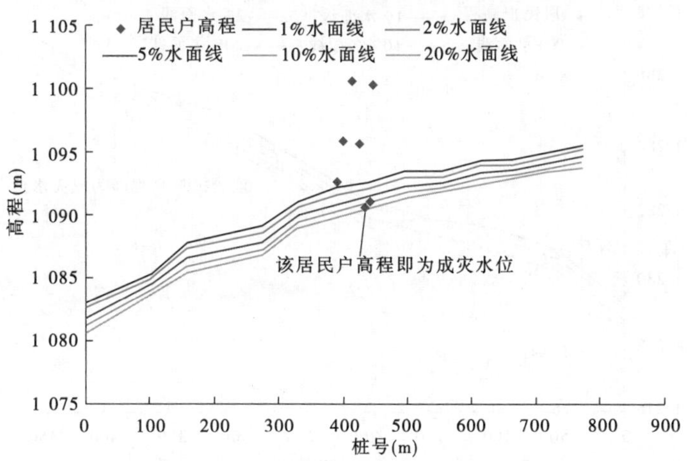

图 12-5　陶家庄村居民户高程与水面线对比示意图

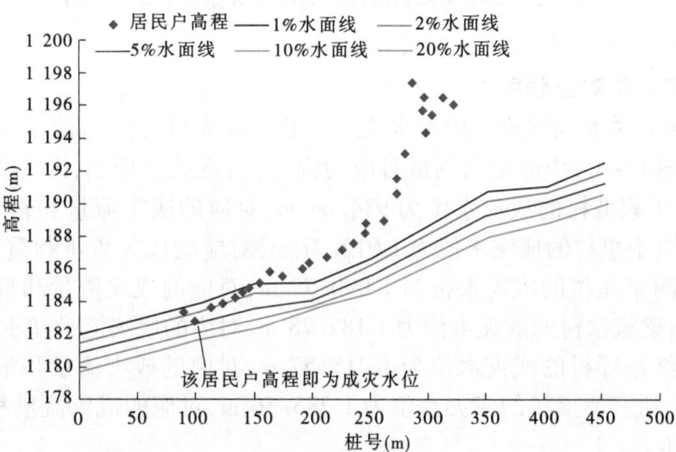

图 12-6　梁家岔村居民户高程与水面线对比示意图

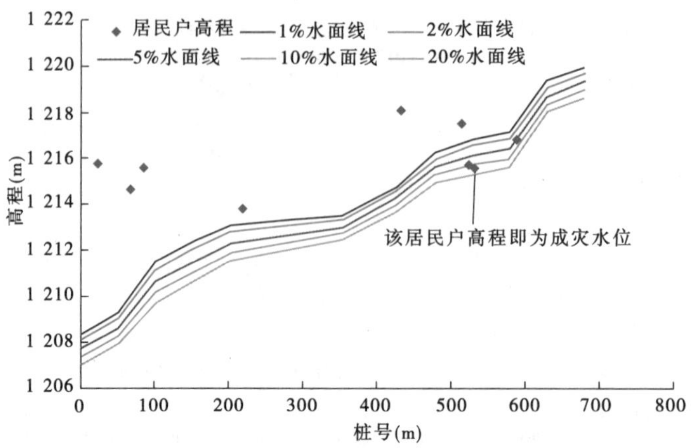

图 12-7　红花坪村居民户高程与水面线对比示意图

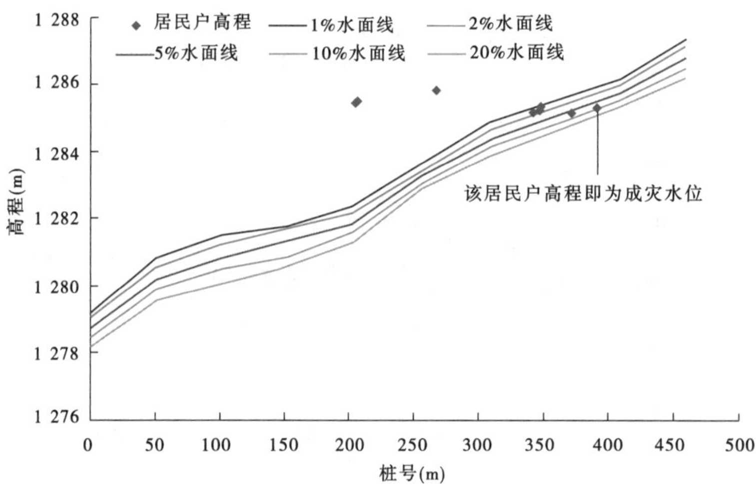

图 12-8　刘家舍窠村居民户高程与水面线对比示意图

综合分析推求水面线，如图 12-9 ~ 图 12-14 所示。

12.4.2.4　成灾水位对应频率

根据水位流量关系曲线推求成灾水位对应的洪峰流量，再用插值法在流量频率曲线（见图 12-15 ~ 图 12-20）中确定该流量对应的频率，换算成重现期，即为该沿河村落的现状防洪能力，后王家坡村的成灾水位为 934.04 m，对应的成灾流量和重现期分别为 240 m^3/s 和 17.8 年；十里村的成灾水位为 1 012.77 m，对应的成灾流量和重现期分别为 180 m^3/s 和 12 年；陶家庄村的成灾水位为 1 090.79 m，对应的成灾流量和重现期分别为 75 m^3/s 和 5.5 年；梁家岔村的成灾水位为 1 182.78 m，对应的成灾流量和重现期分别为 214 m^3/s 和 26 年；红花坪村的成灾水位为 1 215.57 m，对应的成灾流量和重现期分别为 40 m^3/s 和 6.5 年；刘家舍窠村的成灾水位为 1 285.56 m，对应的成灾流量和重现期分别为 35 m^3/s 和 11 年。

12.4.2.5　水位—流量—人口关系

统计情况见表 12-8 及图 12-21 ~ 图 12-26。

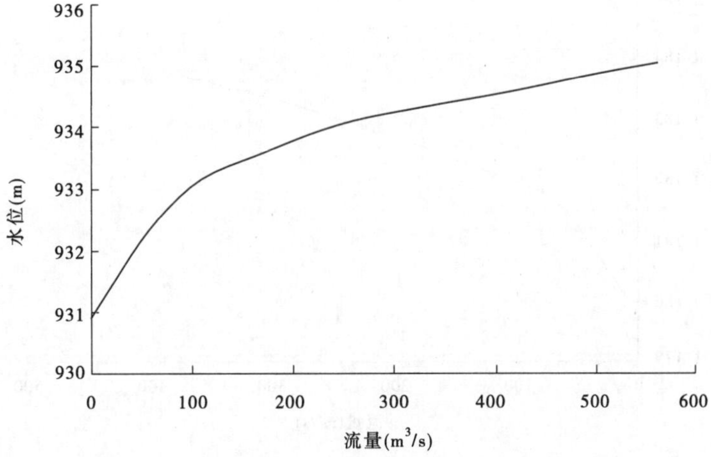

图 12-9　后王家坡村控制断面水位—流量关系曲线图

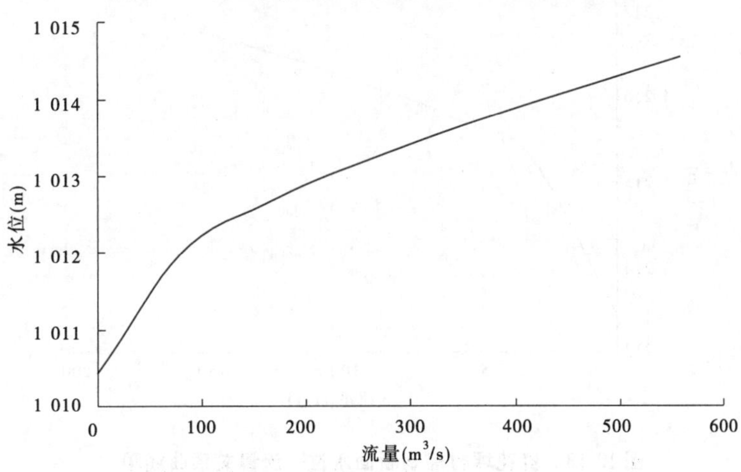

图 12-10　十里村控制断面水位—流量关系曲线图

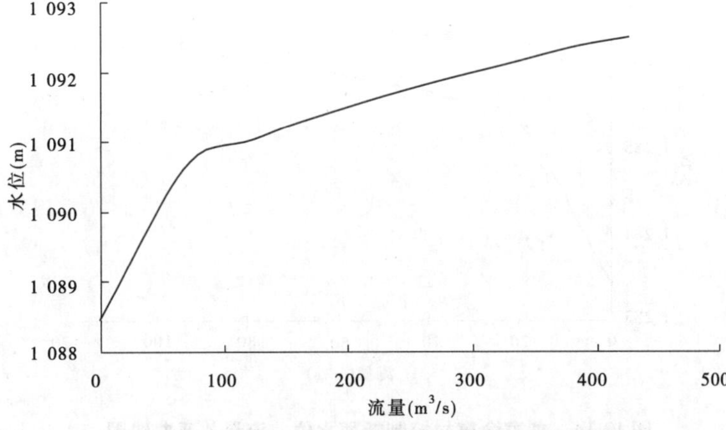

图 12-11　陶家庄村控制断面水位—流量关系曲线图

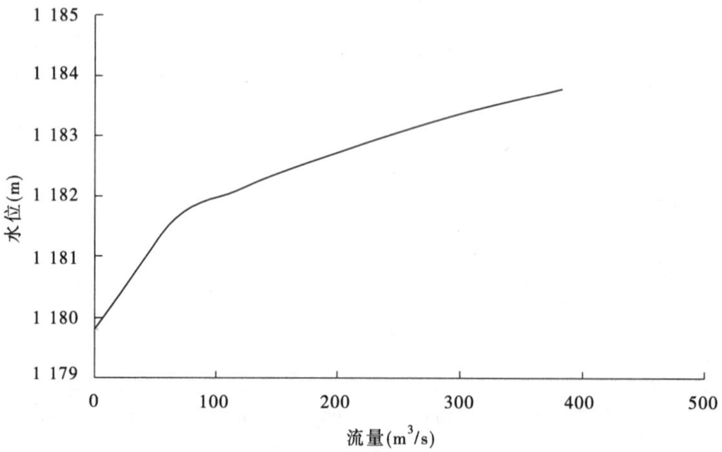

图 12-12　梁家岔村控制断面水位—流量关系曲线图

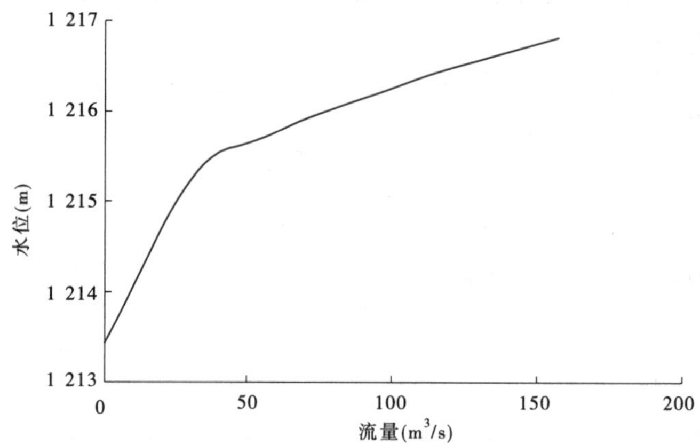

图 12-13　红花坪村控制断面水位—流量关系曲线图

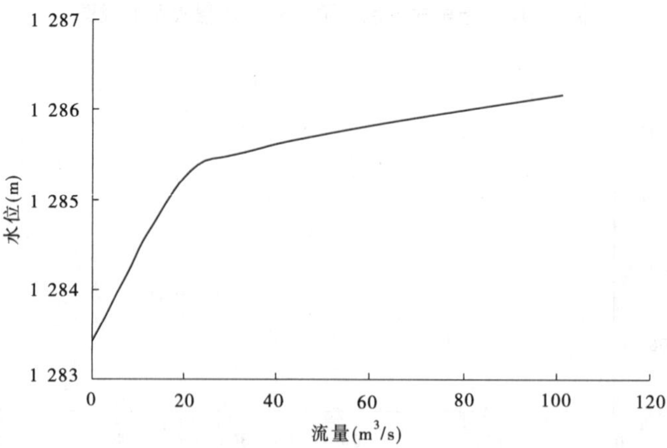

图 12-14　刘家舍窠村控制断面水位—流量关系曲线图

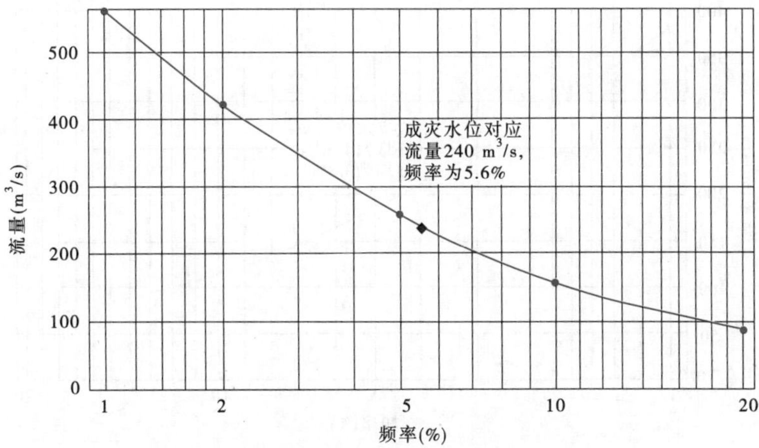

图 12-15　后王家坡村成灾水位对应的洪水频率

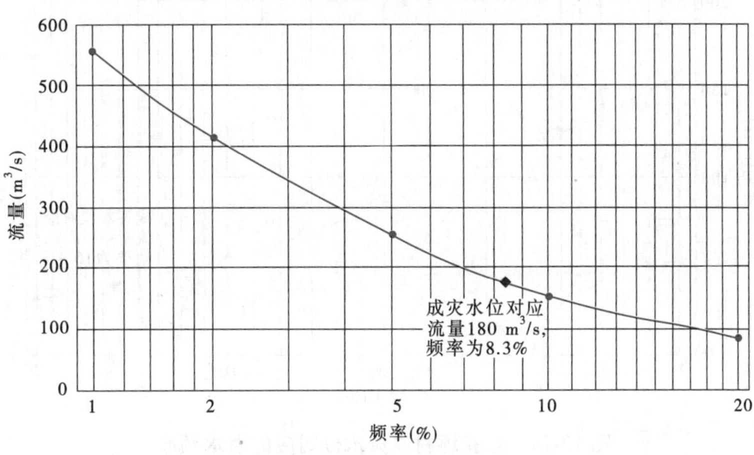

图 12-16　十里村成灾水位对应的洪水频率

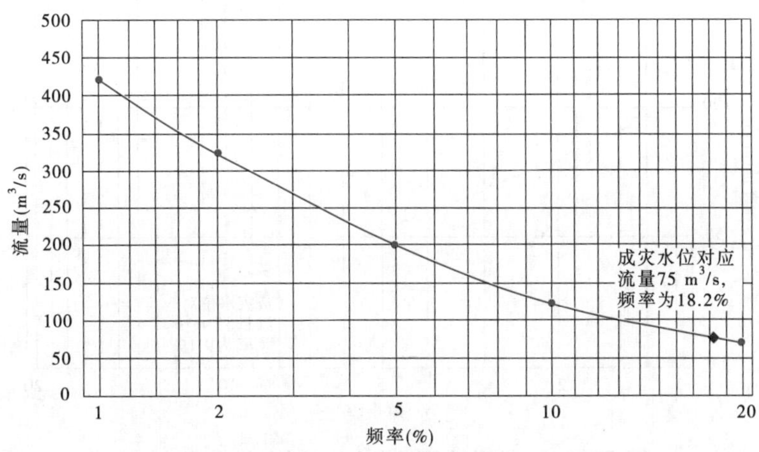

图 12-17　陶家庄村成灾水位对应的洪水频率

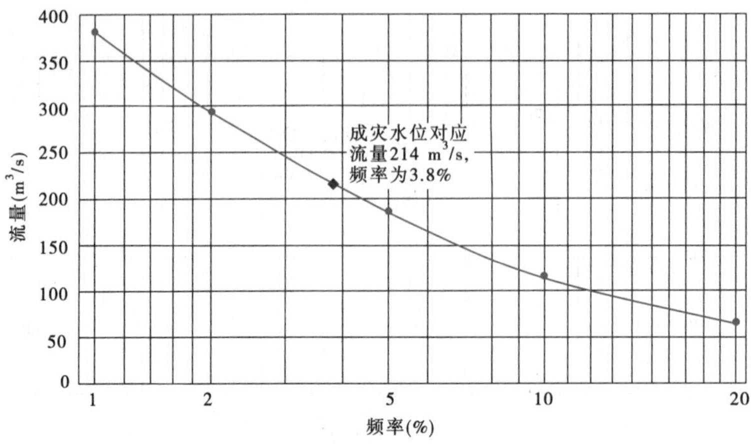

图 12-18　梁家岔村成灾水位对应的洪水频率

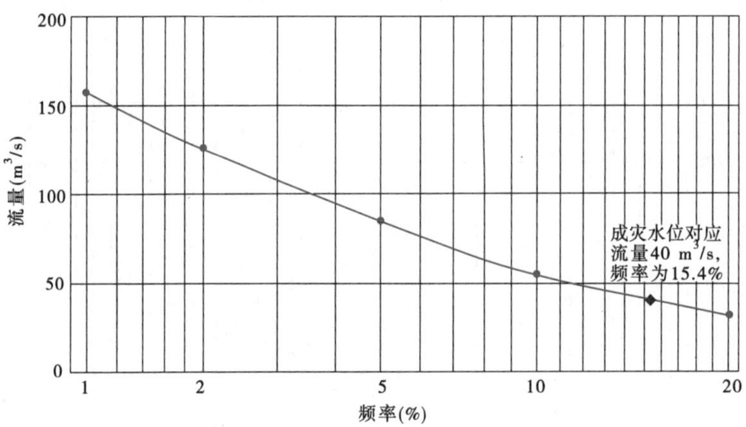

图 12-19　红花坪村成灾水位对应的洪水频率

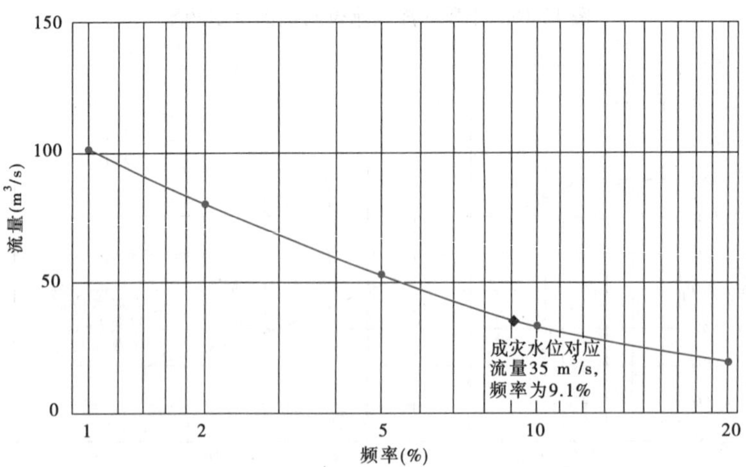

图 12-20　刘家舍窠成灾水位对应的洪水频率

表 12-8 控制断面水位—流量—人口关系表

序号	行政区划名称	行政区划代码	水位(m)	流量(m^3/s)	重现期(年)	人口(人)	户数(户)	房屋数(座)
1	刘家舍窠	141102201209000	1 285.24	19.7	5	0	0	
			1 285.54	33.4	10	0	0	
			1 285.77	53.0	20	18	4	
			1 286.02	80.2	50	0	0	
			1 286.18	101.0	100	28	6	
2	红花坪	141102201206101	1 215.32	31.9	5	0	0	
			1 215.7	54.7	10	7	2	
			1 216.1	84.9	20	18	4	
			1 216.53	126.0	50	0	0	
			1 216.81	157.1	100	0	0	
3	梁家岔村	141102201206000	1 181.59	64.9	5	0	0	
			1 182.08	113.9	10	0	0	
			1 182.64	186.1	20	0	0	
			1 183.33	293.7	50	10	3	
			1 183.8	381.2	100	42	11	

续表 12-8

序号	行政区划名称	行政区划代码	水位(m)	流量(m^3/s)	重现期(年)	人口(人)	户数(户)	房屋数(座)
4	陶家庄村	141102201204000	1 090.65	69.8	5	0	0	
			1 091.04	123.1	10	27	6	
			1 091.51	202.5	20	0	0	
			1 092.1	323.3	50	0	0	
			1 092.52	423.8	100	0	0	
5	十里村	141102201202000	1 012.06	85.9	5	0	0	
			1 012.57	153.6	10	0	0	
			1 013.18	255.8	20	17	4	
			1 013.96	417.7	50	7	2	
			1 014.54	557.2	100	15	4	
6	后王家坡	141102002202000	932.85	87.4	5	0	0	
			933.47	156	10	5	1	
			934.09	260	20	0	0	
			934.60	424	50	22	5	
			935.03	562	100	0	0	

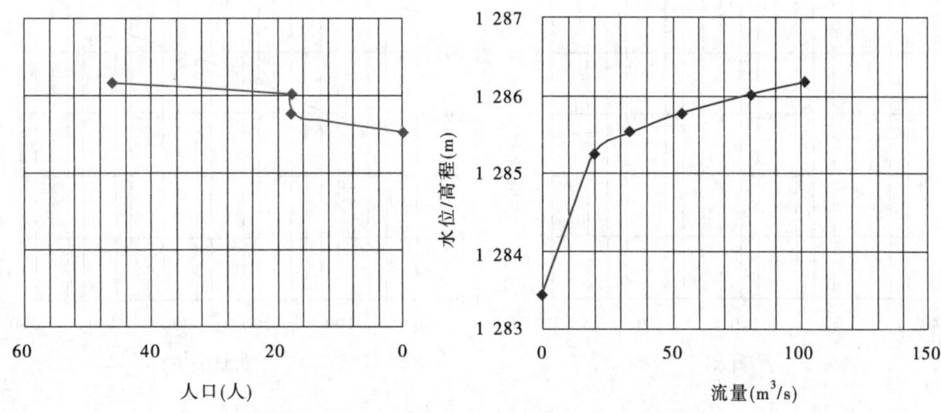

图12-21 刘家舍窠村水位—流量—人口对照图

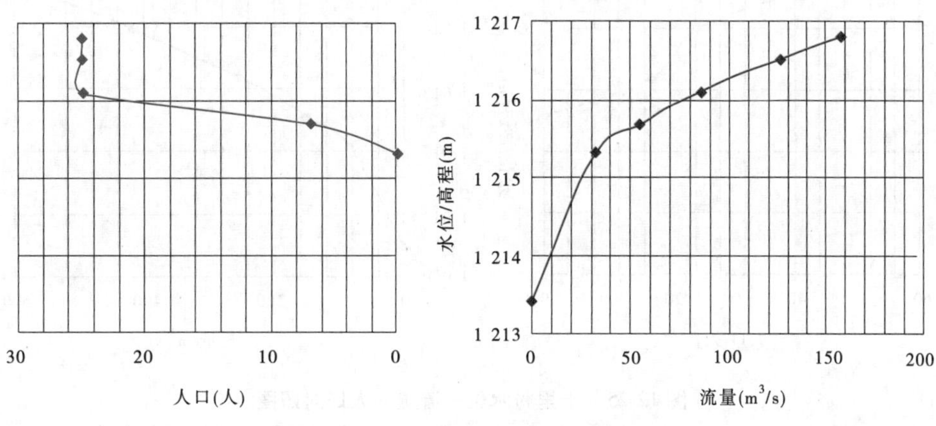

图12-22 红花坪水位—流量—人口对照图

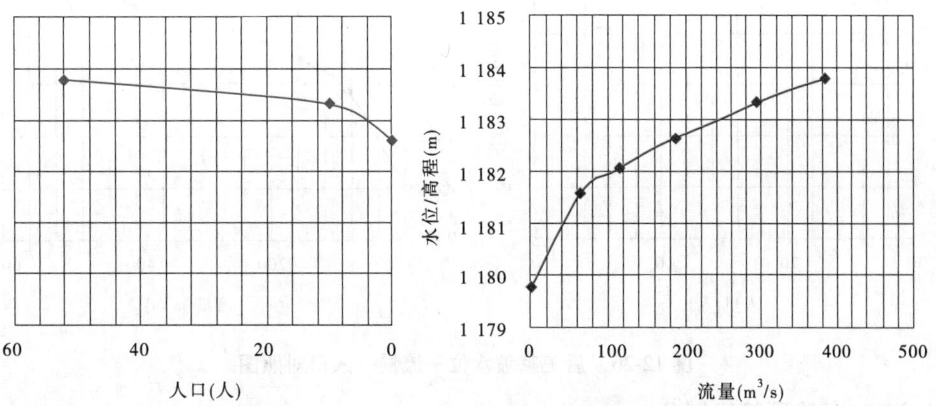

图12-23 梁家岔村水位—流量—人口对照图

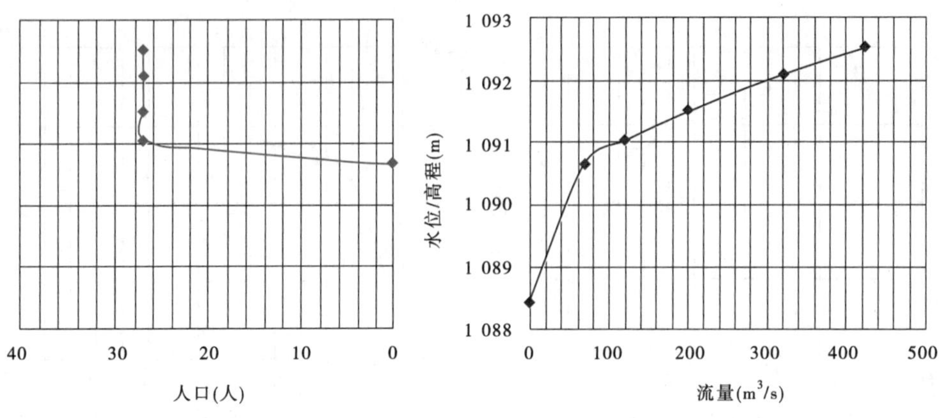

图 12-24　陶家庄村水位—流量—人口对照图

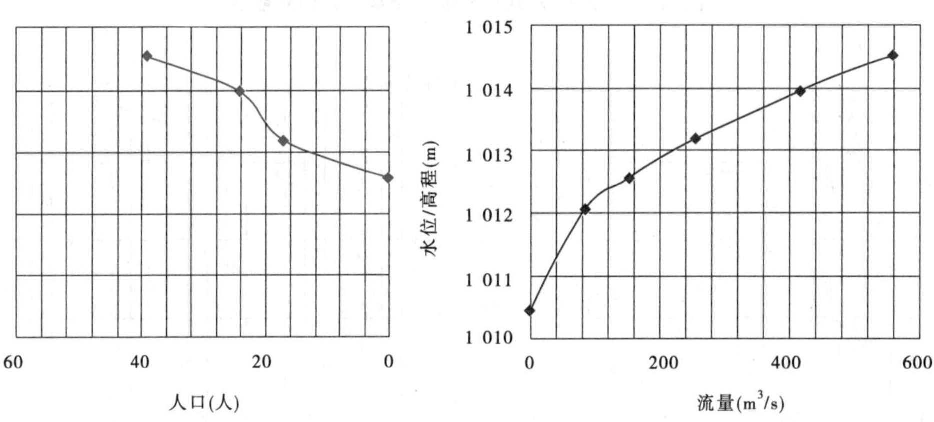

图 12-25　十里村水位—流量—人口对照图

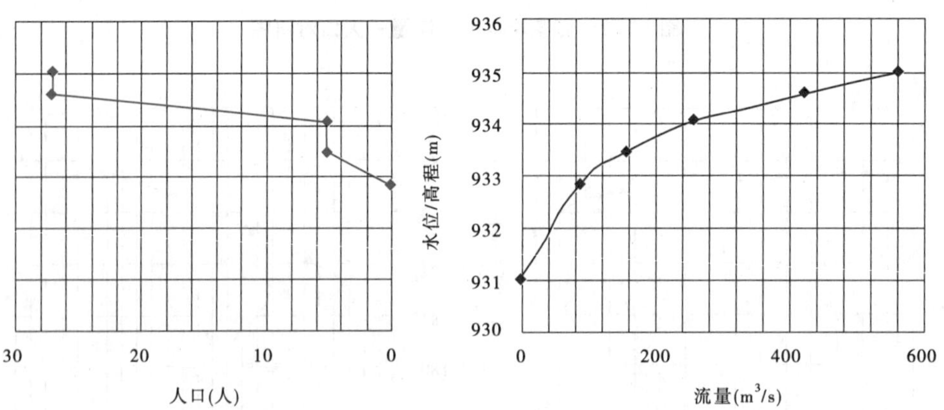

图 12-26　后王家坡水位—流量—人口对照图

12.4.2.6　危险区等级划分

危险区等级划分标准见表 12-9，统计结果如下：

表12-9　危险区等级划分标准

危险区等级	洪水重现期(年)	说明
极高危险区	小于5年一遇	属较高发生频次
高危险区	大于等于5年一遇,小于20年一遇	属中等发生频次
危险区	大于等于20年一遇至20~100年一遇或历史最高	属稀遇发生频次 不受特殊工况影响

后王家坡村在极高危险区范围内无居民,高危险区范围内有1户5人,危险区范围内有5户22人。

十里村在极高危险区范围内无居民,高危险区范围内有4户17人,危险区范围内有6户22人。

陶家庄村在极高危险区及危险区范围内无居民,高危险区范围内有6户27人。

梁家岔村在极高危险区和高危险区范围内无居民,危险区范围内有14户52人。

红花坪村在极高危险区和危险区范围内无居民,高危险区范围内有6户25人。刘家舍窠在极高危险区范围内无居民,高危险区范围内有4户18人,危险区范围内有6户28人。

12.4.2.7　防洪现状评价图

防洪现状评价图是根据水位—流量关系曲线及成灾水位、各频率设计洪水位下的人口、户数统计信息等分析成果绘制的综合性示意图,详见成果类附件,此处不再赘述。

12.5　预警指标分析

12.5.1　雨量预警指标

雨量预警指标见表12-10及预警雨量临界曲线图

表12-10　雨量预警指标成果

序号	行政区划名称	类别	B0	时段(h)	预警指标		临界雨量(mm)/水位(m)	方法
					准备转移	立即转移		
35	刘家舍窠	雨量	0	0.5	26	37	37.0	水文模型法
				1	37	48	48.0	
			0.3	0.5	22	32	32.0	
				1	32	42	42.0	
			0.6	0.5	21	30	30.0	
				1	30	39	39.0	

续表 12-10

序号	行政区划名称	类别	B0	时段(h)	预警指标		临界雨量(mm)/水位(m)	方法
					准备转移	立即转移		
36	红花坪	雨量	0	0.5	28	40	40.0	水文模型法
			0.3	0.5	24	35	35.0	
			0.6	0.5	21	30	30.0	
37	梁家岔村	雨量	0	0.5	32	46	46.0	水文模型法
				1	46	59	59.0	
			0.3	0.5	29	41	41.0	
				1	41	52	52.0	
			0.6	0.5	25	35	35.0	
				1	35	45	45.0	
38	陶家庄村	雨量	0	0.5	19	28	28.0	水文模型法
				1	28	34	34.0	
			0.3	0.5	16	23	23.0	
				1	23	29	29.0	
			0.6	0.5	13	19	19.0	
				1	19	24	24.0	
39	十里村	雨量	0	0.5	28	41	41.0	水文模型法
				1	41	49	49.0	
				2	56	62	62.0	
			0.3	0.5	25	36	36.0	
				1	36	43	43.0	
				2	50	55	55.0	
			0.6	0.5	21	31	31.0	
				1	31	37	37.0	
				2	43	48	48.0	

续表 12-10

序号	行政区划名称	类别	B0	时段(h)	预警指标		临界雨量(mm)/水位(m)	方法
					准备转移	立即转移		
40	后王家坡村	雨量	0	0.5	29	41	41.0	水文模型法
				1	35	50	50.0	
				2	46	65	65.0	
				3	53	76	76.0	
			0.3	0.5	25	35	35.0	
				1	31	44	44.0	
				2	41	58	58.0	
				3	48	68	68.0	
			0.6	0.5	21	30	30.0	
				1	26	37	37.0	
				2	36	51	51.0	
				3	42	60	60.0	

12.5.2　水位预警指标

水位预警是根据预警对象控制断面的成灾水位，推算上游水位站的相应水位，作为临界水位进行预警。从时间上讲，山洪从水位站演进至下游预警对象的时间应不小于 0.5 h，否则因时间太短而失去预警的意义。

枣林沟水位站符合分析要求，成果见表 12-11。分析方法为根据预警对象控制断面成灾水位，采用水面线方法推求上游水位站的相应洪水位，该水位即为临界水位。临界水位即为水位预警的立即转移指标，将临界水位减去 0.3 m 作为水位预警的准备转移指标。

枣林沟水位站水位—流量关系见图 12-27。

表 12-11　枣林沟水位站水位预警临界水位计算成果

序号	水位站名称	所在流域	下游危险村庄	至村子距离(m)	致灾水位相应流量(m^3/s)	立即转移水位(m)	准备转移水位(m)
1	枣林沟	枣林沟	后王家坡村	8 419	240	917.70	917.40

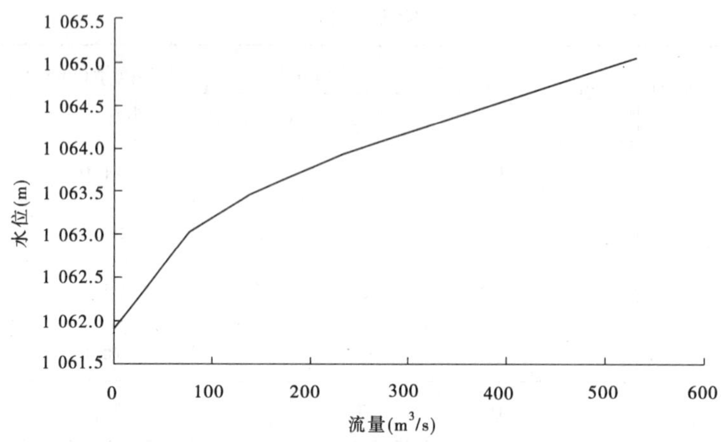

图 12-27　枣林沟水位站水位—流量关系图

12.6　危险区图绘制

危险区图为以村为单位绘制的包括基础底图信息、主要信息和辅助信息等分析成果的综合性示意图,详见成果类附件中的危险区划分示意图。主要绘制流程如下:

(1)检查防灾对象的工作底图,尤其注意遥感底图、行政区划、河流及其走向、控制断面、集中居民区范围、交通道路等信息是否完整。

(2)叠加山洪灾害分析评价的主要信息,主要包括以下五项:

①危险区相关信息:各级危险区(极高、高、危险)空间分布及其人口(户数)、房屋统计信息;特殊工况危险区空间分布、人口、户数统计信息、工程失事情况说明和特殊工况的应对措施等内容。

②转移安置信息:核实后的转移路线、临时安置地点等信息。

③设计暴雨洪水成果信息:典型雨型分布,设计洪水主要成果。

④预警指标成果信息:包括雨量预警指标和水位预警指标、预警方式等。

⑤防汛期组织信息:如责任人,联系方式等。

(3)添加辅助信息,即编制单位、编制时间以及图名、图例、比例尺、指北针等地图辅助信息。

刘家舍窠村预警临界雨量曲线见图 12-28。

因红花坪汇流时间为 0.5 h,故没有预警雨量临界曲线图成果。

梁家岔村预警临界雨量曲线见图 12-29。

陶家庄村预警临界雨量曲线见图 12-30。

十里村预警临界雨量曲线见图 12-31。

后王家坡预警雨量临界曲线见图 12-32。

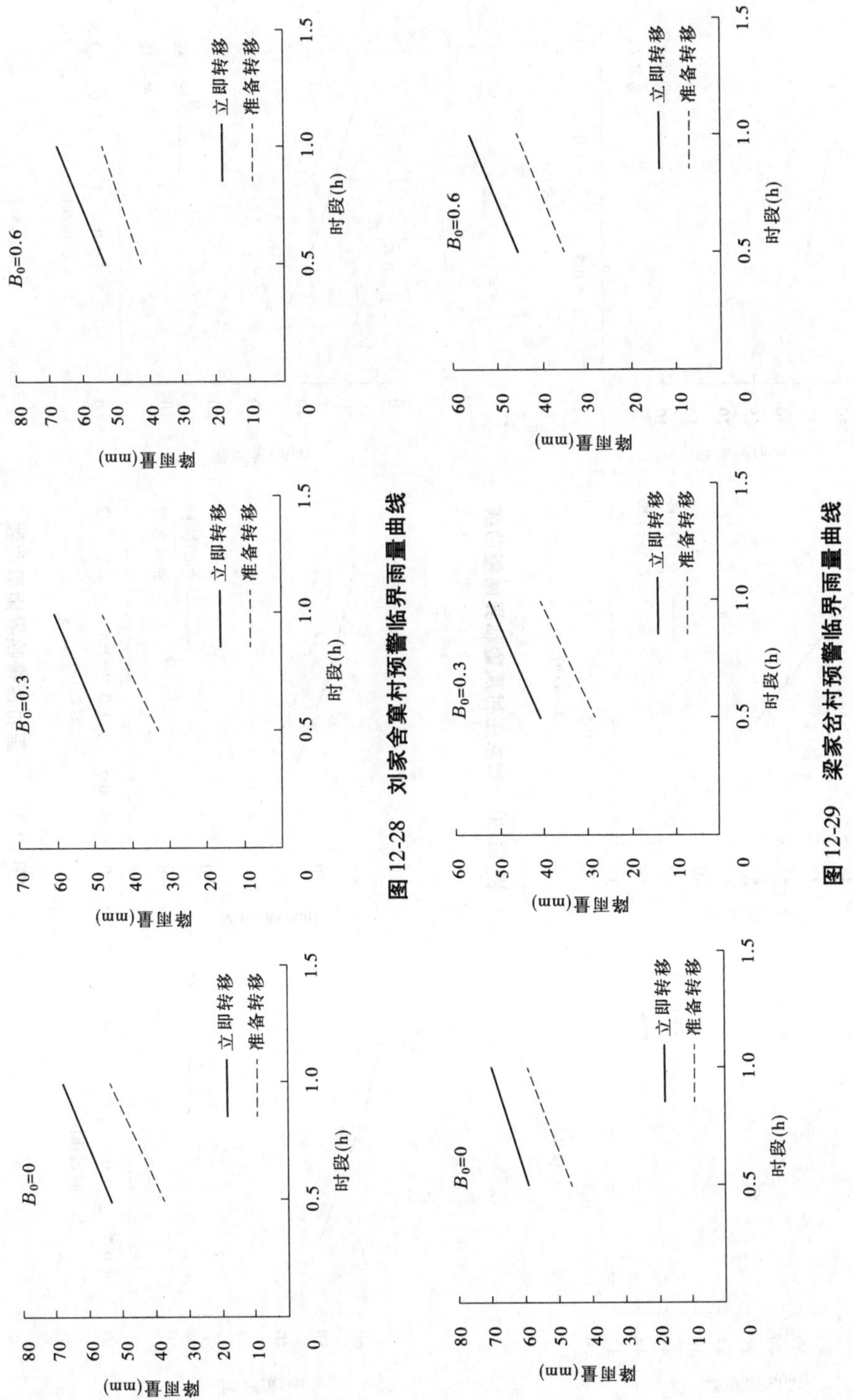

图 12-28 刘家舍窠村预警临界雨量曲线

图 12-29 梁家岔村预警临界雨量曲线

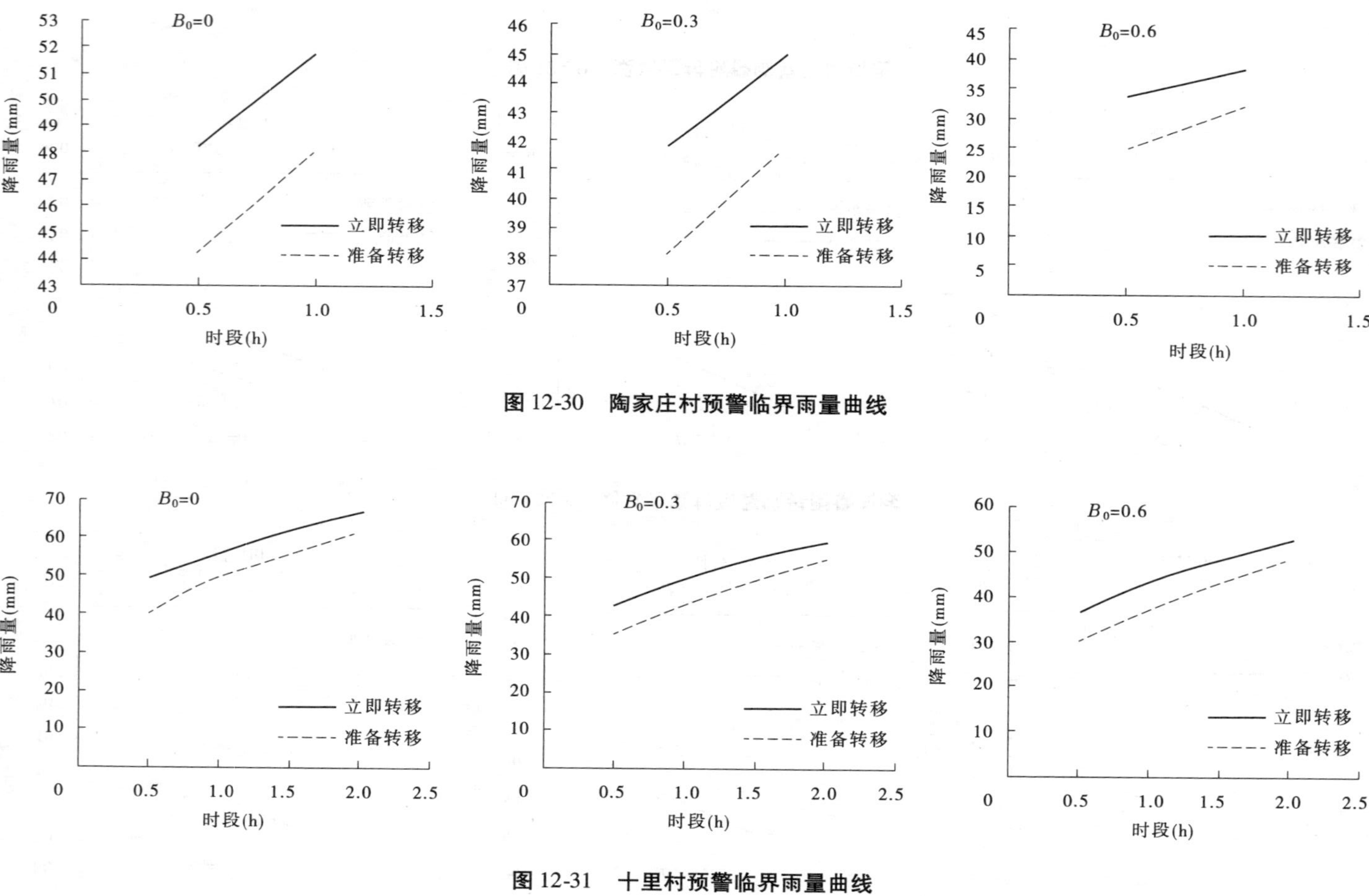

图 12-30 陶家庄村预警临界雨量曲线

图 12-31 十里村预警临界雨量曲线

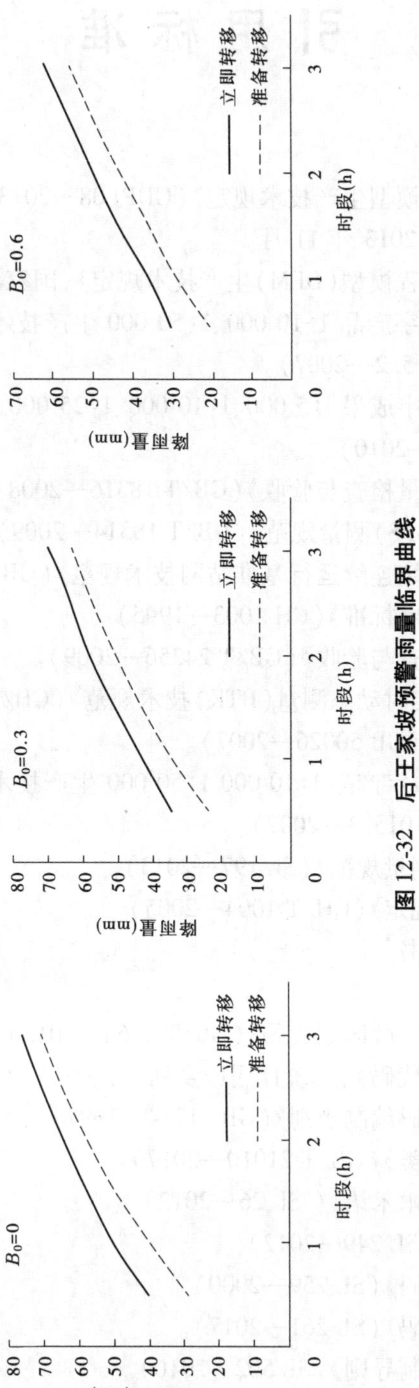

图12-32　后王家坡预警雨量临界曲线

引用标准

1. 测绘标准

(1)《多尺度数字高程模型生产技术规定》(GDPJ 08—2013),国务院第一次全国地理国情普查领导小组办公室,2013 年 11 月。

(2)《1∶10 000 数字高程模型(DEM)生产技术规定》,国家测绘局,1998 年 7 月。

(3)《基础地理信息数字产品 1∶10 000、1∶50 000 生产技术规程　第 2 部分:数字高程模型(DEM)》(CH/T 1015.2—2007)。

(4)《基础地理信息数字成果 1∶5 000、1∶10 000、1∶25 000、1∶50 000、1∶100 000 数字高程模型》(CH/T 9009.2—2010)。

(5)《数字测绘成果质量检查与验收》(GB/T 18316—2008)。

(6)《全球定位系统(GPS)测量规范》(GB/T 18314—2009)。

(7)《全球导航卫星系统连续运行基准站网技术规范》(GB/T 28588—2012)。

(8)《测绘产品质量评定标准》(CH 1003—1995)。

(9)《测绘成果质量检查与验收》(GB/T 24356—2009)。

(10)《全球定位系统实时动态测量(RTK)技术规范》(CH/T 2009—2010)。

(11)《工程测量规范》(GB 50026—2007)。

(12)《基础地理信息数字产品 1∶10 000 1∶50 000 生产技术规程　第 3 部分:数字正射影像图(DOM)》(CH/T 1015.3—2007)。

(13)《水利水电工程测量规范》(SL 197—2013)。

(14)《测绘技术设计规定》(CH/T 1004—2005)。

(15)本项目技术设计书。

2. 水文及水利标准

(1)《中华人民共和国行政区划代码》(GB/T 2260—2013)。

(2)《统计用行政区划代码》和《统计用城乡划分代码》(国家统计局第 14 号令)。

(3)《全国组织机构代码编制规则》(GB 11714—1997)。

(4)《土地利用现状分类》(GB/T 21010—2017)。

(5)《水利水电工程技术术语》(SL 26—2012)。

(6)《中国河流代码》(SL 249—2012)。

(7)《中国水库名称代码》(SL 259—2000)。

(8)《中国湖泊名称代码》(SL 261—2017)。

(9)《水文测站代码编制导则》(SL 502—2010)。

(10)《水文调查规范》(SL 196—2015)。

(11)《水文普通测量规范》(SL 58—2014)。

(12)《水工建筑物与堰槽测流规程》(SL 537—2011)。

(13)《水利水电工程设计洪水计算规范》(SL 44—2006)。

(14)《基础水文数据库表结构及标识符标准》(SL 324—2005)。

(15)《山洪灾害调查评价基础数据处理技术要求》。

(16)《山洪灾害调查工作底图制作技术要求》。

(17)《山洪灾害调查评价小流域划分及基础属性提取技术要求》。

(18)《全国山洪灾害防治规划》(国函〔2006〕116 号批)。

(19)《全国中小河流治理和病险水库除险加固、山洪地质灾害防御和综合治理总体规划》(发改农经〔2012〕774 号印发)。

(20)《全国山洪灾害防治项目实施方案(2013 ~ 2015 年)》(水汛〔2013〕257 号印发)。

3. 计算机及地理信息软件标准

(1)《计算机软件工程规范国家标准汇编 2003》。

(2)《信息技术软件生存期过程》(GB/T 8566—2001)。

(3)《计算机软件产品开发文件编制指南》(GB/T 8567—2006)。

(4)《计算机软件需求说明编制指南》(GB/T 9385—2008)。

(5)《计算机软件测试文件编制指南》(GB/T 9386—2008)。

(6)《软件工程术语》(GB/T 11457—2006)。

(7)《信息处理程序构造及其表示的约定》(GB/T 13502—1992)。

(8)《信息处理系统计算机系统配置图符号及约定》(GB/T 14085—1993)。

下　篇

说 明

《山西省山洪灾害调查评价(下篇)》汇总了山西省山洪灾害调查评价项目的主要成果,包括14张综合成果表、74张成果图和11个市109个代表村的分析评价成果图、表。

第一部分为综合类成果。统计表以县为单位进行统计,涵盖了山西省社会经济、历史山洪灾害、需防洪治理山洪沟、沿河村落入户调查、监测预警设施、涉水工程等调查成果及沿河村落现状防洪能力评价成果。选刊了部分预警指标成果,包括6 469个村落的雨量预警指标和175个村落的水位预警指标。成果图主要展示了山西省山洪灾害调查评价项目防治区、危险区的分布情况,监测预警措施、涉水工程、水利工程、需防洪治理山洪沟、历史山洪灾害、沿河村落等调查成果的分布,以及设计暴雨、设计洪水、临界雨量、雨量预警指标等分析评价成果分布。此外,还绘制了山西省小流域汇流时间分布图、水文站网分布图和山西省各市最大24小时点暴雨分布图等有助于山洪灾害预警工作的成果供参考。

第二部分为分析评价成果。该部分以村为单位进行整理、汇编、刊印,包括109个重点防治区村落的基本情况、设计暴雨成果、设计洪水成果、防洪现状评价成果、预警指标成果表和危险区划分示意图;村落选取规则为11个市109个有分析评价任务的县各选取1个重点防治区村落作为代表村。

成果图图面力求做到清晰易读、层次清楚、线划饱满,图内各要素齐全,避让关系合理、完善。

刊印的雨量预警指标是一个面雨量的概念,对应不同的前期土湿又分为准备转移和立即转移两级指标;如何将其在站点设备上进行合理设置,又如何在山洪灾害防治县级监测预警平台上实现真正的预警,是雨量预警指标实际应用所面临的两个关键点,需在今后实际工作中进一步研究。指标的量也不是完全一成不变的,它会随着流域下垫面、暴雨雨型等的改变而发生变化,因此在实际生产应用中切不可盲目采用,当发生较大改变时需重新修订。

第一部分　综合类

附表 1　山西省基本情况统计汇总表

省(区、市)名称						山西省			省(区、市)代码				140000000000000	
县(区、市、旗)名称	县(区、市、旗)代码	行政区基本情况				防治区情况								
		总面积(km²)	总人口(人)	行政村总数(个)	自然村总数(个)	面积(km²)	总人口(人)	受山洪威胁总人口(人)	受山洪威胁县城数(个)	受山洪威胁乡(镇)数(个)	受山洪威胁行政村数(个)	受山洪威胁自然村数(个)	受山洪威胁严重的沿河村落数(个)	受山洪威胁的企事业单位数(个)
山西省合计		151 828.468	32 794 583	29 471	51 324	136 364	10 393 658	1 325 792	0	0	11 585	15 301	6 834	7 202
太原市	140100000000000	6 302.418	4 270 711	1 490	2 200	5 510	463 217	138 181	0	0	457	574	410	46
太原市	140100000000000	1 397.261	3 461 093	820	828	944	186 927	28 225	0	0	163	166	134	16
清徐县	140121000000000	492.895	317 685	211	220	236	51 256	49 529	0	0	61	70	70	5
阳曲县	140122000000000	1 726.842	119 411	128	454	1 724	60 270	34 958	0	0	42	107	73	22
娄烦县	140123000000000	1 131.98	124 135	148	219	1 185	63 644	7 669	0	0	71	96	54	0
古交市	140181000000000	1 553.44	248 387	183	479	1 421	101 120	17 800	0	0	120	135	79	3
大同市	140200000000000	13 553.36	2 012 259	2 030	2 557	12 692	1 012 211	29 170	0	0	1 044	1 105	461	1 101
南郊区	140211000000000	1 026.32	276 741	190	190	793	115 218	3 640	0	0	91	91	36	3
新荣区	140212000000000	1 020	109 777	145	173	989	62 281	2 086	0	0	74	89	46	12
阳高县	140221000000000	1 689.37	307 037	270	296	1 527	158 723	3 168	0	0	152	156	72	75

续附表 1

省(区、市)名称						山西省			省(区、市)代码				140000000000000	
县(区、市、旗)名称	县(区、市、旗)代码	行政区基本情况				防治区情况								
		总面积(km^2)	总人口(人)	行政村总数(个)	自然村总数(个)	面积(km^2)	总人口(人)	受山洪威胁总人口(人)	受山洪威胁县城数(个)	受山洪威胁乡(镇)数(个)	受山洪威胁行政村数(个)	受山洪威胁自然村数(个)	受山洪威胁严重的沿河村落数(个)	受山洪威胁的企事业单位数(个)
天镇县	140222000000000	1 518.46	214 230	232	276	1 431	106 418	2 564	0	0	131	131	46	53
广灵县	140223000000000	930.54	179 804	184	230	1 165	98 271	2 312	0	0	96	96	28	118
灵丘县	140224000000000	2 732	243 604	267	430	2 646	154 064	3 313	0	0	154	165	77	426
浑源县	140225000000000	1 956.82	354 582	315	494	1 898	174 216	3 040	0	0	153	169	86	238
左云县	140226000000000	1 220.27	149 151	236	264	1 149	54 924	3 845	0	0	108	110	47	120
大同县	140227000000000	1 459.58	177 333	191	204	1 094	88 096	5 202	0	0	85	98	23	56
阳泉市	140300000000000	4 535.6	878 777	986	1 677	4 269	385 103	4 893	0	0	373	449	184	39
阳泉市区	140311000000000	626.22	261 183	197	208	624	186 317	3 098	0	0	135	135	65	7
平定县	140321000000000	1 395	316 073	336	807	1 359	149 520	255	0	0	132	206	72	5
盂县	140322000000000	2 514.38	301 521	453	662	2 286	49 266	1 540	0	0	106	108	47	27
长治市	140400000000000	13 924.35	2 884 524	3 476	7 147	12 789	1 062 994	123 878	0	0	1 543	1 882	759	662
长治郊区	140411000000000	289.6	277 267	141	141	256	73 985	2 208	0	0	60	60	28	58

续附表 1

省(区、市)名称						山西省			省(区、市)代码				14000000000000	
县(区、市、旗)名称	县(区、市、旗)代码	行政区基本情况				防治区情况								
		总面积(km²)	总人口(人)	行政村总数(个)	自然村总数(个)	面积(km²)	总人口(人)	受山洪威胁总人口(人)	受山洪威胁县城数(个)	受山洪威胁乡(镇)数(个)	受山洪威胁行政村数(个)	受山洪威胁自然村数(个)	受山洪威胁严重的沿河村落数(个)	受山洪威胁的企事业单位数(个)
长治县	140421000000000	481.76	347 161	254	269	460	148 806	6 654	0	0	124	124	50	1
襄垣县	140423000000000	1 177.34	258 886	331	853	1 053	66 495	8 781	0	0	115	115	45	11
屯留县	140424000000000	1 142	261 121	294	1 198	1 057	68 718	7 577	0	0	149	199	89	39
平顺县	140425000000000	1 608.59	137 992	262	690	1 248	67 504	29 209	0	0	96	153	104	51
黎城县	140426000000000	1 101	158 317	249	249	1 101	113 953	10 954	0	0	217	218	54	77
壶关县	140427000000000	1 007	317 529	392	988	970	127 239	3 334	0	0	161	188	49	106
长子县	140428000000000	1 031.2	355 764	399	507	980	99 969	15 963	0	0	153	229	64	88
武乡县	140429000000000	1 612.97	213 167	382	762	1 527	58 043	6 567	0	0	98	183	45	32
沁县	140430000000000	1 294.08	173 717	312	719	1 194	121 056	12 489	0	0	179	189	53	8
沁源县	140431000000000	2 548.8	159 328	256	520	2 413	73 355	12 551	0	0	129	144	133	132
潞城市	140481000000000	630.01	224 275	204	251	530	43 871	7 591	0	0	62	80	45	59
晋城市	140500000000000	8 798.4	2 146 255	2 332	5 202	8 149	751 392	80 524	0	0	758	1 176	510	361

续附表 1

省(区、市)名称					山西省					省(区、市)代码				140000000000000
		行政区基本情况				防治区情况								
县(区、市、旗)名称	县(区、市、旗)代码	总面积(km²)	总人口(人)	行政村总数(个)	自然村总数(个)	面积(km²)	总人口(人)	受山洪威胁总人口(人)	受山洪威胁县城数(个)	受山洪威胁乡(镇)数(个)	受山洪威胁行政村数(个)	受山洪威胁自然村数(个)	受山洪威胁严重的沿河村落数(个)	受山洪威胁的企事业单位数(个)
晋城城区	140502000000000	91.14	363 156	146	146	139	147 041	4 646	0	0	76	77	40	24
沁水县	140521000000000	2 676.6	205 115	251	1 497	2 349	69 956	11 538	0	0	66	198	66	82
阳城县	140522000000000	1 916.66	384 153	473	1 512	1 687	155 655	11 697	0	0	180	321	120	70
陵川县	140524000000000	1 357.6	299 873	378	461	1 330	88 736	34 558	0	0	124	168	107	54
泽州县	140525000000000	1 812.42	486 824	639	993	1 702	111 902	5 626	0	0	140	180	94	45
高平市	140581000000000	943.98	407 134	445	593	942	178 102	12 459	0	0	172	232	83	86
朔州市	140600000000000	10 089.15	1 492 789	1 785	1 835	9 368	657 149	24 752	0	0	874	1 081	440	630
朔城区	140602000000000	1 523.7	290 878	339	364	1 697	195 649	4 456	0	0	207	213	92	79
平鲁区	140603000000000	2 290.36	240 606	358	362	2 125	88 576	2 819	0	0	166	355	91	34
山阴县	140621000000000	1 551.13	233 788	272	278	1 447	90 274	3 799	0	0	133	135	77	80
应县	140622000000000	1 655.32	271 119	298	299	1 154	102 908	7 167	0	0	119	122	72	161
右玉县	140623000000000	1 853.06	112 914	332	346	1 806	57 995	2 295	0	0	151	153	61	154

续附表 1

省(区、市)名称						山西省				省(区、市)代码				140000000000000
县(区、市、旗)名称	县(区、市、旗)代码	行政区基本情况				防治区情况								
		总面积(km^2)	总人口(人)	行政村总数(个)	自然村总数(个)	面积(km^2)	总人口(人)	受山洪威胁总人口(人)	受山洪威胁县城数(个)	受山洪威胁乡(镇)数(个)	受山洪威胁行政村数(个)	受山洪威胁自然村数(个)	受山洪威胁严重的沿河村落数(个)	受山洪威胁的企事业单位数(个)
怀仁县	140624000000000	1 215.58	343 484	186	186	1 139	121 747	4 216	0	0	98	103	47	122
晋中市	140700000000000	16 693.05	3 348 047	2 915	4 488	15 065	1 223 644	108 794	0	0	1 548	2 153	653	1 062
榆次区	140702000000000	1 327.03	651 895	355	407	1 104	116 411	42 670	0	0	152	159	40	88
榆社县	140721000000000	1 699	134 849	277	352	1 654	99 517	6 476	0	0	199	212	58	16
左权县	140722000000000	2 027.21	165 148	211	363	1 859	72 114	6 764	0	0	125	196	89	122
和顺县	140723000000000	2 126.72	152 931	300	341	2 128	89 143	6 505	0	0	230	251	64	92
昔阳县	140724000000000	1 951.94	236 485	341	445	1 869	104 497	11 956	0	0	191	428	66	37
寿阳县	140725000000000	2 394.15	262 580	215	593	1 904	69 865	11 564	0	0	88	162	44	99
太谷县	140726000000000	1 052.67	284 119	208	335	972	149 875	4 688	0	0	134	165	36	99
祁县	140727000000000	904.33	267 933	156	276	746	61 511	1 396	0	0	53	115	77	159
平遥县	140728000000000	1 260	462 712	276	432	915	194 370	4 601	0	0	138	187	48	187
灵石县	140729000000000	1 206	319 595	311	662	1 181	83 006	3 658	0	0	96	125	60	41

续附表 1

省(区、市)名称						山西省				省(区、市)代码			140000000000000
县(区、市、旗)名称	县(区、市、旗)代码	行政区基本情况				防治区情况							
		总面积(km^2)	总人口(人)	行政村总数(个)	自然村总数(个)	面积(km^2)	总人口(人)	受山洪威胁总人口(人)	受山洪威胁县城数(个)	受山洪威胁乡(镇)数(个)	受山洪威胁行政村数(个)	受山洪威胁自然村数(个)	受山洪威胁严重的沿河村落数(个)	受山洪威胁的企事业单位数(个)
介休市	140781000000000	744	409 800	265	282	733	183 335	8 516	0	0	142	153	71	122
运城市	140800000000000	14 113.4	5 120 827	3 273	7 527	10 477	1 062 057	201 472	0	0	486	1 313	634	483
盐湖区	140802000000000	1 203.12	674 064	350	467	759	104 368	31 279	0	0	45	79	46	41
临猗县	140821000000000	1 339.3	579 300	384	650	816	49 876	4 420	0	0	24	61	35	3
万荣县	140822000000000	1 081	442 018	281	368	864	127 553	50 438	0	0	63	76	13	76
闻喜县	140823000000000	1 164	406 930	351	752	934	87 421	19 563	0	0	48	101	57	95
稷山县	140824000000000	686	350 000	200	298	610	108 546	14 488	0	0	49	99	56	41
新绛县	140825000000000	593.4	336 627	220	223	549	110 082	5 032	0	0	71	74	44	12
绛县	140826000000000	987.2	226 861	205	564	808	34 070	10 522	0	0	11	203	33	24
垣曲县	140827000000000	1 695.23	246 671	200	966	1 113	61 265	20 568	0	0	9	87	49	33
夏县	140828000000000	1 352.6	342 700	261	692	1 038	77 401	3 789	0	0	65	139	79	46
平陆县	140829000000000	1 173.5	261 000	227	1 088	1 092	26 660	2 711	0	0	0	159	88	14

续附表 1

省(区、市)名称						山西省				省(区、市)代码				140000000000000
县(区、市、旗)名称	县(区、市、旗)代码	行政区基本情况				防治区情况								
		总面积(km²)	总人口(人)	行政村总数(个)	自然村总数(个)	面积(km²)	总人口(人)	受山洪威胁总人口(人)	受山洪威胁县城数(个)	受山洪威胁乡(镇)数(个)	受山洪威胁行政村数(个)	受山洪威胁自然村数(个)	受山洪威胁严重的沿河村落数(个)	受山洪威胁的企事业单位数(个)
芮城县	140830000000000	1 064.55	399 456	170	781	834	56 165	1 662	0	0	3	57	35	45
永济市	140881000000000	1 208	454 400	277	450	697	99 622	3 074	0	0	49	115	65	49
河津市	140882000000000	565.5	400 800	147	228	363	119 028	33 926	0	0	49	63	34	4
忻州市	140900000000000	24 523.44	2 693 557	4 917	4 975	22 431	1 349 778	299 332	0	0	2 328	2 381	1 126	883
忻府区	140902000000000	1 949.87	372 367	394	394	955	43 005	8 767	0	0	89	90	54	25
定襄县	140921000000000	862.33	209 842	155	155	799	100 949	3 349	0	0	90	90	55	97
五台县	140922000000000	2 864.5	292 278	573	573	2 745	138 692	47 961	0	0	198	202	60	99
代县	140923000000000	1 729	167 368	378	378	1 489	62 162	8 596	0	0	139	140	63	62
繁峙县	140924000000000	2 367.1	271 788	402	402	2 211	115 978	35 099	0	0	173	174	61	77
宁武县	140925000000000	1 987.7	120 352	470	470	1 459	34 085	10 447	0	0	88	89	53	23
静乐县	140926000000000	2 058	156 969	377	412	1 859	57 298	19 738	0	0	128	128	55	32
神池县	140927000000000	1 413.42	104 020	242	250	1 421	89 151	12 381	0	0	160	163	68	64

续附表 1

省(区、市)名称						山西省				省(区、市)代码			140000000000000
县(区、市、旗)名称	县(区、市、旗)代码	行政区基本情况				防治区情况							
		总面积(km²)	总人口(人)	行政村总数(个)	自然村总数(个)	面积(km²)	总人口(人)	受山洪威胁总人口(人)	受山洪威胁县城数(个)	受山洪威胁乡(镇)数(个)	受山洪威胁行政村数(个)	受山洪威胁自然村数(个)	受山洪威胁严重的沿河村落数(个)	受山洪威胁的企事业单位数(个)
五寨县	140928000000000	1 391.3	92 053	250	251	1 376	83 773	13 837	0	0	202	207	114	101
岢岚县	140929000000000	1 382.1	62 012	202	202	1 847	40 151	10 262	0	0	151	152	94	19
河曲县	140930000000000	1 283.61	117 664	340	340	1 105	46 242	15 452	0	0	126	131	66	13
保德县	140931000000000	997.51	162 037	350	350	984	107 425	9 561	0	0	179	184	98	102
偏关县	140932000000000	1 666	74 332	248	262	1 653	55 358	16 893	0	0	244	260	78	85
原平市	140981000000000	2 571	490 475	536	536	2 528	375 509	86 989	0	0	361	371	207	84
临汾市	141000000000000	20 112.6	4 366 615	3 102	7 675	17 200	1 073 119	141 086	0	0	898	1 689	925	713
尧都区	141002000000000	1 304	945 401	429	730	1 182	135 041	26 499	0	0	108	158	54	75
曲沃县	141021000000000	437	233 781	159	185	415	57 191	2 989	0	0	48	56	41	12
翼城县	141022000000000	1 159	286 934	214	601	910	71 465	4 727	0	0	59	84	57	22
襄汾县	141023000000000	1 031.12	488 404	354	484	655	78 395	15 588	0	0	49	72	26	181
洪洞县	141024000000000	1 389.75	775 513	466	616	1 434	319 254	25 892	0	0	125	137	56	51

续附表 1

省(区、市)名称						山西省			省(区、市)代码				140000000000000	
县(区、市、旗)名称	县(区、市、旗)代码	行政区基本情况				防治区情况								
		总面积(km^2)	总人口(人)	行政村总数(个)	自然村总数(个)	面积(km^2)	总人口(人)	受山洪威胁总人口(人)	受山洪威胁县城数(个)	受山洪威胁乡(镇)数(个)	受山洪威胁行政村数(个)	受山洪威胁自然村数(个)	受山洪威胁严重的沿河村落数(个)	受山洪威胁的企事业单位数(个)
古县	141025000000000	1 195.4	95 790	115	470	1 064	26 121	4 104	0	0	53	87	22	9
安泽县	141026000000000	2 041.66	85 688	103	383	1 730	41 858	9 959	0	0	52	137	81	15
浮山县	141027000000000	938	111 277	185	666	717	17 446	2 915	0	0	28	69	25	14
吉县	141028000000000	1 780	107 722	79	392	1 052	27 632	3 507	0	0	24	62	20	64
乡宁县	141029000000000	2 024.84	221 329	183	967	1 554	32 798	11 207	0	0	43	118	47	53
大宁县	141030000000000	832.89	58 556	84	245	930	34 076	5 291	0	0	49	132	87	3
隰县	141031000000000	1 413.07	119 918	100	357	1 342	43 294	4 722	0	0	49	122	107	40
永和县	141032000000000	1 212	55 528	79	299	1 152	21 874	2 090	0	0	30	95	72	25
蒲县	141033000000000	1 508	107 985	95	463	1 491	51 854	9 890	0	0	63	183	165	66
汾西县	141034000000000	850.97	143 379	126	418	739	43 288	3 629	0	0	54	98	26	3
侯马市	141081000000000	220	229 714	104	107	155	15 045	558	0	0	12	13	11	44
霍州市	141082000000000	774.9	299 696	227	292	678	56 487	7 519	0	0	52	66	28	36

续附表 1

省(区、市)名称					山西省				省(区、市)代码				140000000000000	
县(区、市、旗)名称	县(区、市、旗)代码	行政区基本情况				防治区情况								
		总面积(km^2)	总人口(人)	行政村总数(个)	自然村总数(个)	面积(km^2)	总人口(人)	受山洪威胁总人口(人)	受山洪威胁县城数(个)	受山洪威胁乡(镇)数(个)	受山洪威胁行政村数(个)	受山洪威胁自然村数(个)	受山洪威胁严重的沿河村落数(个)	受山洪威胁的企事业单位数(个)
吕梁市	141100000000000	19 182.7	3 580 222	3 165	6 041	18 414	1 352 994	173 710	0	0	1 276	1 498	732	1 222
离石区	141102000000000	954.35	302 379	205	405	1 290	71 678	9 318	0	0	90	114	48	60
文水县	141121000000000	686.21	422 949	203	216	701	152 105	19 773	0	0	81	93	52	56
交城县	141122000000000	1 804.98	234 225	148	260	1 818	187 646	23 084	0	0	113	129	64	144
兴县	141123000000000	3 421.44	282 427	372	772	2 477	86 485	11 333	0	0	116	141	66	32
临县	141124000000000	2 823.99	606 537	630	1 087	2 374	155 837	24 187	0	0	160	178	107	155
柳林县	141125000000000	1 287.36	287 415	255	590	1 120	75 121	6 900	0	0	83	88	47	120
石楼县	141126000000000	1 881.03	99 464	134	467	1 632	40 065	4 357	0	0	85	108	39	69
岚县	141127000000000	1 512.72	188 044	167	503	1 498	112 030	14 563	0	0	91	121	70	143
方山县	141128000000000	977	131 541	171	270	1 322	76 352	9 925	0	0	95	109	49	21
中阳县	141129000000000	844.26	151 503	100	376	1 278	69 377	9 019	0	0	63	82	38	132
交口县	141130000000000	929.53	116 229	93	373	1 222	55 252	6 023	0	0	72	102	35	152
孝义市	141181000000000	879.24	334 850	381	381	819	116 760	15 178	0	0	106	106	53	89
汾阳市	141182000000000	1 180.59	422 659	306	341	863	154 286	20 050	0	0	121	127	64	49

附表 2　山西省行政区划总体情况表

省(区、市)名称		山西省	省(区、市)代码		140000000000000
县(区、市、旗)名称	行政区划代码	总人口(人)	总户数(户)	土地面积(km^2)	耕地面积(亩)
山西省合计		32 794 583	10 940 572	151 828.459 8	55 658 383.42
太原市 140100000000000		4 270 711	1 371 702	6 302.418	1 623 635.79
太原市	140100000000000	3 461 093	1 083 996	1 397.261	405 942.66
清徐县	140121000000000	317 685	116 000	492.895	418 068.45
阳曲县	140122000000000	119 411	49 291	1 726.842	410 487.4
娄烦县	140123000000000	124 135	37 769	1 131.98	249 737.73
古交市	140181000000000	248 387	84 646	1 553.44	139 399.55
大同市 140200000000000		2 012 259	783 362	13 553.36	5 098 611.31
南郊区	140211000000000	276 741	116 351	1 026.32	297 366.2
新荣区	140212000000000	109 777	47 047	1 020	363 644
阳高县	140221000000000	307 037	105 361	1 689.37	878 734
天镇县	140222000000000	214 230	93 863	1 518.46	712 782.3
广灵县	140223000000000	179 804	64 887	930.54	472 664
灵丘县	140224000000000	243 604	81 820	2 732	505 154
浑源县	140225000000000	354 582	135 426	1 956.82	688 772.34
左云县	140226000000000	149 151	66 537	1 220.27	518 970.94
大同县	140227000000000	177 333	72 070	1 459.58	660 523.53
阳泉市 140300000000000		878 777	363 215	4 535.6	1 064 088.42
阳泉市区	140311000000000	261 183	101 356	626.22	155 922.45

续附表 2

省(区、市)名称		山西省	省(区、市)代码		140000000000000
县(区、市、旗)名称	行政区划代码	总人口(人)	总户数(户)	土地面积(km^2)	耕地面积(亩)
平定县	140321000000000	316 073	134 734	1 395	344 161
盂县	140322000000000	301 521	127 125	2 514.38	564 004.97
长治市 140400000000000		2 884 524	883 558	13 924.348	4 966 476.05
长治郊区	140411000000000	277 267	95 022	289.6	175 135
长治县	140421000000000	347 161	83 684	481.76	308 678
襄垣县	140423000000000	258 886	84 154	1 177.34	631 342.35
屯留县	140424000000000	261 121	62 524	1 142	520 005
平顺县	140425000000000	137 992	48 072	1 608.59	148 869
黎城县	140426000000000	158 317	47 545	1 101	753 468
壶关县	140427000000000	317 529	117 460	1 007	433 627.1
长子县	140428000000000	355 764	121 066	1 031.2	607 470.43
武乡县	140429000000000	213 167	57 872	1 612.97	376 603.44
沁县	140430000000000	173 717	54 616	1 294.078	390 827.87
沁源县	140431000000000	159 328	60 624	2 548.8	338 960
潞城市	140481000000000	224 275	50 919	630.01	281 489.86

续附表 2

省(区、市)名称		山西省	省(区、市)代码		140000000000000
县(区、市、旗)名称	行政区划代码	总人口(人)	总户数(户)	土地面积(km^2)	耕地面积(亩)
晋城市 140500000000000		2 146 255	746 520	8 798.398	2 375 763.44
晋城城区	140502000000000	363 156	120 224	91.138	135 912.63
沁水县	140521000000000	205 115	61 682	2 676.6	376 422.38
阳城县	140522000000000	384 153	172 705	1 916.66	462 364.24
陵川县	140524000000000	299 873	93 590	1 357.6	289 737.68
泽州县	140525000000000	486 824	183 140	1 812.42	602 447.58
高平市	140581000000000	407 134	115 179	943.98	508 878.93
朔州市 140600000000000		1 492 789	514 573	10 089.151	5 007 165.22
朔城区	140602000000000	290 878	100 166	1 523.7	968 543
平鲁区	140603000000000	240 606	69 239	2 290.36	1 037 134.6
山阴县	140621000000000	233 788	85 596	1 551.13	894 236.58
应县	140622000000000	271 119	98 630	1 655.32	724 884.74
右玉县	140623000000000	112 914	30 464	1 853.061	715 447.3
怀仁县	140624000000000	343 484	130 478	1 215.58	666 919
晋中市 140700000000000		3 348 047	1 581 969	16 693.052 5	5 023 951.56

续附表 2

省(区、市)名称		山西省	省(区、市)代码		140000000000000
县(区、市、旗)名称	行政区划代码	总人口(人)	总户数(户)	土地面积(km^2)	耕地面积(亩)
榆次区	140702000000000	651 895	538 359	1 327.03	615 893.15
榆社县	140721000000000	134 849	53 547	1 699	315 381.85
左权县	140722000000000	165 148	89 613	2 027.21	217 489.29
和顺县	140723000000000	152 931	50 809	2 126.72	237 998.17
昔阳县	140724000000000	236 485	85 358	1 951.94	385 235.9
寿阳县	140725000000000	262 580	94 621	2 394.152 5	896 522.2
太谷县	140726000000000	284 119	100 588	1 052.67	434 610
祁县	140727000000000	267 933	113 000	904.33	171 250.5
平遥县	140728000000000	462 712	187 571	1 260	962 122
灵石县	140729000000000	319 595	106 503	1 206	245 545.5
介休市	140781000000000	409 800	162 000	744	541 903
运城市 140800000000000		5 120 827	1 294 288	14 113.4	8 515 314.67
盐湖区	140802000000000	674 064	123 266	1 203.12	950 000
临猗县	140821000000000	579 300	171 925	1 339.3	1 014 186
万荣县	140822000000000	442 018	97 952	1 081	1 023 000

续附表 2

省(区、市)名称		山西省	省(区、市)代码		140000000000000
县(区、市、旗)名称	行政区划代码	总人口(人)	总户数(户)	土地面积(km^2)	耕地面积(亩)
闻喜县	140823000000000	406 930	106 486	1 164	860 591
稷山县	140824000000000	350 000	90 000	686	580 000
新绛县	140825000000000	336 627	68 774	593.4	486 154.21
绛县	140826000000000	226 861	59 348	987.2	375 872
垣曲县	140827000000000	246 671	86 919	1 695.23	306 377.83
夏县	140828000000000	342 700	80 000	1 352.6	590 000
平陆县	140829000000000	261 000	80 000	1 173.5	500 000
芮城县	140830000000000	399 456	121 669	1 064.55	741 956.13
永济市	140881000000000	454 400	140 000	1 208	751 761.5
河津市	140882000000000	400 800	67 949	565.5	335 416
忻州市 140900000000000		2 693 557	938 473	24 523.434 66	8 600 137.08
忻府区	140902000000000	372 367	113 129	1 949.87	845 945
定襄县	140921000000000	209 842	68 660	862.33	490 366
五台县	140922000000000	292 278	111 266	2 864.5	465 132.5

续附表 2

省(区、市)名称		山西省	省(区、市)代码		140000000000000
县(区、市、旗)名称	行政区划代码	总人口(人)	总户数(户)	土地面积(km^2)	耕地面积(亩)
代县	140923000000000	167 368	67 874	1 729	453 398.25
繁峙县	140924000000000	271 788	114 111	2 367.1	784 669.79
宁武县	140925000000000	120 352	46 020	1 987.7	250 440
静乐县	140926000000000	156 969	34 122	2 058	781 648
神池县	140927000000000	104 020	28 708	1 413.42	883 820.83
五寨县	140928000000000	92 053	27 187	1 391.296 461	563 211.12
岢岚县	140929000000000	62 012	16 253	1 382.1	484 658
河曲县	140930000000000	117 664	44 935	1 283.61	884 971.98
保德县	140931000000000	162 037	54 754	997.508 2	436 472.61
偏关县	140932000000000	74 332	25 951	1 666	452 817
原平市	140981000000000	490 475	185 503	2 571	822 586
临汾市 141000000000000		4 366 615	1 260 824	20 112.596 6	6 627 222.95
尧都区	141002000000000	945 401	278 994	1 304	506 940.9
曲沃县	141021000000000	233 781	60 743	437	374 270
翼城县	141022000000000	286 934	77 628	1 158.994	506 539.56
襄汾县	141023000000000	488 404	144 443	1 031.121 6	902 164.99

续附表 2

省(区、市)名称		山西省	省(区、市)代码		140000000000000
县(区、市、旗)名称	行政区划代码	总人口(人)	总户数(户)	土地面积(km^2)	耕地面积(亩)
洪洞县	141024000000000	775 513	217 091	1 389.751	868 140.19
古县	141025000000000	95 790	31 386	1 195.4	186 554.61
安泽县	141026000000000	85 688	26 158	2 041.66	282 680.41
浮山县	141027000000000	111 277	33 019	938	295 964.48
吉县	141028000000000	107 722	34 087	1 780	326 941.75
乡宁县	141029000000000	221 329	72 756	2 024.84	471 305.46
大宁县	141030000000000	58 556	12 820	832.89	211 850
隰县	141031000000000	119 918	38 317	1 413.07	300 540.2
永和县	141032000000000	55 528	17 223	1 212	371 760.9
蒲县	141033000000000	107 985	31 368	1 508	259 671.7
汾西县	141034000000000	143 379	30 636	850.97	386 597
侯马市	141081000000000	229 714	77 210	220	116 227.5

续附表 2

省(区、市)名称		山西省	省(区、市)代码		140000000000000
县(区、市、旗)名称	行政区划代码	总人口(人)	总户数(户)	土地面积(km^2)	耕地面积(亩)
霍州市	141082000000000	299 696	76 945	774.9	259 073.3
吕梁市 141100000000000		3 580 222	1 202 088	19 182.701	6 756 016.93
离石区	141102000000000	302 379	103 379	954.35	327 300.68
文水县	141121000000000	422 949	112 891	686.21	571 046
交城县	141122000000000	234 225	78 845	1 804.98	190 066
兴县	141123000000000	282 427	87 580	3 421.44	555 078.42
临县	141124000000000	606 537	209 697	2 823.99	1 557 852.57
柳林县	141125000000000	287 415	89 668	1 287.36	436 991
石楼县	141126000000000	99 464	30 851	1 881.03	467 558
岚县	141127000000000	188 044	47 024	1 512.72	749 913.5
方山县	141128000000000	131 541	47 243	977	257 330.19
中阳县	141129000000000	151 503	52 302	844.258	190 605.44
交口县	141130000000000	116 229	38 097	929.53	215 966
孝义市	141181000000000	334 850	142 235	879.24	562 306.27
汾阳市	141182000000000	422 659	162 276	1 180.593	674 002.86

附表 3　山西省社会经济情况表

省(区、市)名称			山西省			省(区、市)代码		140000000000000	
县(区、市、旗)名称	行政区划代码	行政区域土地面积(km^2)	乡(镇)数(个)	村民委员会(个)	年末总户数(户)	其中:乡村户数(户)	年末总人口(人)	乡村人口(人)	人均 GDP(万元)
山西省合计		156 946.701	1 336	28 527	12 069 211	7 752 425	33 726 185	21 571 871	
太原市 140100000000000		6 906.761	106	974	1 412 975	420 841	4 309 962	1 123 608	
太原市	140100000000000	1 397.261	65	338	1 085 487	162 445	3 460 362	608 808	
清徐县	140121000000000	609.5	9	193	133 543	126 480	349 600	238 600	
阳曲县	140122000000000	2 070	10	117	61 241	45 845	140 000	100 000	
娄烦县	140123000000000	1 276	8	142	48 058	31 645	120 000	100 000	
古交市	140181000000000	1 554	14	184	84 646	54 426	240 000	76 200	
大同市 140200000000000		14 196	99	1 963	787 629	626 124	2 029 777	1 629 753	
南郊区	140211000000000	1 065	10	190	116 351	111 745	280 000	250 000	
新荣区	140212000000000	1 020	7	140	47 047	37 037	109 777	79 753	
阳高县	140221000000000	1 678	13	260	105 344	85 645	310 000	240 000	
天镇县	140222000000000	1 635	11	221	98 147	58 771	210 000	180 000	
广灵县	140223000000000	1 283	9	180	64 887	57 318	180 000	140 000	
灵丘县	140224000000000	2 732	12	254	81 820	64 329	240 000	200 000	
浑源县	140225000000000	1 966	18	315	135 426	106 961	360 000	290 000	
左云县	140226000000000	1 314	9	228	66 537	40 824	150 000	110 000	
大同县	140227000000000	1 503	10	175	72 070	63 494	190 000	140 000	
阳泉市 140300000000000		4 535.6	33	968	367 754	285 299	878 777	607 814	

续附表 3

省(区、市)名称			山西省			省(区、市)代码		140000000000000	
县(区、市、旗)名称	行政区划代码	行政区域土地面积(km^2)	乡(镇)数(个)	村民委员会(个)	年末总户数(户)	其中:乡村户数(户)	年末总人口(人)	乡村人口(人)	人均 GDP(万元)
阳泉市区	140311000000000	626.22	9	197	101 356	61 159	261 183	129 751	
平定县	140321000000000	1 395	10	318	134 734	97 015	316 073	240 000	
盂县	140322000000000	2 514.38	14	453	131 664	127 125	301 521	238 063	
长治市 140400000000000		13 867	142	3 470	928 210	640 175	2 902 000	2 106 000	
长治郊区	140411000000000	290	8	142	95 022	48 692	280 000	160 000	
长治县	140421000000000	483	11	254	83 684	57 495	340 000	230 000	
襄垣县	140423000000000	1 177	13	331	84 154	60 887	260 000	180 000	
屯留县	140424000000000	1 142	14	294	62 524	53 518	260 000	230 000	
平顺县	140425000000000	1 550	12	262	57 593	47 235	150 000	130 000	
黎城县	140426000000000	1 101	9	250	66 951	47 545	160 000	130 000	
壶关县	140427000000000	1 007	13	390	117 460	89 182	320 000	220 000	
长子县	140428000000000	1 031	12	399	121 066	89 988	356 000	318 000	
武乡县	140429000000000	1 610	14	382	57 872	39 610	220 000	170 000	
沁县	140430000000000	1 297	13	306	65 540	43 472	176 000	138 000	

续附表 3

省(区、市)名称			山西省			省(区、市)代码		140000000000000	
县(区、市、旗)名称	行政区划代码	行政区域土地面积(km^2)	乡(镇)数(个)	村民委员会(个)	年末总户数(户)	其中:乡村户数(户)	年末总人口(人)	乡村人口(人)	人均 GDP(万元)
沁源县	140431000000000	2 549	14	256	60 624	32 715	160 000	90 000	
潞城市	140481000000000	630	9	204	55 720	29 836	220 000	110 000	
晋城市 140500000000000		9 190.27	87	2 331	835 046	574 084	2 227 850	1 573 988	
晋城城区	140502000000000	88.27	9	145	129 494	1 443	363 700	63 538	
沁水县	140521000000000	2 676	14	251	82 285	61 682	210 000	170 000	
阳城县	140522000000000	1 917	19	473	172 705	134 837	384 150	310 450	
陵川县	140524000000000	1 751	12	378	110 000	93 590	300 000	230 000	
泽州县	140525000000000	1 812	17	639	183 140	164 452	490 000	440 000	
高平市	140581000000000	946	16	445	157 422	118 080	480 000	360 000	
朔州市 140600000000000		10 667	74	1 727	549 381	359 700	1 540 000	905 000	
朔城区	140602000000000	1 793	16	339	100 166	61 254	290 000	140 000	
平鲁区	140603000000000	2 314	13	350	76 941	51 913	240 000	155 000	
山阴县	140621000000000	1 651	13	257	85 665	55 488	230 000	160 000	
应县	140622000000000	1 708	12	298	125 542	87 940	330 000	220 000	

续附表 3

省(区、市)名称			山西省			省(区、市)代码		140000000000000	
县(区、市、旗)名称	行政区划代码	行政区域土地面积(km^2)	乡(镇)数(个)	村民委员会(个)	年末总户数(户)	其中:乡村户数(户)	年末总人口(人)	乡村人口(人)	人均 GDP(万元)
右玉县	140623000000000	1 969	10	321	30 589	28 250	110 000	50 000	
怀仁县	140624000000000	1 232	10	162	130 478	74 855	340 000	180 000	
晋中市 140700000000000		16 480.94	122	2 742	1 638 113	877 638	3 267 337	2 032 387	
榆次区	140702000000000	1 327	10	272	540 000	111 348	652 000	163 000	
榆社县	140721000000000	1 699	9	271	63 000	44 175	140 000	110 000	
左权县	140722000000000	2 027	10	205	89 613	50 946	170 000	120 000	
和顺县	140723000000000	2 250	10	294	55 688	39 991	140 919	109 904	
昔阳县	140724000000000	1 951.94	12	335	85 358	83 031	236 485	192 594	
寿阳县	140725000000000	2 110	14	206	98 016	73 264	210 000	130 000	
太谷县	140726000000000	1 052	12	208	107 083	77 588	280 000	200 000	
祁县	140727000000000	854	9	156	113 409	85 279	267 933	176 889	
平遥县	140728000000000	1 260	14	273	212 697	128 557	490 000	420 000	
灵石县	140729000000000	1 206	12	291	106 503	75 536	270 000	130 000	
介休市	140781000000000	744	10	231	166 746	107 923	410 000	280 000	

续附表 3

省(区、市)名称			山西省			省(区、市)代码		140000000000000	
县(区、市、旗)名称	行政区划代码	行政区域土地面积(km^2)	乡(镇)数(个)	村民委员会(个)	年末总户数(户)	其中:乡村户数(户)	年末总人口(人)	乡村人口(人)	人均 GDP(万元)
运城市 140800000000000		14 221.93	152	3 262	1 576 511	1 135 595	5 197 561	3 741 436	
盐湖区	140802000000000	1 203.12	22	314	232 218	123 266	674 064	425 182	
临猗县	140821000000000	1 339.3	16	375	171 925	128 575	579 300	498 400	
万荣县	140822000000000	1 081	14	281	110 503	97 952	440 000	400 000	
闻喜县	140823000000000	1 164	13	343	106 486	89 695	406 930	342 788	
稷山县	140824000000000	686.28	7	200	108 962	90 229	351 700	235 700	
新绛县	140825000000000	593.4	9	220	68 774	67 508	336 627	133 760	
绛县	140826000000000	978.2	10	205	86 429	62 802	280 000	140 000	
垣曲县	140827000000000	1 695.23	11	189	86 919	46 702	246 700	162 900	
夏县	140828000000000	1 328	11	261	111 609	80 000	365 000	329 000	
平陆县	140829000000000	1 173.5	10	288	98 812	74 618	262 584	188 405	
芮城县	140830000000000	1 178.8	10	173	121 669	107 780	399 456	230 301	
永济市	140881000000000	1 208	10	265	140 000	92 667	454 400	353 900	
河津市	140882000000000	593.1	9	148	132 205	73 801	400 800	301 100	

续附表 3

省(区、市)名称		山西省				省(区、市)代码		140000000000000	
县(区、市、旗)名称	行政区划代码	行政区域土地面积(km^2)	乡(镇)数(个)	村民委员会(个)	年末总户数(户)	其中:乡村户数(户)	年末总人口(人)	乡村人口(人)	人均 GDP(万元)
忻州市 140900000000000		25 172.2	188	4 900	1 155 722	848 027	2 974 221	2 143 285	
忻府区	140902000000000	1 972	20	394	222 055	136 941	530 000	340 000	
定襄县	140921000000000	865	9	155	68 660	47 443	200 000	160 000	
五台县	140922000000000	2 865	19	573	113 769	105 769	320 000	270 000	
代县	140923000000000	1 729	11	378	67 874	67 113	167 400	130 000	
繁峙县	140924000000000	2 367	13	403	114 111	91 764	270 000	160 000	
宁武县	140925000000000	1 987.7	14	464	65 864	39 001	169 000	120 000	
静乐县	140926000000000	2 058	14	381	34 122	23 653	150 000	100 000	
神池县	140927000000000	1 413	10	251	28 708	22 363	100 000	80 000	
五寨县	140928000000000	1 391	12	250	51 216	31 760	90 000	60 000	
岢岚县	140929000000000	1 984	12	202	24 965	22 087	85 784	66 289	
河曲县	140930000000000	1 317	13	340	68 009	44 471	140 000	110 000	
保德县	140931000000000	997.5	13	341	54 754	47 965	162 037	105 066	
偏关县	140932000000000	1 666	10	248	46 661	32 830	100 000	90 000	

续附表 3

省(区、市)名称			山西省			省(区、市)代码		140000000000000	
县(区、市、旗)名称	行政区划代码	行政区域土地面积(km^2)	乡(镇)数(个)	村民委员会(个)	年末总户数(户)	其中:乡村户数(户)	年末总人口(人)	乡村人口(人)	人均 GDP(万元)
原平市	140981000000000	2 560	18	520	194 954	134 867	490 000	351 930	
临汾市 141000000000000		20 301	171	3 027	1 423 008	951 432	4 470 000	2 800 000	
尧都区	141002000000000	1 304	26	429	279 148	155 170	950 000	340 000	
曲沃县	141021000000000	437	7	158	73 441	48 678	240 000	190 000	
翼城县	141022000000000	1 167	10	211	102 655	72 909	310 000	210 000	
襄汾县	141023000000000	1 031	13	348	157 634	126 098	490 000	430 000	
洪洞县	141024000000000	1 493	16	463	220 007	187 763	780 000	470 000	
古县	141025000000000	1 206	7	111	35 496	28 859	100 000	60 000	
安泽县	141026000000000	1 960	7	104	26 357	20 573	90 000	60 000	
浮山县	141027000000000	938	9	185	52 845	32 845	130 000	80 000	
吉县	141028000000000	1 780	8	79	37 273	—	110 000	90 000	
乡宁县	141029000000000	2 029	10	182	72 775	59 749	240 000	200 000	
大宁县	141030000000000	963	6	84	24 162	16 851	60 000	50 000	
隰县	141031000000000	1414	8	97	39 666	29 798	120 000	80 000	
永和县	141032000000000	1 212	7	79	18 268	12 543	60 000	50 000	
蒲县	141033000000000	1 508	9	93	35 026	29 711	110 000	80 000	
汾西县	141034000000000	875	8	120	43 259	37 759	150 000	130 000	

续附表 3

省(区、市)名称			山西省			省(区、市)代码		140000000000000	
县(区、市、旗)名称	行政区划代码	行政区域土地面积(km^2)	乡(镇)数(个)	村民委员会(个)	年末总户数(户)	其中:乡村户数(户)	年末总人口(人)	乡村人口(人)	人均 GDP(万元)
侯马市	141081000000000	220	8	77	82 727	31 597	230 000	110 000	
霍州市	141082000000000	764	12	207	122 269	60 529	300 000	170 000	
吕梁市 141100000000000		21 408	162	3 163	1 394 862	1 033 510	3 928 700	2 908 600	
离石区	141102000000000	1 324	12	193	112 573	56 942	320 000	160 000	
文水县	141121000000000	1064	12	199	174 469	130 170	440 000	390 000	
交城县	141122000000000	1 826	10	148	87 667	63 646	240 000	120 000	
兴县	141123000000000	3 422	17	376	88 703	74 323	290 000	260 000	
临县	141124000000000	2 979	23	642	238 519	202 053	650 000	590 000	
柳林县	141125000000000	1 288	15	257	124 741	95 376	340 000	280 000	
石楼县	141126000000000	1 735	9	134	34 577	28 008	118 700	98 600	
岚县	141127000000000	1 513	12	167	53 360	46 535	190 000	160 000	
方山县	141128000000000	1 434	7	169	47 243	45 932	140 000	0	
中阳县	141129000000000	1 438	7	100	54 637	33 996	160 000	110 000	
交口县	141130000000000	1 258	7	93	46 114	29 917	120 000	90 000	
孝义市	141181000000000	946	17	379	169 983	112 675	490 000	320 000	
汾阳市	141182000000000	1 181	14	306	162 276	113 937	430 000	330 000	

附表 4　山西省居民财产分类对照表

省(区、市)名称		山西省	省(区、市)名称代码		140000000000000	
县(区、市、旗)名称	行政区划代码	Ⅰ类	Ⅱ类	Ⅲ类	Ⅳ类	备注
居民财产类型典型户排序比例区间(%)		(0　20]	(20　50]	(50　80)	[80　100]	根据省防办要求，省水文局统一制定
居民财产类型价值区间(万元)		≥4	[2.5　4)	(1.5　2.5)	(0　1.2]	

附表5　山西省居民住房类型对照表

省(区、市)名称		山西省	省(区、市)名称代码		140000000000000	
县(区、市)	行政区划代码	Ⅰ类	Ⅱ类	Ⅲ类	Ⅳ类	备注
省(区、市)合计						
太原市 140100000000000						
小店区	140105000000000		1#:混合结构、1层住宅	1#:砖木结构、1层住宅	1#:其他结构、1层住宅	
			2#:混合结构、1层住宅	2#:砖木结构、1层住宅	2#:其他结构、1层住宅	
			3#:混合结构、1层住宅	3#:砖木结构、1层住宅	3#:其他结构、1层住宅	
迎泽区	140106000000000		1#:混合结构、2层住宅	1#:砖木结构、1层住宅	1#:其他结构、1层住宅	
			2#:混合结构、1层住宅	2#:砖木结构、1层住宅	2#:其他结构、1层住宅	
			3#:混合结构、3层住宅以上	3#:砖木结构、1层住宅	3#:其他结构、1层住宅	
杏花岭区	140107000000000		1#:混合结构、3层住宅以上	1#:砖木结构、1层住宅	1#:其他结构、1层住宅	
			2#:混合结构、2层住宅	2#:砖木结构、1层住宅	2#:其他结构、1层住宅	
			3#:混合结构、1层住宅	3#:砖木结构、1层住宅	3#:其他结构、1层住宅	
尖草坪区	140108000000000		1#:混合结构、2层住宅	1#:砖木结构、1层住宅	1#:其他结构、1层住宅	
			2#:混合结构、1层住宅	2#:砖木结构、1层住宅	2#:其他结构、1层住宅	
			3#:混合结构、2层住宅	3#:砖木结构、1层住宅	3#:其他结构、1层住宅	
万柏林区	140109000000000	1#:钢混结构、3层住宅以上	1#:混合结构、3层住宅以上	1#:砖木结构、1层住宅	1#:其他结构、1层住宅	
		2#:钢混结构、3层住宅以上	2#:混合结构、2层住宅	2#:砖木结构、1层住宅	2#:其他结构、1层住宅	
		3#:钢混结构、3层住宅以上	3#:混合结构、3层住宅	3#:砖木结构、1层住宅	3#:其他结构、1层住宅	

续附表 5

省(区、市)名称		山西省	省(区、市)名称代码		140000000000000	
县(区、市)	行政区划代码	Ⅰ类	Ⅱ类	Ⅲ类	Ⅳ类	备注
晋源区	140110000000000		1#:混合结构、2 层住宅	1#:砖木结构、1 层住宅	1#:其他结构、1 层住宅	
			2#:混合结构、1 层住宅	2#:砖木结构、1 层住宅	2#:其他结构、1 层住宅	
			3#:混合结构、2 层住宅	3#:砖木结构、1 层住宅	3#:其他结构、1 层住宅	
清徐县	140121000000000	1#:钢混结构、3 层住宅以上	1#:混合结构、2 层住宅	1#:砖木结构、1 层住宅	1#:其他结构、1 层住宅	
		2#:钢混结构、3 层住宅以上	2#:混合结构、1 层住宅	2#:砖木结构、1 层住宅	2#:其他结构、1 层住宅	
		3#:钢混结构、3 层住宅以上	3#:混合结构、2 层住宅	3#:砖木结构、1 层住宅	3#:其他结构、1 层住宅	
阳曲县	140122000000000		1#:混合结构、1 层住宅	1#:砖木结构、1 层住宅	1#:其他结构、1 层住宅	
			2#:混合结构、2 层住宅	2#:砖木结构、1 层住宅	2#:其他结构、1 层住宅	
			3#:混合结构、1 层住宅	3#:砖木结构、1 层住宅	3#:其他结构、1 层住宅	
娄烦县	140123000000000		1#:混合结构、1 层住宅	1#:砖木结构、1 层住宅	1#:其他结构、1 层住宅	
			2#:混合结构、1 层住宅	2#:砖木结构、1 层住宅	2#:其他结构、1 层住宅	
			3#:混合结构、1 层住宅	3#:砖木结构、1 层住宅	3#:其他结构、1 层住宅	
古交市	140181000000000		1#:混合结构、3 层住宅以上	1#:砖木结构、1 层住宅	1#:其他结构、1 层住宅	
			2#:混合结构、2 层住宅	2#:砖木结构、1 层住宅	2#:其他结构、1 层住宅	
			3#:混合结构、1 层住宅	3#:砖木结构、1 层住宅	3#:其他结构、1 层住宅	
大同市 140200000000000						
南郊区	140211000000000	1#:钢混结构、1 层住宅	1#:混合结构、2 层住宅	1#:砖木结构、1 层住宅	1#:其他结构、1 层住宅	
		2#:钢混结构、2 层住宅	2#:混合结构、1 层住宅	2#:砖木结构、1 层住宅	2#:其他结构、1 层住宅	
		3#:钢混结构、3 层住宅以上	3#:混合结构、2 层住宅	3#:砖木结构、1 层住宅	3#:其他结构、1 层住宅	

续附表 5

省(区、市)名称		山西省	省(区、市)名称代码		140000000000000	
县(区、市)	行政区划代码	Ⅰ类	Ⅱ类	Ⅲ类	Ⅳ类	备注
新荣区	140212000000000	1#:钢混结构、2 层住宅	1#:混合结构、2 层住宅	1#:砖木结构、1 层住宅	1#:其他结构、1 层住宅	
		2#:钢混结构、2 层住宅	2#:混合结构、2 层住宅	2#:砖木结构、1 层住宅	2#:其他结构、1 层住宅	
		3#:钢混结构、1 层住宅	3#:混合结构、1 层住宅	3#:砖木结构、1 层住宅	3#:其他结构、1 层住宅	
阳高县	140221000000000	1#:钢混结构、3 层住宅以上	1#:混合结构、2 层住宅	1#:砖木结构、1 层住宅	1#:其他结构、1 层住宅	
		2#:钢混结构、3 层住宅以上	2#:混合结构、3 层住宅以上	2#:砖木结构、1 层住宅	2#:其他结构、1 层住宅	
		3#:钢混结构、3 层住宅以上	3#:混合结构、3 层住宅以上	3#:砖木结构、1 层住宅	3#:其他结构、1 层住宅	
天镇县	140222000000000	1#:钢混结构、2 层住宅	1#:混合结构、1 层住宅	1#:砖木结构、1 层住宅	1#:其他结构、1 层住宅	
		2#:钢混结构、2 层住宅	2#:混合结构、1 层住宅	2#:砖木结构、1 层住宅	2#:其他结构、1 层住宅	
		3#:钢混结构、2 层住宅	3#:混合结构、1 层住宅	3#:砖木结构、1 层住宅	3#:其他结构、1 层住宅	
广灵县	140223000000000	1#:钢混结构、3 层住宅以上	1#:混合结构、1 层住宅	1#:砖木结构、1 层住宅	1#:其他结构、1 层住宅	
		2#:钢混结构、3 层住宅以上	2#:混合结构、2 层住宅	2#:砖木结构、1 层住宅	2#:其他结构、1 层住宅	
		3#:钢混结构、3 层住宅以上	3#:混合结构、3 层住宅	3#:砖木结构、1 层住宅	3#:其他结构、1 层住宅	
灵丘县	140224000000000	1#:钢混结构、2 层住宅	1#:混合结构、2 层住宅	1#:砖木结构、1 层住宅	1#:其他结构、1 层住宅	
		2#:钢混结构、2 层住宅	2#:混合结构、1 层住宅	2#:砖木结构、1 层住宅	2#:其他结构、1 层住宅	
		3#:钢混结构、2 层住宅	3#:混合结构、1 层住宅	3#:砖木结构、1 层住宅	3#:其他结构、1 层住宅	
浑源县	140225000000000	1#:混合结构、3 层住宅以上	1#:混合结构、2 层住宅	1#:砖木结构、1 层住宅	1#:其他结构、1 层住宅	
		2#:混合结构、3 层住宅以上	2#:混合结构、2 层住宅	2#:砖木结构、1 层住宅	2#:其他结构、1 层住宅	
		3#:混合结构、3 层住宅以上	3#:混合结构、1 层住宅	3#:砖木结构、1 层住宅	3#:其他结构、1 层住宅	

续附表 5

省(区、市)名称		山西省	省(区、市)名称代码		140000000000000	
县(区、市)	行政区划代码	Ⅰ类	Ⅱ类	Ⅲ类	Ⅳ类	备注
左云县	140226000000000	1#:钢混结构、2 层住宅	1#:混合结构、3 层住宅	1#:砖木结构、1 层住宅	1#:其他结构、1 层住宅	
		2#:钢混结构、2 层住宅	2#:混合结构、2 层住宅	2#:砖木结构、1 层住宅	2#:其他结构、1 层住宅	
		3#:钢混结构、3 层住宅以上	3#:混合结构、2 层住宅	3#:砖木结构、1 层住宅	3#:其他结构、1 层住宅	
大同县	140227000000000	1#:钢混结构、2 层住宅	1#:混合结构、1 层住宅	1#:砖木结构、1 层住宅	1#:其他结构、其他形式住宅	
		2#:钢混结构、3 层住宅	2#:混合结构、2 层住宅	2#:砖木结构、1 层住宅	2#:其他结构、其他形式住宅	
		3#:钢混结构、3 层住宅以上	3#:混合结构、3 层住宅	3#:砖木结构、2 层住宅	3#:其他结构、其他形式住宅	
阳泉市 140300000000000						
阳泉市区	140311000000000	1#:钢混结构、2 层住宅	1#:混合结构、1 层住宅	1#:砖木结构、1 层住宅	1#:其他结构、1 层住宅	
		2#:钢混结构、1 层住宅	2#:混合结构、1 层住宅	2#:砖木结构、1 层住宅	2#:其他结构、1 层住宅	
		3#:钢混结构、1 层住宅	3#:混合结构、1 层住宅	3#:砖木结构、1 层住宅	3#:其他结构、1 层住宅	
平定县	140321000000000	1#:其他结构、1 层住宅	1#:混合结构、1 层住宅	1#:钢筋混凝土结构、2 层住宅	1#:砖木结构、1 层住宅	
		2#:其他结构、1 层住宅	2#:混合结构、1 层住宅	2#:钢筋混凝土结构、2 层住宅	2#:砖木结构、1 层住宅	
		3#:其他结构、1 层住宅	3#:混合结构、1 层住宅	3#:钢筋混凝土结构、2 层住宅	3#:砖木结构、1 层住宅	
盂县	140322000000000	1#:其他结构、1 层住宅	1#:混合结构、1 层住宅	1#砖木结构、1 层住宅	1#:其他结构、1 层住宅	
		2#:其他结构、1 层住宅	2#:混合结构、1 层住宅	2#:砖木结构、1 层住宅	2#:其他结构、1 层住宅	
		3#:其他结构、1 层住宅		3#:砖木结构、1 层住宅	3#:其他结构、1 层住宅	
				4#:砖木结构、1 层住宅	4#:其他结构、1 层住宅	

续附表5

省(区、市)名称		山西省	省(区、市)名称代码		140000000000000	
县(区、市)	行政区划代码	Ⅰ类	Ⅱ类	Ⅲ类	Ⅳ类	备注
长治市 140400000000000						
长治郊区	140411000000000	1#:钢筋混凝土结构、2层住宅	1#:钢筋混凝土结构、3层住宅	1#:钢筋混凝土结构、1层住宅	1#:其他、1层住宅	
		2#:混合结构、3层住宅以上	2#:混合结构、2层住宅	2#:混合结构、1层住宅	2#:其他、1层住宅	
		3#:混合结构、3层住宅	3#:混合结构、2层住宅	3#:混合结构、1层住宅	3#:其他、2层住宅	
长治县	140421000000000	1#:混合结构、2层住宅	1#:混合结构、2层住宅	1#:砖木结构、1层住宅	1#:其他、1层住宅	
		2#:混合结构、2层住宅	2#:混合结构、2层住宅	2#:砖木结构、1层住宅	2#:其他、1层住宅	
		3#:混合结构、2层住宅	3#:混合结构、2层住宅	3#:砖木结构、1层住宅	3#:其他、1层住宅	
襄垣县	140423000000000	1#:混合结构、2层住宅	1#:混合结构、1层住宅	1#:其他、3层住宅	1#:其他、其他形式住宅	
		2#:钢筋混凝土结构、2层住宅	2#:混合结构、1层住宅	2#:砖木结构、1层住宅	2#:其他、其他形式住宅	
		3#:混合结构、2层住宅	3#:砖木结构、1层住宅	3#:砖木结构、1层住宅	3#:其他、其他形式住宅	
屯留县	140424000000000	1#:混合结构、2层住宅	1#:砖木结构、2层住宅	1#:砖木结构、1层住宅	1#:其他、1层住宅	
		2#:混合结构、2层住宅	2#:砖木结构、2层住宅	2#:砖木结构、1层住宅	2#:其他、1层住宅	
		3#:混合结构、2层住宅	3#:砖木结构、2层住宅	3#:砖木结构、1层住宅	3#:其他、1层住宅	
平顺县	140425000000000	1#:混合结构、2层住宅	1#:砖木结构、1层住宅	1#:其他、其他形式住宅	1#:其他、其他形式住宅	
		2#:混合结构、2层住宅	2#:砖木结构、1层住宅	2#:其他、1层住宅	2#:其他、其他形式住宅	
		3#:混合结构、2层住宅	3#:砖木结构、1层住宅	3#:其他、1层住宅	3#:其他、其他形式住宅	
		4#:混合结构、2层住宅	4#:砖木结构、1层住宅	4#:其他、1层住宅	4#:其他、其他形式住宅	

续附表 5

省(区、市)名称		山西省	省(区、市)名称代码		140000000000000	
县(区、市)	行政区划代码	Ⅰ类	Ⅱ类	Ⅲ类	Ⅳ类	备注
平顺县	140425000000000	5#:混合结构、2 层住宅	5#:砖木结构、1 层住宅	5#:其他、1 层住宅	5#:其他、其他形式住宅	
		6#:混合结构、2 层住宅	6#:砖木结构、1 层住宅	6#:其他、其他形式住宅	6#:其他、其他形式住宅	
		7#:混合结构、2 层住宅	7#:砖木结构、1 层住宅	7#:其他、其他形式住宅	7#:其他、其他形式住宅	
		8#:混合结构、2 层住宅	8#:砖木结构、1 层住宅	8#:其他、1 层住宅		
				9#:其他、1 层住宅		
				10#:其他、其他形式住宅		
				11#:其他、1 层住宅		
黎城县	140426000000000	1#:钢筋混凝土结构、2 层住宅	1#:混合结构、1 层住宅	1#:砖木结构、其他形式住宅	1#:其他、其他形式住宅	
		2#:钢筋混凝土结构、2 层住宅	2#:混合结构、1 层住宅	2#:其他、其他形式住宅	2#:其他、其他形式住宅	
		3#:钢筋混凝土结构、3 层住宅以上	3#:混合结构、1 层住宅	3#:砖木结构、1 层住宅	3#:其他、其他形式住宅	
壶关县	140427000000000	1#:钢筋混凝土结构、3 层住宅	1#:混合结构、2 层住宅	1#:砖木结构、1 层住宅	1#:其他、1 层住宅	
		2#:钢筋混凝土结构、3 层住宅以上	2#:混合结构、2 层住宅	2#:砖木结构、1 层住宅	2#:其他、1 层住宅	
		3#:混合结构、3 层住宅	3#:混合结构、1 层住宅	3#:砖木结构、2 层住宅	3#:其他、1 层住宅	
长子县	140428000000000	1#:钢筋混凝土结构、2 层住宅	1#:混合结构、2 层住宅	1#:混合结构、2 层住宅	1#:其他、2 层住宅	
		2#:钢筋混凝土结构、2 层住宅	2#:混合结构、2 层住宅	2#:砖木结构、2 层住宅	2#:其他、2 层住宅	
		3#:钢筋混凝土结构、2 层住宅	3#:混合结构、2 层住宅	3#:砖木结构、2 层住宅	3#:其他、1 层住宅	

续附表5

省(区、市)名称		山西省	省(区、市)名称代码		140000000000000	
县(区、市)	行政区划代码	Ⅰ类	Ⅱ类	Ⅲ类	Ⅳ类	备注
武乡县	140429000000000	1#:钢筋混凝土结构、2层住宅	1#:混合结构、1层住宅	1#:砖木结构、1层住宅	1#:其他、1层住宅	
		2#:钢筋混凝土结构、2层住宅	2#:混合结构、1层住宅	2#:砖木结构、1层住宅	2#:其他、1层住宅	
		3#:钢筋混凝土结构、2层住宅	3#:混合结构、1层住宅	3#:砖木结构、1层住宅	3#:其他、1层住宅	
沁县	140430000000000	1#:钢筋混凝土结构、3层住宅	1#:混合结构、1层住宅	1#:砖木结构、2层住宅	1#:其他、其他形式住宅	
		6#:钢筋混凝土结构、2层住宅	2#:混合结构、1层住宅	2#:其他、1层住宅	2#:其他、1层住宅	
		7#:钢筋混凝土结构、3层住宅	3#:混合结构、1层住宅	4#:其他、2层住宅	3#:其他、其他形式住宅	
沁源县	140431000000000	1#:混合结构、2层住宅	1#:混合结构、1层住宅	1#:砖木结构、1层住宅	1#:其他、1层住宅	
		2#:混合结构、2层住宅	2#:混合结构、1层住宅	2#:砖木结构、其他形式住宅	2#:其他、1层住宅	
		3#:混合结构、2层住宅	3#:混合结构、1层住宅	3#:砖木结构、其他形式住宅	3#:其他、1层住宅	
潞城市	140481000000000	1#:混合结构、2层住宅	1#:混合结构、1层住宅	1#:砖木结构、1层住宅	1#:其他、1层住宅	
		2#:混合结构、2层住宅	2#:混合结构、1层住宅	2#:砖木结构、1层住宅	2#:其他、1层住宅	
		3#:其他、1层住宅	3#:混合结构、2层住宅	3#:其他、1层住宅	3#:其他、1层住宅	
晋城市 140500000000000						
晋城城区	140502000000000	1#:钢混结构、3层住宅以上	1#:混合结构、2层住宅	1#:混合结构、1层住宅	1#:其他结构、1层住宅	
		2#:混合结构、3层住宅以上	2#:混合结构、2层住宅	2#:砖木结构、1层住宅	2#:其他结构、1层住宅	
		3#:钢混结构、3层住宅	3#:混合结构、2层住宅	3#:砖木结构、2层住宅	3#:其他结构、1层住宅	

续附表 5

省(区、市)名称		山西省	省(区、市)名称代码		14000000000000	
县(区、市)	行政区划代码	Ⅰ类	Ⅱ类	Ⅲ类	Ⅳ类	备注
沁水县	140521000000000	1#:钢混结构、2 层住宅	1#:混合结构、2 层住宅	1#:砖木结构、2 层住宅	1#:其他结构、2 层住宅	
		2#:钢混结构、2 层住宅	2#:混合结构、2 层住宅	2#:砖木结构、2 层住宅	2#:其他结构、2 层住宅	
		3#:钢混结构、2 层住宅	3#:混合结构、2 层住宅	3#:砖木结构、2 层住宅	3#:其他结构、2 层住宅	
阳城县	140522000000000	1#:钢混结构、3 层住宅以上	1#:混合结构、2 层住宅	1#:砖木结构、1 层住宅	1#:其他结构、2 层住宅	
		2#:钢混结构、2 层住宅	2#:混合结构、2 层住宅	2#:砖木结构、1 层住宅	2#:砖木结构、1 层住宅	
		3#:钢混结构、2 层住宅	3#:混合结构、2 层住宅	3#:砖木结构、1 层住宅	3#:砖木结构、1 层住宅	
陵川县	140524000000000	1#:混合结构、3 层住宅	1#:砖木结构、2 层住宅	1#:砖木结构、1 层住宅	1#:其他结构、1 层住宅	
		2#:混合结构、2 层住宅	2#:砖木结构、2 层住宅	2#:砖木结构、1 层住宅	2#:其他结构、2 层住宅	
		3#:混合结构、2 层住宅	3#:砖木结构、2 层住宅	3#:砖木结构、1 层住宅	3#:其他结构、1 层住宅	
泽州县	140524000000000	1#:钢混结构、2 层住宅	1#:混合结构、2 层住宅	1#:砖木结构、2 层住宅	1#:其他结构、2 层住宅	
		2#:钢混结构、2 层住宅	2#:混合结构、2 层住宅	2#:砖木结构、1 层住宅	2#:其他结构、2 层住宅	
		3#:钢混结构、2 层住宅	3#:混合结构、2 层住宅	3#:砖木结构、1 层住宅	3#:其他结构、2 层住宅	
高平市	140581000000000	1#:钢混结构、2 层住宅	1#:混合结构、2 层住宅	1#:砖木结构、2 层住宅	1#:其他结构、1 层住宅	
		2#:钢混结构、2 层住宅	2#:混合结构、2 层住宅	2#:砖木结构、2 层住宅	2#:其他结构、1 层住宅	
		3#:钢混结构、2 层住宅	3#:混合结构、2 层住宅	3#:砖木结构、1 层住宅	3#:其他结构、1 层住宅	
朔州市 140600000000000						
朔城区	140602000000000	1#:钢混结构、3 层住宅以上	1#:混合结构、2 层住宅	1#:砖木结构、1 层住宅	1#:其他结构、1 层住宅	
		2#:钢混结构、3 层住宅以上	2#:混合结构、2 层住宅	2#:砖木结构、1 层住宅	2#:其他结构、1 层住宅	
		3#:钢混结构、3 层住宅以上	3#:混合结构、2 层住宅	3#:砖木结构、1 层住宅	3#:其他结构、1 层住宅	

续附表 5

省(区、市)名称		山西省	省(区、市)名称代码		140000000000000	
县(区、市)	行政区划代码	Ⅰ类	Ⅱ类	Ⅲ类	Ⅳ类	备注
平鲁区	140603000000000	1#:钢混结构、3 层住宅	1#:混合结构、1 层住宅	1#:砖木结构、1 层住宅	1#:其他结构、1 层住宅	
		2#:钢混结构、3 层住宅以上	2#:混合结构、1 层住宅	2#:砖木结构、1 层住宅	2#:其他结构、1 层住宅	
		3#:钢混结构、3 层住宅以上	3#:混合结构、1 层住宅	3#:砖木结构、1 层住宅	3#:其他结构、1 层住宅	
山阴县	140621000000000	1#:钢混结构、3 层住宅	1#:混合结构、1 层住宅	1#:砖木结构、1 层住宅	1#:其他结构、1 层住宅	
		2#:钢混结构、3 层住宅以上	2#:混合结构、2 层住宅	2#:砖木结构、1 层住宅	2#:其他结构、1 层住宅	
		3#:钢混结构、3 层住宅以上	3#:混合结构、3 层住宅以上	3#:砖木结构、1 层住宅	3#:其他结构、1 层住宅	
应县	140622000000000	1#:钢混结构、2 层住宅	1#:混合结构、1 层住宅	1#:砖木结构、1 层住宅	1#:其他结构、1 层住宅	
		2#:钢混结构、3 层住宅以上	2#:混合结构、1 层住宅	2#:砖木结构、1 层住宅	2#:其他结构、1 层住宅	
		3#:钢混结构、3 层住宅以上	3#:混合结构、1 层住宅	3#:砖木结构、1 层住宅	3#:其他结构、1 层住宅	
右玉县	140623000000000	1#:钢混结构、3 层住宅	1#:混合结构、1 层住宅	1#:砖木结构、1 层住宅	1#:其他结构、1 层住宅	
		2#:钢混结构、3 层住宅以上	2#:混合结构、2 层住宅	2#:砖木结构、1 层住宅	2#:其他结构、1 层住宅	
		3#:钢混结构、3 层住宅以上	3#:混合结构、3 层住宅	3#:砖木结构、1 层住宅	3#:其他结构、1 层住宅	
怀仁县	140624000000000	1#:钢混结构、3 层住宅以上	1#:混合结构、3 层住宅以上	1#:砖木结构、1 层住宅	1#:其他结构、1 层住宅	
		2#:钢混结构、3 层住宅以上	2#:混合结构、3 层住宅	2#:砖木结构、1 层住宅	2#:其他结构、1 层住宅	
		3#:钢混结构、3 层住宅以上	3#:混合结构、3 层住宅	3#:砖木结构、1 层住宅	3#:其他结构、1 层住宅	
晋中市 140700000000000						
榆次区	140702000000000	1#:钢混结构、2 层住宅	1#:混合结构、1 层住宅	1#:砖木结构、1 层住宅	1#:其他结构、1 层住宅	
		2#:钢混结构、2 层住宅	2#:混合结构、1 层住宅	2#:砖木结构、1 层住宅	2#:其他结构、1 层住宅	
		3#:钢混结构、3 层住宅	3#:混合结构、1 层住宅	3#:砖木结构、1 层住宅	3#:其他结构、1 层住宅	

续附表 5

省(区、市)名称		山西省	省(区、市)名称代码		140000000000000	
县(区、市)	行政区划代码	Ⅰ类	Ⅱ类	Ⅲ类	Ⅳ类	备注
榆社县	140721000000000	1#:钢混结构、2 层住宅	1#:混合结构、2 层住宅	1#:砖木结构、1 层住宅	1#:其他结构、1 层住宅	
		2#:钢混结构、2 层住宅	2#:混合结构、2 层住宅	2#:砖木结构、1 层住宅	2#:其他结构、1 层住宅	
		3#:钢混结构、2 层住宅	3#:混合结构、1 层住宅	3#:砖木结构、1 层住宅	3#:其他结构、1 层住宅	
左权县	140722000000000	1#:钢混结构、2 层住宅	1#:混合结构、1 层住宅	1#:砖木结构、1 层住宅	1#:其他结构、1 层住宅	
		2#:钢混结构、3 层住宅	2#:混合结构、1 层住宅	2#:砖木结构、1 层住宅	2#:其他结构、1 层住宅	
		3#:钢混结构、2 层住宅	3#:混合结构、1 层住宅	3#:砖木结构、1 层住宅	3#:其他结构、1 层住宅	
和顺县	140723000000000	1#:钢混结构、3 层住宅	1#:混合结构、1 层住宅	1#:砖木结构、1 层住宅	1#:其他结构、1 层住宅	
		2#:钢混结构、3 层住宅以上	2#:混合结构、2 层住宅	2#:砖木结构、1 层住宅	2#:其他结构、1 层住宅	
		3#:钢混结构、3 层住宅	3#:混合结构、2 层住宅	3#:砖木结构、1 层住宅	3#:其他结构、1 层住宅	
昔阳县	140724000000000	1#:钢混结构、2 层住宅	1#:混合结构、1 层住宅	1#:砖木结构、1 层住宅	1#:其他结构、1 层住宅	
		2#:钢混结构、3 层住宅	2#:钢混结构、1 层住宅	2#:砖木结构、1 层住宅	2#:其他结构、1 层住宅	
		3#:钢混结构、2 层住宅	3#:钢混结构、1 层住宅	3#:砖木结构、1 层住宅	3#:其他结构、1 层住宅	
寿阳县	140725000000000	1#:钢混结构、2 层住宅	1#:混合结构、1 层住宅	1#:砖木结构、1 层住宅	1#:其他结构、1 层住宅	
		2#:钢混结构、2 层住宅	2#:混合结构、1 层住宅	2#:砖木结构、1 层住宅	2#:其他结构、1 层住宅	
		3#:钢混结构、2 层住宅	3#:混合结构、1 层住宅	3#:砖木结构、1 层住宅	3#:其他结构、1 层住宅	
太谷县	140726000000000	1#:钢混结构、3 层住宅	1#:混合结构、1 层住宅	1#:砖木结构、1 层住宅	1#:其他结构、1 层住宅	
		2#:钢混结构、3 层住宅以上	2#:混合结构、1 层住宅	2#:砖木结构、1 层住宅	2#:其他结构、1 层住宅	
		3#:钢混结构、1 层住宅	3#:混合结构、1 层住宅	3#:砖木结构、1 层住宅	3#:其他结构、1 层住宅	

续附表 5

省(区、市)名称		山西省	省(区、市)名称代码		140000000000000	
县(区、市)	行政区划代码	Ⅰ类	Ⅱ类	Ⅲ类	Ⅳ类	备注
祁县	140727000000000	1#:钢混结构、1 层住宅	1#:混合结构、1 层住宅	1#:砖木结构、1 层住宅	1#:其他结构、1 层住宅	
		2#:钢混结构、2 层住宅	2#:混合结构、2 层住宅	2#:砖木结构、1 层住宅	2#:其他结构、1 层住宅	
		3#:钢混结构、1 层住宅	3#:混合结构、1 层住宅	3#:砖木结构、1 层住宅	3#:其他结构、1 层住宅	
平遥县	140728000000000	1#:钢混结构、3 层住宅以上	1#:混合结构、1 层住宅	1#:砖木结构、1 层住宅	1#:其他结构、1 层住宅	
		2#:钢混结构、3 层住宅以上	2#:混合结构、2 层住宅	2#:砖木结构、1 层住宅	2#:其他结构、1 层住宅	
		3#:钢混结构、3 层住宅以上	3#:混合结构、2 层住宅	3#:砖木结构、1 层住宅	3#:其他结构、1 层住宅	
灵石县	140729000000000	1#:钢混结构、2 层住宅	1#:混合结构、1 层住宅	1#:砖木结构、1 层住宅	1#:其他结构、1 层住宅	
		2#:钢混结构、2 层住宅	2#:混合结构、1 层住宅	2#:砖木结构、1 层住宅	2#:其他结构、1 层住宅	
		3#:钢混结构、2 层住宅	3#:混合结构、1 层住宅	3#:砖木结构、1 层住宅	3#:其他结构、1 层住宅	
介休市	140781000000000	1#:钢混结构、2 层住宅	1#:混合结构、1 层住宅	1#:砖木结构、1 层住宅	1#:其他结构、其他形式住宅	
		2#:钢混结构、2 层住宅	2#:砖木结构、1 层住宅	2#:其他结构、1 层住宅	2#:其他结构、其他形式住宅	
		3#:混合结构、2 层住宅	3#:砖木结构、1 层住宅	3#:其他结构、1 层住宅	3#:其他结构、其他形式住宅	
运城市 140800000000000						
盐湖区	140802000000000	1#:钢混结构、2 层住宅	1#:混合结构、1 层住宅	1#:砖木结构、1 层住宅	1#:其他结构、1 层住宅	
		2#:钢混结构、2 层住宅	2#:混合结构、1 层住宅	2#:砖木结构、1 层住宅	2#:其他结构、1 层住宅	
		3#:钢混结构、2 层住宅	3#:混合结构、1 层住宅	3#:砖木结构、1 层住宅	3#:其他结构、1 层住宅	
临猗县	140821000000000	1#:混合结构、2 层住宅	1#:混合结构、2 层住宅	1#:混合结构、1 层住宅	1#:其他结构、1 层住宅	
		2#:混合结构、2 层住宅	2#:混合结构、1 层住宅	2#:混合结构、1 层住宅	2#:其他结构、1 层住宅	
		3#:混合结构、2 层住宅	3#:混合结构、1 层住宅	3#:砖木结构、1 层住宅	3#:其他结构、1 层住宅	

续附表 5

省(区、市)名称		山西省	省(区、市)名称代码		140000000000000	
县(区、市)	行政区划代码	Ⅰ类	Ⅱ类	Ⅲ类	Ⅳ类	备注
万荣县	140822000000000	1#:混合结构、1层住宅	1#:混合结构、2层住宅	1#:砖木结构、1层住宅	1#:其他结构、其他形式住宅	
		2#:混合结构、1层住宅	2#:混合结构、2层住宅	2#:砖木结构、2层住宅	2#:其他结构、其他形式住宅	
		3#:混合结构、1层住宅	3#:混合结构、2层住宅	3#:砖木结构、1层住宅	3#:其他结构、其他形式住宅	
闻喜县	140823000000000	1#:钢混结构、3层住宅以上	1#:混合结构、1层住宅	1#:砖木结构、1层住宅	1#:其他结构、1层住宅	
		2#:混合结构、2层住宅	2#:混合结构、1层住宅	2#:砖木结构、1层住宅	2#:其他结构、1层住宅	
		3#:混合结构、2层住宅	3#:混合结构、1层住宅	3#:砖木结构、1层住宅	3#:其他结构、1层住宅	
稷山县	140824000000000	1#:钢混结构、2层住宅	1#:混合结构、1层住宅	1#:砖木结构、1层住宅	1#:混合结构、1层住宅	
		2#:钢混结构、1层住宅	2#:混合结构、1层住宅	2#:砖木结构、1层住宅	2#:其他结构、1层住宅	
		3#:钢混结构、2层住宅	3#:混合结构、1层住宅	3#:砖木结构、1层住宅	3#:其他结构、1层住宅	
新绛县	140825000000000	1#:钢混结构、3层住宅以上	1#:混合结构、1层住宅	1#:砖木结构、1层住宅	1#:其他结构、其他形式住宅	
		2#:钢混结构、3层住宅以上	2#:混合结构、2层住宅	2#:砖木结构、1层住宅	2#:其他结构、其他形式住宅	
		3#:钢混结构、3层住宅以上	3#:混合结构、1层住宅	3#:砖木结构、1层住宅	3#:其他结构、其他形式住宅	
绛县	140826000000000	1#:钢混结构、3层住宅以上	1#:混合结构、1层住宅	1#:砖木结构、1层住宅	1#:其他结构、其他形式住宅	
		2#:钢混结构、3层住宅以上	2#:混合结构、2层住宅	2#:砖木结构、1层住宅	2#:其他结构、其他形式住宅	
		3#:钢混结构、3层住宅以上	3#:混合结构、1层住宅	3#:砖木结构、1层住宅	3#:其他结构、其他形式住宅	
垣曲县	140827000000000	1#:混合结构、2层住宅	1#:混合结构、1层住宅	1#:砖木结构、1层住宅	1#:其他结构、其他形式住宅	
		2#:混合结构、2层住宅	2#:混合结构、1层住宅	2#:砖木结构、1层住宅	2#:其他结构、其他形式住宅	
		3#:混合结构、2层住宅	3#:混合结构、1层住宅	3#:砖木结构、1层住宅	3#:其他结构、其他形式住宅	

续附表 5

省(区、市)名称		山西省	省(区、市)名称代码		140000000000000	
县(区、市)	行政区划代码	Ⅰ类	Ⅱ类	Ⅲ类	Ⅳ类	备注
夏县	140828000000000	1#:钢混结构、2层住宅	1#:混合结构、2层住宅	1#:砖木结构、2层住宅	1#:其他结构、1层住宅	
		2#:钢混结构、2层住宅	2#:混合结构、2层住宅	2#:砖木结构、1层住宅	2#:其他结构、1层住宅	
		3#:钢混结构、2层住宅	3#:混合结构、2层住宅	3#:砖木结构、1层住宅	3#:其他结构、1层住宅	
平陆县	140829000000000	1#:混合结构、1层住宅	1#:混合结构、2层住宅	1#:砖木结构、1层住宅	1#:其他结构、1层住宅	
		2#:混合结构、1层住宅	2#:混合结构、2层住宅	2#:砖木结构、1层住宅	2#:其他结构、1层住宅	
		3#:混合结构、1层住宅	3#:混合结构、2层住宅	3#:砖木结构、1层住宅	3#:其他结构、1层住宅	
芮城县	140830000000000	1#:其他结构、其他形式住宅	1#:混合结构、1层住宅	1#:砖木结构、1层住宅	1#:砖木结构、3层住宅以上	
		2#:其他结构、其他形式住宅	2#:混合结构、2层住宅	2#:砖木结构、1层住宅	2#:混合结构、3层住宅以上	
		3#:其他结构、其他形式住宅	3#:混合结构、2层住宅	3#:砖木结构、1层住宅	3#:混合结构、3层住宅以上	
永济市	140881000000000	1#:钢混结构、2层住宅	1#:混合结构、1层住宅	1#:砖木结构、1层住宅	1#:其他结构、其他形式住宅	
		2#:钢混结构、2层住宅	2#:混合结构、1层住宅	2#:砖木结构、1层住宅	2#:其他结构、1层住宅	
		3#:钢混结构、其他形式住宅	3#:混合结构、1层住宅	3#:砖木结构、1层住宅	3#:其他结构、1层住宅	
河津市	140882000000000	1#:砖木结构、1层住宅	1#:混合结构、2层住宅	1#:混合结构、1层住宅	1#:其他结构、1层住宅	
		2#:砖木结构、1层住宅	2#:混合结构、2层住宅	2#:混合结构、1层住宅	2#:其他结构、1层住宅	
		3#:砖木结构、1层住宅	3#:混合结构、2层住宅	3#:混合结构、1层住宅	3#:其他结构、1层住宅	
忻州市 140900000000000						
忻府区	140902000000000	1#:混合结构、1层住宅	1#:混合结构、1层住宅	1#:砖木结构、1层住宅	1#:其他结构、1层住宅	
		2#:钢混结构、1层住宅	2#:混合结构、1层住宅	2#:砖木结构、1层住宅	2#:其他结构、1层住宅	
		3#:钢混结构、1层住宅	3#:混合结构、1层住宅	3#:砖木结构、1层住宅	3#:其他结构、1层住宅	

续附表 5

省(区、市)名称		山西省	省(区、市)名称代码		140000000000000	
县(区、市)	行政区划代码	Ⅰ类	Ⅱ类	Ⅲ类	Ⅳ类	备注
定襄县	140921000000000	1#:混合结构、2层住宅	1#:混合结构、1层住宅	1#:砖木结构、1层住宅	1#:其他结构、1层住宅	
		2#:混合结构、2层住宅	2#:混合结构、1层住宅	2#:砖木结构、1层住宅	2#:其他结构、1层住宅	
		3#:混合结构、2层住宅	3#:混合结构、1层住宅	3#:砖木结构、1层住宅	3#:其他结构、1层住宅	
五台县	140922000000000	1#:混合结构、2层住宅	1#:砖木结构、1层住宅	1#:砖木结构、1层住宅	1#:砖木结构、1层住宅	
		2#:混合结构、2层住宅	2#:混合结构、其他形式住宅	2#:砖木结构、1层住宅	2#:其他结构、其他形式住宅	
		3#:混合结构、1层住宅	3#:混合结构、1层住宅	3#:其他结构、1层住宅	3#:其他结构、1层住宅	
代县	140923000000000	1#:钢混结构、2层住宅	1#:砖木结构、1层住宅	1#:砖木结构、1层住宅	1#:其他结构、1层住宅	
		2#:混合结构、2层住宅	2#:混合结构、1层住宅	2#:混合结构、1层住宅	2#:混合结构、1层住宅	
		3#:混合结构、2层住宅	3#:混合结构、1层住宅	3#:砖木结构、1层住宅	3#:混合结构、1层住宅	
繁峙县	140924000000000	1#:混合结构、3层住宅以上	1#:混合结构、1层住宅	1#:砖木结构、1层住宅	1#:其他结构、1层住宅	
		2#:钢混结构、3层住宅以上	2#:混合结构、1层住宅	2#:砖木结构、1层住宅	2#:其他结构、1层住宅	
		3#:钢混结构、3层住宅以上	3#:混合结构、1层住宅	3#:砖木结构、1层住宅	3#:其他结构、1层住宅	
		4#:钢混结构、3层住宅以上	4#:混合结构、1层住宅	4#:砖木结构、1层住宅	4#:其他结构、1层住宅	
宁武县	140925000000000	1#:砖木结构、1层住宅	1#:混合结构、2层住宅	1#:混合结构、1层住宅	1#:其他结构、1层住宅	
		2#:砖木结构、1层住宅	2#:混合结构、1层住宅	2#:混合结构、1层住宅	2#:其他结构、1层住宅	
		3#:砖木结构、1层住宅	3#:混合结构、2层住宅	3#:砖木结构、1层住宅	3#:其他结构、1层住宅	
静乐县	140926000000000	1#:混合结构、2层住宅	1#:混合结构、1层住宅	1#:砖木结构、1层住宅	1#:其他结构、1层住宅	
		2#:混合结构、2层住宅	2#:混合结构、1层住宅	2#:砖木结构、1层住宅	2#:其他结构、1层住宅	
		3#:混合结构、2层住宅	3#:混合结构、1层住宅	3#:砖木结构、1层住宅	3#:其他结构、1层住宅	

续附表 5

省(区、市)名称		山西省	省(区、市)名称代码		140000000000000	
县(区、市)	行政区划代码	Ⅰ类	Ⅱ类	Ⅲ类	Ⅳ类	备注
神池县	140927000000000	1#:砖木结构、1 层住宅	1#:其他结构、1 层住宅	1#:混合结构、1 层住宅	1#:混合结构、其他形式住宅	
		2#:砖木结构、1 层住宅	2#:其他结构、1 层住宅	2#:混合结构、2 层住宅	2#:混合结构、其他形式住宅	
		3#:砖木结构、1 层住宅	3#:其他结构、1 层住宅	3#:混合结构、2 层住宅	3#:混合结构、其他形式住宅	
五寨县	140928000000000	1#:其他结构、1 层住宅	1#:砖木结构、1 层住宅	1#:混合结构、1 层住宅	1#:钢混结构、3 层住宅	
		2#:其他结构、1 层住宅	2#:砖木结构、1 层住宅	2#:混合结构、2 层住宅		
		3#:其他结构、1 层住宅	3#:砖木结构、1 层住宅	3#:混合结构、2 层住宅		
岢岚县	140929000000000	1#:混合结构、2 层住宅	1#:混合结构、1 层住宅	1#:砖木结构、1 层住宅	1#:其他结构、1 层住宅	
		2#:混合结构、2 层住宅	2#:混合结构、1 层住宅	2#:砖木结构、1 层住宅	2#:其他结构、1 层住宅	
		3#:混合结构、2 层住宅	3#:混合结构、1 层住宅	3#:砖木结构、1 层住宅	3#:其他结构、1 层住宅	
河曲县	140930000000000	1#:钢混结构、1 层住宅	1#:砖木结构、1 层住宅	1#:其他结构、1 层住宅	1#:其他结构、1 层住宅	
		2#:钢混结构、1 层住宅	2#:砖木结构、1 层住宅	2#:其他结构、1 层住宅	2#:其他结构、1 层住宅	
		3#:钢混结构、1 层住宅	3#:砖木结构、1 层住宅	3#:其他结构、1 层住宅	3#:其他结构、1 层住宅	
保德县	140931000000000	1#:钢混结构、3 层住宅以上	1#:混合结构、2 层住宅	1#:砖木结构、1 层住宅	1#:其他结构、1 层住宅	
		2#:钢混结构、3 层住宅以上	2#:混合结构、1 层住宅	2#:砖木结构、1 层住宅	2#:其他结构、1 层住宅	
		3#:钢混结构、3 层住宅以上	3#:混合结构、2 层住宅	3#:砖木结构、1 层住宅	3#:混合结构、1 层住宅	
偏关县	140932000000000	1#:混合结构、2 层住宅	1#:其他结构、其他形式住宅	1#:其他结构、其他形式住宅	1#:其他结构、其他形式住宅	
		2#:混合结构、2 层住宅	2#:混合结构、1 层住宅	2#:其他结构、其他形式住宅	2#:其他结构、其他形式住宅	
		3#:混合结构、2 层住宅	3#:混合结构、1 层住宅	3#:其他结构、其他形式住宅	3#:混合结构、1 层住宅	

续附表 5

省(区、市)名称		山西省	省(区、市)名称代码		14000000000000	
县(区、市)	行政区划代码	Ⅰ类	Ⅱ类	Ⅲ类	Ⅳ类	备注
原平市	140981000000000	1#:混合结构、2层住宅	1#:混合结构、1层住宅	1#:砖木结构、1层住宅	1#:其他结构、1层住宅	
		2#:混合结构、2层住宅	2#:混合结构、1层住宅	2#:砖木结构、1层住宅	2#:其他结构、1层住宅	
		3#:混合结构、2层住宅	3#:混合结构、1层住宅	3#:砖木结构、1层住宅	3#:其他结构、1层住宅	
				4#:砖木结构、1层住宅	4#:其他结构、1层住宅	
临汾市 141000000000000						
尧都区	141002000000000	1#:钢混结构、3层住宅	1#:混合结构、2层住宅	1#:混合结构、1层住宅	1#:混合结构、1层住宅	
		2#:混合结构、2层住宅	2#:混合结构、1层住宅	2#:混合结构、1层住宅	2#:混合结构、1层住宅	
		3#:混合结构、2层住宅	3#:混合结构、1层住宅	3#:混合结构、1层住宅	3#:混合结构、1层住宅	
曲沃县	141021000000000	1#:混合结构、2层住宅	1#:混合结构、1层住宅	1#:混合结构、1层住宅	1#:砖木结构、1层住宅	
		2#:混合结构、2层住宅	2#:混合结构、1层住宅	2#:混合结构、1层住宅	2#:其他结构、1层住宅	
		3#:钢混结构、2层住宅	3#:混合结构、1层住宅	3#:混合结构、1层住宅	3#:其他结构、1层住宅	
翼城县	141022000000000	1#:钢混结构、2层住宅	1#:钢混结构、2层住宅	1#:混合结构、1层住宅	1#:砖木结构、1层住宅	
		2#:钢混结构、2层住宅	2#:钢混结构、2层住宅	2#:混合结构、1层住宅	2#:砖木结构、1层住宅	
		3#:钢混结构、1层住宅	3#:钢混结构、1层住宅	3#:其他结构、其他形式住宅	3#:其他结构、其他形式住宅	
襄汾县	141023000000000	1#:混合结构、2层住宅	1#:混合结构、1层住宅	1#:砖木结构、1层住宅	1#:其他结构、1层住宅	
		2#:混合结构、2层住宅	2#:混合结构、1层住宅	2#:砖木结构、1层住宅	2#:其他结构、1层住宅	
		3#:混合结构、1层住宅	3#:混合结构、1层住宅	3#:砖木结构、1层住宅	3#:其他结构、1层住宅	

续附表 5

省(区、市)名称		山西省	省(区、市)名称代码		140000000000000	
县(区、市)	行政区划代码	Ⅰ类	Ⅱ类	Ⅲ类	Ⅳ类	备注
洪洞县	141024000000000	1#:混合结构、2 层住宅	1#:混合结构、1 层住宅	1#:砖木结构、1 层住宅	1#:其他结构、1 层住宅	
		2#:混合结构、2 层住宅	2#:混合结构、1 层住宅	2#:砖木结构、1 层住宅	2#:混合结构、1 层住宅	
		3#:混合结构、2 层住宅	3#:混合结构、1 层住宅	3#:砖木结构、1 层住宅	3#:混合结构、1 层住宅	
古县	141025000000000	1#:钢混结构、2 层住宅	1#:钢混结构、2 层住宅	1#:混合结构、1 层住宅	1#:其他结构、1 层住宅	
		2#:混合结构、2 层住宅	2#:混合结构、1 层住宅	2#:砖木结构、1 层住宅	2#:其他结构、1 层住宅	
		3#:混合结构、2 层住宅	3#:混合结构、1 层住宅	3#:其他结构、1 层住宅	3#:砖木结构、1 层住宅	
安泽县	141026000000000	1#:钢混结构、3 层住宅	1#:混合结构、1 层住宅	1#:混合结构、1 层住宅	1#:其他结构、1 层住宅	
		2#:混合结构、2 层住宅	2#:混合结构、1 层住宅	2#:砖木结构、1 层住宅	2#:其他结构、1 层住宅	
		3#:混合结构、2 层住宅	3#:混合结构、1 层住宅	3#:砖木结构、1 层住宅	3#:其他结构、1 层住宅	
浮山县	141027000000000	1#:钢混结构、3 层住宅	1#:混合结构、2 层住宅	1#:砖木结构、1 层住宅	1#:砖木结构、1 层住宅	
		2#:钢混结构、2 层住宅	2#:混合结构、2 层住宅	2#:混合结构、1 层住宅	2#:其他结构、1 层住宅	
		3#:钢混结构、2 层住宅	3#:混合结构、2 层住宅	3#:砖木结构、1 层住宅	3#:其他结构、1 层住宅	
吉县	141028000000000	1#:钢混结构、3 层住宅	1#:钢混结构、1 层住宅	1#:砖木结构、1 层住宅	1#:其他结构、1 层住宅	
		2#:钢混结构、2 层住宅	2#:混合结构、1 层住宅	2#:砖木结构、1 层住宅	2#:其他结构、1 层住宅	
		3#:混合结构、2 层住宅	3#:混合结构、1 层住宅	3#:砖木结构、1 层住宅	3#:其他结构、1 层住宅	
乡宁县	141029000000000	1#:钢混结构、2 层住宅	1#:混合结构、2 层住宅	1#:混合结构、1 层住宅	1#:砖木结构、1 层住宅	
		2#:混合结构、2 层住宅	2#:混合结构、1 层住宅	2#:混合结构、1 层住宅	2#:其他结构、1 层住宅	
		3#:混合结构、2 层住宅	3#:混合结构、1 层住宅	3#:砖木结构、1 层住宅	3#:其他结构、1 层住宅	

续附表 5

省(区、市)名称		山西省	省(区、市)名称代码		140000000000000	
县(区、市)	行政区划代码	Ⅰ类	Ⅱ类	Ⅲ类	Ⅳ类	备注
大宁县	141030000000000	1#:钢混结构、3 层住宅	1#:混合结构、2 层住宅	1#:砖木结构、1 层住宅	1#:砖木结构、1 层住宅	
		2#:钢混结构、3 层住宅	2#:混合结构、2 层住宅	2#:混合结构、1 层住宅	2#:其他结构、1 层住宅	
		3#:钢混结构、2 层住宅	3#:混合结构、1 层住宅	3#:其他结构、1 层住宅	3#:其他结构、1 层住宅	
隰县	141031000000000	1#:钢混结构、2 层住宅	1#:混合结构、2 层住宅	1#:混合结构、1 层住宅	1#:其他结构、1 层住宅	
		2#:混合结构、3 层住宅	2#:混合结构、2 层住宅	2#:混合结构、1 层住宅	2#:砖木结构、1 层住宅	
		3#:混合结构、3 层住宅	3#:混合结构、1 层住宅	3#:其他结构、1 层住宅	3#:其他结构、1 层住宅	
永和县	141032000000000	1#:钢混结构、2 层住宅	1#:混合结构、2 层住宅	1#:混合结构、1 层住宅	1#:其他结构、1 层住宅	
		2#:钢混结构、2 层住宅	2#:混合结构、2 层住宅	2#:其他结构、1 层住宅	2#:其他结构、1 层住宅	
		3#:混合结构、2 层住宅	3#:混合结构、1 层住宅	3#:其他结构、1 层住宅	3#:其他结构、1 层住宅	
蒲县	141033000000000	1#:钢混结构、3 层住宅	1#:混合结构、2 层住宅	1#:混合结构、1 层住宅	1#:砖木结构、1 层住宅	
		2#:钢混结构、2 层住宅	2#:混合结构、1 层住宅	2#:混合结构、1 层住宅	2#:其他结构、1 层住宅	
		3#:钢混结构、2 层住宅	3#:混合结构、1 层住宅	3#:其他结构、1 层住宅	3#:其他结构、1 层住宅	
汾西县	141034000000000	1#:钢混结构、3 层住宅	1#:混合结构、2 层住宅	1#:混合结构、1 层住宅	1#:砖木结构、1 层住宅	
		2#:钢混结构、2 层住宅	2#:混合结构、1 层住宅	2#:混合结构、1 层住宅	2#:其他结构、1 层住宅	
		3#:钢混结构、2 层住宅	3#:混合结构、1 层住宅	3#:砖木结构、1 层住宅	3#:其他结构、1 层住宅	
侯马市	141081000000000	1#:其他结构、2 层住宅	1#:混合结构、1 层住宅	1#:混合结构、1 层住宅	1#:其他结构、1 层住宅	
		2#:钢混结构、2 层住宅	2#:钢混结构、1 层住宅	2#:砖木结构、1 层住宅	2#:其他结构、1 层住宅	
		3#:混合结构、2 层住宅	3#:其他结构、1 层住宅	3#:混合结构、1 层住宅	3#:其他结构、1 层住宅	

续附表 5

省(区、市)名称		山西省	省(区、市)名称代码		140000000000000	
县(区、市)	行政区划代码	Ⅰ类	Ⅱ类	Ⅲ类	Ⅳ类	备注
霍州市	141082000000000	1#:钢混结构、2 层住宅	1#:混合结构、1 层住宅	1#:混合结构、1 层住宅	1#:砖木结构、1 层住宅	
		2#:钢混结构、2 层住宅	2#:混合结构、1 层住宅	2#:砖木结构、1 层住宅	2#:其他结构、1 层住宅	
		3#:钢混结构、2 层住宅	3#:混合结构、2 层住宅	3#:砖木结构、1 层住宅	3#:其他结构、1 层住宅	
吕梁市 141100000000000						
离石区	141102000000000	1#:钢筋混凝土结构、3 层住宅以上	1#:混合结构、3 层住宅	1#:砖木结构、2 层住宅	1#:其他、1 层住宅	
		2#:钢筋混凝土结构、3 层住宅	2#:混合结构、3 层住宅	2#:砖木结构、2 层住宅	2#:其他、1 层住宅	
		3#:钢筋混凝土结构、3 层住宅以上	3#:混合结构、3 层住宅	3#:砖木结构、2 层住宅	3#:其他、1 层住宅	
文水县	141121000000000	1#:钢筋混凝土结构、2 层住宅	1#:混合结构、1 层住宅	1#:砖木结构、1 层住宅	1#:其他、其他形式住宅	
		2#:钢筋混凝土结构、3 层住宅	2#:混合结构、2 层住宅	2#:砖木结构、1 层住宅	2#:其他、其他形式住宅	
		3#:钢筋混凝土结构、3 层住宅以上	3#:混合结构、1 层住宅	3#:砖木结构、1 层住宅	3#:其他、其他形式住宅	
交城县	141122000000000	1#:钢筋混凝土结构、2 层住宅	1#:混合结构、1 层住宅	1#:砖木结构、1 层住宅	1#:其他、1 层住宅	
		2#:钢筋混凝土结构、2 层住宅	2#:混合结构、3 层住宅	2#:砖木结构、1 层住宅	2#:其他、1 层住宅	
		3#:钢筋混凝土结构、3 层住宅以上	3#:混合结构、3 层住宅	3#:砖木结构、1 层住宅	3#:其他、1 层住宅	

续附表 5

省(区、市)名称		山西省	省(区、市)名称代码		140000000000000	
县(区、市)	行政区划代码	Ⅰ类	Ⅱ类	Ⅲ类	Ⅳ类	备注
兴县	141123000000000	1#:钢筋混凝土结构、2层住宅	1#:混合结构、2层住宅	1#:砖木结构、1层住宅	1#:其他、1层住宅	
		2#:钢筋混凝土结构、2层住宅	2#:混合结构、2层住宅	2#:砖木结构、1层住宅	2#:其他、1层住宅	
		3#:钢筋混凝土结构、2层住宅	3#:混合结构、2层住宅	3#:砖木结构、1层住宅	3#:其他、1层住宅	
临县	141124000000000	1#:钢筋混凝土结构、2层住宅	1#:混合结构、2层住宅	1#:砖木结构、1层住宅	1#:其他、1层住宅	
		2#:钢筋混凝土结构、3层住宅	2#:混合结构、2层住宅	2#:砖木结构、1层住宅	2#:其他、1层住宅	
		3#:钢筋混凝土结构、3层住宅以上	3#:混合结构、1层住宅	3#:砖木结构、1层住宅	3#:其他、1层住宅	
柳林县	141125000000000	1#:钢筋混凝土结构、3层住宅	1#:混合结构、2层住宅	1#:砖木结构、1层住宅	1#:其他、1层住宅	
		2#:钢筋混凝土结构、3层住宅以上	2#:混合结构、3层住宅	2#:砖木结构、1层住宅	2#:其他、1层住宅	
		3#:钢筋混凝土结构、2层住宅	3#:混合结构、3层住宅	3#:砖木结构、1层住宅	3#:其他、1层住宅	

续附表 5

省(区、市)名称		山西省	省(区、市)名称代码		140000000000000	
县(区、市)	行政区划代码	Ⅰ类	Ⅱ类	Ⅲ类	Ⅳ类	备注
石楼县	141126000000000	1#:混合结构、2 层住宅	1#:钢筋混凝土结构、3 层住宅以上	1#:砖木结构、1 层住宅	1#:其他、1 层住宅	
		2#:混合结构、3 层住宅	2#:钢筋混凝土结构、3 层住宅以上	2#:砖木结构、2 层住宅	2#:其他、1 层住宅	
		3#:混合结构、1 层住宅	3#:钢筋混凝土结构、3 层住宅以上	3#:砖木结构、3 层住宅以上	3#:其他、1 层住宅	
岚县	141127000000000	1#:钢筋混凝土结构、3 层住宅	1#:混合结构、1 层住宅	1#:砖木结构、1 层住宅	1#:其他、1 层住宅	
		2#:钢筋混凝土结构、3 层住宅	2#:混合结构、2 层住宅	2#:砖木结构、1 层住宅	2#:其他、1 层住宅	
		3#:钢筋混凝土结构、6 层住宅	3#:混合结构、3 层住宅	3#:砖木结构、1 层住宅	3#:其他、1 层住宅	
方山县	141128000000000	1#:混合结构、1 层住宅	1#:砖木结构、1 层住宅	1#:其他、1 层住宅	1#:钢筋混凝土结构、3 层住宅	
		2#:混合结构、2 层住宅	2#:砖木结构、1 层住宅	2#:其他、1 层住宅	2#:钢筋混凝土结构、3 层住宅以上	
		3#:混合结构、3 层住宅	3#:砖木结构、1 层住宅	3#:其他、1 层住宅	3#:钢筋混凝土结构、3 层住宅以上	

续附表 5

省(区、市)名称		山西省	省(区、市)名称代码		140000000000000	
县(区、市)	行政区划代码	Ⅰ类	Ⅱ类	Ⅲ类	Ⅳ类	备注
中阳县	141129000000000	1#:钢筋混凝土结构、2层住宅	1#:混合结构、1层住宅	1#:砖木结构、1层住宅	1#:其他、其他形式住宅	
		2#:钢筋混凝土结构、3层住宅	2#:混合结构、2层住宅	2#:砖木结构、2层住宅	2#:其他、其他形式住宅	
		3#:钢筋混凝土结构、3层住宅以上	3#:混合结构、3层住宅以上	3#:砖木结构、1层住宅	3#:其他、其他形式住宅	
交口县	141130000000000	1#:钢筋混凝土结构、3层住宅	1#:混合结构、2层住宅	1#:砖木结构、1层住宅	1#:其他、1层住宅	
		2#:钢筋混凝土结构、3层住宅以上	2#:混合结构、2层住宅	2#:砖木结构、1层住宅	2#:其他、1层住宅	
		3#:钢筋混凝土结构、2层住宅	3#:混合结构、3层住宅	3#:砖木结构、1层住宅	3#:其他、1层住宅	
孝义市	141181000000000	1#:钢筋混凝土结构、3层住宅以上	1#:混合结构、2层住宅	1#:砖木结构、1层住宅	1#:其他、其他形式住宅	
		2#:钢筋混凝土结构、3层住宅	2#:混合结构、2层住宅	2#:砖木结构、1层住宅	2#:其他、其他形式住宅	
		3#:钢筋混凝土结构、3层住宅	3#:混合结构、2层住宅	3#:砖木结构、1层住宅	3#:其他、其他形式住宅	
汾阳市	141182000000000	1#:钢筋混凝土结构、2层住宅	1#:混合结构、2层住宅	1#:砖木结构、1层住宅	1#:其他、1层住宅	
		2#:钢筋混凝土结构、2层住宅	2#:混合结构、2层住宅	2#:砖木结构、1层住宅	2#:其他、1层住宅	
		3#:钢筋混凝土结构、2层住宅	3#:混合结构、2层住宅	3#:砖木结构、1层住宅	3#:其他、1层住宅	

附表6 山西省山洪灾害防治区基本情况调查成果汇总表

省(区、市)名称		山西省			省(区、市)代码				140000000000000					
县(区、市、旗)名称	县(区、市、旗)代码	总人口(万人)	土地面积(km^2)	耕地面积(亩)	经济财产情况(户)					住房情况(户)				
					合计户数	Ⅰ类	Ⅱ类	Ⅲ类	Ⅳ类	总住房数	Ⅰ类	Ⅱ类	Ⅲ类	Ⅳ类
山西省合计		1 039.366	136 364	21 424 636.2	3 374 625	659 723	990 990	976 179	716 716	4 022 608	606 334	1 306 170	1 317 907	724 965
太原市	140100000000000	46.321 7	5 510	431 313.21	151 275	40 328	33 657	33 287	41 432	140 825	758	56 533	46 237	32 769
太原市	140100000000000	18.692 7	944	84 754.95	55 087	29 281	16 618	7 062	1 398	51 088	758	33 212	9 904	2 127
清徐县	140121000000000	5.125 6	236	56 295	19 064	6 237	4 917	6 010	1 934	13 521	0	4 366	9 790	113
阳曲县	140122000000000	6.027	1 724	56 701.35	22 967	1 260	4 457	8 357	9 216	22 441	0	3 967	6 004	12 804
娄烦县	140123000000000	6.364 4	1 185	116 665.76	19 332	104	379	2 583	16 146	19 332	0	7 965	1 314	9 960
古交市	140181000000000	10.112	1 421	116 896.15	34 825	3 446	7 286	9 275	12 738	34 443	0	7 023	19 225	7 765
大同市	140200000000000	101.221 1	12 692	286 0104.17	329 192	28 050	63 814	131 837	64 841	337 742	11 581	45 197	174 042	44 416
南郊区	140211000000000	11.521 8	793	155 833	1 365	106	450	679	130	1 501	0	35	1 061	405
新荣区	140212000000000	6.228 1	989	250 410	24 415	178	2 245	12 502	4 972	24 294	0	0	18 860	726
阳高县	140221000000000	15.872 3	1 527	551 784	55 625	7 938	18 038	20 965	0	55 625	397	1 038	24 887	0
天镇县	140220000000000	10.641 8	1 431	435 220.98	43 104	8 738	14 368	10 732	9 266	43 104	321	14 239	16 981	11 563
广灵县	140223000000000	9.827 1	1 165	292 529	35 315	2 709	14 541	12 644	5 794	35 467	969	8 686	16 830	8 982
灵丘县	140224000000000	15.406 4	2 646	305 730	51 267	1 731	3 140	21 312	32 002	60 691	5 995	18 138	24 211	12 077
浑源县	140225000000000	17.421 6	1 898	322 364.36	61 978	1 648	4 907	21 107	473	61 978	931	1 974	31 905	473
左云县	140226000000000	5.492 4	1 149	262 060.77	20 784	2 137	5 434	7 748	3 227	19 448	103	396	15 159	1 552
大同县	140227000000000	8.809 6	1 094	284 172.06	35 339	2 865	691	24 148	8 977	35 634	2 865	691	24 148	8 638
阳泉市	140300000000000	38.510 3	4 269	398 387.36	136 521	26 843	44 921	51 700	12 217	136 521	49 327	40 989	27 298	18 959
阳泉市区	140311000000000	18.631 7	624	112 982.25	63 702	17 285	24 910	14 828	7 254	63 702	25 485	19 120	12 740	6 377
平定县	140321000000000	14.952	1 359	153 143	53 015	3 608	12 683	33 702	1 598	53 015	15 919	15 919	10 598	10 598

续附表 6

省(区、市)名称			山西省		省(区、市)代码				140000000000000					
县(区、市、旗)名称	县(区、市、旗)代码	总人口(万人)	土地面积(km^2)	耕地面积(亩)	经济财产情况(户)					住房情况(户)				
					合计户数	Ⅰ类	Ⅱ类	Ⅲ类	Ⅳ类	总住房数	Ⅰ类	Ⅱ类	Ⅲ类	Ⅳ类
盂县	140322000000000	4.926 6	2 286	132 262.11	19 804	5 950	7 328	3 170	3 365	19 804	7 923	5 950	3 960	1 984
长治市	140400000000000	106.299 4	12 789	1 733 709.98	329 590	65 597	111 240	92 252	56 321	349 590	94 652	131 528	81 297	55 446
长治郊区	140411000000000	7.398 5	256	78 964	22 189	5 079	7 302	7 081	2 371	22 605	6 749	7 429	4 497	3 930
长治县	140421000000000	14.880 6	460	134 868	37 825	11 148	9 284	7 429	9 466	39 786	13 543	11 657	9 647	4 868
襄垣县	140423000000000	6.649 5	1 053	212 100.6	18 980	4 684	5 619	3 732	4 851	25 535	6 316	7 581	5 042	6 502
屯留县	140424000000000	6.871 8	1 057	113 615	16 561	6 355	5 859	3 428	919	18 832	2 348	5 517	7 508	3 459
平顺县	140425000000000	6.750 4	1 248	60 832	23 521	3 379	14 195	4 070	0	23 521	6 733	27 869	3 078	496
黎城县	140426000000000	11.395 3	1 101	263 708	39 647	7 430	11 387	11 007	9 823	40 045	8 352	12 770	7 547	11 376
壶关县	140427000000000	12.723 9	970	189 804.63	45 826	1 560	20 662	18 501	5 103	45 825	1 560	20 661	18 501	5 103
长子县	140428000000000	9.996 9	980	156 898.483	31 419	10 873	8 669	6 790	5 087	31 940	11 054	8 820	6 904	5 162
武乡县	140429000000000	5.804 3	1 527	89 437.62	15 336	2 708	7 192	4 818	673	19 249	3 695	10 574	3 552	1 435
沁县	140430000000000	12.105 6	1 194	246 337.14	37 723	5 107	10 060	15 042	7 512	38 544	26 720	7 584	2 982	1 259
沁源县	140431000000000	7.335 5	2 413	110 791.88	27 364	4 111	5 762	6 428	9 759	28 436	3 345	6 066	7 653	10 207
潞城市	140481000000000	4.387 1	530	76 352.63	13 199	3 163	5 249	3 926	757	15 272	4 237	5 000	4 386	1 649
晋城市	140500000000000	75.139 2	8 149	837 374.106	242 177	71 031	88 952	60 689	18 556	348 125	85 691	152 005	87 938	24 624
晋城城区	140502000000000	14.704 1	139	78 445.84	48 182	27 504	16 351	4 873	3	94 482	27 310	53 298	9 401	4 473
沁水县	140521000000000	6.995 6	2 349	135 653.096	24 015	6 939	9 547	6 769	913	24 684	4 296	9 303	9 039	2 061

续附表6

省(区、市)名称			山西省		省(区、市)代码				14000000000000					
县(区、市、旗)名称	县(区、市、旗)代码	总人口(万人)	土地面积(km^2)	耕地面积(亩)	经济财产情况(户)					住房情况(户)				
					合计户数	Ⅰ类	Ⅱ类	Ⅲ类	Ⅳ类	总住房数	Ⅰ类	Ⅱ类	Ⅲ类	Ⅳ类
阳城县	140522000000000	15.565 5	1 687	168 290.46	50 838	12 555	18 673	12 791	6 585	54 129	13 827	20 772	13 501	5 807
陵川县	140524000000000	8.873 6	1 330	110 148.68	30 152	2 928	14 058	11 770	1 402	44 564	4 177	18 707	17 815	3 871
泽州县	140525000000000	11.190 2	1 702	125 023	38 958	11 888	11 724	9 876	2 238	76 240	31 109	29 286	13 158	3 236
高平市	140581000000000	17.810 2	942	219 813.03	50 032	9 217	18 599	14 610	7 415	54 026	4 972	20 639	25 024	5 176
朔州市	140600000000000	65.714 9	9 368	2 535 803.69	229 170	62 776	29 252	32 384	93 540	229 634	11 371	25 391	96 385	77 353
朔城区	140602000000000	19.564 9	1 697	477 302.23	66 173	45 152	5 760	1 300	13 961	66 173	2 576	3 555	45 071	14 971
平鲁区	140603000000000	8.857 6	2 125	591 098.6	28 940	0	0	0	29 732	28 940	0	2 126	5 919	20 939
山阴县	140621000000000	9.027 4	1 447	407 616.56	32 850	3 868	7 832	9 692	11 458	32 850	3 868	7 832	9 692	11 458
应县	140622000000000	10.290 8	1 154	267 086.58	36 724	3 588	7 206	11 720	14 223	36 724	3 588	7 206	11 720	14 223
右玉县	140623000000000	5.799 5	1 806	353 160.3	16 039	273	614	1 140	16 039	16 073	45	258	2 640	6 253
怀仁县	140624000000000	12.174 7	1 139	439 539.42	48 444	9 895	7 840	8 532	8 127	48 874	1 294	4 414	21 343	9 509
晋中市	140700000000000	122.364 4	15 065	2 394 910.17	441 299	87 857	142 140	131 888	87 674	815 865	109 758	256 541	266 219	189 671
榆次区	140702000000000	11.641 1	1 104	278 749.85	44 992	13 427	22 678	8 794	33	46 459	3 424	28 262	13 835	1 058
榆社县	140721000000000	9.951 7	1 654	193 901.28	30 653	5 006	7 496	6 452	11 842	30 653	5 006	7 496	6 452	11 842
左权县	140722000000000	7.211 4	1 859	130 675.87	25 469	4 464	4 563	9 614	7 234	25 872	1 171	10 067	8 080	6 474
和顺县	140723000000000	8.914 3	2 128	197 169.46	32 212	3 238	13 120	6 351	9 523	32 301	3 260	13 142	6 396	9 523
昔阳县	140724000000000	10.449 7	1 869	206 511.9	44 256	6 523	11 161	15 986	11 576	51 304	5 541	11 546	19 560	15 982

续附表 6

省(区、市)名称			山西省		省(区、市)代码				140000000000000					
县(区、市、旗)名称	县(区、市、旗)代码	总人口(万人)	土地面积(km^2)	耕地面积(亩)	经济财产情况(户)					住房情况(户)				
					合计户数	Ⅰ类	Ⅱ类	Ⅲ类	Ⅳ类	总住房数	Ⅰ类	Ⅱ类	Ⅲ类	Ⅳ类
寿阳县	140725000000000	6.986 5	1 904	254 008.75	25 318	2 298	9 008	12 125	3 917	76 910	9 072	26 440	24 123	17 586
太谷县	140726000000000	14.987 5	972	283 415.22	60 109	12 377	21 645	16 560	8 363	72 650	7 516	32 116	20 574	12 602
祁县	140727000000000	6.151 1	746	113 185.8	24 901	6 968	8 209	7 901	2 854	71 656	17 607	22 441	22 583	9 025
平遥县	140728000000000	19.437	915	365 651.88	63 442	17 809	22 399	14 476	8 752	63 442	17 809	22 399	14 476	8 752
灵石县	140729000000000	8.300 6	1 181	145 264.58	30 112	9 364	9 382	8 654	4 869	57 270	10 609	25 165	15 203	10 624
介休市	140781000000000	18.333 5	733	226 375.58	59 835	6 383	12 479	24 975	18 711	287 348	28 743	57 467	114 937	86 203
运城市 140800000000000		106.205 7	10 477	1 746 349.95	284 073	85 008	95 092	58 123	38 689	312 703	81 736	116 177	84 118	23 906
盐湖区	140802000000000	10.436 8	759	177 550	36 649	10 996	10 337	8 222	2 768	36 656	1 965	17 810	10 260	2 288
临猗县	140821000000000	4.987 6	816	148 027	12 612	2 132	4 494	3 465	908	12 612	1 540	4 836	5 619	449
万荣县	140822000000000	12.755 3	864	304 558.7	30 890	14 144	10 296	5 283	1 285	30 890	14 165	11 136	5 165	357
闻喜县	140823000000000	8.742 1	934	147 077.6	21 645	8 947	6 347	4 145	2 196	22 118	6 652	8 434	4 658	2 368
稷山县	140824000000000	10.854 6	610	190 783.65	30 524	6 099	9 206	1 853	13 373	30 525	6 704	9 206	6 090	8 525
新绛县	140825000000000	11.008 2	549	208 657	27 613	6 908	13 826	5 527	1 382	41 439	2 486	22 793	15 750	414
绛县	140826000000000	3.407	808	40 143	9 124	827	2 767	4 298	1 374	9 186	463	3 412	4 500	812
垣曲县	140827000000000	6.126 5	1 113	8 813	20 329	11 695	3 867	3 133	1 895	20 366	13 070	3 016	3 302	961
夏县	140828000000000	7.740 1	1 038	116 291.6	19 294	4 926	5 352	4 882	3 172	20 943	2 702	4 359	10 673	2 579
平陆县	140829000000000	2.666	1 092	57 555.6	8 684	482	1 976	3 638	2 740	22 094	9 432	2 314	4 442	4 882

续附表6

省(区、市)名称			山西省		省(区、市)代码					140000000000000				
县(区、市、旗)名称	县(区、市、旗)代码	总人口(万人)	土地面积(km^2)	耕地面积(亩)	经济财产情况(户)					住房情况(户)				
					合计户数	Ⅰ类	Ⅱ类	Ⅲ类	Ⅳ类	总住房数	Ⅰ类	Ⅱ类	Ⅲ类	Ⅳ类
芮城县	140830000000000	5.616 5	834	86 896	12 518	3 272	3 596	3 344	1 880	12 518	1 011	6 080	4 815	83
永济市	140881000000000	9.962 2	697	137 459.8	26 098	8 959	14 687	1 944	70	25 263	8 439	14 912	1 913	122
河津市	140882000000000	11.902 8	363	122 537	28 093	5 621	8 341	8 389	5 646	28 093	13 107	7 869	6 931	66
忻州市	140900000000000	134.977 8	22 431	4 355 377.85	481 165	82 209	168 356	144 099	133 374	531 743	73 449	238 477	145 313	78 602
忻府区	140902000000000	4.300 5	955	140 029	13 441	3 019	3 328	4 104	3 174	13 441	2 022	6 050	4 040	1 329
定襄县	140921000000000	10.094 9	799	280 511	29 516	7 930	7 650	6 626	7 310	29 516	5 568	9 069	5 698	9 181
五台县	140922000000000	13.869 2	2 745	224 673.9	52 582	9 470	34 192	6 312	2 608	52 582	9 470	34 192	6 312	2 608
代县	140923000000000	6.216 2	1 489	163 058.85	25 899	6 994	14 250	2 595	2 077	25 899	6 994	14 250	2 595	2 077
繁峙县	140924000000000	11.597 8	2 211	313 253.6	50 991	4 947	6 527	10 030	16 979	41 002	5 946	9 014	11 206	17 144
宁武县	140925000000000	3.408 5	1 459	72 366	13 556	85	213	13 258	1	13 556	1 361	9 492	2 033	674
静乐县	140926000000000	5.729 8	1 859	313 131	14 052	4 570	6 930	1 168	1 236	15 969	377	5 209	7 767	2 645
神池县	140927000000000	8.915 1	1 421	678 111.43	24 577	6 962	4 628	7 279	5 627	24 485	9 851	4 067	6 160	4 407
五寨县	140928000000000	8.377 3	1 376	496 442.46	24 774	2 310	8 305	12 417	1 742	79 214	18 684	46 042	12 093	2 286
岢岚县	140929000000000	4.015 1	1 847	359 110	10 071	1 548	4 522	3 014	987	10 053	1 520	4 543	3 021	987
河曲县	140930000000000	4.624 2	1 105	219 279.99	16 833	2 530	5 060	2 530	6 713	16 833	2 530	5 060	2 530	6 713
保德县	140931000000000	10.742 5	984	242 180.95	36 963	1 148	18 738	5 218	23 962	48 147	4 294	22 599	2 223	21 333
偏关县	140932000000000	5.535 8	1 653	319 052	19 485	1 934	7 682	18 820	38 354	11 324	2 746	3 174	2 106	3 298

续附表 6

省(区、市)名称			山西省		省(区、市)代码					140000000000000				
县(区、市、旗)名称	县(区、市、旗)代码	总人口(万人)	土地面积(km^2)	耕地面积(亩)	经济财产情况(户)					住房情况(户)				
					合计户数	Ⅰ类	Ⅱ类	Ⅲ类	Ⅳ类	总住房数	Ⅰ类	Ⅱ类	Ⅲ类	Ⅳ类
原平市	140981000000000	37.550 9	2 528	534 177.67	148 425	28 762	46 331	50 728	22 604	149 722	2 086	65 716	77 529	3 920
临汾市 141000000000000		107.311 9	17 200	1 799 068.42	296 907	42 563	61 327	103 518	87 699	298 485	34 434	64 521	109 944	89 585
尧都区	141002000000000	13.504 1	1 182	157 009.5	35 418	5 237	8 803	14 124	7 281	35 445	5 237	8 803	14 124	7 281
曲沃县	141021000000000	5.719 1	415	116 753	14 297	1 432	2 868	5 707	4 290	14 297	1 432	2 868	5 707	4 290
翼城县	141022000000000	7.146 5	910	112 019.74	18 662	8 171	2 641	4 986	2 864	18 664	4 064	5 583	6 065	2 952
襄汾县	141023000000000	7.839 5	655	143 432.14	22 433	5 983	6 068	6 448	3 934	23 043	4 761	7 058	7 261	3 963
洪洞县	141024000000000	31.925 4	1 434	249 311.24	88 549	8 797	17 663	26 509	35 580	88 549	8 797	17 663	26 509	35 580
古县	141025000000000	2.612 1	1 064	50 258.91	9 317	935	1 862	3 739	2 786	9 322	935	1 862	3 739	2 786
安泽县	141026000000000	4.185 8	1 730	120 486.8	12 753	550	1 148	5 968	3 293	10 969	550	1 148	5 979	3 291
浮山县	141027000000000	1.744 6	717	41 839.98	5 231	261	88	3 314	1 568	5 231	261	88	3 314	1 568
吉县	141028000000000	2.763 2	1 052	47 971.45	9 135	2 223	2 555	3 032	1 287	11 181	1 304	3 023	5 574	1 280
乡宁县	141029000000000	3.279 8	1 554	53 941.16	9 760	1 987	2 199	3 287	2 287	10 290	1 725	2 316	3 730	2 519
大宁县	141030000000000	3.407 6	930	115 140	7 650	589	1 194	2 292	3 575	7 776	591	1 260	2 192	3 733
隰县	141031000000000	4.329 4	1 342	126 707	14 443	869	2 050	5 821	5 703	14 443	739	1 684	6 560	5 460
永和县	141032000000000	2.187 4	1 152	139 503	7 292	720	1 465	2 193	2 914	7 292	720	1 465	2 193	2 914
蒲县	141033000000000	5.185 4	1 491	110 843.1	14 981	1 527	4 530	5 970	2 954	14 981	1 527	4 530	5 970	2 954
汾西县	141034000000000	4.328 8	739	124 928	8 892	1 392	2 435	2 383	2 682	8 908	454	1 263	2 832	4 359

续附表 6

省(区、市)名称			山西省		省(区、市)代码					140000000000000				
县(区、市、旗)名称	县(区、市、旗)代码	总人口(万人)	土地面积(km^2)	耕地面积(亩)	经济财产情况(户)					住房情况(户)				
					合计户数	Ⅰ类	Ⅱ类	Ⅲ类	Ⅳ类	总住房数	Ⅰ类	Ⅱ类	Ⅲ类	Ⅳ类
侯马市	141081000000000	1.504 5	155	16 540	4 102	1 203	1 659	740	500	4 102	650	1 808	1 190	454
霍州市	141082000000000	5.648 7	678	72 383.4	13 992	687	2 099	7 005	4 201	13 992	687	2 099	7 005	4 201
吕梁市 141100000000000		135.299 4	18 414	2 332 237.29	453 256	67 461	152 239	136 402	82 373	521 375	53 577	178 811	199 116	89 634
离石区	141102000000000	7.167 8	1 290	128 633.38	25 007	4 927	9 527	7 269	3 284	24 243	559	3 214	20 108	366
文水县	141121000000000	15.210 5	701	109 395	43 827	3 509	17 866	16 679	5 773	52 141	4 103	21 349	23 342	3 347
交城县	141122000000000	18.764 6	1 818	113 845	63 613	9 689	17 229	12 548	9 152	58 295	9 258	15 093	22 676	11 268
兴县	141123000000000	8.648 5	2 477	171 340.92	26 549	2 028	7 452	9 386	7 096	29 630	1 004	4 333	11 533	12 555
临县	141124000000000	15.583 7	2 374	340 198.19	54 541	5 398	20 573	24 490	4 080	65 443	5 919	26 349	21 610	11 565
柳林县	141125000000000	7.512 1	1 120	93 813	25 132	2 739	7 646	8 628	6 117	32 674	6 536	9 804	13 070	3 264
石楼县	141126000000000	4.006 5	1 632	164 513	12 102	2 814	2 942	3 666	2 680	16 744	3 245	3 659	5 367	4 473
岚县	141127000000000	11.203	1 498	441 531.05	30 471	1 090	10 794	13 171	5 416	36 629	265	13 471	16 399	6 494
方山县	141128000000000	7.635 2	1 322	144 757.41	27 951	10 002	4 506	5 708	7 505	37 999	1 556	27 666	2 751	6 026
中阳县	141129000000000	6.937 7	1 278	72 937.917 05	25 296	5 155	6 624	4 874	7 383	25 516	5 877	6 851	6 489	6 299
交口县	141130000000000	5.525 2	1 222	76 860	19 469	3 259	6 373	5 005	4 832	23 323	2 979	7 645	7 179	5 520
孝义市	141181000000000	11.676	819	204 819.2	40 526	2 950	8 062	14 911	16 786	48 261	2 473	19 002	21 168	5 582
汾阳市	141182000000000	15.428 6	863	269 593.22	58 772	13 901	32 645	10 067	2 269	70 477	9 803	20 375	27 424	12 875

附表 7　山西省山洪灾害危险区基本情况调查成果汇总表

省(区、市)名称			山西省			省(区、市)代码				140000000000000				
县(区、市、旗)名称	县(区、市、旗)代码	危险区(个)	总人数(万人)	企事业单位(个)	危险区内家庭经济情况(户)					危险区内住房情况(座)				
					合计户数	Ⅰ类	Ⅱ类	Ⅲ类	Ⅳ类	总住房数	Ⅰ类	Ⅱ类	Ⅲ类	Ⅳ类
山西省合计		15 598	132.579 2	839	423 140	63 431	115 124	100 600	38 982	466 255	62 921	148 668	111 762	35 858
太原市 140100000000000		574	13.818 1	20	46 495					40 183				
太原市	140100000000000	166	2.822 5	7	9 614					8 834				
清徐县	140121000000000	70	4.952 9	5	18 330					12 853				
阳曲县	140122000000000	107	3.495 8	5	12 939					12 939				
娄烦县	140123000000000	96	0.766 9	0	2 012					2012				
古交市	140181000000000	135	1.780 0	3	3 600					3 545				
大同市 140200000000000		1 109	2.917 0	28	9 556	18	9	1 868	1 962	9 580	41	12	2 352	2 069
南郊区	140211000000000	93	0.364 0	0	1 277					1 277				
新荣区	140212000000000	94	0.208 6	2	581					605				
阳高县	140221000000000	157	0.316 8	0	1 010	0	0	248	2	1 010	0	0	7	2
天镇县	140222000000000	131	0.256 4	0	949	0	7	304	638	949	0	7	304	638
广灵县	140223000000000	97	0.231 2	0	917	0	0	150	767	917	0	0	150	767
灵丘县	140224000000000	164	0.331 3	19	1 234					1 234				
浑源县	140225000000000	173	0.304 0	0	964					964				
左云县	140226000000000	109	0.384 5	6	1 197	18	2	254	40	1 197	41	5	981	145
大同县	140227000000000	91	0.520 2	1	1 427	0	0	912	515	1 427	0	0	910	517

续附表 7

省(区、市)名称			山西省		省(区、市)代码				140000000000000				
县(区、市、旗)名称	县(区、市、旗)代码	危险区(个)	总人数(万人)	企事业单位(个)	危险区内家庭经济情况(户)					危险区内住房情况(座)				
					合计户数	Ⅰ类	Ⅱ类	Ⅲ类	Ⅳ类	总住房数	Ⅰ类	Ⅱ类	Ⅲ类	Ⅳ类
阳泉市 140300000000000		521	0.489 3	39	2 633	67	801	1 481	291	2 628	67	801	1 481	291
阳泉市区	140311000000000	141	0.309 8	7	885	15	81	577	212	885	15	81	577	212
平定县	140321000000000	237	0.025 5	5	1 239	42	271	863	70	1 234	42	271	863	70
盂县	140322000000000	143	0.154 0	27	509	10	449	41	9	509	10	449	41	9
长治市 140400000000000		1 904	12.387 8	44	54 332	8 793	19 912	15 838	8 258	72 831	21 680	26 205	15 066	6 005
长治郊区	140411000000000	60	0.220 8	1	685	58	257	246	123	685	58	256	246	123
长治县	140421000000000	125	0.665 4	1	1 734	668	549	253	264	1 778	375	327	790	299
襄垣县	140423000000000	115	0.878 1	0	2 679	565	745	446	909	3 257	782	944	617	898
屯留县	140424000000000	205	0.757 7	3	2 900	312	1 116	1 273	199	2 910	316	1 127	1 272	195
平顺县	140425000000000	153	2.920 9	9	12 416	1 666	7 219	2 034	0	21 486	2 542	11 376	3 399	371
黎城县	140426000000000	218	1.095 4	1	2 552	249	1 020	798	483	2 698	278	1 045	811	513
壶关县	140427000000000	189	0.333 4	12	935	106	426	319	83	959	106	446	318	83
长子县	140428000000000	229	1.596 3	6	4 695	1 442	1 290	1 029	961	4 770	1 535	1 323	953	959
武乡县	140429000000000	186	0.656 7	6	1 752	267	748	663	74	1 765	269	763	660	72
沁县	140430000000000	196	1.248 9	0	17 594	2 345	4 690	7 040	3 518	17 974	12 477	3 564	1 378	555

续附表 7

省(区、市)名称			山西省		省(区、市)代码					140000000000000				
县(区、市、旗)名称	县(区、市、旗)代码	危险区(个)	总人数(万人)	企事业单位(个)	危险区内家庭经济情况(户)					危险区内住房情况(座)				
					合计户数	Ⅰ类	Ⅱ类	Ⅲ类	Ⅳ类	总住房数	Ⅰ类	Ⅱ类	Ⅲ类	Ⅳ类
沁源县	140431000000000	145	1.255 1	0	4 185	626	948	1 049	1 519	4 279	431	938	1 501	1 398
潞城市	140481000000000	83	0.759 1	5	2 205	489	904	688	125	10 270	2 511	4 096	3 121	539
晋城市	140500000000000	1 176	8.052 4	17	33 947	6 489	13 320	10 737	2 627	34 719	6 389	13 392	11 203	2 602
晋城城区	140502000000000	77	0.464 6	0	1 230	569	432	188	45	1 230	569	429	196	43
沁水县	140521000000000	198	1.153 8	5	10 888	3 154	4 246	3 022	467	10 888	3 154	4 246	3 022	467
阳城县	140522000000000	321	1.169 7	0	4 223	664	1 420	1 275	831	4 561	695	1 448	1 275	833
陵川县	140524000000000	168	3.455 8	9	12 907	1 336	5 874	4 996	681	12 962	1 366	5 876	5 024	706
泽州县	140525000000000	180	0.562 6	0	1 596	361	454	533	215	1 711	365	446	533	217
高平市	140581000000000	232	1.245 9	3	3 103	405	894	723	388	3 367	240	947	1 153	336
朔州市	140600000000000	891	2.475 2	10	7 971	2	166	3 540	2 512	7 990	2	166	3 540	2 525
朔城区	140602000000000	212	0.445 6	5	1 325	0	0	0	304	1 335	0	0	0	81
平鲁区	140603000000000	169	0.281 9	0	882	1	51	163	667	882	1	51	163	830
山阴县	140621000000000	135	0.379 9	2	1 189	0	111	806	269	1 189	0	111	806	269
应县	140622000000000	119	0.716 7	3	2 346	1	4	2 195	146	2 346	1	4	2 195	146
右玉县	140623000000000	151	0.229 5	0	866	0	0	0	139	875	0	0	0	212

续附表 7

省(区、市)名称			山西省		省(区、市)代码				140000000000000				
县(区、市、旗)名称	县(区、市、旗)代码	危险区(个)	总人数(万人)	企事业单位(个)	危险区内家庭经济情况(户)					危险区内住房情况(座)				
					合计户数	Ⅰ类	Ⅱ类	Ⅲ类	Ⅳ类	总住房数	Ⅰ类	Ⅱ类	Ⅲ类	Ⅳ类
怀仁县	140624000000000	105	0.421 6	0	1 363	0	0	376	987	1 363	0	0	376	987
晋中市	140700000000000	2 455	10.879 4	43	34 507	2 686	6 554	3 984	1 630	43 778	4 153	8 929	5 793	2 370
榆次区	140702000000000	211	4.267 0	15	13 621	131	435	430	280	13 622	131	436	430	280
榆社县	140721000000000	284	0.647 6	0	2 070	26	512	316	0	2 929	36	961	676	6
左权县	140722000000000	283	0.676 4	3	1 672	54	715	182	26	1 937	54	720	179	27
和顺县	140723000000000	294	0.650 5	5	2 027	0	853	136	3	2 027	0	853	136	3
昔阳县	140724000000000	276	1.195 6	2	3 696	241	760	712	345	3 741	241	760	712	345
寿阳县	140725000000000	221	1.156 4	15	3 846	1 384	1 052	811	599	7 632	2 717	2 035	1 550	1 330
太谷县	140726000000000	205	0.468 8	0	2 160	0	275	265	15	4 638	0	642	552	30
祁县	140727000000000	131	0.139 6	0	645	0	305	220	5	1 660	0	716	527	5
平遥县	140728000000000	197	0.460 1	0	1 644	506	509	391	238	1 673	519	518	394	242
灵石县	140729000000000	161	0.365 8	0	1 026	202	469	265	87	1 173	302	516	301	46
介休市	140781000000000	192	0.851 6	3	2 100	142	669	256	32	2 746	153	772	336	56
运城市	140800000000000	1 160	20.147 2	17	53 540	13 943	19 450	13 795	6 443	53 833	13 921	21 564	13 924	3 346
盐湖区	140802000000000	79	3.127 9	5	10 946	3 346	3 462	2 868	1 286	10 946	640	5 694	3 075	642

续附表 7

省(区、市)名称			山西省		省(区、市)代码				140000000000000					
县(区、市、旗)名称	县(区、市、旗)代码	危险区(个)	总人数(万人)	企事业单位(个)	危险区内家庭经济情况(户)					危险区内住房情况(座)				
					合计户数	Ⅰ类	Ⅱ类	Ⅲ类	Ⅳ类	总住房数	Ⅰ类	Ⅱ类	Ⅲ类	Ⅳ类
临猗县	140821000000000	61	0.442 0	0	1 078	78	653	258	89	1 091	90	696	223	82
万荣县	140822000000000	76	5.043 8	0	11 510	3 157	4 339	3 098	953	11 510	3 569	4 319	3 032	489
闻喜县	140823000000000	101	1.956 3	5	4 528	469	3 147	881	75	4 692	416	3 086	963	223
稷山县	140824000000000	99	1.448 8	1	3 669	850	1 161	821	842	3 669	903	1 206	896	684
新绛县	140825000000000	74	0.503 2	0	1 198	90	756	300	68	1 302	19	869	320	92
绛县	140826000000000	51	1.052 2	0	2 866	253	864	1 322	427	2 884	142	1 006	1 403	279
垣曲县	140827000000000	87	2.056 8	2	6 857	3 898	1 286	1 046	627	6 858	4 355	1 056	1 104	340
夏县	140828000000000	138	0.378 9	2	897	0	519	269	109	897	0	525	259	110
平陆县	140829000000000	159	0.271 1	0	892	0	244	339	319	885	0	264	305	322
芮城县	140830000000000	57	0.166 2	1	404	77	185	103	39	404	51	213	121	16
永济市	140881000000000	115	0.307 4	0	757	136	469	118	25	757	93	371	256	38
河津市	140882000000000	63	3.392 6	1	7 938	1 589	2 365	2 372	1 584	7 938	3 643	2 259	1 967	29
忻州市 140900000000000		2 602	29.933 2	41	98 751	27 056	42 979	27 210	1 812	114 272	12 512	64 522	34 322	3 022
忻府区	140902000000000	98	0.876 7	1	2 953	301	1 059	1 568	15	4 180	498	1 436	2 213	20
定襄县	140921000000000	94	0.334 9	6	922	299	537	67	9	1 047	328	616	89	12

续附表 7

省(区、市)名称		山西省			省(区、市)代码				140000000000000					
县(区、市、旗)名称	县(区、市、旗)代码	危险区(个)	总人数(万人)	企事业单位(个)	危险区内家庭经济情况(户)					危险区内住房情况(座)				
					合计户数	Ⅰ类	Ⅱ类	Ⅲ类	Ⅳ类	总住房数	Ⅰ类	Ⅱ类	Ⅲ类	Ⅳ类
五台县	140922000000000	201	4.796 1	6	14 651	4 687	6 708	3 219	58	16 618	1 063	11 587	3 891	102
代县	140923000000000	147	0.859 6	0	2 823	452	1 566	777	14	3 171	487	1 782	884	19
繁峙县	140924000000000	194	3.509 9	0	13 490	3 034	7 141	3 288	26	15 064	219	10 987	3 840	40
宁武县	140925000000000	93	1.044 7	7	3 247	967	1 397	894	0	3 583	33	2 527	1 023	0
静乐县	140926000000000	140	1.973 8	5	5 230	1 318	2 320	1 462	141	5 923	87	3 844	1 839	173
神池县	140927000000000	168	1.238 1	0	4 113	246	1 523	2 257	81	5 700	403	1 917	3 172	126
五寨县	140928000000000	233	1.383 7	1	4 726	693	2 370	1 515	182	5 581	461	1 508	3 137	319
岢岚县	140929000000000	181	1.0262	0	2 574	439	1 218	738	178	3 760	155	1 853	1 344	420
河曲县	140930000000000	135	1.545 2	0	4 855	1 302	2 066	1 488	9	5 476	100	3 668	1 651	64
保德县	140931000000000	203	0.956 1	14	3 184	418	1 291	1 133	313	3 294	500	1 127	852	853
偏关县	140932000000000	302	1.689 3	1	9 552	713	4 121	4 266	447	10 931	891	4 810	4 820	504
原平市	140981000000000	413	8.698 9	0	26 431	12 187	9 662	4 538	339	29 944	7 287	16 860	5 567	370
临汾市 141000000000000		1708	14.108 6	103	34 609	2 724	5 849	16 124	9 916	35 482	2 547	5 983	17 113	9 863
尧都区	141002000000000	158	2.649 9	0	6 644	908	1 737	2 584	1 415	6 644	908	1 737	2 584	1 415
曲沃县	141021000000000	56	0.298 9	1	713	79	224	333	77	713	79	224	333	77

续附表 7

省(区、市)名称			山西省		省(区、市)代码					140000000000000				
县(区、市、旗)名称	县(区、市、旗)代码	危险区(个)	总人数(万人)	企事业单位(个)	危险区内家庭经济情况(户)					危险区内住房情况(座)				
					合计户数	Ⅰ类	Ⅱ类	Ⅲ类	Ⅳ类	总住房数	Ⅰ类	Ⅱ类	Ⅲ类	Ⅳ类
翼城县	141022000000000	87	0.472 7	6	1 330	33	120	716	459	1 330	33	120	723	452
襄汾县	141023000000000	75	1.558 8	10	4 081	272	581	2 037	1 191	4 389	310	642	2 117	1 320
洪洞县	141024000000000	137	2.589 2	0	6 652	276	607	3 591	2 178	6 652	274	604	3 596	2 178
古县	141025000000000	87	0.410 4	0	1 402	137	276	583	406	1 402	137	276	583	406
安泽县	141026000000000	140	0.995 9	2	1 961	226	342	737	656	1 961	226	340	740	657
浮山县	141027000000000	69	0.291 5	0	915	33	128	641	113	915	33	128	641	113
吉县	141028000000000	66	0.350 7	2	785	285	211	212	73	853	57	191	492	123
乡宁县	141029000000000	117	1.120 7	19	2 941	128	623	1 178	1 012	3 437	139	722	1792	784
大宁县	141030000000000	133	0.529 1	3	1 192	70	174	427	521	1 192	70	174	427	521
隰县	141031000000000	125	0.472 2	6	1 094	10	58	543	483	1 094	10	58	543	483
永和县	141032000000000	95	0.209 0	0	646	43	205	288	109	643	43	205	289	109
蒲县	141033000000000	184	0.989 0	47	1 259	98	292	696	184	1 263	102	292	696	184
汾西县	141034000000000	98	0.362 9	0	708	30	30	299	349	708	30	30	299	349
侯马市	141081000000000	15	0.055 8	6	134	2	11	25	96	134	2	9	25	98
霍州市	141082000000000	66	0.751 9	1	2 152	94	230	1 234	594	2 152	94	231	1 233	594

续附表 7

省(区、市)名称			山西省		省(区、市)代码				140000000000000					
县(区、市、旗)名称	县(区、市、旗)代码	危险区(个)	总人数(万人)	企事业单位(个)	危险区内家庭经济情况(户)					危险区内住房情况(座)				
					合计户数	Ⅰ类	Ⅱ类	Ⅲ类	Ⅳ类	总住房数	Ⅰ类	Ⅱ类	Ⅲ类	Ⅳ类
吕梁市 141100000000000		1 498	17.371 0	477	46 799	1 653	6 084	6 023	3 531	50 959	1 609	7 094	6 968	3 765
离石区	141102000000000	114	0.931 8	7	2 263					2 663				
文水县	141121000000000	93	1.977 3	32	5 066					5 649				
交城县	141122000000000	129	2.308 4	61	5 561	107	2 705	1 944	805	6 969	135	3 382	2 441	1 011
兴县	141123000000000	141	1.133 3	10	3 044					3 238				
临县	141124000000000	178	2.418 7	46	7 254					7 254				
柳林县	141125000000000	88	0.690 0	62	2 178					2 140				
石楼县	141126000000000	108	0.435 7	45	1 488					1 488				
岚县	141127000000000	121	1.456 3	21	3 826	150	1 422	1 564	632	4 163	26	1 680	1 767	690
方山县	141128000000000	109	0.992 5	21	2 025					2 835				
中阳县	141129000000000	82	0.901 9	44	2 234	299	475	690	770	2 576	351	550	935	740
交口县	141130000000000	102	0.602 3	43	1 678					1 802				
孝义市	141181000000000	106	1.517 8	70	4 454					4 454				
汾阳市	141182000000000	127	2.005 0	15	5 728	1 097	1 482	1 825	1 324	5 728	1 097	1 482	1 825	1 324

附表 8　山西省历史山洪灾害调查汇总表

省(区、市)名称			山西省		省(区、市)代码		140000000000000		
序号	县(区、市、旗)名称	县(区、市、旗)代码	发生次数	死亡人数(人)	失踪人数(人)	损毁房屋(间)	直接经济损失(万元)	洪痕数量(个)	备注
山西省合计			1 768	9 003	236	957 853	2 065 364		
太原市 140100000000000			71	200	4	13 109	65 047		
1	太原市	140100000000000	32	151	0	4 501	37 751		
2	清徐县	140121000000000	7	12	0	4 643	12 717		
3	阳曲县	140122000000000	16	8	0	10	3 789		
4	娄烦县	140123000000000	5	4	0	619	2 350		
5	古交市	140181000000000	11	25	4	3 336	8 440		
大同市 140200000000000			303	5 967	22	173 385	38 834		
6	南郊区	140211000000000	12	31	18	1 371	500		
7	新荣区	140212000000000	7	4	0	35	0		
8	阳高县	140221000000000	38	20	0	1 879	6 574		
9	天镇县	140222000000000	13	11	0	126 560	483		
10	广灵县	140223000000000	7	3	0	248	330		
11	灵丘县	140224000000000	62	5 834	0	39 688	14 473		

续附表 8

省(区、市)名称			山西省		省(区、市)代码			140000000000000	
序号	县(区、市、旗)名称	县(区、市、旗)代码	发生次数	死亡人数(人)	失踪人数(人)	损毁房屋(间)	直接经济损失(万元)	洪痕数量(个)	备注
12	浑源县	140225000000000	88	35	2	1 924	2 122		
13	左云县	140226000000000	24	20	0	789	10 080		
14	大同县	140227000000000	52	9	2	891	4 272		
阳泉市 140300000000000			87	751	5	74 373	50 226		
15	阳泉市区	140311000000000	37	295	0	9 746	19 901		
16	平定县	140321000000000	15	425	3	55 834	6 568		
17	盂县	140322000000000	35	31	2	8 793	23 757		
长治市 140400000000000			109	189	0	33 699	128 761		
18	长治郊区	140411000000000	6	25	0	20	0		
19	长治县	140421000000000	9	28	0	4 648	110		
20	襄垣县	140423000000000	15	12	0	267	325		
21	屯留县	140424000000000	10	6	0	1 519	2 113		
22	平顺县	140425000000000	4	9	0	160	1 288		
23	黎城县	140426000000000	6	17	0	7 030	19 828		

续附表 8

省(区、市)名称		山西省		省(区、市)代码				140000000000000	
序号	县(区、市、旗)名称	县(区、市、旗)代码	发生次数	死亡人数(人)	失踪人数(人)	损毁房屋(间)	直接经济损失(万元)	洪痕数量(个)	备注
24	壶关县	140427000000000	7	36	0	12 426	2 300		
25	长子县	140428000000000	15	0	0	0	77 800		
26	武乡县	140429000000000	2	0	0	5 627	6 386		
27	沁县	140430000000000	19	8	0	1 862	0		
28	沁源县	140431000000000	6	10	0	140	13 005		
29	潞城市	140481000000000	10	38	0	0	5 606		
晋城市 140500000000000			109	154	42	85 173	213 783		
30	晋城城区	140502000000000	10	0	0	426	1 196		
31	沁水县	140521000000000	5	36	0	17 617	37 143		
32	阳城县	140522000000000	34	92	22	60 492	121 975		
33	陵川县	140524000000000	32	26	17	2 243	1 403		
34	泽州县	140525000000000	9	0	3	1 792	11 688		
35	高平市	140581000000000	19	0	0	2 603	40 378		
朔州市 140600000000000			123	84	19	43 240	97 437		

续附表 8

省(区、市)名称		山西省		省(区、市)代码			140000000000000		
序号	县(区、市、旗)名称	县(区、市、旗)代码	发生次数	死亡人数(人)	失踪人数(人)	损毁房屋(间)	直接经济损失(万元)	洪痕数量(个)	备注
36	朔城区	140602000000000	4	16	0	4 708	1 700		
37	平鲁区	140603000000000	27	14	11	128	1 500		
38	山阴县	140621000000000	14	0	4	13 493	2 959		
39	应县	140622000000000	34	1	0	5	19 830		
40	右玉县	140623000000000	33	18	4	10 931	70 122		
41	怀仁县	140624000000000	11	35	0	13 975	1 326		
晋中市 140700000000000			174	353	12	293 477	351 124		
42	榆次区	140702000000000	6	2	0	35	1 033		
43	榆社县	140721000000000	14	6	0	2 208	6 614		
44	左权县	140722000000000	12	52	4	6 383	85 451		
45	和顺县	140723000000000	13	35	2	122 345	80 403		
46	昔阳县	140724000000000	26	121	0	95 771	129 249		
47	寿阳县	140725000000000	15	8	3	15 750	10 041		
48	太谷县	140726000000000	14	10	0	2 246	8 933		

续附表 8

省(区、市)名称			山西省		省(区、市)代码			140000000000000	
序号	县(区、市、旗)名称	县(区、市、旗)代码	发生次数	死亡人数(人)	失踪人数(人)	损毁房屋(间)	直接经济损失(万元)	洪痕数量(个)	备注
49	祁县	140727000000000	20	26	0	8 339	0		
50	平遥县	140728000000000	16	44	0	28 797	3 000		
51	灵石县	140729000000000	13	46	3	10 420	26 400		
52	介休市	140781000000000	25	3	0	1 183	0		
运城市 140800000000000			251	405	58	66 775	368 534		
53	盐湖区	140802000000000	22	111	0	0	9 665		
54	临猗县	140821000000000	12	5	0	10 326	43 786		
55	万荣县	140822000000000	8	1	0	1 762	3 975		
56	闻喜县	140823000000000	39	100	0	13 937	2 440		
57	稷山县	140824000000000	5	29	54	425	0		
58	新绛县	140825000000000	9	1	0	164	333		
59	绛县	140826000000000	31	48	1	11 061	22 754		
60	垣曲县	140827000000000	15	65	0	17 673	230 561		
61	夏县	140828000000000	6	8	3	7 291	27 064		

续附表 8

省(区、市)名称		山西省		省(区、市)代码			140000000000000		
序号	县(区、市、旗)名称	县(区、市、旗)代码	发生次数	死亡人数(人)	失踪人数(人)	损毁房屋(间)	直接经济损失(万元)	洪痕数量(个)	备注
62	平陆县	140829000000000	11	19	0	555	1 080		
63	芮城县	140830000000000	40	12	0	3 034	3 056		
64	永济市	140881000000000	41	2	0	50	22 151		
65	河津市	140882000000000	12	4	0	497	1 669		
忻州市 140900000000000			181	276	3	45 662	126 079		
66	忻府区	140902000000000	25	0	0	230	0		
67	定襄县	140921000000000	10	10	3	6 629	0		
68	五台县	140922000000000	9	154	0	163	33 000		
69	代县	140923000000000	8	0	0	30	0		
70	繁峙县	140924000000000	8	7	0	4 377	322		
71	宁武县	140925000000000	14	1	0	3 088	14 416		
72	静乐县	140926000000000	11	40	0	0	15 000		
73	神池县	140927000000000	10	13	0	19 919	9 376		
74	五寨县	140928000000000	21	4	0	0	7 624		

续附表 8

省(区、市)名称		山西省		省(区、市)代码			140000000000000		
序号	县(区、市、旗)名称	县(区、市、旗)代码	发生次数	死亡人数(人)	失踪人数(人)	损毁房屋(间)	直接经济损失(万元)	洪痕数量(个)	备注
75	岢岚县	140929000000000	21	10	0	3 803	5 706		
76	河曲县	140930000000000	17	6	0	392	9 515		
77	保德县	140931000000000	9	29	0	6519	30 313		
78	偏关县	140932000000000	6	0	0	250	528		
79	原平市	140981000000000	12	2	0	262	279		
临汾市 141000000000000			182	242	64	9 991	61 843		
80	尧都区	141002000000000	9	0	0	77	2 250		
81	曲沃县	141021000000000	4	0	0	3 887	10 905		
82	翼城县	141022000000000	29	6	0	16	156		
83	襄汾县	141023000000000	17	3	0	1 650	8 521		
84	洪洞县	141024000000000	10	104	1	2 067	12 000		
85	古县	141025000000000	7	16	0	27	0		

续附表 8

省(区、市)名称		山西省		省(区、市)代码			140000000000000		
序号	县(区、市、旗)名称	县(区、市、旗)代码	发生次数	死亡人数(人)	失踪人数(人)	损毁房屋(间)	直接经济损失(万元)	洪痕数量(个)	备注
86	安泽县	141026000000000	12	25	0	839	16 597		
87	浮山县	141027000000000	11	0	0	191	0		
88	吉县	141028000000000	4	16	0	0	0		
89	乡宁县	141029000000000	15	17	60	11	28		
90	大宁县	141030000000000	7	3	0	0	0		
91	隰县	141031000000000	12	0	3	200	370		
92	永和县	141032000000000	4	2	0	515	2 171		
93	蒲县	141033000000000	11	38	0	111	74		
94	汾西县	141034000000000	6	0	0	0	130		
95	侯马市	141081000000000	8	0	0	0	8 441		
96	霍州市	141082000000000	16	12	0	400	200		
吕梁市 141100000000000			178	382	7	118 969	563 696		

续附表 8

省(区、市)名称		山西省		省(区、市)代码			140000000000000		
序号	县(区、市、旗)名称	县(区、市、旗)代码	发生次数	死亡人数(人)	失踪人数(人)	损毁房屋(间)	直接经济损失(万元)	洪痕数量(个)	备注
97	离石区	141102000000000	6	20	0	3 436	36 229		
98	文水县	141121000000000	14	39	0	6 785	17 290		
99	交城县	141122000000000	51	22	0	16 113	31 869		
100	兴县	141123000000000	10	88	4	14 494	59 896		
101	临县	141124000000000	28	51	2	57 732	334 988		
102	柳林县	141125000000000	7	76	0	6 232	25 191		
103	石楼县	141126000000000	11	2	0	20	234		
104	岚县	141127000000000	8	3	1	210	66		
105	方山县	141128000000000	5	7	0	160	12 000		
106	中阳县	141129000000000	11	12	0	2 773	7 199		
107	交口县	141130000000000	20	5	0	5 504	8 604		
108	孝义市	141181000000000	3	0	0	0	0		
109	汾阳市	141182000000000	4	57	0	5 510	30 130		

附表 9　山西省沿河村落居民户及重点城集镇调查成果汇总表

省(区、市)名称			山西省			省(区、市)代码			140000000000000
序号	县(区、市、旗)名称	县(区、市、旗)代码	沿河村落			重点城集镇			备注
			户数(户)	人数(人)	住房建筑面积(m^2)	户数(户)	人数(人)	住房建筑面积(m^2)	
山西省合计			129 996	542 913	18 210 015.38				
太原市 140100000000000			31 736	112 766	3 508 763				
1	太原市区	140100000000000	8 364	27 062	1 068 995				
2	清徐县	140121000000000	12 882	48 048	1 294 460				
3	阳曲县	140122000000000	5 955	15 846	562 532				
4	娄烦县	140123000000000	1 799	6 955	114 183				
5	古交市	140181000000000	2 736	14 855	468 593				
大同市 140200000000000			5 429	16 524	402 510				
6	南郊区	140211000000000	773	2 201	52 610				
7	新荣区	140212000000000	383	1 302	28 410				
8	阳高县	140221000000000	617	2 270	62 020				
9	天镇县	140222000000000	500	1 494	36 805				

续附表 9

省(区、市)名称			山西省			省(区、市)代码			140000000000000
序号	县(区、市、旗)名称	县(区、市、旗)代码	沿河村落			重点城集镇			备注
			户数(户)	人数(人)	住房建筑面积(m^2)	户数(户)	人数(人)	住房建筑面积(m^2)	
10	广灵县	140223000000000	583	1 518	40 075				
11	灵丘县	140224000000000	612	1 765	42 400				
12	浑源县	140225000000000	648	2 351	44 894				
13	左云县	140226000000000	308	1 006	28 070				
14	大同县	140227000000000	1 005	2 617	67 226				
阳泉市 140300000000000			3 534	10 661	337 435.53				
15	阳泉市区	140311000000000	1 111	3 892	130 611				
16	平定县	140321000000000	1 611	4 606	138 161.03				
17	盂县	140322000000000	812	2 163	68 663.5				
长治市 140400000000000			9 857	42 217	1 588 701.01				
18	长治郊区	140411000000000	445	1 874	72 145				
19	长治县	140421000000000	929	4 038	171 060				
20	襄垣县	140423000000000	447	1 928	62 275				
21	屯留县	140424000000000	1 270	5 262	201 625				

续附表 9

省(区、市)名称			山西省			省(区、市)代码		140000000000000	
序号	县(区、市、旗)名称	县(区、市、旗)代码	沿河村落			重点城集镇			备注
			户数(户)	人数(人)	住房建筑面积(m^2)	户数(户)	人数(人)	住房建筑面积(m^2)	
22	平顺县	140425000000000	886	3 429	133 582				
23	黎城县	140426000000000	603	2 435	79 220				
24	壶关县	140427000000000	574	2 446	103 350				
25	长子县	140428000000000	1 301	5 271	256 350				
26	武乡县	140429000000000	576	2 371	69 993				
27	沁县	140430000000000	627	2 688	85 990				
28	沁源县	140431000000000	1 558	8 233	241 344.01				
29	潞城市	140481000000000	641	2 242	111 767				
晋城市 140500000000000			6 072	24 468	1 393 453.6				
30	晋城城区	140502000000000	411	1 481	83 901.39				
31	沁水县	140521000000000	784	4 003	130 775				
32	阳城县	140522000000000	1 365	5 350	348 705				
33	陵川县	140524000000000	657	2 506	106 962				
34	泽州县	140525000000000	1429	5 131	358 940				

续附表 9

省(区、市)名称			山西省			省(区、市)代码			140000000000000
序号	县(区、市、旗)名称	县(区、市、旗)代码	沿河村落			重点城集镇			备注
			户数(户)	人数(人)	住房建筑面积(m^2)	户数(户)	人数(人)	住房建筑面积(m^2)	
35	高平市	140581000000000	1 426	5 997	364 170.21				
朔州市 140600000000000			4 834	15 079	390 543				
36	朔城区	140602000000000	0	0	0				
37	平鲁区	140603000000000	613	1 408	50 680				
38	山阴县	140621000000000	871	3 058	70 255				
39	应县	140622000000000	2 142	6 726	174 425				
40	右玉县	140623000000000	441	1 249	32 214				
41	怀仁县	140624000000000	767	2 638	62 969				
晋中市 140700000000000			13 695	69 671	1 721 565.8				
42	榆次区	140702000000000	1 698	9 195	341 199.3				
43	榆社县	140721000000000	1 371	5 588	129 563				
44	左权县	140722000000000	1 298	6 848	112 433				
45	和顺县	140723000000000	1 444	5 767	150 854				
46	昔阳县	140724000000000	2 678	12 949	264 890				

续附表 9

省(区、市)名称			山西省			省(区、市)代码		140000000000000	
序号	县(区、市、旗)名称	县(区、市、旗)代码	沿河村落			重点城集镇			备注
			户数(户)	人数(人)	住房建筑面积(m^2)	户数(户)	人数(人)	住房建筑面积(m^2)	
47	寿阳县	140725000000000	772	3 875	123 820				
48	太谷县	140726000000000	645	2 263	75 195				
49	祁县	140727000000000	500	1 375	55 031.1				
50	平遥县	140728000000000	420	2 386	57 807				
51	灵石县	140729000000000	1 176	10 317	171 610				
52	介休市	140781000000000	1 693	9 108	239 163.4				
运城市 140800000000000			6 753	29 420	898 929				
53	盐湖区	140802000000000	392	1 594	61 610				
54	临猗县	140821000000000	210	734	28 240				
55	万荣县	140822000000000	40	178	5 790				
56	闻喜县	140823000000000	1 404	6 472	210 351				
57	稷山县	140824000000000	594	2 792	73 885				
58	新绛县	140825000000000	724	3 517	98 342				
59	绛县	140826000000000	427	2 068	51 395				

续附表 9

省(区、市)名称			山西省			省(区、市)代码		140000000000000	
序号	县(区、市、旗)名称	县(区、市、旗)代码	沿河村落			重点城集镇			备注
			户数(户)	人数(人)	住房建筑面积(m^2)	户数(户)	人数(人)	住房建筑面积(m^2)	
60	垣曲县	140827000000000	578	2 379	64 740				
61	夏县	140828000000000	598	2 721	83 466				
62	平陆县	140829000000000	459	1 551	49 684				
63	芮城县	140830000000000	368	1 565	40 472				
64	永济市	140881000000000	665	2 711	87 854				
65	河津市	140882000000000	294	1 138	43 100				
忻州市 140900000000000			14 971	55 770	1 324 115.9				
66	忻府区	140902000000000	447	1 812	33 055				
67	定襄县	140921000000000	425	1 530	34 554				
68	五台县	140922000000000	934	3 846	81 874				
69	代县	140923000000000	423	1 498	26 344				
70	繁峙县	140924000000000	472	1 900	31 557				
71	宁武县	140925000000000	580	2 722	56 055				
72	静乐县	140926000000000	1 341	6 955	121 459				

续附表 9

省(区、市)名称			山西省			省(区、市)代码			140000000000000
序号	县(区、市、旗)名称	县(区、市、旗)代码	沿河村落			重点城集镇			备注
			户数(户)	人数(人)	住房建筑面积(m^2)	户数(户)	人数(人)	住房建筑面积(m^2)	
73	神池县	140927000000000	333	1 110	18 782				
74	五寨县	140928000000000	1 329	4 001	100 555				
75	岢岚县	140929000000000	562	1 807	37 747				
76	河曲县	140930000000000	392	1 063	29 936				
77	保德县	140931000000000	1 545	5 343	137 736				
78	偏关县	140932000000000	517	2 120	86 617				
79	原平市	140981000000000	5 671	20 063	527 844.90				
临汾市 141000000000000			13 608	66 715	3 606 896.54				
80	尧都区	141002000000000	516	2 365	142 942				
81	曲沃县	141021000000000	940	4 049	133 246.5				
82	翼城县	141022000000000	803	3 585	109 854.5				
83	襄汾县	141023000000000	1 651	7 268	199 836.01				
84	洪洞县	141024000000000	860	5 219	114 229				
85	古县	141025000000000	703	3 629	118 501				

续附表 9

省(区、市)名称			山西省			省(区、市)代码			140000000000000
序号	县(区、市、旗)名称	县(区、市、旗)代码	沿河村落			重点城集镇			备注
			户数(户)	人数(人)	住房建筑面积(m^2)	户数(户)	人数(人)	住房建筑面积(m^2)	
86	安泽县	141026000000000	975	4 401	129 246				
87	浮山县	141027000000000	811	3 168	96 444.4				
88	吉县	141028000000000	568	2 166	77 458.5				
89	乡宁县	141029000000000	870	4 477	210 522.48				
90	大宁县	141030000000000	618	2 774	58 253				
91	隰县	141031000000000	1 194	5 887	112 796				
92	永和县	141032000000000	584	2 567	67 060				
93	蒲县	141033000000000	1 298	8 841	1 862 763				
94	汾西县	141034000000000	428	2 267	63 151				
95	侯马市	141081000000000	216	909	28 183				
96	霍州市	141082000000000	573	3 143	82 410.15				
吕梁市 141100000000000			19 507	99 622	3 037 102				
97	离石区	141102000000000	1 308	7 656	256 240				
98	文水县	141121000000000	1 071	4 791	144 645				

续附表 9

省(区、市)名称			山西省			省(区、市)代码		140000000000000	
序号	县(区、市、旗)名称	县(区、市、旗)代码	沿河村落			重点城集镇			备注
			户数(户)	人数(人)	住房建筑面积(m^2)	户数(户)	人数(人)	住房建筑面积(m^2)	
99	交城县	141122000000000	1 255	5 900	156 356				
100	兴县	141123000000000	1 686	8 166	181 273				
101	临县	141124000000000	3 981	20 572	516 230				
102	柳林县	141125000000000	1 105	5 787	249 600				
103	石楼县	141126000000000	860	6 061	224 532				
104	岚县	141127000000000	1 705	7 789	167 371				
105	方山县	141128000000000	992	4 927	128 667				
106	中阳县	141129000000000	1 177	6 177	213 413				
107	交口县	141130000000000	662	3 463	152 647				
108	孝义市	141181000000000	1 474	9 718	357 090				
109	汾阳市	141182000000000	2 231	8 615	289 038				

附表 10　山西省需防洪治理山洪沟基本情况成果表

省(区、市)名称			山西省				省(区、市)代码			140000000000000			
序号	所属县	所属县行政编码	山洪沟(条)	影响县城(个)	影响乡(镇)(个)	影响行政村(个)	影响自然村(个)	影响人口(人)	影响耕地(亩)	重要公共基础设施(座)	发生次数	死亡/失踪人数	治理措施
省(区、市)合计			903	0	942	3 051	3 074	2 796 273	3 330 190.81	31 850	2 493	369	
太原市 140100000000000			26	0	26	53	45	13 685	11 696	18	59	68	
1	太原市区	140100000000000	3	0	3	1	0	699	0	9	6	62	护岸及堤防工程
2	清徐县	140121000000000	1	0	1	1	0	541	1 373	0	3	0	河道治理
3	阳曲县	140122000000000	0	0	0	0	0	0	0	0	0	0	—
4	娄烦县	140123000000000	2	0	3	11	2	2 748	740	4	0	0	护岸及堤防工程
5	古交市	140181000000000	20	0	19	40	43	9 697	9 583	5	50	6	水土保持,河道治理
大同市 140200000000000			156	0	152	512	116	327 413	706 483.2	129	1 387	22	
6	南郊区	140211000000000	19	0	19	27	0	12 908	7 210	0	7	0	—
7	新荣区	140212000000000	5	0	4	8	0	8 072	23 169	0	25	0	—
8	阳高县	140221000000000	35	0	32	88	0	97 422	114 712	0	582	4	修建堤坝
9	天镇县	140222000000000	14	0	19	63	0	39 857	261 689.7	0	0	0	修建护村护地坝

续附表 10

省(区、市)名称			山西省				省(区、市)代码			140000000000000		
序号	所属县	所属县行政编码	山洪沟(条)	影响县城(个)	影响乡(镇)(个)	影响行政村(个)	影响自然村(个)	影响人口(人)	影响耕地(亩)	重要公共基础设施(座)	发生次数	死亡/失踪人数	治理措施
10	广灵县	140223000000000	16	0	21	96	8	59 355	52 219	1	3	0	修建堤防
11	灵丘县	140224000000000	27	0	29	114	57	71 446	118 929	35	702	1	综合治理、小流域治理
12	浑源县	140225000000000	9	0	10	53	10	14 416	30 452	37	20	12	修建堤防,清淤、护村坝
13	左云县	140226000000000	14	0	14	24	0	13 877	67 342.5	3	0	0	修建堤防
14	大同县	140227000000000	17	0	4	39	41	10 060	30 760	53	48	5	修建堤防
阳泉市 140300000000000			29	0	29	95	17	66 724	82 522.98	0	0	0	
15	阳泉市区	140311000000000	7	0	7	35	5	32 215	21 692	0	0	0	—
16	平定县	140321000000000	9	0	9	24	4	18 457	18 246	0	0	0	—
17	盂县	140322000000000	13	0	13	36	8	16 052	42 584.98	0	0	0	—
长治市 140400000000000			108	0	101	253	346	136 035	130 661.43	120	198	6	
18	长治郊区	140411000000000	0	0	0	0	0	0	0	0	0	0	—
19	长治县	140421000000000	0	0	0	0	0	0	0	0	0	0	—
20	襄垣县	140423000000000	2	0	2	2	4	265	340	0	0	0	—

续附表 10

省(区、市)名称			山西省				省(区、市)代码		140000000000000			
序号	所属县	所属县行政编码	山洪沟(条)	影响县城(个)	影响乡(镇)(个)	影响行政村(个)	影响自然村(个)	影响人口(人)	影响耕地(亩)	重要公共基础设施(座)	发生次数	死亡/失踪人数	治理措施
21	屯留县	140424000000000	14	0	14	14	24	13 222	5 882	16	20	2	—
22	平顺县	140425000000000	13	0	4	51	84	10 500	4 800	10	2	4	—
23	黎城县	140426000000000	4	0	4	23	4	14 091	16 141.5	0	0	0	—
24	壶关县	140427000000000	1	0	3	9	9	8 577	8 427	0	0	0	建堤、河道疏浚
25	长子县	140428000000000	17	0	17	23	28	5 614	6 033	6	42		—
26	武乡县	140429000000000	12	0	12	12	12	5 774	7 851.93	0	0	0	—
27	沁县	140430000000000	21	0	21	86	134	48 892	69 726	59	94		清淤加固
28	沁源县	140431000000000	0	0	0	0	0	0	0	0	0	0	—
29	潞城市	140481000000000	24	0	24	33	47	29 100	11 460	29	40	0	清淤加固
晋城市 140500000000000			168	0	141	353	370	166 566	216 443.11	150	133	16	
30	晋城城区	140502000000000	2	0	2	2	0	1 307	1 037	0	0	0	—
31	沁水县	140521000000000	33	0	1	47	90	22 104	46 871.46	6	3	3	—
32	阳城县	140522000000000	57	0	57	100	123	31 591	18 986.6	119	108	13	修坝造林

续附表 10

省(区、市)名称			山西省					省(区、市)代码			140000000000000		
序号	所属县	所属县行政编码	山洪沟(条)	影响县城(个)	影响乡(镇)(个)	影响行政村(个)	影响自然村(个)	影响人口(人)	影响耕地(亩)	重要公共基础设施(座)	发生次数	死亡/失踪人数	治理措施
33	陵川县	140524000000000	45	0	45	49	47	31 640	57 485	12	0	0	—
34	泽州县	140525000000000	10	0	15	75	21	47 166	52 896	0	0	0	—
35	高平市	140581000000000	21	0	21	80	89	32 758	39 167.05	13	22	0	清淤、护堤、治理沟道
朔州市 140600000000000			41	0	56	231	246	261 060	588 009	12	56	2	
36	朔城区	140602000000000	17	0	29	171	203	195 029	429 606	0	0	0	建设护堤
37	平鲁区	140603000000000	0	0	0	0	0	0	0	0	0	0	—
38	山阴县	140621000000000	1	0	1	5	5	4 990	12 000	0	5	1	种植水保林,加固堤防和护岸,疏通河道,修建排水沟
39	应县	140622000000000	1	0	3	11	11	27 000	89 000	0	0	0	—
40	右玉县	140623000000000	5	0	6	25	27	11 683	15 670	12	37	1	修建堤防,清淤、护村坝
41	怀仁县	140624000000000	17	0	17	19	0	22 358	41 733	0	14	0	—
晋中市 140700000000000			37	0	38	313	425	104 612	83 699.34	75	55	18	
42	榆次区	140702000000000	2	0	2	9	2	6 016	0	1	5	0	—

续附表 10

省(区、市)名称			山西省				省(区、市)代码			140000000000000			
序号	所属县	所属县行政编码	山洪沟(条)	影响县城(个)	影响乡(镇)(个)	影响行政村(个)	影响自然村(个)	影响人口(人)	影响耕地(亩)	重要公共基础设施(座)	发生次数	死亡/失踪人数	治理措施
43	榆社县	140721000000000	0	0	0	0	0	0	0	0	0	0	—
44	左权县	140722000000000	2	0	2	16	19	27 111	1 833	8	4	12	新建堤防
45	和顺县	140723000000000	9	0	14	38	16	8 804	23 222.34	11	12	0	—
46	昔阳县	140724000000000	3	0	3	17	6	11 067	12 600	11	7	0	堤防维修、河道疏浚
47	寿阳县	140725000000000	6	0	2	176	363	8 897	25 115	21	6	4	—
48	太谷县	140726000000000	1	0	1	3	2	6 000	800	1	1	2	河道疏浚、新建堤防护岸
49	祁县	140727000000000	8	0	11	23	8	4 800	4 200	8	11	0	—
50	平遥县	140728000000000	2	0	2	12	9	17 189	15 929	14	9	0	清於新建护岸
51	灵石县	140729000000000	4	0	1	19	0	14 728	0	0	0	0	—
52	介休市	140781000000000	0	0	0	0	0	0	0	0	0	0	—
运城市 140800000000000			106	0	118	356	532	354 340	429 465.08	76	302	62	
53	盐湖区	140802000000000	1	0	1	2	2	2 985	2 351	0	3	0	—
54	临猗县	140821000000000	1	0	1	5	7	13 590	0	0	5	0	—

续附表 10

省(区、市)名称			山西省				省(区、市)代码			140000000000000			
序号	所属县	所属县行政编码	山洪沟（条）	影响县城（个）	影响乡(镇)（个）	影响行政村（个）	影响自然村（个）	影响人口（人）	影响耕地（亩）	重要公共基础设施（座）	发生次数	死亡/失踪人数	治理措施
55	万荣县	140822000000000	1	0	3	21	0	76 751	90 660	2	0	0	—
56	闻喜县	140823000000000	10	0	17	76	129	23 983	32 464	23	78	56	疏浚拓宽、增设堤防
57	稷山县	140824000000000	0	0	0	0	0	0	0	0	0	0	—
58	新绛县	140825000000000	13	0	6	17	9	11 609	3 420	0	0	0	水保治理
59	绛县	140826000000000	37	0	41	57	37	65 673	20 106	15	73	6	护岸及堤防、排洪渠
60	垣曲县	140827000000000	13	0	20	40	156	23 636	68 514	33	0	0	—
61	夏县	140828000000000	0	0	0	0	0	0	0	0	0	0	—
62	平陆县	140829000000000	3	0	0	0	0	0	0	0	0	0	—
63	芮城县	140830000000000	8	0	8	31	76	42 004	86 372	0	0	0	—
64	永济市	140881000000000	18	0	19	76	111	94 105	125 574	0	133	0	—
65	河津市	140882000000000	1	0	2	31	5	4	4.08	3	10	0	河道疏浚堤防及护岸工程
忻州市 140900000000000			85	0	120	457	477	673 587	568 163.3	189	69	31	
66	忻府区	140902000000000	1	0	1	11	11	4 431	17 940	3	3	0	溢流坝、浆砌石护岸

续附表 10

省(区、市)名称			山西省					省(区、市)代码		140000000000000		
序号	所属县	所属县行政编码	山洪沟（条）	影响县城（个）	影响乡(镇)（个）	影响行政村（个）	影响自然村（个）	影响人口（人）	影响耕地（亩）	重要公共基础设施（座）	发生次数	死亡/失踪人数	治理措施
67	定襄县	140921000000000	2	0	2	7	7	17 803	30 487	0	0	0	—
68	五台县	140922000000000	5	0	5	37	37	22 106	37 328	0	10	0	堤防建设、沟道清淤
69	代县	140923000000000	6	0	6	9	49	0	0	0	0	0	—
70	繁峙县	140924000000000	4	0	4	6	6	0	0	0	0	0	—
71	宁武县	140925000000000	0	0	0	0	0	0	0	0	0	0	—
72	静乐县	140926000000000	2	0	2	7	7	9 410	0	0	0	0	—
73	神池县	140927000000000	14	0	22	36	36	60 173	42 933	0	0	0	排洪渠，堤防，清淤
74	五寨县	140928000000000	12	0	22	67	67	21 581	131 248	3	0	0	—
75	岢岚县	140929000000000	9	0	12	95	71	12 429	81 099	0	0	0	—
76	河曲县	140930000000000	7	0	8	36	40	6 263	12 490	5	2	0	—
77	保德县	140931000000000	16	0	24	59	59	80 391	104 129.7	178	54	31	堤防
78	偏关县	140932000000000	3	0	4	11	11	10 500	0	0	0	0	—

续附表 10

序号	所属县	所属县行政编码	山洪沟（条）	影响县城（个）	影响乡（镇）（个）	影响行政村（个）	影响自然村（个）	影响人口（人）	影响耕地（亩）	重要公共基础设施（座）	发生次数	死亡/失踪人数	治理措施
省（区、市）名称		山西省					省（区、市）代码			140000000000000			
79	原平市	140981000000000	4	0	8	76	76	428 500	110 508.6	0	0	0	—
临汾市 141000000000000			93	0	92	189	237	209 215	232 237.64	32	101	3	
80	尧都区	141002000000000	6	0	9	33	35	55 734	48 641	21	13	0	疏浚河道，砌筑护岸、护堤
81	曲沃县	141021000000000	1	0	1	4	2	2 000	9 991	0	0	0	—
82	翼城县	141022000000000	8	0	8	14	12	17 141	24 654.64	0	0	0	—
83	襄汾县	141023000000000	9	0	4	36	10	29 242	31 665	7	74	3	—
84	洪洞县	141024000000000	9	0	8	15	8	22 610	19 232	0	0	0	—
85	古县	141025000000000	1	0	1	2	12	2 846	4 108	0	0	0	—
86	安泽县	141026000000000	17	0	17	32	96	43 578	42 350	0	11	0	—
87	浮山县	141027000000000	0	0		0	0	0	0	0	0	0	—
88	吉县	141028000000000	2	0	2	2	2	1 706	1 517	0	0	0	—
89	乡宁县	141029000000000	0	0	0	0	0	0	0	0	0	0	—

续附表 10

省(区、市)名称			山西省					省(区、市)代码			140000000000000			
序号	所属县	所属县行政编码	山洪沟(条)	影响县城(个)	影响乡(镇)(个)	影响行政村(个)	影响自然村(个)	影响人口(人)	影响耕地(亩)	重要公共基础设施(座)	发生次数	死亡/失踪人数	治理措施	
90	大宁县	141030000000000	2	0	2	0	2	482	0	0	0	0	—	
91	隰县	141031000000000	9	0	9	12	16	5 434	16 605	0	0	0	—	
92	永和县	141032000000000	5	0	5	2	3	1 618	9 126	0	0	0	—	
93	蒲县	141033000000000	7	0	7	7	13	8 609	2 407	0	0	0	—	
94	汾西县	141034000000000	2	0	2	2	0	930	4 055	0	0	0	—	
95	侯马市	141081000000000	11	0	11	11	4	12 485	13 086	0	0	0	—	
96	霍州市	141082000000000	4	0	6	17	22	4 800	4 800	4	3	0	修建堤防	
吕梁市 141100000000000			54	0	69	239	263	483 036	280 809.73	31 049	133	141		
97	离石区	141102000000000	4	0	4	17	19	10 930	32 878	39	11	7	清淤疏浚、修筑护岸	
98	文水县	141121000000000	10	0	13	49	11	105 352	63 681	76	57	23	清淤、浆砌石护岸	
99	交城县	141122000000000	20	0	26	70	95	211 062	51 295	614	29	0	沟道疏浚加固堤防	

续附表 10

省(区、市)名称			山西省					省(区、市)代码		140000000000000		
序号	所属县	所属县行政编码	山洪沟(条)	影响县城(个)	影响乡(镇)(个)	影响行政村(个)	影响自然村(个)	影响人口(人)	影响耕地(亩)	重要公共基础设施(座)	发生次数	死亡/失踪人数	治理措施
100	兴县	141123000000000	0	0	0	0	0	0	0	0	0	0	—
101	临县	141124000000000	0	0	0	0	0	0	0	0	0	0	—
102	柳林县	141125000000000	0	0	0	0	0	0	0	0	0	0	—
103	石楼县	141126000000000	10	0	10	47	69	86 270	23 480	12	23	1	护岸、沟道溢洪道、清淤、沟道排洪渠
104	岚县	141127000000000	0	0	0	0	0	0	0	0	0	0	—
105	方山县	141128000000000	0	0	0	0	0	0	0	0	0	0	—
106	中阳县	141129000000000	3	0	3	12	27	0	1 100	0	0	0	—
107	交口县	141130000000000	1	0	2	5	11	0	12 000	30 280	5	110	修建堤防
108	孝义市	141181000000000	2	0	2	8	0	5 278	8 386.21	16	1	0	沿河做堤防,护岸
109	汾阳市	141182000000000	4	0	9	31	31	64 144	87 989.52	12	7	0	清淤河道、修复加固河堤

附表 11　山西省山洪灾害监测预警设施调查成果汇总表

省(区、市)名称		山西省				省(区、市)代码		140000000000000	
序号	县(区、市、旗)名称	县(区、市、旗)代码	自动监测站			无线预警广播(个)	简易雨量站(个)	简易水位站(个)	备注
			水文站(个)	水位站(个)	雨量站(个)				
省(区、市)合计			0	495	1 794	11 188	13 146	400	
太原市 140100000000000			0	37	142	663	612	38	
1	太原市区	140100000000000	0	9	31	202	183	5	
2	清徐县	140121000000000	0	9	22	71	71	7	
3	阳曲县	140122000000000	0	9	23	143	133	6	
4	娄烦县	140123000000000	0	4	21	102	94	0	
5	古交市	140181000000000	0	6	45	145	131	20	
大同市 140200000000000			0	39	140	882	988	42	
6	南郊区	140211000000000	0	2	14	71	99	3	
7	新荣区	140212000000000	0	3	15	79	82	2	
8	阳高县	140221000000000	0	13	15	134	154	8	
9	天镇县	140222000000000	0	2	9	89	132	3	

续附表 11

省(区、市)名称		山西省				省(区、市)代码		140000000000000	
序号	县(区、市、旗)名称	县(区、市、旗)代码	自动监测站			无线预警广播(个)	简易雨量站(个)	简易水位站(个)	备注
			水文站(个)	水位站(个)	雨量站(个)				
10	广灵县	140223000000000	0	3	15	56	96	8	
11	灵丘县	140224000000000	0	2	22	145	105	5	
12	浑源县	140225000000000	0	7	25	150	163	11	
13	左云县	140226000000000	0	3	9	88	78	1	
14	大同县	140227000000000	0	4	16	70	79	1	
阳泉市 140300000000000			0	23	55	489	455	0	
15	阳泉市区	140311000000000	0	9	25	144	136	0	
16	平定县	140321000000000	0	8	21	223	211	0	
17	盂县	140322000000000	0	6	9	122	108	0	
长治市 140400000000000			0	37	172	1 065	1 698	59	
18	长治郊区	140411000000000	0	1	14	66	66	1	
19	长治县	140421000000000	0	2	9	55	134	2	

续附表 11

省(区、市)名称		山西省		省(区、市)代码			140000000000000		
序号	县(区、市、旗)名称	县(区、市、旗)代码	自动监测站			无线预警广播(个)	简易雨量站(个)	简易水位站(个)	备注
			水文站(个)	水位站(个)	雨量站(个)				
20	襄垣县	140423000000000	0	2	12	118	118	2	
21	屯留县	140424000000000	0	3	11	73	164	3	
22	平顺县	140425000000000	0	5	30	79	191	4	
23	黎城县	140426000000000	0	5	10	111	111	5	
24	壶关县	140427000000000	0	3	12	101	148	6	
25	长子县	140428000000000	0	2	11	151	151	4	
26	武乡县	140429000000000	0	7	12	54	130	6	
27	沁县	140430000000000	0	3	15	115	190	17	
28	沁源县	140431000000000	0	2	19	70	125	3	
29	潞城市	140481000000000	0	2	17	72	170	6	
晋城市 140500000000000			0	35	119	706	1054	33	
30	晋城城区	140502000000000	0	5	9	90	90	10	

续附表 11

省(区、市)名称		山西省				省(区、市)代码		140000000000000	
序号	县(区、市、旗)名称	县(区、市、旗)代码	自动监测站			无线预警广播(个)	简易雨量站(个)	简易水位站(个)	备注
			水文站(个)	水位站(个)	雨量站(个)				
31	沁水县	140521000000000	0	4	18	72	170	8	
32	阳城县	140522000000000	0	8	26	169	281	0	
33	陵川县	140524000000000	0	5	32	119	177	10	
34	泽州县	140525000000000	0	10	23	170	188	0	
35	高平市	140581000000000	0	3	11	86	148	5	
朔州市 140600000000000			0	22	73	809	738	19	
36	朔城区	140602000000000	0	9	15	160	197	1	
37	平鲁区	140603000000000	0	2	18	164	159	1	
38	山阴县	140621000000000	0	2	12	141	128	5	
39	应县	140622000000000	0	4	6	120	120	1	
40	右玉县	140623000000000	0	3	10	127	38	8	
41	怀仁县	140624000000000	0	2	12	97	96	3	

续附表 11

省(区、市)名称		山西省			省(区、市)代码	140000000000000		
序号	县(区、市、旗)名称	县(区、市、旗)代码	自动监测站			无线预警广播(个)	简易雨量站(个)	简易水位站(个)	备注
			水文站(个)	水位站(个)	雨量站(个)				
晋中市 140700000000000			0	63	182	1 201	1 686	39	
42	榆次区	140702000000000	0	8	24	91	150	4	
43	榆社县	140721000000000	0	4	17	223	210	2	
44	左权县	140722000000000	0	9	26	96	199	5	
45	和顺县	140723000000000	0	5	14	99	96	5	
46	昔阳县	140724000000000	0	3	13	148	238	4	
47	寿阳县	140725000000000	0	0	22	56	57	2	
48	太谷县	140726000000000	0	7	13	109	162	2	
49	祁县	140727000000000	0	6	12	51	115	4	
50	平遥县	140728000000000	0	6	8	88	185	2	
51	灵石县	140729000000000	0	6	16	113	124	4	
52	介休市	140781000000000	0	9	17	127	150	5	

附表 11　山西省山洪灾害监测预警设施调查成果汇总表

省(区、市)名称		山西省			省(区、市)代码		140000000000000	
序号	县(区、市、旗)名称	县(区、市、旗)代码	自动监测站			无线预警广播(个)	简易雨量站(个)	简易水位站(个)	备注
			水文站(个)	水位站(个)	雨量站(个)				
运城市 140800000000000			0	65	114	1 312	1 354	33	
53	盐湖区	140802000000000	0	6	5	108	102	0	
54	临猗县	140821000000000	0	0	9	97	115	0	
55	万荣县	140822000000000	0	2	7	107	99	0	
56	闻喜县	140823000000000	0	5	7	116	139	6	
57	稷山县	140824000000000	0	7	5	117	117	4	
58	新绛县	140825000000000	0	2	10	114	106	0	
59	绛县	140826000000000	0	12	16	59	49	2	
60	垣曲县	140827000000000	0	6	14	102	82	5	
61	夏县	140828000000000	0	3	8	92	85	5	
62	平陆县	140829000000000	0	11	11	157	159	6	
63	芮城县	140830000000000	0	2	12	72	98	0	

续附表 11

省(区、市)名称		山西省				省(区、市)代码		140000000000000	
序号	县(区、市、旗)名称	县(区、市、旗)代码	自动监测站			无线预警广播(个)	简易雨量站(个)	简易水位站(个)	备注
			水文站(个)	水位站(个)	雨量站(个)				
64	永济市	140881000000000	0	8	5	76	92	5	
65	河津市	140882000000000	0	1	5	95	111	0	
忻州市 140900000000000			0	48	309	1 890	2 035	24	
66	忻府区	140902000000000	0	4	15	90	90	0	
67	定襄县	140921000000000	0	3	18	96	98	2	
68	五台县	140922000000000	0	3	25	149	198	1	
69	代县	140923000000000	0	3	26	137	136	1	
70	繁峙县	140924000000000	0	3	25	113	174	1	
71	宁武县	140925000000000	0	3	15	101	88	1	
72	静乐县	140926000000000	0	3	16	102	102	1	
73	神池县	140927000000000	0	2	25	145	140	3	
74	五寨县	140928000000000	0	6	25	141	158	8	

续附表 11

省(区、市)名称		山西省		省(区、市)代码		140000000000000		
序号	县(区、市、旗)名称	县(区、市、旗)代码	自动监测站			无线预警广播(个)	简易雨量站(个)	简易水位站(个)	备注
			水文站(个)	水位站(个)	雨量站(个)				
75	岢岚县	140929000000000	0	2	25	105	157	1	
76	河曲县	140930000000000	0	4	25	146	151	0	
77	保德县	140931000000000	0	7	23	176	163	1	
78	偏关县	140932000000000	0	1	21	155	146	2	
79	原平市	140981000000000	0	4	25	234	234	2	
临汾市 141000000000000			0	51	227	1 249	1 274	16	
80	尧都区	141002000000000	0	3	14	146	146	0	
81	曲沃县	141021000000000	0	1	12	56	47	0	
82	翼城县	141022000000000	0	6	14	70	58	6	
83	襄汾县	141023000000000	0	1	5	54	59	0	
84	洪洞县	141024000000000	0	3	10	122	122	0	
85	古县	141025000000000	0	4	16	70	94	0	

续附表 11

省(区、市)名称		山西省				省(区、市)代码		140000000000000	
序号	县(区、市、旗)名称	县(区、市、旗)代码	自动监测站			无线预警广播(个)	简易雨量站(个)	简易水位站(个)	备注
			水文站(个)	水位站(个)	雨量站(个)				
86	安泽县	141026000000000	0	4	21	100	96	0	
87	浮山县	141027000000000	0	2	8	63	63	0	
88	吉县	141028000000000	0	5	8	46	52	0	
89	乡宁县	141029000000000	0	6	21	51	79	3	
90	大宁县	141030000000000	0	1	18	80	74	0	
91	隰县	141031000000000	0	4	21	99	83	2	
92	永和县	141032000000000	0	3	16	41	50	3	
93	蒲县	141033000000000	0	4	18	112	92	0	
94	汾西县	141034000000000	0	0	8	68	91	0	
95	侯马市	141081000000000	0	2	5	18	12	0	
96	霍州市	141082000000000	0	2	12	53	56	2	
吕梁市 141100000000000			0	75	261	922	1 252	97	
97	离石区	141102000000000	0	4	29	69	102	11	

续附表 11

省(区、市)名称		山西省			省(区、市)代码		140000000000000		
序号	县(区、市、旗)名称	县(区、市、旗)代码	自动监测站			无线预警广播(个)	简易雨量站(个)	简易水位站(个)	备注
			水文站(个)	水位站(个)	雨量站(个)				
98	文水县	141121000000000	0	6	12	64	92	1	
99	交城县	141122000000000	0	6	14	31	119	7	
100	兴县	141123000000000	0	8	41	94	110	20	
101	临县	141124000000000	0	3	18	165	158	4	
102	柳林县	141125000000000	0	2	17	31	85	3	
103	石楼县	141126000000000	0	8	19	32	80	9	
104	岚县	141127000000000	0	5	20	69	69	5	
105	方山县	141128000000000	0	6	23	72	95	5	
106	中阳县	141129000000000	0	10	16	71	64	7	
107	交口县	141130000000000	0	9	17	71	87	18	
108	孝义市	141181000000000	0	4	18	32	89	4	
109	汾阳市	141182000000000	0	4	17	121	102	3	

附表12　山西省涉水工程调查成果汇总表

省(区、市)名称			山西省		省(区、市)代码			140000000000000	
序号	县(区、市、旗)名称	县(区、市、旗)代码	塘坝(座)	涵洞(个)	桥梁(座)	水库(座)	水闸(座)	堤防(段)	备注
省(区、市)合计			2 281	4 637	5 624	605	728	2 854	
太原市 140100000000000			17	21	89	15	24	376	
1	太原市区	140100000000000	6	15	4	4	24	60	
2	清徐县	140121000000000	1	0	1	0	0	7	
3	阳曲县	140122000000000	8	4	31	9	0	3	
4	娄烦县	140123000000000	0	2	1	2	0	98	
5	古交市	140181000000000	2	0	52	0	0	208	
大同市 140200000000000			11	213	191	61	67	183	
6	南郊区	140211000000000	0	28	28	1	5	12	
7	新荣区	140212000000000	0	2	14	7	1	9	
8	阳高县	140221000000000	3	20	32	16	0	12	
9	天镇县	140222000000000	0	0	2	1	1	9	

续附表 12

省(区、市)名称			山西省			省(区、市)代码		140000000000000	
序号	县(区、市、旗)名称	县(区、市、旗)代码	塘坝(座)	涵洞(个)	桥梁(座)	水库(座)	水闸(座)	堤防(段)	备注
10	广灵县	140223000000000	4	11	18	6	1	7	
11	灵丘县	140224000000000	0	1	18	3	38	25	
12	浑源县	140225000000000	4	100	61	10	20	89	
13	左云县	140226000000000	0	47	18	1	1	19	
14	大同县	140227000000000	0	4	0	16	0	1	
阳泉市 140300000000000			35	80	95	22	1	65	
15	阳泉市区	140311000000000	2	25	33	1	0	29	
16	平定县	140321000000000	8	27	47	18	1	26	
17	盂县	140322000000000	25	28	15	3	0	10	
长治市 140400000000000			40	426	581	77	97	155	
18	长治郊区	140411000000000	2	9	26	1	0	6	
19	长治县	140421000000000	1	27	26	3	0	1	
20	襄垣县	140423000000000	1	18	25	10	19	2	
21	屯留县	140424000000000	5	3	20	21	2	2	

续附表 12

省(区、市)名称		山西省			省(区、市)代码		140000000000000		
序号	县(区、市、旗)名称	县(区、市、旗)代码	塘坝(座)	涵洞(个)	桥梁(座)	水库(座)	水闸(座)	堤防(段)	备注
22	平顺县	140425000000000	14	75	105	4	17	5	
23	黎城县	140426000000000	1	4	68	5	38	0	
24	壶关县	140427000000000	1	132	50	10	0	24	
25	长子县	140428000000000	5	67	92	6	0	9	
26	武乡县	140429000000000	1	4	41	4	4	80	
27	沁县	140430000000000	6	6	50	9	0	18	
28	沁源县	140431000000000	0	73	58	3	15	6	
29	潞城市	140481000000000	3	8	20	1	2	2	
晋城市 140500000000000			82	409	732	94	19	183	
30	晋城城区	140502000000000	0	58	66	4	0	10	
31	沁水县	140521000000000	14	26	157	4	5	119	
32	阳城县	140522000000000	12	118	216	21	8	34	
33	陵川县	140524000000000	31	81	16	21	0	4	
34	泽州县	140525000000000	4	23	76	24	0	4	

续附表 12

省(区、市)名称			山西省			省(区、市)代码		140000000000000	
序号	县(区、市、旗)名称	县(区、市、旗)代码	塘坝(座)	涵洞(个)	桥梁(座)	水库(座)	水闸(座)	堤防(段)	备注
35	高平市	140581000000000	21	103	201	20	6	12	
朔州市 140600000000000			105	291	186	21	44	61	
36	朔城区	140602000000000	0	15	15	3	2	0	
37	平鲁区	140603000000000	38	14	14	2	1	2	
38	山阴县	140621000000000	20	72	15	2	26	21	
39	应县	140622000000000	1	129	58	4	8	6	
40	右玉县	140623000000000	0	2	16	4	1	23	
41	怀仁县	140624000000000	46	59	68	6	6	9	
晋中市 140700000000000			73	280	644	75	53	112	
42	榆次区	140702000000000	4	23	68	3	29	1	
43	榆社县	140721000000000	5	135	138	5	0	2	
44	左权县	140722000000000	29	53	131	3	3	38	
45	和顺县	140723000000000	1	1	82	4	0	14	
46	昔阳县	140724000000000	13	16	16	20	3	4	

续附表 12

省(区、市)名称			山西省		省(区、市)代码		140000000000000		
序号	县(区、市、旗)名称	县(区、市、旗)代码	塘坝(座)	涵洞(个)	桥梁(座)	水库(座)	水闸(座)	堤防(段)	备注
47	寿阳县	140725000000000	0	5	20	7	0	0	
48	太谷县	140726000000000	7	2	19	10	2	0	
49	祁县	140727000000000	1	2	3	6	1	1	
50	平遥县	140728000000000	9	34	80	8	8	10	
51	灵石县	140729000000000	0	7	65	2	0	40	
52	介休市	140781000000000	4	2	22	7	7	2	
运城市 140800000000000			171	467	418	103	52	101	
53	盐湖区	140802000000000	34	123	39	8	3	5	
54	临猗县	140821000000000	5	10	2	10	13	2	
55	万荣县	140822000000000	5	7	4	1	1	1	
56	闻喜县	140823000000000	11	39	54	6	0	4	
57	稷山县	140824000000000	17	50	11	2	10	7	
58	新绛县	140825000000000	20	11	9	5	0	2	
59	绛县	140826000000000	10	21	31	14	2	22	

续附表 12

省(区、市)名称			山西省		省(区、市)代码		140000000000000		
序号	县(区、市、旗)名称	县(区、市、旗)代码	塘坝(座)	涵洞(个)	桥梁(座)	水库(座)	水闸(座)	堤防(段)	备注
60	垣曲县	140827000000000	10	71	92	6	10	27	
61	夏县	140828000000000	11	35	51	9	1	18	
62	平陆县	140829000000000	22	37	57	35	0	11	
63	芮城县	140830000000000	14	35	2	6	0	0	
64	永济市	140881000000000	12	25	46	1	0	0	
65	河津市	140882000000000	0	3	20	0	12	2	
忻州市 140900000000000			395	858	753	50	226	610	
66	忻府区	140902000000000	0	6	25	4	155	7	
67	定襄县	140921000000000	0	59	6	1	18	21	
68	五台县	140922000000000	1	89	160	6	6	38	
69	代县	140923000000000	4	6	33	11	23	15	
70	繁峙县	140924000000000	1	139	31	4	3	44	
71	宁武县	140925000000000	2	2	25	0	0	112	
72	静乐县	140926000000000	27	12	27	0	0	141	

续附表 12

省(区、市)名称			山西省		省(区、市)代码			140000000000000	
序号	县(区、市、旗)名称	县(区、市、旗)代码	塘坝(座)	涵洞(个)	桥梁(座)	水库(座)	水闸(座)	堤防(段)	备注
73	神池县	140927000000000	22	46	17	0	0	2	
74	五寨县	140928000000000	138	126	96	2	2	2	
75	岢岚县	140929000000000	8	7	78	1	0	15	
76	河曲县	140930000000000	0	5	24	2	0	51	
77	保德县	140931000000000	68	137	46	0	0	11	
78	偏关县	140932000000000	104	17	46	1	3	64	
79	原平市	140981000000000	20	207	139	18	16	87	
临汾市 141000000000000			489	366	399	59	42	144	
80	尧都区	141002000000000	3	87	60	8	6	2	
81	曲沃县	141021000000000	9	14	12	10	0	3	
82	翼城县	141022000000000	22	22	15	11	8	6	
83	襄汾县	141023000000000	3	83	24	3	18	9	
84	洪洞县	141024000000000	7	18	2	8	8	4	
85	古县	141025000000000	1	4	16	1	1	0	

续附表 12

省(区、市)名称			山西省		省(区、市)代码			140000000000000	
序号	县(区、市、旗)名称	县(区、市、旗)代码	塘坝(座)	涵洞(个)	桥梁(座)	水库(座)	水闸(座)	堤防(段)	备注
86	安泽县	141026000000000	0	5	27	1	1	29	
87	浮山县	141027000000000	30	2	17	6	0	0	
88	吉县	141028000000000	54	8	12	2	0	3	
89	乡宁县	141029000000000	73	16	41	2	0	53	
90	大宁县	141030000000000	72	4	8	0	0	2	
91	隰县	141031000000000	90	49	52	2	0	13	
92	永和县	141032000000000	63	9	11	1	0	2	
93	蒲县	141033000000000	45	21	79	1	0	0	
94	汾西县	141034000000000	14	4	7	0	0	0	
95	侯马市	141081000000000	3	20	2	2	0	1	
96	霍州市	141082000000000	0	0	14	1	0	17	
吕梁市 141100000000000			863	1 226	1 536	28	103	864	
97	离石区	141102000000000	72	0	56	2	27	8	

续附表 12

省(区、市)名称		山西省		省(区、市)代码			140000000000000		
序号	县(区、市、旗)名称	县(区、市、旗)代码	塘坝(座)	涵洞(个)	桥梁(座)	水库(座)	水闸(座)	堤防(段)	备注
98	文水县	141121000000000	4	9	34	3	41	6	
99	交城县	141122000000000	5	17	59	1	5	2	
100	兴县	141123000000000	19	52	76	3	0	289	
101	临县	141124000000000	61	97	585	5	2	252	
102	柳林县	141125000000000	126	130	70	0	0	93	
103	石楼县	141126000000000	27	9	28	1	0	3	
104	岚县	141127000000000	51	117	75	3	0	28	
105	方山县	141128000000000	21	54	149	2	0	134	
106	中阳县	141129000000000	447	616	176	1	5	9	
107	交口县	141130000000000	17	22	72	1	0	9	
108	孝义市	141181000000000	13	97	114	3	2	5	
109	汾阳市	141182000000000	0	6	42	3	21	26	

附表 13-1　山西省沿河村落现状防洪能力与危险区评价成果汇总表

省(区、市)名称		山西省				省(区、市)代码			140000000000000						
序号		县(区、市、旗)代码	名录汇总			现状防洪能力评价			受河道洪水影响危险区人口、房屋						备注
			村落数量	总人数	总户数	≤5 年一遇	5～20 年一遇	≥20 年一遇	极高危		高危		危险		
			(个)	(人)	(户)				人口(人)	房屋(座)	人口(人)	房屋(座)	人口(人)	房屋(座)	
省(区、市)合计			6 834	4 789 969	1 569 919	1 109	1 680	1 950	60 882	14 266	99 066	25 128	163 281	40 865	
太原市合计			410	329 368	107 214	65	53	81	10 851	3 269	7 447	2 318	35 208	9 467	
1	太原五区		134	139 581	40 399	12	17	15	541	155	3 139	1 216	8 790	2 829	
2	清徐县	140121000000000	70	51 256	19 064	14	3	14	8 519	2 429	2 004	568	8 779	2 472	
3	阳曲县	140122000000000	73	36 349	15 022	16	6	14	1 487	611	683	241	4 615	1 592	
4	娄烦县	140123000000000	54	40 214	12 072	10	13	26	224	56	820	203	2 081	532	
5	古交市	140181000000000	79	61 968	20 657	13	14	12	80	18	801	90	10 943	2 042	
大同市合计			461	422 361	159 060	87	275	90	995	300	9 538	3 255	6 032	1 915	
6	南郊区	140211000000000	36	46 359	20 160	2	27	7	69	20	1 685	568	452	185	
7	新荣区	140212000000000	46	34 420	13 497	16	15	8	118	32	567	174	357	101	

续附表 13-1

省(区、市)名称		山西省				省(区、市)代码			140000000000000						
序号		县(区、市、旗)代码	名录汇总			现状防洪能力评价			受河道洪水影响危险区人口、房屋						备注
			村落数量	总人数	总户数	≤5 年一遇	5~20 年一遇	≥20 年一遇	极高危		高危		危险		
			(个)	(人)	(户)				人口(人)	房屋(座)	人口(人)	房屋(座)	人口(人)	房屋(座)	
8	阳高县	140221000000000	72	86 818	30 735	14	44	14	220	57	766	215	1 241	333	
9	天镇县	140222000000000	46	43 196	16 927	0	37	9	0	0	1 203	405	277	98	
10	广灵县	140223000000000	28	37 300	13 390	0	19	9	0	0	992	401	526	182	
11	灵丘县	140224000000000	77	55 427	19 600	25	48	4	273	98	963	351	518	191	
12	浑源县	140225000000000	86	68 245	23 848	12	46	26	182	48	843	238	1 187	329	
13	左云县	140226000000000	47	26 505	10 114	13	29	5	99	36	631	195	303	89	
14	大同县	140227000000000	23	24 091	10 789	5	10	8	34	9	1 888	708	1 171	407	
阳泉市合计			184	160 900	58 358	19	79	64	246	74	1 771	546	2 713	867	
15	阳泉市区	140311000000000	65	90 828	31 440	13	22	25	217	63	766	207	1 042	251	
16	平定县	140321000000000	72	49 101	18 389	6	26	29	29	11	756	256	1 279	476	

续附表 13-1

省(区、市)名称		山西省				省(区、市)代码			140000000000000						
序号		县(区、市、旗)代码	名录汇总			现状防洪能力评价			受河道洪水影响危险区人口、房屋						备注
			村落数量	总人数	总户数	≤5 年一遇	5～20 年一遇	≥20 年一遇	极高危		高危		危险		
			(个)	(人)	(户)				人口(人)	房屋(座)	人口(人)	房屋(座)	人口(人)	房屋(座)	
17	盂县	140322000000000	47	20 971	8 529	0	31	10	0	0	249	83	392	140	
长治市合计			759	472 110	146 782	102	200	242	2 592	688	8 942	2 492	24 009	6 896	
18	长治郊区	140411000000000	28	29 959	9 391	2	6	16	35	10	313	86	1 433	388	
19	长治县	140421000000000	50	75 872	19 093	15	16	16	209	52	761	199	1 766	451	
20	襄垣县	140423000000000	45	28 054	8 142	9	11	18	220	54	731	178	2 086	530	
21	屯留县	140424000000000	89	23 791	5 811	6	16	59	65	16	375	97	2 431	591	
22	平顺县	140425000000000	104	41 773	14 473	10	28	14	156	48	474	116	1 533	409	
23	黎城县	140426000000000	54	36 348	12 557	5	7	15	44	51	184	152	324	341	
24	壶关县	140427000000000	49	27 390	9 672	8	8	14	153	33	233	54	425	102	
25	长子县	140428000000000	64	41 740	13 112	20	10	15	922	219	1 181	273	1 175	280	

续附表 13-1

省(区、市)名称		山西省				省(区、市)代码		140000000000000						
序号		县(区、市、旗)代码	名录汇总			现状防洪能力评价			受河道洪水影响危险区人口、房屋						备注
			村落数量	总人数	总户数	≤5 年一遇	5~20 年一遇	≥20 年一遇	极高危		高危		危险		
			(个)	(人)	(户)				人口(人)	房屋(座)	人口(人)	房屋(座)	人口(人)	房屋(座)	
26	武乡县	140429000000000	45	20 262	5 353	5	14	17	63	10	604	172	724	196	
27	沁县	140430000000000	53	59 001	17 990	3	21	24	47	18	545	144	5 607	1 553	
28	沁源县	140431000000000	133	62 884	23 766	17	51	15	647	167	2 647	787	4 180	1 365	
29	潞城市	140481000000000	45	25 036	7 422	2	12	19	31	10	894	234	2 325	690	
晋城市合计			510	365 951	117 750	123	119	111	3 793	987	7 033	1 800	16 011	4 192	
30	晋城城区	140502000000000	40	66 754	22 991	4	7	29	552	183	987	225	2 697	639	
31	沁水县	140521000000000	66	36 836	12 344	5	32	28	110	27	1 254	349	7 728	2 078	
32	阳城县	140522000000000	120	74 085	22 983	44	22	19	796	237	1 105	320	787	232	
33	陵川县	140524000000000	107	56 575	18 342	4	22	14	52	13	829	210	2 914	772	
34	泽州县	140525000000000	94	64 130	22 334	33	11	9	1 283	298	890	237	371	99	

续附表 13-1

省(区、市)名称		山西省				省(区、市)代码			140000000000000						
序号		县(区、市、旗)代码	名录汇总			现状防洪能力评价			受河道洪水影响危险区人口、房屋						备注
			村落数量	总人数	总户数	≤5 年一遇	5～20 年一遇	≥20 年一遇	极高危		高危		危险		
			(个)	(人)	(户)				人口(人)	房屋(座)	人口(人)	房屋(座)	人口(人)	房屋(座)	
35	高平市	140581000000000	83	67 571	18 756	33	24	12	1 000	229	1 968	459	1 514	372	
朔州市合计			440	350 509	119 787	50	263	101	1 000	273	12 538	3 892	4 394	1 246	
36	朔城区	140602000000000	92	86 612	28 465	29	46	17	281	82	2 248	631	1 214	321	
37	平鲁区	140603000000000	91	47 120	15 039	0	51	21	0	0	832	246	501	157	
38	山阴县	140621000000000	77	55 526	20 040	16	42	19	485	136	1 651	477	980	268	
39	应县	140622000000000	72	62 649	21 764	0	60	10	0	0	6 119	1 995	513	151	
40	右玉县	140623000000000	61	34 729	9 480	3	31	22	6	3	673	211	432	151	
41	怀仁县	140624000000000	47	63 873	24 999	2	33	12	228	52	1015	332	754	198	
晋中市合计			653	414 786	155 798	243	62	58	24 402	4 850	8 403	1 797	12 148	2 703	
42	榆次区	140702000000000	40	34 835	13 551	12	6	2	4 190	750	1 134	240	1 465	274	

续附表 13-1

省(区、市)名称		山西省				省(区、市)代码			140000000000000						
序号		县(区、市、旗)代码	名录汇总			现状防洪能力评价			受河道洪水影响危险区人口、房屋						备注
			村落数量	总人数	总户数	≤5 年一遇	5～20 年一遇	≥20 年一遇	极高危		高危		危险		
			(个)	(人)	(户)				人口(人)	房屋(座)	人口(人)	房屋(座)	人口(人)	房屋(座)	
43	榆社县	140721000000000	58	20 384	9 418	26	9	14	932	238	1 088	266	1 872	482	
44	左权县	140722000000000	89	36 394	13 301	25	8	2	772	102	1 098	210	1 792	349	
45	和顺县	140723000000000	64	29 165	10 479	22	7	10	1 092	201	1 071	272	2 223	510	
46	昔阳县	140724000000000	66	36 124	15 490	44	6	4	6 946	1 755	814	188	1 354	299	
47	寿阳县	140725000000000	44	19 589	7 105	37	1	2	2 631	500	434	108	250	68	
48	太谷县	140726000000000	36	19 682	7 838	17	2	8	871	238	276	77	499	104	
49	祁县	140727000000000	77	45 653	18 402	11	2	0	210	76	84	24	22	16	
50	平遥县	140728000000000	48	64 309	21 763	13	3	6	963	197	601	60	875	332	
51	灵石县	140729000000000	60	33 687	12 710	18	5	2	3792	455	877	179	872	145	
52	介休市	140781000000000	71	74 964	25 741	18	13	8	2 003	338	926	173	924	124	

续附表 13-1

省(区、市)名称		山西省				省(区、市)代码			140000000000000						
序号		县(区、市、旗)代码	名录汇总			现状防洪能力评价			受河道洪水影响危险区人口、房屋						备注
			村落数量	总人数	总户数	≤5 年一遇	5～20 年一遇	≥20 年一遇	极高危		高危		危险		
			(个)	(人)	(户)				人口(人)	房屋(座)	人口(人)	房屋(座)	人口(人)	房屋(座)	
运城市合计			634	554 857	147 730	123	40	81	6 730	985	1 915	437	1 608	383	
53	盐湖区	140802000000000	46	67 989	20 973	7	2	9	179	38	203	46	176	48	
54	临猗县	140821000000000	35	35 129	8 912	0	0	0	0	0	0	0	0	0	
55	万荣县	140822000000000	13	23 619	6 172	2	0	2	74	15	0	0	11	4	
56	闻喜县	140823000000000	57	50 466	11 905	4	2	6	144	33	59	11	100	25	
57	稷山县	140824000000000	56	59 126	16 599	22	5	8	715	160	137	36	160	37	
58	新绛县	140825000000000	44	72 943	18 186	13	0	0	1 085	193	120	26	37	10	
59	绛县	140826000000000	33	23 139	6 214	7	4	3	333	72	189	38	66	14	
60	垣曲县	140827000000000	49	9 862	3 368	10	10	5	602	37	384	94	340	81	
61	夏县	140828000000000	79	43 344	11 154	21	10	23	329	71	245	55	361	78	

续附表 13-1

省(区、市)名称		山西省				省(区、市)代码			140000000000000						
序号		县(区、市、旗)代码	名录汇总			现状防洪能力评价			受河道洪水影响危险区人口、房屋						备注
			村落数量	总人数	总户数	≤5 年一遇	5～20 年一遇	≥20 年一遇	极高危		高危		危险		
			(个)	(人)	(户)				人口(人)	房屋(座)	人口(人)	房屋(座)	人口(人)	房屋(座)	
62	平陆县	140829000000000	88	14 937	4 867	7	4	7	210	57	228	52	92	23	
63	芮城县	140830000000000	35	24 339	6 986	13	1	0	410	94	77	20	34	10	
64	永济市	140881000000000	65	62 630	16 361	11	0	9	144	30	110	24	134	29	
65	河津市	140882000000000	34	67 334	16 033	6	2	9	2 505	185	163	35	97	24	
忻州市合计			1 126	555 015	190 374	133	153	330	6 661	2 119	13 141	3 183	17 423	4 283	
66	忻府区	140902000000000	54	27 444	8 663	1	9	42	8	4	952	238	3 635	949	
67	定襄县	140921000000000	55	53 950	15 606	9	13	33	747	185	978	217	3 139	769	
68	五台县	140922000000000	60	43 899	16 369	19	14	19	800	464	629	153	797	120	
69	代县	140923000000000	63	19 295	7 688	8	2	5	259	82	164	59	216	77	
70	繁峙县	140924000000000	61	46 056	21 659	8	9	7	729	193	805	199	687	191	

续附表 13-1

省(区、市)名称		山西省				省(区、市)代码			140000000000000						
序号		县(区、市、旗)代码	名录汇总			现状防洪能力评价			受河道洪水影响危险区人口、房屋						备注
			村落数量	总人数	总户数	≤5 年一遇	5～20 年一遇	≥20 年一遇	极高危		高危		危险		
			(个)	(人)	(户)				人口(人)	房屋(座)	人口(人)	房屋(座)	人口(人)	房屋(座)	
71	宁武县	140925000000000	53	6 568	1 644	13	30	10	489	123	4 485	1 122	1 594	399	
72	静乐县	140926000000000	55	30 600	7 306	0	6	49	0	0	348	67	2 109	437	
73	神池县	140927000000000	68	30 408	8 461	0	8	58	0	0	148	37	2 076	506	
74	五寨县	140928000000000	114	33 607	9 664	16	11	7	781	250	654	167	340	77	
75	岢岚县	140929000000000	94	25 604	6 356	15	7	1	438	97	628	117	422	63	
76	河曲县	140930000000000	66	21 900	7 633	8	19	38	456	114	996	249	793	199	
77	保德县	140931000000000	98	68 219	23 729	10	2	4	328	88	175	44	90	19	
78	偏关县	140932000000000	78	24 910	9 167	2	4	46	108	27	124	34	337	102	
79	原平市	140981000000000	207	122 555	46 429	24	19	11	1 518	492	2 055	480	1 188	375	
临汾市合计			925	515 635	146 548	41	122	564	1 413	282	10 079	1 684	27 658	5 581	

续附表 13-1

省(区、市)名称		山西省				省(区、市)代码			140000000000000						
序号		县(区、市、旗)代码	名录汇总			现状防洪能力评价			受河道洪水影响危险区人口、房屋						备注
			村落数量	总人数	总户数	≤5 年一遇	5~20 年一遇	≥20 年一遇	极高危		高危		危险		
			(个)	(人)	(户)				人口(人)	房屋(座)	人口(人)	房屋(座)	人口(人)	房屋(座)	
80	尧都区	141002000000000	54	43 842	12 032	0	8	38	0	0	196	43	721	147	
81	曲沃县	141021000000000	41	41 189	10 109	0	3	13	0	0	198	47	590	139	
82	翼城县	141022000000000	57	52 403	13 833	9	10	32	767	168	846	198	1 771	361	
83	襄汾县	141023000000000	26	42 486	12 464	0	12	14	0	0	2 600	611	2 849	673	
84	洪洞县	141024000000000	56	97 425	28 910	0	20	35	0	0	823	166	2 775	522	
85	古县	141025000000000	22	8 740	3 074	0	3	19	0	0	95	17	496	125	
86	安泽县	141026000000000	81	24 890	7 564	1	6	74	20	5	241	50	2 942	592	
87	浮山县	141027000000000	25	9 116	2 801	0	1	22	0	0	12	3	723	185	
88	吉县	141028000000000	20	9 714	3 394	4	5	11	47	10	551	151	900	230	
89	乡宁县	141029000000000	47	13 401	3 910	13	12	22	374	60	919	142	2 565	569	

续附表 13-1

省(区、市)名称		山西省				省(区、市)代码			140000000000000						
序号		县(区、市、旗)代码	名录汇总			现状防洪能力评价			受河道洪水影响危险区人口、房屋						备注
			村落数量	总人数	总户数	≤5 年一遇	5～20 年一遇	≥20 年一遇	极高危		高危		危险		
			(个)	(人)	(户)				人口(人)	房屋(座)	人口(人)	房屋(座)	人口(人)	房屋(座)	
90	大宁县	141030000000000	87	23 610	5 260	0	1	30	0	0	3	1	774	153	
91	隰县	141031000000000	107	36 681	12 174	6	8	63	70	14	429	51	2 341	491	
92	永和县	141032000000000	72	16 280	5 772	2	1	51	32	6	117	31	1 235	397	
93	蒲县	141033000000000	165	47 067	13 695	6	20	101	103	19	2 681	105	5 106	663	
94	汾西县	141034000000000	26	14 170	2 955	0	5	16	0	0	110	23	464	84	
95	侯马市	141081000000000	11	9 579	2 644	0	2	5	0	0	21	3	199	46	
96	霍州市	141082000000000	28	25 042	5 957	0	5	18	0	0	237	42	1 207	204	
吕梁市合计			732	648 477	220 518	123	315	228	2 199	439	18 259	3 724	16 077	3 332	
97	离石区	141102000000000	48	32 630	11 146	5	17	20	413	103	910	180	1 262	269	
98	文水县	141121000000000	52	70 796	23 812	3	17	27	38	9	302	62	537	126	

续附表 13-1

省(区、市)名称		山西省				省(区、市)代码			140000000000000						
序号		县(区、市、旗)代码	名录汇总			现状防洪能力评价			受河道洪水影响危险区人口、房屋						备注
			村落数量	总人数	总户数	≤5 年一遇	5 ~ 20 年一遇	≥20 年一遇	极高危		高危		危险		
			(个)	(人)	(户)				人口(人)	房屋(座)	人口(人)	房屋(座)	人口(人)	房屋(座)	
99	交城县	141122000000000	64	69 501	22 995	9	30	20	107	13	1 847	156	1 027	189	
100	兴县	141123000000000	66	52 013	15 780	27	13	20	785	159	1 384	296	943	199	
101	临县	141124000000000	107	97 237	34 091	17	38	45	0	0	3 794	754	3 202	639	
102	柳林县	141125000000000	47	46 557	15 686	0	30	13	0	0	573	98	795	153	
103	石楼县	141126000000000	39	16 039	4 968	6	19	11	0	0	730	171	1 086	349	
104	岚县	141127000000000	70	43 125	9 999	5	42	16	0	0	2 609	577	483	112	
105	方山县	141128000000000	49	26 090	9 177	27	9	7	331	63	511	102	2 354	368	
106	中阳县	141129000000000	38	39 139	15 096	16	10	9	0	0	1 709	524	869	246	
107	交口县	141130000000000	35	20 623	6 679	2	20	10	2	1	1 690	314	253	61	
108	孝义市	141181000000000	53	49 152	17 902	6	24	18	523	91	1143	208	1 884	275	
109	汾阳市	141182000000000	64	85 575	33 187	0	46	12	0	0	1 057	282	1 382	346	

附表 13-2　山西省评价沿河村落现状防洪能力与危险区评价成果汇总表（受坡面流影响）

序号	县（区、市、旗）名称	县（区、市、旗）代码	受坡面汇流影响									备注
			致灾暴雨重现期			危险区人口、房屋						
						极高危		高危		危险		
			≤5 年一遇	5～20 年一遇	≥20 年一遇	人口（人）	房屋（座）	人口（人）	房屋（座）	人口（人）	房屋（座）	
省（区、市）合计			42	174	1 604	7 457	2 583	27 531	9 210	397 386	143 542	
太原市合计			13	52	54	484	143	3 726	1 374	13 349	4 224	
1	太原五区		4	19	41	219	57	772	241	8 053	2 427	
2	清徐县	140121000000000	1	10	3	85	41	2 192	969	3 309	1 434	
3	阳曲县	140122000000000	0	0	0	0	0	0	0	0	0	
4	娄烦县	140123000000000	0	4	1	0	0	235	55	15	2	
5	古交市	140181000000000	8	19	9	180	45	527	109	1 972	361	
大同市合计			5	3	1	94	38	35	12	12	5	
6	南郊区	140211000000000	0	0	0	0	0	0	0	0	0	
7	新荣区	140212000000000	4	2	1	64	25	31	10	12	5	
8	阳高县	140221000000000	0	0	0	0	0	0	0	0	0	
9	天镇县	140222000000000	0	0	0	0	0	0	0	0	0	
10	广灵县	140223000000000	0	0	0	0	0	0	0	0	0	

续附表 13-2

序号	县(区、市、旗)名称	县(区、市、旗)代码	受坡面汇流影响									备注
			致灾暴雨重现期			危险区人口、房屋						
						极高危		高危		危险		
			≤5 年一遇	5～20 年一遇	≥20 年一遇	人口(人)	房屋(座)	人口(人)	房屋(座)	人口(人)	房屋(座)	
11	灵丘县	140224000000000	0	0	0	0	0	0	0	0	0	
12	浑源县	140225000000000	1	1	0	30	13	4	2	0	0	
13	左云县	140226000000000	0	0	0	0	0	0	0	0	0	
14	大同县	140227000000000	0	0	0	0	0	0	0	0	0	
阳泉市合计			0	3	19	0	0	57	16	481	155	
15	阳泉市区	140311000000000	0	1	4	0	0	25	6	86	21	
16	平定县	140321000000000	0	2	9	0	0	32	10	144	47	
17	盂县	140322000000000	0	0	6	0	0	0	0	251	87	
长治市合计			0	22	167	0	0	5 676	1 802	57 350	26 826	
18	长治郊区	140411000000000	0	0	0	0	0	0	0	0	0	
19	长治县	140421000000000	0	0	0	0	0	0	0	0	0	
20	襄垣县	140423000000000	0	0	7	0	0	0	0	3 844	1 113	

续附表 13-2

序号	县(区、市、旗)名称	县(区、市、旗)代码	受坡面汇流影响									备注
			致灾暴雨重现期			危险区人口、房屋						
						极高危		高危		危险		
			≤5 年一遇	5～20 年一遇	≥20 年一遇	人口(人)	房屋(座)	人口(人)	房屋(座)	人口(人)	房屋(座)	
21	屯留县	140424000000000	0	6	0	0	0	1 269	298	0	0	
22	平顺县	140425000000000	0	0	51	0	0	0	0	7 561	4 605	
23	黎城县	140426000000000	0	2	22	0	0	513	352	15 604	10 432	
24	壶关县	140427000000000	0	0	19	0	0	0	0	8 031	2 715	
25	长子县	140428000000000	0	6	7	0	0	1 350	385	2 914	823	
26	武乡县	140429000000000	0	0	5	0	0	0	0	1 590	416	
27	沁县	140430000000000	0	0	5	0	0	0	0	1 364	414	
28	沁源县	140431000000000	0	0	50	0	0	0	0	16 427	6 305	
29	潞城市	140481000000000	0	8	1	0	0	2 544	767	15	3	
晋城市合计			0	2	109	0	0	987	290	34 881	12 377	
30	晋城城区	140502000000000	0	0	0	0	0	0	0	0	0	
31	沁水县	140521000000000	0	0	0	0	0	0	0	0	0	

续附表 13-2

序号	县(区、市、旗)名称	县(区、市、旗)代码	受坡面汇流影响									备注
			致灾暴雨重现期			危险区人口、房屋						
						极高危		高危		危险		
			≤5 年一遇	5～20 年一遇	≥20 年一遇	人口(人)	房屋(座)	人口(人)	房屋(座)	人口(人)	房屋(座)	
32	阳城县	140522000000000	0	0	0	0	0	0	0	0	0	
33	陵川县	140524000000000	0	0	67	0	0	0	0	13 130	4 820	
34	泽州县	140525000000000	0	0	41	0	0	0	0	21 163	7 402	
35	高平市	140581000000000	0	2	1	0	0	987	290	588	155	
朔州市合计			0	0	26	0	0	0	0	577	241	
36	朔城区	140602000000000	0	0	0	0	0	0	0	0	0	
37	平鲁区	140603000000000	0	0	19	0	0	0	0	397	169	
38	山阴县	140621000000000	0	0	0	0	0	0	0	0	0	
39	应县	140622000000000	0	0	2	0	0	0	0	46	18	
40	右玉县	140623000000000	0	0	5	0	0	0	0	134	54	
41	怀仁县	140624000000000	0	0	0	0	0	0	0	0	0	
晋中市合计			11	31	248	6 612	2 332	12 312	4 646	171 028	63 104	

续附表 13-2

序号	县(区、市、旗)名称	县(区、市、旗)代码	受坡面汇流影响									备注
			致灾暴雨重现期			危险区人口、房屋						
						极高危		高危		危险		
			≤5 年一遇	5～20 年一遇	≥20 年一遇	人口(人)	房屋(座)	人口(人)	房屋(座)	人口(人)	房屋(座)	
42	榆次区	140702000000000	0	0	20	0	0	0	0	16 813	6 679	
43	榆社县	140721000000000	0	0	9	0	0	0	0	3 377	1 372	
44	左权县	140722000000000	11	4	39	6 612	2 332	1 633	699	28 149	10 270	
45	和顺县	140723000000000	0	0	25	0	0	0	0	11 194	3 895	
46	昔阳县	140724000000000	0	0	12	0	0	0	0	6 614	2 649	
47	寿阳县	140725000000000	0	0	4	0	0	0	0	1 179	606	
48	太谷县	140726000000000	0	0	9	0	0	0	0	2 608	829	
49	祁县	140727000000000	0	1	63	0	0	31	15	35 689	14 681	
50	平遥县	140728000000000	0	0	26	0	0	0	0	29 628	9 772	
51	灵石县	140729000000000	0	25	10	0	0	8 648	3 592	4 637	1 678	
52	介休市	140781000000000	0	1	31	0	0	2 000	340	31 140	10 673	
运城市合计			9	60	321	52	12	4 509	1 038	12 250	2 811	

续附表 13-2

序号	县(区、市、旗)名称	县(区、市、旗)代码	受坡面汇流影响									备注
			致灾暴雨重现期			危险区人口、房屋						
						极高危		高危		危险		
			≤5 年一遇	5～20 年一遇	≥20 年一遇	人口(人)	房屋(座)	人口(人)	房屋(座)	人口(人)	房屋(座)	
53	盐湖区	140802000000000	1	9	18	15	4	240	68	472	124	
54	临猗县	140821000000000	0	2	33	0	0	51	12	683	198	
55	万荣县	140822000000000	0	0	9	0	0	0	0	81	18	
56	闻喜县	140823000000000	0	18	27	0	0	1 529	321	3 971	860	
57	稷山县	140824000000000	0	1	20	0	0	30	6	1 230	169	
58	新绛县	140825000000000	0	8	23	0	0	969	208	1 171	265	
59	绛县	140826000000000	0	5	14	0	0	207	49	527	101	
60	垣曲县	140827000000000	0	3	21	0	0	61	13	504	128	
61	夏县	140828000000000	0	0	25	0	0	0	0	727	165	
62	平陆县	140829000000000	0	1	69	0	0	170	53	693	223	
63	芮城县	140830000000000	6	6	9	0	0	400	90	347	83	
64	永济市	140881000000000	1	1	43	37	8	494	127	1 433	375	

续附表 13-2

序号	县(区、市、旗)名称	县(区、市、旗)代码	受坡面汇流影响									备注
			致灾暴雨重现期			危险区人口、房屋						
						极高危		高危		危险		
			≤5 年一遇	5～20 年一遇	≥20 年一遇	人口(人)	房屋(座)	人口(人)	房屋(座)	人口(人)	房屋(座)	
65	河津市	140882000000000	1	6	10	0	0	358	91	411	102	
忻州市合计			0	0	464	0	0	0	0	91 397	28 963	
66	忻府区	140902000000000	0	0	2	0	0	0	0	825	250	
67	定襄县	140921000000000	0	0	0	0	0	0	0	0	0	
68	五台县	140922000000000	0	0	8	0	0	0	0	3 701	1 110	
69	代县	140923000000000	0	0	48	0	0	0	0	15 225	5 846	
70	繁峙县	140924000000000	0	0	37	0	0	0	0	6 192	2 296	
71	宁武县	140925000000000	0	0	0	0	0	0	0	0	0	
72	静乐县	140926000000000	0	0	0	0	0	0	0	0	0	
73	神池县	140927000000000	0	0	2	0	0	0	0	1100	310	
74	五寨县	140928000000000	0	0	80	0	0	0	0	22 846	6 685	
75	岢岚县	140929000000000	0	0	71	0	0	0	0	17 772	4 486	

续附表 13-2

序号	县(区、市、旗)名称	县(区、市、旗)代码	受坡面汇流影响									备注
			致灾暴雨重现期			危险区人口、房屋						
			≤5 年一遇	5～20 年一遇	≥20 年一遇	极高危		高危		危险		
						人口(人)	房屋(座)	人口(人)	房屋(座)	人口(人)	房屋(座)	
76	河曲县	140930000000000	0	0	1	0	0	0	0	151	52	
77	保德县	140931000000000	0	0	36	0	0	0	0	4 090	1 309	
78	偏关县	140932000000000	0	0	26	0	0	0	0	10 357	3 971	
79	原平市	140981000000000	0	0	153	0	0	0	0	9 138	2 648	
临汾市合计			4	1	182	215	58	229	32	6 364	1 510	
80	尧都区	141002000000000	0	0	2	0	0	0	0	22	7	
81	曲沃县	141021000000000	0	0	25	0	0	0	0	1 948	457	
82	翼城县	141022000000000	2	1	3	23	5	229	32	71	16	
83	襄汾县	141023000000000	0	0	0	0	0	0	0	0	0	
84	洪洞县	141024000000000	0	0	0	0	0	0	0	0	0	
85	古县	141025000000000	0	0	0	0	0	0	0	0	0	
86	安泽县	141026000000000	0	0	0	0	0	0	0	0	0	

续附表 13-2

序号	县(区、市、旗)名称	县(区、市、旗)代码	受坡面汇流影响									备注
			致灾暴雨重现期			危险区人口、房屋						
						极高危		高危		危险		
			≤5 年一遇	5～20 年一遇	≥20 年一遇	人口(人)	房屋(座)	人口(人)	房屋(座)	人口(人)	房屋(座)	
87	浮山县	141027000000000	0	0	1	0	0	0	0	18	5	
88	吉县	141028000000000	0	0	0	0	0	0	0	0	0	
89	乡宁县	141029000000000	0	0	0	0	0	0	0	0	0	
90	大宁县	141030000000000	2	0	52	192	53	0	0	1 151	281	
91	隰县	141031000000000	0	0	30	0	0	0	0	1 362	366	
92	永和县	141032000000000	0	0	18	0	0	0	0	334	96	
93	蒲县	141033000000000	0	0	38	0	0	0	0	844	165	
94	汾西县	141034000000000	0	0	5	0	0	0	0	158	30	
95	侯马市	141081000000000	0	0	4	0	0	0	0	95	20	
96	霍州市	141082000000000	0	0	4	0	0	0	0	361	67	
吕梁市合计			0	0	13	0	0	0	0	9 697	3 326	
97	离石区	141102000000000	0	0	4	0	0	0	0	2 076	675	

续附表 13-2

序号	县(区、市、旗)名称	县(区、市、旗)代码	受坡面汇流影响									备注
			致灾暴雨重现期			危险区人口、房屋						
			≤5 年一遇	5~20 年一遇	≥20 年一遇	极高危		高危		危险		
						人口(人)	房屋(座)	人口(人)	房屋(座)	人口(人)	房屋(座)	
98	文水县	141121000000000	0	0	2	0	0	0	0	2 172	587	
99	交城县	141122000000000	0	0	3	0	0	0	0	4 877	1 846	
100	兴县	141123000000000	0	0	0	0	0	0	0	0	0	
101	临县	141124000000000	0	0	0	0	0	0	0	0	0	
102	柳林县	141125000000000	0	0	0	0	0	0	0	0	0	
103	石楼县	141126000000000	0	0	0	0	0	0	0	0	0	
104	岚县	141127000000000	0	0	0	0	0	0	0	0	0	
105	方山县	141128000000000	0	0	2	0	0	0	0	142	56	
106	中阳县	141129000000000	0	0	0	0	0	0	0	0	0	
107	交口县	141130000000000	0	0	0	0	0	0	0	0	0	
108	孝义市	141181000000000	0	0	2	0	0	0	0	430	162	
109	汾阳市	141182000000000	0	0	0	0	0	0	0	0	0	

第二部分　成果类

分析评价行政区划名录

市名	行政区划码	县名	市名	行政区划码	县名	市名	行政区划码	县名
太原市1401	140101	太原市区	朔州市1406	140621	山阴县	忻州市1409	140929	岢岚县
	140121	清徐县		140622	应县		140930	河曲县
	140122	阳曲县		140623	右玉县		140931	保德县
	140123	娄烦县		140624	怀仁县		140932	偏关县
	140181	古交市	晋中市1407	140702	榆次区		140981	原平市
大同市1402	140211	南郊区		140721	榆社县	临汾市1410	141002	尧都区
	140212	新荣区		140722	左权县		141021	曲沃县
	140221	阳高县		140723	和顺县		141022	翼城县
	140222	天镇县		140724	昔阳县		141023	襄汾县
	140223	广灵县		140725	寿阳县		141024	洪洞县
	140224	灵丘县		140726	太谷县		141025	古　县
	140225	浑源县		140727	祁　县		141026	安泽县
	140226	左云县		140728	平遥县		141027	浮山县
	140227	大同县		140729	灵石县		141028	吉　县
阳泉市1403	140311	阳泉郊区		140781	介休市		141029	乡宁县
	140321	平定县	运城市1408	140802	盐湖区		141030	大宁县
	140322	盂　县		140821	临猗县		141031	隰　县
长治市1404	140411	长治郊区		140822	万荣县		141032	永和县
	140421	长治县		140823	闻喜县		141033	蒲　县
	140423	襄垣县		140824	稷山县		141034	汾西县
	140424	屯留县		140825	新绛县		141081	侯马市
	140425	平顺县		140826	绛　县		141082	霍州市
	140426	黎城县		140827	垣曲县	吕梁市1411	141102	离石区
	140427	壶关县		140828	夏　县		141121	文水县
	140428	长子县		140829	平陆县		141122	交城县
	140429	武乡县		140830	芮城县		141123	兴　县
	140430	沁　县		140881	永济市		141124	临　县
	140431	沁源县		140882	河津市		141125	柳林县
	140481	潞城市	忻州市1409	140902	忻府区		141126	石楼县
晋城市1405	140502	晋城城区		140921	定襄县		141127	岚　县
	140521	沁水县		140922	五台县		141128	方山县
	140522	阳城县		140923	代　县		141129	中阳县
	140524	陵川县		140924	繁峙县		141130	交口县
	140525	泽州县		140925	宁武县		141181	孝义县
	140581	高平市		140926	静乐县		141182	汾阳市
朔州市1406	140602	朔城区		140927	神池县	分析评价县数		109
	140603	平鲁区		140928	五寨县			

太原市区 西关口村 分析评价成果

行政区划代码	140108201201000	行政区划名称	西关口村	小流域名称	凌井河

集水面积(km^2)	263.70	河长(km)		河道比降(‰)	20.43	糙率	0.028

一、设计暴雨成果

历时	均值	变差系数	C_s/C_v	重现期雨量值(mm)				
				100 年	50 年	20 年	10 年	5 年
10 min	11.5	0.53	3.5	31.9	28	22.7	18.7	14.6
60 min	24.6	0.53	3.5	67.7	59.3	48.1	39.5	31.0
6 h	34.0	0.54	3.5	105.2	93.4	77.6	65.4	52.8
24 h	50.0	0.48	3.5	155.0	137.3	113.5	95.2	76.5
3 d	63.0	0.47	3.5	200.4	177.4	146.7	123	98.8

二、设计洪水成果

洪水要素	重现期洪水要素值				
	100 年	50 年	20 年	10 年	5 年
洪峰流量(m^3/s)	389	280	165	97	54
洪量(万 m^3)	604.2	459.8	297.3	193.2	119.7
洪水历时(h)	5	4	3	2	1
洪峰水位(m)	905.22	905.03	904.80	904.61	904.44

三、防洪现状评价

防洪能力(年)	40	成灾水位(m)	904.98

该村控制断面水位—流量—人口关系等防洪现状评价成果详见防洪现状评价图

四、预警指标成果

计算方法	流域模型法	预警时段(h)	0.5、1、2、3、4、4.5	流域前期持水度 B_0	0、0.3、0.6

该村雨量预警指标详见危险区划分示意图

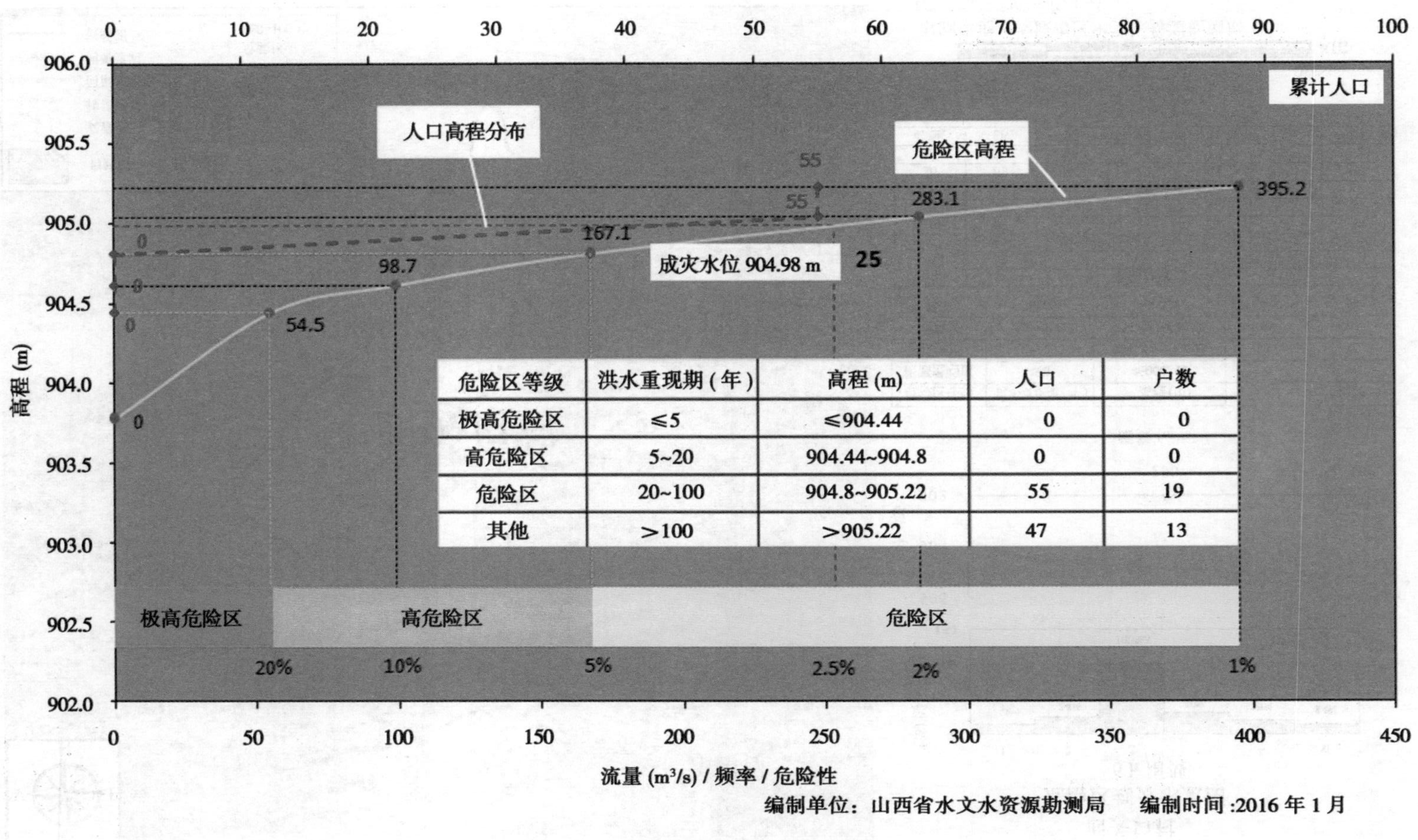

危险区等级	洪水重现期（年）	高程 (m)	人口	户数
极高危险区	≤5	≤904.44	0	0
高危险区	5~20	904.44~904.8	0	0
危险区	20~100	904.8~905.22	55	19
其他	>100	>905.22	47	13

西关口村防洪现状评价图

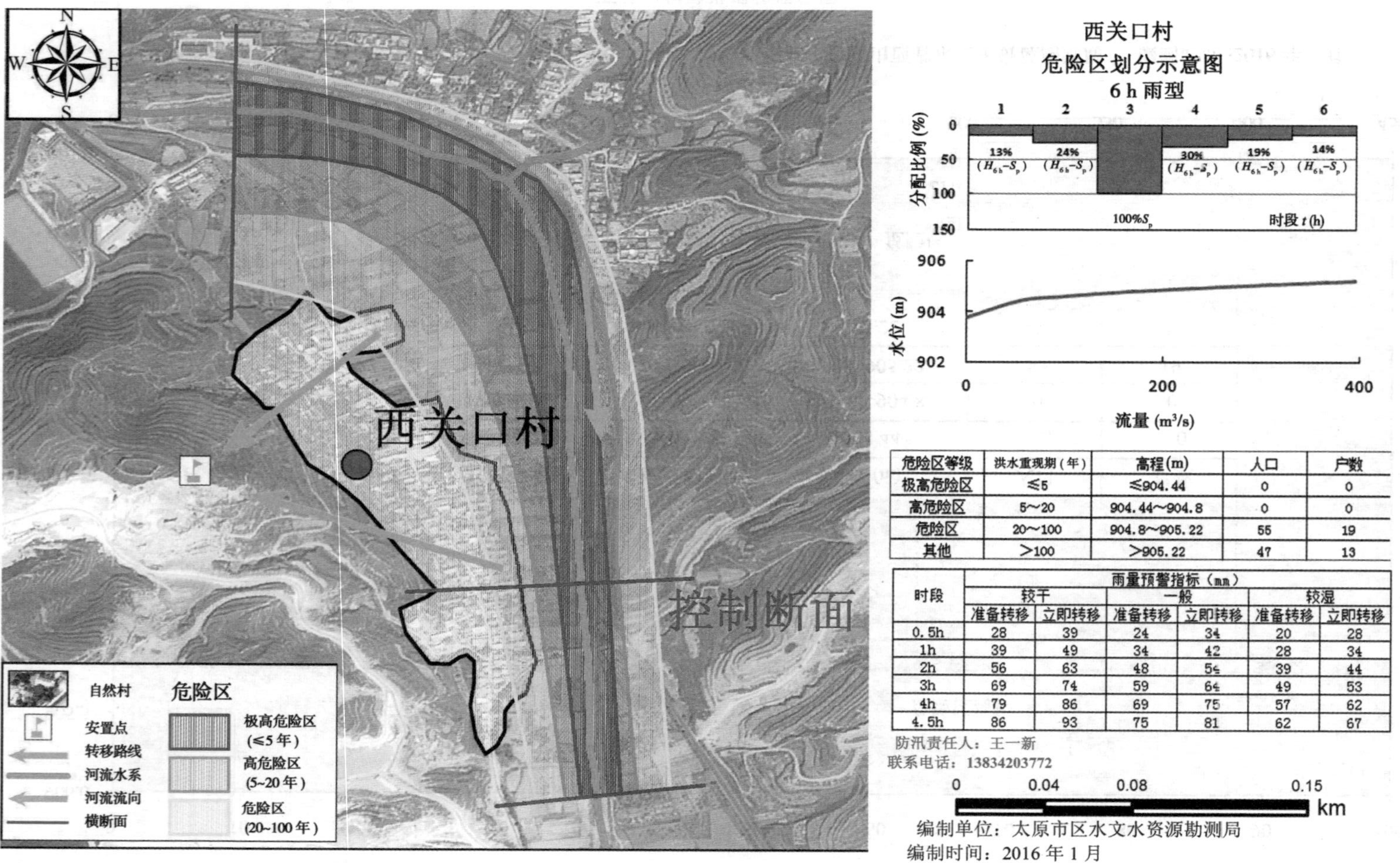

危险区等级	洪水重现期（年）	高程(m)	人口	户数
极高危险区	≤5	≤904.44	0	0
高危险区	5~20	904.44~904.8	0	0
危险区	20~100	904.8~905.22	55	19
其他	>100	>905.22	47	13

时段	雨量预警指标（mm）					
	较干		一般		较湿	
	准备转移	立即转移	准备转移	立即转移	准备转移	立即转移
0.5h	28	39	24	34	20	28
1h	39	49	34	42	28	34
2h	56	63	48	54	39	44
3h	69	74	59	64	49	53
4h	79	86	69	75	57	62
4.5h	86	93	75	81	62	67

清徐县 平泉村 分析评价成果

行政区划代码	140121200201000	行政区划名称	平泉村	小流域名称	白石河

集水面积(km^2)	63.57	河长(km)	18.09	河道比降(‰)	31.92	糙率	0.032

一、设计暴雨成果

历时	均值	变差系数	C_s/C_v	重现期雨量值(mm)				
				100 年	50 年	20 年	10 年	5 年
10 min	12.5	0.55	3.5	37.0	32.4	26.2	21.5	16.8
60 min	25.0	0.55	3.5	74.0	64.7	52.4	43.0	33.6
6 h	42.0	0.56	3.5	126.3	110.2	88.9	72.7	56.5
24 h	63.0	0.53	3.5	180.8	158.7	129.3	106.9	84.2
3 d	75.0	0.53	3.5	215.3	188.9	153.9	127.2	100.2

二、设计洪水成果

洪水要素	重现期洪水要素值				
	100 年	50 年	20 年	10 年	5 年
洪峰流量(m^3/s)	723	599	435	307	196
洪量(万 m^3)	536.9	423.9	287.0	193.3	120.7
洪水历时(h)	5	4	3	2	1
洪峰水位(m)	797.19	796.97	796.64	796.33	796.01

三、防洪现状评价

防洪能力(年)	71	成灾水位(m)	797.029

该村控制断面水位—流量—人口关系等防洪现状评价成果详见防洪现状评价图

四、预警指标成果

计算方法	流域模型法	预警时段(h)	0.5	流域前期持水度 B_0	0、0.3、0.6

该村雨量预警指标详见危险区划分示意图

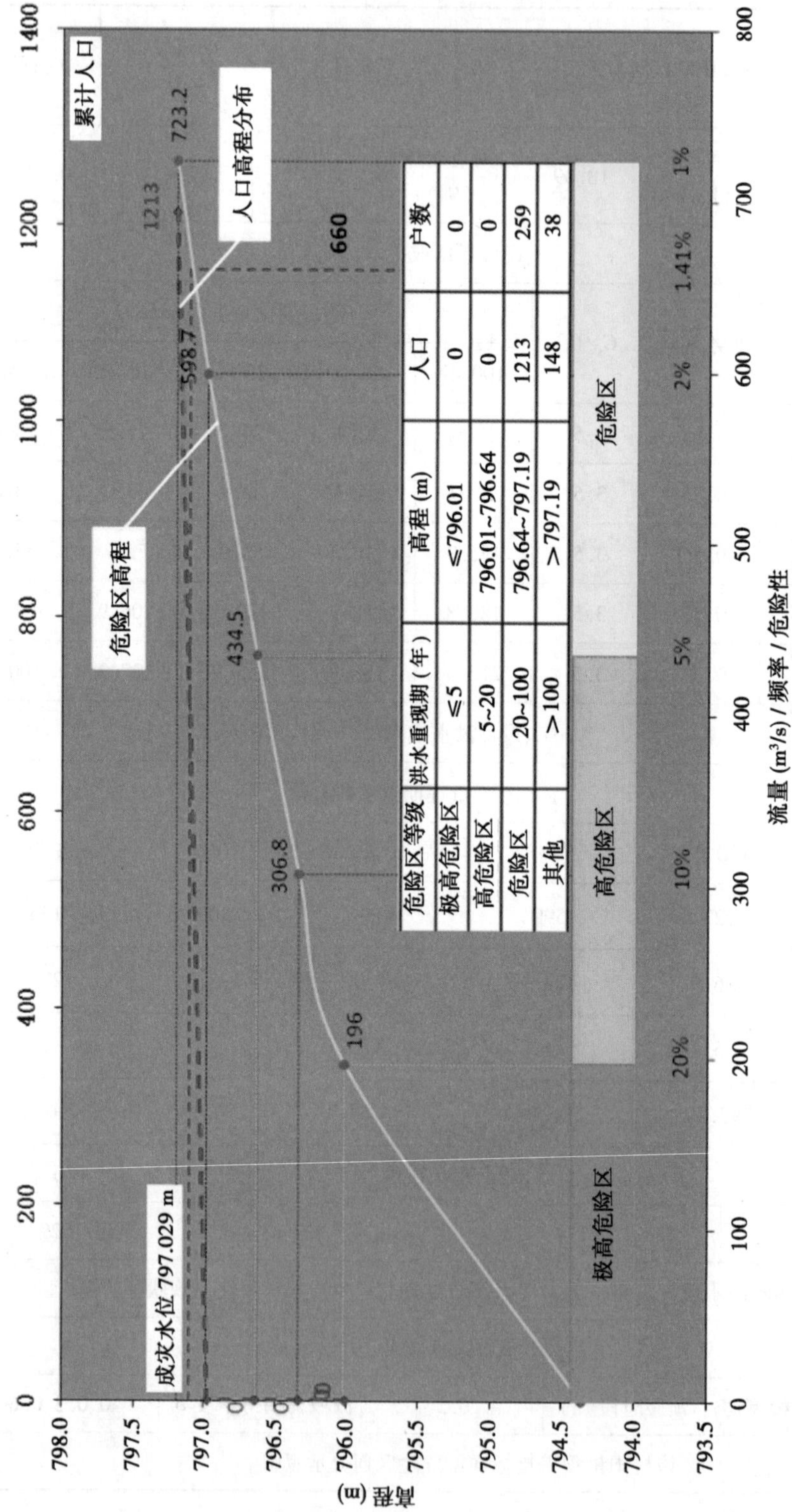

危险区等级	洪水重现期（年）	高程 (m)	人口	户数
极高危险区	≤5	≤796.01	0	0
高危险区	5~20	796.01~796.64	0	0
危险区	20~100	796.64~797.19	1213	259
其他	>100	>797.19	148	38

编制单位：太原市水文水资源勘测分局　编制时间：2016 年 4 月

平泉村防洪现状评价图

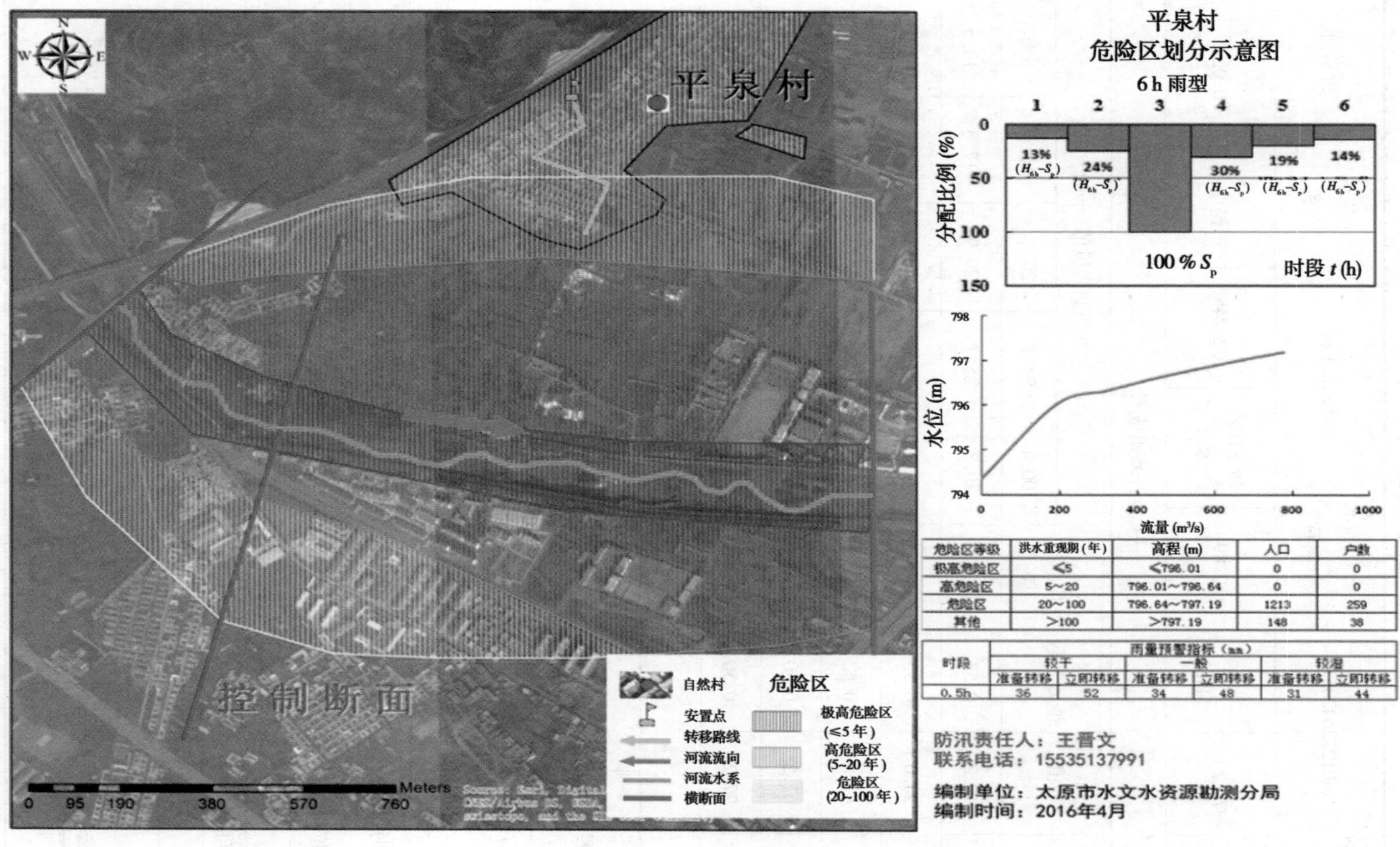

危险区等级	洪水重现期（年）	高程 (m)	人口	户数
极高危险区	≤5	≤796.01	0	0
高危险区	5~20	796.01~796.64	0	0
危险区	20~100	796.64~797.19	1213	259
其他	>100	>797.19	148	38

时段	雨量预警指标（mm）					
	较干		一般		较湿	
	准备转移	立即转移	准备转移	立即转移	准备转移	立即转移
0.5h	36	52	34	48	31	44

阳曲县 安家庄村 分析评价成果

行政区划代码	140122204205101	行政区划名称	安家庄村	小流域名称	牧马河

集水面积(km^2)	71.23	河长(km)	10.89	河道比降(‰)	22.245	糙率	0.024

一、设计暴雨成果

历时	均值	变差系数	C_s/C_v	重现期雨量值(mm)				
				100 年	50 年	20 年	10 年	5 年
10 min	10.2	0.53	3.5	29.3	25.7	20.9	17.3	13.6
60 min	24.0	0.55	3.5	71.1	62.1	50.3	41.3	32.2
6 h	42.5	0.52	3.5	120.1	105.6	86.3	71.6	56.6
24 h	61.2	0.50	3.5	167.4	147.9	121.7	101.6	81.1
3 d	77.2	0.50	3.5	211.2	186.5	153.5	128.2	102.3

二、设计洪水成果

洪水要素	重现期洪水要素值				
	100 年	50 年	20 年	10 年	5 年
洪峰流量(m^3/s)	510	417	294	201	123
洪量(万 m^3)	524.1	417.2	286.0	195.0	123.6
洪水历时(h)	7	7	6	5	5
洪峰水位(m)	1 202.80	1 202.71	1 202.58	1 202.47	1 202.36

三、防洪现状评价

防洪能力(年)	4	成灾水位(m)	1 202.24
该村控制断面水位—流量—人口关系等防洪现状评价成果详见防洪现状评价图			

四、预警指标成果

计算方法	流域模型法	预警时段(h)	0.5、1、2	流域前期持水度 B_0	0、0.3、0.6
该村雨量预警指标详见危险区划分示意图					

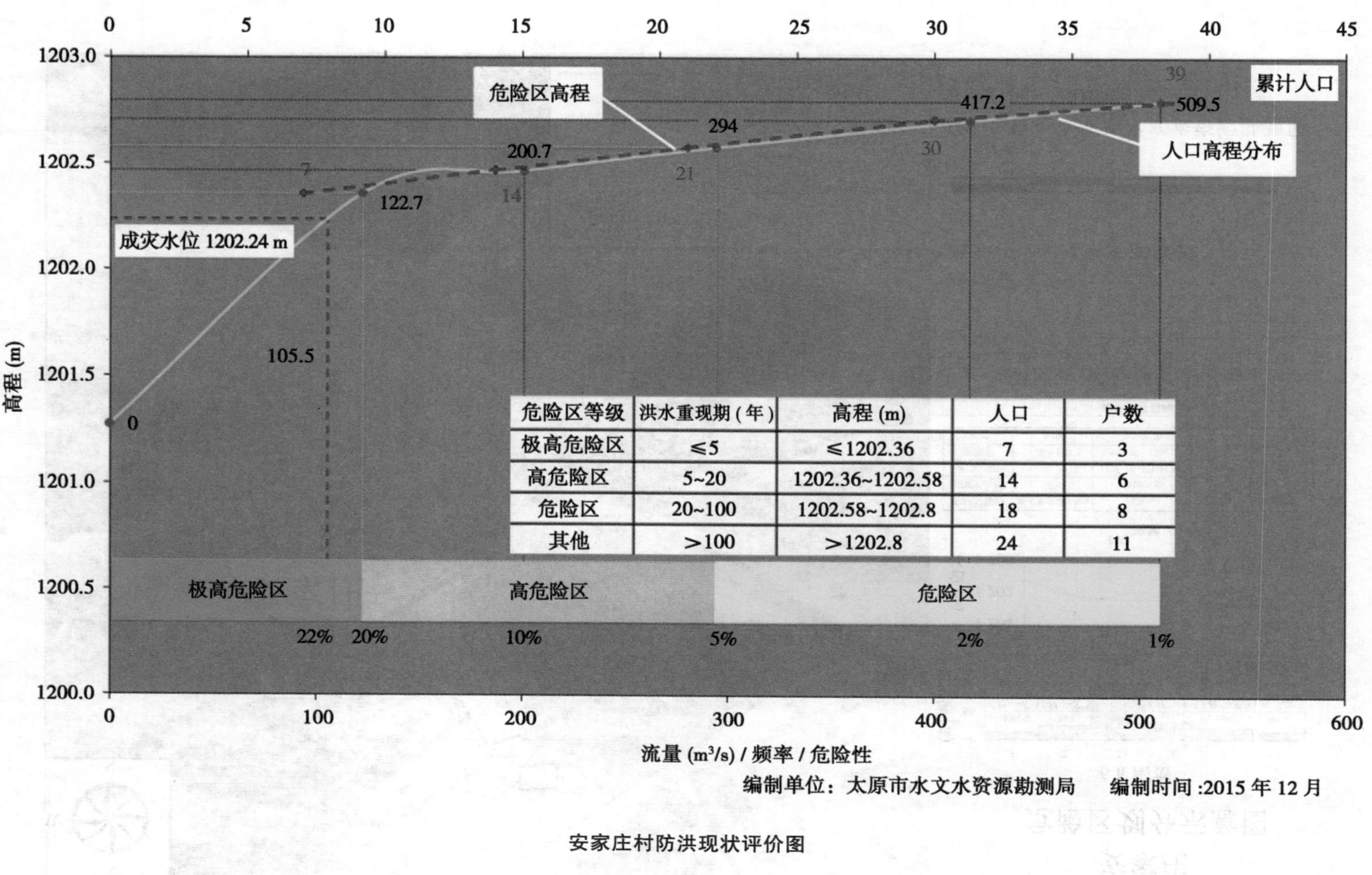

危险区等级	洪水重现期（年）	高程(m)	人口	户数
极高危险区	≤5	≤1202.36	7	3
高危险区	5~20	1202.36~1202.58	14	6
危险区	20~100	1202.58~1202.8	18	8
其他	>100	>1202.8	24	11

安家庄村防洪现状评价图

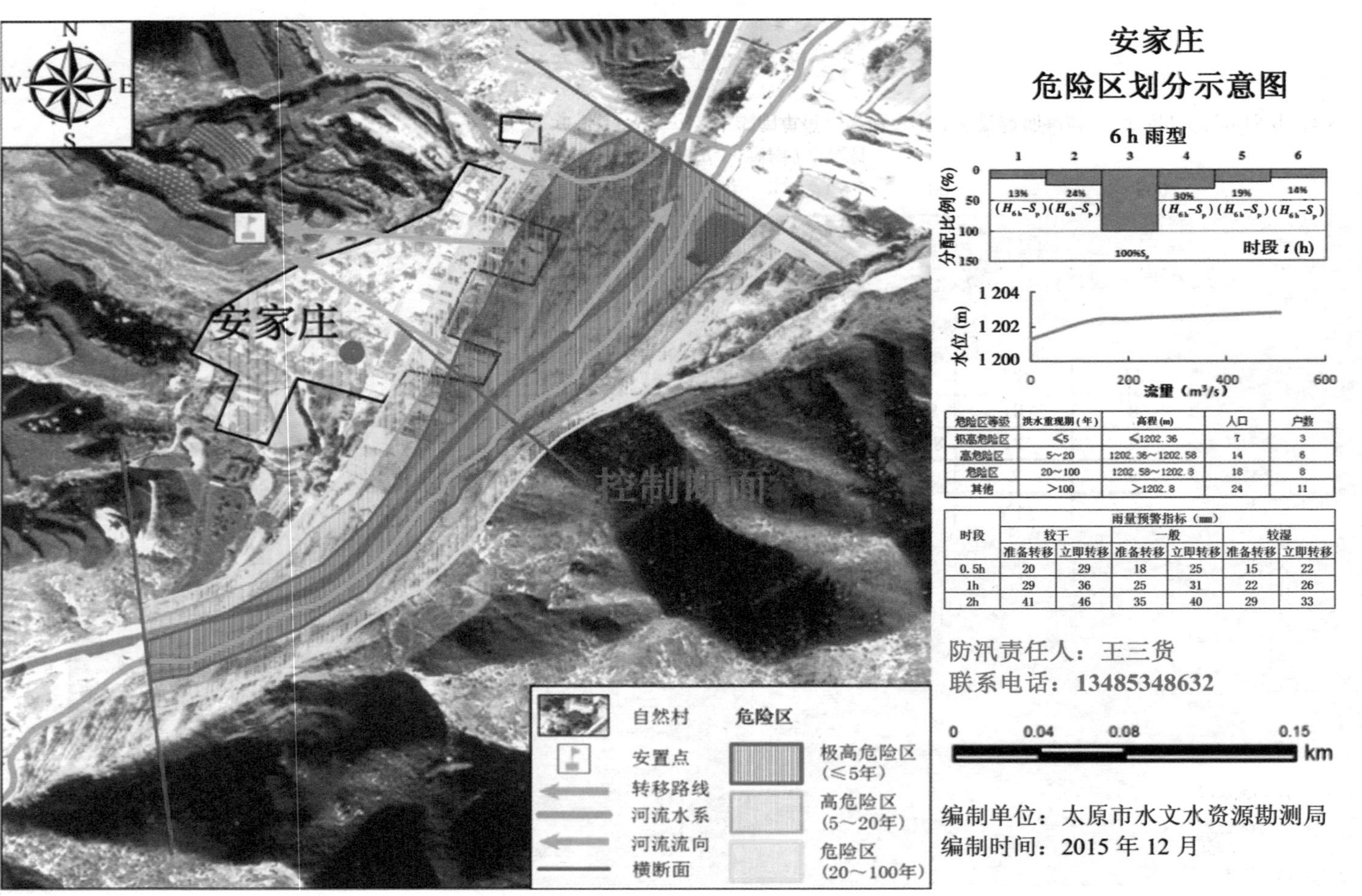

危险区等级	洪水重现期（年）	高程 (m)	人口	户数
极高危险区	≤5	≤1202.36	7	3
高危险区	5～20	1202.36～1202.58	14	6
危险区	20～100	1202.58～1202.8	18	8
其他	>100	>1202.8	24	11

时段	雨量预警指标（mm）					
	较干		一般		较湿	
	准备转移	立即转移	准备转移	立即转移	准备转移	立即转移
0.5h	20	29	18	25	15	22
1h	29	36	25	31	22	26
2h	41	46	35	40	29	33

娄烦县 顺道村 分析评价成果

行政区划代码	140123204214000	行政区划名称	顺道村	小流域名称	天池河

集水面积(km^2)	184.00	河长(km)		河道比降(‰)	15.70	糙率	0.026

一、设计暴雨成果

历时	均值	变差系数	C_s/C_v	重现期雨量值(mm)				
				100 年	50 年	20 年	10 年	5 年
10 min	11.2	0.61	3.5	36.3	31.4	24.9	20.0	15.2
60 min	19.9	0.57	3.5	60.8	52.9	42.5	34.7	26.8
6 h	34.8	0.53	3.5	100.3	88.0	71.6	59.1	46.5
24 h	52.0	0.52	3.5	146.2	128.7	105.3	87.4	69.3
3 d	70.3	0.49	3.5	190.3	168.3	138.8	116.2	93.0

二、设计洪水成果

洪水要素	重现期洪水要素值				
	100 年	50 年	20 年	10 年	5 年
洪峰流量(m^3/s)	1 103	868	578	359	194
洪量(万 m^3)	906.6	699.9	458.9	300.0	182.8
洪水历时(h)	4	4	3	2	1
洪峰水位(m)	1 061.58	1 061.13	1 060.58	1 060.09	1 059.56

三、防洪现状评价

防洪能力(年)	40	成灾水位(m)	1 061.01

该村控制断面水位—流量—人口关系等防洪现状评价成果详见防洪现状评价图

四、预警指标成果

计算方法	流域模型法	预警时段(h)	0.5、1、2	流域前期持水度 B_0	0、0.3、0.6

该村雨量预警指标详见危险区划分示意图

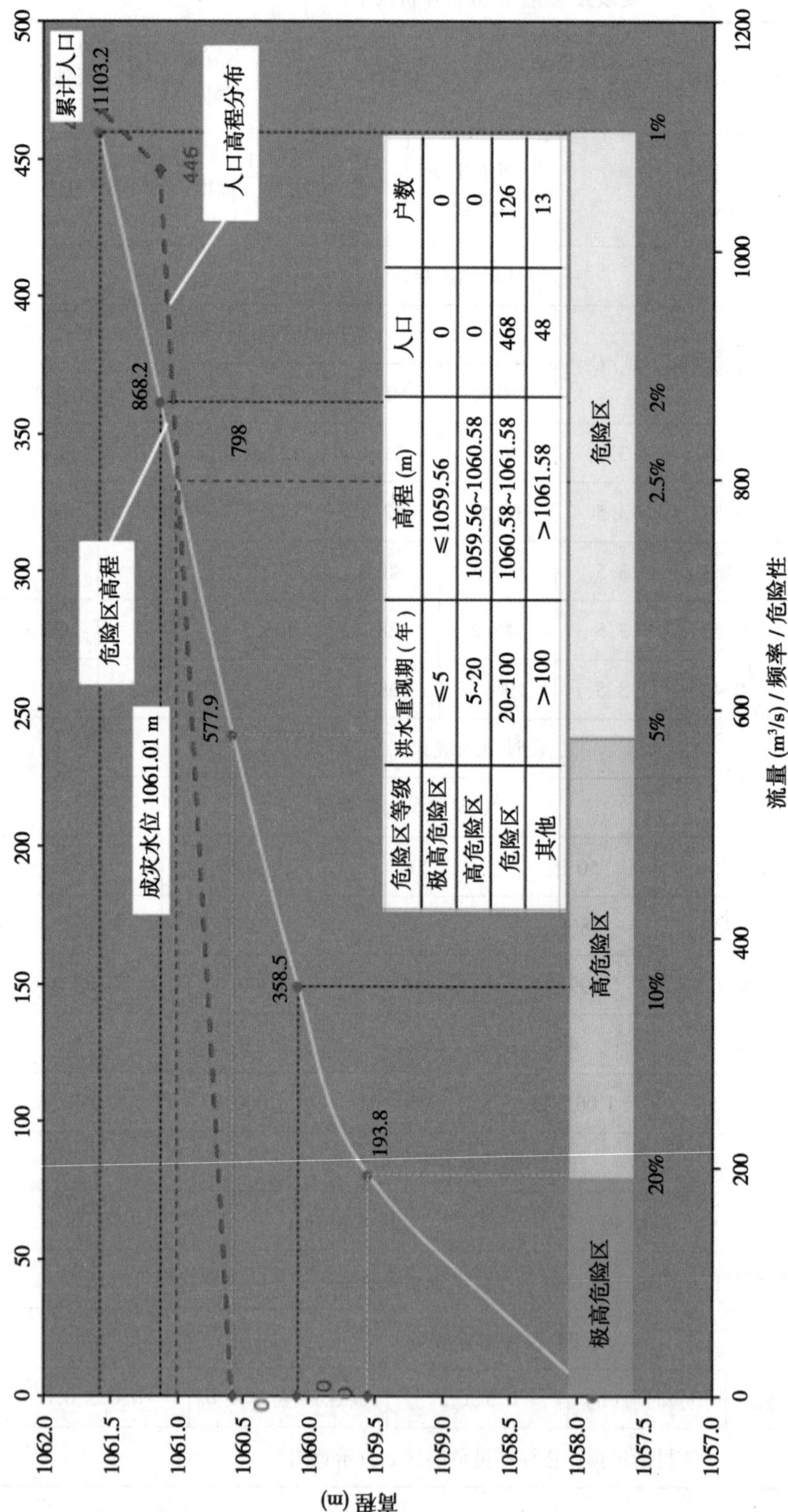

危险区等级	洪水重现期（年）	高程（m）	人口	户数
极高危险区	≤5	≤1059.56	0	0
高危险区	5~20	1059.56~1060.58	0	0
危险区	20~100	1060.58~1061.58	468	126
其他	>100	>1061.58	48	13

顺道村防洪现状评价图

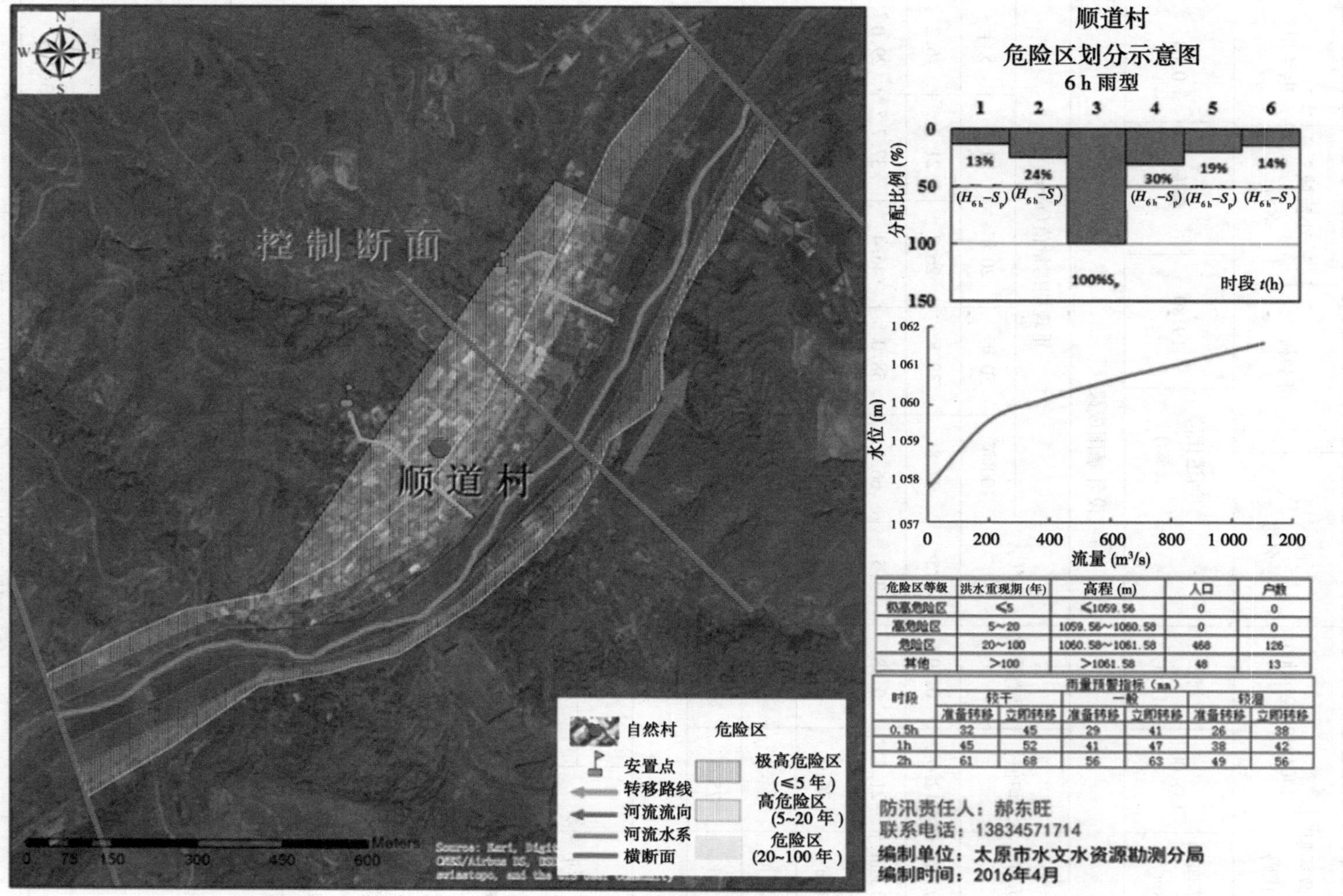

危险区等级	洪水重现期 (年)	高程 (m)	人口	户数
极高危险区	≤5	≤1059.56	0	0
高危险区	5~20	1059.56~1060.58	0	0
危险区	20~100	1060.58~1061.58	468	126
其他	>100	>1061.58	48	13

时段	雨量预警指标（mm）					
	较干		一般		较湿	
	准备转移	立即转移	准备转移	立即转移	准备转移	立即转移
0.5h	32	45	29	41	26	38
1h	45	52	41	47	38	42
2h	61	68	56	63	49	56

古交市 麻会村 分析评价成果

行政区划代码	140181203214000	行政区划名称	麻会村	小流域名称	屯兰川
集水面积(km^2)	135.00	河长(km)		河道比降(‰)	19.80	糙率	0.03

一、设计暴雨成果

历时	均值	变差系数	C_s/C_v	重现期雨量值(mm)				
				100 年	50 年	20 年	10 年	5 年
10 min	12.0	0.59	3.5	37.8	32.8	26.2	21.2	16.2
60 min	21.5	0.58	3.5	66.7	58.0	46.4	37.7	29.0
6 h	36.0	0.52	3.5	101.6	89.3	73.0	60.6	47.9
24 h	53.8	0.50	3.5	145.9	128.9	106.3	88.9	71.2
3 d	75.5	0.46	3.5	191.8	170.9	142.9	121.2	98.7

二、设计洪水成果

洪水要素	重现期洪水要素值				
	100 年	50 年	20 年	10 年	5 年
洪峰流量(m^3/s)	835	665	451	296	172
洪量(万 m^3)	769.7	606.6	409.8	275.8	172.5
洪水历时(h)	8	7	7	6	5
洪峰水位(m)	1 270.75	1 270.09	1 269.11	1 268.31	1 267.45

三、防洪现状评价

防洪能力(年)	11	成灾水位(m)	1 268.49

该村控制断面水位—流量—人口关系等防洪现状评价成果详见防洪现状评价图

四、预警指标成果

计算方法	流域模型法	预警时段(h)	0.5、1、2、3、5	流域前期持水度 B_0	0、0.3、0.6

该村雨量预警指标详见危险区划分示意图

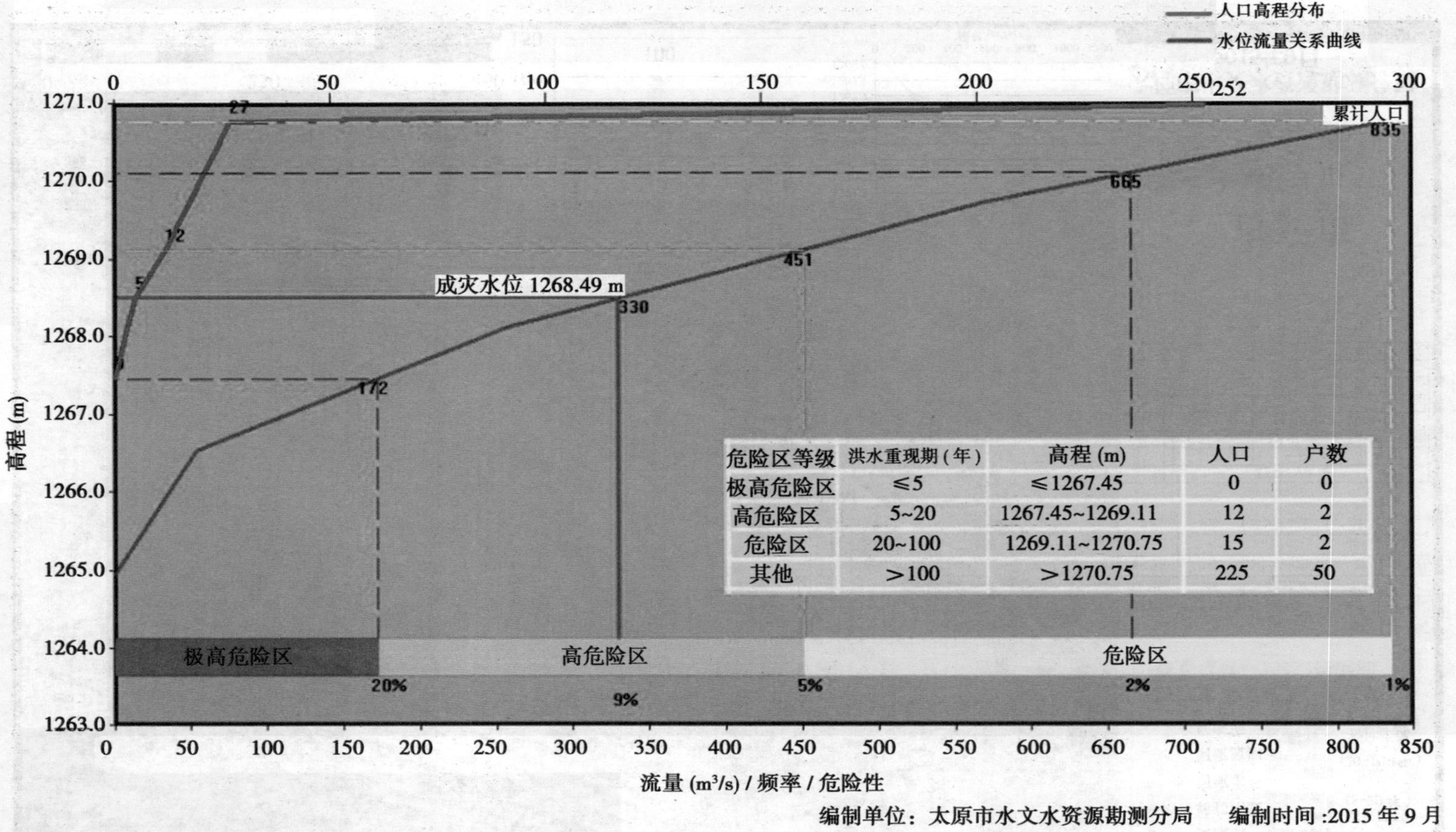

危险区等级	洪水重现期（年）	高程 (m)	人口	户数
极高危险区	≤5	≤1267.45	0	0
高危险区	5~20	1267.45~1269.11	12	2
危险区	20~100	1269.11~1270.75	15	2
其他	>100	>1270.75	225	50

麻会村防洪现状评价图

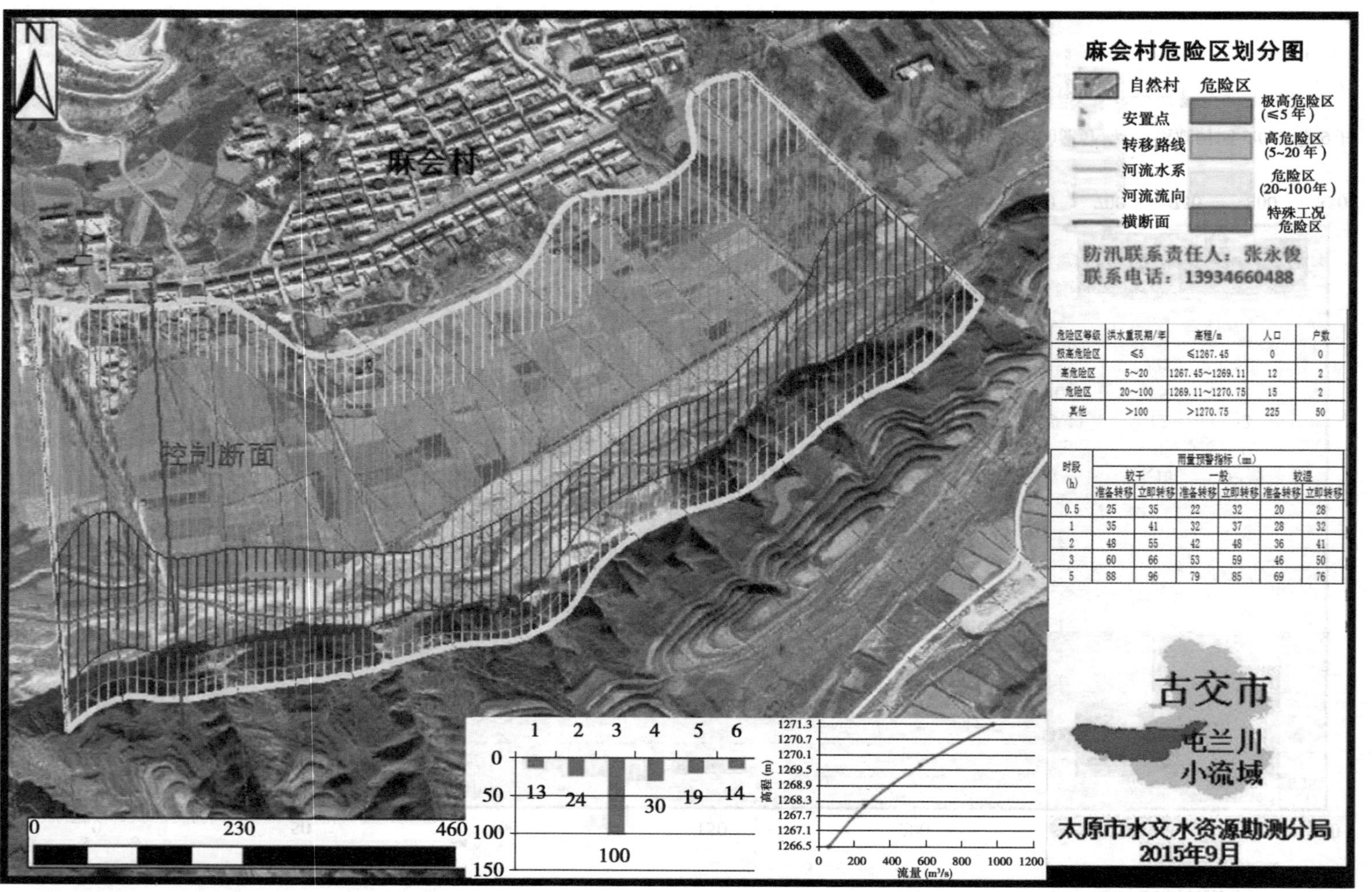

危险区等级	洪水重现期/年	高程/m	人口	户数
极高危险区	≤5	≤1267.45	0	0
高危险区	5~20	1267.45~1269.11	12	2
危险区	20~100	1269.11~1270.75	15	2
其他	>100	>1270.75	225	50

时段 (h)	雨量预警指标 (mm)					
	较干		一般		较湿	
	准备转移	立即转移	准备转移	立即转移	准备转移	立即转移
0.5	25	35	22	32	20	28
1	35	41	32	37	28	32
2	48	55	42	48	36	41
3	60	66	53	59	46	50
5	88	96	79	85	69	76

大同市南郊区 马脊梁村 分析评价成果

行政区划代码	140211101211000	行政区划名称	马脊梁村	小流域名称	峰子涧沟

集水面积(km^2)	50.17	河长(km)	12.46	河道比降(‰)	11.29	糙率	0.026

一、设计暴雨成果

历时	均值	变差系数	C_s/C_v	重现期雨量值(mm)				
				100 年	50 年	20 年	10 年	5 年
10 min	10.8	0.57	3.5	25.8	22.5	18.1	14.8	11.5
60 min	20.8	0.56	3.5	48.1	42.2	34.4	28.4	22.3
6 h	33.4	0.47	3.5	78.9	69.9	57.9	48.6	39.1
24 h	47.3	0.45	3.5	105.0	93.9	79.1	67.5	55.5
3 d	57.3	0.43	3.5	131.4	117.9	99.6	85.3	70.5

二、设计洪水成果

洪水要素	重现期洪水要素值				
	100 年	50 年	20 年	10 年	5 年
洪峰流量(m^3/s)	527	433	306	209	123
洪量(万 m^3)	232.8	185.6	127.6	87.4	56.0
洪水历时(h)					
洪峰水位(m)	1 251.30	1 251.16	1 250.92	1 250.72	1 250.48

三、防洪现状评价

防洪能力(年)	13	成灾水位(m)	1 250.80

该村控制断面水位—流量—人口关系等防洪现状评价成果详见防洪现状评价图

四、预警指标成果

计算方法	流域模型法	预警时段(h)	0.5、1	流域前期持水度 B_0	0、0.3、0.6

该村雨量预警指标详见危险区划分示意图

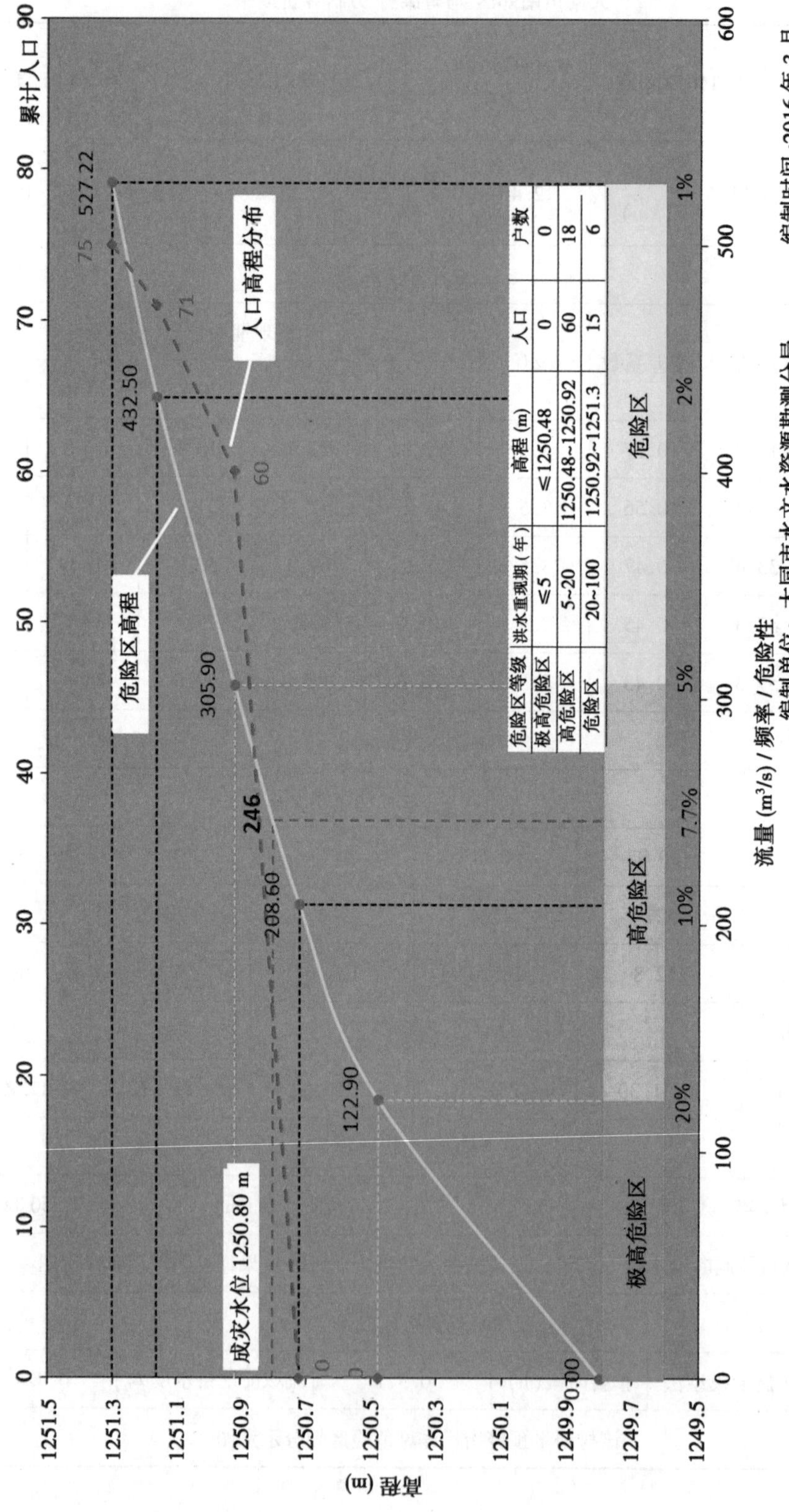

危险区等级	洪水重现期（年）	高程 (m)	人口	户数
极高危险区	≤5	≤1250.48	0	0
高危险区	5~20	1250.48~1250.92	60	18
危险区	20~100	1250.92~1251.3	15	6

马脊梁村防洪现状评价图

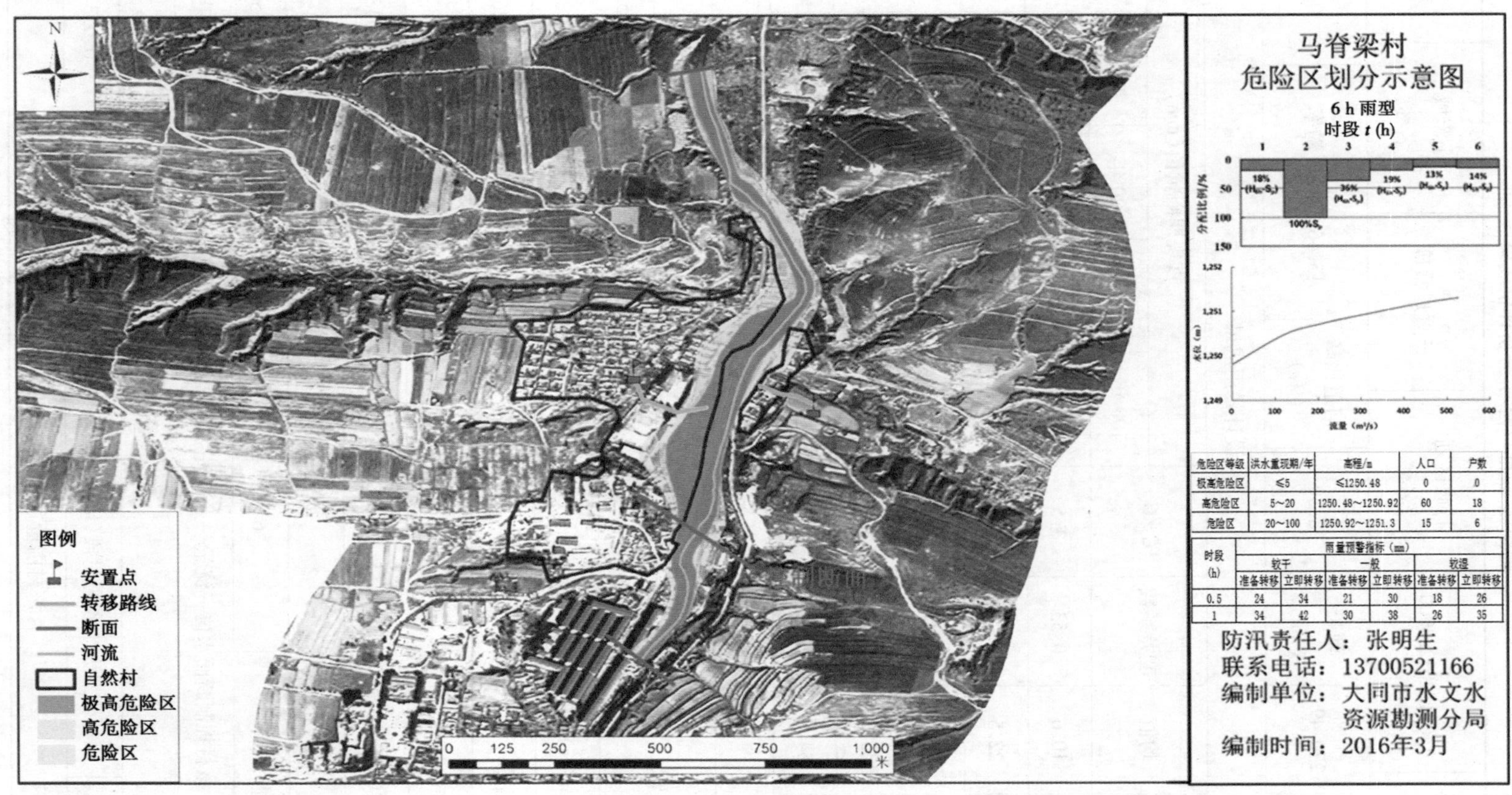

危险区等级	洪水重现期/年	高程/m	人口	户数
极高危险区	≤5	≤1250.48	0	0
高危险区	5～20	1250.48～1250.92	60	18
危险区	20～100	1250.92～1251.3	15	6

时段(h)	雨量预警指标（mm）					
	较干		一般		较湿	
	准备转移	立即转移	准备转移	立即转移	准备转移	立即转移
0.5	24	34	21	30	18	26
1	34	42	30	38	26	35

新荣区 三百户营村 分析评价成果

行政区划代码	140212203224000	行政区划名称	三百户营村	小流域名称	万泉河

集水面积(km^2)	270.49	河长(km)	28.50	河道比降(‰)	15.46	糙率	0.026

一、设计暴雨成果

历时	均值	变差系数	C_s/C_v	重现期雨量值(mm)				
				100 年	50 年	20 年	10 年	5 年
10 min	10.6	0.53	3.5	30.4	26.7	21.8	18.0	14.2
60 min	22.5	0.48	3.5	59.6	52.8	43.8	36.8	29.7
6 h	30.5	0.41	3.5	71.7	64.5	54.8	47.2	39.3
24 h	45.2	0.43	3.5	110.0	98.6	83.1	71.1	58.6
3 d	54.6	0.38	3.5	121.6	110.2	94.6	82.4	69.4

二、设计洪水成果

洪水要素	重现期洪水要素值				
	100 年	50 年	20 年	10 年	5 年
洪峰流量(m^3/s)	1 616	1 290	863	567	362
洪量(万 m^3)	944.4	758.8	535.6	380.3	264.2
洪水历时(h)					
洪峰水位(m)	1 131.62	1 131.43	1 130.95	1 130.72	1 130.41

三、防洪现状评价

防洪能力(年)	6	成灾水位(m)	1 130.549

该村控制断面水位—流量—人口关系等防洪现状评价成果详见防洪现状评价图

四、预警指标成果

计算方法	流域模型法	预警时段(h)	0.5、1、1.5	流域前期持水度 B_0	0、0.3、0.6

该村雨量预警指标详见危险区划分示意图

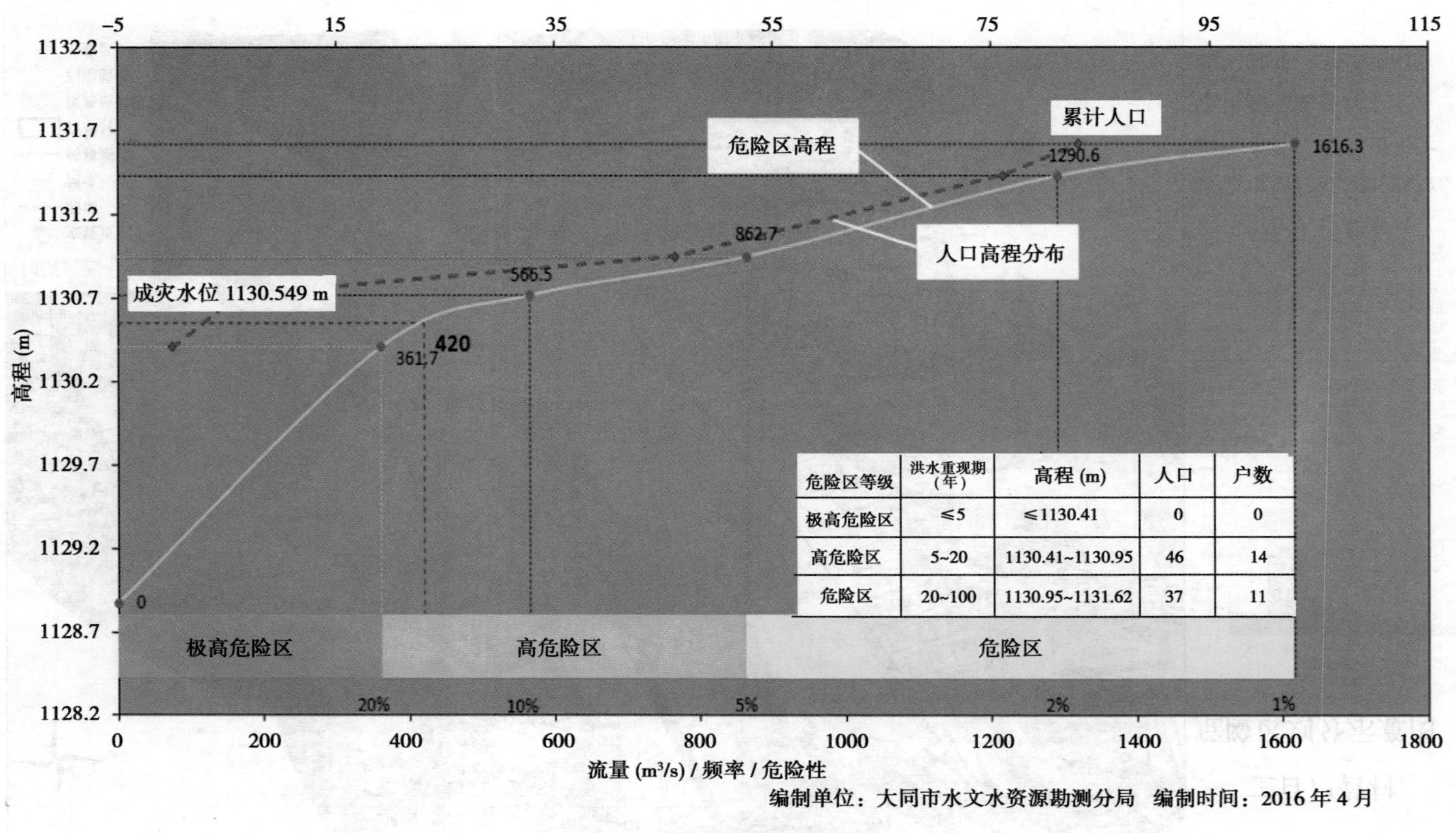

危险区等级	洪水重现期（年）	高程 (m)	人口	户数
极高危险区	≤5	≤1130.41	0	0
高危险区	5~20	1130.41~1130.95	46	14
危险区	20~100	1130.95~1131.62	37	11

编制单位：大同市水文水资源勘测分局　编制时间：2016 年 4 月

三百户营村防洪现状评价图

危险区等级	洪水重现期/年	高程/m	人口	户数
极高危险区	≤5	≤1130.41	0	0
高危险区	5~20	1130.41~1130.95	46	14
危险区	20~100	1130.95~1131.62	37	11

时段	雨量预警指标（mm）					
	较干		一般		较湿	
	准备转移	立即转移	准备转移	立即转移	准备转移	立即转移
0.5h	17	25	15	22	13	18
1h	25	30	22	26	18	23
1.5h	30	34	26	30	23	26

阳高县 莫家堡村 分析评价成果

行政区划代码	140221101202000	行政区划名称	莫家堡村	小流域名称	黑水河
集水面积(km^2)	32.85	河长(km)	6.73	河道比降(‰)	74.20
糙率	0.022				

一、设计暴雨成果

历时	均值	变差系数	C_s/C_v	重现期雨量值(mm)				
				100 年	50 年	20 年	10 年	5 年
10 min	9.2	0.48	3.5	29.6	22.2	18.3	15.3	12.2
60 min	18.3	0.50	3.5	52.2	45.5	37.2	30.8	24.4
6 h	34.3	0.50	3.5	90.9	82.9	68.2	57.0	45.5
24 h	49.3	0.48	3.5	138.8	117.4	97.0	81.3	65.2
3 d	59.7	0.53	3.5	159.2	138.1	114.9	96.9	78.5

二、设计洪水成果

洪水要素	重现期洪水要素值				
	100 年	50 年	20 年	10 年	5 年
洪峰流量(m^3/s)	426	358	267	192	121
洪量(万 m^3/s)	163.9	127.7	84.8	56.0	34.7
洪水历时(h)					
洪峰水位(m)	1 055.00	1 054.89	1 054.72	1 054.57	1 054.39

三、防洪现状评价

防洪能力(年)	14	成灾水位(m)	1 054.645
该村控制断面水位—流量—人口关系等防洪现状评价成果详见防洪现状评价图			

四、预警指标成果

计算方法	流域模型法	预警时段(h)	0.5	流域前期持水度 B_0	0、0.3、0.6
该村雨量预警指标详见危险区划分示意图					

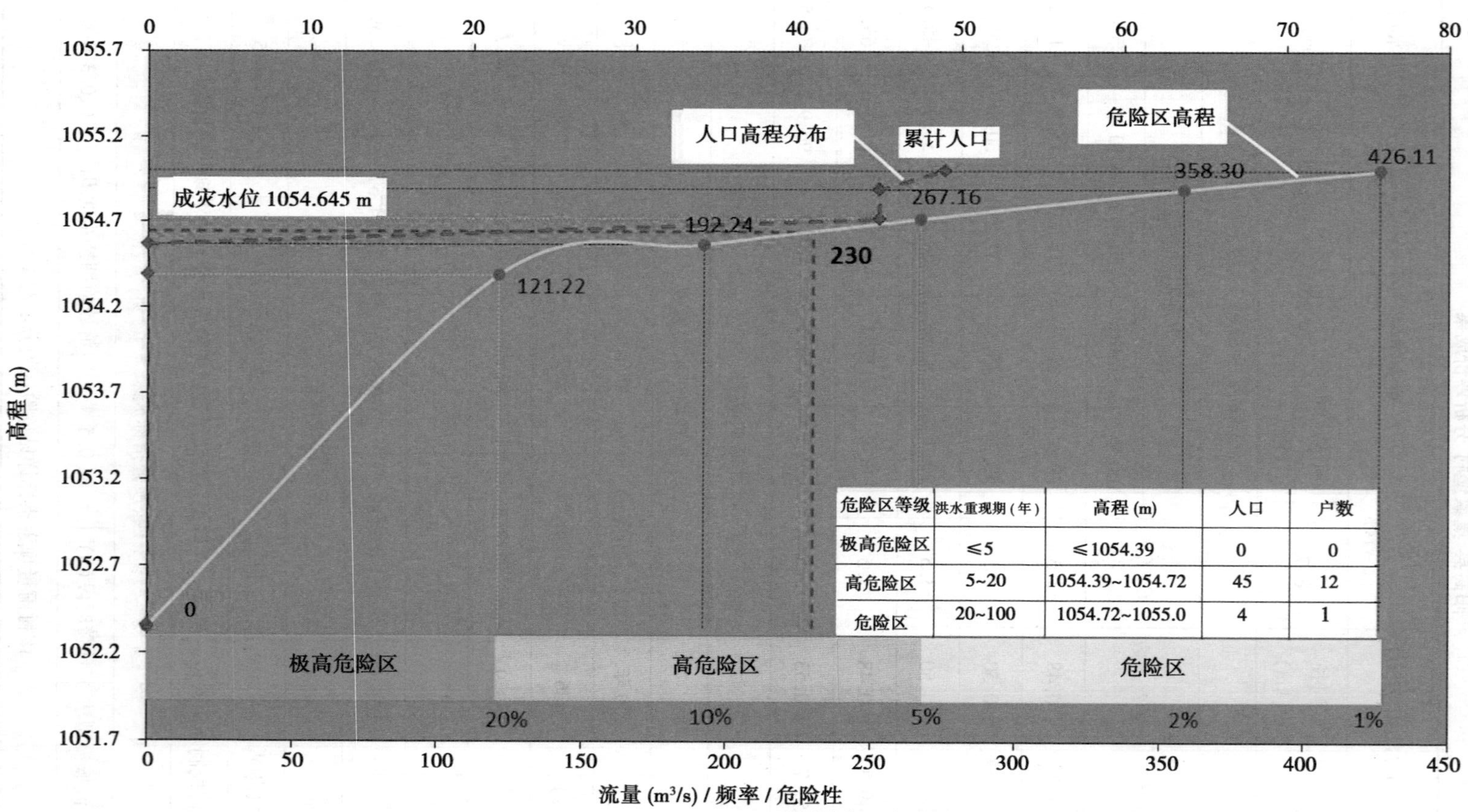

莫家堡村防洪现状评价图

危险区等级	洪水重现期（年）	高程 (m)	人口	户数
极高危险区	≤5	≤1054.39	0	0
高危险区	5~20	1054.39~1054.72	45	12
危险区	20~100	1054.72~1055	4	1

时段	雨量预警指标（mm）					
	较干		一般		较湿	
	准备转移	立即转移	准备转移	立即转移	准备转移	立即转移
0.5h	23	33	21	30	18	26

天镇县 坨子村 分析评价成果

行政区划代码	140222202205000	行政区划名称	坨子村	小流域名称	沙河

集水面积(km^2)	295.10	河长(km)	34.22	河道比降(‰)	5.94	糙率	0.026

一、设计暴雨成果

历时	均值	变差系数	C_s/C_v	重现期雨量值(mm)				
				100 年	50 年	20 年	10 年	5 年
10 min	12.4	0.50	3.5	19.4	17.3	14.6	12.5	10.3
60 min	22.8	0.48	3.5	39.7	35.3	29.5	25.0	20.4
6 h	35.0	0.48	3.5	72.2	64.1	53.2	44.9	36.2
24 h	47.0	0.46	3.5	104.7	92.8	77.0	64.7	52.2
3 d	54.0	0.42	3.5	128.6	114.3	95.0	80.1	64.8

二、设计洪水成果

洪水要素	重现期洪水要素值				
	100 年	50 年	20 年	10 年	5 年
洪峰流量(m^3/s)	1 445	1 171	789	405	293
洪量(万 m^3/s)	1 099.6	1 061.8	575.3	386.9	249.1
洪水历时(h)					
洪峰水位(m)	1 022.59	1 022.15	1 021.49	1 021.09	1 020.83

三、防洪现状评价

防洪能力(年)	29	成灾水位(m)	1 021.73

该村控制断面水位—流量—人口关系等防洪现状评价成果详见防洪现状评价图

四、预警指标成果

计算方法	流域模型法	预警时段(h)	0.5、1、1.5	流域前期持水度 B_0	0、0.3、0.6

该村雨量预警指标详见危险区划分示意图

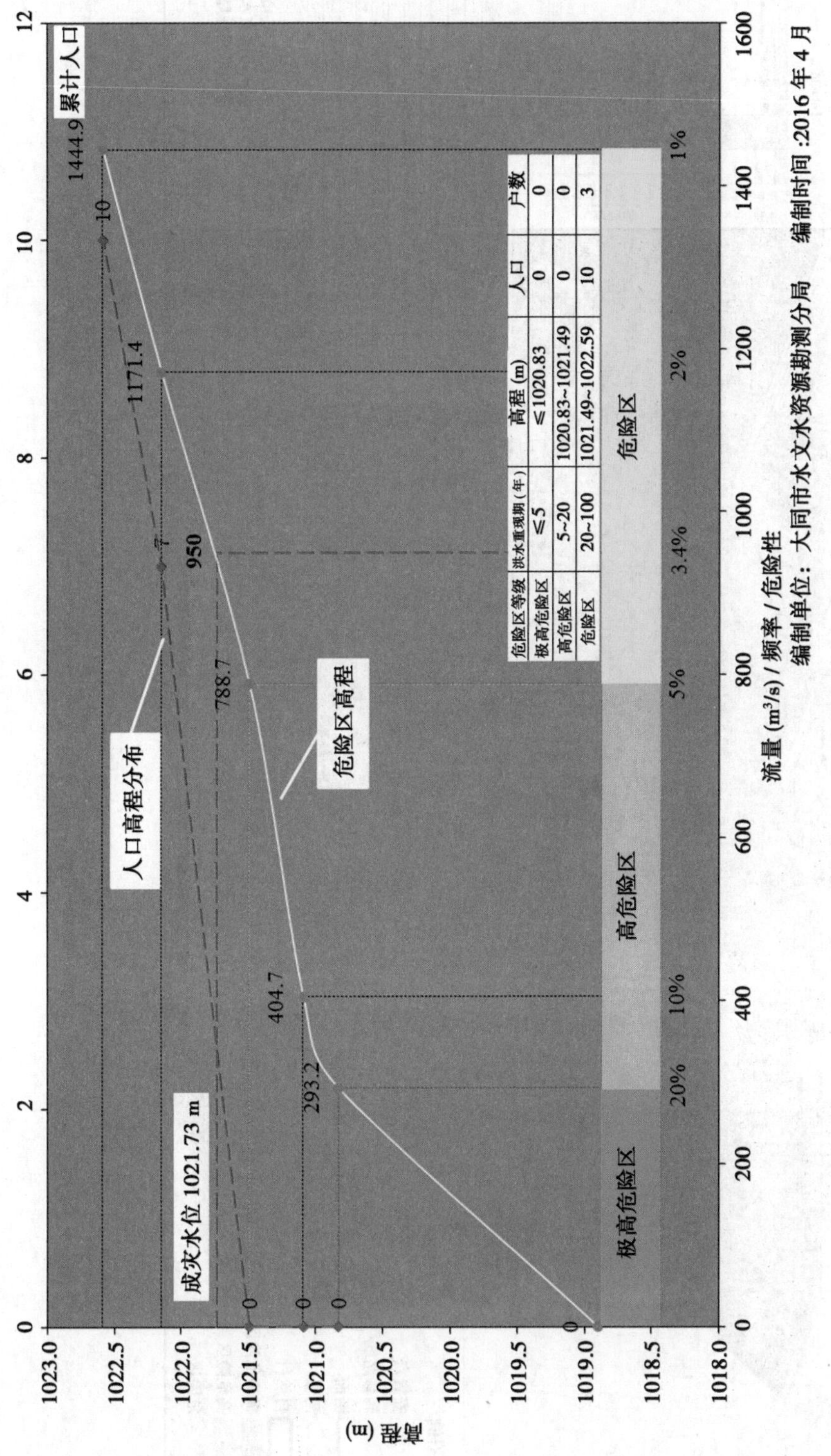
累计人口
1444.9
10
1171.4
7
950
788.7
人口高程分布
危险区高程
404.7
293.2
成灾水位 1021.73 m
0
危险区等级 | 洪水重现期（年） | 高程 (m) | 人口 | 户数
极高危险区 | ≤5 | ≤1020.83 | 0 | 0
高危险区 | 5~20 | 1020.83~1021.49 | 0 | 0
危险区 | 20~100 | 1021.49~1022.59 | 10 | 3
极高危险区
高危险区
危险区
20%
10%
5%
3.4%
2%
1%
高程 (m)
1023.0
1022.5
1022.0
1021.5
1021.0
1020.5
1020.0
1019.5
1019.0
1018.5
1018.0
0
2
4
6
8
10
12
0
200
400
600
800
1000
1200
1400
1600
流量 (m³/s) / 频率 / 危险性
编制单位：大同市水文水资源勘测分局　编制时间 :2016 年 4 月

坨子村防洪现状评价图

坨子村
危险区划分示意图
6 h 雨型
时段 t (h)
分配比例/%
18% (H6h-5p)
19% (H6h 5p)
36% (H6h-5p)
100%5p
13% (H6h-5p)
14% (H6h-5p)
水位 (m)
流量 (m³/s)
危险区等级 洪水重现期/年 高程/m 人口 户数
极高危险区 ≤5 ≤1020.83 0 0
高危险区 5～20 1020.83～1021.49 0 0
危险区 20～100 1021.49～1022.59 10 3
雨量预警指标（mm）
时段（h） 较干 一般 较湿
准备转移 立即转移 准备转移 立即转移 准备转移 立即转移
0.5 28 40 25 36 22 32
1 40 48 36 42 32 37
1.5 48 53 42 47 37 42
防汛责任人：刘斌
联系电话：18603409445
编制单位：大同市水文水资源勘测分局
编制时间：2016年4月
N
图例
安置点
转移路线
断面
河流
自然村
极高危险区
高危险区
危险区
0 115 230 460 690 920 米

广灵县 香炉台村 分析评价成果

行政区划代码	140223101218000	行政区划名称	香炉台村	小流域名称	长江峪

集水面积（km^2）	118.82	河长（km）	12.33	河道比降（‰）	36.00	糙率	0.024

一、设计暴雨成果

历时	均值	变差系数	C_s/C_v	重现期雨量值(mm)				
				100 年	50 年	20 年	10 年	5 年
10 min	11.0	0.53	3.5	21.5	19.0	15.7	13.2	10.6
60 min	22.0	0.51	3.5	42.5	37.7	31.4	26.4	21.4
6 h	34.6	0.45	3.5	74.6	66.7	56.0	47.6	39.0
24 h	51.7	0.43	3.5	105.3	94.8	80.6	69.5	57.9
3 d	60.0	0.40	3.5	137.9	123.5	103.9	88.6	72.8

二、设计洪水成果

洪水要素	重现期洪水要素值				
	100 年	50 年	20 年	10 年	5 年
洪峰流量(m^3/s)	909	749	528	350	219
洪量(万 m^3)	467.61	372.15	256.27	176.32	115.84
洪水历时(h)					
洪峰水位(m)	1 251.49	1 251.04	1 250.36	1 249.73	1 249.19

三、防洪现状评价

防洪能力(年)	15	成灾水位(m)	1 250.16

该村控制断面水位—流量—人口关系等防洪现状评价成果详见防洪现状评价图

四、预警指标成果

计算方法	流域模型法	预警时段(h)	0.5、1	流域前期持水度 B_0	0、0.3、0.6

该村雨量预警指标详见危险区划分示意图

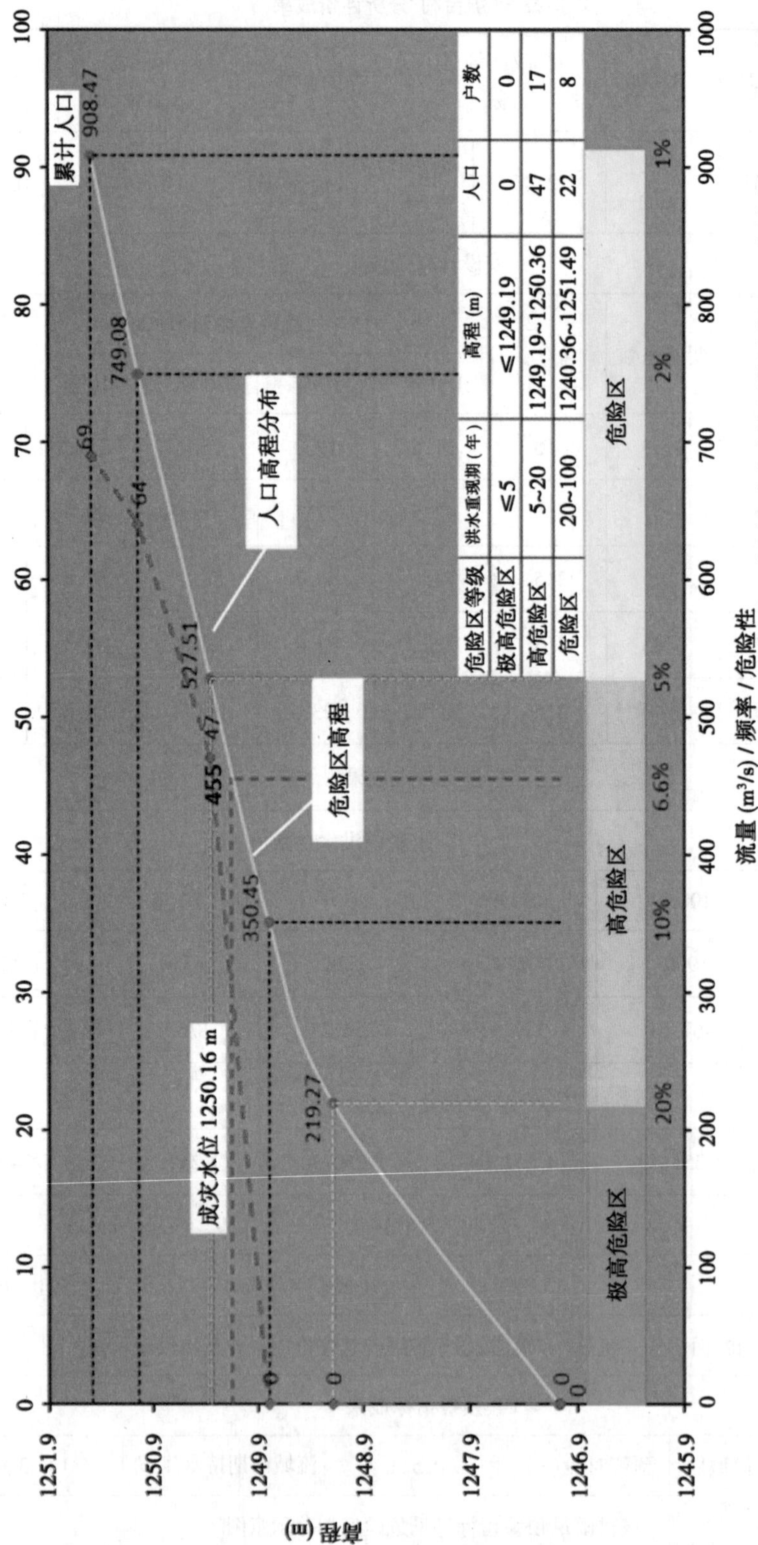

香炉台村防洪现状评价图

香炉台村
危险区划分示意图
6 h 雨型
时段(h)

危险区等级	洪水重现期/年	高程/m	人口	户数
极高危险区	≤5	≤1249.19	0	0
高危险区	5~20	1249.19~1250.36	47	17
危险区	20~100	1250.36~1251.49	22	8

时段（h）	雨量预警指标（mm）					
	较干		一般		较湿	
	准备转移	立即转移	准备转移	立即转移	准备转移	立即转移
0.5	20	29	18	25	15	21
1	29	35	25	31	21	27

防汛责任人：葛宝玉
联系电话：13934261236
编制单位：大同市水文水资源勘测分局
编制时间：2016年4月
0 65 130 260 390 520 米
N
图例
安置点
断面
河流
转移路线
自然村
极高危险区
高危险区
危险区

灵丘县 落水河村 分析评价成果

行政区划代码	140224200200000	行政区划名称	落水河村	小流域名称	大东河

集水面积(km^2)	220.33	河长(km)	30.50	河道比降(‰)	26.50	糙率	0.026

一、设计暴雨成果

历时	均值	变差系数	C_s/C_v	重现期雨量值(mm)				
				100 年	50 年	20 年	10 年	5 年
10 min	12.7	0.52	3.5	35.9	31.6	25.8	21.4	16.9
60 min	24.8	0.53	3.5	71.2	62.5	50.9	42.1	33.1
6 h	42.3	0.46	3.5	108.3	96.5	80.5	68.2	55.4
24 h	55.1	0.45	3.5	138.8	123.8	103.7	88.1	71.9
3 d	65.0	0.44	3.5	160.9	143.9	120.9	103.1	84.6

二、设计洪水成果

洪水要素	重现期洪水要素值				
	100 年	50 年	20 年	10 年	5 年
洪峰流量(m^3/s)	1 163	941	642	410	247
洪量(万 m^3/s)	951.9	755.3	518.4	354.2	232.0
洪水历时(h)					
洪峰水位(m)	969.08	968.90	968.63	968.37	968.13

三、防洪现状评价

防洪能力(年)	14	成灾水位(m)	968.50

该村控制断面水位—流量—人口关系等防洪现状评价成果详见防洪现状评价图

四、预警指标成果

计算方法	流域模型法	预警时段(h)	0.5、1、1.5	流域前期持水度 B_0	0、0.3、0.6

该村雨量预警指标详见危险区划分示意图

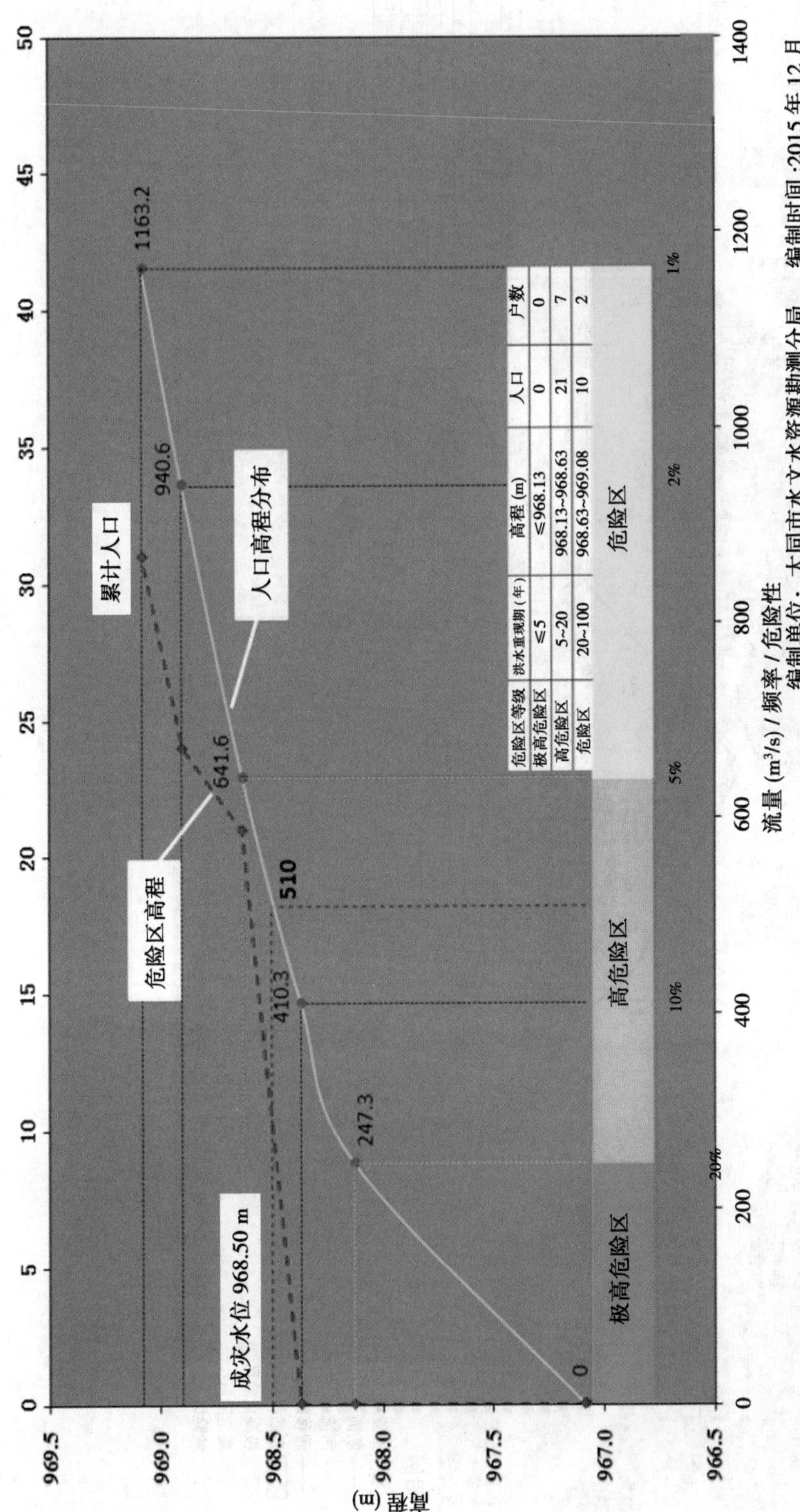

危险区等级	洪水重现期（年）	高程 (m)	人口	户数
极高危险区	≤5	≤968.13	0	0
高危险区	5~20	968.13~968.63	21	7
危险区	20~100	968.63~969.08	10	2

落水河村防洪现状评价图

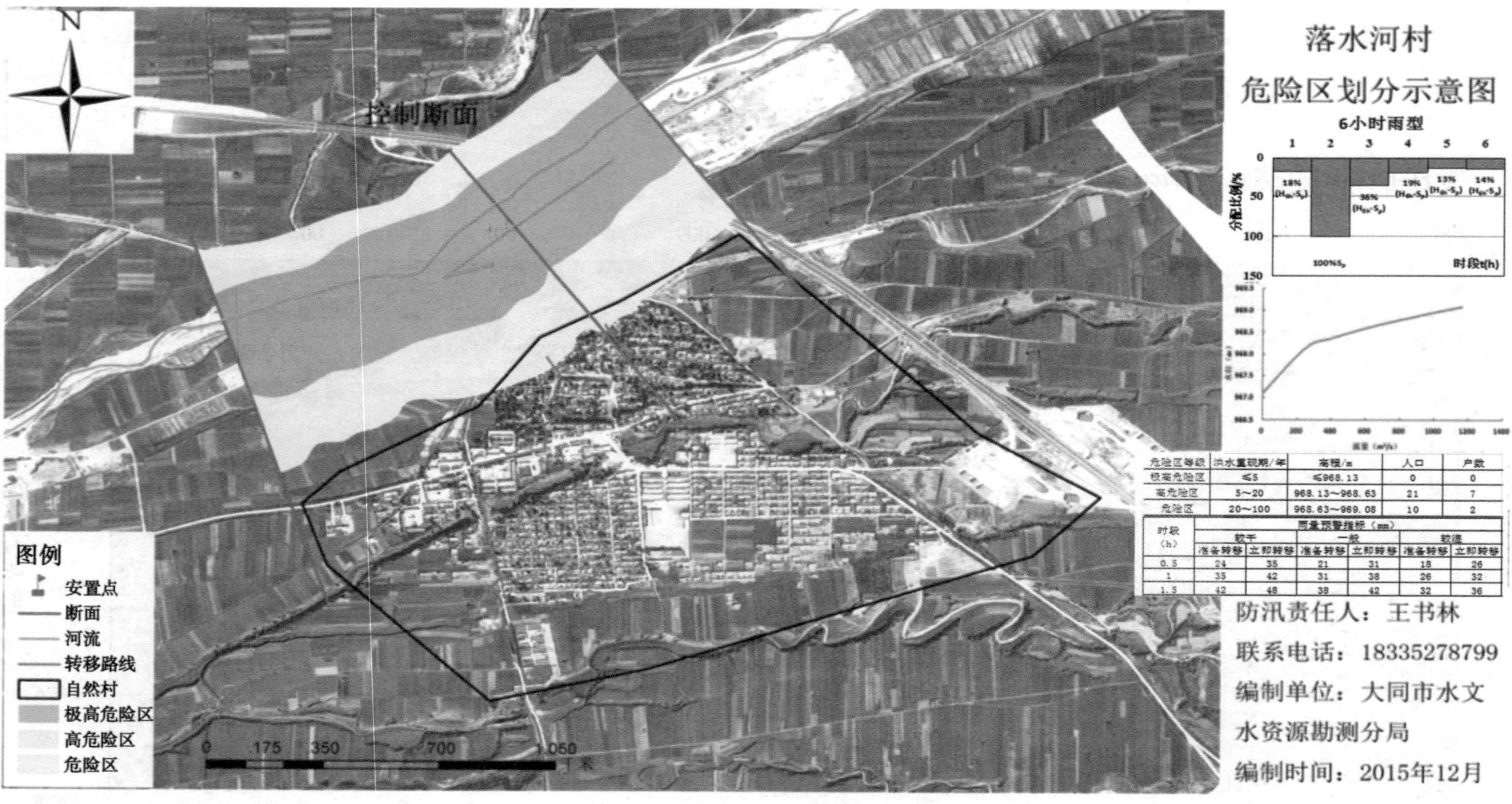

危险区等级	洪水重现期/年	高程/m	人口	户数
极高危险区	≤5	≤968.13	0	0
高危险区	5～20	968.13～968.63	21	7
危险区	20～100	968.63～969.08	10	2

时段（h）	雨量预警指标（mm）					
	较干		一般		较湿	
	准备转移	立即转移	准备转移	立即转移	准备转移	立即转移
0.5	24	35	21	31	18	26
1	35	42	31	38	26	32
1.5	42	48	38	42	32	36

浑源县 沙圪坨村 分析评价成果

行政区划代码	140225103200000	行政区划名称	沙圪坨村	小流域名称	荞麦川

集水面积(km^2)	16.95	河长(km)	9.20	河道比降(‰)	46.25	糙率	0.025

一、设计暴雨成果

历时	均值	变差系数	C_s/C_v	重现期雨量值(mm)				
				100 年	50 年	20 年	10 年	5 年
10 min	12.2	0.52	3.5	34.5	30.3	24.8	20.6	16.3
60 min	22.6	0.52	3.5	62.3	54.9	45.0	37.5	29.8
6 h	30.5	0.56	3.5	70.3	62.5	52.0	43.8	35.5
24 h	45.9	0.50	3.5	104.5	93.2	78.1	66.3	54.2
3 d	49.6	0.50	3.5	128.2	114.4	95.8	81.4	66.5

二、设计洪水成果

洪水要素	重现期洪水要素值				
	100 年	50 年	20 年	10 年	5 年
洪峰流量(m^3/s)	197	153	100	64.4	39.5
洪量(万 m^3)	57.2	45.2	30.9	21.1	13.8
洪水历时(h)					
洪峰水位(m)	1 273.68	1 273.58	1 273.41	1 273.24	1 273.10

三、防洪现状评价

防洪能力(年)	20	成灾水位(m)	1 273.41

该村控制断面水位—流量—人口关系等防洪现状评价成果详见防洪现状评价图

四、预警指标成果

计算方法	流域模型法	预警时段(h)	0.5、1	流域前期持水度 B_0	0、0.3、0.6

该村雨量预警指标详见危险区划分示意图

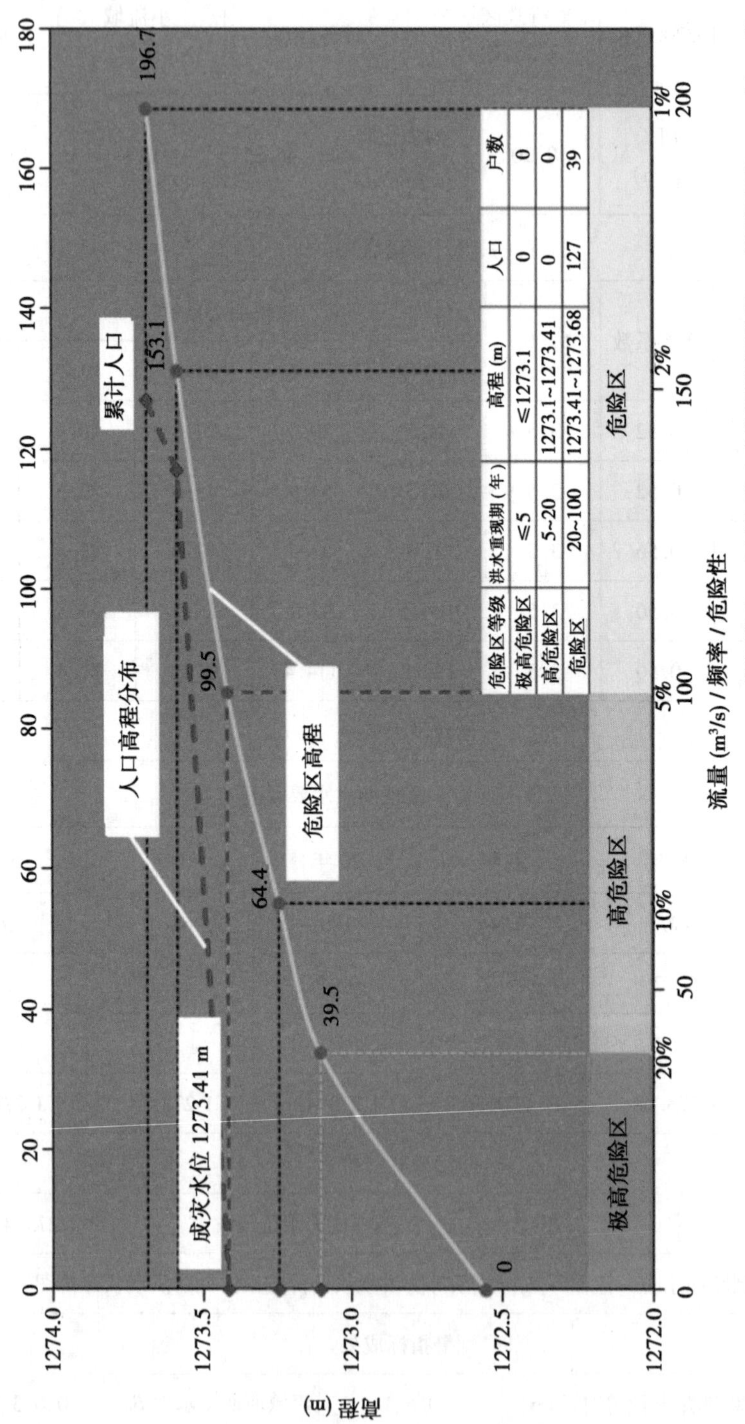

危险区等级	洪水重现期(年)	高程 (m)	人口	户数
极高危险区	≤5	≤1273.1	0	0
高危险区	5~20	1273.1~1273.41	0	0
危险区	20~100	1273.41~1273.68	127	39

编制单位：大同市水文水资源勘测分局　　编制时间 :2015 年 10 月

沙圪坨村防洪现状评价图

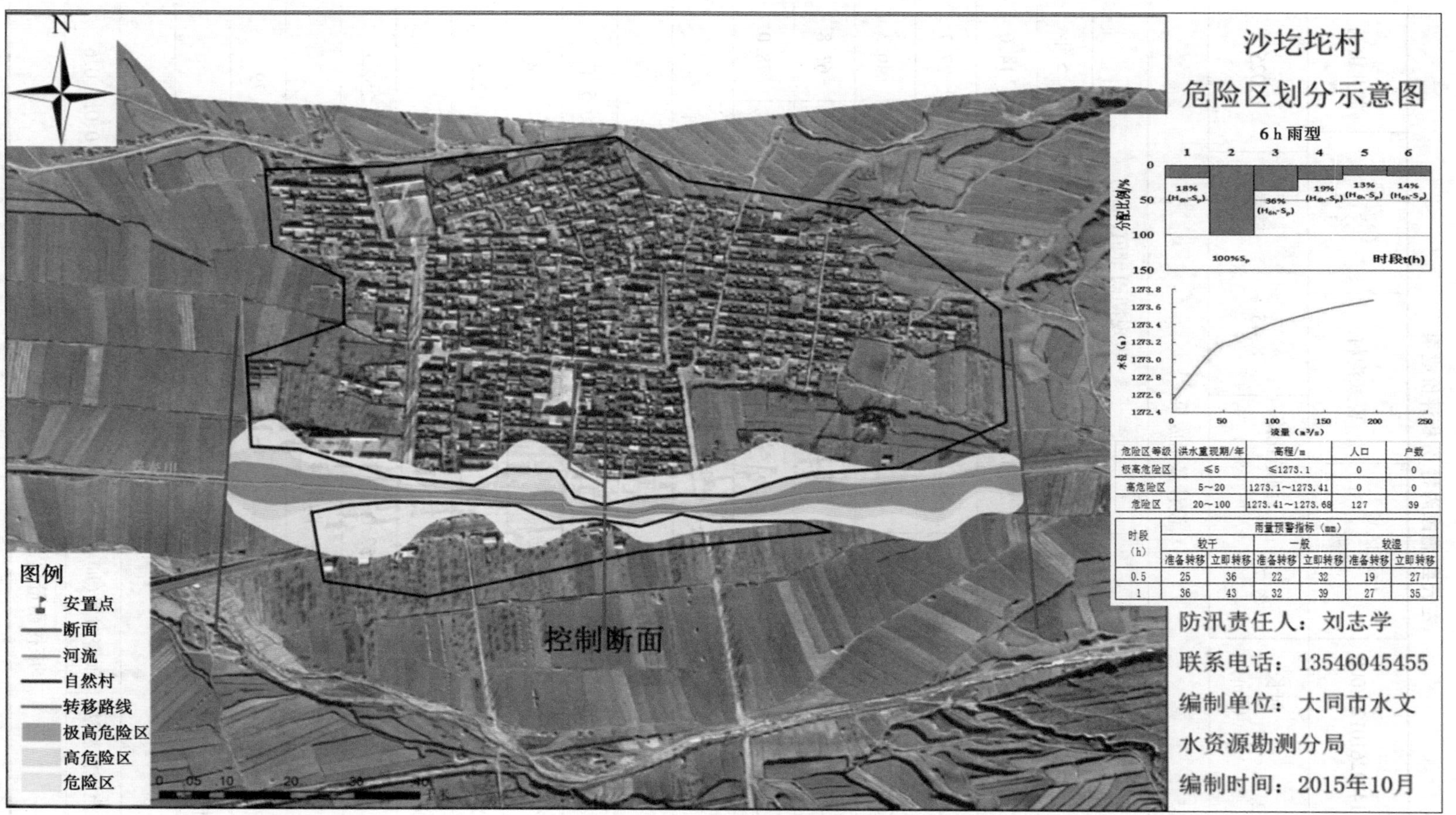
沙圪坨村
危险区划分示意图
6 h 雨型
时段t(h)
分配比例%
18% (H_{6h}-S_p)
36% (H_{6h}-S_p)
19% (H_{6h}-S_p)
13% (H_{6h}-S_p)
14% (H_{6h}-S_p)
100%S_p
水位（m）
流量（m³/s）
危险区等级 | 洪水重现期/年 | 高程/m | 人口 | 户数
极高危险区 | ≤5 | ≤1273.1 | 0 | 0
高危险区 | 5～20 | 1273.1～1273.41 | 0 | 0
危险区 | 20～100 | 1273.41～1273.68 | 127 | 39
雨量预警指标（mm）
时段（h） | 较干 准备转移 | 较干 立即转移 | 一般 准备转移 | 一般 立即转移 | 较湿 准备转移 | 较湿 立即转移
0.5 | 25 | 36 | 22 | 32 | 19 | 27
1 | 36 | 43 | 32 | 39 | 27 | 35
防汛责任人：刘志学
联系电话：13546045455
编制单位：大同市水文水资源勘测分局
编制时间：2015年10月
控制断面
N
图例
安置点
断面
河流
自然村
转移路线
极高危险区
高危险区
危险区

左云县 曹家沟村 分析评价成果

行政区划代码	140226101208000	行政区划名称	曹家沟村	小流域名称	鹊儿山河

集水面积(km^2)	12.55	河长(km)	6.76	河道比降(‰)	8.45	糙率	0.025

一、设计暴雨成果

历时	均值	变差系数	C_s/C_v	重现期雨量值(mm)				
				100 年	50 年	20 年	10 年	5 年
10 min	10.6	0.49	3.5	28.5	25.2	20.9	17.5	14.0
60 min	20.8	0.52	3.5	58.8	51.7	42.2	35.0	27.7
6 h	35.0	0.49	3.5	94.2	83.4	68.8	57.7	46.3
24 h	48.4	0.48	3.5	128.2	113.6	94.2	79.2	63.8
3 d	59.2	0.48	3.5	156.8	139.0	115.2	96.8	78.0

二、设计洪水成果

洪水要素	重现期洪水要素值				
	100 年	50 年	20 年	10 年	5 年
洪峰流量(m^3/s)	155	127	87.3	56.8	32.8
洪量(万 m^3)	58.6	45.6	30.0	19.8	12.3
洪水历时(h)					
洪峰水位(m)	1 253.1	1 253.0	1 252.9	1 252.7	1 252.6

三、防洪现状评价

防洪能力(年)	14	成灾水位(m)	1 252.79

该村控制断面水位—流量—人口关系等防洪现状评价成果详见防洪现状评价图

四、预警指标成果

计算方法	流域模型法	预警时段(h)	0.5、1	流域前期持水度 B_0	0、0.3、0.6

该村雨量预警指标详见危险区划分示意图

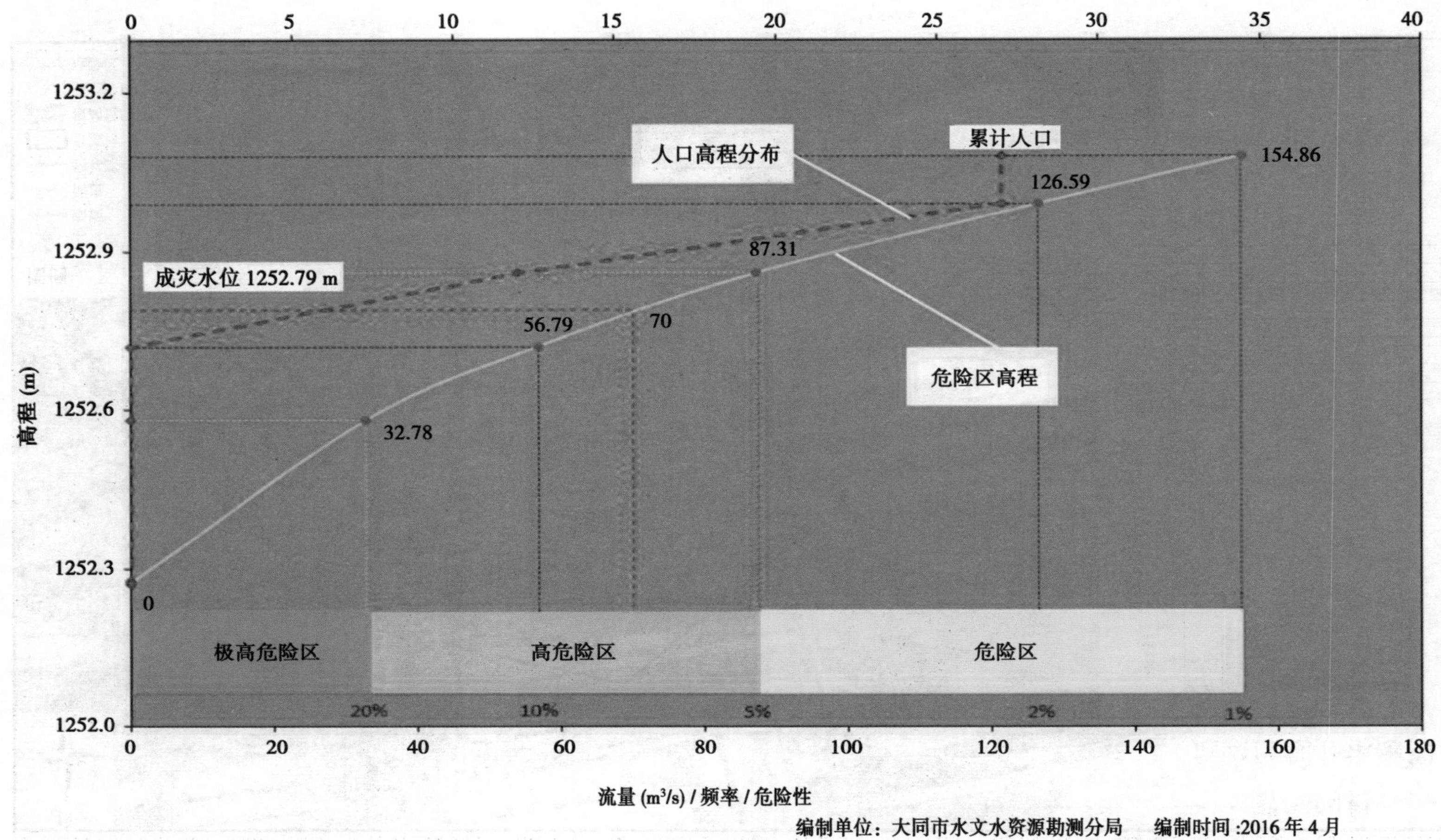

曹家沟村防洪现状评价图

曹家沟村
危险区划分示意图
6 h雨型
分配比例/%
时段t(h)
100%S_p
水位（m）
流量（m³/s）

危险区等级	洪水重现期/年	高程/m	人口	户数
极高危险区	≤5	≤1252.58	0	0
高危险区	5~20	1252.58~1252.86	12	4
危险区	20~100	1252.86~1253.08	15	6

时段(h)	雨量预警指标（mm）					
	较干		一般		较湿	
	准备转移	立即转移	准备转移	立即转移	准备转移	立即转移
0.5	23	33	21	29	18	25
1	33	40	29	37	25	33

防汛责任人：魏义
联系电话：15235276614
编制单位：大同市水文
水资源勘测分局
编制时间：2016年4月
控制断面
N
图例
安置点
断面
河流
转移路线
自然村
极高危险区
高危险区
危险区

大同县 西坪村 分析评价成果

行政区划代码	140227100200000	行政区划名称	西坪村	小流域名称	西坪河

集水面积（km^2）	40.36	河长（km）	11.65	河道比降（‰）	17.80	糙率	0.024

一、设计暴雨成果

历时	均值	变差系数	C_s/C_v	重现期雨量值(mm)				
				100年	50年	20年	10年	5年
10 min	10.0	0.46	3.5	25.6	22.8	19	16.1	13.1
60 min	19.8	0.46	3.5	50.7	45.1	37.7	31.9	25.9
6 h	27.5	0.47	3.5	71.6	63.6	52.9	44.6	36.1
24 h	42.5	0.47	3.5	110.7	98.3	81.8	69.0	55.8
3 d	46.0	0.45	3.5	115.8	103.4	86.6	73.5	60.1

二、设计洪水成果

洪水要素	重现期洪水要素值				
	100年	50年	20年	10年	5年
洪峰流量(m^3/s)	337	260	163	99.9	58.1
洪量(万 m^3)	114.5	87.6	56.9	37.0	23.2
洪水历时(h)					
洪峰水位(m)	1 031.47	1 031.36	1 031.18	1 030.80	1 030.52

三、防洪现状评价

防洪能力(年)	20	成灾水位(m)	1 031.18

该村控制断面水位—流量—人口关系等防洪现状评价成果详见防洪现状评价图

四、预警指标成果

计算方法	流域模型法	预警时段(h)	0.5、1	流域前期持水度 B_0	0、0.3、0.6

该村雨量预警指标详见危险区划分示意图

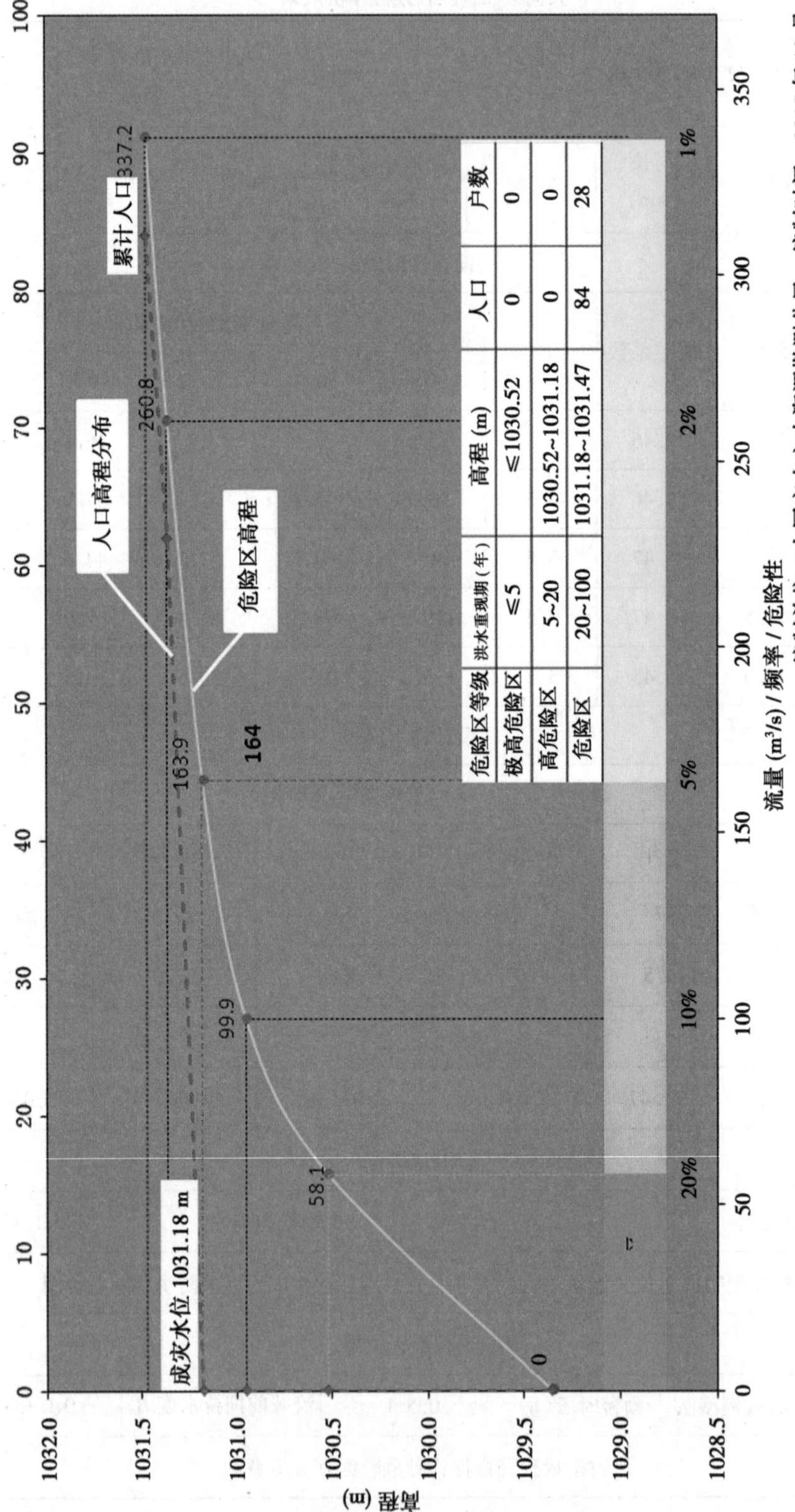

危险区等级	洪水重现期（年）	高程 (m)	人口	户数
极高危险区	≤5	≤1030.52	0	0
高危险区	5~20	1030.52~1031.18	0	0
危险区	20~100	1031.18~1031.47	84	28

西坪村防洪现状评价图

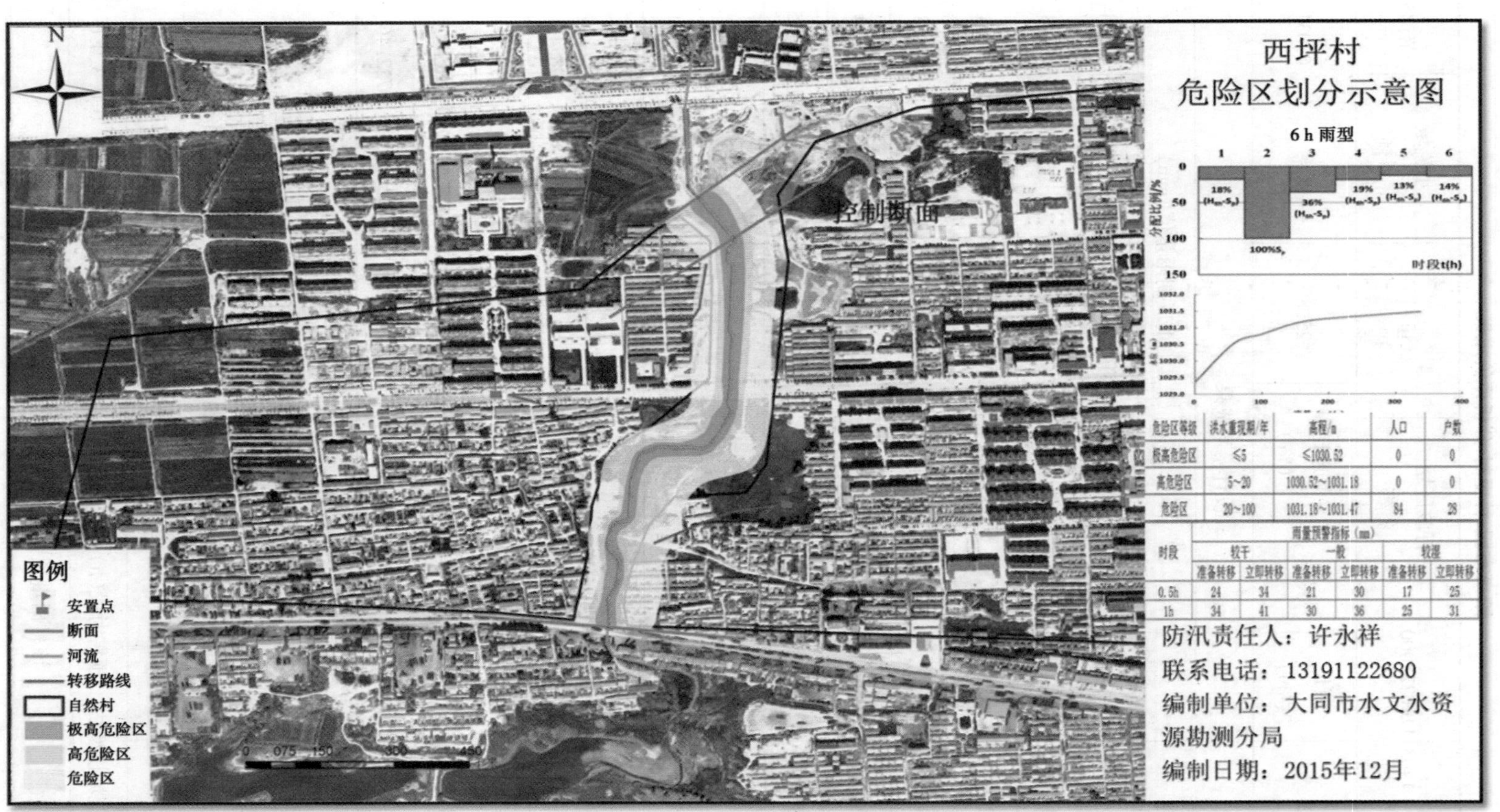
西坪村
危险区划分示意图
6 h 雨型
分配比例/%
18% (H_{60}-S_p)
100%S_p
36% (H_{6h}-S_p)
19% (H_{6h}-S_p)
13% (H_{6h}-S_p)
14% (H_{6h}-S_p)
时段t(h)
控制断面
危险区等级 | 洪水重现期/年 | 高程/m | 人口 | 户数
极高危险区 | ≤5 | ≤1030.52 | 0 | 0
高危险区 | 5~20 | 1030.52~1031.18 | 0 | 0
危险区 | 20~100 | 1031.18~1031.47 | 84 | 28
雨量预警指标（mm）
时段 | 较干：准备转移 | 较干：立即转移 | 一般：准备转移 | 一般：立即转移 | 较湿：准备转移 | 较湿：立即转移
0.5h | 24 | 34 | 21 | 30 | 17 | 25
1h | 34 | 41 | 30 | 36 | 25 | 31
防汛责任人：许永祥
联系电话：13191122680
编制单位：大同市水文水资源勘测分局
编制日期：2015年12月
图例
安置点
断面
河流
转移路线
自然村
极高危险区
高危险区
危险区
N
0 .075 150 300 450

阳泉市区 林里村 分析评价成果

行政区划代码	140311100228000	行政区划名称	林里村	小流域名称	苇泊河

集水面积(km^2)	21.3	河长(km)	5.85	河道比降(‰)	25.80	糙率	0.031

一、设计暴雨成果

历时	均值	变差系数	C_s/C_v	重现期雨量值(mm)				
				100 年	50 年	20 年	10 年	5 年
10 min	14.8	0.62	3.5	43	37	29	24	18
60 min	29.8	0.59	3.5	78	68	54	44	34
6 h	45.0	0.59	3.5	133	116	93	76	58
24 h	67.4	0.57	3.5	190	166	133	109	84
3 d	80.0	0.55	3.5	230	201	163	134	105

二、设计洪水成果

洪水要素	重现期洪水要素值				
	100 年	50 年	20 年	10 年	5 年
洪峰流量(m^3/s)	282.3	231	164.4	114.2	98.4
洪量(万 m^3)	220.8	174.7	119.2	80.9	50.8
洪水历时(h)	9.5	7.5	6.5	5.5	5.5
洪峰水位(m)	722.96	722.85	722.68	722.52	722.46

三、防洪现状评价

防洪能力(年)	39	成灾水位(m)	722.72

该村控制断面水位—流量—人口关系等防洪现状评价成果详见防洪现状评价图

四、预警指标成果

计算方法	流域模型法	预警时段(h)	0.5、1	流域前期持水度 B_0	0、0.3、0.6

该村雨量预警指标详见危险区划分示意图

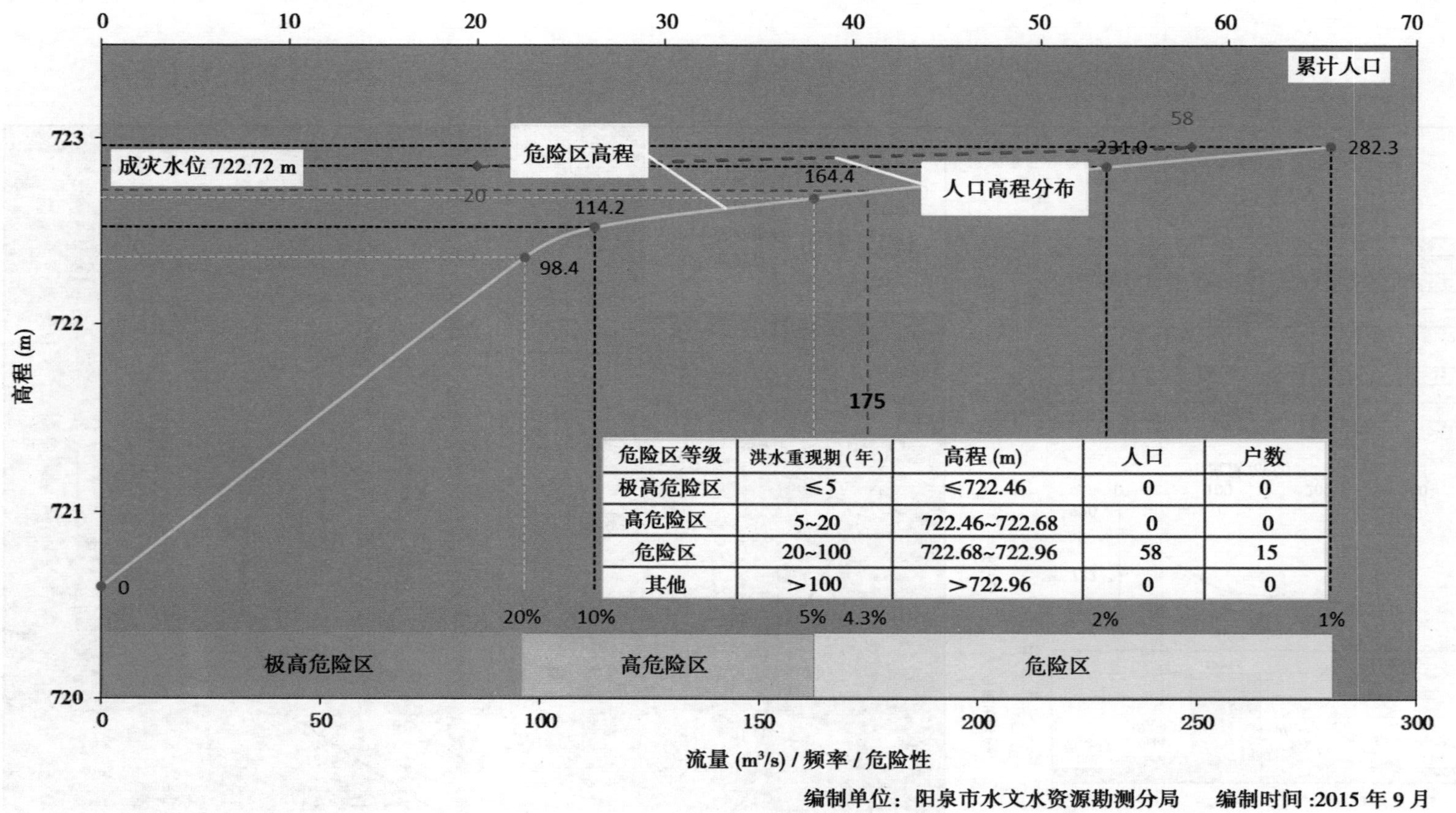

危险区等级	洪水重现期（年）	高程 (m)	人口	户数
极高危险区	≤5	≤722.46	0	0
高危险区	5~20	722.46~722.68	0	0
危险区	20~100	722.68~722.96	58	15
其他	>100	>722.96	0	0

编制单位：阳泉市水文水资源勘测分局　　编制时间:2015年9月

林里村防洪现状评价图

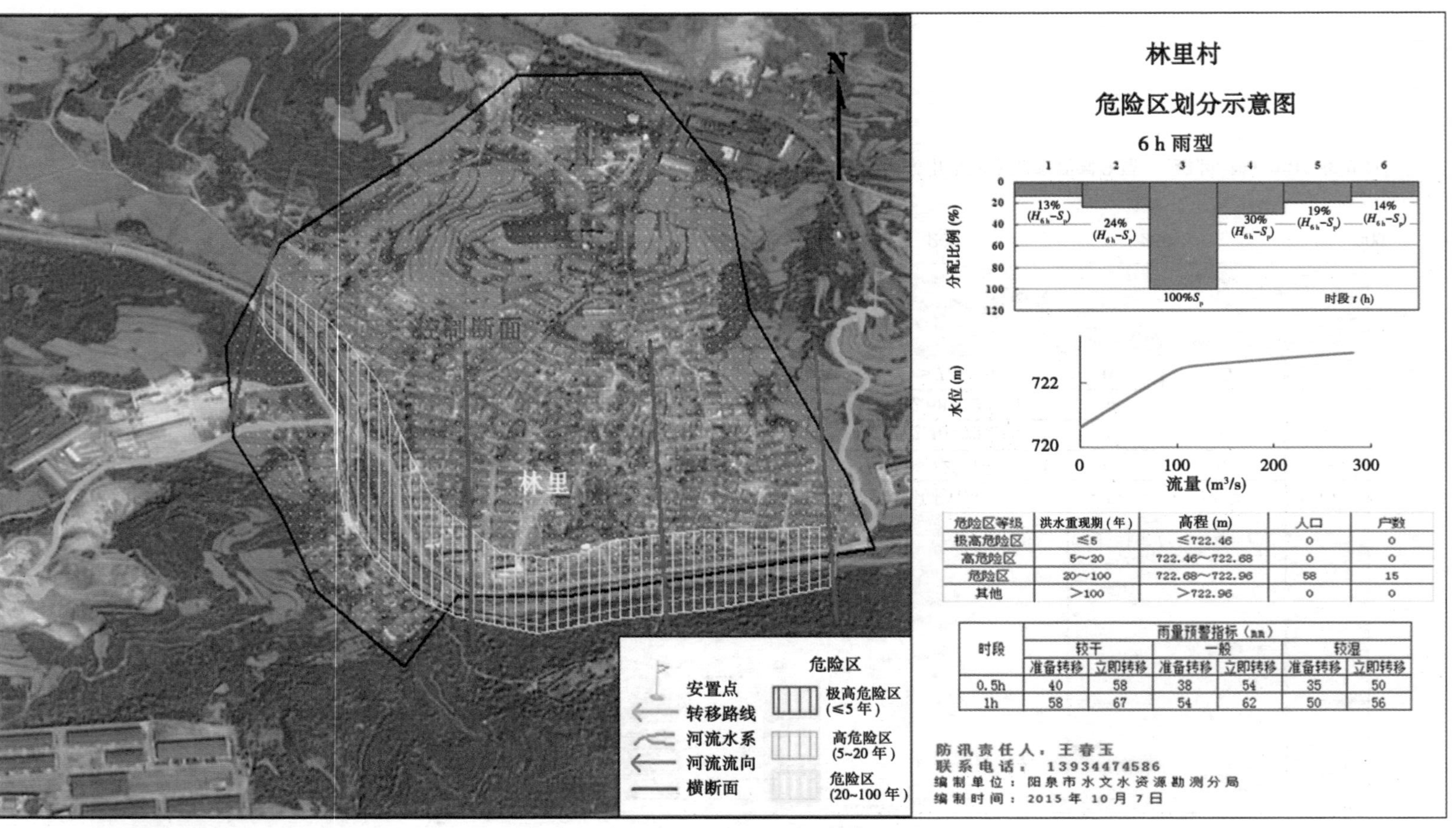

危险区等级	洪水重现期 (年)	高程 (m)	人口	户数
极高危险区	≤5	≤722.46	0	0
高危险区	5~20	722.46~722.68	0	0
危险区	20~100	722.68~722.96	58	15
其他	>100	>722.96	0	0

时段	雨量预警指标 (mm)					
	较干		一般		较湿	
	准备转移	立即转移	准备转移	立即转移	准备转移	立即转移
0.5h	40	58	38	54	35	50
1h	58	67	54	62	50	56

平定县 马家锁簧村 分析评价成果

行政区划代码	140321102203000	行政区划名称	马家锁簧村	小流域名称	锁簧河

集水面积(km^2)	14.12	河长(km)	7.57	河道比降(‰)	16.60	糙率	0.034

一、设计暴雨成果

历时	均值	变差系数	C_s/C_v	重现期雨量值(mm)				
				100年	50年	20年	10年	5年
10 min	14.0	0.55	3.5	39	34	28	22	17
60 min	28.5	0.55	3.5	76	66	53	44	34
6 h	45.0	0.60	3.5	133	116	93	77	60
24 h	67.1	0.57	3.5	190	166	134	110	86
3 d	80.0	0.56	3.5	241	211	171	138	108

二、设计洪水成果

洪水要素	重现期洪水要素值				
	100年	50年	20年	10年	5年
洪峰流量(m^3/s)	201	166	120	84	54
洪量(万m^3)	151	119	80	54	34
洪水历时(h)	10	8	7	5.5	5.5
洪峰水位(m)	732.55	732.4	732.18	731.92	731.65

三、防洪现状评价

防洪能力(年)	12	成灾水位(m)	732.00

该村控制断面水位—流量—人口关系等防洪现状评价成果详见防洪现状评价图

四、预警指标成果

计算方法	流域模型法	预警时段(h)	0.5、1、1.5	流域前期持水度B_0	0、0.3、0.6

该村雨量预警指标详见危险区划分示意图

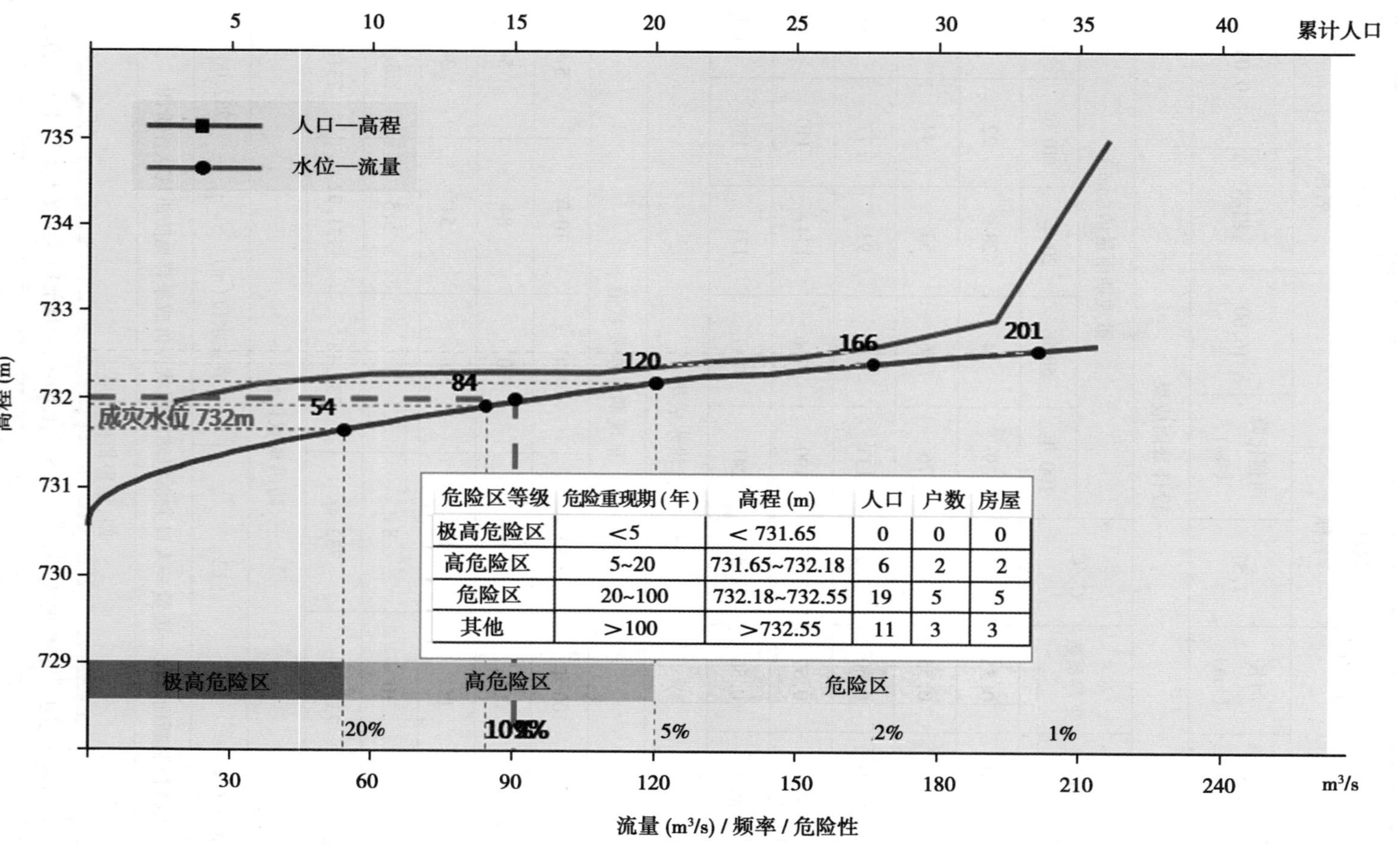

马家锁簧村防洪现状评价图

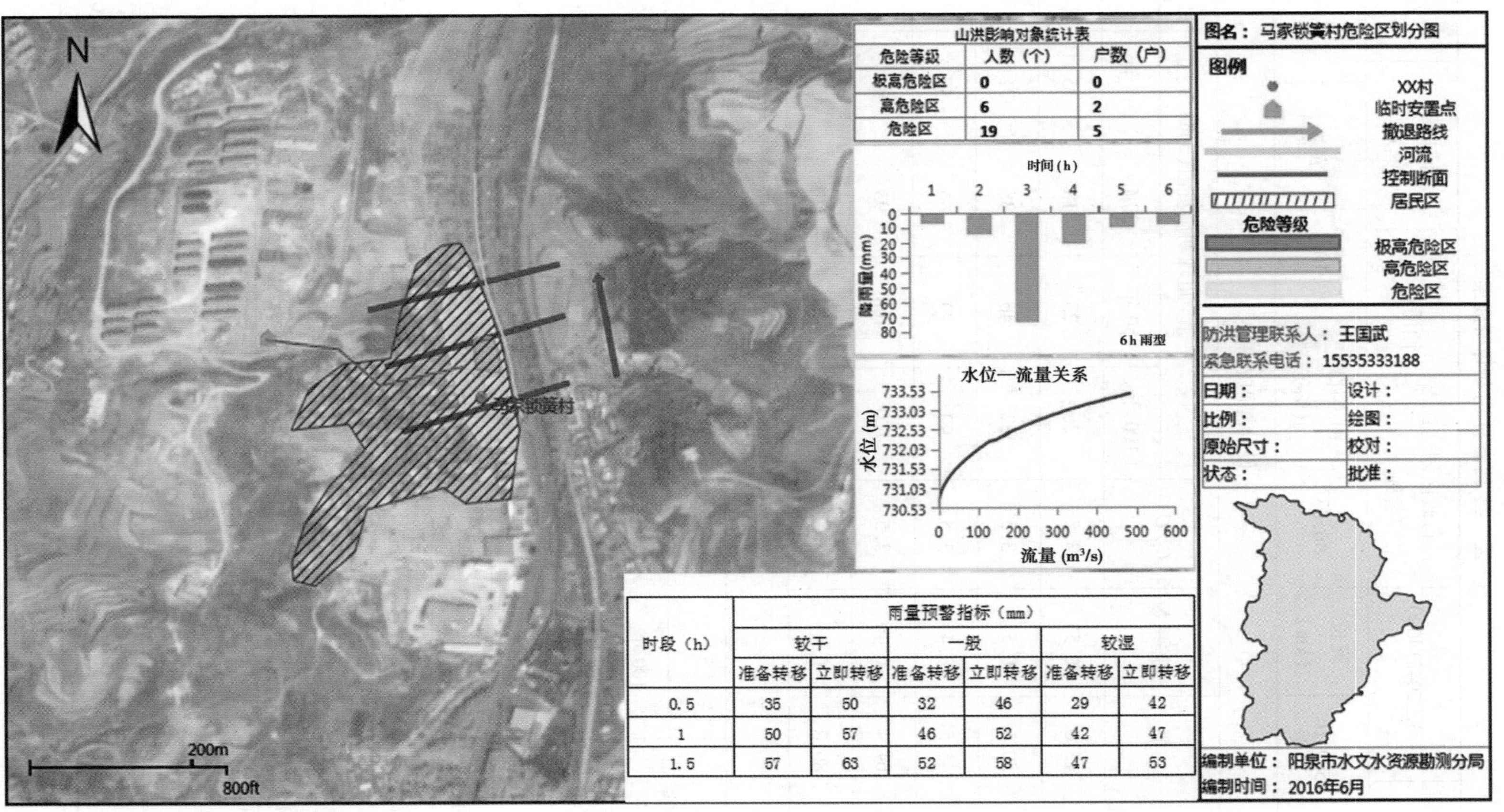

时段（h）	雨量预警指标（mm）					
	较干		一般		较湿	
	准备转移	立即转移	准备转移	立即转移	准备转移	立即转移
0.5	35	50	32	46	29	42
1	50	57	46	52	42	47
1.5	57	63	52	58	47	53

盂　县 西潘村 分析评价成果

行政区划代码	140322204214000	行政区划名称	西潘村	小流域名称	乌河

集水面积(km^2)	599.16	河长(km)	56.83	河道比降(‰)	9.10	糙率	0.030

一、设计暴雨成果

历时	均值	变差系数	C_s/C_v	重现期雨量值(mm)				
				100年	50年	20年	10年	5年
10 min	15.0	0.53	3.5	26	23	18	15	12
60 min	30.1	0.54	3.5	52	46	38	31	25
6 h	43.5	0.49	3.5	90	79	66	56	46
24 h	64.4	0.46	3.5	120	108	93	80	67
3 d	80.0	0.44	3.5	140	129	112	101	87

二、设计洪水成果

洪水要素	重现期洪水要素值				
	100年	50年	20年	10年	5年
洪峰流量(m^3/s)	1 232	881	538	314	180
洪量(万m^3)	2 222	1 692	1 130	731	466
洪水历时(h)	12.8	12.8	12.5	12.2	12.2
洪峰水位(m)	917.99	917.51	916.89	916.38	916.00

三、防洪现状评价

防洪能力(年)	13	成灾水位(m)	916.60

该村控制断面水位—流量—人口关系等防洪现状评价成果详见防洪现状评价图

四、预警指标成果

计算方法	流域模型法	预警时段(h)	0.5、1、2、3、4、5、5.5	流域前期持水度B_0	0、0.3、0.6

该村雨量预警指标详见危险区划分示意图

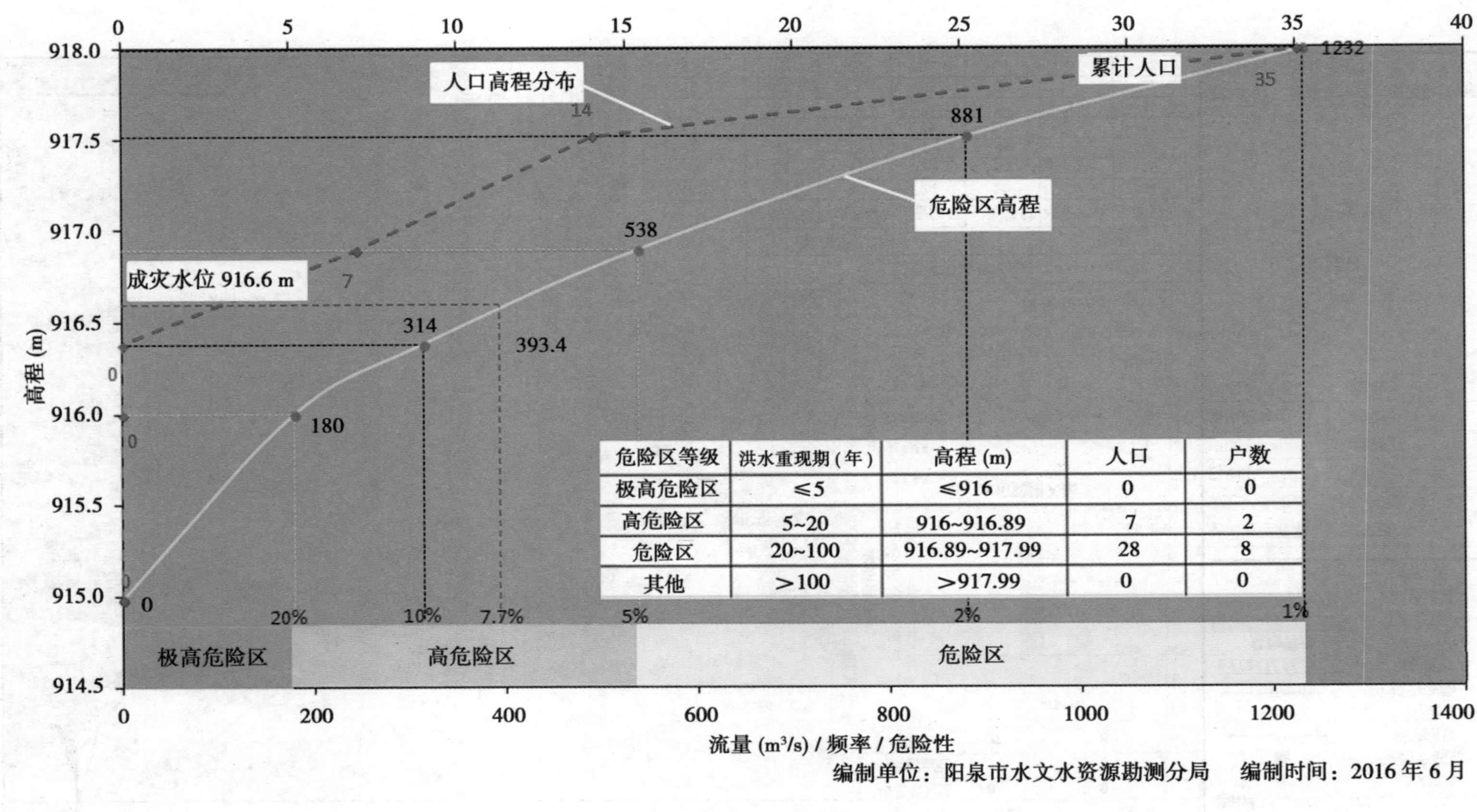

危险区等级	洪水重现期（年）	高程 (m)	人口	户数
极高危险区	≤5	≤916	0	0
高危险区	5~20	916~916.89	7	2
危险区	20~100	916.89~917.99	28	8
其他	＞100	＞917.99	0	0

编制单位：阳泉市水文水资源勘测分局　编制时间：2016 年 6 月

西潘村防洪现状评价图

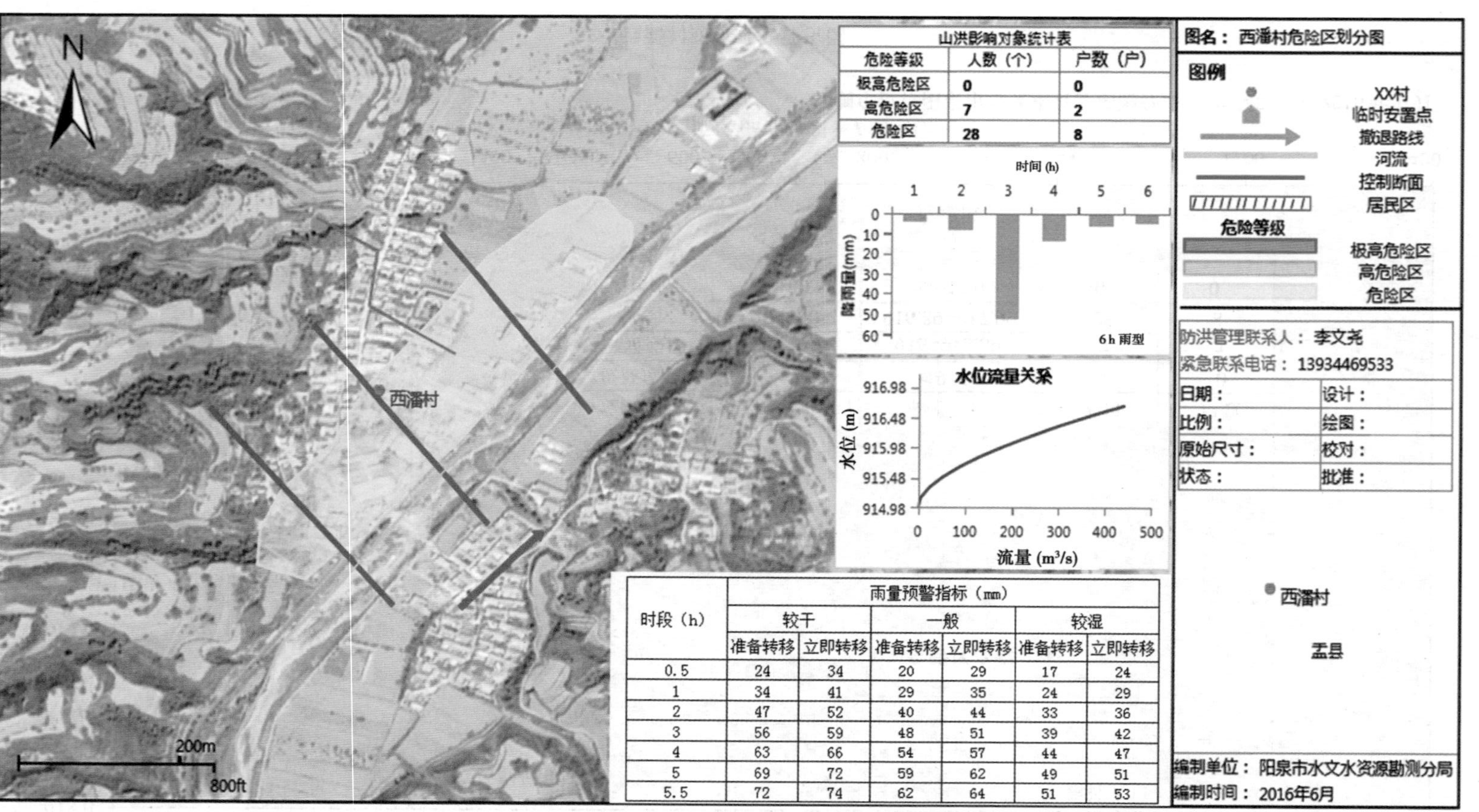

山洪影响对象统计表

危险等级	人数（个）	户数（户）
极高危险区	0	0
高危险区	7	2
危险区	28	8

时段（h）	雨量预警指标（mm）					
	较干		一般		较湿	
	准备转移	立即转移	准备转移	立即转移	准备转移	立即转移
0.5	24	34	20	29	17	24
1	34	41	29	35	24	29
2	47	52	40	44	33	36
3	56	59	48	51	39	42
4	63	66	54	57	44	47
5	69	72	59	62	49	51
5.5	72	74	62	64	51	53

长治市郊区 大天桥村 分析评价成果

行政区划代码	140411100207000	行政区划名称	大天桥村	小流域名称	大天桥村

集水面积(km^2)	5.86	河长(km)	4.786	河道比降(‰)	14.00	糙率	0.028

一、设计暴雨成果

历时	均值	变差系数	C_s/C_v	重现期雨量值(mm)				
				100 年	50 年	20 年	10 年	5 年
10 min	16.0	0.45	3.5	38	34	28	24	20
60 min	33.7	0.46	3.5	74	66	55	46	37
6 h	45.0	0.5	3.5	123	110	91	76	61
24 h	65.0	0.46	3.5	162	144	119	100	81
3 d	85.0	0.46	3.5	184	163	136	117	94

二、设计洪水成果

洪水要素	重现期洪水要素值				
	100 年	50 年	20 年	10 年	5 年
洪峰流量(m^3/s)	78	64	45	32	21
洪量(万 m^3)	44	35	24	17	11
洪水历时(h)	5	5	4.5	4	3.5
洪峰水位(m)	1 014.06	1 013.72	1 013.28	1 012.74	1 011.37

三、防洪现状评价

防洪能力(年)	11	成灾水位(m)	1 012.93

该村控制断面水位—流量—人口关系等防洪现状评价成果详见防洪现状评价图

四、预警指标成果

计算方法	流域模型法	预警时段(h)	0.5、1、1.5	流域前期持水度 B_0	0、0.3、0.6

该村雨量预警指标详见危险区划分示意图

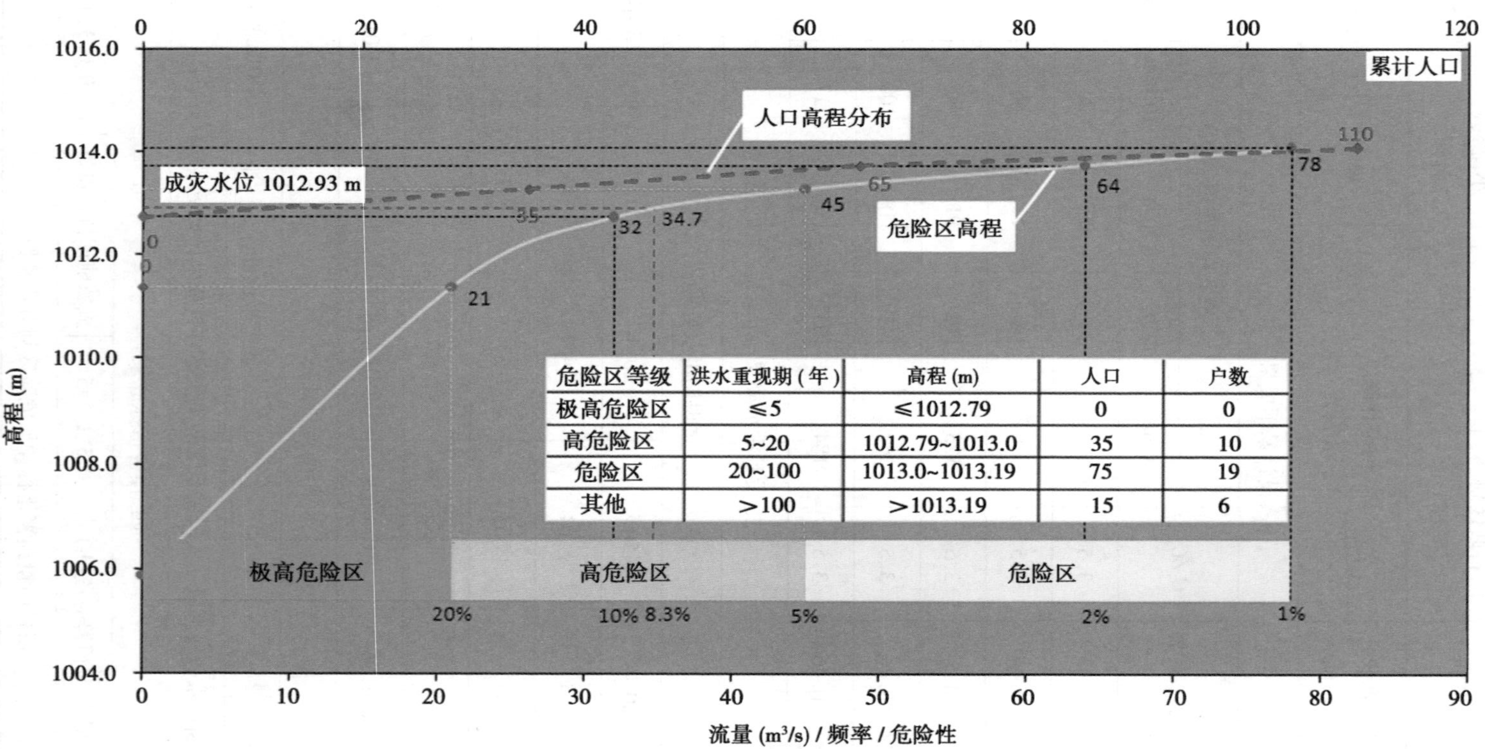

危险区等级	洪水重现期（年）	高程 (m)	人口	户数
极高危险区	≤5	≤1012.79	0	0
高危险区	5~20	1012.79~1013.0	35	10
危险区	20~100	1013.0~1013.19	75	19
其他	＞100	＞1013.19	15	6

编制单位：长治市水文水资源勘测分局　编制时间：2016 年 4 月

大天桥村防洪现状评价图

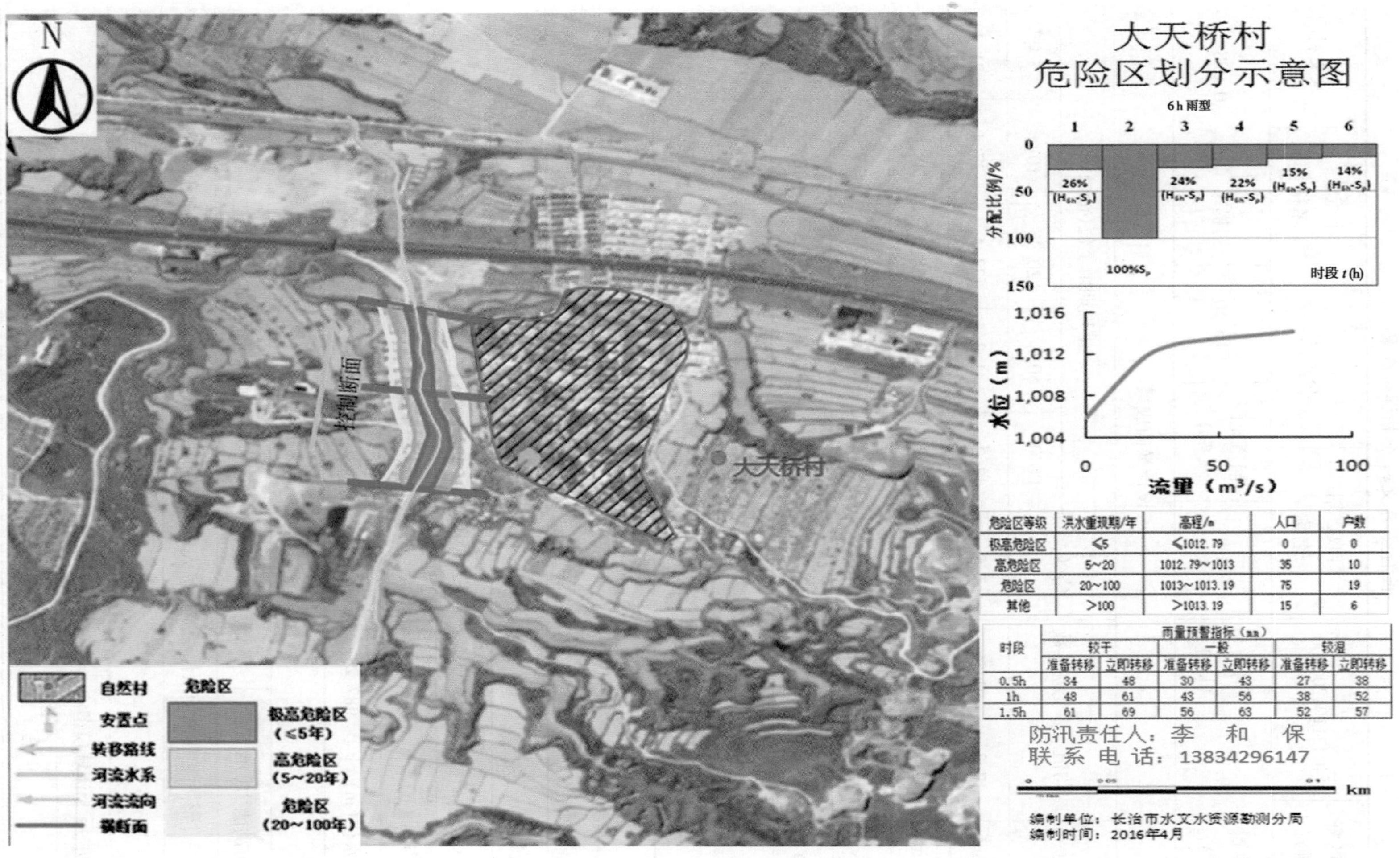
大天桥村
危险区划分示意图
6h雨型
1 2 3 4 5 6
分配比例/%
0
50
100
150
26% (H_{6h}-S_p)
100%S_p
24% (H_{6h}-S_p)
22% (H_{6h}-S_p)
15% (H_{6h}-S_p)
14% (H_{6h}-S_p)
时段 t (h)
水位 (m)
1,016
1,012
1,008
1,004
0
50
100
流量（m^3/s）
危险区等级 | 洪水重现期/年 | 高程/m | 人口 | 户数
极高危险区 | ≤5 | ≤1012.79 | 0 | 0
高危险区 | 5~20 | 1012.79~1013 | 35 | 10
危险区 | 20~100 | 1013~1013.19 | 75 | 19
其他 | >100 | >1013.19 | 15 | 6
雨量预警指标（mm）
时段 | 较干 准备转移 | 较干 立即转移 | 一般 准备转移 | 一般 立即转移 | 较湿 准备转移 | 较湿 立即转移
0.5h | 34 | 48 | 30 | 43 | 27 | 38
1h | 48 | 61 | 43 | 56 | 38 | 52
1.5h | 61 | 69 | 56 | 63 | 52 | 57
防汛责任人：李　和　保
联 系 电 话：13834296147
km
编制单位：长治市水文水资源勘测分局
编制时间：2016年4月
N
控制断面
大天桥村
自然村
安置点
转移路线
河流水系
河流流向
横断面
危险区
极高危险区（≤5年）
高危险区（5~20年）
危险区（20~100年）

长治县 八义村 分析评价成果

行政区划代码	140421104200000	行政区划名称	八义村	小流域名称	八义村

集水面积(km^2)	9.8	河长(km)	3.64	河道比降(‰)	16.50	糙率	0.028

一、设计暴雨成果

历时	均值	变差系数	C_s/C_v	重现期雨量值(mm)				
				100 年	50 年	20 年	10 年	5 年
10 min	17.3	0.56	3.5	47.2	41.3	33.4	27.4	21.4
60 min	35.5	0.51	3.5	81.2	71.5	58.5	48.6	38.5
6 h	45.0	0.51	3.5	127.2	112.6	92.9	77.8	62.3
24 h	68.0	0.48	3.5	168.1	149.1	123.5	103.9	83.8
3 d	84.0	0.44	3.5	203.6	182.3	153.4	131.0	107.7

二、设计洪水成果

洪水要素	重现期洪水要素值				
	100 年	50 年	20 年	10 年	5 年
洪峰流量(m^3/s)	168	141	106	77	52
洪量(万 m^3)	92.11	75.64	54.79	39.72	27.19
洪水历时(h)	3.5	3.5	3.0	3.0	3.0
洪峰水位(m)	987.28	987.10	986.78	986.12	985.71

三、防洪现状评价

防洪能力(年)	14.8	成灾水位(m)	986.47

该村控制断面水位—流量—人口关系等防洪现状评价成果详见防洪现状评价图

四、预警指标成果

计算方法	流域模型法	预警时段(h)	0.5、1	流域前期持水度 B_0	0、0.3、0.6

该村雨量预警指标详见危险区划分示意图

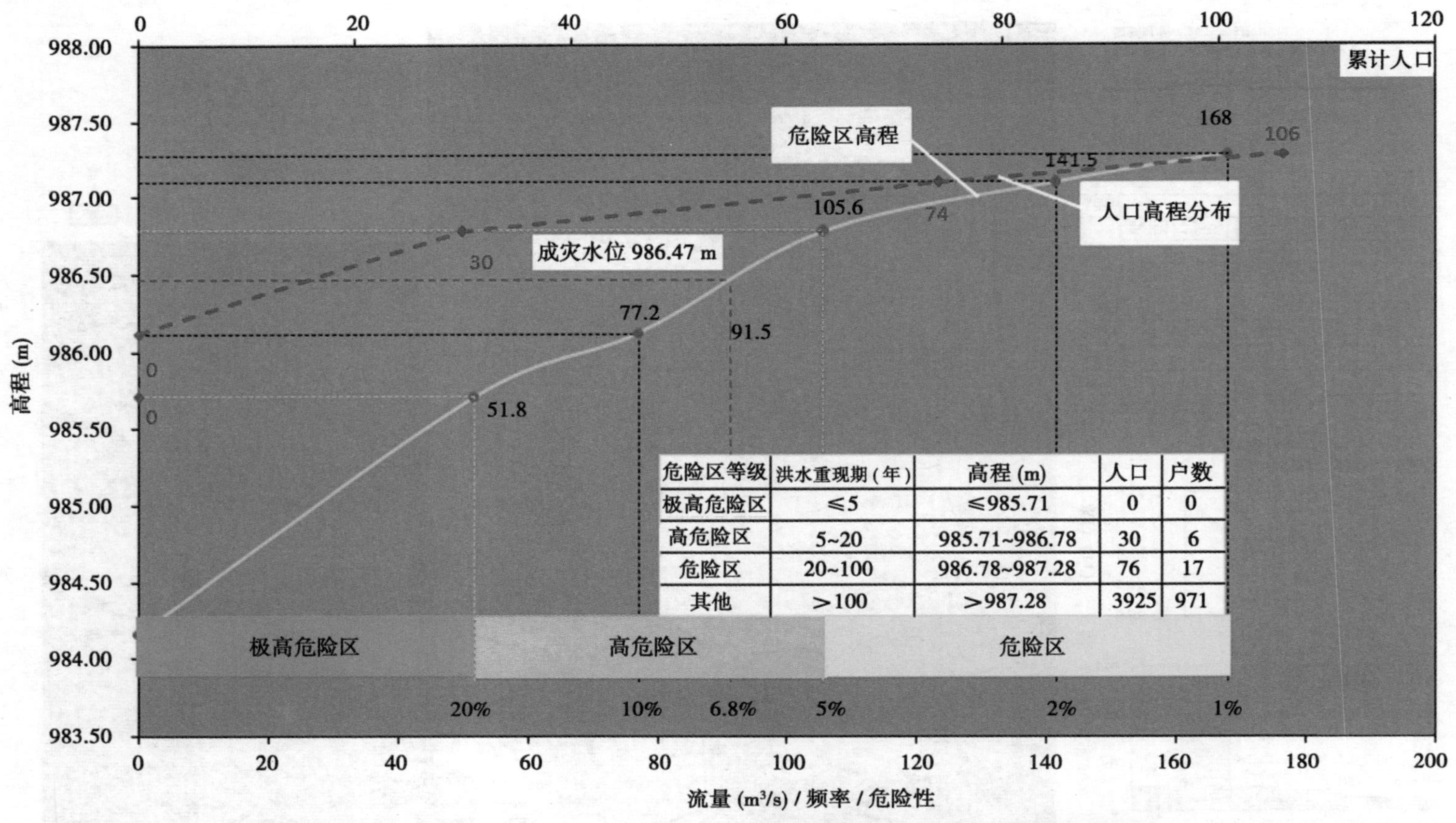

危险区等级	洪水重现期（年）	高程（m）	人口	户数
极高危险区	≤5	≤985.71	0	0
高危险区	5~20	985.71~986.78	30	6
危险区	20~100	986.78~987.28	76	17
其他	>100	>987.28	3925	971

八义村防洪现状评价图

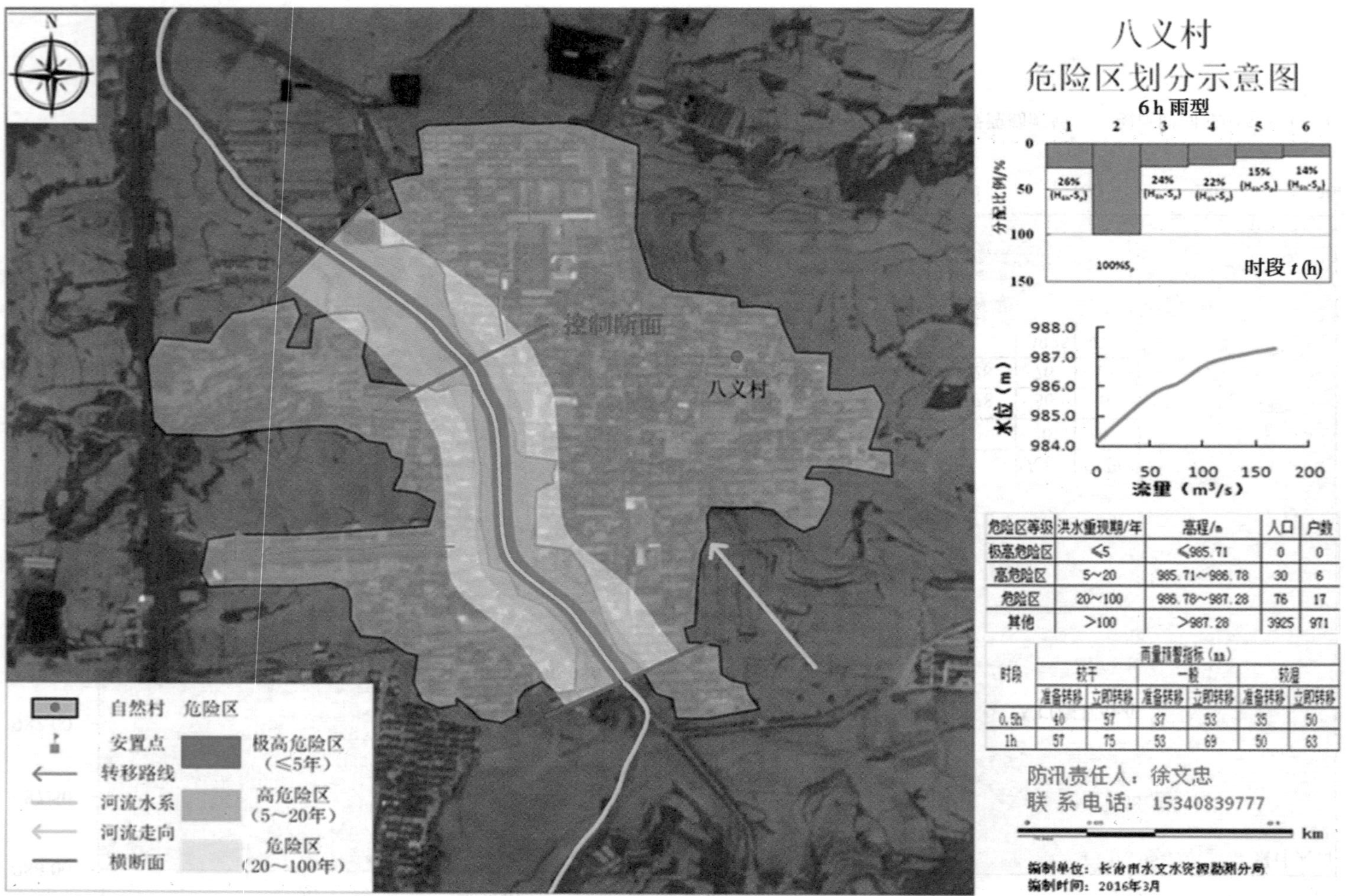
八义村
危险区划分示意图
6 h 雨型
分配比例/%
时段 t (h)
100%S
水位（m）
流量（m³/s）
控制断面
八义村
危险区等级 洪水重现期/年 高程/m 人口 户数
极高危险区 ≤5 ≤985.71 0 0
高危险区 5~20 985.71~986.78 30 6
危险区 20~100 986.78~987.28 76 17
其他 >100 >987.28 3925 971
时段 雨量预警指标（mm）
较干 一般 较湿
准备转移 立即转移 准备转移 立即转移 准备转移 立即转移
0.5h 40 57 37 53 35 50
1h 57 75 53 69 50 63
防汛责任人：徐文忠
联系电话：15340839777
km
编制单位：长治市水文水资源勘测分局
编制时间：2016年3月
N
自然村 危险区
安置点
转移路线
河流水系
河流走向
横断面
极高危险区（≤5年）
高危险区（5~20年）
危险区（20~100年）

襄垣县 石灰窑村 分析评价成果

行政区划代码	140423100208000	行政区划名称	石灰窑村	小流域名称	石灰窑村

集水面积(km^2)	33.28	河长(km)	7.97	河道比降(‰)	10.28	糙率	0.035

一、设计暴雨成果

历时	均值	变差系数	C_s/C_v	重现期雨量值(mm)				
				100 年	50 年	20 年	10 年	5 年
10 min	16.0	0.48	3.5	34.7	30.9	25.8	21.9	17.8
60 min	31.5	0.49	3.5	73.0	64.3	52.5	43.6	34.5
6 h	44.5	0.57	3.5	121.4	106.9	87.5	72.6	57.6
24 h	62.0	0.45	3.5	148.2	132.2	110.5	93.7	76.3
3 d	77.5	0.44	3.5	184.8	165.5	139.5	119.4	98.3

二、设计洪水成果

洪水要素	重现期洪水要素值				
	100 年	50 年	20 年	10 年	5 年
洪峰流量(m^3/s)	397	315	211	137	79.8
洪量(万 m^3)	227	178	120	80	51
洪水历时(h)	3.0	2.5	2.5	2.5	2.5
洪峰水位(m)	904.08	903.87	903.59	903.33	903.04

三、防洪现状评价

防洪能力(年)	13	成灾水位(m)	903.42

该村控制断面水位—流量—人口关系等防洪现状评价成果详见防洪现状评价图

四、预警指标成果

计算方法	流域模型法	预警时段(h)	0.5、1、1.5	流域前期持水度 B_0	0、0.3、0.6

该村雨量预警指标详见危险区划分示意图

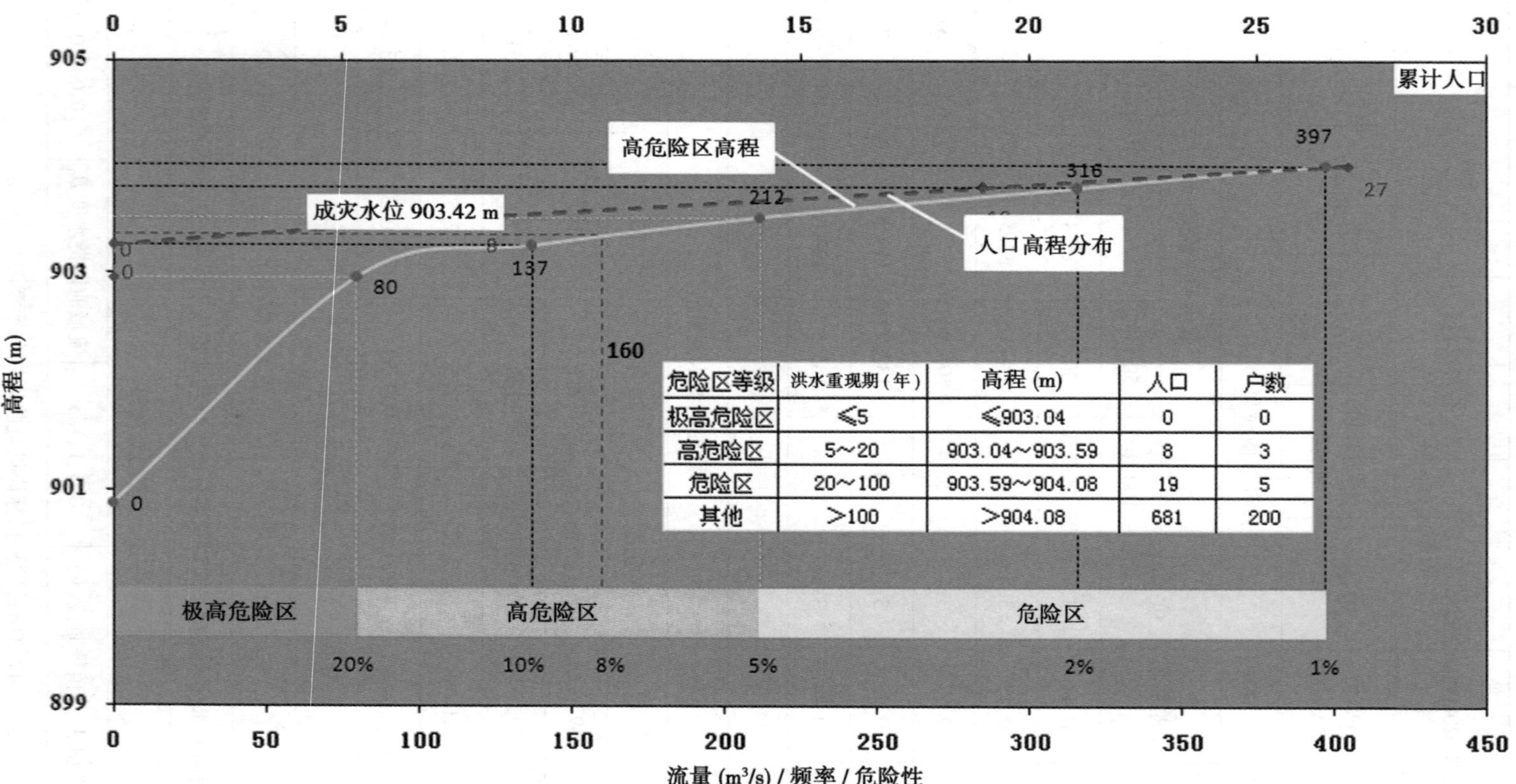

危险区等级	洪水重现期（年）	高程 (m)	人口	户数
极高危险区	≤5	≤903.04	0	0
高危险区	5～20	903.04～903.59	8	3
危险区	20～100	903.59～904.08	19	5
其他	＞100	＞904.08	681	200

石灰窑村防洪现状评价图

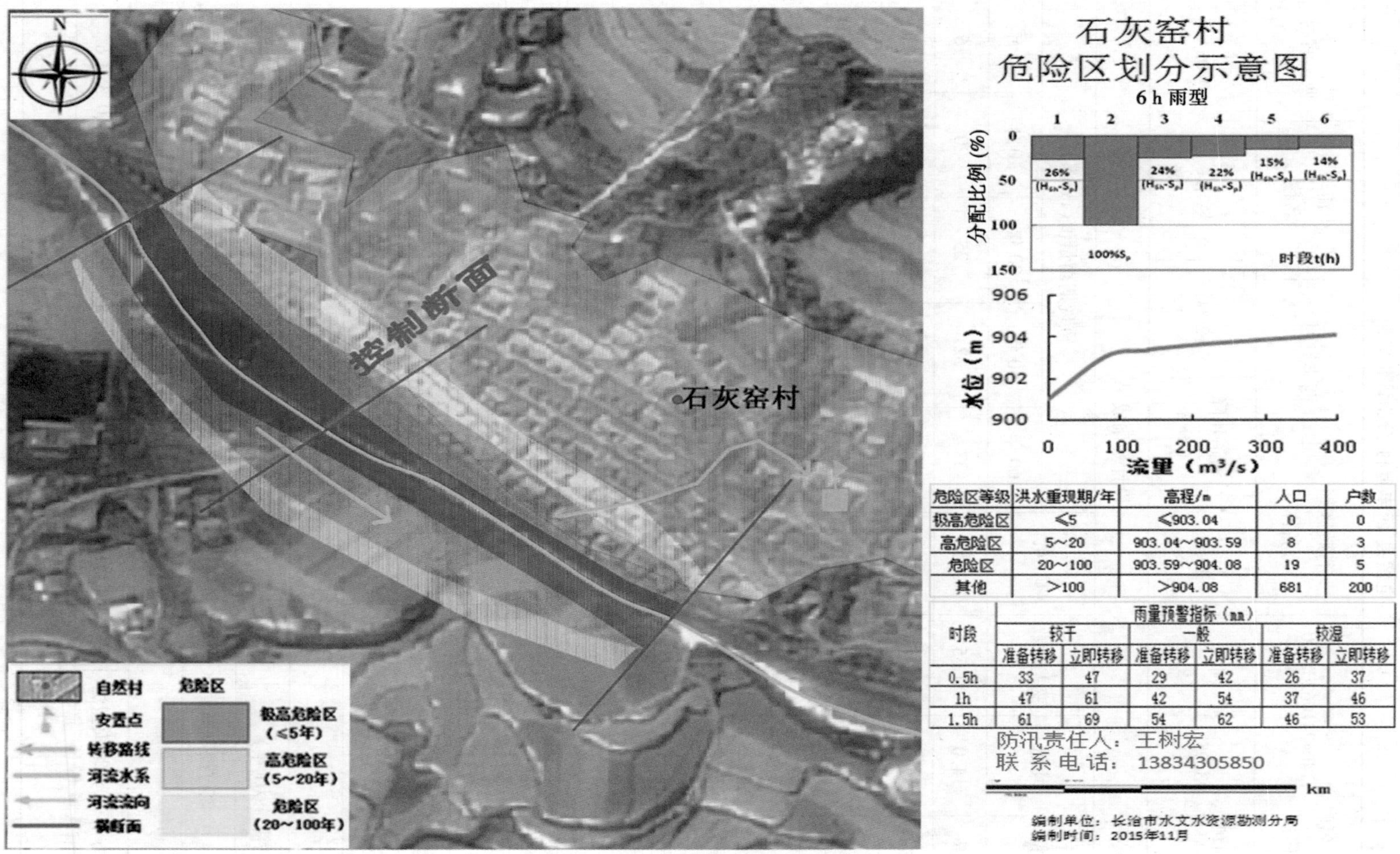

危险区等级	洪水重现期/年	高程/m	人口	户数
极高危险区	≤5	≤903.04	0	0
高危险区	5～20	903.04～903.59	8	3
危险区	20～100	903.59～904.08	19	5
其他	＞100	＞904.08	681	200

时段	雨量预警指标（mm）					
	较干		一般		较湿	
	准备转移	立即转移	准备转移	立即转移	准备转移	立即转移
0.5h	33	47	29	42	26	37
1h	47	61	42	54	37	46
1.5h	61	69	54	62	46	53

屯留县 西丰宜村 分析评价成果

行政区划代码	140424106202000	行政区划名称	西丰宜村	小流域名称	西丰宜村

集水面积(km^2)	93.95	河长(km)	17.2	河道比降(‰)	12.60	糙率	0.03

一、设计暴雨成果

历时	均值	变差系数	C_s/C_v	重现期雨量值(mm)				
				100 年	50 年	20 年	10 年	5 年
10 min	14.0	0.55	3.5	37	32	25	20	16
60 min	32.0	0.6	3.5	75	65	52	43	33
6 h	47.1	0.6	3.5	132	115	94	76	59
24 h	76.9	0.6	3.5	184	161	130	107	83
3 d	97.28	0.58	3.5	222	193	156	129	102

二、设计洪水成果

洪水要素	重现期洪水要素值				
	100 年	50 年	20 年	10 年	5 年
洪峰流量(m^3/s)	713	573	397	272	154
洪量(万 m^3)	1 085	851	562	377	228
洪水历时(h)	15.5	14.0	12.5	12.5	12.0
洪峰水位(m)	960.95	960.56	960.01	959.55	959.02

三、防洪现状评价

防洪能力(年)	15	成灾水位(m)	959.66

该村控制断面水位—流量—人口关系等防洪现状评价成果详见防洪现状评价图

四、预警指标成果

计算方法	流域模型法	预警时段(h)	0.5、1、2、3	流域前期持水度 B_0	0、0.3、0.6

该村雨量预警指标详见危险区划分示意图

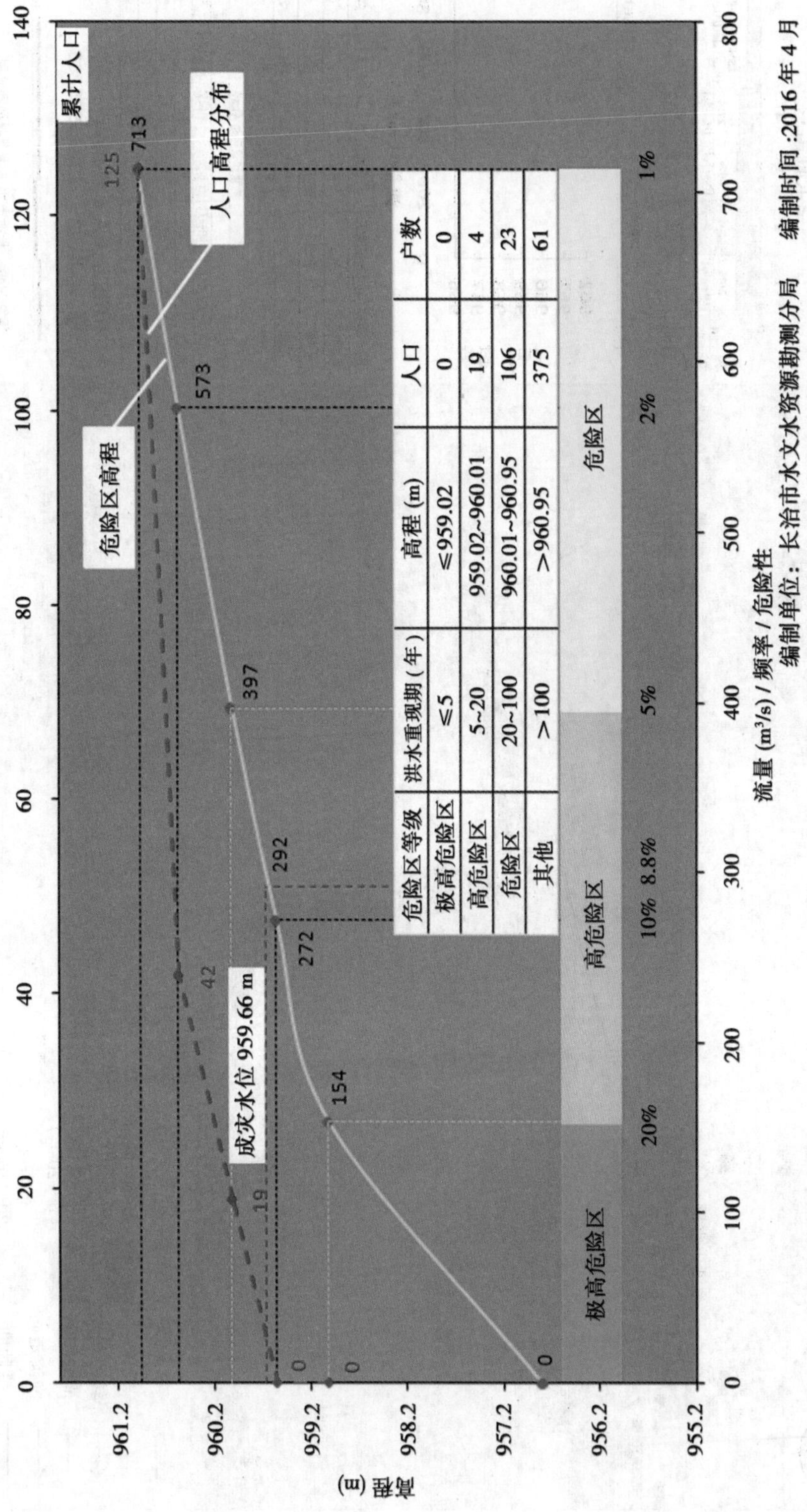

危险区等级	洪水重现期（年）	高程 (m)	人口	户数
极高危险区	≤5	≤959.02	0	0
高危险区	5~20	959.02~960.01	19	4
危险区	20~100	960.01~960.95	106	23
其他	>100	>960.95	375	61

西丰宜村防洪现状评价图

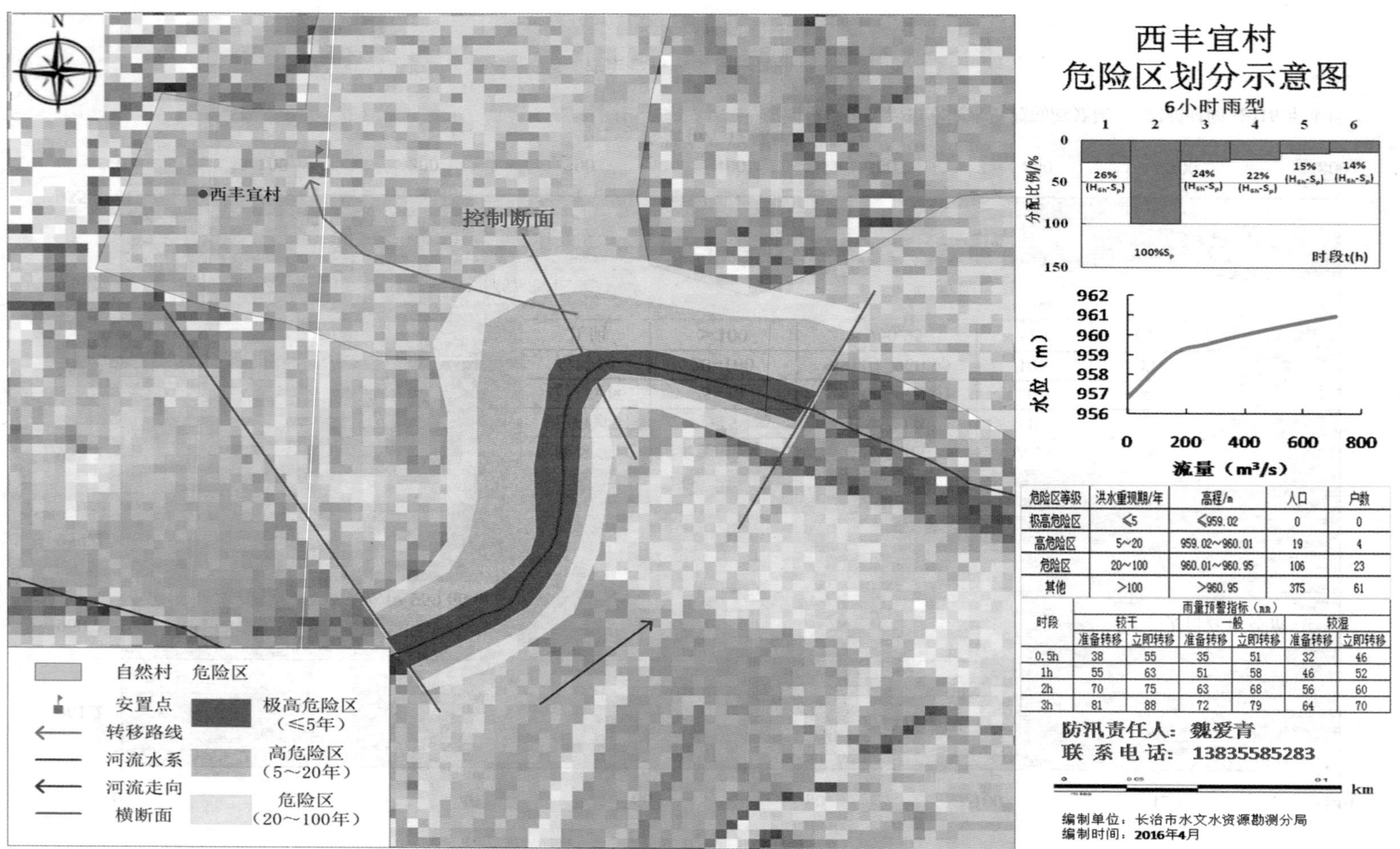

西丰宜村
危险区划分示意图
6小时雨型
分配比例/%
26% (H_{6h}-S_p)
100%S_p
24% (H_{6h}-S_p)
22% (H_{6h}-S_p)
15% (H_{6h}-S_p)
14% (H_{6h}-S_p)
时段t(h)
水位（m）
流量（m³/s）
西丰宜村
控制断面
N
自然村　危险区
安置点
转移路线
河流水系
河流走向
横断面
极高危险区（≤5年）
高危险区（5～20年）
危险区（20～100年）

危险区等级	洪水重现期/年	高程/m	人口	户数
极高危险区	≤5	≤959.02	0	0
高危险区	5～20	959.02～960.01	19	4
危险区	20～100	960.01～960.95	106	23
其他	>100	>960.95	375	61

时段	雨量预警指标（mm）					
	较干		一般		较湿	
	准备转移	立即转移	准备转移	立即转移	准备转移	立即转移
0.5h	38	55	35	51	32	46
1h	55	63	51	58	46	52
2h	70	75	63	68	56	60
3h	81	88	72	79	64	70

防汛责任人：魏爱青
联系电话：13835585283
km
编制单位：长治市水文水资源勘测分局
编制时间：2016年4月

平顺县 申家坪村 分析评价成果

行政区划代码	140425200208000	行政区划名称	申家坪村	小流域名称	申家坪村

集水面积(km^2)	44.12	河长(km)	9.06	河道比降(‰)	25.79	糙率	0.03

一、设计暴雨成果

历时	均值	变差系数	C_s/C_v	重现期雨量值(mm)				
				100年	50年	20年	10年	5年
10 min	17.3	0.44	3.5	34.3	30.8	26.1	22.4	18.5
60 min	30.5	0.43	3.5	62.9	56.3	47.3	40.3	33.1
6 h	45.4	0.5	3.5	109.0	97.5	81.3	68.9	56.0
24 h	64.8	0.48	3.5	162.0	144.0	119.0	100.0	80.9
3 d	89.7	0.47	3.5	224.0	199.0	166.0	141.0	115.0

二、设计洪水成果

洪水要素	重现期洪水要素值				
	100年	50年	20年	10年	5年
洪峰流量(m^3/s)	215	161	101	63.7	38.6
洪量(万m^3)	158.78	124.50	84.74	58.35	39.02
洪水历时(h)					
洪峰水位(m)	1 299.88	1 299.53	1 298.75	1 298.31	1 297.96

三、防洪现状评价

防洪能力(年)	15	成灾水位(m)	1 298.56

该村控制断面水位—流量—人口关系等防洪现状评价成果详见防洪现状评价图

四、预警指标成果

计算方法	流域模型法	预警时段(h)	0.5、1、1.5、2、2.5	流域前期持水度B_0	0、0.3、0.6

该村雨量预警指标详见危险区划分示意图

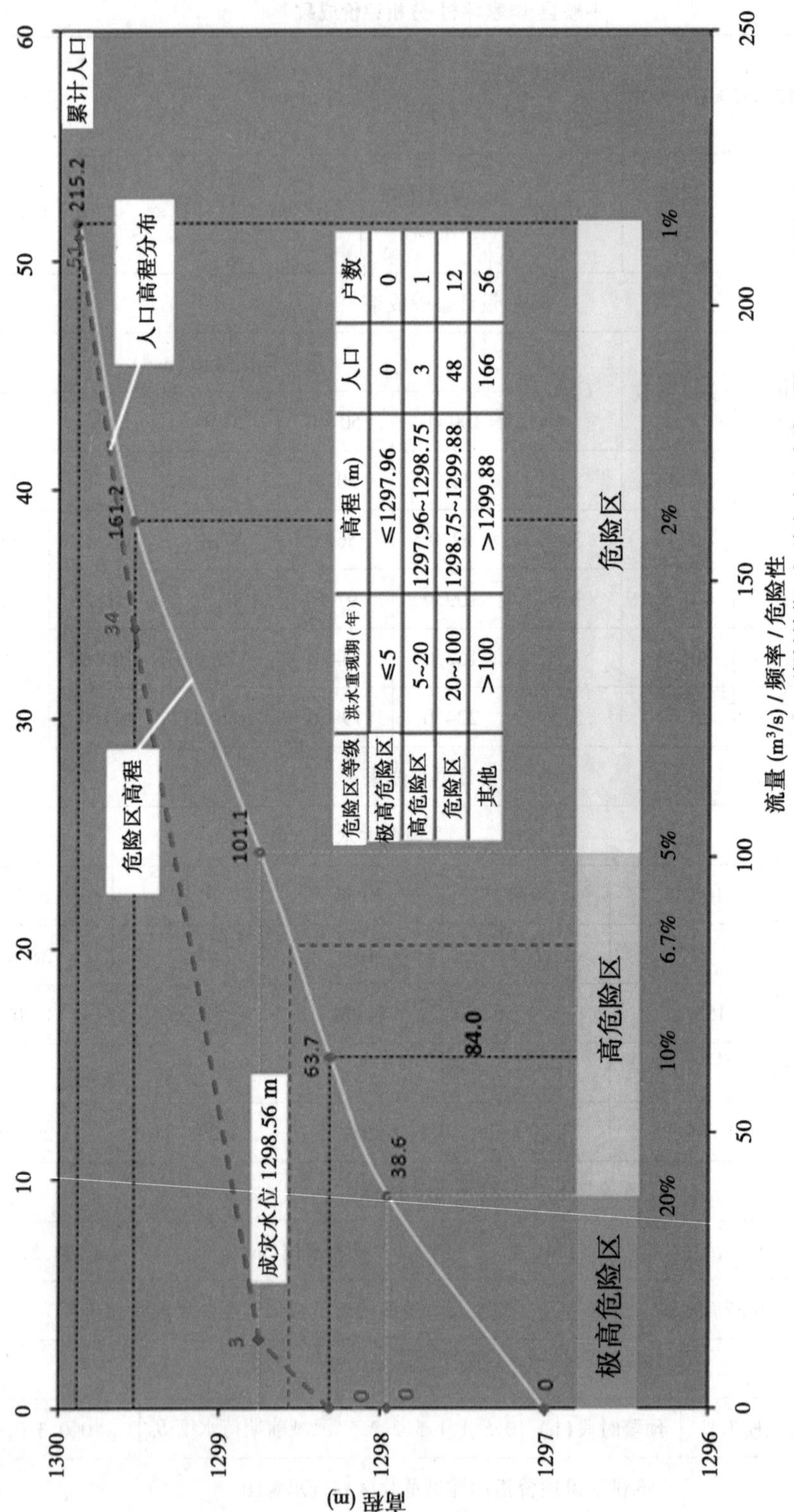

危险区等级	洪水重现期（年）	高程 (m)	人口	户数
极高危险区	≤5	≤1297.96	0	0
高危险区	5~20	1297.96~1298.75	3	1
危险区	20~100	1298.75~1299.88	48	12
其他	>100	>1299.88	166	56

申家坪村防洪现状评价图

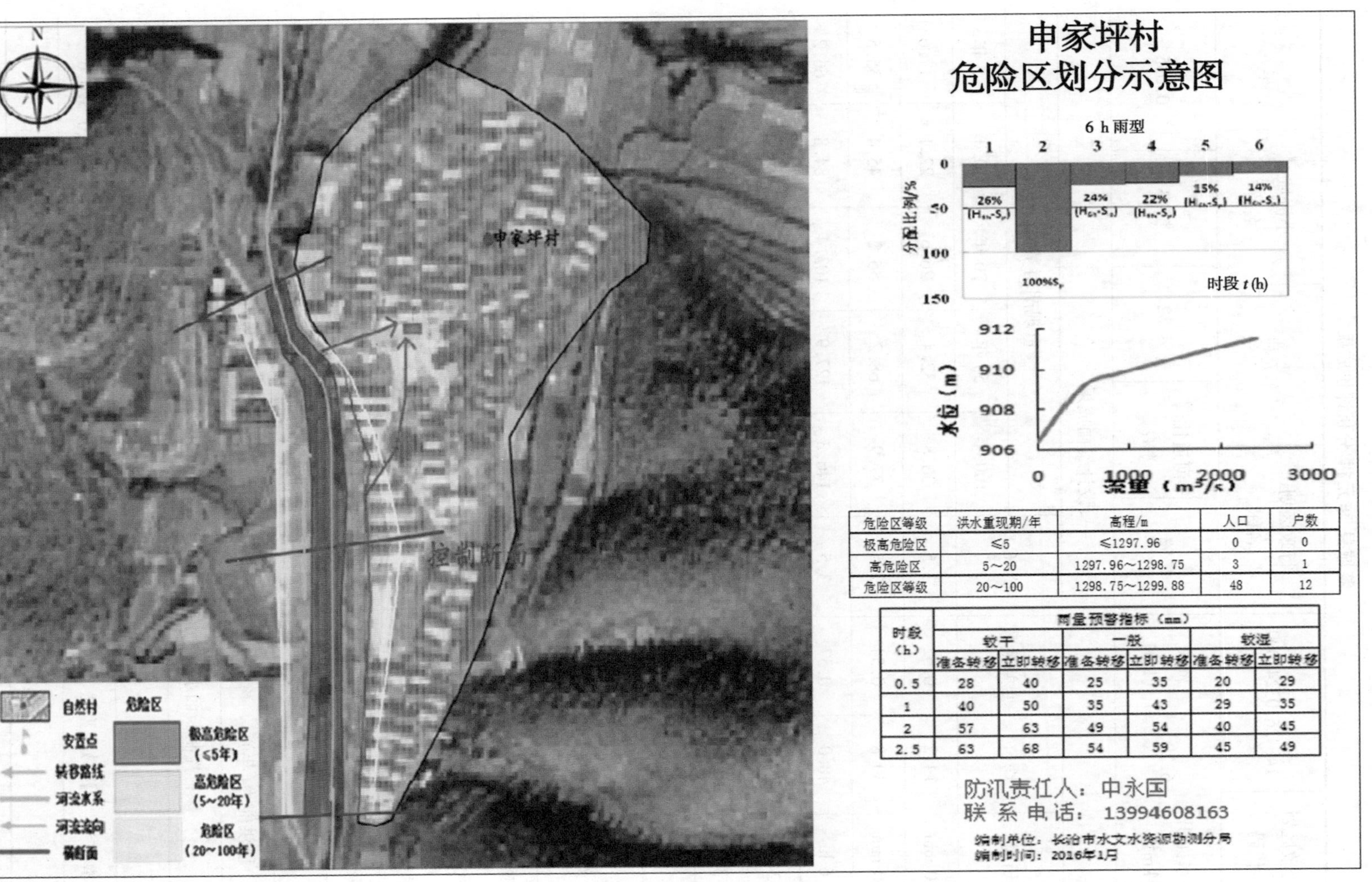

危险区等级	洪水重现期/年	高程/m	人口	户数
极高危险区	≤5	≤1297.96	0	0
高危险区	5~20	1297.96~1298.75	3	1
危险区等级	20~100	1298.75~1299.88	48	12

时段（h）	雨量预警指标（mm）					
	较干		一般		较湿	
	准备转移	立即转移	准备转移	立即转移	准备转移	立即转移
0.5	28	40	25	35	20	29
1	40	50	35	43	29	35
2	57	63	49	54	40	45
2.5	63	68	54	59	45	49

黎城县 车元村 分析评价成果

行政区划代码	140426103242000	行政区划名称	车元村	小流域名称	车元

集水面积(km^2)	6.20	河长(km)	1.52	河道比降(‰)	4.32	糙率	0.035

一、设计暴雨成果

历时	均值	变差系数	C_s/C_v	重现期雨量值(mm)				
				100 年	50 年	20 年	10 年	5 年
10 min	14.2	0.52	3.5	36.8	32.4	26.6	22.1	17.6
60 min	30.8	0.54	3.5	77.9	68.2	55.2	45.4	35.5
6 h	48.0	0.57	3.5	146.3	127.9	103.4	84.8	66.2
24 h	79.5	0.53	3.5	217.5	190.9	155.4	128.4	101.1
3 d	105.2	0.53	3.5	296.9	260.8	212.7	176.1	138.9

二、设计洪水成果

洪水要素	重现期洪水要素值				
	100 年	50 年	20 年	10 年	5 年
洪峰流量(m^3/s)	95	77	54.2	36.1	21.3
洪量(万 m^3)	56.98	44.27	29.25	19.32	11.84
洪水历时(h)	3.0	3.0	2.5	2.0	2.0
洪峰水位(m)	875.41	875.23	874.97	874.28	873.4

三、防洪现状评价

防洪能力(年)	<5	成灾水位(m)	873.4

该村控制断面水位—流量—人口关系等防洪现状评价成果详见防洪现状评价图

四、预警指标成果

计算方法	流域模型法	预警时段(h)	0.5、1	流域前期持水度 B_0	0、0.3、0.6

该村雨量预警指标详见危险区划分示意图

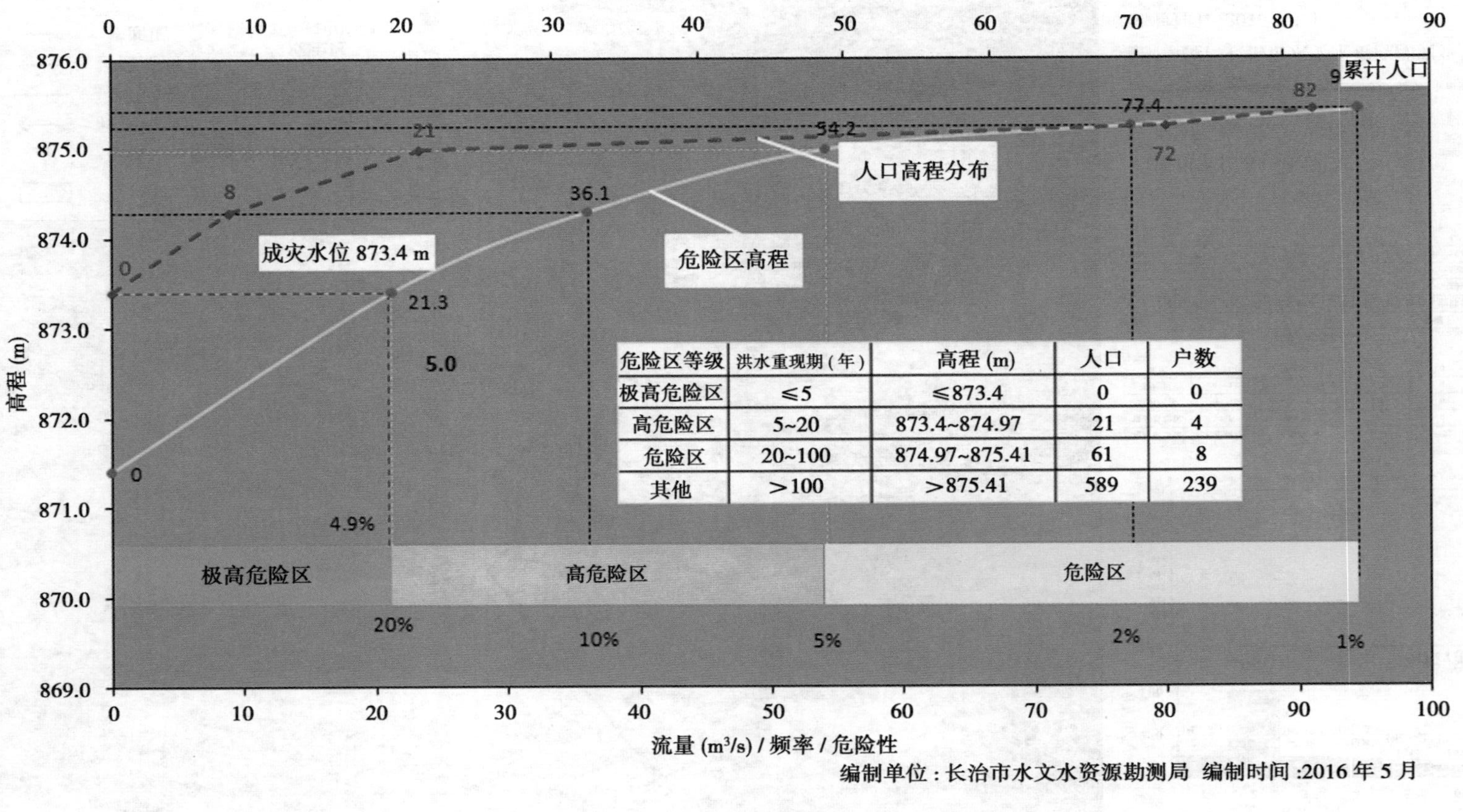
累计人口
高程 (m)
流量 (m³/s) / 频率 / 危险性
编制单位：长治市水文水资源勘测局　编制时间：2016 年 5 月
人口高程分布
危险区高程
成灾水位 873.4 m
极高危险区
高危险区
危险区
20%
10%
5%
2%
1%
4.9%
5.0
危险区等级 | 洪水重现期（年） | 高程 (m) | 人口 | 户数
极高危险区 | ≤5 | ≤873.4 | 0 | 0
高危险区 | 5~20 | 873.4~874.97 | 21 | 4
危险区 | 20~100 | 874.97~875.41 | 61 | 8
其他 | >100 | >875.41 | 589 | 239

车元村防洪现状评价图

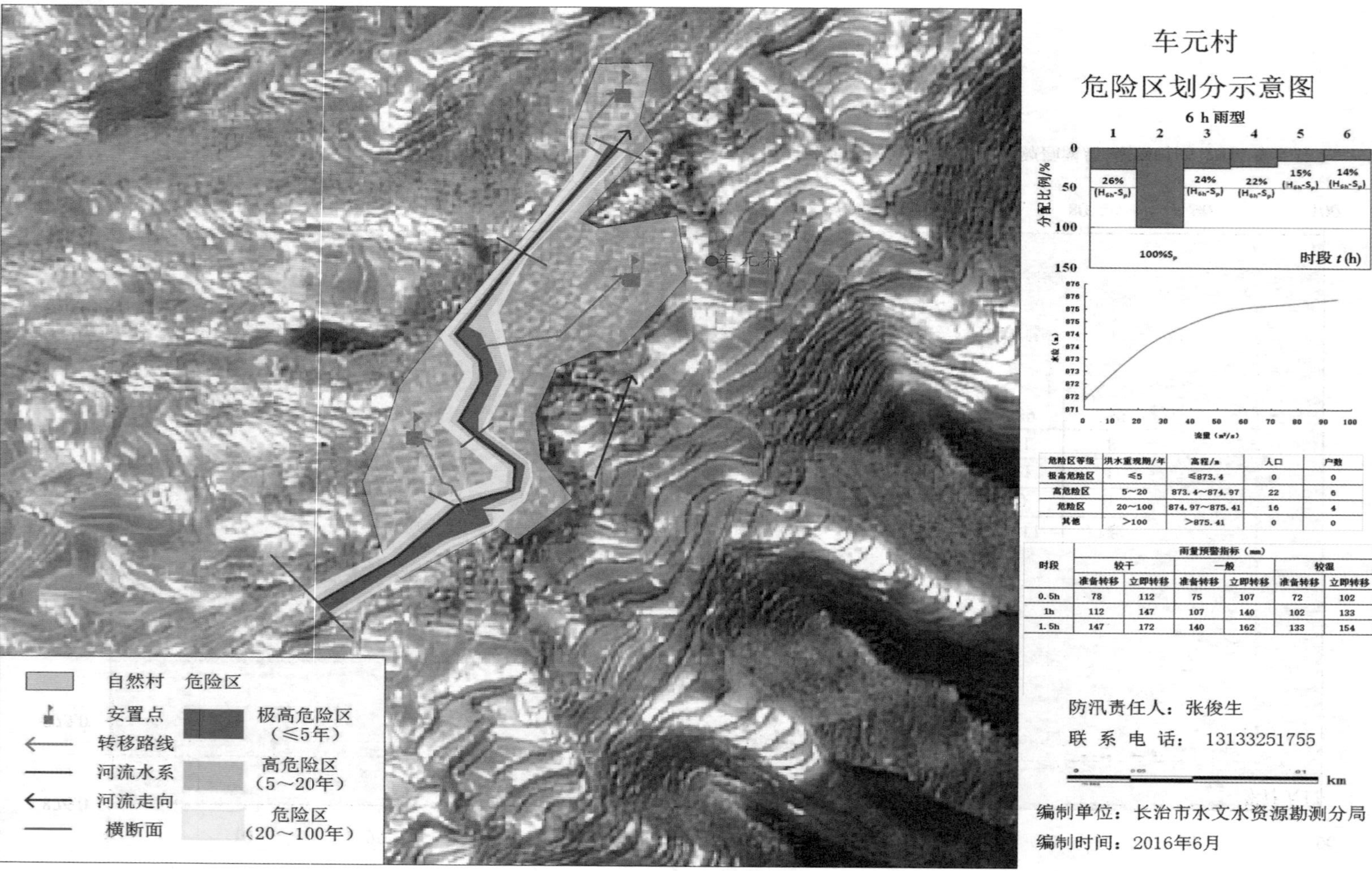

危险区等级	洪水重现期/年	高程/m	人口	户数
极高危险区	≤5	≤873.4	0	0
高危险区	5～20	873.4～874.97	22	6
危险区	20～100	874.97～875.41	16	4
其他	>100	>875.41	0	0

时段	雨量预警指标（mm）					
	较干		一般		较湿	
	准备转移	立即转移	准备转移	立即转移	准备转移	立即转移
0.5h	78	112	75	107	72	102
1h	112	147	107	140	102	133
1.5h	147	172	140	162	133	154

壶关县 石河沐村 分析评价成果

行政区划代码	140427203215000	行政区划名称	石河沐村	小流域名称	石河沐村

集水面积（km^2）	4.50	河长（km）	1.50	河道比降（‰）	74.30	糙率	0.025

一、设计暴雨成果

历时	均值	变差系数	C_s/C_v	重现期雨量值(mm)				
				100 年	50 年	20 年	10 年	5 年
10 min	17.0	0.42	3.5	40.7	36.5	30.9	26.5	22.0
60 min	31.0	0.55	3.5	91.8	80.3	64.9	53.3	41.6
6 h	54.0	0.70	3.5	198.5	168.8	130.1	101.5	73.9
24 h	88.0	0.69	3.5	319.2	271.8	210.1	164.5	120.4
3 d	120.0	0.72	3.5	453.0	383.7	293.9	227.8	164.4

二、设计洪水成果

洪水要素	重现期洪水要素值				
	100 年	50 年	20 年	10 年	5 年
洪峰流量(m^3/s)	73.7	58.0	33.7	16.3	7.6
洪量(万 m^3)	50.6	34.4	17.5	9	4.7
洪水历时(h)	11.00	9.50	8.75	8.75	9.25
洪峰水位(m)	1 239.40	1 238.90	1 238.00	1 237.20	1 236.70

三、防洪现状评价

防洪能力(年)	5	成灾水位(m)	1 236.11

该村控制断面水位—流量—人口关系等防洪现状评价成果详见防洪现状评价图

四、预警指标成果

计算方法	流域模型法	预警时段(h)	0.5	流域前期持水度 B_0	0、0.3、0.6

该村雨量预警指标详见危险区划分示意图

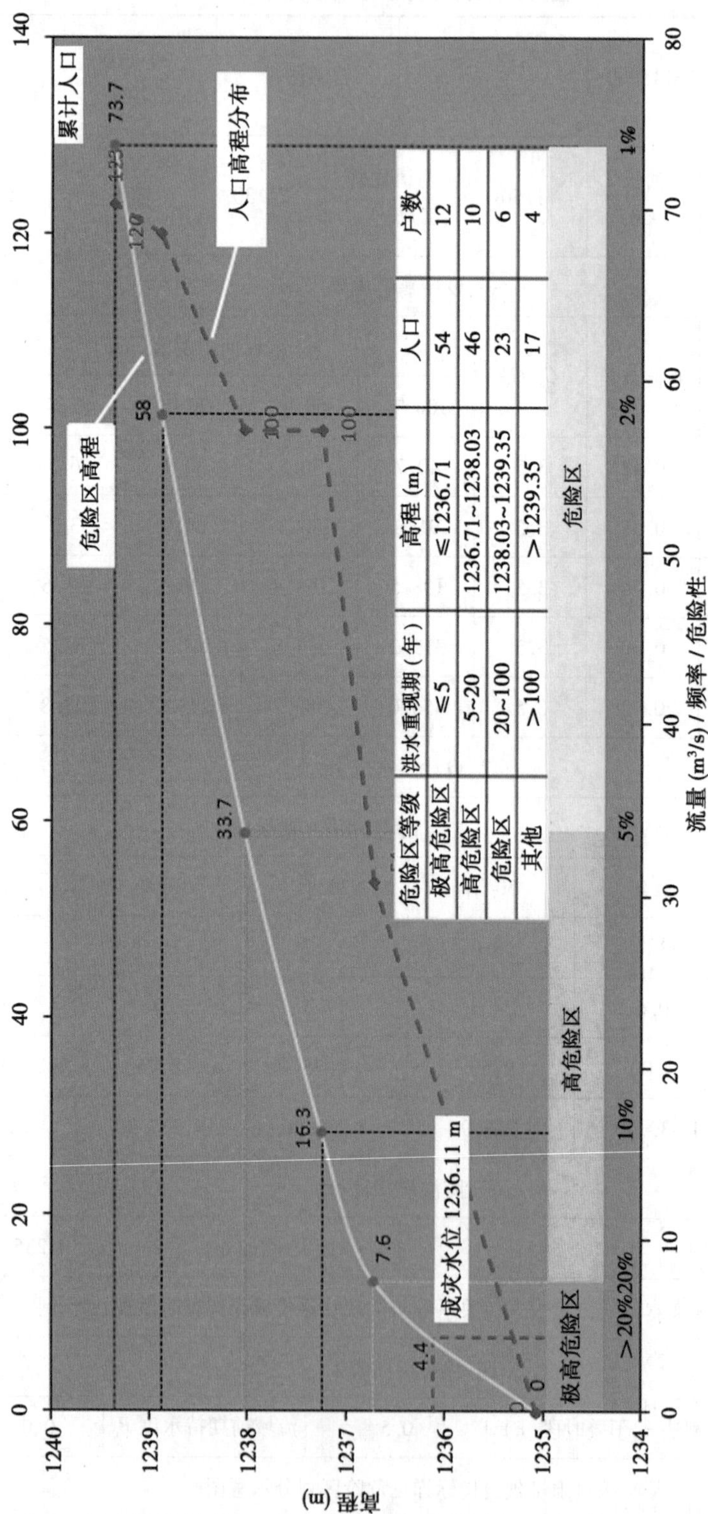

危险区等级	洪水重现期（年）	高程 (m)	人口	户数
极高危险区	≤5	≤1236.71	54	12
高危险区	5~20	1236.71~1238.03	46	10
危险区	20~100	1238.03~1239.35	23	6
其他	＞100	＞1239.35	17	4

编制单位：长治市水文水资源勘测局　　编制时间 :2016 年 1 月

石河沐村防洪现状评价图

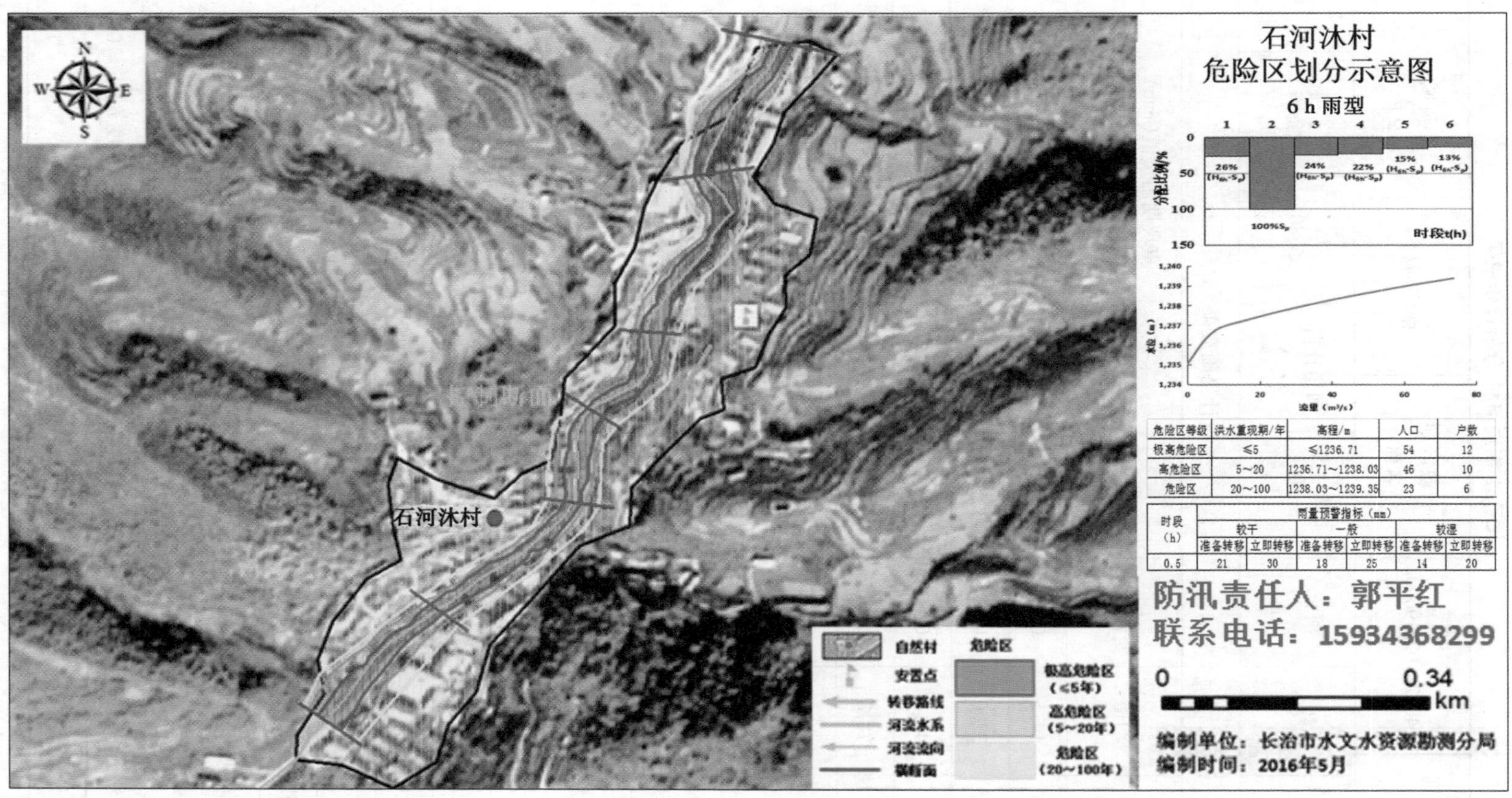
石河沐村
危险区划分示意图
6 h雨型
分配比例/%
时段t(h)
100%S_p
26%
24%
22%
15%
13%
水位(m)
流量（m^3/s）
危险区等级 洪水重现期/年 高程/m 人口 户数
极高危险区 ≤5 ≤1236.71 54 12
高危险区 5~20 1236.71~1238.03 46 10
危险区 20~100 1238.03~1239.35 23 6
时段(h) 雨量预警指标(mm)
较干 一般 较湿
准备转移 立即转移 准备转移 立即转移 准备转移 立即转移
0.5 21 30 18 25 14 20
防汛责任人：郭平红
联系电话：15934368299
0 0.34 km
编制单位：长治市水文水资源勘测分局
编制时间：2016年5月
自然村
安置点
转移路线
河流水系
河流流向
横断面
危险区
极高危险区（≤5年）
高危险区（5~20年）
危险区（20~100年）
石河沐村
N S E W

长子县 南沟河村 分析评价成果

行政区划代码	140428102219000	行政区划名称	南沟河村	小流域名称	南沟河

集水面积(km^2)	19.60	河长(km)	8.50	河道比降(‰)	35.80	糙率	0.03

一、设计暴雨成果

历时	均值	变差系数	C_s/C_v	重现期雨量值(mm)				
				100 年	50 年	20 年	10 年	5 年
10 min	14.5	0.55	3.5	39.0	34.0	27.0	22.0	17.0
60 min	32.0	0.57	3.5	82.0	71.0	57.0	46.0	35.0
6 h	48.1	0.60	3.5	152.0	133.0	106.0	86.0	66.0
24 h	78.8	0.61	3.5	227.0	197.0	156.0	126.0	96.0
3 d	104.6	0.6	3.5	294.0	255.0	202.0	162.0	123.0

二、设计洪水成果

洪水要素	重现期洪水要素值				
	100 年	50 年	20 年	10 年	5 年
洪峰流量(m^3/s)	199	162	113	77	43
洪量(万 m^3)	242	189	124	82	49
洪水历时(h)	14	11	10	10	8.5
洪峰水位(m)	998.41	998.22	997.99	997.73	997.31

三、防洪现状评价

防洪能力(年)	2	成灾水位(m)	997.1

该村控制断面水位—流量—人口关系等防洪现状评价成果详见防洪现状评价图

四、预警指标成果

计算方法	流域模型法	预警时段(h)	0.5、1、2、2.5	流域前期持水度 B_0	0、0.3、0.6

该村雨量预警指标详见危险区划分示意图

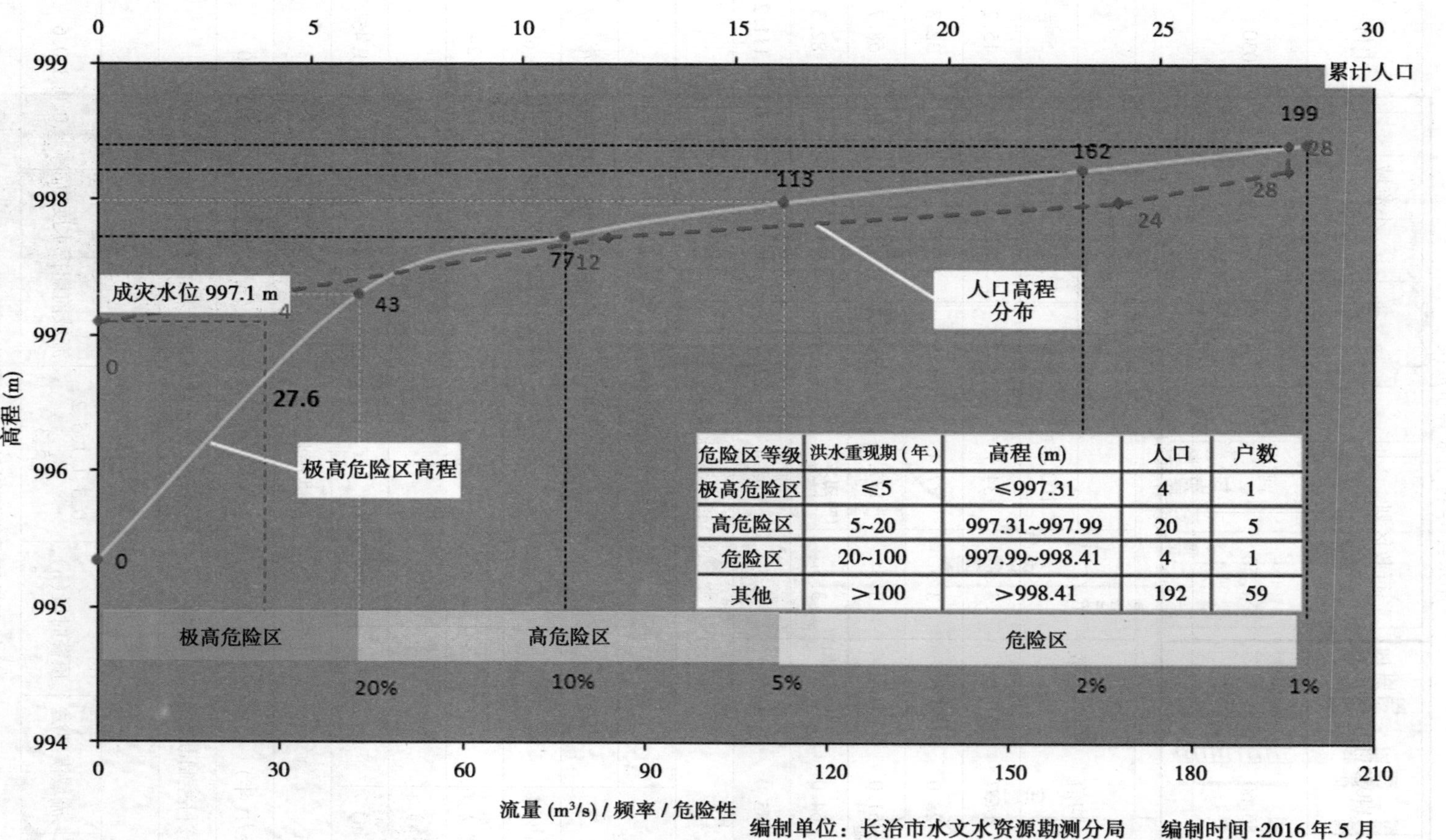

危险区等级	洪水重现期 (年)	高程 (m)	人口	户数
极高危险区	≤5	≤997.31	4	1
高危险区	5~20	997.31~997.99	20	5
危险区	20~100	997.99~998.41	4	1
其他	>100	>998.41	192	59

南沟河村防洪现状评价图

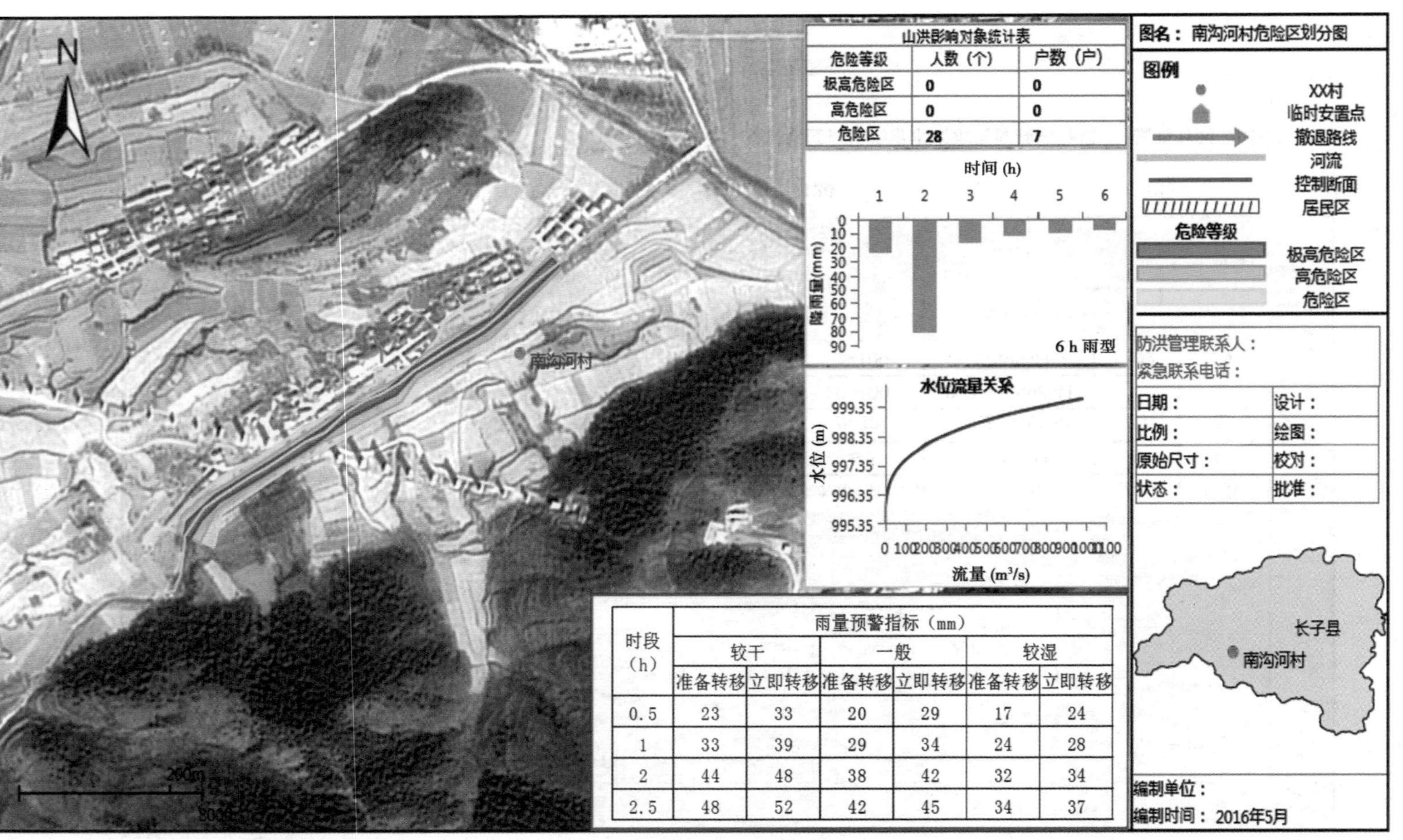

山洪影响对象统计表

危险等级	人数（个）	户数（户）
极高危险区	0	0
高危险区	0	0
危险区	28	7

时段（h）	雨量预警指标（mm）					
	较干		一般		较湿	
	准备转移	立即转移	准备转移	立即转移	准备转移	立即转移
0.5	23	33	20	29	17	24
1	33	39	29	34	24	28
2	44	48	38	42	32	34
2.5	48	52	42	45	34	37

武乡县 义安村 分析评价成果

行政区划代码	140429101225100	行政区划名称	义安村	小流域名称	义安村

集水面积（km^2）	12.70	河长（km）	1.93	河道比降（‰）	61.78	糙率	0.035

一、设计暴雨成果

历时	均值	变差系数	C_s/C_v	重现期雨量值(mm)				
				100 年	50 年	20 年	10 年	5 年
10 min	13.0	0.48	3.5	30.0	26.7	22.2	18.8	15.2
60 min	26.5	0.51	3.5	65.8	57.9	47.4	39.3	31.2
6 h	43.3	0.54	3.5	117.8	103.6	84.8	70.5	55.9
24 h	62.5	0.47	3.5	156.9	139.5	116.0	97.9	79.2
3 d	82.5	0.46	3.5	206.3	183.9	153.8	130.4	106.3

二、设计洪水成果

洪水要素	重现期洪水要素值				
	100 年	50 年	20 年	10 年	5 年
洪峰流量(m^3/s)	167	131	86.3	58.0	33.1
洪量(万 m^3)	60.95	46.46	29.93	19.42	11.93
洪水历时(h)	2.5	2.0	2.0	2.0	2.0
洪峰水位(m)	1 051.20	1 050.79	1 050.23	1 049.81	1 049.37

三、防洪现状评价

防洪能力(年)	5	成灾水位(m)	1 049.37
该村控制断面水位—流量—人口关系等防洪现状评价成果详见防洪现状评价图			

四、预警指标成果

计算方法	流域模型法	预警时段(h)	0.5、1	流域前期持水度 B_0	0、0.3、0.6
该村雨量预警指标详见危险区划分示意图					

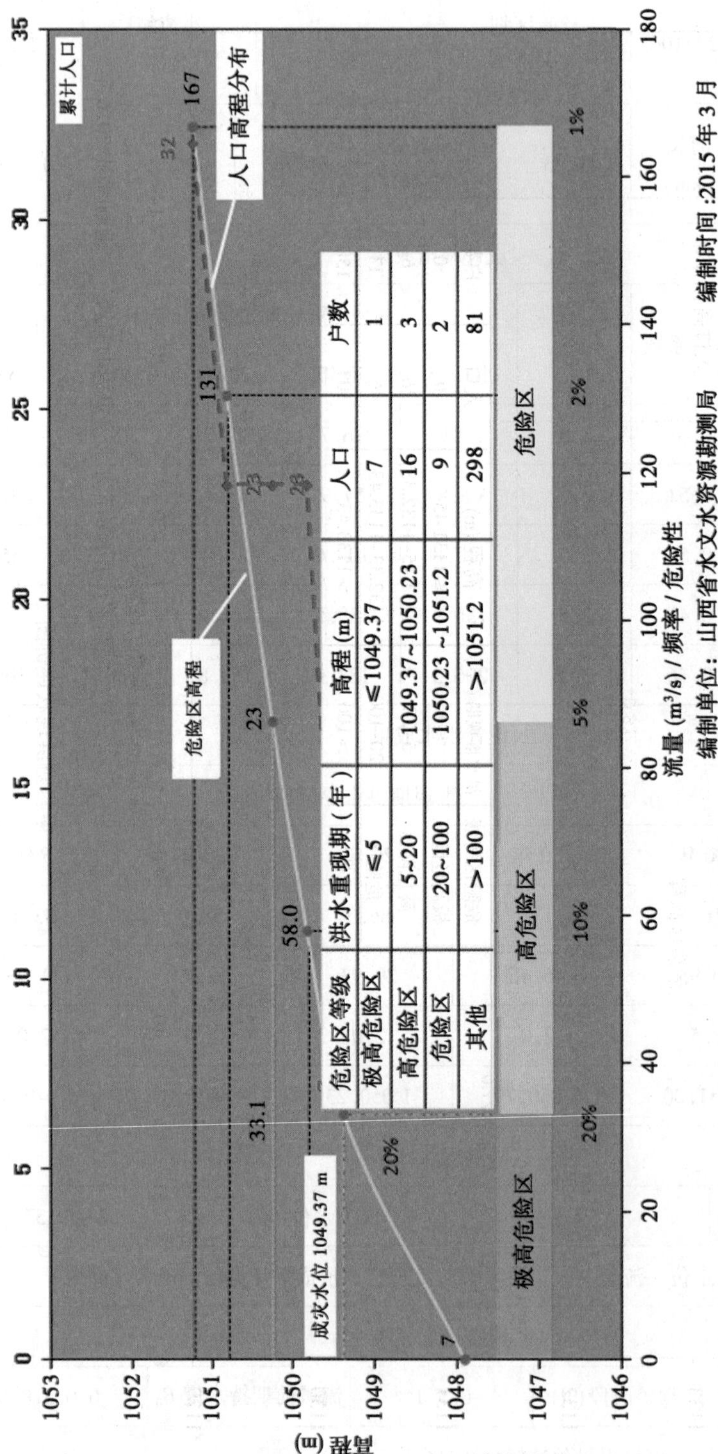

危险区等级	洪水重现期（年）	高程 (m)	人口	户数
极高危险区	≤5	≤1049.37	7	1
高危险区	5~20	1049.37~1050.23	16	3
危险区	20~100	1050.23 ~1051.2	9	2
其他	＞100	＞1051.2	298	81

义安村防洪现状评价图

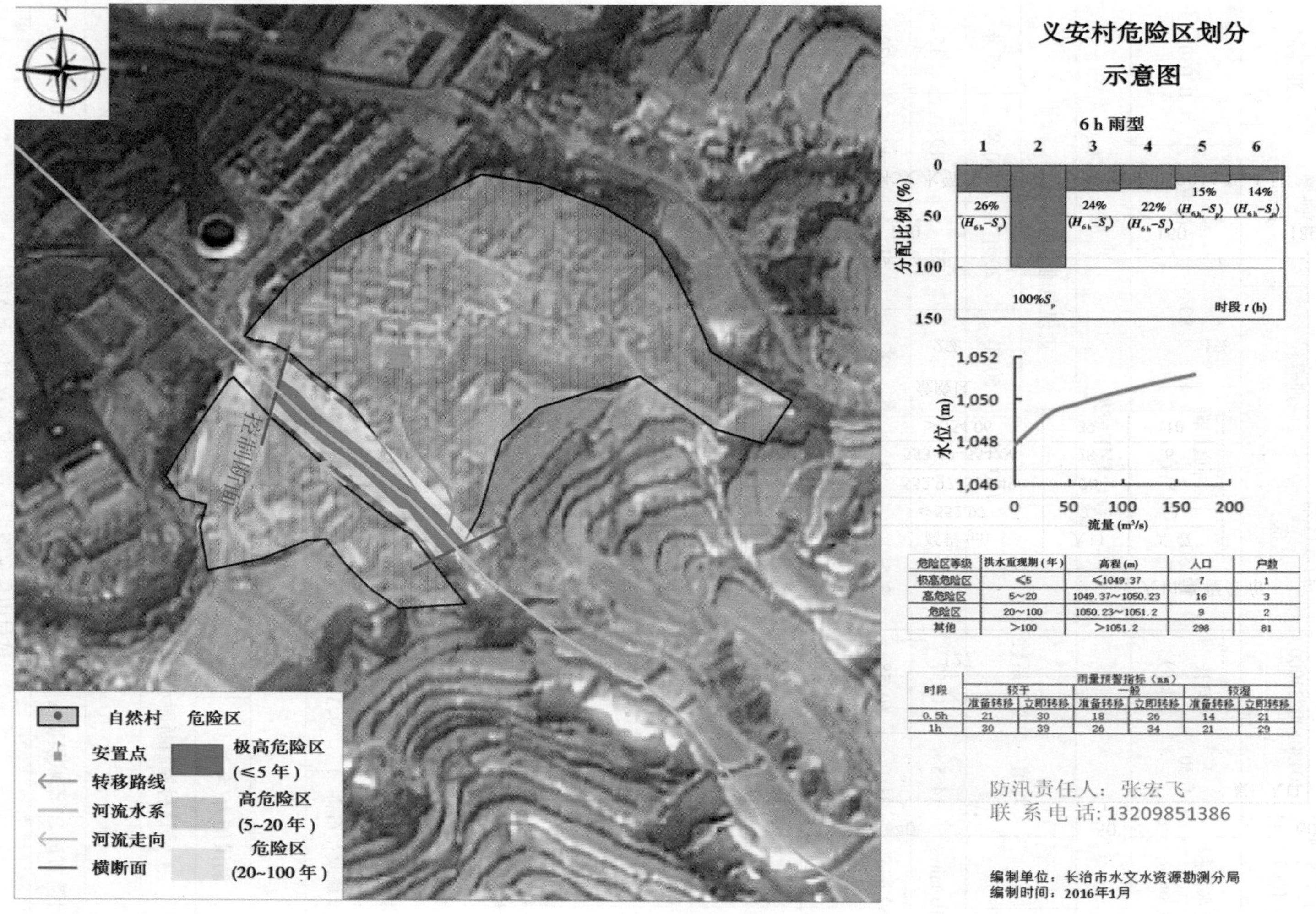

危险区等级	洪水重现期（年）	高程 (m)	人口	户数
极高危险区	≤5	≤1049.37	7	1
高危险区	5~20	1049.37~1050.23	16	3
危险区	20~100	1050.23~1051.2	9	2
其他	>100	>1051.2	298	81

时段	雨量预警指标（mm）					
	较干		一般		较湿	
	准备转移	立即转移	准备转移	立即转移	准备转移	立即转移
0.5h	21	30	18	26	14	21
1h	30	39	26	34	21	29

沁县 迎春村 分析评价成果

行政区划代码	140430100223000	行政区划名称	迎春村	小流域名称	迎春河

集水面积（km^2）	111.30	河长（km）	12.50	河道比降（‰）	2.80	糙率	0.030

一、设计暴雨成果

历时	均值	变差系数	C_s/C_v	重现期雨量值(mm)				
				100年	50年	20年	10年	5年
10 min	14.5	0.57	3.5	44	33	23	19	15
60 min	31.0	0.58	3.5	83	73	51	42	32
6 h	49.0	0.64	3.5	132	146	100	80	61
24 h	72.0	0.67	3.5	166	229	153	122	91
3 d	95.0	0.60	3.5	203	284	198	160	123

二、设计洪水成果

洪水要素	重现期洪水要素值				
	100年	50年	20年	10年	5年
洪峰流量(m^3/s)	824	656	449	287	160
洪量(万 m^3)	1 465.55	1 101.24	708.19	454.27	268.87
洪水历时(h)	5	5	5	4.5	4.5
洪峰水位(m)	943.36	942.81	942.06	941.35	940.61

三、防洪现状评价

防洪能力(年)	6	成灾水位(m)	941.07

该村控制断面水位—流量—人口关系等防洪现状评价成果详见防洪现状评价图

四、预警指标成果

计算方法	流域模型法	预警时段(h)	0.5、1、2、3	流域前期持水度 B_0	0、0.3、0.6

该村雨量预警指标详见危险区划分示意图

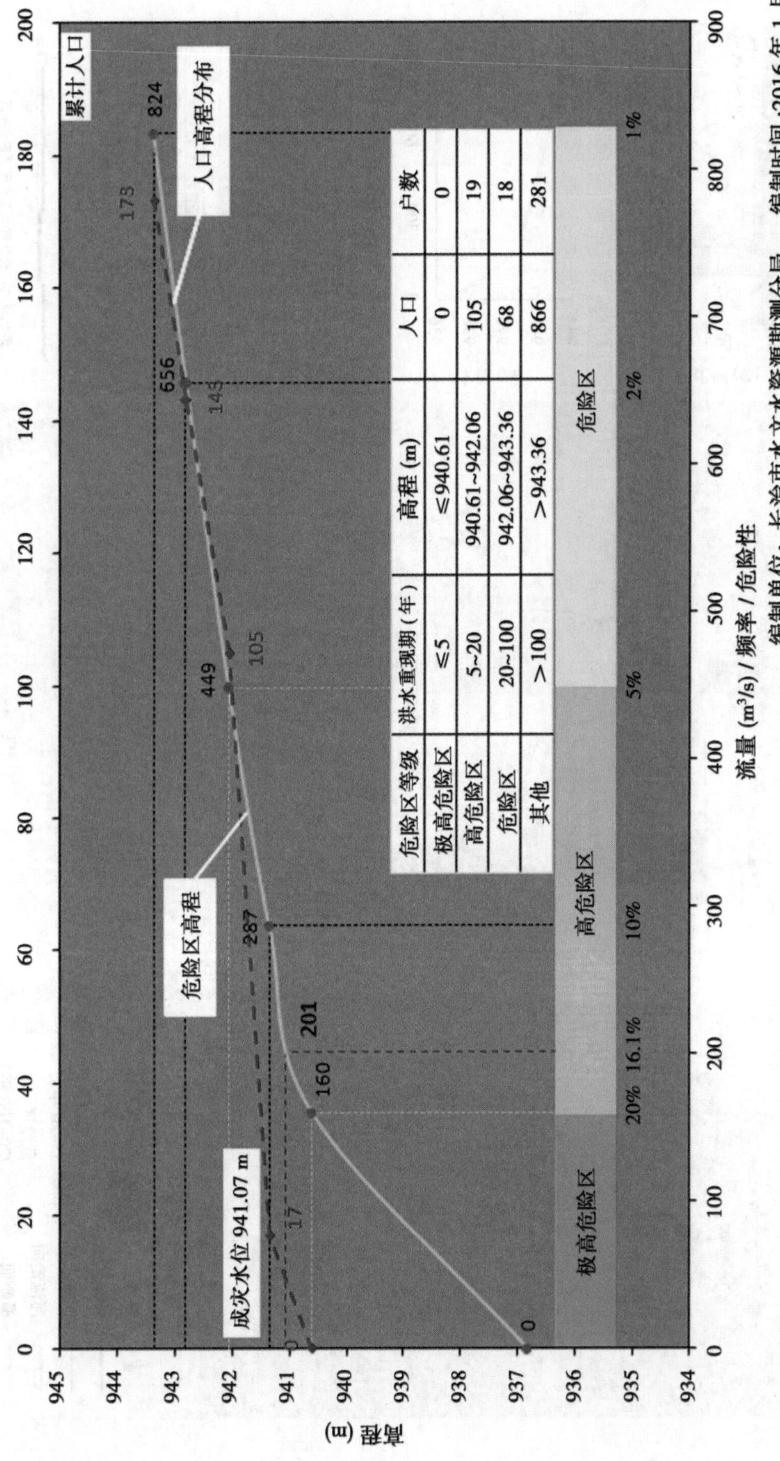
累计人口
人口高程分布
危险区高程
成灾水位 941.07 m
824
656
449
287
201
160
0
173
143
105
17
危险区等级 | 洪水重现期（年） | 高程 (m) | 人口 | 户数
极高危险区 | ≤5 | ≤940.61 | 0 | 0
高危险区 | 5~20 | 940.61~942.06 | 105 | 19
危险区 | 20~100 | 942.06~943.36 | 68 | 18
其他 | >100 | >943.36 | 866 | 281
极高危险区
高危险区
危险区
20%
16.1%
10%
5%
2%
1%
高程 (m)
流量 (m³/s) / 频率 / 危险性
编制单位：长治市水文水资源勘测分局　编制时间 :2016 年 1 月

迎春村防洪现状评价图

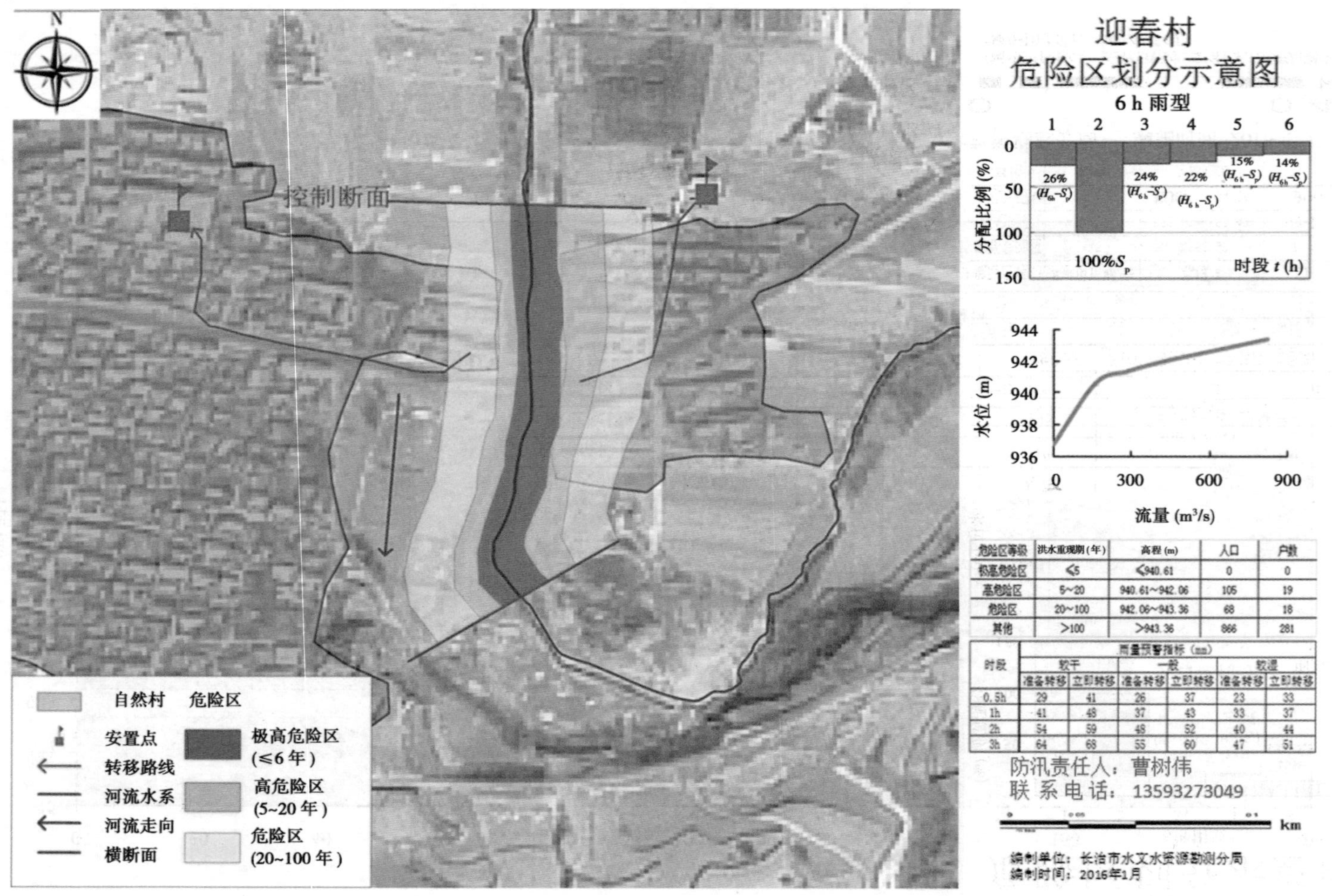
迎春村
危险区划分示意图
6 h 雨型
分配比例(%)
26% (H_{6h}−S_p)
100%S_p
24% (H_{6h}−S_p)
22% (H_{6h}−S_p)
15% (H_{6h}−S_p)
14% (H_{6h}−S_p)
时段 t (h)
水位(m)
流量 (m³/s)
危险区等级 | 洪水重现期(年) | 高程(m) | 人口 | 户数
极高危险区 | ≤5 | ≤940.61 | 0 | 0
高危险区 | 5~20 | 940.61~942.06 | 105 | 19
危险区 | 20~100 | 942.06~943.36 | 68 | 18
其他 | >100 | >943.36 | 866 | 281
雨量预警指标(mm)
时段 | 较干 准备转移 | 较干 立即转移 | 一般 准备转移 | 一般 立即转移 | 较湿 准备转移 | 较湿 立即转移
0.5h | 29 | 41 | 26 | 37 | 23 | 33
1h | 41 | 48 | 37 | 43 | 33 | 37
2h | 54 | 59 | 48 | 52 | 40 | 44
3h | 64 | 68 | 55 | 60 | 47 | 51
防汛责任人：曹树伟
联系电话：13593273049
km
编制单位：长治市水文水资源勘测分局
编制时间：2016年1月
N
控制断面
自然村
危险区
安置点
转移路线
河流水系
河流走向
横断面
极高危险区 (≤6 年)
高危险区 (5~20 年)
危险区 (20~100 年)

沁源县 前兴稍村 分析评价成果

行政区划代码	140431101202000	行政区划名称	前兴稍村	小流域名称	前兴稍

集水面积(km^2)	10.40	河长(km)	5.00	河道比降(‰)	20.00	糙率	0.030

一、设计暴雨成果

历时	均值	变差系数	C_s/C_v	重现期雨量值(mm)				
				100 年	50 年	20 年	10 年	5 年
10 min	13.8	0.57	3.5	37.1	32.3	26.1	21.4	16.6
60 min	29.5	0.58	3.5	76.6	66.5	53.2	43.1	33.0
6 h	46.0	0.61	3.5	145.9	126.7	101.3	82.2	63.1
24 h	80.0	0.56	3.5	226.0	197.3	159.1	130.1	101.1
3 d	101.0	0.56	3.5	296.0	258.6	208.9	171.3	133.4

二、设计洪水成果

洪水要素	重现期洪水要素值				
	100 年	50 年	20 年	10 年	5 年
洪峰流量(m^3/s)	297	250	188.2	140.5	93.5
洪量(万 m^3)	207.12	161.64	108.02	71.72	43.33
洪水历时(h)	12	12	11	11	11
洪峰水位(m)	1 174.7	1 174.13	1 173.37	1 172.82	1 172.29

三、防洪现状评价

防洪能力(年)	<5	成灾水位(m)	1 171.11

该村控制断面水位—流量—人口关系等防洪现状评价成果详见防洪现状评价图

四、预警指标成果

计算方法	流域模型法	预警时段(h)	0.5、1	流域前期持水度 B_0	0、0.3、0.6

该村雨量预警指标详见危险区划分示意图

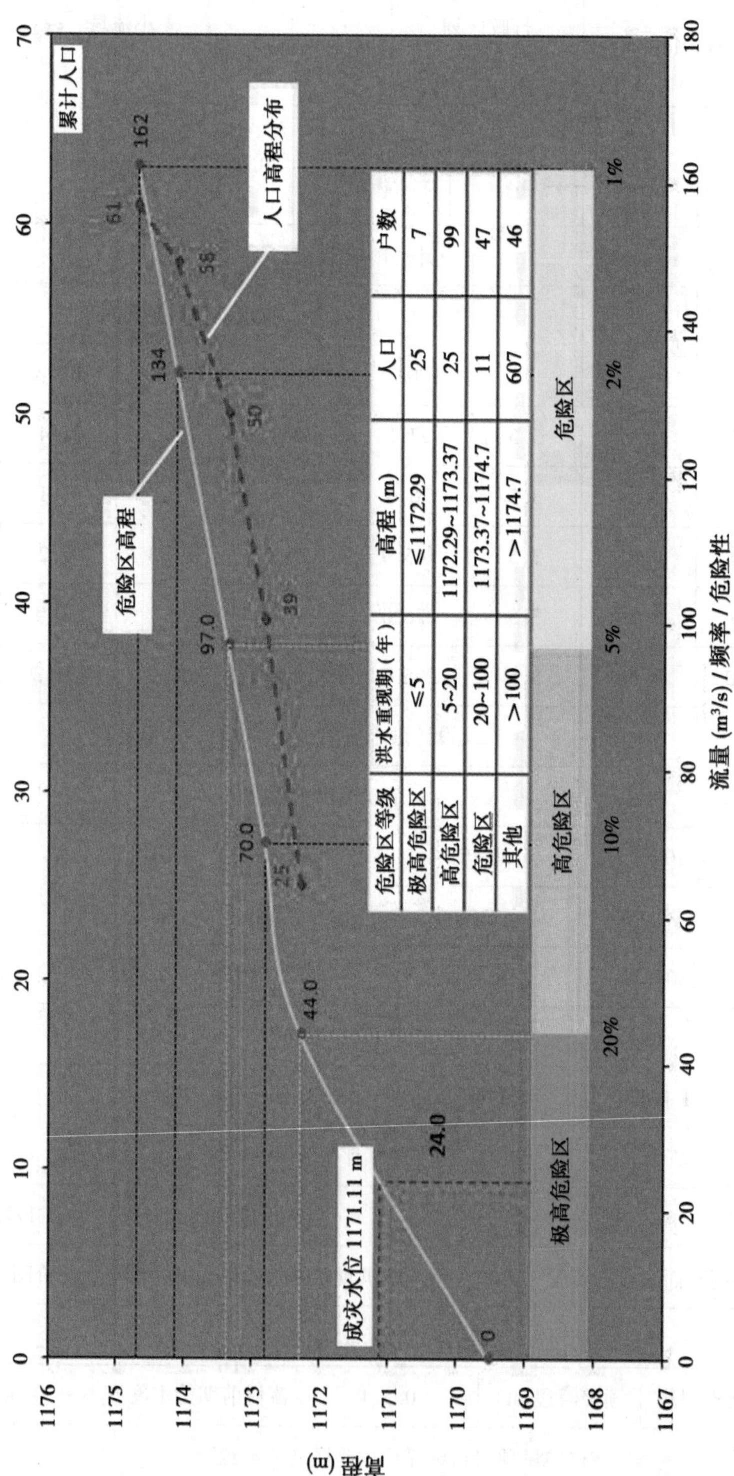

危险区等级	洪水重现期（年）	高程 (m)	人口	户数
极高危险区	≤5	≤1172.29	25	7
高危险区	5~20	1172.29~1173.37	25	99
危险区	20~100	1173.37~1174.7	11	47
其他	>100	>1174.7	607	46

前兴稍村防洪现状评价图

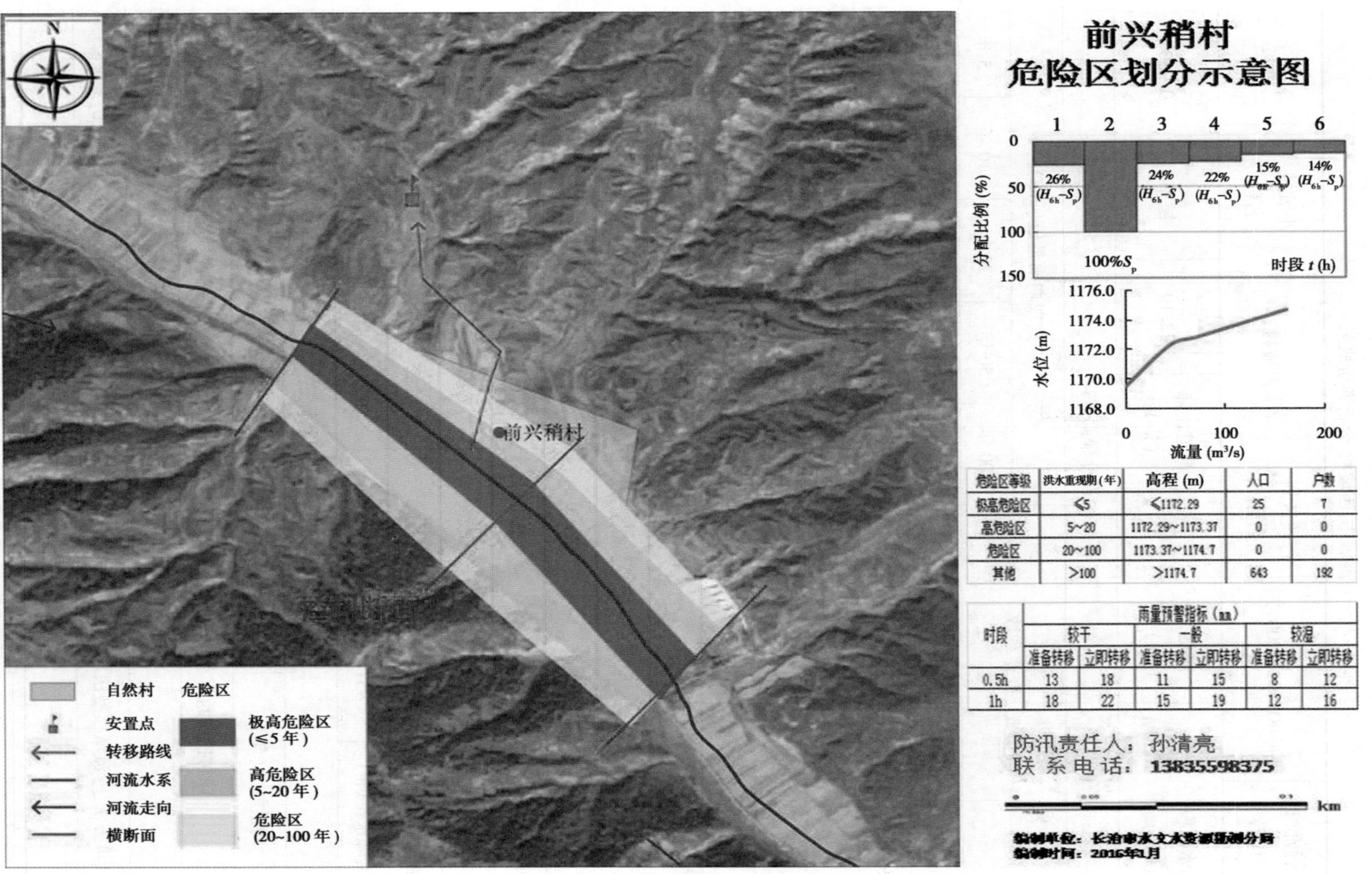
前兴稍村
危险区划分示意图
N
前兴稍村
自然村
安置点
转移路线
河流水系
河流走向
横断面
危险区
极高危险区（≤5 年）
高危险区（5~20 年）
危险区（20~100 年）
分配比例 (%)
时段 t (h)
26% ($H_{6h}-S_p$)
100%S_p
24% ($H_{6h}-S_p$)
22% ($H_{6h}-S_p$)
15% ($H_{6h}-S_p$)
14% ($H_{6h}-S_p$)
水位 (m)
流量 (m^3/s)

危险区等级	洪水重现期（年）	高程 (m)	人口	户数
极高危险区	≤5	≤1172.29	25	7
高危险区	5~20	1172.29~1173.37	0	0
危险区	20~100	1173.37~1174.7	0	0
其他	>100	>1174.7	643	192

时段	雨量预警指标（mm）					
	较干		一般		较湿	
	准备转移	立即转移	准备转移	立即转移	准备转移	立即转移
0.5h	13	18	11	15	8	12
1h	18	22	15	19	12	16

防汛责任人：孙清亮
联 系 电 话：13835598375
km
编制单位：长治市水文水资源勘测分局
编制时间：2016年1月

潞城市 西坡村 分析评价成果

行政区划代码	140481200214000	行政区划名称	西坡村	小流域名称	西坡

集水面积(km^2)	13.10	河长(km)	2.60	河道比降(‰)	22.10	糙率	0.030

一、设计暴雨成果

历时	均值	变差系数	C_s/C_v	重现期雨量值(mm)				
				100 年	50 年	20 年	10 年	5 年
10 min	14.8	0.50	3.5	35.8	31.6	26.1	21.9	17.6
60 min	29.5	0.51	3.5	70.2	61.9	50.7	42.2	33.6
6 h	44.0	0.54	3.5	124.5	109.4	89.3	74.0	58.5
24 h	66.0	0.53	3.5	179.6	157.8	128.6	106.4	83.9
3 d	81.0	0.48	3.5	209.4	185.9	154.3	130.0	105.0

二、设计洪水成果

洪水要素	重现期洪水要素值				
	100 年	50 年	20 年	10 年	5 年
洪峰流量(m^3/s)	202	168	120	82.6	50.4
洪量(万 m^3)	103.10	80.89	54.50	36.79	23.45
洪水历时(h)	2.5	2.0	1.5	1.5	1.5
洪峰水位(m)	951.58	951.09	950.30	949.53	948.68

三、防洪现状评价

防洪能力(年)	13	成灾水位(m)	949.89

该村控制断面水位—流量—人口关系等防洪现状评价成果详见防洪现状评价图

四、预警指标成果

计算方法	流域模型法	预警时段(h)	0.5、1、1.5	流域前期持水度 B_0	0、0.3、0.6

该村雨量预警指标详见危险区划分示意图

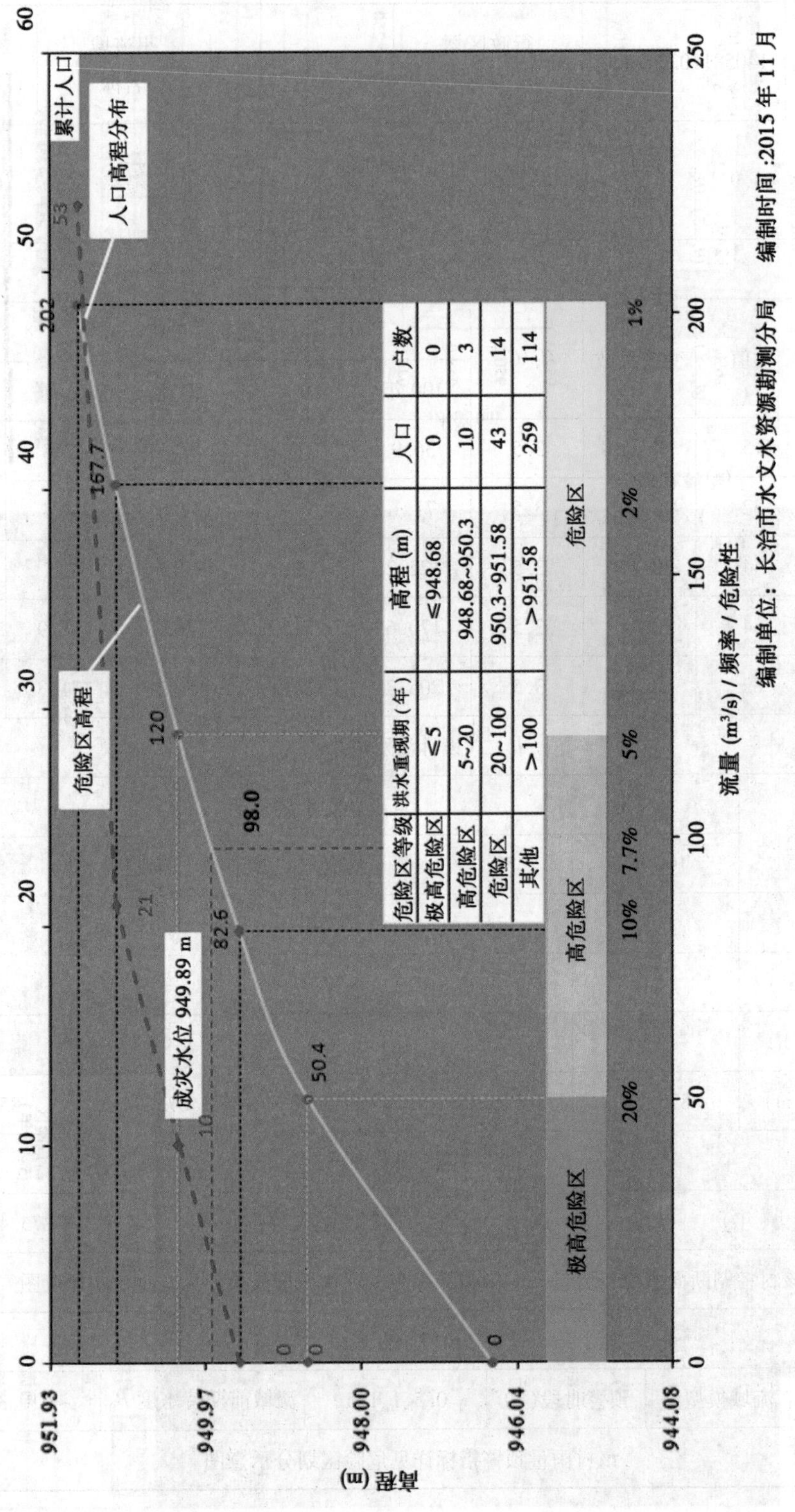

危险区等级	洪水重现期（年）	高程（m）	人口	户数
极高危险区	≤5	≤948.68	0	0
高危险区	5~20	948.68~950.3	10	3
危险区	20~100	950.3~951.58	43	14
其他	>100	>951.58	259	114

西坡村防洪现状评价图

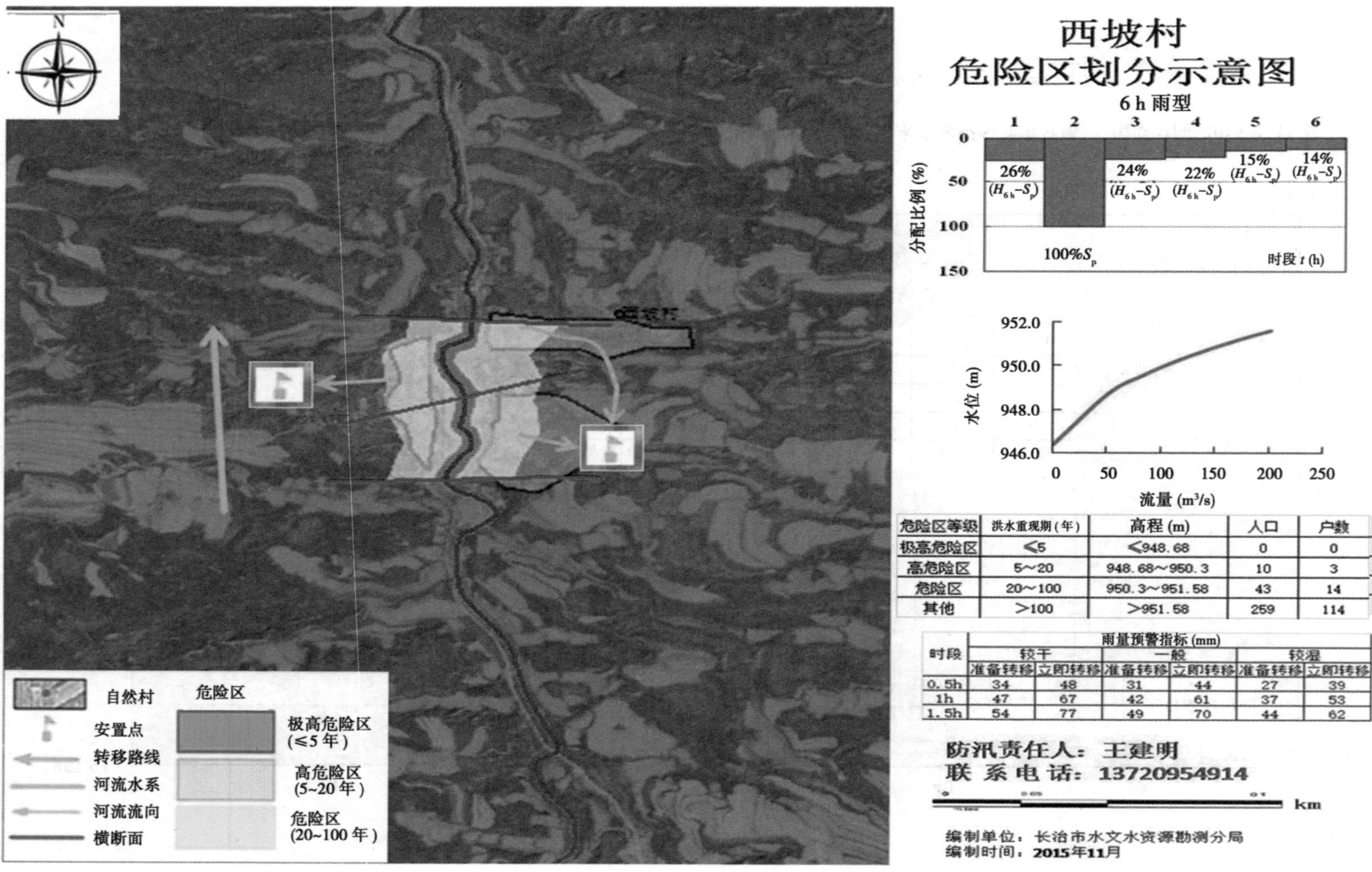

危险区等级	洪水重现期（年）	高程 (m)	人口	户数
极高危险区	≤5	≤948.68	0	0
高危险区	5～20	948.68～950.3	10	3
危险区	20～100	950.3～951.58	43	14
其他	>100	>951.58	259	114

时段	雨量预警指标 (mm)					
	较干		一般		较湿	
	准备转移	立即转移	准备转移	立即转移	准备转移	立即转移
0.5h	34	48	31	44	27	39
1h	47	67	42	61	37	53
1.5h	54	77	49	70	44	62

晋城市城区 南石店村 分析评价成果

行政区划代码	140502100207000	行政区划名称	南石店村	小流域名称	南石店村

集水面积（km^2）	21.20	河长（km）	7.80	河道比降（‰）	7.30	糙率	0.030

一、设计暴雨成果

历时	均值	变差系数	C_s/C_v	重现期雨量值(mm)				
				100 年	50 年	20 年	10 年	5 年
10 min	16.0	0.50	3.5	39.6	35.0	28.9	24.1	19.3
60 min	30.0	0.49	3.5	73.1	64.8	53.6	45.0	36.2
6 h	47.0	0.48	3.5	119.3	106.0	88.0	74.2	59.9
24 h	63.0	0.47	3.5	159.0	141.4	117.8	99.5	80.7
3 d	77.0	0.46	3.5	193.9	172.8	144.3	122.4	99.7

二、设计洪水成果

洪水要素	重现期洪水要素值				
	100 年	50 年	20 年	10 年	5 年
洪峰流量(m^3/s)	177	145	101	68.6	43.3
洪量(万 m^3)	160.29	129.95	92.42	65.81	44.68
洪水历时(h)	4	4	4	3.75	3.25
洪峰水位(m)	760.41	760.17	760.01	759.87	759.22

三、防洪现状评价

防洪能力(年)	25	成灾水位(m)	760.04

该村控制断面水位—流量—人口关系等防洪现状评价成果详见防洪现状评价图

四、预警指标成果

计算方法	流域模型法	预警时段(h)	0.5、1、1.5、2、2.5	流域前期持水度 B_0	0、0.3、0.6

该村雨量预警指标详见危险区划分示意图

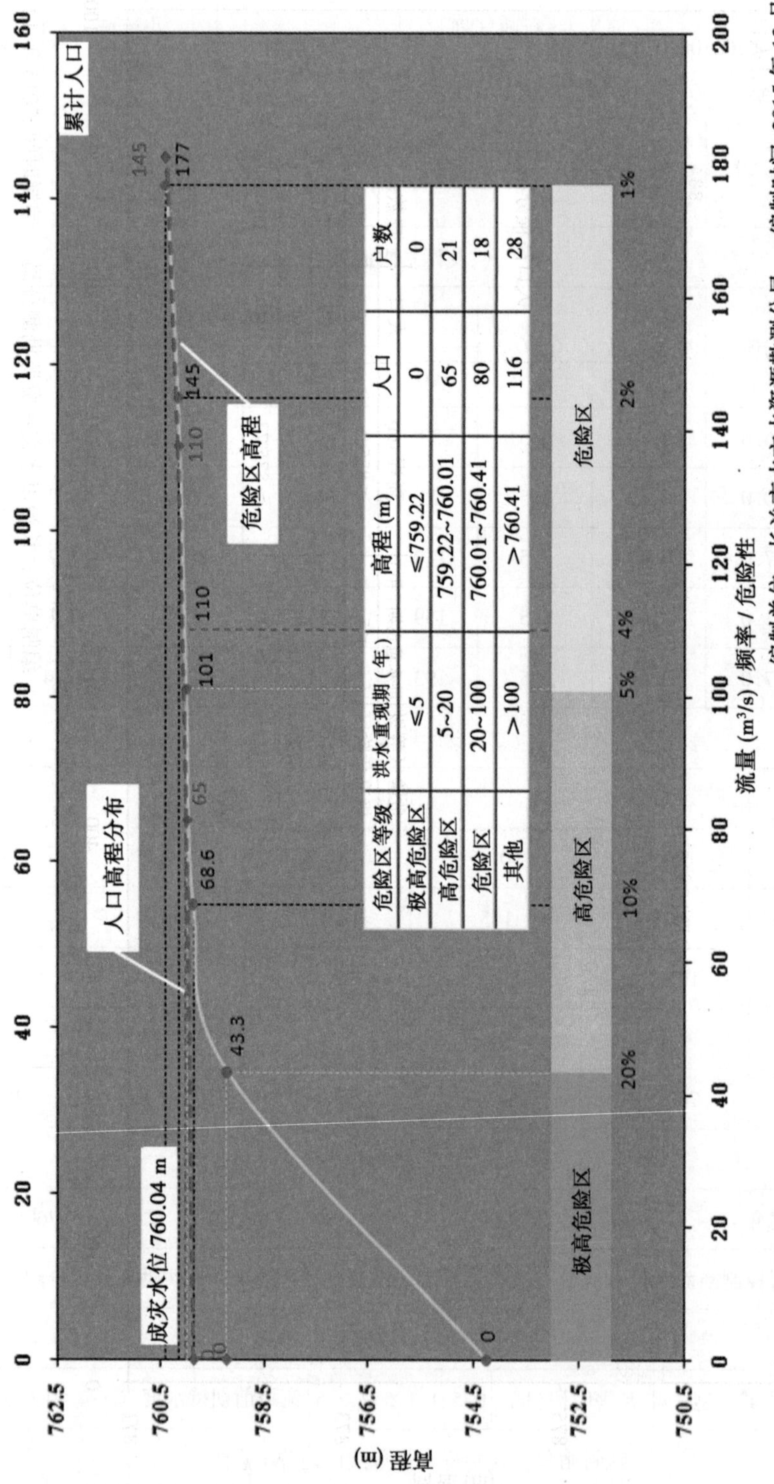

危险区等级	洪水重现期（年）	高程 (m)	人口	户数
极高危险区	≤5	≤759.22	0	0
高危险区	5~20	759.22~760.01	65	21
危险区	20~100	760.01~760.41	80	18
其他	>100	>760.41	116	28

南石店村防洪现状评价图

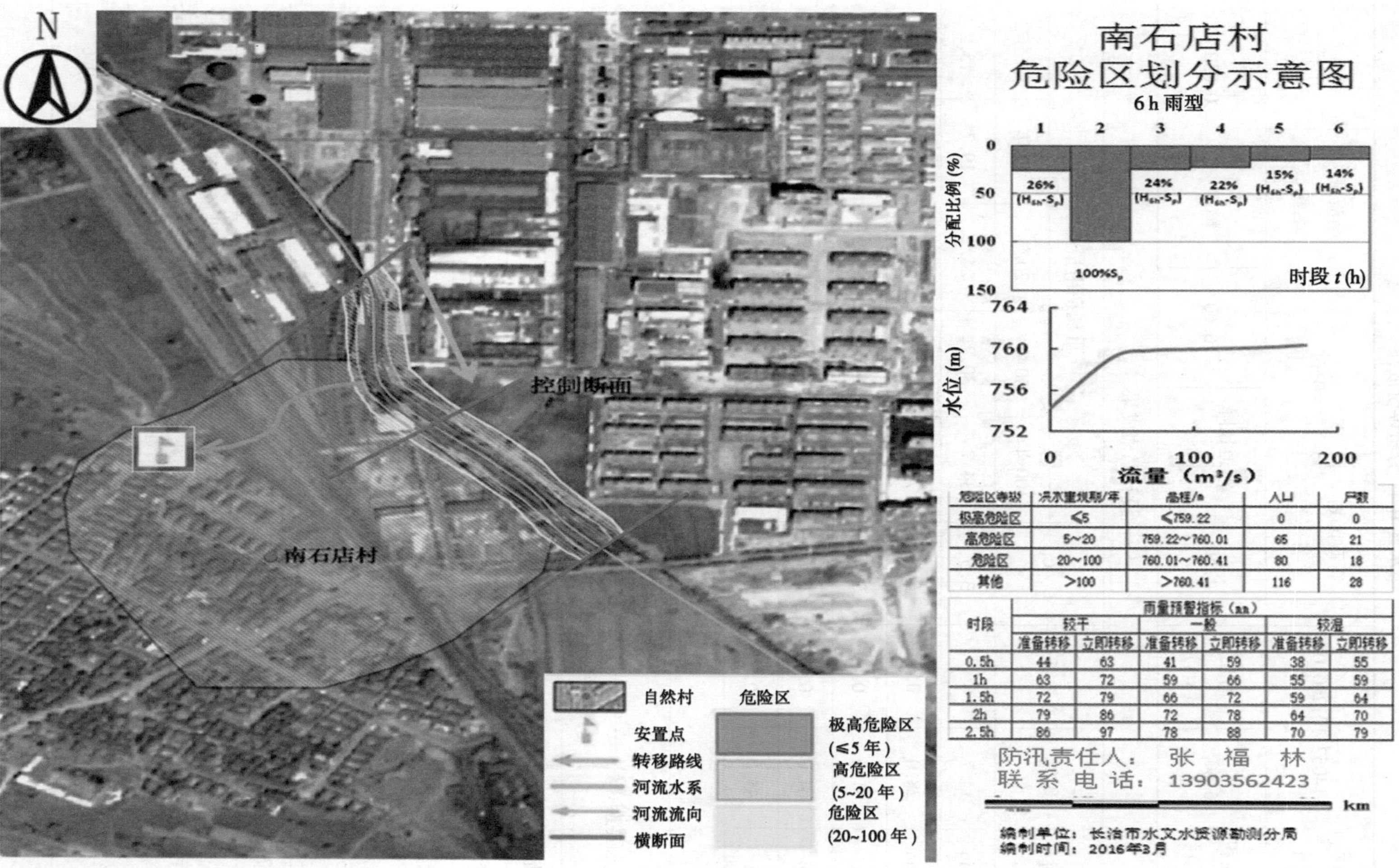

危险区等级	洪水重现期/年	高程/m	人口	户数
极高危险区	≤5	≤759.22	0	0
高危险区	5~20	759.22~760.01	65	21
危险区	20~100	760.01~760.41	80	18
其他	>100	>760.41	116	28

时段	雨量预警指标（mm）					
	较干		一般		较湿	
	准备转移	立即转移	准备转移	立即转移	准备转移	立即转移
0.5h	44	63	41	59	38	55
1h	63	72	59	66	55	59
1.5h	72	79	66	72	59	64
2h	79	86	72	78	64	70
2.5h	86	97	78	88	70	79

沁水县 中村 分析评价成果

行政区划代码	140521101200105	行政区划名称	中村	小流域名称	中村

集水面积(km^2)	6.60	河长(km)	1.50	河道比降(‰)	16.60	糙率	0.030

一、设计暴雨成果

历时	均值	变差系数	C_s/C_v	重现期雨量值(mm)				
				100 年	50 年	20 年	10 年	5 年
10 min	14.7	0.6	3.5	34.7	30.2	24.2	19.7	15.2
60 min	28.0	0.6	3.5	77.4	66.9	53.0	42.6	32.3
6 h	51.0	0.6	3.5	137.9	119.4	95.2	76.9	58.7
24 h	64.0	0.6	3.5	178.6	156.5	127.3	104.8	82.3
3 d	85.0	0.6	3.5	263.7	228.1	181.3	146.1	111.2

二、设计洪水成果

洪水要素	重现期洪水要素值				
	100 年	50 年	20 年	10 年	5 年
洪峰流量(m^3/s)	140	113	76.0	49.1	27.6
洪量(万 m^3)	166.69	133.95	138.32	65.12	41.24
洪水历时(h)					
洪峰水位(m)	1 133.43	1 133.30	1 132.33	1 131.88	1 131.45

三、防洪现状评价

防洪能力(年)	8	成灾水位(m)	1 131.80

该村控制断面水位—流量—人口关系等防洪现状评价成果详见防洪现状评价图

四、预警指标成果

计算方法	流域模型法	预警时段(h)	0.5、1、1.5、2、2.5、3	流域前期持水度 B_0	0、0.3、0.6

该村雨量预警指标详见危险区划分示意图

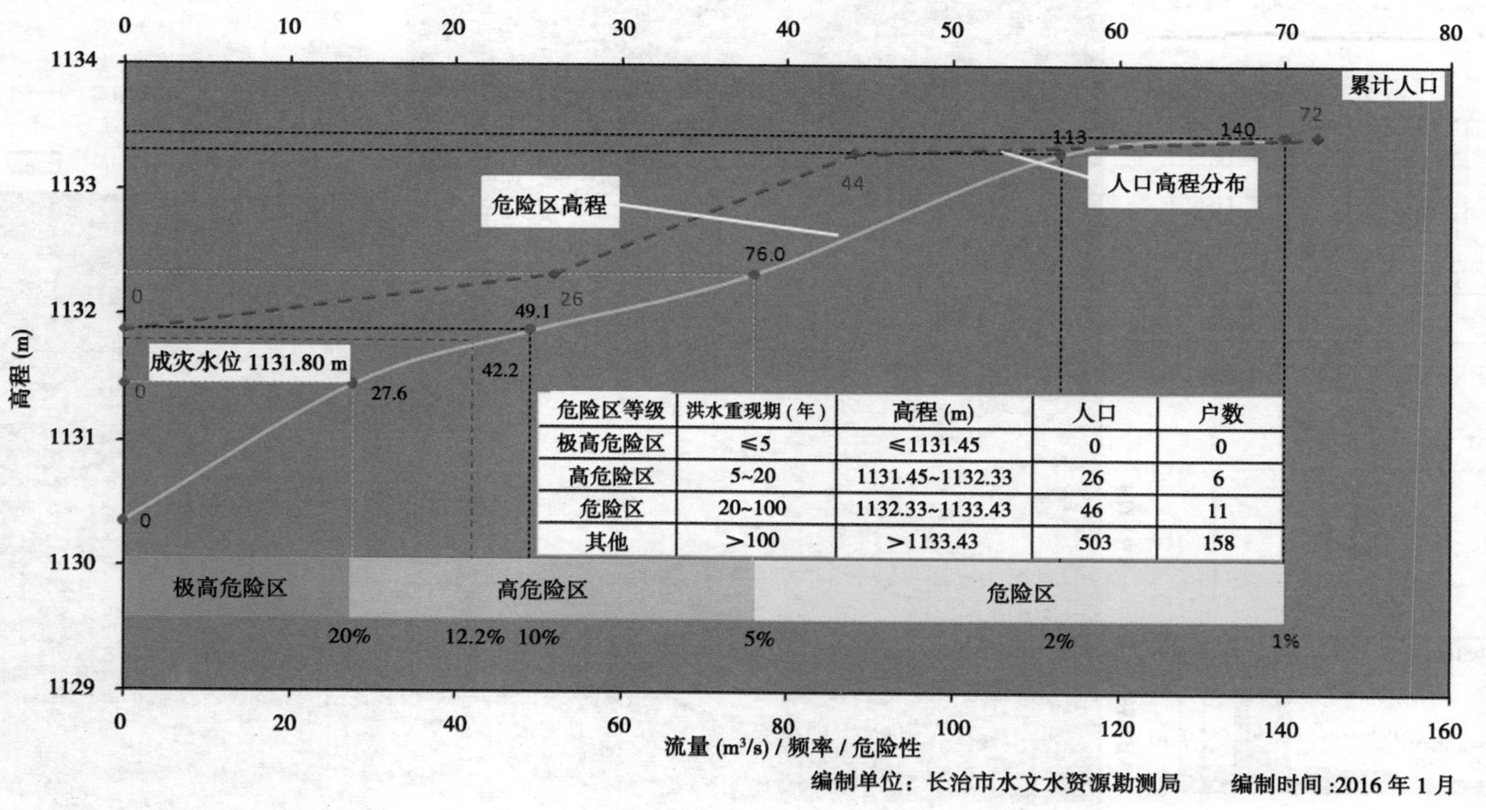

危险区等级	洪水重现期（年）	高程 (m)	人口	户数
极高危险区	≤5	≤1131.45	0	0
高危险区	5~20	1131.45~1132.33	26	6
危险区	20~100	1132.33~1133.43	46	11
其他	>100	>1133.43	503	158

中村防洪现状评价图

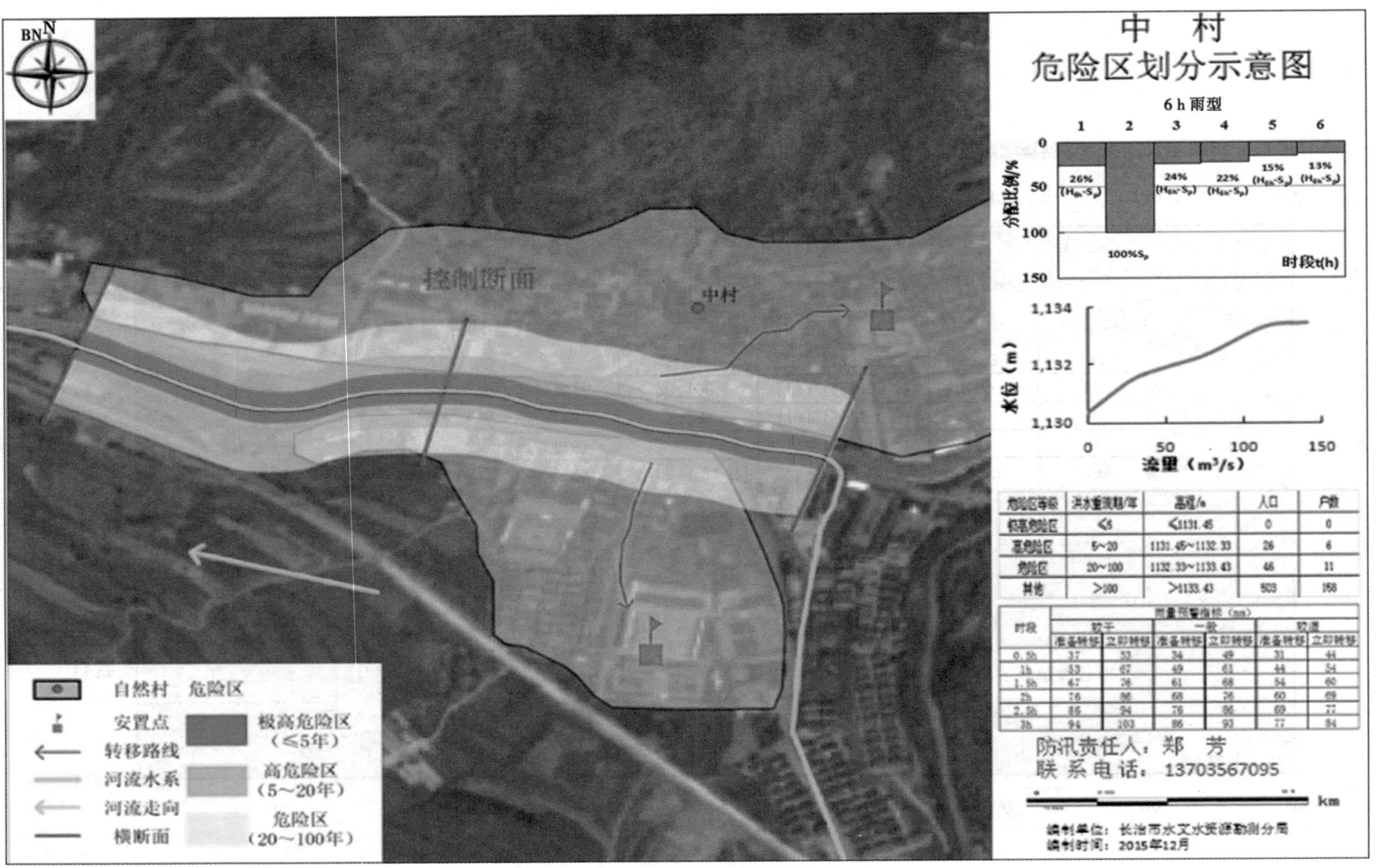
中　村
危险区划分示意图
6 h 雨型
分配比例/%
26% (H_{6h}-S_p)
100%S_p
24% (H_{6h}-S_p)
22% (H_{6h}-S_p)
15% (H_{6h}-S_p)
13% (H_{6h}-S_p)
时段t(h)
水位（m）
流量（m³/s）
危险区等级 | 洪水重现期/年 | 高程/m | 人口 | 户数
极高危险区 | <5 | <1131.45 | 0 | 0
高危险区 | 5~20 | 1131.45~1132.33 | 26 | 6
危险区 | 20~100 | 1132.33~1133.43 | 46 | 11
其他 | >100 | >1133.43 | 503 | 158
雨量预警指标（mm）
时段 | 较干 准备转移 | 较干 立即转移 | 一般 准备转移 | 一般 立即转移 | 较湿 准备转移 | 较湿 立即转移
0.5h | 37 | 53 | 34 | 49 | 31 | 44
1h | 53 | 67 | 49 | 61 | 44 | 54
1.5h | 67 | 76 | 61 | 68 | 54 | 60
2h | 76 | 86 | 68 | 76 | 60 | 69
2.5h | 86 | 94 | 76 | 86 | 69 | 77
3h | 94 | 103 | 86 | 93 | 77 | 84
防汛责任人：郑　芳
联 系 电 话：13703567095
km
编制单位：长治市水文水资源勘测分局
编制时间：2015年12月
控制断面
中村
自然村
安置点
转移路线
河流水系
河流走向
横断面
危险区
极高危险区（≤5年）
高危险区（5~20年）
危险区（20~100年）

阳城县 张庄村 分析评价成果

行政区划代码	140522200205000	行政区划名称	张庄村	小流域名称	张庄村

集水面积(km^2)	19.80	河长(km)	9.30	河道比降(‰)	21.80	糙率	0.028

一、设计暴雨成果

历时	均值	变差系数	C_s/C_v	重现期雨量值(mm)				
				100年	50年	20年	10年	5年
10 min	16.1	0.55	3.5	47.4	41.4	33.6	27.6	21.5
60 min	31.2	0.54	3.5	91.0	79.7	64.7	53.3	41.8
6 h	50.0	0.55	3.5	147.6	129.1	104.5	85.9	67.1
24 h	74.5	0.54	3.5	217.2	190.3	154.5	127.3	99.8
3 d	105.0	0.6	3.5	332.9	288.5	230	185.9	142.2

二、设计洪水成果

洪水要素	重现期洪水要素值				
	100年	50年	20年	10年	5年
洪峰流量(m^3/s)	168	127	83.6	51.6	28.5
洪量(万m^3)	126	97	64	42	26
洪水历时(h)	9.5	9.0	8.5	8.5	9
洪峰水位(m)	554.06	553.80	553.49	553.21	552.97

三、防洪现状评价

防洪能力(年)	4	成灾水位(m)	552.92

该村控制断面水位—流量—人口关系等防洪现状评价成果详见防洪现状评价图

四、预警指标成果

计算方法	流域模型法	预警时段(h)	0.5、1	流域前期持水度B_0	0、0.3、0.6

该村雨量预警指标详见危险区划分示意图

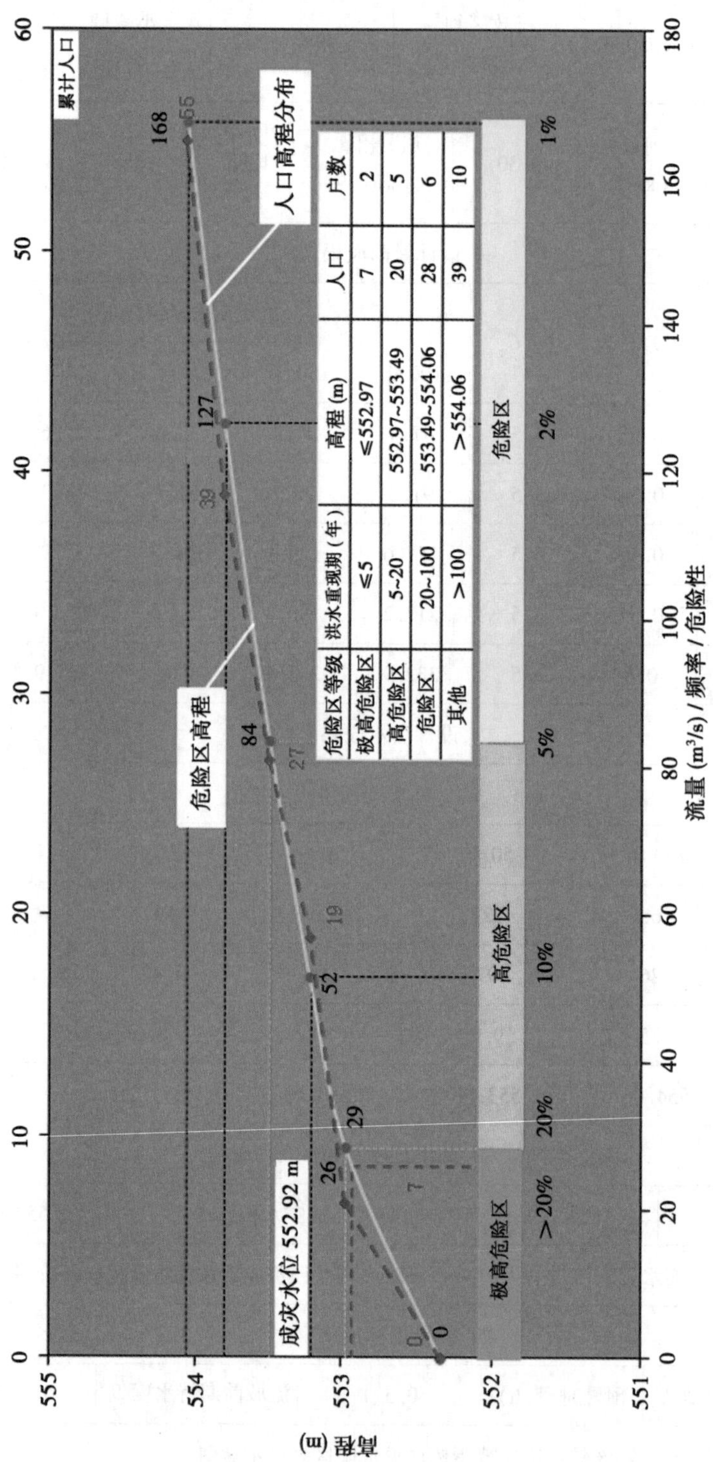

危险区等级	洪水重现期（年）	高程 (m)	人口	户数
极高危险区	≤5	≤552.97	7	2
高危险区	5~20	552.97~553.49	20	5
危险区	20~100	553.49~554.06	28	6
其他	＞100	＞554.06	39	10

张庄村防洪现状评价图

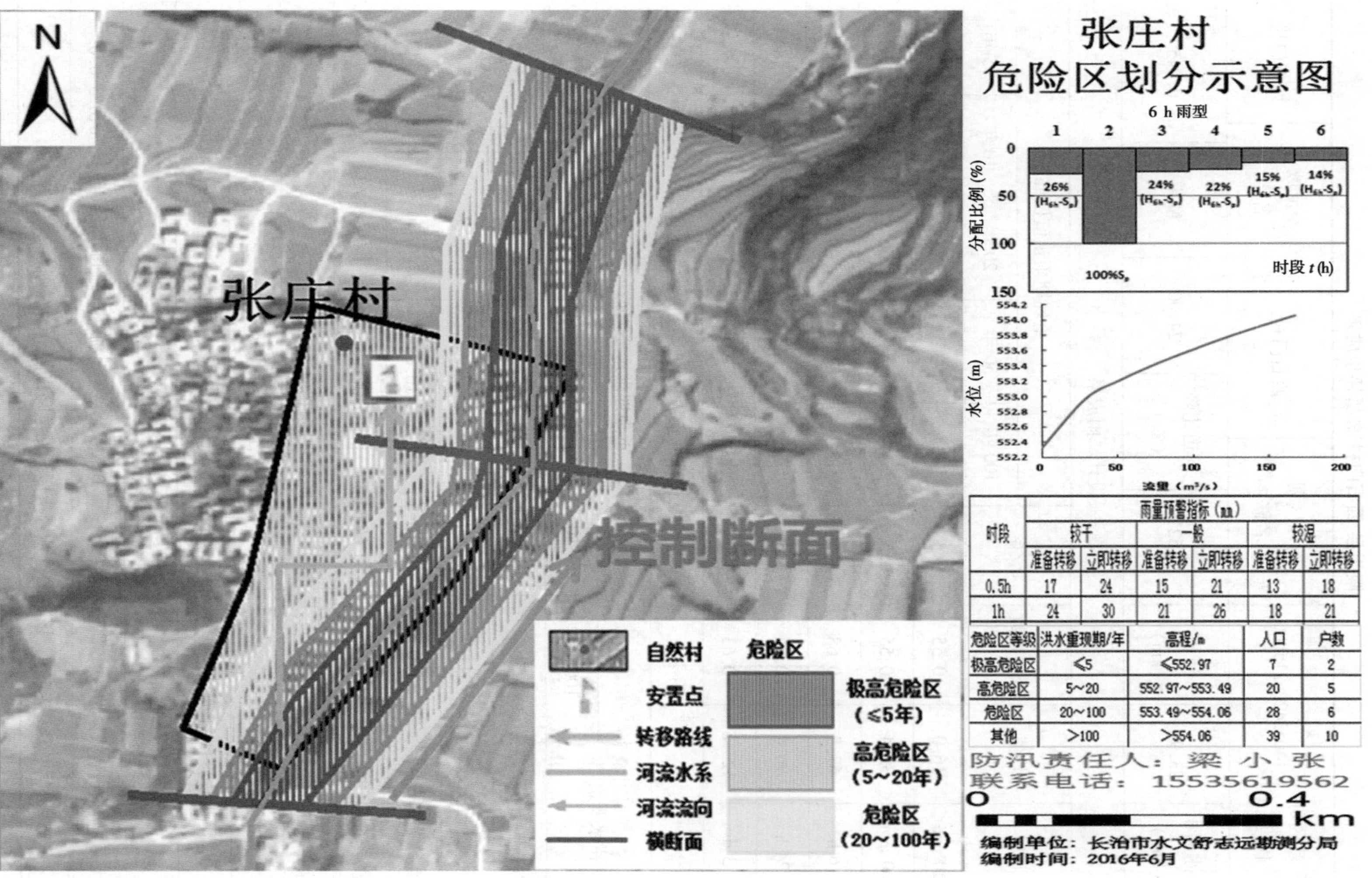

时段	雨量预警指标（mm）					
	较干		一般		较湿	
	准备转移	立即转移	准备转移	立即转移	准备转移	立即转移
0.5h	17	24	15	21	13	18
1h	24	30	21	26	18	21

危险区等级	洪水重现期/年	高程/m	人口	户数
极高危险区	≤5	≤552.97	7	2
高危险区	5～20	552.97～553.49	20	5
危险区	20～100	553.49～554.06	28	6
其他	>100	>554.06	39	10

陵川县 西石门村 分析评价成果

行政区划代码	140524206215000	行政区划名称	西石门村	小流域名称	西石门村

集水面积(km^2)	23.90	河长(km)	8.52	河道比降(‰)	24.00	糙率	0.045

一、设计暴雨成果

历时	均值	变差系数	C_s/C_v	重现期雨量值(mm)				
				100 年	50 年	20 年	10 年	5 年
10 min	16.0	0.55	3.5	43	37	31	25	20
60 min	32.4	0.55	3.5	84	74	60	50	39
6 h	67.5	0.68	3.5	138	121	99	82	65
24 h	96.4	0.65	3.5	175	154	127	105	84
3 d	123.5	0.63	3.5	191	170	140	117	94

二、设计洪水成果

洪水要素	重现期洪水要素值				
	100 年	50 年	20 年	10 年	5 年
洪峰流量(m^3/s)	223	163	89	51	25
洪量(万 m^3)	244	168	96	59	33
洪水历时(h)	11.0	10.5	10.0	9.0	9.0
洪峰水位(m)	1 098.85	1 098.66	1 098.36	1 098.17	1 097.79

三、防洪现状评价

防洪能力(年)	6.5	成灾水位(m)	1 098.03

该村控制断面水位—流量—人口关系等防洪现状评价成果详见防洪现状评价图

四、预警指标成果

计算方法	流域模型法	预警时段(h)	0.5、1、2、3	流域前期持水度 B_0	0、0.3、0.6

该村雨量预警指标详见危险区划分示意图

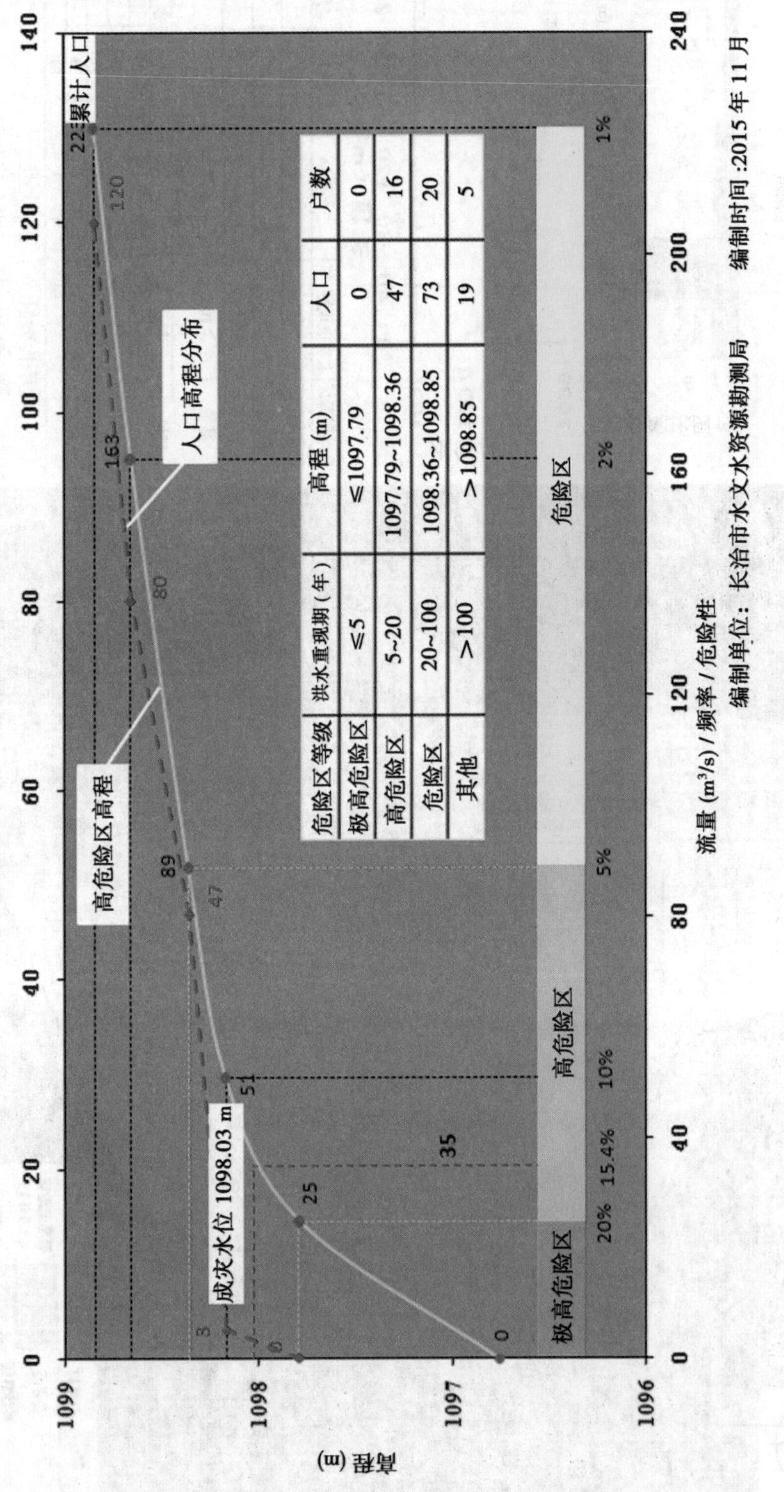

危险区等级	洪水重现期（年）	高程 (m)	人口	户数
极高危险区	≤5	≤1097.79	0	0
高危险区	5~20	1097.79~1098.36	47	16
危险区	20~100	1098.36~1098.85	73	20
其他	＞100	＞1098.85	19	5

西石门村防洪现状评价图

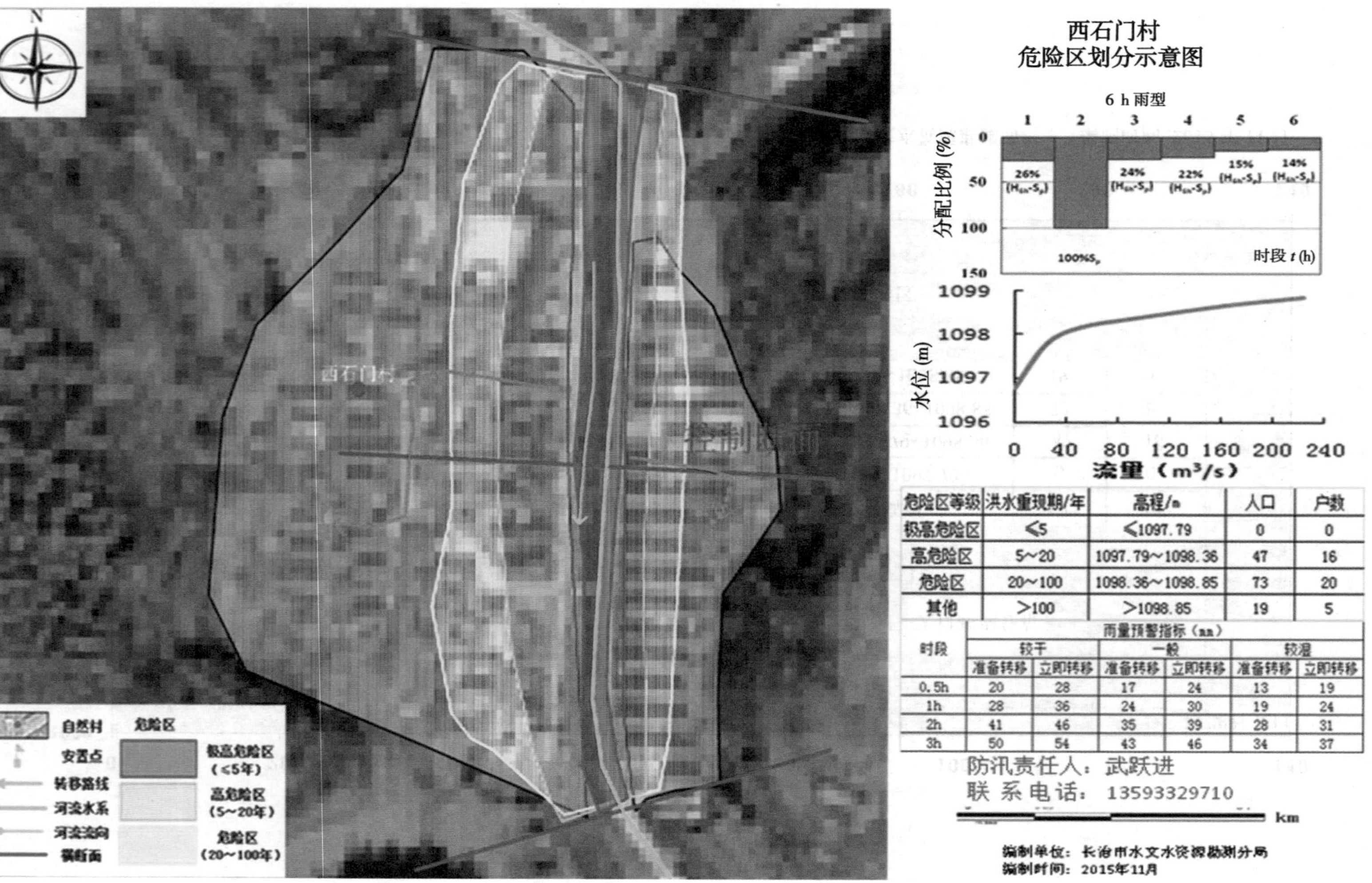

危险区等级	洪水重现期/年	高程/m	人口	户数
极高危险区	≤5	≤1097.79	0	0
高危险区	5~20	1097.79~1098.36	47	16
危险区	20~100	1098.36~1098.85	73	20
其他	>100	>1098.85	19	5

时段	雨量预警指标（mm）					
	较干		一般		较湿	
	准备转移	立即转移	准备转移	立即转移	准备转移	立即转移
0.5h	20	28	17	24	13	19
1h	28	36	24	30	19	24
2h	41	46	35	39	28	31
3h	50	54	43	46	34	37

泽州县 下城公村 分析评价成果

行政区划代码	140525113225000	行政区划名称	下城公村	小流域名称	下城公村

集水面积(km^2)	78.2	河长(km)	19.3	河道比降(‰)	2.3	糙率	0.028

一、设计暴雨成果

历时	均值	变差系数	C_s/C_v	重现期雨量值(mm)				
				100 年	50 年	20 年	10 年	5 年
10 min	16.8	0.53	3.5	47.8	42.0	34.3	28.4	22.4
60 min	34.6	0.52	3.5	97.8	86.0	70.3	58.3	46.1
6 h	53.0	0.52	3.5	148.6	130.8	107.1	89.0	70.5
24 h	72.0	0.48	3.5	190.7	169.0	140.1	117.8	94.9
3 d	89.5	0.45	3.5	225.4	201.1	168.4	143.1	116.9

二、设计洪水成果

洪水要素	重现期洪水要素值				
	100 年	50 年	20 年	10 年	5 年
洪峰流量(m^3/s)	1 120	930	672	472	312
洪量(万 m^3)	690	556	390	273	180
洪水历时(h)	6.00	5.70	6.00	5.80	5.50
洪峰水位(m)	776.53	775.96	775.11	774.36	773.66

三、防洪现状评价

防洪能力(年)	45	成灾水位(m)	775.88

该村控制断面水位—流量—人口关系等防洪现状评价成果详见防洪现状评价图

四、预警指标成果

计算方法	流域模型法	预警时段(h)	0.5、1、2	流域前期持水度 B_0	0、0.3、0.6

该村雨量预警指标详见危险区划分示意图

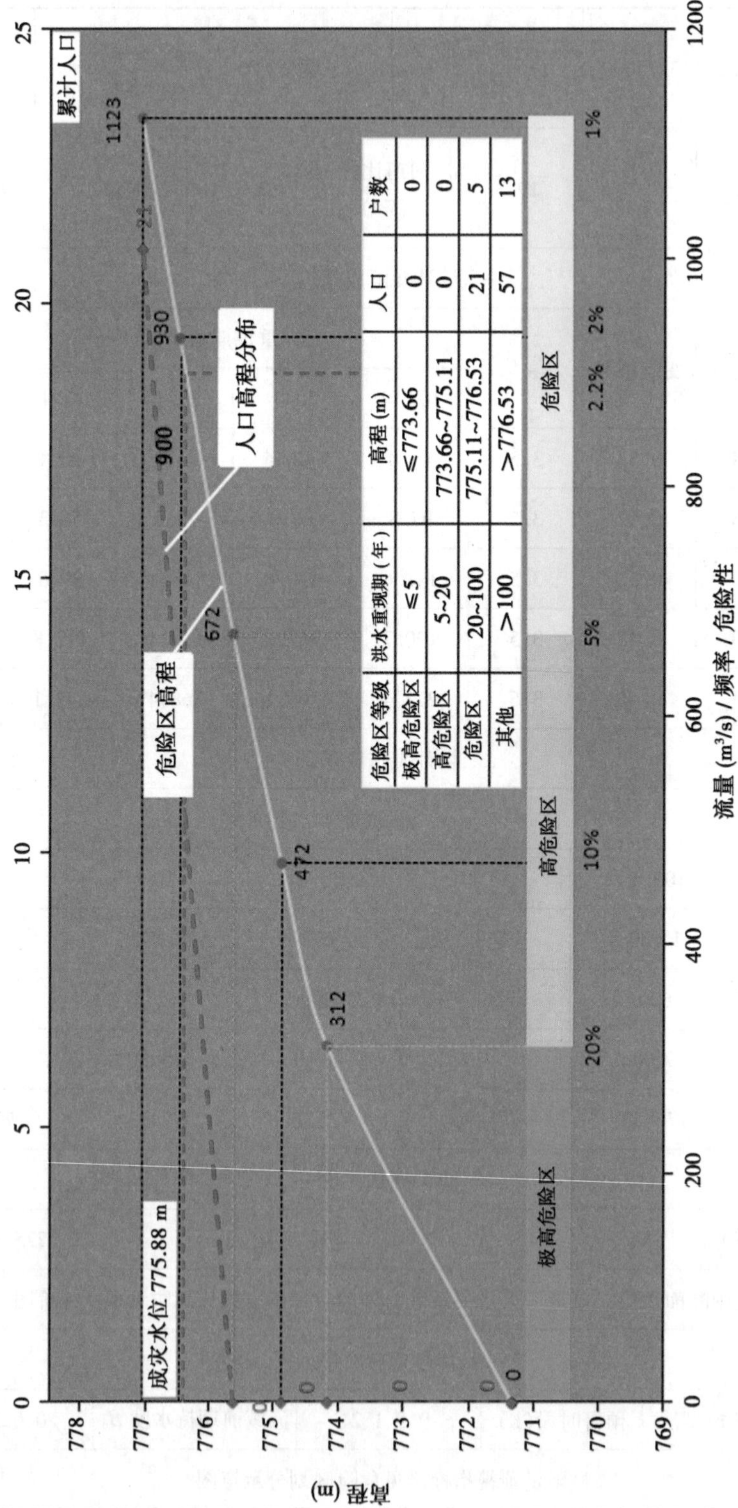

编制单位：长治市水文水资源勘测局　编制时间:2016年1月

下城公村防洪现状评价图

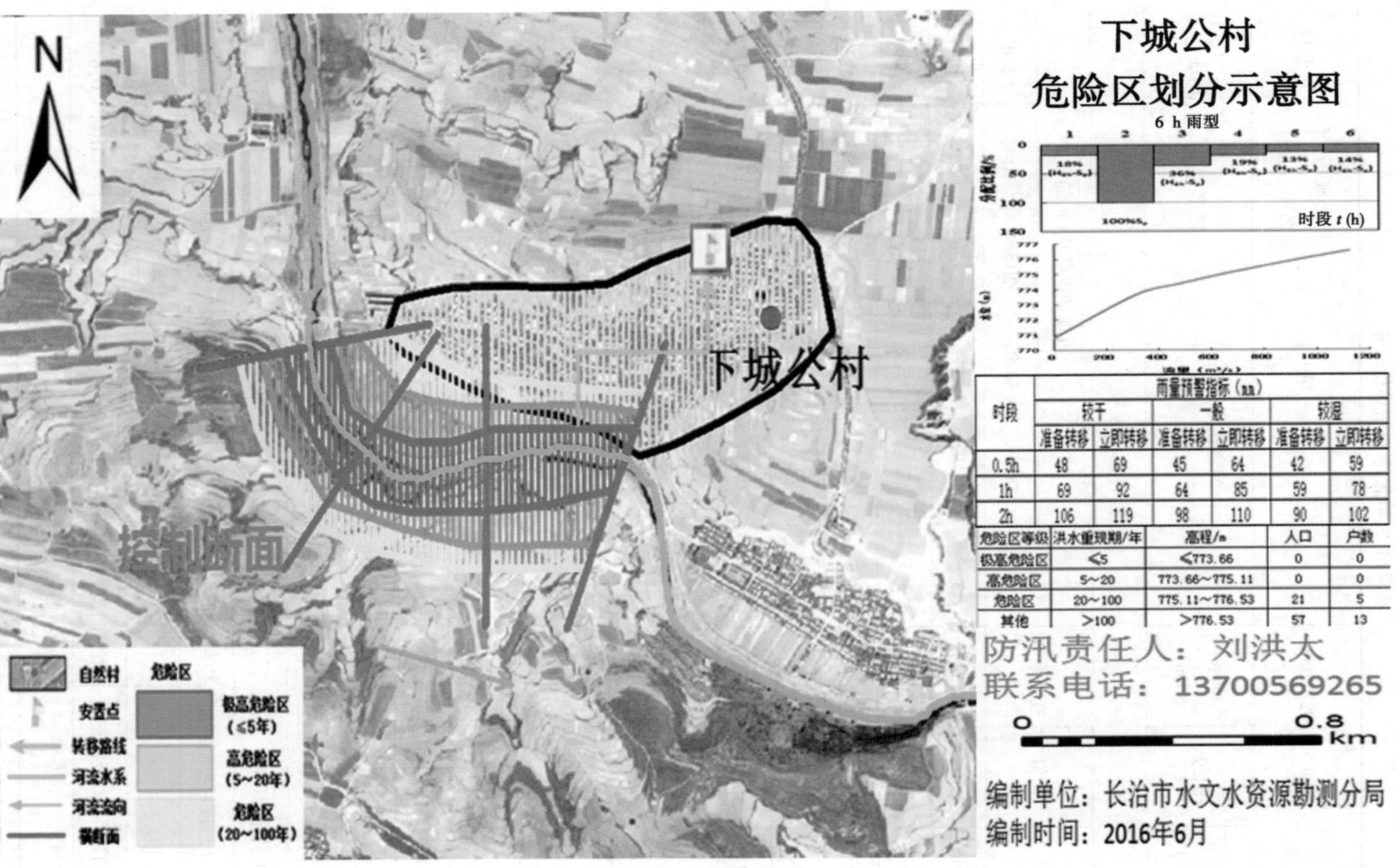

时段	雨量预警指标（mm）					
	较干		一般		较湿	
	准备转移	立即转移	准备转移	立即转移	准备转移	立即转移
0.5h	48	69	45	64	42	59
1h	69	92	64	85	59	78
2h	106	119	98	110	90	102

危险区等级	洪水重现期/年	高程/m	人口	户数
极高危险区	≤5	≤773.66	0	0
高危险区	5~20	773.66~775.11	0	0
危险区	20~100	775.11~776.53	21	5
其他	>100	>776.53	57	13

高平市 三甲北村 分析评价成果

行政区划代码	140581102202000	行政区划名称	三甲北村	小流域名称	三甲北村

集水面积（km^2）	64.9	河长（km）		河道比降（‰）	14.8	糙率	0.03

一、设计暴雨成果

历时	均值	变差系数	C_s/C_v	重现期雨量值(mm)				
				100年	50年	20年	10年	5年
10 min	15	0.57	3.5	36.9	32.7	27.1	22.8	18.4
60 min	32	0.52	3.5	71.1	63.2	52.6	44.4	36
6 h	44	0.47	3.5	122.2	108.7	90.7	76.7	62.3
24 h	64	0.46	3.5	170.6	151.9	126.5	106.9	86.8
3 d	82	0.43	3.5	206.3	184.1	154.4	131.3	107.4

二、设计洪水成果

洪水要素	重现期洪水要素值				
	100年	50年	20年	10年	5年
洪峰流量(m^3/s)	884	745	556	403	270
洪量(万 m^3)	611	497	357	257	177
洪水历时(h)	2.5	2.5	2.5	2	2
洪峰水位(m)	875.77	875.54	875.50	875.34	857.20

三、防洪现状评价

防洪能力(年)	14.5	成灾水位(m)	875.45
该村控制断面水位—流量—人口关系等防洪现状评价成果详见防洪现状评价图			

四、预警指标成果

计算方法	流域模型法	预警时段(h)	0.5、1、1.5	流域前期持水度 B_0	0、0.3、0.6
该村雨量预警指标详见危险区划分示意图					

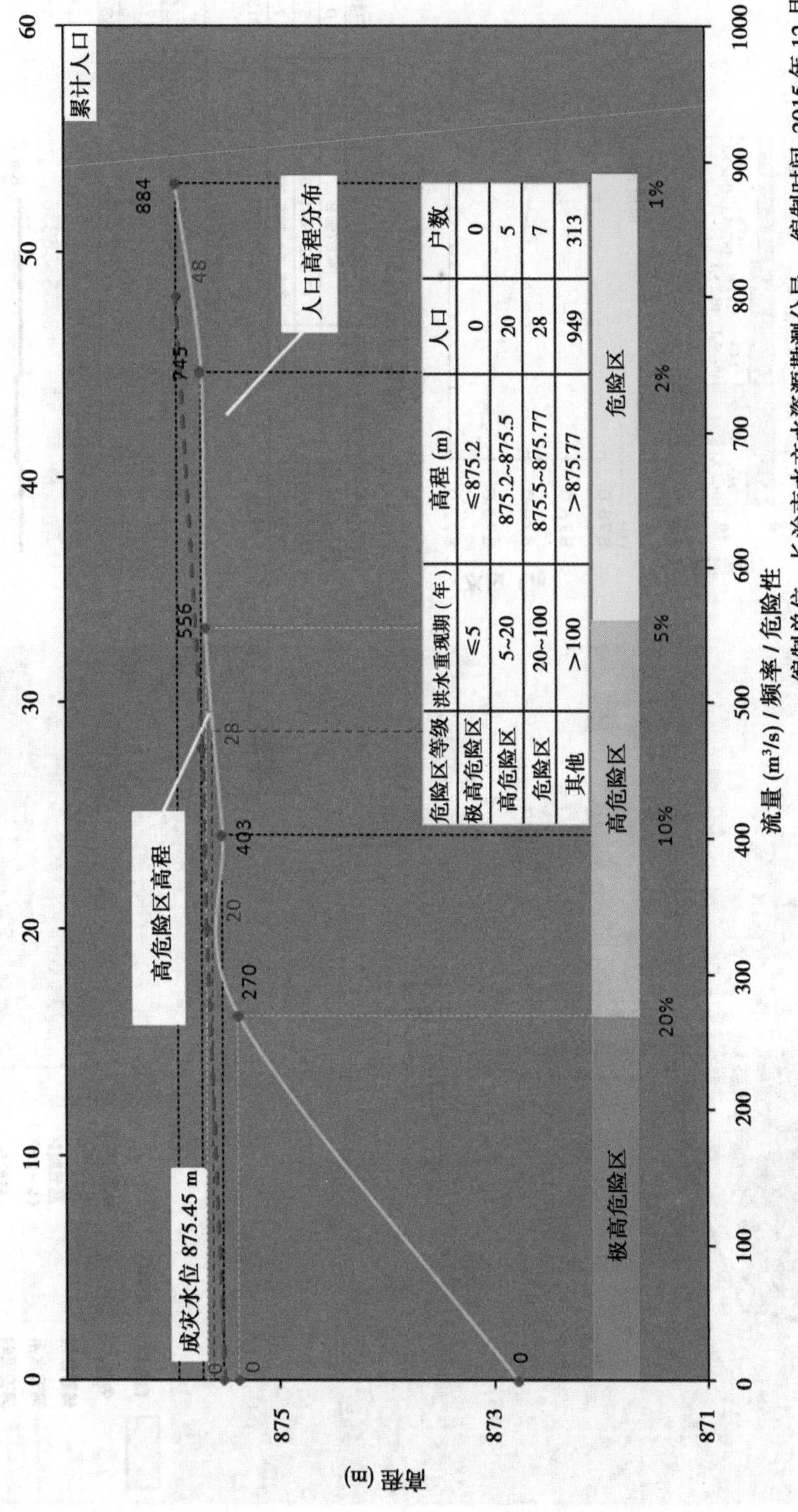

危险区等级	洪水重现期（年）	高程 (m)	人口	户数
极高危险区	≤5	≤875.2	0	0
高危险区	5~20	875.2~875.5	20	5
危险区	20~100	875.5~875.77	28	7
其他	>100	>875.77	949	313

三甲北村防洪现状评价图

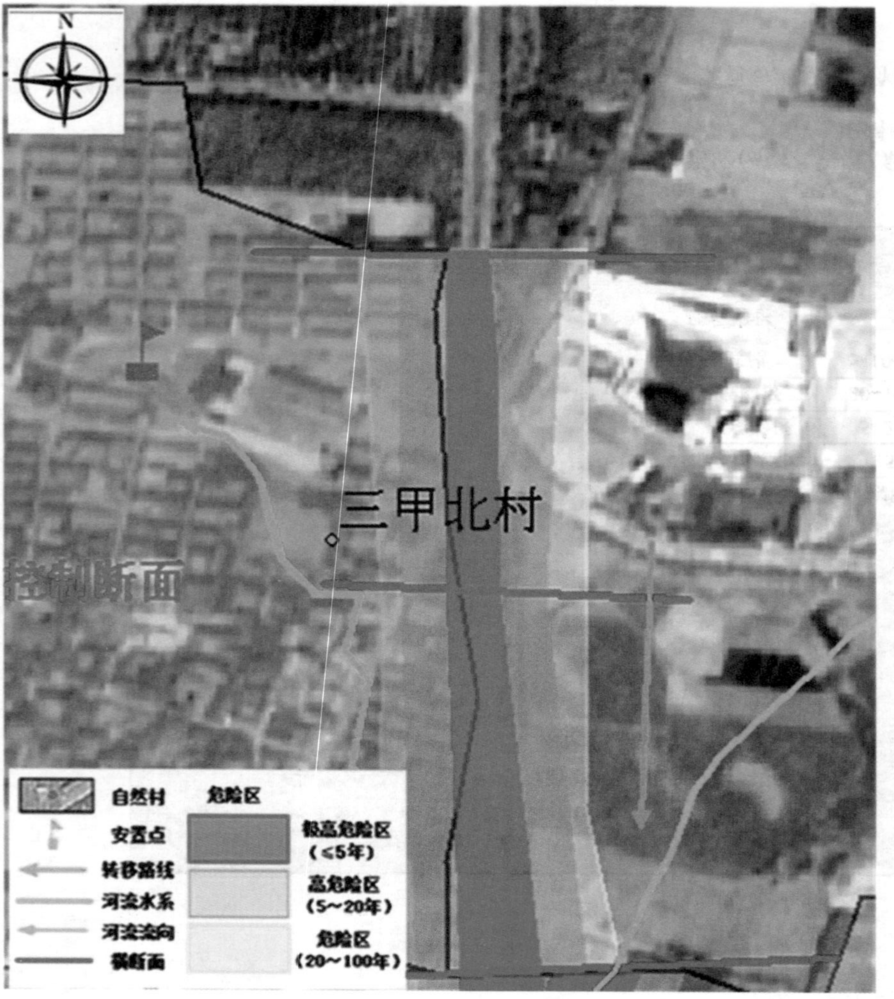

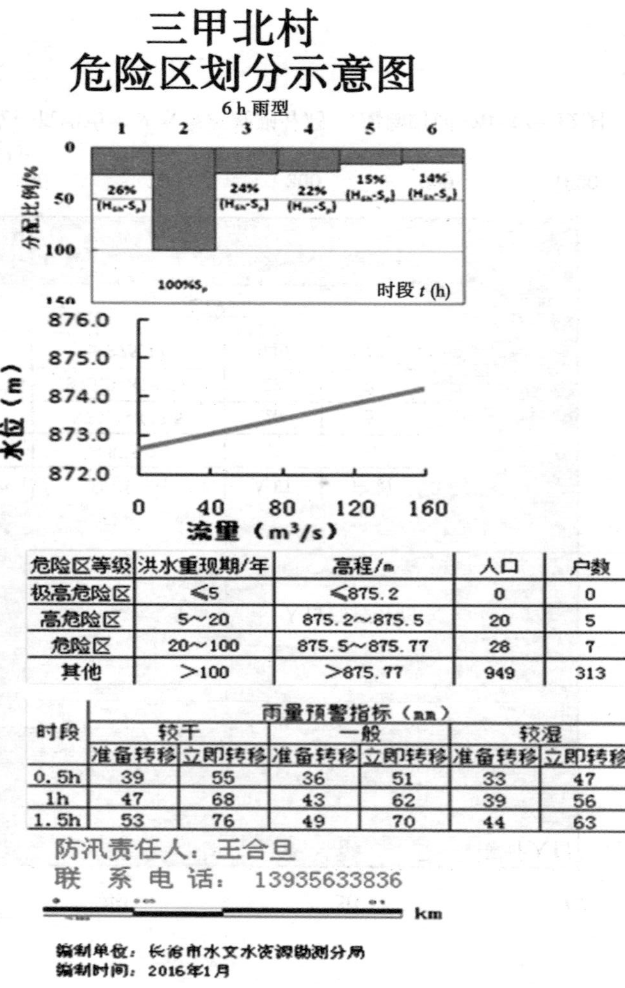

危险区等级	洪水重现期/年	高程/m	人口	户数
极高危险区	≤5	≤875.2	0	0
高危险区	5～20	875.2～875.5	20	5
危险区	20～100	875.5～875.77	28	7
其他	>100	>875.77	949	313

时段	雨量预警指标（mm）					
	较干		一般		较湿	
	准备转移	立即转移	准备转移	立即转移	准备转移	立即转移
0.5h	39	55	36	51	33	47
1h	47	68	43	62	39	56
1.5h	53	76	49	70	44	63

朔城区 田家窑村 分析评价成果

行政区划代码	140602200229000	行政区划名称	田家窑村	小流域名称	七里沟

集水面积(km^2)	56.17	河长(km)	12.59	河道比降(‰)	35.00	糙率	0.024

一、设计暴雨成果

历时	均值	变差系数	C_s/C_v	重现期雨量值(mm)				
				100年	50年	20年	10年	5年
10 min	11.0	0.45	3.5	27.7	24.7	20.7	17.6	14.4
60 min	21.0	0.47	3.5	54.7	48.6	40.4	34.1	27.6
6 h	36.0	0.45	3.5	90.7	80.9	67.7	57.5	47.0
24 h	50.0	0.43	3.5	122.0	109.0	92.0	78.7	64.8
3 d	63.0	0.47	3.5	164.0	146.0	121.0	102.0	82.8

二、设计洪水成果

洪水要素	重现期洪水要素值				
	100年	50年	20年	10年	5年
洪峰流量(m^3/s)	557	420	264	166	99.6
洪量(万m^3)	205.4	160.7	108.6	73.2	47.5
洪水历时(h)					
洪峰水位(m)	1 149.21	1 149.02	1 148.88	1 148.67	1 148.45

三、防洪现状评价

防洪能力(年)	14	成灾水位(m)	1 107.13

该村控制断面水位—流量—人口关系等防洪现状评价成果详见防洪现状评价图

四、预警指标成果

计算方法	流域模型法	预警时段(h)	0.5、1、1.5、2	流域前期持水度B_0	0、0.3、0.6

该村雨量预警指标详见危险区划分示意图

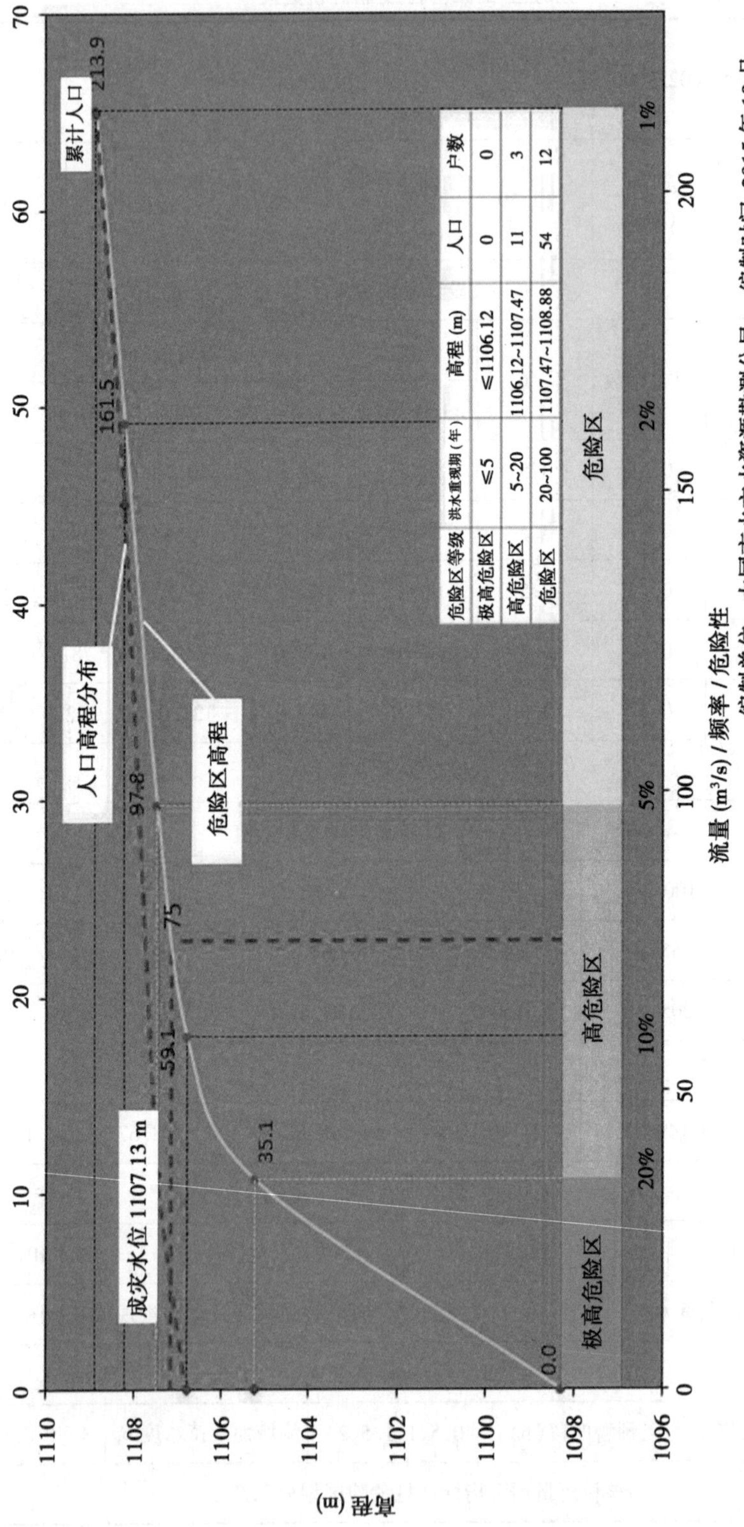

编制单位：大同市水文水资源勘测分局　　编制时间:2015 年 10 月

田家窑村防洪现状评价图

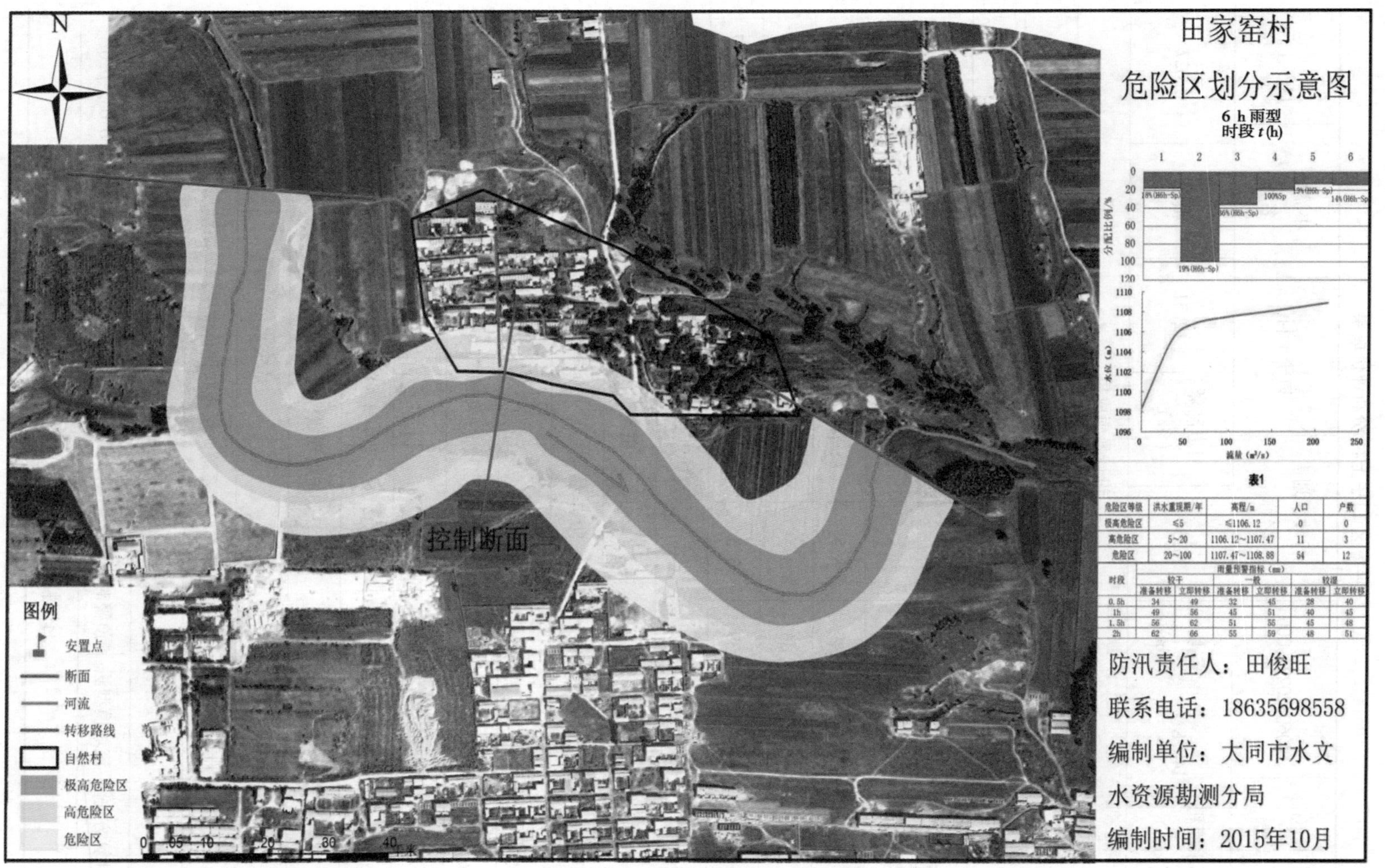

表1

危险区等级	洪水重现期/年	高程/m	人口	户数
极高危险区	≤5	≤1106.12	0	0
高危险区	5～20	1106.12～1107.47	11	3
危险区	20～100	1107.47～1108.88	54	12

时段	雨量预警指标（mm）					
	较干		一般		较湿	
	准备转移	立即转移	准备转移	立即转移	准备转移	立即转移
0.5h	34	49	32	45	28	40
1h	49	56	45	51	40	45
1.5h	56	62	51	55	45	48
2h	62	66	55	59	48	51

平鲁区 口子上村 分析评价成果

行政区划代码	140603202210000	行政区划名称	口子上村	小流域名称	口子上河

集水面积（km^2）	148.81	河长（km）	26.54	河道比降（‰）	12.31	糙率	0.027

一、设计暴雨成果

历时	均值	变差系数	C_s/C_v	重现期雨量值(mm)				
				100 年	50 年	20 年	10 年	5 年
10 min	11.0	0.44	3.5	17.8	16.1	13.7	11.9	10.0
60 min	21.9	0.44	3.5	40.5	36.2	30.5	26.0	21.4
6 h	37.0	0.49	3.5	75.7	67.7	56.9	48.4	39.7
24 h	50.5	0.43	3.5	105.3	94.6	80.2	68.9	57.2
3 d	66.8	0.39	3.5	136.8	124.2	106.8	93.1	78.7

二、设计洪水成果

洪水要素	重现期洪水要素值				
	100 年	50 年	20 年	10 年	5 年
洪峰流量(m^3/s)	557	438	276	170	100
洪量(万 m^3)	481.8	375.0	250.1	167.3	108.4
洪水历时(h)					
洪峰水位(m)	1 335.01	1 334.8	1 334.44	1 334.12	1 333.84

三、防洪现状评价

防洪能力(年)	42	成灾水位(m)	1 334.73

该村控制断面水位—流量—人口关系等防洪现状评价成果详见防洪现状评价图

四、预警指标成果

计算方法	流域模型法	预警时段(h)	0.5、1、1.5、2	流域前期持水度 B_0	0、0.3、0.6

该村雨量预警指标详见危险区划分示意图

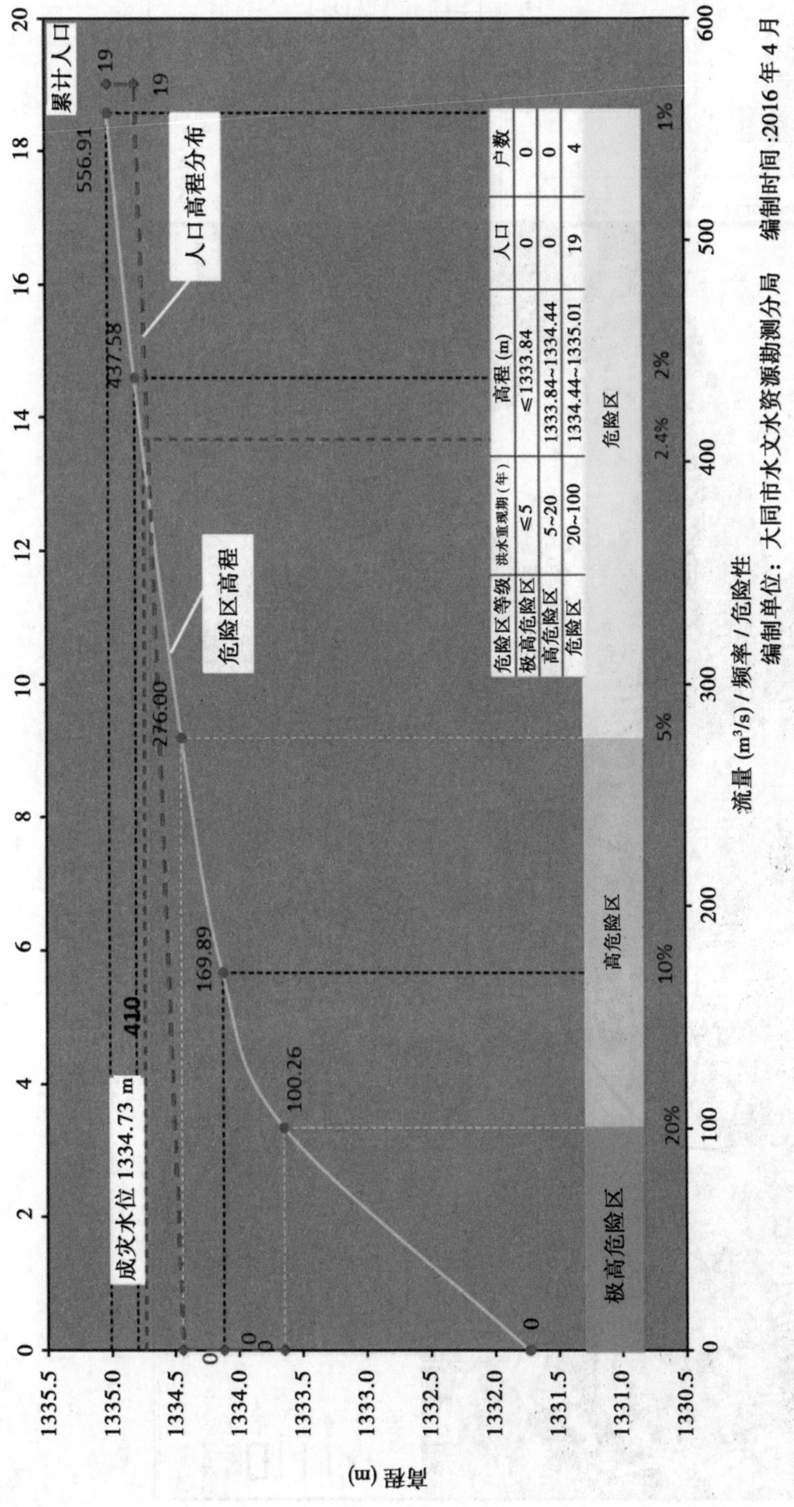

危险区等级	洪水重现期(年)	高程(m)	人口	户数
极高危险区	≤5	≤1333.84	0	0
高危险区	5~20	1333.84~1334.44	0	0
危险区	20~100	1334.44~1335.01	19	4

口子上村防洪现状评价图

口子上村
危险区划分示意图
6 h 雨型
防汛责任人：李进仁
联系电话：13834983379
编制单位：大同市水文水资源勘测分局
编制时间：2016年4月
图例
0 75 150 300 450 600 米

山阴县 冻牛坡村 分析评价成果

行政区划代码	140621202207000	行政区划名称	冻牛坡村	小流域名称	冻牛坡

集水面积(km^2)	41.33	河长(km)	13.70	河道比降(‰)	18.88	糙率	0.033

一、设计暴雨成果

历时	均值	变差系数	C_s/C_v	重现期雨量值(mm)				
				100年	50年	20年	10年	5年
10 min	11.4	0.42	3.5	27.3	24.5	20.7	17.8	14.7
60 min	20.4	0.45	3.5	51.4	45.8	38.4	32.6	26.6
6 h	34.1	0.44	3.5	84.4	75.5	63.4	54.1	44.4
24 h	46.3	0.43	3.5	112.7	101.0	85.2	72.8	60.0
3 d	57.1	0.43	3.5	138.9	124.5	105.0	89.8	74.0

二、设计洪水成果

洪水要素	重现期洪水要素值				
	100年	50年	20年	10年	5年
洪峰流量(m^3/s)	282.54	221.65	143.41	90.19	54.56
洪量(万m^3)	130.4	102.4	69.0	46.9	30.8
洪水历时(h)					
洪峰水位(m)	1 451.57	1 451.15	1 450.61	1 450.29	1 449.96

三、防洪现状评价

防洪能力(年)	34	成灾水位(m)	1 450.96

该村控制断面水位—流量—人口关系等防洪现状评价成果详见防洪现状评价图

四、预警指标成果

计算方法	流域模型法	预警时段(h)	0.5、1	流域前期持水度 B_0	0、0.3、0.6

该村雨量预警指标详见危险区划分示意图

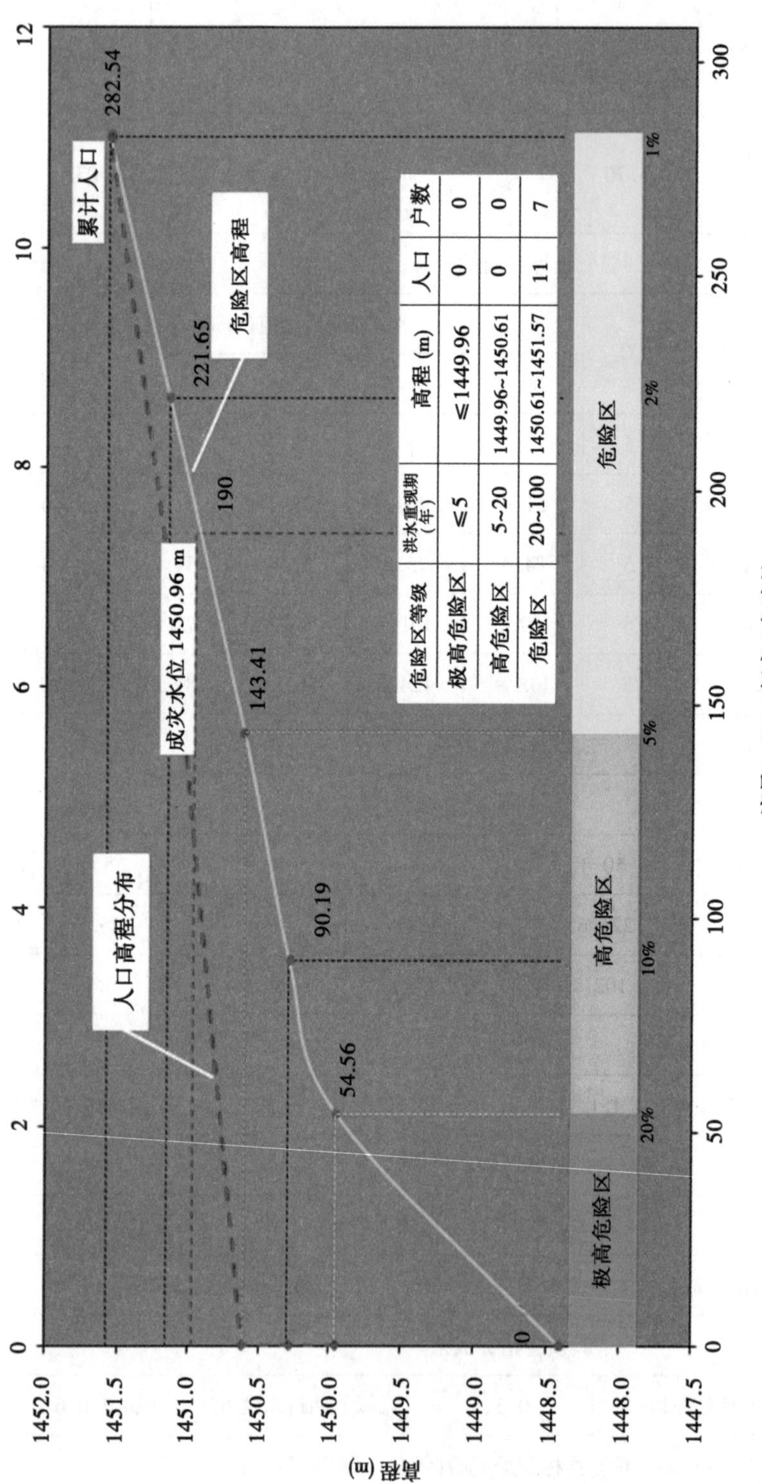

危险区等级	洪水重现期（年）	高程 (m)	人口	户数
极高危险区	≤5	≤1449.96	0	0
高危险区	5~20	1449.96~1450.61	0	0
危险区	20~100	1450.61~1451.57	11	7

编制单位：大同市水文水资源勘测分局　　编制时间 :2015 年 12 月

冻牛坡村防洪现状评价图

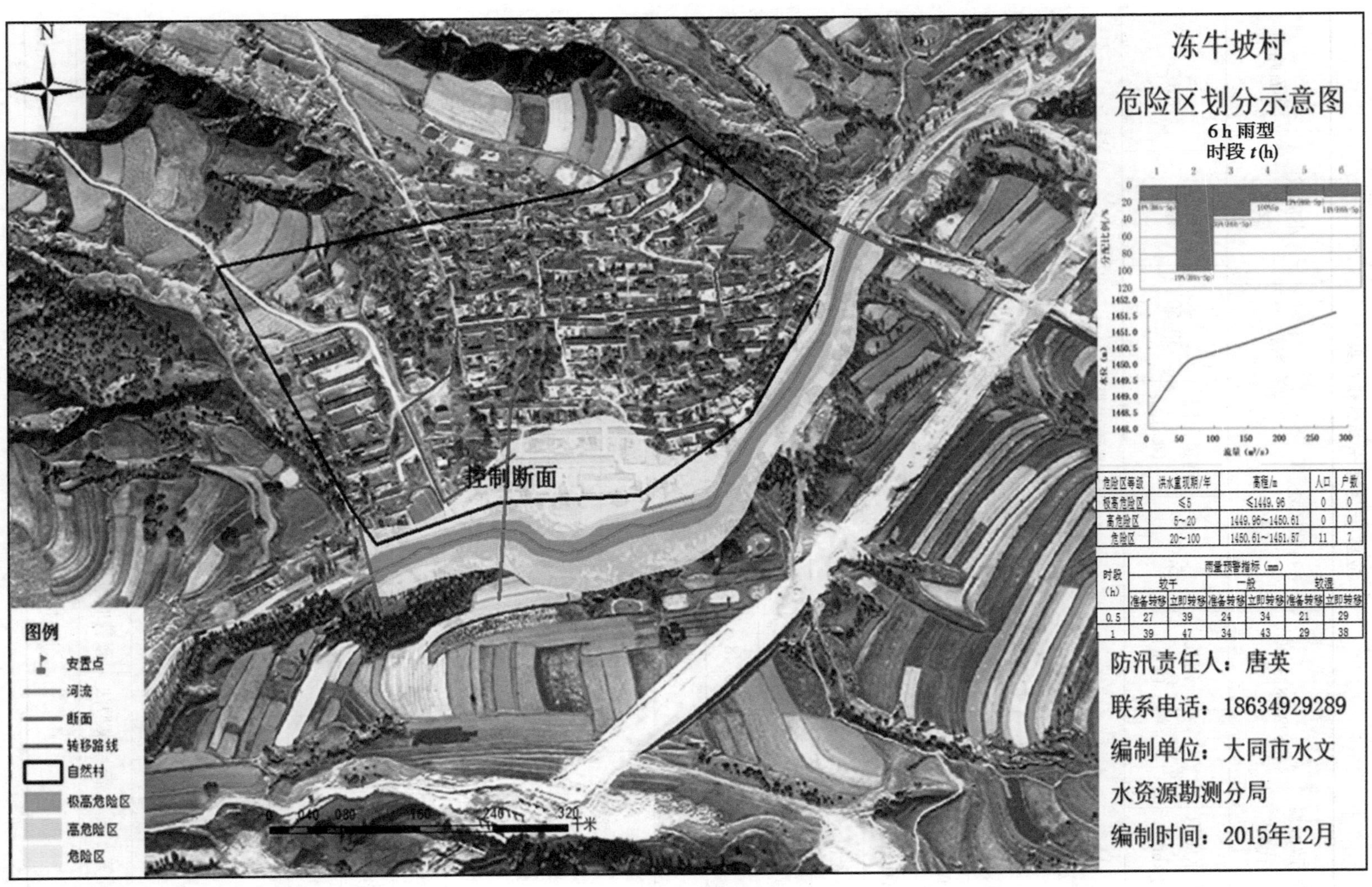

危险区等级	洪水重现期/年	高程/m	人口	户数
极高危险区	≤5	≤1449.96	0	0
高危险区	5~20	1449.96~1450.61	0	0
危险区	20~100	1450.61~1451.57	11	7

时段(h)	雨量预警指标(mm)					
	较干		一般		较湿	
	准备转移	立即转移	准备转移	立即转移	准备转移	立即转移
0.5	27	39	24	34	21	29
1	39	47	34	43	29	38

应县 麻会村 分析评价成果

行政区划代码	140622208238000	行政区划名称	麻会村	小流域名称	小石峪河

集水面积（km^2）	8.04	河长（km）	5.60	河道比降（‰）	30.50	糙率	0.026

一、设计暴雨成果

历时	均值	变差系数	C_s/C_v	重现期雨量值(mm)				
				100 年	50 年	20 年	10 年	5 年
10 min	10.9	0.52	3.5	27.5	24.1	19.7	16.4	12.9
60 min	22.3	0.51	3.5	54.4	47.9	39.2	32.6	25.9
6 h	35.8	0.5	3.5	94.9	83.7	68.6	57.2	45.5
24 h	51.6	0.49	3.5	132.6	117	96.3	80.3	64.1
3 d	68.1	0.48	3.5	179.1	158.4	130.8	109.5	87.7

二、设计洪水成果

洪水要素	重现期洪水要素值				
	100 年	50 年	20 年	10 年	5 年
洪峰流量(m^3/s)	94.1	78.1	57.6	42.4	28.0
洪量(万 m^3)	53.72	43.13	30.12	21.01	13.78
洪水历时(h)					
洪峰水位(m)	1 712.63	1 712.48	1 712.26	1 712.09	1 711.93

三、防洪现状评价

防洪能力(年)	6	成灾水位(m)	1 711.98

该村控制断面水位—流量—人口关系等防洪现状评价成果详见防洪现状评价图

四、预警指标成果

计算方法	流域模型法	预警时段(h)	0.5、1	流域前期持水度 B_0	0、0.3、0.6

该村雨量预警指标详见危险区划分示意图

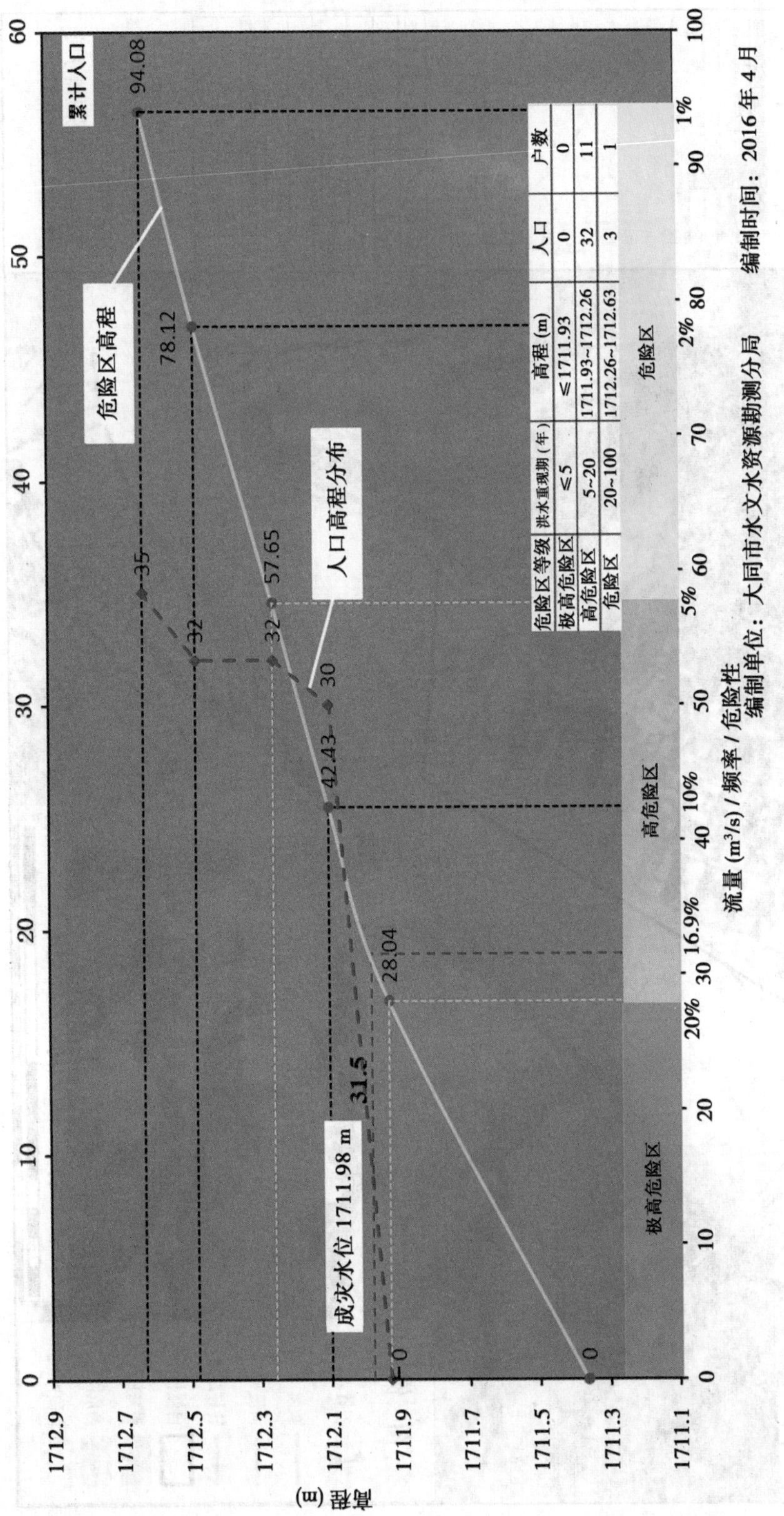

危险区等级	洪水重现期(年)	高程 (m)	人口	户数
极高危险区	≤5	≤1711.93	0	0
高危险区	5~20	1711.93~1712.26	32	11
危险区	20~100	1712.26~1712.63	3	1

麻会村防洪现状评价图

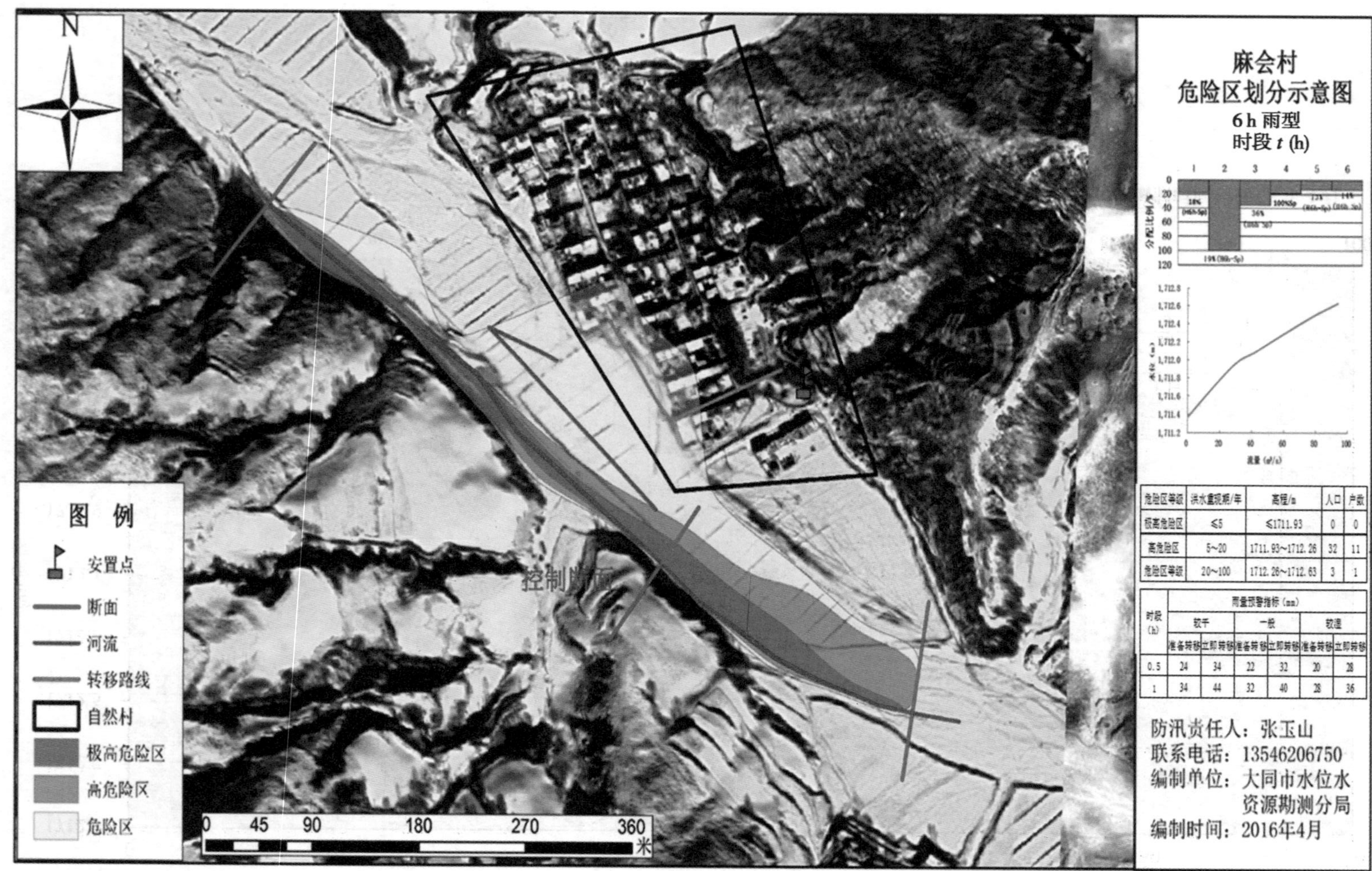

危险区等级	洪水重现期/年	高程/m	人口	户数
极高危险区	≤5	≤1711.93	0	0
高危险区	5~20	1711.93~1712.26	32	11
危险区等级	20~100	1712.26~1712.63	3	1

时段(h)	雨量预警指标（mm）					
	较干		一般		较湿	
	准备转移	立即转移	准备转移	立即转移	准备转移	立即转移
0.5	24	34	22	32	20	28
1	34	44	32	40	28	36

右玉县 东刘家窑村 分析评价成果

行政区划代码	140623102228000	行政区划名称	东刘家窑村	小流域名称	三道河

集水面积（km^2）	152.27	河长（km）	27.37	河道比降（‰）	7.30	糙率	0.028

一、设计暴雨成果

历时	均值	变差系数	C_s/C_v	重现期雨量值（mm）				
				100 年	50 年	20 年	10 年	5 年
10 min	11.0	0.51	3.5	20.3	18.0	14.9	12.6	10.2
60 min	21.0	0.52	3.5	42.5	37.6	31.0	26.0	20.9
6 h	36.0	0.50	3.5	78.2	69.3	57.4	48.3	38.9
24 h	51.0	0.48	3.5	113.7	101.3	84.6	71.7	58.5
3 d	63.0	0.46	3.5	145.5	130.1	109.2	92.9	76.1

二、设计洪水成果

洪水要素	重现期洪水要素值				
	100 年	50 年	20 年	10 年	5 年
洪峰流量（m^3/s）	169	297	478	710	881
洪量（万 m^3）	618.80	481.70	319.91	212.72	134.08
洪水历时（h）					
洪峰水位（m）	1 318.62	1 319.04	1 319.56	1 320.11	1 320.47

三、防洪现状评价

防洪能力（年）	38	成灾水位（m）	1 319.976

该村控制断面水位—流量—人口关系等防洪现状评价成果详见防洪现状评价图

四、预警指标成果

计算方法	流域模型法	预警时段（h）	0.5、1、1.5	流域前期持水度 B_0	0、0.3、0.6

该村雨量预警指标详见危险区划分示意图

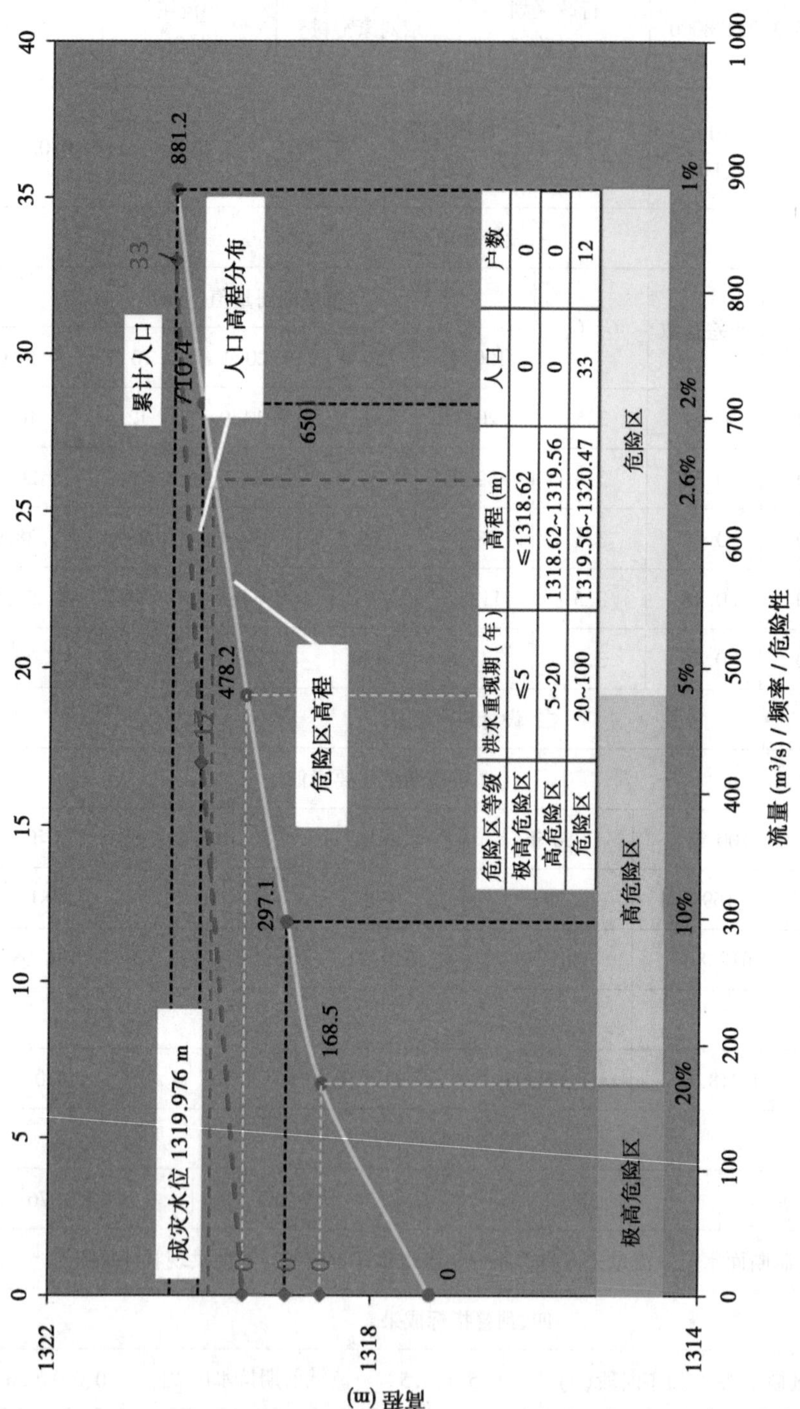

东刘家窑村防洪现状评价图

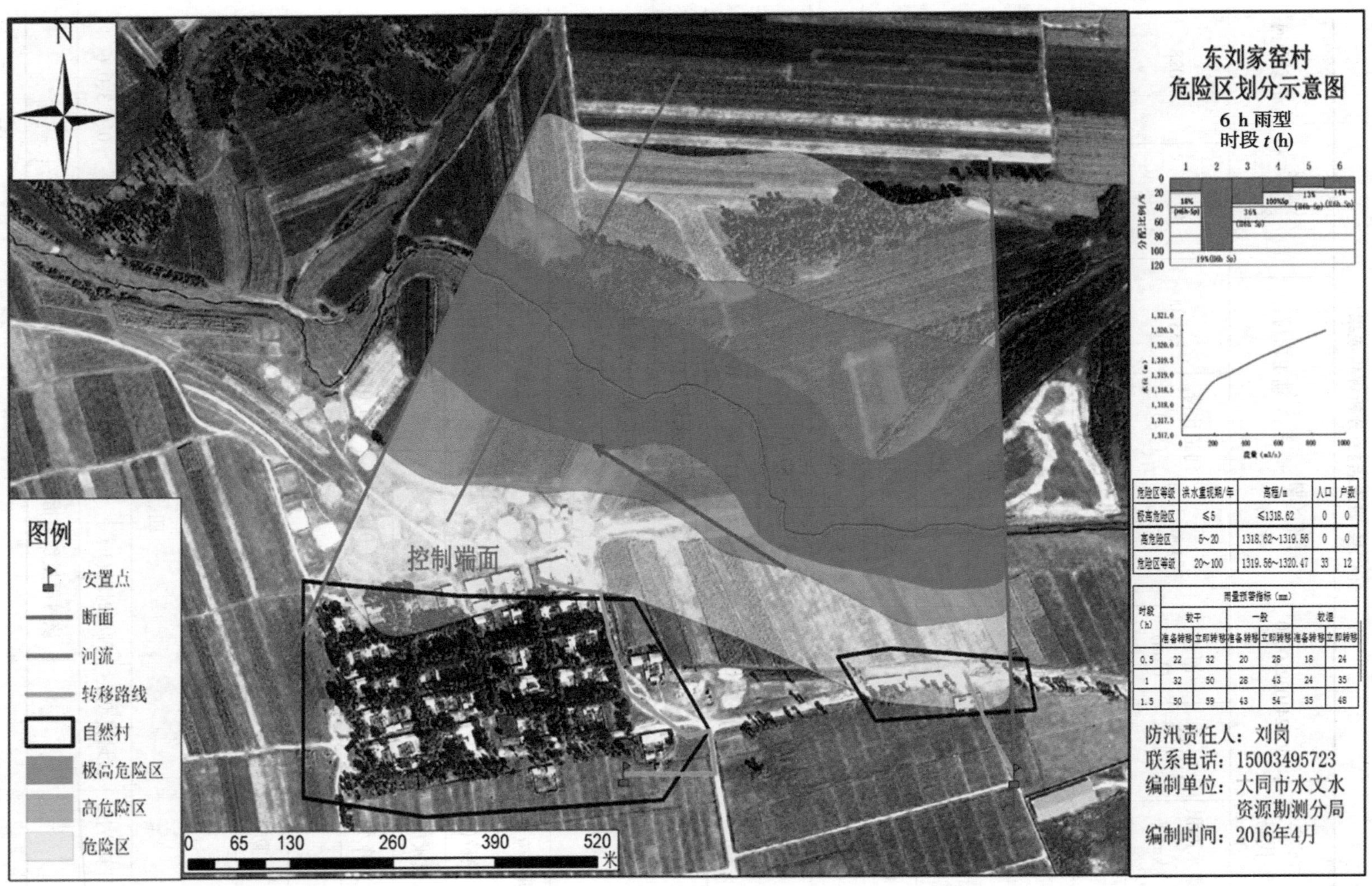
东刘家窑村
危险区划分示意图
6 h雨型
时段t(h)
危险区等级 | 洪水重现期/年 | 高程/m | 人口 | 户数
极高危险区 | ≤5 | ≤1318.62 | 0 | 0
高危险区 | 5~20 | 1318.62~1319.56 | 0 | 0
危险区 | 20~100 | 1319.56~1320.47 | 33 | 12
时段(h) | 雨量预警指标(mm) 较干 准备转移 | 立即转移 | 一般 准备转移 | 立即转移 | 较湿 准备转移 | 立即转移
0.5 | 22 | 32 | 20 | 28 | 18 | 24
1 | 32 | 50 | 28 | 43 | 24 | 35
1.5 | 50 | 59 | 43 | 54 | 35 | 48
防汛责任人：刘岗
联系电话：15003495723
编制单位：大同市水文水资源勘测分局
编制时间：2016年4月
控制端面
图例
安置点
断面
河流
转移路线
自然村
极高危险区
高危险区
危险区
N
0 65 130 260 390 520 米

怀仁县 霸王店村 分析评价成果

行政区划代码	140624103210000	行政区划名称	霸王店村	小流域名称	于家园河

集水面积(km^2)	115.85	河长(km)	31.6	河道比降(‰)	33.00	糙率	0.028

一、设计暴雨成果

历时	均值	变差系数	C_s/C_v	重现期雨量值(mm)				
				100 年	50 年	20 年	10 年	5 年
10 min	10.2	0.49	3.5	19.1	17.0	14.2	12.1	9.8
60 min	20.2	0.48	3.5	38.8	34.4	28.6	24.0	19.4
6 h	30.0	0.48	3.5	66.1	58.9	49.4	42.0	34.3
24 h	44.3	0.40	3.5	87.0	78.6	67.3	58.4	49.1
3 d	52.8	0.39	3.5	117.4	105.6	89.4	76.8	63.6

二、设计洪水成果

洪水要素	重现期洪水要素值				
	100 年	50 年	20 年	10 年	5 年
洪峰流量(m^3/s)	83.7	144	232.7	360.4	455
洪量(万 m^3)	90.4	139.7	206.3	303.5	384.4
洪水历时(h)					
洪峰水位(m)	1 018.07	1 018.3	1 018.36	1 018.52	1 018.61

三、防洪现状评价

防洪能力(年)	73	成灾水位(m)	1 018.57

该村控制断面水位—流量—人口关系等防洪现状评价成果详见防洪现状评价图

四、预警指标成果

计算方法	流域模型法	预警时段(h)	0.5、1、1.5、2	流域前期持水度 B_0	0、0.3、0.6

该村雨量预警指标详见危险区划分示意图

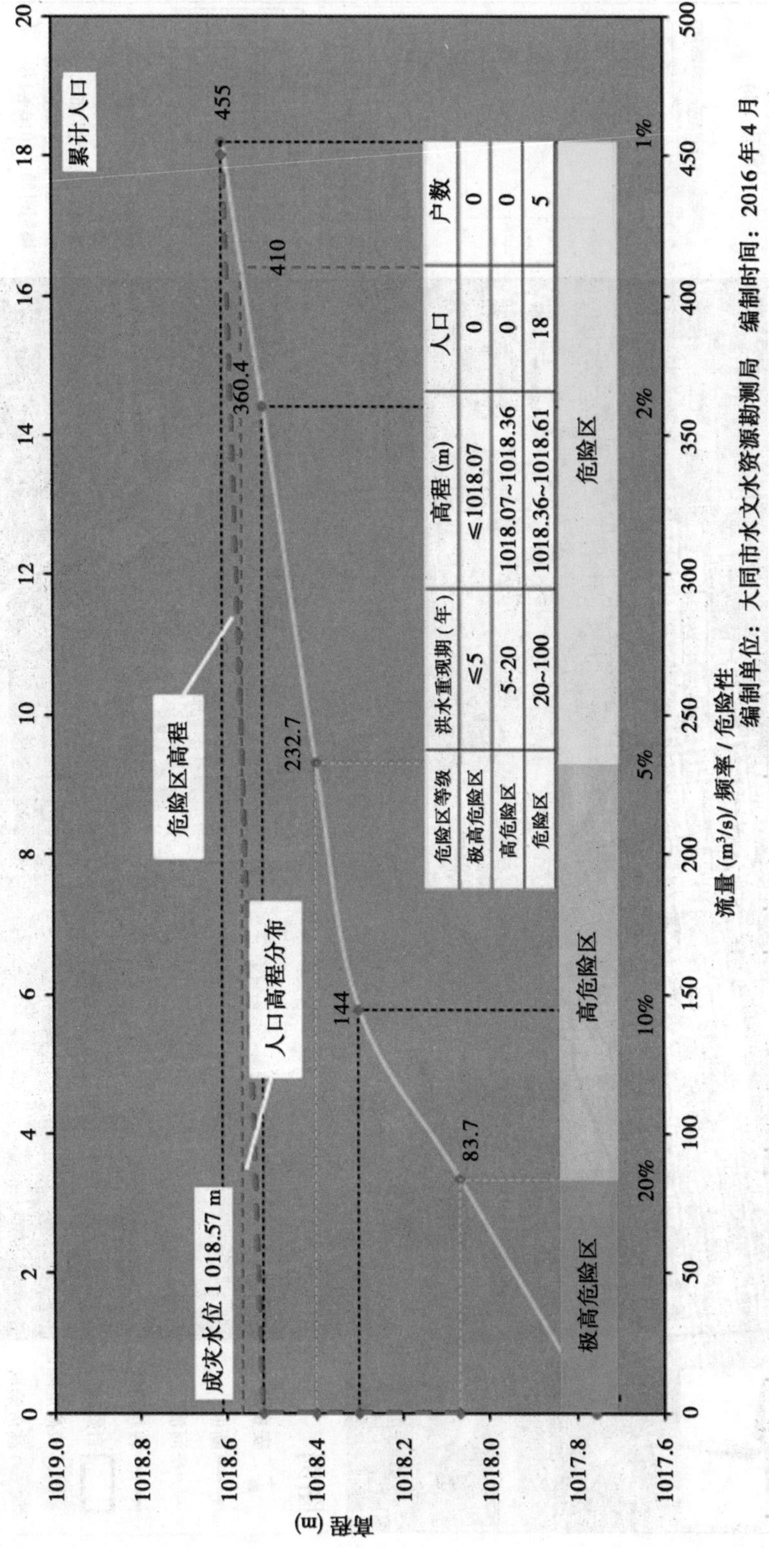

危险区等级	洪水重现期（年）	高程 (m)	人口	户数
极高危险区	≤5	≤1018.07	0	0
高危险区	5~20	1018.07~1018.36	0	0
危险区	20~100	1018.36~1018.61	18	5

编制单位：大同市水文水资源勘测局　编制时间：2016 年 4 月

霸王店村防洪现状评价图

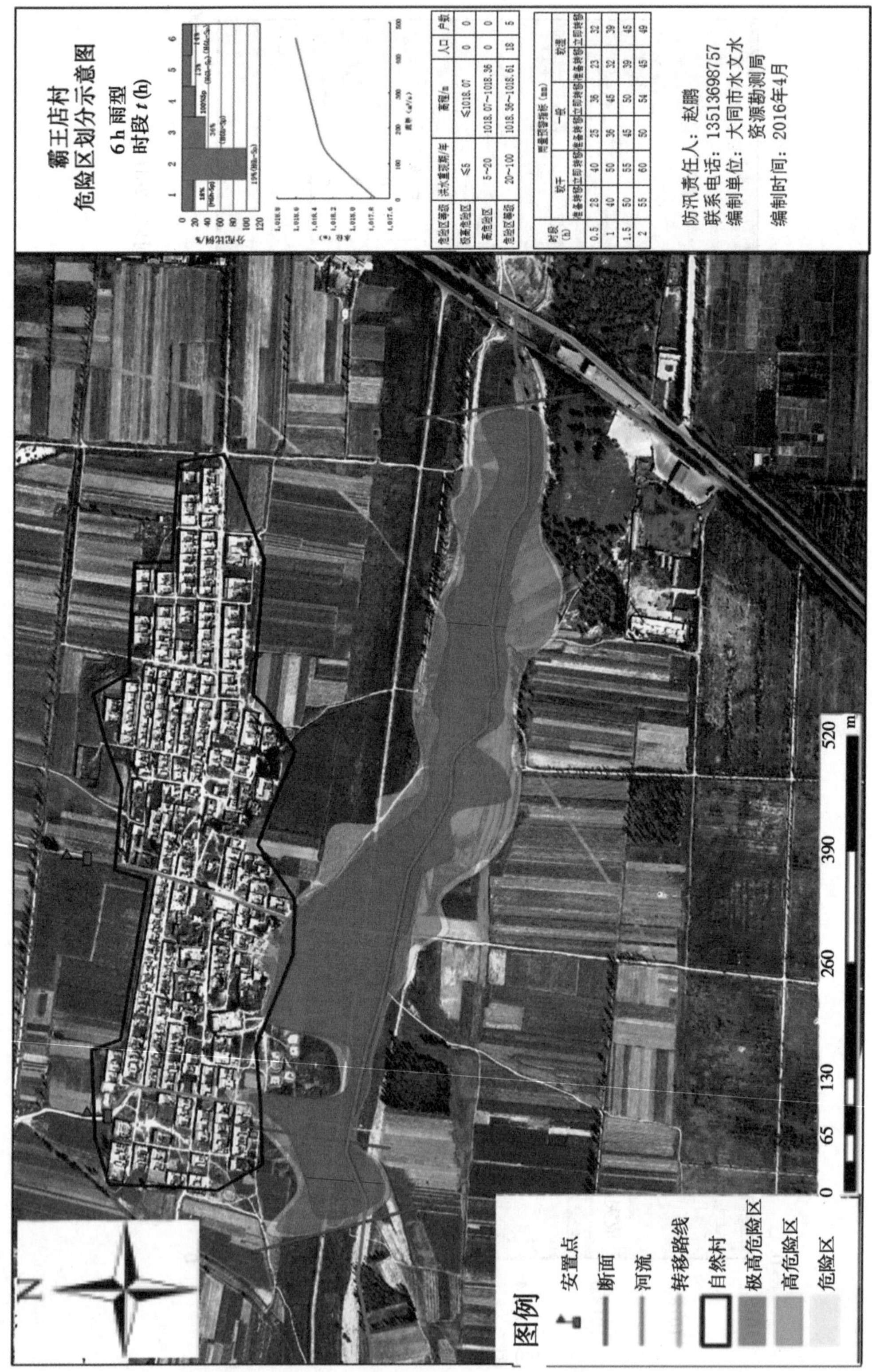

霸王店村
危险区划分示意图
6 h 雨型
时段 t (h)
危险区等级 | 洪水重现期/年 | 高程/m | 人口 | 户数
极高危险区 | ≤5 | ≤1018.07 | 0 | 0
高危险区 | 5~20 | 1018.07~1018.36 | 0 | 0
危险区等级 | 20~100 | 1018.36~1018.61 | 18 | 5
雨量预警指标（mm）
时段(h) | 较干 准备转移 立即转移 | 一般 准备转移 立即转移 | 较湿 准备转移 立即转移
0.5 | 28 40 | 25 36 | 23 32
1 | 40 50 | 36 45 | 32 39
1.5 | 50 55 | 45 50 | 39 45
2 | 55 60 | 50 54 | 45 49
防汛责任人：赵鹏
联系电话：13513698757
编制单位：大同市水文水资源勘测局
编制时间：2016年4月
图例
安置点
断面
河流
转移路线
自然村
极高危险区
高危险区
危险区
0 65 130 260 390 520 m

榆次区 西双村 分析评价成果

行政区划代码	140702104209000	行政区划名称	西双村	小流域名称	

集水面积(km^2)	72.48	河长(km)		河道比降(‰)	13.86	糙率	0.030

一、设计暴雨成果

历时	均值	变差系数	C_s/C_v	重现期雨量值(mm)				
				100 年	50 年	20 年	10 年	5 年
10 min	11.8	0.55	3.5	27.2	23.9	19.4	16.0	12.6
60 min	23.0	0.54	3.5	52.6	46.1	37.6	31.0	24.4
6 h	34.0	0.53	3.5	88.3	77.8	63.9	53.2	42.4
24 h	49.0	0.48	3.5	118.3	105.1	87.6	74.0	60.0
3 d	64.0	0.45	3.5	152.7	136.5	114.9	98.1	80.6

二、设计洪水成果

洪水要素	重现期洪水要素值				
	100 年	50 年	20 年	10 年	5 年
洪峰流量(m^3/s)	398.45	322.45	224.15	146.34	85.83
洪量(万 m^3)	1 183.2	930.3	623.9	416.2	261.5
洪水历时(h)	7.5	7	6.5	6.5	6
洪峰水位(m)	812.30	812.11	811.84	811.60	811.36

三、防洪现状评价

防洪能力(年)	22	成灾水位(m)	811.863

该村控制断面水位—流量—人口关系等防洪现状评价成果详见防洪现状评价图

四、预警指标成果

计算方法	流域模型法	预警时段(h)	0.5、1	流域前期持水度 B_0	0、0.3、0.6

该村雨量预警指标详见危险区划分示意图

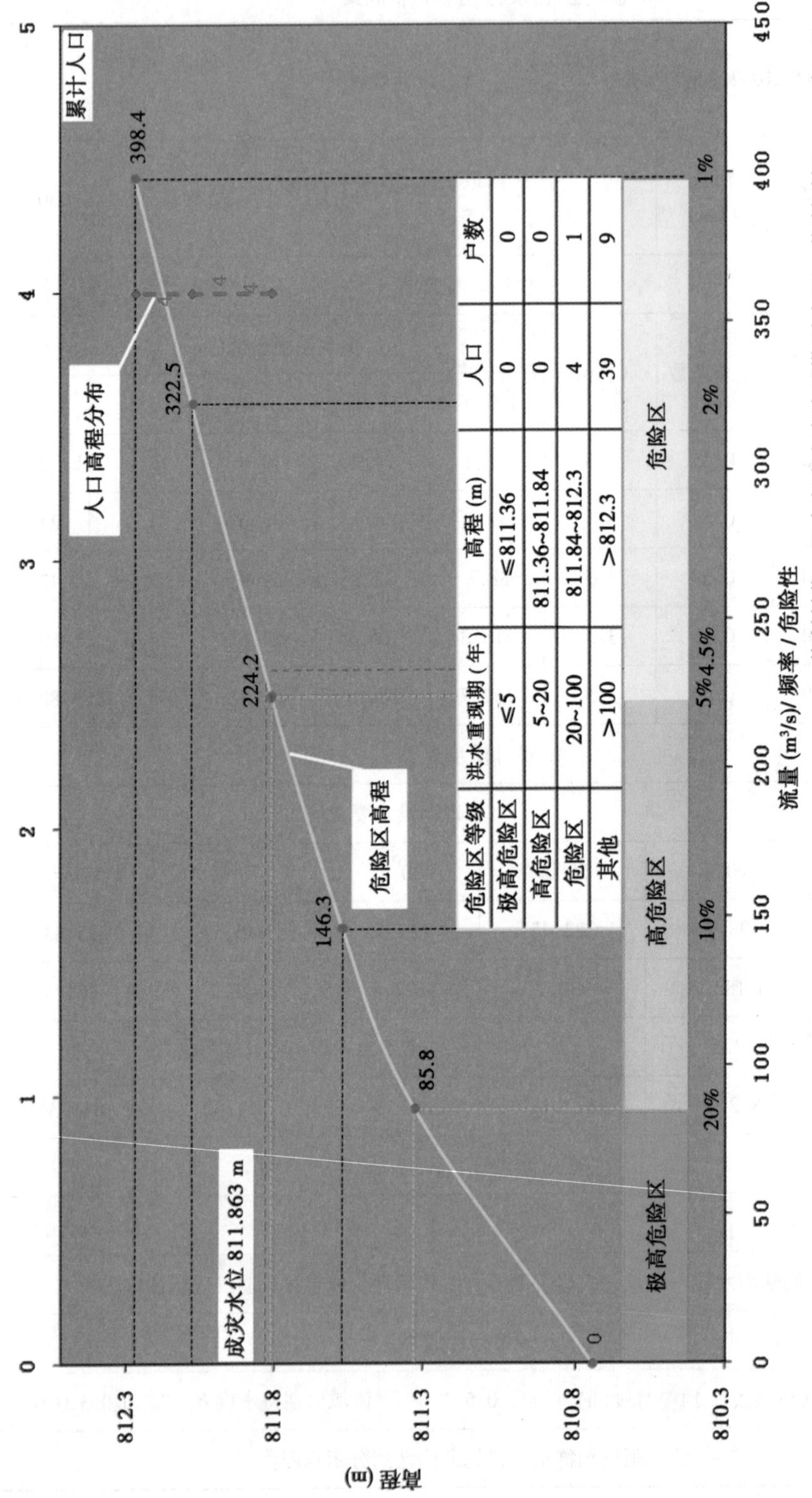

危险区等级	洪水重现期（年）	高程 (m)	人口	户数
极高危险区	≤5	≤811.36	0	0
高危险区	5~20	811.36~811.84	0	0
危险区	20~100	811.84~812.3	4	1
其他	>100	>812.3	39	9

西双村防洪现状评价图

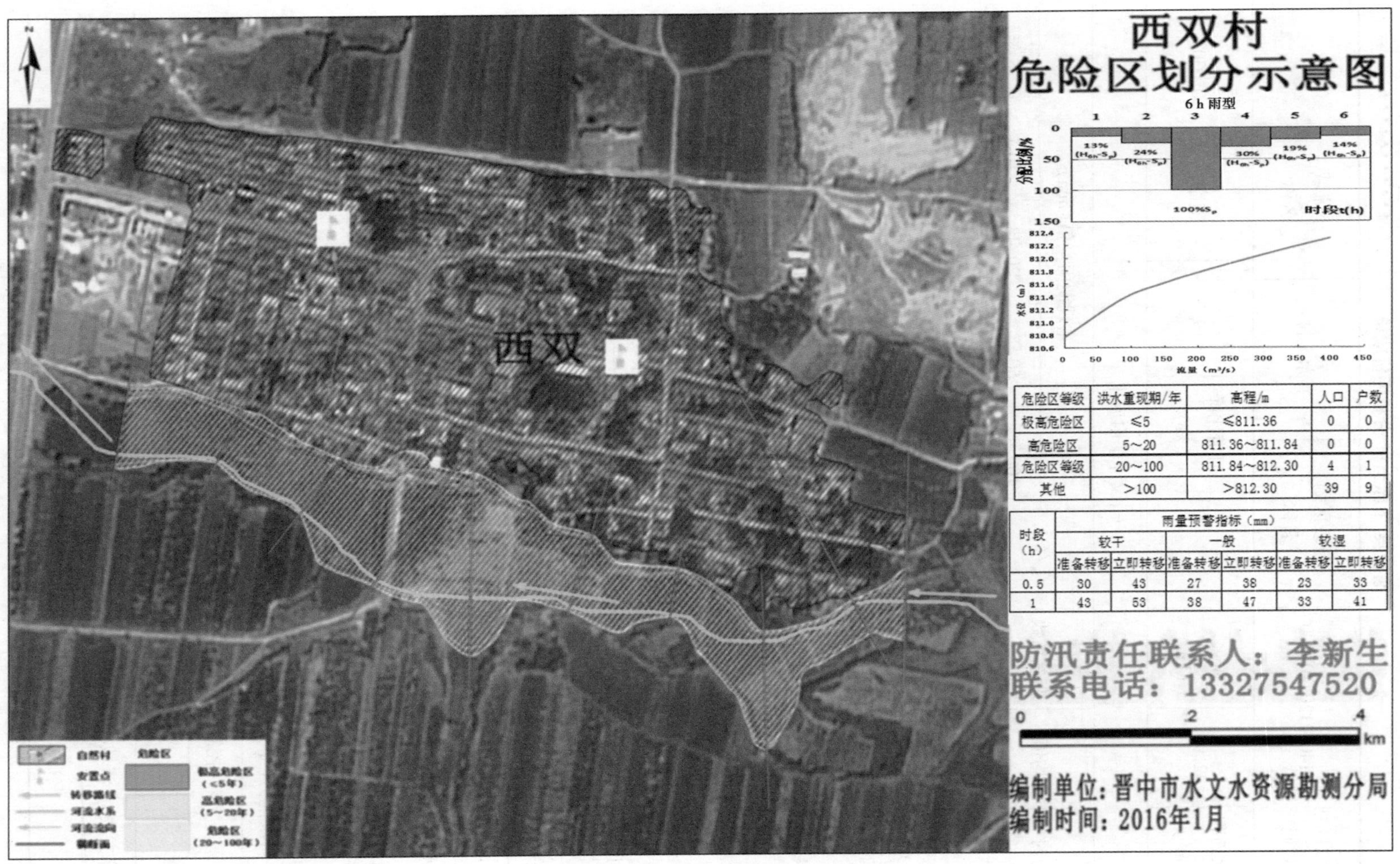
西双村
危险区划分示意图
6 h 雨型
时段t(h)
100%S_p
流量（m³/s）
西双
危险区等级 | 洪水重现期/年 | 高程/m | 人口 | 户数
极高危险区 | ≤5 | ≤811.36 | 0 | 0
高危险区 | 5～20 | 811.36～811.84 | 0 | 0
危险区等级 | 20～100 | 811.84～812.30 | 4 | 1
其他 | >100 | >812.30 | 39 | 9
雨量预警指标（mm）
时段（h） | 较干 准备转移 | 较干 立即转移 | 一般 准备转移 | 一般 立即转移 | 较湿 准备转移 | 较湿 立即转移
0.5 | 30 | 43 | 27 | 38 | 23 | 33
1 | 43 | 53 | 38 | 47 | 33 | 41
防汛责任联系人：李新生
联系电话：13327547520
0　2　4 km
编制单位：晋中市水文水资源勘测分局
编制时间：2016年1月

榆社县 下赤土村 分析评价成果

行政区划代码	140721204203000	行政区划名称	下赤土村	小流域名称	

集水面积(km²)	32.90	河长(km)		河道比降(‰)	19.9	糙率	0.030

一、设计暴雨成果

历时	均值	变差系数	C_s/C_v	重现期雨量值(mm)				
				100 年	50 年	20 年	10 年	5 年
10 min	14.6	0.50	3.50	33.0	29.2	24.1	20.2	16.2
60 min	29.2	0.50	3.50	67.6	59.7	49.2	41.2	33.0
6 h	45.0	0.50	3.50	112.2	99.5	82.4	69.3	55.8
24 h	58.0	0.46	3.50	140.1	125.0	104.6	88.8	72.4
3 d	78.2	0.45	3.50	189.7	169.6	142.4	121.4	99.5

二、设计洪水成果

洪水要素	重现期洪水要素值				
	100 年	50 年	20 年	10 年	5 年
洪峰流量(m³/s)	285.43	238.10	174.12	122.96	79.24
洪量(万 m³)	261	215	155	112	76
洪水历时(h)	15.5	16	16.5	17	17
洪峰水位(m)	1 167.68	1 167.53	1 167.29	1 167.07	1 166.83

三、防洪现状评价

防洪能力(年)	33	成灾水位(m)	1 167.46

该村控制断面水位—流量—人口关系等防洪现状评价成果详见防洪现状评价图

四、预警指标成果

计算方法	流域模型法	预警时段(h)	0.5、1、1.5	流域前期持水度 B_0	0、0.3、0.6

该村雨量预警指标详见危险区划分示意图

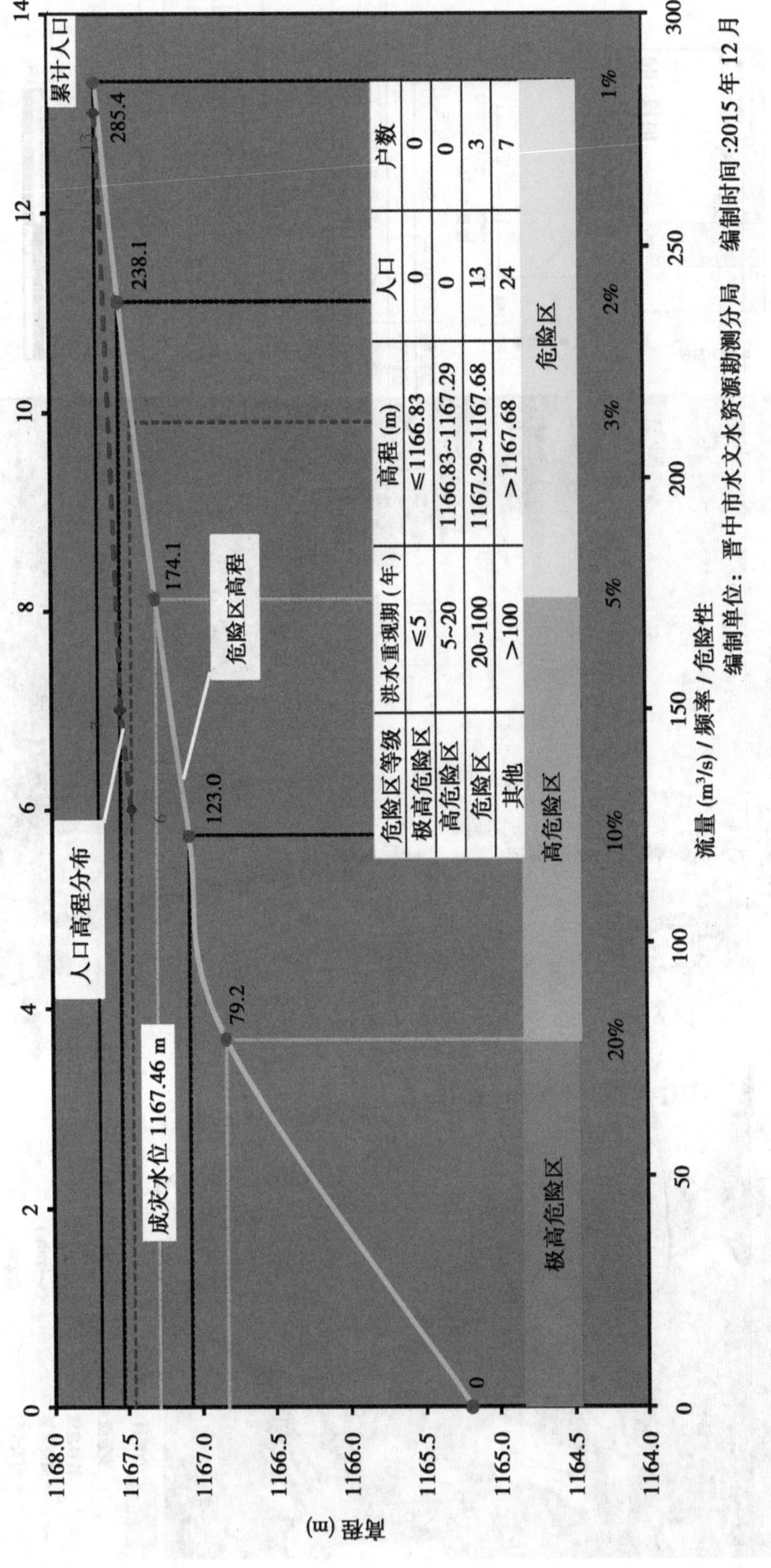

危险区等级	洪水重现期（年）	高程 (m)	人口	户数
极高危险区	≤5	≤1166.83	0	0
高危险区	5~20	1166.83~1167.29	0	0
危险区	20~100	1167.29~1167.68	13	3
其他	>100	>1167.68	24	7

下赤土村防洪现状评价图

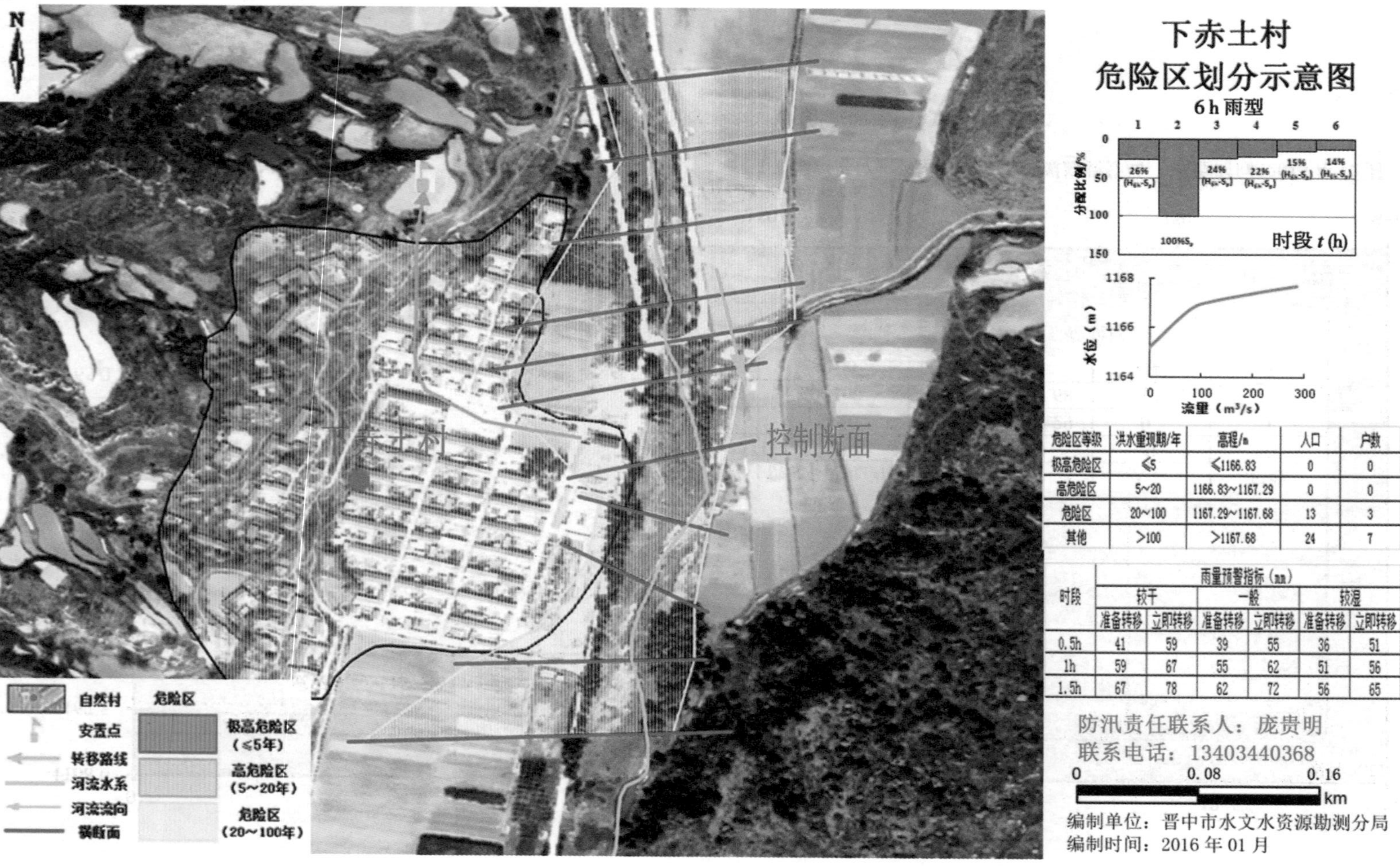

危险区等级	洪水重现期/年	高程/m	人口	户数
极高危险区	≤5	≤1166.83	0	0
高危险区	5~20	1166.83~1167.29	0	0
危险区	20~100	1167.29~1167.68	13	3
其他	>100	>1167.68	24	7

时段	雨量预警指标（mm）					
	较干		一般		较湿	
	准备转移	立即转移	准备转移	立即转移	准备转移	立即转移
0.5h	41	59	39	55	36	51
1h	59	67	55	62	51	56
1.5h	67	78	62	72	56	65

左权县 寺仙村 分析评价成果

行政区划代码	140722201204000	行政区划名称	寺仙村	小流域名称	

集水面积（km^2）	99.03	河长（km）	14.80	河道比降（‰）	14.38	糙率	0.030

一、设计暴雨成果

历时	均值	变差系数	C_s/C_v	重现期雨量值(mm)				
				100 年	50 年	20 年	10 年	5 年
10 min	14.6	0.50	3.50	30.2	26.7	22.1	18.6	14.9
60 min	29.0	0.50	3.50	60.8	53.8	44.4	37.2	29.8
6 h	42.0	0.50	3.50	102.0	90.5	75.2	63.3	51.1
24 h	57.0	0.46	3.50	131.7	117.6	98.8	84.1	68.9
3 d	78.0	0.45	3.50	184.5	165.0	139.0	118.8	97.7

二、设计洪水成果

洪水要素	重现期洪水要素值				
	100 年	50 年	20 年	10 年	5 年
洪峰流量(m^3/s)	1 130	877	575	373	226
洪量(万 m^3)	2 745	2 215	1 560	1 093	726
洪水历时(h)	42	43.5	47	50.5	44.5
洪峰水位(m)	1 159.01	1 158.90	1 158.71	1 158.51	1 158.32

三、防洪现状评价

防洪能力(年)	5	成灾水位(m)	1 158.39

该村控制断面水位—流量—人口关系等防洪现状评价成果详见防洪现状评价图

四、预警指标成果

计算方法	流域模型法	预警时段(h)	0.5、1、1.5、2、2.5	流域前期持水度 B_0	0、0.3、0.6

该村雨量预警指标详见危险区划分示意图

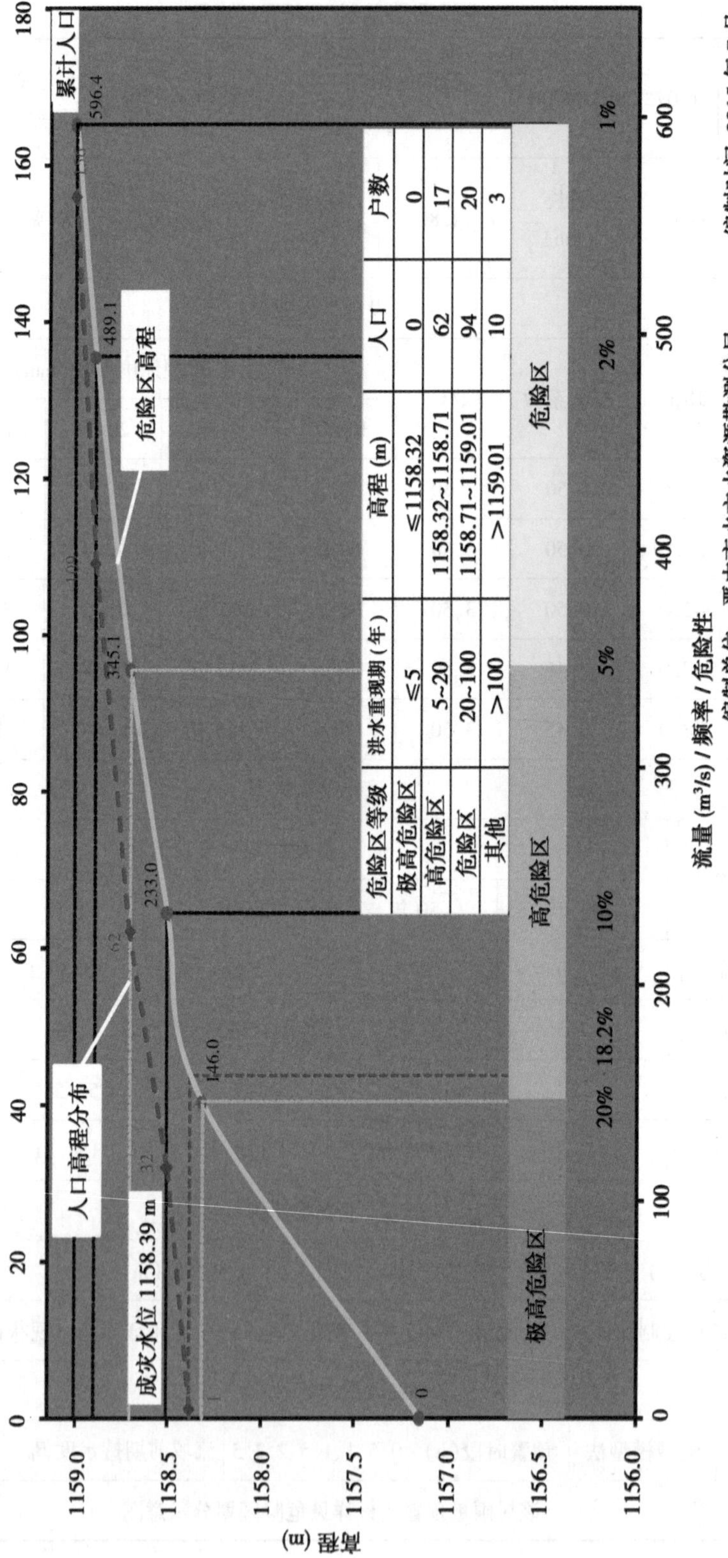

危险区等级	洪水重现期（年）	高程 (m)	人口	户数
极高危险区	≤5	≤1158.32	0	0
高危险区	5~20	1158.32~1158.71	62	17
危险区	20~100	1158.71~1159.01	94	20
其他	>100	>1159.01	10	3

寺仙村防洪现状评价图

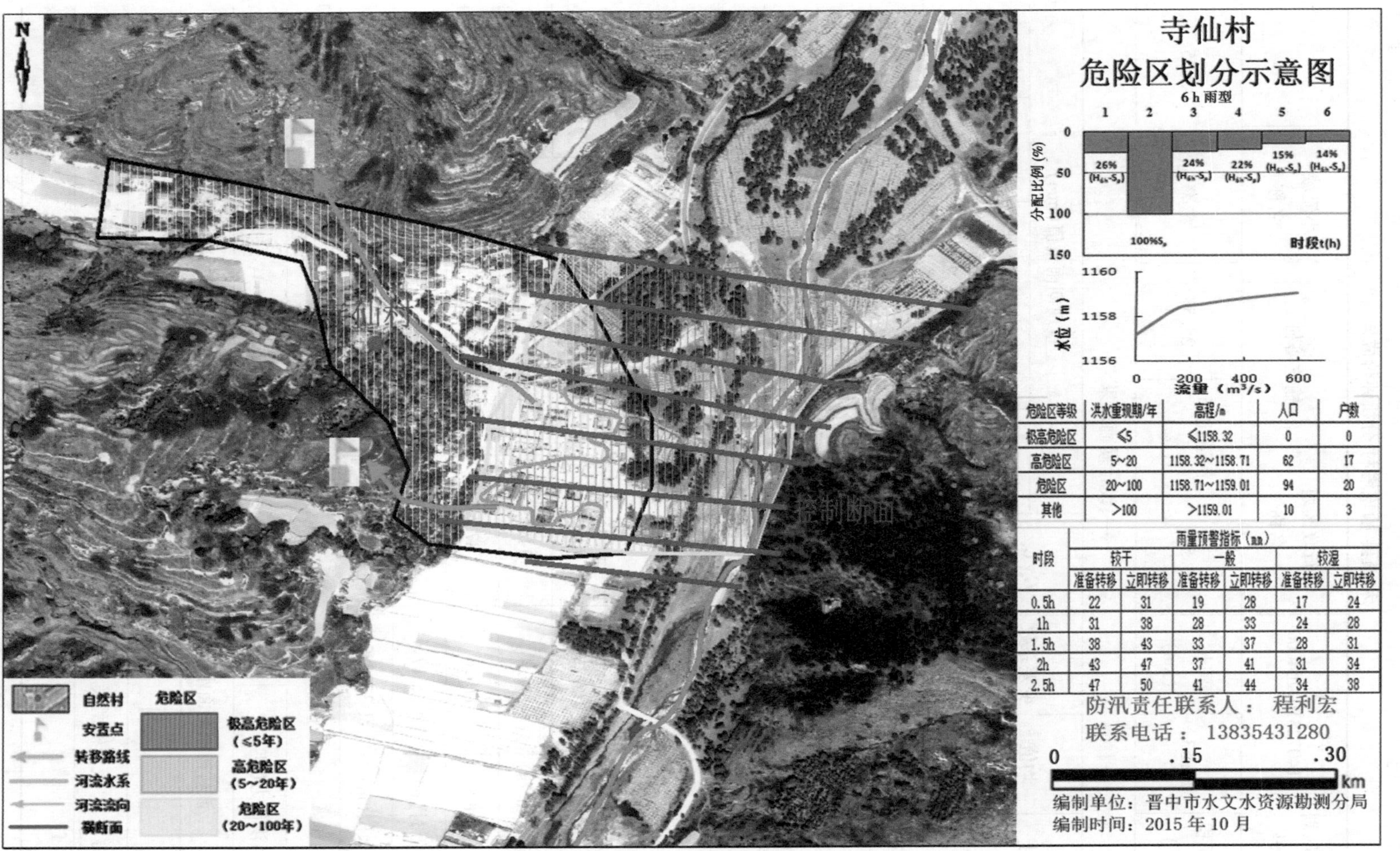
寺仙村
危险区划分示意图
6 h 雨型
分配比例 (%)
26% (H_{6h}-S_5)
100%S_5
24% (H_{6h}-S_5)
22% (H_{6h}-S_5)
15% (H_{6h}-S_5)
14% (H_{6h}-S_5)
时段t(h)
水位 (m)
流量 (m^3/s)
危险区等级 | 洪水重现期/年 | 高程/m | 人口 | 户数
极高危险区 | ≤5 | ≤1158.32 | 0 | 0
高危险区 | 5~20 | 1158.32~1158.71 | 62 | 17
危险区 | 20~100 | 1158.71~1159.01 | 94 | 20
其他 | >100 | >1159.01 | 10 | 3
雨量预警指标 (mm)
时段 | 较干 准备转移 | 较干 立即转移 | 一般 准备转移 | 一般 立即转移 | 较湿 准备转移 | 较湿 立即转移
0.5h | 22 | 31 | 19 | 28 | 17 | 24
1h | 31 | 38 | 28 | 33 | 24 | 28
1.5h | 38 | 43 | 33 | 37 | 28 | 31
2h | 43 | 47 | 37 | 41 | 31 | 34
2.5h | 47 | 50 | 41 | 44 | 34 | 38
防汛责任联系人： 程利宏
联系电话： 13835431280
0 .15 .30 km
编制单位：晋中市水文水资源勘测分局
编制时间：2015年10月
控制断面
自然村
安置点
转移路线
河流水系
河流流向
横断面
危险区
极高危险区 (≤5年)
高危险区 (5~20年)
危险区 (20~100年)
N

和顺县 榆圪塔村 分析评价成果

行政区划代码	140723101204000	行政区划名称	榆圪塔村	小流域名称	

集水面积(km^2)	13.53	河长(km)	6.57	河道比降(‰)	25.58	糙率	0.025

一、设计暴雨成果

历时	均值	变差系数	C_s/C_v	重现期雨量值(mm)				
				100 年	50 年	20 年	10 年	5 年
10 min	13.8	0.55	3.5	36.3	31.8	25.8	21.2	16.6
60 min	26.0	0.58	3.5	67.1	58.5	47.0	38.4	29.7
6 h	38.0	0.56	3.5	113.3	99.0	80.0	65.6	51.2
24 h	60.0	0.52	3.5	158.9	140.0	114.7	95.3	75.7
3 d	77.6	0.49	3.5	203.8	180.6	149.4	125.4	100.9

二、设计洪水成果

洪水要素	重现期洪水要素值				
	100 年	50 年	20 年	10 年	5 年
洪峰流量(m^3/s)	146.4	119.9	84.6	59.9	35.7
洪量(万 m^3)	110.6	87.8	59.9	40.6	25.4
洪水历时(h)	12.17	12	12.17	12	12
洪峰水位(m)	1 372.82	1 372.64	1 372.325	1 372	1 371.645

三、防洪现状评价

防洪能力(年)	25	成灾水位(m)	1 372.40
该村控制断面水位—流量—人口关系等防洪现状评价成果详见防洪现状评价图			

四、预警指标成果

计算方法	流域模型法	预警时段(h)	0.5、1	流域前期持水度 B_0	0、0.3、0.6
该村雨量预警指标详见危险区划分示意图					

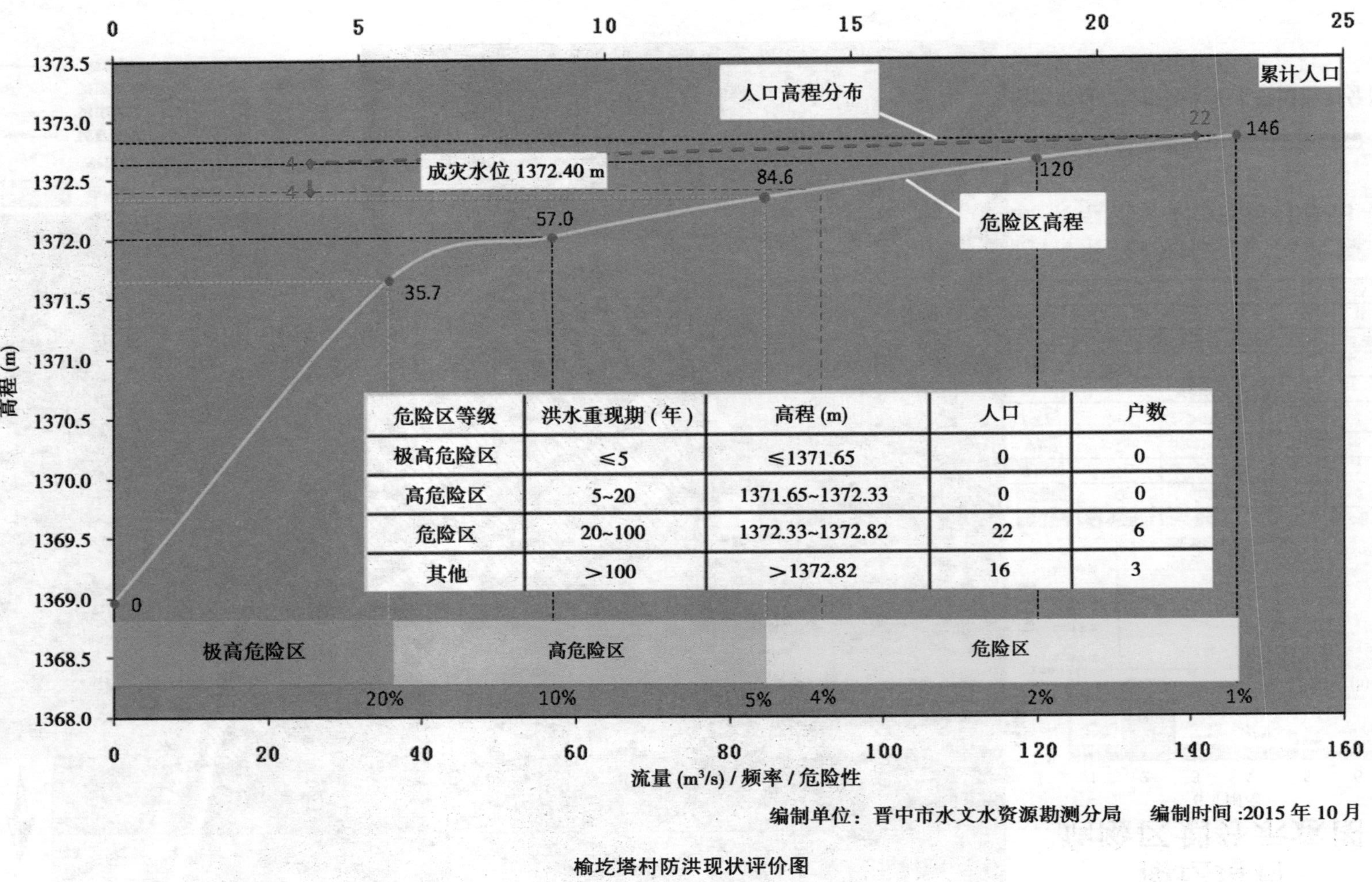

危险区等级	洪水重现期（年）	高程 (m)	人口	户数
极高危险区	≤5	≤1371.65	0	0
高危险区	5~20	1371.65~1372.33	0	0
危险区	20~100	1372.33~1372.82	22	6
其他	>100	>1372.82	16	3

榆圪塔村防洪现状评价图

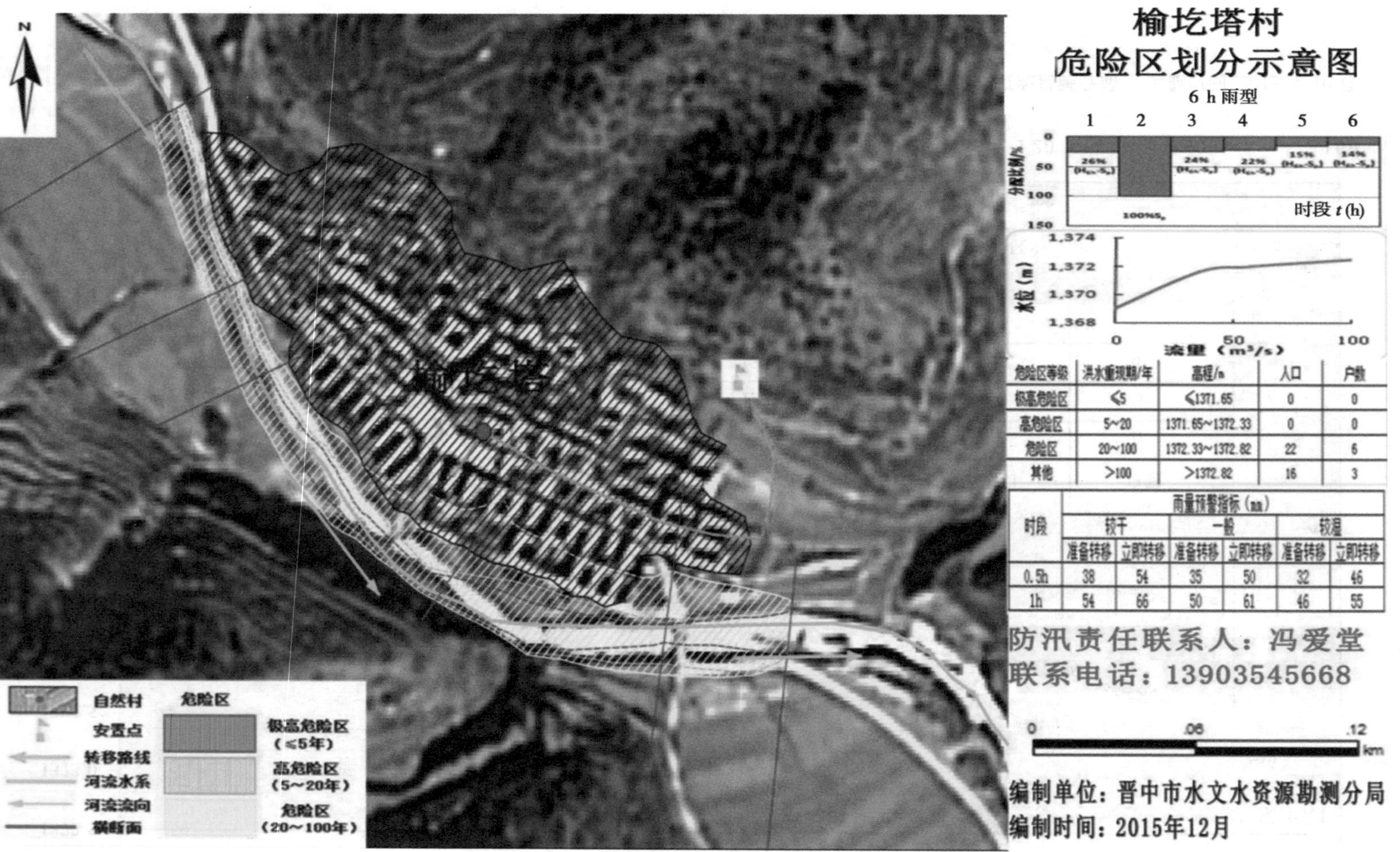
榆圪塔村
危险区划分示意图
6 h雨型
1 2 3 4 5 6
0 50 100 150
分配比例/%
26%
100%
24%
22%
15%
14%
时段 t (h)
1,374
1,372
1,370
1,368
水位 (m)
0 50 100
流量（m³/s）
危险区等级 洪水重现期/年 高程/m 人口 户数
极高危险区 ≤5 ≤1371.65 0 0
高危险区 5~20 1371.65~1372.33 0 0
危险区 20~100 1372.33~1372.82 22 6
其他 >100 >1372.82 16 3
时段 雨量预警指标（mm）
较干 一般 较湿
准备转移 立即转移 准备转移 立即转移 准备转移 立即转移
0.5h 38 54 35 50 32 46
1h 54 66 50 61 46 55
防汛责任联系人：冯爱堂
联系电话：13903545668
0 .06 .12 km
编制单位：晋中市水文水资源勘测分局
编制时间：2015年12月
N
自然村
安置点
转移路线
河流水系
河流流向
横断面
危险区
极高危险区（≤5年）
高危险区（5~20年）
危险区（20~100年）

昔阳县 杓铺村 分析评价成果

行政区划代码	140724204205000	行政区划名称	杓铺村	小流域名称	

集水面积(km^2)	9.70	河长(km)	3.87	河道比降(‰)	55.0	糙率	

一、设计暴雨成果

历时	均值	变差系数	C_s/C_v	重现期雨量值(mm)				
				100 年	50 年	20 年	10 年	5 年
10 min	13.8	0.55	3.5	32.3	28.3	23.1	19.0	15.0
60 min	25.8	0.55	3.5	65.4	57.2	46.2	37.9	29.6
6 h	45.0	0.58	3.5	119.9	105.0	85.0	69.9	54.6
24 h	65.5	0.53	3.5	178.2	156.6	128.0	106.0	83.7
3 d	81.0	0.53	3.5	222.3	195.5	159.9	132.7	105.0

二、设计洪水成果

洪水要素	重现期洪水要素值				
	100 年	50 年	20 年	10 年	5 年
洪峰流量(m^3/s)	146.4	98.1	38.1	13.9	6.2
洪量(万 m^3)	502.47	314.82	139.71	60.00	29.92
洪水历时(h)	6.5	6.0	5.5	5.0	4.5
洪峰水位(m)	711.85	711.57	711.04	710.63	710.4

三、防洪现状评价

防洪能力(年)	23	成灾水位(m)	711.12
该村控制断面水位—流量—人口关系等防洪现状评价成果详见防洪现状评价图			

四、预警指标成果

计算方法	流域模型法	预警时段(h)	0.5、1	流域前期持水度 B_0	0、0.3、0.6
该村雨量预警指标详见危险区划分示意图					

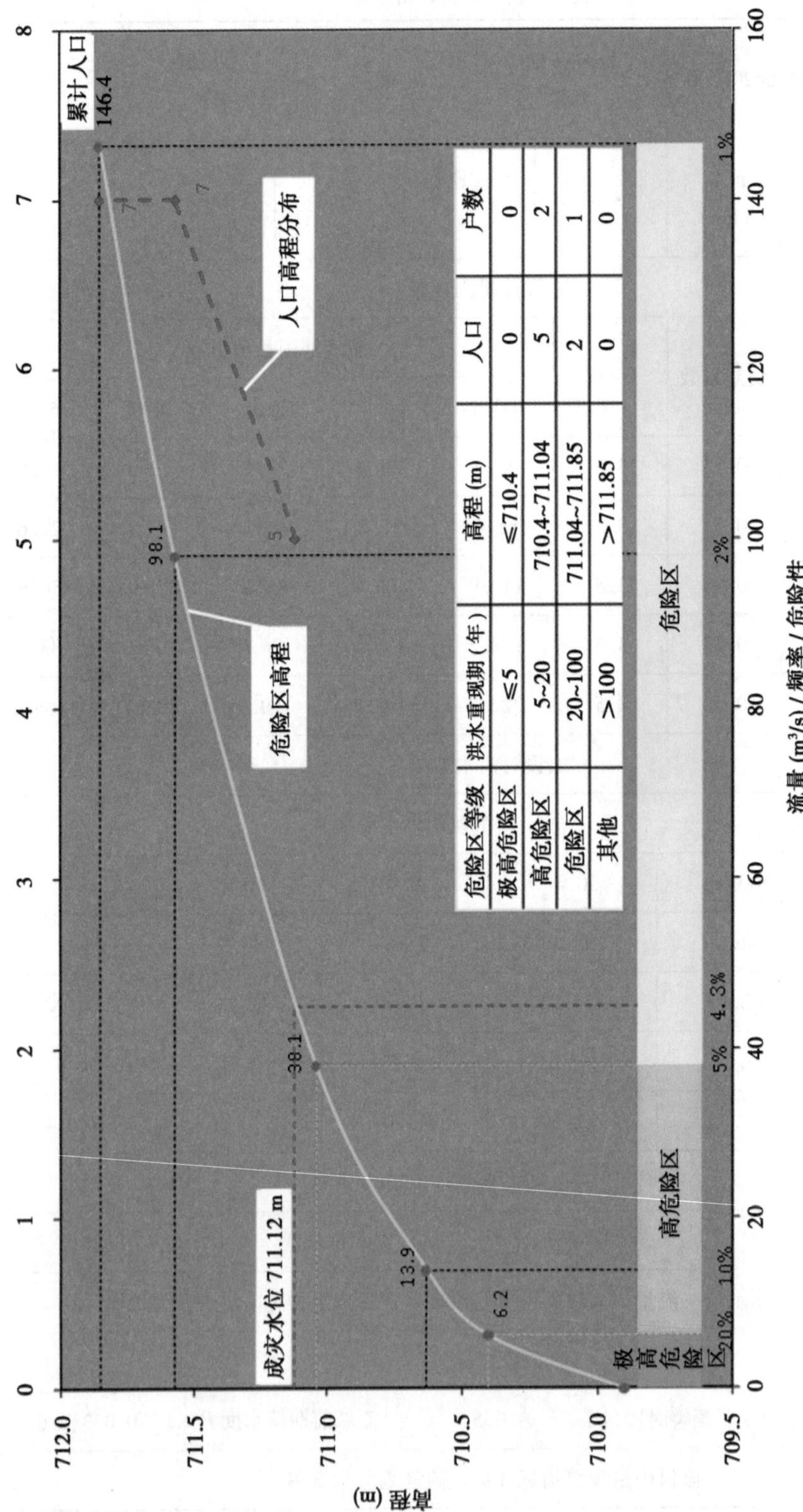

编制单位：晋中市水文水资源勘测分局　　编制时间：2016年3月

杓铺村防洪现状评价图

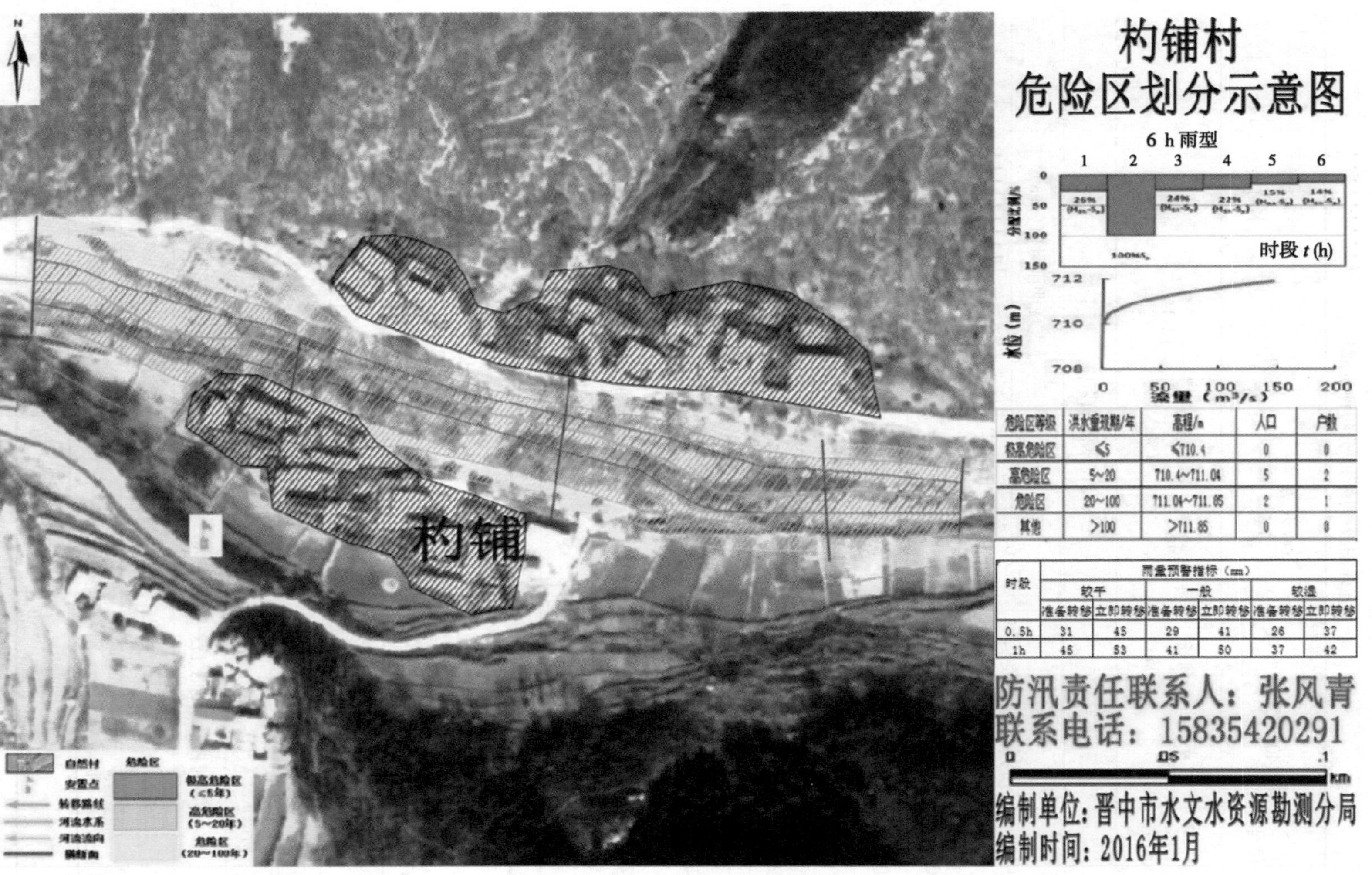

危险区等级	洪水重现期/年	高程/m	人口	户数
极高危险区	≤5	≤710.4	0	0
高危险区	5~20	710.4~711.04	5	2
危险区	20~100	711.04~711.85	2	1
其他	>100	>711.85	0	0

时段	雨量预警指标（mm）					
	较干		一般		较湿	
	准备转移	立即转移	准备转移	立即转移	准备转移	立即转移
0.5h	31	45	29	41	26	37
1h	45	53	41	50	37	42

寿阳县 河外村 分析评价成果

行政区划代码	140725203206100	行政区划名称	河外村	小流域名称	

集水面积（km^2）	21.2	河长（km）	7.77	河道比降（‰）	12.14	糙率	

一、设计暴雨成果

历时	均值	变差系数	C_s/C_v	重现期雨量值(mm)				
				100 年	50 年	20 年	10 年	5 年
10 min	15.0	0.55	3.5	44.4	33.5	22.4	22.4	17.5
60 min	28.8	0.54	3.5	84.0	61.4	41.3	41.3	32.4
6 h	41.0	0.53	3.5	117.7	99.6	67.7	67.7	53.6
24 h	58.0	0.5	3.5	158.7	131.7	90.9	90.9	72.8
3 d	74.0	0.48	3.5	195.9	168.8	118.2	118.2	95.5

二、设计洪水成果

洪水要素	重现期洪水要素值				
	100 年	50 年	20 年	10 年	5 年
洪峰流量(m^3/s)	414.41	345.37	253.47	179.39	113.25
洪量(万 m^3)	858.65	687.27	476.09	328.38	212.69
洪水历时(h)	5	4.5	4	4	4
洪峰水位(m)	1 122.32	1 122.02	1 121.55	1 121.08	1 120.56

三、防洪现状评价

防洪能力(年)	40	成灾水位(m)	1 121.93

该村控制断面水位—流量—人口关系等防洪现状评价成果详见防洪现状评价图

四、预警指标成果

计算方法	流域模型法	预警时段(h)	0.5	流域前期持水度 B_0	0、0.3、0.6

该村雨量预警指标详见危险区划分示意图

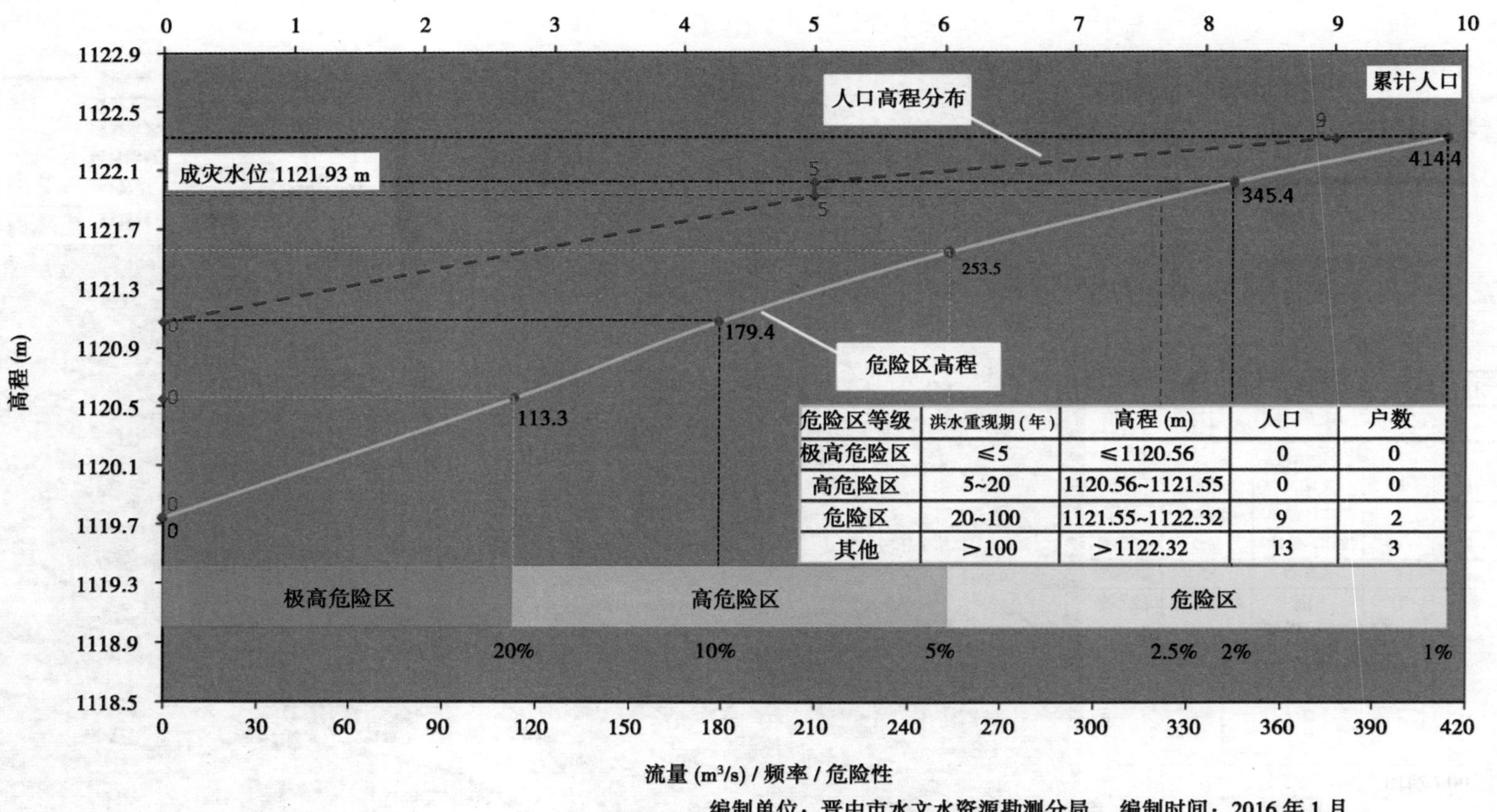

危险区等级	洪水重现期（年）	高程 (m)	人口	户数
极高危险区	≤5	≤1120.56	0	0
高危险区	5~20	1120.56~1121.55	0	0
危险区	20~100	1121.55~1122.32	9	2
其他	＞100	＞1122.32	13	3

编制单位：晋中市水文水资源勘测分局　编制时间：2016 年 1 月

河外村防洪现状评价图

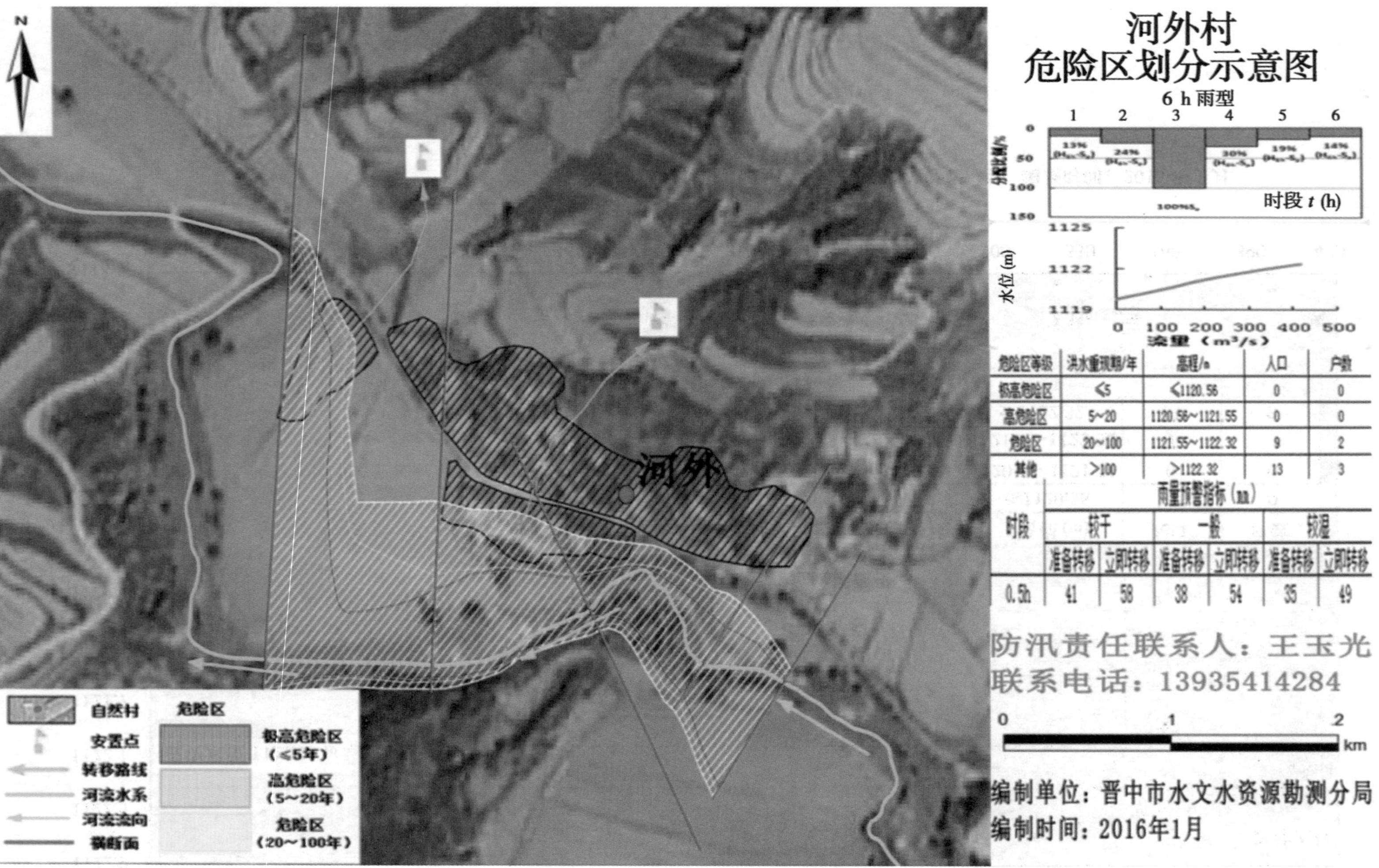
河外村
危险区划分示意图
6 h雨型
时段 t (h)
水位 (m)
流量（m³/s）
危险区等级 洪水重现期/年 高程/m 人口 户数
极高危险区 ≤5 ≤1120.56 0 0
高危险区 5~20 1120.56~1121.55 0 0
危险区 20~100 1121.55~1122.32 9 2
其他 >100 >1122.32 13 3
雨量预警指标(mm)
时段 较干 一般 较湿
准备转移 立即转移 准备转移 立即转移 准备转移 立即转移
0.5h 41 58 38 54 35 49
防汛责任联系人：王玉光
联系电话：13935414284
编制单位：晋中市水文水资源勘测分局
编制时间：2016年1月
河外
自然村
安置点
转移路线
河流水系
河流流向
横断面
危险区
极高危险区（≤5年）
高危险区（5~20年）
危险区（20~100年）

太谷县 石象村 分析评价成果

行政区划代码	140726203211000	行政区划名称	石象村	小流域名称	

集水面积(km^2)	10.71	河长(km)	5.86	河道比降(‰)	9.04	糙率	0.030

一、设计暴雨成果

历时	均值	变差系数	C_s/C_v	重现期雨量值(mm)				
				100 年	50 年	20 年	10 年	5 年
10 min	12.0	0.47	3.5	27.6	24.6	20.5	17.3	14.1
60 min	23.0	0.51	3.5	56.9	50.2	41.2	34.4	27.4
6 h	37.0	0.52	3.5	98.9	87.2	71.5	59.6	47.4
24 h	52.0	0.48	3.5	132.6	117.7	97.7	82.2	66.4
3 d	63.0	0.47	3.5	160.5	142.8	118.9	100.5	81.5

二、设计洪水成果

洪水要素	重现期洪水要素值				
	100 年	50 年	20 年	10 年	5 年
洪峰流量(m^3/s)	122.7	98	64.1	39.7	22.7
洪量(万 m^3)	50.8	39.2	25.6	16.8	10.4
洪水历时(h)	8.5	8.5	8.5	8.5	8.5
洪峰水位(m)	808.07	807.99	807.81	807.66	807.47

三、防洪现状评价

防洪能力(年)	55	成灾水位(m)	808.02

该村控制断面水位—流量—人口关系等防洪现状评价成果详见防洪现状评价图

四、预警指标成果

计算方法	流域模型法	预警时段(h)	0.5、1	流域前期持水度 B_0	0、0.3、0.6

该村雨量预警指标详见危险区划分示意图

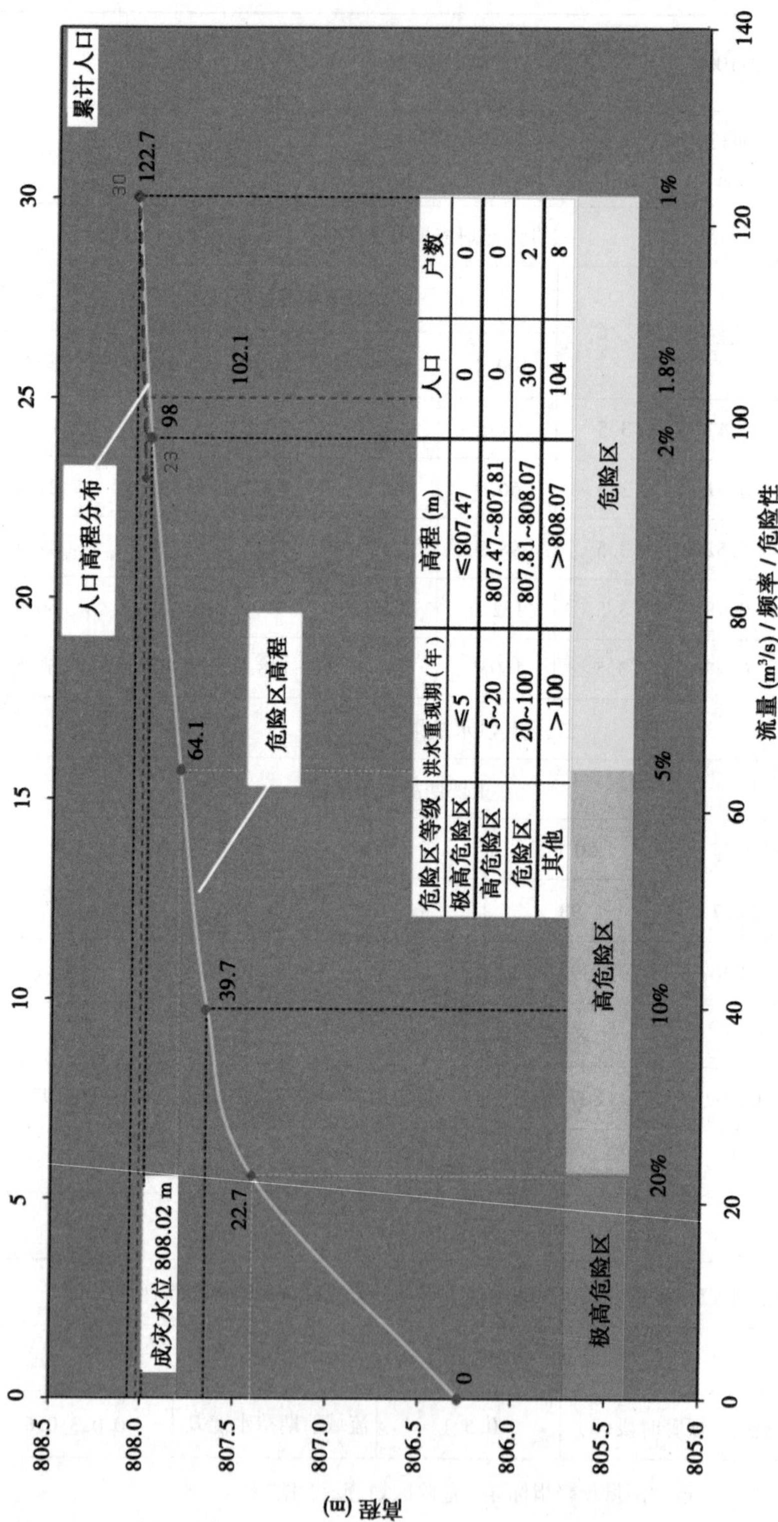

危险区等级	洪水重现期（年）	高程 (m)	人口	户数
极高危险区	≤5	≤807.47	0	0
高危险区	5~20	807.47~807.81	0	0
危险区	20~100	807.81~808.07	30	2
其他	>100	>808.07	104	8

石象村防洪现状评价图

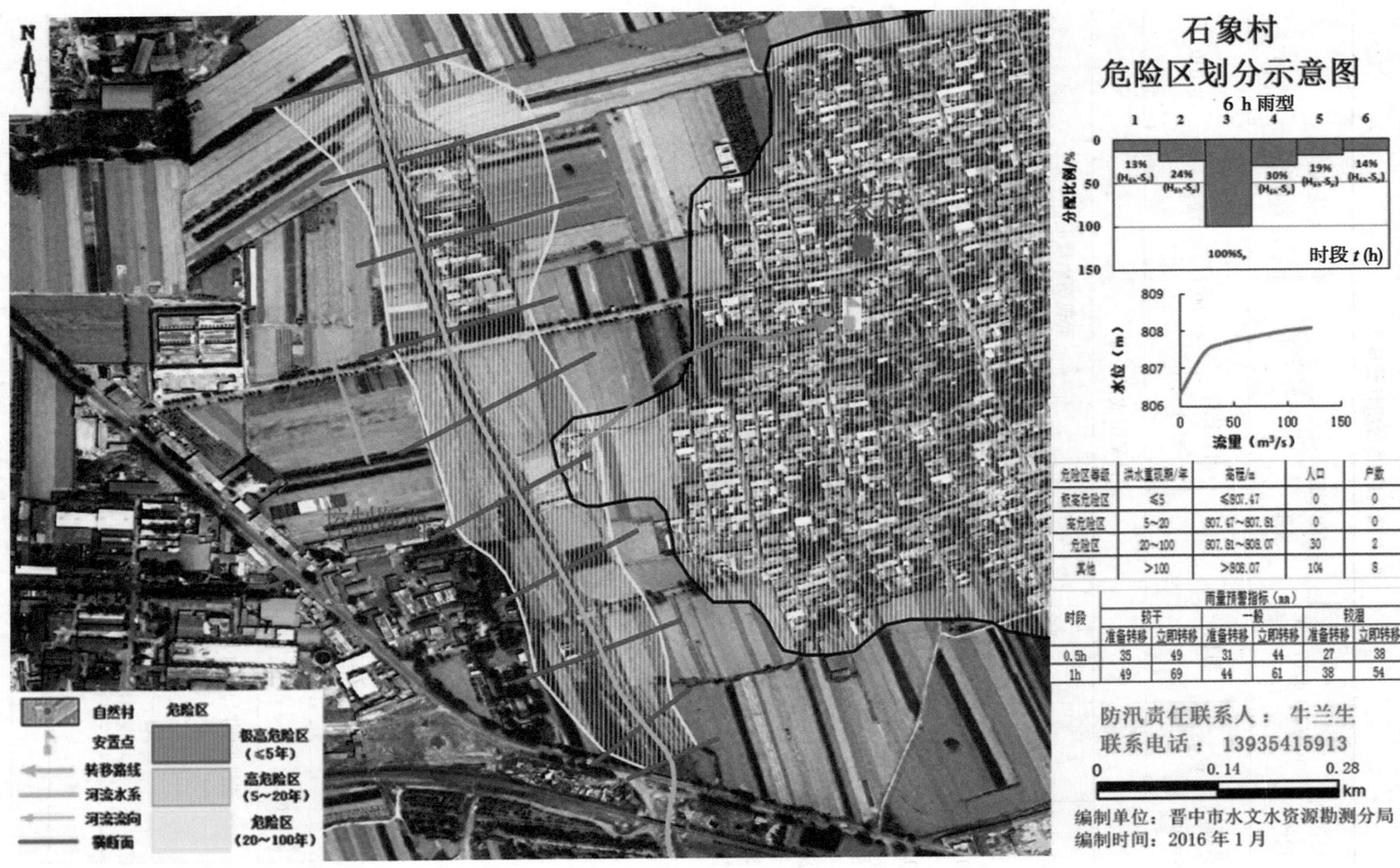

危险区等级	洪水重现期/年	高程/m	人口	户数
极高危险区	≤5	≤807.47	0	0
高危险区	5～20	807.47～807.81	0	0
危险区	20～100	807.81～808.07	30	2
其他	>100	>808.07	104	8

时段	雨量预警指标（mm）					
	较干		一般		较湿	
	准备转移	立即转移	准备转移	立即转移	准备转移	立即转移
0.5h	35	49	31	44	27	38
1h	49	69	44	61	38	54

祁县 唐河底村 分析评价成果

行政区划代码	140727105207100	行政区划名称	唐河底村	小流域名称	

集水面积(km^2)	9.45	河长(km)	9.43	河道比降(‰)	51.09	糙率	0.030

一、设计暴雨成果

历时	均值	变差系数	C_s/C_v	重现期雨量值(mm)				
				100 年	50 年	20 年	10 年	5 年
10 min	13.0	0.51	3.5	31.8	28.1	23.1	19.3	15.4
60 min	25.0	0.52	3.5	65.0	57.1	46.6	38.6	30.5
6 h	42.0	0.55	3.5	114.3	100.4	81.8	67.7	53.4
24 h	58.0	0.51	3.5	157.4	138.8	113.8	94.8	75.3
3 d	72.0	0.47	3.5	183.7	163.4	136.1	115.0	93.3

二、设计洪水成果

洪水要素	重现期洪水要素值				
	100 年	50 年	20 年	10 年	5 年
洪峰流量(m^3/s)	89.8	73.9	52.8	37.4	23.7
洪量(万 m^3)	78	63	44	30	19
洪水历时(h)	16	15	15	14.5	14.5
洪峰水位(m)	1 116.89	1 116.73	1 116.48	1 116.25	1 116.01

三、防洪现状评价

防洪能力(年)	15	成灾水位(m)	1 116.40

该村控制断面水位—流量—人口关系等防洪现状评价成果详见防洪现状评价图

四、预警指标成果

计算方法	流域模型法	预警时段(h)	0.5、1、1.5、2	流域前期持水度 B_0	0、0.3、0.6

该村雨量预警指标详见危险区划分示意图

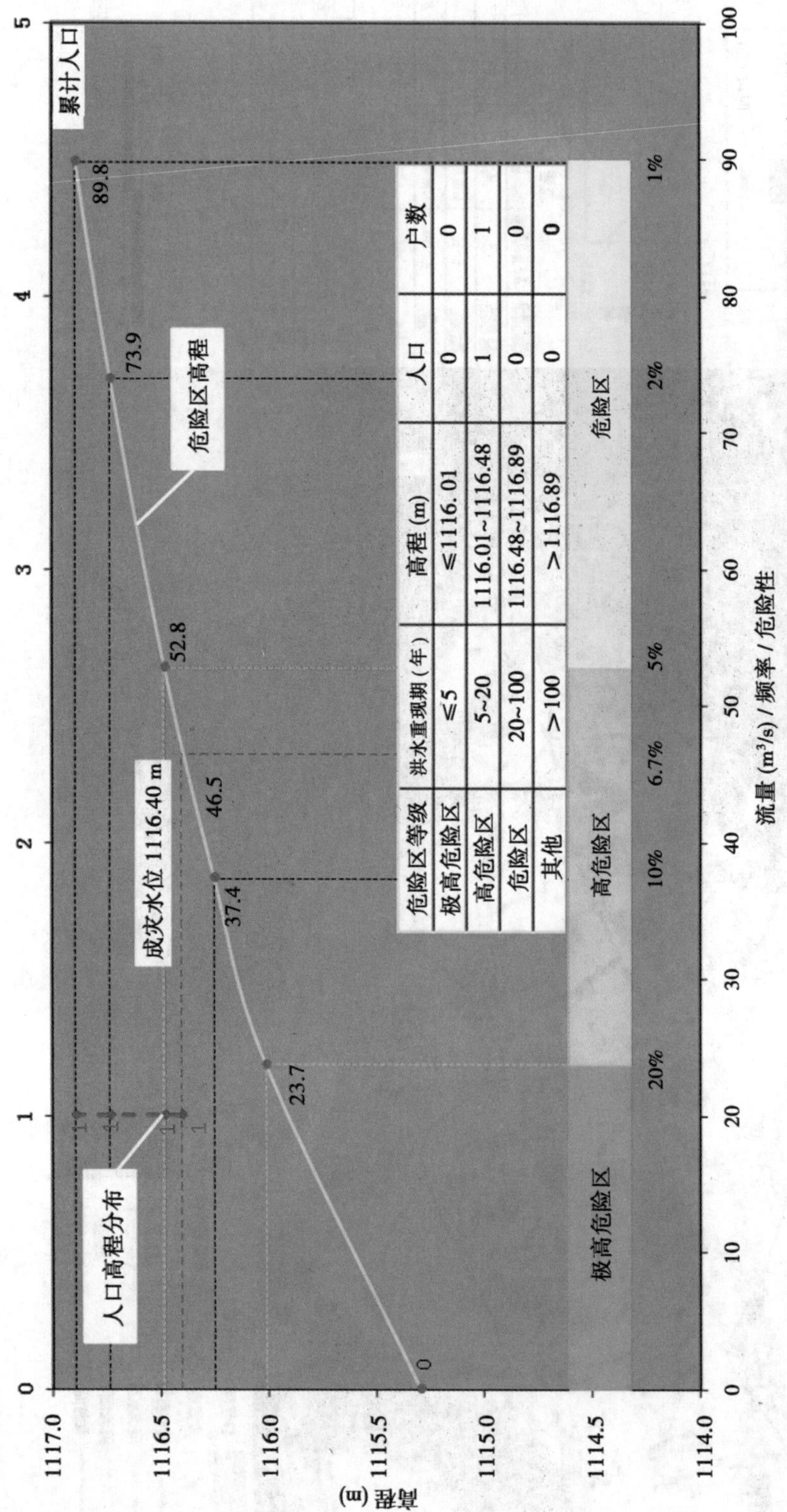

唐河底村防洪现状评价图

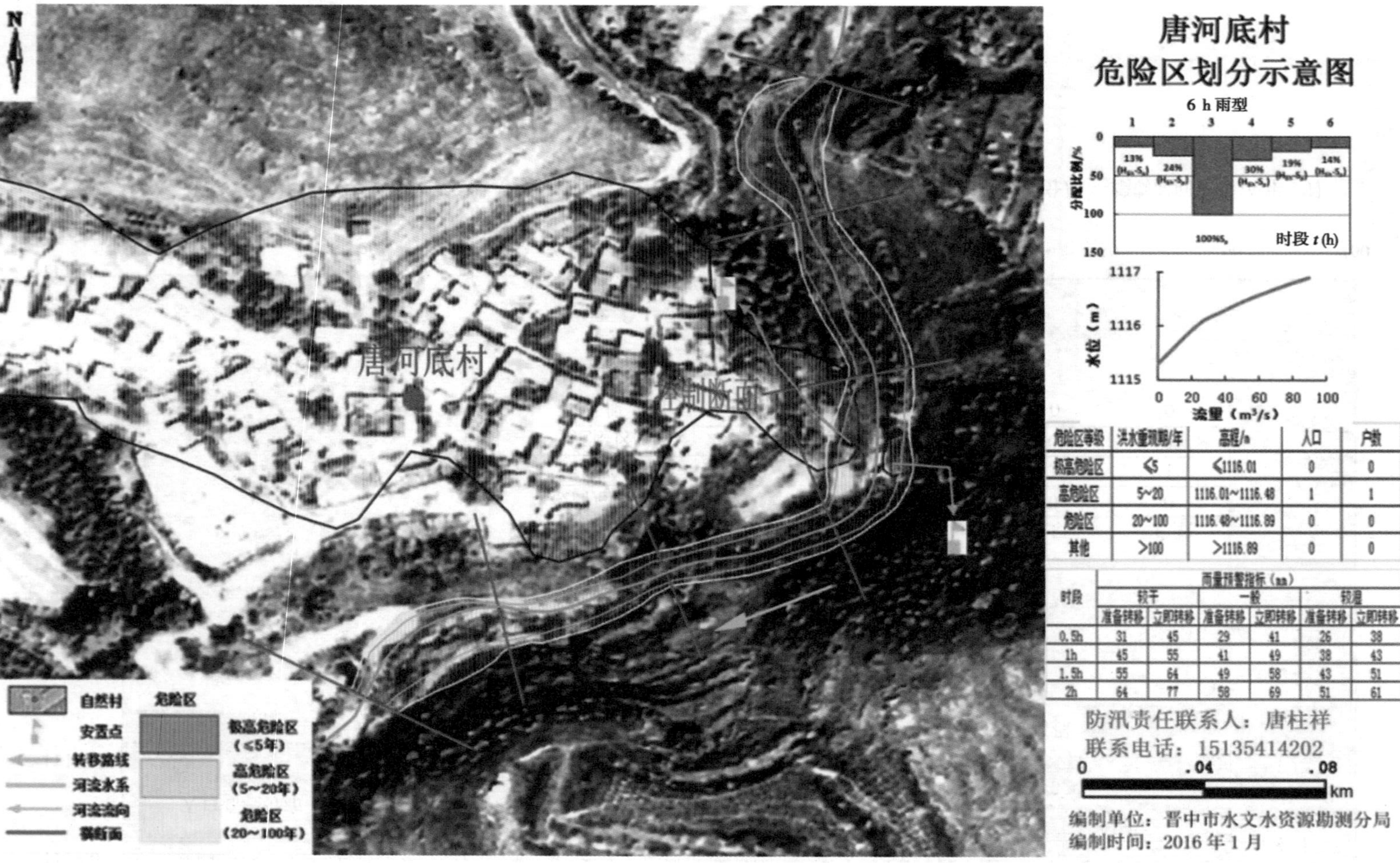
唐河底村
危险区划分示意图
6 h 雨型
分配比例/%
13% (H_{6h}-S_5)
24% (H_{6h}-S_5)
100%S_5
30% (H_{6h}-S_5)
19% (H_{6h}-S_5)
14% (H_{6h}-S_5)
时段 t (h)
水位（m）
流量（m³/s）
危险区等级 洪水重现期/年 高程/m 人口 户数
极高危险区 ≤5 ≤1116.01 0 0
高危险区 5~20 1116.01~1116.48 1 1
危险区 20~100 1116.48~1116.89 0 0
其他 >100 >1116.89 0 0
时段 雨量预警指标（mm）
较干 一般 较湿
准备转移 立即转移 准备转移 立即转移 准备转移 立即转移
0.5h 31 45 29 41 26 38
1h 45 55 41 49 38 43
1.5h 55 64 49 58 43 51
2h 64 77 58 69 51 61
防汛责任联系人：唐柱祥
联系电话：15135414202
0 .04 .08 km
编制单位：晋中市水文水资源勘测分局
编制时间：2016 年 1 月
唐河底村
控制断面
N
自然村
安置点
转移路线
河流水系
河流流向
横断面
危险区
极高危险区（≤5年）
高危险区（5~20年）
危险区（20~100年）

平遥县 上庄村 分析评价成果

行政区划代码	140728102220000	行政区划名称	上庄村	小流域名称	

集水面积（km^2）	77.84	河长（km）	14.58	河道比降（‰）	36.30	糙率	0.030

一、设计暴雨成果

历时	均值	变差系数	C_s/C_v	重现期雨量值(mm)				
				100 年	50 年	20 年	10 年	5 年
10 min	12.6	0.60	3.5	31.2	27.1	21.6	17.5	13.4
60 min	25.3	0.55	3.5	57.9	50.8	41.5	34.3	27.1
6 h	41.0	0.49	3.5	100.3	88.9	73.7	61.9	49.9
24 h	61.0	0.48	3.5	146.2	130.2	108.7	92.1	74.9
3 d	78.0	0.43	3.5	179.4	161.2	136.7	117.5	97.4

二、设计洪水成果

洪水要素	重现期洪水要素值				
	100 年	50 年	20 年	10 年	5 年
洪峰流量(m^3/s)	456	367	251	167.0	101
洪量(万 m^3)	510	407	282	195	127
洪水历时(h)	21.0	21.5	22.0	22.5	23.5
洪峰水位(m)	1 166.50	1 166.30	1 165.95	1 165.50	1 165.06

三、防洪现状评价

防洪能力(年)	11	成灾水位(m)	1 165.57

该村控制断面水位—流量—人口关系等防洪现状评价成果详见防洪现状评价图

四、预警指标成果

计算方法	流域模型法	预警时段(h)	0.5、1、1.5、2	流域前期持水度 B_0	0、0.3、0.6

该村雨量预警指标详见危险区划分示意图

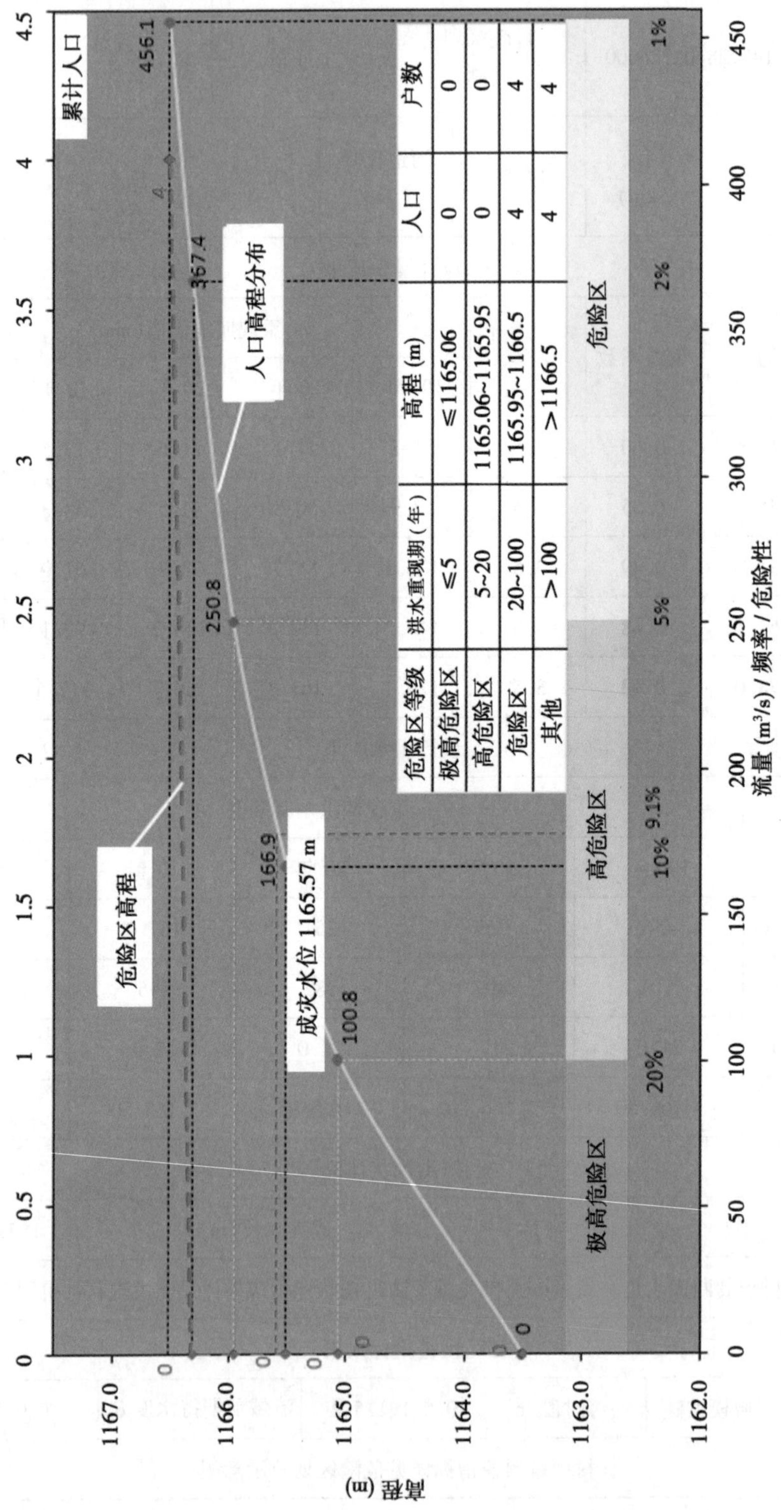

累计人口
人口高程分布
危险区高程
成灾水位 1165.57 m
456.1
367.4
250.8
166.9
100.8
0
危险区等级 | 洪水重现期（年） | 高程 (m) | 人口 | 户数
极高危险区 | ≤5 | ≤1165.06 | 0 | 0
高危险区 | 5~20 | 1165.06~1165.95 | 0 | 0
危险区 | 20~100 | 1165.95~1166.5 | 4 | 4
其他 | >100 | >1166.5 | 4 | 4
极高危险区
高危险区
危险区
20%
10%
9.1%
5%
2%
1%
高程 (m)
流量 (m³/s) / 频率 / 危险性
编制单位：晋中市水文水资源勘测分局　编制时间：2016 年 1 月

上庄村防洪现状评价图

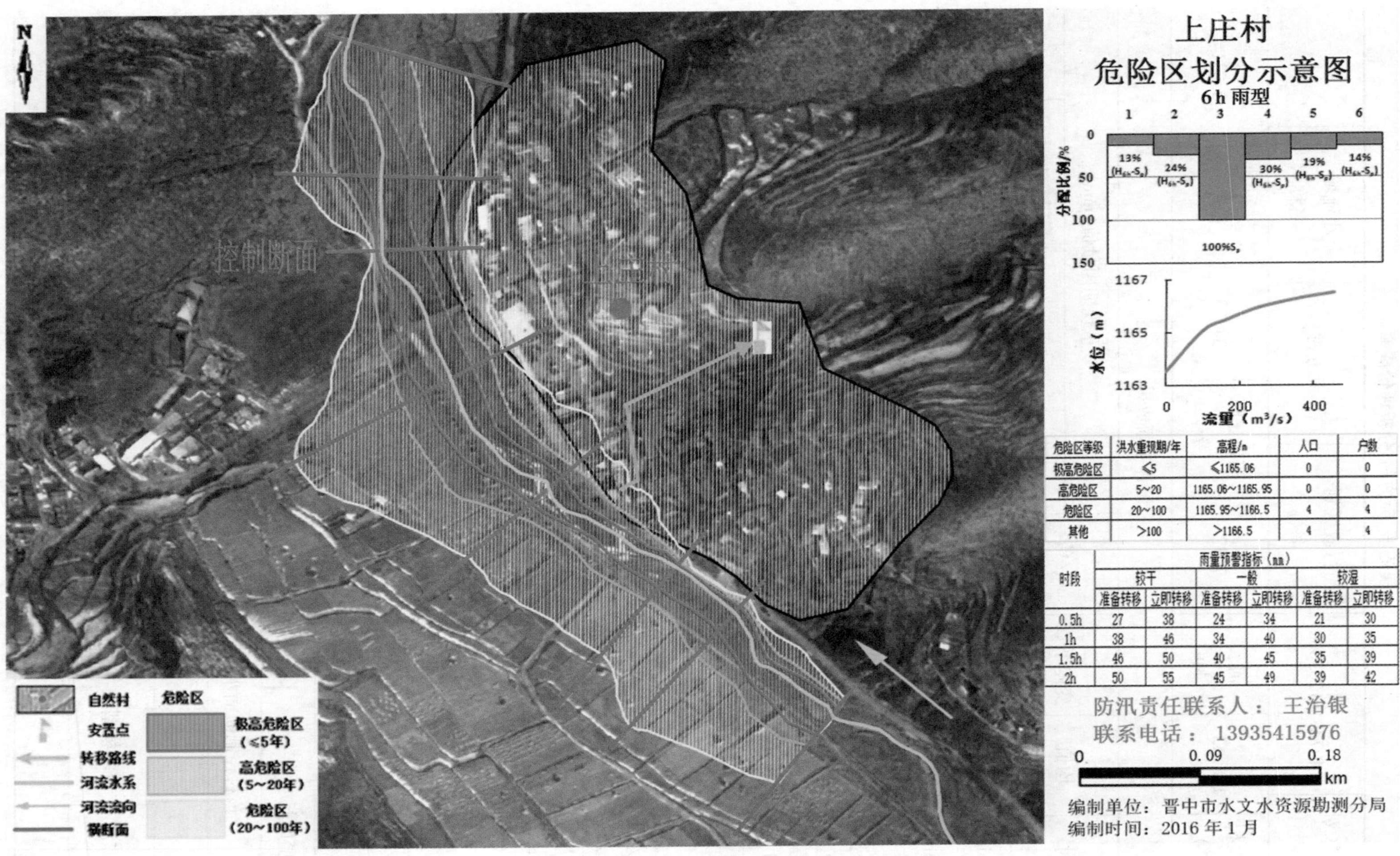

危险区等级	洪水重现期/年	高程/m	人口	户数
极高危险区	≤5	≤1165.06	0	0
高危险区	5～20	1165.06～1165.95	0	0
危险区	20～100	1165.95～1166.5	4	4
其他	>100	>1166.5	4	4

时段	雨量预警指标（mm）					
	较干		一般		较湿	
	准备转移	立即转移	准备转移	立即转移	准备转移	立即转移
0.5h	27	38	24	34	21	30
1h	38	46	34	40	30	35
1.5h	46	50	40	45	35	39
2h	50	55	45	49	39	42

灵石县 尹方村 分析评价成果

行政区划代码	140729101203000	行政区划名称	尹方村	小流域名称	

集水面积(km^2)	168.43	河长(km)	7.32	河道比降(‰)	37.73	糙率	0.031

一、设计暴雨成果

历时	均值	变差系数	C_s/C_v	重现期雨量值(mm)				
				100年	50年	20年	10年	5年
10 min	12.0	0.55	3.5	25.6	22.4	18.2	15	11.8
60 min	28.0	0.5	3.5	54.4	48.2	40.0	33.6	27.1
6 h	43.0	0.46	3.5	96.9	86.6	72.8	62.1	51.0
24 h	60.0	0.45	3.5	131.8	118.2	100	85.7	70.8
3 d	80.0	0.43	3.5	179.6	161.5	137.3	118.3	98.4

二、设计洪水成果

洪水要素	重现期洪水要素值				
	100年	50年	20年	10年	5年
洪峰流量(m^3/s)	392	291	180	112	66.6
洪量(万m^3)	644	505	341	232	151
洪水历时(h)	32	33.5	35.5	36.5	38.5
洪峰水位(m)	832.60	832.36	832.02	831.53	831.09

三、防洪现状评价

防洪能力(年)	14	成灾水位(m)	831.80

该村控制断面水位—流量—人口关系等防洪现状评价成果详见防洪现状评价图

四、预警指标成果

计算方法	流域模型法	预警时段(h)	0.5、1、1.5、2、2.5、3、3.5、4、4.5、5	流域前期持水度 B_0	0、0.3、0.6

该村雨量预警指标详见危险区划分示意图

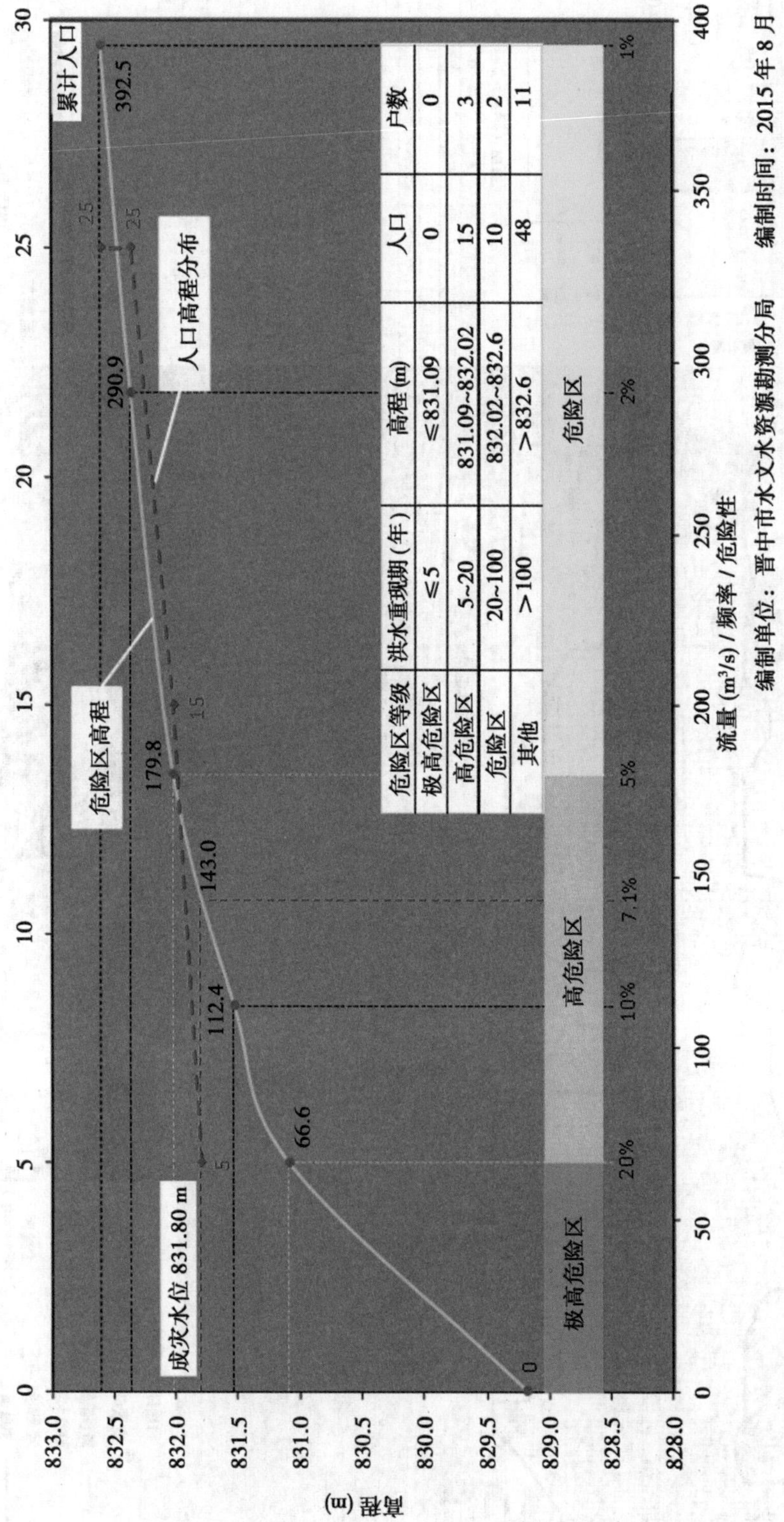

危险区等级	洪水重现期（年）	高程 (m)	人口	户数
极高危险区	≤5	≤831.09	0	0
高危险区	5~20	831.09~832.02	15	3
危险区	20~100	832.02~832.6	10	2
其他	>100	>832.6	48	11

尹方村防洪现状评价图

危险区等级	洪水重现期/年	高程/m	人口	户数
极高危险区	≤5	≤831.09	0	0
高危险区	5~20	831.09~832.02	15	3
危险区	20~100	832.02~832.6	10	2
其他	>100	>832.6	48	11

时段	雨量预警指标（mm）					
	较干		一般		较湿	
	准备转移	立即转移	准备转移	立即转移	准备转移	立即转移
0.5h	27	38	23	33	19	28
1h	38	47	33	40	28	33
1.5h	47	53	40	45	33	37
2h	53	59	45	50	37	41
2.5h	59	63	50	54	41	45
3h	63	68	54	58	45	48
3.5h	68	71	58	61	48	51
4h	71	74	61	64	51	54
4.5h	74	78	64	67	54	56
5h	78	81	67	70	56	59

介休市 连福村 分析评价成果

行政区划代码	140781102200000	行政区划名称	连福村	小流域名称	

集水面积(km^2)	42.15	河长(km)	17.18	河道比降(‰)	26.0	糙率	0.024

一、设计暴雨成果

历时	均值	变差系数	C_s/C_v	重现期雨量值(mm)				
				100年	50年	20年	10年	5年
10 min	12.0	0.6	3.5	32	28	22	18	14
60 min	24.8	0.5	3.5	58	51	42	35	28
6 h	38.6	0.5	3.5	94	84	70	59	48
24 h	55.0	0.44	3.5	129	116	97	83	68
3 d	70.0	0.42	3.5	160	142	120	103	84

二、设计洪水成果

洪水要素	重现期洪水要素值				
	100年	50年	20年	10年	5年
洪峰流量(m^3/s)	204	157	101	65	39
洪量(万m^3)	199	159	108	74	48
洪水历时(h)	10.0	10.0	10.0	9.5	9.5
洪峰水位(m)	818.88	818.62	818.26	817.97	817.71

三、防洪现状评价

防洪能力(年)	14	成灾水位(m)	818.1

该村控制断面水位—流量—人口关系等防洪现状评价成果详见防洪现状评价图

四、预警指标成果

计算方法	流域模型法	预警时段(h)	0.5、1、1.5、2	流域前期持水度B_0	0、0.3、0.6

该村雨量预警指标详见危险区划分示意图

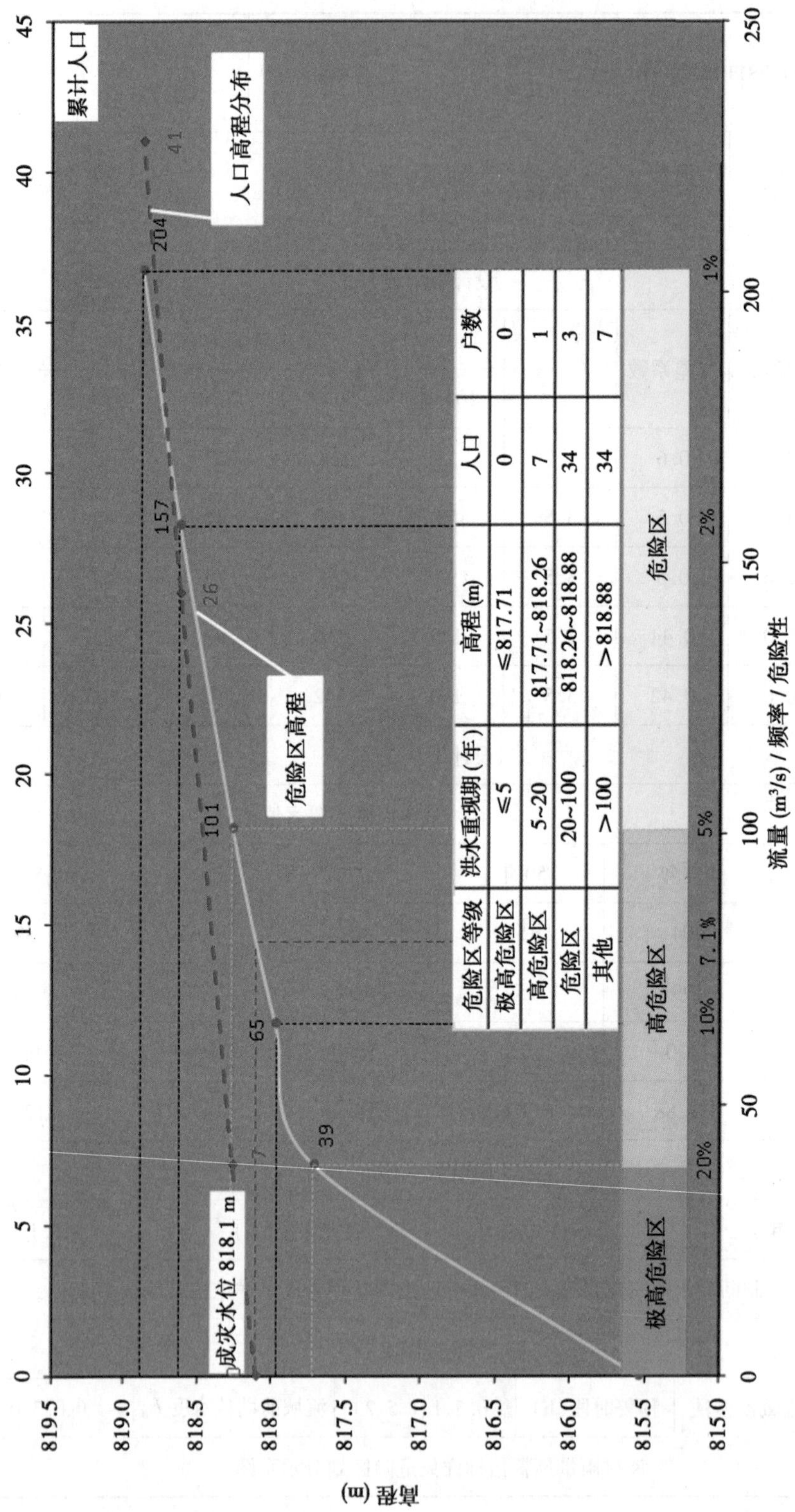

危险区等级	洪水重现期(年)	高程(m)	人口	户数
极高危险区	≤5	≤817.71	0	0
高危险区	5~20	817.71~818.26	7	1
危险区	20~100	818.26~818.88	34	3
其他	>100	>818.88	34	7

连福村防洪现状评价图

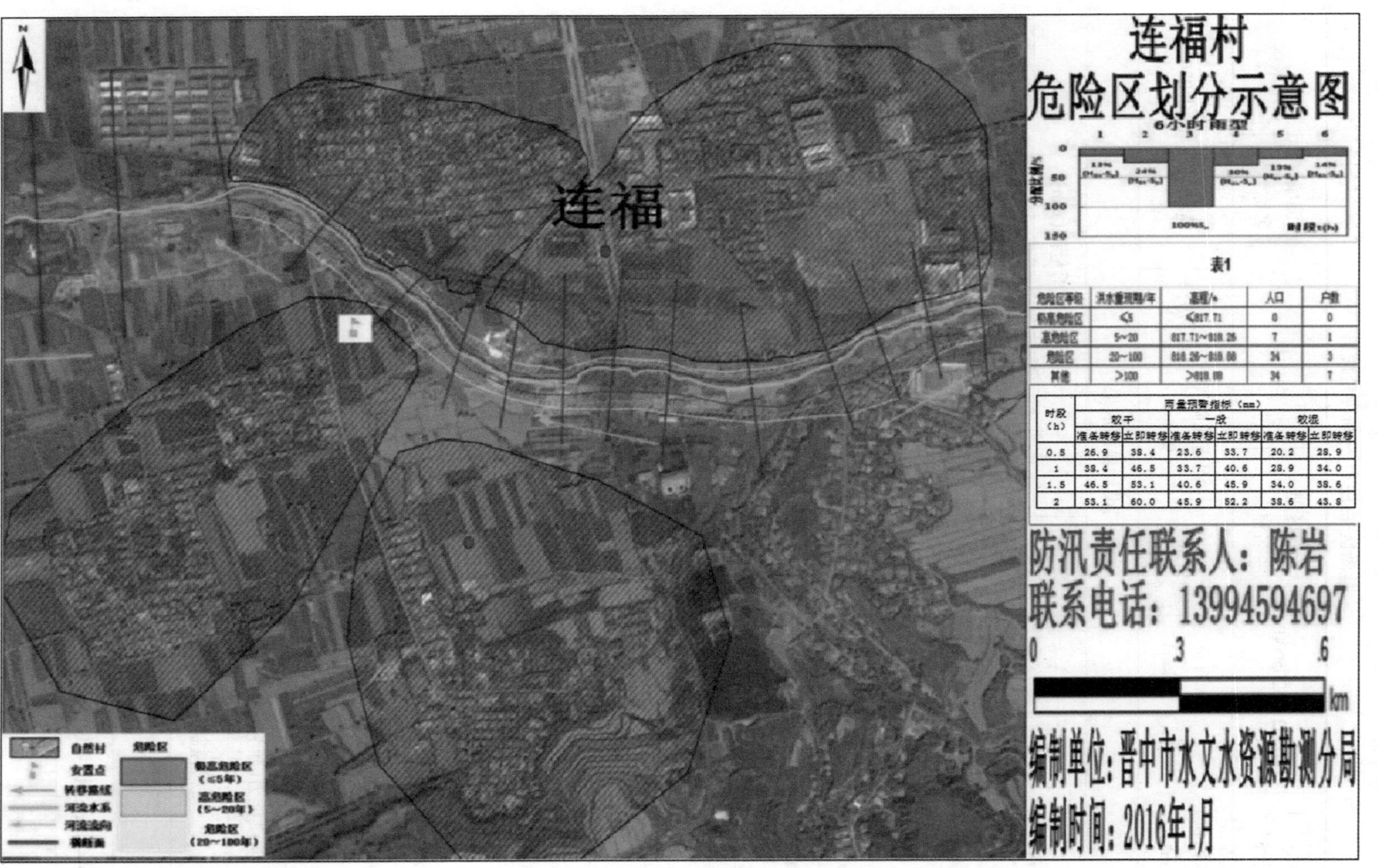
连福村
危险区划分示意图
6小时雨型
连福
表1
人口
户数
雨量预警指标（mm）
时段（h）
较干
一般
较湿
准备转移
立即转移
0.5 26.9 38.4 23.6 33.7 20.2 28.9
1 38.4 46.5 33.7 40.6 28.9 34.0
1.5 46.5 53.1 40.6 45.9 34.0 38.6
2 53.1 60.0 45.9 52.2 38.6 43.8
防汛责任联系人：陈岩
联系电话：13994594697
0 3 6
km
编制单位：晋中市水文水资源勘测分局
编制时间：2016年1月
自然村
安置点
转移路线
河流水系
河流流向
危险区

盐湖区 白庄村 分析评价成果

行政区划代码	140802106205000	行政区划名称	白庄村	小流域名称	小水沟

集水面积(km^2)	15.98	河长(km)	9.50	河道比降(‰)	42.79	糙率	0.030

一、设计暴雨成果

历时	均值	变差系数	C_s/C_v	重现期雨量值(mm)				
				100 年	50 年	20 年	10 年	5 年
10 min	15.0	0.49	3.5	40.4	35.7	29.5	24.7	19.8
60 min	30.3	0.52	3.5	85.6	75.3	61.5	51.0	40.4
6 h	49.1	0.54	3.5	143.2	125.4	101.8	83.9	65.8
24 h	66.2	0.47	3.5	172.4	153.2	127.4	107.5	87.0
3 d	85.2	0.47	3.5	221.9	197.1	164.0	138.3	112.0

二、设计洪水成果

洪水要素	重现期洪水要素值				
	100 年	50 年	20 年	10 年	5 年
洪峰流量(m^3/s)	269	227	248	129	89
洪量(万 m^3)	160	132	95	67	45
洪水历时(h)	6.4	6.3	6.0	5.0	5.3
洪峰水位(m)	365.76	365.45	364.99	364.59	364.18

三、防洪现状评价

防洪能力(年)	11	成灾水位(m)	364.65

该村控制断面水位—流量—人口关系等防洪现状评价成果详见防洪现状评价图

四、预警指标成果

计算方法	流域模型法	预警时段(h)	0.5	流域前期持水度 B_0	0、0.3、0.6

该村雨量预警指标详见危险区划分示意图

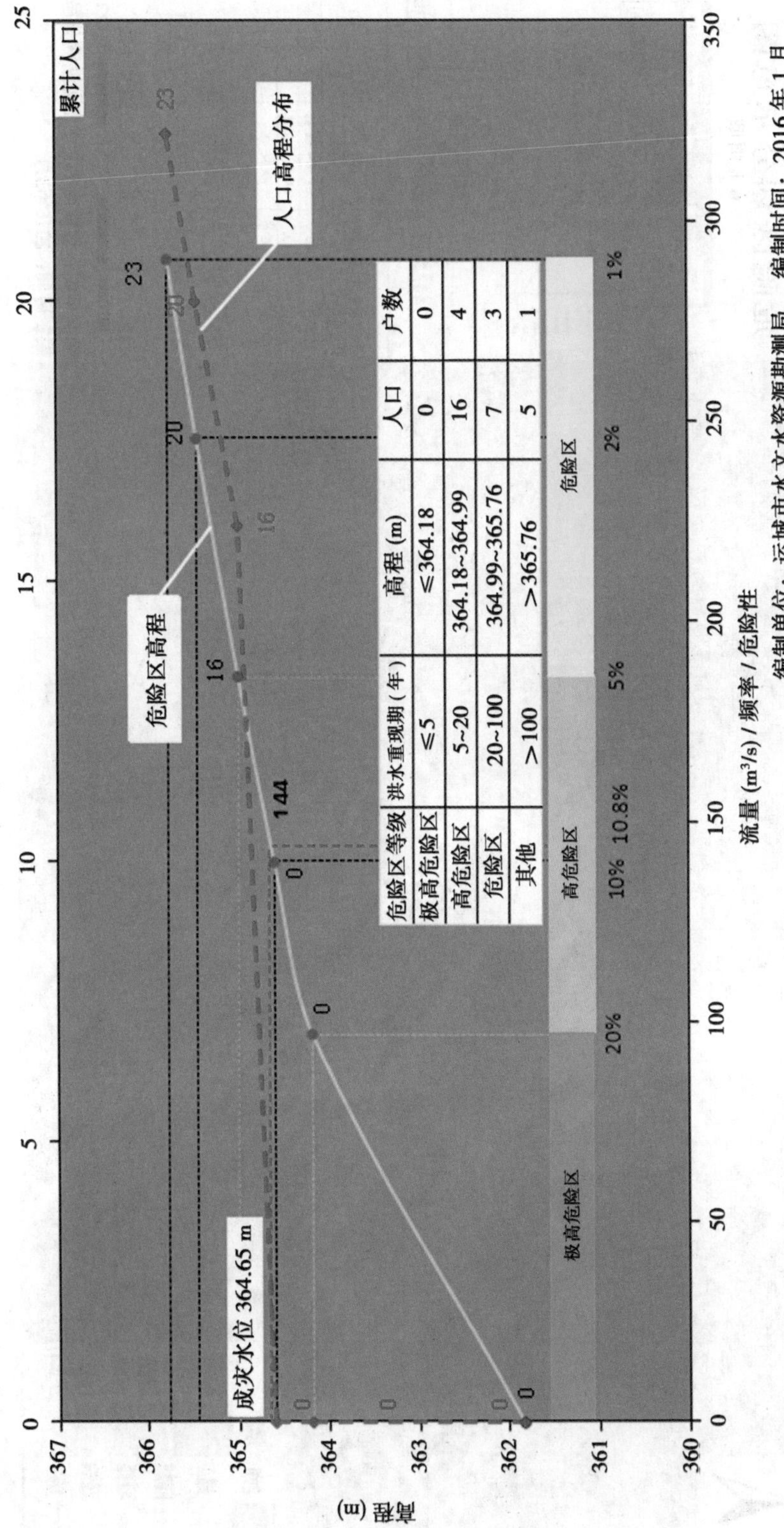

危险区等级	洪水重现期（年）	高程 (m)	人口	户数
极高危险区	≤5	≤364.18	0	0
高危险区	5~20	364.18~364.99	16	4
危险区	20~100	364.99~365.76	7	3
其他	＞100	＞365.76	5	1

白庄村防洪现状评价图

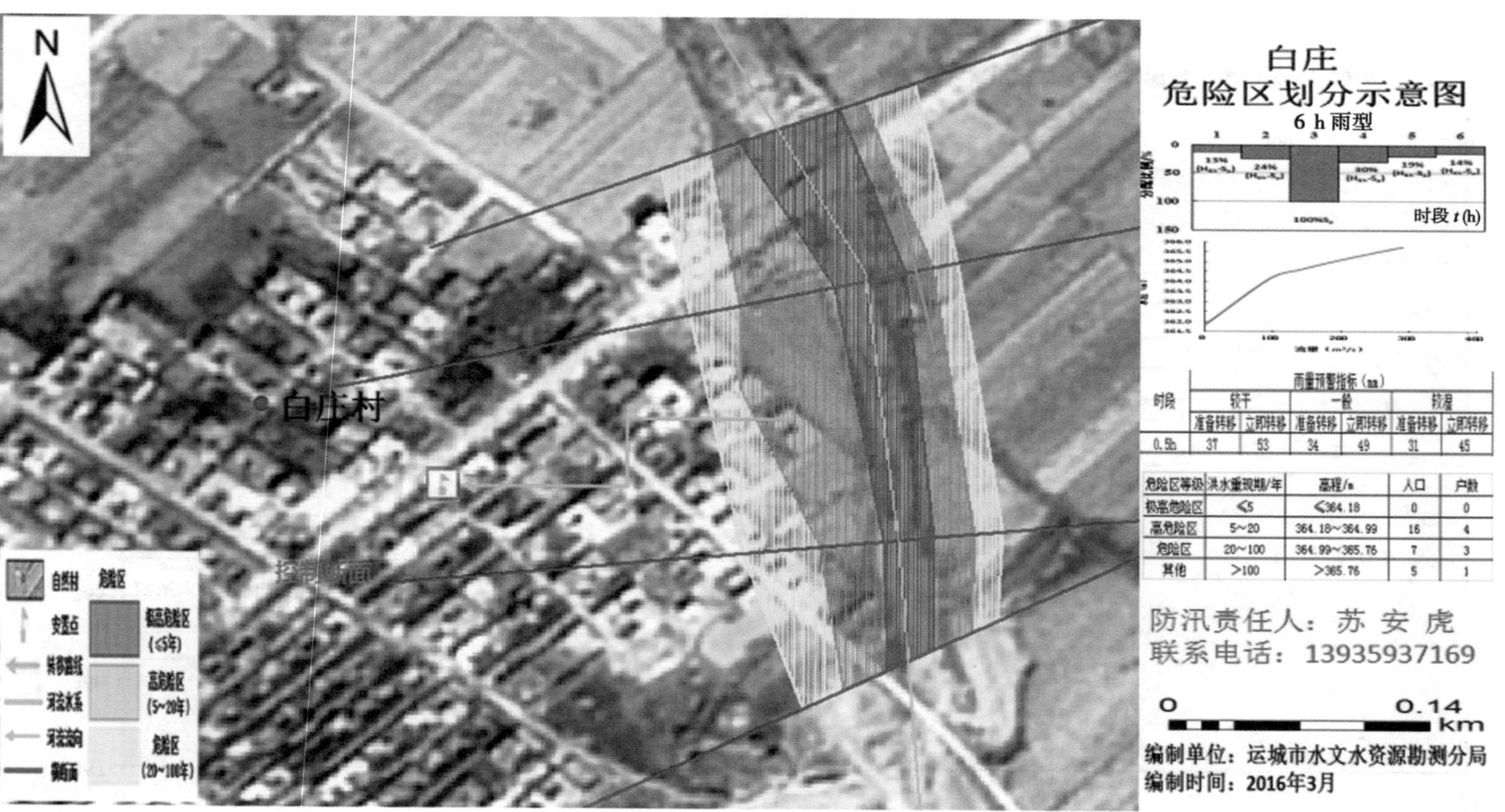
白庄
危险区划分示意图
6 h雨型
时段 t (h)
100%S₀
雨量预警指标（mm）
时段 较干 一般 较湿
准备转移 立即转移 准备转移 立即转移 准备转移 立即转移
0.5h 37 53 34 49 31 45
危险区等级 洪水重现期/年 高程/m 人口 户数
极高危险区 ≤5 ≤364.18 0 0
高危险区 5~20 364.18~364.99 16 4
危险区 20~100 364.99~365.76 7 3
其他 >100 >365.76 5 1
防汛责任人：苏 安 虎
联系电话：13935937169
0 0.14 km
编制单位：运城市水文水资源勘测分局
编制时间：2016年3月
N
白庄村
自然村
危险区
安置点
转移路线
河流水系
河流流向
横断面
极高危险区（≤5年）
高危险区（5~20年）
危险区（20~100年）

临猗县 嵋阳村 分析评价成果

行政区划代码	140821101200000	行政区划名称	嵋阳村	小流域名称	张家营沟

集水面积(km^2)	147.20	河长(km)	16.21	河道比降(‰)	9.62	糙率	0.040

一、设计暴雨成果

历时	均值	变差系数	C_s/C_v	重现期雨量值(mm)				
				100年	50年	20年	10年	5年
10 min	12.1	0.60	3.5	38.5	33.4	26.6	21.4	16.4
60 min	27.1	0.60	3.5	86.1	74.6	59.4	48.0	36.7
6 h	41.0	0.55	3.5	122.0	106.6	86.1	70.6	55.0
24 h	60.0	0.54	3.5	174.4	152.8	124.2	102.3	80.3
3 d	77.0	0.47	3.5	200.5	178.2	148.2	125.0	101.2

二、设计洪水成果

洪水要素	重现期洪水要素值				
	100年	50年	20年	10年	5年
洪峰流量(m^3/s)	699	556.96	367.82	226.52	123.35
洪量(万m^3)	812	621	399	255	152
洪水历时(h)	4.50	4.50	4.50	4.50	4.50
洪峰水位(m)					

三、防洪现状评价

防洪能力(年)	47	成灾水位(m)	

四、预警指标成果

计算方法	同频率法	预警时段(h)	0.5	流域前期持水度B_0	0、0.3、0.6
该村雨量预警指标详见危险区划分示意图					

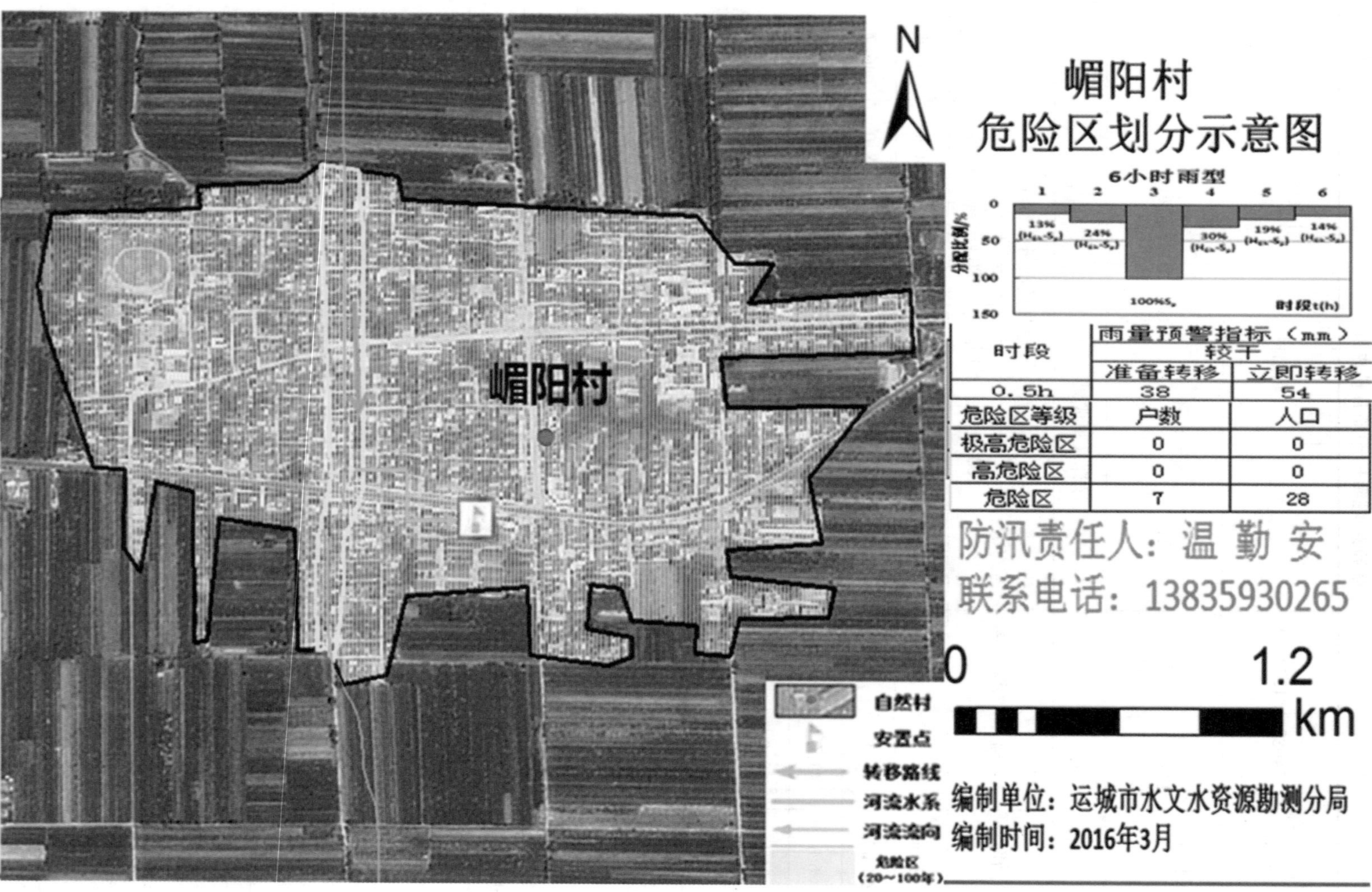
N
嵋阳村
危险区划分示意图
6小时雨型
分配比例/%
时段t(h)
13%
24%
100%
30%
19%
14%
雨量预警指标（mm）
时段
较干
准备转移
立即转移
0.5h 38 54
危险区等级 户数 人口
极高危险区 0 0
高危险区 0 0
危险区 7 28
防汛责任人：温 勤 安
联系电话：13835930265
0 1.2 km
自然村
安置点
转移路线
河流水系
河流流向
危险区（20~100年）
编制单位：运城市水文水资源勘测分局
编制时间：2016年3月
嵋阳村

万荣县 芦邑村 分析评价成果

行政区划代码	140822100204000	行政区划名称	芦邑村	小流域名称	芦邑沟

集水面积（km^2）	10.69	河长（km）	5.14	河道比降（‰）	24.53	糙率	0.030

一、设计暴雨成果

历时	均值	变差系数	C_s/C_v	重现期雨量值(mm)				
				100 年	50 年	20 年	10 年	5 年
10 min	13.0	0.60	3.5	41.5	35.9	28.6	23.1	17.6
60 min	29.0	0.62	3.5	95.4	82.3	65.0	52.1	39.4
6 h	47.5	0.56	3.5	142.8	124.6	100.5	82.2	63.9
24 h	71.0	0.58	3.5	218.4	190.0	152.5	124.1	95.8
3 d	92.0	0.52	3.5	259.9	228.6	186.9	155.0	122.6

二、设计洪水成果

洪水要素	重现期洪水要素值				
	100 年	50 年	20 年	10 年	5 年
洪峰流量(m^3/s)	111	92.27	67.44	48.24	30.44
洪量(万 m^3)	107	84	56	37	22
洪水历时(h)	5.70	5.20	4.60	4.20	4.30
洪峰水位(m)	604.95	604.83	604.63	604.45	604.24

三、防洪现状评价

防洪能力(年)	38	成灾水位(m)	604.78

该村控制断面水位—流量—人口关系等防洪现状评价成果详见防洪现状评价图

四、预警指标成果

计算方法	流域模型法	预警时段(h)	0.5	流域前期持水度 B_0	0、0.3、0.6

该村雨量预警指标详见危险区划分示意图

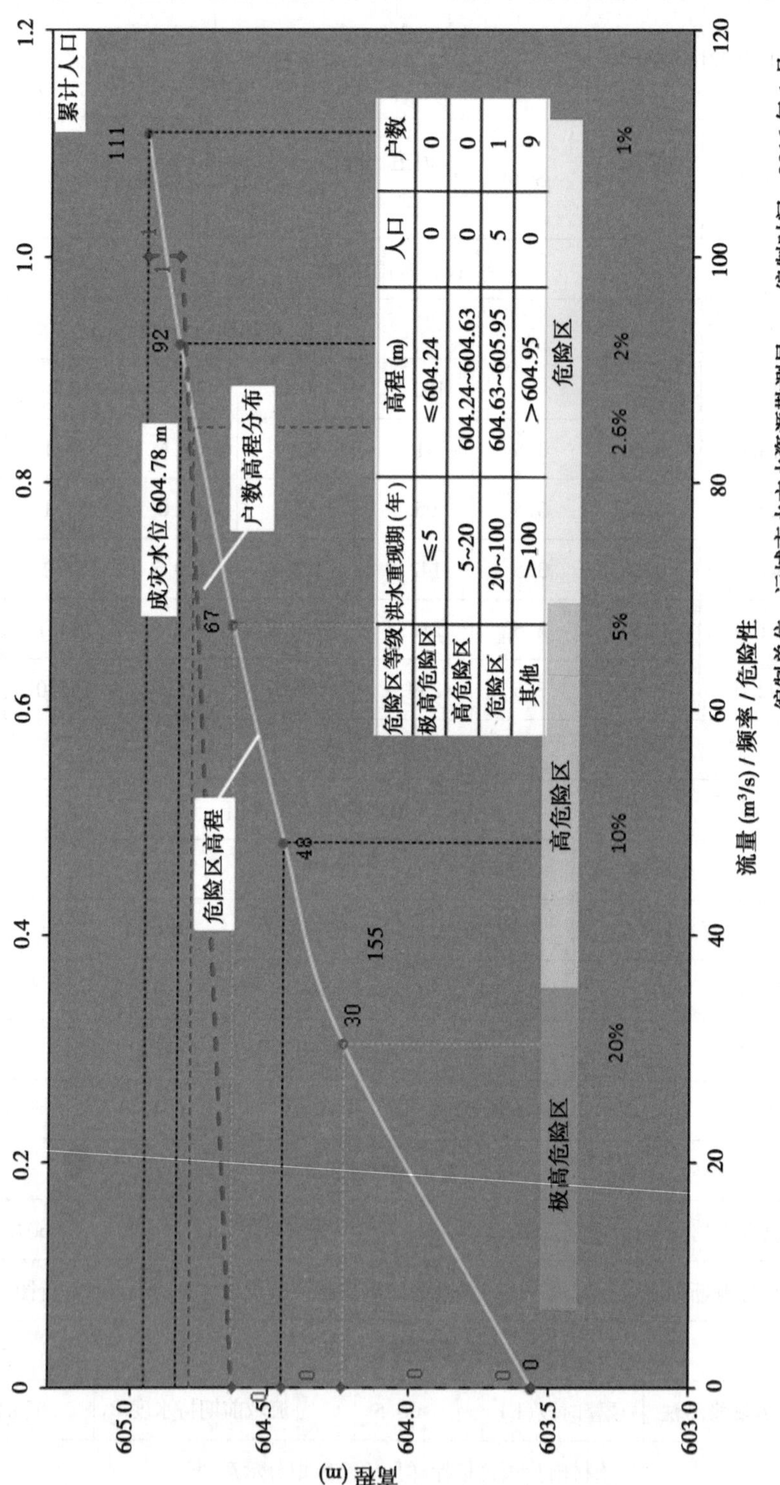

危险区等级	洪水重现期(年)	高程 (m)	人口	户数
极高危险区	≤5	≤604.24	0	0
高危险区	5~20	604.24~604.63	0	0
危险区	20~100	604.63~605.95	5	1
其他	>100	>604.95	0	9

编制单位：运城市水文水资源勘测局　　编制时间：2016 年 1 月

芦邑村防洪现状评价图

N
芦邑村
危险区划分示意图
6 h 雨型
分配比例 (%)
时段t(h)
控制断面
605
604
603
水位 (m)
0
40
80
120
流量（m³/s）
芦邑村
防汛责任人：王文岐
联系电话：13753943588
0
0.18
km
编制单位：运城市水文水资源勘测分局
编制时间：2016年3月

闻喜县 上横榆村 分析评价成果

行政区划代码	140823205203101	行政区划名称	上横榆村	小流域名称	板涧河峪

集水面积(km^2)	57.17	河长(km)	6.73	河道比降(‰)	38.94	糙率	0.035

一、设计暴雨成果

历时	均值	变差系数	C_s/C_v	重现期雨量值(mm)				
				100 年	50 年	20 年	10 年	5 年
10 min	14.1	0.49	3.50	37.6	33.3	27.6	23.2	18.6
60 min	29.0	0.54	3.50	84.4	74.0	60.1	49.5	38.8
6 h	48.8	0.53	3.50	140.1	122.9	100.2	82.8	65.2
24 h	74.5	0.53	3.50	213.2	187.2	152.6	126.2	99.5
3 d	95.0	0.51	3.50	262.0	231.1	189.9	158.3	126.1

二、设计洪水成果

洪水要素	重现期洪水要素值				
	100 年	50 年	20 年	10 年	5 年
洪峰流量(m^3/s)	434	355	253	171	99
洪量(万 m^3)	544	428	288	194	121
洪水历时(h)	11.00	10.25	10.25	10.5	10.75
洪峰水位(m)	819.16	818.84	818.37	817.94	817.48

三、防洪现状评价

防洪能力(年)	70	成灾水位(m)	818.9
该村控制断面水位—流量—人口关系等防洪现状评价成果详见防洪现状评价图			

四、预警指标成果

计算方法	流域模型法	预警时段(h)	0.5、1	流域前期持水度 B_0	0、0.3、0.6
该村雨量预警指标详见危险区划分示意图					

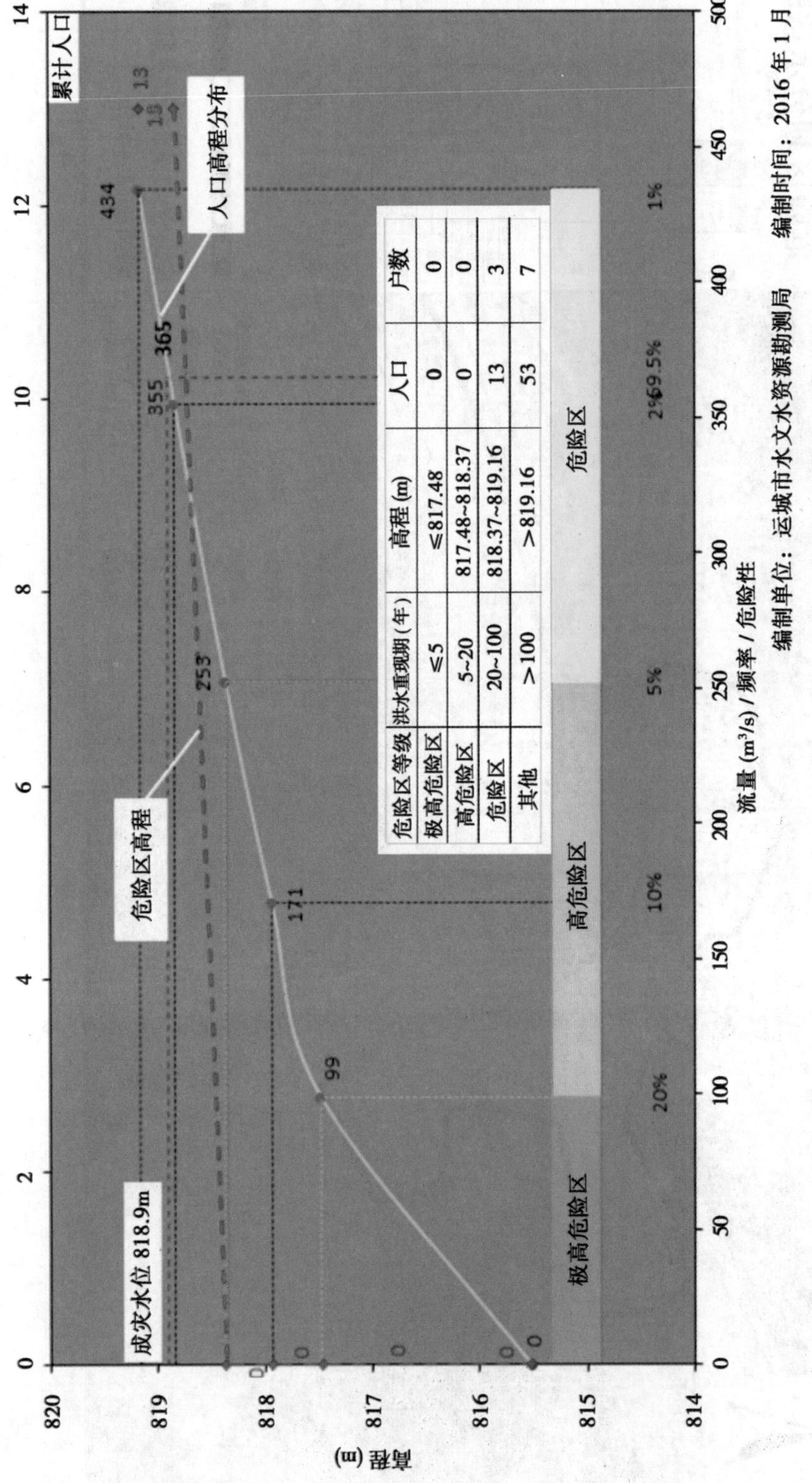

危险区等级	洪水重现期(年)	高程 (m)	人口	户数
极高危险区	≤5	≤817.48	0	0
高危险区	5~20	817.48~818.37	0	0
危险区	20~100	818.37~819.16	13	3
其他	>100	>819.16	53	7

上横榆村防洪现状评价图

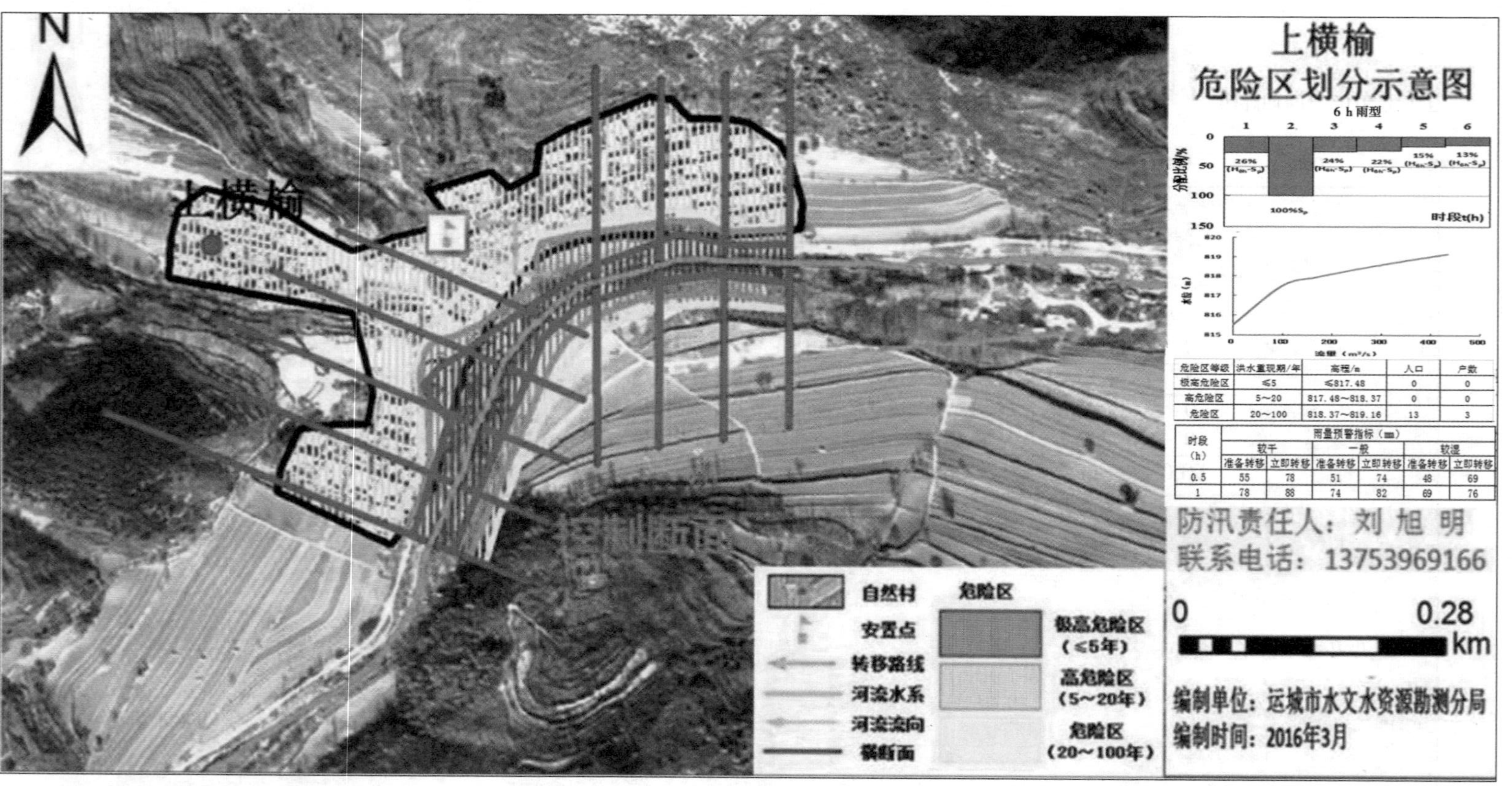
N
上横榆
上横榆
危险区划分示意图
6 h雨型
时段t(h)
危险区等级 洪水重现期/年 高程/m 人口 户数
极高危险区 ≤5 ≤817.48 0 0
高危险区 5～20 817.48～818.37 0 0
危险区 20～100 818.37～819.16 13 3
雨量预警指标（mm）
较干 一般 较湿
准备转移 立即转移
防汛责任人：刘 旭 明
联系电话：13753969166
0
0.28
km
编制单位：运城市水文水资源勘测分局
编制时间：2016年3月
自然村
危险区
安置点
转移路线
河流水系
河流流向
横断面
极高危险区（≤5年）
高危险区（5～20年）
危险区（20～100年）

稷山县 小阳堡村 分析评价成果

行政区划代码	140824201204000	行政区划名称	小阳堡村	小流域名称	

集水面积(km^2)	6.97	河长(km)	2.09	河道比降(‰)	20.10	糙率	0.035

一、设计暴雨成果

历时	均值	变差系数	C_s/C_v	重现期雨量值(mm)				
				100年	50年	20年	10年	5年
10 min	12.5	0.58	3.5	38.7	33.7	27.0	21.9	16.9
60 min	28.3	0.63	3.5	94.4	81.3	64.1	51.2	38.5
6 h	45.1	0.56	3.5	135.6	118.3	95.4	78.1	60.7
24 h	73.0	0.57	3.5	221.2	192.8	155.3	126.8	98.3
3 d	91.5	0.55	3.5	271.0	236.9	191.7	157.4	122.8

二、设计洪水成果

洪水要素	重现期洪水要素值				
	100年	50年	20年	10年	5年
洪峰流量(m^3/s)	96.00	81.50	61.50	46.00	30.75
洪量(万m^3)	71	56	37	24	15
洪水历时(h)	6.0	5.0	3.0	2.5	2.5
洪峰水位(m)	555.78	555.63	555.40	555.20	554.93

三、防洪现状评价

防洪能力(年)	71	成灾水位(m)	555.71

该村控制断面水位—流量—人口关系等防洪现状评价成果详见防洪现状评价图

四、预警指标成果

计算方法	流域模型法	预警时段(h)	0.5	流域前期持水度 B_0	0、0.3、0.6

该村雨量预警指标详见危险区划分示意图

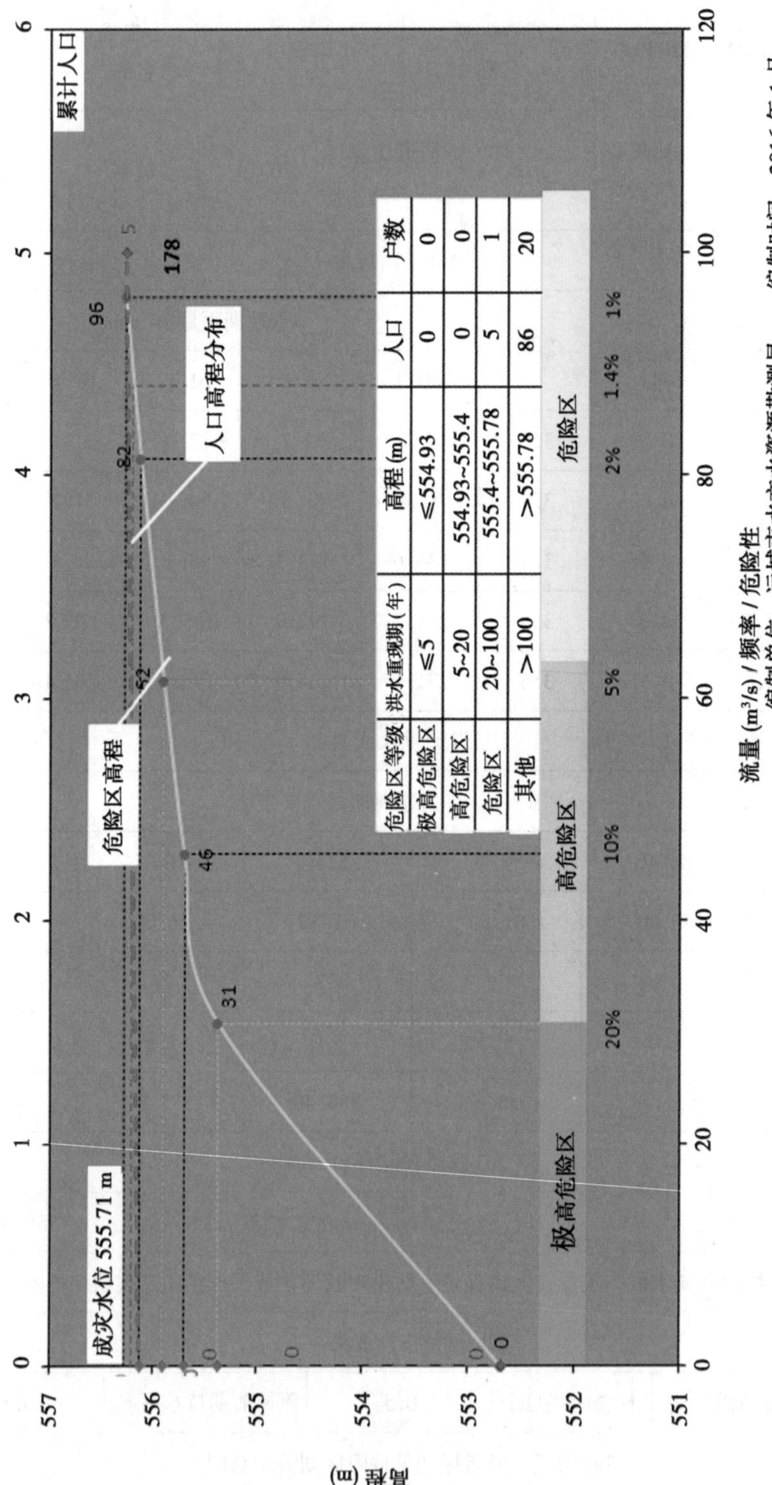

危险区等级	洪水重现期（年）	高程 (m)	人口	户数
极高危险区	≤5	≤554.93	0	0
高危险区	5~20	554.93~555.4	0	0
危险区	20~100	555.4~555.78	5	1
其他	>100	>555.78	86	20

小阳堡村防洪现状评价图

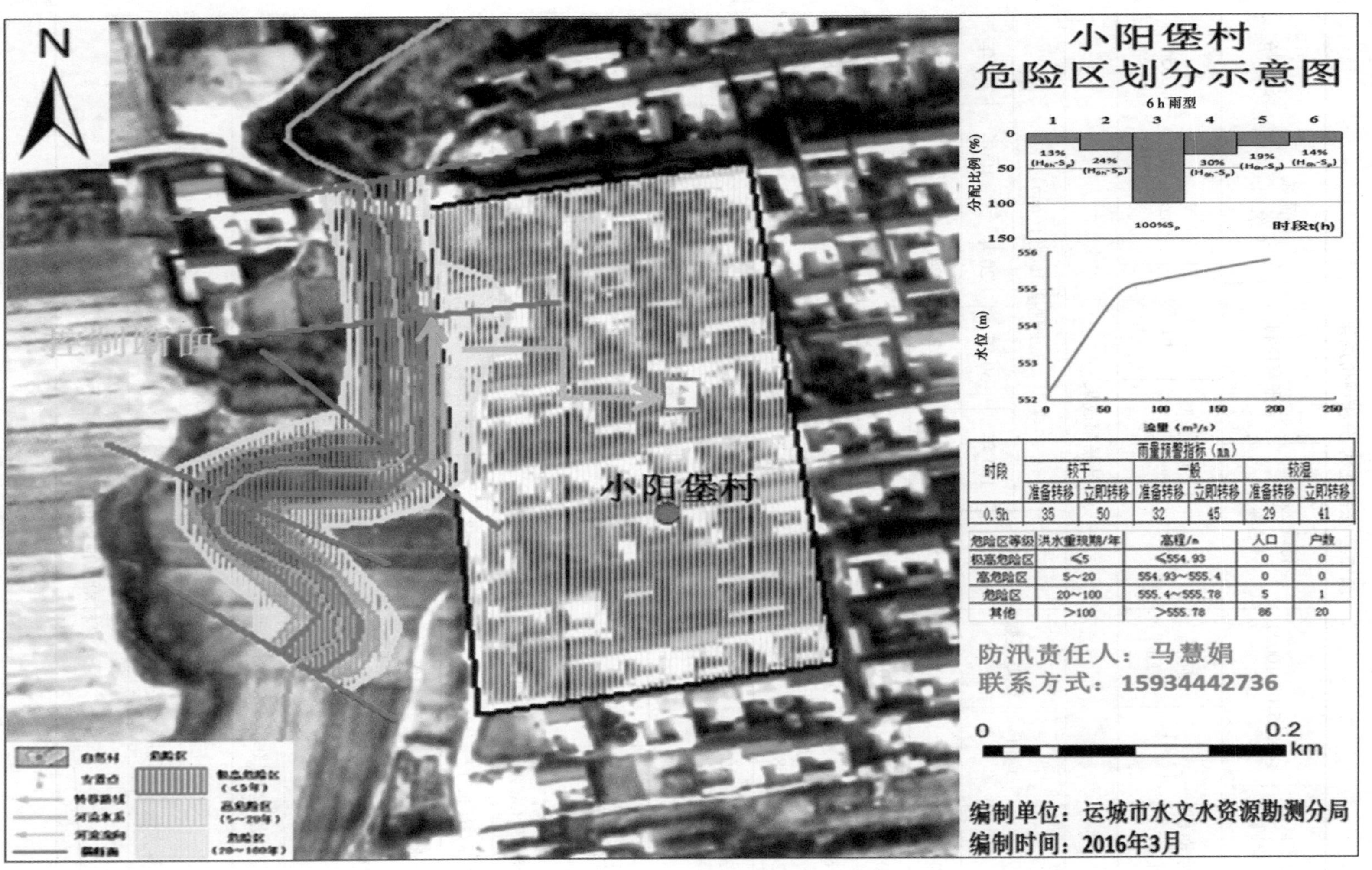
小阳堡村
危险区划分示意图
N
6 h 雨型
分配比例(%)
13% (H_{6h}-S_p)
24% (H_{6h}-S_p)
100%S_p
30% (H_{6h}-S_p)
19% (H_{6h}-S_p)
14% (H_{6h}-S_p)
时段t(h)
水位(m)
流量（m^3/s）
雨量预警指标（mm）
时段 | 较干 准备转移 | 较干 立即转移 | 一般 准备转移 | 一般 立即转移 | 较湿 准备转移 | 较湿 立即转移
0.5h | 35 | 50 | 32 | 45 | 29 | 41
危险区等级 | 洪水重现期/年 | 高程/m | 人口 | 户数
极高危险区 | <5 | ≤554.93 | 0 | 0
高危险区 | 5~20 | 554.93~555.4 | 0 | 0
危险区 | 20~100 | 555.4~555.78 | 5 | 1
其他 | >100 | >555.78 | 86 | 20
防汛责任人：马慧娟
联系方式：15934442736
0　0.2 km
编制单位：运城市水文水资源勘测分局
编制时间：2016年3月
小阳堡村
控制断面

新绛县 张家庄村 分析评价成果

行政区划代码	140825102210000	行政区划名称	张家庄村	小流域名称	石门峪

集水面积(km^2)	17.41	河长(km)	7.94	河道比降(‰)	61.59	糙率	0.035

一、设计暴雨成果

历时	均值	变差系数	C_s/C_v	重现期雨量值(mm)				
				100 年	50 年	20 年	10 年	5 年
10 min	12.1	0.50	3.5	33.1	29.2	24.1	20.1	16.0
60 min	27.0	0.50	3.5	73.9	65.2	53.7	44.8	35.8
6 h	44.8	0.46	3.5	114.7	102.2	85.3	72.2	58.7
24 h	68.0	0.45	3.5	169.8	151.6	127.2	108.3	88.6
3 d	80.0	0.44	3.5	198.0	177.1	148.8	126.9	104.1

二、设计洪水成果

洪水要素	重现期洪水要素值				
	100 年	50 年	20 年	10 年	5 年
洪峰流量(m^3/s)	79.9	58.2	34.8	21.5	12.8
洪量(万 m^3)	62	48	32	21	14
洪水历时(h)	10	10	10	10	10
洪峰水位(m)					

三、防洪现状评价

防洪能力(年)	52	成灾水位(m)	

四、预警指标成果

计算方法	同频率法	预警时段(h)	0.5、1	流域前期持水度 B_0	0、0.3、0.6

该村雨量预警指标详见危险区划分示意图

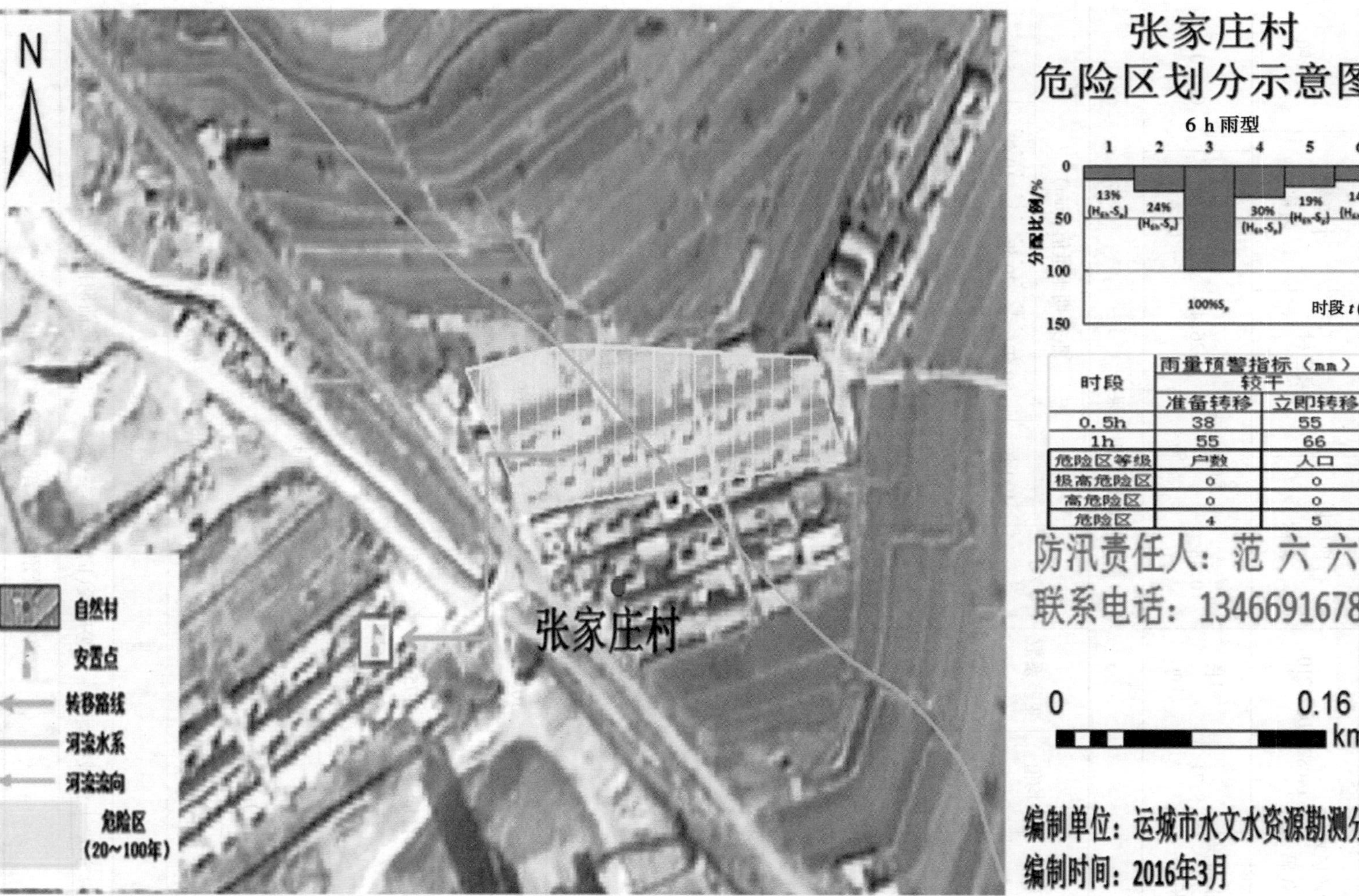
张家庄村
危险区划分示意图
6 h雨型
分配比例/%
时段 t(h)
100%S
雨量预警指标（mm）
较干
时段 准备转移 立即转移
0.5h 38 55
1h 55 66
危险区等级 户数 人口
极高危险区 0 0
高危险区 0 0
危险区 4 5
防汛责任人：范六六
联系电话：13466916788
0 0.16 km
编制单位：运城市水文水资源勘测分局
编制时间：2016年3月
张家庄村
N
自然村
安置点
转移路线
河流水系
河流流向
危险区（20~100年）

绛县 康家窑村 分析评价成果

行政区划代码	140826106212104	行政区划名称	康家窑村	小流域名称	续鲁峪

集水面积(km^2)	8.71	河长(km)	0.43	河道比降(‰)	26.4	糙率	0.030

一、设计暴雨成果

历时	均值	变差系数	C_s/C_v	重现期雨量值(mm)				
				100年	50年	20年	10年	5年
10 min	13.0	0.60	3.5	41.5	35.9	28.6	23.1	17.6
60 min	28.0	0.60	3.5	89.4	77.4	61.6	49.7	37.9
6 h	47.0	0.60	3.5	150.1	130.0	103.4	83.5	63.7
24 h	63.0	0.63	3.5	210.2	180.9	142.6	113.9	85.7
3 d	82.0	0.57	3.5	250.4	218.0	175.3	142.9	110.5

二、设计洪水成果

洪水要素	重现期洪水要素值				
	100年	50年	20年	10年	5年
洪峰流量(m^3/s)	105	90	69	53	37
洪量(万m^3)	95	74	49	33	20
洪水历时(h)	6.75	5.25	3.75	2.25	2.00
洪峰水位(m)	665.40	665.20	664.90	664.65	664.37

三、防洪现状评价

防洪能力(年)	9	成灾水位(m)	664.62

该村控制断面水位—流量—人口关系等防洪现状评价成果详见防洪现状评价图

四、预警指标成果

计算方法	流域模型法	预警时段(h)	0.5	流域前期持水度 B_0	0、0.3、0.6

该村雨量预警指标详见危险区划分示意图

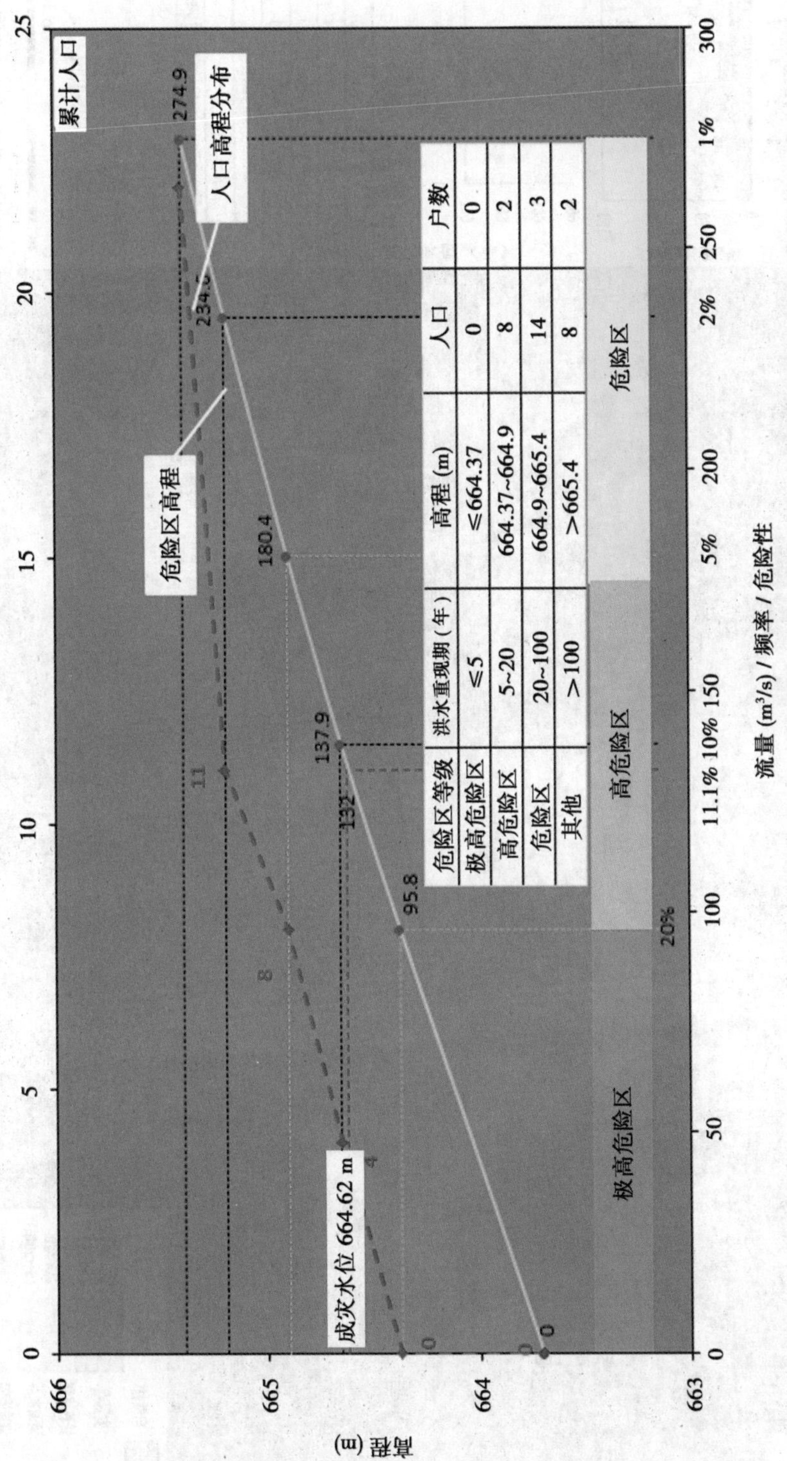

危险区等级	洪水重现期（年）	高程（m）	人口	户数
极高危险区	≤5	≤664.37	0	0
高危险区	5~20	664.37~664.9	8	2
危险区	20~100	664.9~665.4	14	3
其他	＞100	＞665.4	8	2

康家窑村防洪现状评价图

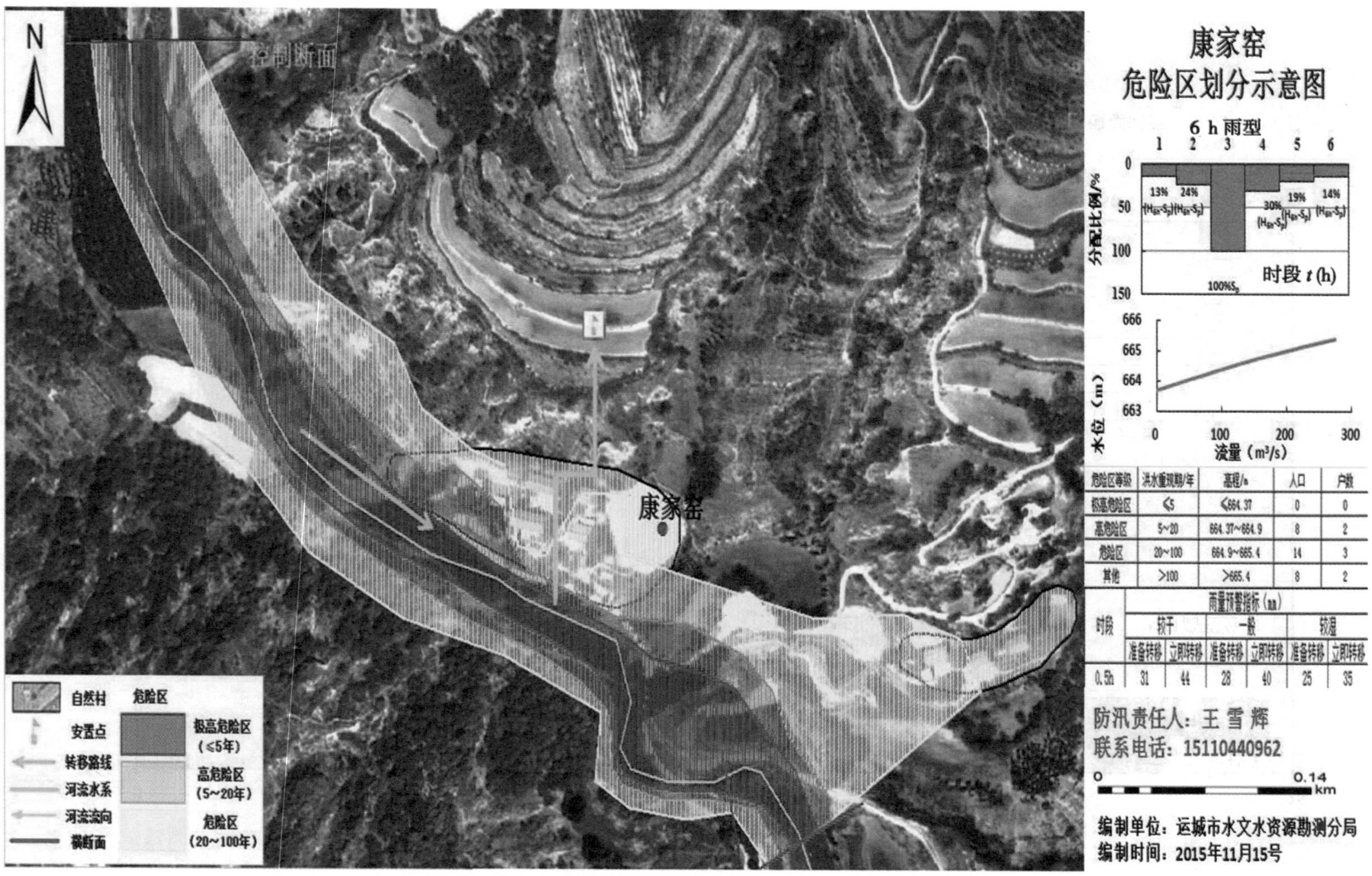
康家窑
危险区划分示意图
6 h 雨型
分配比例/%
13%
24%
100%S_p
30%
19%
14%
时段 t (h)
水位（m）
流量（m³/s）
危险区等级 洪水重现期/年 高程/m 人口 户数
极高危险区 ≤5 ≤664.37 0 0
高危险区 5~20 664.37~664.9 8 2
危险区 20~100 664.9~665.4 14 3
其他 >100 >665.4 8 2
时段 雨量预警指标（mm）
较干 一般 较湿
准备转移 立即转移 准备转移 立即转移 准备转移 立即转移
0.5h 31 44 28 40 25 35
防汛责任人：王 雪 辉
联系电话：15110440962
0 0.14 km
编制单位：运城市水文水资源勘测分局
编制时间：2015年11月15号
控制断面
康家窑
自然村
安置点
转移路线
河流水系
河流流向
横断面
危险区
极高危险区（≤5年）
高危险区（5~20年）
危险区（20~100年）

垣曲县 东店村 分析评价成果

行政区划代码	140827104200103	行政区划名称	东店村	小流域名称	板涧河

集水面积(km^2)	113.79	河长(km)	15.15	河道比降(‰)	17.48	糙率	0.040

一、设计暴雨成果

历时	均值	变差系数	C_s/C_v	重现期雨量值(mm)				
				100 年	50 年	20 年	10 年	5 年
10 min	15.0	0.47	3.5	39.1	34.7	28.9	24.4	19.7
60 min	32.1	0.56	3.5	96.5	84.2	67.9	55.6	43.2
6 h	55.1	0.58	3.5	170.8	148.5	118.9	96.6	74.4
24 h	82.0	0.58	3.5	254.2	220.9	177.0	143.8	110.7
3 d	103.0	0.54	3.5	300.3	263.1	213.6	175.9	137.9

二、设计洪水成果

洪水要素	重现期洪水要素值				
	100 年	50 年	20 年	10 年	5 年
洪峰流量(m^3/s)	1 021	838	598	428	265
洪量(万 m^3)	1 508	1 192	807	542	334
洪水历时(h)	17.45	15.00	14.30	14.30	13.75
洪峰水位(m)	696.79	696.53	696.16	695.85	695.43

三、防洪现状评价

防洪能力(年)	29	成灾水位(m)	696.31

该村控制断面水位—流量—人口关系等防洪现状评价成果详见防洪现状评价图

四、预警指标成果

计算方法	流域模型法	预警时段(h)	0.5、1	流域前期持水度 B_0	0、0.3、0.6

该村雨量预警指标详见危险区划分示意图

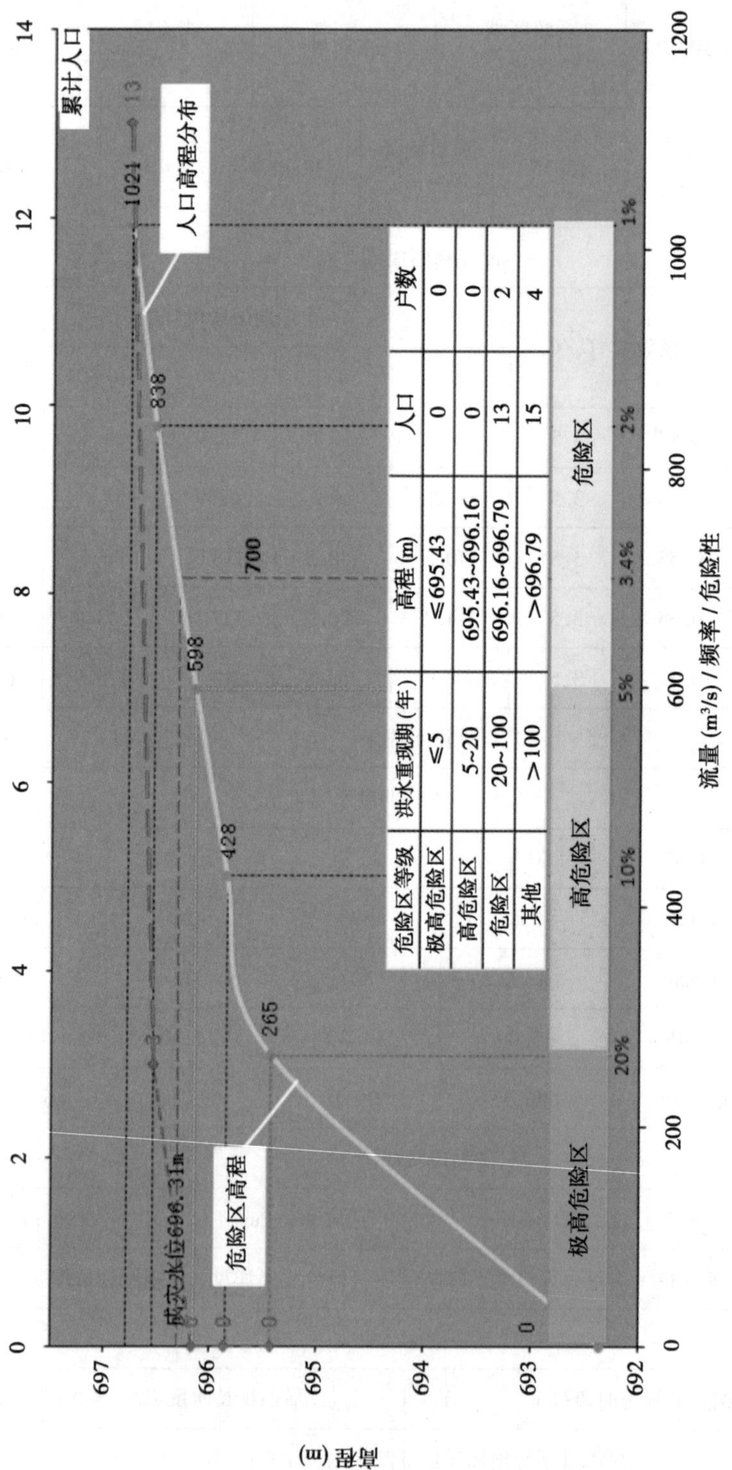

危险区等级	洪水重现期(年)	高程 (m)	人口	户数
极高危险区	≤5	≤695.43	0	0
高危险区	5~20	695.43~696.16	0	0
危险区	20~100	696.16~696.79	13	2
其他	>100	>696.79	15	4

东店村防洪现状评价图

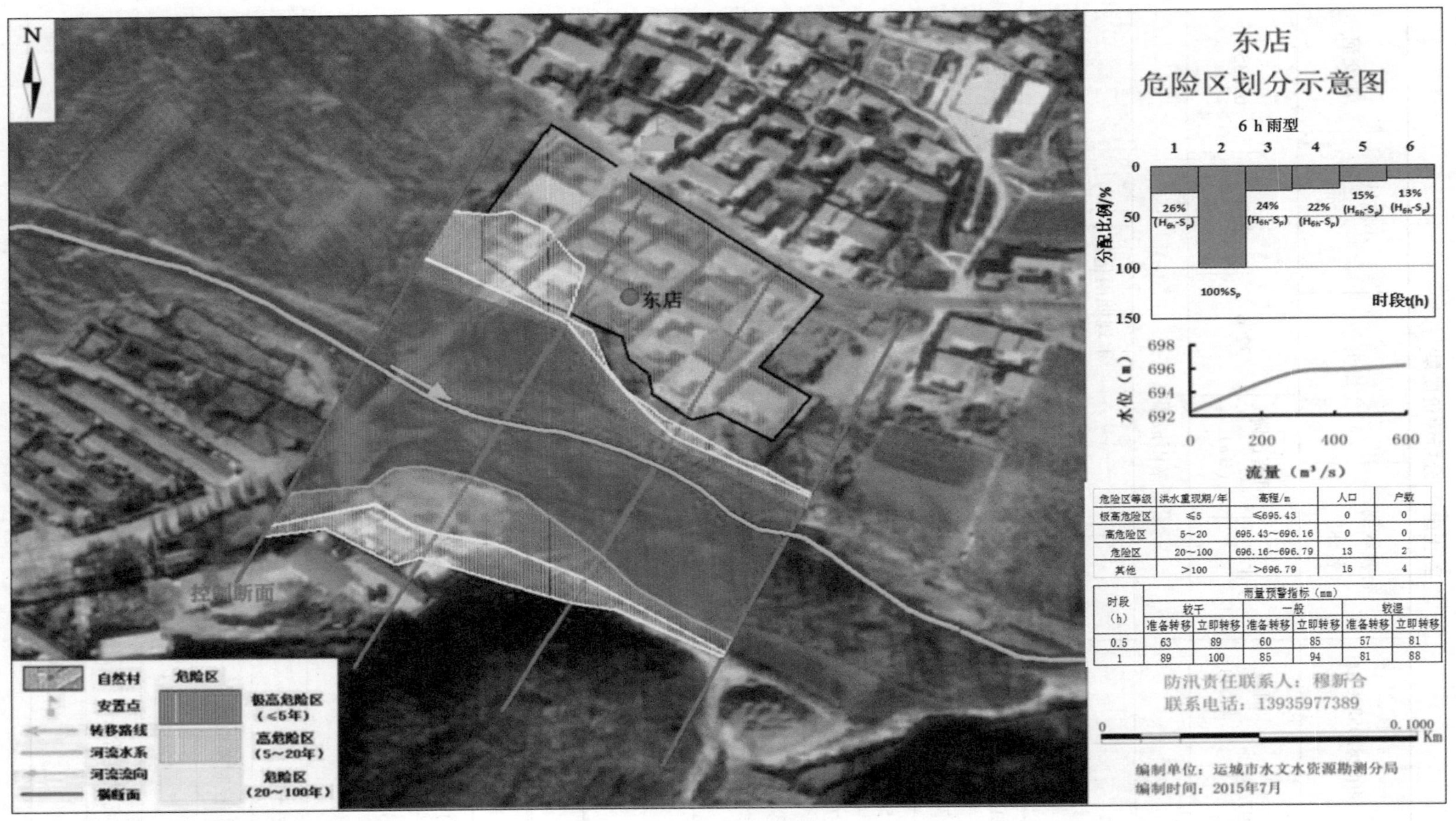

危险区等级	洪水重现期/年	高程/m	人口	户数
极高危险区	≤5	≤695.43	0	0
高危险区	5~20	695.43~696.16	0	0
危险区	20~100	696.16~696.79	13	2
其他	>100	>696.79	15	4

时段（h）	雨量预警指标（mm）					
	较干		一般		较湿	
	准备转移	立即转移	准备转移	立即转移	准备转移	立即转移
0.5	63	89	60	85	57	81
1	89	100	85	94	81	88

夏县 土崖头 分析评价成果

行政区划代码	140828105200100	行政区划名称	土崖头	小流域名称	泗交河

集水面积(km^2)	97.61	河长(km)	9.47	河道比降(‰)	32.6	糙率	0.035

一、设计暴雨成果

历时	均值	变差系数	C_s/C_v	重现期雨量值(mm)				
				100 年	50 年	20 年	10 年	5 年
10 min	15.0	0.56	3.5	45.1	39.4	31.7	26.0	20.2
60 min	31.0	0.56	3.5	93.2	81.3	65.6	53.7	41.7
6 h	53.0	0.54	3.5	154.5	135.4	109.9	90.5	71.0
24 h	73.0	0.53	3.5	209.5	183.9	149.8	123.8	97.5
3 d	93.0	0.52	3.5	262.8	231.1	188.9	156.7	124.0

二、设计洪水成果

洪水要素	重现期洪水要素值				
	100 年	50 年	20 年	10 年	5 年
洪峰流量(m^3/s)	657	536	374	247	146
洪量(万 m^3/)	943	752	515	353	225
洪水历时(h)	11.00	11.00	11.50	12.50	12.50
洪峰水位(m)	872.65	872.06	871.17	870.37	869.60

三、防洪现状评价

防洪能力(年)	13	成灾水位(m)	870.67

该村控制断面水位—流量—人口关系等防洪现状评价成果详见防洪现状评价图

四、预警指标成果

计算方法	流域模型法	预警时段(h)	0.5、1	流域前期持水度 B_0	0、0.3、0.6

该村雨量预警指标详见危险区划分示意图

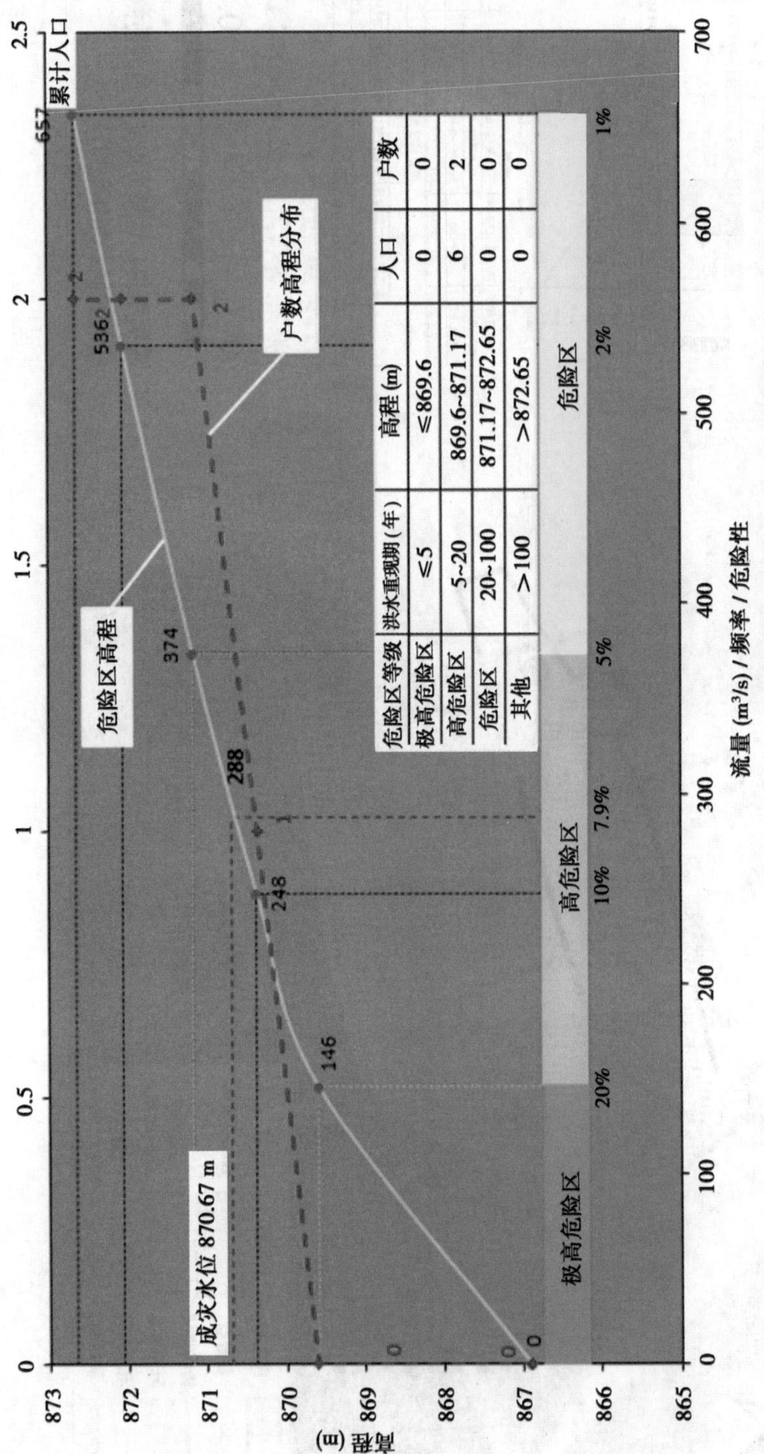

危险区等级	洪水重现期(年)	高程(m)	人口	户数
极高危险区	≤5	≤869.6	0	0
高危险区	5~20	869.6~871.17	6	2
危险区	20~100	871.17~872.65	0	0
其他	>100	>872.65	0	0

土崖头防洪现状评价图

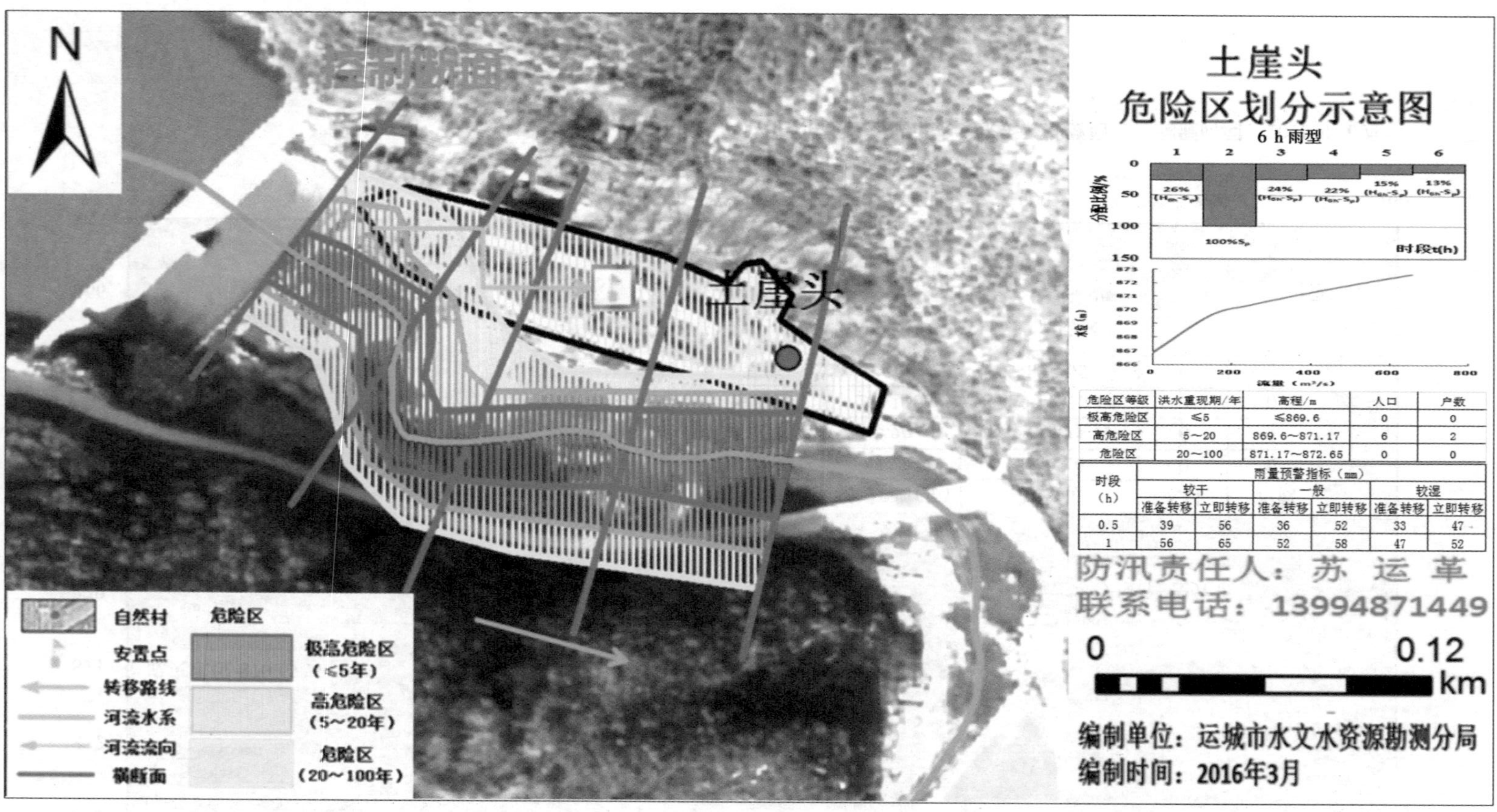

土崖头
危险区划分示意图
6 h雨型
26% (H_{6h}-S_p)
100%S_p
24% (H_{6h}-S_p)
22% (H_{6h}-S_p)
15% (H_{6h}-S_p)
13% (H_{6h}-S_p)
时段t(h)
流量（m³/s）
土崖头
N
自然村
安置点
转移路线
河流水系
河流流向
横断面
危险区
极高危险区（≤5年）
高危险区（5～20年）
危险区（20～100年）

危险区等级	洪水重现期/年	高程/m	人口	户数
极高危险区	≤5	≤869.6	0	0
高危险区	5～20	869.6～871.17	6	2
危险区	20～100	871.17～872.65	0	0

时段（h）	雨量预警指标（mm）					
	较干		一般		较湿	
	准备转移	立即转移	准备转移	立即转移	准备转移	立即转移
0.5	39	56	36	52	33	47
1	56	65	52	58	47	52

防汛责任人：苏 运 革
联系电话：13994871449
0　0.12 km
编制单位：运城市水文水资源勘测分局
编制时间：2016年3月

平陆县 刘庄村 分析评价成果

行政区划代码	140829105211101	行政区划名称	刘庄村	小流域名称	柳林河

集水面积(km^2)	68.79	河长(km)	17.16	河道比降(‰)	29.7	糙率	0.035

一、设计暴雨成果

历时	均值	变差系数	C_s/C_v	重现期雨量值(mm)				
				100年	50年	20年	10年	5年
10 min	15.0	0.58	3.5	46.5	40.4	32.4	26.3	20.3
60 min	31.8	0.58	3.5	98.6	85.7	68.6	55.8	42.9
6 h	48.5	0.51	3.5	134.9	118.8	97.5	81.1	64.5
24 h	68.0	0.53	3.5	195.2	171.3	139.6	115.4	90.9
3 d	92.0	0.53	3.5	264.1	231.8	188.8	156.1	122.9

二、设计洪水成果

洪水要素	重现期洪水要素值				
	100年	50年	20年	10年	5年
洪峰流量(m^3/s)	496	401	276	180	108
洪量(万m^3)	589	471	326	225	145
洪水历时(h)	10.5	10.5	11.3	11.8	12.0
洪峰水位(m)	456.09	455.96	455.72	455.13	454.82

三、防洪现状评价

防洪能力(年)	29	成灾水位(m)	455.85

该村控制断面水位—流量—人口关系等防洪现状评价成果详见防洪现状评价图

四、预警指标成果

计算方法	流域模型法	预警时段(h)	0.5、1、2	流域前期持水度 B_0	0、0.3、0.6

该村雨量预警指标详见危险区划分示意图

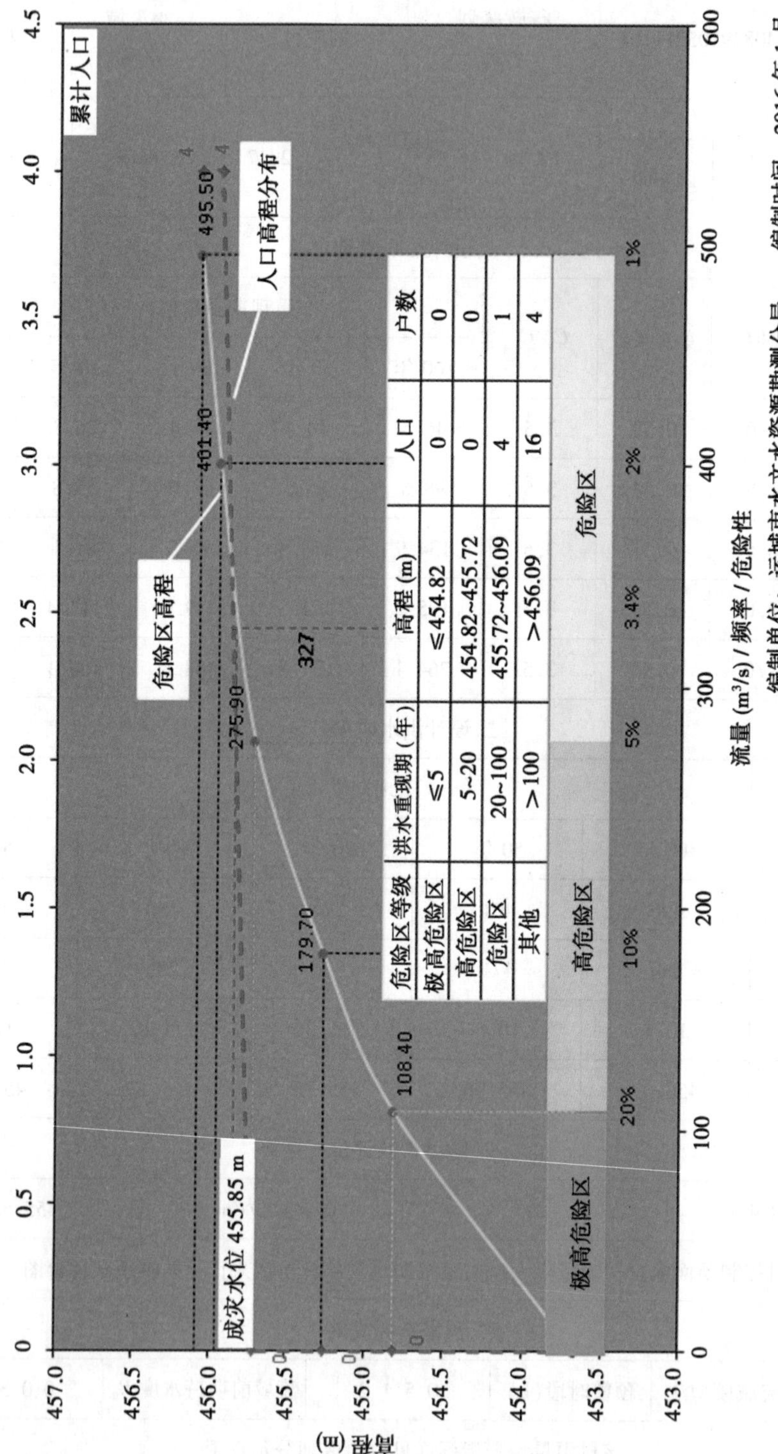

危险区等级	洪水重现期（年）	高程 (m)	人口	户数
极高危险区	≤5	≤454.82	0	0
高危险区	5~20	454.82~455.72	0	0
危险区	20~100	455.72~456.09	4	1
其他	＞100	＞456.09	16	4

刘庄村防洪现状评价图

刘庄
危险区划分示意图
N
6小时雨型
分配比例/%
时段t(h)
26%
100%S_p
24%
22%
15%
13%
流量（m³/s）
刘庄
控制断面
危险区等级 | 洪水重现期/年 | 高程/m | 人口 | 户数
极高危险区 | ≤5 | ≤454.82 | 0 | 0
高危险区 | 5～20 | 454.82～455.72 | 0 | 0
危险区 | 20～100 | 455.72～456.09 | 4 | 1
其他 | >100 | >456.09 | 16 | 4
时段（h） | 雨量预警指标（mm）
较干 | 一般 | 较湿
准备转移 | 立即转移 | 准备转移 | 立即转移 | 准备转移 | 立即转移
0.5 | 54 | 77 | 50 | 72 | 47 | 67
1 | 61 | 87 | 57 | 81 | 52 | 74
2 | 71 | 101 | 64 | 92 | 58 | 83
防汛责任人：栗 文 娄
联系电话：13467256888
0 0.1 km
编制单位：运城市水文水资源勘测分局
编制时间：2015年11月15号

芮城县 严门村 分析评价成果

行政区划代码	140830104205103	行政区划名称	严门村	小流域名称	

集水面积（km^2）	37.55	河长（km）	21.39	河道比降（‰）	22.97	糙率	0.035

一、设计暴雨成果

历时	均值	变差系数	C_s/C_v	重现期雨量值(mm)				
				100 年	50 年	20 年	10 年	5 年
10 min	15.1	0.56	3.50	45.4	39.6	32.0	26.1	20.3
60 min	30.7	0.53	3.50	88.1	77.3	63.0	52.1	41.0
6 h	45.0	0.54	3.50	131.2	114.9	93.3	76.9	60.3
24 h	59.8	0.52	3.50	169.0	148.6	121.5	100.7	79.7
3 d	77.2	0.47	3.50	201.1	178.6	148.6	125.3	101.5

二、设计洪水成果

洪水要素	重现期洪水要素值				
	100 年	50 年	20 年	10 年	5 年
洪峰流量(m^3/s)	357	290	205	144	88.3
洪量(万 m^3)	310	249	175	122	80
洪水历时(h)	9.6	9.2	9.2	9.4	10.2
洪峰水位(m)					

三、防洪现状评价

防洪能力(年)	18	成灾水位(m)	

四、预警指标成果

计算方法	流域模型法	预警时段(h)	0.5、1	流域前期持水度 B_0	0、0.3、0.6
该村雨量预警指标详见危险区划分示意图					

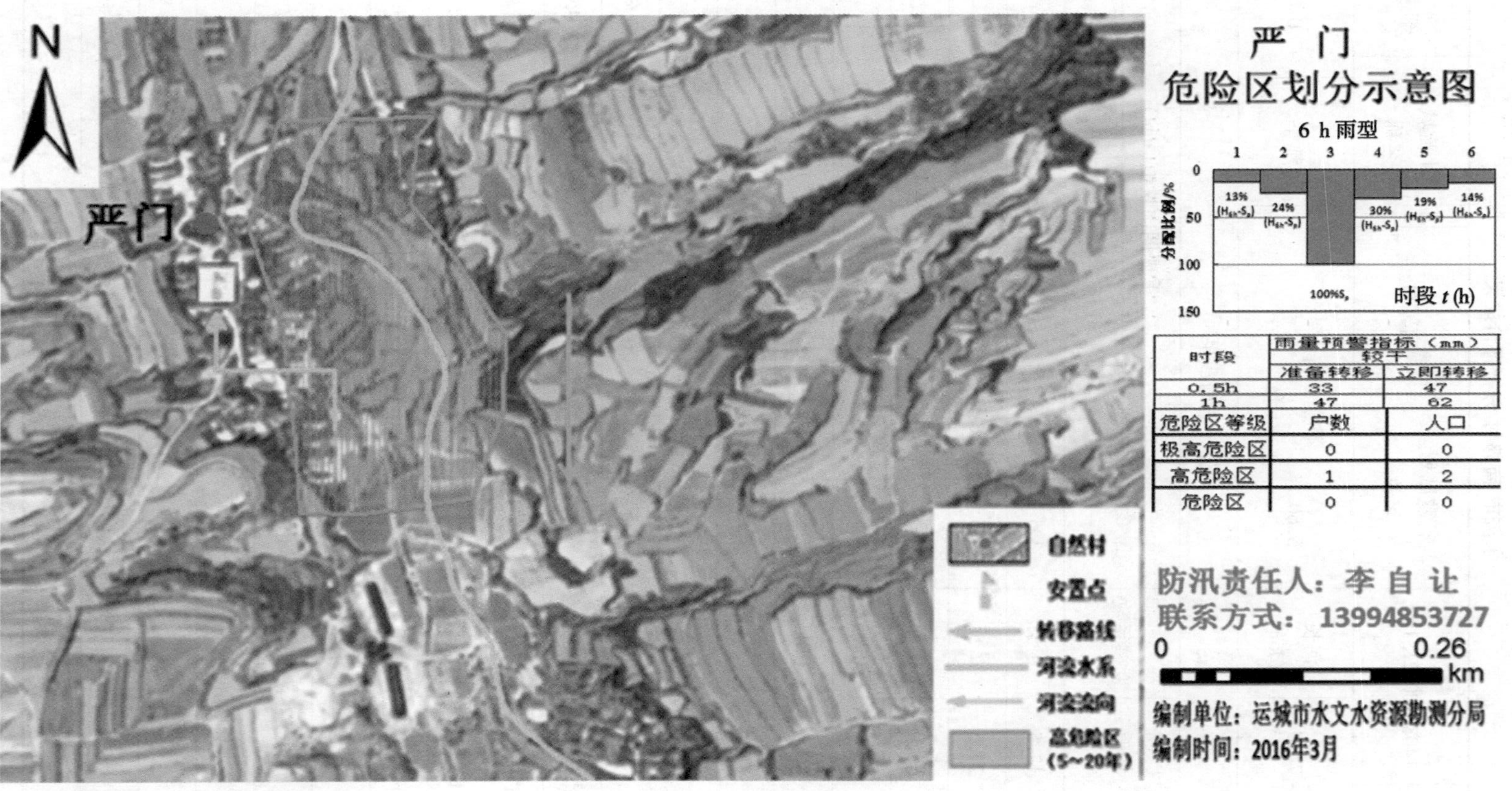
严　门
危险区划分示意图
6 h雨型
分配比例/%
时段 t (h)
13%
24%
100%S_3
30%
19%
14%
时段
雨量预警指标（mm）
较干
准备转移
立即转移
0.5h
33
47
1h
47
62
危险区等级
户数
人口
极高危险区
0
0
高危险区
1
2
危险区
0
0
防汛责任人：李自让
联系方式：13994853727
0
0.26
km
编制单位：运城市水文水资源勘测分局
编制时间：2016年3月
自然村
安置点
转移路线
河流水系
河流流向
高危险区（5~20年）
N
严门

永济市 南郭村 分析评价成果

行政区划代码	140881003213100	行政区划名称	南郭村	小流域名称	李家窑沟

集水面积(km^2)	7.19	河长(km)	5.60	河道比降(‰)		糙率	0.030

一、设计暴雨成果

历时	均值	变差系数	C_s/C_v	重现期雨量值(mm)				
				100 年	50 年	20 年	10 年	5 年
10 min	12.5	0.51	3.5	34.8	30.6	25.1	20.9	16.6
60 min	27.5	0.51	3.5	76.5	67.4	55.3	46.0	36.6
6 h	44.0	0.52	3.5	124.3	109.3	89.4	74.1	58.6
24 h	65.0	0.42	3.5	155.4	139.6	118.2	101.4	84.0
3 d	80.0	0.43	3.5	194.7	174.4	147.1	125.9	103.7

二、设计洪水成果

洪水要素	重现期洪水要素值				
	100 年	50 年	20 年	10 年	5 年
洪峰流量(m^3/s)	134	112	82	60	45
洪量(万 m^3)	53	43	29	20	13
洪水历时(h)	4.5	3.8	3.8	3.8	3.3
洪峰水位(m)	390.00	389.90	389.77	389.64	389.58

三、防洪现状评价

防洪能力(年)	40	成灾水位(m)	389.87

该村控制断面水位—流量—人口关系等防洪现状评价成果详见防洪现状评价图

四、预警指标成果

计算方法	流域模型法	预警时段(h)	0.5	流域前期持水度 B_0	0、0.3、0.6

该村雨量预警指标详见危险区划分示意图

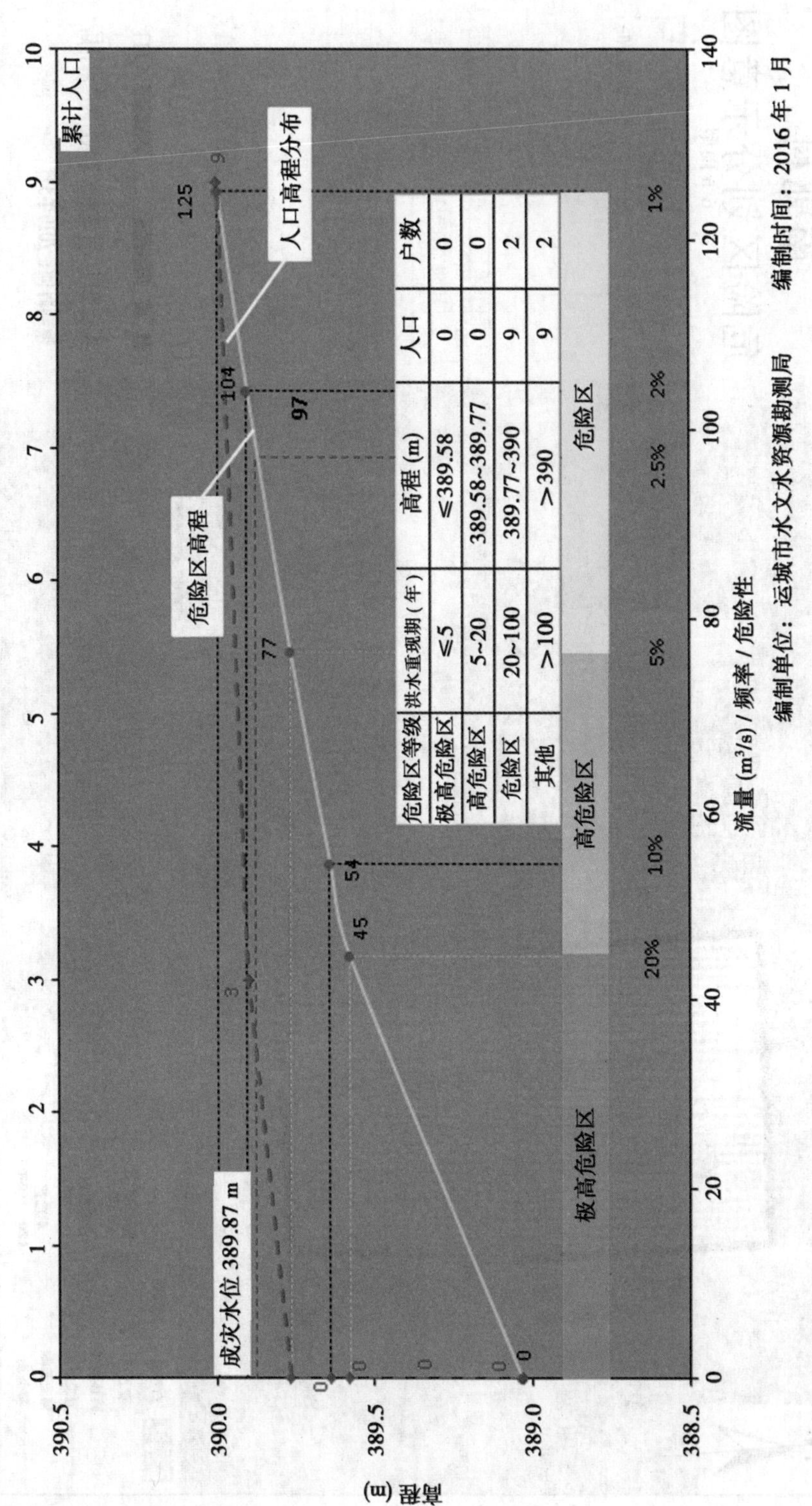

危险区等级	洪水重现期（年）	高程（m）	人口	户数
极高危险区	≤5	≤389.58	0	0
高危险区	5~20	389.58~389.77	0	0
危险区	20~100	389.77~390	9	2
其他	>100	>390	9	2

南郭村防洪现状评价图

时段	雨量预警指标（mm）					
	较干		一般		较湿	
	准备转移	立即转移	准备转移	立即转移	准备转移	立即转移
0.5h	42	60	39	56	36	51

危险区等级	洪水重现期/年	高程/m	人口	户数
极高危险区	<5	<389.58	0	0
高危险区	5~20	389.58~389.77	0	0
危险区	20~100	389.77~390	9	2
其他	>100	>390	9	2

河津市 史家庄村 分析评价成果

行政区划代码	140882100219000	行政区划名称	史家庄村	小流域名称	瓜峪河

集水面积(km^2)	161.22	河长(km)	8.62	河道比降(‰)	20.40	糙率	0.035

一、设计暴雨成果

历时	均值	变差系数	C_s/C_v	重现期雨量值(mm)				
				100 年	50 年	20 年	10 年	5 年
10 min	11.7	0.54	3.5	34.1	29.9	24.3	20.0	15.7
60 min	27.0	0.48	3.5	71.5	63.4	52.5	44.2	35.6
6 h	43.0	0.52	3.5	121.5	106.8	87.3	72.4	57.3
24 h	62.5	0.42	3.5	149.5	134.2	113.6 +	97.5	80.7
3 d	79.3	0.43	3.5	193.0	172.9	145.8	124.8	102.8

二、设计洪水成果

洪水要素	重现期洪水要素值				
	100 年	50 年	20 年	10 年	5 年
洪峰流量(m^3/s)	998.82	733.31	437.46	261.08	145.40
洪量(万 m^3)	652	502	329	217	136
洪水历时(h)	6.75	6.75	7.25	7.75	8.75
洪峰水位(m)	547.20	546.56	546.03	545.60	545.20

三、防洪现状评价

防洪能力(年)	71	成灾水位(m)	546.87

该村控制断面水位—流量—人口关系等防洪现状评价成果详见防洪现状评价图

四、预警指标成果

计算方法	流域模型法	预警时段(h)	0.5、1	流域前期持水度 B_0	0、0.3、0.6

该村雨量预警指标详见危险区划分示意图

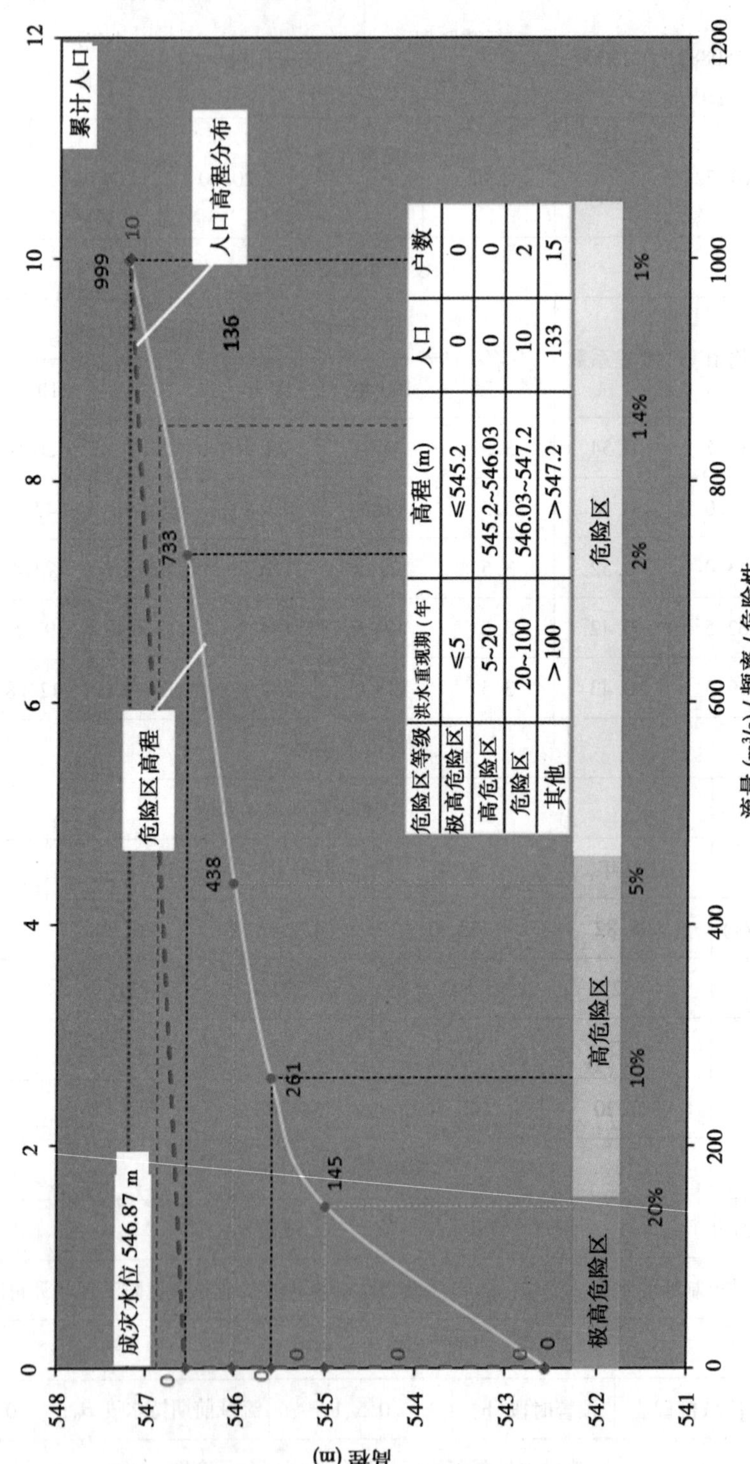

史家庄村防洪现状评价图

时段	雨量预警指标（mm）					
	较干		一般		较湿	
	准备转移	立即转移	准备转移	立即转移	准备转移	立即转移
0.5h	42	60	38	54	33	47
1h	60	73	54	65	47	56

危险区等级	洪水重现期/年	高程/m	人口	户数
极高危险区	≤5	≤545.2	0	0
高危险区	5～20	545.2～546.03	0	0
危险区	20～100	546.03～547.2	10	2
其他	>100	>547.2	133	15

忻府区 下庄村 分析评价成果

行政区划代码	140902203223000	行政区划名称	下庄村	小流域名称	淘金河

集水面积(km^2)	14.9	河长(km)	8.7	河道比降(‰)	18	糙率	0.028

一、设计暴雨成果

历时	均值	变差系数	C_s/C_v	重现期雨量值(mm)				
				100 年	50 年	20 年	10 年	5 年
10 min	12.6	0.6	3.5	33	29	23	19	15
60 min	26.0	0.5	3.5	70	61	49	40	32
6 h	41.7	0.6	3.5	123	107	87	72	56
24 h	55.0	0.5	3.5	164	144	118	99	78
3 d	75.0	0.5	3.5	185	165	137	116	94

二、设计洪水成果

洪水要素	重现期洪水要素值				
	100 年	50 年	20 年	10 年	5 年
洪峰流量(m^3/s)	180	148	107	76	49
洪量(万 m^3)	124	99	69	48	31
洪水历时(h)	7.5	7.0	6.5	6.0	5.5
洪峰水位(m)	846.23	846.09	845.75	845.39	845.00

三、防洪现状评价

防洪能力(年)	57	成灾水位(m)	846.1

该村控制断面水位—流量—人口关系等防洪现状评价成果详见防洪现状评价图

四、预警指标成果

计算方法	流域模型法	预警时段(h)	0.5、1、1.5	流域前期持水度 B_0	0、0.3、0.6

该村雨量预警指标详见危险区划分示意图

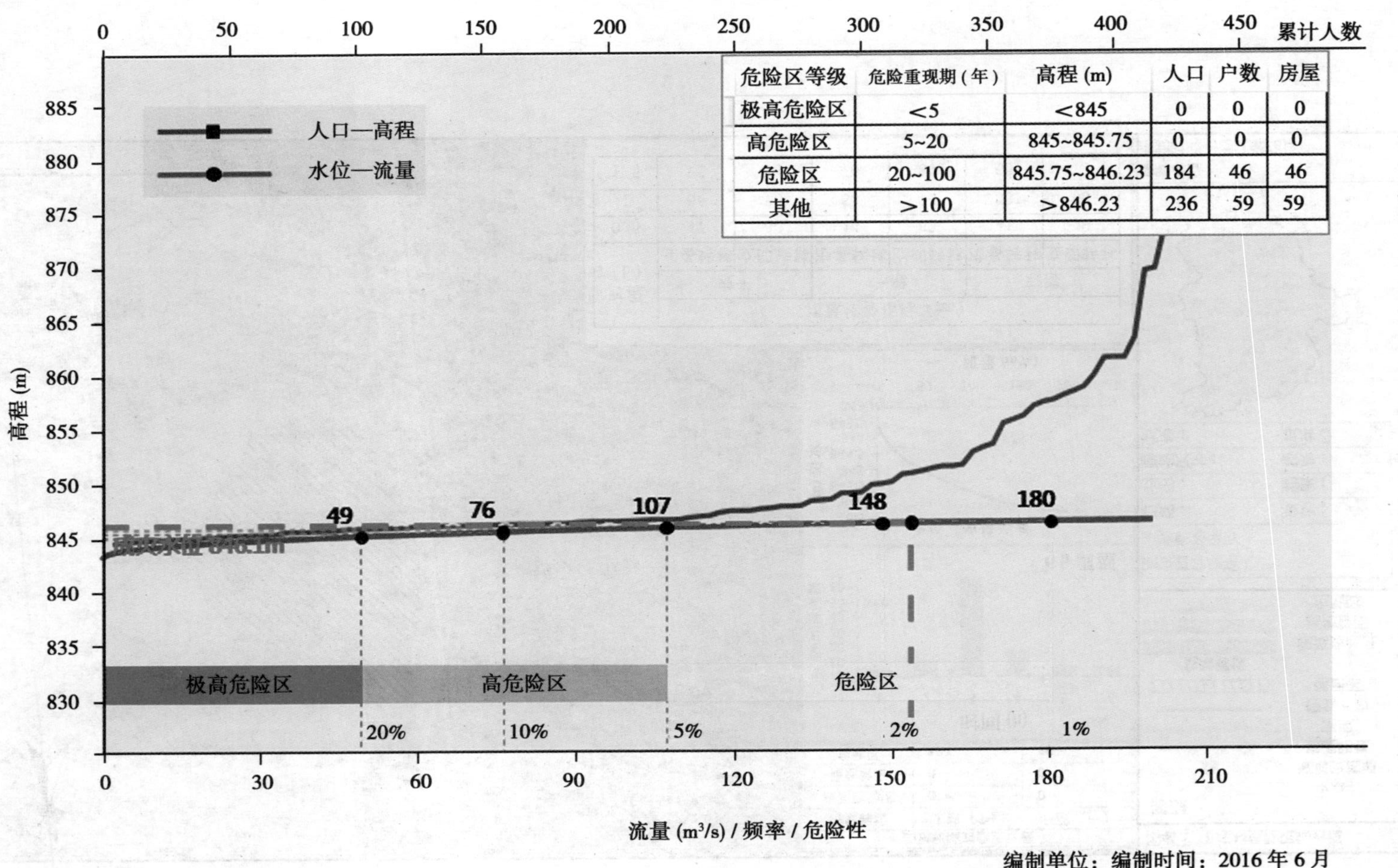

危险区等级	危险重现期（年）	高程 (m)	人口	户数	房屋
极高危险区	<5	<845	0	0	0
高危险区	5~20	845~845.75	0	0	0
危险区	20~100	845.75~846.23	184	46	46
其他	>100	>846.23	236	59	59

下庄村防洪现状评价图

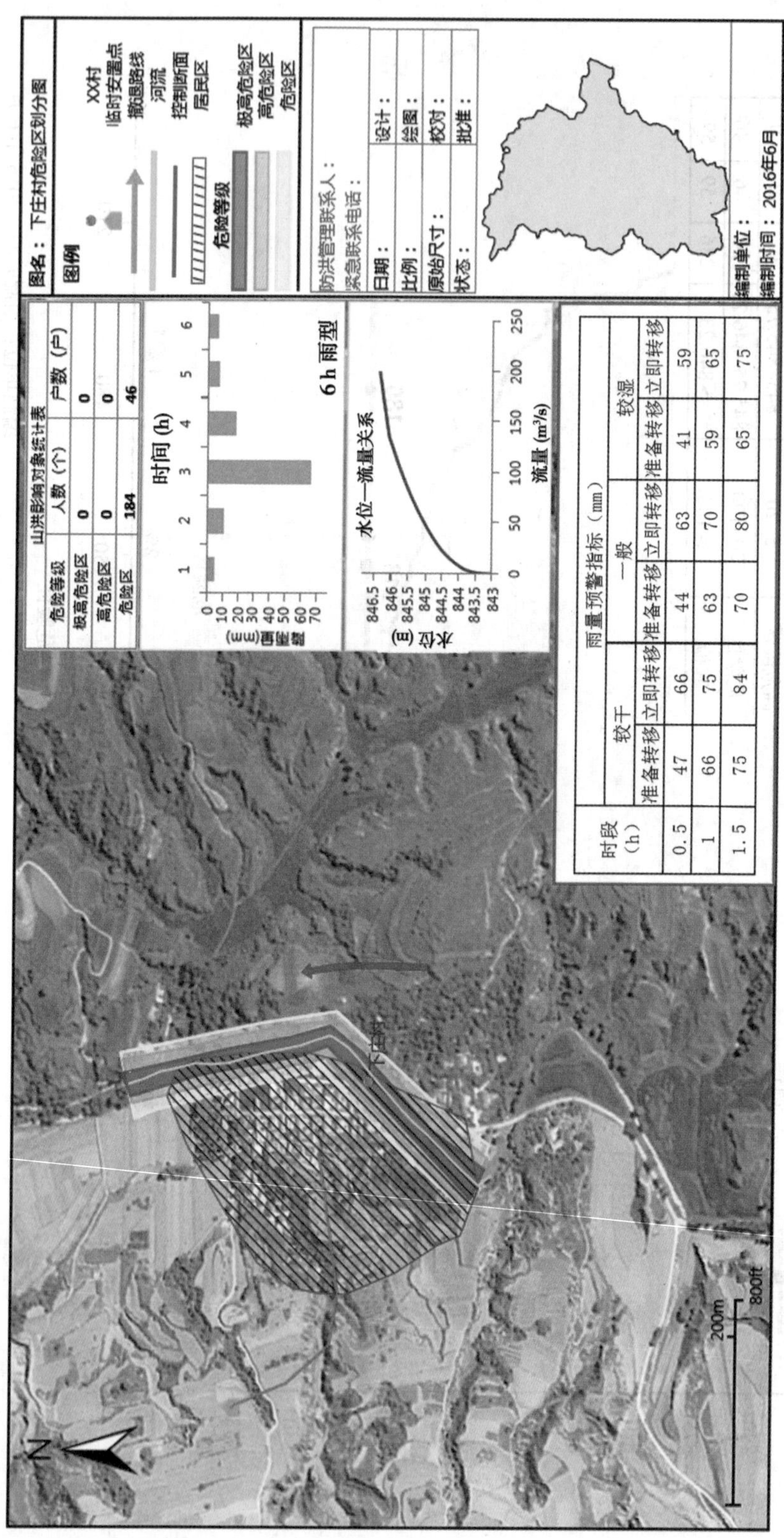

山洪影响对象统计表		
危险等级	人数（个）	户数（户）
极高危险区	0	0
高危险区	0	0
危险区	184	46

时段（h）	雨量预警指标（mm）					
	较干		一般		较湿	
	准备转移	立即转移	准备转移	立即转移	准备转移	立即转移
0.5	47	66	44	63	41	59
1	66	75	63	70	59	65
1.5	75	84	70	80	65	75

定襄县 芳兰村 分析评价成果

行政区划代码	140921101206000	行政区划名称	芳兰村	小流域名称	
集水面积(km^2)	12.49	河长(km)	6.93	河道比降(‰)	31	糙率	0.027

一、设计暴雨成果

历时	均值	变差系数	C_s/C_v	重现期雨量值(mm)				
				100年	50年	20年	10年	5年
10 min	14.7	0.50	3.5	35	31	26	22	18
60 min	26.4	0.49	3.5	63	56	46	39	32
6 h	40.0	0.47	3.5	98	87	73	61	50
24 h	51.6	0.45	3.5	122	110	92	78	64
3 d	66.1	0.43	3.5	135	122	103	88	73

二、设计洪水成果

洪水要素	重现期洪水要素值				
	100年	50年	20年	10年	5年
洪峰流量(m^3/s)	209	176	132	98	65
洪量(万m^3)	81	66	47	34	23
洪水历时(h)	5	4	4	3.5	3
洪峰水位(m)	743.91	743.86	743.78	743.72	743.64

三、防洪现状评价

防洪能力(年)	19	成灾水位(m)	743.8

该村控制断面水位—流量—人口关系等防洪现状评价成果详见防洪现状评价图

四、预警指标成果

计算方法	流域模型法	预警时段(h)	0.5、1	流域前期持水度 B_0	0、0.3、0.6

该村雨量预警指标详见危险区划分示意图

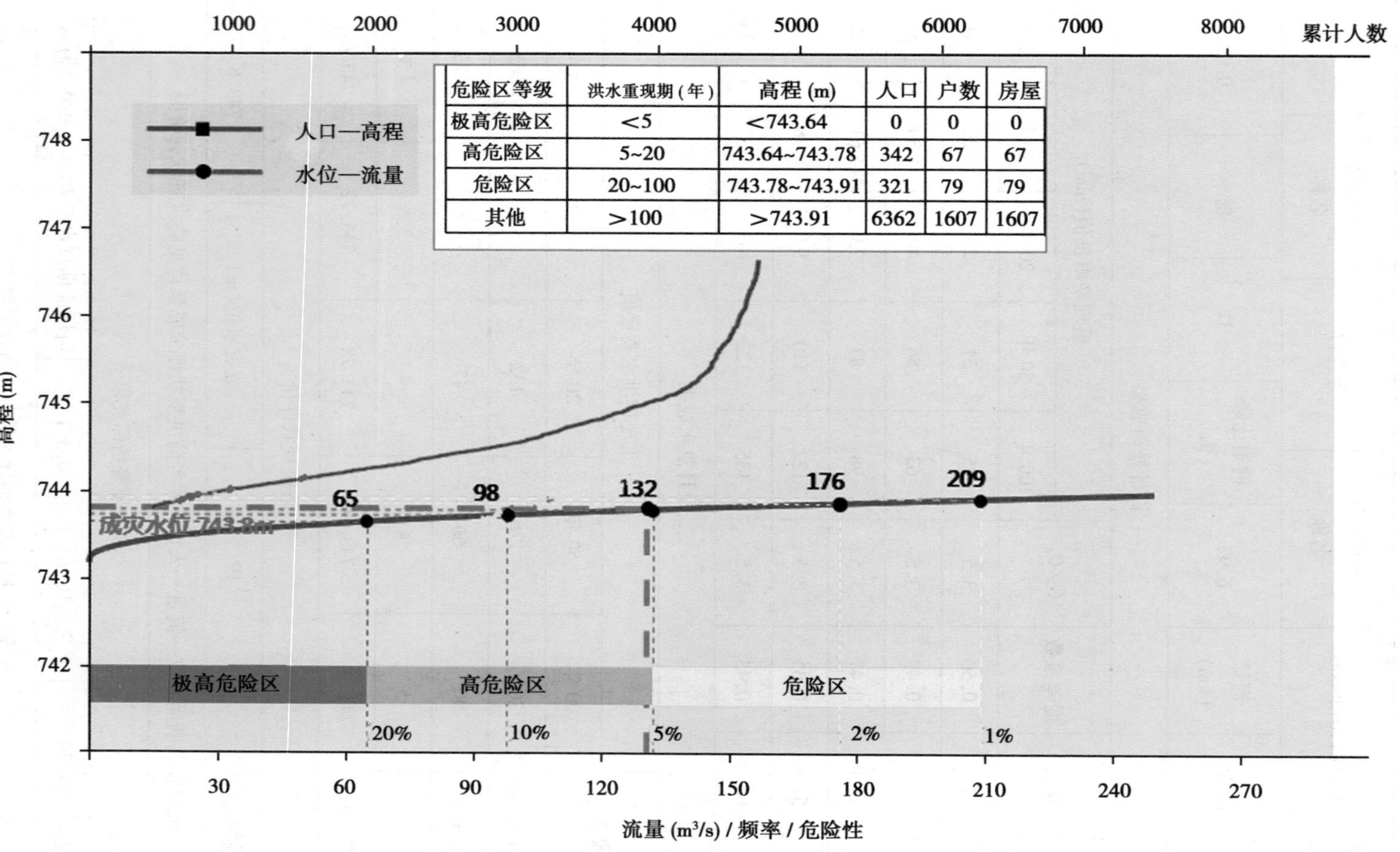

危险区等级	洪水重现期（年）	高程 (m)	人口	户数	房屋
极高危险区	<5	<743.64	0	0	0
高危险区	5~20	743.64~743.78	342	67	67
危险区	20~100	743.78~743.91	321	79	79
其他	>100	>743.91	6362	1607	1607

编制单位：忻州市水文水资源勘测分局　　编制时间：2016 年 1 月

芳兰村防洪现状评价图

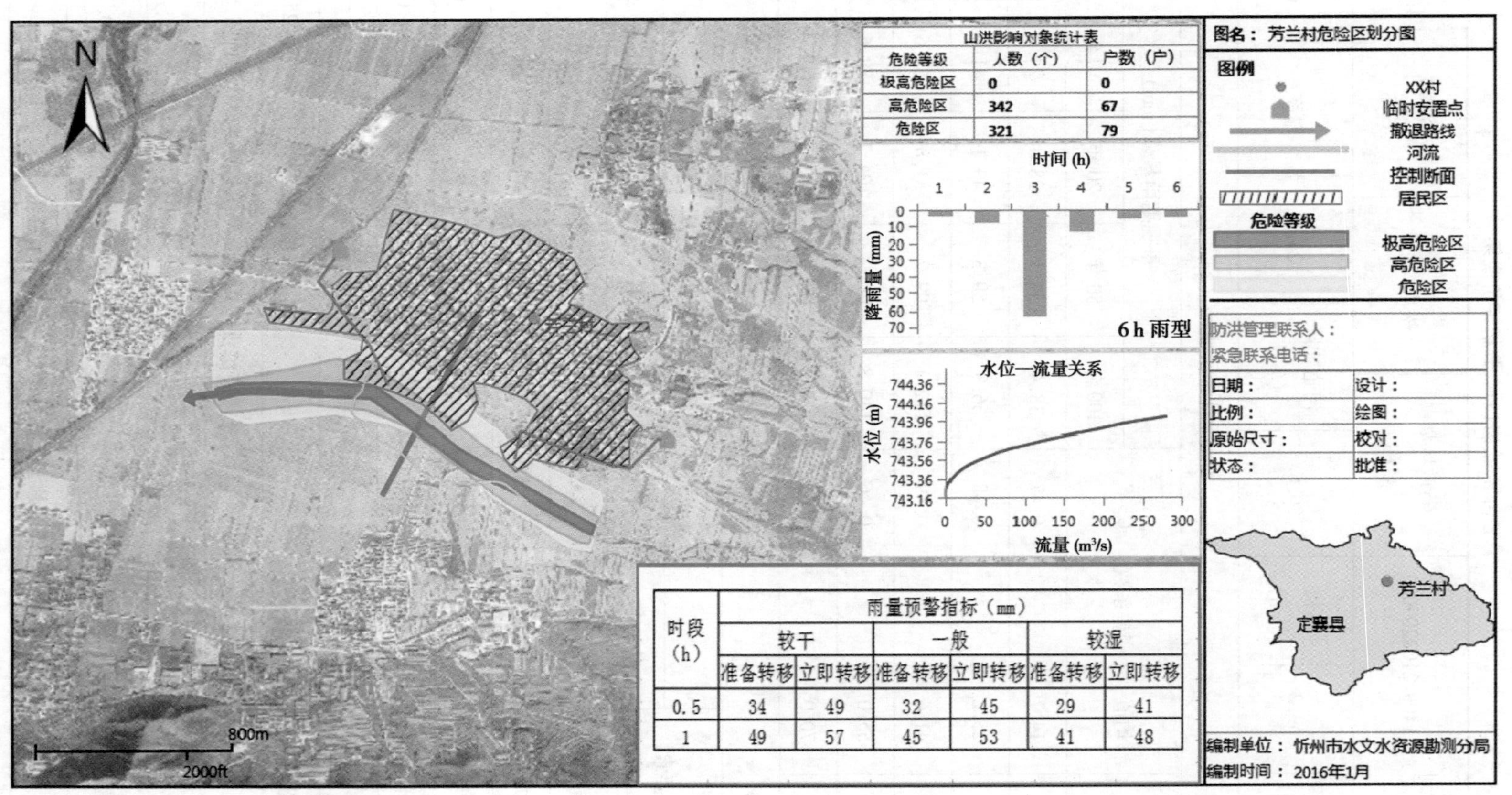
N
山洪影响对象统计表
危险等级 人数（个） 户数（户）
极高危险区 0 0
高危险区 342 67
危险区 321 79
时间 (h)
降雨量 (mm)
6 h 雨型
水位—流量关系
水位 (m)
流量 (m³/s)
雨量预警指标（mm）
时段(h) 较干 准备转移 立即转移 一般 准备转移 立即转移 较湿 准备转移 立即转移
0.5 34 49 32 45 29 41
1 49 57 45 53 41 48
800m
2000ft
图名：芳兰村危险区划分图
图例
XX村
临时安置点
撤退路线
河流
控制断面
居民区
危险等级
极高危险区
高危险区
危险区
防洪管理联系人：
紧急联系电话：
日期：
设计：
比例：
绘图：
原始尺寸：
校对：
状态：
批准：
芳兰村
定襄县
编制单位：忻州市水文水资源勘测分局
编制时间：2016年1月

五台县 松岩口村 分析评价成果

行政区划代码	140922102209000	行政区划名称	松岩口村	小流域名称	清水河

集水面积(km^2)	169.2	河长(km)	30.6	河道比降(‰)	24.1	糙率	0.028

一、设计暴雨成果

历时	均值	变差系数	C_s/C_v	重现期雨量值(mm)				
				100 年	50 年	20 年	10 年	5 年
10 min	14.7		0.47	38.4	34.1	28.4	24.0	19.4
60 min	25.2		0.48	66.9	59.3	49.1	41.3	33.3
6 h	41.6		0.49	112.1	99.2	81.8	68.6	55.0
24 h	55.0		0.46	140.8	125.4	104.7	88.6	72.0
3 d	70.0		0.46	177.8	158.4	132.5	112.4	91.6

二、设计洪水成果

洪水要素	重现期洪水要素值				
	100 年	50 年	20 年	10 年	5 年
洪峰流量(m^3/s)	325	242	148	92	46
洪量(万 m^3)	733	573	382	258	147
洪水历时(h)	12.5	12.5	12.5	12.0	12.0
洪峰水位(m)	1 026.64	1 026.42	1 026.07	1 025.79	1 025.43

三、防洪现状评价

防洪能力(年)	39	成灾水位(m)	1 025.9

该村控制断面水位—流量—人口关系等防洪现状评价成果详见防洪现状评价图

四、预警指标成果

计算方法	流域模型法	预警时段(h)	0.5、1、2、3、4、5、6	流域前期持水度 B_0	0、0.3、0.6

该村雨量预警指标详见危险区划分示意图

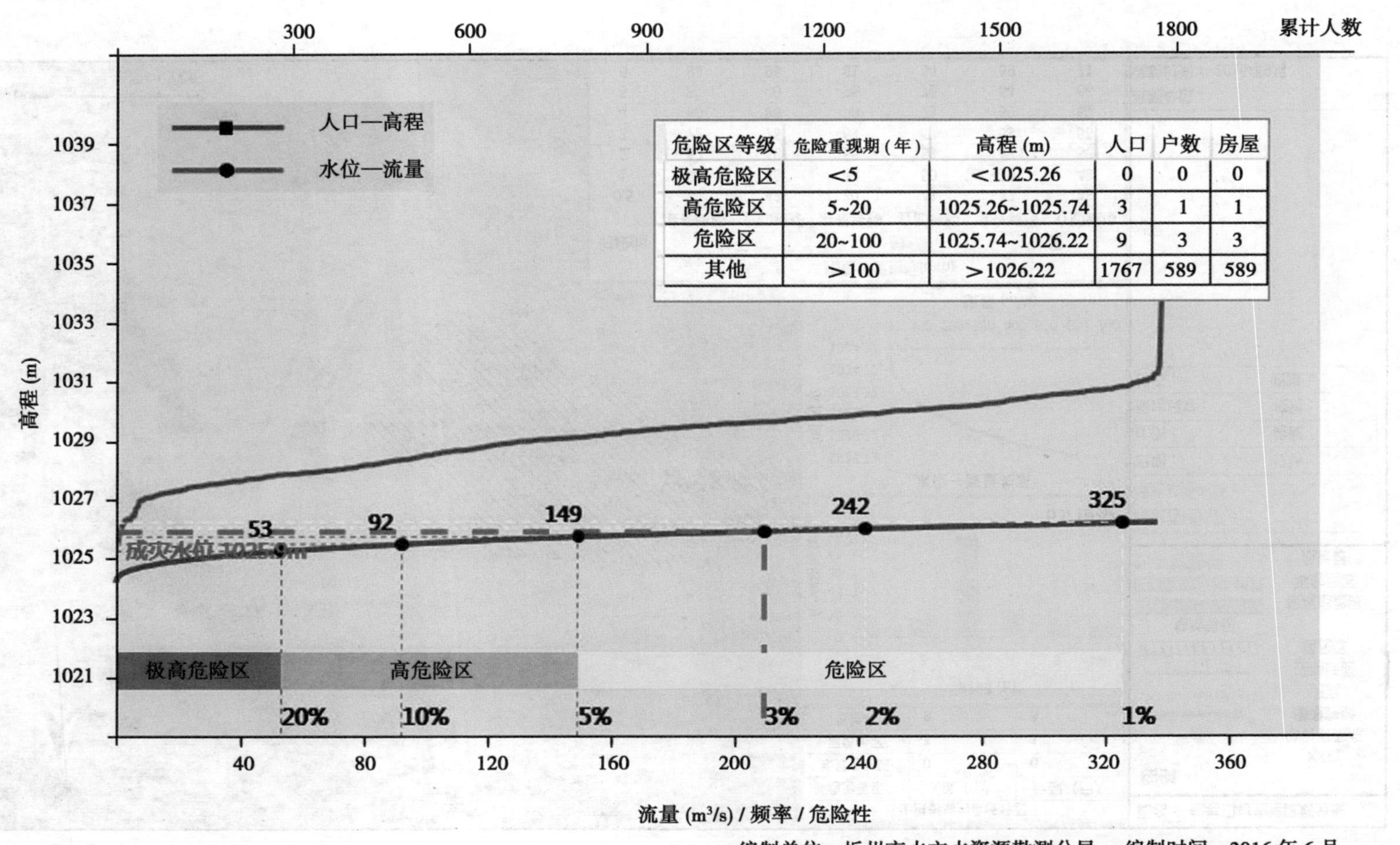

危险区等级	危险重现期（年）	高程 (m)	人口	户数	房屋
极高危险区	<5	<1025.26	0	0	0
高危险区	5~20	1025.26~1025.74	3	1	1
危险区	20~100	1025.74~1026.22	9	3	3
其他	>100	>1026.22	1767	589	589

松岩口村防洪现状评价图

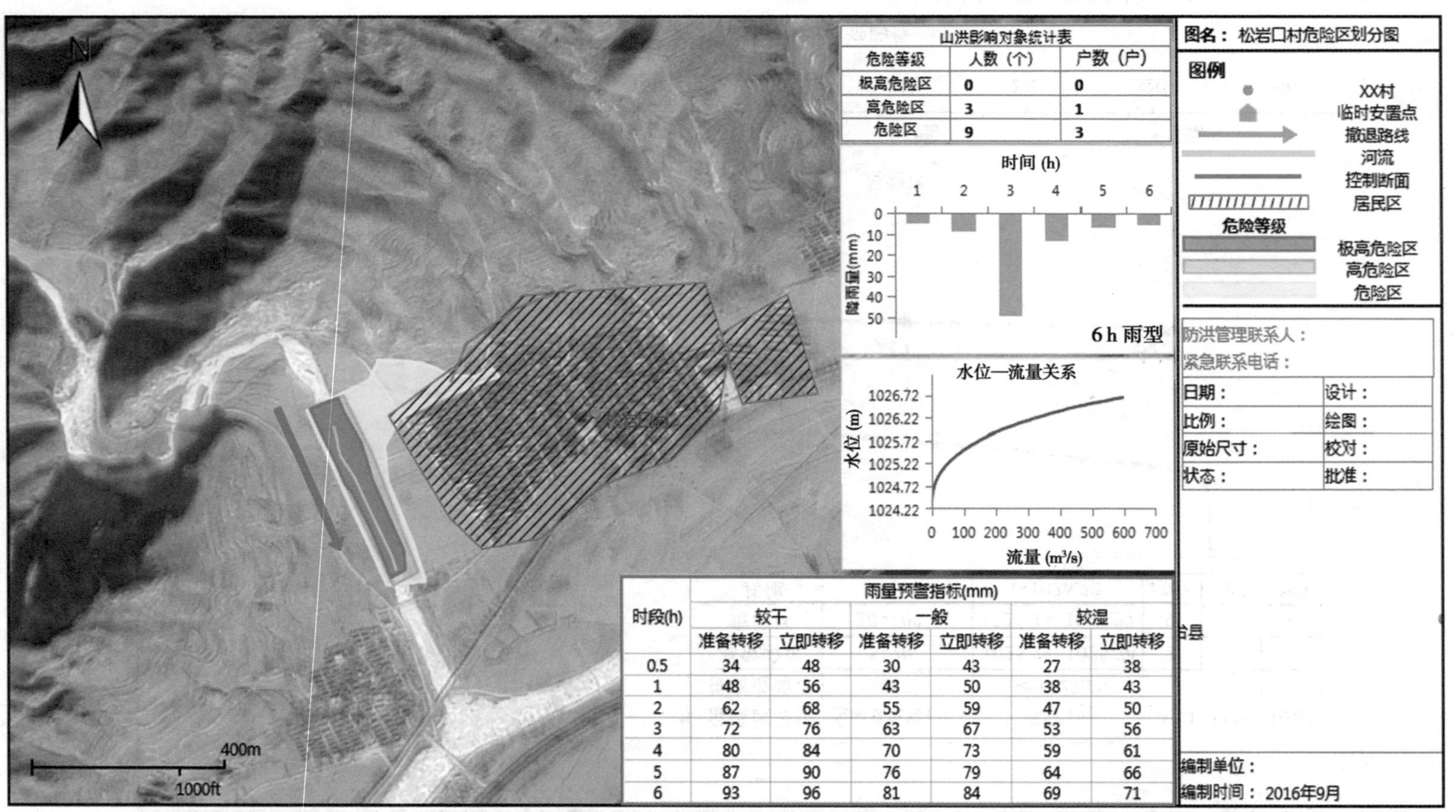

N
图名：松岩口村危险区划分图
图例
XX村
临时安置点
撤退路线
河流
控制断面
居民区
危险等级
极高危险区
高危险区
危险区
防洪管理联系人：
紧急联系电话：
日期：
设计：
比例：
绘图：
原始尺寸：
校对：
状态：
批准：
编制单位：
编制时间：2016年9月
山洪影响对象统计表

危险等级	人数（个）	户数（户）
极高危险区	0	0
高危险区	3	1
危险区	9	3

时间 (h)
降雨量(mm)
6 h 雨型
水位—流量关系
水位 (m)
流量 (m³/s)
雨量预警指标(mm)

时段(h)	较干		一般		较湿	
	准备转移	立即转移	准备转移	立即转移	准备转移	立即转移
0.5	34	48	30	43	27	38
1	48	56	43	50	38	43
2	62	68	55	59	47	50
3	72	76	63	67	53	56
4	80	84	70	73	59	61
5	87	90	76	79	64	66
6	93	96	81	84	69	71

400m
1000ft

代县 西会村 分析评价成果

行政区划代码	140923105251000	行政区划名称	西会村	小流域名称	高凡河

集水面积（km^2）	47.87	河长（km）	10.9	河道比降（‰）	24.2	糙率	0.027

一、设计暴雨成果

历时	均值	变差系数	C_s/C_v	重现期雨量值(mm)				
				100 年	50 年	20 年	10 年	5 年
10 min	11.6	0.42	3.5	22.1	19.9	16.9	14.6	12.1
60 min	22.9	0.42	3.5	45.9	41.3	35.2	30.3	25.3
6 h	41.0	0.42	3.5	86.7	78.1	66.3	57.2	47.6
24 h	58.0	0.43	3.5	132.5	119.2	100.9	86.8	72.0
3 d	74.9	0.40	3.5	165.4	149.5	127.9	111.0	93.2

二、设计洪水成果

洪水要素	重现期洪水要素值				
	100 年	50 年	20 年	10 年	5 年
洪峰流量(m^3/s)	219	181	128	90.4	58.6
洪量(万 m^3)	263.01	212.15	150.57	107.76	74.58
洪水历时(h)	14	14	13	14	15
洪峰水位(m)	1 356.11	1 356.04	1 355.78	1 355.66	1 355.53

三、防洪现状评价

防洪能力(年)	42	成灾水位(m)	1 356

该村控制断面水位—流量—人口关系等防洪现状评价成果详见防洪现状评价图

四、预警指标成果

计算方法	流域模型法	预警时段(h)	0.5、1、1.5、2	流域前期持水度 B_0	0、0.3、0.6

该村雨量预警指标详见危险区划分示意图

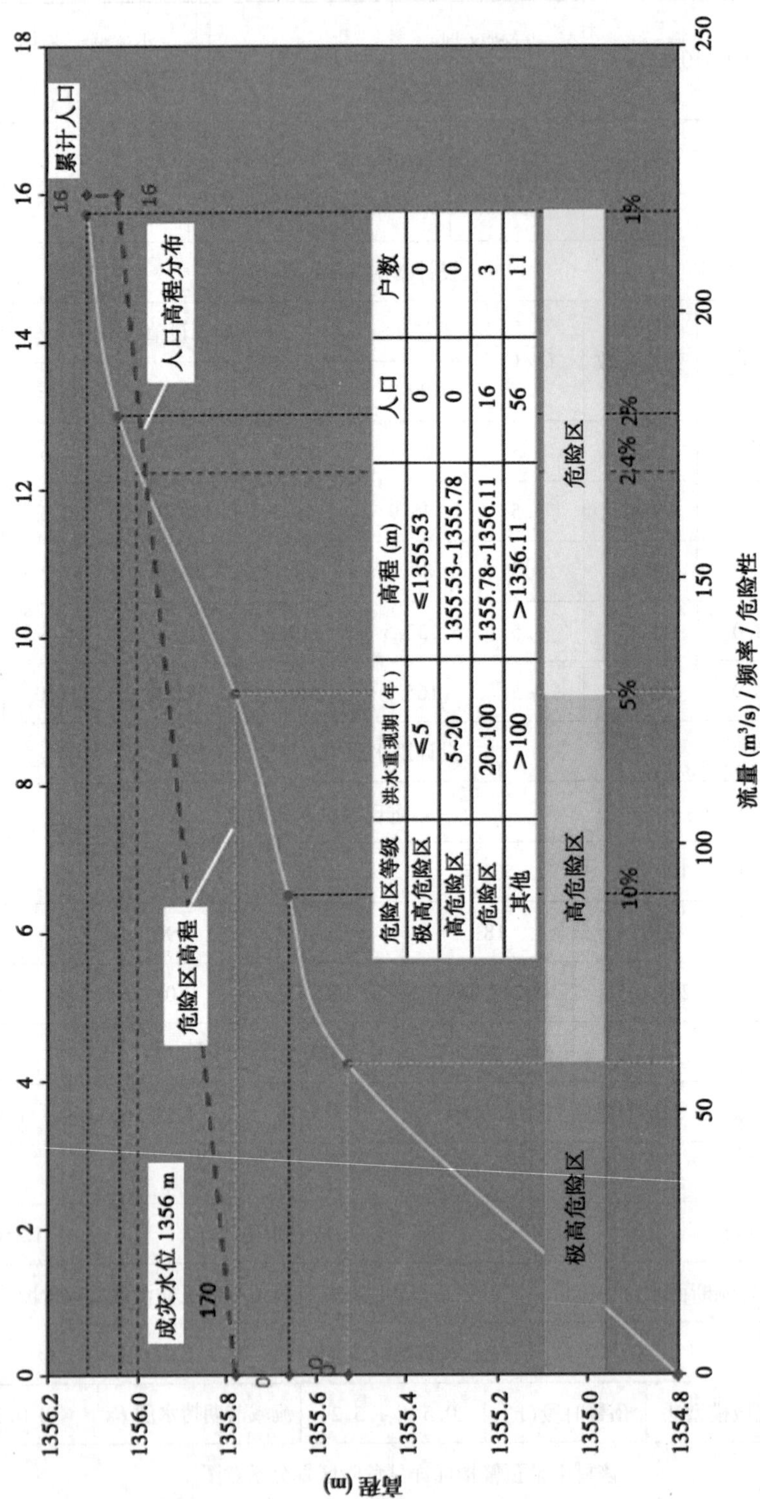

危险区等级	洪水重现期（年）	高程 (m)	人口	户数
极高危险区	≤5	≤1355.53	0	0
高危险区	5~20	1355.53~1355.78	0	0
危险区	20~100	1355.78~1356.11	16	3
其他	>100	>1356.11	56	11

西会村防洪现状评价图

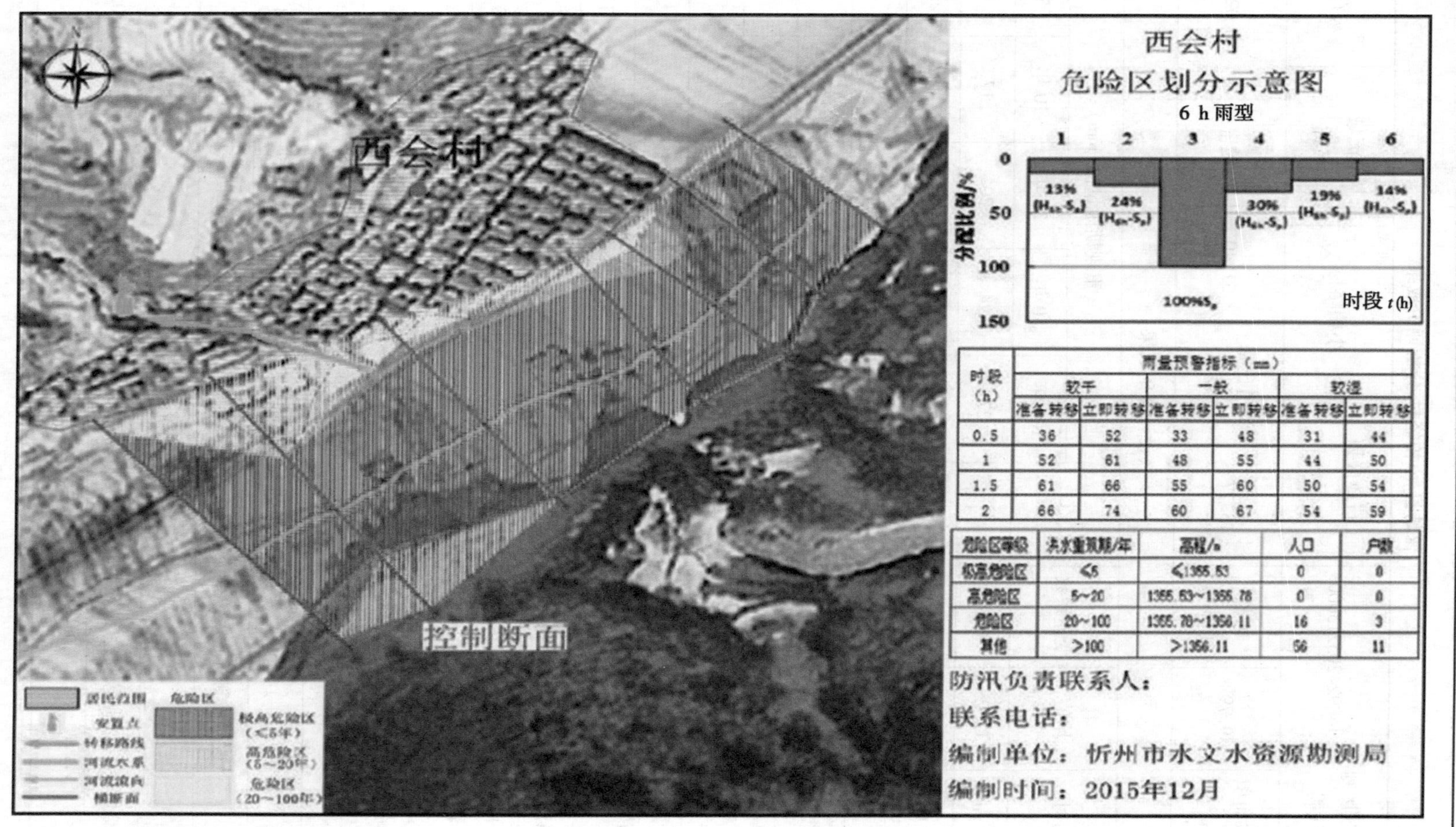
西会村
危险区划分示意图
6 h雨型
1 2 3 4 5 6
0 50 100 150
分配比例/%
13%
24%
100%S
30%
19%
14%
时段 t(h)

时段(h)	雨量预警指标（mm）					
	较干		一般		较湿	
	准备转移	立即转移	准备转移	立即转移	准备转移	立即转移
0.5	36	52	33	48	31	44
1	52	61	48	55	44	50
1.5	61	66	55	60	50	54
2	66	74	60	67	54	59

危险区等级	洪水重现期/年	高程/m	人口	户数
极高危险区	≤5	≤1355.53	0	0
高危险区	5~20	1355.53~1355.78	0	0
危险区	20~100	1355.78~1356.11	16	3
其他	>100	>1356.11	56	11

防汛负责联系人：
联系电话：
编制单位：忻州市水文水资源勘测局
编制时间：2015年12月
西会村
控制断面
安置点
转移路线
河流水系
河流流向
横断面
危险区
极高危险区（≤5年）
高危险区（5~20年）
危险区（20~100年）

繁峙县 小柏峪村 分析评价成果

行政区划代码	140924205213000	行政区划名称	小柏峪村	小流域名称	灰石渠

集水面积（km^2）	39.79	河长（km）	13.17	河道比降（‰）	51.40	糙率	0.028

一、设计暴雨成果

历时	均值	变差系数	C_s/C_v	重现期雨量值(mm)				
				100 年	50 年	20 年	10 年	5 年
10 min	12.2	0.50		27	24	20	17	14
60 min	22.0	0.50		53	47	39	33	27
6 h	35.0	0.49		88	78	66	56	46
24 h	50.0	0.48		114	102	87	76	63
3 d	60.0	0.45		129	116	101	89	76

二、设计洪水成果

洪水要素	重现期洪水要素值				
	100 年	50 年	20 年	10 年	5 年
洪峰流量(m^3/s)	337	278	196	137	81
洪量(万 m^3)	264	205	135	91	58
洪水历时(h)	10.5	8	7	6.5	6
洪峰水位(m)	1 300.87	1 300.8	1 300.66	1 300.52	1 300.39

三、防洪现状评价

防洪能力(年)	10	成灾水位(m)	1 300.88

该村控制断面水位—流量—人口关系等防洪现状评价成果详见防洪现状评价图

四、预警指标成果

计算方法	流域模型法	预警时段(h)	0.5、1、2	流域前期持水度 B_0	0、0.3、0.6

该村雨量预警指标详见危险区划分示意图

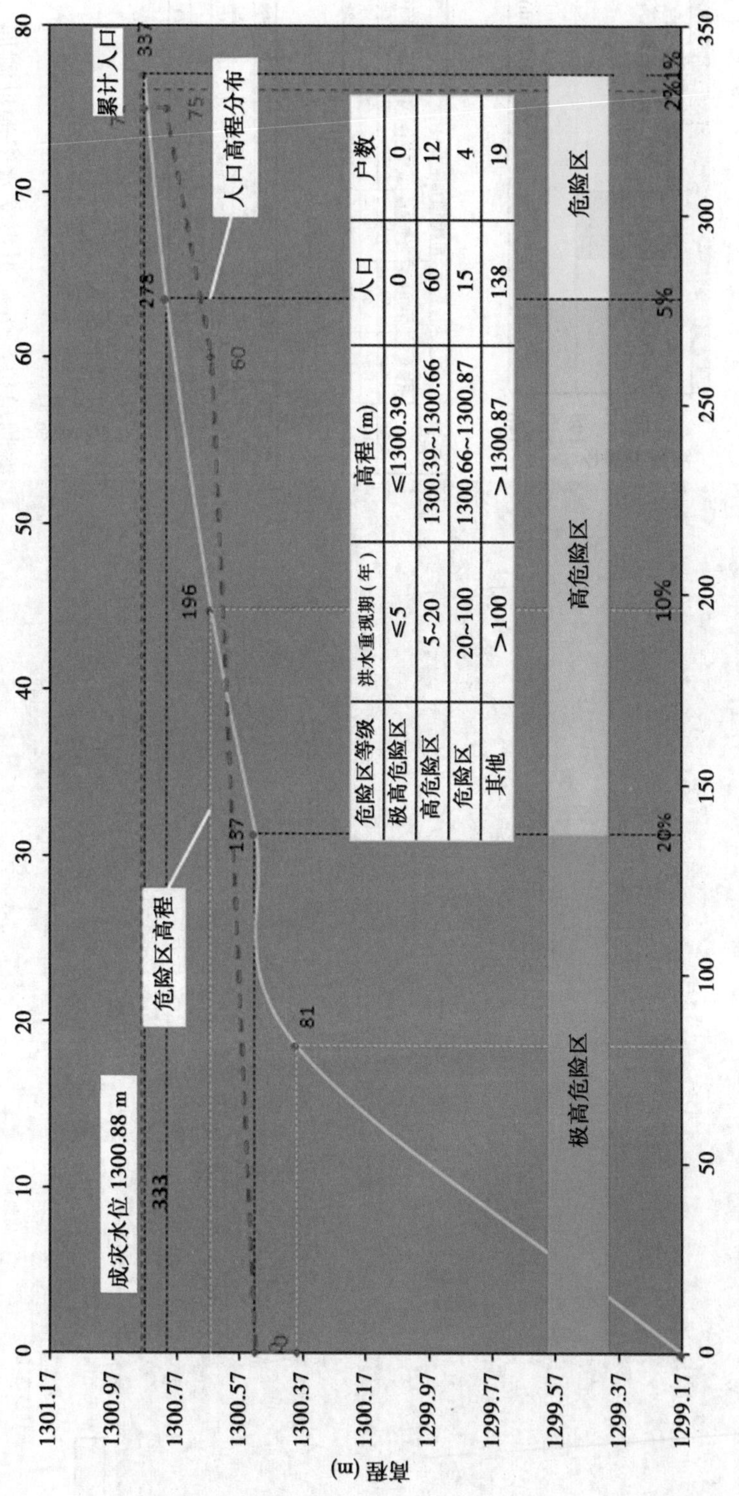

危险区等级	洪水重现期(年)	高程(m)	人口	户数
极高危险区	≤5	≤1300.39	0	0
高危险区	5~20	1300.39~1300.66	60	12
危险区	20~100	1300.66~1300.87	15	4
其他	＞100	＞1300.87	138	19

编制单位：忻州市水文水资源勘测分局　　编制时间：2015 年 11 月

小柏峪村防洪现状评价图

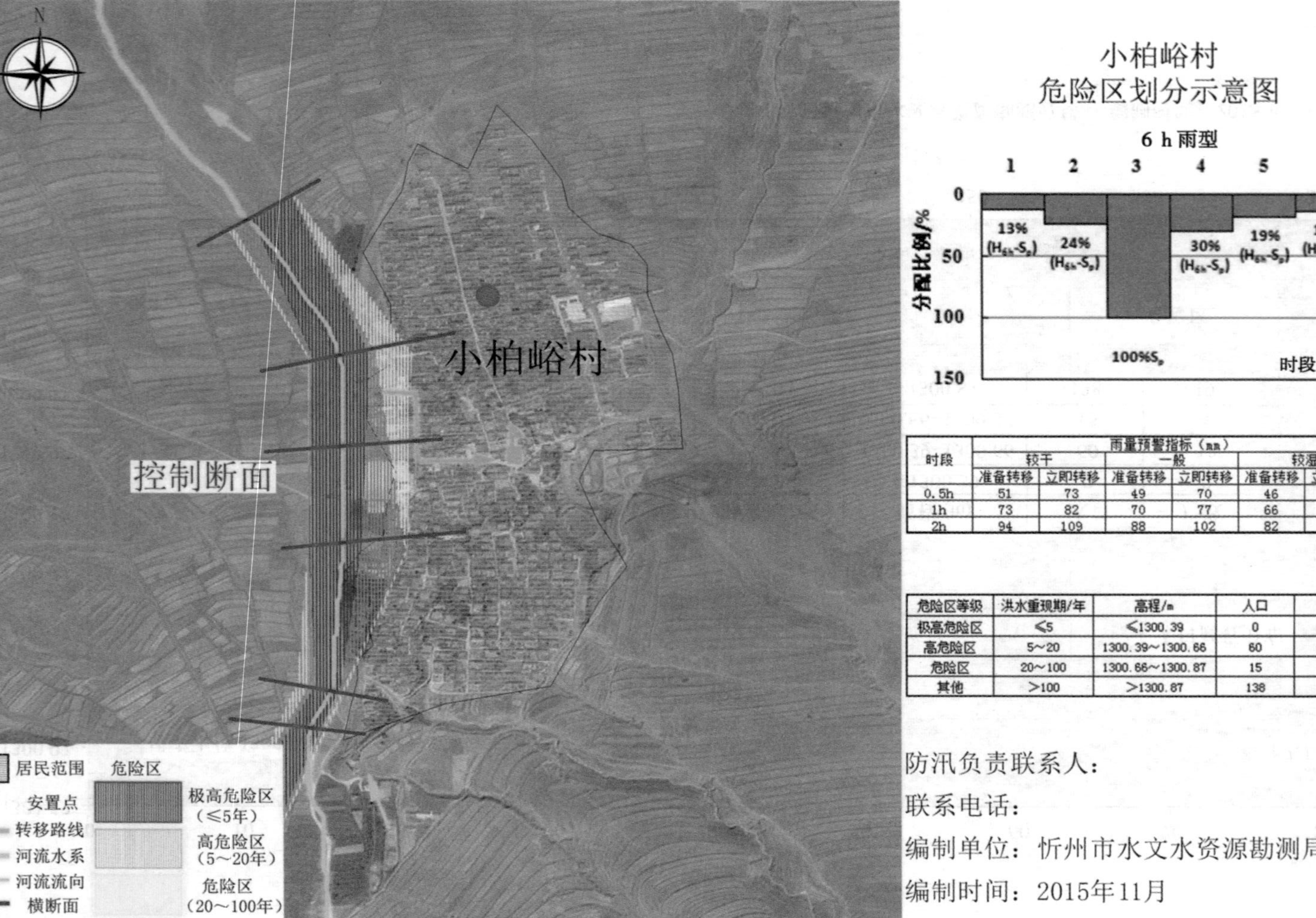

时段	雨量预警指标（mm）					
	较干		一般		较湿	
	准备转移	立即转移	准备转移	立即转移	准备转移	立即转移
0.5h	51	73	49	70	46	66
1h	73	82	70	77	66	72
2h	94	109	88	102	82	94

危险区等级	洪水重现期/年	高程/m	人口	户数
极高危险区	≤5	≤1300.39	0	0
高危险区	5～20	1300.39～1300.66	60	12
危险区	20～100	1300.66～1300.87	15	4
其他	>100	>1300.87	138	19

防汛负责联系人：

联系电话：

编制单位：忻州市水文水资源勘测局

编制时间：2015年11月

宁武县 高崖上村 分析评价成果

行政区划代码	140925200234000	行政区划名称	高崖上村	小流域名称	
集水面积(km^2)	60.62	河长(km)	12.8	河道比降(‰)	32.7	糙率	

一、设计暴雨成果

历时	均值	变差系数	C_s/C_v	重现期雨量值(mm)				
				100 年	50 年	20 年	10 年	5 年
10 min	10.5	0.51	3.5	23	21	18	15	12
60 min	21.6	0.55	3.5	46	41	35	30	24
6 h	31.9	0.5	3.5	91	81	68	58	47
24 h	47.3	0.4	3.5	152	136	114	97	79
3 d	57.1	0.4	3.5	227	202	170	145	119

二、设计洪水成果

洪水要素	重现期洪水要素值				
	100 年	50 年	20 年	10 年	5 年
洪峰流量(m^3/s)	198	136	75	41	21
洪量(万 m^3)	142	105	64	40	23
洪水历时(h)	8.0	7.5	7.5	7.5	7.5
洪峰水位(m)	1 213.46	1 213.28	1 213.06	1 212.87	1 212.70

三、防洪现状评价

防洪能力(年)	17	成灾水位(m)	1 213.02
该村控制断面水位—流量—人口关系等防洪现状评价成果详见防洪现状评价图			

四、预警指标成果

计算方法	流域模型法	预警时段(h)	0.5、1、2、2.5	流域前期持水度 B_0	0、0.3、0.6
该村雨量预警指标详见危险区划分示意图					

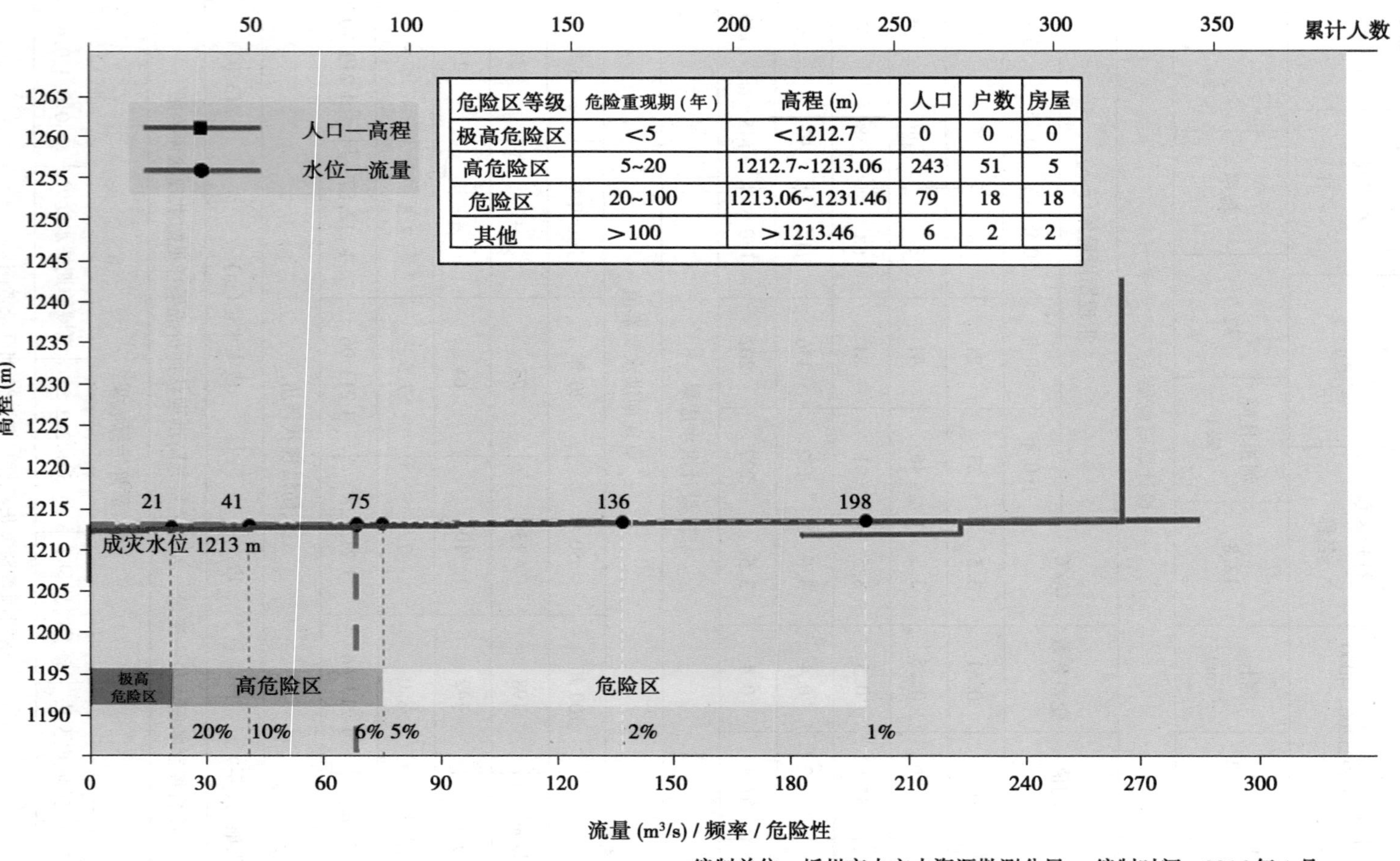

危险区等级	危险重现期（年）	高程 (m)	人口	户数	房屋
极高危险区	<5	<1212.7	0	0	0
高危险区	5~20	1212.7~1213.06	243	51	5
危险区	20~100	1213.06~1231.46	79	18	18
其他	>100	>1213.46	6	2	2

高崖上村防洪现状评价图

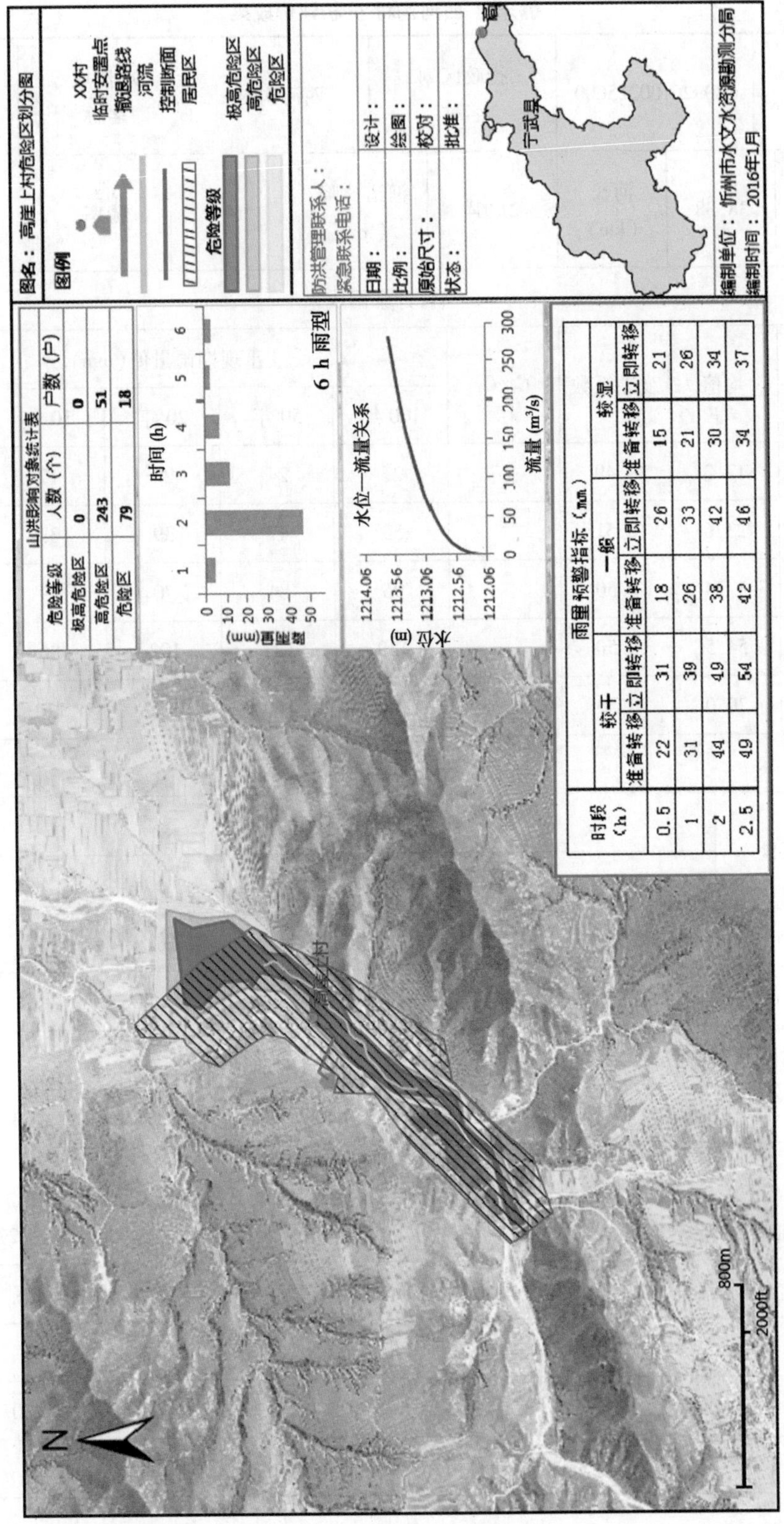

危险等级	人数（个）	户数（户）
极高危险区	0	0
高危险区	243	51
危险区	79	18

时段（h）	雨量预警指标（mm）					
	较干		一般		较湿	
	准备转移	立即转移	准备转移	立即转移	准备转移	立即转移
0.5	22	31	18	26	15	21
1	31	39	26	33	21	26
2	44	49	38	42	30	34
2.5	49	54	42	46	34	37

静乐县 西河沟村 分析评价成果

行政区划代码	140926100225000	行政区划名称	西河沟村	小流域名称	西河沟

集水面积(km^2)	38.38	河长(km)	21.64	河道比降(‰)	14	糙率	0.035

一、设计暴雨成果

历时	均值	变差系数	C_s/C_v	重现期雨量值(mm)				
				100 年	50 年	20 年	10 年	5 年
10 min	12.3	0.49		27	24	20	17	14
60 min	23.6	0.51		53	47	39	33	26
6 h	37.4	0.50		95	84	70	59	47
24 h	54.5	0.50		139	123	102	86	69
3 d	70.0	0.50		180	160	132	112	90

二、设计洪水成果

洪水要素	重现期洪水要素值				
	100 年	50 年	20 年	10 年	5 年
洪峰流量(m^3/s)	355	289	205	139	84.0
洪量(万 m^3)	219	173	117	80	52
洪水历时(h)	8	7	6.5	6.5	6
洪峰水位(m)	1 227.67	1 227.51	1 227.28	1 227.06	1 226.82

三、防洪现状评价

防洪能力(年)	34	成灾水位(m)	1 227.4

该村控制断面水位—流量—人口关系等防洪现状评价成果详见防洪现状评价图

四、预警指标成果

计算方法	流域模型法	预警时段(h)	0.5、1、1.5	流域前期持水度 B_0	0、0.3、0.6

该村雨量预警指标详见危险区划分示意图

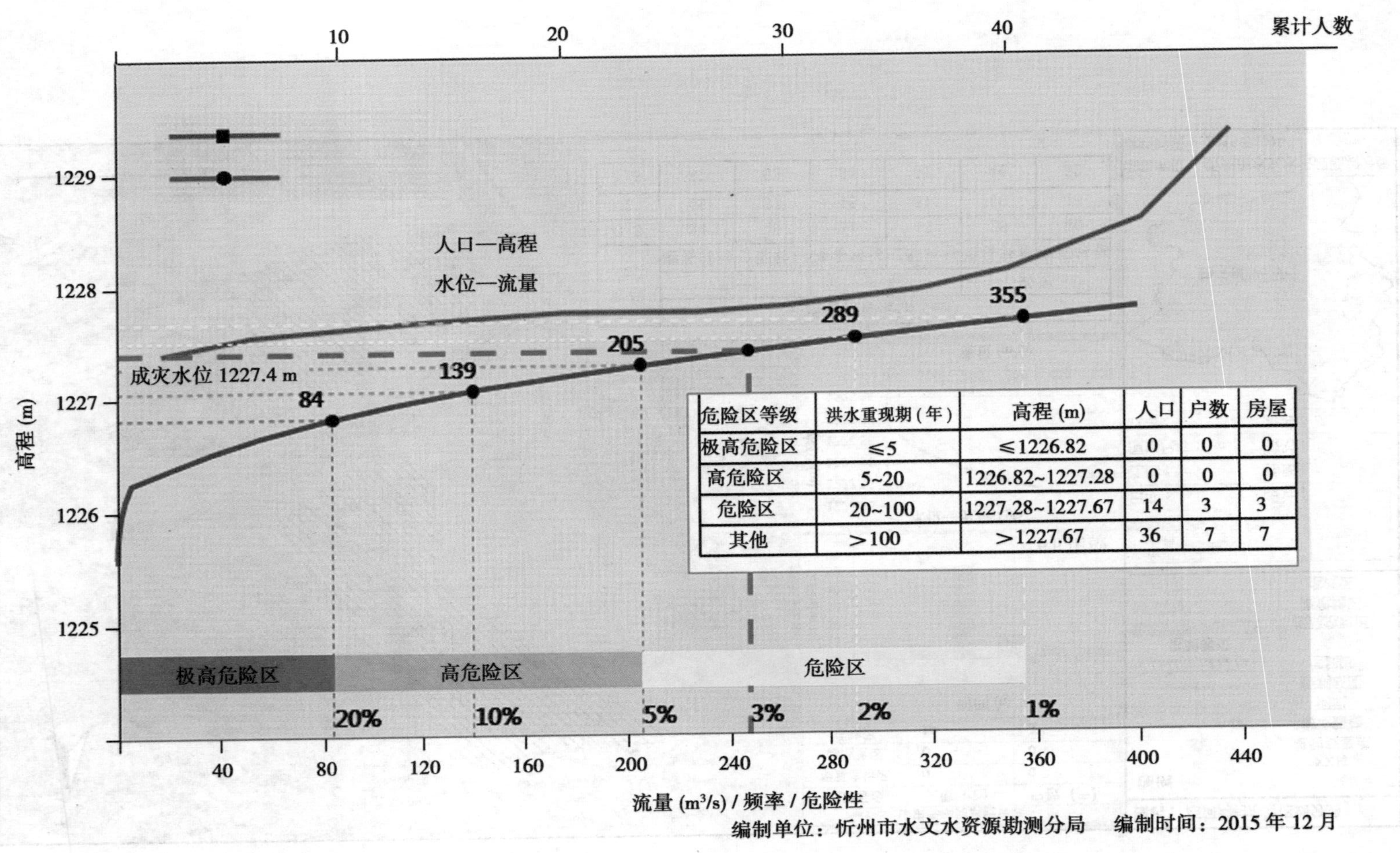

危险区等级	洪水重现期(年)	高程 (m)	人口	户数	房屋
极高危险区	≤5	≤1226.82	0	0	0
高危险区	5~20	1226.82~1227.28	0	0	0
危险区	20~100	1227.28~1227.67	14	3	3
其他	＞100	＞1227.67	36	7	7

西河沟村防洪现状评价图

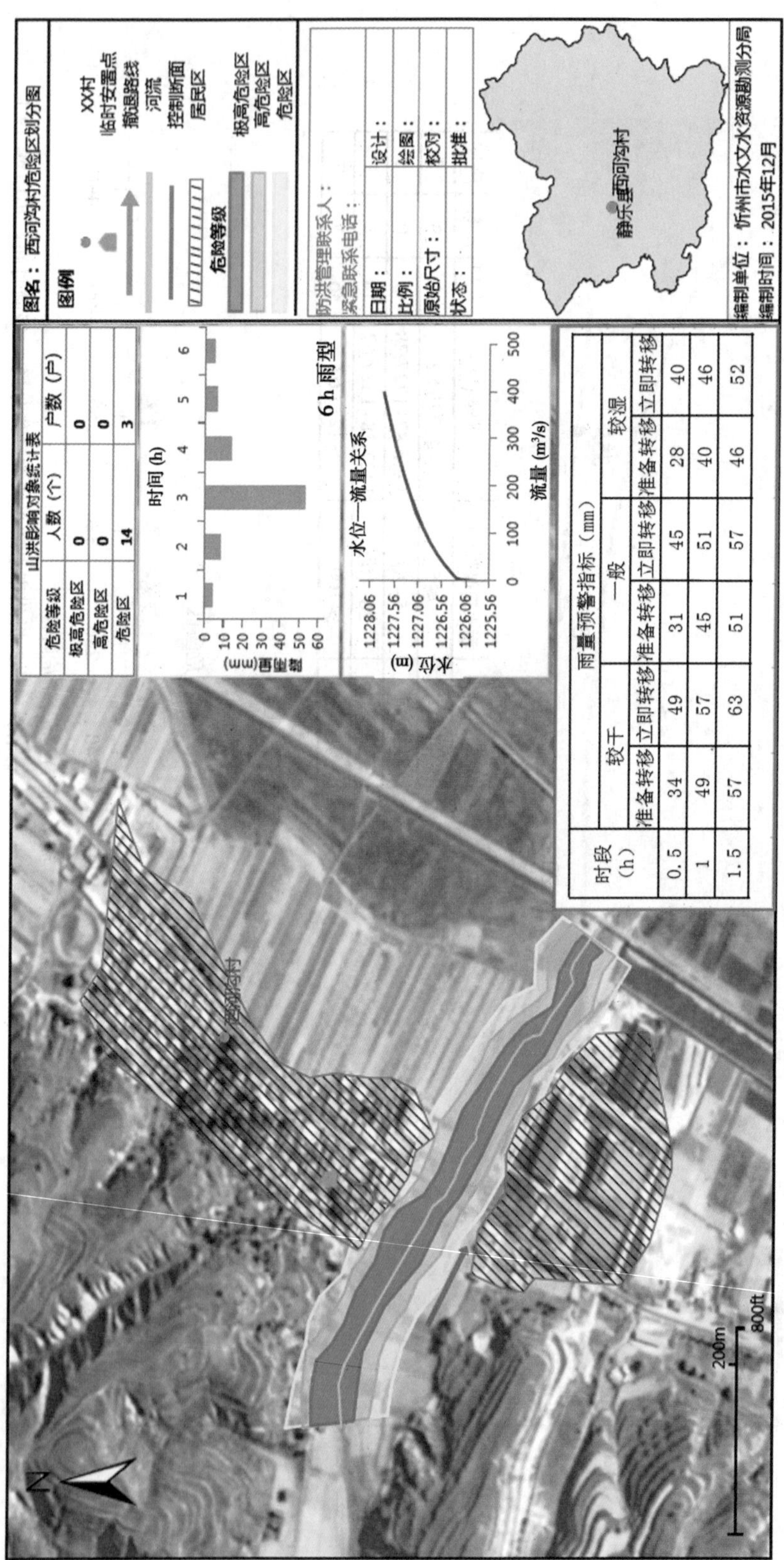

山洪影响对象统计表

危险等级	人数（个）	户数（户）
极高危险区	0	0
高危险区	0	0
危险区	14	3

雨量预警指标（mm）

时段（h）	较干		一般		较湿	
	准备转移	立即转移	准备转移	立即转移	准备转移	立即转移
0.5	34	49	31	45	28	40
1	49	57	45	51	40	46
1.5	57	63	51	57	46	52

神池县 板井村 分析评价成果

行政区划代码	140927201213000	行政区划名称	板井村	小流域名称	板井沟

集水面积(km^2)	19.41	河长(km)	12.01	河道比降(‰)	59	糙率	0.026

一、设计暴雨成果

历时	均值	变差系数	C_s/C_v	重现期雨量值(mm)				
				100 年	50 年	20 年	10 年	5 年
10 min	11.0	0.45	3.5	24	22	18	16	12
60 min	22.3	0.48	3.5	47	42	34	29	23
6 h	30.0	0.50	3.5	82	73	61	50	41
24 h	50.0	0.46	3.5	117	104	88	74	61
3 d	67.0	0.45	3.5	146	131	112	98	82

二、设计洪水成果

洪水要素	重现期洪水要素值				
	100 年	50 年	20 年	10 年	5 年
洪峰流量(m^3/s)	32	22	13	7	4
洪量(万 m^3)	38	29	18	11	7
洪水历时(h)	9.0	8.5	8.0	7.5	6.5
洪峰水位(m)	1 615.99	1 615.93	1 615.85	1 615.77	1 615.71

三、防洪现状评价

防洪能力(年)	38	成灾水位(m)	1 615.9

该村控制断面水位—流量—人口关系等防洪现状评价成果详见防洪现状评价图

四、预警指标成果

计算方法	流域模型法	预警时段(h)	0.5、1、2、3、4	流域前期持水度 B_0	0、0.3、0.6

该村雨量预警指标详见危险区划分示意图

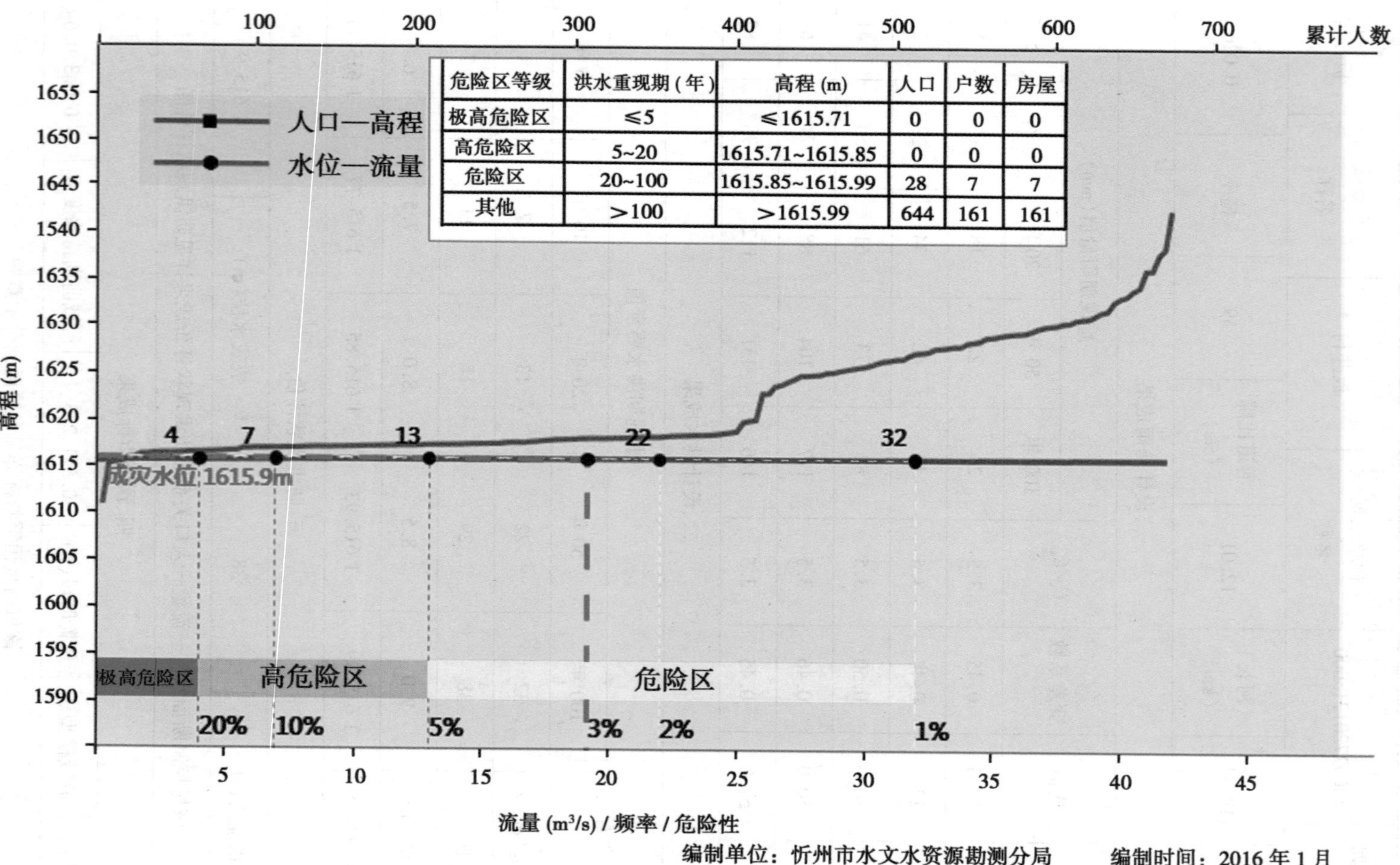

危险区等级	洪水重现期（年）	高程 (m)	人口	户数	房屋
极高危险区	≤5	≤1615.71	0	0	0
高危险区	5~20	1615.71~1615.85	0	0	0
危险区	20~100	1615.85~1615.99	28	7	7
其他	>100	>1615.99	644	161	161

板井村防洪现状评价图

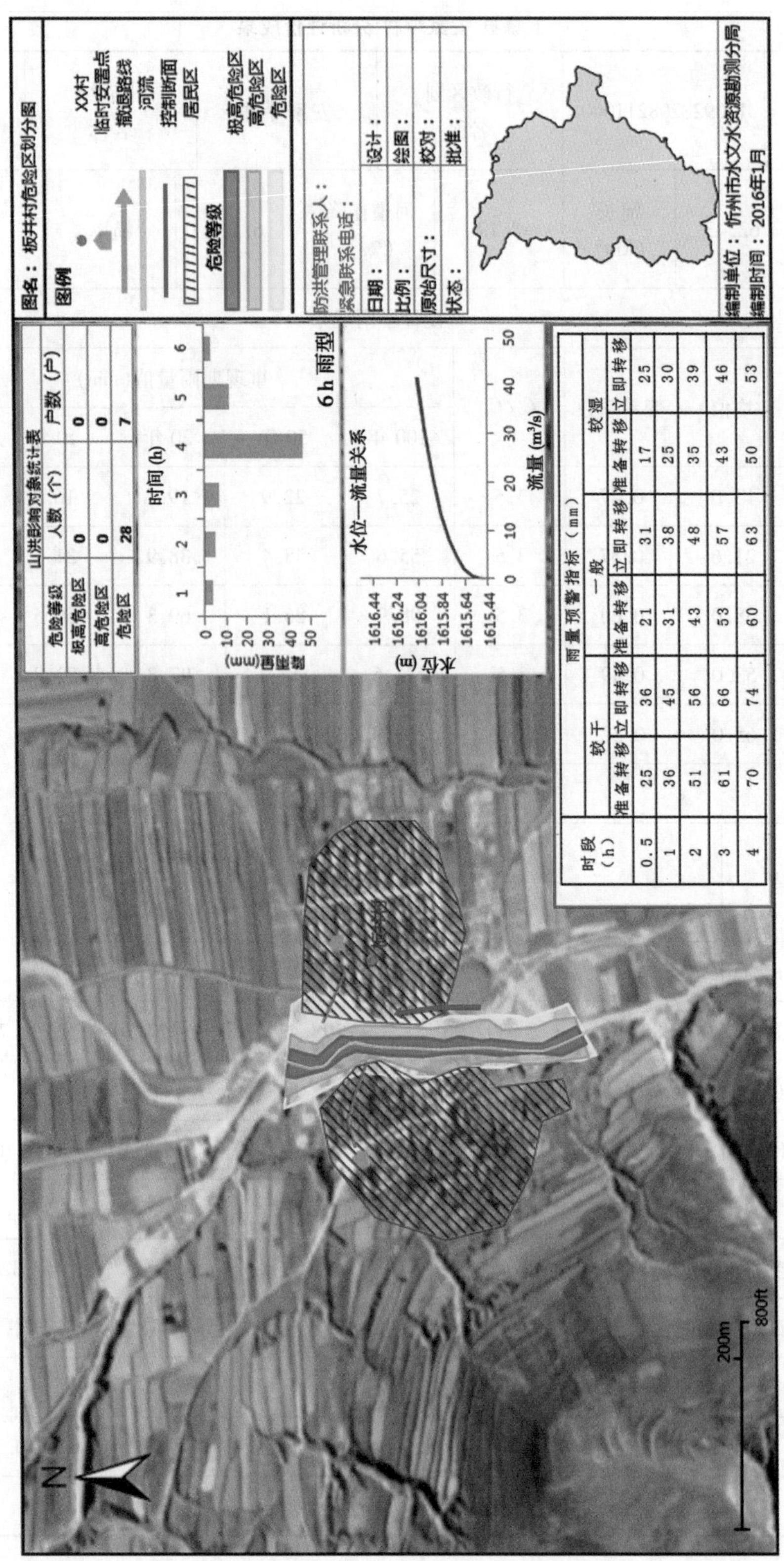
图名：板井村危险区划分图
图例
XX村
临时安置点
撤退路线
河流
控制断面
居民区
危险等级
极高危险区
高危险区
危险区
防洪管理联系人：
紧急联系电话：
日期：
设计：
比例：
绘图：
原始尺寸：
校对：
状态：
批准：
编制单位：忻州市水文水资源勘测分局
编制时间：2016年1月
山洪影响对象统计表
危险等级 人数（个） 户数（户）
极高危险区 0 0
高危险区 0 0
危险区 28 7
降雨量(mm)
时间(h)
6h 雨型
水位—流量关系
水位(m)
流量(m³/s)
雨量预警指标（mm）
时段（h） 较干 一般 较湿
准备转移 立即转移 准备转移 立即转移 准备转移 立即转移
0.5 25 36 21 31 17 25
1 36 45 31 38 25 30
2 51 56 43 48 35 39
3 61 66 53 57 43 46
4 70 74 60 63 50 53
N
200m
800ft

五寨县 安家坪村 分析评价成果

行政区划代码	140928208211000	行政区划名称	安家坪村	小流域名称	鹿角河

集水面积(km^2)	62.43	河长(km)	8.19	河道比降(‰)	6.11	糙率	0.027

一、设计暴雨成果

历时	均值	变差系数	C_s/C_v	重现期雨量值(mm)				
				100 年	50 年	20 年	10 年	5 年
10 min	13.0	0.47	3.5	25.7	22.9	19.1	16.2	13.2
60 min	21.6	0.57	3.5	55.6	48.4	38.9	31.7	24.4
6 h	38.0	0.60	3.5	98.9	86.1	69.3	56.5	43.8
24 h	53.0	0.49	3.5	131.5	117.1	97.8	82.8	67.3
3 d	65.0	0.52	3.5	168.9	149.4	123.2	103.1	82.6

二、设计洪水成果

洪水要素	重现期洪水要素值				
	100 年	50 年	20 年	10 年	5 年
洪峰流量(m^3/s)	911	752	540	367	207
洪量(万 m^3)	389.79	302.96	198.42	127.70	75.32
洪水历时(h)	5.0	5.0	4.0	4.0	4.5
洪峰水位(m)	1 323	1 323	1 322	1 321	1 320

三、防洪现状评价

防洪能力(年)	7.5	成灾水位(m)	1 321

该村控制断面水位—流量—人口关系等防洪现状评价成果详见防洪现状评价图

四、预警指标成果

计算方法	流域模型法	预警时段(h)	0.5、1	流域前期持水度 B_0	0、0.3、0.6

该村雨量预警指标详见危险区划分示意图

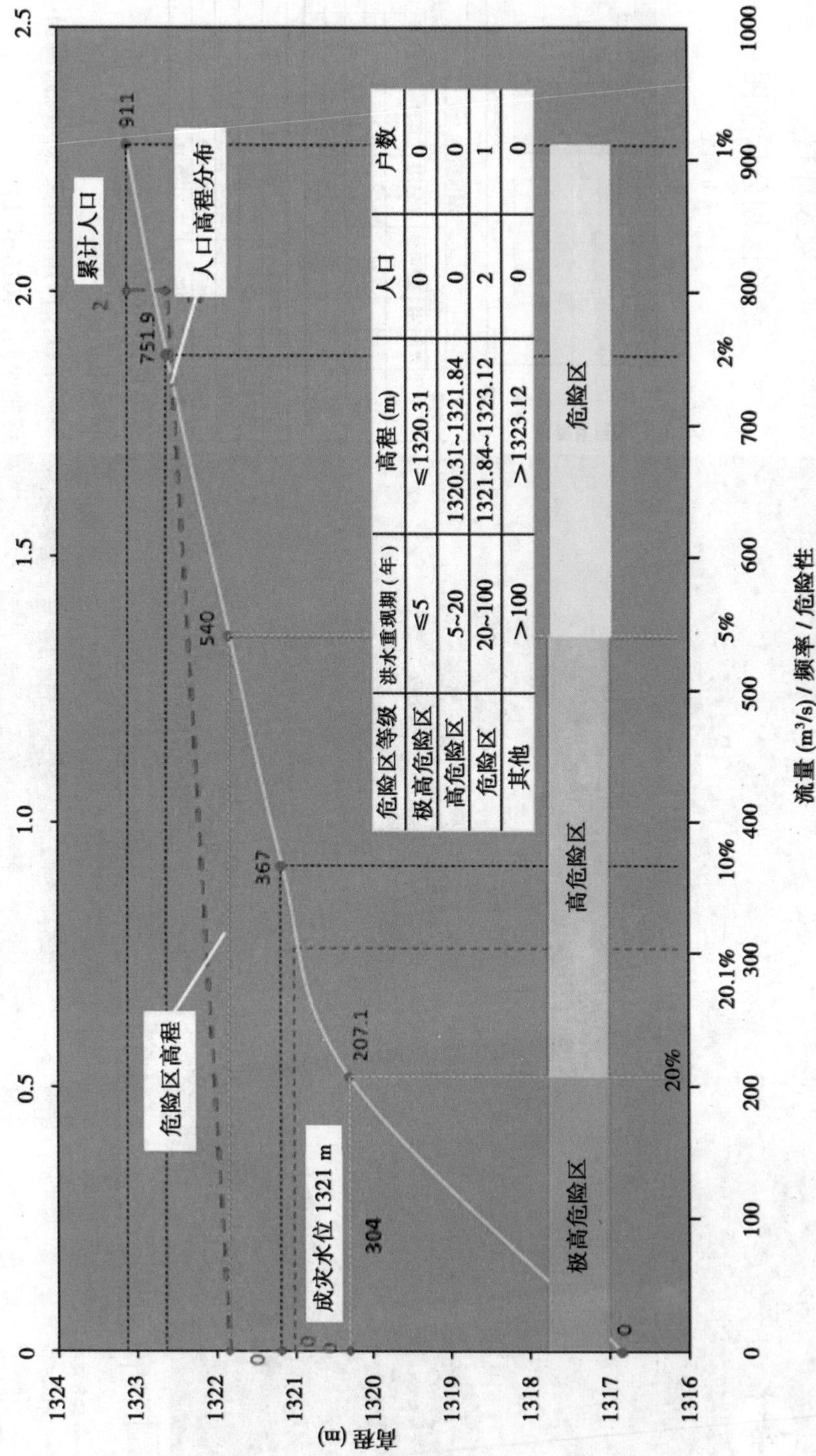

危险区等级	洪水重现期（年）	高程 (m)	人口	户数
极高危险区	≤5	≤1320.31	0	0
高危险区	5~20	1320.31~1321.84	0	0
危险区	20~100	1321.84~1323.12	2	1
其他	＞100	＞1323.12	0	0

安家坪村防洪现状评价图

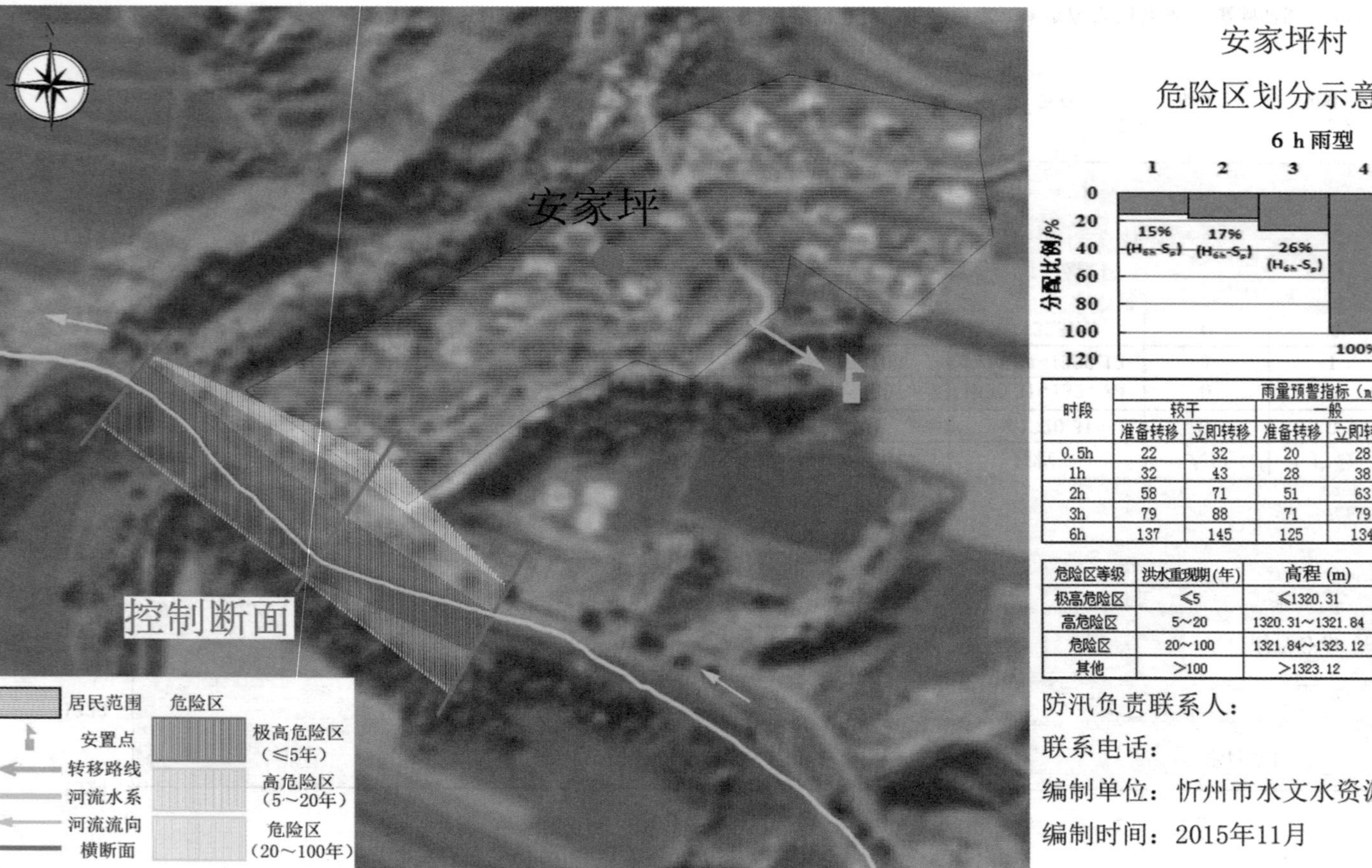

安家坪村

危险区划分示意图

6 h雨型

时段	雨量预警指标（mm）					
	较干		一般		较湿	
	准备转移	立即转移	准备转移	立即转移	准备转移	立即转移
0.5h	22	32	20	28	17	24
1h	32	43	28	38	24	32
2h	58	71	51	63	44	55
3h	79	88	71	79	63	70
6h	137	145	125	134	113	122

危险区等级	洪水重现期(年)	高程 (m)	人口	户数
极高危险区	≤5	≤1320.31	0	0
高危险区	5～20	1320.31～1321.84	0	0
危险区	20～100	1321.84～1323.12	2	1
其他	＞100	＞1323.12	0	0

防汛负责联系人：

联系电话：

编制单位：忻州市水文水资源勘测局

编制时间：2015年11月

岢岚县 水峪贯村 分析评价成果

行政区划代码	140929203209000	行政区划名称	水峪贯村	小流域名称	马家河

集水面积（km^2）	156.2	河长（km）	17.43	河道比降（‰）	22.95	糙率	0.027

一、设计暴雨成果

历时	均值	变差系数	C_s/C_v	重现期雨量值(mm)				
				100 年	50 年	20 年	10 年	5 年
10 min	11.5	0.58	3.5	25.0	21.8	17.5	14.2	11.0
60 min	23.8	0.57	3.5	51.4	45.4	37.3	31.0	24.7
6 h	44.0	0.45	3.5	93.4	83.4	69.9	59.3	48.3
24 h	60.0	0.48	3.5	134.9	121.3	102.8	88.3	73.1
3 d	67.0	0.45	3.5	149.6	134.6	114.3	98.4	81.8

二、设计洪水成果

洪水要素	重现期洪水要素值				
	100 年	50 年	20 年	10 年	5 年
洪峰流量(m^3/s)	1 747	1 438	1 037	730	460
洪量(万 m^3)	845.70	675.40	467.47	321.71	209.73
洪水历时(h)	6	6	5	5	5
洪峰水位(m)	1 214.18	1 213.98	1 213.66	1 213.24	1 212.62

三、防洪现状评价

防洪能力(年)	12	成灾水位(m)	1 213.39

该村控制断面水位—流量—人口关系等防洪现状评价成果详见防洪现状评价图

四、预警指标成果

计算方法	流域模型法	预警时段(h)	0.5、1	流域前期持水度 B_0	0、0.3、0.6

该村雨量预警指标详见危险区划分示意图

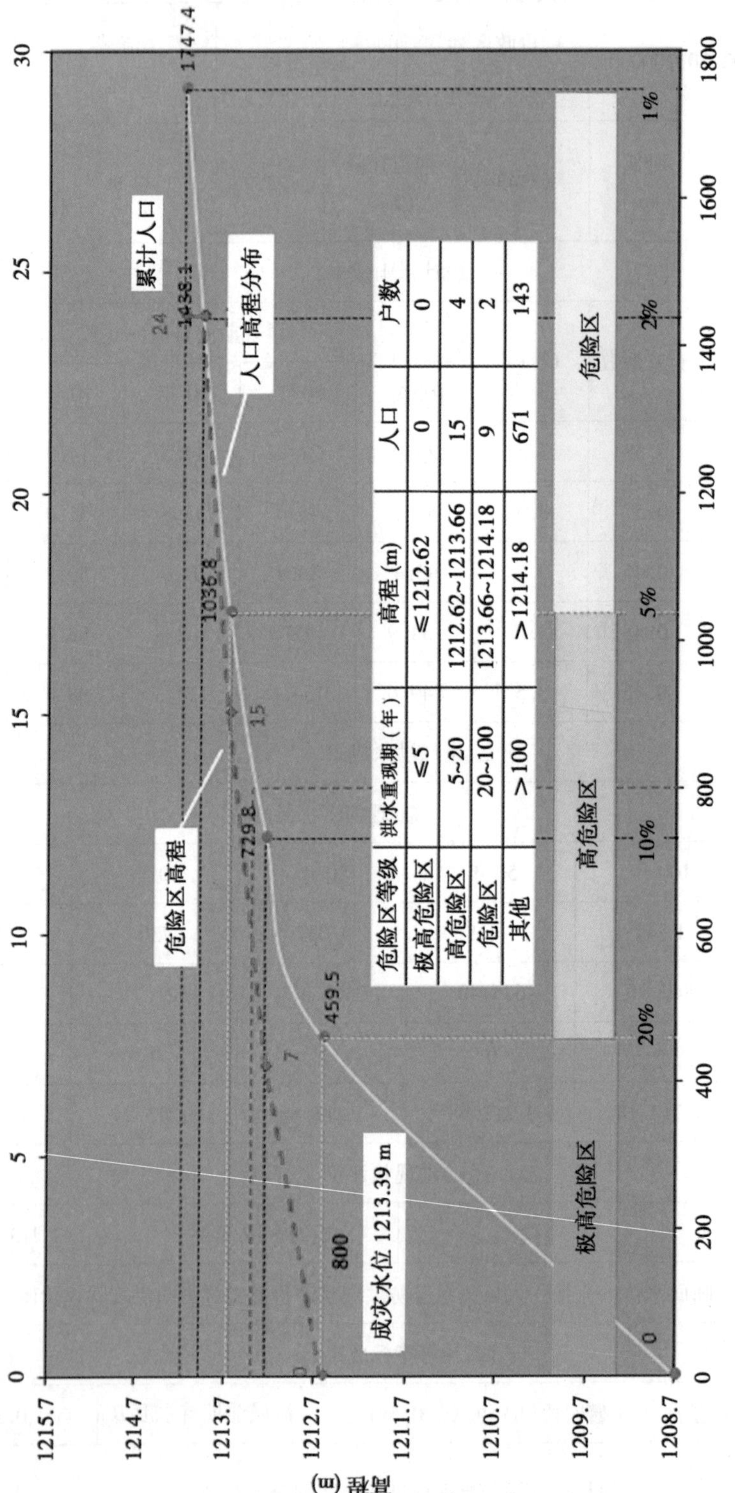

危险区等级	洪水重现期（年）	高程 (m)	人口	户数
极高危险区	≤5	≤1212.62	0	0
高危险区	5~20	1212.62~1213.66	15	4
危险区	20~100	1213.66~1214.18	9	2
其他	>100	>1214.18	671	143

水峪贯村防洪现状评价图

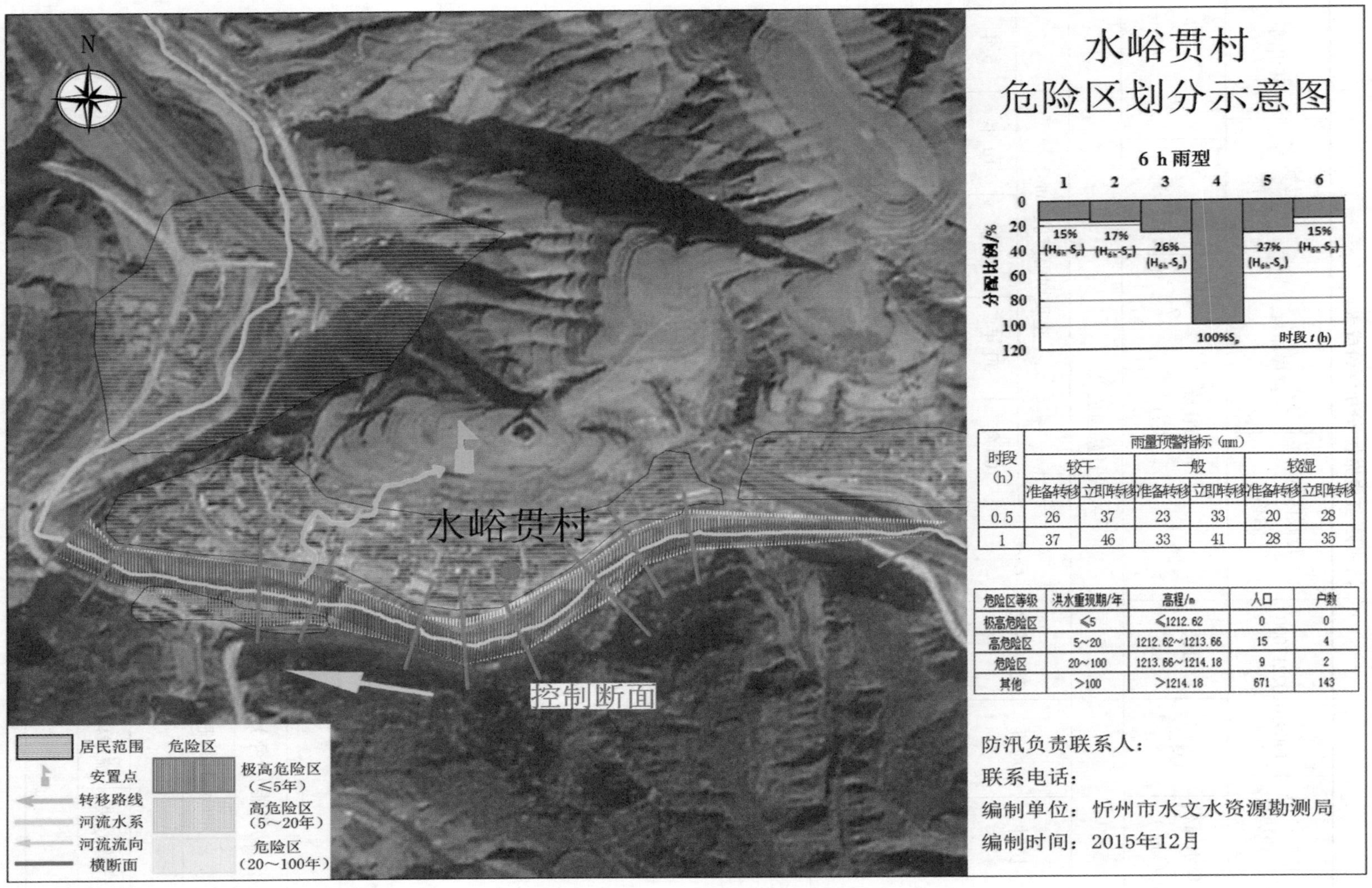
水峪贯村
危险区划分示意图
6 h雨型
分配比例/%
时段 t (h)
15% (H_{6h}-S_p)
17% (H_{6h}-S_p)
26% (H_{6h}-S_p)
100%S_p
27% (H_{6h}-S_p)
15% (H_{6h}-S_p)

时段(h)	雨量预警指标（mm）					
	较干		一般		较湿	
	准备转移	立即转移	准备转移	立即转移	准备转移	立即转移
0.5	26	37	23	33	20	28
1	37	46	33	41	28	35

危险区等级	洪水重现期/年	高程/m	人口	户数
极高危险区	≤5	≤1212.62	0	0
高危险区	5~20	1212.62~1213.66	15	4
危险区	20~100	1213.66~1214.18	9	2
其他	>100	>1214.18	671	143

防汛负责联系人：
联系电话：
编制单位：忻州市水文水资源勘测局
编制时间：2015年12月
N
水峪贯村
控制断面
居民范围
危险区
安置点
转移路线
河流水系
河流流向
横断面
极高危险区（≤5年）
高危险区（5～20年）
危险区（20～100年）

河曲县 红崖峁村 分析评价成果

行政区划代码	140930202217000	行政区划名称	红崖峁村	小流域名称	县川河

集水面积（km^2）	324.5	河长（km）	36.1	河道比降（‰）	7	糙率	

一、设计暴雨成果

历时	均值	变差系数	C_s/C_v	重现期雨量值(mm)				
				100 年	50 年	20 年	10 年	5 年
10 min	11.0	0.53	3.5	28	24	20	16	13
60 min	22.8	0.53	3.5	59	52	42	35	27
6 h	38.4	0.60	3.5	110	97	79	64	50
24 h	54.7	0.59	3.5	162	141	114	93	72
3 d	66.0	0.58	3.5	203	176	142	117	90

二、设计洪水成果

洪水要素	重现期洪水要素值				
	100 年	50 年	20 年	10 年	5 年
洪峰流量(m^3/s)	2 124	1 722	1 185	814	468
洪量(万 m^3)	1 622	1 259	817	545	337
洪水历时(h)	11.5	10.0	9.0	9.5	9.0
洪峰水位(m)	1 114.99	1 114.48	1 113.68	1 112.96	1 111.98

三、防洪现状评价

防洪能力(年)	51	成灾水位(m)	1 114.5

该村控制断面水位—流量—人口关系等防洪现状评价成果详见防洪现状评价图

四、预警指标成果

计算方法	流域模型法	预警时段(h)	0.5、1	流域前期持水度 B_0	0、0.3、0.6

该村雨量预警指标详见危险区划分示意图

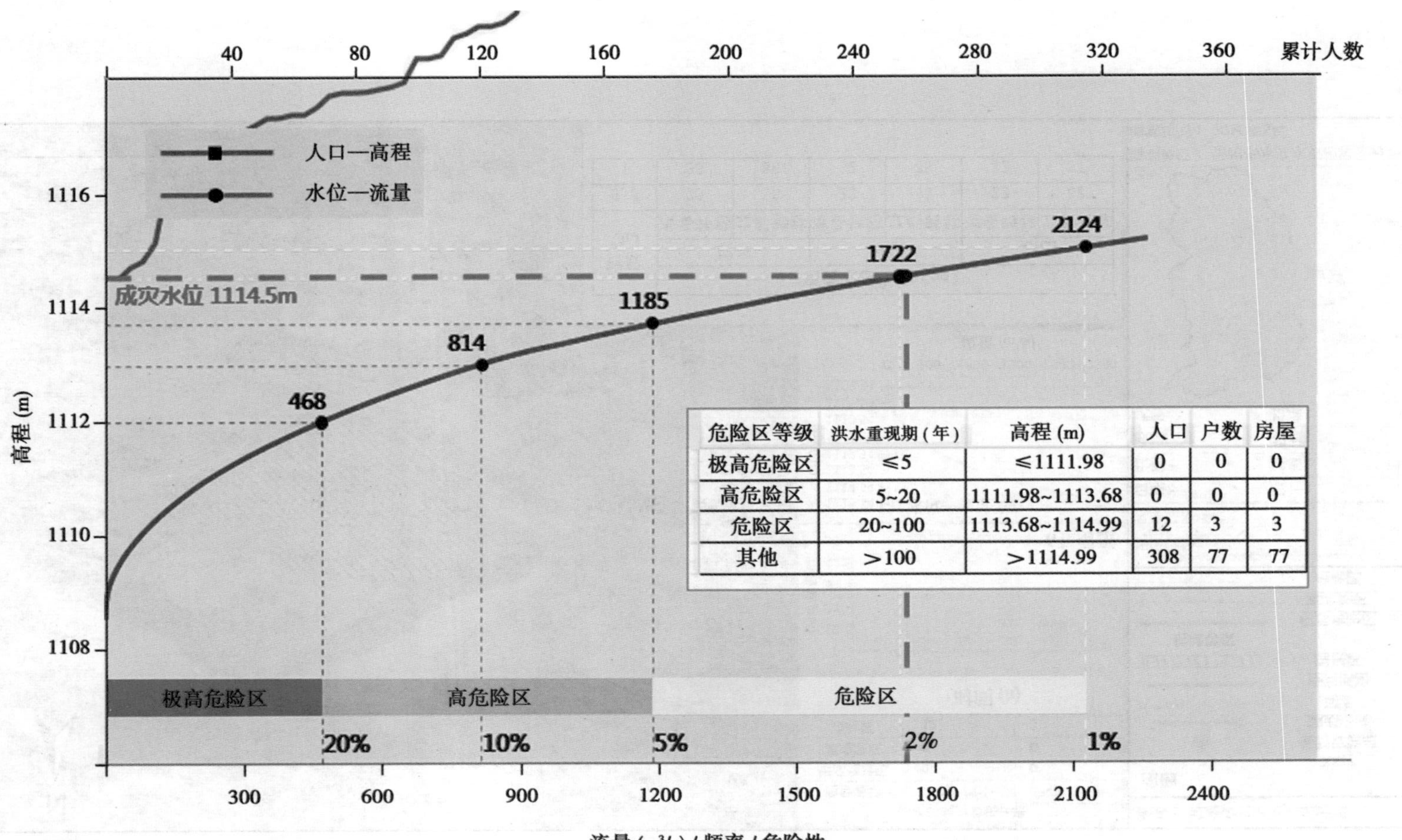

危险区等级	洪水重现期（年）	高程 (m)	人口	户数	房屋
极高危险区	≤5	≤1111.98	0	0	0
高危险区	5~20	1111.98~1113.68	0	0	0
危险区	20~100	1113.68~1114.99	12	3	3
其他	>100	>1114.99	308	77	77

红崖峁村防洪现状评价图

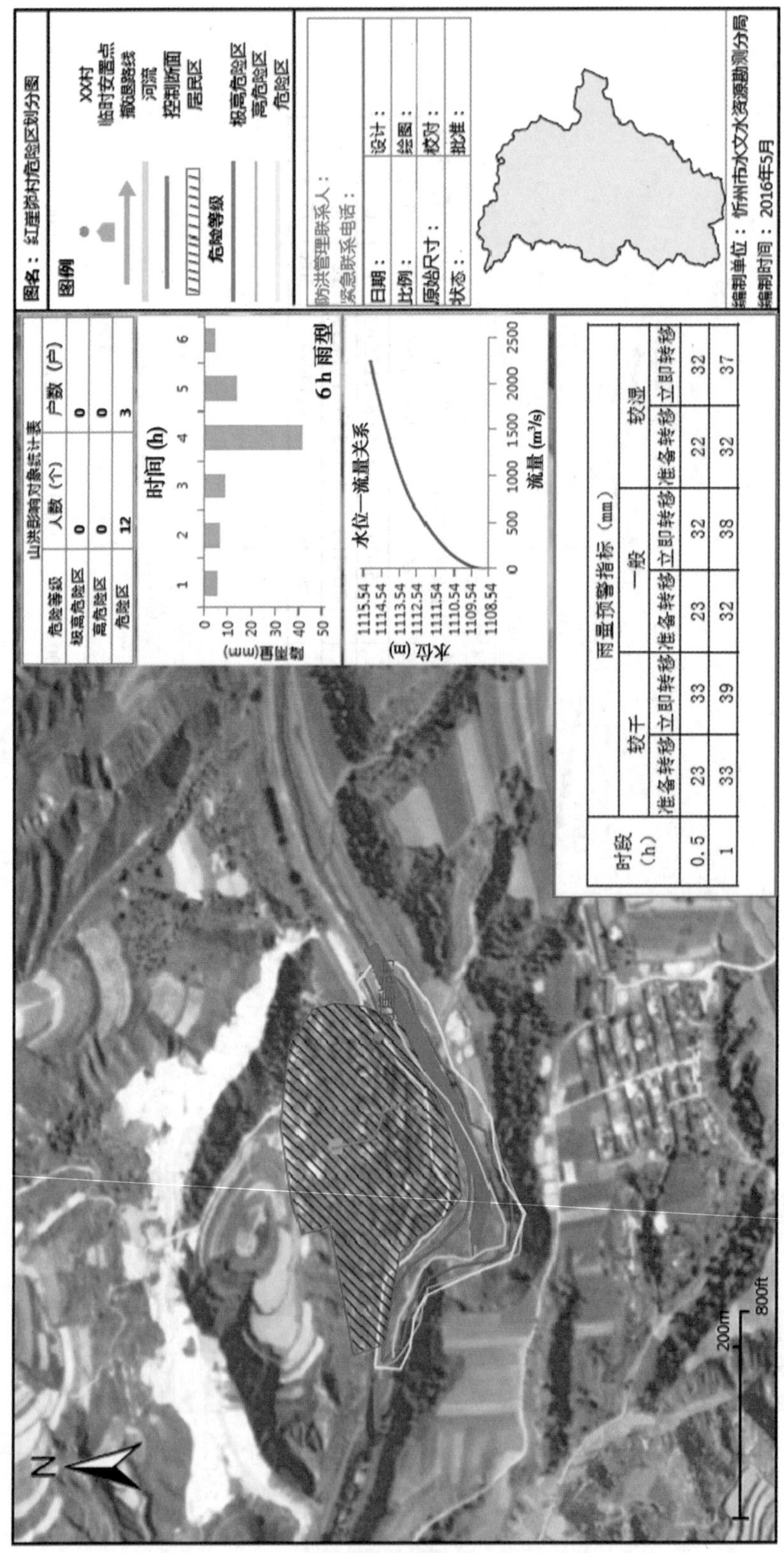

危险等级	人数（个）	户数（户）
极高危险区	0	0
高危险区	0	0
危险区	12	3

雨量预警指标（mm）

时段（h）	较干		一般		较湿	
	准备转移	立即转移	准备转移	立即转移	准备转移	立即转移
0.5	23	33	23	32	22	32
1	33	39	32	38	32	37

保德县 武家沟村 分析评价成果

行政区划代码	140931203205000	行政区划名称	武家沟村	小流域名称	武家沟河

集水面积(km^2)	14.8	河长(km)	7.02	河道比降(‰)	24.87	糙率	

一、设计暴雨成果

历时	均值	变差系数	C_s/C_v	重现期雨量值(mm)				
				100年	50年	20年	10年	5年
10 min	11.7	0.59	3.5	32.3	28.0	22.2	17.9	13.7
60 min	25.2	0.61	3.5	70.1	60.7	48.3	39.0	29.7
6 h	42.3	0.57	3.5	122.3	106.4	85.3	69.4	53.5
24 h	55.8	0.56	3.5	157.3	137.9	112.0	92.4	72.5
3 d	67.3	0.56	3.5	193.1	169.0	136.9	112.6	88.1

二、设计洪水成果

洪水要素	重现期洪水要素值				
	100年	50年	20年	10年	5年
洪峰流量(m^3/s)	163	137	103	76.7	51.6
洪量(万m^3)	55.66	44.36	30.39	20.58	12.78
洪水历时(h)	6.0	5.5	4.5	4.0	3.5
洪峰水位(m)	865.29	864.8	864.37	863.92	863.43

三、防洪现状评价

防洪能力(年)	8	成灾水位(m)	863.854

该村控制断面水位—流量—人口关系等防洪现状评价成果详见防洪现状评价图

四、预警指标成果

计算方法	流域模型法	预警时段(h)	0.5	流域前期持水度B_0	0、0.3、0.6

该村雨量预警指标详见危险区划分示意图

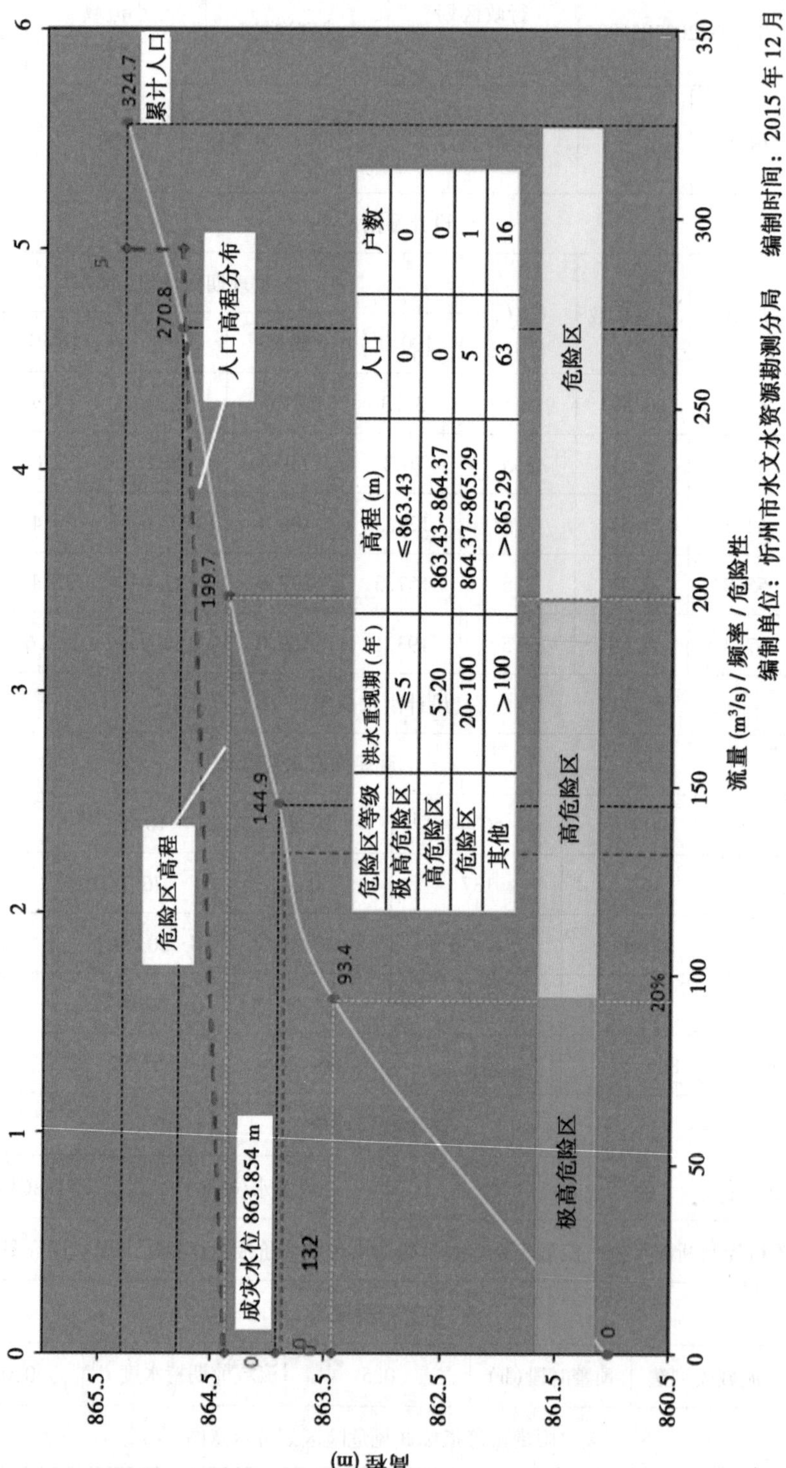

危险区等级	洪水重现期（年）	高程 (m)	人口	户数
极高危险区	≤5	≤863.43	0	0
高危险区	5~20	863.43~864.37	0	0
危险区	20~100	864.37~865.29	5	1
其他	>100	>865.29	63	16

武家沟村防洪现状评价图

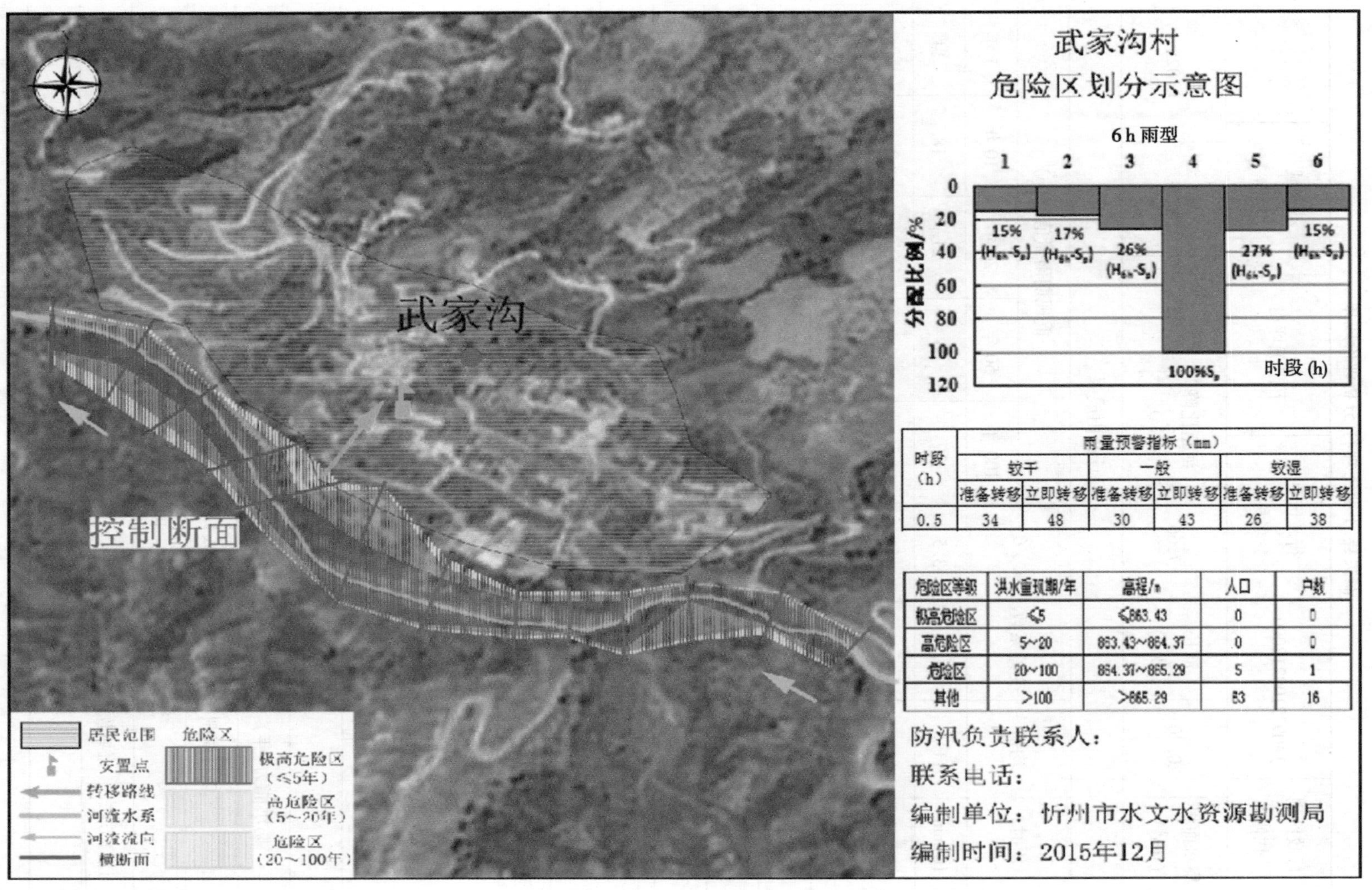
武家沟村
危险区划分示意图
6 h 雨型
分配比例/%
时段 (h)
15% (H_{6h}-S_p)
17% (H_{6h}-S_p)
26% (H_{6h}-S_p)
100%S_p
27% (H_{6h}-S_p)
15% (H_{6h}-S_p)
武家沟
控制断面
时段(h) | 雨量预警指标（mm） 较干 准备转移 | 较干 立即转移 | 一般 准备转移 | 一般 立即转移 | 较湿 准备转移 | 较湿 立即转移
0.5 | 34 | 48 | 30 | 43 | 26 | 38
危险区等级 | 洪水重现期/年 | 高程/m | 人口 | 户数
极高危险区 | ≤5 | ≤863.43 | 0 | 0
高危险区 | 5~20 | 863.43~864.37 | 0 | 0
危险区 | 20~100 | 864.37~865.29 | 5 | 1
其他 | >100 | >865.29 | 53 | 16
防汛负责联系人：
联系电话：
编制单位：忻州市水文水资源勘测局
编制时间：2015年12月
居民范围
危险区
安置点
极高危险区（≤5年）
转移路线
河流水系
高危险区（5~20年）
河流流向
危险区（20~100年）
横断面

偏关县 下窑王坪村 分析评价成果

行政区划代码	140932100212000	行政区划名称	下窑王坪村	小流域名称	

集水面积(km^2)	20.40	河长(km)	7.66	河道比降(‰)	25	糙率	0.025

一、设计暴雨成果

历时	均值	变差系数	C_s/C_v	重现期雨量值(mm)				
				100 年	50 年	20 年	10 年	5 年
10 min	11.3	0.51	3.5	29	26	21	18	14
60 min	23.0	0.55	3.5	61	54	44	37	29
6 h	40.9	0.50	3.5	108	96	78	65	52
24 h	55.0	0.50	3.5	149	131	108	90	72
3 d	69.5	0.45	3.5	174	154	128	108	86

二、设计洪水成果

洪水要素	重现期洪水要素值				
	100 年	50 年	20 年	10 年	5 年
洪峰流量(m^3/s)	348	292	218	159	103
洪量(万 m^3)	138	107	73	49	31
洪水历时(h)	5.5	5.0	3.5	3.0	3.0
洪峰水位(m)	1 071.26	1 071.11	1 070.88	1 070.68	1 070.43

三、防洪现状评价

防洪能力(年)	63	成灾水位(m)	1 071.2

该村控制断面水位—流量—人口关系等防洪现状评价成果详见防洪现状评价图

四、预警指标成果

计算方法	流域模型法	预警时段(h)	0.5、1	流域前期持水度 B_0	0、0.3、0.6

该村雨量预警指标详见危险区划分示意图

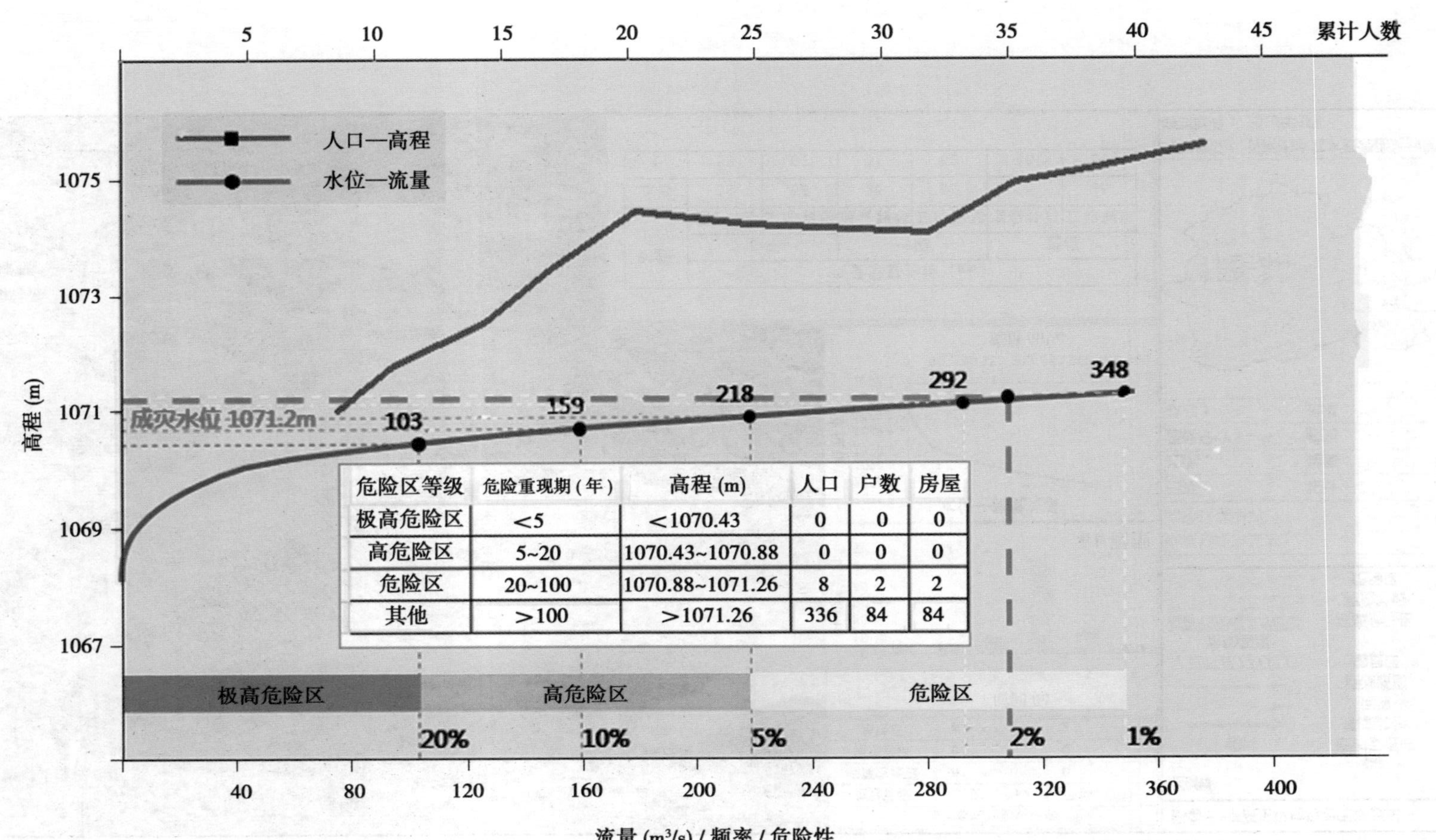

危险区等级	危险重现期（年）	高程 (m)	人口	户数	房屋
极高危险区	<5	<1070.43	0	0	0
高危险区	5~20	1070.43~1070.88	0	0	0
危险区	20~100	1070.88~1071.26	8	2	2
其他	>100	>1071.26	336	84	84

编制单位：忻州市水文水资源勘测分局　编制时间：2016 年 10 月

下窑王坪村防洪现状评价图

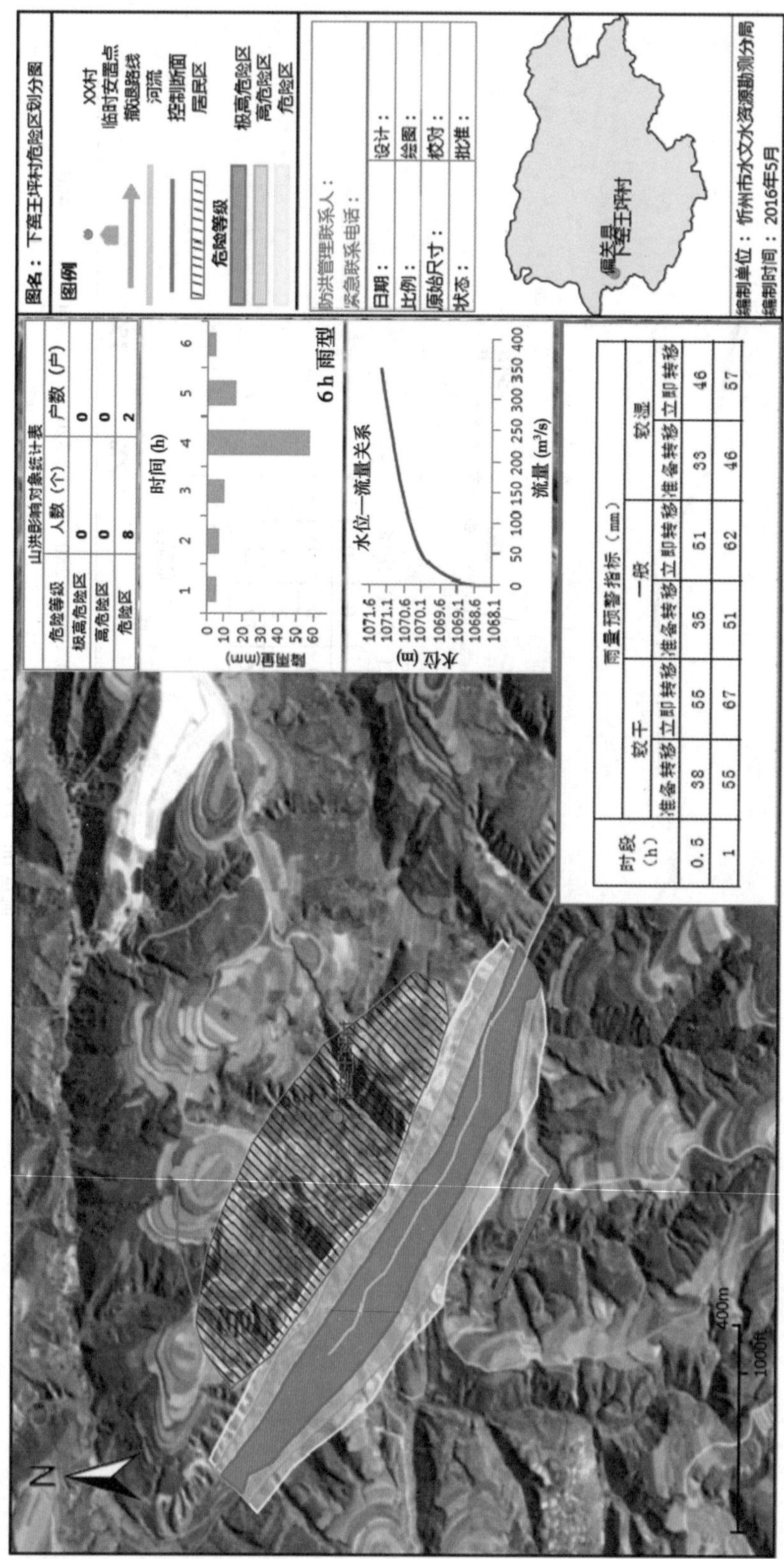

山洪影响对象统计表

危险等级	人数（个）	户数（户）
极高危险区	0	0
高危险区	0	0
危险区	8	2

雨量预警指标（mm）

时段（h）	较干		一般		较湿	
	准备转移	立即转移	准备转移	立即转移	准备转移	立即转移
0.5	38	55	35	51	33	46
1	55	67	51	62	46	57

原平市 漫坡村 分析评价成果

行政区划代码	140981210203000		行政区划名称		漫坡村	小流域名称		
集水面积(km^2)	32.21	河长(km)	9.58	河道比降(‰)	52.2	糙率	0.025	

一、设计暴雨成果

历时	均值	变差系数	C_s/C_v	重现期雨量值(mm)				
				100年	50年	20年	10年	5年
10 min	9.6	0.50	3.5	22.1	19.6	19.1	13.5	10.8
60 min	22.0	0.50	3.5	47.9	42.5	43.7	29.7	24.0
6 h	36.0	0.44	3.5	85.8	76.8	67.0	55.1	45.3
24 h	53.5	0.41	3.5	116.0	104.7	96.1	77.4	64.8
3 d	65.0	0.41	3.5	147.2	132.7	116.8	97.7	81.6

二、设计洪水成果

洪水要素	重现期洪水要素值				
	100年	50年	20年	10年	5年
洪峰流量(m^3/s)	118.81	86.08	51.07	30.56	17.40
洪量(万m^3)	81.20	62.35	40.91	27.09	17.27
洪水历时(h)	1.5	1.5	2.0	2.0	2.0
洪峰水位(m)	1 411.92	1 411.76	1 411.51	1 411.14	1 410.87

三、防洪现状评价

防洪能力(年)	5	成灾水位(m)	1 410.339
该村控制断面水位—流量—人口关系等防洪现状评价成果详见防洪现状评价图			

四、预警指标成果

计算方法	流域模型法	预警时段(h)	0.5	流域前期持水度 B_0	0、0.3、0.6
该村雨量预警指标详见危险区划分示意图					

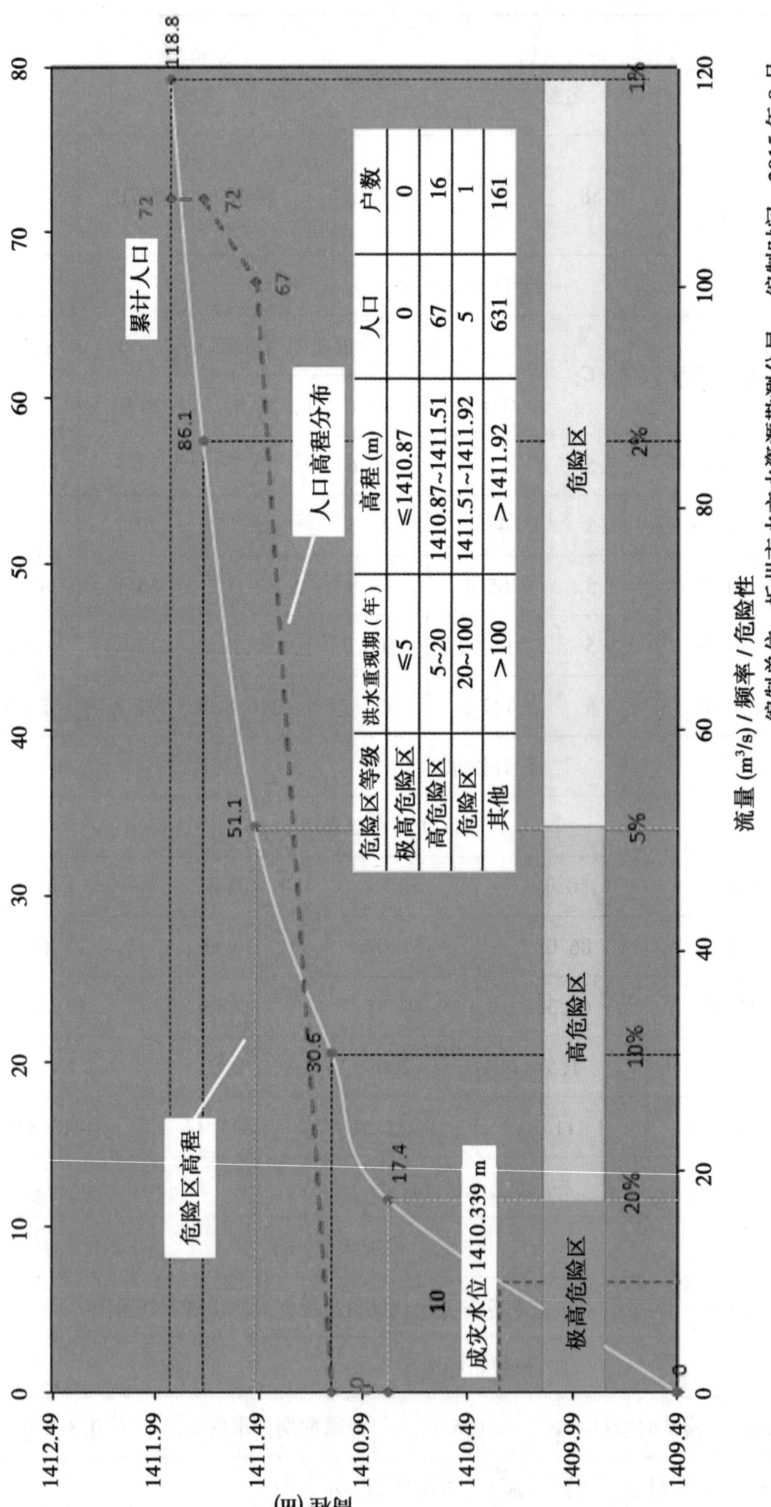

危险区等级	洪水重现期（年）	高程 (m)	人口	户数
极高危险区	≤5	≤1410.87	0	0
高危险区	5~20	1410.87~1411.51	67	16
危险区	20~100	1411.51~1411.92	5	1
其他	>100	>1411.92	631	161

漫坡村防洪现状评价图

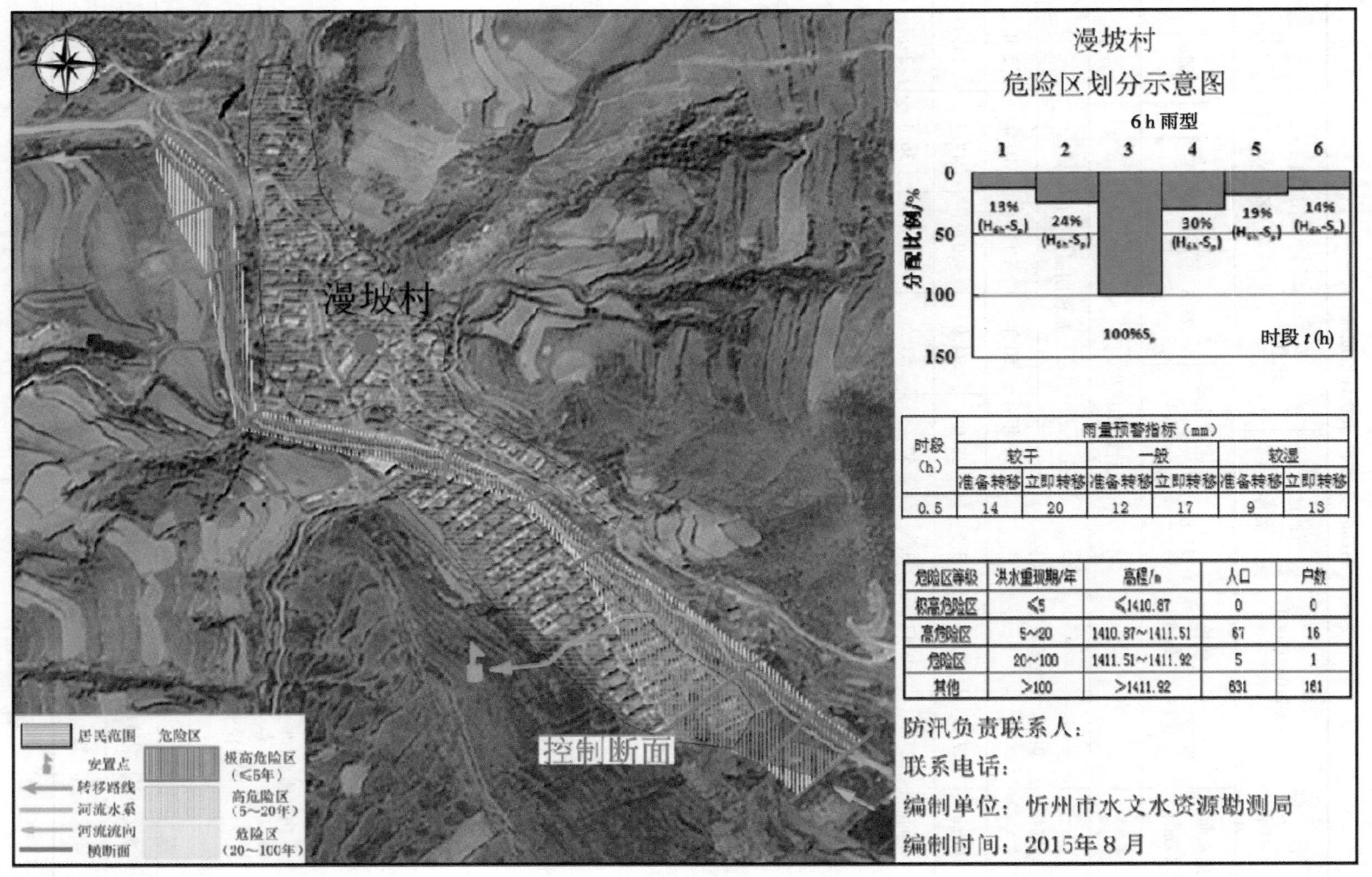

时段（h）	雨量预警指标（mm）					
	较干		一般		较湿	
	准备转移	立即转移	准备转移	立即转移	准备转移	立即转移
0.5	14	20	12	17	9	13

危险区等级	洪水重现期/年	高程/m	人口	户数
极高危险区	≤5	≤1410.87	0	0
高危险区	5~20	1410.87~1411.51	67	16
危险区	20~100	1411.51~1411.92	5	1
其他	>100	>1411.92	631	161

尧都区 永胜村 分析评价成果

行政区划代码	141002106215000	行政区划名称	永胜村	小流域名称	永胜村

集水面积(km^2)	39.13	河长(km)	24.8	河道比降(‰)	23.8	糙率	0.028

一、设计暴雨成果

历时	均值	变差系数	C_s/C_v	重现期雨量值(mm)				
				100 年	50 年	20 年	10 年	5 年
10 min	13.2	0.47	3.5	28.0	24.9	20.9	17.7	14.4
60 min	27.0	0.47	3.5	57.4	51.2	42.8	36.4	29.7
6 h	44.0	0.47	3.5	107.9	96.2	80.4	68.2	55.6
24 h	68.0	0.5	3.5	165.3	147.0	122.4	103.3	83.8
3 d	82.0	0.46	3.5	197.6	176.4	148.0	125.9	103.1

二、设计洪水成果

洪水要素	重现期洪水要素值				
	100 年	50 年	20 年	10 年	5 年
洪峰流量(m^3/s)	236	193	134	91.4	57.2
洪量(万 m^3)	270	214	148	103	69
洪水历时(h)	9.5	8.5	8.0	7.5	6.5
洪峰水位(m)	484.76	484.53	484.09	483.57	483.15

三、防洪现状评价

防洪能力(年)	16	成灾水位(m)	483.90
该村控制断面水位—流量—人口关系等防洪现状评价成果详见防洪现状评价图			

四、预警指标成果

计算方法	流域模型法	预警时段(h)	0.5、1、2	流域前期持水度 B_0	0、0.3、0.6
该村雨量预警指标详见危险区划分示意图					

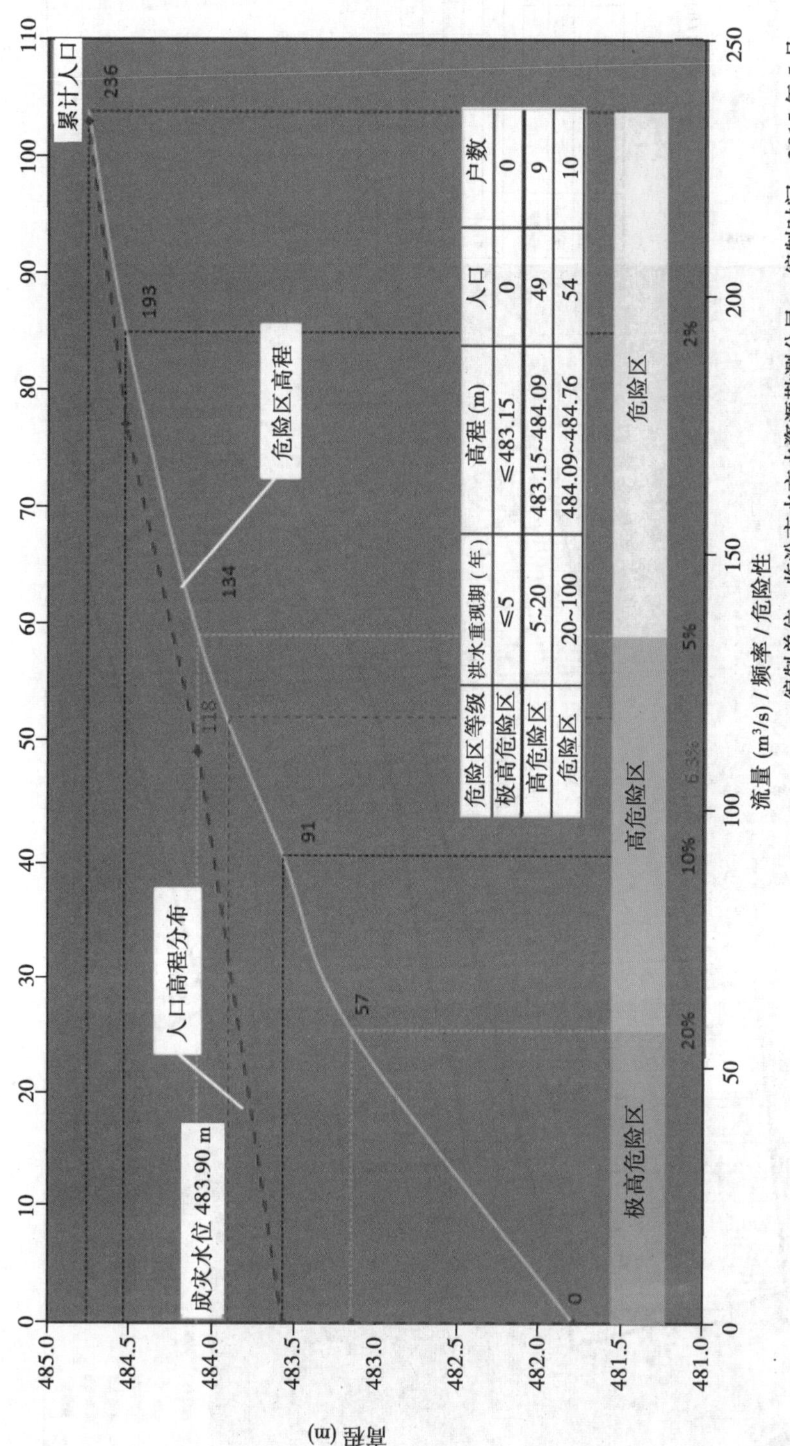

编制单位：临汾市水文水资源勘测分局　编制时间：2015 年 5 月

永胜村防洪现状评价图

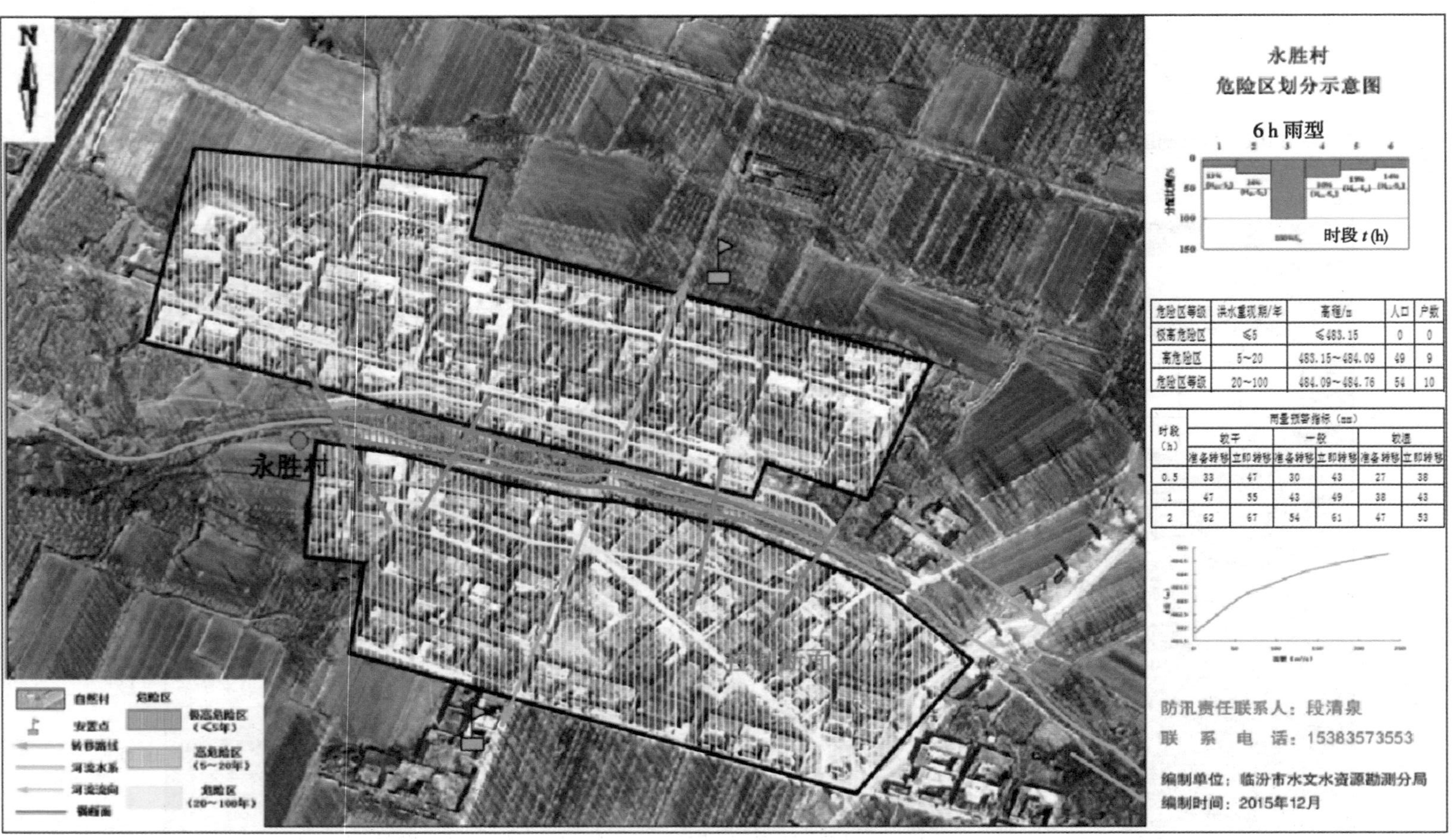

危险区等级	洪水重现期/年	高程/m	人口	户数
极高危险区	≤5	≤483.15	0	0
高危险区	5~20	483.15~484.09	49	9
危险区等级	20~100	484.09~484.76	54	10

时段(h)	雨量预警指标（mm）					
	较干		一般		较湿	
	准备转移	立即转移	准备转移	立即转移	准备转移	立即转移
0.5	33	47	30	43	27	38
1	47	55	43	49	38	43
2	62	67	54	61	47	53

曲沃县 高阳村 分析评价成果

行政区划代码	141021103208000	行政区划名称	高阳村	小流域名称	高阳村

集水面积（km^2）	70.03	河长（km）	8.8	河道比降（‰）	4.5	糙率	0.022

一、设计暴雨成果

历时	均值	变差系数	C_s/C_v	重现期雨量值(mm)				
				100年	50年	20年	10年	5年
10 min	13.5	0.53	3.5	30.0	26.4	21.6	17.9	14.2
60 min	26.5	0.53	3.5	61.8	54.4	44.5	37.0	29.3
6 h	45.8	0.53	3.5	115.1	101.3	83.0	69.0	54.7
24 h	65.0	0.53	3.5	172.7	152.1	124.6	103.5	82.2
3 d	75.0	0.51	3.5	197.7	174.6	143.9	120.4	96.2

二、设计洪水成果

洪水要素	重现期洪水要素值				
	100年	50年	20年	10年	5年
洪峰流量(m^3/s)	244	180	108	63.7	35.4
洪量(万m^3)	417	320	209	137	84
洪水历时(h)	13.0	13.0	12.5	11.5	11.0
洪峰水位(m)	414.49	414.23	413.90	413.65	413.27

三、防洪现状评价

防洪能力(年)	14	成灾水位(m)	413.80

该村控制断面水位—流量—人口关系等防洪现状评价成果详见防洪现状评价图

四、预警指标成果

计算方法	流域模型法	预警时段(h)	0.5、1、2、3、4	流域前期持水度 B_0	0、0.3、0.6

该村雨量预警指标详见危险区划分示意图

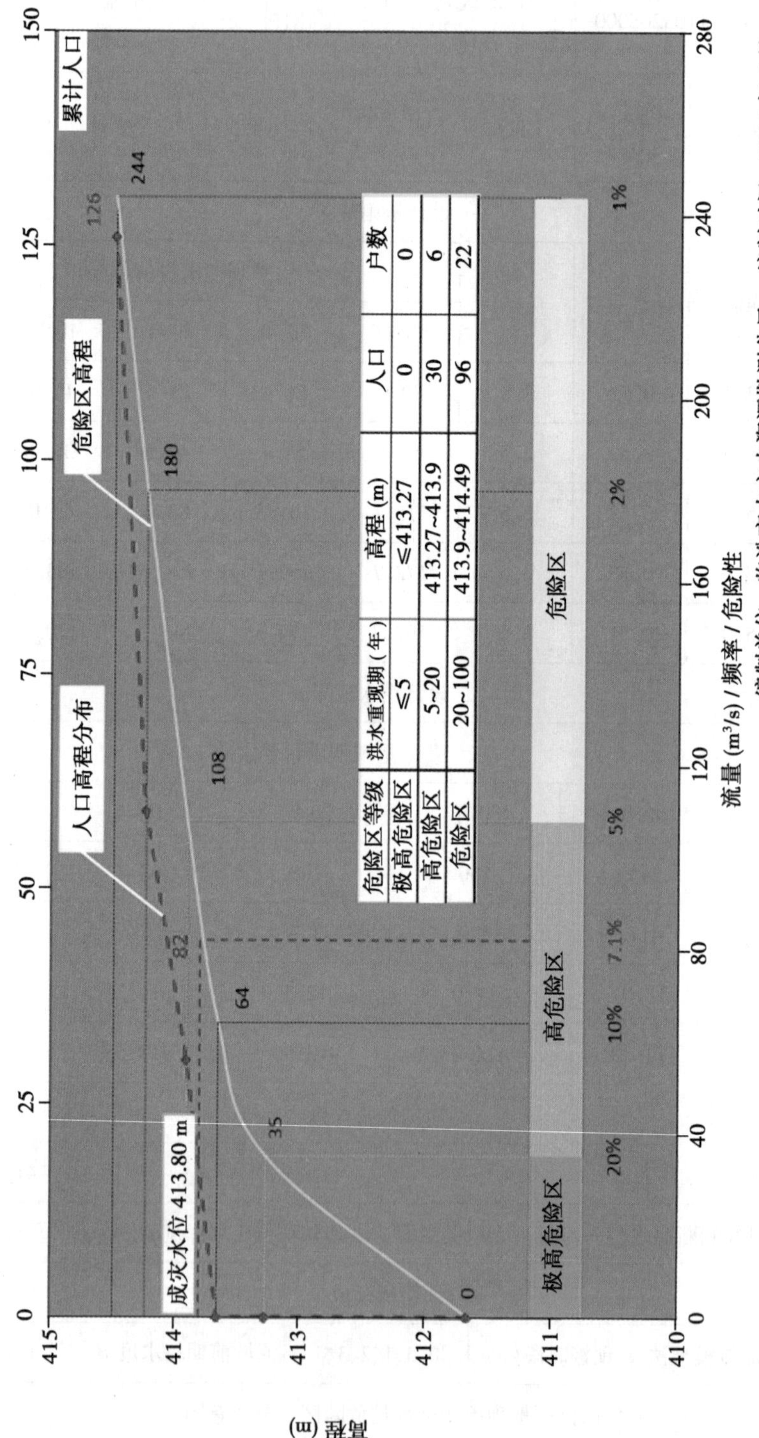

危险区等级	洪水重现期（年）	高程（m）	人口	户数
极高危险区	≤5	≤413.27	0	0
高危险区	5~20	413.27~413.9	30	6
危险区	20~100	413.9~414.49	96	22

高阳村防洪现状评价图

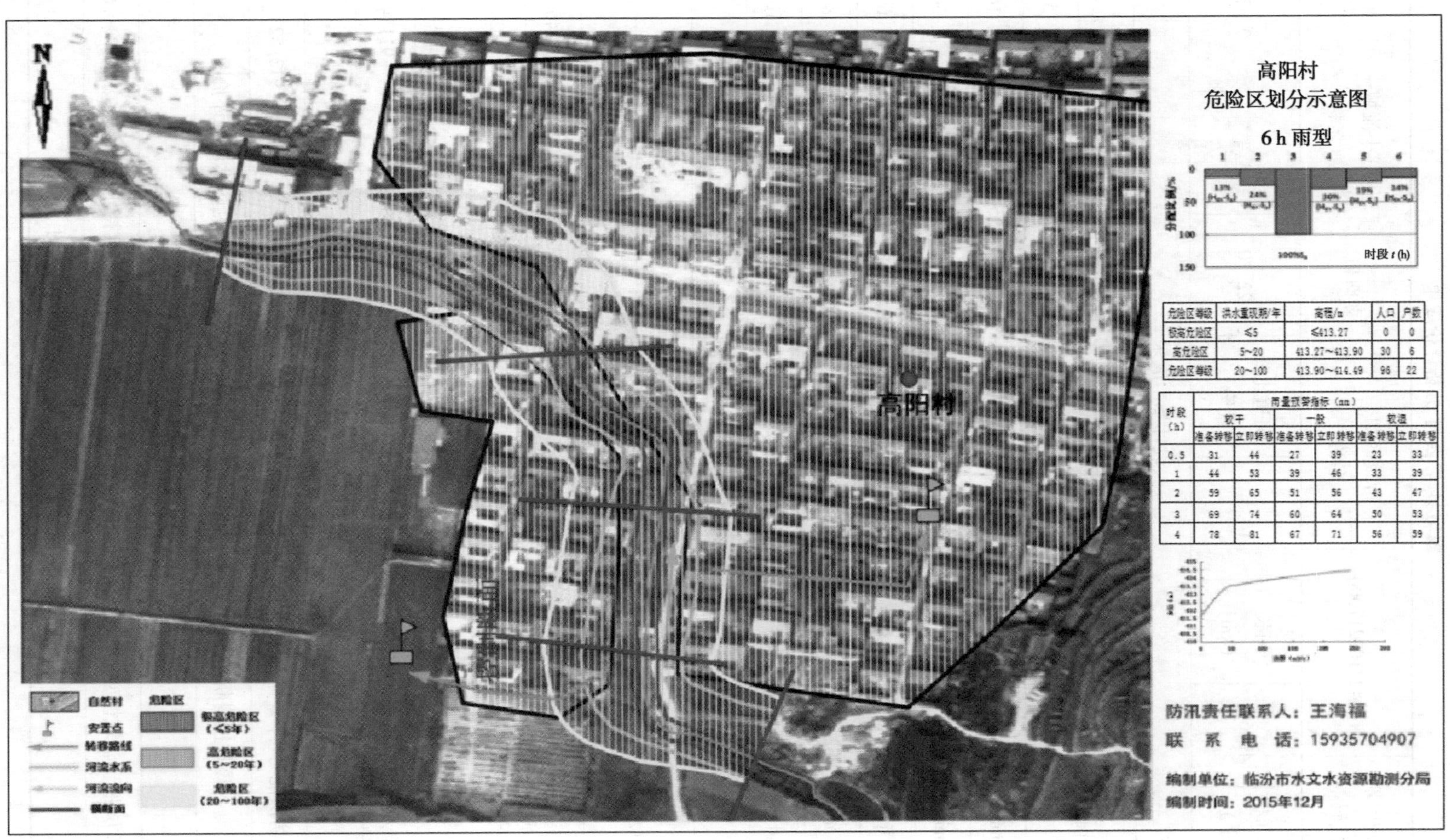

危险区等级	洪水重现期/年	高程/m	人口	户数
极高危险区	≤5	≤413.27	0	0
高危险区	5～20	413.27～413.90	30	6
危险区等级	20～100	413.90～414.49	96	22

时段（h）	雨量预警指标（mm）					
	较干		一般		较湿	
	准备转移	立即转移	准备转移	立即转移	准备转移	立即转移
0.5	31	44	27	39	23	33
1	44	53	39	46	33	39
2	59	65	51	56	43	47
3	69	74	60	64	50	53
4	78	81	67	71	56	59

翼城县 寺西村 分析评价成果

行政区划代码	140423102217000	行政区划名称	寺西村	小流域名称	寺西村

集水面积(km^2)	49.69	河长(km)	10.5	河道比降(‰)	22.70	糙率	0.03

一、设计暴雨成果

历时	均值	变差系数	C_s/C_v	重现期雨量值(mm)				
				100 年	50 年	20 年	10 年	5 年
10 min	14.8	0.58	3.5	36.5	31.8	25.6	20.9	16.2
60 min	30.5	0.57	3.5	77.8	67.8	54.6	44.6	34.5
6 h	49.1	0.6	3.5	138.7	120.7	96.8	78.8	60.8
24 h	62.8	0.6	3.5	188	163.1	130.3	105.5	80.8
3 d	77.5	0.58	3.5	229.6	200	160.8	131.2	101.5

二、设计洪水成果

洪水要素	重现期洪水要素值				
	100 年	50 年	20 年	10 年	5 年
洪峰流量(m^3/s)	574	468	332	230	146
洪量(万 m^3)	528	420	288	197	124
洪水历时(h)	9.25	8.25	7.5	6.75	6.5
洪峰水位(m)	916.29	915.39	914.03	912.76	911.43

三、防洪现状评价

防洪能力(年)	15	成灾水位(m)	913.52

该村控制断面水位—流量—人口关系等防洪现状评价成果详见防洪现状评价图

四、预警指标成果

计算方法	流域模型法	预警时段(h)	0.5、1、2	流域前期持水度 B_0	0、0.3、0.6

该村雨量预警指标详见危险区划分示意图

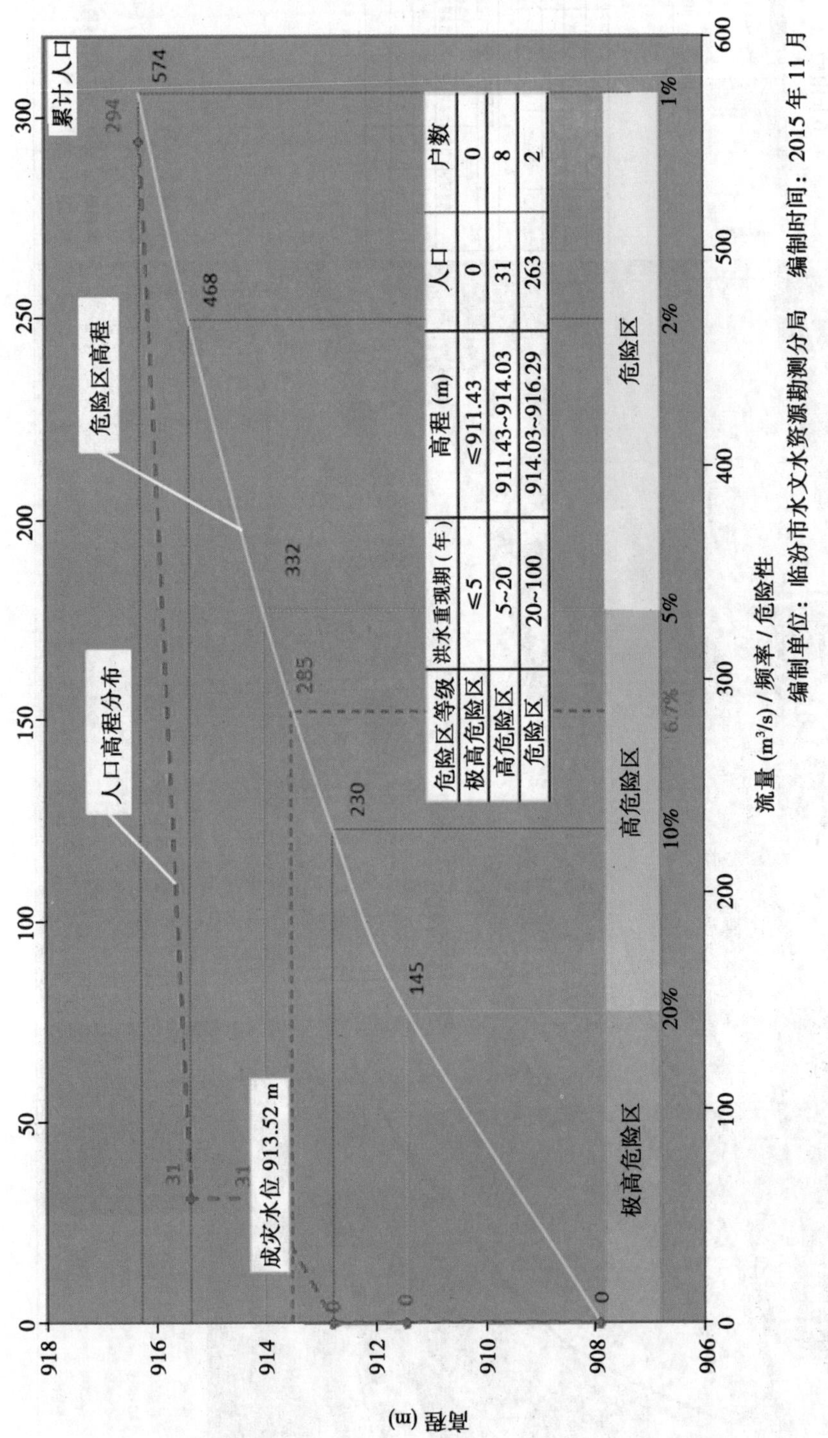

危险区等级	洪水重现期（年）	高程 (m)	人口	户数
极高危险区	≤5	≤911.43	0	0
高危险区	5~20	911.43~914.03	31	8
危险区	20~100	914.03~916.29	263	2

编制单位：临汾市水文水资源勘测分局　编制时间：2015 年 11 月

寺西村防洪现状评价图

寺西村
危险区划分示意图
6 h雨型
时段 t (h)
危险区等级 | 洪水重现期/年 | 高程/m | 人口 | 户数
极高危险区 | ≤5 | ≤911.43 | 0 | 0
高危险区 | 5~20 | 911.43~914.03 | 31 | 8
危险区等级 | 20~100 | 914.03~916.29 | 263 | 2
雨量预警指标（mm）
时段(h) | 较干 准备转移 | 较干 立即转移 | 一般 准备转移 | 一般 立即转移 | 较湿 准备转移 | 较湿 立即转移
0.5 | 41 | 59 | 39 | 55 | 36 | 51
1 | 59 | 67 | 55 | 62 | 51 | 56
2 | 77 | 89 | 70 | 81 | 63 | 73
防汛责任联系人：翟祯
联　系　电　话：15935754673
编制单位：临汾市水文水资源勘测分局
编制时间：2015年12月
寺西村
N
自然村
安置点
转移路线
河流水系
河流流向
危险区
极高危险区（≤5年）
高危险区（5~20年）
危险区（20~100年）

襄汾县 邓庄村 分析评价成果

行政区划代码	141023106202000	行政区划名称	邓庄村	小流域名称	河坡村

集水面积(km^2)	58.1	河长(km)		河道比降(‰)	6.6	糙率	0.027

一、设计暴雨成果

历时	均值	变差系数	C_s/C_v	重现期雨量值(mm)				
				100 年	50 年	20 年	10 年	5 年
10 min	13.0	0.56	3.5	27.2	24.1	19.9	16.7	13.4
60 min	26.5	0.48	3.5	52.6	46.9	39.2	33.2	27.0
6 h	39.9	0.48	3.5	95.6	85.5	71.7	61.1	50.1
24 h	61.0	0.47	3.5	145.0	129.5	108.7	92.5	75.8
3 d	75.0	0.46	3.5	175.4	157.0	132.4	113.2	93.2

二、设计洪水成果

洪水要素	重现期洪水要素值				
	100 年	50 年	20 年	10 年	5 年
洪峰流量(m^3/s)	286	227	154	101	63
洪量(万 m^3)	335	266	183	127	85
洪水历时(h)	10.5	9.5	9.0	8.5	8.0
洪峰水位(m)	493.30	492.86	491.2	490.69	490.24

三、防洪现状评价

防洪能力(年)	16	成灾水位(m)	490.91

该村控制断面水位—流量—人口关系等防洪现状评价成果详见防洪现状评价图

四、预警指标成果

计算方法	流域模型法	预警时段(h)	0.5、1、2	流域前期持水度 B_0	0、0.3、0.6

该村雨量预警指标详见危险区划分示意图

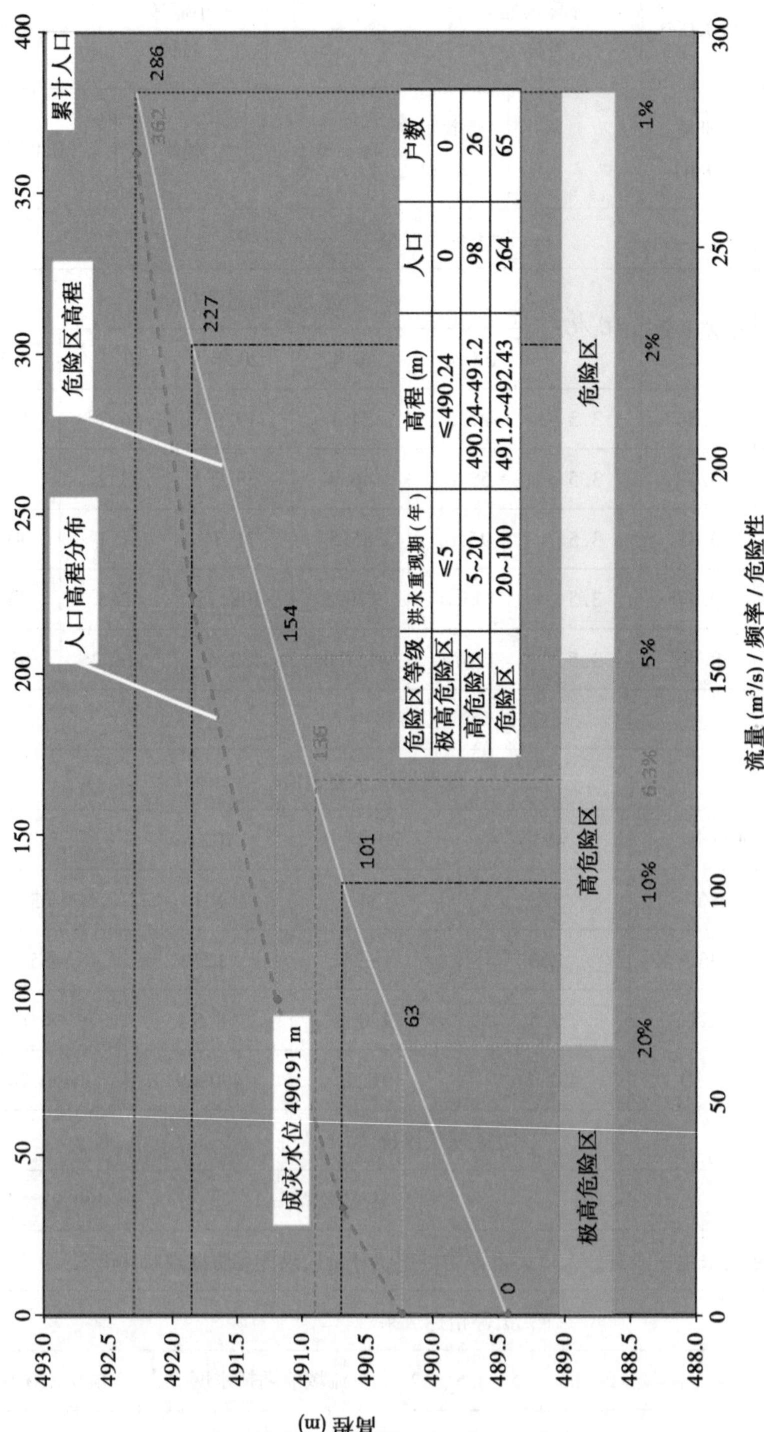

危险区等级	洪水重现期（年）	高程 (m)	人口	户数
极高危险区	≤5	≤490.24	0	0
高危险区	5~20	490.24~491.2	98	26
危险区	20~100	491.2~492.43	264	65

邓庄村防洪现状评价图

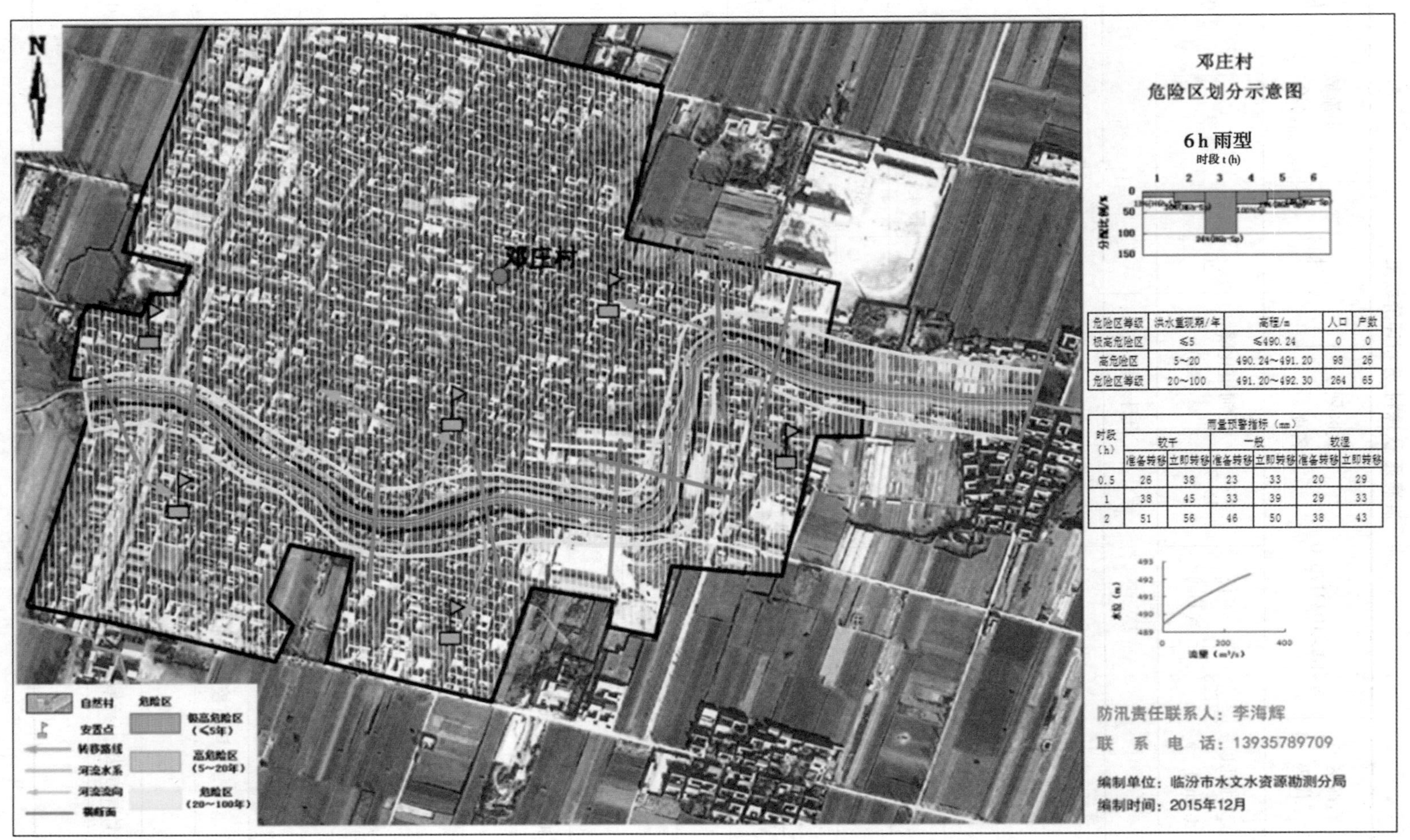

危险区等级	洪水重现期/年	高程/m	人口	户数
极高危险区	≤5	≤490.24	0	0
高危险区	5～20	490.24～491.20	98	26
危险区等级	20～100	491.20～492.30	264	65

时段（h）	雨量预警指标（mm）					
	较干		一般		较湿	
	准备转移	立即转移	准备转移	立即转移	准备转移	立即转移
0.5	26	38	23	33	20	29
1	38	45	33	39	29	33
2	51	56	46	50	38	43

洪洞县 伏珠村 分析评价成果

行政区划代码	141024108212000	行政区划名称	伏珠村	小流域名称	伏珠村

集水面积（km^2）	37.28	河长（km）	15.7	河道比降（‰）	20.5	糙率	0.027

一、设计暴雨成果

历时	均值	变差系数	C_s/C_v	重现期雨量值(mm)				
				100 年	50 年	20 年	10 年	5 年
10 min	13.9	0.52	3.5	32.2	28.4	23.3	19.4	15.4
60 min	27.3	0.49	3.5	61.5	54.4	45.0	37.7	30.3
6 h	44.6	0.48	3.5	109.5	97.3	80.9	68.3	55.3
24 h	66.8	0.47	3.5	163.0	145.1	121.2	102.5	83.4
3 d	84.7	0.46	3.5	205.1	182.9	153.2	130.1	106.2

二、设计洪水成果

洪水要素	重现期洪水要素值				
	100 年	50 年	20 年	10 年	5 年
洪峰流量(m^3/s)	294	235	163	106	63
洪量(万 m^3)	226	179	122	84	55
洪水历时(h)	7	6	6	6	5
洪峰水位(m)	733.51	733.31	733.02	732.76	732.46

三、防洪现状评价

防洪能力(年)	9	成灾水位(m)	732.71

该村控制断面水位—流量—人口关系等防洪现状评价成果详见防洪现状评价图

四、预警指标成果

计算方法	流域模型法	预警时段(h)	0.5、1、2	流域前期持水度 B_0	0、0.3、0.6

该村雨量预警指标详见危险区划分示意图

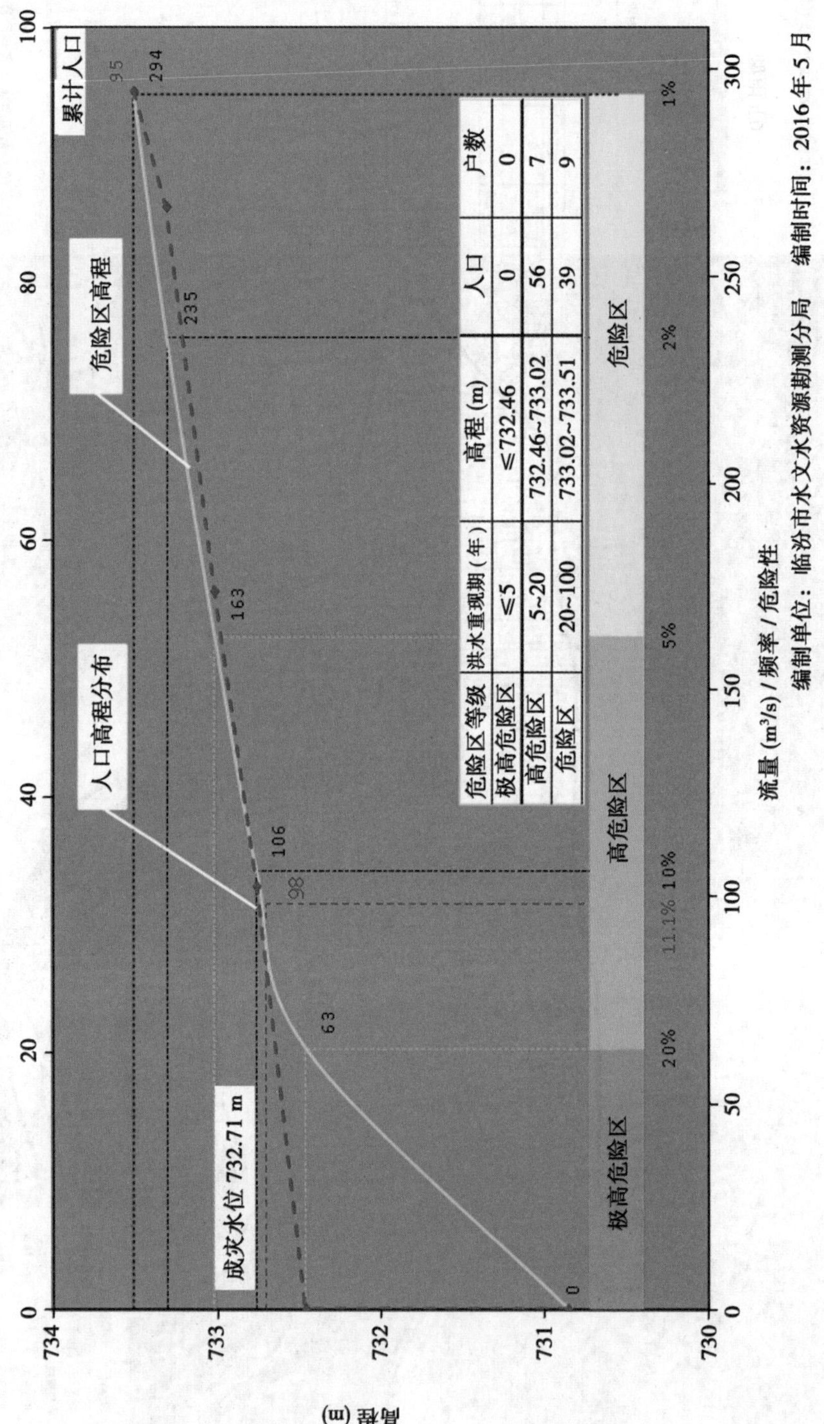

危险区等级	洪水重现期（年）	高程 (m)	人口	户数
极高危险区	≤5	≤732.46	0	0
高危险区	5~20	732.46~733.02	56	7
危险区	20~100	733.02~733.51	39	9

编制单位：临汾市水文水资源勘测分局　编制时间：2016 年 5 月

伏珠村防洪现状评价图

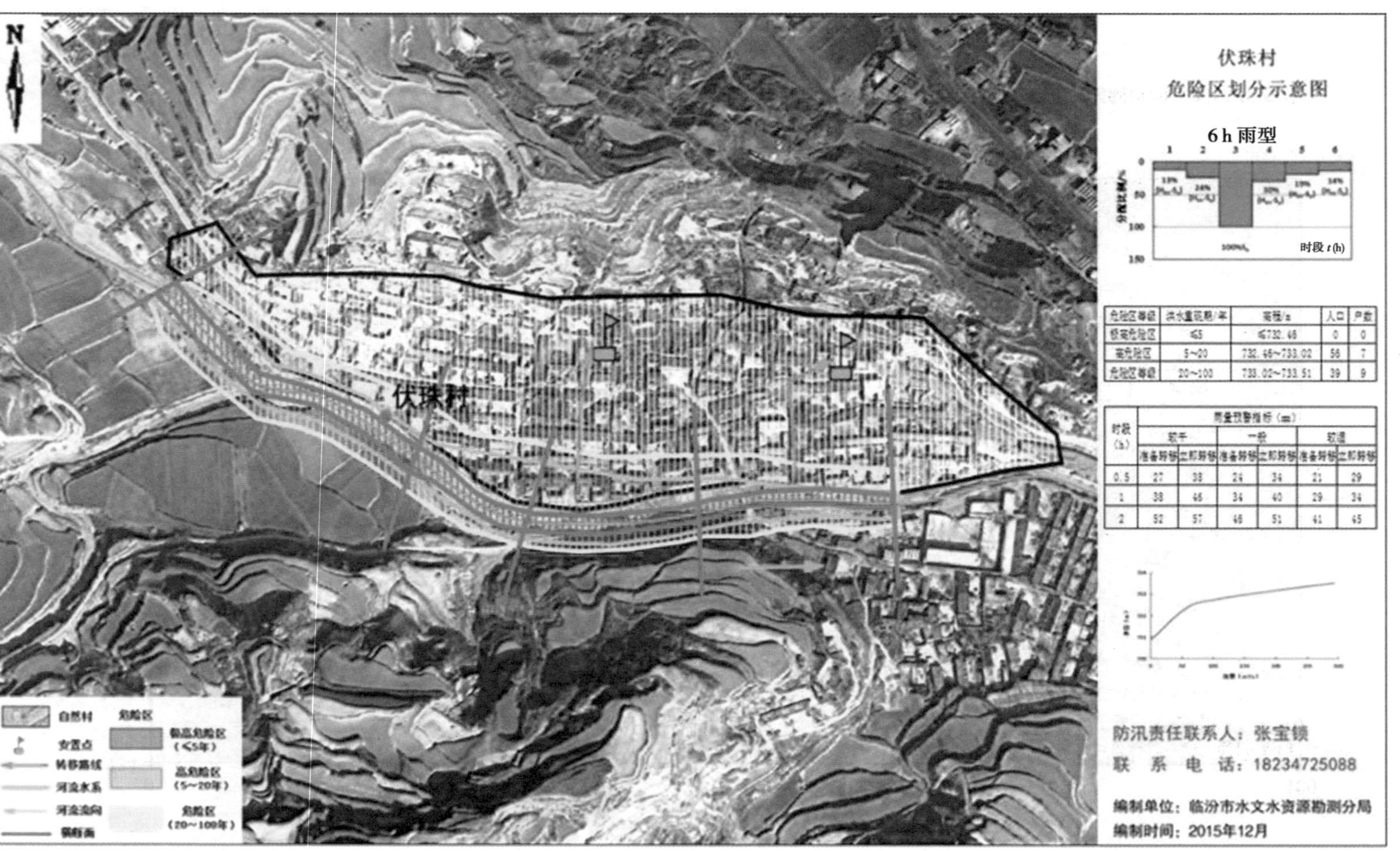
N
伏珠村
危险区划分示意图
6 h 雨型
时段 t (h)
危险区等级 洪水重现期/年 高程/m 人口 户数
极高危险区 ≤5 ≤732.46 0 0
高危险区 5~20 732.46~733.02 56 7
危险区 20~100 733.02~733.51 39 9
时段(h) 雨量预警指标(mm)
较干 一般 较湿
准备转移 立即转移 准备转移 立即转移 准备转移 立即转移
0.5 27 38 24 34 21 29
1 38 46 34 40 29 34
2 52 57 46 51 41 45
伏珠村
自然村
危险区
安置点
极高危险区（<5年）
转移路线
河流水系
高危险区（5~20年）
河流流向
危险区（20~100年）
断面
防汛责任联系人：张宝锁
联 系 电 话：18234725088
编制单位：临汾市水文水资源勘测分局
编制时间：2015年12月

古县 热留村移民新村 分析评价成果

行政区划代码	141025102200104	行政区划名称	热留村移民新村	小流域名称	热留村移民新村

集水面积（km^2）	185.91	河长（km）	29.0	河道比降（‰）	20.20	糙率	0.027

一、设计暴雨成果

历时	均值	变差系数	C_s/C_v	重现期雨量值(mm)				
				100 年	50 年	20 年	10 年	5 年
10 min	13.1	0.54	3.5	26.5	23.3	19.1	15.9	12.6
60 min	28.6	0.51	3.5	54.7	48.4	40.1	33.7	27.1
6 h	44.0	0.51	3.5	102.7	91.4	76.1	64.3	52.2
24 h	68.0	0.49	3.5	156.3	139.1	116.0	98.1	79.7
3 d	87.0	0.47	3.5	198.8	177.4	149.0	126.9	103.8

二、设计洪水成果

洪水要素	重现期洪水要素值				
	100 年	50 年	20 年	10 年	5 年
洪峰流量(万 m^3/s)	607	454	277	172	100
洪量(m^3)	817	636	425	285	183
洪水历时(h)	12.0	12.0	12.0	11.5	11.5
洪峰水位(m)	951.97	951.61	951.14	950.51	950.07

三、防洪现状评价

防洪能力(年)	<5	成灾水位(m)	950.73

该村控制断面水位—流量—人口关系等防洪现状评价成果详见防洪现状评价图

四、预警指标成果

计算方法	流域模型法	预警时段(h)	0.5、1、2、3	流域前期持水度 B_0	0、0.3、0.6

该村雨量预警指标详见危险区划分示意图

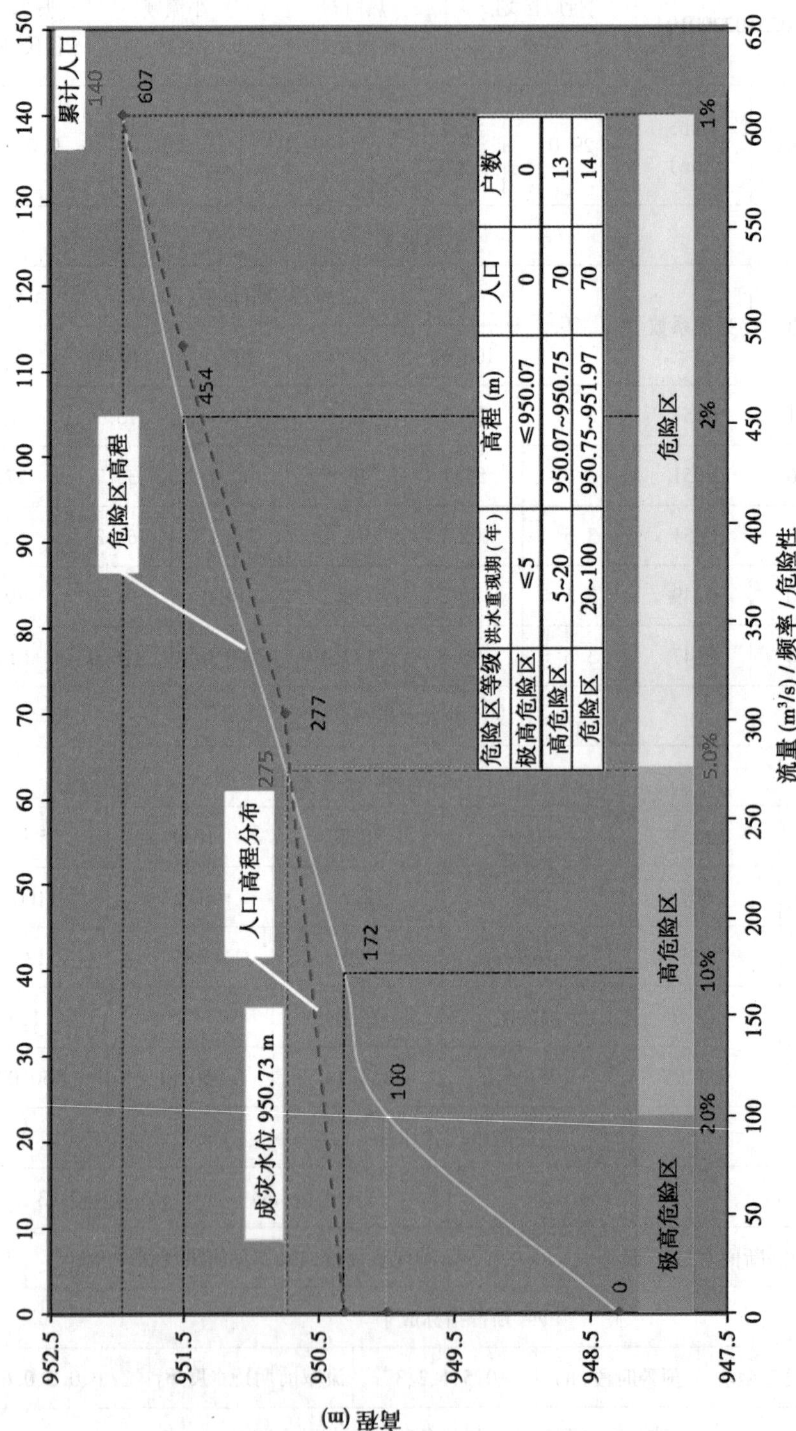

危险区等级	洪水重现期（年）	高程 (m)	人口	户数
极高危险区	≤5	≤950.07	0	0
高危险区	5~20	950.07~950.75	70	13
危险区	20~100	950.75~951.97	70	14

热留村移民新村防洪现状评价图

热留移民新村
危险区划分示意图
6 h 雨型
分配比例/%
时段 t (h)
100%S
控制断面
热留移民新村
危险区等级 | 洪水重现期/年 | 高程/m | 人口 | 户数
极高危险区 | ≤5 | ≤950.07 | 0 | 0
高危险区 | 5~20 | 950.07~950.73 | 70 | 13
危险区等级 | 20~100 | 950.73~951.97 | 70 | 14
时段(h) | 雨量预警指标(mm)
较干 准备转移 立即转移 | 一般 准备转移 立即转移 | 较湿 准备转移 立即转移
0.5 | 40 | 58 | 38 | 52 | 32 | 46
1 | 58 | 68 | 52 | 60 | 46 | 51
2 | 77 | 83 | 67 | 72 | 57 | 62
3 | 89 | 94 | 78 | 82 | 65 | 70
防汛责任联系人：牛五龙
联　系　电　话：13835707992
编制单位：临汾市水文水资源勘测分局
编制时间：2015年12月
自然村
安置点
转移路线
河流水系
河流流向
横断面
危险区
极高危险区（≤5年）
高危险区（5~20年）
危险区（20~100年）

安泽县 白村村 分析评价成果

行政区划代码	141026103211000	行政区划名称	白村村	小流域名称	白村村

集水面积(km^2)	14.32	河长(km)	9.34	河道比降(‰)	14.2	糙率	0.03

一、设计暴雨成果

历时	均值	变差系数	C_s/C_v	重现期雨量值(mm)				
				100年	50年	20年	10年	5年
10 min	14.9	0.66	3.5	45.2	38.8	30.4	24.1	18
60 min	30.7	0.62	3.5	88.4	76.3	60.4	48.4	36.5
6 h	48.8	0.62	3.5	151.4	131.1	104.4	84.2	64.1
24 h	67.9	0.6	3.5	207.5	179.8	143.2	115.7	88.4
3 d	92.9	0.58	3.5	280.8	244.4	196.2	159.7	123.3

二、设计洪水成果

洪水要素	重现期洪水要素值				
	100年	50年	20年	10年	5年
洪峰流量(m^3/s)	162	132	94	65	38
洪量(万m^3)	168	133	94	65	40
洪水历时(h)	8	7.25	6.5	6	5
洪峰水位(m)	841.73	841.5	840.81	840.39	839.88

三、防洪现状评价

防洪能力(年)	8	成灾水位(m)	840.33

该村控制断面水位—流量—人口关系等防洪现状评价成果详见防洪现状评价图

四、预警指标成果

计算方法	流域模型法	预警时段(h)	0.5、1、2	流域前期持水度 B_0	0、0.3、0.6

该村雨量预警指标详见危险区划分示意图

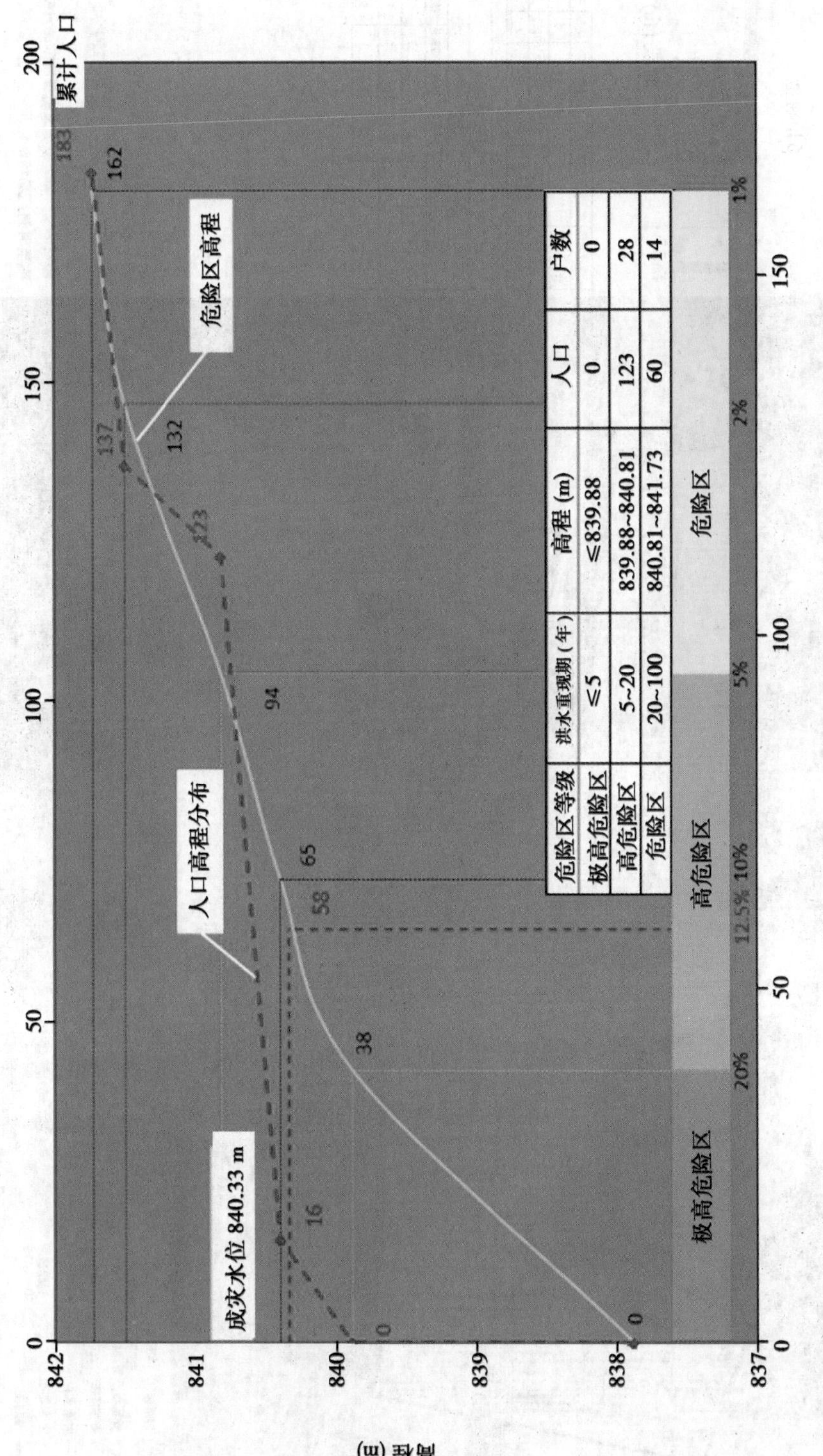

危险区等级	洪水重现期（年）	高程 (m)	人口	户数
极高危险区	≤5	≤839.88	0	0
高危险区	5~20	839.88~840.81	123	28
危险区	20~100	840.81~841.73	60	14

白村防洪现状评价图

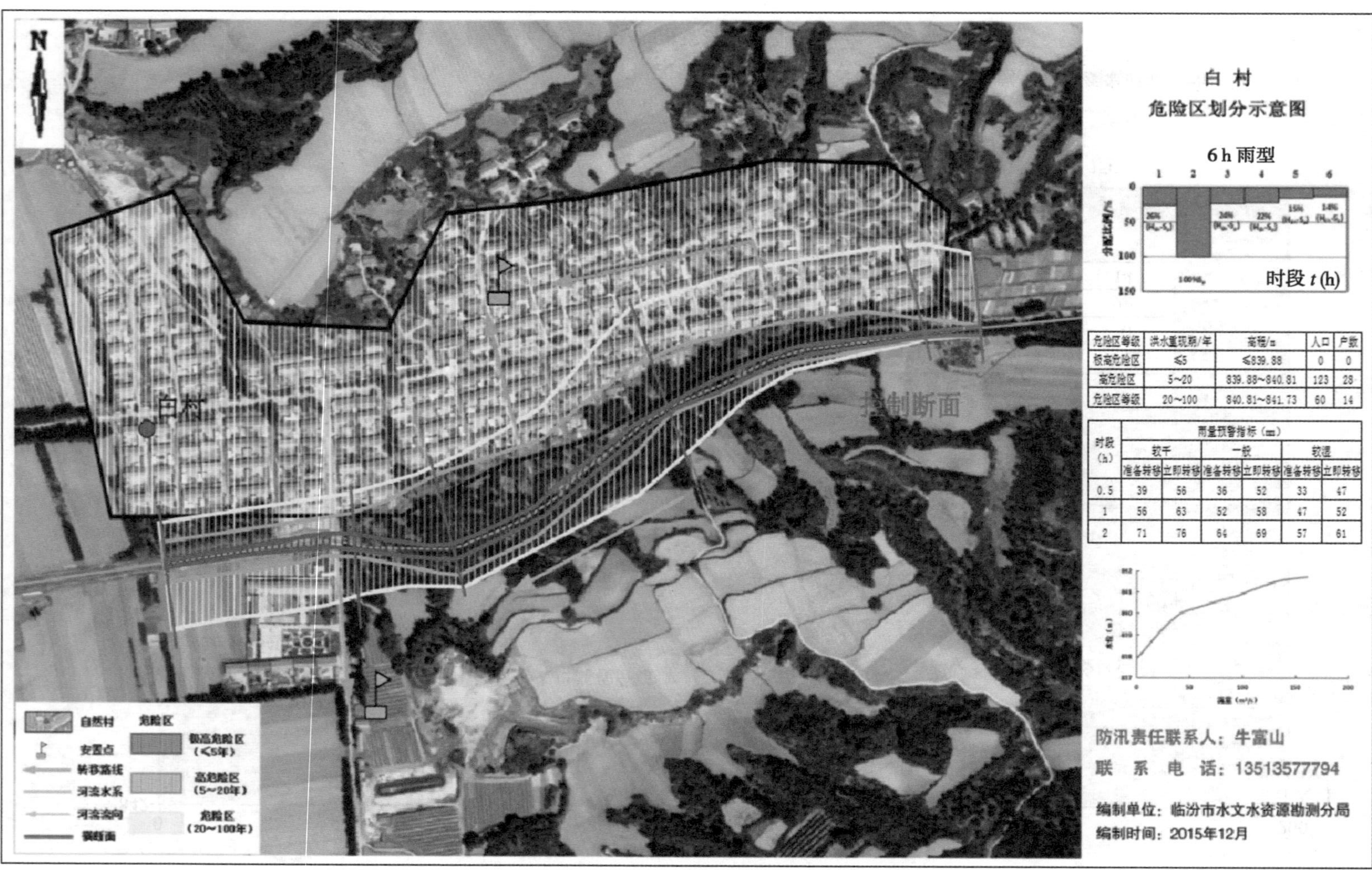

危险区等级	洪水重现期/年	高程/m	人口	户数
极高危险区	≤5	≤839.88	0	0
高危险区	5~20	839.88~840.81	123	28
危险区等级	20~100	840.81~841.73	60	14

时段(h)	雨量预警指标（mm）					
	较干		一般		较湿	
	准备转移	立即转移	准备转移	立即转移	准备转移	立即转移
0.5	39	56	36	52	33	47
1	56	63	52	58	47	52
2	71	76	64	69	57	61

浮山县 梁家河村 分析评价成果

行政区划代码	141027101200000	行政区划名称	梁家河村	小流域名称	梁家河村

集水面积(km^2)	67.9	河长(km)	15.7	河道比降(‰)	7.2	糙率	0.027

一、设计暴雨成果

历时	均值	变差系数	C_s/C_v	重现期雨量值(mm)				
				100 年	50 年	20 年	10 年	5 年
10 min	12.6	0.53	3.5	28.4	25.0	20.5	17.1	13.6
60 min	27.8	0.49	3.5	56.4	50.0	41.5	35.0	28.2
6 h	39.9	0.48	3.5	97.6	86.9	72.7	61.6	50.2
24 h	57.6	0.47	3.5	134.3	119.8	100.3	85.2	69.6
3 d	77.0	0.46	3.5	185.5	165.7	139.2	118.6	97.2

二、设计洪水成果

洪水要素	重现期洪水要素值				
	100 年	50 年	20 年	10 年	5 年
洪峰流量(m^3/s)	728	601	438	312	200
洪量(万 m^3)	408	329	232	164	110
洪水历时(h)	6.0	5.5	5.0	5.0	5.0
洪峰水位(m)	726.68	726.33	726.04	725.58	724.81

三、防洪现状评价

防洪能力(年)	10	成灾水位(m)	725.59

该村控制断面水位—流量—人口关系等防洪现状评价成果详见防洪现状评价图

四、预警指标成果

计算方法	流域模型法	预警时段(h)	0.5、1	流域前期持水度 B_0	0、0.3、0.6

该村雨量预警指标详见危险区划分示意图

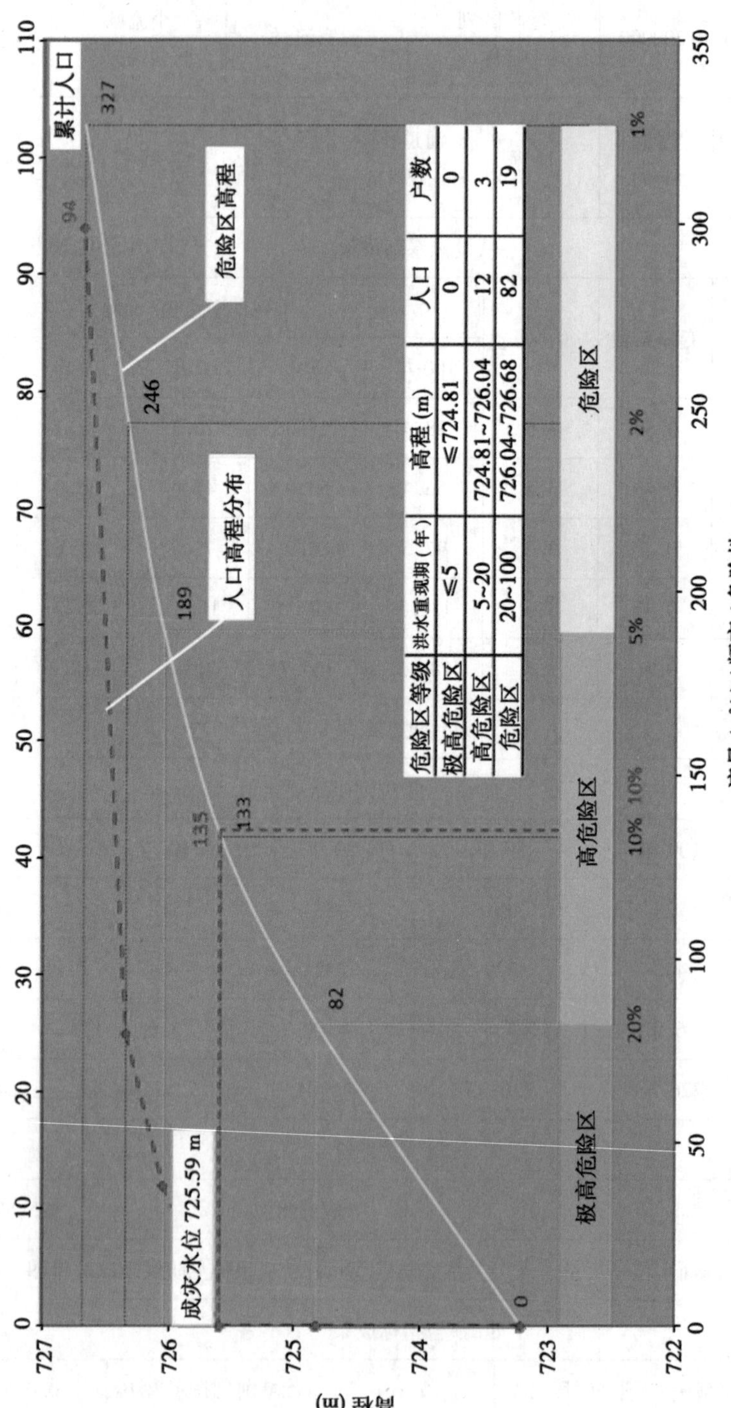

梁家河村防洪现状评价图

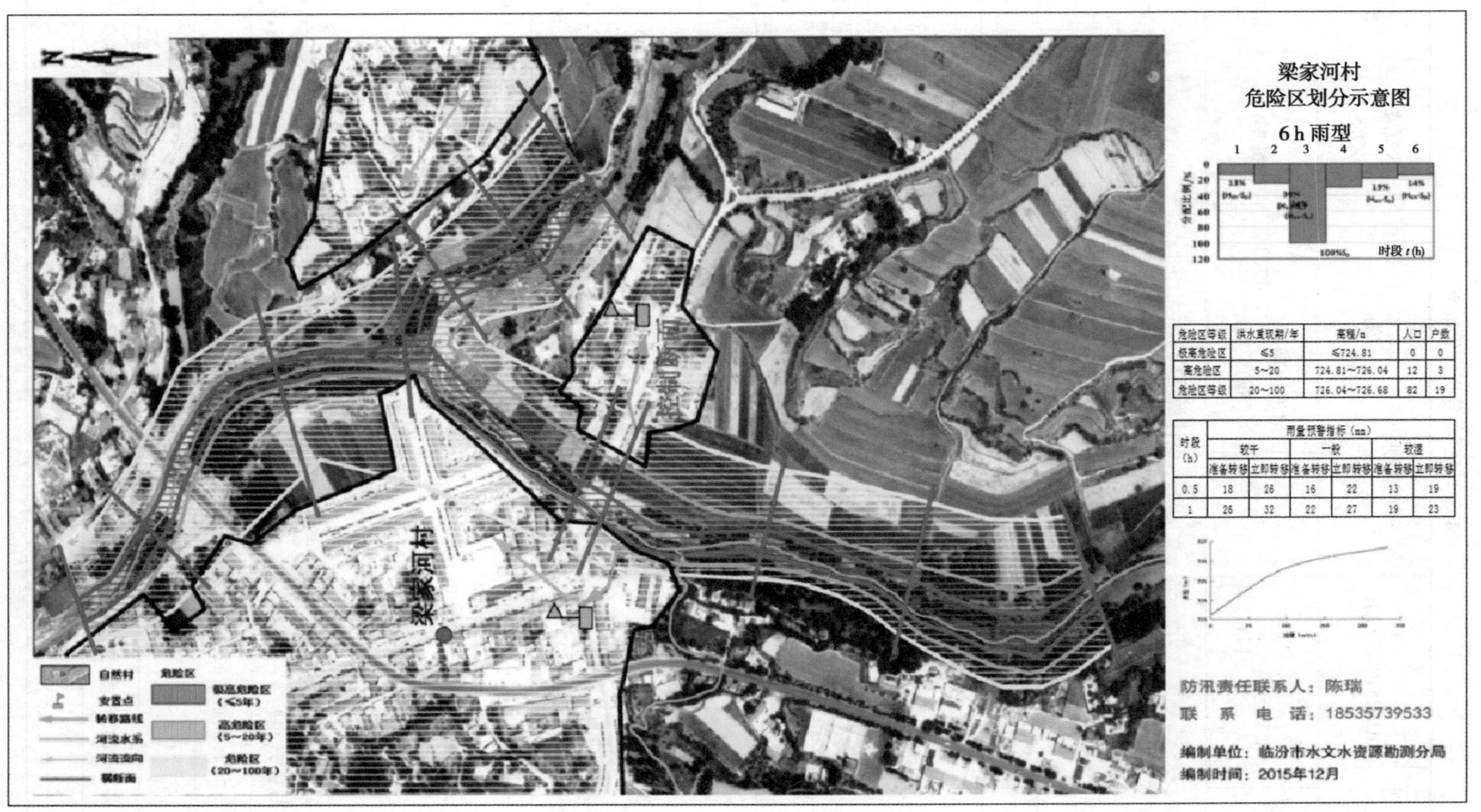

危险区等级	洪水重现期/年	高程/m	人口	户数
极高危险区	≤5	≤724.81	0	0
高危险区	5~20	724.81~726.04	12	3
危险区等级	20~100	726.04~726.68	82	19

时段(h)	雨量预警指标（mm）					
	较干		一般		较湿	
	准备转移	立即转移	准备转移	立即转移	准备转移	立即转移
0.5	18	26	16	22	13	19
1	26	32	22	27	19	23

吉县 城底村 分析评价成果

行政区划代码	141028101204101	行政区划名称	城底村	小流域名称	城底村

集水面积（km^2）	96.71	河长（km）		河道比降（‰）	17.3	糙率	0.025

一、设计暴雨成果

历时	均值	变差系数	C_s/C_v	重现期雨量值(mm)				
				100 年	50 年	20 年	10 年	5 年
10 min	12.4	0.49	3.5	24.6	21.9	18.1	15.3	12.3
60 min	27.3	0.48	3.5	53.8	47.9	40	33.8	27.5
6 h	42.5	0.47	3.5	95.7	85.5	71.8	61.2	50.1
24 h	56	0.47	3.5	126.2	113.3	95.7	82	67.8
3 d	80.5	0.46	3.5	185.1	166.1	140.4	120.4	99.5

二、设计洪水成果

洪水要素	重现期洪水要素值				
	100 年	50 年	20 年	10 年	5 年
洪峰流量(m^3/s)	323	251	166	108	66
洪量(万 m^3)	528	424	297	208	139
洪水历时(h)	13.5	13.0	13.0	12.5	12.0
洪峰水位(m)	1 136.50	1 136.13	1 135.59	1 135.15	1 134.80

三、防洪现状评价

防洪能力(年)	13	成灾水位(m)	1 135.32

该村控制断面水位—流量—人口关系等防洪现状评价成果详见防洪现状评价图

四、预警指标成果

计算方法	流域模型法	预警时段(h)	0.5、1、2、3、4	流域前期持水度 B_0	0、0.3、0.6

该村雨量预警指标详见危险区划分示意图

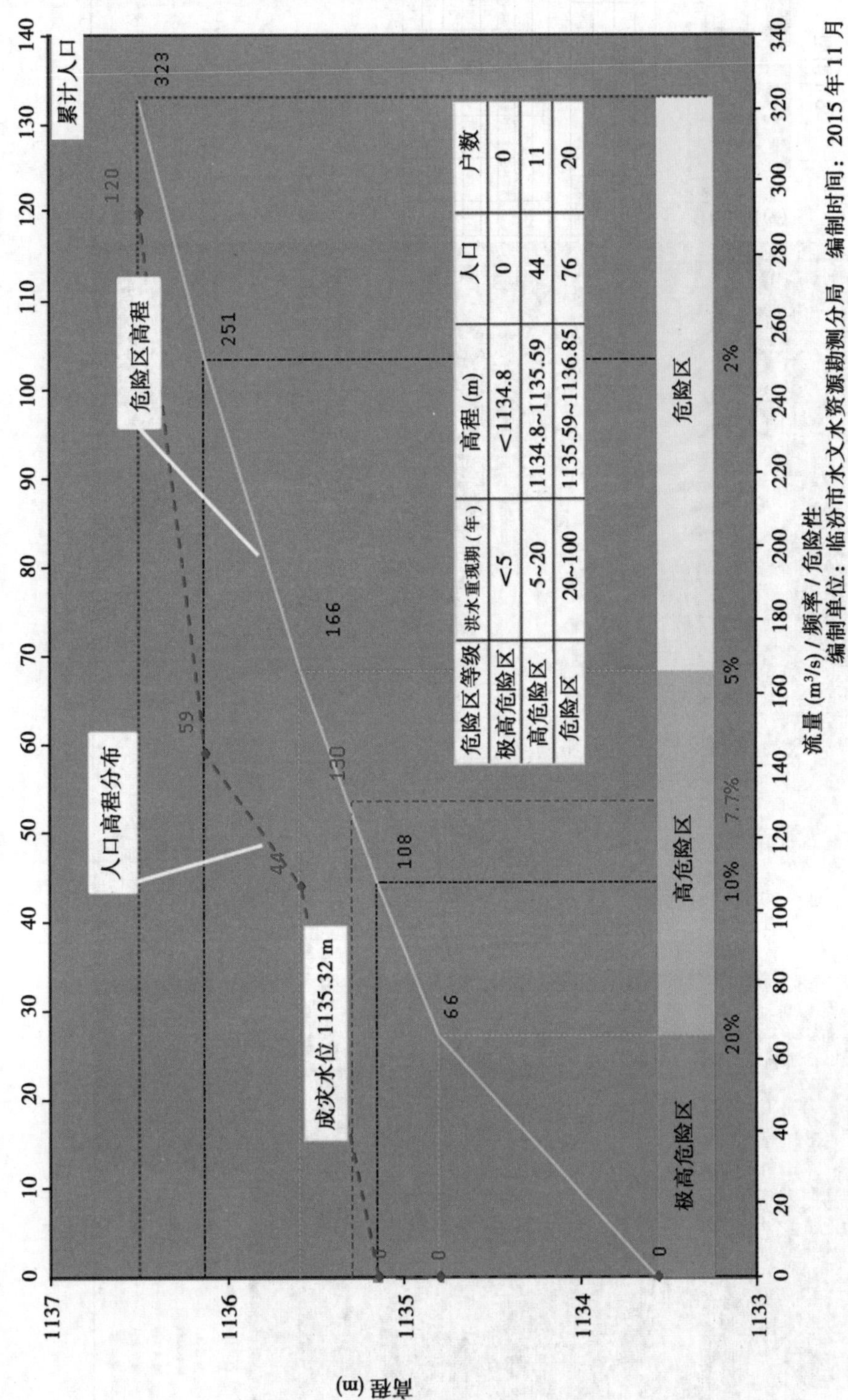
累计人口
高程 (m)
流量 (m³/s) / 频率 / 危险性
危险区高程
人口高程分布
成灾水位 1135.32 m
危险区
高危险区
极高危险区
2%
5%
7.7%
10%
20%
323
251
166
130
108
66
120
59
44
0
危险区等级 | 洪水重现期(年) | 高程 (m) | 人口 | 户数
极高危险区 | <5 | <1134.8 | 0 | 0
高危险区 | 5~20 | 1134.8~1135.59 | 44 | 11
危险区 | 20~100 | 1135.59~1136.85 | 76 | 20
编制单位：临汾市水文水资源勘测分局　编制时间：2015 年 11 月

城底村防洪现状评价图

危险区等级	洪水重现期/年	高程/m	人口	户数
极高危险区	≤5	≤1134.80	0	0
高危险区	5~20	1134.80~1135.59	59	15
危险区等级	20~100	1135.59~1136.50	61	16

时段(h)	雨量预警指标（mm）					
	较干		一般		较湿	
	准备转移	立即转移	准备转移	立即转移	准备转移	立即转移
0.5	29	42	26	37	23	33
1	42	49	37	43	33	37
2	55	60	48	53	41	44
3	65	68	56	60	47	50
4	72	75	63	66	53	56

乡宁县 井上村 分析评价成果

行政区划代码	141029103205000	行政区划名称	井上村	小流域名称	井上

集水面积（km^2）	55.61	河长（km）		河道比降（‰）	16.6	糙率	0.027

一、设计暴雨成果

历时	均值	变差系数	C_s/C_v	重现期雨量值(mm)				
				100年	50年	20年	10年	5年
10 min	13.0	0.48	3.5	27.8	24.6	20.4	17.1	13.8
60 min	28.5	0.47	3.5	54.5	48.7	40.9	34.8	28.6
6 h	42.0	0.41	3.5	93.3	84.0	71.5	61.7	51.4
24 h	61.0	0.42	3.5	127.6	115.6	99.2	86.3	72.7
3 d	78.0	0.44	3.5	178.3	160.2	135.9	116.8	97.0

二、设计洪水成果

洪水要素	重现期洪水要素值				
	100年	50年	20年	10年	5年
洪峰流量(万 m^3/s)	207	165	113	76	48
洪量(m^3)	294	239	172	123	85
洪水历时(h)	9.5	9.5	8.5	8	7.5
洪峰水位(m)	1 180.63	1 180.41	1 179.71	1 179.49	1 179.22

三、防洪现状评价

防洪能力(年)	5	成灾水位(m)	1 179.20

该村控制断面水位—流量—人口关系等防洪现状评价成果详见防洪现状评价图

四、预警指标成果

计算方法	流域模型法	预警时段(h)	0.5、1、2、3	流域前期持水度 B_0	0、0.3、0.6

该村雨量预警指标详见危险区划分示意图

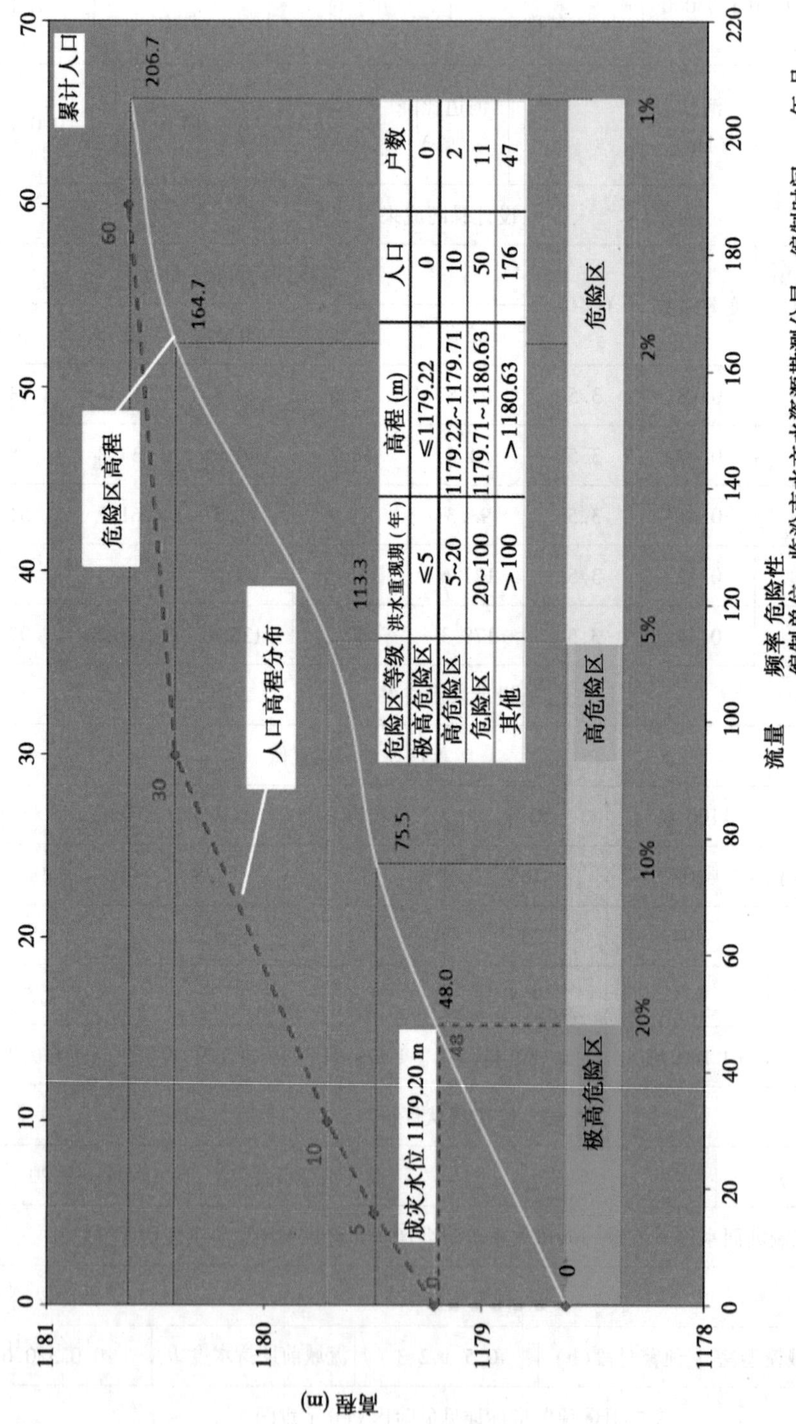

危险区等级	洪水重现期（年）	高程（m）	人口	户数
极高危险区	≤5	≤1179.22	0	0
高危险区	5~20	1179.22~1179.71	10	2
危险区	20~100	1179.71~1180.63	50	11
其他	>100	>1180.63	176	47

井上村防洪现状评价图

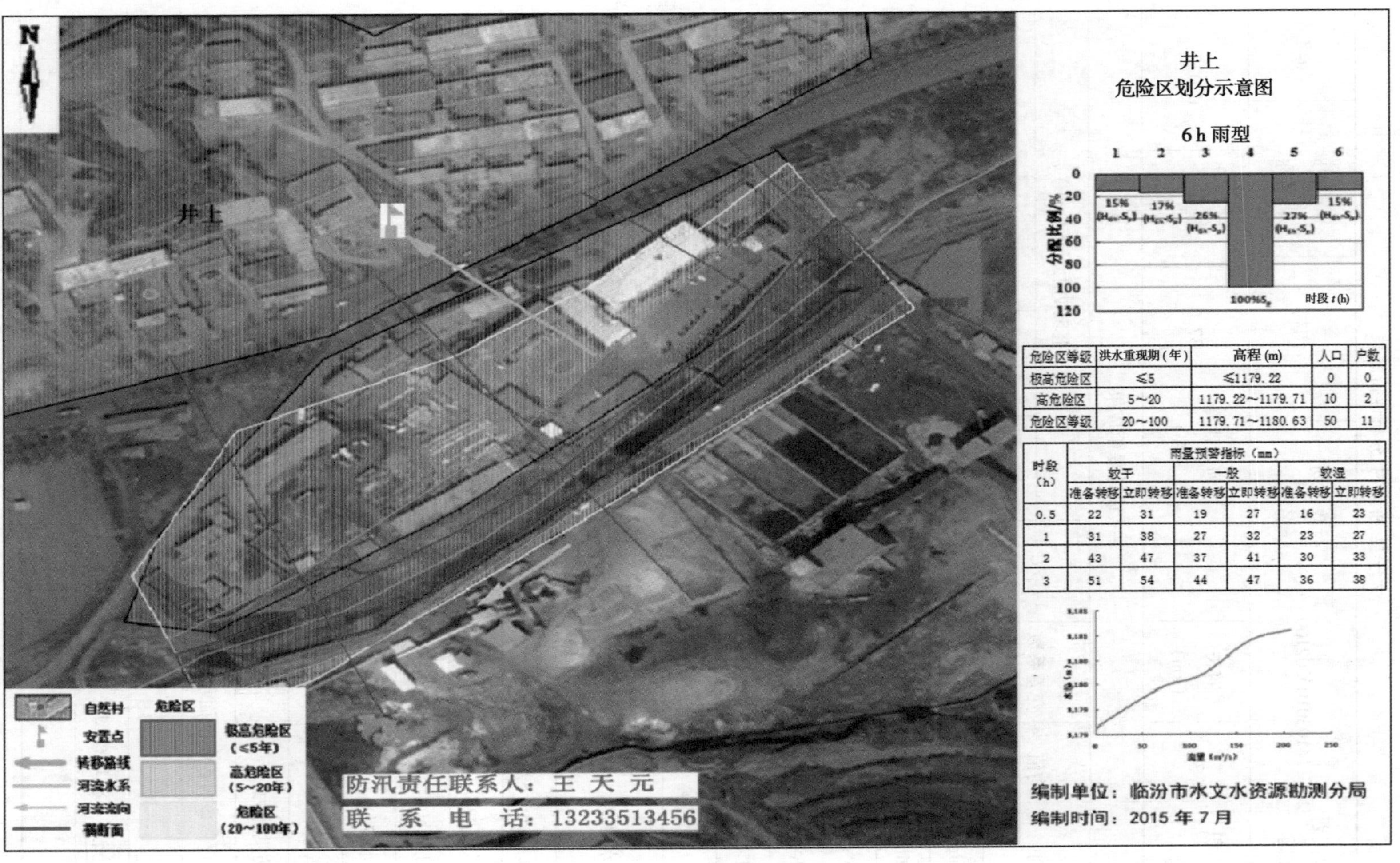

危险区等级	洪水重现期（年）	高程 (m)	人口	户数
极高危险区	≤5	≤1179.22	0	0
高危险区	5~20	1179.22~1179.71	10	2
危险区等级	20~100	1179.71~1180.63	50	11

时段 (h)	雨量预警指标（mm）					
	较干		一般		较湿	
	准备转移	立即转移	准备转移	立即转移	准备转移	立即转移
0.5	22	31	19	27	16	23
1	31	38	27	32	23	27
2	43	47	37	41	30	33
3	51	54	44	47	36	38

大宁县 桥沟村 分析评价成果

行政区划代码	141030100202100	行政区划名称	桥沟村	小流域名称	桥沟

集水面积(km^2)	3.36	河长(km)		河道比降(‰)	37.0	糙率	0.022

一、设计暴雨成果

历时	均值	变差系数	C_s/C_v	重现期雨量值(mm)				
				100 年	50 年	20 年	10 年	5 年
10 min	12.1	0.54	3.5	33.2	29	23.5	19.3	15.1
60 min	25	0.53	3.5	64.5	56.4	45.9	37.8	29.7
6 h	40.6	0.52	3.5	114	100.2	81.9	68	53.8
24 h	62.2	0.51	3.5	165.5	146.1	120.2	100.4	80.1
3 d	12.1	0.54	3.5	33.2	29	23.5	19.3	15.1

二、设计洪水成果

洪水要素	重现期洪水要素值				
	100 年	50 年	20 年	10 年	5 年
洪峰流量(m^3/s)	82.0	69.0	52.0	39.0	26.0
洪量(万 m^3)	27	21	14	10	6
洪水历时(h)	2.50	2.25	1.75	1.25	1.00
洪峰水位(m)	727.02	726.81	726.50	726.20	725.85

三、防洪现状评价

防洪能力(年)	8	成灾水位(m)	726.16

该村控制断面水位—流量—人口关系等防洪现状评价成果详见防洪现状评价图

四、预警指标成果

计算方法	流域模型法	预警时段(h)	0.5、1	流域前期持水度 B_0	0、0.3、0.6

该村雨量预警指标详见危险区划分示意图

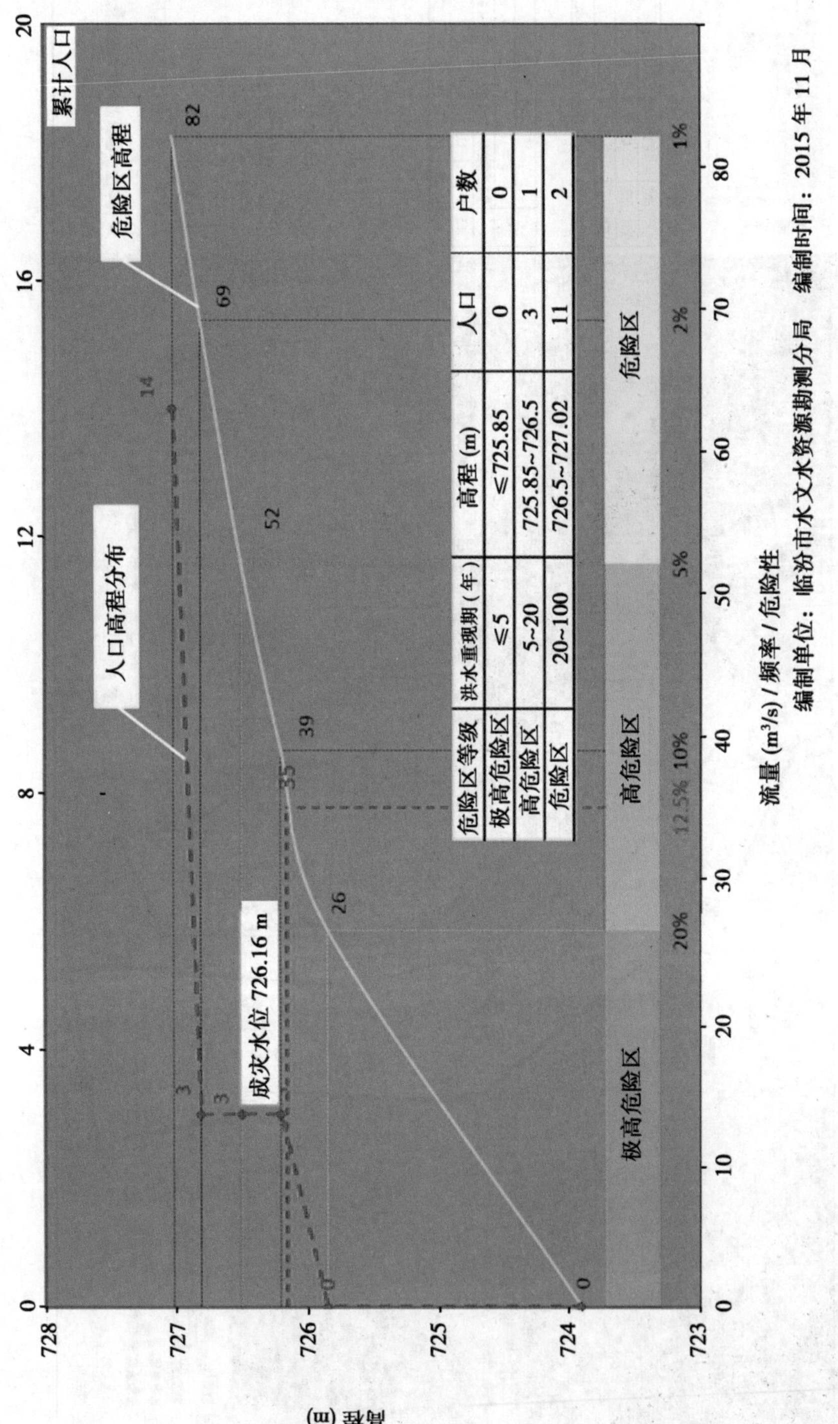

危险区等级	洪水重现期（年）	高程（m）	人口	户数
极高危险区	≤5	≤725.85	0	0
高危险区	5~20	725.85~726.5	3	1
危险区	20~100	726.5~727.02	11	2

桥沟村防洪现状评价图

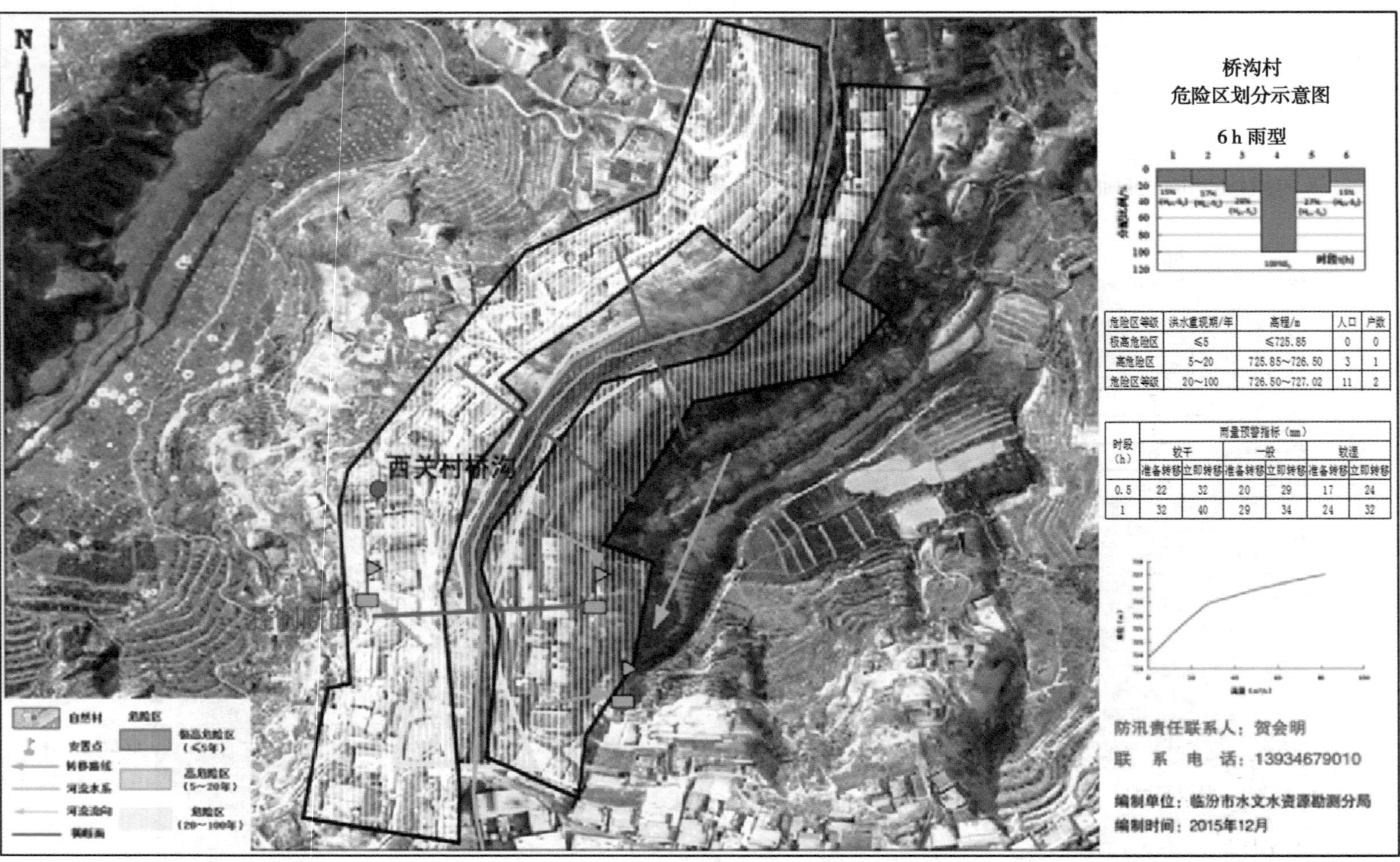
桥沟村
危险区划分示意图
6 h 雨型
危险区等级 | 洪水重现期/年 | 高程/m | 人口 | 户数
极高危险区 | ≤5 | ≤725.85 | 0 | 0
高危险区 | 5~20 | 725.85~726.50 | 3 | 1
危险区等级 | 20~100 | 726.50~727.02 | 11 | 2
时段(h) | 雨量预警指标（mm）
较干 | 一般 | 较湿
准备转移 | 立即转移 | 准备转移 | 立即转移 | 准备转移 | 立即转移
0.5 | 22 | 32 | 20 | 29 | 17 | 24
1 | 32 | 40 | 29 | 34 | 24 | 32
西关村桥沟
防汛责任联系人：贺会明
联 系 电 话：13934679010
编制单位：临汾市水文水资源勘测分局
编制时间：2015年12月
N
自然村
危险区
安置点
转移路线
河流水系
河流流向
极高危险区（≤5年）
高危险区（5~20年）
危险区（20~100年）

隰县 朱家峪村 分析评价成果

行政区划代码	141031204218000	行政区划名称	朱家峪村	小流域名称	朱家峪

集水面积(km^2)	152.7	河长(km)	30.58	河道比降(‰)	3.7	糙率	0.026

一、设计暴雨成果

历时	均值	变差系数	C_s/C_v	重现期雨量值(mm)				
				100 年	50 年	20 年	10 年	5 年
10 min	12.5	0.43	3.5	21.1	19	16.1	13.9	11.5
60 min	25.4	0.42	3.5	45.5	41.1	35	30.3	25.3
6 h	43.5	0.42	3.5	83.4	75.5	64.7	56.3	47.4
24 h	57.1	0.41	3.5	117.2	106.5	91.8	80.2	68
3 d	77.1	0.41	3.5	160.9	146	125.7	109.8	92.9

二、设计洪水成果

洪水要素	重现期洪水要素值				
	100 年	50 年	20 年	10 年	5 年
洪峰流量(m^3/s)	1 002	830	615	443	294
洪量(万 m^3)	701	571	411	297	209
洪水历时(h)	8	7.5	7	7	6.5
洪峰水位(m)	1 058.53	1 058.05	1 057.36	1 056.4	1 055.03

三、防洪现状评价

防洪能力(年)	11	成灾水位(m)	1 056.50

该村控制断面水位—流量—人口关系等防洪现状评价成果详见防洪现状评价图

四、预警指标成果

计算方法	流域模型法	预警时段(h)	0.5、1、2、3、4、5、6、	流域前期持水度 B_0	0、0.3、0.6

该村雨量预警指标详见危险区划分示意图

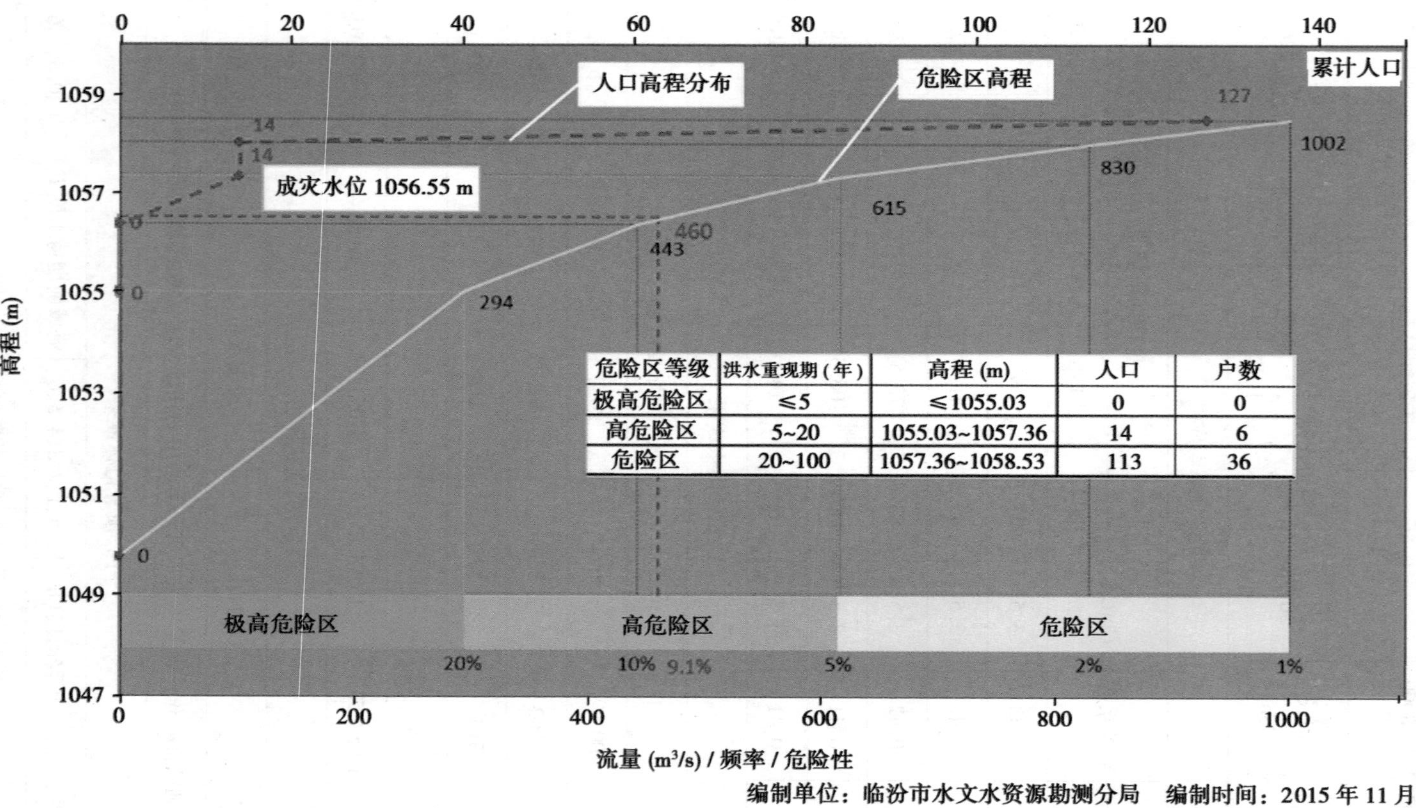

危险区等级	洪水重现期（年）	高程 (m)	人口	户数
极高危险区	≤5	≤1055.03	0	0
高危险区	5~20	1055.03~1057.36	14	6
危险区	20~100	1057.36~1058.53	113	36

朱家峪村防洪现状评价图

朱家峪村
危险区划分示意图
6 h 雨型
朱家峪
控制断面
危险区等级 | 洪水重现期/年 | 高程/m | 人口 | 户数
极高危险区 | ≤5 | ≤1055.03 | 0 | 0
高危险区 | 5~20 | 1055.03~1057.36 | 14 | 6
危险区等级 | 20~100 | 1057.36~1058.53 | 113 | 36
时段(h) | 雨量预警指标（mm）
较干 | 一般 | 较湿
准备转移 | 立即转移 | 准备转移 | 立即转移 | 准备转移 | 立即转移
0.5 | 23 | 33 | 21 | 29 | 18 | 25
1 | 33 | 41 | 29 | 36 | 25 | 30
2 | 48 | 53 | 43 | 48 | 37 | 43
自然村
危险区
安置点
河流水系
高危险区（5~20年）
防汛责任联系人：韩永宏
联　系　电　话：13453735532
编制单位：临汾市水文水资源勘测分局
编制时间：2015年12月

永和县 下桑壁村 分析评价成果

行政区划代码	141032101200000	行政区划名称	下桑壁村	小流域名称	下桑壁

集水面积(km^2)	62.44	河长(km)	18.4	河道比降(‰)	7.5	糙率	0.027

一、设计暴雨成果

历时	均值	变差系数	C_s/C_v	重现期雨量值(mm)				
				100 年	50 年	20 年	10 年	5 年
10 min	12.7	0.53	3.5	28.2	24.8	20.3	16.8	13.3
60 min	26.0	0.52	3.5	57.3	50.5	41.5	34.5	27.5
6 h	42.0	0.52	3.5	104.1	92.0	76.0	63.6	50.9
24 h	60.9	0.51	3.5	151.8	134.8	111.8	94.0	75.8
3 d	75.3	0.5	3.5	191.1	169.5	140.5	118.2	95.3

二、设计洪水成果

洪水要素	重现期洪水要素值				
	100 年	50 年	20 年	10 年	5 年
洪峰流量(m^3/s)	620.0	509.0	363.0	257.0	162.0
洪量(万 m^3)	438.0	349.0	240.0	164.0	106.0
洪水历时(h)	8.5	7.5	6.0	5.5	5.5
洪峰水位(m)	924.73	924.09	923.20	922.53	921.95

三、防洪现状评价

防洪能力(年)	8	成灾水位(m)	922.4

该村控制断面水位—流量—人口关系等防洪现状评价成果详见防洪现状评价图

四、预警指标成果

计算方法	流域模型法	预警时段(h)	0.5、1、2	流域前期持水度 B_0	0、0.3、0.6

该村雨量预警指标详见危险区划分示意图

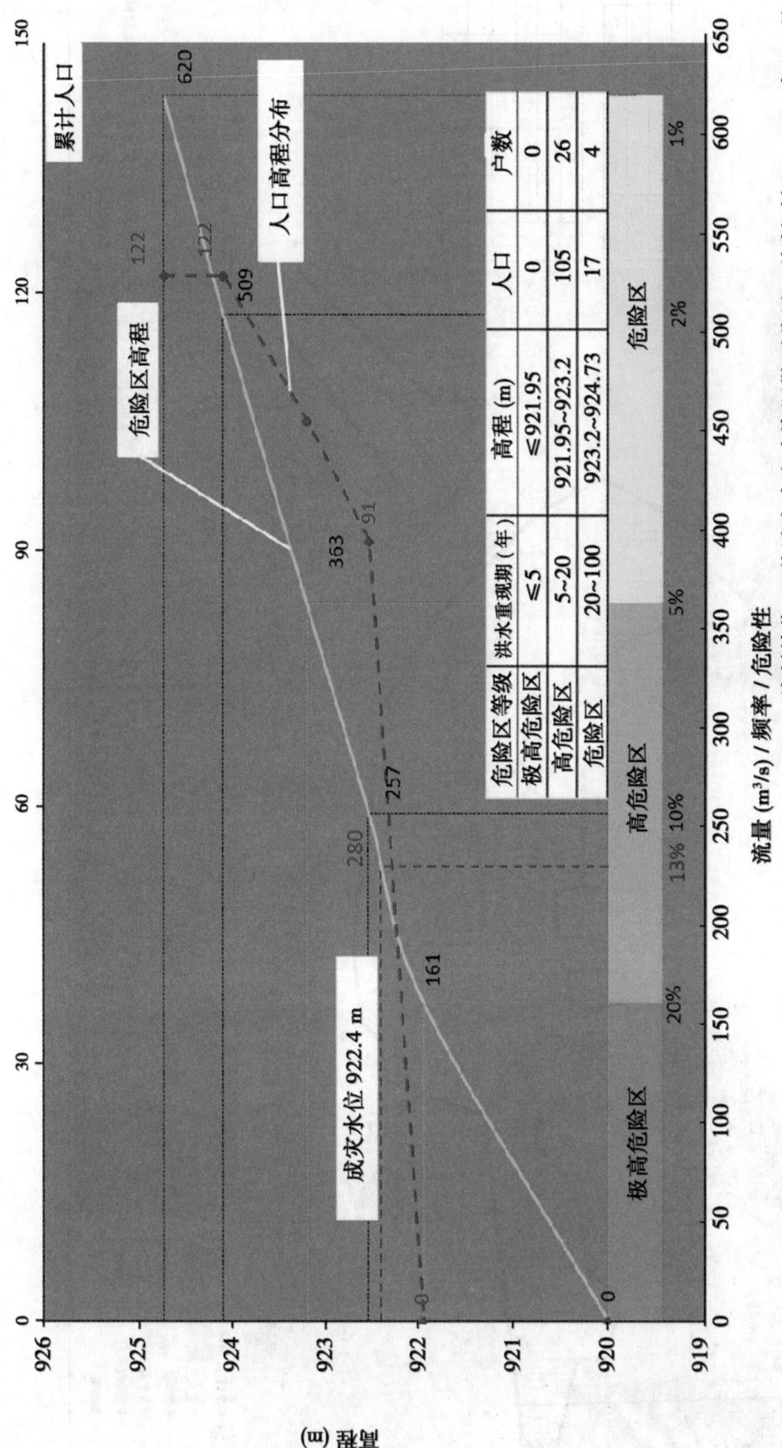

危险区等级	洪水重现期（年）	高程 (m)	人口	户数
极高危险区	≤5	≤921.95	0	0
高危险区	5~20	921.95~923.2	105	26
危险区	20~100	923.2~924.73	17	4

下桑壁村防洪现状评价图

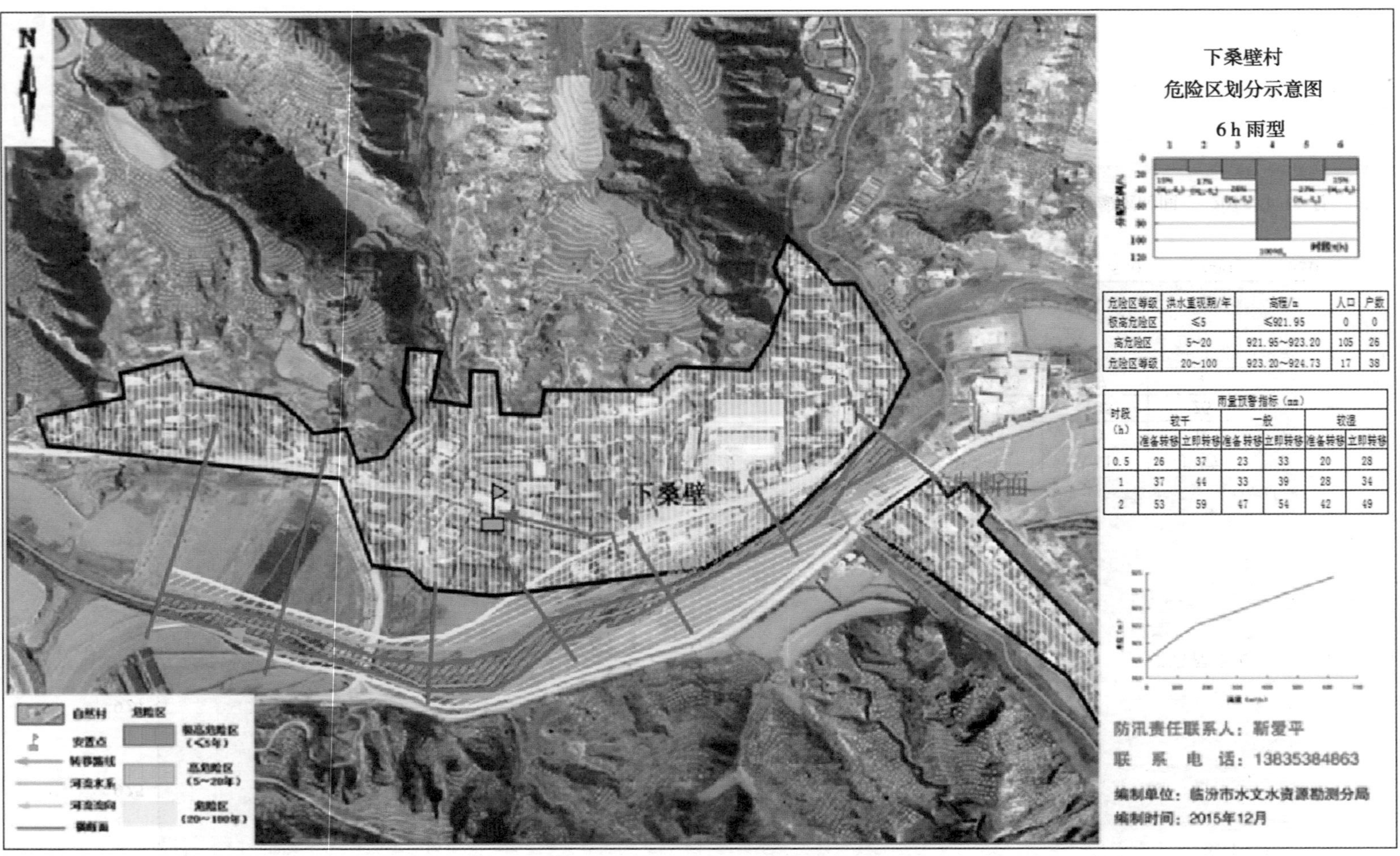

危险区等级	洪水重现期/年	高程/m	人口	户数
极高危险区	≤5	≤921.95	0	0
高危险区	5~20	921.95~923.20	105	26
危险区等级	20~100	923.20~924.73	17	38

时段(h)	雨量预警指标（mm）					
	较干		一般		较湿	
	准备转移	立即转移	准备转移	立即转移	准备转移	立即转移
0.5	26	37	23	33	20	28
1	37	44	33	39	28	34
2	53	59	47	54	42	49

蒲县 荆坡村 分析评价成果

行政区划代码	141033100207000	行政区划名称	荆坡村	小流域名称	荆坡

集水面积(km^2)	185.50	河长(km)	27.7	河道比降(‰)	7.1	糙率	0.025

一、设计暴雨成果

历时	均值	变差系数	C_s/C_v	重现期雨量值(mm)				
				100 年	50 年	20 年	10 年	5 年
10 min	12.8	0.46	3.5	22.1	19.8	16.6	14.1	11.5
60 min	26.8	0.45	3.5	46	41.2	34.7	29.7	24.4
6 h	39.9	0.45	3.5	84.5	76	64.3	55.3	45.8
24 h	57.8	0.45	3.5	123.2	111	94.4	81.4	67.8
3 d	80	0.44	3.5	174.7	157.4	133.9	115.6	96.3

二、设计洪水成果

洪水要素	重现期洪水要素值				
	100 年	50 年	20 年	10 年	5 年
洪峰流量(m^3/s)	416	319	207	133	82
洪量(万 m^3)	835	667	464	323	218
洪水历时(h)	17.5	17	17	16	16
洪峰水位(m)	963.36	962.89	962.24	961.71	961.17

三、防洪现状评价

防洪能力(年)	6	成灾水位(m)	961.36

该村控制断面水位—流量—人口关系等防洪现状评价成果详见防洪现状评价图

四、预警指标成果

计算方法	流域模型法	预警时段(h)	0.5、1、2、3、4	流域前期持水度 B_0	0、0.3、0.6

该村雨量预警指标详见危险区划分示意图

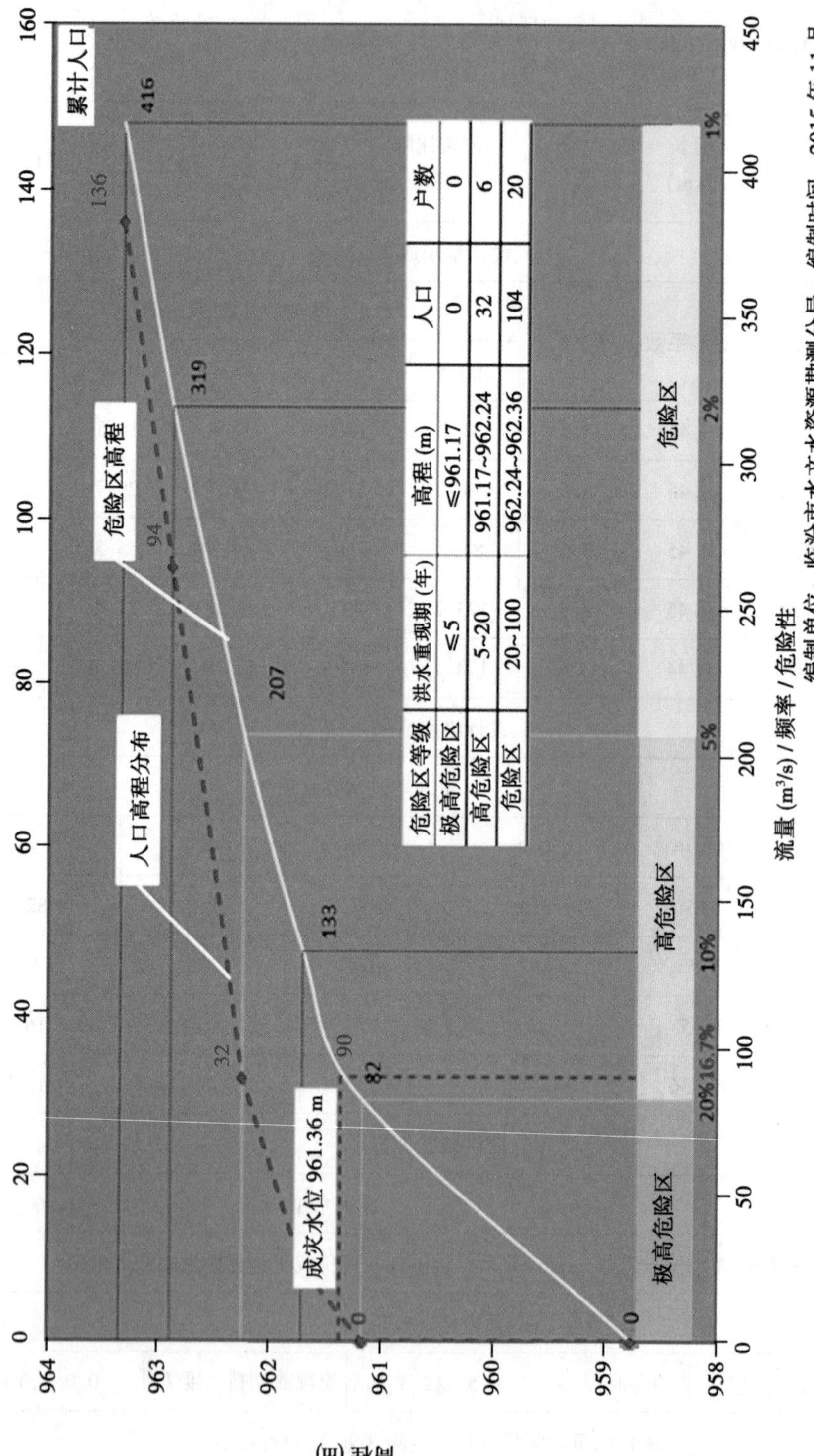

危险区等级	洪水重现期 (年)	高程 (m)	人口	户数
极高危险区	≤5	≤961.17	0	0
高危险区	5~20	961.17~962.24	32	6
危险区	20~100	962.24~962.36	104	20

判坡村防洪现状评价图

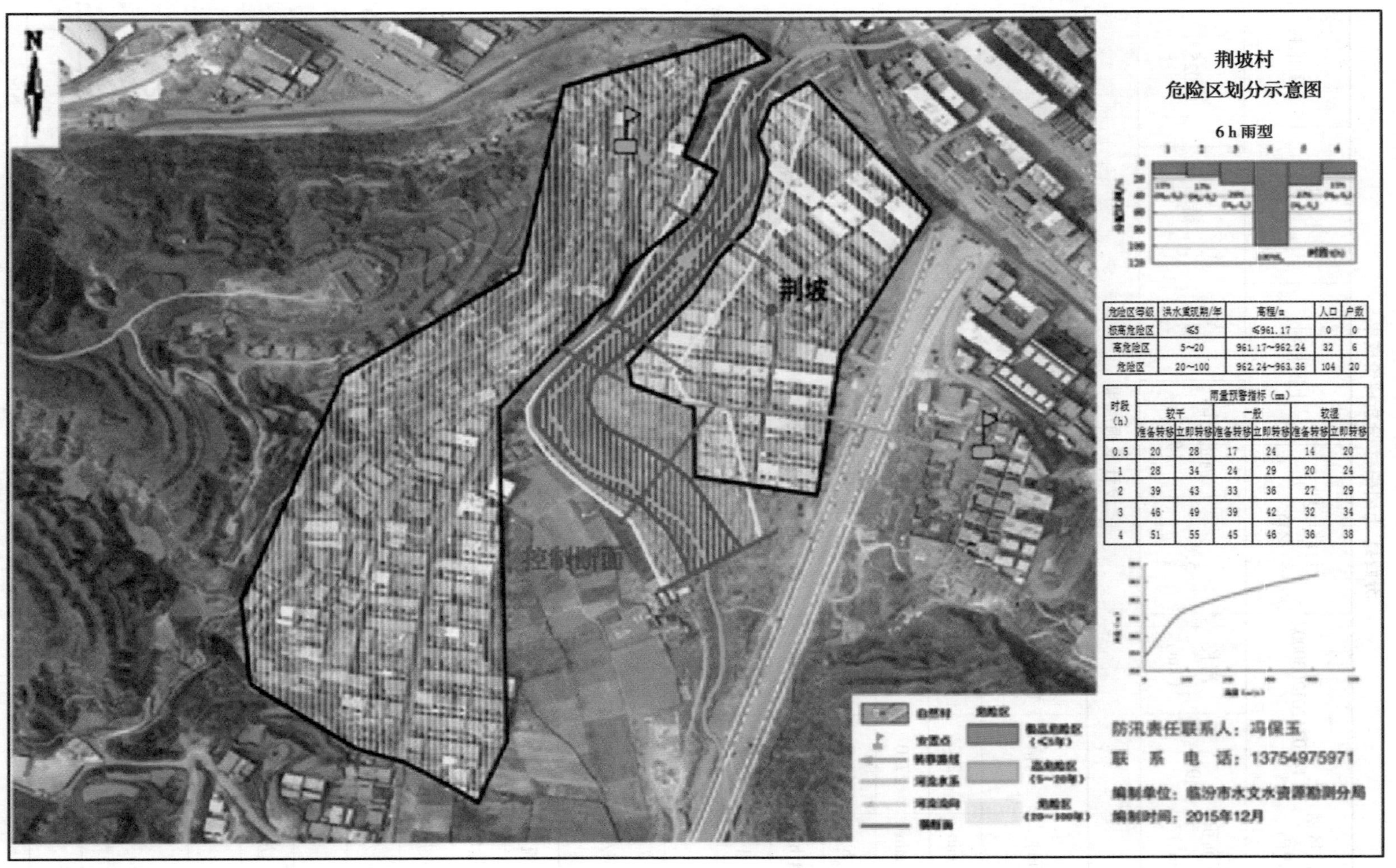

危险区等级	洪水重现期/年	高程/m	人口	户数
极高危险区	≤5	≤961.17	0	0
高危险区	5~20	961.17~962.24	32	6
危险区	20~100	962.24~963.36	104	20

时段(h)	雨量预警指标（mm）					
	较干		一般		较湿	
	准备转移	立即转移	准备转移	立即转移	准备转移	立即转移
0.5	20	28	17	24	14	20
1	28	34	24	29	20	24
2	39	43	33	36	27	29
3	46	49	39	42	32	34
4	51	55	45	46	36	38

汾西县 上团柏村 分析评价成果

行政区划代码	141034201203000	行政区划名称	上团柏村	小流域名称	上团柏村

集水面积(km^2)	9.3	河长(km)	5.1	河道比降(‰)	19.1	糙率	0.025

一、设计暴雨成果

历时	均值	变差系数	C_s/C_v	重现期雨量值(mm)				
				100年	50年	20年	10年	5年
10 min	12.2	0.52	3.5	30.9	27.2	22.3	18.6	14.7
60 min	27.0	0.5	3.5	64.6	57.1	47.0	39.3	31.4
6 h	44.3	0.5	3.5	117.6	104.1	86.1	72.2	58.0
24 h	66.2	0.48	3.5	167.7	148.8	123.4	103.9	83.8
3 d	77.8	0.46	3.5	195.2	174.0	145.4	123.3	100.5

二、设计洪水成果

洪水要素	重现期洪水要素值				
	100年	50年	20年	10年	5年
洪峰流量(m^3/s)	177	149	112	84	58
洪量(万m^3)	75	60	42	29	19
洪水历时(h)	4.5	3.5	2.8	2.5	2.0
洪峰水位(m)	586.66	586.45	586.14	585.87	585.59

三、防洪现状评价

防洪能力(年)	31	成灾水位(m)	586.30

该村控制断面水位—流量—人口关系等防洪现状评价成果详见防洪现状评价图

四、预警指标成果

计算方法	流域模型法	预警时段(h)	0.5、1	流域前期持水度 B_0	0、0.3、0.6

该村雨量预警指标详见危险区划分示意图

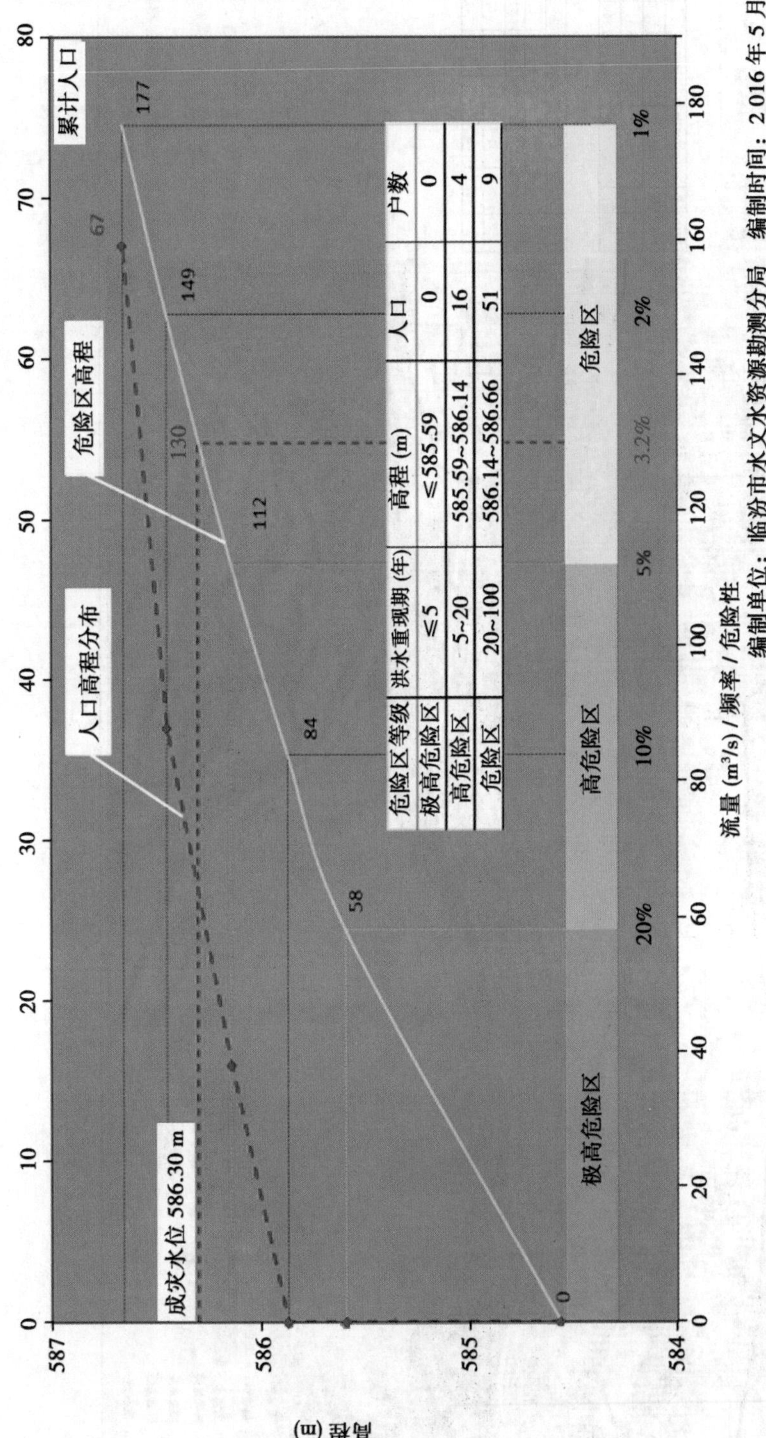

上团柏村防洪现状评价图

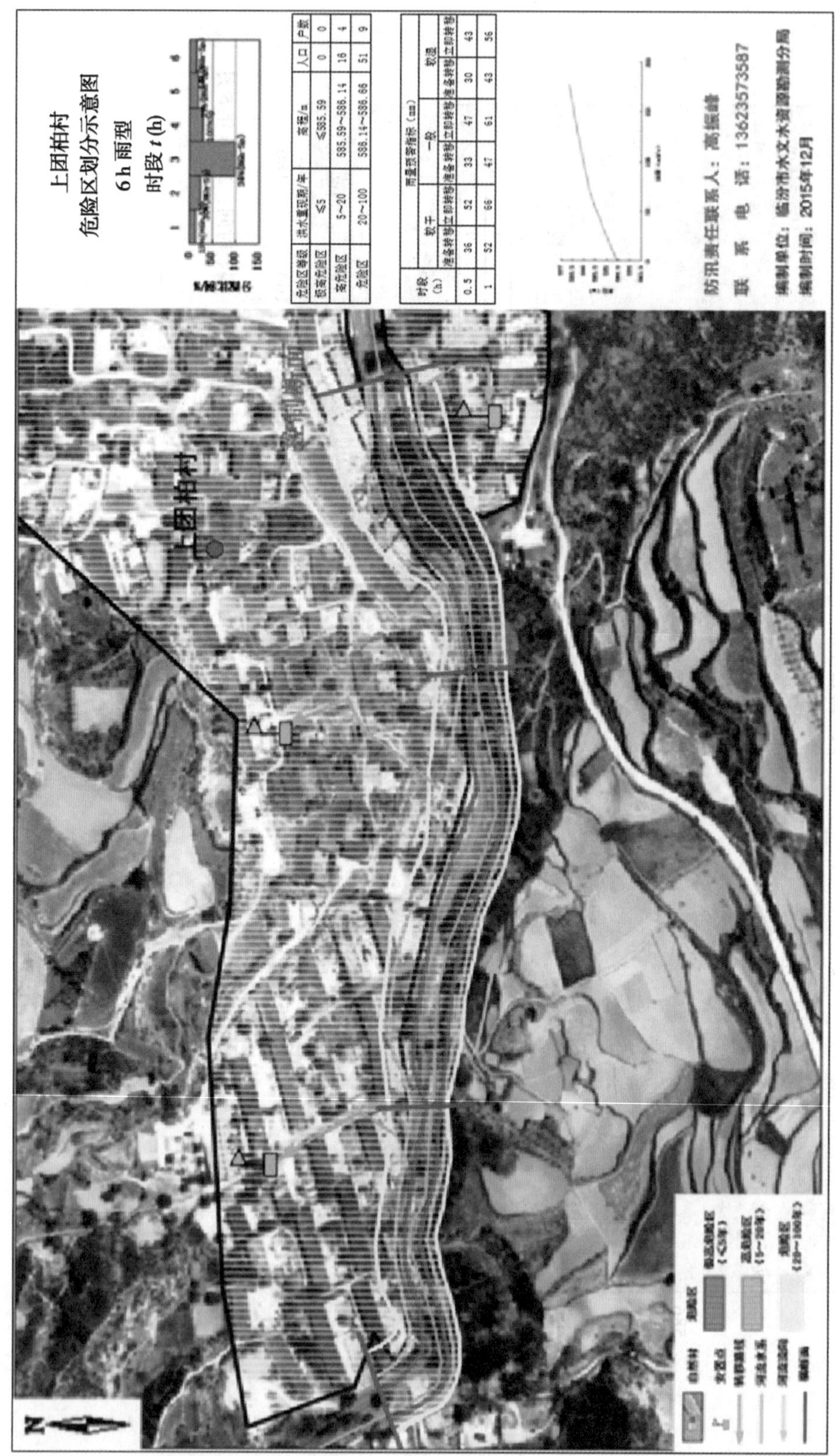
上团柏村
危险区划分示意图
6 h 雨型
时段 t (h)
上团柏村
危险区等级 | 洪水重现期/年 | 高程/m | 人口 | 户数
极高危险区 | ≤5 | ≤585.59 | 0 | 0
高危险区 | 5~20 | 585.59~586.14 | 16 | 4
危险区 | 20~100 | 586.14~586.66 | 51 | 9
雨量预警指标（mm）
时段 (h) | 较干 准备转移 | 较干 立即转移 | 一般 准备转移 | 一般 立即转移 | 较湿 准备转移 | 较湿 立即转移
0.5 | 36 | 52 | 33 | 47 | 30 | 43
1 | 52 | 66 | 47 | 61 | 43 | 56
防汛责任联系人：高振峰
联系电话：13623573587
编制单位：临汾市水文水资源勘测分局
编制时间：2015年12月

侯马市 复兴村 分析评价成果

行政区划代码	141081004204000	行政区划名称	复兴村	小流域名称	复兴村

集水面积（km^2）	5.46	河长（km）	3.0	河道比降（‰）	23.0	糙率	0.027

一、设计暴雨成果

历时	均值	变差系数	C_s/C_v	重现期雨量值(mm)				
				100 年	50 年	20 年	10 年	5 年
10 min	12.3	0.53	3.5	31.9	28.1	22.9	19.0	15.0
60 min	26.7	0.54	3.5	71.9	63.1	51.3	42.4	33.3
6 h	47.0	0.54	3.5	129.7	113.8	92.6	76.4	60.1
24 h	60.8	0.53	3.5	170.4	149.8	122.2	101.1	79.8
3 d	77.0	0.52	3.5	214.1	185.5	154.2	128.1	101.5

二、设计洪水成果

洪水要素	重现期洪水要素值				
	100 年	50 年	20 年	10 年	5 年
洪峰流量(m^3/s)	41.0	36.0	29.0	24.0	19.0
洪量(万 m^3)					
洪水历时(h)					
洪峰水位(m)	495.25	495.18	495.07	494.98	494.90

三、防洪现状评价

防洪能力(年)	18	成灾水位(m)	495.07

该村控制断面水位—流量—人口关系等防洪现状评价成果详见防洪现状评价图

四、预警指标成果

计算方法	流域模型法	预警时段(h)	0.5、1	流域前期持水度 B_0	0、0.3、0.6

该村雨量预警指标详见危险区划分示意图

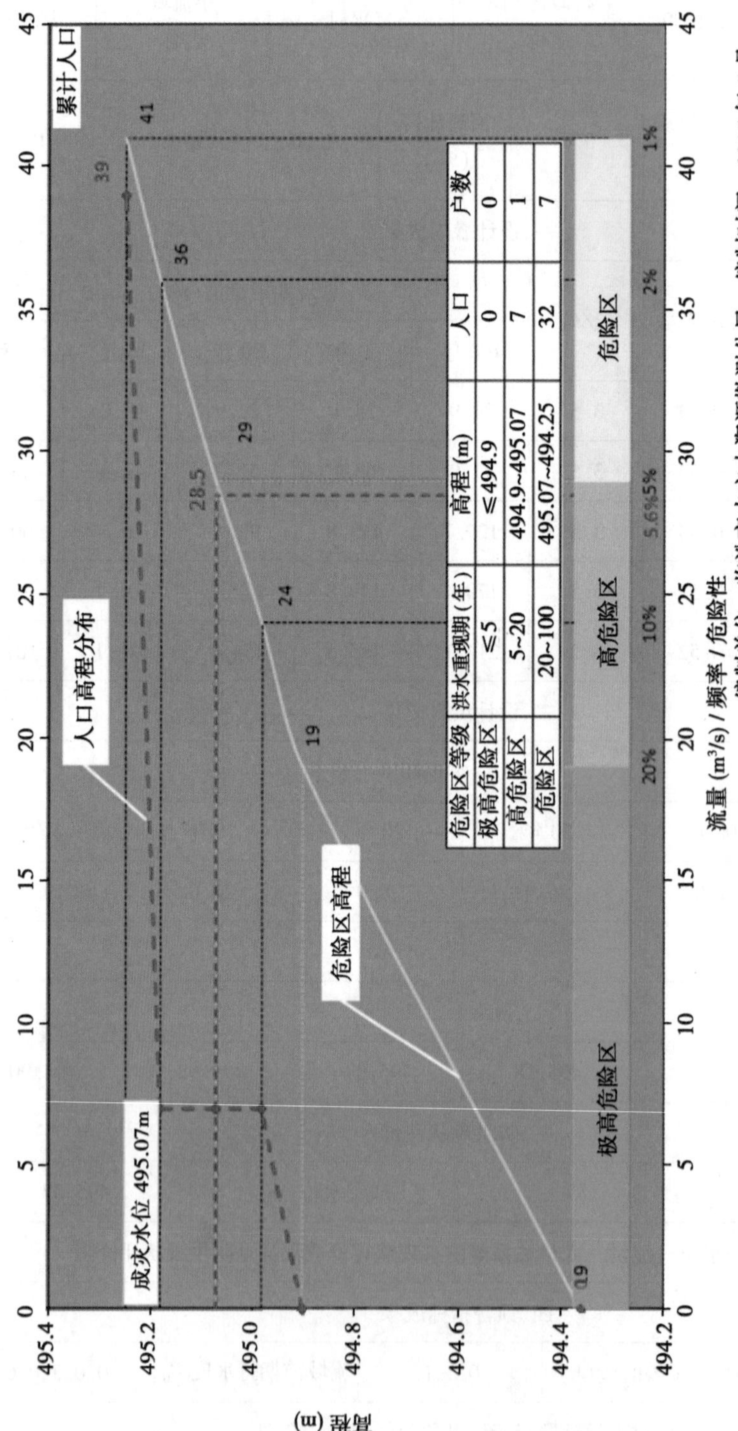

危险区等级	洪水重现期（年）	高程（m）	人口	户数
极高危险区	≤5	≤494.9	0	0
高危险区	5~20	494.9~495.07	7	1
危险区	20~100	495.07~494.25	32	7

复兴村防洪现状评价图

N
复兴村
危险区划分示意图
6 h 雨型
时段 t(h)
危险区等级 | 洪水重现期/年 | 高程/m | 人口 | 户数
极高危险区 | ≤5 | ≤494.90 | 0 | 0
高危险区 | 5~20 | 494.90~495.07 | 7 | 1
危险区 | 20~100 | 495.07~495.25 | 32 | 7
时段(h) | 雨量预警指标(mm)
较干 | 一般 | 较湿
准备转移 | 立即转移 | 准备转移 | 立即转移 | 准备转移 | 立即转移
0.5 | 20 | 29 | 18 | 25 | 14 | 21
1 | 29 | 36 | 25 | 32 | 21 | 27
复兴村
自然村
危险区
安置点
转移路线
河流水系
河流流向
断面
极高危险区（≤5年）
高危险区（5~20年）
危险区（20~100年）
防汛责任联系人：张建设
联　系　电　话：18735955698
编制单位：临汾市水文水资源勘测分局
编制时间：2015年12月

霍州市 杨枣村 分析评价成果

行政区划代码	141082103206000	行政区划名称	杨枣村	小流域名称	杨枣村

集水面积(km^2)	22.8	河长(km)	4.5	河道比降(‰)	17.3	糙率	0.026

一、设计暴雨成果

历时	均值	变差系数	C_s/C_v	重现期雨量值(mm)				
				100年	50年	20年	10年	5年
10 min	13.6	0.55	3.5	34.3	30.0	24.4	20.1	15.8
60 min	28.0	0.49	3.5	63.7	56.4	46.6	39.1	31.4
6 h	44.5	0.47	3.5	109.5	97.7	81.6	69.3	56.5
24 h	66.5	0.45	3.5	157.7	141.0	118.3	100.7	82.5
3 d	79.5	0.39	3.5	174.7	158.2	135.7	118.0	99.4

二、设计洪水成果

洪水要素	重现期洪水要素值				
	100年	50年	20年	10年	5年
洪峰流量(m^3/s)	290	241	176	127	83
洪量(万m^3)	162	131	93	66	44
洪水历时(h)	5.5	5.0	4.0	4.0	3.5
洪峰水位(m)	664.67	664.49	664.17	663.91	663.39

三、防洪现状评价

防洪能力(年)	20	成灾水位(m)	664.20

该村控制断面水位—流量—人口关系等防洪现状评价成果详见防洪现状评价图

四、预警指标成果

计算方法	流域模型法	预警时段(h)	0.5、1	流域前期持水度 B_0	0、0.3、0.6

该村雨量预警指标详见危险区划分示意图

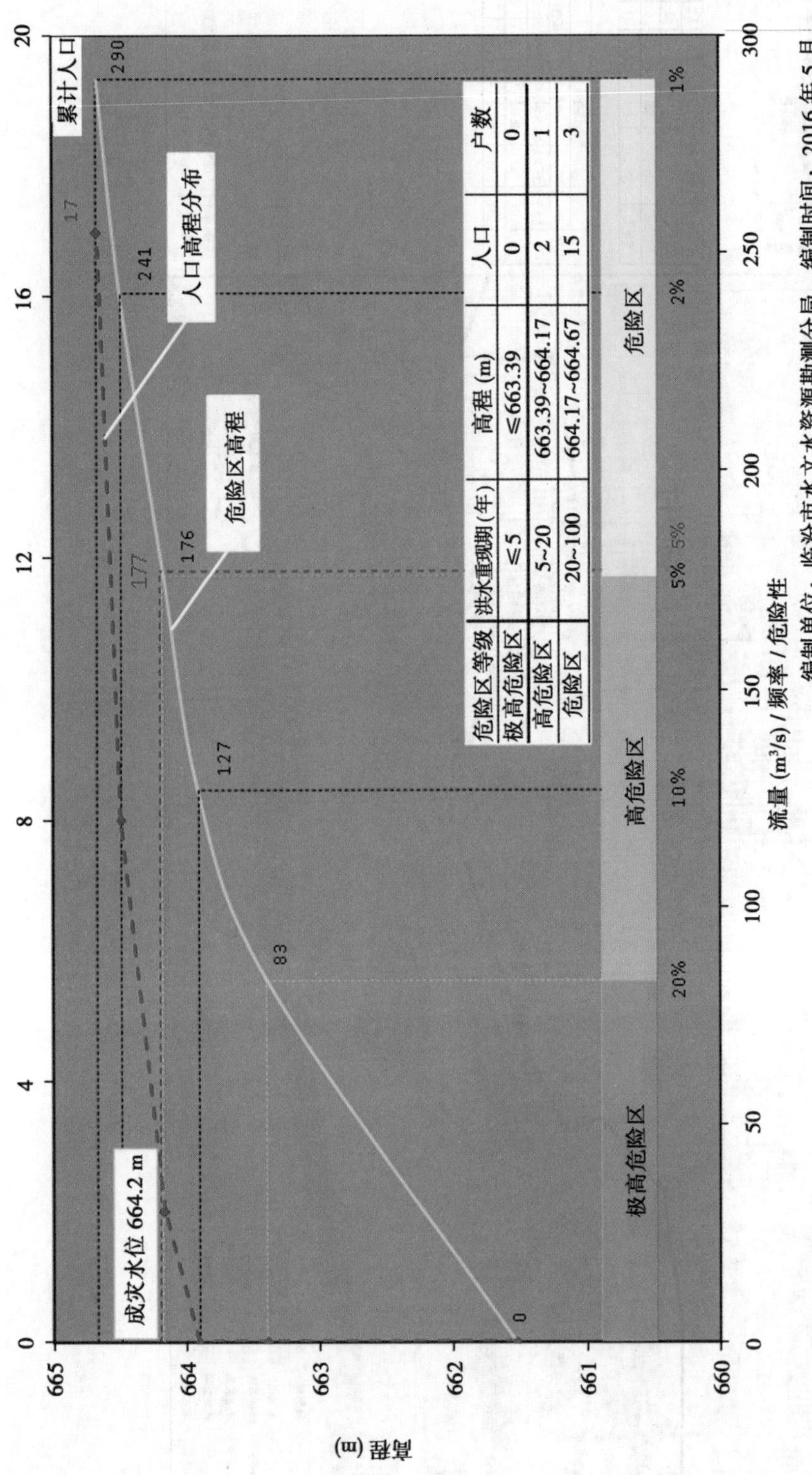

危险区等级	洪水重现期（年）	高程 (m)	人口	户数
极高危险区	≤5	≤663.39	0	0
高危险区	5~20	663.39~664.17	2	1
危险区	20~100	664.17~664.67	15	3

杨枣村防洪现状评价图

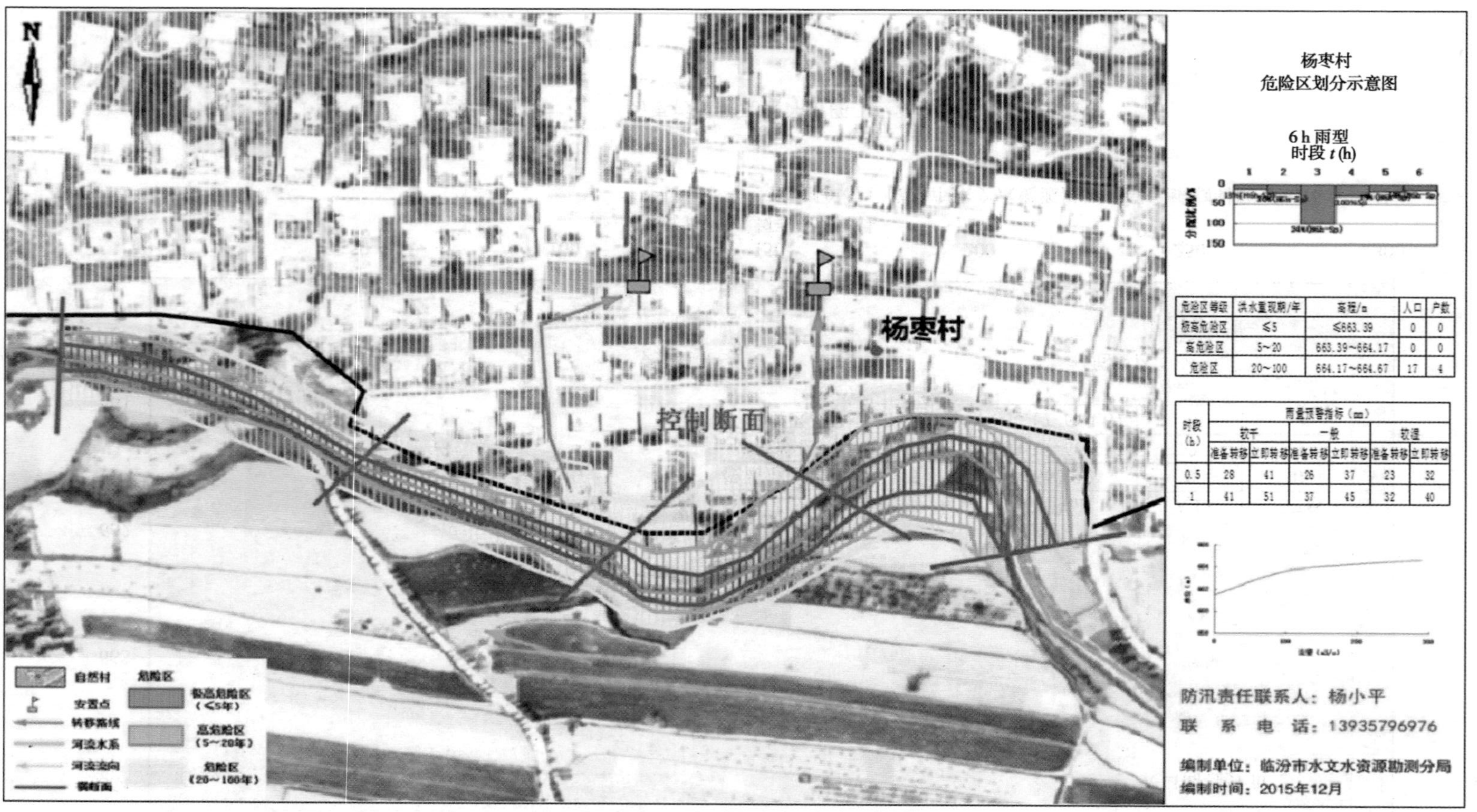
N
杨枣村
危险区划分示意图
6 h 雨型
时段 t (h)
杨枣村
控制断面
危险区等级 洪水重现期/年 高程/m 人口 户数
极高危险区 ≤5 ≤663.39 0 0
高危险区 5～20 663.39～664.17 0 0
危险区 20～100 664.17～664.67 17 4
雨量预警指标（mm）
时段(h) 较干 一般 较湿
准备转移 立即转移 准备转移 立即转移 准备转移 立即转移
0.5 28 41 26 37 23 32
1 41 51 37 45 32 40
自然村
安置点
转移路线
河流水系
河流流向
横断面
危险区
极高危险区（≤5年）
高危险区（5～20年）
危险区（20～100年）
防汛责任联系人：杨小平
联 系 电 话：13935796976
编制单位：临汾市水文水资源勘测分局
编制时间：2015年12月

离石区 小神头村 分析评价成果

行政区划代码	141102101220000	行政区划名称	小神头村	小流域名称	小东川

集水面积(km^2)	87.58	河长(km)	16.03	河道比降(‰)	31.6	糙率	0.028

一、设计暴雨成果

历时	均值	变差系数	C_s/C_v	重现期雨量值(mm)				
				100 年	50 年	20 年	10 年	5 年
10 min	13.3	0.60	3.5	33.3	28.8	22.8	18.3	13.9
60 min	27.2	0.60	3.5	62.3	54.2	43.5	35.4	27.3
6 h	39.0	0.50	3.5	99.4	88.0	72.6	60.7	48.6
24 h	58.7	0.40	3.5	126.1	113.9	97.2	84.0	70.3
3 d	78.8	0.40	3.5	166.8	151.5	130.8	114.4	97.1

二、设计洪水成果

洪水要素	重现期洪水要素值				
	100 年	50 年	20 年	10 年	5 年
洪峰流量(m^3/s)	378	293	187	115	64.7
洪量(m^3)	514.9	409.3	278.8	187.7	118.2
洪水历时(h)	13.5	13.5	15.5	16.5	18
洪峰水位(m)	1 297.95	1 297.84	1 297.68	1 297.5	1 296.83

三、防洪现状评价

防洪能力(年)	8.3	成灾水位(m)	1 297.363
该村控制断面水位—流量—人口关系等防洪现状评价成果详见防洪现状评价图			

四、预警指标成果

计算方法	流域模型法	预警时段(h)	0.5、1、2、3、4	流域前期持水度 B_0	0、0.3、0.6
该村雨量预警指标详见危险区划分示意图					

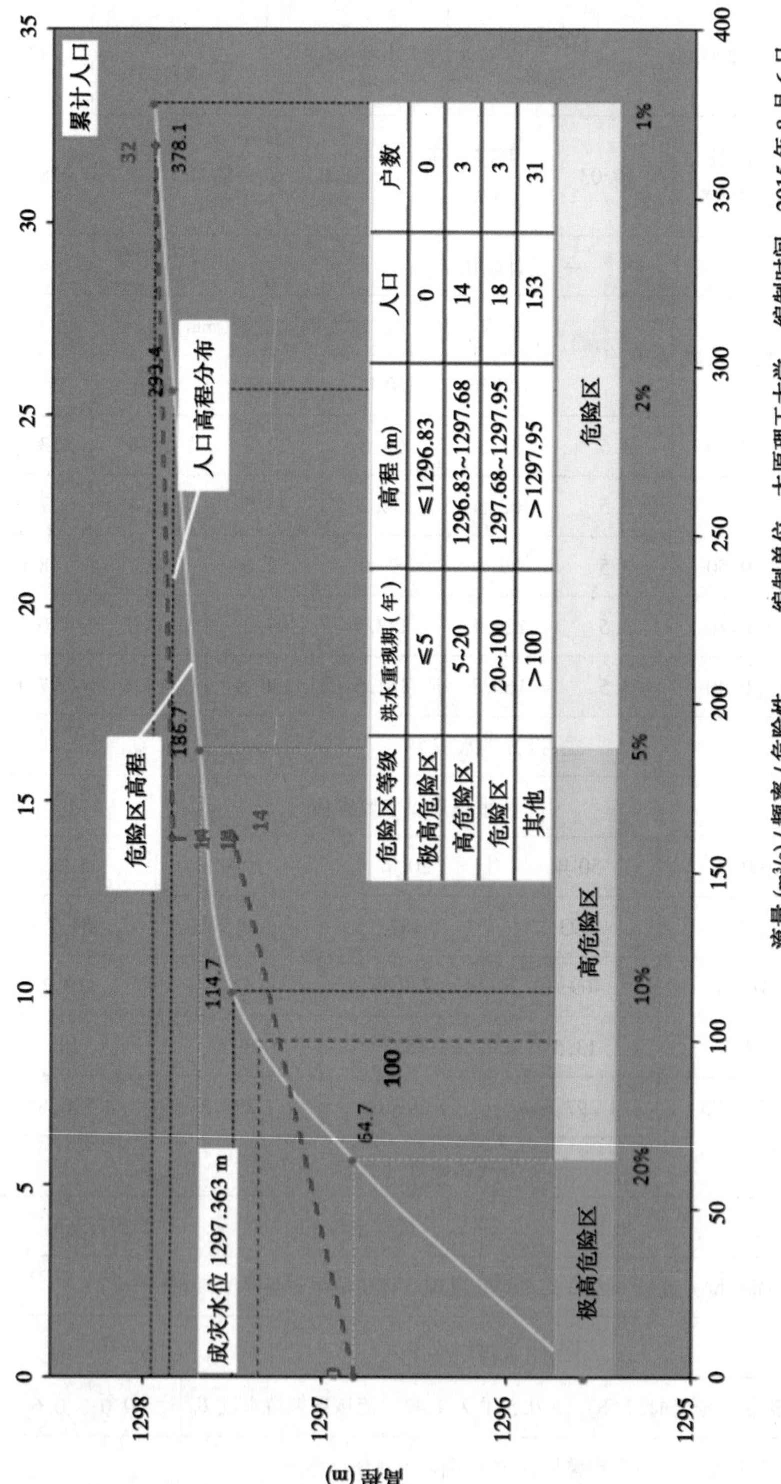

危险区等级	洪水重现期(年)	高程 (m)	人口	户数
极高危险区	≤5	≤1296.83	0	0
高危险区	5~20	1296.83~1297.68	14	3
危险区	20~100	1297.68~1297.95	18	3
其他	>100	>1297.95	153	31

流量 (m^3/s) / 频率 / 危险性

编制单位：太原理工大学　　编制时间：2015 年 8 月 6 日

小神头村防洪现状评价图

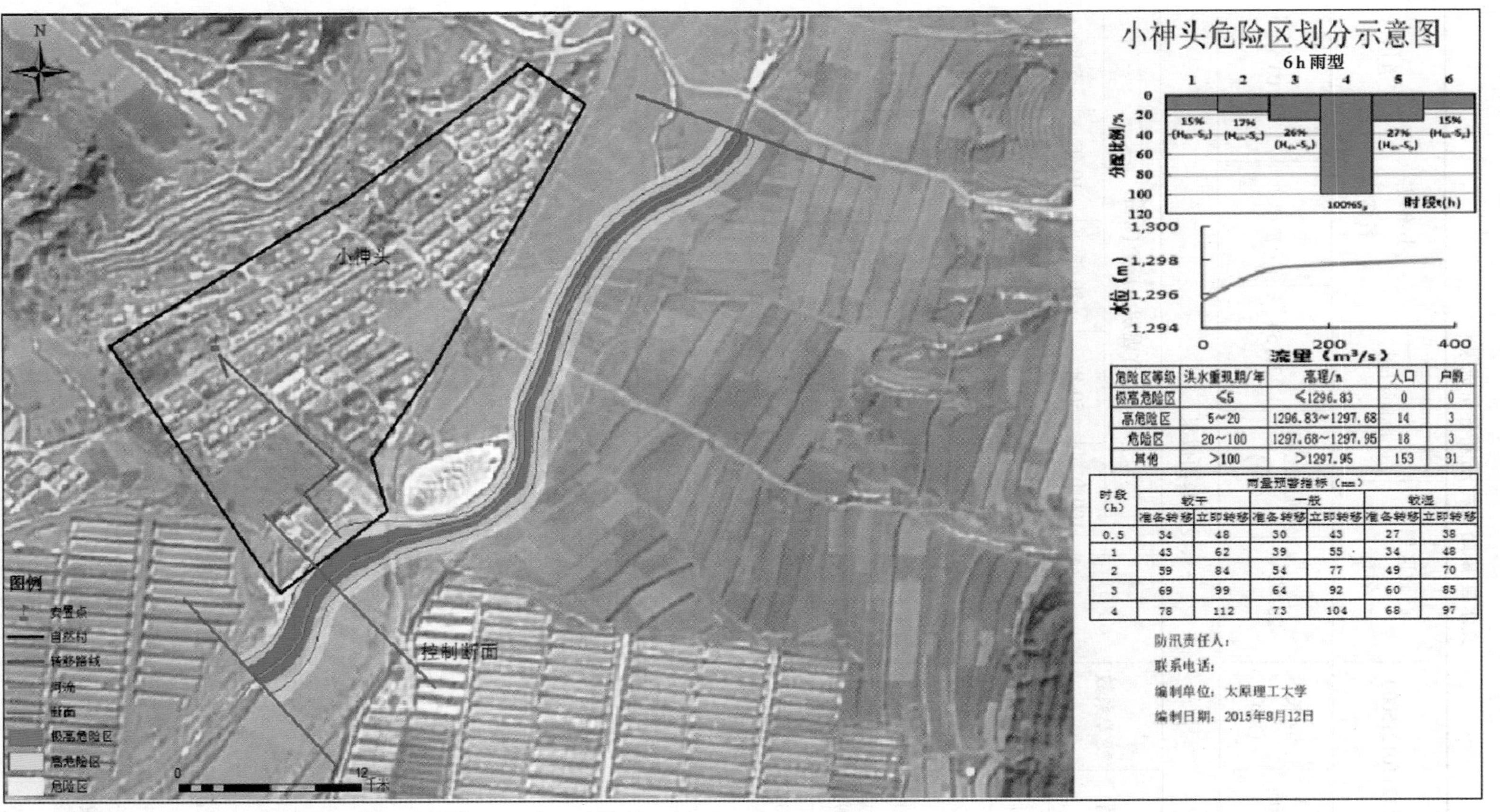

危险区等级	洪水重现期/年	高程/m	人口	户数
极高危险区	≤5	≤1296.83	0	0
高危险区	5~20	1296.83~1297.68	14	3
危险区	20~100	1297.68~1297.95	18	3
其他	>100	>1297.95	153	31

时段(h)	雨量预警指标(mm)					
	较干		一般		较湿	
	准备转移	立即转移	准备转移	立即转移	准备转移	立即转移
0.5	34	48	30	43	27	38
1	43	62	39	55	34	48
2	59	84	54	77	49	70
3	69	99	64	92	60	85
4	78	112	73	104	68	97

文水县 麻峪口村 分析评价成果

行政区划代码	141121101215000	行政区划名称	麻峪口村	小流域名称	三道川

集水面积(km^2)	150.05	河长(km)	28.02	河道比降(‰)	20.54	糙率	0.03

一、设计暴雨成果

历时	均值	变差系数	C_s/C_v	重现期雨量值(mm)				
				100 年	50 年	20 年	10 年	5 年
10 min	13.1	0.6	3.5	31	27	21	17	13
60 min	26.2	0.55	3.5	56	49	40	32	26
6 h	39.0	0.5	3.5	90	81	67	56	46
24 h	60.0	0.41	3.5	120	109	94	82	69
3 d	82.0	0.4	3.5	141	131	116	106	92

二、设计洪水成果

洪水要素	重现期洪水要素值				
	100 年	50 年	20 年	10 年	5 年
洪峰流量(m^3/s)	168	119	67	38	21
洪量(万 m^3)	376	285	178	113	70
洪水历时(h)	11	11	11	11	11
洪峰水位(m)	1 389.35	1 389.17	1 388.92	1 388.72	1 388.55

三、防洪现状评价

防洪能力(年)	13	成灾水位(m)	1 388.8

该村控制断面水位—流量—人口关系等防洪现状评价成果详见防洪现状评价图

四、预警指标成果

计算方法	流域模型法	预警时段(h)	0.5、1	流域前期持水度 B_0	0、0.3、0.6

该村雨量预警指标详见危险区划分示意图

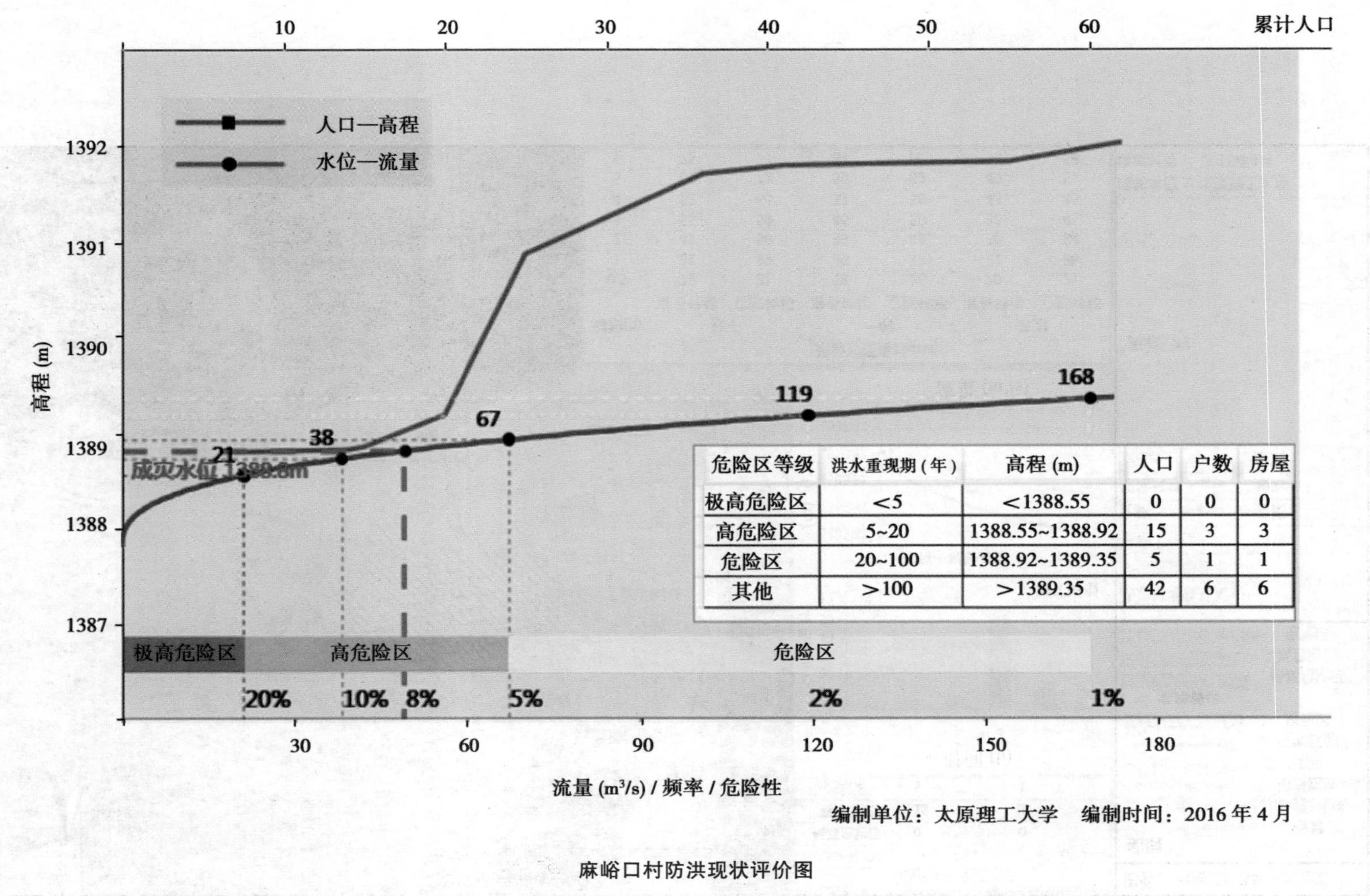

危险区等级	洪水重现期（年）	高程 (m)	人口	户数	房屋
极高危险区	<5	<1388.55	0	0	0
高危险区	5~20	1388.55~1388.92	15	3	3
危险区	20~100	1388.92~1389.35	5	1	1
其他	>100	>1389.35	42	6	6

麻峪口村防洪现状评价图

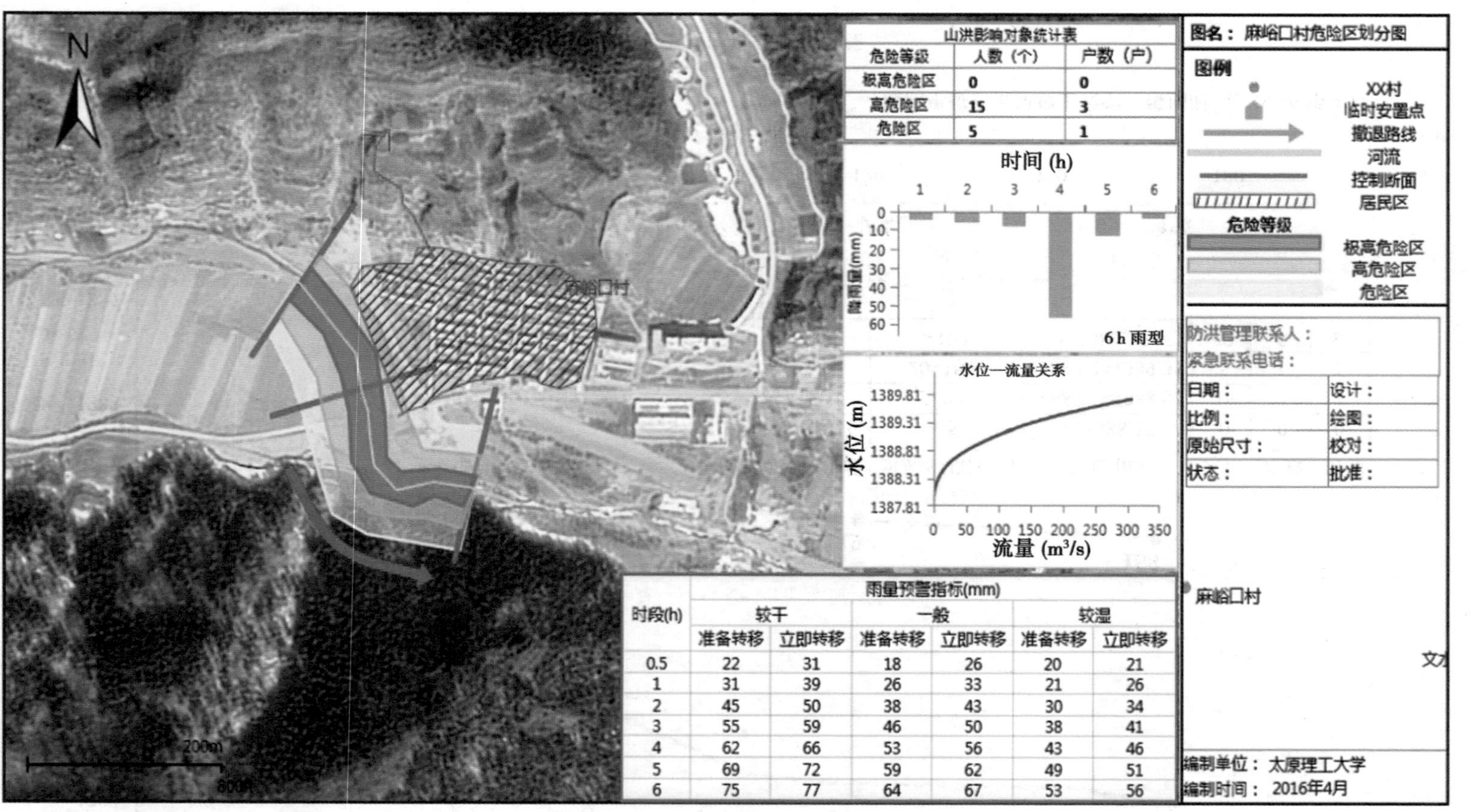

山洪影响对象统计表

危险等级	人数（个）	户数（户）
极高危险区	0	0
高危险区	15	3
危险区	5	1

时段(h)	雨量预警指标(mm)					
	较干		一般		较湿	
	准备转移	立即转移	准备转移	立即转移	准备转移	立即转移
0.5	22	31	18	26	20	21
1	31	39	26	33	21	26
2	45	50	38	43	30	34
3	55	59	46	50	38	41
4	62	66	53	56	43	46
5	69	72	59	62	49	51
6	75	77	64	67	53	56

交城县 西汾阳村 分析评价成果

行政区划代码	141122100213000	行政区划名称	西汾阳村	小流域名称	瓦窑河

集水面积(km^2)	53.55	河长(km)	30.90	河道比降(‰)	20.59	糙率	0.03

一、设计暴雨成果

历时	均值	变差系数	C_s/C_v	重现期雨量值(mm)				
				100 年	50 年	20 年	10 年	5 年
10 min	12.3	0.55	3.5	29	25	21	17	13
60 min	24.3	0.50	3.5	55	49	40	33	26
6 h	40.4	0.50	3.5	94	85	70	60	49
24 h	60.7	0.40	3.5	132	119	102	88	74
3 d	80.4	0.44	3.5	163	148	131	116	98

二、设计洪水成果

洪水要素	重现期洪水要素值				
	100 年	50 年	20 年	10 年	5 年
洪峰流量(m^3/s)	280	229	156	107	66
洪量(万 m^3)	329	270	187	133	89
洪水历时(h)	13.0	13.0	12.0	12.0	12.0
洪峰水位(m)	754.96	754.82	754.59	754.38	754.14

三、防洪现状评价

防洪能力(年)	5	成灾水位(m)	754.2

该村控制断面水位—流量—人口关系等防洪现状评价成果详见防洪现状评价图

四、预警指标成果

计算方法	流域模型法	预警时段(h)	0.5、1、2、3	流域前期持水度 B_0	0、0.3、0.6

该村雨量预警指标详见危险区划分示意图

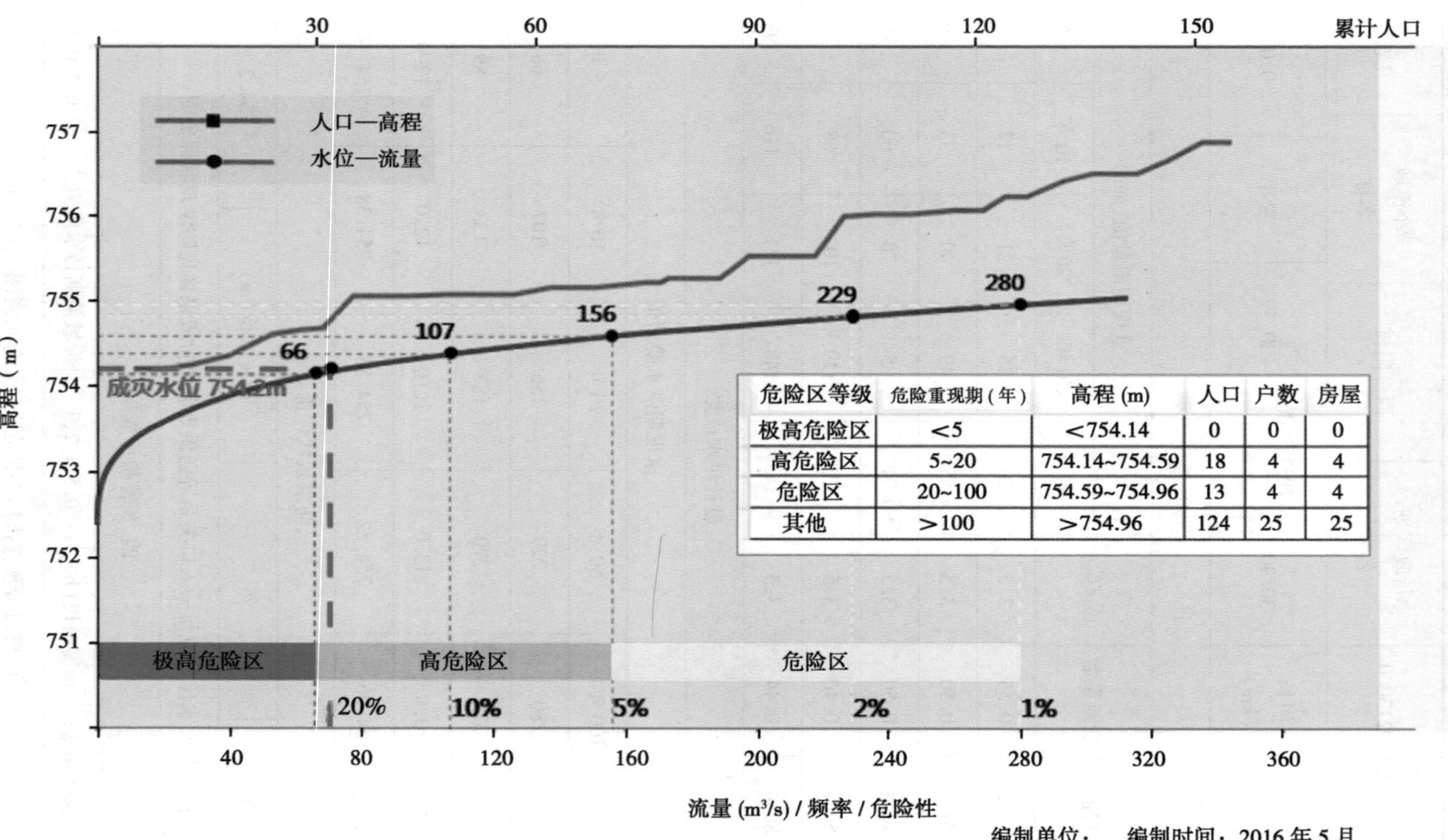

危险区等级	危险重现期（年）	高程 (m)	人口	户数	房屋
极高危险区	<5	<754.14	0	0	0
高危险区	5~20	754.14~754.59	18	4	4
危险区	20~100	754.59~754.96	13	4	4
其他	>100	>754.96	124	25	25

西汾阳村防洪现状评价图

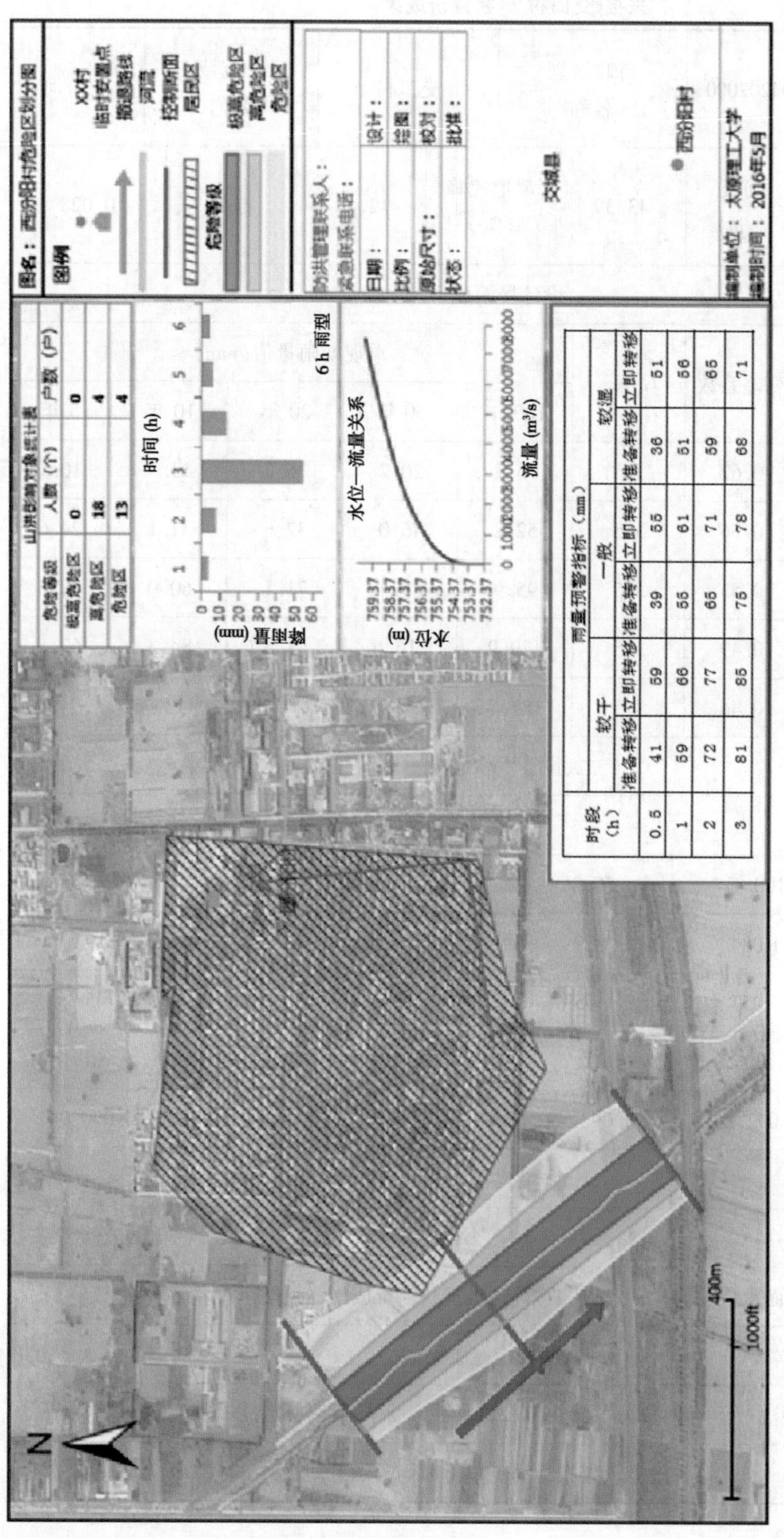

山洪影响对象统计表

危险等级	人数（个）	户数（户）
极高危险区	0	0
高危险区	18	4
危险区	13	4

时段（h）	雨量预警指标（mm）					
	较干		一般		较湿	
	准备转移	立即转移	准备转移	立即转移	准备转移	立即转移
0.5	41	59	39	55	36	51
1	59	66	55	61	51	56
2	72	77	65	71	59	65
3	81	85	75	78	68	71

兴县 交口村 分析评价成果

行政区划代码	141123204202000	行政区划名称	交口村	小流域名称	蔚汾河

集水面积(km^2)	379.60	河长(km)	43.39	河道比降(‰)	12.44	糙率	0.028

一、设计暴雨成果

历时	均值	变差系数	C_s/C_v	重现期雨量值(mm)				
				100年	50年	20年	10年	5年
10 min	11.6	0.62	3.5	23.2	20.2	16.2	13.1	10.1
60 min	25.1	0.56	3.5	52.2	46.0	37.6	31.1	24.6
6 h	45.5	0.53	3.5	95.9	85.4	71.1	60.0	48.6
24 h	58.4	0.49	3.5	129.9	116.6	98.4	84.3	69.5
3 d	79.8	0.46	3.5	171.7	154.6	131.5	113.3	94.4

二、设计洪水成果

洪水要素	重现期洪水要素值				
	100年	50年	20年	10年	5年
洪峰流量(m^3/s)	1 084	829	529	333	192
洪量(万m^3)	1 957	1 553	1 058	718	458
洪水历时(h)	20	20	22	24	36
洪峰水位(m)	1 092.85	1 092.47	1 091.97	1 091.5	1 090.94

三、防洪现状评价

防洪能力(年)	5	成灾水位(m)	1 090.94
该村控制断面水位—流量—人口关系等防洪现状评价成果详见防洪现状评价图			

四、预警指标成果

计算方法	流域模型法	预警时段(h)	1、2、3、4	流域前期持水度 B_0	0、0.3、0.6
该村雨量预警指标详见危险区划分示意图					

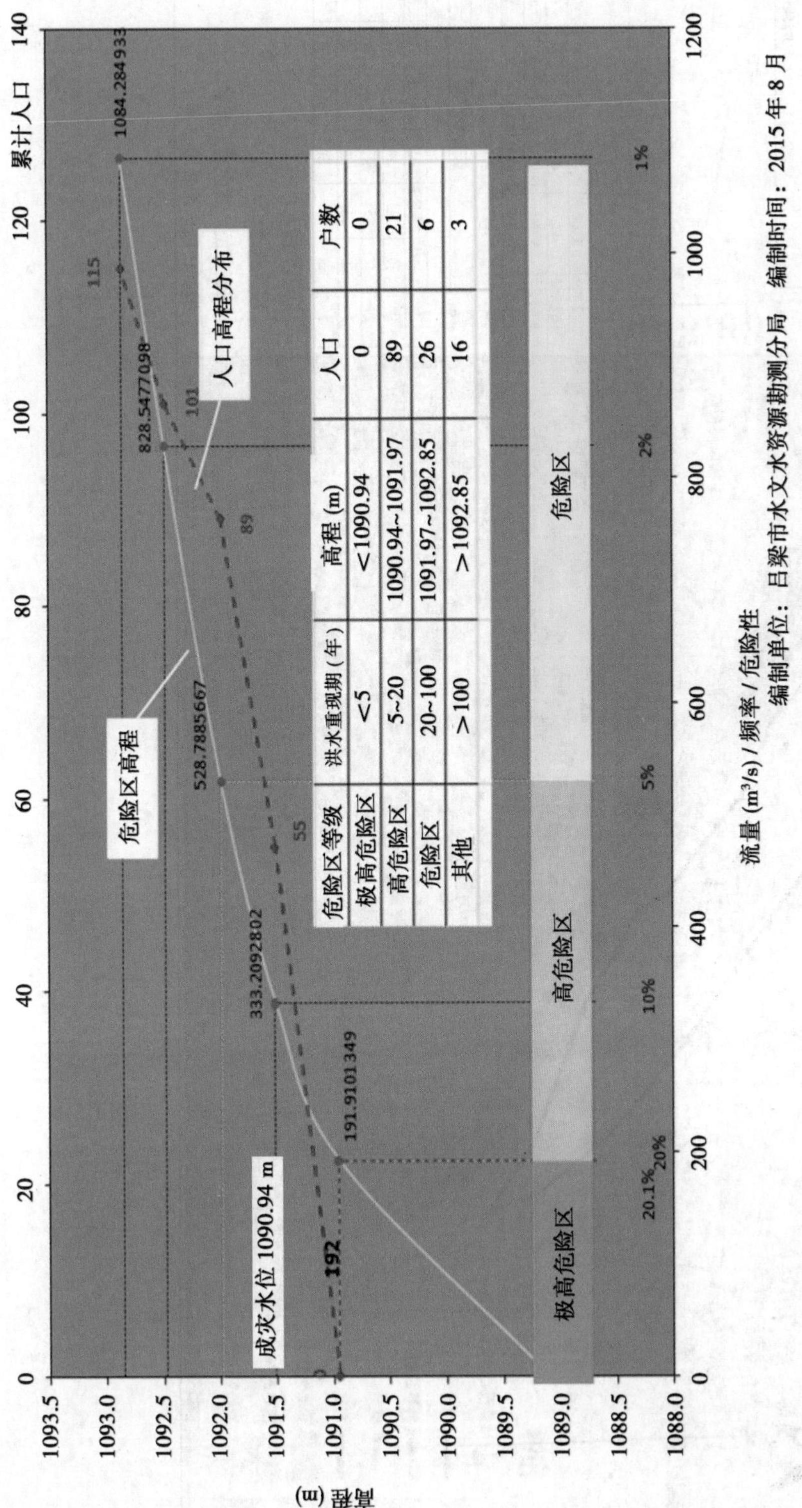

危险区等级	洪水重现期（年）	高程 (m)	人口	户数
极高危险区	<5	<1090.94	0	0
高危险区	5~20	1090.94~1091.97	89	21
危险区	20~100	1091.97~1092.85	26	6
其他	>100	>1092.85	16	3

交口村防洪现状评价图

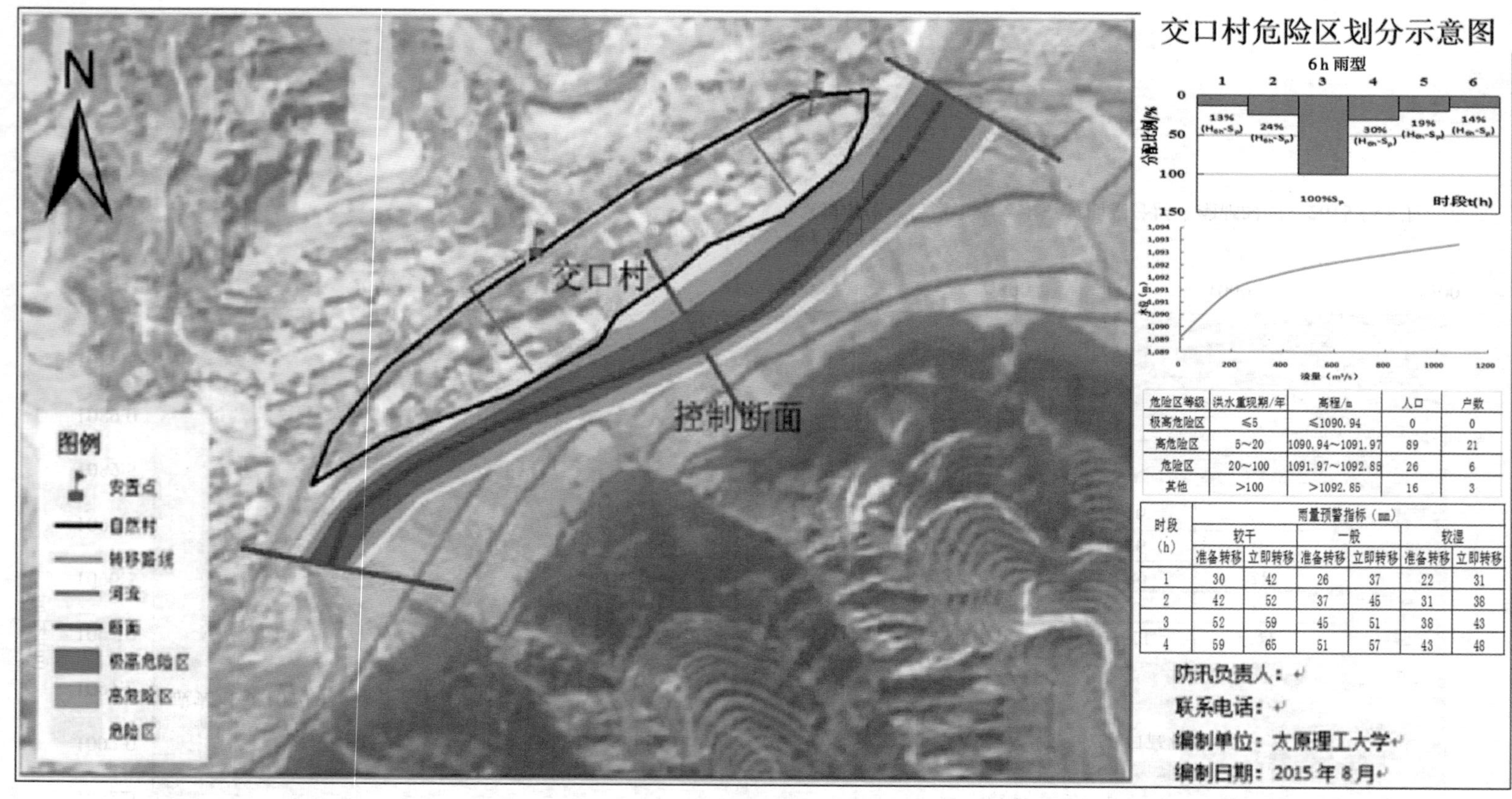

危险区等级	洪水重现期/年	高程/m	人口	户数
极高危险区	≤5	≤1090.94	0	0
高危险区	5～20	1090.94～1091.97	89	21
危险区	20～100	1091.97～1092.85	26	6
其他	>100	>1092.85	16	3

时段(h)	雨量预警指标（mm）					
	较干		一般		较湿	
	准备转移	立即转移	准备转移	立即转移	准备转移	立即转移
1	30	42	26	37	22	31
2	42	52	37	45	31	38
3	52	59	45	51	38	43
4	59	65	51	57	43	48

临县 开阳村 分析评价成果

行政区划代码	141124112202000	行政区划名称	开阳村	小流域名称	开阳村

集水面积(km^2)	65.40	河长(km)	24.08	河道比降(‰)	0.02	糙率	0.03

一、设计暴雨成果

历时	均值	变差系数	C_s/C_v	重现期雨量值(mm)				
				100 年	50 年	20 年	10 年	5 年
10 min	14.1	0.60	3.5	37.0	32.0	25.0	20.0	16.0
60 min	23.8	0.59	3.5	65.0	57.0	46.0	37.0	28.0
6 h	45.0	0.50	3.5	105.0	93.0	76.0	62.0	49.0
24 h	55.0	0.50	3.5	142.0	127.0	106.0	90.0	73.0
3 d	14.1	0.60	3.5	37.0	32.0	25.0	20.0	16.0

二、设计洪水成果

洪水要素	重现期洪水要素值				
	100 年	50 年	20 年	10 年	5 年
洪峰流量(m^3/s)	889	730	510	344	202
洪量(万 m^3)	408	328	218	147	92
洪水历时(h)	7.5	6.5	5.5	5.5	5.0
洪峰水位(m)	676.77	676.42	675.88	675.39	674.88

三、防洪现状评价

防洪能力(年)	8	成灾水位(m)	675.3

该村控制断面水位—流量—人口关系等防洪现状评价成果详见防洪现状评价图

四、预警指标成果

计算方法	流域模型法	预警时段(h)	0.5、1、2、3、4	流域前期持水度 B_0	0、0.3、0.6

该村雨量预警指标详见危险区划分示意图

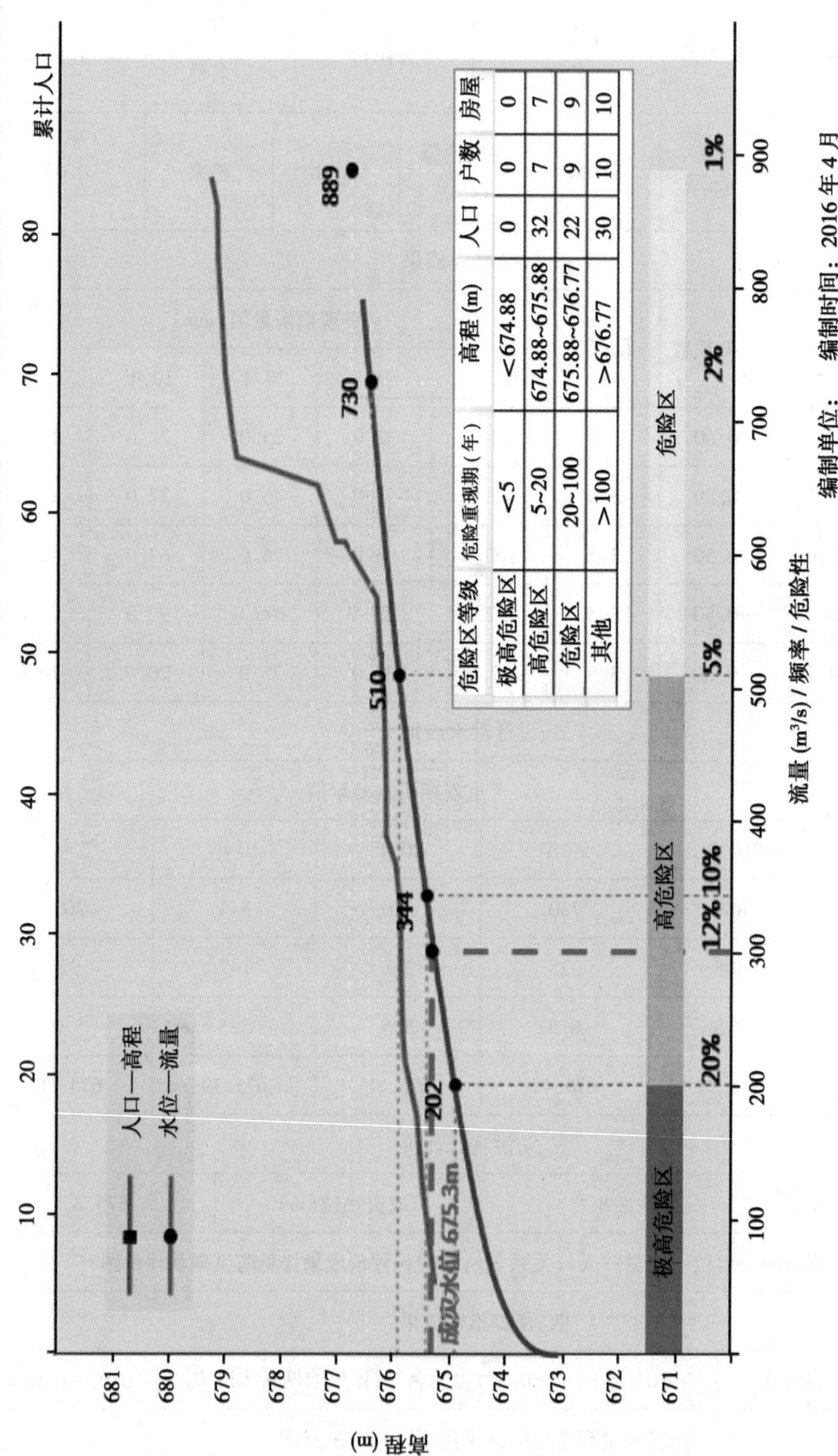

危险区等级	危险重现期（年）	高程 (m)	人口	户数	房屋
极高危险区	<5	<674.88	0	0	0
高危险区	5~20	674.88~675.88	32	7	7
危险区	20~100	675.88~676.77	22	9	9
其他	>100	>676.77	30	10	10

开阳村防洪现状评价图

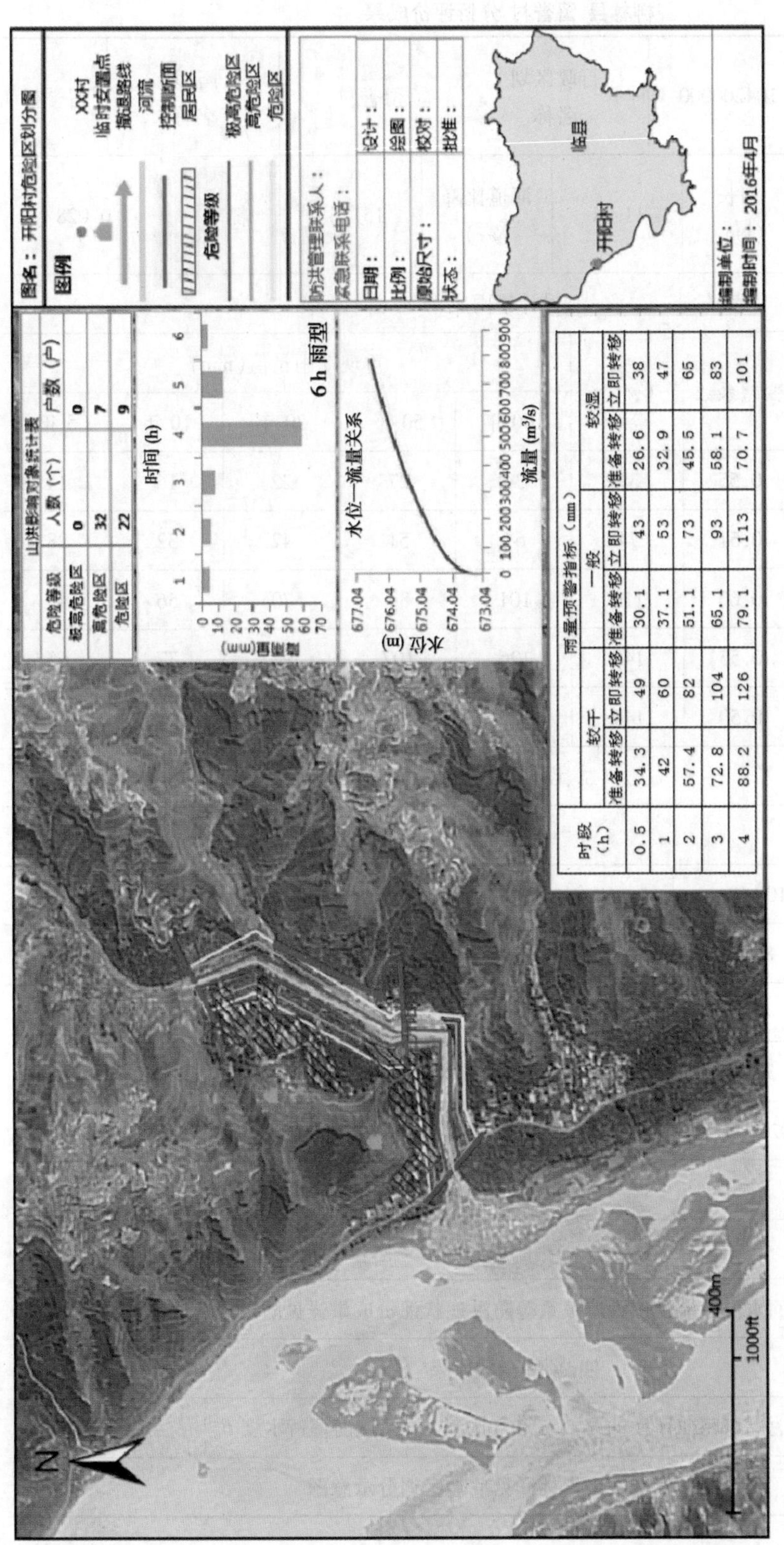
图名：开阳村危险区划分图
图例
XX村
临时安置点
撤退路线
河流
控制断面
居民区
危险等级
极高危险区
高危险区
危险区
防洪管理联系人：
紧急联系电话：
日期：
设计：
比例：
绘图：
原始尺寸：
校对：
状态：
批准：
临县
开阳村
编制单位：
编制时间：2016年4月
山洪影响对象统计表

危险等级	人数（个）	户数（户）
极高危险区	0	0
高危险区	32	7
危险区	22	9

时间 (h)
降雨量(mm)
6 h 雨型
水位—流量关系
水位 (m)
流量 (m³/s)
雨量预警指标（mm）

时段（h）	较干		一般		较湿	
	准备转移	立即转移	准备转移	立即转移	准备转移	立即转移
0.5	34.3	49	30.1	43	26.6	38
1	42	60	37.1	53	32.9	47
2	57.4	82	51.1	73	45.5	65
3	72.8	104	65.1	93	58.1	83
4	88.2	126	79.1	113	70.7	101

400m
1000ft
N

柳林县 留誉村 分析评价成果

行政区划代码	141125104200000	行政区划名称	留誉村	小流域名称	留誉村

集水面积(km^2)	59.84	河长(km)	11.11	河道比降(‰)	15.26	糙率	0.028

一、设计暴雨成果

历时	均值	变差系数	C_s/C_v	重现期雨量值(mm)				
				100 年	50 年	20 年	10 年	5 年
10 min	14	0.55	39	34	27	22	16	14
60 min	28	0.51	74	64	51	42	32	28
6 h	45	0.60	116	101	84	70	56	45
24 h	65	0.55	140	126	107	92	77	65
3 d	80	0.50	144	135	119	106	91	80

二、设计洪水成果

洪水要素	重现期洪水要素值				
	100 年	50 年	20 年	10 年	5 年
洪峰流量(m^3/s)	882	729	523	370	221
洪量(万 m^3)	417	336	227	157	97
洪水历时(h)	7.0	7.0	6.0	5.5	5.0
洪峰水位(m)	926.98	926.46	925.66	924.94	924.05

三、防洪现状评价

防洪能力(年)	13	成灾水位(m)	925.2

该村控制断面水位—流量—人口关系等防洪现状评价成果详见防洪现状评价图

四、预警指标成果

计算方法	流域模型法	预警时段(h)	0.5、1	流域前期持水度 B_0	0、0.3、0.6

该村雨量预警指标详见危险区划分示意图

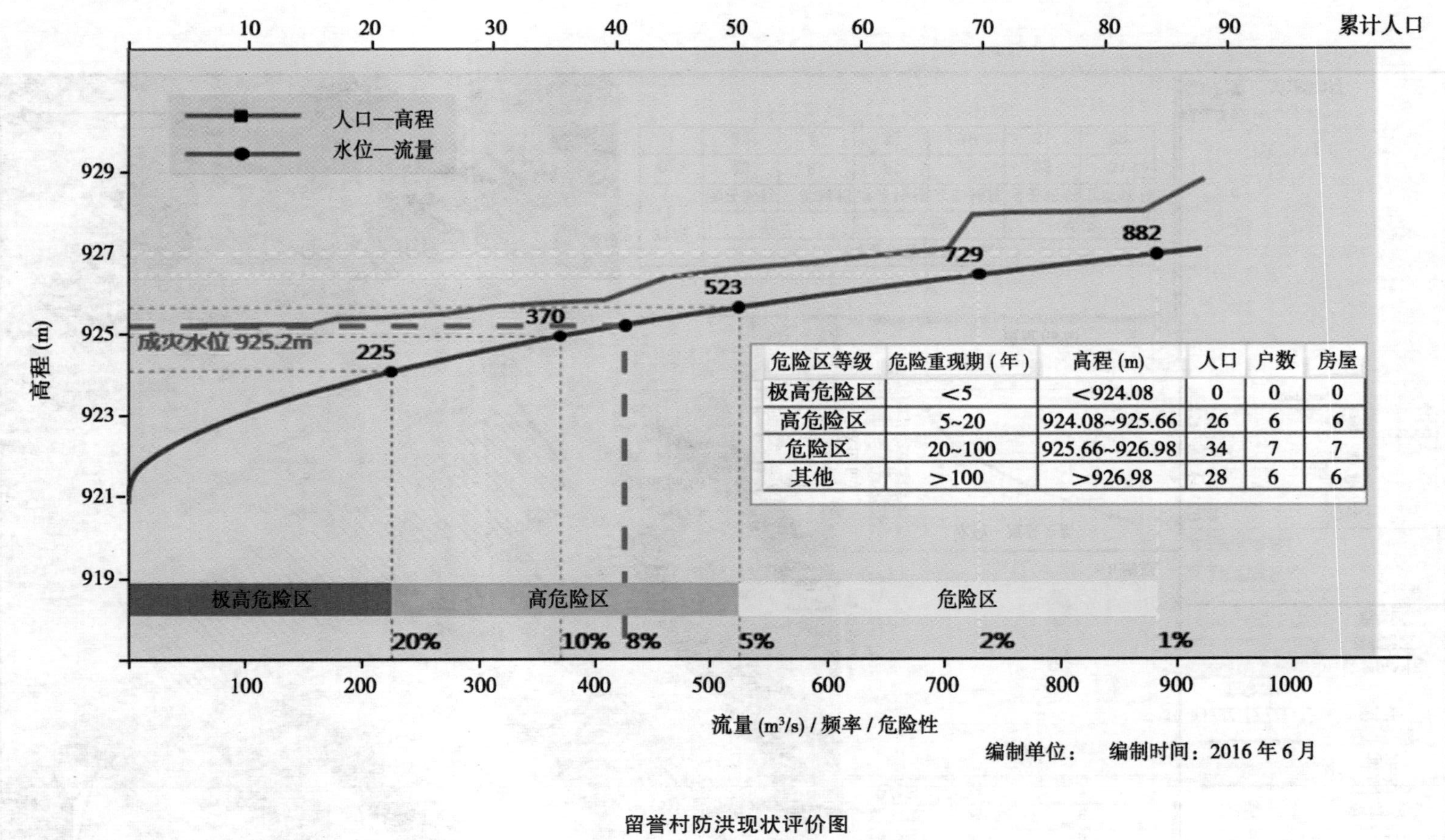

危险区等级	危险重现期（年）	高程（m）	人口	户数	房屋
极高危险区	<5	<924.08	0	0	0
高危险区	5~20	924.08~925.66	26	6	6
危险区	20~100	925.66~926.98	34	7	7
其他	>100	>926.98	28	6	6

编制单位：　　　　编制时间：2016年6月

留誉村防洪现状评价图

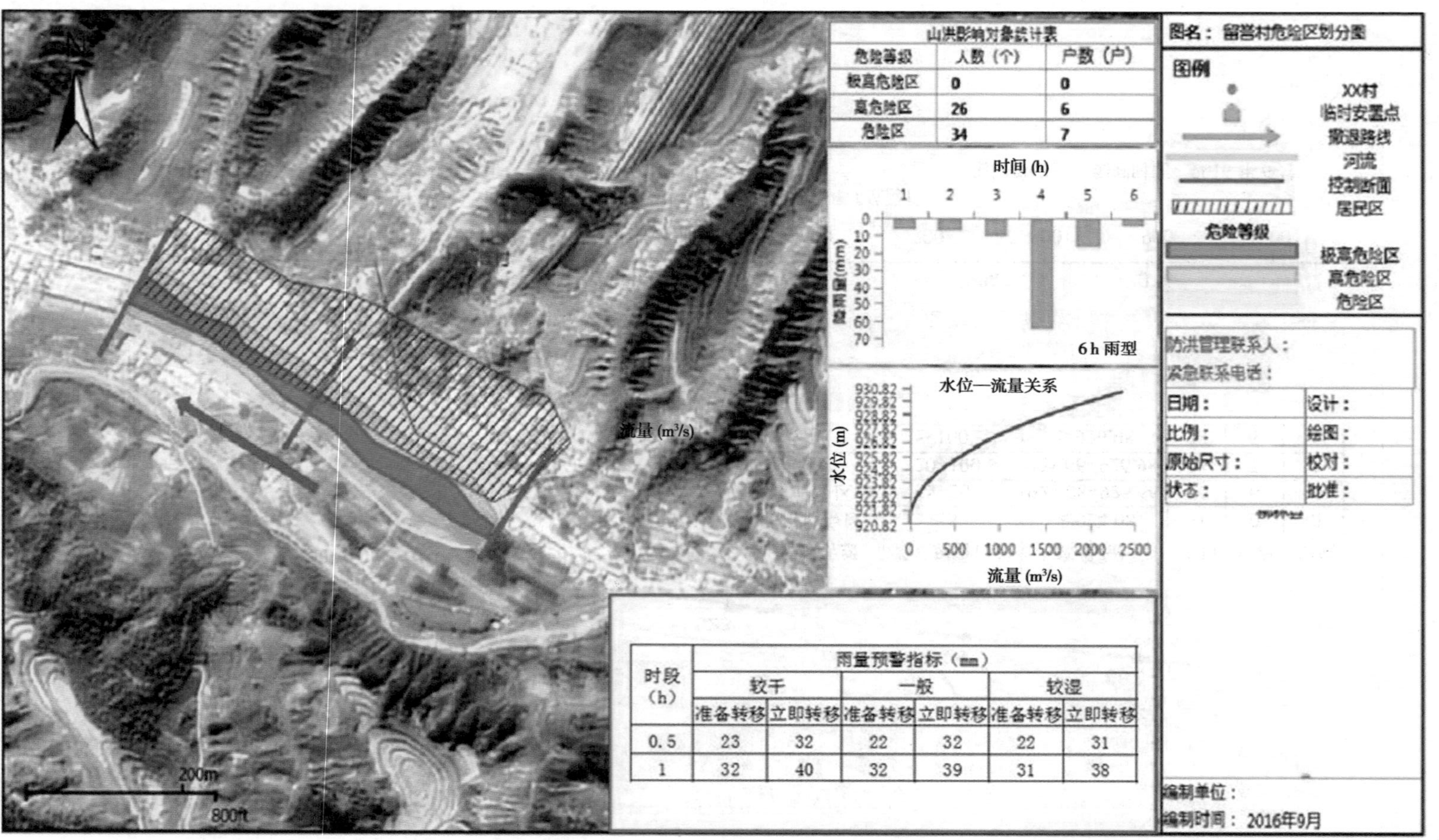

图名：留营村危险区划分图
图例
XX村
临时安置点
撤退路线
河流
控制断面
居民区
危险等级
极高危险区
高危险区
危险区
防洪管理联系人：
紧急联系电话：
日期：
设计：
比例：
绘图：
原始尺寸：
校对：
状态：
批准：
编制单位：
编制时间：2016年9月
山洪影响对象统计表
危险等级 人数（个） 户数（户）
极高危险区 0 0
高危险区 26 6
危险区 34 7
时间 (h)
1 2 3 4 5 6
0 10 20 30 40 50 60 70
降雨量(mm)
6 h 雨型
水位—流量关系
水位 (m)
930.82 929.82 928.82 927.82 926.82 925.82 924.82 923.82 922.82 921.82 920.82
0 500 1000 1500 2000 2500
流量 (m³/s)
流量 (m³/s)
雨量预警指标（mm）
时段（h） 较干 一般 较湿
准备转移 立即转移 准备转移 立即转移 准备转移 立即转移
0.5 23 32 22 32 22 31
1 32 40 32 39 31 38
200m
800ft

石楼县 解家庄村 分析评价成果

行政区划代码	141126100214101	行政区划名称	解家庄村	小流域名称	宋家沟河

集水面积(km^2)	13.04	河长(km)	4.01	河道比降(‰)	20.40	糙率	0.03

一、设计暴雨成果

历时	均值	变差系数	C_s/C_v	重现期雨量值(mm)				
				100年	50年	20年	10年	5年
10 min	13.1	0.62	3.5	23.0	21.0	18.0	15.0	12.0
60 min	27.1	0.57	3.5	53.0	47.0	40.0	34.0	28.0
6 h	45.0	0.53	3.5	99.0	88.0	74.0	63.0	52.0
24 h	60.0	0.46	3.5	135.0	121.0	102.0	88.0	73.0
3 d	70.0	0.44	3.5	152.0	140.0	119.0	104.0	87.0

二、设计洪水成果

洪水要素	重现期洪水要素值				
	100年	50年	20年	10年	5年
洪峰流量(万 m^3/s)	244	231	180	139	99
洪量(m^3)	71	78	54	38	26
洪水历时(h)	3.0	4.5	3.5	2.5	2.5
洪峰水位(m)	1 055.78	1 055.74	1 055.57	1 055.40	1 055.17

三、防洪现状评价

防洪能力(年)	12	成灾水位(m)	1 055.5

该村控制断面水位—流量—人口关系等防洪现状评价成果详见防洪现状评价图

四、预警指标成果

计算方法	流域模型法	预警时段(h)	0.5、1	流域前期持水度 B_0	0、0.3、0.6

该村雨量预警指标详见危险区划分示意图

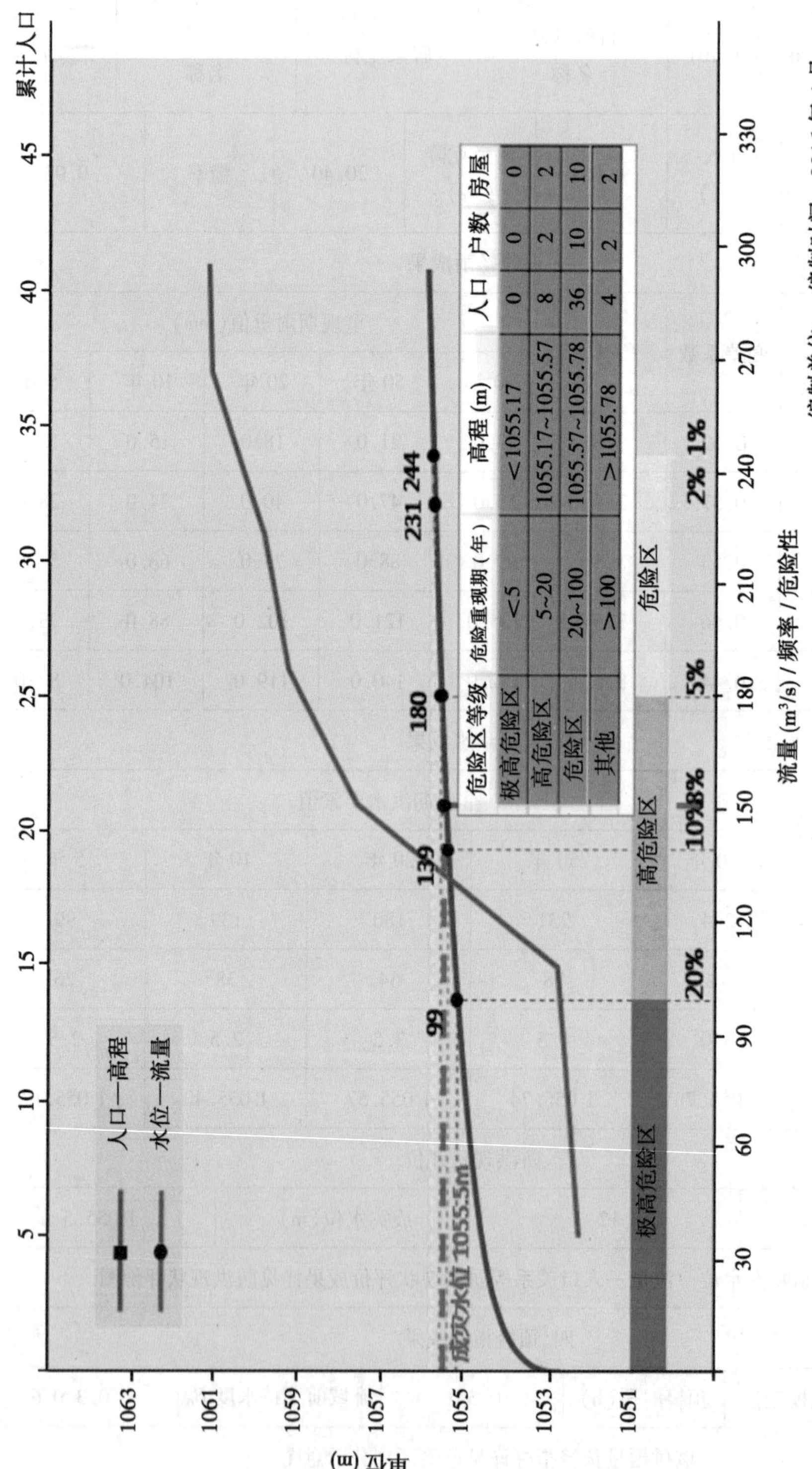

编制单位：　编制时间：2016 年 4 月

解家庄村防洪现状评价图

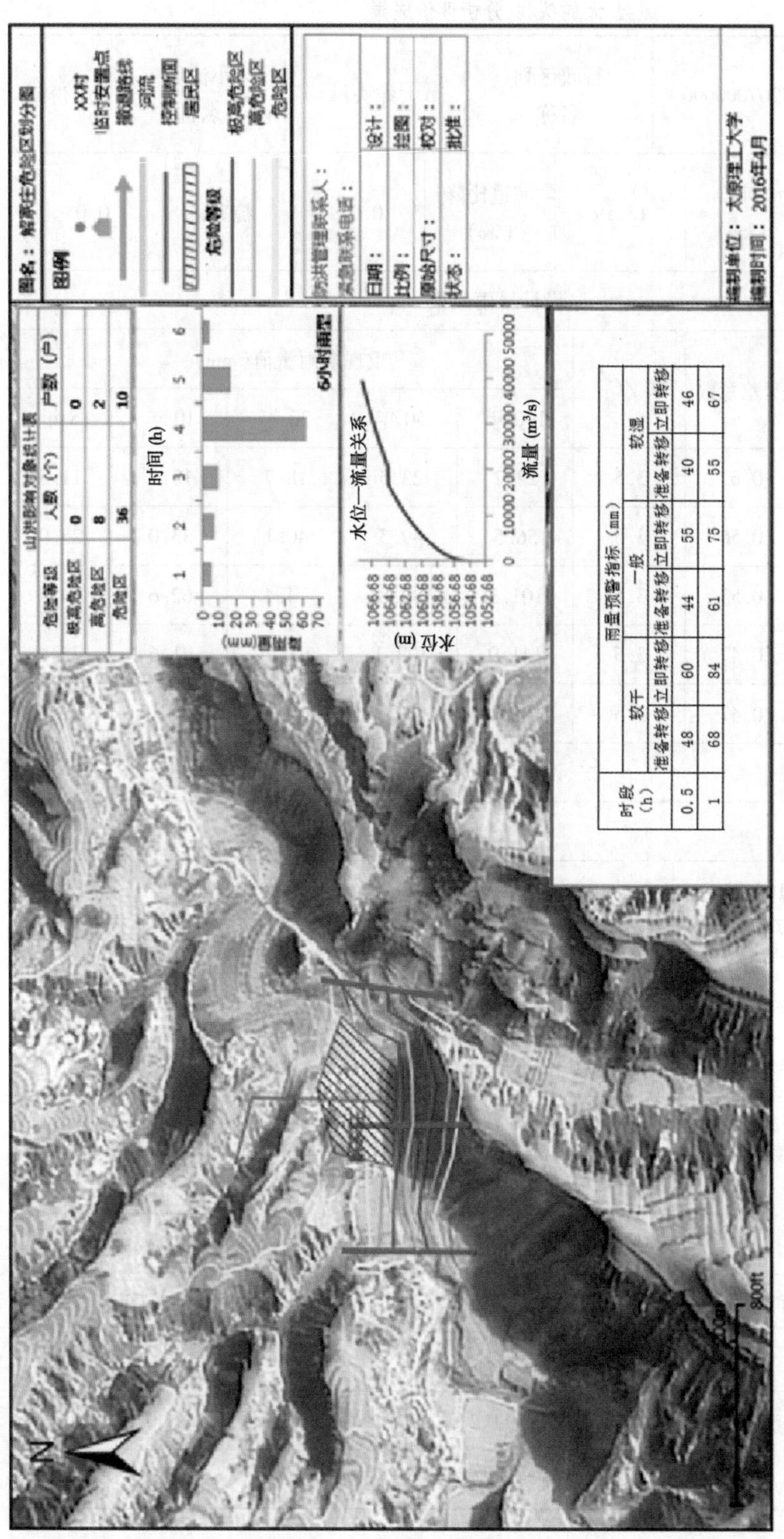
图名：解家庄危险区划分图
图例
XX村
临时安置点
撤退路线
河流
控制断面
居民区
危险等级
极高危险区
高危险区
危险区
防洪管理联系人：
紧急联系电话：
日期：
设计：
比例：
绘图：
原始尺寸：
校对：
状态：
批准：
编制单位：太原理工大学
编制时间：2016年4月
山洪影响对象统计表

危险等级	人数（个）	户数（户）
极高危险区	0	0
高危险区	8	2
危险区	36	10

降雨量(mm)
时间 (h)
6小时雨型
水位—流量关系
水位 (m)
流量 (m^3/s)

时段 (h)	雨量预警指标（mm）					
	较干		一般		较湿	
	准备转移	立即转移	准备转移	立即转移	准备转移	立即转移
0.5	48	60	44	55	40	46
1	68	84	61	75	55	67

N
800ft

岚县 大蛇头村 分析评价成果

行政区划代码	141127207000000	行政区划名称	大蛇头村	小流域名称	蔚汾河

集水面积（km^2）	96.23	河长（km）	13.19	河道比降（‰）	0.02	糙率	0.03

一、设计暴雨成果

历时	均值	变差系数	C_s/C_v	重现期雨量值(mm)				
				100 年	50 年	20 年	10 年	5 年
10 min	11.5	0.62	3.5	27.2	23.5	18.7	15.1	11.5
60 min	24.1	0.56	3.5	56.5	49.5	40.1	33.0	25.9
6 h	45.4	0.53	3.5	101.3	89.8	74.4	62.6	50.4
24 h	61.8	0.47	3.5	141.9	127.1	107.2	91.6	75.4
3 d	81.9	0.47	3.5	188.1	169.3	143.9	124.1	103.3

二、设计洪水成果

洪水要素	重现期洪水要素值				
	100 年	50 年	20 年	10 年	5 年
洪峰流量(m^3/s)	511.9	407.3	275.9	185.6	112.2
洪量(万 m^3)	655.7	528.1	370	257.1	167.3
洪水历时(h)	14	13.5	13	12	12
洪峰水位(m)	1 431.92	1 431.77	1 431.58	1 431.18	1 430.81

三、防洪现状评价

防洪能力(年)	12	成灾水位(m)	1 431.38

该村控制断面水位—流量—人口关系等防洪现状评价成果详见防洪现状评价图

四、预警指标成果

计算方法	流域模型法	预警时段(h)	0.5、1、2、3	流域前期持水度 B_0	0、0.3、0.6

该村雨量预警指标详见危险区划分示意图

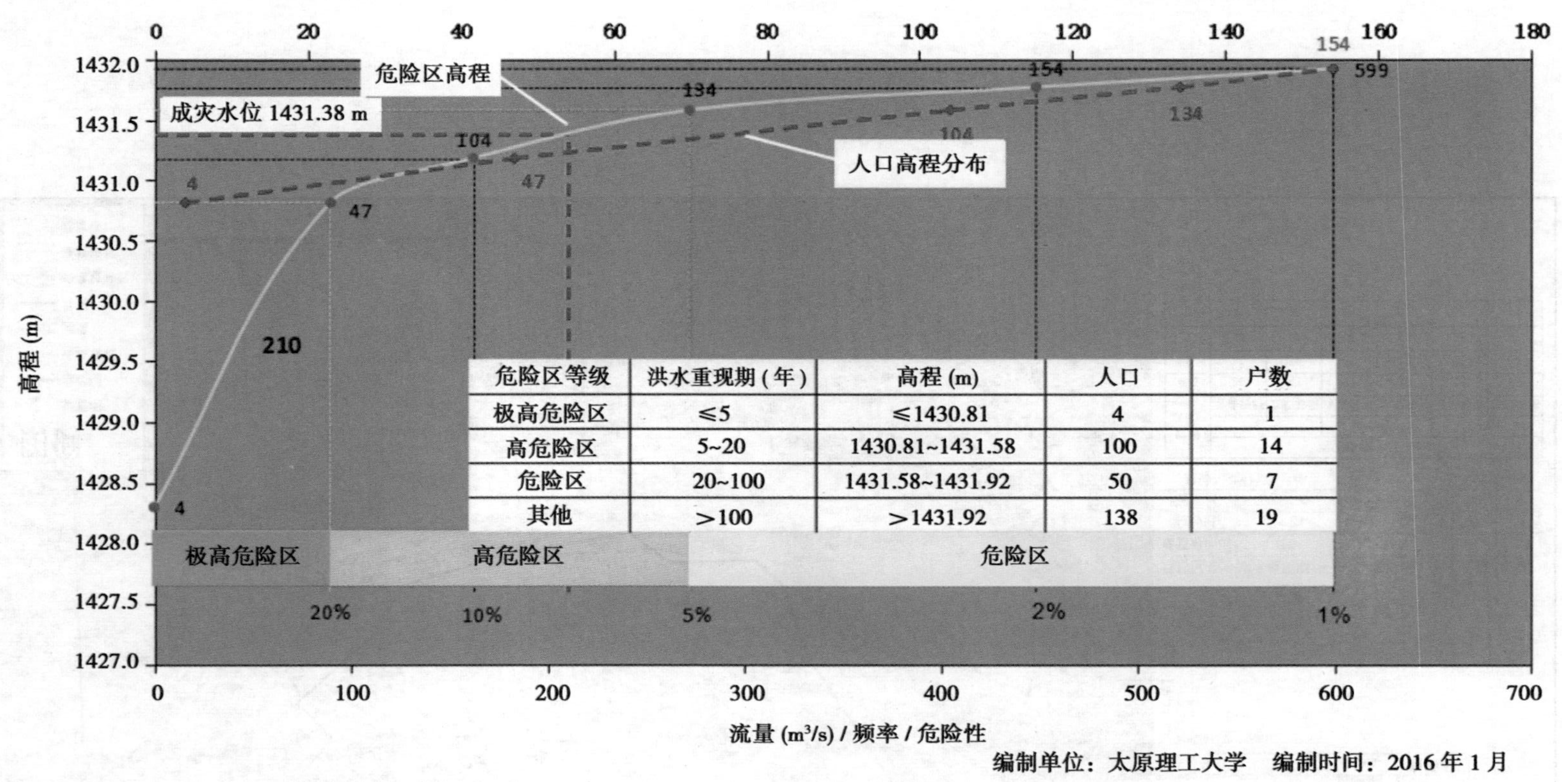

危险区等级	洪水重现期(年)	高程 (m)	人口	户数
极高危险区	≤5	≤1430.81	4	1
高危险区	5~20	1430.81~1431.58	100	14
危险区	20~100	1431.58~1431.92	50	7
其他	>100	>1431.92	138	19

大蛇头村防洪现状评价图

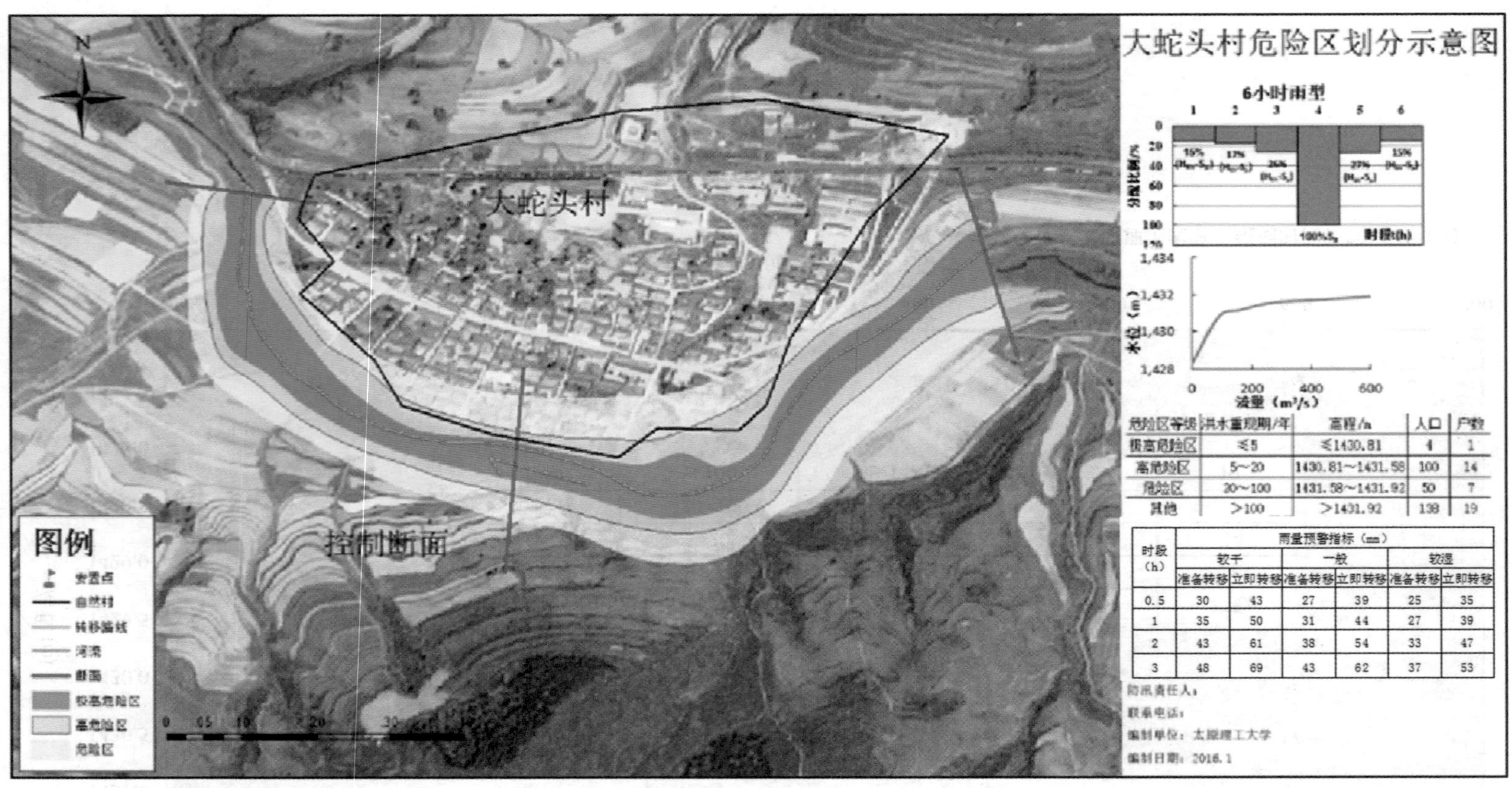

危险区等级	洪水重现期/年	高程/m	人口	户数
极高危险区	≤5	≤1430.81	4	1
高危险区	5~20	1430.81~1431.58	100	14
危险区	20~100	1431.58~1431.92	50	7
其他	>100	>1431.92	138	19

时段(h)	雨量预警指标（mm）					
	较干		一般		较湿	
	准备转移	立即转移	准备转移	立即转移	准备转移	立即转移
0.5	30	43	27	39	25	35
1	35	50	31	44	27	39
2	43	61	38	54	33	47
3	48	69	43	62	37	53

方山县 武家湾村 分析评价成果

行政区划代码	141128100227000	行政区划名称	武家湾村	小流域名称	武家湾村

集水面积(km^2)	61.20	河长(km)		河道比降(‰)	37.55	糙率	0.028

一、设计暴雨成果

历时	均值	变差系数	C_s/C_v	重现期雨量值(mm)				
				100年	50年	20年	10年	5年
10 min	12.6	0.50	3.5	26.4	23.3	19.3	16.1	12.9
60 min	27.0	0.49	3.5	57.8	51.2	42.4	35.6	28.7
6 h	46.3	0.47	3.5	103.6	92.6	77.7	66.1	54.1
24 h	63.5	0.43	3.5	138.7	125.32	107.1	92.8	77.8
3 d	81.0	0.40	3.5	171.3	155.5	134.1	117.3	99.4

二、设计洪水成果

洪水要素	重现期洪水要素值				
	100年	50年	20年	10年	5年
洪峰流量(m^3/s)	566.2	455.7	305.1	191.6	112.5
洪量(万m^3)	397.2	320.6	227.3	160.1	107.3
洪水历时(h)	12.0	12.2	12.0	12.0	12.8
洪峰水位(m)	1 301.8	1 301.6	1 301.1	1 300.6	1 300.0

三、防洪现状评价

防洪能力(年)	8	成灾水位(m)	1 300.52

该村控制断面水位—流量—人口关系等防洪现状评价成果详见防洪现状评价图

四、预警指标成果

计算方法	流域模型法	预警时段(h)	0.5、1、1.5、2、2.5	流域前期持水度 B_0	0、0.3、0.6

该村雨量预警指标详见危险区划分示意图

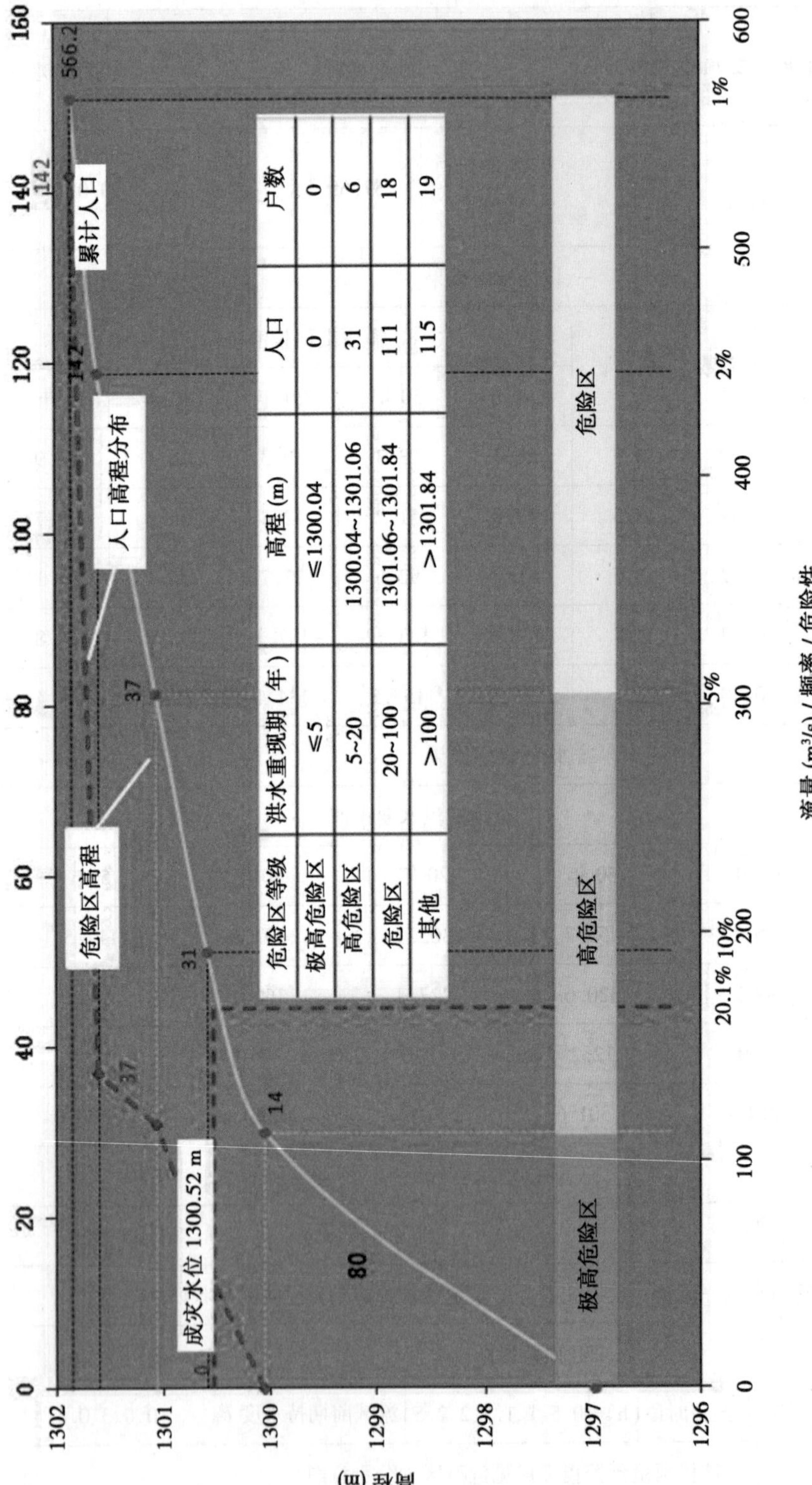

危险区等级	洪水重现期（年）	高程 (m)	人口	户数
极高危险区	≤5	≤1300.04	0	0
高危险区	5~20	1300.04~1301.06	31	6
危险区	20~100	1301.06~1301.84	111	18
其他	>100	>1301.84	115	19

武家湾村防洪现状评价图

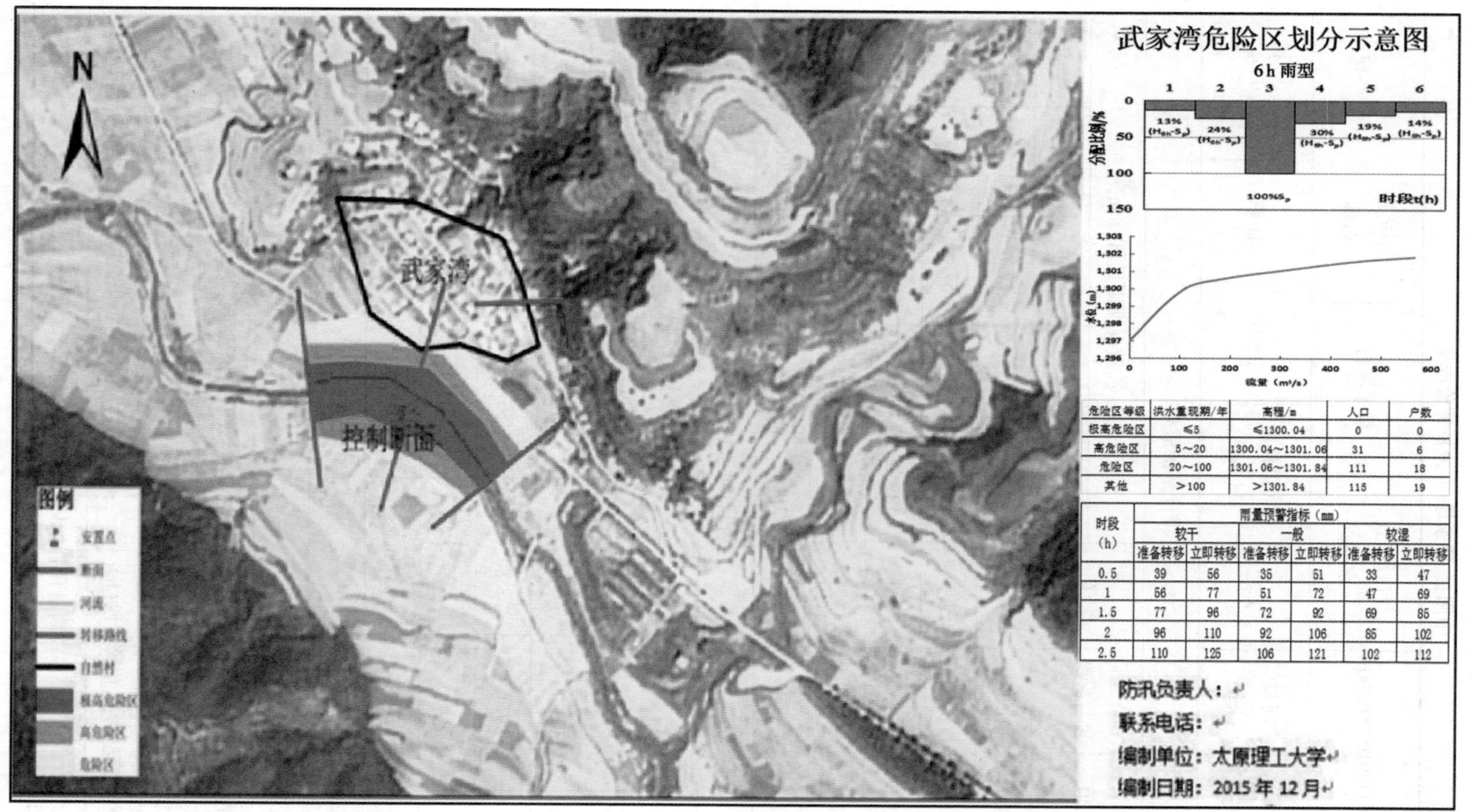

危险区等级	洪水重现期/年	高程/m	人口	户数
极高危险区	≤5	≤1300.04	0	0
高危险区	5～20	1300.04～1301.06	31	6
危险区	20～100	1301.06～1301.84	111	18
其他	>100	>1301.84	115	19

时段（h）	雨量预警指标（mm）					
	较干		一般		较湿	
	准备转移	立即转移	准备转移	立即转移	准备转移	立即转移
0.5	39	56	35	51	33	47
1	56	77	51	72	47	69
1.5	77	96	72	92	69	85
2	96	110	92	106	85	102
2.5	110	125	106	121	102	112

中阳县 郝家塔村 分析评价成果

行政区划代码	141129103205100	行政区划名称	郝家塔村	小流域名称	辉大茆沟

集水面积(km^2)	10.66	河长(km)	3.72	河道比降(‰)	21.0	糙率	0.035

一、设计暴雨成果

历时	均值	变差系数	C_s/C_v	重现期雨量值(mm)				
				100 年	50 年	20 年	10 年	5 年
10 min	14.3	0.58	3.5	39.4	34.3	27.5	22.4	17.3
60 min	32.9	0.52	3.5	81.6	71.2	57.5	47.0	36.5
6 h	45.6	0.57	3.5	132.5	116.3	94.5	77.8	61.0
24 h	59.1	0.52	3.5	157.7	138.9	113.7	94.4	74.9
3 d	77.1	0.46	3.5	190.2	169.7	142.1	120.8	98.7

二、设计洪水成果

洪水要素	重现期洪水要素值				
	100 年	50 年	20 年	10 年	5 年
洪峰流量(m^3/s)	303.1	256.7	194.5	145.9	99.3
洪量(万 m^3)	99.1	80.4	56.6	39.4	25.5
洪水历时(h)	4.0	3.5	2.0	2.0	2.0
洪峰水位(m)	1 056.86	1 056.78	1 056.62	1 056.01	1 055.7

三、防洪现状评价

防洪能力(年)	7	成灾水位(m)	1 056.05
该村控制断面水位—流量—人口关系等防洪现状评价成果详见防洪现状评价图			

四、预警指标成果

计算方法	流域模型法	预警时段(h)	0.5	流域前期持水度 B_0	0、0.3、0.6
该村雨量预警指标详见危险区划分示意图					

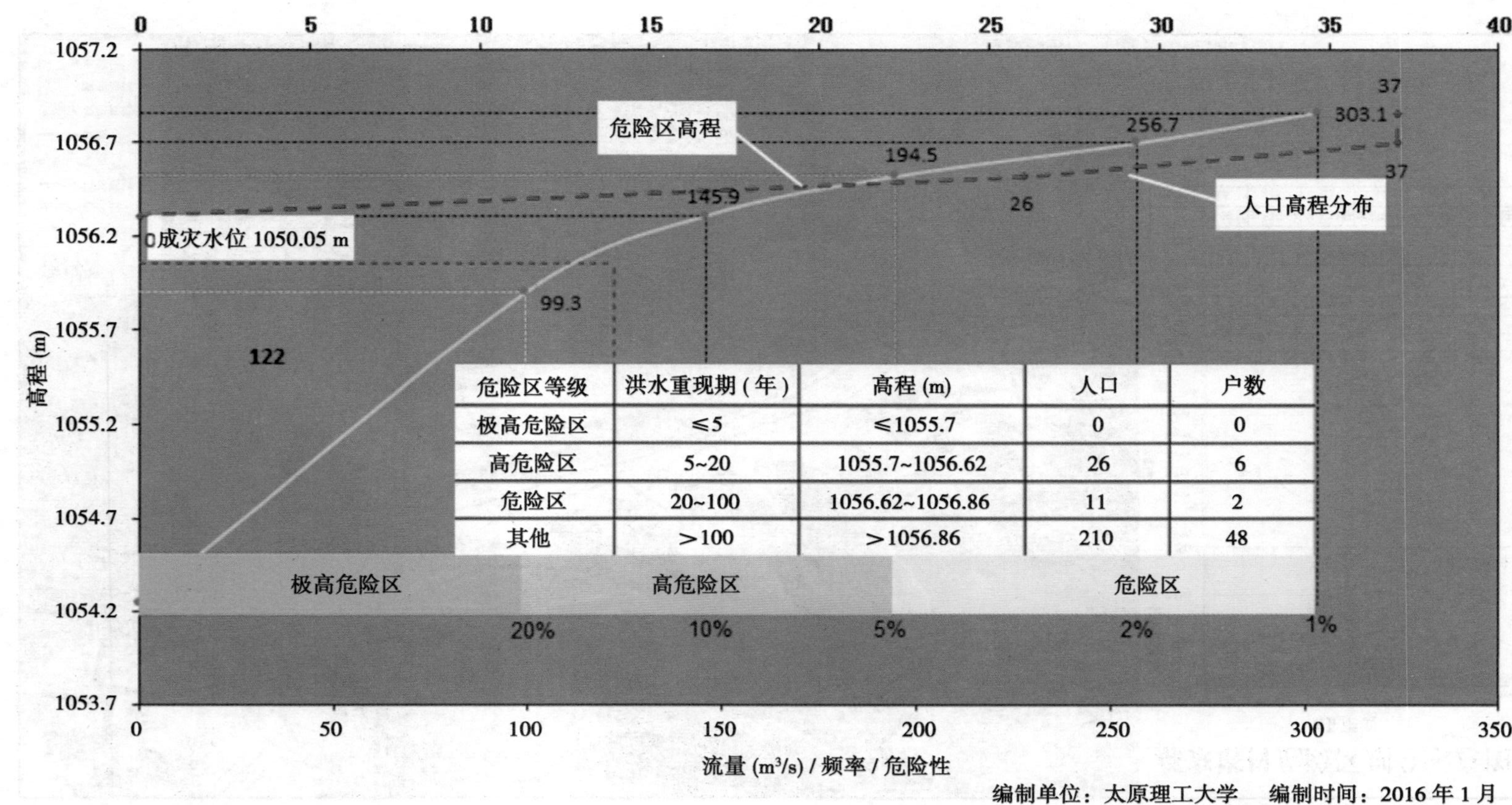

危险区等级	洪水重现期（年）	高程 (m)	人口	户数
极高危险区	≤5	≤1055.7	0	0
高危险区	5~20	1055.7~1056.62	26	6
危险区	20~100	1056.62~1056.86	11	2
其他	>100	>1056.86	210	48

郝家塔村防洪现状评价图

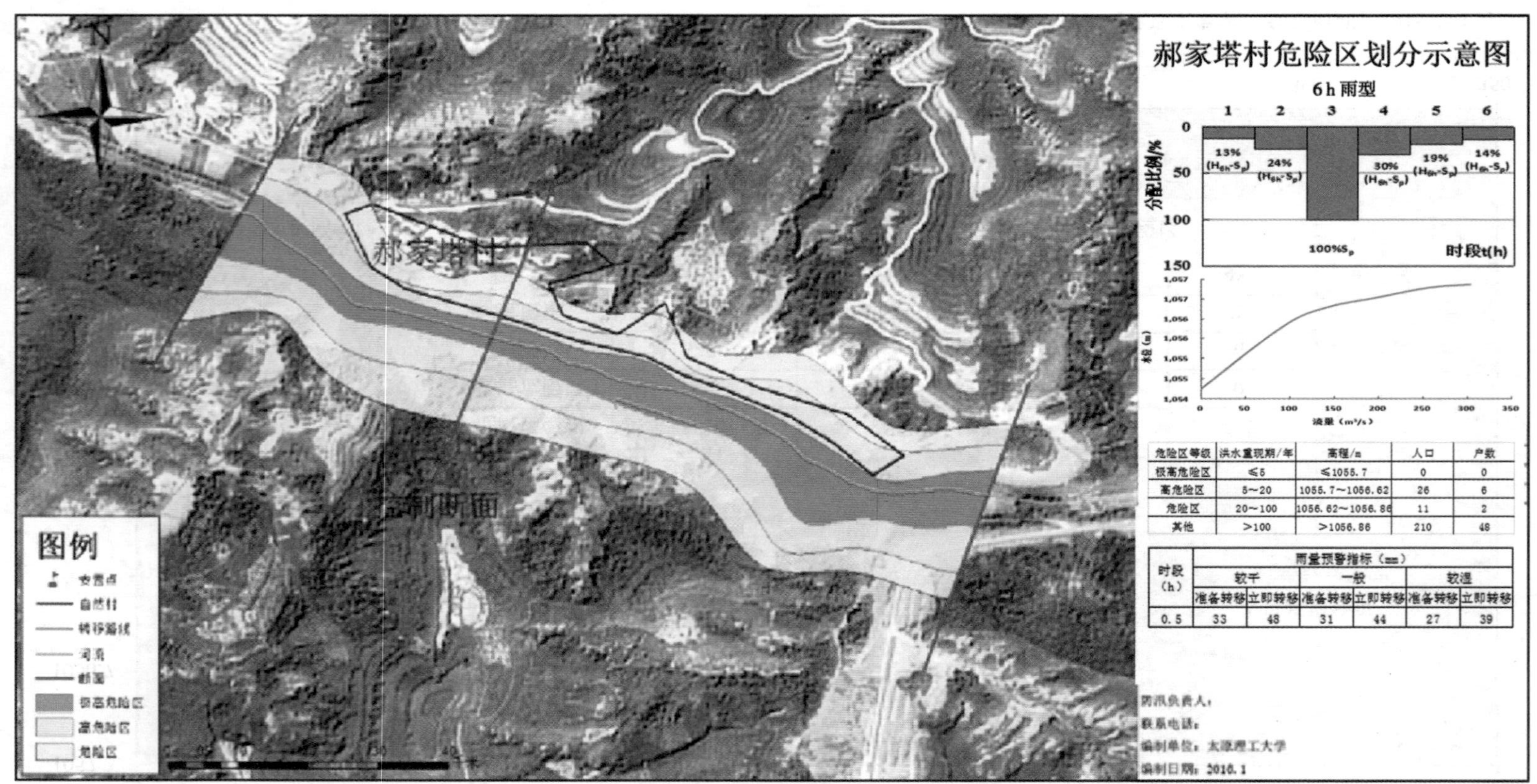
郝家塔村危险区划分示意图
6h 雨型
分配比例/%
13% (H_{6h}-S_p)
24% (H_{6h}-S_p)
100%S_p
30% (H_{6h}-S_p)
19% (H_{6h}-S_p)
14% (H_{6h}-S_p)
时段t(h)
流量（m³/s）
危险区等级 | 洪水重现期/年 | 高程/m | 人口 | 户数
极高危险区 | ≤5 | ≤1055.7 | 0 | 0
高危险区 | 5～20 | 1055.7～1056.62 | 26 | 6
危险区 | 20～100 | 1056.62～1056.86 | 11 | 2
其他 | >100 | >1056.86 | 210 | 48
雨量预警指标（mm）
时段（h） | 较干 准备转移 | 较干 立即转移 | 一般 准备转移 | 一般 立即转移 | 较湿 准备转移 | 较湿 立即转移
0.5 | 33 | 48 | 31 | 44 | 27 | 39
防汛负责人：
联系电话：
编制单位：太原理工大学
编制日期：2016.1
郝家塔村
控制断面
图例
安置点
自然村
转移路线
河流
断面
极高危险区
高危险区
危险区

交口县 城北沟村 分析评价成果

行政区划代码	141130202200000	行政区划名称	城北沟村	小流域名称	城北沟

集水面积(km^2)	123.60	河长(km)	12.19	河道比降(‰)	15.40	糙率	0.028

一、设计暴雨成果

历时	均值	变差系数	C_s/C_v	重现期雨量值(mm)				
				100 年	50 年	20 年	10 年	5 年
10 min	13.2	0.57	3.5	29.6	25.9	21.0	17.2	13.4
60 min	25.8	0.53	3.5	54.4	47.8	39.0	32.3	25.5
6 h	38.5	0.48	3.5	90.6	80.9	67.8	57.7	47.2
24 h	65.3	0.37	3.5	125.2	114.2	99.2	87.3	74.6
3 d	85.9	0.25	3.5	138.2	129.5	117.7	108.1	97.5

二、设计洪水成果

洪水要素	重现期洪水要素值				
	100 年	50 年	20 年	10 年	5 年
洪峰流量(m^3/s)	330.2	237.5	139.7	82.7	48.5
洪量(万 m^3)	389.65	299.10	195.73	129.12	81.40
洪水历时(h)	12	12	12	12	12
洪峰水位(m)	1 054.41	1 054.19	1 053.85	1 053.33	1 053.06

三、防洪现状评价

防洪能力(年)	9	成灾水位(m)	1 053.29

该村控制断面水位—流量—人口关系等防洪现状评价成果详见防洪现状评价图

四、预警指标成果

计算方法	流域模型法	预警时段(h)	0.5、1、2、3	流域前期持水度 B_0	0、0.3、0.6

该村雨量预警指标详见危险区划分示意图

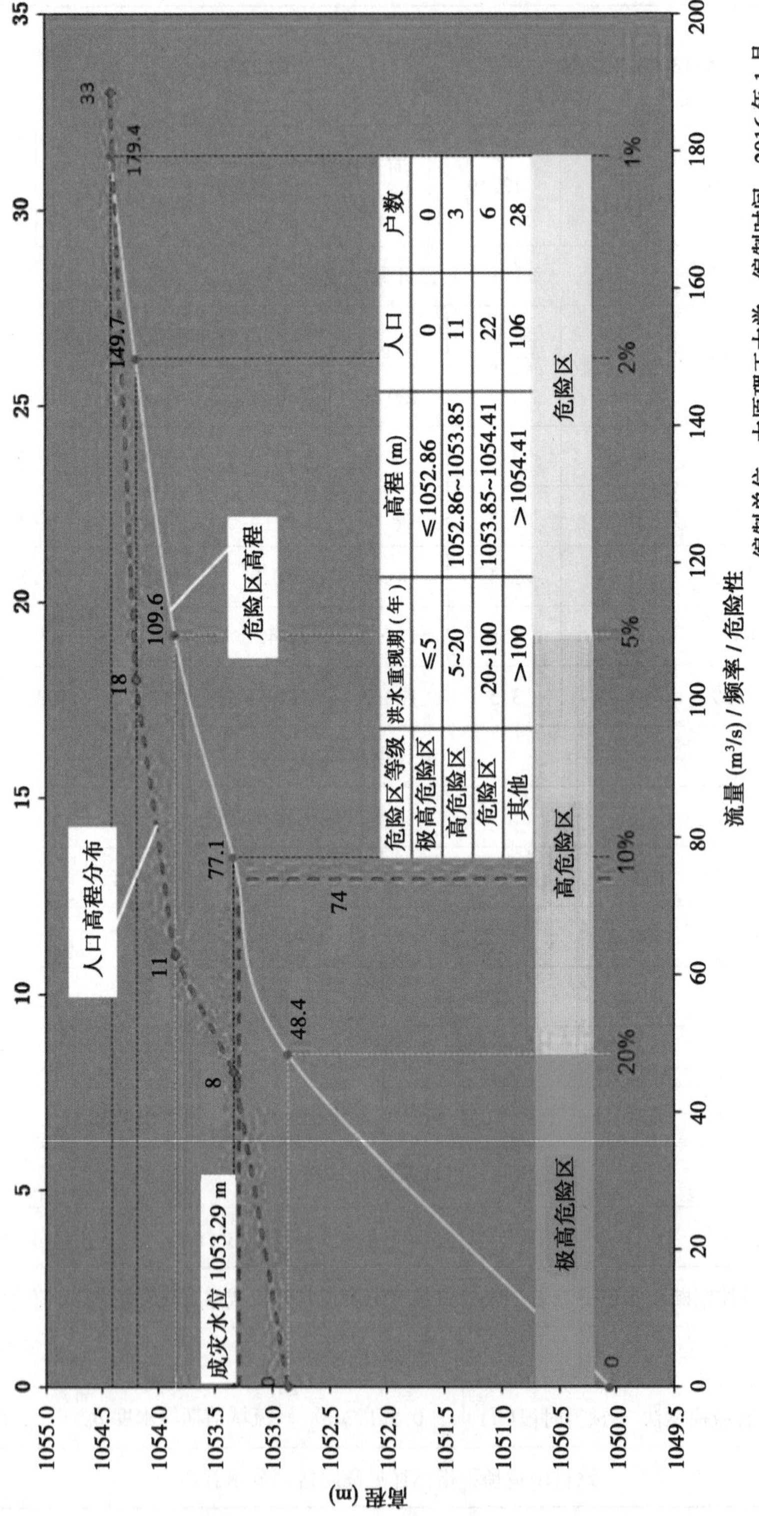

城北沟村防洪现状评价图

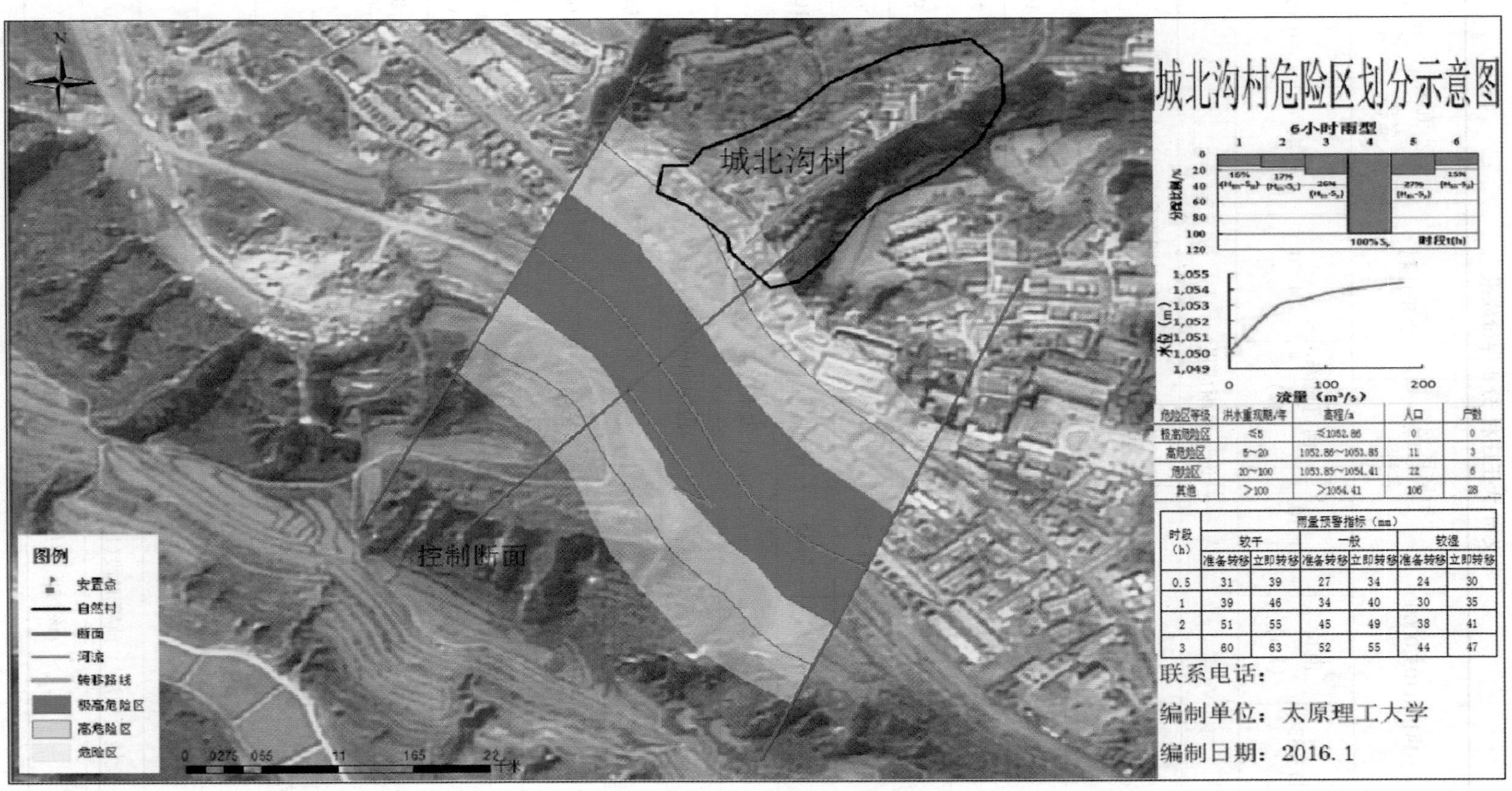

城北沟村危险区划分示意图
6小时雨型
分配比例/%
16% ($H_{1h}-S_1$)
17% ($H_{2h}-S_2$)
26% ($H_{3h}-S_3$)
100% S_1
27% ($H_{5h}-S_5$)
15% ($H_{6h}-S_6$)
时段t(h)
水位（m）
流量（m^3/s）
危险区等级 | 洪水重现期/年 | 高程/a | 人口 | 户数
极高危险区 | ≤5 | ≤1052.86 | 0 | 0
高危险区 | 5~20 | 1052.86~1053.85 | 11 | 3
危险区 | 20~100 | 1053.85~1054.41 | 22 | 6
其他 | ＞100 | ＞1054.41 | 106 | 28
雨量预警指标（mm）
时段(h) | 较干 准备转移 | 较干 立即转移 | 一般 准备转移 | 一般 立即转移 | 较湿 准备转移 | 较湿 立即转移
0.5 | 31 | 39 | 27 | 34 | 24 | 30
1 | 39 | 46 | 34 | 40 | 30 | 35
2 | 51 | 55 | 45 | 49 | 38 | 41
3 | 60 | 63 | 52 | 55 | 44 | 47
联系电话：
编制单位：太原理工大学
编制日期：2016.1
城北沟村
控制断面
图例
安置点
自然村
断面
河流
转移路线
极高危险区
高危险区
危险区
千米

孝义市 大王庄村 分析评价成果

行政区划代码	141181103200000	行政区划名称	大王庄村	小流域名称	交口河

集水面积(km^2)	173.83	河长(km)	31.10	河道比降(‰)	14.70	糙率	0.028

一、设计暴雨成果

历时	均值	变差系数	C_s/C_v	重现期雨量值(mm)				
				100年	50年	20年	10年	5年
10 min	12.4	0.67	0.35	27.24	23.81	19.28	15.83	12.36
60 min	27.4	0.54	0.35	54.93	48.08	38.97	32.06	25.11
6 h	38.0	0.51	0.35	94.98	84.29	69.94	58.90	47.56
24 h	65.6	0.40	0.35	128.76	116.74	100.53	87.67	74.07
3 d	86.0	0.39	0.35	178.01	161.66	139.74	122.37	103.87

二、设计洪水成果

洪水要素	重现期洪水要素值				
	100年	50年	20年	10年	5年
洪峰流量(m^3/s)	486.44	352.88	204.97	123.52	70.00
洪量(万m^3)	673.06	516.70	334.95	217.89	134.26
洪水历时(h)	11.00	12.00	13.00	14.00	16.00
洪峰水位(m)	964.61	964.42	964.15	963.98	963.81

三、防洪现状评价

防洪能力(年)	6	成灾水位(m)	963.87
该村控制断面水位—流量—人口关系等防洪现状评价成果详见防洪现状评价图			

四、预警指标成果

计算方法	流域模型法	预警时段(h)	1、2、3	流域前期持水度 B_0	0、0.3、0.6
该村雨量预警指标详见危险区划分示意图					

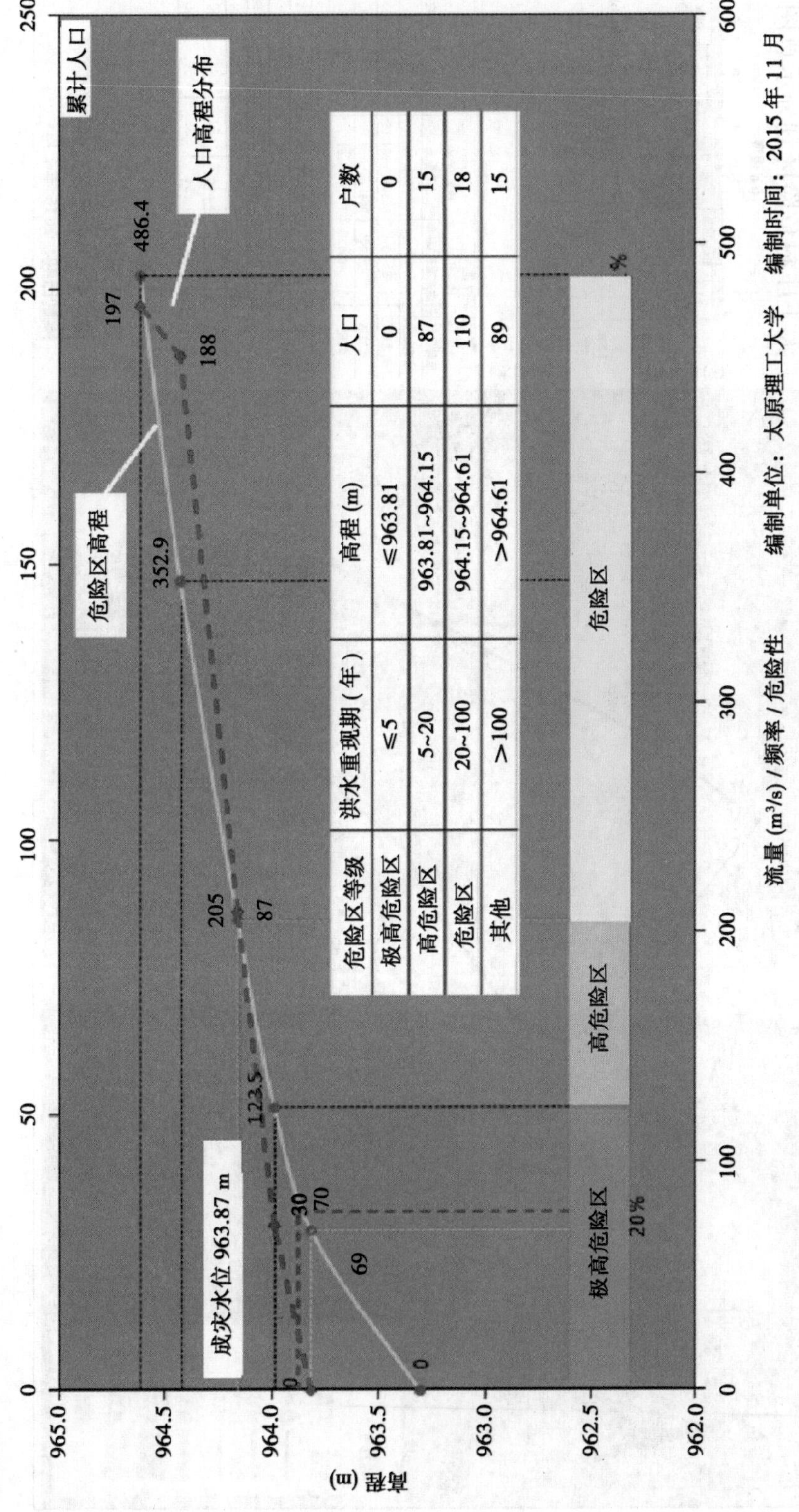

危险区等级	洪水重现期（年）	高程 (m)	人口	户数
极高危险区	≤5	≤963.81	0	0
高危险区	5~20	963.81~964.15	87	15
危险区	20~100	964.15~964.61	110	18
其他	>100	>964.61	89	15

大王庄村防洪现状评价图

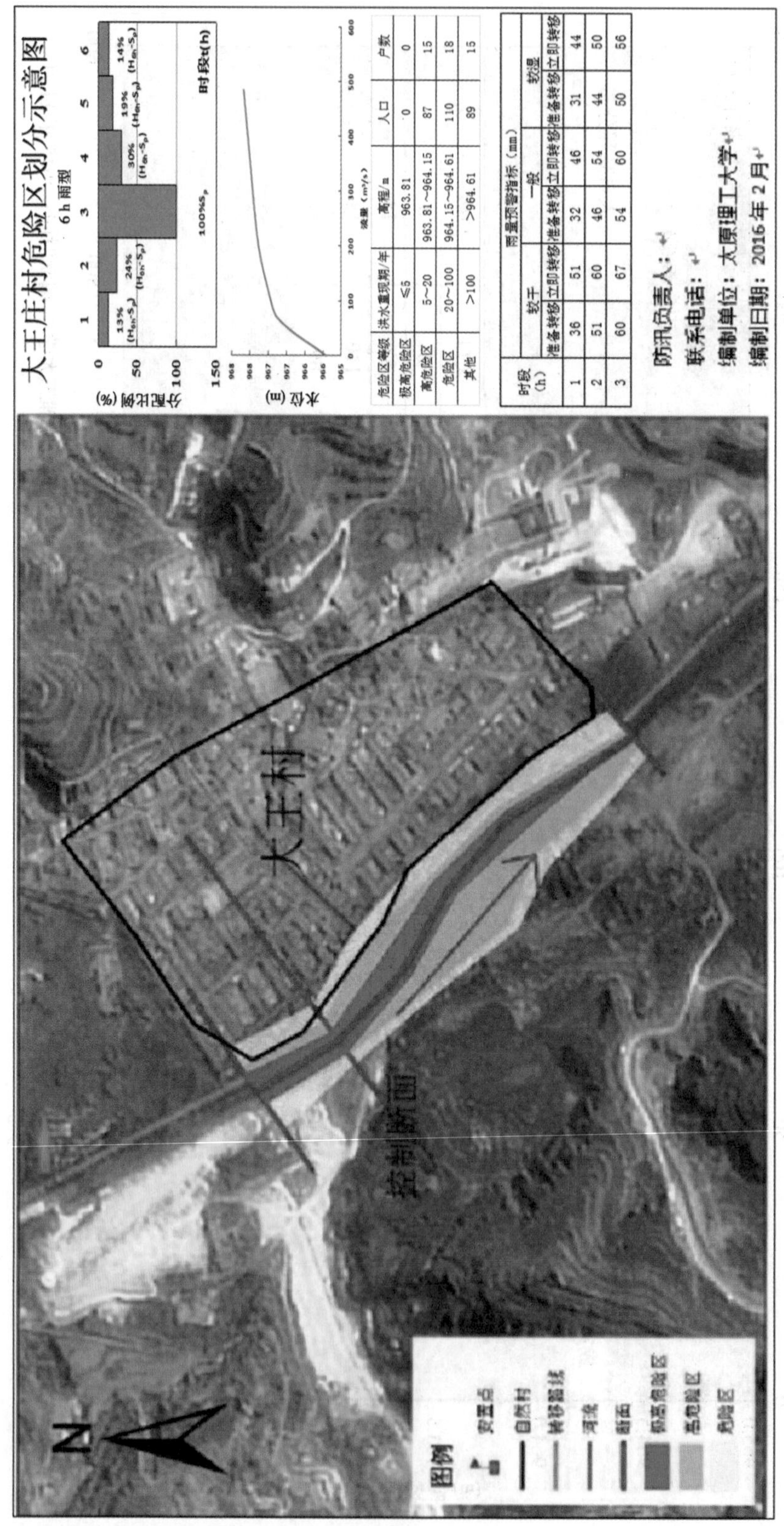

危险区等级	洪水重现期/年	高程/m	人口	户数
极高危险区	≤5	963.81	0	0
高危险区	5～20	963.81～964.15	87	15
危险区	20～100	964.15～964.61	110	18
其他	>100	>964.61	89	15

时段(h)	雨量预警指标（mm）					
	较干		一般		较湿	
	准备转移	立即转移	准备转移	立即转移	准备转移	立即转移
1	36	51	32	46	31	44
2	51	60	46	54	44	50
3	60	67	54	60	50	56

汾阳市 东堡村 分析评价成果

行政区划代码	141182101200000	行政区划名称	东堡村	小流域名称	安上河

集水面积(km^2)	24.3	河长(km)	13.41	河道比降(‰)	26.8	糙率	0.027

一、设计暴雨成果

历时	均值	变差系数	C_s/C_v	重现期雨量值(mm)				
				100 年	50 年	20 年	10 年	5 年
10 min	11.9	0.53	3.5	29.5	25.8	21.0	17.4	13.7
60 min	24.6	0.49	3.5	52.0	45.9	37.8	31.6	25.2
6 h	34.5	0.48	3.5	89.5	79.7	66.4	56.2	45.6
24 h	59.0	0.45	3.5	133.8	119.8	101.1	86.3	71.1
3 d	80.0	0.45	3.5	190.2	170.3	143.5	122.7	101.0

二、设计洪水成果

洪水要素	重现期洪水要素值				
	100 年	50 年	20 年	10 年	5 年
洪峰流量(m^3/s)	239.2	183.6	115.6	72.2	42.6
洪量(万 m^3)	89	69.2	46	30.8	19.6
洪水历时(h)	4.5	4.5	4.5	5.0	5.0
洪峰水位(m)	744.74	744.35	743.66	743.07	742.53

三、防洪现状评价

防洪能力(年)	11	成灾水位(m)	743.10

该村控制断面水位—流量—人口关系等防洪现状评价成果详见防洪现状评价图

四、预警指标成果

计算方法	流域模型法	预警时段(h)	0.5、1、1.5	流域前期持水度 B_0	0、0.3、0.6

该村雨量预警指标详见危险区划分示意图

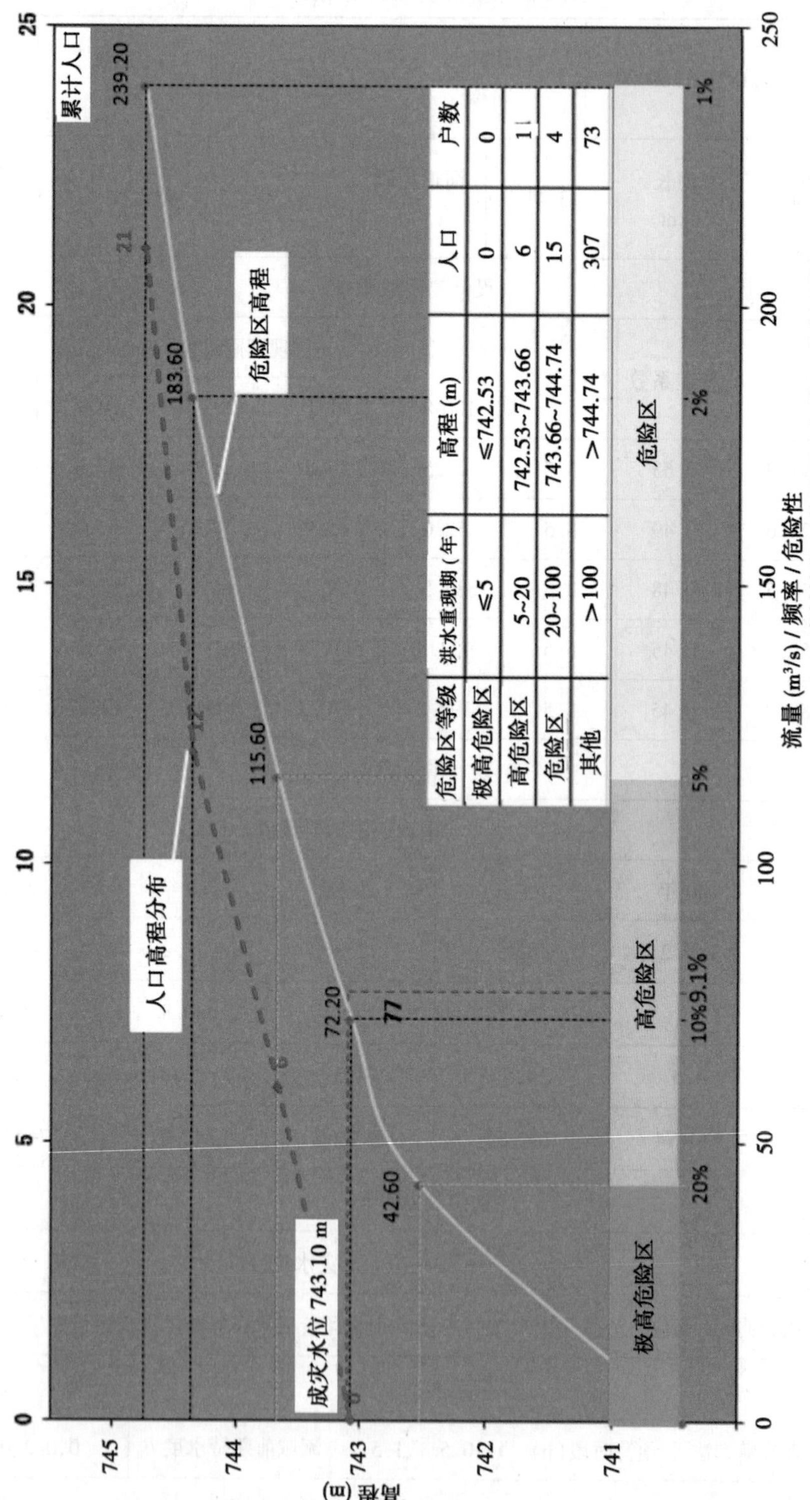

危险区等级	洪水重现期（年）	高程 (m)	人口	户数
极高危险区	≤5	≤742.53	0	0
高危险区	5~20	742.53~743.66	6	11
危险区	20~100	743.66~744.74	15	4
其他	>100	>744.74	307	73

东堡村防洪现状评价图

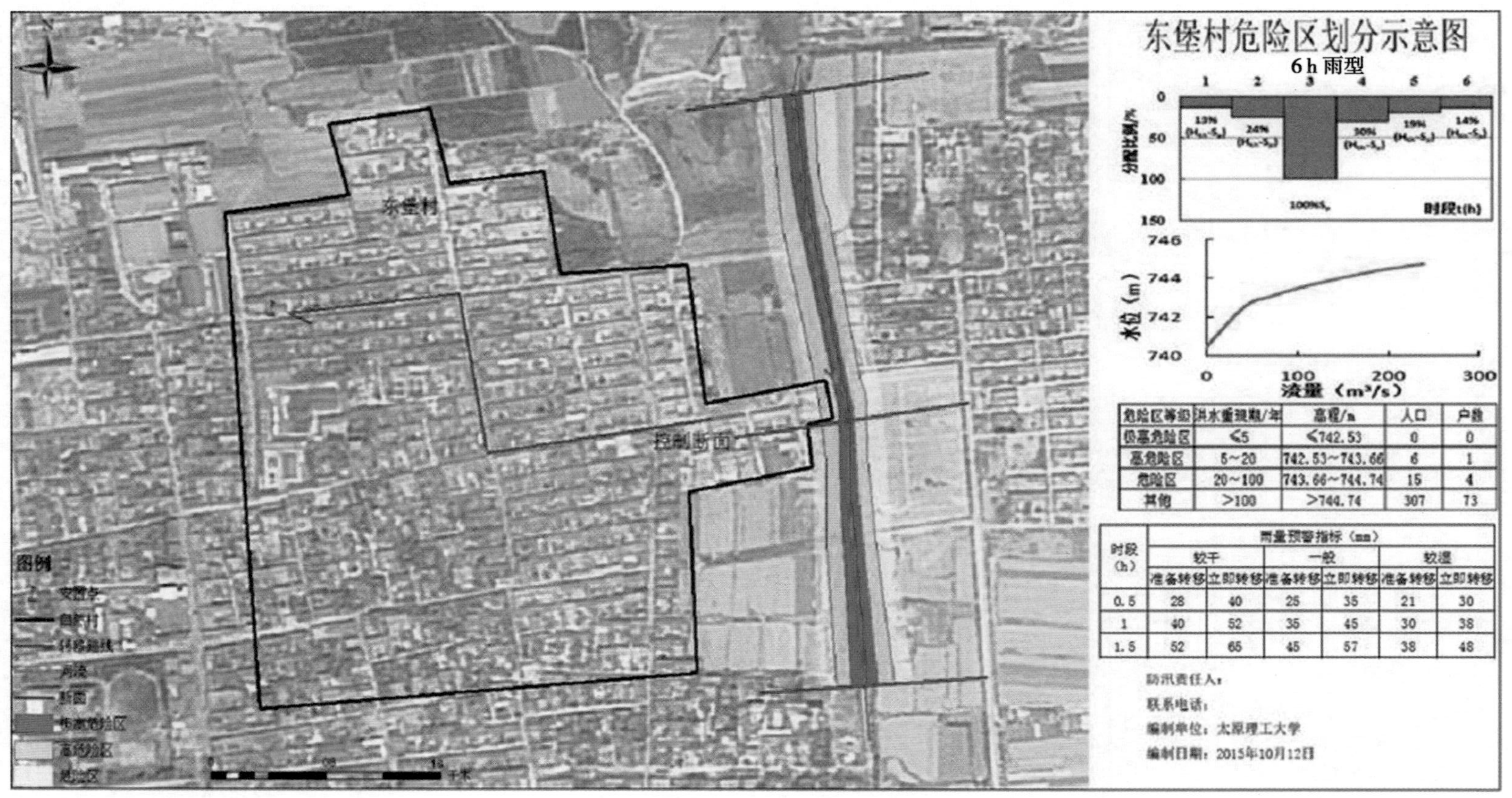

危险区等级	洪水重现期/年	高程/m	人口	户数
极高危险区	≤5	≤742.53	0	0
高危险区	5~20	742.53~743.66	6	1
危险区	20~100	743.66~744.74	15	4
其他	>100	>744.74	307	73

时段(h)	雨量预警指标（mm）					
	较干		一般		较湿	
	准备转移	立即转移	准备转移	立即转移	准备转移	立即转移
0.5	28	40	25	35	21	30
1	40	52	35	45	30	38
1.5	52	65	45	57	38	48